2023 中国高等学校城乡规划教育年会
2023 Annual Conference on Education of Urban and Rural Planning in China

创新·规划·教育

—— 2023 中国高等学校城乡规划教育年会论文集

Innovation · Planning · Education

—— 2023 Proceedings of Annual Conference on Education of Urban and Rural Planning in China

教育部高等学校城乡规划专业教学指导分委员会
桂林理工大学土木与建筑工程学院 编

中国建筑工业出版社

图书在版编目（CIP）数据

创新·规划·教育：2023中国高等学校城乡规划教育年会论文集 = Innovation·Planning·Education——2023 Proceedings of Annual Conference on Education of Urban and Rural Planning in China／教育部高等学校城乡规划专业教学指导分委员会，桂林理工大学土木与建筑工程学院编 .—北京：中国建筑工业出版社，2022.9
ISBN 978-7-112-28126-8

Ⅰ.①创…　Ⅱ.①教…②桂…　Ⅲ.①城乡规划－教学研究－高等学校－文集　Ⅳ.①TU98-53

中国版本图书馆CIP数据核字（2022）第207627号

策划编辑：高延伟
责任编辑：杨　虹　尤凯曦
责任校对：姜小莲

创新·规划·教育
—— 2023 中国高等学校城乡规划教育年会论文集
Innovation·Planning·Education
—— 2023 Proceedings of Annual Conference on Education of Urban and Rural Planning in China

教育部高等学校城乡规划专业教学指导分委员会
桂林理工大学土木与建筑工程学院　编

*

中国建筑工业出版社出版、发行（北京海淀三里河路 9 号）
各地新华书店、建筑书店经销
北京雅盈中佳图文设计公司制版
河北鹏润印刷有限公司印刷

*

开本：889 毫米 ×1194 毫米　1/16　印张：$42\frac{1}{4}$　字数：1294 千字
2023 年 9 月第一版　2023 年 9 月第一次印刷
定价：138.00 元
ISBN 978-7-112-28126-8
（40175）

《创新·规划·教育
——2023中国高等学校城乡规划教育年会论文集》组织机构

序　言

我国城乡规划正经历着历史性的转型期，从大规模高速建设到高质量楼市饱和；资金以入城建园区到产业出国加工外迁；从手工二维涂色块到数字智能技术赋能，从多元协调到国土多规合一自上而下管控到底……规划教育当然也面临新的历史性机遇和重大挑战。

如何创新规划教育，以适应国家进入新时期的新挑战，回应新时代城乡规划的新问题、新模式、新理念、新技术、新方法、新形式，实现完善国家治理体系和提高城市治理能力的新目标。为此，城乡规划学专业教学指导分委员会和国务院城乡规划学科评议组组织了"创新·规划·教育"为主题的规划教学论文征集与遴选，以贯彻新发展理念，明确发展新定位，强化学科教学核心，完善规划基础内容，聚焦规划前沿科技，实施教学体系改革，着力学生规划创新思维的培养和解决问题能力的建设，构建适应新时代城乡高质量发展要求的人才培养模式和具有中国特色的城乡规划教育新路。

本次论文集共汇聚了来自全国规划院校的 104 篇高质量的教研论文，涵盖了城乡规划教育的主要领域，包括课程思政建设、专业和学科建设、基础教学、理论教学、实践教学的最新研究成果，通过这些论文，可以看到，新发展理念下的城乡规划教育所呈现的不同类型、不同模式和不同方法。诚挚感谢为中国特色城乡规划教育付出所有心血的规划教育工作者，衷心希望中国的城乡规划教育能够把握时代机遇，固本培元，守正创新，为新时代中国特色社会主义建设培养更多优秀的规划人才。

值 2023 中国高等学校城乡规划教育年会，应其主题"创新·规划·教育"，集成今日规划教师们的群体创新成果，展示这个群体的创新思想精华，以鼓励创新规划教学，推动未来规划教育砥砺前行。

是为序。

吴志强

2023 年教师节于上海

目　录

—— 课程思政建设 ——

── 专业和学科建设 ──

—— 基础教学 ——

—— 理论教学 ——

实践教学

2023 中 国 高 等 学 校 城 乡 规 划 教 育 年 会
2023 Annual Conference on Education of Urban and Rural Planning in China

创新·规划·教育　课程思政建设

2023 Annual Conference on Education of Urban and Rural Planning in China

深化"以人民为中心"理念的城乡规划专业课程思政教学

耿慧志　沈　洁　陈　晨

摘　要： 反思如何在教学体系之中更好地贯彻"以人民为中心"发展思想，构建课程体系、教学内容和教学方式"三位一体"的课程思政建设框架，从"育人理念全面融入课程体系、前沿技术知识系统植入教学内容、实践教学方式深度对接国家战略"三个方面予以落实，在教材建设、课程建设和服务城乡基层等方面取得实效。

关键词： "以人民为中心"理念；课程思政；城乡规划

同济大学城乡规划专业创建伊始，金经昌先生就提出"城市规划与建设是具体为人民服务的工作"。2015年，中央城市工作会议上指出："做好城市工作，要顺应城市工作新形势、改革发展新要求、人民群众新期待，坚持以人民为中心的发展思想，坚持人民城市为人民。"2019年，国家领导人考察上海杨浦滨江公共空间进一步提出："人民城市为人民。在城市建设中，一定要贯彻以人民为中心的发展思想，合理安排生产、生活、生态空间，让城市成为老百姓宜业宜居的乐园。"

一直以来，同济大学城乡规划专业师生坚持"重实践"的教学传统，坚持社会实践深入城乡基层，在社区更新、村庄整治等专业实践教学中通过现场调研了解人民群众现实需求，探索以规划设计为核心的专业解决方案。中央提出的"以人民为中心"的发展思想实际上也肯定了同济大学城乡规划专业人才培养的一贯做法。

1　三位一体的课程思政建设框架

新时代背景下，同济大学城乡规划专业也在进一步思考，如何能够更好地贯彻"以人民为中心"的发展思想。首先，"以人民为中心"的发展理念还需要更全面、更深入地融入城乡规划专业的课程体系之中，从朴素的"为平民大众设计城市"升级为"以人民为中心规划城乡"；其次，为更好地服务于人民，需要更精准地把握人民群众的真实需求，在坚持传统的田野调查基础上，还需要掌握更多的前沿技术和知识，从"经验式传统定性分析"升级为"数字化精准定量测度"；最后，城乡

规划专业实践还需要有更加前瞻的谋划，不能仅仅满足于"单纯解决实际问题"，应该将专业实践置于"主动对接国家战略"的大格局之中，真正发挥城乡规划专业的引领作用。

基于前述三个方面的思考，从课程体系、教学内容和教学方式构建城乡规划专业人才培养的课程思政建设框架，通过人本价值引领、前沿知识传授与实践能力培养的"三位一体"互动，实现人才培养的课程思政建设目标（图1）。

2　"以人民为中心"育人理念全面融入课程体系

以课程思政统领专业课程体系建设，"以人民为中心"育人理念全面融入"一主干、四支撑"的课程体系。设计实践课程对接"以人民为中心"战略需求，通识思政课程解析"以人民为中心"基础理论，专业理论课程凝练"以人民为中心"内容模块，学科交叉课程拓展"以人民为中心"知识边界，前沿技术课程提升"以人民为中心"服务手段，实现知识传授与价值引领同频共振（图2）。

通过"一主干、四支撑"的思政课程体系建设，帮助学生树立理性思辨的为人民服务价值理念，强化"以人民为中心"的基础理论、思想方法、技术工具的基本

耿慧志：同济大学建筑与城市规划学院教授
沈　洁：同济大学建筑与城市规划学院副教授
陈　晨：同济大学建筑与城市规划学院城市规划系副教授

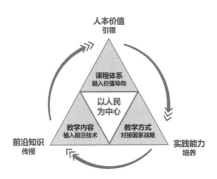

图1 "以人民为中心"三位一体课程思政建设框架
资料来源：作者自绘．

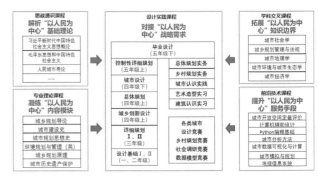

图2 "以人民为中心"育人理念全面融入
"一主干、四支撑"课程体系
资料来源：作者自绘．

原理和基础知识，为学生今后在城乡规划专业实践中围绕基层人民需求解决"急难愁盼"的城乡问题积蓄能量，也为未来成为一名能够引领城乡共建治理的行业领军人才奠定基础。

3 前沿技术知识系统植入教学内容

以"新兴分析技术与经典设计需求的学科交叉"为突破，将前沿知识模块全面植入传统课程，并开设全新前沿技术课程。依托各类时空行为数据赋能设计课调研、分析、评价和优化等各个环节，以空间计算、数据挖掘、数据可视化、模型验证和解释等手段落实"以人民为中心"的设计诊断步骤与方法。

将数字智能前沿技术知识深度植入课程模块，精准描绘人群需求，赋能人民城市建设。依托"WUPENicity智能城市平台""长三角城市群智能规划协同创新中心"等开放合作研究平台，研发"城市智能模型（CIM）""智能城市评价指标体系（City IQ）"等智能规划诊断方法和工具，纳入教案和教材。在"数据可视化与分析""空间句法概论"等系列课程中，引入多代理人模拟软件 NetLogo、个体行为分析软件 NLogit 等教学模块，指导学生基于大数据诊断城乡发展问题，精准刻画与模拟预测人的需求，并应用于设计实践课程，提升"以人为本"的专业设计能力。

4 实践教学方式深度对接国家战略

以"融合第一、第二课堂，强化实践教学"为特色，主动在第一、第二课堂中对接城乡基层发展的现实需求，

带领学生走入社区，走入乡村，将基地建设与教学相结合，建构课堂知识理论与技术方法讲授、田野专业实践调查、规划设计技能训练的递进教学模式，培养学生在实践中观察城乡现象、认知城乡问题、解决城乡矛盾。

在对接国家战略层面，"城市更新"与"乡村振兴"协同并进，培育城乡建设创新人才。深入基层社区与广袤乡村，开展设计实践课程教学。城市更新课程在低年级聚焦城市社区整治，在高年级关注城市老工业区转型，形成了"里弄街区空间社会实录""微更新转译""里弄空间自主建造"的完整课程序列，引导同学关注百姓现实生活，探索城市空间的核心价值。乡村振兴主题结合设计实践课程和第二课堂的创新创业活动展开，设计实践课程方面包括乡村规划实务、乡村规划设计、毕业设计等，教师带领学生深入乡村实地开展田野调查，与村民共同谋划乡村振兴之策；第二课堂方面，城乡规划专业教师将教学实践与暑期和寒假期间的社会实践活动、大学生创新创业训练计划项目相结合，带领本专业、本学院乃至全校各强势专业学生投入到服务乡村振兴国家战略的工作中去，在实践中发现真问题，引导青年学生把论文写在祖国大地上。

5 课程思政建设的综合成效

一方面，在"以人民为中心"的育人理念指导下，对城乡规划专业课程的教学大纲和教案进行了全面修订，全面融入课程思政内容模块。另一方面，结合课程内容特点，基于不同的着眼点和契入点，进行各具特色的课程思政建设。在教材建设、课程建设和服务城乡基

层等多方面上取得了不错的综合成效。

"城市建设史"课程由两个部分构成:"中国城市建设史"和"外国城市建设史"。基于"以人民为中心"的课程思政目标,"中国城市建设史"重点加强城乡发展历史的整体性和关联性的解析,突出中国几千年来的城市建设发展过程中先人们一脉相传的东方哲学思想和多元文化交流融合,体现先人在追求和谐理想的人居环境方面所表现出来的东方智慧,加强培养学生的文化自信。"外国城市建设史"重点加强不同文明体系下城市的发生、发展的过程及其社会经济背景。加强对人类文明的杰出典范的认知,对世界城市发展格局的认知,培养学生的国际视野。2019年"城市建设史"获得"上海高校课程思政教育教学改革试点"重点示范课程,2022年《中国城市建设史》主编董鉴泓先生荣获教育部首届"全国教材建设先进个人"称号。

"城市历史遗产保护"课程建设,以历史文化风貌保护和城市更新为重点,讲好上海改革开放过程中的海派文化保护与传承的故事,突出上海海派城市文化特色。以江南水乡古镇为案例,讲好自1980年代以来"自下而上"城镇保护与旅游发展的故事,突出"江南文化"在当代规划设计中的重要作用。以世界文化遗产苏州园林、平遥、丽江等保护案例为重点,讲好陈从周、罗小未、董鉴泓、阮仪三等同济大学前辈专家全面参与我国文化遗产保护实践的故事,传承同济学派勇于创新、积极实践、服务社会的优良传统。2019年"城市历史遗产保护"获得"上海高校课程思政教育教学改革试点"重点示范课程。

"城乡规划原理A"课程建设,在原课程大纲基础上融入了思政元素,对教案进行了改进和调整。突出了新时代居住区规划建设的理念、高质量发展的规划内涵、社区营造的社会价值观、社区更新的人文关怀、健康和绿色环境的建设理念等,紧紧围绕新时代人居环境发展的核心理念完成了教学组织。2020年,"城乡规划原理A"荣获同济大学课程思政本科专业课称号,2022年《城市规划原理(第四版)》荣获首届全国优秀教材奖二等奖。

"城乡规划管理与法规"课程建设,从"公共利益优先"和"依法行政管理"两个方面诠释"以人民为中心"的价值理念,在课程内容讲解中有机融入国家战略

政策的要点,潜移默化中培养学生的家国情怀。2017年荣获"上海高校课程思政教育教学改革试点"重点示范课程,2019年入选"上海高校课程思政整体改革领航高校"同济大学领航系列课程。

课程思政建设加快了城乡规划专业教师扎根基层的实践步伐。10位规划系教师担任上海不同街道社区规划师,为社区微更新出谋划策;5位规划系教师入选上海首批乡村责任规划师,为上海乡村升级发展贡献智慧。同时依托专业课程建设,间接推动和指导了学生的第二课堂暑期社会实践活动,特别是在对接"乡村振兴"国家战略取得了在全国层面具有示范意义的成果。2019年《产业驱动的乡村振兴——对浙江9镇36村的典型模式调查研究》荣获"挑战杯"大学生课外科技作品全国一等奖;2020年《掌上"智"村——乡村产业振兴一体化智慧服务系统》荣获中国"互联网+"大学生创新创业大赛总决赛"青年红色筑梦之旅"赛道银奖。

6 结语

"城市规划和建设是具体为人民服务的工作",这句话根植于同济大学城乡规划专业的人才培养理念之中,并形成了"重实践"的传统教学特色,同济师生参与的规划设计项目覆盖了全国60%的县级市和90%的地级市。新的历史时期,"以人民为中心"的育人理念将承载更多的内涵,"把论文写在祖国大地上""家国情怀""人类命运共同体"等指引着持续的内涵拓展方向,这些思想全面融入教学体系之中对培养面向未来的专业精英和国家栋梁具有决定性作用,需要我们与时俱进和持之以恒地推进。

参考文献

[1] 习近平,李克强.中央城市工作会议在北京举行习近平李克强作重要讲话[EB/OL].(2015-12-22).[2022-06-03].http://www.gov.cn/xinwen/2015-12/22/content_5026592.htm.

[2] 习近平.深入学习贯彻党的十九届四中全会精神,提高社会主义现代化国际大都市治理能力和水平[EB/OL].(2019-11-04).[2022-06-03].https://baijiahao.baidu.com/s?id=1649242464056121153&wfr=spider&for=pc.

[3] 金经昌. 城市规划是具体为人民服务的工作——赠城市规划专业 86 届毕业班 [J]. 城市规划学刊，1986（6）：1.

[4] 金经昌. 城市规划是具体为人民服务的工作 [J]. 规划师，2000（3）：4-5.

[5] 高德毅，宗爱东. 从思政课程到课程思政：从战略高度构建高校思想政治教育课程体系 [J]. 中国高等教育，2017（1）：43-46.

[6] 陆道坤. 课程思政推行中若干核心问题及解决思路——基于专业课程思政的探讨 [J]. 思想理论教育，2018（3）：6.

Cultivating the "People-Centered" Values in Teaching of Ideals and Policies in Urban and Rural Planning Curriculum

Geng Huizhi   Shen Jie   Chen Chen

Abstract: Rethink about how to implement the "people-centered" idea in the teaching system, build a "three-in-one" framework of teaching of ideals and policies of curriculum system, teaching content and teaching method, including the full integration of the values and ideals into the curriculum system, and cutting-edge technical knowledge is embedded in teaching content, and practical teaching methods are deeply connected with the national development strategy. The teaching success has been achieved in the textbook writing, curriculum optimization and community service.

Keywords: "People-Centered" Values, Teaching of Ideals and Policies in Curriculum, Urban and Rural Planning

党建引领下的高校"课程思政"教学改革路径初探*
—— 以苏州科技大学城乡规划课程思政示范专业为例

魏晓芳　吕　飞　陆建城

摘　要： 随着"课程思政"建设的推进,"课程思政"已经从文件走向了课堂。研究表明,一线教师是课程思政教学改革的主体,教师自觉主动推行课程思政,并且组建多元协同育人的课程思政教学团队,是高校课程思政建设的有效路径。研究认为课程思政专业育人体系的构建,首先要有顶层设计与总体架构,落实课程思政建设要求,制订培养方案,从宏观层面把握课程思政建设方向;其次需要从微观层面进行落实,做好贯穿课程思政的课堂教学设计。结合高校基层教师党支部建设,以党建为引领,发挥"双带头人"党支部书记工作室作用,开展"课程思政"改革路径探索,包括党员教师带头,从自身做起,带动一线教师积极投入课程思政建设;鼓励党支部与教研室联合开展研讨活动,不断打磨完善专业教学方案;鼓励课程思政教学教育改革,支持课程思政专项研究;搭建"育人平台+"资源,建设融入课程思政、共建实践基地等。

关键词： 建筑类院校；课程思政；城乡规划专业；教学改革；模式创新

　　"课程思政"教育教学理念,已经成为当今高校的教育的共识。《高等学校课程思政建设指导纲要》(以下简称《纲要》)中指出:高等学校人才培养是育人和育才相统一的过程。建设高水平人才培养体系,必须将思想政治工作体系贯通其中,必须抓好课程思政建设,解决好专业教育和思政教育"两张皮"问题[1]。如何落实《纲要》中的要求,苏州科技大学城乡规划专业,作为省级课程思政示范专业,探索了一条党建引领下的高校"课程思政"教学改革路径,从课程思政的教学改革主体到育人体系设计,润物无声,实现课程思政全覆盖。

1 "课程思政"从文件走向课堂

　　当前,课程思政建设逐步由"样板房"演化为"新常态"[2],从"思政课程"到"课程思政",再到各地的课程思政建设试点,"课程思政"正在从文件走向课堂。

1.1 有关"课程思政"的各级文件陆续出台

　　2018年全国教育大会上的报告中指出:"教师是人类灵魂的工程师,是人类文明的传承者,承载着传播知识、传播思想、传播真理,塑造灵魂、塑造生命、塑造新人的时代重任",明确指出教师除了传播知识、思政、真理,还要塑造灵魂,传承文明。2019年中共中央办公厅、国务院办公厅印发了《关于深化新时代学校思想政治理论课改革创新的若干意见》,其中第17条指出:整体推进高校课程思政,深度挖掘高校各学科门类专业课程蕴含的思想政治教育资源,解决好各类课程与思政课相互配合的问题,发挥所有课程育人功能,构建全面覆盖、类型丰富、层次递进、相互支撑的课程体系,使各

---

　　* 基金项目:中国建设教育协会教育教学科研立项课题:疫情防控常态化背景下在线教学的探索与实践——以《城市社会学》为例(课题编号:2021153);江苏省教育科学"十三五"规划课题:高校中青年教师教学能力现状调查及提升策略研究(编号:D/2020/01/10);苏州科技大学"本科教学工程"教学改革与研究项目(课程思政专项):城乡规划专业课程思政育人效果提升路径与模式创新研究等课题支持。

魏晓芳：苏州科技大学建筑与城市规划学院副教授
吕　飞：苏州科技大学建筑与城市规划学院教授
陆建城：苏州科技大学建筑与城市规划学院讲师

类课程与思政课同向同行,形成协同效应。建成一批课程思政示范高校,推出一批课程思政示范课程,选树一批课程思政教学名师和团队,建设一批高校课程思政教学研究示范中心。2020 年,教育部印发了《高等学校课程思政建设指导纲要》,明确提出:"把思想政治教育贯穿人才培养体系,全面推进高校课程思政建设,发挥好每门课程的育人作用,提高高校人才培养质量。"各省、市教育主管部门相继出台了有关课程思政建设的细则等指导文件。至此,课程思政在全国高校推行。

1.2 高校不同专业的"课程思政"探索与尝试

高校专业课堂中的课程思政做法有落实国家战略、结合时事热点、关注百姓民生、结合典型案例、重要人物事迹、强调职业道德等。有的课程以典型案例为课程思政融入点,通过与专业相关的思政案例来传递育人内涵。有的课程融入时事热点,结合当前的社会现象、社会问题来激发学生的社会责任感,再通过运用专业知识或技能提出解决之道来提升学生对于职业的认同感。有的课程以重要人物为切入点,通过人物对知识的探索、人物的精神与伟大人格来感染学生,激发学生学习的热情与动力。有的课程通过实验,带领学生动手实践,开展职业道德教育,强化职业道德。

不同的学科也有不同的做法,如会计学,通过职业诚信教育,提升学生的道德素养;又如临床医学,通过实践案例融入专业教学,培养救死扶伤、甘于奉献的医者精神;体育专业则通过弘扬体育精神、提升人文内涵来落实专业教育中的课程思政。对于工科类专业,则从科学思维方法、理论联系实际的能力、分析问题解决问题的角度等方面融入课程思政。

2 "课程思政"教学改革的主体及其特征

"课程思政"教学改革的主体为教师,以及由各类教师组成的课程思政教学团队,将党支部建设与课程思政教学团队建设相结合,发挥党员教师的先锋模范作用,是推进课程思政教学改革的有效途径。

2.1 自觉主动推行课程思政的一线教师

一线教师直接面向学生,是课程思政落实的终端主体,他们不仅承担起讲好本专业课程的责任,而且还承担了以正确的世界观去引导学生的责任[3]。在课程思政提出之初,教师们纷纷表示,不知如何推进、从何入手。因此,要推行课程思政建设,首先要对一线教师进行宣讲和培训,引导教师思考和探索如何将课程思政融入专业教学中,提升一线教师的课程思政自主自觉性。课程思政的主讲教师是自愿自觉而不是被迫地承担起在专业课堂上讲授科学的世界观、历史观和马克思主义原理的重大责任的,这种自觉性应该是课程思政教学主体的重要特征[3]。在一线教师中,党员教师起到了先锋模范作用,主动学习课程思政相关精神,带头探索思政元素的挖掘,积极开展课程思政教学改革。

2.2 多元协同育人的课程思政教学团队

如何落实课程思政要求,课程思政教学团队的建设十分关键,需要专业课教师、思政课教师、教务管理人员、辅导员等协同共建。专业课教师掌握专业知识与能力,思政教师熟悉时事政治,教务管理人员熟悉课程设置与教学环节,辅导员了解学生心理和思想动态。苏州科技大学城乡规划专业的课程思政教学团队,不仅有专业课教师、思政课教师、教务管理人员、辅导员,还有院系领导、校外名师以及企业导师等共同组成。因此,课程思政教学团队的特征是多元协同。树立"立德树人、教书育人"的工作理念,注重价值引领,强化教师教学有机融入课程思政,有力提高教学水平,锻造出一支技能强硬、思政端正的"精锐队伍"。课程思政教学团队定期研讨,共同备课、集体教研、共同挖掘思政元素、修订教学大纲,最终将课程思政落实到课堂上。

3 融入"课程思政"的专业育人体系设计

专业育人体系的构建,首先要有顶层设计和总体架构,落实课程思政建设要求,制定培养方案,从宏观层面把握课程思政建设方向;其次需要从微观层面进行落实,做好贯穿课程思政的课堂教学设计。

3.1 融入课程思政体现专业特色的培养方案总体架构

《纲要》提出要求:要在课程教学中把马克思主义立场观点方法的教育与科学精神的培养结合起来,提高学生正确认识问题、分析问题和解决问题的能力。理学类专业课程，要注重科学思维方法的训练和科学伦理的教育，培养学生探索未知、追求真理、勇攀科学高峰的责任感和使命感。工学类专业课程，要注重强化学生工程伦理教育，培养学生精益求精的大国工匠精神，激发学生科技报国的家国情怀和使命担当[1]。

城乡规划专业属于工学门类的建筑类专业，所属学科是工学"城乡规划学"一级学科。城乡规划专业以可持续发展思想为指导，以城乡社会、经济、环境、空间的和谐发展为目标，以城乡物质空间为核心，以城乡土地使用为对象，通过城乡规划的编制、公共政策的制定和建设实施的管理，实现城乡发展的空间资源合理配置和动态引导控制的多学科交叉融合的复合型专业。城乡规划专业培养德智体美全面发展，具备坚实的城乡规划基础理论知识和实践应用能力，具有社会责任感、团队精神、创新思维和可持续发展理念，能够在专业规划设计机构、管理机构、研究机构从事城乡规划设计及其相关开发管理、研究教育等工作的高级专门人才。本专业培养适应我国社会发展和经济建设需要，具备正确的世界观人生观价值观，坚定四个自信；富有良好的人文素养、科学素养和创新精神；具有社会责任感、规划师使命感、职业道德、敬业精神、家国情怀和国际视野；系统掌握城乡规划理论知识与专业技能，熟悉城乡规划学科相关知识；熟悉国家有关城乡发展和规划的方针、政策和法规，具有法治观念，遵循行业规范；了解城乡规划学科发展的历史、前沿及动态；能够胜任城乡规划设计、管理、研究等工作，并具有参与政府决策咨询、社会经济发展规划、城乡公共政策研究、区域发展与规划、土地利用规划、交通和市政工程规划等专业规划工作基本能力的"高素质、有特色、实践创新能力强的卓越应用型城乡规划专业人才"。"卓越应用型城乡规划专业人才"是指具备优秀的综合素质与专业素养、较强的创造性思维与综合规划设计能力、鲜明的学科专长与地域特色、能够解决行业与地方现实问题的应用型人才[4]。

贯彻"三全育人"理念，即"将全部教师、全部要素、全部过程视为一个育人整体"[5]，结合专业特点，深入挖掘专业教学内容中隐含的思政元素，与专业知识传授、专业能力培养深度融合，构建课程思政全覆盖的专业培养方案，实现政教合一。

3.2 贯穿"课程思政"的城乡规划专业教学设计

对于具体的课程来说，要想恰当地融入课程思政元素，其教学设计尤为重要。结合各个学业阶段的学生认知和心理特征，从专业角度来深化、细化课程思政在具体课程各个教学环节中的落实。

首先，厘清专业培养特色，细化人才培养目标。基于城乡规划专业理论与社会实践结合紧密的特征和我校城乡规划专业"专业基础扎实、实践创新突出"的人才培养特色，将习近平新时代中国特色社会主义思想的人民观、生态观和文化观贯穿专业教育全过程，细化于专业设计类、理论类与实践类的"一主两辅"专业课程体系各环节；思政"进教材、进课堂、进实践"，师生"入脑入心"，实现培养德才兼备的"高素质、有特色、实践创新能力强的卓越应用型城乡规划专业人才"的人才培养目标。

其次，落实课程思政内容，完善专业毕业要求。以习近平新时代中国特色社会主义思想为引领，将社会主义核心价值观具化为公平正义的专业价值观，将习近平思想的人民观、生态观和文化观落实于城乡空间规划与设计、城镇总体规划、乡村规划、文化遗产保护与城市更新等专业核心教学内容及成果考核评价的首要标准，使学生真正做到学深悟透、研机析理，进而达到"精益求精的科学态度、高度社会责任感与使命感、赤诚浓厚的家国情怀"的毕业要求。

最后，构建课程育人目标与专业育人目标互动支撑体系。结合城乡规划专业设计课为主线，理论课与实践课为辅线的专业育人特色，创新提出了"一主两辅三层次"课程思政协同教育体系，即以"以人民为中心"贯穿三类专业课程，从初级到中级再到高级三个层次逐渐提升的协同教育，实现了二者之间的同向同行。思政育人目标与城乡规划专业育人目标的互动支撑关系，根据不同学年分为三个阶段（图1）。初级阶段：以大一、大二为主，通过"以人民为中心"思想和规划基础课学习，使学生了解"人民导向"是城乡规划的核心思想。中级阶段：以大三、大四为主，通过"生态文明""文化传承"等思想，以及专业设计课与理论课的学习，使学生熟悉思政内容对城乡规划的理论影响与成果促进。高级阶段：以大五为主，通过家国情怀、世界观等思想，以及专业实践课的学习，使学生能承担规划师的使命与责任。

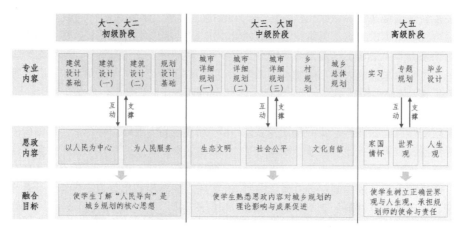

图1　思政育人目标与专业育人目标的互动支撑关系

4　党建引领下"课程思政"改革路径探索

　　充分发挥高校基层党组织的作用，开展党建引领下的课程思政教育教学改革，从党员带头、联合研讨、教改研究，与搭建平台等方面同向同行，稳步推进。

4.1　基层教师党支部党员带头，从师德师风建设到课程思政育人

　　高校基层党支部的党员教师，具有较高的政治觉悟，带头开展课程思政教学改革。以点带面地推动课程思政的递进式落实。建章立制，夯实师德建设的制度基础：深化《关于建立健全师德师风建设长效机制的实施意见》《关于实行师德师风实施细则》等制度文件，设立"院—系"两级建设工作小组，强化对师德师风建设工作的顶层设计、实施部署和考核督查的制度安排。思想铸魂，激发为人师表的内生动力：创新师德教育的方式与渠道，开展多形式、多层次、多平台的师德建设宣传教育，并通过思政课教师、课程思政骨干教师与各教学单位、大学生结对的方式，推进全员、全程、全课程思政育人的思想引航工作，同时通过"共绘苏乡"教师下乡、"同创工坊"等项目，强化课程思政育人的实践融会环节，促使教师精准把握思政逻辑，激发为人师表的内生动力。奖惩并举，建立师德建设的考核机制：外部通过有效激励手段，推动教学改革和教学管理良性发展；内部通过引入学生评教、第三方评价，建立考核、奖惩、监督"三位一体"的管理机制；在职称评审、岗位聘用、职务选任、评优奖励等环节，实行一票否决，全面落实师德第一标准。学习领会习近平总书记关于教育的重要论述和全国教育大会精神，引导广大教师严格遵守师德规范、弘扬高尚师德，不忘从教初心、潜心教书育人，立足岗位、砥砺奋进、担当作为，为学校、学院事业高质量发展贡献智慧和力量。

4.2　党支部与教研室联合开展研讨活动，不断打磨完善专业教学方案

　　教师党支部与教研室联合开展教学研讨活动，定期开展课程思政专题学习、培训、研讨，共同探讨课程思政元素的挖掘，课程育人目标的确立，课程思政教学大纲的修订，课程思政课堂教学的设计等。只有针对不同类型的知识，拿出不同的课程思政建设方法来，才能击到"痛点"和"通点"，解决课程思政建设的有效性问题。[6] 同时注重各个课程的差异性，多元协同，贯彻课程思政；不定期举办思政公开课，坚持以学生为核心，充分发挥示范引领作用，树立立德树人典型；加强研究师生反馈，不断打磨、完善专业课程思政教学方案。鼓励定期开展研讨，从专业、学科的发展，到师德师风的建设；从课程思政的推进，到立德树人的初心；从教学改革的探索，到科学研究的探讨，形成常态化的交流互动机制。

4.3 鼓励课程思政教学教育改革，支持课程思政专项研究

鼓励一线教师申报各级课程思政改革与研究专项，从教学理念、教学目标、教学方案、教学方法与教学考核等多方面积极开展课程思政教育教学改革与实践。鼓励教师研究专业课程所蕴含的思想政治教育元素和所承载的思想政治教育功能；探索如何优化课程设置，鼓励修订专业教材，提倡挖掘育人内驱动力，促进完善教学设计，加强教学管理，推动课堂教学改革。通过设置课程思政示范专业、建设课程思政示范课程、打造课程思政特色课程、开展课程思政专项研究，配套一定经费支持，提供教育教学改革平台，来促进课程思政教学教育改革的深入。形成从教学改革研究，到课程思政教学实践的递进式推进。

4.4 搭建"育人平台+"资源，融入课程思政、共建实践基地

加强教学资源建设，解决专业平台的德育教育支撑不对焦问题，实现了思政教师与专业教师信息互通与资源共享。创建融入具有地方特色、专业特色育人元素的教学案例，培育多方育人实践基地；创设专题网站、公众平台、思政案例资源库等育人信息媒体。

结对共建，创新党建平台。通过活动开展，改进组织生活、丰富活动内容、增强活动实效，不断提高双边党组织的创造力、凝聚力和战斗力，形成优势互补、资源共享、共同发展的格局。拓展和完善基层党组织功能，不断改进党组织设置形式，充分发挥结对双方党组织的自身优势，定期交流党建工作经验，共享党建工作信息，加强基层组织建设，提高党建工作水平。在城规教师党支部的策划与努力下，与多个基层乡村开展结对共建，结合专业联合开展"沉浸式"党课。将"专业思政、课程思政、实践思政"教育贯穿到人才培养全过程，以服务地方为切入点将专业实践与乡村振兴、精准扶贫等国家战略结合，在社会大课堂中锻炼学生的责任感。在人才培养上，依托专业特色，强调师生共建，注重在真实场景和真实案例中展开综合实践训练，在人才培养全过程融入思想政治教育元素，通过实践思政教育，实现创新创业与乡村规划教育深度融合。

5 结语：润物无声，课程思政全覆盖

近年来，随着有关"课程思政"的各级文件陆续出台，各个高校的不同专业也在探索和尝试"课程思政"建设之道，"课程思政"已经从文件走向了课堂。本文指出，一线教师是课程思政教学改革的主体，教师自觉主动推行课程思政，并且组建多元协同育人的课程思政教学团队，是高校课程思政建设的有效路径。研究认为课程思政专业育人体系的构建，首先要有顶层设计，落实课程思政建设要求，制订培养方案，从宏观层面把握课程思政建设方向；其次需要从微观层面进行落实，做好贯穿课程思政的课堂教学设计。结合高校基层教师党支部建设，以党建为引领，发挥"双带头人"党支部书记工作室作用，开展"课程思政"改革路径探索，包括党员教师带头，从自身做起，带动一线教师积极投入课程思政建设；鼓励党支部与教研室联合开展研讨活动，不断打磨完善专业教学方案；鼓励课程思政教学教育改革，支持课程思政专项研究；搭建"育人平台+"资源，建设融入课程思政、共建实践基地等。在党建引领下，苏州科技大学城乡规划专业成为"省级课程思政示范专业"，最终形成全员全课程全过程的"课程思政"全覆盖，为培养德才兼备的人才提供沃土。

参考文献

［1］教育部. 高等学校课程思政建设指导纲要 [Z]. 2020.

［2］刘戈，凌杰. 高校课程思政与师资队伍建设现状分析 [J]. 学校党建与思想教育，2021（16）：82-84.

［3］徐梦秋. 从高校名师课程看课程思政的要素与特征 [J]. 中国大学教学，2021（7）：93-96.

［4］苏州科技大学建筑与城市规划学院城乡规划系. 苏州科技大学建筑与城市规划学院城乡规划专业人才培养方案 [Z].2020.

［5］孔令艳，李裴. 课程思政在高职土建类专业教学中的贯彻 [J]. 河海大学学报（自然科学版），2021，49（4）：390.

［6］徐洁，郭文刚. 知识视域下高校课程思政建设研究 [J]. 复旦教育论坛，2021，19（4）：37-41，76.

A Preliminary Study on the Teaching Reform Path of "Curriculum Ideology and Politics" in Colleges and Universities under the Guidance of Party Construction
— Case Study on the "Curriculum Ideology and Politics" Demonstration Major: Urban and Rural Planning in Suzhou University of Science and Technology

Wei Xiaofang   Lv Fei   Lu Jiancheng

Abstract: With the promotion of the construction of "curriculum ideological and political", it has moved from documents to classroom. The research shows that front-line teachers are the main body of curriculum ideological and political education reform. Teachers consciously and actively promote curriculum ideological and political education, and establish a multi-dimensional and collaborative curriculum ideological and political education team, which is an effective path for college curriculum ideological and political construction. The research believes that the construction of the education system of the ideological and political major of the curriculum should first have the top-level design and overall structure, implement the requirements of the ideological and political construction of the curriculum, formulate the training program, and grasp the direction of the ideological and political construction of the curriculum from the macro level; Secondly, we need to implement it from the micro level and do a good job in the classroom teaching design that runs through the ideological and political curriculum. In combination with the construction of the Party branch of grass-roots teachers in colleges and universities, with the Party building as the guide, give play to the role of the "double leaders" Party branch secretary studio, and carry out the exploration of the reform path of "curriculum ideological and political", including party members and teachers taking the lead, starting from their own efforts, to drive front-line teachers to actively participate in the curriculum ideological and political construction; Encourage the Party branch and the teaching and research office to jointly carry out research activities and constantly polish and improve the professional teaching plan; Encourage the reform of ideological and political education in the curriculum, and support the special research on ideological and political education in the curriculum; Build "education platform+" resources, build a practice base integrated with curriculum ideology and politics, etc.

Keywords: Architecture Colleges，"Curriculum Ideology and Politics"，Major in Urban and Rural Planning，Teaching Reform，Model Innovation

基于教育目标分类学的城乡生态与环境保护课程思政建设探索

薛　飞　夏楚瑜　李紫微

摘　要：课程思政是高校落实立德树人根本任务的重要手段，专业课是落实课程思政的重要载体。如何在专业课中完善课程思政，并将其与课程建设协同增效，成为"城乡生态与环境保护"课程建设的出发点。结合布鲁姆教育目标分类分层理论，课程将知识认知升级与情感认知升级相融合，重建了四维度教学目标，重构了四层次教学内容，构建了浸入式学习、交互式成长、任务式训练、能力型培养的"IITA"教学模式。并通过过程性与结果性评价相结合的方式，传递公正、严谨的价值观。课程思政与课程建设、教学改革和教学创新紧密结合，以课程思政的价值观教育为统领，达到了积极的效果。

关键词：城乡规划专业；教育目标分类；课程思政；生态文明；美丽中国

1　引言

2020 年教育部印发《高等学校课程思政建设指导纲要》明确指出"全面推进高校课程思政建设，发挥好每门课程的育人作用，提高高校人才培养质量。"[1] 当前课程思政工作已成为"落实立德树人根本任务"[2] 的重要抓手，而课程思政的载体正是各类专业课程[3]。如何在一门专业课中落实好、建设好课程思政，"守好一段渠，种好责任田"[4]；并依托课程思政建设提升课程的教学目标、内容、模式、评价等，打造"两性一度"的"金课"，形成课程思政与课程建设的协同增效，是本课程一直探索的问题。

1.1　课程概况

"城乡生态与环境保护（双语课）"是《高等学校城乡规划本科指导性专业规范》认定的本专业十门核心课程之一，也是将"城乡规划学"同"生态学"与"环境科学"相互交叉融合的学科基础必修课。课程以"交叉性、高阶性、实践性"为特点，讲解与规划设计相关的城乡生态和环境基础知识、原理、案例与理论实践前沿。并帮助学生厚植爱国情怀，扎根祖国大地，树立民族自信，注重文化传承，培养学生建设"生态文明""美丽中国"和维护"命运共同体"的价值观念。

1.2　学情分析

课程以学生为中心，通过多年的教学实践逐步总结了本门课程的学情特点及对策，包括（图 1）：

1）地方高校：北京生源占比高，视野开阔、学习主动性需督促。对策：浸入式教学，引入多元教学资源，雨课堂信息化学习管理。

2）专业特点：交叉理工人文艺术，思路活跃但理论储备和批判不足。对策：交互式教学，设计参与、操作、讨论，结合过程性评价。

3）大四学生：视野开阔、面临就业升学。对策：任务式教学，模拟真实情景，带入本地国家重大项目培养家国情怀。

以最近一次授课的 2018 级城乡规划专业学生为例，70% 为 2000 年出生，70% 为本地生源，70% 是大城市生源，17% 来自乡村。新时代"00 后"青年熟悉互联网，思维开阔，在课程思政与课程建设的协同中亟需挖掘能够吸引年轻人、感动新时代的高阶的教学内容和高质量课程思政内容并将其联动，以实现"如盐入水"的课程思政教学效果。

薛　飞：北京工业大学城市建设学部城乡规划系副教授
夏楚瑜：北京工业大学城市建设学部城乡规划系讲师
李紫微：北京工业大学城市建设学部建筑系副教授

1.3 教育目标分类

对于教育的分层和分类，布鲁姆的教育目标分类学[5]是当前教育学界公认的较为权威的理论依据。在学习能力方面，布鲁姆提出了学习金字塔模型（图2）。提出从"记忆、理解、应用、分析、评价、创造"的逐层提升的学习能力与效果评价。这一分层对本门课程建设"高阶"的教学内容和课程思政内容提供了指引。

该理论具体分析了教育目标的多层级目标[5]，主要分为三类一级目标：①认知；②情感；③动作技能。其中将知识目标分类为：a 事实性知识、b 概念性知识、c 程序性知识与 d 元认知知识。将情感目标分为：从简单的"a 接受，到逐步反应"，再进入"b 价值评价，进而形成价值观念"，再到复杂层次的"c 组织价值观念"，进而进入"d 价值或情感体系的性格化"，也就是情感目标实现的最高层次即"品格的形成"[6]。整个过程是学习者通过对价值观体系的组织逐渐形成个人的品格。这也启发了本门课程将知识与情感、将教学改革与课程思政相

互协同，进而达成高阶性和高质量的教学效果。

2 课程思政与教学目标的协同

2.1 教学目标的构建

基于布鲁姆的学习能力分层、认识和情感分级，本课程在教学目标设定中结合多轮教学实践，在遵循本校培养目标和本专业培养目标的基础上，立足本课程在课程体系中的定位和知识内涵，结合"交叉性、高阶性、实践性"的课程特征和学情特征，通过架构"知识——能力——思维——价值"四维目标（图3）和（a）~（g）分项目标，形成课程目标体系，并突出价值引领的第一象限作用。

课程目标为：以培养运用专业知识，具备分析、评价、解决城乡规划领域中生态与环境相关复杂工程问题的创新实践能力为目标。通过架构四维目标使学生能够：

（1）价值：思政融合

（a）培养学生建设"生态文明""美丽中国"和维护"命运共同体"的可持续发展价值观。从注重工程技术转向融合"生态文明"的价值取向，树立"命运共同体"的价值观念，兼具"家国情怀"和"人文精神"。建立将"人与自然和谐共生""生态平衡""多样共生""保护与发展和谐"的价值观念，注重"生态""多样性""平衡和谐"的整体价值取向迁移。要求城乡规划设计专业的同学在学习自然科学的同时，关注党和国家以及社会需求前沿，尊重客观规律，构建可持续的美好人居环境价值取向。

（2）知识：交叉坚实

掌握城乡规划和生态与环境相交叉的基础知识、原

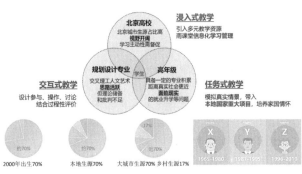

图1 学情分析与对策分析
资料来源：作者自绘.

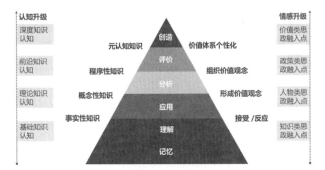

图2 布鲁姆学习能力金字塔与认知和情感分层协同分析图
资料来源：作者自绘.

以学生的发展为中心，培养运用专业知识，具备分析、评价、**解决城乡规划领域中生态与环境相关复杂工程问题的创新实践能力为目标。** 通过架构四维目标使学生能够：

第二象限：思维（高阶创新）：	第一象限：价值（思政引领）：
理解系统思维（生态系统）、平衡思维（生态平衡），补偿思维（环境补偿）等，在实践中进行交叉、迁移、批判和创新的思考。	从注重工程技术转向融合"生态文明"的价值取向，树立"命运共同体"的价值观念，兼具"家国情怀"和"人文精神"。
第三象限：能力（实践挑战）：	第四象限：知识（交叉坚实）：
掌握能够分析、评价相关复杂工程问题，通过文献阅读、案例评价、方案创造、团队协作、绘图、沟通、表达、展示、汇报等能力开展实践。	掌握城乡规划和生态与环境相交叉的基础知识、原理，理解经典案例的内涵，了解生态与环境保护在国际和国内的应用前沿。

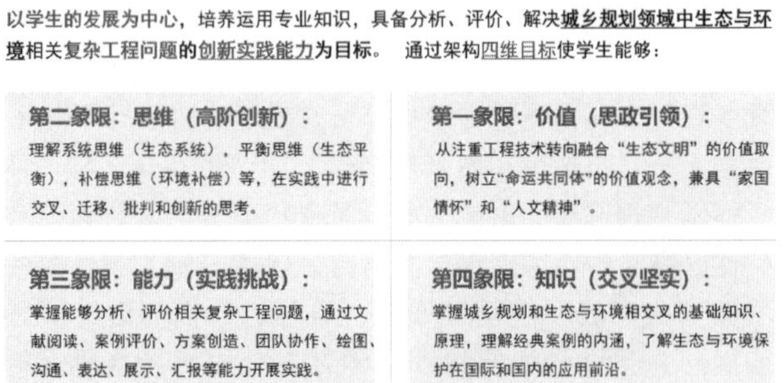

图3 课程思政与教学目标四象限分析图
资料来源：作者自绘.

理，理解经典案例的内涵，了解应用前沿。（b）掌握生态学和环境科学的基本概念。掌握：城乡生态系统的构成要素与基本功能，资源可持续、能源可持续相关知识；（c）理解生态学和环境科学的基本原理。理解：城市生态系统、城乡生态规划、城乡环境规划、城市绿地规划、生态和环境友好相关知识。了解：生态学的基本知识，区域生态适宜性评价，区域生态安全格局建构的基本知识，了解城市与区域生态规划和建设的基本概念与内容。了解城乡环境问题的成因，了解区域环境影响评价的目的、内容及其在城乡规划中的应用。拓展：生态学与环境学经典理论与实践经典案例。

（3）能力：高阶实践

掌握能够分析、评价相关的复杂工程问题的能力，并通过文献阅读、案例评价、方案创造、团队协作、绘图、沟通、表达、展示、汇报等能力，开展实践。（d）熟悉生态学和环境科学与规划设计交叉应用的成功案例。掌握运用"生态学"与"环境科学"的基础知识，对规划设计的案例和具体场地进行深入分析的能力，配合规划设计专业开展实践应用的能力。（e）了解学科交叉对规划设计实践创新启发的趋势。并拓展学生对相关交叉学科的自学能力的培养。（f）培养运用沟通、交流、合作等综合能力，以及阅读文献和使用现代工具开展创新学习的素质。尤其关注高阶能力，如：专业的分析、评价、创造、专业文献阅读、专业规范研读、专业文书表达等能力训练。

（4）思维：挑战创新

（g）培养学生利用学科交叉和专业交叉，形成创新思维。理解系统思维（生态系统），平衡思维（生态平衡），补偿思维（环境补偿），可持续思维（可持续发展）等，在实践中进行交叉、迁移、批判和创新的思考。注重交叉学科思维对规划设计中的复杂工程问题进行整体的、动态的、辩证的、批判的思考和符合逻辑的假设、判断、推理，进而激发创新思维和创新实践。

基于以上四维课程教学目标，以"城乡统筹、规划先行、生态宜居、文化传承"为构架重新整合了教学内容（图4），结合教学实践将科研、实践与教学相融合，构建了IITA教学模式，探索课程思政与课程建设和教改的深度融合（图6）。

图4　教学内容重构与分类分析图
资料来源：作者自绘．

图5　课程思政与教学内容分层协同分析图
资料来源：作者自绘．

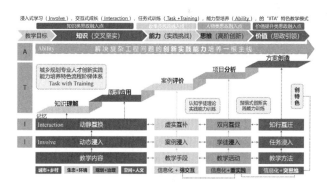

图6　IITA教学模式的构建与课程思政价值引领架构图
资料来源：作者自绘．

2.2　课程思政目标的建设

基于情感认知升级的相关理论从"a接受反应"，到"b价值评价，形成价值观念"，再到"c组织价值观念"，再进入"d价值体系个性化"即"品格形成"。课程思政目标作为价值引领，承担了教学目标第一象限的重要职责。

未来学生将直面"世界百年未有之大变局加速演进和新一轮科技革命和产业变革的机遇"[7]，只有正确且坚实的价值观才能帮助同学们认清方向。本课程经过讨论和大量遴选，从"理论基础、专业优势、科学研究"三个方面设定了课程思政目标：培养学生建设"生态文明""美丽中国"和维护"命运共同体"的可持续发展价值观。

其中"生态文明"代表的是理论基础，"美丽中国"体现的是城乡规划和本课程的专业优势，"命运共同体"承载了本课程背后的科学研究与知识拓展及前沿。这三者具有"元认知"和"价值体系个性化"的特点，是具备高阶性特点的课程思政目标。这三者也能够体现马克思主义的立场和观点，兼具中国特色社会主义和时代新声，能够把马克思主义立场观点方法的教育与本课程科学精神和工匠精神的培养结合起来，提高学生正确认识问题、分析问题和解决问题的能力。

3 课程思政与教学内容的协同

3.1 教学内容的结构化重构

教学内容是课程的根本，也是课程思政建设的基础，如果把课程思政比作"盐"，教学内容就是"水"。本课程通过整理、挖掘、重构109项知识点，结合本领域最新前沿，提出"城市＋乡村、生态＋环境、规划＋治理、空间＋人文"的结构化教学内容（图4）。并尝试将"学科研究新进展、实践发展新经验、社会需求新变化"与以上知识结构配合，形成分层结构。结合认知教育目标分层理论，将"城市＋乡村"作为基础对应事实性认知，"生态＋环境"作为理论对应概念性认知，"规划＋治理"作为实践前沿对应程序性认知，"空间＋人文"作为深度对应深层元认知。

3.2 课程思政与教学内容的融入

为了达成"如盐入水"的效果，在课程设计中需要将课程思政与课程内容深度融合，结合情感认知金字塔模型，在不同教学阶段将：①"知识类思政融入点""传统文化类思政融入点"与知识原理教学融合；②"政策类思政融入点"与案例教学融合；③"人物类思政融入点"与项目分析教学融合；④"价值提升类思政融入点"与方案创造教学融合。以分步、分阶段升级的方式达成"课程思政"与课程内容的层级递进和层层落实（图5）。

4 课程思政对教学模式的引领

本课程在课程建设中不断总结教学模式的构建。以教学内容为基础，将横向的四维教学目标和纵向的五阶学习能力进行交叉，结合信息化手段，融合多种教学方法，构建了浸入式学习、交互式成长、任务式训练、能力型培养的"浸入 Involve ＋ 交互 Interaction ＋ 任务 Task ＋ 能力 Ability"的"IITA"教学模式。

课程运用认知学徒理论和抛锚式创新实践能力培养，以动态浸入式训练实现动静互换的教学内容；以案例浸入式训练实现虚实互补的教学演示；以学徒浸入式训练实现双向互促的教学活动；以任务浸入式训练实现知行互迁的教学方法，并针对不同教学要素形成不同教学阶段过程性与结果性评价。教学模式中的牵引是课程思政的价值引领。教学内容、教学活动和教学方法都以课程思政为导向。时刻将教学阶段与分层目标和课程思政目标相对应，形成既固定又有弹性的教学过程。

5 课程思政与教学评价的呼应

教学评价的公正、科学、准确，也是课程思政的重要映射。评价过程不仅可以引导学生正确公允地评价值观，也可以促进学风建设，培养客观严谨的做人做事风格。本课程结合不同阶段，建立结果性与过程性评价相结合的教学评价体系。

5.1 结果性评价的设计

课前、课后、期末以雨课堂作业提交的结果性评价为主。课前预习答题和课后作业提交都以雨课堂的网络平台为准，并对应具体的分值，同学们会感受到课程整体设计的严谨，传递认真的工作学习态度。

课程期中作业通过设计 Vlog 短视频拍摄，不仅调用本课所学基础知识，还需要自学拍摄和剪辑以及配音等。拍摄空间就是身边的城市生态空间，可以帮助同学们理解生态文明建设就在身边，发现身边的生态文明和美丽中国建设成果。

本课程期末作业，通过设计联合国可持续发展目标在我国的达成情况和我国窑洞建筑的生态特点（图7），让同学们通过调研发掘我国在道路自信和文化自信方面的优势。自己通过查阅资料发掘课程思政的内容往往更容易形成共鸣。

5.2 过程性评价的设计

授课中的参与式课堂以自评、组内互评、组间互评、推选优秀、教师点评相结合（图8）。过程性评价结合多元评价，可以帮助青年同学们有渠道去表达自己的认识，并从侧面了解其他人对自己和本组的评价，可以帮助同学们更好地理解自己，传递客观和积极的评价理念。而老师参与的过程性评价，引入了课程思政的价值引领，更能帮助同学公允地参与过程评价。

6 教学反思与展望

新时代青年对于教与学有了新要求，对课程思政与课程教学在课堂外的协同提出了新需求。本课程在课程思政与课程建设协同中也收获了十余项课程思政奖项和其他教学奖励。依托本课程培养学生荣获第十七届全国大学生"挑战杯"课外科技竞赛作品一等奖（2022）（图9）。课程思政建设得到中国教育电视一台新闻联播

的报道（2021）。教师获评2020~2021第一学期全校最受学生喜爱前十教师（第三名）。

6.1 课程思政建设的教学反思

"百年大计，教育为本。教育大计，教师为本"[8]。在课程思政与课程建设的协同中对教师有了更高的要求。不仅要求教师德高技高，更需要能够及时学习与课程思政相关的经典与前沿内容，融会贯通其内涵，并融入教学、带入课堂、润入人心，将建设"心课"与"金课"协同起来，将政治学习与教学科研双轮驱动融合起来。

6.2 课程思政建设的教学展望

中央多次在高校视察中强调培养"堪当民族复兴重任的时代新人"[9, 10]。新时代的高等教育以培养"德智体美劳全面发展的社会主义建设者和接班人"为目标。这就要求我们未来还需要以课程为载体，以课程思政为引领，继续加强课程建设、教学改革和教学创新。本课程还将在"信息化升级""课程美育""课程劳育""虚拟仿真""三全育人"等方面紧扣时代背景，从课程、

作业案例1：
城市生态空间Vlog（自拍小视频）调研作业
任务式作业，需要调用大量基础知识，并锻炼了学生的组织和主动自学等能力

作业案例2：
联合国17个可持续发展目标，哪些适宜我国，哪些不适宜
隐性思政融入点：道路自信——中国已经完成了多个联合国可持续发展目标
——"一带一路"——我国在不断帮助发展中国家实现可持续发展

作业案例3：
窑洞建筑的生态与环境保护特性
隐性思政融入点："学四史"——延安革命老区的特有建筑形式
文化自信——中国人民利用自然生态的智慧

图7 教学评价与课程思政建设案例
资料来源：作者自绘.

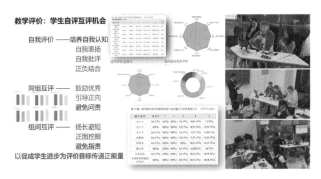

图8 学生自评与互评传递课程公正积极的价值观
资料来源：作者自绘.

图9 本课程课程思政建设的辐射

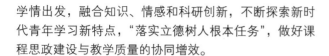

学情出发，融合知识、情感和科研创新，不断探索新时代青年学习新特点，"落实立德树人根本任务"，做好课程思政建设与教学质量的协同增效。

参考文献

［1］ 中国政府网.教育部关于印发《高等学校课程思政建设指导纲要》的通知 [EB/OL].（2020-05-28）[2022-07-09]. http：//www.gov.cn/zhengce/zhengceku/ 2020-06/06/content_5517606.htm.

［2］ 习近平主持召开学校思想政治理论课教师座谈会（2019年3月18日）_滚动新闻_中国政府网 [EB/OL].（2016-12）[2022-07-09]. http：//www.gov.cn/xinwen/2019-03/18/content_5374831.htm.

［3］ 钟瑞添，朱月晨.奋力融通课程思政的"最后一公里"[J].中国高等教育，2022（6）：13-15.

［4］ 习近平：把思想政治工作贯穿教育教学全过程 – 新华网 [EB/OL].（2016-12-08）[2022-07-09] .http：//www.xinhuanet.com/politics/2016-12/08/c_1120082577.htm.

［5］ 洛林·W.安德森.布卢姆教育目标分类学修订版：分类学视野下的学与教及其测评 [M].蒋小平，罗晶晶，张琴美，译.北京：外语教学与研究出版社，2018.

［6］ 魏宏聚.新课程三维目标表述方式商榷——依据布鲁姆目标分类学的概念分析 [J].教育科学研究，2010（4）：10-12，16.

［7］ 习近平：加快建设科技强国 实现高水平科技自立自强 – 新华网 [EB/OL].（2021-06）[2022-07-09]. http：//www.xinhuanet.com/2022-04/30/c_1128611928.htm.

［8］ 北京师范大学牢记嘱托，着力培养党和人民满意的"四有"好老师——弦歌不辍育桃李 砺教兴邦铸师魂 [EB/OL].（2014-09）[2022-07-09]. https：//news.bnu.edu.cn/zx/bsrw/127802.htm.

［9］ 打好堪当民族复兴重任时代新人的"底色" – 新华网 [EB/OL].（2022-04）[2022-07-09] .http：//www.xinhuanet.com/politics/20220524/3b03c7cf42d64e1593b922422a055f8a/c.html.

［10］ 向中国特色世界一流大学迈进——习近平总书记在清华大学考察时的重要讲话激励高校师生砥砺奋进 – 新华网 [EB/OL].（2021-04）[2022-07-09] .http：//www.xinhuanet.com/politics/2021-04/20/c_1127349282.htm.

The Curriculum Ideology of Urban and Rural Ecology with Environment Protection Course Based on of Educational Objectives Taxonomy

Xue Fei   Xia Chuyu   Li Ziwei

Abstract: Curriculum ideology and politics is a principal method to implement the fundamental task of moral education in colleges and universities. The professional courses are important carriers to implement curriculum Civics. How to improve curriculum ideology and politics in professional courses and synergize it with the course education has become the aim of the course *"Urban and Rural Ecology with Environmental Protection"* . The course integrates the upgrading of both knowledge and emotion cognition, reconstructs four-dimensional teaching objectives, four levels of knowledge content, and builds the "IITA" teaching model, by combining Bloom's theory of taxonomy of educational objectives. Through the process and result evaluation, the positive values of fairness are conveyed, at the same time. The curriculum ideology and politics are closely integrated with course education and teaching innovation, and it achieved positive teaching results, as well.

Keywords: Urban and Rural Planning, Taxonomy of Educational Objectives, Curriculum Ideology and Politics, Ecological Civilization, Amazing China

课程思政"点"位说
——"乡建实践"国家一流课程思政教育的出发点、落脚点与着力点

周　骏　陈前虎　程正俊

摘　要：以国家级社会实践一流课程"乡建实践"为例，从课程思政的出发点、落脚点、着力点三方面具体阐述认识和实践。提出培养具有"家国情怀、人本精神、创新意识与实践能力"的顶天立地的乡村规划建设人才，关键在于将思政教育融入专业训练。通过创新教学内容、教学过程与教学组织，拓展第二、第三课堂，建立学生思政品牌载体等途径，从价值塑造、知识传授和能力培养等方面构建思政教育体系，实现全员、全过程、全方位育人。
关键词：乡建实践；课程思政；立德树人；乡村振兴

1 "乡建实践"课程思政教育的出发点

"要坚持把立德树人作为中心环节，把思想政治工作贯穿教育教学全过程，实现全程育人、全方位育人"[1]。全国高校思想政治工作会议，站在实现中华民族伟大复兴的全局和战略高度，科学回答了"高校培养什么样的人、如何培养人以及为谁培养人"这一根本问题，为做好新形势下高校思想政治工作、发展高等教育事业指明了行动方向。

"乡建实践"是一门理论与实践相结合的社会实践课程，开课于2015年，包括"乡建实践Ⅰ""乡建实践Ⅱ"两阶段课程。该课程秉持浙江工业大学"以浙江精神办学，与区域经济互动"的办学理念，以服务国家乡村全面振兴战略和区域经济社会发展为宗旨，聚焦浙江"乡村振兴"实践热点，依托大学生创新创业组织——乡建社，以培养具有"家国情怀、人本精神、创新意识与实践能力"的顶天立地的乡村规划建设与管理人才为目标，结合"乡村规划与设计"理论教学，通过组织学生参与乡村规划竞赛、引导学生进入乡村陪伴建设、鼓励学生推广乡村特色品牌，全过程构建学生能力体系，全方位提升学生在调查、策划、规划、设计、表达五个方面的专业综合技能；将思政教育融入专业训练，通过教学理念、思路、方法、环节的创新，从价值塑造、知识传授和能力培养等方面构建起完整的思政教育体系[2]。

在人才培养计划中，"乡建实践Ⅰ"为城乡规划专业的必修课程，开设在三年级第二学期，计1.5学分；"乡建实践Ⅱ"为城乡规划专业的实践必修课程，开设在三年级第三学期（短学期），计2.0学分。

2020年，"乡建实践"课程被成功认定为国家首批一流社会实践课程，《新农科背景下乡村规划设计人才培养模式改革与实践》同年立项为教育部首批新农科研究与改革实践项目；2021年，"乡建实践"被认定为浙江省首批课程思政示范课程，浙江工业大学乡村规划与设计教学团队获批浙江省第一批课程思政示范基层教学组织，浙江工业大学城乡规划师生联合支部获批浙江省第二批党建样板支部。

2 "乡建实践"课程思政教育的落脚点

乡村振兴，关键在于人才培养，基础在于课程建设，核心在于思政教育。课程思政指以构建全员、全过程、全要素育人格局的形式将各类课程与思想政治理论课同向同行，形成协同效应，把"立德树人"作为教育的根本任务的一种综合教育理念[3]。

乡建实践课程以培养"具有家国情怀、人本精神、

周　骏：浙江工业大学设计与建筑学院副教授
陈前虎：浙江工业大学设计与建筑学院教授
程正俊：浙江工业大学设计与建筑学院城乡规划硕士研究生

创新意识与实践能力，能在乡村建设领域从事策划、规划、设计与管理工作的高级应用型专业人才"为目标，秉持"知行合一、道法一体、顶天立地"的教学理念，努力提升学生的价值观和责任感，发乎于心、践之于行，顺乎于势、止乎于理[4]。

本课程的实践表明，课程思政中强调的"思政"主要是指"育人元素"，不是平常狭义讲的"思政"。只要是对学生人生成长有积极引导，有助于激发学生的爱国、理想、正义、道德等正能量的都应当是属于课程思政的范畴[5]。其中的关键，在于将思政元素潜移默化地融入专业教育的"钻石能力"训练体系之中（图1）。

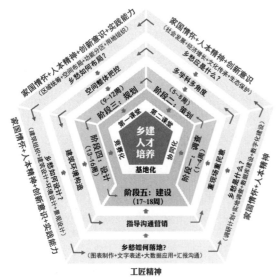

图1　全过程课程思政融入的"钻石能力"训练体系

2.1　重塑价值体系，细化教学评价，培养红专创新型人才

以"党建共建"形式建立校外课程实践基地，将"家国情怀"思政元素全过程融入"钻石型"的专业技能价值训练体系，通过广泛的现场调查、问需，多方的沟通、交流，以及缜密的思考、权衡与推理等过程，使学生对于好的设计"是什么（调查）、应该是什么（策划）、怎么落实（规划＋设计），以及这些过程如何展示（表达）"等问题有系统认知、科学理解与准确把握，从而不断提升和优化学生的价值观与方法论[6]；细化与"钻石能力"相匹配的"五阶段"全过程教学评价制度。

2.2　重组知识体系，优化教学内容，培养精通复合型人才

以乡村规划设计"三层次"技术体系为中轴，以原理技能类知识（精专）和人文社科类知识（通识）为两翼，及时补充更新现代新的知识与技术（如数字化建模、大数据及其应用），从宏观、中观到微观循序渐进嵌入三大竞赛模块；每个模块分别根据现实需求与主要的设计机构、大型企业或地方政府以"党建共建"形式签订战略合作协议，建立并不断扩充完善课程项目需求库，实现教学过程基地化，并通过现场或线上云端调研，使所有设计课程"与时俱进、真题真做"。

2.3　重构教学组织，强化教学激励，培养实干应用型人才

通过"基地化＋竞赛化＋协同化"，重构教学组织方式，搭建由高校、设计院、开发企业和地方政府共同组成的多元协同的教学联盟，打造"共谋（任务书）、共教（学生）、共评（作品）、共享（设计成果）、共用（毕业生）"的"五共"人才培养与教学组织模式[7]；不断优化"干中学"的教学激励机制，通过基地竞赛持续激发学生的动力、潜力和能力，提高学习和设计过程中的主动性、积极性和创造性，使学习时间由课内延伸到课外，由第一课堂延伸到第二课堂，由学期内延伸到学期外。

3　"乡建实践"课程思政教育的着力点

始终秉持"知行合一、道法一体、顶天立地"的教学理念，引导学生建立课程思政第二课堂——乡建社、智农三宝、新三农思政讲堂等学生自创的思政品牌载体，通过教学内容、教学过程与教学组织的创新，真正实现全员、全过程、全方位育人目标。

3.1　课程总体设计

实践教学是高校思政课的重要组成部分，与理论教学构成有机统一的整体[8]。直面现实困境与教学改革需求，"乡建实践"课程建设与"乡建社"携手共进，形成多模块实践、多主体参与、多基地建设、多层次思政的课程内容与资源建设路线，构建"三三三三"的课程设计总路线（图2），并细化形成课程教学内容（表1）。

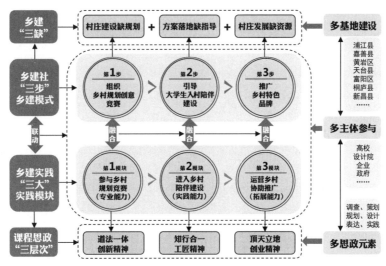

图2　课程设计总路线

"乡建实践"课程教学内容与思政元素　　　　　　　　　　　　　　　　　表1

课程章节		学时	专业知识培养要求	重要思政元素
乡建背景与知识基础	（1）绪论：高质量乡村振兴之路 （2）地理信息数据库与乡村数字化建设内容与方法 （3）乡村规划设计内容与方法	理论8学时	了解乡村振兴经济动力学说；认知改革开放以来浙江省乡村发展兴衰过程；掌握乡村调查、数字建设、规划设计、实践竞赛的主要原理、方法与技能	系统认知、科学理解乡村规划建设的背景与内涵；培养激发同学们的家国情怀
乡村调查与地理信息数据库建设	（1）城乡基础调查研究方法 （2）乡村实地调查：社会经济文化与自然资源环境，建筑庭院空间与节点景观环境，乡村要素系统入库数据 （3）乡村地理信息库建设、乡村调研报告撰写	理论实践8学时	掌握乡村调查研究的主要原理、方法与技能，走进乡村，实地开展乡村调查，熟悉乡村调研内容与方法，理解与掌握地理信息数据库建设与乡村数字化建设，并形成现状调研报告	树立正确的价值观，了解乡村民情，尊重历史文化，强调实事求是与人本精神
乡村规划设计	（1）村域规划 （2）居民点规划 （3）村庄设计	实践12学时	掌握乡村规划设计主要原则与主要内容，开展村域规划、村庄居民点规划、村庄设计等实践	树立正确的价值观，建立科学方法论，强调科学精神与创新意识
组织联合设计与竞赛	（1）"党建共同体"理论内涵与实践内容 （2）结合学习掌握的理论方法，以及前期完成的乡村地理信息库，深化"乡村云"调查平台建设 （3）组织并参加联合设计与竞赛	实践4学时	依托"党建共同体"建设，进一步落实乡村基地竞赛任务书；依托乡村地理信息库，建设"乡村云"调查平台；组织大学生规划方案竞赛；依据大赛任务，优化设计方案，准备竞赛成果	党建引领，加强党组织生活，推进党支部建设；缜密思考、权衡推理、善于表达，提升学生综合素质，确立强大的领导力
陪伴乡建	（1）目标与环节 （2）内容与方法 （3）问题与难点	实践2天	介绍与示范陪伴乡建各环节的内容与方法，使学生了解陪伴乡建的主要实践环节、内容及其程序和方法	强调知行合一的理念意识与工匠精神，锻炼培养城乡规划师职业素养
陪伴设计	（1）片区与建筑设计 （2）景观与节点设计	实践2天	根据村庄现状建筑与景观节点改造需求，合理运用村庄设计方法，开展片区与建筑设计、景观与节点设计	培养职业道德，提升审美和人文素养，传承与弘扬中华优秀传统文化

续表

课程章节		学时	专业知识培养要求	重要思政元素
陪伴 建设	（1）指导基础设施建设 （2）指导建筑景观建设	实践 3天	基于陪伴规划设计成果，分项目跟踪服务，作陪伴式建设指导	知行合一、工匠精神、创新意识
陪伴 运营	（1）规划宣讲与三农讲堂 （2）乡村运营理论教学 （3）网站、公众号线上宣传与推广 （4）企业对接，开展线下运营	实践 3天	向村民们讲解规划、设计、实施、推广意图与目标，让村民理解规划设计内容，助力乡建实施；结合"乡建云"，通过线上网站建设、公众号推送，开展线上宣传与推广，助力一村一品；团队入村开展乡村运营活动	践行两山理论，增强文化自信、制度自信与民族自豪感

"乡建社"开创了设计类大学生助力乡村建设新模式——通过组织乡村规划创意竞赛、引导大学生入村陪伴建设、推广乡村特色品牌，解决乡村建设缺规划、缺指导、缺资源等"三缺"困境。课程结合"乡建社"的"三步"乡建模式，形成了乡村规划竞赛、陪伴乡村建设、运营推广品牌等"三大"实践模块，应对专业能力、实践能力、拓展能力分别形成"道法一体 + 创新精神""知行合一 + 工匠精神""顶天立地 + 创业精神"等三层次课程思政。通过多年实践，"乡建社"与"乡建实践"课程建设得到了普遍认可，激发了学生助力乡建的动力、潜力和能力，提高了学习和实践过程中的主动性、积极性和创造性；目前已与省内主要的设计机构（7家）、大型企业（5家）、地方政府实践基地（>10家）签订战略合作协议，县镇村多基地、校企地多主体参与协同教学。

3.2 教学组织与方法

重构实践教学组织方式，处理好实践流程与课程实践模块、实践环节、实践内容、实践教学主体之间的关系，创新实践教学方法（图3）：一是不断完善实践教学内容，"三大"实践模块结合"乡建社"实践流程，各模块上下延续各自形成"三阶段"实践环节，并进一步细化实践内容；在各模块前置理论基础教学内容（占10%~20%）；二是不断优化"干中学"的教学激励机制，通过参与竞赛、入村陪伴、线上线下推广乡村特色品牌持续激发学生的动力、潜力和能力，提高学习和实践过程中的主动性、积极性和创造性，使实践学习时间由课内延伸到课外，由学期内延伸到学期外；三是搭建由高校、乡建社、设计院、开发企业和地方共同组成的多元协同的实践教学联盟，形成了"共谋（任务书）、

共教（学生）、共评（作品）、共享（实践成果）、共建（基地）、共用（毕业生）"的"六共"乡建人才培养与课程组织方式。

4 教学案例——浙江省浦江县潘周家村

潘周家村位于杭州西南约70km处，是浙江省历史文化名村、浙江省美丽宜居示范村，拥有悠久的"古厅堂"建筑文化和著名的"一根面"非物质文化遗产。依托"乡建实践"课程与"乡建社"学生社团组织，历时7年陪伴，"三步"助力潘周家村实现旧貌换新颜：第一步，举办2015全省首届大学生乡村规划与创意竞

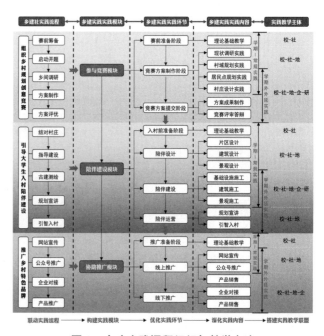

图3　乡建实践课程组织与教学方法

赛,浙江工业大学优秀方案团队牵手潘周家村;第二步,常态化开展周末或暑期乡建第二课堂,全过程陪伴指导潘周家村建设;第三步,不定期组织策划各种活动,合作运营并助推"一根面"登上中国梦想秀舞台(图4)。

5 "乡建实践"课程建设成效

"乡建实践"开课7年来,以培养红色卓越人才为目标,强化课程思政融入;以服务区域经济社会发展为宗旨,强化多主体协同的基地建设,走出了一条城乡规划教育适应乡村振兴人才需求的可行路径,取得了显著成效。

5.1 思政教育成效显著,创新应用成果突出

"知行合一、道法一体、顶天立地"的思政教育理念锤炼了学生,培养了一大批又红又专的乡村建设紧缺人才,近五年来有2人当选校学生会主席,2人当选省

学联主席;学生创新创业氛围浓厚,成立了大学生全程参与乡村建设的组织机构——"乡建社"与"智农三宝",建立了网站和微信公众号,分别获得第五届、第七届"互联网+"大学生创新创业大赛浙江省赛金奖、全国总决赛银奖和铜奖;与省内大型科研机构、开发企业及各级政府合作共建了一批产学研基地,打造了一批由学生主创设计并付诸实施的网红小镇和乡村,如联合国"地球卫士奖"样板工程新昌镜岭镇、黄岩半山全国传统村落保护名村、浙江省美丽宜居示范村潘周家村等,产教融合机制已产生显著的经济社会效益。

5.2 课程建设成绩斐然,教学研究成果丰硕

"乡建实践"获首批国家一流实践课程,浙江省首批课程思政示范课程;"乡村规划与设计"等6门相关课程获省一流课程,有力支撑了城乡规划和建筑学2个国家一流专业建设;主持教育部首批新农科教学改革及10多项省部级教研项目;出版了《城乡空间社会调查》与《乡村规划与设计》2部教材、10部学生作品集和系列教研论文,其中,《实践引领下的"竞赛嵌入"式教学设计》获2018年全国城乡规划专业教研优秀论文奖,2部教材入选住房和城乡建设部"十四五"规划教材,多次重印,深受学生喜爱。

5.3 改革实践广受瞩目,示范推广价值突显

"基地化+竞赛化+协同化"的教学组织模式已产生积极的社会响应。2015年至今,"乡村规划与创意设计"大赛已从省内到长三角、再到国内100多所院校的积极参与,以及50多个大学生实践基地的建立、20多家设计院与开发企业的广泛深度合作,其反响之热烈、参与面之广泛,前所未有;发生疫情以来,为减少人员聚集,我校通过建设数字乡村基地、在杭高校设计联盟的形式就近服务于杭州周边乡村建设。人才培养的创新实践得到了社会的广泛认可、业内专家的高度肯定,中国教育网、人民网、中国新闻网、中央人民广播电台及浙江三大官媒进行了广泛报道,获得了2018年度全国城乡规划专业教学实验创新奖;教学团队多次被评为校优秀基层教学组织,2021年获批浙江省第一批课程思政示范基层教学组织,联合支部获批浙江省第二批党建样板支部。

图4 潘周家村乡建实践"三步"场景

参考文献

[1] 习近平. 把思想政治工作贯穿教育教学全过程，开创我国高等教育事业发展新局面［N］. 人民日报，2016-12-09（1）.

[2] 韩宪洲. 课程思政：新时代中国特色社会主义高等教育的理论创新与实践创新［J］. 中国高等教育，2020（22）：15-17.

[3] 韩宪洲. 全面推进课程思政建设的逻辑进路探析［J］. 中国高等教育，2021（6）：31-33.

[4] 张尚武. 乡村规划：特点与难点［J］. 城市规划，2014（2）：17-21.

[5] 刘建军. 课程思政：内涵、特点与路径［J］. 教育研究，2020（9）：28-33.

[6] 陈前虎. 乡村规划与设计 [M]. 北京：中国建筑工业出版社，2018：105-107.

[7] 吴唯佳，冷红，任云英，等. 联合教学共促规划学科发展［J］. 城市规划，2020（3）：43-56.

[8] 莫茜. 抓好新时代高校思政课实践教学创新［J］. 中国高等教育，2021（2）：39-40.

[9] 陈前虎，刘学，黄祖辉，等. 共同缔造：高质量乡村振兴之路［J］. 城市规划，2019（3）：67-74.

[10] 周骏，王娟，陈前虎. "五态融合"范式的景区村庄规划设计探索——以浙江省 A 级景区村庄石壁湖村为例［J］. 浙江工业大学学报（社会科学版），2019（3）：298-303.

The Theory of "Point" in Curriculum Ideological and Political Education —— The Starting Point，Foothold and Focus of Ideological and Political Education in "Rural Construction Practice"

Zhou Jun　Chen Qianhu　Cheng Zhengjun

Abstract: Taking the national first-class social practice course "Practice of Rural Construction" as an example，the knowledge and practice will be explained in detail from three aspects: the starting point，the foothold and the focus of the curriculum ideological and political education. It is proposed that the key to cultivating indomitable rural planning and construction talents with "family and country feelings，humanistic spirit，innovative consciousness and practical ability" is to integrate ideological and political education into professional training. Through the innovation of teaching content，teaching process and teaching organization，expanding the second and third classroom，the establishment of students' ideological and political brand carrier，etc. the ideological and political education system is constructed from the aspects of value shaping，knowledge transfer and ability training，so as to realize the full，full process and all-round education.

Keywords: Rural Construction Practice，Curriculum Ideological and Political Education，Fostering Virtue Through Education，Rural Revitalization

画乡土国色，育工匠精神*
——"乡村规划设计"课程思政基因图谱构建与教学设计研究

乔 晶 耿 虹 乔 杰

摘 要："乡村规划设计"课程是面向新时代国土空间规划人才需求的主干课程，也是服务国家乡村振兴人才培养战略的专业课程。如何实现专业教育与思政育人的协同性目标，需要在教学设计层面真正实现二者长期的贯穿与融合。以知识基因理论为基础，提出以"画乡土国色、育工匠精神"为总体思路，建构"乡村规划设计"课程思政基因图谱，作为课程思政教学设计的基础。进而围绕教学设计的三个环节：教学目标、教学环境与教学内容，提出"价值塑造＋知识传授＋能力培养"三位一体的教学目标引领、"全过程渗透＋多主体参与＋开放性评估"的教学环境营造与"贯穿式浸入＋持续性反馈＋融合性创新"的教学内容设计实践路径。最终以华中科技大学"乡村规划设计"课程为例，对其持续性教学实践基地的建设与课程思政的教学实践成果进行介绍，作为教学设计研究的实践借鉴。

关键词：乡村规划设计；课程思政；教学设计；基因图谱

1 "乡村规划设计"课程思政的教学设计必要性

1.1 课程思政的教学设计背景

2020年5月，教育部印发《高等学校课程思政建设指导纲要》，明确提出思想政治教育贯穿人才培养体系、全面推进高校课程思政建设的总体目标，为高校课程思政的教学设计建构了总纲。"课程思政"作为"隐性思政"的主要形式，通过将思想政治教育融入专业课程教学过程中，以"价值塑造＋知识传授＋人才培养"三位一体的内容体系，与"显性思政"互促互补，共同形成全课程育人格局[1]。如何深入贯彻习近平总书记关于教育的重要论述、科学设计课程思政教学体系，针对学科特色和优势深入挖掘其专业知识体系中蕴含的思想价值和精神内涵，拓展专业教育的广度、深度和温度，是推进习近平新时代中国特色社会主义思想铸魂育人的重要实践。

1.2 "乡村规划设计"课程思政的教学设计概况

"乡村规划设计"课程是面向新时代国土空间规划人才需求的主干课程。在华中科技大学城乡规划学专业的培养体系中，该课程是为本科三年级学生开设的专业核心课程，是衔接高年级其他城乡发展理论与规划设计的实践性课程。同时，也是本硕博乡村规划精细化培养体系的重要基础。从课程思政的角度来看，"乡村规划设计"具有天然的课程思政属性，以国家乡村发展与振兴战略为导向，是具有国情教育、家国情怀、传统文化、法制教育等课程思政元素与价值内涵的重要教学单元。因此，顺应新时代发展与育人要求，明确"乡村规划设计"的课程思政建设目标，抓准、抓实其内容、要求并创新落实教学方法，对充分贯彻"将论文写在祖国大地上"的专业教育目标与立德树人的课程思政目标，具有重要的探索意义与实践价值。

当前，部分专业课程与思政教学仍然存在"两张

* 基金项目：①华中科技大学教学研究项目："画乡土国色，育工匠精神"——乡村规划设计课程思政的教学设计研究；②华中科技大学研究生思政课程和课程思政示范建设项目：镇村规划设计（课程思政示范建设）。

乔　晶：华中科技大学建筑与城市规划学院讲师
耿　虹：华中科技大学建筑与城市规划学院教授
乔　杰：华中科技大学建筑与城市规划学院讲师

皮"的教学格局[2]，以"植入式"教学方式为主，未能很好地形成育人合力、发挥出课程思政育人的功能。因此亟待系统地探索如何从教学设计层面将二者长期持续地贯穿与融合，真正实现专业教育与思政育人协同的教学目标。依据认知结构理论，建构以"学"为中心的教学设计体系更加能够契合课程思政的协同育人目标，同时，要围绕教学设计中的目标建构、环境设计与内容体系三大板块形成专业培养与课程思政长期浸润的培养体系，建立二者持续的、稳定的耦合关系。因此，本文以知识基因理论为基础，挖掘与表达"乡村规划设计"课程思政基因，以"画乡土国色、育工匠精神"为教学目标，构建专业教育与课程思政融合的长效培养机制，为乡村振兴战略的人才培养工程提供可借鉴的路径探索。

2 "乡村规划设计"课程思政的基因识别与图谱构建

2.1 作为教学设计前置研究的"乡村规划设计"课程思政的基因识别

教学设计（Instructional Design）是连接学习理论、教学理论与教学实践的桥梁[3]，需要根据专业课程要求与教学对象特点科学有序安排教学要素，以适用性的教学目标、教学环境与教学内容作为强化自主学习与协作学习效果的手段（图1）。而挖掘和梳理专业课程的教学要素是教学设计的必要性前置研究，也是保证教学体系契合育人导向并可持续更新的重要基础。

图 1 教学设计的作用
图片来源：作者自绘.

"乡村规划设计"作为城乡规划专业的实践类课程，既要"画乡土国色"——以乡村认知、乡村规划、乡村建设、乡村治理等专业能力培养为核心，也要"育工匠精神"——围绕家国情怀、责任意识和文化道德修养的思政育人板块，挖掘符合专业能力塑造与课程思政育人要求的课程基因要素，作为教学设计前置性研究（图2）。尤其是在巩固脱贫攻坚成果向乡村振兴有效衔接的过渡阶段，乡村规划设计课程承担了更多的综合育人职责。

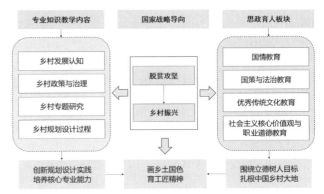

图 2 "乡村规划设计"课程思政的教学设计框架
图片来源：作者自绘.

2.2 "乡村规划设计"课程思政的基因图谱

与生物基因相似，知识基因在复制与传播的过程中也具有代际传递与更新优化的过程[4]。"乡村规划设计"课程思政的基因图谱，是建立在乡村规划设计专业能力培养与思政育人的双重目标体系之上形成的可识别、可传播、可更新的知识基因体系，既是教学设计的依据，也需要通过教学设计来完成知识的传达（图3）。知识基因遵循"基因复制—基因变异—基因图谱"的遗传法则，在特定的教学环境中通过教学目标和教学组织翻译为知识图谱，从而以结构化的形式完成知识传达与优化更新的过程。其中，教学目标不仅要结合主体的认知与实践特色，也要基于社会环境对知识内容的选择，形成"适应"+"自然选择"的基因转录通道，以科学合理的教学组织方式建立符合认知结构的教学内容体系，以实现知识基因的变异与转录。而基因变异、转录与翻译的过程，都需要在具有认知条件与正向促进作用的教学环境中进行。

"乡村规划设计"课程本身包含了乡村问题、乡村规划、乡村建设、乡村振兴等教学内容，与课程思政中的国情国策、传统文化、劳动德育等元素天然贯通。因此综合考量乡村规划专业课程的核心能力培养与思政育

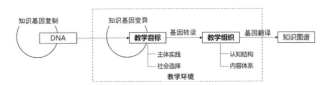

图 3 知识基因图谱的构建与教学设计的关系
图片来源：作者自绘.

人的目标导向，结合课程阶段性安排与学生认知序列规律，构建"乡村规划设计"课程思政基因图谱。图谱以乡村发展现状认知、乡村政策与法规解读、田野调查与专题研究、乡村规划与设计为专业教育板块，国情教育、国策和法制教育、中国优秀传统文化教育、价值观与职业道德教育为相对应的思政育人板块，形成相互浸润、相互渗透的知识图谱，并且随着国家战略与社会经济发展的推进，知识图谱也可以持续更新，与专业能力培养形成互馈互进（图4）。

图4 "乡村规划设计"课程思政基因图谱
图片来源：作者自绘.

3 基于课程思政基因图谱的"乡村规划设计"教学设计路径

知识基因图谱的传达与更新需要教学设计来实现。"乡村规划设计"课程兼具理论认知与实践引导，因此更应通过领域明确的目标体系、多元适应的教学课堂与丰富融合的教学内容组织教学设计实践。在课程思政基因图谱的基础上，遵循教育教学规律，以凝聚人心、完善人格、开发人力、培育人才、造福人民为终极教学目标，加强学生对乡村振兴国家战略的理解、深化学生对乡村发展国家安全保障基础作用的价值认知、培养描绘乡村作为农业生产与农民生活美好愿景的能力。

3.1 "价值塑造 + 知识传授 + 能力培养"三位一体的教学目标引领

育人目标是顶层设计，如何围绕乡村规划设计服务于国家乡村发展战略的核心目标，制定专业教育与立德树人相融合、知识体系与思政元素相贯通的育人目标体系是教学设计的基础问题。探索"价值塑造 + 知识传授 +

能力培养"三位一体的课程思政教学育人模式，立足乡村振兴的国家战略与规划设计的能力目标，以培养具有"话"大国之美的价值认知、"画"大地之美的知识技能与"划"乡村振兴的实践责任的"三位一体"人才为目标，探索建构"三位一体"的课程思政教学育人模式，以思促研、以研兴教、以教润思、以思壮材，深化对课程思政理论和实践价值的认识。

3.2 "全过程渗透 + 多主体参与 + 开放性评估"的教学环境营造

立足专业教育与课程思政紧密融合的特点，从教学内容中彰显大地之美与乡土国色。在专业理论与实践训练贯通的基础上进一步强化专业教育与课程思政的有机融合与组织，将课堂专业知识与乡村建设发展的国情国策相贯通，形成可持续的互动式课程教学内容。通过营造"全过程渗透 + 多主体参与 + 开放性评估"的课程思政教学课堂，润物无声、春风化雨地将课程思政内容渗透进乡村规划设计的乡村认知、田野调查、专题研究与规划设计全过程中，将"读万卷书"与"行万里路"相结合，拓展教学课堂的广度、深度与温度，为学生提供深度扎根中国乡村大地、深入了解国情民情的实践机会，邀请专业教师、乡村居民、能人巧匠、基层干部等多主体参与教学设计并进行开放式评估，持续性跟踪与检验课程思政的教学反馈（图5）。

3.3 "贯穿式浸入 + 持续性反馈 + 融合性创新"的教学内容设计

挖掘乡村规划设计培养中课程思政的育人资源，从

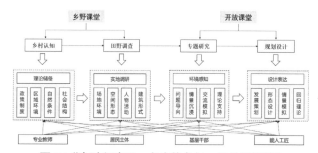

**图5 "全过程渗透 + 多主体参与 + 开放性评估"
的教学环境营造**
图片来源：作者自绘.

教学内容层面推进课程思政全面、持续、渗入专业教学。乡村规划设计课堂立于田野大地之间，涉及乡村社会的发展和中国大学生报效祖国的理想熏陶和能力培养，深度挖掘专业课程中包含的"真—善—美"育人资源，是构建立德树人长效机制，实现全员、全程、全方位育人的重要举措。为达到"浸入式+综合性+目标型"服务国家战略的课程思政教学效果，需要建立"贯穿式浸入 + 持续性反馈 + 融合性创新"的教学内容体系，在专业培养中无形引导学生坚定为乡村振兴战略服务的理想信念，在田间课堂增长知识、见识，在调研访谈中培养爱国爱民与艰苦奋斗、实干兴邦的朴素精神，在潜移默化中丰盈家国情怀，提升规划设计的专业综合素养，以贯穿浸入式的教学内容融合、持续性反馈的能力认知巩固、融合性创新的人才培养战略，达到服务乡村振兴国家战略的总体目标与教学效果。

4 教学实践与成效——以华中科技大学"乡村规划设计"课程为例

华中科技大学"乡村规划设计"课程以"1（专业资深教授）+1（教学指导教授）+5（专业教师）"的顶层设计架构，作为教学设计与组织的长效支撑机制。其中，专业资深教授长期专注于我国镇村建设理论与实践领域的研究，持续参与国家战略引领下的精准扶贫与乡村振兴工作，且具有乡村规划领域本硕博贯通式的教育知识体系储备和人才培养经验；教学指导教授则持续深耕教学领域，能够对课程思政元素的挖掘及其与专业能力培养的融合提供持续性指导；专业教师团队则主要负责知识基因图谱的传达与落实，与学生时刻保持良好的沟通。华中科技大学乡村规划教学团队的建立，为课程思政的专业性、创新性与有效性提供了有力的支撑，也在教学的实践中取得了一定的成效。

4.1 多元化拓展的持续性教学实践基地

2015 年以来，华中科技大学承担了中央定点扶贫云南省临沧市临翔区与湖北省孝感市孝昌县巴石村的帮扶任务，建筑与城市规划学院作为主要力量持续深度参与规划帮扶工作（其中临翔区于 2018 年底全部脱贫，重点贫困村巴石村于 2017 年完成"户脱贫、村出列"任务）。同时，教学组也承担了武汉市乡村发展研究课题，对大都市地区郊野空间进行重构研究。以此为契机，"乡村规划设计"课程在中西部建立了持续的教学实践基地，提供了从脱贫攻坚向乡村振兴的发展全过程、地域全覆盖、类型多元化的教学环境（表1），为教学设计的实践奠定了坚实的基础。从发展过程来看，教学实践基地从脱贫攻坚到衔接乡村振兴，到高度城镇化地区的乡村多元化发展，都提供了持续可跟踪的教学样本，依托乡村规划设计的专业特色，使学生在乡村大地中切实感受"上下同心、尽锐出战、精准务实、开拓创新、攻坚克难、不负人民"的脱贫攻坚精神，深入基层认知乡村的发展现状，着力培养学生的使命担当和家国情怀，帮助学生充分理解不同发展阶段的乡村特征与模式，更直观地感知思政育人的国情教育板块；从地域来看，教学实践基地跨越了西南欠发达山区、中部丘陵地区与大都市周边地区，涵盖了多元化的地理资源与社会特征类型，不仅在专业能力训练层面拓宽了学生对于乡土中国的理解，也为学生营造了真实的思政育人环境，能够直接与乡村空间、乡村居民、基层管理者等乡村发

"乡村规划设计"课程的教学实践基地与思政育人环境　　表1

教学基地	专业能力训练导向	思政育人环境特色
武汉市新洲区汪集街全域	1. 大都市地区乡村的多元化发展与振兴模式 2. 乡村旅游导向下的郊野单元规划与设计 3. 城乡公共服务设施生活圈布局	快速城镇化地区的乡村国情 城乡关系视角下的乡村认知
孝感市孝昌县巴石村	1. 中部丘陵地区脱贫乡村的振兴 2. 乡村空心化与老龄化问题研究 3. 乡村公共空间设计	农业生产与粮食安全的国策 人群需求导向下的乡村规划
云南省临沧市临翔区全域乡村	1. 滇西南生态脆弱乡村空间组织 2. 滇西南脱贫后乡村的振兴发展 3. 山地农村居民点布局	生态文明思想的乡村实践 中国特色反贫困理论认知
	1. 滇西南民族特色村落保护 2. 特色乡村营造模式 3. 特色乡村文化的空间传承	中国特色地域文化认知 传统文化保护与传承
	1. 产村融合式的乡村振兴模式 2. 特色产业导向下的乡村空间布局 3. 乡村治理模式	乡村振兴战略下的实践 基层乡村治理制度

资料来源：作者自绘.

展要素产生互动，近距离完成课程知识基因图谱的传达与感知。持续性教学实践基地的建设充分为学生提供走进乡村大地的机会，高度升华了学生对美丽中国、魅力乡村的专业认知与价值情感。

4.2 双目标育人导向下的教学实践成果

华中科技大学"乡村规划设计"课程始终将理论层面的乡村发展规律解读与设计层面的乡村规划建设紧密融合，采用"基地+课堂"，即"田野实践调查+课堂理论学习"的形式，生动诠释理论教学和实践教学的相互关系，拓展课程思政教学空间，延伸高校社会服务职能。以培养学生"大国三农"情怀的思政教学与"工匠精神"素养的专业赋能为双目标育人导向，在专业教学中以坚定理想信念、担当历史使命为宗旨，发挥专业优势，为培养"驻村规划师"做好人才教育，助力乡村振兴。在专业教育方面，"乡村规划设计"充分运用大学生乡村社会调查竞赛、全国大学生乡村设计竞赛等专业技能检验机会，夯实学生对乡村发展规划的理论研究能力和设计实践水平。课程开设以来，每年均会有学生在全国大学生乡村设计竞赛中取得优异的奖项（图6），不论是在现场研读、问题分析、发展定位还是空间布局、节点设计与乡村建设，都体现了学生从宏观到微观的问题分析与空间表达能力。

在课程思政方面，教学师生团队充分把握挑战杯、三下乡社会实践、青年红色逐梦之旅、党旗领航等社会实践、志愿服务、实习实训活动，拓展围绕乡村规划设计的课程思政建设方法和途径，实现"画乡土国色"的专业能力培养目标与"育工匠精神"的思政育人目标的

互促共融。在脱贫攻坚全面决胜、乡村振兴接续而至的战略阶段，课程已持续在湖北、陕西、山东、云南、贵州等地进行基地式教育，并拓展了江苏、浙江等地的乡村调研，连续三年开展中日（日本东北大学）乡村联合设计，使得学生对中国乡村的发展认知具有国际视野。课程的一系列教学实践中，不仅培养出了大批能够深入乡土田野中展开研究的优秀学子（图7），教学成果也以作品集、调研报告等形式整理成册，作为持续性的教学案例。其中，2021年前往云南临翔开展的"党旗领航重温红色精神、设计下乡助力乡村振兴"暑期社会实践成果获得了湖北省"三下乡"社会实践优秀团队（图8）；教学实践基地中的云南南美拉祜乡与昔归小镇入选2021年教育部学位与研究生教育发展中心立项的主题案例。教学成效为教学实践的延续提供了重要的支撑与平台，

图7　调研现场
图片来源：课程组摄制.

图6　2021年全国大学生乡村规划设计竞赛获奖作品
图片来源：学生作业.

图8　社会实践成果
图片来源：课程组摄制.

也使得课程思政的基因图谱具有传递与更新的可能。在专业教育与思政育人的双目标互促共融下，"乡村规划设计"课程也将逐步具有正向反馈与持续更新的内在机制，更好地服务于国家"乡村振兴"战略的人才培养目标。

5 结语

胸怀"两个大局"，心系"国之大者"，以立德树人为根本目标是高校课程思政的本质内涵[5]。而"育什么样的人"始终需要从专业能力培养的核心出发方能彰显思政价值引领作用。"画乡土国色"是城乡规划对中国乡村认知、感知与熟知的专业表达通道，而"育工匠精神"则是城乡规划服务于乡村振兴、服务于国家战略的价值目标。面对人才培养、规划实践以及新时期国家发展的多元要求，探索具有适应性、传承性与反馈性的课程思政知识基因图谱与教学组织方式是城乡规划专业高校教育的时代使命与职责。"乡村规划设计"课程仅仅是城乡规划专业中的一个缩影，虽成效显著但依然具有更多探索的空间，期望立足对专业能力培养、课程思政

育人与综合能力培养的目标响应，为课程思政育人的持续性探索增添更多的亮点。

参考文献

[1] 陆道坤 . 课程思政推行中若干核心问题及解决思路——基于专业课程思政的探讨 [J]. 思想理论教育，2018（3）：64–69.

[2] 高德毅，宗爱东 . 从思政课程到课程思政：从战略高度构建高校思想政治教育课程体系 [J]. 中国高等教育，2017（1）：43–46.

[3] 何克抗 . 教学设计理论与方法研究评论（上）[J]. 电化教育研究，1998（2）：3–9.

[4] 李彦群，任绍斌，耿虹 . "文化基因遗传"视角下民族文化遗产整体性保护 [J]. 城市发展研究，2021，28（2）：74–82.

[5] 韩宪洲 . 课程思政的发展历程、基本现状与实践反思 [J]. 中国高等教育，2021（23）：20–22.

Painting Local Colors, Cultivating Craftsman Spirit: Research on the Construction of Ideological and Political Gene Map and Teaching Design of Rural Planning and Design Course

Qiao Jing   Geng Hong   Qiao Jie

Abstract: Rural Planning and Design is a main course for talents in the new era of territorial space planning and a professional course that serves the national talent training strategy for rural revitalization. How to realize the cooperative goal of professional education and ideological and political education needs to realize the long-term penetration and integration of the two in the level of instructional design. Based on the theory of knowledge gene, this paper puts forward the general idea of "drawing local national colors and cultivating craftsman spirit" and constructs the gene map of ideological and political course of Rural Planning and Design as the basis of ideological and political teaching design of the course. Then around the instructional target, environment and content, put forward the path of instructional practice. Including the trinity of instructional objectives, adaptive instructional environment and rich content. Finally, taking the rural Planning and Design course of HUST as an example, the paper introduces the construction of the sustainable teaching practice base and the instructional practice results of the course ideology and politics, as a practical reference for the study of teaching design.

Keywords: Rural Planning and Design, Courses for Ideological, Instructional Design, Genetic Map

国土空间规划背景下的城市道路与交通规划课程思政建设研究

王静文　李　翅

摘　要： 主动顺应国土空间规划大背景，从落实立德树人使命和培养德智体美劳全面发展的高质量应用型专业人才的根本目标出发，将思政元素融入专业课程教学，实现教书与育人的有机融合，是当下城乡规划专业课程教学改革的必然。探讨国土空间规划背景下城市道路与交通规划课程思政建设总体思路与价值导向，并对将思政内容有机嵌入城市道路与交通规划课程的实施路径包括教学内容编排、教学模式设计、教学考评体系构建以及课程思政的实施保障等方面进行探索。本研究对城乡规划专业课程思政教学改革具有一定的借鉴意义。

关键词： 国土空间规划；课程思政；城市道路与交通规划

1　引言

课程思政教学的开展是落实关于"立德树人作为教育的中心环节"的战略举措，其核心要义是育人和育才相统一、专业教育和思政教育相融合。教育部颁布的《高等学校课程思政建设指导纲要》明确指出思政教学需结合专业特点分类推进，其中，工学专业课程要注重强化学生工程伦理教育，培养学生精益求精的大国工匠精神，激发学生科技报国的家国情怀和使命担当。只有全面理解各学科专业及课程的内在价值、教学的互动性特质，才能紧紧围绕立德树人根本任务，实现专业教学与思政教学的同向同行，全力推进高等教育"质量革命"，进而推动人才培养模式变革。

城乡规划专业作为具有很强实践导向性的应用型学科，其存在的价值在于城乡规划实践不断满足社会的多元需求。也故此城乡规划专业培养体系及其专业课程的设置具有非常强的时效性，需要在社会动态发展中不断调整以适应社会对城乡规划人才的需求。现今已进入生态文明时代，城乡规划正在经历新的国土空间规划体系的重构，城乡规划专业及相关专业课程教育如何在顺应时代变革中，主动挖掘专业及各类专业课程内在的情感态度、思维方式、价值观念，构建专业核心价值体系，主动推进人才培养模式变革，促进学科专业的高质量发展，是专业与课程思政的关键环节。

2　国土空间规划背景下的城市道路与交通规划课程思政教学

2.1　城市道路与交通规划课程教学改革研究进展

城市道路与交通规划课程是城乡规划专业本科教学体系中的核心课程，课程开设的目的是使本科生初步理解与掌握城市道路与交通相关的基本概念及知识，初步认识城市规划与交通规划、用地布局与道路设施建设之间的相互关系，了解城市道路设计的基本原理、步骤以及城市综合交通规划的理论与方法，培养学生发现、分析与解决问题的综合能力。梳理相关文献可发现关于交通规划教学改革的探讨多为交通工程专业，如：探讨提出融入行业技术标准的"交通规划"课程体系构建（杨敏，2018）；多学科融合交叉视角下的交通规划课程教学研究等（丁川，2020）等。针对城乡规划专业的城市道路与交通规划课程教学改革的探讨相对较少，近年较具代表性的论文，如：针对培养应用型人才提出基于OBE理念的城市道路与交通规划课程教学改革内容（王

王静文：北京林业大学园林学院副教授
李　翅：北京林业大学园林学院教授

静文，李翅，2019），探索"竞赛嵌入"模式在城乡道路与交通规划课程教学中的实践（程斌，2020），提出公共健康导向下的城市道路与交通系统规划课程教学改革（杨文越，2021）等。

在国土空间规划与课程思政教学开展的大背景下，城市道路与交通规划教学面临新的改革需求，如何将"思政教育"与"专业教育"结合起来，让学生理解专业技术领域发展的同时，更好地掌握国家历史、国情与党的治国理政方针，引导学生形成正确的人生观、价值观与世界观，培养高水平的适应社会需求的人才，是城市道路与交通规划课程教学面临的挑战。

2.2 国土空间规划背景下的城市道路与交通规划转型

《中共中央国务院关于建立国土空间规划体系并监督实施的若干意见》的出台标志着我国新空间规划体系的顶层设计和"四梁八柱"（"五级三类"）基本形成。国土空间规划本质上是主体功能区规划、土地利用规划和城乡规划等多个规划的整合，更加强化对不同规划的衔接性以及对各专项规划的指导约束作用。国土空间规划体系的建立是我国城乡规划事业的历史性变革，也是对行业发展与学科发展等的重构。在此大背景下，城市道路与交通规划面临着新的挑战与转变。

（1）城市道路与交通规划理念的转变

传统城乡规划框架下，城市道路与交通规划更多服务于支撑城市发展，而较少涉及对国土生态空间的积极保护。国土空间规划通过国土空间建设用地规模、开发强度、自然岸线保有率等约束性指标对资源要素进行管控，以遏制建设用地的低效利用和土地的过度开发。同时，国土空间规划通过"三区三线"的划定，突出永久基本农田保护红线和生态保护红线是规划产业发展、推进城镇化不可逾越的红线。这就要求城市道路与交通规划理念应实现从传统"开发导向"向"开发与保护导向"的转换，强调规模约束和底线思维的体现，更注重于提升空间资源利用率，有效保护生态安全格局与管理土地资源。

（2）城市道路与交通规划要求的转变

在传统城乡规划框架下，城市道路与交通规划重点关注城镇交通、城乡交通以及中心城区交通规划，而农业空间、生态空间、海洋空间等的交通规划研究深度不够，在城市总体规划中也多以中心城市为规划重点。

国土空间规划要求实现全域覆盖和全要素管控，这要求对交通规划进行综合考虑，将城镇发展区、农业农村发展区、海洋发展区以及自然保留区、生态保护区、永久农田集中区等皆纳入规划范围，并在内容和深度上满足交通规划全域管控要求。同时，总体规划中市域范围重大交通基础设施廊道由规划建设转变为强制性内容，对专项规划具有法定的约束作用，中心城区交通规划则由指导建设转为强化管控。国土空间规划体系要求"健全规划设施传导机制，确保规划能用、管好、好用"，这也要求交通规划的实施传导，传导相关区域发展政策与重大交通廊道和枢纽的布局等层面内容。

（3）城市道路与交通规划方式的转变

国土空间规划要以人民的高质量需求为中心，故此城市道路与交通规划方式上更关注人的感受、绿色发展、空间协同以及全过程的规划管理；通过协同交通与空间及优先发展绿色交通，实行"生态、绿色及低冲击"规划模式，逐步提升城市空间组织效率与城市竞争力。

2.3 国土空间规划背景下的城市道路与交通规划课程思政建设总体思路与价值导向

城市道路与交通规划课程思政教学的尝试也是回应国土空间规划体系下我国城乡规划新工科发展的改革需求，总体思路是遵循国土空间规划下人与自然关系的哲学思辨、保护与发展的辩证思维、人类命运共同体理念的价值内涵、利益与公平的关系平衡以及政策与法规的制定逻辑等深层次规划逻辑，坚持价值引领、知识传授与能力提升有机融合，将家国情怀、社会主义核心价值观、社会责任、生态意识、法治意识、创新意识、职业道德、科学素养与工匠精神等思政教育目标有机融汇，贯穿在城市道路与交通规划理论知识传授、专业技能训练的全过程、全方面与全要素之中。也即是将专业教育与思政教育的目标对接起来，明确城市道路与交通规划课程思政教学价值导向，通过探索思政内容有机嵌入课程教学的实施路径与实施保障，促进思政教学达到"术"与"道"的结合（图1、表1）。

3 城市道路与交通规划课程思政教学的实施路径

基于课程思政教学价值导向，建立教学内容对课程思政目标的支撑关系，培养学生运用所学理论知识开展道路设计与交通规划的实践与创新能力，培养学生国土空间规划背景下以人本主义、绿色理念、生态思维等解决城市问题的能力。借鉴艾根的深度学习理论，在教学与学习过程中，将深藏于知识表层的符号和内在结构之下的道德与价值意义，尝试与学生个人经验及生命体验建立深层关联，挖掘知识所凝结的思想要素与德行涵养，通过转化促进学生个体的精神塑造。拟从基于思政教学元素融合的教学内容编排、基于思政教学质量提升的教学模式设计、基于思政教学成果导向的多元考核体系构建等方面切入探索思政内容有机嵌入城市道路与交通规划课程的实施路径。

3.1 基于思政教学元素融合的教学内容编排

国土空间规划背景下城市道路与交通规划具有学科综合交叉性强、教学内容与知识点庞杂、理论性与实践性和时政性强等基本特点。探讨城市道路与交通规划课程各章节内容联系，基于"认知道路与交通——解读道路与交通——评析道路与交通——设计道路与交通——协同道路与交通"的主线，将城市道路与交通规划课程内容整合编排为城市道路与交通概论、城市道路几何（工程）设计、城市交通调查与规划、城市交通系列讲座及实践教学等5大模块。对每一模块中的内容进行梳理与归纳，充分挖掘相关思政元素，并将其融入每一模块的教学内容中，持续收集整理与更新富含思政元素的教学案例，构建完整有层次的融合思政元素的教学知识体系（表2）。

3.2 基于思政教学质量提升的教学模式设计

课程思政是将思政教育内容融入课程教学各个环节，实现立德树人"润物细无声"。专业课课程思政育人是对思政课程的深化和拓展，在知识传授中更注重价值引领，而不是思想上的灌输和简单的说教。在授课方法上要采用一种精细的、浸润式的隐性教育，而不是粗放的、漫灌式的显性教育。在原有教学基础上，形成城市道路与交通规划课程教学理论主课堂、实践大课堂、网络新课堂有机结合的思政育人教学新模式。

一是，基于目标导向，在课堂教学中广泛采用案例

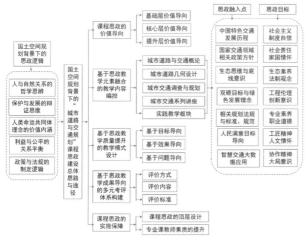

图1　城市道路与交通规划课程思政建设总体思路与途径

城市道路与交通规划课程思政教学价值导向　　　　表1

导向类型	思政教学价值导向	专业能力培养目标
基础层价值导向	培育学生专业素养与工程伦理，进一步树立学生爱国、敬业，诚信、友善的社会主义核心价值观，能够认识到社会主义制度的优越性，认同党对国家发展提出的方针政策	基本技能培育（基础层）
核心层价值导向	培养学生工匠精神、团队精神、人文情怀、生态意识与法制意识，让学生掌握城市道路与交通规划设计方法并运用所学知识分析、解决城乡发展中所面临具体问题的能力，做好城市规划主要价值观教育包括新时代生态文明与可持续发展、以人为本、开放包容与人类命运共同体的理念引导，在城乡规划设计过程中要坚持人本主义，能够考虑到绿色交通、土地资源集约利用及二氧化碳减排目标等问题，有意识地承担起在城乡发展中国土空间保护、节能减排、促进城乡环境可持续发展的社会责任	综合能力培育（核心层）
提升层价值定位	培养学生科学思维和创新精神，鼓励学生多了解国土空间规划领域、交通领域与可持续发展领域的前沿进展，为解决城乡发展中的实际问题提供新的思路，培养高水平的跨学科交叉型人才，并进一步引导学生将个人发展与民族复兴紧密结合，形成正确的世界观、价值观、人生观和专业观	创新实践训练（提升层）

城市道路与交通规划课程融入思政元素的教学内容设计　　　　表2

教学模块	知识要点	思政元素融入点	教学方法	价值目标
城市道路与交通概论模块	城市交通与城市发展关系、城市交通发展历程、城市道路交通基本知识等	①梳理城市交通发展历程，强调我国历史文化悠久，远在周代就已得到明确的城市道路系统和道路网规划，以唐、宋、明清都城为例介绍古代城市道路规划特色，突出交通对城市以及社会经济发展的重要性。②融入党的十九大报告明确提出的"交通强国"战略，回顾与展示改革开放40年来我国城市交通系统规划建设成就	理论讲授、案例分析、点评与比较、文献资料查阅	①激发学生家国情怀与使命担当；②坚定中国特色社会主义道路自信、理论自信、制度自信、文化自信
城市道路几何（工程）设计模块	城市道路横断面设计、道路纵断面设计、道路平面线型设计、道路线型综合设计、道路交叉口设计、道路慢行系统设计等	①发达国家在面向城市道路几何与交通设计的多个方面较早形成了具体指导实践应用的设计理论与方法。基于相关实践，我国科学性、创新性及体系性的道路与交通设计在20世纪80年代后得到快速发展，形成具有我国特色的改善城市交通的关键技术与科学方法。②道路设计是基于城市与交通规划的理念和成果，以交通安全、有序、畅通、便捷、绿色、高效以及与环境和谐为目标，以交通系统的"资源"为约束条件对现有和将来建设的道路系统及其交通设施加以整合优化的设计工作。城市道路与交通设计是多方案的比选，以追求更好目标。③不同的城市道路设计，其功能、形态、环境、景观都要尽可能去契合地域城市特色与适应城市居民的基本需求，这要求在追求技术发展的同时兼具一定人文知识与人文情怀，因地制宜，设计符合当地特点与切合民众需求的道路空间	案例展示、点评分析、文献资料查阅、线上线下相结合的互动模式	①激发学生家国情怀，树立科学发展观，树立文化自信，确立专业信念；②让学生理解新时代工匠精神内涵，培养精耕细作、精益求精、开拓创新的工匠品质以及职业素养与社会责任；③让学生理解人性化设计本质，拓展人文视野，强化人文情怀的思维能力
城市交通调查与规划模块	交通调查、城市道路网规划、城市公共交通规划（BRT规划）、城市慢行系统规划、城市停车设施规划、城市综合交通规划等	①讲解公交优先、可持续发展、绿色出行、低碳、生态文明等先进理念，融入国务院"城市公共交通优先发展战略""碳达峰、碳中和"战略、交通运输部"公交都市"战略等国家战略，明确提出在城市交通发展领域我国社会主义矛盾的突出表现就是人民日益增长的美好出行需要与城市交通发展不平衡不充分之间的矛盾。②国土空间规划要求实现全域覆盖和全要素管控，交通规划综合将城镇发展区、农业农村发展区、海洋发展区以及自然保留区、生态保护区、永久农田集中区等纳入规划范围，并在内容和深度上满足交通规划全域管控要求。③讲解交通规划的相关规范、标准，交通规划与城市规划的衔接，遵循国土空间规划领域相关《城乡规划法》《土地管理法》《国土空间规划管理办法》等相关法律法规。讲解交通规划的层级性，国土空间规划背景下交通规划实施的传导性	案例展示、点评分析、文献资料查阅、线上线下相结合的互动模式	①激发学生家国情怀、使命感、社会责任感与创新意识，培养生态文明素养与思维；②让学生树立科学发展观，树立大局意识与整体意识，培养专业素养；③培养学生科学素养，遵守职业道德，树立服从意识与法制观念
城市交通系列讲座模块	当前交通热点问题、城市交通发展政策、交通与土地利用模型、TOD模式、城市可持续与绿色交通、城市智能交通等	①结合生态文明建设与"双碳"目标，介绍绿色低碳交通运输模式。强调实现碳达峰、碳中和是着力解决资源环境约束突出问题、实现中华民族永续发展的必然选择，是构建人类命运共同体的庄严承诺。以可持续方式推进交通领域发展，不仅是行业发展的需要，也是后疫情时代促进世界经济复苏、增强经济韧性的必由之路。②结合国土空间规划"三区三线"划定，介绍土地资源可持续利用内涵、模式及对应的城市道路与交通规划方法。③介绍移动互联网、云计算、大数据、人工智能等新技术在交通领域的应用	专题讲座、案例展示、开放式交流探讨、文献资料查阅、课题PPT汇报	①促进学生树立人类命运共同体理念，树立民族复兴的道路自信、制度自信，激发学生的专业自信；②培养学生科学发展观、生态文明素养与专业素养；③培养学生创新意识、科学素养与工匠精神
实践教学模块	城市综合交通调研报告、城市道路交通出行创新实践报告、小城镇综合交通规划等	①分小组团队协作完成交通调研与交通规划。②交通调研选题强调从关注城市道路交通设施本身转向关注出行者体验，考察公众对绿色出行的认同感、安全感、获得感和幸福感。交通规划关注城市高品质交通服务体系建设过程中社会公平的践行与人性化关怀的体现。③通过校企协同培养等形式，将课堂延伸到企业，为学生提供参与实际规划项目的机会，感受行业发展，锻炼更贴合社会需求的能力	获奖案例讲解、小组交流、反向式教学、开放式交流探讨	①培养学生团队协作精神；②强化学生人文情怀、职业使命感与社会责任意识；③增强学生学习自信心、主动性与就业创业能力

教学或情景教学等授课方式，注重引入交通领域相关研究成果与国家政策文件。如，以城市交通调查与规划模块中城市公共交通规划为例，利用多媒体展示全球目前面临的环境问题，尤其是由于温室气体引发的一系列问题，并介绍"碳达峰、碳中和"提出的背景与定义，重点阐释我国"30·60"目标，然后列出可持续交通、低碳发展等对全球温室气体减排的贡献，由此引发学生对低碳绿色交通发展的思考，进一步引出我国优先发展公交战略，促进学生树立人类命运共同体理念，树立民族复兴的道路自信、制度自信，激发学生社会责任感与创新意识。此外，选择城市规划与交通规划专业相关的核心和权威期刊上近期刊出的具有代表性与前沿性的学术论文作为思政案例，让学生更加关注城市交通领域的发展趋势与热点问题，如，基于资源环境承载力的交通发展理念、"双碳"目标下城市交通发展模式、交通与国土空间协同等，更为深刻地认识到国土空间规划背景下城市交通所面临的转型与绿色交通发展趋势。相关文献资料的阅读布置学生在课前提前完成，上课时结合教学内容与主题，进行开放式交流讨论。以城市交通规划模块教育为例，面对国土空间规划大背景，课程引入《城市交通》期刊2021年论文《国土空间规划框架下的交通规划编制体系探讨：以深圳市为例》作为思政案例，结合深圳市国土空间规划实际，解读交通规划范式及其编制体系的转型，让学生理解生态文明建设下的空间环境资源约束和底线思维，思考探讨如何寻求城市的高质量与可持续发展；同时让学生理解交通作为专项支撑规划在不同层级国土空间规划中承担的功能各有侧重，交通规划具有层级与传导性。让学生培养科学素养，树立服从意识与法治观念。在此过程中，通过专业知识与应用场景和实例的结合，使同学们充分认识到交通深刻影响着社会与城市及其可持续发展，增强学生自身的专业认同感和使命感。

二是，基于效果导向，提升学生专业素养与能力水平，在教学中广泛采用讨论式研究教学模式。针对课程思政内容，教师提供案例数据资源，组织学生分组（城市道路与交通规划课程通常以3~4人为小组单元划分）探讨辨析。在此过程中，教师是主导，同时也尊重学生的主体性，加强师生互动，让教师更理解学生需求，进而调整教学内容与授课方式，以收到思政教育

与专业知识相结合更好的教学效果。案例数据资源的选取除实践案例收集，尤其关注与引入国家层面上有关交通发展的政策或纲领性文件，从中解读与提炼有关城市交通发展的理念策略。如，针对城市交通调查与规划模块的道路网络规划设计，结合中共中央 国务院《关于进一步加强城市规划建设管理工作的若干意见》、交通运输部等十二部门和单位联合制定的《绿色出行行动计划（2019—2022年）》等，提出"街区制、密路网"概念，让学生结合我国城市道路网络规划案例分组探讨辨析。在此过程中，让学生充分了解"街区制、密路网"的历史渊源与实施意义，掌握其理念与实践要点，并以现实的城市交通系统问题引导学生主动思考，帮助学生了解交通设施规划方案的优化设计对社会经济、环境生态及可持续发展的重大影响。使学生在掌握路网规划布局新理念的同时又能开阔专业视野，培养工程伦理与创新意识，锻炼团队协作精神，提高学习主动性，也更能认识与理解交通运输发展的政策性及党的一系列治国理政方针。

三是，基于问题导向，针对课堂教学中的问题，借助翻转课堂形式，结合"大学慕课""学习强国""生态足迹"等专业网站，引导学生充分利用网络资源，观看相关案例视频，查询最新数据成果与政策文件，拓展课堂知识内容，强化课堂中对理论知识与社会现实的分析与思考。以城市交通系列讲座模块中可持续城市交通规划为例，课前，由教师提出若干问题，如可持续城市交通产生的背景是什么？我国国土空间规划及"双碳"战略对城市交通提出哪些新要求？学生通过查阅资料、观看视频形成自己的答案，并发现当前城市交通发展中出现的各种问题和矛盾。课中，指定学生汇报，其他学生补充，教师总结和评价，并提出新问题。课后，学生结合其他同学和教师反馈，修正与完善对城市可持续交通的认知，充分调动学生学习主动性与增强学生自主学习能力，培养学生的创新意识，树立正确的科学发展观、人文意识和工程伦理。

3.3 基于思政教学成果导向的多元考评体系构建

考核是对教学效果及学习过程的检验，是对专业课程思政过程及其终端成果的价值判别。基于设定的教学与思政目标，在传统课程考核基础上增加对学生思想道

德素质的考核内容，增加对课堂德育的评价比重，并将课程思政育人评价贯穿整个教学过程。根据城市道路与交通规划课程重基础理论、强实践能力的特点及学生基本学情，结合思政教学目标，将饱满的思政内容培育、扎实的理论知识掌握、基本技能训练与较高的实践能力培养相融合，以"重过程、看成果"为原则，建立多元合理的评定方式和评价标准。

一是，评价方式：采用行为观察"质性"评价与量化评价融合的评价方式，经由交通专题讨论、交通调研汇报、规划方案汇报等教学过程，通过对学生观点阐述、思维形成、行为表现、专业素养、职业道德等的观察与记录来验证课程思政的结果。此过程中包含了对课程思政内容学习态度的评价，对课程思政内涵的理解，对课程思政培养目标内涵的认知的达成程度等的综合考量。

二是，评价标准：改变以考试分数作为单一标准的评价体系，对城市道路与交通规划课程结合5大模块的教学内容，融入课堂讨论、小论文、小设计、调研报告、社会实践、PPT汇报等多个子项进行评价，每个子项中适当融入思政教育的评定。例如，课堂讨论、PPT汇报中加入思政思维问题讨论，小论文主题中融入时政热点问题，调研报告中融入相关国家政策、规划标准等。

三是，评价内容：综合平时各项作业评定成绩和期末考试成绩，考查学生理论积累的同时，结合实践教学模块，侧重考查学生的动手能力、交流能力、创新思维、协作精神、专业素养、职业道德与思想觉悟以及政治觉悟等。建立相对标准的评价模式与多元化的评价体系，综合考量学生在各个阶段的学习与思政教学效果，并根据评价结果的反馈，进行教学内容的优化与教学方法和教学手段的改进，提高城市道路与交通规划课程思政教学质量。

4 城市道路与交通规划课程思政教学的实施保障

为了切实保障与提高城市道路与交通规划课程思政育人质量，还需重点推进以下两方面的工作：

4.1 进一步完善课程思政的顶层设计

高校思想政治教育作为一项系统工程，是融合显性的思政课程与隐性的课程思政共同建构的大思政教育体系，应该有统一的顶层规划与设计。首先是课程改革机制的建立与完善，以提供物质与制度保障课程思政的实施；其次是客观、有效、可行的监督、评价体系的建立，以避免课程思政流于形式主义；最后是合理教师激励机制的制定，以包容与鼓励教师的创新改革。如此以确保课程思政推进过程中的各个环节"同向同行、协同育人"。

4.2 进一步提高专业课教师素质

教师不能只做传授知识的教书匠，而要成为塑造学生品格、品行、品味的"大先生"。这就要求作为专业课教师，除了具备扎实的专业素养与较高的专业教学水平，还需具备一定的思想政治教育的理论水平与思想道德教育意识和能力，理解和把握好"知识传授"与"价值引领"的内在辩证关系。可以高校院系为单位，组建"课程思政、协同育人"教学团队，定期组织专业课教师进行集中学习，通过课程思政和师德师风、教学能力专题培训及各类主题教育与内部研讨，不断加强专业课教师的人文素养与意识形态教育，树立正确的价值观和政治取向，提升教师团队与个人思政意识与思想支撑，激发教师将专业课的主动性扩展到专业课程思政的主观能动性，进而充分发展教师的集体智慧协同育人，建立多层次、立体化的课程思政教师素养能力体系，有效提升思政教育效果。另外，结合学院专业学科特色，依托实践教学基地建设，邀请校外专家和先进人物参与课程建设。

5 结语

新时代的城乡规划专业正经历着巨大的变革，社会发展从工业文明进入生态文明时代，空间规划体系从传统的"多规"并举向国土空间规划"一张蓝图"体系重构，在此过程中对城乡规划人才培养提出了新的要求。主动顺应时代变革，从落实立德树人使命和培养德智体美劳全面发展的高质量应用型专业人才的根本目标出发，将思政元素融入专业课程教学，实现教书与育人的有机融合，是当下城市道路与交通规划课程教学改革的必然。本文探讨了国土空间规划背景下城市道路与交通规划课程思政价值导向，并对将思政内容有机嵌入城市道路与交通规划课程的实施路径包括教学内容编排、教学模式设计、教学考评体系构建以及课程思政的实施保障等方面进行探索,以期为城乡规划专业课程思政教学改革提供参考与借鉴。后续课程思政改革建设还需进一步增强课程思政教育的时代感与吸引力,研究如何运用新媒体新技术来提升课程思政教育的亲和力和针对性,并探索如何建设"课程思政"优秀示范课并发挥其示范辐射效应。

参考文献

[1] 新华社.习近平:把思想政治工作贯穿教育教学全过程[EB/OL].[2016-12-08].http://www.xinhuanet.com//politics/2016-12/08/c_1120082577.htm.

[2] 中国共产党新闻网.习近平寄语教师金句:要成为塑造学生的"大先生"[EB/OL].[2018-09-08].http://www.chinanews.com/m/gn/2018/09-08/862205.shtml.

[3] 聚焦新形势下的城乡规划学科发展与教学改革,城乡规划学科发展教学研讨会在同济大学召开[EB/OL].(2019-05-26)[2021-05-18].https://www.sohu.com/a/316597555_656518.

[4] 高等学校城乡规划专业指导委员会.高等学校城乡规划专业本科教育培养目标和培养方案及课程教学大纲[M].北京:中国建筑工业出版社,2012.

[5] 唐湘宁.大学学科专业课程的"思政育人":内涵本质与实现路径—以"教育研究方法"为例[J].教育理论与实践,2020,40(33):62-64.

[6] 王静文,李翅.基于OBE理念的城市道路与交通规划课程教学改革探讨[C]//教育部高等学校城乡规划专业教学指导分委员会,湖南大学建筑学院.协同规划·创新教育——2019中国高等学校城乡教育年会论文集.北京:中国建筑工业出版社,2019:181-185.

[7] 钱林波,彭佳,梁浩.国土空间综合交通体系规划的新要求与新内涵[J].城市交通,2021(1):13-18,81.

Research on Ideological and Political Teaching of Urban Road and Traffic Planning Course under the Background of National Territory Spatial Planning

Wang Jingwen   Li Chi

Abstract: Actively adapting to the background of national territorial spatial planning, from the fundamental goal of implementing the mission of moral education and cultivating the comprehensive development of moral, intellectual, physical, aesthetic and labor, integrating the ideological and political elements into the organic integration of teaching and education, is the inevitable reform of teaching curriculum of urban and rural planning. The paper discusses ideological and political construction overall thinking and value orientation of urban road and traffic planning course under the background of national territorial spatial planning. And the paper explores the implementation path of organically embedding ideological and political content into urban road and traffic planning curriculum, including teaching content arrangement, teaching mode design, teaching evaluation system construction and the implementation guarantee of ideological and political curriculum.This study has certain reference significance for the ideological and political teaching reform of urban and rural planning professional courses.

Keywords: National Territory Spatial Planning, Ideological and Political Teaching, Urban Road and Traffic Planning

人居环境学科群专业的课程思政体系建设探索*

彭 翀 陈 驰 钱 思

摘 要： 2016 年以来，国家对于高校课程思政建设的重视提升到了新的高度，专业课课程思政体系建设尤为迫切。本文从人居环境学科群课程思政体系建设宏观整体战略出发，创新性地提出了人居环境学科群专业的综合课程思政体系与学科群专业课程思政体系执行体系，提出四大环节构成体系框架：①教学内容设从课程体系、课程内容、教材教案等方面打造基础。②教学过程组织是思政教学内容能被学生有效接受的重要途径。③通过搭建教师培训平台提升教师思政管理能力与思政教学水平。④通过机制体制建设、实施平台设计、实施管理构建执行与保障体系。

关键词： 人居环境学科群；课程思政；体系建设

1 引言

2016 年 12 月，全国高校思想政治工作会议上明确指出，要充分利用课堂教学这个主渠道，使各类专业课程与思想政治理论课同向同行，形成协同效应。2020 年 5 月，教育部印发《高等学校课程思政建设指导纲要》（下称"纲要"），提出课程思政建设要围绕全面提高人才培养能力这个核心点，把思想政治教育贯穿人才培养全过程。目前国内对于课程思政体系建设研究集中在 4 个方面。建设环节上"课程"是支撑，"思政"是要点，"教师"是核心，"院系"是组织，"学生"验成效[1, 2]。课程内容建设上以专业内容与思政要素相结合为切入点，紧跟国家政策与时代背景，提高思政教育的实效性[3]。从宏观视角上确定建设理念、建设原则、建设途径[4]。课程内容建设上以专业内容与思政要素相结合为切入点，紧跟国家政策与时代背景，将思想政治理论教育有机地融入各门课程之中[5, 6]。此外，课程思政保障机制的研究相对较少，目前主要集中在组织体系、制度体系、评价体系、队伍建设、激励环节等几个方面[7, 8]。

人居环境学科群是以人与自然和谐为目标，以建成环境为研究对象的多学科系统，对应本科教学中的建筑学、城乡规划和风景园林学三个工科学科专业。"纲要"中指出，理工类专业课程要注重培养学生探索未知、追求真理、勇攀科学高峰的责任感和使命感；注重培养学生精益求精的大国工匠精神，激发学生科技报国的家国情怀和使命担当，这对于人居环境学科课程体系建设提出了新的要求[9]。目前部分高校在相关专业课中尝试构建思政案例库，对思政要素进行了初步挖掘。例如，城乡规划专业在"城乡规划原理""城乡规划法规划"等课程[10]中挖掘法治意识、职业道德、社会公平；风景园林专业在"景观生态学""园林工程""园林史"等课程[11]中挖掘生态文明、工匠精神、传统文化；建筑学专业在"建筑史""建筑设计""乡土建筑"等课程[12]中挖掘文化自信、大师精神、家国情怀等。

总体而言，从社会导向到专业发展，都在启示着课程思政体系建设的必要性、紧迫性。国内教育学等学科的研究成果为人居环境学科群课程思政体系建设提供了理论基础，部分高校在相关课程中也开展了思政教学

---

* 教研项目：本文受湖北省高等学校省级教学研究项目：人居环境学科群专业的课程思政体系构建与执行（项目编号 2021053）、华中科技大学教学研究项目（项目编号 2021020）资助。

彭 翀：华中科技大学建筑与城市规划学院教授
陈 驰：华中科技大学建筑与城市规划学院工程师
钱 思：华中科技大学建筑与城市规划学院党委书记

研究，但在思政教学体系、思政教学效果评价、思政案例库构建等方面研究仍较为缺乏，特别是学科群整体思政体系建设与执行保障的研究尚未开展。本文尝试在"十四五"国家高等教育改革的背景下，统合学科寻找思政教学共同规律，围绕育德树人的思政教学目标，将课程建设各环节进行体系化打造，对于人居环境学科课程思政建设有着重要意义。

2　人居环境学科群专业课程思政体系建设思路

2.1　课程思政元素及特色

人居环境学科群的各专业在传统上"自带思政元素"。首先，从服务党和国家重大战略需求上看，相关专业聚焦区域协调发展、新型城镇化、生态文明、乡村振兴等国家发展重大战略主题；其次，从建设国家物质空间的使命担当上看，各专业在国土空间规划、城乡开放空间、建筑建成环境等物质空间规划与建设方面起到重要支撑作用；第三，从服务人民大众的生产生活需求看，各专业具有显著的应用性和实践性，活跃在祖国的大江南北。具体思政要素与专业特色契合点（表1）体现在建筑学专业的工匠精神与工程设计、文化传承与乡土建筑、家国情怀与建筑历史等；城乡规划专业的文化自信与城乡历史、社会责任与行业规范、国家战略与乡村振兴等；风景园林专业的传统文化与园林史学、生态文明与学科理论、人文关怀与美丽中国等。

2.2　课程思政体系建设框架

人居环境学科群专业的课程思政体系构建框架包括教学内容设计、教学过程组织、教师能力提升、体系执行与实施保障四个部分（图1）。教学内容设计是课程思政建设的基础，没有好的教学内容，"课程思政"难以实现其教育功能，通过ILOS预期学习结果导向法设计课程体系、课程内容、教材教案等内容。教学过程组织是思政教学内容能被学生有效接受的重要途径，包括教学方法设计、课堂教学组织、课程教学评价等环节。教师是课程思政的实施主体，其能力提升是课程思政建设

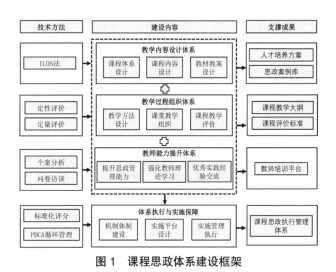

图1　课程思政体系建设框架

思政要素与专业特色契合点　　　　　　　　表1

专业	思政要素	契合点	相关支撑课程
建筑学	工匠精神	工程设计	建筑设计、专题设计等
	文化传承	乡土建筑	文化遗产保护等
	家国情怀	建筑历史	中国古代建筑史、古建筑保护与测绘等
城乡规划	文化自信	城乡历史	中外城市规划与建设史、城乡历史文化保护与城市更新等
	社会责任	行业规范	国土空间规划管理与法规等
	国家战略	乡村振兴	乡镇规划原理、乡村规划设计等
风景园林	传统文化	园林史学	中国风景园林史等
	生态文明	学科理论	城市生态修复、景观生态概论等
	人文关怀	美丽中国	风景园林设计、国家公园与自然保护地规划等

的关键环节，通过搭建教师培训平台提升教师思政管理能力，强化教师理论学习，促进优秀实践经验交流。执行与保障体系是课程思政建设持续优化完善的保证，具体包括机制体制建设、实施平台设计、实施管理执行等。

2.3 课程思政体系建设目标

通过相关文献资料收集整理、同类高校调研访谈，分析国内相关专业思政体系建设发展现状，梳理基本建设模式，以"立德树人""德才兼备"为指导思想确定人居环境学科群思政课程体系建设总体目标，其核心是提高学生对生态文明、新型城镇化、乡村振兴等国家重大战略的认识，掌握相关的理论知识与技术方法，培养学生建立起对中国人居环境学科的理论自信、文化自信和制度自信，培养学生追求卓越的创新精神，激发学生的家国情怀和使命担当。具体包括体系构建与体系执行两个子目标：

（1）人居环境学科群专业课程思政体系构建

针对人居环境学科群专业人才培养定位和行业特点，以全过程育人为基本思路，以全过程、多门类、系统化为特色，探索构建以课程内容与教学方法、课堂组织与教材教案建设、教师思政意识与能力提升为核心的人居环境学科群专业课程思政体系。

（2）人居环境学科群专业课程思政体系执行

以教师思政能力建设为先导，以学生为中心，探索设计多元化的实施平台，构建科学全面的机制体制，精细务实的全过程实施管理，以保障课程思政体系的高效执行。

2.4 课程思政体系建设重点

（1）学科群专业课程重要思政元素挖掘与筛选

人居环境学科群中的建筑学、城乡规划、风景园林三大学科涉及生态、经济、文化等多个方面，如何挖掘、分类和筛选重要思政元素，科学构建各专业思政元素案例库，是思政体系建设要解决的首要问题。

（2）课程思政系统化建设的创新思路与方法

如何立足人居环境学科群专业特色，探索从课程组织到教学组织、教材建设到师资能力提升、体系执行到组织保障的各环节，多学科、多方法、系统化建设课程

体系的创新思路与方法，是思政体系建设要解决的重点问题。

（3）课程思政体系的实施与执行

如何充分调动广大教师的积极性、主动性，建立健全教师管理工作体系与课程思政成效考核评价机制，充分发挥政策导向作用，将体系建设落实落细，是思政体系建设的关键问题。

3 人居环境学科群专业课程思政体系重点内容

3.1 教学内容设计体系

（1）课程体系设计

根据课程思政体系总体建设要求，将思政育人目标细化为理想信念、家国情怀、人文素养、法治意识、职业道德五个维度的一级目标以及相应的二级子目标，结合 ILOS 预期学习结果导向法，设计"教—学—做—思"一体化教学课程体系与相应人才培养方案。思政育人与专业人才培养目标由各专业课程体系支撑，在课程体系中分布着不同层次和类别的课程群组，包括理论教授课、设计实践课和技术学习课等。每门课程在课程体系和课程群组中均有清晰的定位，对思政育人目标具有不同程度和角度的支撑矩阵关系，围绕五个维度优化内容供给。

（2）课程内容设计

思政要素挖掘。通过协同整合学校、学院各类平台资源，立足理想信念、核心价值观、优秀传统文化、职业道德、生态文明、宪法法治等方面重点挖掘思政要素。

思政案例库构建。围绕人类福祉、国家需求、行业动态、国家趋势等主题模块，经过"素材选编—案例编写—统一审核—分类入库"的建设流程，构建"育人主题鲜明、素材内容丰富、案例组织合理、检索使用便捷"的课程思政教学案例库[13]。

思政内容设计。每门课根据对应的思政育人支撑体系目标模块分解章节知识点，编写课程教学大纲，结合思政案例库、思政教学平台等多种方式将专业知识点与思政要素有机融合。

（3）教材教案设计

在教学大纲基础上，以一节（或一次）课堂教学为基本单元设计教案材料，明确教学重点与难点、教学

方法与手段等内容，强调教案的规范、科学、先进与特色；同时建立课程思政目标矩阵，将家国情怀、大国工匠、科技创新等精神培养贯穿于教学全过程。课程基于多年的教学素材与经验，融入思政思想，明确教学理念与目标，组织教师团队进行教材编写。

3.2　教学过程组织体系

（1）教学方法设计

探索"四融入教学法"在教学过程中的运用，即知识点直接融入、课程任务融入、实践项目融入、课程体系与思政专题整体融入。针对理、工、文、艺等多学科特色与知识要点，将思政要素内容与课程内容有机融合：建筑学专业注重美学教育与工程实践方法，融入工匠精神元素；城乡规划专业注重政策学习与多元定量技术，融入时代精神与科学精神元素；风景园林专业注重历史文化传承与社会科学方法，融入在地人文关怀元素。

（2）课堂教学组织

课堂教学采取"线上结合线下""小组为单元讨论""大屏幕结合分组屏"等多种方式灵活组织：一是通过互动提问方式引入课程，引导学生正确认识国家发展大势与时代责任；二是介绍课程的教学目标与内容大纲，明确课程学习过程中的重点知识与关键价值；三是开展小组设计与讨论，以"学中做，做中学"的教育模式培养学生在实践中应用知识的能力；四是师生共同交流与讨论设计实践结果，强化课程教学目标；五是通过线上课程平台进行师生交流、完成课后作业，在提高教学质量的同时引导学生积极探索、不断思考。

（3）课程教学评价

结合专业课程思政的具体教学目标，对其思政育人成效进行定量与定性相结合的教学评价。组建教学口、学工口骨干教师为主的成效评估小组，在遵循全覆盖、可衡量的原则下，构建教学过程评价、学生学习效果评价两个维度的课程思政评价机制，从而综合评价每门课的思政教学情况。教学过程评价包括教学任务安排、课堂教学组织、课堂互动效果、课堂氛围等多个环节；学生学习效果评价包括个人自评、随堂考试、小组考核、项目考核等多种方式。

3.3　教师能力提升体系

（1）提升思政管理能力

设立院级思政领导小组，院长或党委书记担任组长，承担顶层设计，组员由系部的相关负责人构成。领导小组定期组织集体学习、党政联席讨论，提升思政管理能力，依据中央、学校文件精神和学院实际情况科学做出思政教学管理工作的决策，制定思政短、中、长期发展规划。

（2）强化教师理论学习

强化院级党组织的领导作用，以高质量党建引领教师队伍思政意识建设和能力提升，发挥党员教师的带头示范作用和教师党支部的政治引领作用。健全教师参与学校和学院组织的理论学习制度，通过教师个人自学、党组织集中学习、先进典型宣讲答疑、网络学习、社会实践等多种形式，系统化、常态化地强化理论学习。

（3）优秀实践经验交流

遵循教师成长发展规律，着力完善教师思政教学发展体系，建立完善传帮带机制。加强院内院际交流研讨，促进优质思政教育资源交流共享，利用多种信息化技术，不断提高教师课程思政建设的科学化水平。

4　体系执行与实施保障

4.1　实施平台设计

顶层设计"三大实施平台"，依托"互联网+"等信息化教学技术，搭建思政要素案例库资源共享、线上课程教学、师生互动等线上平台；依托教师教学发展中心、学院教学思政教学竞赛、教研室优秀思政课程组等搭建系统化教师思政教学培训平台；依托院内特色实践项目搭建课程思政实践平台。

4.2　机制体制建设

（1）评比评优，选树先进

设置思政"金课"评选小组，通过课堂教学质量评价、示范课观摩研讨、教研室课程组推荐等方式，结合国家、省市和校内要求选树优秀课程，以点带面，推动思政教学提升。

（2）团队建设，人人门门

深化教学团队建设与考核制度，充分发挥院系教研室、教学团队、课程组等基层教学组织作用。建立课程思政常态化集体教研制度，切实做到"门门有思政，人人讲育人"。

（3）充分激励，营造氛围

充分挖掘激励机制，将教学考核中思政评分作为聘任高一级职称的重要条件，定期开展课程思政教学竞赛，对优胜者给予奖励和宣传，营造全体教师积极提升思政教学水平的良好氛围。

4.3 实施管理执行

（1）精细管理，监督到位

院级教学委员会对任课教师任课资格、课程教学大纲、教学课件的审查加入思政要求，责任到人，细化落实。教务科老师依托教学管理系统对日常教学全过程进行信息化、系统化管理。

（2）科学评价，及时反馈

从"目标导向""学生中心""产出导向"三个维度将思政教学纳入院级教学督导评课、教师工作年度综合评价指标体系，教务科老师通过教务管理系统将评价结果及时反馈给任课老师。

（3）集中培训，宣传典型

对青年教师组织集中培训，教研室每月组织一次优秀思政课程教学评课讨论，以优秀思政课程教师为榜样，号召所有教师认真学习。

5　结语

本文从宏观上构建人居环境学科群课程思政体系建设的整体战略，创新性地提出了人居环境学科群专业的综合课程思政体系与学科群专业课程思政体系执行体系，并基于建筑学、城乡规划和风景园林学专业内涵对课程思政教学体系多学科系统化设计。涵盖从教学内容设计、教学过程组织、教师能力提升到体系执行实施的课程思政体系全过程全周期，将课程思政体系通过教学策划、教学实施、教学检查、教学改进等不断反馈持续优化。本文研究成果可应用于人居环境学科群专业的课程思政教学与管理工作，为国内本领域专业教育及学科发展提供可资借鉴的模式。

参考文献

［1］李国娟.课程思政建设必须牢牢把握五个关键环节[J].中国高等教育，2017（Z3）：28-29.

［2］于歆杰，朱桂萍.从课程到专业，从教师到课组——由点及面的课程思政体系建设模式[J].思想理论教育导刊，2021（3）：92-98.

［3］史巍.论以"课程思政"实现协同育人的关键点位及有效落实[J].学术论坛，2018，41（4）：168-173.

［4］梅强.以点引线　以线带面——高校两类全覆盖课程思政探索与实践[J].中国大学教学，2018（9）：20-22，59.

［5］王明慧.高校课程思政建设的现状及对策研究[D].曲阜：曲阜师范大学，2020.

［6］王明华.协同理论视阈下课程思政体系建设的策略探究[J].学校党建与思想教育，2019（12）：33-35.

［7］刘露.课程思政的实现路径与保障机制研究[D].青岛：中国石油大学（华东），2019.

［8］刘承功.抓住全面提升高校教师课程思政建设意识和能力的关键点[J].思想理论教育，2020（10）：10-15.

［9］王佃刚，马利芹，宿庆财，等.新工科背景下课程思政内容的挖掘与实践——以包装容器结构设计与制造课程为例[J].高教学刊，2021，7（19）：81-84.

［10］刘娜."三全育人"模式下课程思政建设实施路径研究——以城乡规划专业为例[J].长江丛刊，2019（21）：174-176.

［11］李瑞冬，韩锋，金云峰.风景园林专业思政课程链建设探索——以同济大学为例[J].风景园林，2020 27（S2）：31-34.

［12］徐汉涛.加强土木工程专业建筑文化教育的实践和体会[J].高等建筑教育，2002（3）：83-84.

［13］刘艳艳，代爱英，李琳.课程思政教学案例库建设探索[J].山东教育（高教），2020（5）：28-30.

Exploration on the Construction of Curriculum Ideological and Political System of Human Settlement Environment Subject Group

Peng Chong   Chen Chi   Qian Si

Abstract: Since 2016, the state has attached great importance to the ideological and political construction of college courses to a new height, especially the construction of ideological and political system of specialized courses. Education system construction from the living environment of three courses of macroeconomic strategy, creative proposed the living environment of three professional integrated curriculum education system and a group of professional curriculum education system execution system, put forward four link form system framework: (1) the teaching content set from aspects such as curriculum system, course content, teaching material teaching plans to build foundation. (2) The organization of teaching process is an important way for ideological and political teaching content to be effectively accepted by students. (3) By building a teacher training platform to improve teachers' ideological and political management ability and ideological and political teaching level. (4) Through mechanism and system construction, implementation platform design, implementation management to build implementation and guarantee system

Keywords: Human Settlements and Environment Group, Curriculum Ideology and Politics, System Construction

"规划师执业实践与行业前沿"课程思政建设的教学探索与实践

李　健　刘宗晟　陈　飞

摘　要：以"立德树人"为教学初衷，结合城乡规划专业课程教学特点，开展"规划师执业实践与行业前沿"课程思政建设，以期达到理论教学与思政育人和谐交融。从拓展完善教学目标、丰富增加教学内容、深层优化考核机制等方面对课程教学进行全方位、多层次的深入研究，初步厘清课程建设的思政结合基础与课程设计的整体架构；综合运用平台辅助、课堂研讨、实案教学等方式，将蕴含社会主义核心价值观、新时代城市建设理念、基本公共服务设施的空间公平正义思想等思政理念合理有序地融入课程，对学生的规划认知、业务能力、职业担当提出全新要求，引导学生形成正确的价值观念与专业情怀。

关键词：规划师业务；课程设计；思政教学；建设思路

1　引言

随着社会主义建设的全面推进，我国社会发展已步入新的历史方位，为全面落实国家发展目标，实现中国梦，国家对于人才培养提出了更高要求。高等学校肩负着人才培养、科学研究、服务社会的重要职责，是为国家培育、输送社会主义建设者和接班人的教育主阵地[1]。为顺应新时代人才培养理念，《高等学校课程思政建设指导纲要》顺时顺势地提出推进课程思政建设，落实高校"立德树人"的教学初衷。课程思政建设作为一项能够切实影响学生思想观念、道德修养、专业情怀、价值观形成的关键举措，发挥着不可忽视的重要作用。

城乡规划专业应城市发展的现实需求而生，建立的初衷即是为了解决城市发展难题，回应人民需求。当前城市发展步入新的历史阶段，存量空间的治理优化成为主阵地，其中所涉及的产权流转、住房安置、公平正义等问题对规划执业者提出了全新挑战，而这些现实挑战与规划课程的思政教学密不可分。规划师执业实践与行业前沿是研究生一年级的专业课程，学术型硕士为选修课，专业型硕士为必修课，作为一门将规划理念与执业实践相融合的课程，对于规划师个人的职业道德提升、业务能力进步、专业视野拓展、城市建设大局观的培养

有着重要作用。随着"责任规划师""社区规划师"等制度的试行，提升规划师业务能力与职业道德是未来行业的深切需求，这样的现实需求与课程思政教育难以分割。

2　思政教育与课程教学相结合的现实需要

2.1　规划背景迭代下，明晰政策深层内涵的现实需求

2019年5月，《中共中央　国务院关于建立国土空间规划体系并监督实施的若干意见》发布，确立了空间规划体系的总体框架，国土空间规划体系随之应运而生。国土空间规划体系的建立，不仅对城乡规划学科的发展提出了挑战，更对城乡规划专业人才的培养提出了新的诉求[3]。在资源整合、空间整治的大背景下，规划界正逐步摒弃以往增量式的发展思维，开始探索存量空间下的价值挖潜与功能优化。在顶层政策与价值导向转变的形势下，规划执业者存在着对当前行业该如何前行以及未来行业发展趋向的深度领悟，这都要求当前的专

李　健：大连理工大学建筑与艺术学院城乡规划系副教授
刘宗晟：大连理工大学建筑与艺术学院城乡规划系硕士研究生
陈　飞：大连理工大学建筑与艺术学院城乡规划系副教授

图1 规划范式的转变

业课程教学能够对相关政策的基本思想与深层内涵作出解读，进行相应的思政教学（图1）。

2.2 实践行为导向下，提升规划业务能力的迫切需要

我国城乡规划教育在外来的理论知识引入与国内实践土壤的碰撞与磨合中成长，在批判和改良中调整进步，与实践紧密结合仍然是我国城乡规划教育最重要的特征之一，学科发展与规划实务工作的开展及其演进密切相关[2, 3]。随着城市建设导向的变更，规划工作内容正逐步转向更多涉及多元群体利益协调的城市更新领域。规划师作为更新过程中利益协调的第一人，其规划理念和价值取向需要合理引导。奥地利著名规划教授Gerhard Schimak 指出，规划教育 "不仅要学习和掌握必要的知识，还要具备战略思维，以系统方法去处理复杂问题"[4]。在规划工作不断繁琐深化的背景下，城市规划学科除了要培养学生空间治理的能力外，更要结合思政元素进行补充教学，以回应不断丰富深化的现实需求，相关业务能力提升与思政教育相结合的课程教学尤为重要。

2.3 市场逐利视野下，避免规划失范行为的有力保障

自我国确立社会主义市场经济以来，城市建设进入高速发展时期，进行了大规模的土地扩张与建筑建造。随着交通拥堵、能源紧缺、住房紧张等一系列 "城市病" 的出现，市场无序竞争的弊病逐渐展露出来。2020年，我国城镇化率已经达到63.89%，城市规划建设管理工作需要进一步完善对建成环境密度的管控，引导城市生活空间宜居适度发展[5]。在 "五位一体" 的总体布局以及 "生态文明发展观" 的引领下，城市建设正逐步走向存量优化的发展模式。但只要市场竞争还存在，市场逐利本性下的恶性建设行为就在所难免。规划工作者

作为能够切实影响建设市场的第一人，其规划思想影响着最终的建设市场与城市形态。加强规划执业者的思政教育有助于帮助其树立符合社会主义核心价值观的规划理念，避免规划失范行为的出现。

3 课程思政建设的总体设计

3.1 课程思政建设的教学目标

以课程教学思想与人才培养方案为指引，确定课程思政建设的育人目标与教学要求，明确不同教学环节下的考核内容与育人标准，修订课程教学大纲，明确教学目标（图2）。了解国土空间背景下新的规划类别与规划实践类型，熟悉空间整治思维下新的技术手段与运作方法，理解新时代下蕴含人本主义思想的规划新范式，掌握课程案例中所蕴含的规划理念与思政内涵；学习国土空间规划背景下以 ArcGIS、SPSS 为代表的典型应用软件，大数据时代下规划数据的新型处理方法与应用途径，新技术体系下的调研访谈方法，不同层级规划中公共参与方式，在规划实践的行业准则内体悟技术使用的道德伦理观念。通过课堂教学、师生研讨、结课考核深入理解规划师的业务范围、职业需求、责任担当。

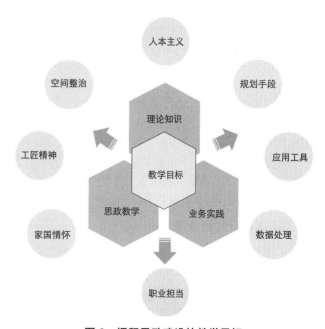

图2 课程思政建设的教学目标

思政元素与各教学环节与内容的对应   表1

教学环节	教学内容	思政元素
理论教学	公园城市	符合生态文明建设理念的城市规划
	人民城市	符合新时代下人民对美好生活向往的规划理念
	市级国土空间规划	国土空间整治背景下符合核心主义价值观的空间治理手段
实践模拟	注册规划师试题试做	蕴含规划职业道德的规划技术手段与设计手法
研讨交流	大数据时代信息技术在规划中的应用	新技术时代下的技术伦理问题
	文化集聚区的布局	公共资源的布局的公平性问题

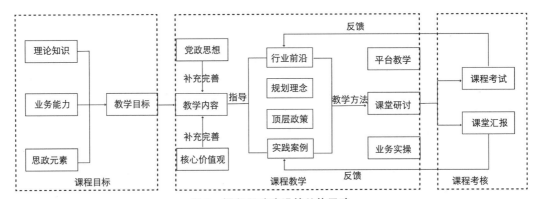

图3　课程思政建设的总体思路

3.2　课程思政建设的总体架构

课堂教学是课程思政的"主渠道",也是教师提升课程思政建设成效的"最后一公里",进行合理的课程设计与提升课堂教学质量是课程思政建设的应有之义[6]。本课程按照教学大纲中拟定的工作计划,完成了深度开发与深层设计,在教学内容中发掘思政元素,形成教学策略应用于相关章节,完善课件(表1),落实于教学过程,探索课程的思政建设道路(图3),以期达到知识与思政和谐交融。通过思政教学唤起学生内心的团队意识、工匠精神、家国情怀以及建设美丽中国的宏图伟志。

4　课程思政建设的具体实践

4.1　回应顶层政策的规划理念教学

随着社会主义基本矛盾的转移,人民的生活诉求有了重大转变,规划理念也应与之相适配的改变。课程设计中将加强行业前沿思想与人民诉求的规划理论教学。①公园城市、人民城市建设理念:以"五位一体"总体

布局中的生态文明为引领,以人民为中心,加强历史文化保护,构筑山水林田湖城生命共同体,追踪从理念提出、实施途径、到城市建设实践内容。通过实际案例的介绍,阐明了生态建设理念下"市民—公园—城市"三者之间的关系以及优化举措。提出新时代下蕴含思政内涵的整体规划目标:即以社会主义核心价值观为引领,遵循绿色、共享、多元的发展理念,最终要以回应人民真实需求为旨归。②国家级、省级、市级国土空间规划等内容,其中以市级国土空间规划为重点,使学生熟悉并掌握城市用地布局、用地管控、多元参与主体利益协调、设计全过程参与及城市治理方面内容。城乡规划的公共政策属性决定其与党中央大政方针、国家的发展方向休戚相关,在国土空间规划中树立的底线意识即是对顶层政策的最好回应[7]。课程通过对三区三线划定方法的讲解,将城市发展的底线管控思维、统筹经济发展与生态保护的建设大局观等思政理念融入教学中,引导学生形成正确的规划观念。

4.2 跟踪行业前沿的实践案例选取

课程教学围绕规划专业的实践特征，以大量紧跟时事又特征鲜明的案例讲解为主，展示行业领域前沿的规划实例，总结其中的思政内涵，强化理论知识运用于社会实际的能力，注重分析能力与解决复杂问题的综合能力的培养。

依托注册城市规划师继续教育，充分利用中国城市规划协会官网上城乡规划微课堂中案例视频，选择既能反映城乡规划专业理论研究，又蕴含思政元素的实践案例，围绕统筹推进"五位一体"总体布局和协调推进"四个全面"战略布局、满足人民对美好生活的需求、和谐社会建设、美丽中国建设、多元参与、历史文化保护等基本内容，依据国家政策背景及建设动态的变化，持续地调整完善每年的实践案例，使学生更清晰地了解规划界的工作内容与实践范围，提升规划认知。

4.3 关注民生层面的社会空间研究

民生是规划所依，也是国家所系，关乎人民的生活幸福与社会稳定，是规划的重点实践领域，也是思政教育开展的主要阵地。课程教学通过对深入社会空间各个层面的内容进行讲解，从中总结出丰富的思政意蕴。与学生日常生活紧密相关的住房、就学、休闲等教学内容有着更为深切的感化力，达到潜移默化的效果，使得思政教学产生长久稳定的影响。

2020年、2021年课程教学内容关注了社会空间研究，在混合住区规划的课程教学中，引导学生以低收入者视角审视"大混居，小聚居"的规划布局，了解弱势群体生活需求，理解规划中所蕴含的包容性与公正性等思政内涵；在理想社区营建模式的课程教学中，提供一种以"城市人"理念为指导，通过社会调研方法来辅助规划的技术思路，更好回应人民需求；在公共资源布局的课程教学中，以存量背景下学区空间的使用评价及社区公园规划研究，引导学生思考规划应对基本公共服务配置均等化方法。将社会空间研究作为教学内容有效丰富了思政教学路径，培养学生职业道德及社会责任感。

4.4 面向规划实践的业务提升需求

在课程设计中关注提升学生的规划业务能力，注册城乡规划师作为城乡规划行业唯一的准入型职业资格，

在职业人才培养、提高规划质量、培育专业机构和对标国际等方面积极地促进了城市规划行业的发展，对提高从业人员素质、协作多元主体参与、人才自由流动和咨询市场自由竞争等发挥了积极的作用[8]。课程教学中精选历年典型试题，课堂组织学生试做，并集体讨论，重点关注生态环境保护、历史遗产保护、以人民为中心的住区规划设计对策；期末考核中安排相关城市规划实务类考题，考察学生对思政部分考点的掌握情况，培养学生的政治担当、专业情怀和正确价值观。

5 结语

课程思政建设是实现"立德树人"的必要举措，也是课程教学领域中的永恒课题。在人才培养理念不断深化的背景下，课程思政建设成果更需要全新的考核机制加以稳固。增加从知识学习向技能掌握、从规划设计向行为准则、从技术标准向职业价值观转变的考核内容；建立起知识考察与思政理念的联系和互补；逐渐形成以考试和评定相结合的考核方式是提升课程思政建设的重要举措[8]。基于此，本课程提出了"课中＋课后"协同进行的多元考核机制。具体实施策略如下：课堂上师生统一观看规划实践核心内容，然后组织课堂讨论；课堂布置写读后感，及时了解学生观看效果；结课组织当堂汇报，考察学生对于课程的整体感悟；期末考核出现观看视频内容考题，了解对学生专业学习及研究方向的启发程度，实现多环节的全面考察（图4）。

课程建设通过对规划实案的剖析与规划理念的讲解，在整体的课程设计下实现了对学生的思政教学，并取得初步成效。在人才培养目标不断上升的背景下，本

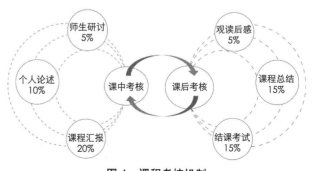

图4 课程考核机制

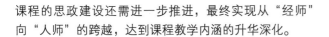

课程的思政建设还需进一步推进，最终实现从"经师"向"人师"的跨越，达到课程教学内涵的升华深化。

参考文献

[1] 马捷，赵天缘，田园，等.思创融合，协同育人——吉林大学图情档学科课程思政建设模式与实践探索 [J]. 图书情报工作，2022（1）：11-21.

[2] 杨辉，王阳."旧疾"与"新题"：国土空间规划背景下城乡规划教育探讨 [J]. 规划师，2020，36（7）：16-21.

[3] 孙施文.我国城乡规划学科未来发展方向研究 [J]. 城市规划，2021，45（2）：23-35.

[4] 杨贵庆.面向国土空间规划的未来规划师卓越实践能力培育 [J]. 规划师，2020，36（7）：10-15.

[5] 朱子瑜，陈振羽，张永波，等.中国主要城市建成环境密度报告（2021）[R]. 北京：中国城市规划设计研究院，2021.

[6] 李林英，卢鑫.理工科专业课程思政建设的着力点 [J]. 中国高等教育，2021（20）：34-36.

[7] 向铭铭，喻明红，彭黎君.城乡规划工程类课程的思政要素探究 [J]. 教育教学论坛，2020（37）：48-49.

[8] 谢盈盈.改革背景下对注册城乡规划师职业资格制度的思考 [J]. 城乡规划，2019（3）：64-70.

Exploration and Practice of Teaching Civics in the Course "Practice of Planners and Industry Frontiers"

Li Jian   Liu Zongsheng   Chen Fei

Abstract: With the original intention of "establishing morality and educating people" and the teaching characteristics of urban and rural planning courses, the construction of the course "Practice of Planner and Industry Frontier" was carried out with the aim of achieving a harmonious integration of theoretical teaching and ideological education. The course is a comprehensive and multi-level study in terms of expanding and improving the teaching objectives, enriching and increasing the teaching contents, and optimizing the assessment mechanism, etc., so as to clarify the foundation of the course construction and the overall structure of the course design in terms of thinking and politics; using platform assistance, classroom seminars, and actual case teaching, the course integrates the core socialist values, the concept of urban construction in the new era, the basic public service facilities, and other thinking and politics concepts. The course will integrate ideological and political concepts such as the idea of spatial equity and justice into the curriculum in a reasonable and orderly manner, put forward new requirements for students' planning cognition, business ability and professional commitment, and guide students to form correct values and professional sentiments.

Keywords: Planner Business, Curriculum Design, Teaching of Ideology and Politics, Construction Ideas

"区域规划概论"课程思政教学探索与实践

赵晓燕 兰 旭 张秀芹

摘 要：根据笔者近年来在区域规划概论课程思政的教学实践，积极探索将思政元素融入区域规划概论的教学内容，实现知识、能力和思政"三位一体"和综合达成的课程思政教学目标。带领学生理解具有中国特色的社会主义区域规划思想和理论，坚定理想信念。理解我国的基本国情和区域发展现状及优势，培养家国情怀。将我国重大发展战略和规划实践融入课程教学，增强时代担当。结合学科前沿发展动态，培养时代精神。通过案例式教学、问题导向式、任务驱动式等教学方法落实思政环节、以学生为中心不断改进课程思政教学效果。

关键词：区域规划；课程思政；设计思路

2016 年 12 月，全国高校思想政治工作会议上指出，要坚持把立德树人作为中心环节，把思想政治工作贯穿教育教学全过程，实现全程育人、全方位育人，努力开创我国高等教育事业发展新局面[1]。党的十九大以来，教育部启动"三全育人"综合改革试点[2]，这要求高校教师在充分发挥课堂教学作用的同时，还应将思想政治内容整合到专业知识教学中，使其润物无声地融入课堂，从而增强学生的四个自信和家国情怀[3]。区域规划概论的教学目标、教学内容和知识体系中蕴含了大量的思政元素，区域发展与区域规划时事热点问题为课程思政教学改革提供了大量鲜活的思政案例，是课程思政改革的"富矿"，对培养学生的家国情怀和全球视野有着重要作用，对落实立德树人任务具有很强的现实意义。

1 课程地位

1.1 区域规划概论在城乡规划专业课程体系中的地位

本课程为城乡规划专业的专业核心课，是构成学科基础平台的重要课程之一，是城乡规划专业的必修课程。"区域规划概论"课程是一门以系统分析区域自然环境、经济产业、人文社会等发展要素为基础，并着眼协调勾勒区域发展蓝图及其实现过程的综合课程，是一门综合性、交叉性、研究性强的课程。其作用在于使学生构筑区域规划的基本知识体系，用基本原理和知识分析和研究区域问题，并且具备区域规划的实践能力。其作为城乡规划专业的核心课程之一，承担了城乡空间规划知识领域的教学单元，是引导学生从微观、中观层面转向宏观、全面的区域观念和思维方法的重要教学环节。

1.2 区域规划理论深化和实践探索突出新时代国家发展战略

党的十八大以后，我国提出"一带一路"建设、"长江经济带"以及京津冀协同发展战略，形成东中西互动、优势互补、相互促进、共同发展的新格局。党的十九大提出实施"乡村振兴战略"、实施"区域相协调"发展战略，以城市群为主体构建大中小城市和小城镇协调发展的城镇格局。近年来，国内已开展多个层次的区域协同规划探索，《全国城镇体系规划》《全国主体功能区规划》《京津冀协同发展规划纲要》《粤港澳大湾区发展规划》《长三角一体化规划》多个城市群规划及都市圈规划等相继编制。随着"区域协调发展"战略、"一带一路"倡议、"乡村振兴"战略等的逐步实施，拓宽了区域发展战略和区域发展的新思路，区域科学发展在

赵晓燕：天津城建大学建筑学院城乡规划系讲师
兰 旭：天津城建大学建筑学院城乡规划系副教授
张秀芹：天津城建大学建筑学院城乡规划系讲师

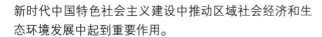

新时代中国特色社会主义建设中推动区域社会经济和生态环境发展中起到重要作用。

帮助学生树立正确的世界观、人生观和价值观具有重要作用。

1.3　区域规划概论课程的思政元素，对落实立德树人任务具有很强现实意义

作为城乡规划专业的核心课程，也是最能体现城乡规划学综合性和区域性的课程之一，对于培养学生宏观全局思维、区域分析能力和综合分析能力有着重要作用，更在世界区域发展格局、参与全球或区域竞争等方面有着重要的应用价值。要求规划执业者既要具备宏观战略研究、区域格局研究等素养。同时，区域规划课程结合课程思政改革可以积极发挥作用，课程本身就具备培养爱国主义、家国情怀、全球视野人才的教学要求，对于

2　区域规划概论教学内容思政融入

课程主要分为四个部分，第一部分为区域及区域规划概论，第二部分为区域规划的理论基础，第三部分为区域分析，第四部分为区域发展战略，第五部分区域规划及案例。

为了进一步适应全球格局发展和新时代中国特色社会主义建设的需要，充分发挥区域规划概论的思政功能，积极探索将思政元素融入的区域规划概论教学内容（表1），以期为面向服务国家重大战略需求和区域发展培养规划专业人才。

区域规划概论主要教学内容思政融入点　　　　表1

教学内容	主要思政融入点	育人目标
区域规划概论	1. 我国区域发展特点； 2. 区域规划的主要类型	坚定理想信念、厚植爱国主义情怀
区域规划的理论基础	1. 与西方区域规划理论相对比，中国特色的社会主义区域规划理论的特色和研究领域； 2. 我国区域发展的主要模式	坚定理想信念、厚植爱国主义情怀
区域发展条件分析	1. 区位分析：我国在世界发展格局中的区位分析；某城市或区域在宏观、中观、微观层面的区位分析； 2. 自然、经济条件分析：我国产业结构的演进及产业空间格局的变化趋势；区域的主导产业，产业结构的特点和发展趋势。我国在世界产业链体系中的优势和重要地位；我国在制造业等方面的优势；我国经济发展的现状和优势； 3. 科学技术条件分析：我国和美国、德国等国的科学技术现状特点对比；北京、天津、深圳等地科学技术条件分析；科技强国，努力成为世界主要科学中心和创新高地； 4. 社会、历史、文化条件分析：我国历史文化传承的特色与优势； 5. 区域发展条件分析的新方法新技术	培养全球视野、坚定理想信念、厚植爱国主义情怀、树立正确的人口观、资源观、环境观和可持续发展观、崇尚科学创新
区域发展阶段分析与区域发展优势	1. 不同阶段，我国的发展模式变化； 2. 区域竞争与合作，中国如何积极参与全球竞争？ 3. 我国区域发展阶段与区域发展优势； 4. 区域未来发展趋势的分析与预测	坚定理想信念、厚植爱国主义情怀、培养全球视野
区域发展战略相关理论	1. 梳理新中国成立以来，不同历史阶段，我国的区域发展战略特点及原因； 2. 深入理解新时期我国区域发展战略	培养全球视野、一带一路、区域协调发展、乡村振兴、坚定理想信念
区域空间结构与空间管制	1. 我国区域发展特点； 2. 区域规划的主要类型	坚定理想信念、厚植爱国主义情怀
区域空间结构与空间管制	1. 国土空间主体功能分区体系； 2. 国土空间总体格局（不同层次）； 3. 统筹三线划定管控； 4. 优化提升四类国土空间	可持续发展、生态文明、时代精神

续表

教学内容	主要思政融入点	育人目标
区域资源开发利用与保护规划	1. 资源承载能力、发展需求分析； 2. 可持续开发利用模式及保护措施； 3. 我国"十四五"大型清洁能源基地布局； 4. 某区域资源开发利用保护规划	可持续发展、生态文明、时代精神
区域产业发展与空间布局	我国的区域产业布局（农林渔业、科技创新产业、高端制造业等）的特点。不同区域之间的对比	坚定理想信念、厚植爱国主义情怀
区域基础设施规划	1. 我国的区域基础设施规划的现状、优势及特点； 2. "新基建"的概念及发展趋势； 3.《国家综合立体交通网规划纲要》（2021.02.24）解读分析	增强自豪感、时代精神
区域城镇体系规划	1. 我国区域城镇体系规划的发展演变趋势； 2. 我国不同层次区域城镇体系规划现状及特点； 3. 新型城镇化规划； 4. 城镇等级、城镇体系规模现状及特点，城镇体系空间结构现状及特点	坚定理想信念、厚植爱国主义情怀、以人为本、时代精神
区域生态环境规划	1. 我国的区域生态环境状况调查、评价及预测分析； 2. 我国的生态环境保护目标； 3. 生态建设规划与自然保护规划； 4. "十四五"重要生态系统保护和修复重大工程布局； 5. 我国的国土生态修复案例	可持续发展、生态文明、山水林田湖草
区域规划的编制及案例分析	1. 重点区域城市群及都市圈规划； 2. 全国城镇体系空间规划解读分析； 3. 京津冀协同发展规划、粤港澳大湾区发展规划、长三角一体化规划分析，并与东京湾区、美国湾区对比； 4. 北京、上海、深圳、天津等规划案例与纽约大都市区、大伦敦地区对比分析	坚定理想信念、厚植爱国主义情怀、时代精神、全球视野

3 "区域规划概论"课程思政建设目标

在课程思政建设过程中，秉承"以学生为中心"理念，落实立德树人根本任务，实现课程思政与科学思维、科学精神和核心价值观培养的有机衔接，达到价值塑造、知识传授和能力培养目标的紧密结合。在课程思政建设的要求下，课程教学不仅要激发学生专业学习研究兴趣，还要帮助他们科学理解国内外区域规划发展现状，拓展其全球视野，建立科学的世界观；激发学生的家国情怀，建立正确的价值观；培养学生理论联系实际、综合分析解决全球问题的批判创新能力，最终实现知识、能力和思政"三位一体"和综合达成。

在知识方面，使学生牢固掌握区域分析的基本原理、概念、方法，理解区域规划的相关理论及应用，掌握区域分析的一般思路、主要内容和分析方法，掌握区域规划的基本内容、编制程序和编制方法。

在能力方面，培养学生全面、整体的区域观念和思维方式，能够对区域发展条件和整体发展水平进行科学分析，具备认知分析和研究区域问题的基本能力，具备应用相关理论进行区域规划实践的技能，提升语言表达能力、创新思维能力、团队协作能力。

在育人方面，要面向学生的成长成才，要求学生坚定理想信念，厚植爱国主义情怀，树立正确的人口观、资源观、环境观、生态文明和可持续发展观，拓展学生的全球视野，激发学生的家国情怀。崇尚科学创新，践行工匠精神，培养学生理论联系实际，增强对社会的责任感。

4 "区域规划概论"课程思政设计思路

4.1 理解具有中国特色的社会主义区域规划思想和理论，坚定理想信念

在运用马克思主义基本原理来指导中国特色社会主义建设过程中，逐步形成了具有中国特色的区域规划理论，以中国特色区域规划理论形成历程和区域规划发展进程激发学生的学科自信和学习动力。

4.2 理解我国的基本国情和区域发展现状及优势，培养家国情怀

利用实际案例分析区域自然经济条件、历史文化资源、资源环境、产业结构、基础设施和经济发展现状。梳理中国产业结构及空间布局演化趋势，梳理我国城市群和都市圈的发展演化过程。引导学生从规划专业角度出发，从全球视野理解我国区域发展阶段和发展优势，深刻认识我国基础设施建设、制造业发展、技术创新、历史文化资源等方面的优势，提升学生的国家认同感；理解"长江经济带""京津冀协同发展""粤港澳大湾区"等重点区域规划的深刻意义，理解我国东西互动、优势互补、相互促进、区域协同发展的新格局。将北京、上海和纽约、东京、伦敦等大都市区发展进行比较，以我国经济及区域发展成就激发学生的自豪感和爱国情怀。

4.3 将我国重大发展战略融入课程教学，增强时代担当

帮助学生理解党的路线方针政策和我国重大发展战略，比如结合"一带一路"、脱贫攻坚、生态文明、乡村振兴，历史文化保护传承等，开展思政教学。梳理新中国成立以来，不同历史阶段，我国区域发展战略的转变过程及原因。通过分析"十四五"规划、主体功能区划、粤港澳大湾区建设、京津冀协同发展、长三角一体化、黄河流域生态保护和高质量发展等重大区域规划以及区域发展战略的制定，让同学们既能学习区域规划的基本知识，也能深刻领会我国区域战略部署的精髓，厚植爱国主义情怀，提高学生的社会使命感和勇于投身国家建设的时代担当。

4.4 结合学科前沿发展动态，培养时代精神

积极向学生传递最新研究动态、核心价值观念，结合学术前沿知识，及时更新课程内容，了解我国区域规划发展的新趋势、新特点和新实践，了解区域分析和区域规划的新技术和新方法，通过最新重要区域规划案例的解读分析，提升将区域规划相关理论知识应用于实践的能力，培养区域规划的编制技能，实现专业技能学习与思想政治教育同步发展。增强学生主动求知能力，培养创新思维团队协作能力。

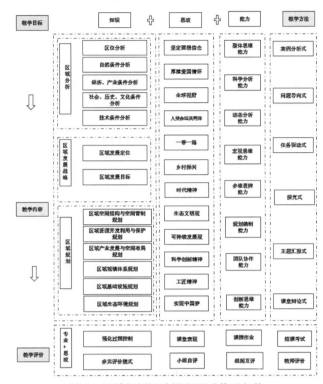

图1 区域规划概论课程思政体系架构

5 "区域规划概论"课程思政体系设计与达成途径

5.1 体系架构

课程内容紧密围绕着新时代中国特色社会主义建设取得的伟大成就、区域发展战略、区域规划理论发展及重点地区区域规划实践，制定教学目标，更新教学内容，积极探索思政元素的有机融入。力求讲好中国故事，厚植学生家国情怀；讲懂中国理论，培养学生创新能力。

5.2 达成途径

在课程讲授中，运用理论与实践并重的教学理念；以知识、能力和思政的综合达成为教学目的；着力实施教学资源多样化、教学内容时代化、教学手段多元化和线上线下混合的教学模式，提升学生学习的积极性和主动性。

利用课堂重点知识讲授、典型区域规划案例讲解、

课堂辩论、主题汇报、课上及课后讨论、课后答疑、上网查阅相关资料、学习通随堂小测验、主要内容思维导图总结、课程作业等多种途径实现价值塑造、知识传授和能力培养的教学目标。

（1）明确教学目标、优化教学内容

在课程思政教学改革中，将价值导向与知识导向相融合，明确课程育人目标及思政教学目标。优化原有的课程教学内容，提高学生思想品德水平、人文素养、认知能力，培养学生的科学精神和工匠精神，强化政治方向和思想引领，凸显专业课程的价值引导功能。

（2）创新教学方法，落实思政环节

充分进行多样化教法融合，兼顾专业教学的同时也能及时掌握学生的学习状况和思想动态，进而落实"课程思政"环节，有效达成"课程思政"目标，体现以学生为中心的教育理念。例如，案例式教学：通过区域规划案例熏陶，积极引导学生进行探究式与个性化学习，优化学生的思政教育。问题导向式教学，采取小组代表发言、其他小组点评的方式，融入思政元素，对具有高阶性、创新性和挑战度的问题开展小组讨论，组间辩论。任务驱动式学习，对具有一定难度要求、需要进行系统思维的复杂问题，在合作学习的基础上达成共识。主题汇报与课堂辩论，以小组的形式，让学生对区域规划热点问题进行专题汇报。

（3）转变教学理念，挖掘思政资源

实现"以学生为中心"教学理念，引导学生主动观察和思考，深入了解国情社情，领略在中国特色社会主义建设背景下，产业和区域经济发展、技术创新、基础设施建设、生态环境保护等区域发展的成就，实现理论知识与行动实践的统一。从可持续发展、生态文明建设、生命共同体、"绿水青山就是金山银山"等理念出发，凸显"课程思政"教学理念的关键作用。

（4）考核教学质量，优化思政评价

加强开放性探讨，采用多元评价模式考核学生课程成绩，强化全过程控制，采取"课程＋思政"的考核方式，将"课程思政"有机渗透于整体评价当中，积极构建并优化多元"课程思政"考评体系。通过学生参与情况、教学过程的记录、行为学观察进行评价。明确规定专业知识点的评分标准外，还应综合学生课内外的表现，采用小组自评、组间互评、教师点评等方式，对思想政治教育效果进行整体性评价。譬如针对学生自主学习和创新能力与成效、团队合作和团队精神的培养、生态文明观的养成、对区域重大发展战略的认识等进行考察，明确面向思政教学内容的成绩考评比例。

（5）听取学生意见，完善反馈渠道

充分听取学生对专业课"课程思政"内容与形式的意见建议，完善思政教育学生效果的反馈渠道，以学生为中心不断改进课程思政教学效果，增强思政教育的有效性。

6 总结与展望

在课程思政教学探索中，课程内容体现区域在新时代中国特色社会主义建设取得的伟大成就，突出新时代国家发展战略，展现我国区域规划理论和实践的发展特点及未来趋势。未来，将进一步完善区域规划概论线上教学资源库，建设具有课程思政特色的线上线下混合的区域规划课程。构建新时代国土空间规划编制背景下符合专业建设需求的区域规划教学内容，并进一步探索建设符合课程思政需求的评价标准和有效的评价方法。

参考文献

[1] 郑永廷. 把高校思想政治工作贯穿教育教学全过程的若干思考——学习习近平总书记在全国高校思想政治工作会议上的讲话 [J]. 思想理论教育, 2017 (1): 4-9.

[2] 武丽, 史雅然, 杨刚, 等. 在"三全育人"格局下学生指导与服务工作站的构建模式探究 [J]. 教育现代化, 2020, 7 (47): 112-115.

[3] 高德毅. 从思政课程到课程思政: 从战略高度构建高校思想政治教育课程体系 [J]. 中国高等教育, 2017 (1): 43-46.

Ideological and Political Exploration of the Course Introduction to Regional Planning

Zhao Xiaoyan   Lan Xu   Zhang Xiuqin

Abstract: According to the teaching practice of ideological and political education in the course of Introduction to Regional Planning in recent years, the author actively explores the integration of ideological and political elements into the teaching content of Introduction to Regional Planning, so as to realizes the trinity of knowledge, ability and ideological and political education, and comprehensively achieves the teaching goal of ideological and political education in the course. Lead students to understand the thoughts and theories of socialist regional planning with Chinese characteristics, and strengthen their ideals and beliefs. Understand China's basic national conditions, regional development status and advantages, and cultivate feelings of home and country. Incorporate China's major development strategies and planning practices into curriculum teaching, and enhance the responsibility of the times. Combine the development trends of the frontier disciplines and cultivate the spirit of the times. Through case teaching, problem-oriented, task-driven and other teaching methods, the ideological and political link is implemented, and the student-centered curriculum ideological and political teaching effect is continuously improved.

Keywords: Regional Planning, Curriculum Ideological and Political Education, Design Ideas

"规划设计初步"思政教学的元素适配与体系构建
—— 以华中科技大学"规划设计初步"课程思政教学为例

贺　慧　袁巧生　林　颖

摘　要：在新时代背景下，信息技术带来了新的机遇与挑战，面对复杂的国内外环境，思政教学无论是内容还是形式都面临逐步优化提升的空间，大学启蒙阶段为学生把好人生专业第一关尤为重要。我系"规划设计初步"课程组始终树立"深耕思政教育在初步，厚植立德树人于规划"的教学理念，近三年，进一步纵深挖掘专业课程所蕴含的思政元素，构建"启蒙思政""设计思政""实践思政"三位一体的课程思政教学体系，以贯穿"规划设计初步"教学的全过程，为提升本专业育人价值、培育本专业立德生境作出了积极有效的教学探索。

关键词：规划设计初步；元素适配；体系构建；启蒙思政；设计思政；实践思政

1　引言

"规划设计初步"是城乡规划专业的专业基础课程及设计启蒙课程，是学生进入大学教育接触的第一堂专业课。课程教学具体内容包括思政、专业理论、设计表达技能及构型逻辑与设计思维养成教学四部分，融思想政治教育、认知美学教育、专业理论教学及实践教学于一体。在教学过程中，授课教师把家国情怀、人文精神、时代价值等思政元素植入到教学体系中，要求学生继承和发扬中国传统文化，同时又应具有全球视野，鼓励学生理性吸收国外最先进、最前沿的设计方法和理念。

课程教学坚持思政教学与专业教学齐头并进、同频共振、协同发展的原则，采取深耕挖掘、准确适配、隐形渗透的教学模式，让思政教学贯穿于"规划设计初步"教学的全过程。

教学重点在于：培养学生正确的专业价值取向与审美意识，让学生树立文化自信、审美自信及设计自信，激发学生浓郁的专业兴趣与开拓创新的活力。难点在于思政元素的挖掘及如何把思政元素隐性渗透、准确适配到专业启蒙教学中，并真正做到润物细无声的地步。

2　思政教学在城乡规划专业启蒙教学阶段的必要性与重要性

大学专业启蒙教育中，思政影响是最初的，也是润物细无声的，思政教学始终贯穿于"规划设计初步"的整个教学过程中。党的十九大报告指出："当前，国内外形势正在发生深刻复杂变化，我国发展仍处于重要战略机遇期，前景十分光明，挑战也十分严峻。"西方发达国家通过文化、价值观念的差异不断向我国渗透西方价值观；另外，刚踏进大学校门的新生，来自全国各地，各自的生活习性、学习方式、价值观念不尽相同，面对陌生的环境，让许多新生不知所措，容易迷失方向。面对如此复杂、严峻的形势与局面，在专业启蒙教育中及时植入、适配思政元素进行专业思政教学是极具现实意义的。

思政教学不仅是国家繁荣、社会进步、民族振兴、文化发展的需要，也是"三全育人""五育并举"人才培养的需要，更是贯彻"立德树人"的国家需求。规划

贺　慧：华中科技大学建筑与城市规划学院教授讲师
袁巧生：华中科技大学建筑与城市规划学院讲师
林　颖：华中科技大学建筑与城市规划学院副教授

专业培养的人才将在国土安全、人居品质、人民生产生活等方面做出积极的贡献。首先，全面建成小康社会与建设美丽中国，要靠规划；其次，实施乡村振兴战略与区域协调发展战略，要靠规划；最后，改善人居环境、提升人民健康水平，要靠规划。因此，思政教学与"规划设计初步"教学具有极高的关联性。

3 思政教学的元素适配

为紧紧围绕"立德树人"的根本任务，全面落实"三全育人"的教育目标，把思政教学落实到全程育人的最初专业启蒙阶段，因此"规划设计初步"课题组教师在教学方案的制定与实践中，始终将思政元素的挖掘与适配作为规划专业启蒙教学一个不可缺少的组成部分，充分考虑"课程思政"教学内容，纵深挖掘"专业思政"具体元素，努力构建"专业思政"教学体系，做到思政显性教育与隐性教育有机结合、协调统一。具体从时间、空间与特征三个维度去挖掘、提炼、适配该课程的思政元素（图1）。

3.1 时间维度

中华民族有着五千年的悠久历史和灿烂的文化，是当之无愧的世界文明古国。各个时期都出现过影响历史发展、社会变更、文化进步的大事记和历史人物。从远古时代的盘古开天地到夸父追日，从嫦娥奔月到当下的神舟十三号载人飞船返回舱成功着陆，从西汉抗击匈奴的霍去病到南宋抗金名将、民族英雄岳飞，从明朝抗倭

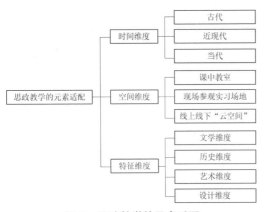

图1 思政教学的元素适配
资料来源：作者自绘．

名将戚继光到清代虎门销烟的林则徐，再到当今的保卫钓鱼岛事件，这些博大精深的文化典故、可歌可泣的民族英雄的事迹，都是当代大学思政教学的宝贵资源和精神财富，激励着一代又一代的青年学子奋发图强，树立报国之志。因此，课程组教师首先从时间的维度深度挖掘中华民族文明史上积极向上的思政元素，把这些思政元素及时渗透、适配到"规划设计初步"启蒙教育中。

3.2 空间维度

思政教学贯穿于"规划设计初步"的整个教学环节，其思政元素的适配不仅体现在教室课中的理论教学中，而且体现在现场教学实践环节中，在疫情防控时期还体现在线上线下的"云空间"维度，也就是在不同的教学场所如何把思政元素有针对性地、巧妙地、具有亲和力地适配到课程教学中，在空间维度做到无处不在，这确实是专业思政教学的难点。教室课中理论教学的思政元素适配采用隐性为主、显性为辅、隐性与显性相结合的模式，因为该课程教学以基本功训练、表现技能技法为主，涉及的内容以理性、生硬、机械的线条、模型较多，在此教学过程中适配思政元素不可太过显山露水、生硬强塞，而应以自然植入的形式达到润物细无声的效果。面对真实情景的现场教学，如参观红色文化街区、伟人故居或历史文化公园，改造设计毛泽东广场，其教学内容本身就是思政教学的一部分，思政元素可带有明显的显性特质，其教学形式以简单明了的显性教育为主，这样学生反而能高效地接受所学的知识。面对疫情防控时期线上线下的"云空间"，思政元素的适配与教育模式以更巧妙、更具亲和力的隐性特质为主，体现在教师有更多的关爱与责任心：如关心学生疫情期间的生活起居、身体状况及家庭环境等，给远方的学生以温暖和鼓励。同时适配线上辅导和"云上"交流，营造具有亲和力和感染力的育人"云空间"。

3.3 特征维度

在专业设计启蒙课程教学中如何适配思政元素，并将思政元素融入课程设计中，或作为设计的主题，或成为设计的组成要素，思政元素呈现的视觉效果及教学手段是重中之重。课程组教师通过近年来的教学实践，从思政元素自身的特征维度去挖掘，初步挖掘形成了文

学、历史、艺术、设计四个特征维度,以适配于节点教学中。

文学维度:主要从史传文学、纪实文学、报道文学中挖掘。

历史维度:主要从远古史、中国古代史、中国近现代史、新中国当代史等维度中挖掘。

艺术维度:主要从绘画、电影电视、摄影、书法等维度中挖掘。

设计维度:主要从规划设计、景观设计等维度中挖掘。

4 思政教学的体系构建

在"规划设计初步"专业教学过程中,让学生获取专业知识的同时,又能充分发挥专业课程的育人价值,引导学生人生价值观的取向,培养学生职业道德精神,达到教书育人的目的。为此,教师在提升自身课程思政育人意识与能力的基础上去开展专业基础教学,充分利用课程思政教育中隐性的德育资源,深度挖掘该课程中蕴含的丰富思政元素,把思政元素充分地融入课程教学中,着力夯实课程教学基层基础,努力提升"规划设计初步"专业育人价值,积极培养立德树人的好"生境"。

当下学生接受知识、掌握信息的途径呈现多元化,灌输式教学模式的局限性凸显。如何做到润物无声,让学生在获取专业知识的同时又达到立德树人的目标,提高课堂教学的吸引力、感染力与说服力,构建完善的专业思政教学体系尤为重要。为此,课程组教师在"规划设计初步"思政设计中,构建了如下三位一体的教学体系:启蒙思政、设计思政与实践思政三大组成部分(图2)。

4.1 启蒙思政

启蒙教育是人生的第一课,决定人的价值取向、道德品行,甚至影响人的一生。启蒙教育以德育为先。同样,"规划设计初步"第一堂专业启蒙课对学生的影响十分重大,关系到学生对专业的兴趣与爱好程度、就业方向等。教师如何上好第一堂课,关系到培养学生对本专业的兴趣,让学生在专业学习过程中自然接受思政教育,在潜移默化的思政教育中得到人生价值的引领,进而树立对行业未来的信心。因此,第一堂启蒙课的专业教学内容、思政元素的适配至关重要。

在"规划设计初步"启蒙教学第一课中,主要从爱国教育、红色题材、文化传承等方面开启学生专业思政之旅。

(1)专业启蒙的爱国思政,树立学生的民族自信。打开规划初步第一堂课PPT,首先映入学生眼帘的是一面迎风飘扬的五星红旗,瞬间激发出学生强烈的爱国热情与饱满的精神斗志。在讲授"美的初步认知——构图原理"的"三角美学"章节时,将钓鱼岛造型的相关图片作为分析对象,让学生在获取美学知识的同时又不知不觉地培养了他们的领土意识。在讲授"构型逻辑与设计思维养成教学系列"课题时,以"我的中国心"为主题、由钓鱼岛联想而作——某纪念性艺术馆设计(图3)、某环境设计(图4)。借此说明,设计创意的灵感来源无处不在,让学生明白"设计构思创意灵感来源于生活却又高于生活"的道理,同时又潜移默化地增强了学生的爱国意识。

(2)红色基因的艺术思政,培养学生的专业自信。在第一堂专业启蒙课之审美观的培养中,讲授"美的初步认知——构图与虚实",授课老师选用近年热播的央

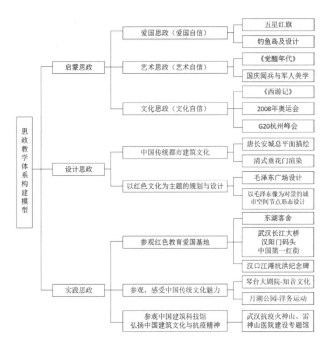

图2 思政教学体系构建模型
资料来源:作者自绘.

视革命历史题材电视剧《觉醒年代》中唯美艺术剧照（图5），借此剧照精美的构图、唯美的画面说明专业审美观的培养首先必须注重构图，然后强调主次、虚实及色彩的调和等关系；在讲授"美的初步认知——节奏与韵律"章节时，授课老师选用集思想性、艺术性、观赏性于一体的实体艺术场景——国庆阅兵（图6），极具表现力与节奏感的"直线＋方块"的"军人美学"在阅兵式中体现得淋漓尽致。这些除培育学生的审美观外，强调思想性与艺术性的统一是艺术、设计作品中不可缺少的要素，更重要的是借这些红色基因题材建立学生艺术自信的同时激发学生的爱国热情。

（3）弘扬传统的文化思政，坚定学生的文化自信。中国传统文化是我们坚定文化自信的历史根基，中国传统文化的精神魅力是文化思政的灵魂所在。在培养学生艺术审美观与思维创新能力的同时，引导学生传承中华优秀文化、激发民族自豪感进而坚定文化自信。在第一堂专业启蒙课讲授"美的初步认知——电影、电视艺术中的构图"章节时，课题组教师选用中国四大名著之《西游记》的电视版宣传海报"唐僧师徒四人取经"（图7），分析其经典的构图、和谐的色彩与文化的提取，感受百折不挠的中国文化之美；在讲述"美的初步认知——震撼、壮观"章节时，选用2008年北京奥运会开幕式主火炬的"夸父追日"（图8），展示点火仪式绝世空前的壮观场景，弘扬中华民族灿烂文明、悠久历史与辉煌时代，鼓励学生在设计构思创意阶段，努力汲取中国传统文化的智慧与精华；在讲解"基本设计方法"章节时，课题组教师选用2016年G20杭州峰会会标设计（图9），讲解构思来源于中国民间传说《白蛇传》西湖十景"断桥残雪"，向全世界展现中华传统文明之美。

4.2 设计思政

进入专业教学阶段，选用能体现中国传统建筑文化的素材、体现红色文化的设计题材作为教学主题，结合课程设计内容，试图将思政元素渗透到课程设计主题中。

（1）中国传统都市建筑文化的熏陶。通过线描唐长安城复原平面图（图10）、水彩渲染清式垂花门的基本功训练（图11），使学生不仅能初探规划、建筑理论知

图3 "我的中国心"艺术馆设计
资料来源：作者课件PPT，自绘.

图4 "我的中国心"环境设计
资料来源：作者课件PPT，自绘.

图5 审美观的培养，"美的初步认知——构图与虚实"
资料来源：电视剧《觉醒年代》.

图6 "美的初步认知——节奏与韵律"
资料来源：来自网络，作者课件PPT.

图 7　"美的初步认知——电影、电视艺术中的构图"
资料来源：来自网络，作者课件 PPT.

图 8　"美的初步认知——震撼、壮观"
资料来源：来自网络，作者课件 PPT.

图 9　基本设计方法
资料来源：来自网络，作者课件 PPT.

图 10　唐长安城复原平面图
资料来源：作者自绘.

图 11　清式垂花门水彩
渲染
资料来源：学生课程作业.

识及表达基本技能，还能领略中国古代都市规划的雄伟辉宏、建筑文化的精湛细腻，由此感受中华文化的博大精深。

（2）以红色文化为主题的景观形态构成设计。第一学期形态构成设计选用华中科技大学校园主入口处的毛泽东广场为场地。要求以毛主席雕像为景观核心，以红色文化为载体，结合周边环境进行体现新时代风貌的平面景观设计（图12）。引导学生践行与环境共生、共融的设计方法，感受伟人的精神感召，领略新中国一流大学明德厚学、求是创新的新境界。

（3）以红色文化为背景的城市空间节点形态设计。第二学期的城市空间构型设计场地选用华中大南大门南

面关山大道两侧约30hm²的用地，要求学生以毛泽东雕像为背景展开城市空间节点形态构型设计。为此，课题组教师以"心中的太阳"为主题、以毛泽东雕像为背景、以喻家山为依托，先行示范（图13）。建筑群似起伏山峦，与喻家山遥相呼应；核心造型似生态廊桥，又似冉冉升起的太阳，试图呈现"红雨随心翻作浪，青山着意化为桥"的空间意象。

4.3　实践思政

实践思政是课程思政的实践环节，也是检验课程思政实效性的有效手段，以参观实习、现场教学为载体，实现专业教学与课程思政同向同行。教学不仅提升了教

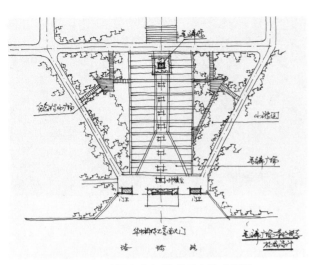

图 12　毛泽东广场景观形态构成设计
资料来源：作者自绘.

图 13　基于以毛泽东雕像为背景的城市空间节点景观形态设计——南立面
资料来源：作者自绘.

师专业教学的实践能力，更注重学生实践过程的感受，践行知行合一，加强立德树人实效，真正实现"三全育人"的培养目标。

（1）追寻红色记忆，参观考察红色教育爱国基地。在环境与城市认知教学环节，课程组教师组织学生参观带有红色记忆的场所，如武汉毛泽东故居东湖客舍，在此体会"才饮长沙水，又食武昌鱼"的境界。在城市空间节点形态设计教学环节，参观武汉长江大桥（图 14）、汉阳门码头（图 15）及武昌司门口"中国第一红街"，感受"一桥飞架南北，天堑变通途"的豪迈气势，追寻伟人畅游长江的红色轨迹；参观汉口江滩的抗洪纪念碑，重温中国共产党对人民的深切关怀。

（2）参观武汉月湖公园和琴台大剧院，感悟中国传统文化的魅力。在构型逻辑与设计思维养成教学环节，课程组教师组织学生参观月湖公园和琴台大剧院。要求学生基本掌握形态设计构成手法的实践运用，深刻领会设计作品所蕴含的文化内涵，努力学习设计作品艺术性与思想性相统一的手法。在现场教学场地，学生真切地体会"高山流水遇知音"的"知音文化"意境（图 16），感叹中国传统文化之美；重温洋务运动汉阳造的历史画面（图 17），体会中华民族发展道路上的艰辛与不懈奋斗的精神。

（3）弘扬中国建筑文化、传颂武汉抗疫精神。在城市认知教学环节，课程组教师组织学生参观中国建筑科技馆（图 18）及"火神山、雷神山医院建设"纪实专题馆（图 19）。学生不仅可了解中国建筑文化辉煌的历史，见证当代武汉城市规划建设的成果，又重温了 2020 年武汉人民同心战役、不畏艰险、不屈不挠的伟大抗疫精神；更深刻感悟"武汉不愧为英雄的城市，武汉人民不愧为英雄的人民"。通过这次现场实践思政课，加深了学生对武汉的认知与认同感，同时在现场留下了难以磨灭的思政记忆。

5　结语

深耕思政教育在初步，厚植立德树人于规划。"规划设计初步"是我院城乡规划专业学生入校的第一课，也是影响最深的一门课，随着国际形势的风云变幻，思政教学也面临着挑战，坚持立德树人，建设教育强国是我们教师的终身职责。近几年，我院"规划设计初步"课程组实时优化思政教学的构建体系，不断探索、勤于挖掘、积极适配思政元素于专业教学，已取得了较好的成效，在未来的课程教学中，我们将继续秉承坚定的信念，在教学实践中进一步发挥启蒙思政、设计思政和实践思政的协同作用，为建设教育强国尽一份"初步"力量。

图 14　参观武汉长江大桥桥史展馆
资料来源：作者自摄.

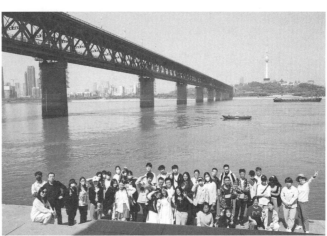

图 15　参观武汉长江大桥、汉阳门码头
资料来源：学生拍摄.

图 16　参观古琴台
资料来源：作者自摄.

图 17　参观月湖公园"汉阳造"壁画
资料来源：作者自摄.

图 18　参观中国建筑科技馆
资料来源：作者自摄.

图 19　参观 2020 年武汉抗疫"火神山、雷神山医院建设"纪实专题馆
资料来源：作者自摄.

参考文献

[1] 刘晓艳."三全五育"构筑立德树人的四梁八柱——天津大学启动"三全育人""五育并举"人才培养综合改革 [EB/OL]. 中国教育新闻网—中国教育报, 2019-12.

[2] 刘世炜.坚持立德树人,建设教育强国 [EB/OL]. 中国社会科学网, 2021-10.

[3] 万美容.思政课要坚持显性教育与隐性教育相统一 [EB/OL]. 党建网, 2019-11.

[4] 陈珊.以思政之道,驭课程之器 [C]// 王焕良,等.课程思政——设计与实践.北京:清华大学出版社, 2021.

[5] 徐玉梅.弘扬爱国主旋律,奏响时代最强音——对"经典影片赏析"课程思政的探索与实践 [C]// 王焕良,等.课程思政——设计与实践.北京:清华大学出版社, 2021.

[6] 贺慧,袁巧生,徐怡静.渗透式教学在城乡规划初步中的实践探索 [C]// 高等学校城乡规划学科专业指导委员会,西安建筑科技大学建筑学院城乡规划系.新常态·新规划·新教育——2016 中国高等学校城乡规划教育年会论文集.北京:中国建筑工业出版社, 2016: 133-138.

[7] 王迎春,杨福平,姜丙坤.关于课程思政和专业思政的认识和思考 [EB/OL]. 参考网, 2020-10.

[8] 陈万球,欧彦宏.弘扬伟大抗疫精神,让思政课更有说服力、感染力、吸引力 [EB/OL]. 华声在线, 2020-04.

[9] 陈凤,姜红明.努力汲取中华传统文化的营养和智慧 [EB/OL]. 中国江西网, 2020-01.

Elements Adaptation and System Construction of Ideological and Political Teaching of "Preliminary Planning and Design" — Taking the Ideological and Political Teaching of "Preliminary Planning and Design" Course in Huazhong University of Science and Technology as an Example

He Hui   Yuan Qiaosheng   Lin Ying

Abstract: In the context of the new era, information technology has brought new opportunities and challenges. In the face of complex domestic and international environment, ideological and political teaching is facing the space of gradual optimization and improvement both in content and form. It is particularly important for students to make a good life major in the enlightenment stage. My department "the preliminary planning design" course group always set up the "deep ideological education in the preliminary, strengthen the khalid ents in planning" the teaching idea, nearly three years, further deep mining ideological elements of professional courses, building "enlightenment education" "design education" practice education "trinity" of education teaching system, in the "preliminary" planning and design the whole process of teaching, In order to enhance the educational value of this major and cultivate the moral environment of this major, positive and effective teaching exploration has been made.

Keywords: Preliminary Planning and Design, Element Adaptation, System Construction, Enlightenment Thinking and Politics, Design and Political Thinking, Practice Education

人民城市人民建，人民城市为人民
—— 同济大学 "城市居住区规划设计原理" 课程思政建设*

于一凡

摘　要："城市居住区规划设计原理"是同济大学城乡规划学科的核心课程，教学以传授专业知识和培养职业素养为目标，包含丰富的课程思政元素。在同济大学思政教育教学改革项目的支持下，教学团队系统梳理了各个教学模块的思政教育要点，调动校内学习和校外调研的联动手段，将理论问题融入社会实践、将空间现象纳入社会思考，启发学生从政策决策者、空间设计者和场所使用者等不同视角思考居住环境问题。教学内容由表及里、层层递进，寓价值引导于知识传授之中，在专业学习中融入社会责任教育和人文关怀启迪，旨在培养国家需要的、有使命感的专业人才。
关键词：课程思政；居住环境；人民城市；立德树人

居住区环境是提升人们获得感、幸福感和安全感的重要界面，规划干预是解决"人民日益增长的美好生活需要和不平衡不充分的发展之间的矛盾"的重要途径。"城市居住区规划设计原理"教学以传授专业知识和培养职业素养为目标，包含丰富的课程思政元素。2021年，"城市居住区规划设计原理"作为同济大学首批课程思政教改项目，在校、院两级支持与指导下结题，形成了嵌入思政要素的教学模块体系，更新、完善了教学内容和教学手段。本文是在结题成果和教学实践的基础上进行的总结和反思，期待与兄弟院校切磋交流。

1　课程思政建设的基础

同济大学的"城市居住区规划设计原理"，系城乡规划专业必修课"城乡规划原理"系列课程的第一部分，每年秋季开课，总学时为34学时。课程主要面向城乡规划专业三年级本科生，亦向建筑学、历史保护建筑专业的本科生和部分相关专业研究生开放选课。

"城乡规划原理"系列课程起源于20世纪50年代同济大学城市规划专业创办伊始，由冯纪忠、金经昌、李德华等教授创设。在发展过程中逐渐形成了由详细规划（第3学期）、总体规划（第6学期）、规划研究专题（第6学期）、理论探索与实践拓展（第9学期）构成的"城乡规划原理"系列课程，内容由浅入深、尺度由小及大，形成了贯穿核心专业知识的教学主线。本世纪以来，由唐子来、周俭、孙施文、张尚武、于一凡等负责的"城乡规划原理"系列课程在体系上进一步得到完善，教学内容结合我国新型城镇化进程中的时代需求和人居环境前瞻性议题不断调整更新，先后于2006年被评为上海市精品课程、2008年被评为国家级精品课程。课程教材《城市规划原理》经历4版更新，成为全国范围内高等院校城市规划专业教学的核心教材。

由笔者负责的"城市居住区规划设计原理"是"城乡规划原理"系列课程的第一部分，故又称"城乡规划原理A"。课程侧重详细规划的专业知识，着重讲授居住区规划原理和设计方法，引导学生从专业的视角出发分析居住空间，掌握规划知识，建立发现问题、思考问题和解决问题的科学思维。教学团队使用的参考书教学参考书包括《城市规划资料集 第7分册 城市居住区规划》《城市住宅区规划原理》《城市居住形态学》《城市规划快题设计方法与表现》（第一版、第二版）等。

---
*　教改项目：2020年同济大学课程思政教育教学改革项目资助。

于一凡：同济大学建筑与城市规划学院教授

教学团队使用的教材和参考书　　　　　　　　　　　　　　　表1

教材名称	作者	出版社	时间	性质
城市规划原理（第三版）	李德华	中国建筑工业出版社	2007 年	教材
城市规划原理（第四版）	吴志强 李德华	中国建筑工业出版社	2010 年	教材
城市住宅区规划原理	周俭	同济大学出版社	1999 年	教学参考书
城市居住形态学	于一凡	东南大学出版社	2010 年	教学参考书
城市规划快题设计方法与表现（第一版、第二版）	于一凡，周俭	机械工业出版社	2009/2011 年	教学参考书

2　课程思政建设的目标

思政课程建设的深层目标是"以文化人、立德树人"。"城市居住区规划设计原理"教学将面向物质空间的规划设计手段与社会空间、人文关怀结合起来，挖掘每个教学环节的思政教育基因，将其融入教学内容、教学模式和教学方法，在此基础上优化教学资源的配置，实现思想政治教育的亲和力和针对性。经过教师团队的研讨、与学生的座谈，在兼顾重要性与操作性的基础上，本课程最终确立了以下五个思政课程建设的目标：

第一，认识城市居住环境的结构和要素，从居住环境的空间形态扩展到社会形态和经济形态，寓社会价值引导于专业知识传授之中。

第二，了解城市居住形态理论和相关技术发展，科学、全面地认识人居环境的发展历程。

第三，理解规划的公共政策属性及其对社会生活的影响，培养志存高远、脚踏实地的高层次专业人才。

第四，运用专业知识分析城市建设与更新过程中的代表性现象，建立以专业知识服务社会的使命感。

第五，掌握国家最新相关政策及其对城市规划的影响，帮助学生树立远大抱负，增强时代责任感和历史使命感。

3　课程思政建设的维度

根据课程思政建设的核心目标，教学团队系统梳理了教学计划，将"以文化人、立德树人"的目标与专业知识紧密衔接，将时代需求和国家方略纳入案例教学，提出了三个课程思政的建设维度。

首先，持续提升教师的价值教育执教能力。课程思政建设，教师是关键。"城市居住区规划设计原理"在教学体系、教学手段和考核方法方面进行了系统部署和模块设计，结合专业知识的传授引导学生树立城乡人居环境发展建设中的人文价值导向，以居住环境为载体弘扬社会主义核心价值观。这不仅要求教师自身拓宽眼界、与时俱进，深入领会国家战略方针，掌握城市建设的相关政策和发展动态，及时向学生传递相关信息；也要求教师提升全方位育人的素养，寓价值观引导于教育教学过程之中，把价值塑造、知识传授和能力培养融为一体。

从教学实践的反馈来看，上述要求在教学过程中得到了较好地落实，并促进了教学质量的整体提升。同济大学教学督导在听课验收的评语中写道：教学通过老师讲授、PPT演示、课堂互动等形式展开。授课内容丰富，理论和案例相结合，通过案例引出对理论的理解，由浅入深，形象生动。授课课件图文并茂，内容丰富，逻辑清晰，能够调动学生的学习兴趣。教师注重对学生思辨能力的引导，融入了大量的思政内容，课堂上与学生进行了灵活丰富的互动，有效地调动了课堂氛围，引发学生思考。教师通过自身的研究经验扩展课堂知识，自然延伸的启发性带动了多样化的交流和探讨。

其次，培养学生的人文素养与社会责任感。培养德智体美劳全面发展的社会主义事业建设者和接班人，是专业人才培养的根本。课程思政要素的嵌入充分尊重年轻人的认识规律、顺应学生对专业知识的期待，将知识传授、品德教化、困惑解答三者并行推进。立足于思政课程建设的总体目标，课程将专业知识与学生的职业素质教育和社会责任感嵌入了教学模块，有计划地补充了公共利益与个体利益、短期效益与长远利益、历史与人文价值在城市生活中的作用等内容，有意识地引导学生思考城市物质空间和社会空间之间的关系，认识空间秩序与规划管控对人民生活质量的影响，培养具有高尚职业道德和社会责任心的栋梁之材。利用社区调查环节，鼓励学生应用观察、访谈、分析和建议的方式参与社区更新实践，将理论知识、专业技能与真实的基地结合起来，将创新创意与居民的需求结合起来，深入思考规划设计的空间价值与社会价值。教学从育人的政治高度、思想深度和社会尺度三个层面来推进课程思政建设中的教育观、教学观和人才观，取得了较好的教学效果。2021年听课学生詹烨在调研报告里写道："在学习过程中不仅获得了理论知识的营养，更获得了价值观与思想的浸润……深化了对自己肩负的社会责任与义务的认识。"

第三，强化知识、能力、价值观在教学过程中的融合。教学将思想价值引领作为重要目标，在教学大纲和教案编制过程中嵌入思想政治教育目标，将知识传授和能力培养和价值塑造、融为一体。譬如，通过设置"社区调研"环节，建议学生以老年人、儿童等需要支持的群体为对象开展社区观察和居民访谈，引导学生运用所学知识，对居住环境中存在的实际问题开展调查、深入思考，提出改善对策。在调研过程中，青年学生关注到容易被忽略的社会群体，认识到居住环境需要满足不同群体的需求，开始思考规划设计和社区治理过程应如何予以充分的人文关怀，不仅巩固了专业理论知识，亦启发了观察问题和解决问题的新的视角。课程助教黄轶在思政课程结题报告中写道："通过实地调研走访，同学们观察了老人与儿童的社区行为，在现状分析、探讨改进措施的过程中，深切地体会到作为一名规划师的重要责任。他们发现了当前社区中存在的种种问题，并呼吁周围的人关心作为弱势群体的老人与儿童，更期待在未来成为一名优秀的规划师，以一颗人民至上的心，创造有品质、有温度、有归属感的社区。"

4 课程思政建设的成果

4.1 纳入思政元素的教学设计

专业教育从偏重于技术与技巧向增强社会责任感和职业素质教育方面的转变势在必行。"城市居住区规划设计原理"的课程思政建设，一方面结合实际案例加强学生运用理论、技术工具分析解决问题的能力，另一方面通过案例教学和拓展课堂，引导学生思考客观环境的人文价值和意义，注重综合素养的培养。在教学团队反复研讨的基础上，课程构建了三个承载思政建设目标的教学模块。

第一模块（8个学时）结合重要理论和实践的系统回顾，将历史和文化价值融入规划编制体系的教学。引导学生认识城市规划作为公共政策的科学价值和人文价值，了解社会进步、技术进步对生活空间的意义。

第二模块（10个学时）通过案例教学和社区调研，促进理论与实践的结合、认知与行动的结合。鼓励学生结合社会、经济、技术的背景认识问题，透过多样化的居住形态分析问题，探讨公共利益与个体利益、短期效益与长远利益、历史与人文价值在城市生活中的作用等内容，鼓励学生运用所学知识观察城市现象、思考城市问题，勇于提出自己的见解和观点。

第三模块（16个学时）结合居住区的规划设计原理和方法，全面贯彻"人民城市人民建，人民城市为人民"、公共资源的科学配置及其社会意义等的重要发展理念，了解规划师的社会使命和义务，培养合格的未来城市的建设者和管理者。

4.2 促进教学效果的考核方式

将课程考评从以往以一张试卷定成绩转向"社区调研＋课程论文"的考核模式。一方面，加强学生运用理论、技术工具发现和分析实际问题的能力，减轻学生机械备考的压力；另一方面，通过具体案例的调研和思考，展开分析和交流，提升学生全面认识问题的能力，从而更加立体地推进立德树人的教改目标，促进教师把握教学效果、及时调整侧重，培养兼顾宏观方略和扎实技能的专业人才。

4.3 深入浅出的校内外课堂联动

理论与实践的有机结合是检验教学质量的重要标准，也是课程教学的核心目标之一。以掌握详细规划工作方法为主要内容，居住区规划设计原理教学在课堂内强调专业理论与实例讲解相辅相成，在课堂外鼓励学生尝试运用，形成"校内课堂"与"校外课堂"相结合的创新模式。

"校内课堂"强调常规教学手段与思想政治教育的充分结合，寓价值观于知识传授之中，关注专业教育中的人文价值培育。课堂教学重视促进积极讨论、深入思考，实现认知、情感、理性和行为的全方位认同，在潜移默化中培育科学发展观和社会主义核心价值观。"校外课堂"结合学院教学实践基地的建设和社会实践环节的完善，提倡师生走向社区，对居住环境中存在的实际问题开展调查、深入思考，并提出相应的观点或解决对

"城市居住区规划设计原理"
课程思政建设成果学生问卷分析　表2

	国家政策	中特理论	社会人文
是	77	75	78
否	5	7	4

策，督促学生巩固专业理论知识，形成认识问题和解决问题的完整视角。

5　结语

"城市居住区规划设计原理"课程思政建设教学改革项目于 2021 年结题。根据对该学年 82 位学生发放的调查问卷，93% 的学生表示通过课程教学对国家相关政策获得了更多了解，91% 的学生对科学发展观和习近平新时代中国特色社会主义理论有了更深入的认识，95% 的学生对人居环境营造过程中的社会人文内容有了更加深刻的理解。针对各专业教学模块环节，82% 的学生表

示认识到人居环境发展历程中的社会进步、技术进步对人民生活的意义，89% 的学生体会到"人民城市为人民"的核心责任与使命，74% 的学生深入认识到城市规划作为公共政策的科学价值和人文价值，89% 的学生表示对规划师的使命和义务获得了更深入的理解，79% 的学生对人居环境的规划设计获得了较为全面的认识，82% 的学生认识到不同年龄群体对居住环境的使用方式和需求不同，规划设计需要提供更加富于人文关怀的空间支持。

根据同济大学城乡规划专业培养计划，本课程的后续课程为居住区规划设计实践、城市设计实践和总体规划理论，并向研究生阶段开设的"城市居住形态学"理论研讨课程延伸。本课程多年以来接待了大量兄弟院校的访问学者，现已完成慕课建设，将持续深耕于城乡规划教育的第一线，与兄弟院校一起为祖国培育合格的规划人才。

参考文献

[1] 赵民. 在市场经济下进一步推进我国城市规划学科的发展 [J]. 城市规划汇刊，2004（5）: 29–30.

People's Cities are Built by People, for People: Ideological Strategy of the "Principles of Urban Residential Area Planning and Design" at Tongji University

Yu Yifan

Abstract: "Principles of Urban Residential Planning and Design" is one of the most essential courses in Tongji University's Urban and Rural Planning discipline, aiming to impart professional knowledge and cultivate professional qualities which contain rich ideological and political elements. With the support of this, we have systematically sorted out the key points in each teaching module, mobilized the linkage of on-campus learning and off-campus research, integrated theoretical issues into social practice, and combined spatial phenomena with thoughts on the society. All of which inspire students to think about issues from different perspectives such as policy makers, urban planners and users. The course is progressive, both in aspect and depth, conveying the core social values while teaching, integrating social responsibility and humanistic care enlightenment into professional study, aiming at cultivating professional prodigy with a sense of mission that the country requires.
Keywords: Curriculum Ideology and Politics，Living Environment，People's City，Morality Education

课程思政融入"中国城市建设史与规划史"教学的探索

张秀芹　赵晓燕

摘　要： 随着课程思政一词在全国高校思想政治工作会议上的提出，课程思政在全国高校由点到面全面推广开来。文章以中国城市建设史与规划史课程实施课程思政的实践为例，对课程思政融入教学的教学目标、建设路径和教学特色等内容进行总结。通过实施实验教学改革，形成专业课教学与思想政治理论课教学紧密结合、同向同行的育人效果。

关键词： 中国城市建设史与规划史；课程思政；教学改革与实践

在 2016 年 12 月的全国高校思想政治工作会议上，中央强调，要坚持把立德树人作为中心环节，把思想政治工作贯穿教育教学全过程，实现全程育人、全方位育人，努力开创我国高等教育事业发展新局面[1]。这为我国高校实行课程思政指明了方向，从此，课程思政在全国各高校由点到面全面铺开。

"城市建设史与规划史"作为城乡规划专业教学中的 10 门核心课之一，是城乡规划本科学习中的重要内容，同时也可为设计专业（建筑设计、景观园林设计、室内设计等）、规划管理专业（公共管理、资源环境与城乡规划等）、历史学（城市史、社会史等）、地理学（人文地理）及其他工科、社科及人文学科的学生及城市研究爱好者提供有关于中国城市建设与规划变迁的基础知识。课程可以帮助学习者了解在中国宏观社会、经济、文化背景下，不同时期、不同区域的城市建设与规划模式。作为史类课程，"中国城市建设史与规划史"的教学内容为课程思政的融入提供了良好的平台。

钱穆先生曾经讲过"治史者亦可从历史进程各时期之变动中，来寻求历史之大趋势和大动向。固然在历史进程中，也不断有顿挫与曲折，甚至于逆转与倒退。但此等大多由外部原因迫成。在此种顿挫曲折逆转与倒退之中，依然仍有其大趋势与大动向可见。我们学历史，正要根据历史来找出其动向，看它在何处变，变向何处去。要寻出历史趋势中之内在向往，内在要求。"[2] 因此，"城市建设史与规划史"学习的目的不在于记忆多少城市的布局方式与特色，也不在于熟悉哪个朝代建造了哪座城池，或者是哪些规划对城市进行了怎样的设计，而是要知晓城市发展的规律、规划对城市发展的影响以及这背后的社会经济文化背景和相互关系，而这一切又是为树立健康的城市建设与规划史观做准备。树立了健康的史观，对中国快速城市化发展中的种种城市建设和规划现象就相对有了一个正确的认知，知道哪些现象是城市发展的必然规律，哪些是需要"摸着石头过河"的探索。同时，规划行业的前辈们在推动中国城市建设的过程中做出了哪些辛苦的付出和卓越的贡献，这些对年轻的学子有哪些启示，都是值得思索和探讨的。因此本文针对课程思政如何融入"中国城市建设史与规划史"本科教学进行了探索。

1　课程思政融入教学的目标及课时安排

1.1　教学目标

首先了解三方面内容：第一，历史上中国城市形成、发展与变迁的各种现象；第二，现代城市规划在中国发生发展的背景与过程；第三，个体城市天津的城市建设与规划历史。在此基础上加强对城市建设史与规划史规律的理解，正确地继承中国优秀的城市历史遗产及

张秀芹：天津城建大学建筑学院讲师
赵晓燕：天津城建大学建筑学院讲师

城市规划设计传统，树立健康的城市建设与规划史观，为今后的城市规划设计与管理提供历史借鉴。

课程思政融入教学的目标主要体现在以下三个方面：

（1）从城乡规划行业视角认知民族、认知国家，激发学生知国爱国的热情，做到心有大我。

（2）在城市建设与规划历史进程中认知城乡规划行业，了解国家赋予城乡规划行业的使命和城乡规划取得的重大成就，激发学生职业的认同感，做到胸有大志。

（3）了解城乡规划对城市发展的作用、城乡规划自身的理论与发展规律、城乡规划行业前辈们的贡献与生平，做到肩有大任、行有大德。

1.2　课时安排

本校"城市建设史与规划史"课程安排在三年级上学期，共48学时，因为"外国城市建设史与规划史"部分还要承担规划理论演变的授课内容，所以"中国城市建设史与规划史"安排了22学时的授课时间，分5部分进行，分别为古代史部分（8课时）、近代史部分（6课时）、现代史部分（4课时）、天津实例部分（2课时）及学生反馈部分（2课时）。

2　课程思政融入教学的建设路径

2.1　三个递进层次的教学设计达成融入目标

从促使学生掌握专业知识、拓展专业认知和提高思政思想高度三个递进的层次达成课程目标。

（1）掌握中国城市规划历史变迁的知识，从城市规划视角认知民族、认知国家，激发学生知国爱国的热情，做到心有大我。

（2）在历史宏观进程中认知城市规划行业，了解国家赋予城市规划行业的使命和城市规划取得的重大成就，激发学生对行业与职业的认同感，做到胸有大志。

（3）了解城市规划对城市发展的作用、城市规划自身的理论与发展规律、城市规划机构及规划体系的发展演化、城市规划行业前辈们的贡献与生平，做到肩有大任、行有大德。

2.2　七个教学手段的应用尝试达成融入目标

（1）课堂讲授。运用传统PPT讲授、多媒体演示等教学手段，通过教师对中国城市规划历史的讲解使学生

获得基本的城市规划历史知识，主要用于城市规划历史的发展背景、系统知识的学习。

（2）虚拟仿真。利用学校的虚拟仿真及数据中心实验室，带领学生亲自制作城市生长的仿真过程模型，将城市规划与城市建设相融合，提高学生对城市规划历史的理解。

（3）专家讲座。通过邀请天津市城市规划界的领导或者专家针对中国城市规划历史上取得的成就与经验进行专题讲座或者访谈的方式，补充与拓展学生有关城市规划历史方面的知识，提高学生的认知。

（4）现场调研。通过对天津市不同城市规划历史阶段留存的城市规划成果进行现场实践调研的方式，让学生更深入地体会城市规划发展的历程，以及城市规划与城市建设的关系。

（5）小组讨论。通过组成临时学习讨论小组，讨论现场调研的内容，由学生按照领导小组讨论或无领导小组讨论方式进行小组讨论，讨论之后进行研讨汇报，进而提升学生认识和分析城市规划与城市建设的关系的能力。

（6）案例分析。通过向学生讲授天津市城市规划历史的完整案例，将城市规划文本的"虚"与城市建设的"实"相结合，让学生更直观地理解与体会一个城市城市规划历史的演化。

（7）自媒体建设。要求学生制作或者剪辑一段与城市规划或城市建设历史相关的自媒体视频，上传至指定平台自媒体号，提高学生课程的参与度和课程建设的可持续性。

2.3　课程思政融入教学的结合点设计

由宏大的国情起伏到具体的行业兴衰，把城市规划这一突出反映国家建设与发展历程的行业历史，紧密结合进国家发展历史和当下的时政中去，在正确史观的指导下，利用中国城市建设与规划历史变迁的背景、中国城市建设与规划的智慧、城市规划行业历史事件、城市规划与建设发展成就、行业人物事迹贡献等，从民族自信、国家使命、行业责任和职业理想四个方面，通过专业课程与思政教育的"平行""叠加"以及"融入"等多种角度与方法对学生进行全课程浸入式思政教育。

通过本课程相关专业知识、相关著作和文献的学

习，以及重点实践实地调研等途径达成知识学习与专业能力的要求；通过课程讲授、自媒体建设、实地调研、人物口述和场景模拟等途径，对中国城市规划智慧进行了解，对近代战乱背景下国人自主城市规划的艰苦尝试、现代国际国内复杂发展形势下城市规划行业的跌宕起伏、当代城市规划实践的卓越成就，以及城市规划行业前辈们的责任与担当等的学习，紧密结合天津市的城市规划历史发展，达到课程思政建设的目标。

课程与思政教育结合框架图（图1）：

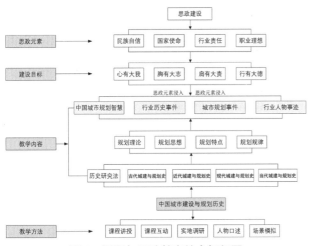

图1　课程与思政教育结合框架图

3　课程思政融入教学的特色

（1）课程建设思想高度得到提升，课程讲授摆脱了仅就专业知识进行教授的局限，育人作用凸显。

（2）教学手段得到丰富，增加了课程的吸引力，学生们更愿意主动地去学习课程内容，并积极参与到课程建设中来。

（3）结合自媒体建设来结课的形式，一改过去单纯亦或考试、亦或论文的传统，同时每一届学生制作的成果都可以在自媒体号中展示，保证了课程建设的可持续性、增加了对外宣传的窗口。

4　结语

史类课程的讲授不可避免地要涉及专题的历史和文化背景，在讲述这些历史及文化背景时就可以把与之相关的思想政治内容嵌入进去，培养学生的理想信念、价值取向、政治信仰和社会责任感，以及对中国特色社会主义的道路自信、理论自信、制度自信、文化自信。2011年3月国务院学位管理办公室正式将城乡规划学列为一级学科，2013年9月《高等学校城乡规划本科指导性专业规范》正式出版，作为支撑我国城乡经济发展和城镇化建设的核心学科，这些都对城乡规划专业学生的培养提出了更高的要求，"中国城市建设史与规划史"的教学也面临着更加严峻的挑战：如何清晰地以城市建设史和规划史两条线索对课程进行讲授，如何在授课过程中将中外城市建设史和规划史进行相互渗透等。在融入思想政治教育内容的时候，明确课程以教授专业知识为主，不改变原有的专业内容。在讲述专业知识背景的基础上，进一步联系到思想政治原则、原理和方法，培养学生的理想信念、价值取向、政治信仰和社会责任感，以及对中国特色社会主义的自信。

参考文献

［1］ 习近平.谈治国理政（第2卷）[M].北京：外文出版社，2017：378.

［2］ 钱穆.中国历史研究法[M].北京：生活、读书、新知三联店，2005：33.

The Exploration of How to Integrate Curriculum Politics into the Teaching of "History of Urban Construction and Planning in China"

Zhang Xiuqin   Zhao Xiaoyan

Abstract: With the curriculum ideology and politics put forward in the National Conference on Ideological and political work in Colleges and universities, curriculum ideology and politics has been popularized in colleges and universities all over the country. Taking the practice of implementing the curriculum of urban construction history and planning history in China as an example, this paper summarizes the teaching objectives, construction paths and teaching characteristics of the curriculum ideological politics into teaching.Through the implementation of teaching reform, the effect of combiningprofessional course with ideological and political theory course is formed.

Keywords: History of Chinese Urban Construction and Urban Planning, Curriculum Ideology and Politics, Teaching Reform and Practice

以"三生"观促进思政教育与专业教育融合*
—— 基于"城市总体规划设计"课程的研究

王岱霞　陈玉娟　洪　明

摘　要：在推进高校思想政治教育和国土空间体系重构的背景下，探索总体规划课程的思政改革。在明确课程思政改革的知识传授、能力培养和价值引领目标的基础上，以生态观、生命观、生活观为核心融入思政元素。将课程内容模块化与思政教育系统化相结合，把教学内容整合设置为六大板块，细化课程知识点，对应选择以"三生"为核心的思政元素，并优化课程的教学方法。结合教学实践，以现状分析与资源评价、空间划分与用途管制、国土空间结构与用地布局优化三个教学模块为平台，探索具体的思政教学设计路径。

关键词：国土空间规划；思政改革；"三生"观

1　研究背景

　　建立以"多规合一"为基础，以生态保护为抓手的国土空间规划体系，有利于构建"全国统一、责权清晰、科学高效"的国土空间秩序，引领和支撑经济社会可持续发展。国土空间总体规划是地方的施政蓝图，规划是否科学合理直接影响地方经济社会发展，应该切实提高规划专业人才的思想政治素养。2014年，中央强调："考察一个城市首先是看规划，规划的科学是最大的效益，规划有失误是最大的浪费，规划的折腾是最大的忌讳"[1]。规划的重要性不言而喻。

　　城乡规划高等教育不仅包括专业性较强的课程教学，更需要加强对规划专业人才的思想政治教育和思想道德教育。2019年召开的学校思想政治理论课教师座谈会上特别强调，要"挖掘其他课程和教学方式中蕴含的思想政治教育资源，实现全员全程全方位育人"[2]。作为影响和塑造学生的有效渠道，"课程思政"具有"道德培养、知识传递"的双重作用。高校在持续提升思想政治理论课程质量的基础上，推动其他专业课程开展课程思政教学改革，将为课程思政的发展提供有力的支持。

　　总体规划属于战略层面的顶层设计，尤其应该强化课程与思想政治教育资源的结合。规划思维必须从追求直接经济效益与利益最大化转向追求社会公平正义，从满足增长的物质主义转向文化和生态价值的守护与提升。通过将"课程思政"引入总体规划课程，改变专业课程只传授专业科学知识的局面，实现城市总体规划设计与思政课程相辅相成，能全面提升城乡规划专业学生的人文情怀、专业技能和道德品质。在高校总体规划教学中有效融入思政教育有利于专业课程与思想政治理论课同向同行，形成系统协同效应，提升课程的理论高度和内容深度[3]。通过"新工科"背景下的"课程思政"建设，将思想政治教育的主渠道从单一的思政课程扩展到总体规划设计的课程建设中，以全面提高人才培养能力核心点，围绕政治认同、家国情怀、文化素养、法治意识、道德修养等重点优化课程思政内容供给，有利于践行"教书"和"育人"要融会贯通的论述。

---

　　*　基金项目：浙江工业大学2020年课程思政改革试点课程，校级课程思政示范课程。

王岱霞：浙江工业大学设计建筑学院副教授
陈玉娟：浙江工业大学设计建筑学院副教授
洪　明：浙江工业大学设计建筑学院教授级高级工程师

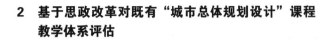

2 基于思政改革对既有"城市总体规划设计"课程教学体系评估

高校课程思政呈现出内涵理解从实体向理念转向、元素挖掘由课程向学科拓展、教学方式从嵌入向融入发展、教学实践从单一向协同延伸等发展趋势，但新时代课程思政教学实践仍存在许多现实困境亟待解决[4, 5]。

2.1 课程的政治性和学理性结合不够紧密

专业课课堂是培育大学生正确价值观的主渠道，通过知识教育与价值教育的有机结合培养学生对中国特色社会主义的理论认同、政治认同、情感认同，增强理论自信、制度自信和文化自信。但是，在课程内涵与元素挖掘中，形式化、娱乐化、碎片化、知识化、功利化等问题依旧突出，这些问题从根本上看是思政课政治性与学理性相脱离导致的。在以往的课程授课中，专业教师主要以传授科学知识为主，思政教育往往依赖于专门的思政课程，缺少专业教学和思想政治教育的有效融合和积极探索。以城市总体规划课程为契机，在持续提升思想政治理论课程质量的基础上，推动其他规划专业课程开展课程思政教学改革，将为新时代课程思政的发展提供有力的支持。

2.2 课程相关的思政教育元素体系性不强

专业课程在以往的教学实践过程中，课程思政元素呈碎片化、零散化，缺乏学理高度的逻辑构建，在与课程思政相关的研究中，部分学者从具体课程的教学改革出发，探索如何将课程思政与专业课的教学实际相结合，在专业课程的知识传授中融入情感态度价值观教育。在城市总体规划设计教学中，将思想政治教育贯穿于专业教育教学的全过程，有利于对专业课程的思想政治理论教育资源进行系统性地梳理，发挥专业课程育人功能。

2.3 课程的教学方式方法有待进一步优化

在教学方式上，以往的高校思想政治理论课，较难解决学生专业课程的理论实践难题。总体规划专业课程的思政改革，应避免理论和实践的脱节，坚持教师的主导性，调动学生的积极性。采用互联网＋课程思政等多种教学方式并用的方法，充分调动学生的积极性，将思政课与社会热点相结合，与学校特色相结合。充分重视并发挥学生的主体作用，结合学生群体性和差异性，关注高校青年学生对思政课资源的主体性需要，提升高校思政课教学的实效性。持续改进课程教学方法，使课程作业项目与规划行业的实际规划设计项目的操作衔接起来，提升学生操作实际项目的能力。

2.4 多维教学目标和"三生"观结合的教学主旨

（1）优化课程思政改革的教学目标

适应国家国土空间规划体系重构需要，为规划编制单位、管理机关和科研机构培养具备坚实的国土空间总体规划基础理论知识与应用实践能力的专门人才，把思想政治教育贯穿人才培养体系，课程教学中融入生态观、生命观、生活观融合的"三生融合"价值观。

在知识传授上，提升国土空间规划变革时期主干专业课程的创新性，融入生态观、生命观、生活观"三生"融合的教育观。了解人文社会科学基础知识、学科研究前沿和行业发展趋势，熟悉城市（镇）发展与社会经济、生态环保、公共服务、市政工程、文化遗产等方面的一般知识和理论，及其在国土空间总体规划中的应用，熟悉国土空间规划编制与管理的法规政策、技术标准等；掌握国土空间总体规划的概念、原理与方法，掌握城市（镇）发展问题分析的理论与方法，掌握相关调查研究与综合表达方法与技能；掌握城市（镇）国土空间总体规划与表达方法。

在能力培养上，注重专业人才的思想政治素质的指导性和职业能力培养的务实性。一是调查能力，具有对城镇发展问题和规律的洞察能力，能够将山水林田湖草理解为一个生命共同体，掌握在此整体中各系统要素的相互依存关系。二是策划能力，具备预测城镇发展趋势的基本能力，产业规划和功能定位中能够考虑不同利益群体的诉求，寻求成本和收益的公平分配。三是规划能力，具备对城镇国土空间开发保护在空间和时间上做出统筹安排的能力。四是设计能力，充分利用新技术和方法，提出营造健康人居环境规划设计建议。五是表达能力，广泛听取不同群体意见，在此基础上达成共识，能够运用综合表达方法与技能，描绘城镇未来发展蓝图。

在价值引领上，实现课程教学中的全过程育人、全方位育人,引导学生形成正确的生态观、生命观和生活观。一是坚定的生态观,增强学生"尊重自然、顺应自然、保护自然"意识,培养守住生态底线的历史责任感。二是正确的生命观,引导学生共建山水田林湖草生命共同体和人与自然生命共同体的社会责任感。三是积极的生活观,培养学生人本情怀和家国情怀,坚持"乐于奉献""服务社会""精益求精"的职业理想。

（2）融入以"三生"观为核心的思政元素

以帮助学生塑造正确的生态观、生命观、生活观"三生"观为主线,在教学内容中融入思想政治教育资源,融入的思政教学资源主要来习近平新时代中国特色社会主义思想、中华优秀传统文化、职业理想和职业道德教育等。

生态观:课程教授学生生态文明时代编制规划必须坚持"生态优先""绿色发展"的习近平新时代中国特色社会主义思想,传承"尊重自然、顺应自然、保护自然""人与自然和谐共生"的中华优秀传统文化,建立人与自然和谐统一、坚守生态底线的生态观。在规划空间布局时优先划定生态红线,强化生态保护。

生命观:课程设计将城市作为有机生命体,引导学生树立"山水林田湖草生命共同体""人与自然生命共同体"的"生命共同体"责任意识。坚持陆海统筹、区域协同、城乡融合,把城市放进山水间,因地制宜开展规划编制工作。规划方法既强调方法创新,也发挥"天人合一""道法自然"等中华传统思想资源的积极作用。

生活观:培养学生建立"以人民为中心""精益求精""乐于奉献"的职业理想和职业道德。课程设计在习近平新时代中国特色社会主义思想"人民城市为人民"引领下,从社会全面进步和人的全面发展出发,塑造高品质人居环境。同时在培养学生规划设计表达能力的同时,还注重引导学生树立创新意识、合作意识和协调意识,形成积极向上的团队合作精神。

2.5 课程内容模块化与思政教育系统化相结合的课程体系优化设计

课程立足于提升学生学习的积极主动性和激发学生职业使命感,转变教学思路和教学方法,将课程内容模块化与思政教育系统化相结合,寓价值观引导于知识传授和能力培养之中。将传统课程内容划分为理论回顾

与政策讲解、现状分析与资源评价、空间划分与用途管控、区域统筹与城镇定位、国土空间用地结构与布局优化、支撑保障与实施运营等六大板块,根据各板块知识特点有针对性地选择案例教学法、探究式问题学习法、教学研讨法、多途径教学互动法、混合授课法等不同教学方法,努力变被动传授式的学习为主动探索性的学习。同时,根据各板块授课内容和方法,围绕政治认同、家国情怀、文化素养、宪法法治意识、道德修养等进行课程思政内容系统性供给[6~10]（图1）。

（1）"理论回顾与政策讲解"模块

通过解读国家国土空间规划体系框架、浙江省乡镇级国土空间总体规划编制技术要点、浙江省省市国土空间规划分区与用途分类指南等政策文件、技术标准,让学生掌握新时代国土空间总体规划编制新理念新要求以及乡镇国土空间总体规划主要任务、成果要求、编制方法;采用教学研讨法、多途径教学互动法,融入生态文明思想、总体国家安全观等思政教学知识点:

（2）"现状分析与资源评价"模块

借助文献查阅、实际案例讲解等方式传授国土空间总体规划现状分析与资源评价的主要内容;通过现场调研等专业实践了解城镇发展面临问题与诉求;通过邀请企业导师举办国土空间总体规划基数转换专题讲座,让学生掌握国土空间现状基数处理能力;采用案例教学法、探究式问题学习法、多途径教学互动法,融入生态文明思想、"大国三农"情怀、"共同体"使命感、弘扬劳动精神、爱岗敬业职业品格等思政教学知识点。

（3）"空间划分与用途管控"模块

通过规划用途分区、规划控制线的划定与管控掌握城镇全域资源要素现状剖析的内容和方法,发现问题和特征,形成绿色安全、健康宜居、开放协调、富有活力并具特色的国土空间开发保护格局;采用探究式问题学习法、教学研讨法、混合授课法,融入生态文明思想、"共同体"使命感、"天人合一""道法自然"中华优秀传统文化等思政教学知识点。

（4）"区域统筹与城镇定位"模块

通过专题讲座等方式掌握城镇流量空间转换基本思路;对居民点体系、城镇发展战略、定位和策略进行研究,掌握预测镇村未来发展趋势的基本能力;采用探究式问题学习法、混合授课法,融入生态文明思想、以

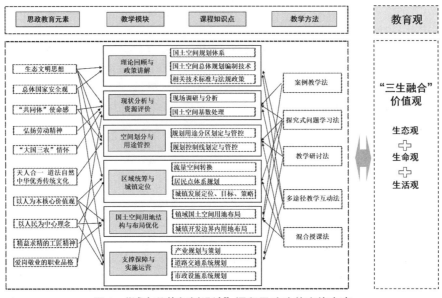

图1 "城市总体规划设计"课程思政改革实施方案

人民为中心的理念、以人为本的核心价值观等思政教学知识点。

（5）"国土空间用地结构与布局优化"模块

通过案例解读、规划设计方案点评等方式培养学生综合运用所学知识进行国土空间总体规划方案构思和表达的综合能力；掌握镇域与城镇开发边界内居住用地、工业用地、公共服务设施、绿地等各类空间要素布局要求及相互关系；采用案例教学法、探究式问题学习法、混合授课法，主要融入以人为本的核心价值观、以人民为中心的理念、精益求精的大国工匠精神等思政教学知识点。

（6）"支撑保障与实施运营"模块

熟悉产业发展规划与项目策划的基本知识与方法，促进产业、空间协调互动；掌握城乡道路交通系统、市政工程设施系统规划的基本知识与技能，保障城市安全健康运行；采用教学研讨法、多途径教学互动法；主要融入以人为本的核心价值观、以人民为中心的理念、总体国家安全观等的思政教学知识点。

2.6 课程思政改革的实践探索

（1）"现状分析与资源评价"模块教学实践

该模块在整个课程教学体系中处于指导后期规划设计实践的关键基础环节。主要通过学生深入实地的调研、访谈和发放问卷，获取城市发展第一手资料、了解居民的真实需求。带领学生参加现场调查研究工作，教师与同学们一起现场踏勘、对职能部门进行深入访谈、入户指导居民填写问卷，通过实践增强学生作为规划从业者的社会责任感和使命感。

以爱岗敬业价值观为导向，强调国土空间总体规划的编制必须建立在扎实的前期调查、分析和研究基础上。教育和引导学生弘扬劳动精神，在实践中增长智慧才干、锤炼意志品质。从"山水林田湖草生命共同体"和"人与自然生命共同体"的视野出发，识别全域全要素资源环境禀赋特征，从空间安全、空间效率、空间品质三个方面找出城市发展的突出问题，增强学生共建"共同体"职业责任感和使命担当。注重学思结合、知行合一，将"读万卷书"与"行万里路"相结合，扎根中国大地了解国情民情。

（2）"空间分区与用途管制"模块教学实践

该模块的设立在于引导学生把握规划用途分区划定及具体管控要求，对理解村镇体系职能、土地资源管理等空间用途管制手段，掌握人口规模预测方法、用地适宜性评价与三区三线划定方法至关重要。

落实生态文明思想，牢固树立"人与自然和谐共生"思想。该模块设置互动讨论环节，请同学们针对"人与自然的关系"展开讨论，并通过阶段汇报等形式提升学生与当地政府沟通的能力。坚持生态优先的原则开展资源评价，系统深入地认识城市的自然地理格局，分析生态系统的问题，认清资源环境的短板、风险和底线约束，全面落实习近平生态文明思想。为平衡资源环境承载能力和社会经济发展水平，合理划定三区三线，有助于引导学生树立和践行绿水青山就是金山银山的理念，也增强学生的"大国三农"情怀。坚持"重点论"和"两点论"相结合，统筹处理城市空间拓展与生态保护两者之间的关系，实现城市高质量发展，并坚实绿色优先、绿色发展，推动新城绿色发展方式和生活方式。

（3）"国土空间用地结构与布局优化"模块教学实践

该模块旨在优化城镇开发边界内用地布局结构，是"城市总体规划设计"课程理论和实践层面上的综合性应用模块。课程设置互动讨论环节，针对"用地结构""用地布局"等不同方案展开讨论，并通过阶段汇报等形式增强学生勇于探索的创新精神、善于解决问题的实践能力。

坚持"以人民为中心"的发展思想，把人民群众关心的问题作为规划的聚焦点，针对这些问题，找到症结和短板，通过空间结构优化和功能布局完善，解决公共服务设施和基础设施不平衡不充分的问题，塑造更高品质的城乡人居环境，满足人民群众对美好生活的向往，提升人民群众的获得感、幸福感和安全感。在考察学生综合构思表达能力的同时，坚持培养学生"合作共赢""开拓创新"的职业责任心，追求"精益求精"的"工匠精神"，让学生学会更好地运用集体的力量解决问题，用系统的观点看待国土空间规划过程，在亲身参与中增强创新精神、团队意识和实干能力。优化布局国土空间用地结构需要坚持"系统论"方法，从全域全要素整体出发来研究区域、城市和空间各要素的相互关系，促进人与自然和谐共生，实现城市高质量发展。

基于对"城市总体规划设计"课程多年的思政教学探索，本研究对思政教学探索的实施思路在有效引导学生建立正确的生态观、生命观、生活观等方面均取得了显著的成效，将进一步推行到以后的课程教学中，在此抛砖引玉，希望引起对城乡规划专业设计课程思政教学的持续讨论和思考。

参考文献

［1］习近平主持召开学校思想政治理论课教师座谈会强调：用新时代中国特色社会主义思想铸魂育人贯彻党的教育方针落实立德树人根本任务 [N]. 人民日报，2019-03-19（1）.

［2］人民时评：规划失误是最大的浪费 [N]. 人民日报，2014-05-21（5）.

［3］黄义忠，彭秋志，谭荣建，等. 国土空间规划学科建设课程思政的探索与思考 [J]. 教育教学论坛，2020（48）：65-67.

［4］董彗，杜君. 课程思政推进的难点及其解决对策 [J]. 思想理论教育，2021（5）：70-74.

［5］蒲清平，何丽玲. 高校课程思政改革的趋势、堵点、痛点、难点与应对策略 [J]. 新疆师范大学学报（哲学社会科学版），2021，42（5）：105-114.

［6］顾晓薇，胥孝川，孙雷，等. 工科类专业课程思政教学探索与实践 [J]. 中国高等教育，2021（15）：59-61.

［7］杨长亮，姜超. 课程思政的三重建构和技术路径：基于课程与教学论的视角 [J]. 思想理论教育，2021（6）：87-92.

［8］夏嵩，王艺霖，肖平，等. 土木工程专业教育中工程伦理因素的融入："课程思政"的新形式 [J]. 高等工程教育研究，2020（1）：172-176.

［9］吴潜涛，王维国. 增强亲和力、针对性，在改进中加强思想政治理论课 [J]. 思想理论教育导刊，2017（2）：7-9.

［10］赵华甫，吴克宁. 土地资源管理类课程思政建设路径探讨：以国家精品资源共享课"土地资源学"为例 [J]. 中国农业教育，2020，21（3）：60-67.

Teaching Promotion of the Comprehensive Integration of Ideological and Political Education and Professional Education under "Three Sheng" View: a Study Based on the Course of Urban Master Planning

Wang Daixia　Chen Yujuan　Hong Ming

Abstract: Under the background of promoting ideological rectification education in universities and the reconstruction of land and space system, this paper explores the ideological and political reform of urban master planning course under "San Sheng" views. Firstly, clarify the objectives of knowledge transfer, ability training and value guidance of ideological and political reform. Then, combine the modularization of the content with the systematization of Ideological and political education, and integrate the teaching content into six plates. Refine the curriculum knowledge points, and select the ideological and political elements with "San Sheng" views as the core, while optimizing the teaching methods of the curriculum. Finally, combined with teaching practice, this paper explores the specific ideological and political teaching design path based on three teaching modules: current situation analysis and resource evaluation, space division and use control, land spatial structure and land layout optimization.

Keywords: Land and Space Planning, Ideological and Political Reform, "San Sheng" Views

铸牢中华民族共同体意识导向下民族高校城乡规划实践课程思政建设路径探索*

文晓斐　聂康才　洪　英

摘　要：培育大学生的中华民族共同体意识成为新时代高校专业教育和人才培养体系中必不可少的关键内涵，也是民族高校城乡规划专业课程思政建设的重要任务。论文以西南民族大学为例，分析了城乡规划专业实践教学改革的背景，树立了实践教学改革要解决的关键问题，提出思政建设导向下城乡规划专业实践课程体系改革思路，尝试构建"一体—两翼—六融合"的思政教育体系，思考并探索了民族高校城乡规划专业实践教学与课程思政相融合的路径。

关键词：城乡规划；课程思政；实践课程；民族高校；铸牢中华民族共同体意识

1　引言

党的十九大指出："铸牢中华民族共同体意识，加强各民族交往交流交融，促进各民族像石榴籽一样紧紧抱在一起，共同团结奋斗、共同繁荣发展。"中央多次强调"要以铸牢中华民族共同体意识为主线，不断巩固各民族大团结，让中华民族共同体意识根植心灵深处"。高校作为培育与铸牢大学生中华民族共同体意识的主阵地，在其中发挥着不可替代的重要作用[1]。因此，培育大学生的中华民族共同体意识成为新时代高校专业教育和人才培养体系中必不可少的关键内涵[2]，也是民族高校城乡规划专业课程思政建设的重要任务。

西南民族大学城乡规划专业开设于2002年，秉承学校"全面贯彻党的教育方针和民族政策，铸牢中华民族共同体意识"的指导思想，基于学校地域特点和优势学科资源，在办学过程中努力构建学科发展特色。作为民族院校中最早通过城乡规划专业评估的高校，在专业建设中聚焦"当代视野、民族传承"之发展理念，坚定

了服务国家战略培养高素质应用型人才的目标。在国家新型城镇化和乡村振兴战略指导下，以铸牢中华民族共同体意识为导向，与时俱进，及时进行实践教学体系改革，紧密结合民族地区的地方需求积极实践，切实服务于西南民族地区的城镇建设和乡村振兴，尝试构建特色鲜明的城乡规划专业实践课程思政教育体系。本文将西南民族大学为例，谈一谈民族高校城乡规划专业实践教学融入课程思政的实践与思考。

2　城乡规划专业实践教学改革的背景与关键问题分析

近十年来国家陆续出台的一系列政策文件表明了我国城乡规划体系改革的决心和方向[3]。2021年中央一号文件《中共中央国务院关于全面推进乡村振兴加快农业农村现代化的意见》发布。文件指出，民族要复兴，乡村必振兴。2021年3月发布的《中共中央 国务院关于实现巩固拓展脱贫攻坚成果同乡村振兴有效衔接的意见》也体现了国家"十四五"经济社会发展计划的重要组成内容。在国土空间体系下，规划的对象已经由原来的以城市为主体向城乡融合的整体空间建设转变，国家

*　基金项目：2021年度国家民委高等教育教学改革研究项目"铸牢中华民族共同体意识导向下民族院校城乡规划专业实践教学体系改革研究"，项目编号ZL21015；西南民族大学教育教学改革项目，编号2021YB63；2021年度西南民族大学校级教学团队培育项目。

文晓斐：西南民族大学建筑学院副教授
聂康才：西南民族大学建筑学院副教授
洪　英：西南民族大学建筑学院副教授

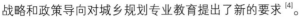
战略和政策导向对城乡规划专业教育提出了新的要求[4]。

2019 年的中国城市规划年会以"活力城乡，美好人居"为主题，表达了当前规划行业发展的一些重要指导思想。一是，必须把思想和行动统一到党中央关于建立国土空间规划体系并监督实施的重大决策部署上来；二是"不忘初心、牢记使命"，必须坚持以人民为中心的规划；三是必须结合地方实际体现地域特色[5]。2020/2021 年中国城市规划年会以"面向高质量发展的空间治理"为主题，从立体城市、公园城市、空气环境、智能技术开启绿色城市、规划建筑师的职业素养、以人民为中心的城市治理、城镇化的绿色转型与发展、健康家园空间治理等方面进行了探讨[6]。

城乡规划专业教育改革须服务国家战略和行业发展，并在城乡规划专业教学实践和人才培养过程中进行贯彻和落实。基于对时代背景和国家战略的理解，着重从以下四个关键问题入手思考城乡规划专业实践教学改革方向。

2.1 在培养高素质应用型专业人才的目标下，必须将培育与铸牢中华民族共同体意识融入城乡规划专业实践教学

规划是国家空间治理体系和治理能力现代化的重要基础，城乡规划行业的从业人员必须树立起对中国特色社会主义共同理想、社会主义核心价值观的价值坚守，具有高度的国家责任意识[7]。因此，在专业教学中建构起学生的中华民族共同体意识尤为重要。实践教学在传统的城乡规划课程体系中是强化专业实践能力训练的一环，有必要进一步完善其相关知识系统的铺垫，将思政教育潜移默化地融入知识体系和实践体系，构建系统的实践教学方法和程序。

2.2 空间规划体系重构背景下，城乡规划专业人才培养体系亟需完成与之相适应的改革

空间规划在内涵、层级类别、形成逻辑、编制体系等方面逐渐形成完整框架，在城乡规划专业教育中如何适应这一变革，在自然资源、国土空间和生态保护的职责下，明确自身的任务，有序完成人才培养模式和实践教学体系的改革，目前各高校尚没有十分成熟经验的可借鉴，需在实践中积极探索。

2.3 在城乡融合的空间发展趋势下，作为空间规划体系重要组成部分的乡村规划教学和实践急需积极探索

党的十九大作出了实施乡村振兴战略的重大决策部署，在两会上"乡村振兴"再度成为热词。空间规划体系的重构，明确未来规划的主体是城乡融合的整体空间，乡村规划与振兴将成为城乡规划学科的重要内容和任务。但与此同时，城乡规划的人才培养体系仍绝大部分保持城市为规划主体的传统特征，呈现教育体系滞后于国家社会需求的现状。

2.4 在美好人居的建设理想下，城乡规划专业教育从物质空间表现到社会关怀意识的转变有待加强

相当大一部分城乡规划专业办学是从建筑学一级学科之下发展而来，长期以来物质空间形态的设计和表达也是城乡规划实践教学的主要内容。而当前城乡规划的重心已由增量转向存量，研究重点由空间拓展转向城乡融合与高质量发展问题，城乡规划实践也应以解决社会问题和优化人居环境为目标，加强社会责任感和社会服务意识。尤其是在城镇化水平相对落后的民族地区，城乡规划实践过程中，民族责任感和人文关怀尤为重要。

3 思政建设导向下城乡规划专业实践课程体系改革思路

以解决以上四大问题为目标，西南民族大学城乡规划专业开展实践课程体系改革，尝试将思政教育融入实践教学中，结合民族高校人才培养目标，形成具有自身特色的实践课程思政建设思路。

3.1 空间规划体系下以民族聚落为主要实践对象的实践教学体系构建

规划工作者在自然资源的可持续利用、国土空间管控和生态保护方面具有重要责任，需清醒认识新时期我国城镇化和城乡体系的特点，规划教育也应重新审视城乡规划知识传授和实践教学的目标与模式。以民族地区新型城镇化和乡村振兴战略实施为重要责任，西南民族大学城乡规划专业以民族聚落为主要实践对象，重构城乡规划实践教学框架，尝试调整专业实践课程，改革教学内容和方法，初步构建全新的实践教学体系。

3.2 传统技术型物质空间设计转向城乡社会问题导向的专业思维训练

在实践教学中，突破城乡规划专业教学聚焦城市物质空间形态设计的传统意识，培养学生转向以发现并解决社会问题为目标的城市空间营造的思想意识，问题导向贯穿城乡规划专业实践教学的全过程。

3.3 从城市转向城乡融合的实践教学体系重构，切实助力民族地区乡村振兴

转变以城市为主体的传统城乡规划专业教学思路，培养学生城乡融合的系统性空间思维。强化对乡村规划相关理论的学习和实践训练，结合民族地区乡村聚落发展的现状问题，引导学生在学习中认识民族地区乡村演变、民族地区城乡发展规律等问题，从课程设置、教学内容等方面改革入手，重构适应性的教学体系。扎根教学实践基地，使课堂教学成果在民族聚落中落地实施，切实助力民族地区城镇发展和乡村振兴，产生社会效益。

3.4 铸牢中华民族共同体意识下多学科交叉知识体系建构和统筹能力培养

突破传统的设计技术和技巧运用的实践方式，在教学中引导学生对民族学、社会学、经济学、生态学、心理学、信息技术等多学科知识和研究方法的学习和综合运用，拓宽视野，悉心调查，培养发现问题—分析—解决问题的研究能力、团队协作完成目标的能力、沟通交流的能力等多方面综合的专业素养，融会贯通对国家、政治、文化、价值的四重认同教育。

4 城乡规划专业实践课程思政教育体系构建

经历过 2016 年首次专业评估和 2020 年的复评估工作，通过"以评促建"，西南民族大学城乡规划人才培养体系逐步完善，并在规范化的基础上逐渐形成一定特色（图 1）。在此人才培养体系框架下，尝试进一步构建"一体—两翼—六融合"的思政教育体系。

"一体"是总体目标，即培育和铸牢大学生中华民族共同体意识；"两翼"是两个重要指导思想，即国土空间规划体系构建和乡村振兴战略实施。

"六融合"即六个实现路径及目标。一是思政教育与

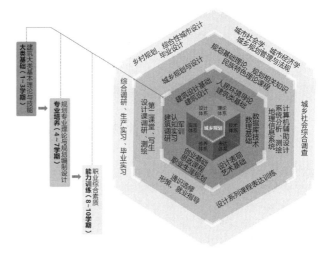

图1 西南民族大学城乡规划专业人才培养体系结构示意

城乡规划专业实践教学体系相融合；二是乡村规划教学与国土空间规划体系相融合；三是城乡规划专业课堂教学与民族聚落振兴实践相融合；四是建筑大类学科互融互通，并与人文社科类学科、信息技术学科的交叉融合；五是产学研相融合，师生之间、同学之间互动融合，校际及行业的交流融合；六是各民族群际交往交流交融。

通过以上体系构建与实施，将中华民族共同体意识教育内容在教学和实践、课内和课外进行一体化设计，充分发挥不同育人空间的教学实践作用，由内而外打造中华民族共同体意识多元立体化教育网络。

5 城乡规划专业实践教学与课程思政相融合的路径探索

5.1 铸牢中华民族共同体意识融入实践教学全过程，建立城乡规划专业实践课程思政教育体系，构筑价值认同，培育学生的"乡愁观、生态观、民族观"

结合城乡规划学科知识体系时政性显著和实践体系应用性突出的特点[8]，构建与之相适应的城乡规划本科专业实践课程思政教育体系。在城乡规划专业实践教学中，结合新型城镇化和乡村振兴等国家战略，树立前瞻性的教学理念，融入思政元素，让学生及时了解国家时政，并树立对乡村经济、自然、社会历史、文化、人居

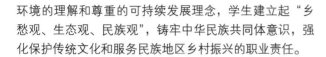
环境的理解和尊重的可持续发展理念，学生建立起"乡愁观、生态观、民族观"，铸牢中华民族共同体意识，强化保护传统文化和服务民族地区乡村振兴的职业责任。

5.2 以城乡融合战略和国土空间体系为指导，结合地域性和民族性的办学特点，构建以民族地区乡村规划系列课程为特色的设计类课程教学体系

《中共中央 国务院关于建立国土空间规划体系并监督实施的若干意见》（中发〔2019〕18号）印发，文件以国家对行业的最新要求为指导，研究与新的空间规划体系相适应的城乡规划专业人才培养目标和内容，探索并构建新的城乡规划专业人才培养体系[9]，并在规划教育中实践论证和进一步优化，积极改变城乡规划的人才培养体系滞后于国家社会需求的现状。在新的空间规划体系下，构建多层次循序渐进的城乡规划实践教学体系，完善相关的综合知识体系，合理安排各阶段相关理论课程（城市社会学、城市经济学、城市生态学、环境心理学、民族聚落保护理论与方法等）的衔接，使空间规划思维和方法真正融入实践教学的各个环节[10]。结合我校城乡规划专业地域性和民族性的办学特点，将规划设计课程选题聚焦川西高原民族地区，结合测绘、学生创新项目和学科竞赛进一步突出办学特色，通过教学计划优化调整，形成从城乡认知到民族聚落测绘调研实践，到民族聚落保护理论及社会调研方法，再到规划设计综合性实践训练，层层递进，在国土空间规划体系下构建起特色鲜明的乡村规划教学体系。

5.3 响应国家乡村振兴战略，结合地方发展的迫切需求，扎根民族聚落实践基地，多学科交叉构建"产—学—研"融合的民族地区规划研究实践教学体系

自然资源部《关于加强村庄规划促进乡村振兴的指导意见》要求各省（区、市）做好新时代村庄规划编制和实施管理工作。积极响应国家新型城镇化和乡村振兴战略的重大决策部署，明确乡村规划与振兴成为城乡规划学科重要内容，培养乡村规划建设人才成为城乡规划专业人才培养的重要任务[11]。从城乡规划实践教学内容和模式入手，充分融入城乡规划的知识体系，积极推动城乡融合整体空间规划的教学改革。扎根川西民族村寨，结合地方需求，建设稳定的城乡规划实践教学基地，将教师科研、实践项目与专业教学充分结合融合，把民族地区的乡村振兴、城乡发展问题与专业特色的目标有机结合，寻找教学实践与社会实践结合的有效路径，让城乡规划专业实践教学产生真正的社会效益。

5.4 面向以人民为中心的行业责任，转变存量时代的规划教学思路，社会关爱与空间设计融合，在专业实践教学中凝聚家国情怀、社会责任和个人价值

从传统的土地开发增量规划到新时期的空间优化存量规划这一转变，对城乡规划编制思路和研究思维提出了不同的要求。规划从传统的技术性工科转向研究型的综合交叉学科，规划教育中对城乡空间中存在社会问题的研究能力培养更为重要[12]。加强以学生为主体的研究型教学理念，实践启发式、互动式教学。以学生为中心，以学生积极主动地学习为特征。教师不再充当知识的源泉，而是扮演着学习的促进者和帮助者的角色，主要责任在于促进学生探索和思考[13]。教学中关注学生体验，最大限度地发挥学生的主体作用。学生在充分的现状调查基础上找到自己关心的问题，从经济社会文化等角度进行全方位分析。而老师与学生则一起寻找解决问题的思路，并鼓励其深入研究下去。各类学科竞赛、创新实践项目为城乡规划教学实践提供了拓展平台，鼓励并指导学生在课堂之外积极参与公益性社区营建等实践创新项目，结合当前时代主题，与时俱进，与社会接轨，去研究实际的城乡社会问题并寻找解决的空间途径。

5.5 适应信息时代学习方式的变革，构建多元化多层次全方位教学实践交流平台，促进跨学校跨学科师生互动和知识交融，加强中华民族文化认同教育

智慧城市提出，到现阶段城市与乡村的信息化建设已经提升至全面运用。教学改革中需与信息技术学科交融，在规划专业相关信息技术类课程教学，整合校内外实验教学资源，拓展建筑大类学科行业交流渠道[14]。在国土空间规划实践教学层面，融入大数据和人工智能技术，使学生具有可以与大数据专业技术人员对话、沟通、协作完成规划工作的能力；在空间建造和设计实

践教学层面，结合 VR 可视化等体验式教学，积极建设并使用好藏羌传统民居建造虚拟仿真实验项目等国家级虚拟仿真课程平台。同时，通过国际国内的学科竞赛、行业竞赛、联合毕业设计等途径，加强与一流高校相关专业的互动，积极展示民族高校城乡规划专业的实践教学成果和对中华民族文化的内涵理解，促进各民族师生交往交流交融，促进群际关系良性互动，发展跨民族友谊，加强以家国情怀、社会关爱和人格修养为核心的文化认同教育[15]。

5.6 融合专业课程与社会实践，在阶段式全方位实践体系中夯实中华民族共同体意识的心理基础，激发学生情感共鸣，促进民族群际交往交流交融

围绕课程目标的专业课程实践采用阶段式、模块化方式循序渐进地推进，包括调查与认知、理论学习与研究、规划设计与实践三个阶段，民族聚落测绘、课题研究、规划设计实践、学科竞赛四大模块。在循序渐进地建立起研究城乡空间复杂问题的逻辑思维的同时，与社会实践相结合，通过在实践中构建多元互动的文化场域，丰富情感体验内容。一方面通过节日活动、典礼仪式等形式，让大学生在历史的时空与文明的积淀中强化对中华民族的内涵理解，在活动中感受到对中华民族情感的洗礼激荡[16]；另一方面，大学生自身作为触媒，促进各民族群际交往交流交融，提升对中华民族共同体意识的情感认同。

6 结语

以铸牢中华民族共同体意识为导向，在国家战略指引下，民族高校城乡规划专业实践教学改革可以充分融入课程思政，结合自身客观务实的学科特征、发挥毗邻多民族聚居区的地域特点，使思政教育与专业教育相结合，形成独具特色的城乡规划专业实践课程思政教育体系，积极为民族地区资源保护、乡村振兴和文化传承培养德才兼备的高素质专业人才。

参考文献

[1] 常进锋，陈鑫.铸牢大学生中华民族共同体意识的现状、热点与趋势——基于 Citespace 的可视化知识图谱分析[J].民族高等教育研究，2022，10（3）：18-26.

[2] 李芳.高校加强中华民族共同体教育的基本问题探析[J].民族教育研究，2020，31（4）：33-40.

[3] 张惠强，连欣.定义空间：空间规划如何制定和执行？——基于中央、部门、地方"三角互动"的视角[J].社会发展研究，2019，6（3）：203-221，246.

[4] 杨辉，王阳."旧疾"与"新题"：国土空间规划背景下城乡规划教育探讨[J].规划师，2020，36（7）：16-21.

[5] 周庆华，杨晓丹.面向国土空间规划的城乡规划教育思考[J].规划师，2020，36（7）：27-32.

[6] 孙施文.我国城乡规划学科未来发展方向研究[J].城市规划，2021，45（2）：23-35.

[7] 孙施文，武廷海，王富海，等.活力城乡 美好人居[J].城市规划，2020，44（1）：92-98，116.

[8] 面向高质量发展的空间治理——2020/2021 中国城市规划年会暨 2021 中国城市规划学术季成功举办[J].城市规划，2021，45（11）：5-8.

[9] 曹康，张庭伟.规划理论及 1978 年以来中国规划理论的进展[J].城市规划，2019，43（11）：61-80.

[10] 杨俊宴.凝核破界——城乡规划学科核心理论的自觉性反思[J].城市规划，2018，42（6）：36-46.

[11] 石楠.城乡规划学学科研究与规划知识体系[J].城市规划，2021，45（2）：9-22.

[12] 孙施文，吴唯佳，彭震伟，等.新时代规划教育趋势与未来[J].城市规划，2022，46（1）：38-43.

[13] 冷红，袁青，于婷婷.国家战略背景下乡村规划课程思政教学改革的思考——以哈尔滨工业大学为例[J].高等建筑教育，2022，31（3）：96-101.

[14] 王伟，岳文泽，吴燕，等.到中流击水——国土空间规划青年笔谈[J].城乡规划，2021（6）：1-29.

[15] 廖婧茜.未来学习空间的场域逻辑[J].开放教育研究，2021，27（6）：90-96.

[16] 吴唯佳，冷红，任云英，等.联合教学共促规划学科发展[J].城市规划，2020，44（3）：43-56.

[17] 王新红，程琪慧.将中华民族共同体意识融入高校思政课[J].社会主义论坛，2022（6）：42-43.

[18] 孙琳.大学生中华民族共同体意识探究——内涵要素、建构过程与培育路径[J].思想政治教育研究，2021，37（2）：115-119.

Research on the Path of Ideological and Political Construction in Practice Courses of Urban and Rural Planning in Universities for Nationalities for Consolidating the Sense of Community for the Chinese Nation

Wen Xiaofei　　Nie Kangcai　　Hong Ying

Abstract: Cultivating university students'awareness of the Chinese nation community has become an essential key connotation in the professional education and talent training system of colleges and universities in the new era, and it is also the important task of Ideological and political construction of urban and rural planning courses in Colleges and universities for nationalities. Taking Southwest University for Nationalities as an example, this paper analyzes the background of the practice teaching reform of urban and rural planning specialty, sets up the key problems to be solved in the practice teaching reform, puts forward the reform ideas of the practice curriculum system of urban and rural planning specialty under the guidance of Ideological and political construction, tries to build an Ideological and political education system, and ponders and explores the path of the integration of practice teaching of urban and rural planning specialty and curriculum ideological and political education in Universities for nationalities.

Keywords: Urban and Rural Planning, Ideological and Political Construction, Practice Courses, Universities for Nationalities, Consolidating the Sense of Community for the Chinese Nation

城乡规划专业城市设计实践类课程思政教学思考与探讨

毛 彬 李 军 赵 涛

摘 要： 本文以贯彻习近平新时代中国特色社会主义思想为主线，以课程思政教学为纽带，以城乡规划专业城市设计实践类课程为抓手，从城市设计实践类课程思政教学理念与目标、课程思政教学体系、课程思政教学采取的方法途径、课程思政教学内容、课程思政教学融入数字技术等方面阐述在城市设计实践类课程教学过程中，学生专业综合能力培养、实践育人和思政价值观念传授的重要意义。论文紧扣国家战略，旨在实现思政教育与专业知识体系教育的有机融合，以提升学生的专业认同度、文化自信以及社会责任感。

关键词： 城市设计实践；课程思政教学；思政价值引领；实践育人；文化自信

1 课程思政教学的背景、意义及思路

2020 年，教育部印发《高等学校课程思政建设指导纲要》（以下简称《纲要》），全面推进高校课程思政建设是深入贯彻落实习近平总书记关于教育的重要论述。同年，《中共中央关于制定国民经济和社会发展第十四个五年规划和二〇三五年远景目标的建议》颁布，开启全面建设社会主义现代化国家新征程。

课程思政建设是党中央和教育部强调的重要工作，是深入学校贯彻习近平新时代中国特色社会主义思想。课程思政建设已经纳入全国高校办学育人体系、学科与本科教学评估指标。

为积极响应国家战略，学校开展了本科教育质量建设综合改革，包括新时代课程思政改革建设工作，以院系为基础，以专业或课程为平台，开展课程思政教学设计，并逐步完善各院系课程思政建设方案，建立学校课程思政建设体系。

目前，我国城市已走向存量发展阶段和国土空间规划新时期。城乡规划作为国家空间规划体系的主要组成部分，伴随时代的变化需求，城乡规划学科正在朝城市设计、可持续规划技术与城市科学的方向转变。

为了实现国家战略，规划教育需要注重培养学生的规划理念、价值观、社会责任感。规划教育的核心与重点要注重对学生专业知识体系与能力的建构，培养学生综合设计能力、科学系统的分析能力、人文素养、文化价值观。

针对城市设计实践类课程思政教学，将推进教学改革。改革教学方式并融合数字技术，挖掘课程蕴涵的思政教育元素融入课程教学过程中，助力课程育人培养目标。此外，结合城乡规划专业本科教材《城市设计理论与方法》的修订，拟将思政教育内容融入其中。

2 城市设计实践类课程思政教学理念与目标

"城市设计"是城乡规划专业本科生的必修课程。城市设计主要研究城市空间形态的建构机理和场所营造，一方面，要合理安排城市中的街道、建筑、公共空间等城市形体，满足功能和审美的综合要求，另一方面，又要实现社会、经济、环境等发展目标。

当城市不再扩张且已走向存量发展时期，如何保护城市的自然资源和历史资源，如何挖掘建成区既有的空间资源将是城市发展重要的途径。城市设计的重点是创造具有良好空间形式的城市人居环境，完善城市功能，提升城市品质内涵。

毛 彬：武汉大学城市设计学院副教授
李 军：武汉大学城市设计学院教授
赵 涛：武汉大学城市设计学院讲师

从新工科城乡规划专业人才培养需求、多学科融合态势、贯彻落实《教育部高等教育司关于开展专业类课程思政教学指南研制工作的通知》的精神，以及《纲要》中提到的落实立德树人根本任务的战略举措即准确地把握价值、知识、能力这三大要素的人才培养目标，城市设计教学团队开始思考和探讨城乡规划专业本科城市设计实践类课程思政教学。立足城乡规划专业特点，拓展课程思政内涵，构建城市设计实践类课程思政教学理念与目标。

（1）核心价值塑造：塑造以人为本价值观念，建设城市美好人居环境。

（2）多维知识传授：注重课程的统筹关联，注重知识融贯与创新运用，传授思政价值观念。

（3）综合能力培养：培养学生系统性设计思维，创造性分析与解决城市问题的能力，以及技术应用能力。

3 城市设计实践类课程思政教学体系

课程思政教学强调注重价值塑造、知识传授、能力培养一体化推进。因此，需要合理设置城市设计实践类课程思政教学体系，从专业人才培养目标、教学内容、教学方法等层面挖掘课程思政资源并融入课程教学体系之中，将中国社会主义核心思想价值观培育融入课程教学过程中。

城乡规划专业本科城市设计课程教学体系涉及"城市设计原理"（必修／理论课程）、"城市设计"（必修／设计实践课程）和"城市设计综合实践"（选修／设计竞赛课程）三门系列课程及其相关内容。

"城市设计原理"是秋季开设的必修课程，学生修完该课程后，在第二年春季修"城市设计"和"城市设计综合实践"两门设计类课程。

其中，"城市设计"是设计实践课程，主要结合具体实践项目，选择 $20\sim30hm^2$ 基地规模，让学生对人、自然、社会、文化、空间形态等因素在内的城市空间环境进行设计研究，梳理空间问题，确立设计方案的主题、理念、策略并进行方案规划设计，培养学生建立发现、分析与解决城市空间问题的设计思路和设计方法。"城市设计综合实践"是设计竞赛课程，主要结合城乡规划专指委城市设计作业竞赛，以及相关专业（行业）的设计竞赛展开课程进阶教学。

在"城市设计"和"城市设计综合实践"这两门城市设计实践类课程教学中将融入思政教学理念与目标，体现系统性、实践性、研究性、数字化的教学特点。

4 城市设计实践类课程思政教学采取的方法途径

课程／课堂教学是思政教育的主渠道。思政教育与专业课程结合点主要体现在以课程／课堂为载体，实现思政教育与专业知识体系教育的有机统一。在"城市设计""城市设计综合实践"这两门设计实践类课程思政教学中，如何将蕴涵的思政元素与设计实践教学相互融合，以落实思政教育的国家战略？

首先，将思政元素作为城市设计实践类课程教案设计撰写、课程课件制订、课堂内容讲授的重要组成，贯穿设计实践各环节。

其次，在课程组织方面，结合授课教师不同专业（规划、建筑、景观等）背景，形成多学科专业交叉融合教学团队，采取协作型教学组织模式，深入思考和共同交流课程思政教学内容和教学方法。通过理论分析、案例解读、设计实践、课堂组织、思政价值引导等方面探讨城市设计实践类课程内容与思政教学的结合点与融入点，从而有效地开展城市设计实践类课程思政教学。

此外，城市设计竞赛是增强课程思政教学的有效形式，也是推动城乡规划专业人才培养的重要方式。结合"城市设计综合实践"课程，鼓励学生积极参加专指委城市设计作业竞赛，以及相关专业（行业）的设计竞赛，以更好地推动课程思政教学，努力提升学生的专业认同度、荣誉感（设计竞赛）、使命感（国家、社会、职业）以及价值观（社会主义核心价值观）。

5 城市设计实践类课程思政教学内容

课程思政教学的目标是以专业思政为载体，探索知识传授与价值引领相结合的有效路径。因此，需要深入挖掘和梳理"城市设计""城市设计综合实践"课程教学中蕴涵的思政教育资源融入课程／课堂教学过程中，形成协同效应。

5.1 "城市设计"课程思政教学

"城市设计"课程教学突出问题导向，确立以案例式教学、实践性教学和专题化教学为抓手，将思政元素融入，逐步推进"城市设计"课程思政教学的开展。例如，围绕城市空间环境营造，有机融入生态文明建设的主题。又如，结合社区更新，引导学生探讨居住物质空间背后的城市文化和社会现象，以及如何通过居住社区和建筑形态加以表达。再如，结合文化遗产保护与更新、废弃地更新与改造，培养学生从历史遗产、文化复兴、棕地更新等方面去认识和阅读城市，感受城市的历史脉络与演变发展，建立永续理念下文化遗产、历史街区、既有建筑的保护与修复、改造与更新、活化与再生的可持续发展观。课程教学从多维角度发挥思政功能与内涵，去有效地引导和激发学生深入了解中国，强调文化认同，树立文化自信，实现中华民族伟大复兴。

在城市设计实践的选题或议题设置方面，结合具体实践项目展开，并紧扣城市发展和社会需求的热点问题，突出设计实践教学的过程性与探索性。诸如尊重自然属性的生态人居环境营造、尊重历史和文脉的城市更新、改造与优化、针对文化和工业的遗产保护与复兴、强调以人为中心的社区营造等不同选题或议题。这些选题或议题涉及的城市更新与整治、文化传承与复兴、居住空间与文化、生态保护与修复等主题和内容都与课程思政教学紧密相关。

在具体设计实践教学中，融入思政内容。例如，针对历史环境的城市设计实践教学，涉及旧城、传统街区、文化遗产、历史建筑、文物建筑等要素，引导学生深入了解街区历史、地域文化内涵、地方建筑传统，从空间、形式与建造等层面探讨融合当代生活方式的历史环境设计。指导学生进行基地文献资料的历史研究、现场调研、形态分析、空间问题梳理、设计对策提出、设计主题确立、方案设计的全过程。培养学生注重挖掘传承基因与传统营建理念，寻求历史及其内在的逻辑并转译，构建中国传统文化的意义，促进中国城市建筑的历史传承、文化复兴与创新发展，并使之成为设计实践思政教学的重要议题。

5.2 "城市设计综合实践"课程思政教学

"城市设计综合实践"安排在春季第三学期，课程以研究问题的逻辑安排教学内容，体现研究性教学方式。"城市设计综合实践"是"城市设计"课程的进阶课程。在课程教学过程中，一方面，深化课程内容，注重前沿性和研究性的教学；另一方面，为城市设计竞赛备赛阶段。

在教学中，注重适当拓展学科知识边界，针对复合的城市环境和复杂的城市问题，帮助学生搭建以关联拓展为特征的专业知识体系，融贯规划、建筑、景观三个学科的设计思维和设计方法，以及城市生态学、城市社会学等领域的相关知识，培养学生具备多学科交叉融合的创新发展素质。

结合城市发展热点问题或关键现实问题，选择诸如"人民城市""公园城市""低碳交通""生态韧性""健康安全"等探究式案例，以问题为导向，将学术前沿、相关理论和我国城市实际紧密结合，引导学生将相关核心知识应用在设计实践中，激发学生主动关注和积极思考，在潜移默化中实现习近平新时代中国特色社会主义思想的理论认同。例如，"人民城市"主题的城市设计实践，引导学生贯彻以人民为中心的发展思想，合理安排生产、生活、生态空间，创造宜业宜居的城市空间。又如，"公园城市"主题的城市设计实践，激发学生探寻园林美学与哲学思想、突出尊重自然本底，实现城市自然生态与空间形态的有机统一。总之，针对国家战略，通过面对问题和愿景的城市设计综合实践，引导学生建立多学科知识的有效链接，形成多元化设计价值体系和创造性设计思维路径。

此外，针对城乡规划学科专业，以及相关专业（行业）设计类竞赛，结合竞赛专题，拓展设计教学。根据不同竞赛主题导向和要求，引导学生围绕参赛项目核心问题自主学习、独立思考、分析判断，包括文献研究、理论探讨、对标案例、城市设计导则解读等教学内容，旨在拓展教学过程中实现知识传递、发现与运用的整合，引导学生探究式学习，培养学生以解决复杂城市问题为导向的创新实践综合能力。另外，学生参加的城市设计竞赛方向诸如历史环境设计研究、遗产保护与再生设计研究、绿色慢行交通体系研究等，体现可持续性的探索。贯彻可持续发展战略是课程思政教学的重要内容。

6 城市设计实践类课程思政教学融入数字技术

当前，在互联网、大数据、人工智能等数字技术快速发展的背景下，空间数据采集与数字化分析、大数据、虚拟现实、参数化设计等应用在设计领域已成为关注热点。城乡规划专业教学将逐渐走向数字时代。数字技术应用已成为城乡规划专业设计领域的重要方法，因此，城市设计实践类课程下一步的教学目标与思路是深入挖掘思政元素的同时，有机融入数字技术。

在下一步城市设计实践类课程思政教学中，将邀请数字技术研究方向的教师课堂讲授。在采取案例教学、实践教学、专题教学等多种教学方式的基础上，融入城市设计数字化教学手段。从物质性空间设计到大数据与数字技术运用，重塑对城市空间新的认知，培养学生人文素养的同时，提升学生技术素养，以及运用数字技术分析和解决问题的能力。

注重城市设计实践类课程技术层面的教学，诸如量化分析技术、参数化技术、GIS 空间可视化分析、城市三维空间模型、建筑虚拟仿真模拟、基于大数据的城市设计等。例如，运用量化城市形态分析技术（Spacematrix，SDNA），对城市空间形态特征分析研判并给出问题界定，为城市设计提供科学化的分析支持。又如，利用参数化技术，结合计算机软件和脚本编写，实现空间形态与自然过程的分析与模拟、促进设计方案的生成、比较与优化，以及提升方案决策的效率。再如，将大数据理论研究与城市现象及问题相结合，认识数据反映的城市现象，透过数据分析发掘城市问题。具体可将大数据运用于旧城（旧街区）的改造与更新的城市设计实践，对用地权属、形态、功能、活力等维度分析探究旧城（旧街区）空间的特征、规律与变化以及存在的问题，并提出改进措施。此外，引导学生掌握大数据抓取、数据分析的方法，以及以大数据角度思考城市问题，提升大数据在城市设计方案中的应用能力。加强学生 ArcGIS 软件技术操作与运用，注重城市设计导向的 GIS 空间可视化分析。例如，在 GIS 与文化遗产保护更新设计实践中，分析遗产地空间环境，构建遗产地三维空间模型，以及对地域建筑与文化的虚拟仿真。

总之，下一步城市设计实践类课程教学将紧跟时政、抓住前沿、响应国家战略与需求，加强城市设计实践类课程的数据科学教学探讨，树立适应大数据背景下数字技术融入城市设计实践的教学理念，突出问题导向与应用导向，培养学生在数字驱动下解决城市问题的数据化思维与设计表达能力。并且，注重将思政内容与数字技术相融合，诸如遗产保护的数字人文、建筑遗产数字化

等，所蕴含的保护遗产、文化自信、数字人文等正是习近平新时代中国特色社会主义思想实践育人的重要组成。

7 结语

城乡规划专业城市设计实践类课程思政教学将紧扣国家战略，以思政为纽带，以课程为抓手，以设计实践为依托，将课程育人目标和思政价值引领贯穿城市设计实践类课程教学过程中，培养学生具有正确职业观念和专业综合能力，坚定文化自信并具有创新精神，使课程思政与实践育人相互交融、相得益彰，从而达到潜移默化的立德树人效果。

课程思政教学是一项系统工程，需要不断加强课程思政内容与边界、课程思政教学方式与方法以及教学评价与育人效果等方面的系统化研究，城市设计实践类课程思政教学任重道远。

参考文献

［1］中共中央办公厅，国务院办公厅.关于深化新时代学校思想政治理论课改革创新的若干意见 [EB/OL].（2019-08-14）. https://baike.baidu.com/item/%E5%85%B3%E4%BA%8E%E6%B7%B1%E5%8C%96%E6%96%B0%E6%97%B6%E4%BB%A3%E5%AD%A6%E6%A0%A1%E6%80%9D%E6%83%B3%E6%94%BF%E6%B2%BB%E7%90%86%E8%AE%BA%E8%AF%BE%E6%94%B9%E9%9D%A9%E5%88%9B%E6%96%B0%E7%9A%84%E8%8B%A5%E5%B9%B2%E6%84%8F%E8%A7%81/23674600?fr=aladdin2019-08-14.

［2］教育部高等学校课程思政建设指导纲要 [EB/OL].（2020-05-28）. https://baike.baidu.com/item/%E9%AB%98%E7%AD%89%E5%AD%A6%E6%A0%A1%E8%AF%BE%E7%A8%8B%E6%80%9D%E6%94%BF%E5%BB%BA%E8%AE%BE%E6%8C%87%E5%AF%BC%E7%BA%B2%E8%A6%81/50455175?fr=aladdin2020-05-28.

［3］重磅全文！中共中央关于制定国民经济和社会发展第十四个五年规划和二〇三五年远景目标的建议 [EB/OL].（2020-11-03）. https://baijiahao.baidu.com/s?id=16823336360956718101&wfr=spider&for=pc2020-11-03.

Thinking and Discussion on Ideological and Political Teaching of Urban Design Practice Courses for Urban Planning Major

Mao Bin   Li Jun   Zhao Tao

Abstract: This paper takes the implementation of Xi Jinping Thought on Socialism with Chinese Characteristics for a New Era as the main line, takes ideological and political teaching as the link, and urban design practice courses of urban and rural planning major as the starting point. From the teaching concept and goal, teaching system, methods and approach adopted, contents of courses, and teaching integrated into digital technology, the significance of the foster of students' professional comprehensive ability, practice education, ideological and political values imparting will be expounded during the teaching process of urban design practice courses.The paper is closely related to the national strategy, aiming to realize the organic integration of ideological and political education and professional knowledge system education, so as to enhance students' professional recognition, cultural confidence and social responsibility.

Keywords: Urban Design Practice, Curriculum Ideological and Political Teaching, Ideological and Political Value Guidance, Practice Education, Cultural Confidence

城乡规划专业本科毕业设计中的思政元素应用探索*
—— 以 2021 年全国城乡规划专业"7+1"联合毕业设计实践教学为例

龚 强 徐 鑫 周 骏

摘 要：毕业设计作为城乡规划专业本科教学的最后环节，是人才培养立德树人的重要节点，如何将思政元素融入"毕业设计"课程教学组织的各个环节，是一项新的教学探索。结合全国城乡规划专业"7+1"联合毕业设计实践教学，分析城乡规划专业本科毕业设计开展课程思政教育的必要性，从城乡规划专业毕业设计环节组织形式与课程思政之间的关系，探讨思政元素在毕业设计主要环节中的应用与表达，为城乡规划专业"毕业设计"环节如何融入思政教育提供借鉴和启发。

关键词：城乡规划专业；课程思政；毕业设计；实践教学

2020 年 5 月教育部印发《高等学校课程思政建设指导纲要》课程思政受到各个层面的高度重视，全面推进高校课程思政建设，实现人才培养中育人和育才相统一是提升人才培养质量的关键。课程思政概念的提出改变了高校专业教育与思想政治教育"两张皮"的普遍现象，它将所有课堂教学都划定到育人主阵地中，特别是在专业课程教学中，指出要结合专业课程自身特点，深挖其蕴含的德育教育元素和价值导向点，在专业实践教学中对学生进行正面引导，既解"专业之惑"也引"道德之长"，实现润物无声、立德树人的培养目标。[1]

1 课程思政教育融入毕业设计环节的必要性

毕业设计是城乡规划专业本科教学的最后环节，也是本科教学中最具综合性的课程，作为对学生最后一次专业知识和综合实践能力的训练和检验，其教学目标的意义在于对学生本科阶段专业理论知识和专业设计技能的深化和升华，发掘学生潜能和创造性思维，最终以达到人文素养、终身学习、专业素养三位一体能力为导向

的毕业要求。[2] 单从为社会培养复合型专业人才来说，该过程已从育才的目的完成了城乡规划专业的人才培养目标，然而向社会培养输送的一流人才不仅是具备好的研究和实践能力，更重要的是要有浓厚家国情怀、强烈社会责任感、重道义、勇担当、有骨气的时代新人。作为本科阶段最后一次对学生的淬炼，在毕业设计教学过程中将思政元素潜移默化地融入毕业设计选题类型和实践指导全过程，以此加强对学生的价值引导，提升学生的思想境界，让学生在即将步入社会前充分认识到规划师肩负着国家和地方城乡规划的重担和大业，培养出具有扎实专业学识、强烈事业精神、过硬综合能力、高度社会责任感的规划接班人与城市建设者。[3]

2 城乡规划专业毕业设计环节组织形式与课程思政的关系

国内城乡规划专业院校毕业设计环节根据各学校师资力量、地区发展水平以及人才培养目标呈现的特

　* 基金项目：浙江工业大学 2021 年校级教学改革项目（JG2021073）。

龚　强：浙江工业大学设计与建筑学院讲师
徐　鑫：浙江工业大学设计与建筑学院讲师
周　骏：浙江工业大学设计与建筑学院讲师

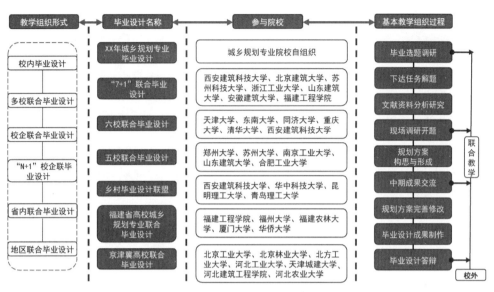

图1 城乡规划院校毕业设计环节组织形式

色，所选择的组织形式及选题内容各有不同，毕业设计的内容和形式呈现出多元化特征（图1），但无论是以论文还是规划设计，或是校内还是校际联合等形式的教学组织，其毕业设计指导都包含了从 "毕业选题调研——下达任务解题——文献资料分析研究——现场调研开题——规划方案构思与形成——中期成果交流——规划方案完善修改——毕业设计成果制作——毕业设计答辩" 教学组织过程，结合专业选题类型（研究论文、总体规划、控制性详细规划、城市设计和乡村规划）深入挖掘的思政元素与毕业设计各环节内容之间的潜在关联，在此基础上重塑毕业设计环节课程内容体系，实现知识点与思政育人点的有机融合是展开毕业设计环节课程思政的有效实施路径。

3 课程思政在联合毕业设计具体教学案例的实证分析

校际联合毕业设计作为毕业设计环节其中的一种特殊教学组织方式，相较校内常规的毕业设计为学生和老师提供了更加多元的思想交流和头脑碰撞的机会，让学生在不同时空维度、地域文化中更加立体地构建家国情怀、国际视野、人本精神、科学世界观以及规划伦理意识，在 "同题异构、协同共研" 中引人以大道、启人以大智。

3.1 "7+1" 联合毕业设计教学的基本概况

（1）"7+1" 全国七校城乡规划专业联合毕业设计教学活动背景

"7+1" 全国七校城乡规划专业联合毕业设计教学活动最早于2011年由北京建筑大学、西安建筑科技大学等四所通过城乡规划专业评估的学校发起，截至2021年毕业设计活动已成功举办11届，参与学校已增加至七所院校，而 "7+1" 中的 "1" 则是每年所举办毕业设计院校所在地的企业设计院，"多校联合 + 校企融合" 的毕业设计教学组织有别于其他理论和设计课程教学，是一个集创新性、开放性与共享性于一体的新的教学模式。我校城乡规划专业于2013年加入 "7+1" 全国七校城乡规划专业联合毕业设计教学活动，每年联合毕业设计不仅完成由企业设计院导入具有复杂性和多元性的真题规划项目，还相应的出版了设计成果作品集，各校教师同时发表了若干高水平的专题研究论文，达到了生产实践、教学活动和科研活动的高度互动与结合。

（2）"7+1" 全国七校城乡规划专业联合毕业设计教学模式的基本内容

每年进行的 "7+1" 联合毕业设计由所举办院校与所属地方企业设计院提出真题方案，各参与院校共同就提供选题进行研讨，在该阶段同时邀请相关学科专家和企业总工进行学术讲座和地基情况介绍，最后确定选题。[2] "多校联合＋校企融合"的教学模式让学习、科研活动和生产实践密切结合起来，让参与的同学在多元混合的思想交流和碰撞下深入研究才能掌握城市多方面的动态变化，深刻认知城市问题在城市规划实践中相互影响与作用的内在规律和演化趋势，提升对城市问题的认知和研究能力，并在不同地域的毕业设计"真题"实践中得到了真实的训练。"多校联合＋校企融合"的毕业设计教学模式旨在以"共享、共建、共育"的教学联盟建设，实现以校企为主导，多元联合学生为主体，进行协调育人的教学互动，形成能应对城市未来发展的应用型设计研究和实践。在教学环节上按照以"选题与解题——现场调研与开题——中期交流与毕业答辩"为教学主线，形成理论实践一体化，综合型的教学组织模式。

（3）"活力・韧性"——首都功能核心区崇外3号地、崇外6号地或龙潭产业园城市设计的基本要求

本次毕设的地段是北京城市发展过程中的"孤本"，设计基地选在了首都功能核心区，世界文化遗产天坛的北侧街区，属于老城传统保护区外城部分。其中，崇外3号地位于东城区天坛街道。属于首都核心区规划范围，属于老城传统保护区外城部分。位于东城区天坛街道，用地总面积约30.16hm²。崇外6号地位于首都核心区的东南，东城区体育馆路街道北侧，处在北京总规的重要街道——南北向崇外大街上，总用地规模约41.7hm²。本区域地块

所属的区位、环境以及在核心功能区中的历史价值都呈现出减量提质的空间特征。所以本次毕业设计要求进行用地功能布局的整体考虑，在如何实现居住环境改善和历史记忆的延续，如何在民生环境的基础上进行用地布局优化和调整，其中还需要从城市设计视角严格保护历史格局，注重传统风貌保护与创新的关系，注重历史保护与现代生活的关系，以此明晰设计地块的功能定位，保护更新利用的重点项目，整合用地布局，梳理道路交通，提升环境品质，强化空间形象，以凸显其历史价值和文化价值。[2]

3.2 思政元素在毕业设计主要环节中的应用与表达

（1）毕业选题与解题

2021年"7+1"全国七校城乡规划专业联合毕业设计是由北京建筑大学承办，毕业设计以"活力・韧性"为主题，设计基地选在了首都功能核心区世界文化遗产天坛的北侧街区，属于老城传统保护区外城部分。地块所属的区位、环境以及在核心功能区中的历史价值都呈现出减量提质的空间特征，以探索可持续的城市更新模式，让老北京传统平房区在时光变迁中延续生命力，让旧城更新在保护与发展中找到平衡，让规划区域内的老百姓有尊严、有获得、有幸福、有盼望，成为本次城市更新设计的意义。从毕业选题内容和对象来看，其本身就兼具丰富的思政元素，对其所蕴含的思政元素进行梳理，才能更好地引领该环节教学内容的拓展和组织（表1）。

课程思政教育在"毕业选题与解题"环节的应用和表达　　　　表1

毕业设计环节	思政要点	思政育人教学要求	关键词	蕴含的思政元素
选题与解题	家国情怀	坚持实事求是，秉承历史观、动态观、生态观与发展观开展对设计对象的全面认知和解读，正确认识基地建设取得的社会、经济和生态效益	选题研讨	・与来自各校以及企业的专家的交流，能够开拓学生的学科领域视野，帮助他们了解相关的知识及最新的学科发展，深化专业认知，进一步提高他们的责任意识。 ・正确看待我国城市建设发展过程中所面临的问题，让学生充分认识到我们是有时代责任的人
			选题地域特征	・使学生感受我国悠久灿烂的古代文化的同时，树立传统城市设计思想不仅是我们传统文化自信的基石，同时也蕴含着中国人的为人处世之道，几千年来内化成中国人强大的民族意识与宝贵的内在性格，大国工匠精神便是优秀的传承
	社会主义核心价值观		主题内涵	・教学中融入习近平新时代中国特色社会主义发展思想，在学习中认识到建设"美丽中国"是推进生态文明建设的实质和本质特征，也是对中国现代化城市建设提出的要求
	工程伦理		政策法规解读	・从整体观的视角进行全面认知，按求真务实的态度秉承职业道德与合规性的理念，遵循事物发展的客观规律

（2）现场调研与开题

联合毕业设计打破了学校界限，采用校际混合编组的形式进行调研，在后疫情时代现场调研、联合开题的方式也呈现出线上加线下、线上直播等多样化特征。同样，今年的现场调研环节我校部分师生也以线下参与的方式对设计基地进行了为期两周的实地调研，通过用双脚丈量的方式去了解北京老城，走进北京南城的百姓生活，寻找时光变迁中传统平房的活力与生命力，在保护与发展中寻找韧性与平衡。并根据现场调研资料总结问题，针对设计地块呈现出的具体特点，对其进行功能提升和适应性保护利用的研究探索，以城市更新相关理论为依据，结合城乡规划相关技术分析手段形成专题研究报告。最终采用线上汇报的形式进行开题交流，各组调研开题的资料均汇总作为本次联合毕业设计的共享资料，开放给各校师生共同使用（表2）。

（3）中期交流与毕业答辩

中期交流、毕业答辩环节也是联合毕业设计相较于校内毕业设计指导的特殊环节，中期交流环节各校师生带着前期对基地方案的构想重新来到主办学校进行交流讨论，在接受他人质疑和批判中共同进步，不断完善修正各自的方案。本次联合毕业设计活动受疫情防控政策限制，以网络会议形式进行线上答辩，相较亲临现场的面红心跳，线上激烈交流的互动氛围也毫不示弱，作为毕业设计的最后环节，联合毕业答辩让学生站在更大的平台上以更加多元的方式展现自我，以文化自信、设计担当的价值引领实现专业自信的社会责任和担当（表3）。

4 结语

育才先育人，育人先育德，"课程思政"是高校思想政治教育模式的创新，大学阶段学生德育水平的提升

课程思政教育在"现场调研与开题"环节的应用和表达   表2

毕业设计环节	思政要点	思政育人教学要求	关键词	蕴含的思政元素
现场调研与开题	家国情怀	对基地的认知要充分考虑历史文化、人群特征、保护与发展、基地生态、土地利用、资源利用等底线约束因素，挖掘当地文化特色，传承历史文化	现场调研	• 用脚丈量城市、用心感受生活； • 沟通能力、协调能力、集体观念； • 规划师的重要职责之一是为决策者提供咨询，维护社会大众的公共利益； • 客观实事求是的职业价值观，看待城市发展中带来的社会矛盾，力求有效改善人民的生活环境和生活质量是设计师职业道德的核心和最高标准
	社会主义核心价值观		专题研究	• 城市更新中保护改造和活态再生，事关中华优秀建筑文化传承和"乡愁记忆"的身份认同； • 从人文精神视角，以人民为中心，让核心区的居民感受到幸福感和获得感； • 平房区更新改造涉及老百姓最为重要的福祉，也是百姓最关心的生活大事。引导学生关心社会问题、聚焦国家惠及民生的相关政策，引导学生关爱社会，关注社会各阶层的生活之需，使学生成为能够主动为他人着想的合格规划师
	工程伦理			
	人文精神			

课程思政教育在"中期交流与毕业答辩"环节的应用和表达   表3

毕业设计环节	思政要点	思政育人教学要求	关键词	蕴含的思政元素
中期交流与毕业答辩	家国情怀	成果撰写要体现关于生态文明建设和有关城市规划的技术规范。成果汇报要坚持实事求是，处理好发展与保护关系，守住底线，认真完成答辩	成果制作	• 对设计成果质量的高要求，向学生传递认真严谨、精益求精的"工匠精神"； • 融入审美情趣和人文情怀。融入发现、感知、欣赏、评价美的意识； • 融入健康的审美价值取向，融入艺术表达和创意表现的兴趣和意识； • 遵循学术规范、养成良好学风的提前教育
	社会主义核心价值观		毕业答辩	• 从文化自信到专业自信，进而形成稳定的世界观、人生观和价值观； • 博学笃行，不忘初心，持之以恒事竟成； • 怀感恩之心做人，以责任之心做事，三观要正莫忘本； • 不因群疑而阻独见，勿任己意而废人言
	工程伦理			
	工匠精神			
	艺术美学			

需要伴随专业教学全过程，从步入大学的第一堂课到走出校门前的毕业答辩需要所有教师、所有课程共同努力。将思政元素融入"毕业设计"课程教学组织的各个环节，是一项新的探索。[4]面对新时代人才培养立德树人的要求，只有不断探索、改革教学过程的途径、教学方法和教学手段，更新优化教育教学理念，才能做好学生引路人，把学生培养成为有担当、有责任感的大国工匠。

参考文献

[1] 习近平在全国高校思想政治工作会议上强调：把思想政治工作贯穿教育教学全过程开创中国高等教育事业发展新局面 [N].人民日报，2016-12-09.

[2] 张忠国，荣玥芳，苏毅.校企融合性联合毕业设计教学模式研究——全国城乡规划专业"非常7+1"联合毕业设计教学模式探讨 [C]// 高等学校城乡规划学科专业指导委员会，内蒙古工业大学建筑学院.地域·民族·特色——2017全国高等学校城乡规划教育年会论文集.北京：中国建筑工业出版社，2017.

[3] 卓健.毕业设计结合实践的教学探索 [C]// 高等学校城市规划专业指导委员会，沈阳建筑大学建筑与规划学院.城市的安全·规划的基点——2009全国高等学校城市规划专业指导委员会年会论文集.北京：中国建筑工业出版社，2009：168-171.

[4] 周宝娟，张伟，袁晨晨，等.课程思政背景下的城乡规划原理课程教学思考 [J].安徽建筑，2020，27（11）：126-127.

Exploration on the Application of Ideological and Political Elements in the Graduation Design of Urban and Rural Planning Majors — Taking the "7+1" Joint Graduation Design Practice Teaching of National Urban and Rural Planning Specialty in 2021 as an Example

Gong Qiang   Xu Xin   Zhou Jun

Abstract: As the last link of the undergraduate teaching of urban and rural planning major, the graduation design is an important node in the cultivation of talents and moral education. How to integrate ideological and political elements into each link of the teaching organization of the "graduation design" course is a new teaching exploration. Combined with the practical teaching of the "7+1" joint graduation design of urban and rural planning major in China, this paper analyzes the necessity of carrying out courses for ideological and political education in undergraduate graduation design of urban and rural planning major, and discusses the application and expression of ideological and political elements in the main links of graduation design from the relationship between the organizational form of graduation design links and courses for ideological and political education in urban and rural planning major, thus providing reference and inspiration for how to integrate the "graduation design" link of urban and rural planning major into courses for ideological and political education.

Keywords: Course-based Ideological and Political Education，Urban-Rural Planning，Graduation Design，Practical Teaching

新时期总体规划课程思政建设实践*

陈　飞　李　健　刘涟涟

摘　要：总体规划是城乡规划专业核心课程，在学科变革背景下，上升为国土空间总体规划；教学内容、编制技术、组织形式均有更高要求。大连理工大学在总体规划课程建设上，结合分阶段目标以及多样化的教学环境与教学方式，挖掘思政元素、梳理融合路径，结合课程特色拓展多类型思政教育。教学组结合各阶段教学内容，开展体验式、沉浸式、案例式、研讨式等多方式思政融合。在思政元素、融合路径、实施方式等方面开展创新研究。并提出结合国土空间规划培养要求，结合课程群构建综合思政教学框架的构想。

关键词：国土空间规划；总体规划；课程思政

2019 年 5 月，中共中央、国务院对国土空间规划作出重大部署，要求建立国土空间规划体系；2020 年 5 月，教育部发布《高等学校课程思政建设指导纲要》，要求所有学科全面推进课程思政建设。相比较于其他课程思政建设而言，城乡规划课程建设一方面需要响应学科变革带来的教学内容与方法调整，同时还需要结合新增教学内容挖掘思政要素并探寻有效的思政教学路径，可谓"教学内容 + 课程思政"的双线探索。2022 年，在疫情背景下，线上教学再次对课程建设提出了新的要求。

总体规划是城乡规划专业最高阶课程，是规划体系中最为核心的内容，培养学生处理复杂城市问题的综合思维和规划能力，是国土空间规划背景下教学响应的重点课程。大连理工大学城乡规划专业 2021 年获批国家一流专业建设点，同年，总体规划课程获批辽宁省线下一流课程。为深化落实教育部思政建设要求，总体规划教学组结合课程的教学组织、教学方式开展了相关课程思政建设。

1　规划价值观培养的国内外经验

1.1　国内规划院校课程思政建设

应对国土空间规划学科变革，我国多所院校做出教学响应，并实施了特色课程思政建设；如同济大学、天津大学、东南大学的总体规划课程均为 1 学期，依托本校教授团队学生在项目实践中开展国土空间总体规划。其中，同济大学的课程思政建设成果最为突出，主要体现在社会责任感与教学组织方面，①同济大学规划专业开展扶贫活动丰富思政教育，2020 年同济大学牵头、联合 11 所高校成立了"城乡规划扶贫联盟"，规划团队深入国家贫困县，挖掘历史文化和自然资源重要价值，将其转化为经济社会发展新动力。扶贫经历作为鲜活思政教材，体现了同济规划人的扶贫担当和积极 [1, 2]。②以独立课程的方式组织学生调研，在夏季小学期设置"城市总体规划实习"，组织学生深入基地调研，有助于培养学生人文关怀与社会责任感。

1.2　国外规划院校价值观培养

欧洲国家开展空间规划较早，由于英国一些规划院校在本科阶段不单独开设设计课程，因此教学组重点分析了与我国规划教育较为接近的德国案例。其中多特蒙德大学的空间规划学院是全欧最大的规划学院，学院将

---

*　教改项目：国土空间规划教研室建设计划、课程思政示范课程建设计划、辽宁省线下一流课程"规划设计 3"。

陈　飞：大连理工大学建筑与艺术学院城乡规划系副教授
李　健：大连理工大学建筑与艺术学院城乡规划系副教授
刘涟涟：大连理工大学建筑与艺术学院城乡规划系副教授

规划教育的目标定义为：问题导向、研究导向、过程导向、行动导向、沟通协作和跨文化的理解[3]；课程包括原理课、设计课和研讨课三种类型，其中原理课比重最少；研讨课比重最多，主要训练学生的思辨能力与思想包容性；其设计课程偏重社会调查与策略构建，以训练学生发现、剖析、解决社会问题的能力为主，潜移默化地培养学生针对不同社会群体与文化族群的包容价值观。

国内外城乡规划教学均重视价值观的培养，相比于我国"原理+设计"均衡模式，德国为"原理+设计+研讨"并且研讨占据主导地位，侧重培养学生分析能力，强调培养学生的思辨能力与包容观，通过多种方式培养学生价值观。

2 基于教学组织的思政融合

2.1 课程思政设计

我校总体规划课程设置于本科四年级春季学期，60学时，历时7.5周，由3位骨干教师负责。受限于培养方案学时要求，总体规划课程仅能在有限的7.5周内落实一部分国空规划要求。教学中增加国空规划体系中的"双评价"以及三区三线内容，并要求学生使用GIS平台开展分析与制图。

课程选址大连周边城镇，教学组织包括：布置任务、调研分析、发展评价、方案研究，成果制作、成绩评定等阶段，其中各个阶段对应不同的规划任务与工作内容，针对多能力培养选择多种教学方式。开展课程思政建设后，教学组结合各个阶段的特点挖掘思政融合点，并结合教学方式将思政教育与规划技能培养融合起

来，具体如图1所示。

（1）在选题阶段组织思政教学。依托校企合作平台选择题目，选题尤为注重"三生空间"特征，为后续学生树立生态文明与空间管控理念选择更为契合的基地，在选题之初即设计思政教学组织。

（2）在调研分析阶段开展体验式思政教学。学生划分大组，10人1组，分工调研，包括经济、产业、现状用地、基础设施等方面，在现场踏勘环节，认知分析城市问题，与当地居民及相关规划管理部门访谈了解城市发展问题，在调研过程中实现了体验式思政教育。

（3）在发展评价阶段融合思政共性元素。学生组建双评价小组，每两人一个单项，在网上下载或者购买相关数据，并结合"评价方法"具体操作。这一阶段从两个层面展开思政教育：①在学生开展跨领域研究的过程中，树立对不同知识领域的敬畏与尊重；②数据分析环节，补充相关机密文件保护法规制度，为学生梳理国家安全意识等思政共性元素。

（4）设计过程中多方式挖掘思政特性元素。师生开展多维度分析，树立资源管控理念，强调生态文明建设、农业发展及生态保护概念；在用地布局分析中，分别从使用者、管理者、规划师等多重身份思考探讨城市建设与生态保护问题。这个过程中通过研讨式、沉浸式、案例式，挖掘思政特性元素。

（5）成果编制过程中，总体规划作为法定规划，需按照编制要求规范制图，编写规划文本，这一阶段组织规划编制专题讲座。在行业规范学习的基础上，增加法律法规思想教育。

图1 总体规划教学组织及课程思政示意

（6）成果评定中的思政设计。设计类课程的成果评定均注重阶段成绩，总体规划中依次组织了调研汇报、双评价汇报、阶段草图汇报等阶段性成果汇报，教学注重学生各阶段学习能力的考核，设有阶段考核分数，由三位教师分别打分。同时2022年在疫情背景下，为了激发学生的学习热情，首次设置了学生互评分数。多元化的成绩评定不仅是对综合能力的体现，也调动了学习主动性。

2.2 课程思政实施路径

有效的实施路径能够保证在专业技能学习的同时潜移默化地融入思政教育，对学生的思想信念、责任担当与价值理念产生积极影响，从而使专业教育和思政教育同向、同行，形成协同效应，实现教学与思政渗透融合、育才与育人协同建设。教学中在以下三方面探索思政实施路径。

（1）结合分阶段培养目标，融合共性与特性育人元素。划分课程思政中的"共性育人元素"和"特性育人元素"，专业技能较强的教学部分融合社会主义核心价值观、中国精神、中国特色社会主义文化、国家安全等"共性育人元素"；在培养学生方案分析与构思能力的教学环节，融合智慧城市、统筹开发等"特性育人元素"。

（2）对标优秀作业与学长事迹，深化课程思政成效。在课程中引入历届优秀作业点评环节并介绍学长发展情况；通过对标优秀作业可以看到与同类人群的学习差距，激发课程学习动力；通过对标学长的就业就学发展案例，学生对自身发展定位做出判断，激发后续专业学习动力。

（3）结合不同教学环境与教学方式探索思政融合路径。课程组织多种教学环境，如现场调研、教室讨论、中庭评图、成果展览等，教学方式也包括讲授、走访、讨论、汇报等；同时在教学中还邀请设计单位参与教学，多场景、多方式、多指导的丰富教学环境为开展多种形式的思政融合提供了基础准备。

3 总体规划课程思政的创新设计

设计课程中一些环节具有共性，如组织学生现场调研、阶段草图、集体评图等环节，相比于其他设计课而言，总体规划课程思政在以下几方面具有一定的创新性。

3.1 主动式调研培养团队合作精神与社会责任感

中低年级设计课程用地规模小，以教师带队参观讲解为主，进入高年级后，调研内容逐渐增加，学生调研的领域也更为宽泛；其中，总规用地规模最大，调研内容最为丰富。调研完全由学生主导，班级同学划分3大组，针对不同方向再分小组调研，组内同学协同工作，同学在主动式的调研中，一方面培养团队合作与沟通能力，另一方面在调研中加深对城市问题的认知能力，培养规划师的社会责任感，在现场踏勘中完成了体验式思政教育。

3.2 双评价过程中树立相关知识领域的敬畏情怀

国土空间规划对应着庞大的跨学科知识，城乡规划教学不可能覆盖所有相关知识体系，因此培养与相关学科的协作沟通能力尤为重要，这也要求在思政方面培养学生对相关知识体系的尊重与敬畏情怀，切不可因为是规划编制的主体就主观臆断相关领域常识。在规划教学中，需要系统性地培养学生的问题导向、研究导向、行动导向、沟通协作和跨专业沟通能力，并在与团队合作中，能够做出项目发展的综合判断，基于项目整体发展，做出坚持、退让、修改，培养包容与多元价值观。

3.3 数据处理过程中树立国土安全与机密保护意识

真题假做是设计类课程中常用的教学方式，在国土空间规划中，大量的基础数据为保密数据，在使用上有严格的管理流程。教学中通过三阶段为学生建立数据保密、国土安全意识。首先组织学生自己上网多途径下载数据，学生通过多个网站的购买、初步认知到基础数据获取的难度，先"碰钉子"；其次带领学生进入合作设计院熟悉国空规划编制环境，须在指定机器上断网工作，培养数据保密意识；最后再向同学们介绍国家对"基础测绘成果"的管理制度，使学生了解使用涉密基础测绘成果需要签署《安保密责任书》，通过三个阶段，"先碰钉子、后长见识"为学生树立国土安全意识以及建立相关机密文件保护概念。

3.4 成绩评定环节通过学生互评调动主观能动性

总体规划以小组为单位完成，组内学生人数较多，工作能力不同导致工作量存在差异。以往的教学中，老师要求提交作业时同步提交工作量分配情况。同学之间碍于情面不便明说，难以辨别工作量，在一定程度上消磨了部分学生的积极性，同时这种背后小报告的行为也不宜于培养学生胸怀坦荡、光明磊落、公开公平的价值观。

在2022年疫情背景下，线上教学使得老师更加难以辨别组内工作量分配情况；同时为了舒缓长期封校对学生情绪的影响，在成果评定环节增加了学生互评方式。总规作业完成后，给予学生10分的额度，同学之间以匿名方式相互打分。教师制定评分规则，不同于单纯的成果评定，10分范围内划分"客观成果分"和"主观奖励分"。在"客观成果分"部分，学生对比各组成果，相互挑毛病的过程中也是对专业知识的巩固。在"主观奖励分"部分，学生可以对各位同学的进步性、工作量、组织能力，甚至对同学的服务能力等多方位打分；其中"进步性"是指：某学生的主动性提高了，虽然成果还是倒数，但是相较于以往设计课程拖拖拉拉已经有了大大的提高，即可获得奖励分数。

在交图前三周推出这一评定方式后，从两个方面得到了反馈：一方面，学生反馈的互评成绩单中，会指出其他组同学的错误，属于专业技能层面反馈；另一方面教师收到学生短信，表示"前期对成绩不抱希望，但是后续一定好好干"，一定程度上提升了学习主观能动性。

在思政建设方面，10分的评分空间充分调动了学生为主体开展思政的实施模式，改变常规设计课程"教师单向评价"，发展为"师生双角色评价"，潜移默化巩固专业知识，同时培养学生团结协作精神。

4 对于总规课程群思政的思考

国土空间规划对既有的城乡规划教学提出了新的要求，主要包括：①规划理念由传统的城市开发转变为资源管控，强调生态文明建设、农业发展及生态保护概念；②研究领域由既有的城市用地扩展为土壤、植被、灾害等领域，需开展跨学科交叉研究；③成果编制技术更新，使用功能强大的GIS平台；④成果强调法定效力，强调对相关法规与规范的准确掌握。可以看出上述4方面教学内容体现了对国土资源格局及演变规律的认识与尊重、集约利用自然资源、保障国土安全等价值理念；需要培养学生坚定维护城市整体利益和公共利益的责任

担当，坚守可持续发展的价值取向。

与国内一流规划院校总体规划课程建设相比，大连理工大学的总规学时为这些院校的1/2；同时同济大学、天津大学、东南大学等老八校拥有雄厚的校企平台，学生项目参与程度较高，有助于多种形式地提升专业能力与思政教育。结合我校规划课程体系建设特征，为有效落实国土空间规划专业技能与人才培养，国土空间规划教研室尝试在总体规划课程群基础上，尝试"横向扩展知识与思政"以及"纵向延伸应用技能"两种方式开展课程群增质计划。

通过课程群整体思政建设可以将社会主义核心价值观以及国土安全、资源保护、人文关怀理念融入到专业教学中，组织课程群教师集体研讨，分析相关课程思政内容与方法，在重要关联知识点上开展思政教育衔接与提升。

大连理工大学与大连市国土空间规划设计研究院在校企合作中，受限于教学时间与参与方式，导致校企合作的效果有限。受限于数据的机密性，学生开展双评价只能在设计院进行，但学生一周两次的间断式参与方式与实践项目工作方式极为冲突，学习缺少连贯性，设计院合作也难以有效引导。对此，教研室提出在4-3的夏季小学期中，组织学生集中性参与设计院国土空间规划项目2周。通过连续性参与，在实践中接触关键技术，深化国土安全与规划师价值观。

5 结语

国土空间规划对城乡规划教学的内容与能力提出新的要求，总体规划是城乡规划体系中与国空规划关联最为紧密的课程，我校总体规划课程受到学时制约仅在部分内容上响应国空规划要求，并在结合当下疫情线上授课背景，提出旨在调动学生主观积极性的成绩评价方法。教学组对比国内外高校的思政建设与价值培养特色，深感总规课程思政的重要性，提出依托课程群构建整体课程思政体系构想，旨在实现专业能力"育才"与思想教育"育人"的协同建设。

参考文献

[1] 同济大学思政大课讲述8年定点扶贫生动实践.央广网

[N/OL]. 2021-03-24.[2022-06-10]. http：//www.cnr. cn/shanghai/tt/20210324/t20210324_525444825.shtml.

[2] 同济大学建筑与城市规划学院.脱贫攻坚山海情！我院深度融入同济大学云龙定点扶贫，参加主题思政大课 [N/OL]. 2021-3-23.[2022-06-10]. https：//caup.tongji. edu.cn/d3/6d/c10928a185197/page.htm.

[3] 克劳兹·昆斯曼，刘源.德国规划教育和行业实践 [J]. 国际城市规划，2015，30（5）：1-9.

[4] 天津大学建筑学院.天津大学建筑学院城乡规划系师生参与《天津市国土空间总体规划（2021-2035）》座谈会. [N/OL]. 2021-11-12.[2022-06-10].http：//arch.tju.edu. cn/xwzx/xyxw/202111/t20211112_321456.htm.

[5] 王兴平，权亚玲，王海卉，等.产学研结合型城镇总体规划教学改革探索——东南大学的实践借鉴 [J]. 规划师，2011，27（10）：107-114.

[6] 杨辉，王阳."旧疾"与"新题"：国土空间规划背景下城乡规划教育探讨 [J]. 规划师，2020，36（7）：16-21.

[7] 黄贤金，张晓玲，于涛方，等.面向国土空间规划的高校人才培养体系改革笔谈 [J]. 中国土地科学，2020，34（8）：107-114.

[8] 黄义忠，彭秋志，谭荣建，等.国土空间规划学科建设课程思政的探索与思考 [J]. 教育教学论坛，2020（11）：65-67.

Analysis of Ideological and Political Education Practice in Master Plan Course

Chen Fei　Li Jian　Liu Lianlian

Abstract: Master Plan is the core course of urban and rural planning. With the establishment of the Land Spatial Plan system, Master Plan has risen to the Master Spatial Plan, and the course content, compilation technology, and organizational form have higher requirements.Master Plan course of Dalian University of Technology combines phased goals and diverse teaching environments and teaching methods to explore ideological and political elements, sort out integration paths, and expand multi-type ideological and political education in combination with curriculum characteristics. The teacher group combines the course content of each stage to establish a multi-modal ideological and political integration such as experiential, immersive, case-based, and seminar-style. Carry out innovative research on ideological and political elements, integration paths, and implementation methods. And put forward the concept of building a comprehensive ideological and political teaching framework in combination with the training requirements of land and space planning and curriculum groups.
Keywords: Land Spatial Plan，Master Plan，Ideological and Political Education

"城乡规划管理与法规"课程思政元素挖掘与融入探索[*]

曹世臻　孙昌盛

摘　要： 全面推进课程思政建设是落实立德树人根本任务的战略举措，基于城乡规划专业单门课程的教学改革与实践，聚焦课程思政元素的挖掘与融入，从课程思政资源库的建设、课程思政的融入方式、课程思政教学实施策略三个方面进行探讨，并辅以一堂课的课堂教学示例，为相关理论类课程提供参考借鉴，为课程思政高质量发展提供一线实践案例。

关键词： 城乡规划；课程思政；思政元素；挖掘整理；融入方式

全面推进课程思政建设是落实立德树人根本任务的战略举措，自 2016 年 12 月全国高校思想政治工作会议召开以来，各地各高校先后成立了课程思政研究中心，建成了一批课程思政示范课程。针对五年来的课程思政建设现状，教育部高等教育司于 2021 年 12 月发布《关于深入推进高校课程思政建设的通知》，旨在进一步推进高校课程思政高质量建设，杜绝"表面化""硬融入"，防止"贴标签""两张皮"，使课程思政"如盐化水""润物无声"[1]。该通知进一步明确了课程思政建设的内涵和意义，为课程思政的高质量发展提出了更为明确的要求。

本文基于近年来对课程思政相关政策文件的学习领会和专业课程教学的改革实践，聚焦理工类课程教学活动中长期存在重智轻德、重器轻道的现象，偏重理论、方法、技艺、流程等，不注重课程中德育资源的开发，造成了学生"专"而不"红"的情况，有才而无德，严重背离了社会主义高校的办学宗旨的种种现象[2]，以校级课程思政示范课"城乡规划管理与法规"为例，从课程思政元素的挖掘和融入方面进行初步探索与实践，以期为课程思政高质量发展提供一线实践案例。

1　课程概况

"城乡规划管理与法规"是城乡规划专业的核心课程，具有较强的理论性和政策性。课程涉及城乡规划学、行政管理学、法学等相关专业领域，涵盖大量的法律法规与技术标准，知识体系跨度较大，相对于其他课程而言，该课程内容抽象枯燥，学生兴趣度较低。

作为十门核心必修课之一，如果把该课程比作一道菜，则属于必点菜之一，但由于其内容相对抽象、难以理解，就如同一道"开水白菜"，烹饪方法选择不当就会使得该道菜索然无味，所以高汤的制备和枸杞等佐料的加入则非常关键。对于该课程而言，思政元素如同"开水白菜"中的高汤或者枸杞，思政元素的有机融入不仅不会使得课程枯燥乏味，反而更能够丰富课堂教学形式和教学方法，有效促进课程教学，潜移默化起到德育之"滋补"作用（表1）。

综上所述，课程教学过程中为了帮助学生更好地理解领会行政法学与行政管理学基础知识、掌握城乡规划编制与实施管理以及监督检查的具体实务操作规范，可以应结合国家及地方出台的相关方针政策、规划师考试真题案例、社会热点事件，综合运用案例法、讨论法、任务驱动

* 基金项目：桂林理工大学 2022 年本科专业教学综合改革建设项目"城乡规划管理与法规"；广西高等教育本科教学改革工程项目"基于云服务（OR 平台）的建筑类专业设计课程信息化教学改革与实践"（2022JGZ137）。

曹世臻：桂林理工大学土木与建筑工程学院讲师
孙昌盛：桂林理工大学土木与建筑工程学院副教授

课程与菜品类比表　　　表1

名称	"城乡规划管理与法规"	"开水白菜"
性质	核心必修课	招牌必点菜
特点	相对抽象枯燥,但蕴含大量知识	看似寡淡无味,却含有丰富营养
难点	教学素材的选择	高汤食材的制备
要点	思政元素融入课程	各类佐料融入清汤
意义	丰富课堂教学形式和方法的同时,潜移默化实现德法兼修	提升菜品烹饪方式和方法的同时,如盐入味实现食疗并重

法、榜样示范法进行"德法兼修"与"德业兼修"教育,在强化学生的专业自豪感的同时,进一步培养学生遵纪守法意识和社会责任感,初步锻炼学生理性分析、正确判断、合理解决城乡规划建设常见问题的能力。

2　课程思政教学资源库建设

2020年5月教育部印发的《高等学校课程思政建设指导纲要》中已经明确提出"课程思政建设内容要紧紧围绕坚定学生理想信念,以爱党、爱国、爱社会主义、爱人民、爱集体为主线,围绕政治认同、家国情怀、文化素养、宪法法治意识、道德修养等重点优化课程思政内容供给,系统进行中国特色社会主义和中国梦教育、社会主义核心价值观教育、法治教育、劳动教育、心理健康教育、中华优秀传统文化教育"[3],所以说与上述内容相关的方面都可以作为课程思政元素进行挖掘整理。

当前,课程思政建设已经全面深入推进,但是仍有部分教师将思政课程与课程思政相混淆,不能深入挖掘所授课程里面所蕴含的思政元素,存在生硬融入思政元素的问题。通过对国内近五年发表的课程思政相关教学改革论文进行分析,可以发现只要是能够对学生的世界观、人生观、价值观塑造起到积极作用的内容均可以成为课程思政元素,而且所有专业课程中都或多或少蕴含了思政元素,重点是要在挖掘提炼的基础上,进行有机融入,做到如盐入味、润物无声,不能为了突出课程思政而生硬地增加课程思政内容。

"城乡规划管理与法规"作为理工类专业中偏管理类、法学类的课程,跨越多个学科,天然的蕴含了丰富的思政元素,如公平法治、依法行政、职业道德、社会

图1　课程思政元素挖掘与归纳示意图

责任、工程伦理、资源保护等内容。为便于教学使用,课程基于"德法兼修"的理念,以课堂教学为载体凝练形成道德、法治、职业三大类思政教育主题(图1),并据此将思政元素进行归类整理,初步建成课程思政资源库(表2)。

2.1　真题案例库

"城乡规划管理与法规"是国家注册规划师考试的四门考试科目之一,而且属于通过率较低的科目,考试的另一门科目即"城乡规划实务"也有非常多的内容与本课程相关联,所以可以合理利用注册规划师考试的历年真题辅助课程教学。这两门考试科目中的历年考试真题以及网络上的模拟测试题构成了针对性强、时效性强的真题案例库,在其讲解与分析过程中可以有机融入若干思政元素。

2.2　考察调研线路

作为地方院校,可以充分利用桂林市深厚的历史文化底蕴和红色教育资源,以新城新区、历史街区、古镇古村、旅游景区、红色教育基地为基础,制定针对性强的考察调研线路,鼓励引导学生进行多角度城乡规划建设调研,分析城乡规划建设管理中存在的问题并提出初步解决对策,培养家国情怀,塑造毕业后服务地方经济社会发展的理想信念。

2.3　网络教学平台

基于学校网络教学平台,选取富有教育意义的开放性问题和社会热点话题发布,学生可通过网络随时跟帖发言、提交答案,有效拓展课程思政教育的时间和空间。同时,依托城乡规划专业学生社团微信公众号,定期发布相关的针对性强的政策法规和时事热点,引导学生形成正确的世界观、人生观、价值观。

课程思政元素与资源库整体融入一览表　　　　　　　　　　　　表2

课程思政元素	融入章节	依托知识点	课程思政资源库
公平法治	第一章　行政管理基础知识	行政救济	行政救济的社会案例。法律面前人人平等，管理部门依法行政，作为公民也依法享有行政救济的权利，培养学生的公平法治精神
	第七章　城乡规划监督检查	规划监督检查	规划师考试真题中有关规划监督检查的案例。法律面前人人平等，作为行政机关同样受到社会各方的监督，培养学生的公平法治精神
依法行政	第四章　城乡规划制定管理	规划修改管理	规划师考试真题中控制性详细规划修改的案例。以案例讲强化依法行政意识，强调规划的修改程序不当也属于违法，以此培养学生依法行政意识
	第五章　城乡规划实施管理	规划实施管理的原则与方法	政策法规集。解读政策法规，强调管理者与被管理者都需要依法进行审批与申请，使学生理解毕业后不管是作为规划管理者还是规划技术人员都要遵纪守法，依法行政
家国情怀	第一章　行政管理基础知识	我国的政府体制	新冠肺炎疫情防控的视频剪辑。通过了解中外各国在疫情防控中的不同表现，引导学生思考我国政府体制的优越性，培养家国情怀
	第六章　文化和自然遗产保护规划管理	风景名胜区保护规划管理	《世界遗产在中国》纪录片剪辑视频以及某风景名胜区违法建设案例。引导学生思考风景名胜区如何协调旅游开发与资源保护的矛盾，培养家国情怀
职业道德	第三章　城乡规划行业管理	职业资格管理	老一辈规划大师的视频剪辑。通过对德高望重的规划大师的事迹或作品介绍，进行榜样教育，培养学生职业道德
	第五章　城乡规划实施管理	规划条件	规划师考试真题中有关规划条件制定的案例。通过案例解析，使学生深刻理解规划条件在城市建设发展中的作用并予以充分重视，培养学生职业道德
社会责任	第五章　城乡规划实施管理	项目选址审查	某机场选址的成功案例，阐述项目选址的重要性，培养学生项目选址管理中的社会责任感
	第五章　城乡规划实施管理	总平面图审查	规划师考试真题中居住区规划的案例，解析总平面审查的要点，引导学生关注民生设施配套，培养学生用地审批管理中的社会责任感
	第五章　城乡规划实施管理	建筑方案审查	历年"中国十大丑陋建筑评选"活动。引导学生思考丑陋建筑建成的原因，培养建筑方案审批管理中的社会责任感
文化自信	第五章　城乡规划实施管理	乡村建设规划管理	六尺巷的故事。通过故事介绍，阐述乡村社会德治的重要性，引导学生与人为善，传承数千年的乡贤文化，辅助乡村建设规划管理
	第六章　文化和自然遗产保护规划管理	保护规划管理	《故宫》纪录片剪辑视频。引导学生思考城市更新背景下如何保护传承历史文化遗产，提升文化自信
事物发展规律	第二章　城乡规划法律法规	城乡规划法规体系	《桂林市城市总体规划》。基于对桂林历次城市性质的确定，梳理规划政策及法规的发展，潜移默化阐述事物曲中发展的规律

2.4　视频音像库

课程教学中注重收集、剪辑各类相关纪录片、网络视频、电视新闻以及日常考察调研所拍摄的城乡建设视频、照片等内容，进行分类整理，作为直观形象、贴近日常生活和社会发展的课程素材引导学生进行分组讨论，引发学生共鸣，培养其辩证思维。

2.5　政策法规集

国家和地方各类城乡规划建设领域的方针政策、法律法规、技术规范也可以作为课程思政教学素材，可以分类整理并定期更新，通过任务驱动教学，引导学生自觉读法、懂法、守法，养成良好的法律素养和社会责任感。

3　课程思政融入方式

依托课程之间的协同联动教学机制、课程思政资源库建设，以及国家"大部制"改革后的教学内容变化，经过多轮次的课程教学探索与实践，初步形成了6种不同的课程思政融入方式，在弱化课程内容抽象枯燥印象的同时提高了课堂参与度，提升了学生课堂内外学习效果。

3.1 讲大师故事

城乡规划工作需要高度的社会责任感和使命感，可以通过网络课程作业，让学生查找阅读城乡规划领域德高望重的、为国家规划建设事业做出突出贡献的老一辈规划大师的事迹和作品，在课堂上进行发言讲述。本方式主要在城乡规划行业管理章节中运用，如在讲解规划职业资格制度时需要讲授规划师职业道德，此时学生提到了吴良镛先生和菊儿胡同的事迹、阮仪三先生和古城保护的故事，无形之中萌生了向大师学习、向榜样学习的种子，培育了强烈的社会责任感和专业使命感。此外，还邀请城乡规划专业资深教授联合桂林本土规划建设领域专家联合开展主题沙龙，以第二课堂的形式为学生讲解老一辈规划工作者扎根桂林、服务山水旅游城市规划建设的艰苦岁月，让学生面对面感受老一辈规划人的家国情怀和奉献精神。

3.2 评社会事件

城乡规划具有较强的政策性，面对社会发生的热点事件尤其是网络新闻报道的各类违法建设事件，都会与本课程有或多或少的关联性。引入热点事件，在培养学生运用所学知识正确、理性评判社会问题的同时，可以培养其高度的社会责任感和职业道德，并强化课程互动效果。

3.3 做案例真题

依托丰富的真题案例库，在课程适当章节导入注册规划师考试真题，采用案例渗透法，让学生充分重视相关知识点并认真分析思考讨论。最后结合老师的讲解进行理解领会，潜移默化中进行了德育教育。

3.4 联实际生活

行政法学的内容抽象枯燥，不易理解，但是法律知识与日常生活息息相关，一旦融入生活需要，学生便有了切身感触，可提高学习效率。在讲解行政行为时，可以让学生思考回忆办理身份证的情景，工作人员会明确告知需要提供的材料以及领取时间，这也属于公开透明、提高行政审批效率的要求。学生很容易就理解这个依法行政问题，并且强化了程序违法的概念，在以后的城乡规划管理工作中做到依法行政，尽可能提高行政审批效率。

3.5 衔课程实习

在相关课程实习过程中，可在完成实习任务的同时，加强学生对城乡违法建设、自然和文化遗产保护现状的观察与思考，并就近到课程选择确定的实践调研基地进行参观考察。如在城乡工程系统规划生产实习过程中，在考察调研全州县乡村基础设施的同时，让学生观察乡村风貌以及有无占用耕地建房等现象，并到全州思源民俗博物馆参观学习，聆听"全国最美文物安全保护者"唐以金先生保护濒危古民居、打造民俗博物馆的感人事迹。以此为基础，在乡村建设规划管理章节的讲述中，提到思源博物馆和唐以金老人的事迹，同学们自然也就理解了乡村文化遗产保护的意义，并领会了乡村建设规划管理中法治、自治、德治的相互促进作用。

3.6 听领导讲话

在运用案例教学法和讨论教学法时，对于一些热点案例的分析以及一些社会热点事件的讨论，往往缺少标准答案，而领导人的讲话无疑是最具说服力的。例如在讲到风景名胜区规划建设管理时，需要学生分组讨论风景名胜区旅游开发和资源保护的矛盾，在学生讨论无法取舍之时，"绿水青山就是金山银山，宁要绿水青山不要金山银山"就为这个问题提供了最权威的解决方案。

4 课程思政教学实施策略

当然，为取得良好的教学效果，在单门课程层面实现全员、全程、全方位的"三全育人"，还需要效果教学手段与策略的保障。本课程顺势而为，充分利用信息网络，并拓展第二课堂，实施过程考核，全面拓展教学时空和教学形式，保障了课程思政教学的顺利实施。

4.1 因势利导，变堵为疏

本课程直面信息时代学生对手机及网络的依赖，课堂教学中会引导学生使用手机查阅相关的社会热点新闻并进行综合分析评价，以小组为单位讨论形成相对完整的答案之后进行总结发言，利用雨课堂进行实时测试，检验知识点掌握情况。课后使用网络教学平台对课堂教学的重点内容进行阶段性在线测试，同时布置开放性问题让学生在平台进行自由讨论发言。

4.2　依托专业讲座形成第二课堂

以城乡规划专业学生社团为平台，联合相关实习实践类课程开展学术讲座和主题沙龙、邀请规划管理部门、文物保护部门专家进行面对面交流，引导学生针对城乡规划建设中的问题进行实地调研、到校外实践教育基地考察学习，逐步形成多种形式的第二课堂。

4.3　强化过程考核

在当前高校相对自由的学习环境下，考前突击学习以应付考试成为常态，致使传统的"一考定乾坤"的课程考核不尽合理，尤其是不能充分发挥课程考核的引导和激励作用[4]。为提高学生课前、课中、课后多时空以及多种教学形式的参与度，采用过程式考核评价方式，降低闭卷考试成绩比重，激励学生在平时进行多方式、多时空互动学习，提升专业综合素养。

5　教学设计示例

基于上述挖掘提炼的课程思政元素、建立的思政资源库以及总结形成的课程思政融入方式，以"建设项目选址规划管理"为示例，以课程导入、课程讲解、课程总结为主线进行一堂课（45min）教学设计的详细展示（表3）。

课堂教学首先以某园博园因选址不当而导致园博会无法如期开幕的社会新闻，强调项目选址的重要性。以提问的形式引导学生思考讨论："如何进行建设项目选址规划管理？"初步融入了社会责任感，使学生领会专业的实用性，在积极思考中集中注意力进入新课的学习。

对于"选址管理的概念"（知识点1），以讲授法为主，解读基本概念，并针对选址管理的工作内容进一步提问，引导学生在讨论发言中加深对依法行政意识和社

教学设计示例一览表　　表3

教学环节	教学内容	思政目标	教学方法	师生活动设计	时间分配
导入	介绍某园博园因选址不当而导致园博会无法如期开幕的新闻事件，引发思考讨论：如何进行建设项目选址管理	社会责任	讲授法，通过对相关社会事件的分析，让学生领会专业知识的重要性与实用性，激发学习热情	老师讲述并适时设置提问。学生听讲并积极思考、举手发言，注意力得以集中，快速进入学习状态	5min
一	一、建设项目选址规划管理的概念	—	讲授法	老师讲授；学生听讲	5min
	二、建设项目选址规划管理的任务	职业道德素养和社会责任	任务驱动法。通过讲授热点事件并设置问题，要求学生总结选址规划管理的任务	老师简单介绍热点事件新闻，并设置问题，对学生发言进行评价；学生通过手机查阅相关事件并进行自学、总结后自由发言	9min
	三、建设项目选址规划管理的意义	社会责任和职业道德	分组讨论法。承上启下，既呼应课程导入中提出的问题，又可引出接下来的内容	老师导入案例，引导学生思考评析；学生使用手机查阅所讲案例，分组讨论后进行总结发言	11min
	四、建设项目选址规划管理的审核内容	社会责任和职业道德，公平法治精神	案例分析法。通过考试真题使学生重视此内容，潜移默化融入多个思政元素	老师导入真题案例并进行启发式提问；学生分组讨论发言	12min
课堂小结	通过思维导图梳理总结本节主要内容，再次强调本节的重点和难点	—	讲授法	老师讲授；学生听讲	2min
布置作业	利用在线地图查找某医院新院区建设地点，通过网络教学平台对其选址进行分析评价	—	讲授法	老师讲授；学生听讲并记录	1min

会责任感等内容的理解。在"选址管理的任务"（知识点 2）讲授中，结合社会热点事件设置问题，使用任务驱动法引导学生自主学习选址管理的任务。对于"选址管理的意义"（知识点 3），则通过讲授某机场合理选址对城市发展的良好促进，呼应开篇的提问，引导学生进一步互动讨论：选址中如何避免社会冲突、促进资源节约和环境友好？在讨论中有机融入社会责任感、职业道德等思政元素，增强学生学习动力，并自然过渡到"审核内容"的讲解。在"选址管理的审核内容"（知识点 4）讲解中，先由老师快速引入注册规划师考试真题案例，让学生分组思考讨论，并由小组代表总结发言，使学生理解并掌握本节难点和重点，同时进行了社会责任、职业道德的融入。

在讲授完四个知识点后，通过思维导图进行知识梳理和课堂小结，总结本节课主要内容，再次强调本节课的重点和难点。课堂最后，紧密结合所讲内容，布置并解读作业：利用在线地图查找某医院新院区的建设地点，引导学生对所在城市实际建设项目选址进行评析，通过网络教学平台进行发言，再次领会专业自豪感和社会责任感，培养职业道德和家国情怀。

6 结语

专业课堂作为课程思政建设的主战场，课程思政元素的挖掘与融入是第一步，也是重要的一步，本课程仅做了初步的探索与实践。要全面提高新时代课程思政建设质量，还需要建立相关的考核评价机制和评价体系，更要从专业层面、课程群层面进行整体统筹设计，结合教学大纲和培养计划的修订，形成合理的课程思政教学体系。

参考文献

[1] 教育部高等教育司.关于深入推进高校课程思政建设的通知 [EB/OL].[2021-12-22].

[2] 白令安，徐荣铭，马强分.理工类专业课程思政教学探索与研究——以《基础地质学》为例 [J].高教论坛，2021（4）：53-57，61.

[3] 教育部.高等学校课程思政建设指导纲要 [EB/OL].[2020-5-28].

[4] 曹世臻，张慎娟.基于过程考核的城市工程系统规划课程教学改革与实践 [J].高教论坛，2017（5）：73-76，97.

Exploration on the Excavation and Integration of Ideological and Political Elements in the Course of Urban and Rural Planning Management and Regulations

Cao Shizhen   Sun Changsheng

Abstract: Comprehensively promoting the ideological and political construction of the curriculum is a strategic measure to implement the fundamental task of cultivating people with morality, based on teaching reform and practice of urban and rural planning single course, focus on the excavation and integration of ideological and political elements of the course, exploration from the construction of course ideological and political resource database, the integration method of course ideological and political, and the teaching implementation strategy of course ideological and political, and supplemented by a classroom teaching example, provide reference for related theoretical courses and first-line practical cases for the high-quality development of ideological and political courses.

Keywords: Urban and Rural Planning, Course Ideology and Politics, Ideological and Political Elements, Excavation, Integration Method

培养卓越工程师　建设人民城市
—— 城市设计课程思政育人方法与途径探索*

陈璐露　衣霄翔

摘　要：教学是高校最根本的基础性工作，开展课程思政是培养人才最为核心的关键环节。本文以城市设计课程为例，紧扣立德树人根本任务，以习近平总书记致哈尔滨工业大学建校 100 周年贺信精神为引领，将思政元素融入课程的全链条教学设计之中，从教学目标、教学内容和教学方法三个方面，介绍了城市设计课程融入思政元素的方法与途径。以"培养卓越工程师"为目标，在教学中厚植家国情怀，将贺信精神、哈尔滨工业大学精神（简称哈工大精神）、人民城市等多角度的价值模块，以多样化的教学手段与方法进行全程、全方位、全员的教育。

关键词：城市设计课程；课程思政；贺信精神；教学设计

1　引言

2016 年 12 月，中央在全国高校思想政治工作会议上指出各门课都要守好一段渠、种好责任田，使各类课程与思想政治理论课同向同行，形成协同效应。高校的各类课程建设应该从课程群建设和课程设计上进行课程思政的顶层规划，与思想政治理论课协同建设。

2020 年 6 月 7 日，哈尔滨工业大学（以下简称哈工大）建校 100 周年之际，习近平总书记致信祝贺。首先，贺信中对哈工大过去作出的贡献给予高度评价："哈尔滨工业大学历史悠久。新中国成立以来，在党的领导下，学校扎根东北、爱国奉献、艰苦创业，打造了一大批国之重器，培养了一大批杰出人才，为党和人民作出了重要贡献。"同时，贺信中对哈工大新百年之路提出了新的期盼和要求："希望哈尔滨工业大学在新的起点上，坚持社会主义办学方向，紧扣立德树人根本任务。"这是对哈工大办学成绩的高度肯定，也是对中国特色世界一流大学办学规律的深刻揭示，为开启哈工大新百年卓越之路提供了根本遵循[1]。

在城乡规划专业人才培养中，应紧扣立德树人根本任务，坚持马克思主义理论为指导下的育人导向，以贺信精神为引领，以"培养卓越工程师"为目标，将具有高校特色的思政元素融入每一门课程教学之中，改革创新课程教学模式，助推建设独具特色的课程思政专业课堂，教育学生树立正确的世界观、人生观、价值观，引导学生以实现中华民族伟大复兴的中国梦为己任，培养"国之重器"和"杰出人才"，主动服务于国民经济主战场中。

2　课程思政元素融入城市设计课程的必要性与合理性

2.1　学科与行业发展需求

《教育部高等教育司 2022 年工作要点》将国土空间规划列于紧缺人才培养之列[2]，城市设计作为贯穿国土空间规划全过程的方法[3]，在"规建管"全程起到不可或缺的作用[4]。培养国土空间规划人才，即是"打造国之重器"。城乡规划学应该以培养大批"卓越工程师"为目标，立足于国土空间规划和城市设计行业急需的新

---

*　黑龙江省高等教育教学改革项目"多学科融合的本科阶段城市设计教学体系研究"（项目编号：SJGY20200221）。

陈璐露：哈尔滨工业大学建筑学院助理教授
衣霄翔：哈尔滨工业大学建筑学院副教授

兴发展方向，将贺信精神融入城市设计课程中，搭建课程教学与国家实际需求之间的桥梁，助推城市设计、城市更新与国土空间规划等方向的人才培养和科研突破。

2.2　专业建设需求

哈工大的城市设计研究方向"历史悠久"（图 1），可追溯到 1920 年哈尔滨中俄工业学校，依托于中东铁路建设，成立了铁路建筑科，扎根东北、爱国奉献、艰苦创业。哈工大的城市设计是我国第一批赴美学习，引介国外先进经验进行建设的专业，哈工大也是国内第一批开设城市设计专业教育的高校。哈工大的城市设计教育始终坚持面向国家重大需求和城市研究技术前沿，为全国高等院校、科研院所培养了"大批杰出人才"，为党和人民作出了重要贡献。将贺信精神融入城市设计课程，引导学生以实现中华民族伟大复兴的中国梦为奋斗目标，学以致用，投身于国民经济战场之中。

图 1　哈工大城市设计研究方向的发展历程

2.3　课程属性需求

城市设计课程是城乡规划学本科生大四的专业必修课，与 WUPENiCity 国际竞赛协同教学，是一门理论与实践相结合的课程，课程项目主要为城市更新项目。贺信精神应放在习近平总书记关心关注的重大事项中把握与学习。2020 年中央经济工作会议上提出"实施城市更新行动，推进城镇老旧小区改造"。城市设计课程主要遵循"人民城市为人民"的思想理念，教授学生对城市空间环境进行功能组织、交通组织和环境景观塑造设计，是将贺信精神与课程教学有机融合的优渥平台。

3　课程思政元素融入城市设计课程的全链条教学设计

本文尝试从城市设计课程的全链条教学设计中全面融入哈工大特色思政元素，即教学目标、教学方法、教学内容三个方面。

3.1　全局引领地构建教学目标

思政元素的融入首先要在教学目标上进行贯彻。城市设计课程通过实际地段的预先设计，进一步掌握城市设计相关理论和设计方法，熟悉城市设计过程。课程教学注重培养学生实践与理论、功能与美学、技术与人文、市民生活与国家政策等要素综合协调与规划的能力。通过深入挖掘城市设计课程中与贺信精神相关的思政要素，以此引领贺信精神在教学内容中的拓展和组织（表 1）。课程以树立学生正确的世界观、人生观和价值观，培养卓越工程师为教学目的，培养"扎根东北、爱国奉献、艰苦创业""改革创新、奋发作为、追求卓越"的人才为目标，切实担负起培养大批卓越工程师的重大使命（图 2）[5]。

城市设计课程蕴含的哈工大特色思政元素示例　表 1

具体目标	可挖掘的贺信精神和思政元素	教学内容
培养学生调查研究的洞察力；合理确定城市设计目标和概念的专业能力	基地与哈工大同根同源、"历史悠久"，地域特色鲜明，从历史沿革与地域特征等方面进行深入挖掘；学校"扎根东北、爱国奉献、艰苦创业"的城市建设案例与精神的解读；设计主题的"改革创新、追求卓越"，与哈工大精神结合进行构思	地块调研；定位概念
培养学生功能定位、交通组织和环境景观塑造的设计能力	空间塑造上，以"人民城市"为理念，结合哈工大人"扎根东北"的优秀城市设计案例以及"人民城市"等案例，进行人本规划的深入思考；案例分析上，借鉴国外城市设计经验，讲解中国特色社会主义城市建设理念和城市设计理论体系，树立民族文化自信；设计方案上"追求卓越"、不断突破；图纸绘制上以"规格严格、功夫到家"的哈工大标准严格要求	设计方案；图则导则

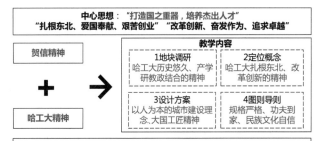

图 2　贺信精神融入城市设计课程的路径示意图

3.2 隐显融合地筛选教学方法

城市设计课程的教师应该以立德树人为根本任务，以培养"卓越工程师"为目标，充分发挥学生的主体地位，教师应结合"八百壮士"精神进行教学研究，运用多元手段来启发学生思考、激发学生创作激情。

3.2.1 启发教育与隐性教学

第一节课，回顾之前城市设计理论课程讲述的理论与方法的发展应用，讲授哈尔滨城市设计起源受西方思想影响，对后面将要介绍的贺信精神、哈工大精神等进行铺垫，吸引学生对后面思政内容与课程内容相结合的好奇心，激发学生的学习热情。

3.2.2 专题讲座与故事讲授

课程讲授过程中，教师结合自己的经历、知识，以"讲故事"的形式顺其自然地融入贺信精神。例如哈工大梅季魁教授响应国家号召支援西藏建设十余年的故事，郭恩章、金广君教授赴美深造学习，将城市设计方法与体系引入中国。

在课堂讲授课程中，邀请金广君教授等多位业内专家举办课堂专题性小讲座，让学生身临其境，与设计大师面对面交流；邀请行业领域在生产一线工作的专家和校友，针对城市设计和城市更新的发展现状，进行 15min 的连线授课、现身说法，使学生切实感受到毕业后到工作岗位的家国情怀，并将课程内容与哈工大精神、贺信精神融为一体。

3.2.3 案例分析与时事聚焦

课程讲授过程中，安排好贺信精神教育与专业内容的结合点，通过录像、图片等多媒体方式，丰富授课内容，吸引同学的注意力和关注度。教师针对学生困惑的问题，结合设计中的具体问题，给学生进行案例分析。鼓励学生走上讲台，讲解自己的方案，并与其他同学自由讨论等。

教师注意课堂引导，引发课堂上对时事政治、人民城市、城市更新、后疫情时期的市民需求等内容的讨论，采用教师引导、学生讨论和发言方式相结合。

3.3 层层递进地组织教学内容

教师应在城市设计课程中紧扣立德树人的根本任务，在地段调研、定位概念、设计方案和图层导则 4 部分教学内容中润物无声、层层递进地结合课程思政、融入贺信精神。

3.3.1 地块调研——挖掘"历史悠久"的文脉内涵

2022 年春季的城市设计课程的基地为教化地段，位于哈尔滨工业大学西北部（图 3），与哈工大一样缘起于 19 世纪初期中东铁路的建设。在基地现状调研过程中启发学生独立发现并深入分析基地问题的能力，从城市文脉、历史发展轨迹、空间肌理、空间尺度、空间形态逻辑关系、空间环境质量等角度的空间解读。

图 3　教化地段的卫星图

教化地段与哈工大同根同源，始于 1920 年。基地的街区建设依托哈尔滨中俄工业学校的铁路建筑科，当时的铁路建筑科汲取了欧洲先进的科学技术知识，建设了放射形状路网，具有鲜明特征。结合历史照片、文字记录与视频回顾哈尔滨的历史规划与同时期的铁路建筑科教育。

3.3.2 定位概念——根种"扎根东北、爱国奉献"的精神

城市设计课程的设计主题为"共享元家园"（图 4）是以现实背景与现实环境为依托，积极推动优质创新想法落地，为地方城市贡献来自青年的创新点子和优质方案，推动"产教学研政融合"。

1949 年以来，在党的领导下，哈工大贯彻执行党的教育方针，实施厂校协作，在"产教学研政融合"方面取得了重大成果。城市设计课程教学应秉承"要牢固确立人才引领发展的战略地位，全面聚集人才，着力夯实创新发展人才基础"的思想，厚植家国情怀，鼓励学

图4　城市设计主题

生致力于城市建设事业，基于产教学研政融合，主动服务于国民经济。

教化基地由于紧邻哈工大，目前已有部分产教学研政融合的项目与空间载体。首先结合哈工大建筑学院"扎根东北、爱国奉献"的产教学研政融合项目进行概念讲授，例如哈尔滨市总体城市设计等项目。其次，对基地内部的产教学研政融合的空间载体进行调研。最后，深入研讨哈工大的产教学研政融合精神与经验，不断改革创新，形成相应的定位概念。

3.3.3　设计方案——践行"人民城市"的规划理念

城市设计课程的设计方案阶段教学，结合相关案例分析，使学生认识到做设计应"不断改革创新、奋发有为、追求卓越"，鼓励方案的创新，并鼓励对城市有更深层次的思考，并从方案中体现出来。同时结合业界专家的专题讲座，启发学生运用规划师的视角解决城市建设的实际问题，并且运用中国特色的当代城市设计方法，践行新发展理念进行高质量城市空间建设。

秦裕琨院士提出"做科研也一定要将研究方向与国家需求紧密结合"。结合当下社会热点话题及重大事件，选择性地开展课堂讨论，例如，师生共同解读十九届六中全会对城市建设工作做出的各项指示，引导学生"要顺应城市工作新形势、改革发展新要求、人民群众新期待"进行空间设计。

城市的核心是人，坚持以人为中心的发展思想，坚持人民城市为人民。鼓励学生讨论后疫情时期人民对城市空间需求是如何改变的，并让他们从专业角度畅谈应如何运用城市设计方法为后疫情时期的市民提供更多便捷的行为方式与空间。强调要深入学习贯彻生态文明思想进行规划设计，以此培养学生将个人成长与祖国的前途命运紧密相连的意识。

3.3.4　图则导则——恪守"规格严格、功夫到家"的哈工大标准

图则导则阶段的教学，应该使学生以"规格严格、功夫到家"的哈工大标准严格要求，将设计方案落实到城市建设实施之中，注重设计过程的连贯性，设计方案中应是设计目标、设计理念的具体化。

由于学生对于图则导则并不熟悉，所以此阶段的教学应结合相应的图则案例进行教授。通过国外城市设计导则案例与国内城市设计导则案例的对比，讲授城市设计由郭恩章、金广君教授等人从美国引入中国后的演进历程。基于中国特色社会主义建设，国内学者不断地将城市设计理论、方法进行深入研究，形成具有中国特色、在地性的城市设计体系和导则模式，向学生传递强烈的民族自豪感、大国工匠精神和赤诚的爱国心。

作为城市设计课程的收尾阶段，应该通过课程的总结，将之前讲述的贺信精神、哈工大精神、爱国主义、社会责任、人民城市等价值思想贯穿梳理总结，结合哈工大建筑学科的历史传承，鼓励学生发扬爱国主义精神和奉献精神，投身祖国城市建设事业中，结合"四个面向"的重要论述，让学生树立正确的人生观和价值观。

4　结语

通过城市设计课程的整体教学规划，将贺信精神、哈工大精神、人民城市等价值模块，以多样化的教学手段与方法进行全程、全方位、全员的教育。教学中引导学生关注市民的日常生活，从市民切实需求出发进行规划，使学生认识到城市建设应该"以人为本"，深刻领悟"人民城市"的思想理念，加强思政教育，厚植家国情怀。紧扣立德树人的根本任务，培养有全局思想、有文化内涵和社会责任的"卓越工程师"，努力打造一个有责任担当意识、家国教育情怀的高质量城市设计课堂。

参考文献

[1] 熊四皓. 坚持习近平总书记贺信精神引领　高标准高质量开展党史学习教育 [J]. 党建，2021（4）：22-24.

[2] 中华人民共和国教育部. 教育部高等教育司关于印发2022年工作要点的通知 [EB/OL]. http://www.moe.gov.cn/s78/A08/tongzhi/202203/t20220310606097.html,

2022-04-11.

［3］　自然资源部办公厅. 自然资源部办公厅关于印发《市级
国土空间总体规划编制指南（试行）》的通知 [EB/OL].
http：//gi.mnr.gov.cn/202009/t20200924_2561550.html.
（2020-09-22）.

［4］　季松，段进，林莉，等. 国土空间规划体系下的总体城
市设计方法研究——以江苏溧阳为例 [J]. 规划师，2022，
38（1）：104-110.

［5］　韩杰才. 担负起培养大批卓越工程师的重大使命 [N]. 学
习时报，2022.

Cultivating Excellent Engineers and Constructing People's Cities: Exploring the Methods and Approaches of Integrating Ideological and Political Theories Teaching into Urban Design Course

Chen Lulu　Yi Xiaoxiang

Abstract: While teaching is the most fundamental and basic work of colleges and universities，the development of curriculum thinking is the most core and crucial part of cultivating talents. This paper takes the urban design course as an example，and takes into account the fundamental task of establishing moral education，and takes the spirit of the congratulation letter from General Secretary Xi Jinping to the 100th anniversary of Harbin Institute of Technology（HIT）as the leader，and integrates the thinking and political elements into the whole chain of teaching design of the course，and introduces the methods and approaches of integrating the thinking and political elements into the urban design course from three aspects：teaching objectives，teaching contents and teaching methods. With the goal of "cultivating excellent engineers"，the course aims to cultivate the feeling of family and country in the teaching，and to educate the whole course with diversified teaching methods and methods，including the value modules of congratulation letter's spirit，HIT spirit and people's city.

Keywords: Urban Design Course，Ideological and Political Theories Teaching in Course，Spirit of the Congratulation Letter，Teaching Design

2023 中国高等学校城乡规划教育年会
2023 Annual Conference on Education of Urban and Rural Planning in China

创新·规划·教育

专业和学科建设

2023 Annual Conference on Education of Urban and Rural Planning in China

规划体制转型背景下国土空间总体规划教学的再思考

耿慧志　颜文涛　程　遥

摘　要：基于对国土空间规划转型对全域规划管控5个方面基本要求的解析，从底图底数、三区三线、管控分区、生态空间、农业空间等诠释了在教学中的积极回应，并提出了上接规划战略、下接规划实施、落实城市设计、鼓励数据分析和凝练知识要点的思考建议。

关键词：规划体制转型；国土空间总体规划；教学；再思考

2019年5月《中共中央 国务院关于建立国土空间规划体系并监督实施的若干意见》（以下简称《若干意见》）出台，建立国土空间规划体系是推进生态文明建设、建设美丽中国的关键举措，是坚持以人民为中心、实现高质量发展的重要手段，是保障国家战略有效实施、促进国家治理体系和治理能力现代化的必然要求。

总体规划一直是城乡规划专业课程体系中的核心主干课程，同济大学在实际教学过程中始终贯穿"真基地、真项目、真调研"的原则，国土空间规划体制的转型为总体规划教学打开了更为广阔的地域空间，之前城市总体规划编制更侧重建设空间，规划体制转型背景下则更强调全域空间的整体谋划，全方位协调生态空间、农业空间和建设空间。

1　规划体制转型的基本要求

1.1　层级上侧重实施性

全国国土空间规划是对全国国土空间作出的全局安排，是全国国土空间保护、开发、利用、修复的政策和总纲，侧重战略性。省级国土空间规划是对全国国土空间规划的落实，指导市县国土空间规划编制，侧重协调性。市县和乡镇国土空间规划是本级政府对上级国土空间规划要求的细化落实，是对本行政区域开发保护作出的具体安排，侧重实施性。

总体规划教学绝大部分题目是县级总体规划或是镇级总体规划。县级总体规划是第一选择，县级总体规划各项要素齐全，规模和复杂程度最适合总体规划教学。镇级总体规划规模偏小，特别是镇区土地使用相对简单，往往缺乏高级别的服务设施（如综合性医院、图书馆等），较之县级总体规划，对学生系统掌握规划知识而言有所欠缺。地级市总体规划则规模庞大，由于调研时间的限制，短时间内学生很难窥见全貌，系统性和完整性不容易建立起来。

因此，就全国、省级、地级、县级和镇级五个层级而言，总体规划教学基本上围绕县级和镇级展开，相对"侧重实施性"。

1.2　生态空间管控补短板

生态空间指的是具有自然属性、以提供生态服务或生态产品为主体功能的国土空间，生态空间是生态系统保护和修复的基础，对生态保护格局的形成、生物多样性维护及生态安全保障有着重要的作用。[1]对生态空间的规划与管控缺乏系统性的研究，长期高速城镇化造成了空间规划中"生态地位缺失""价值标准单一"等问题。[2]

国土空间规划对生态空间的管控提出了更高的要求，既要科学严格地划定，又要明确规划的管控对策。而且，生态空间的划分和管控应当进行有层次的细分，如生态保护红线内自然保护区、水源保护区、湿地保护区等空间管控单元的细分，以及对生态保护红线外的一

耿慧志：同济大学建筑与城市规划学院教授
颜文涛：同济大学建筑与城市规划学院教授
程　遥：同济大学建筑与城市规划学院城市规划系副教授

般生态空间如何进行范围界定和制定管控措施等。

1.3　农业空间管控落刚性

保证充足的农业空间并实现粮食自给是保障国家稳定发展的压舱石。然而，伴随着快速的城镇化进程，农业空间不断被城镇空间蚕食，导致其面积大幅减少。近年来，为遏制城镇化快速推进引发的耕地数量减少问题，基本农田保护划定和耕地保护管理成为热点，强化了对耕地数量和质量的管控。[3]对总体规划教学而言，划定永久基本农田红线和一般农田范围是一个重要的知识点。

但需要看到的是，对如何完善农业空间管控的具体策略尚未凝聚共识。管控内容主要停留在农业功能分区等宏观尺度，从微观视角统筹农业各部门需求的空间细分研究相对不足，难以保证管控内容从战略到实施的层层分解，导致落地性不强，难以满足精细化管控要求[4]。同时，由于缺乏对农业空间要素的使用方式和特点的全面认识，管控措施多为原则性要求，缺乏可操作的手段，难以应对农业空间的复合性和动态性趋势。[5]

1.4　建设空间管控圈边界

传统上，总体规划的建设用地空间扩展方案取决于对县城或镇区的规模预测和空间结构谋划，建设空间的边界是理性规划方案明确后的自然结果。基于对建设空间无序扩张的担忧，国土空间总规对建设用地边界提出了更加严格和自上而下的管控思路，这与建设用地指标的计划调控方式相契合。

城镇开发边界是在一定时期内因城镇发展需要，可以集中进行城镇开发建设、以城镇功能为主的区域边界。总规教学中划定城镇开发边界也成为一个重要的知识技能。虽然在划定逻辑的设定上与传统总规存在分歧，但自上而下确定的技术路线在教学上还是要遵循的，也是需要学生掌握的。

1.5　规划分区管控定范围

国土空间用途分区及其空间管制在国土空间开发利用保护中具有核心地位。《市级国土空间总体规划编制指南（试行）》指出："对市辖县（区、市）提出规划指引，按照主体功能区定位，落实市级总规确定的规划目标、规划分区、重要控制线、城镇定位、要素配置等规划内容。"并给出了全域分区的附表建议（表1）。这对县级和镇级总体规划的编制也有指导意义。

规划分区建议　　　　表1

一级规划分区	二级规划分区	含义
生态保护区	—	具有特殊重要生态功能或生态敏感脆弱、必须强制性严格保护的陆地和海洋自然区域，包括陆域生态保护红线、海洋生态保护红线集中划定的区域
生态控制区	—	生态保护红线外，需要予以保留原貌、强化生态保育和生态建设、限制开发建设的陆地和海洋自然区域
农田保护区	—	永久基本农田相对集中需严格保护的区域
城镇发展区		城镇开发边界围合的范围，是城镇集中开发建设并可满足城镇生产、生活需要的区域
	城镇集中建设区	居住生活区、综合服务区、商业商务区、工业发展区、物流仓储区、绿地休闲区、交通枢纽区、战略预留区
	城镇弹性发展区	为应对城镇发展的不确定性，在满足特定条件下方可进行城镇开发和集中建设的区域
	特别用途区	为完善城镇功能，提升人居环境品质，保持城镇开发边界的完整性，根据规划管理需划入开发边界内的重点地区，主要包括与城镇关联密切的生态涵养、休闲游憩、防护隔离、自然和历史文化保护等区域
乡村发展区	—	农田保护区外，为满足农林牧渔等农业发展以及农民集中生活和生产配套为主的区域
	村庄建设区	城镇开发边界外，规划重点发展的村庄用地区域
	一般农业区	以农业生产发展为主要利用功能导向划定的区域
	林业发展区	以规模化林业生产为主要利用功能导向划定的区域
	牧业发展区	以草原畜牧业发展为主要利用功能导向划定的区域
海洋发展区	—	允许集中开发开发利用活动的海域，以及允许适度开展开发利用活动的无居民海岛
	渔业用海区	以渔业基础设施建设、养殖和捕捞生产等渔业利用为主要功能导向的海域和无居民海岛
	交通运输用海区	以港口建设、路桥建设、航运等为主要功能导向的海域和无居民海岛
	工矿通信用海区	以临海工业利用、矿产能源开发和海底工程建设为主要功能导向的海域和无居民海岛

续表

一级规划分区	二级规划分区	含义
海洋发展区	游憩用海区	以开发利用旅游资源为主要功能导向的海域和无居民海岛
	特殊用海区	以污水达标排放、倾倒、军事等特殊利用为主要功能导向的海域和无居民海岛
	海洋预留区	规划期内为重大项目用海用岛预留的控制性后备发展区域
矿产能源发展区	—	为适应国家能源安全与矿业发展的重要陆域采矿区、战略性矿产储量区等区域

资料来源:《市级国土空间总体规划编制指南（试行）》（有所简化）.

2 国土空间总体规划教学的主动响应

2.1 转换软件平台，弄清底数和绘制底图

"底图"是指国土空间规划基期土地利用现状空间分布图，"底数"是指各类用地现状规模统计数值。统一形成一张底图，摸清现状底数，是科学编制规划、形成规划"一张图"的基础。

目前底图底数认定最大的难点在于国家层面转换标准还存在不确定性[6]，尽管如此，在教学上还是要教会学生掌握技术操作步骤，以"三调"数据为基础进行基数转换，核实底数和细化底图是必须经过的教学环节。

以近两年指导的山东省广饶县国土空间总体规划和上海堡镇片区国土空间总体规划为例，前者在绘制底图时"三调"数据还未正式完成，是在"二调"基础上结合最新的阶段数据进行的修正，后者的"三调"数据在转换处理的过程中也面临很多具体的细节问题。底图的绘制已经由传统总规教学习惯的 CAD 平台全面转向 GIS 平台，学生们一边制图一边学习 GIS 操作，展现了很强的自主学习能力（图 1）。

2.2 开展"双评价"，进行"三区三线"划定

开展"双评价"是科学划定"三区三线"的基础，自然资源部发布的《资源环境承载能力和国土空间开发适宜性评价指南（试行）》是教学上的主要技术指南。围绕生态保护、农业生产、城镇开发功能指向的差异化要求，从土地资源、水资源、环境、生态与自然灾害等

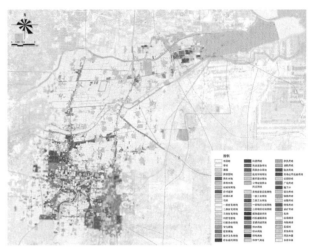

图 1 广饶县县域用地现状图
资料来源：教师指导学生绘制.

方面构建差异化评价指标体系。根据生态保护等级、农业承载等级、城镇承载等级评价成果，结合适宜性要素，进行国土空间开发适宜性评价（图 2、图 3）。

教学上遇到的主要问题是获取的栅格数据精度不足，有学者指出"在开展'双评价'时，优先采用矢量数据，在使用栅格时精度选用 25m×25m 格网进行评价"[7]，但实际上获取的矢量数据精度达不到这样的要

生态保护重要性评价图

农业生产适宜性评价图

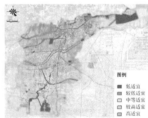

城镇建设适宜性评价图

市域双评价结果

图 2 广饶县"双评价"
资料来源：教师指导学生绘制.

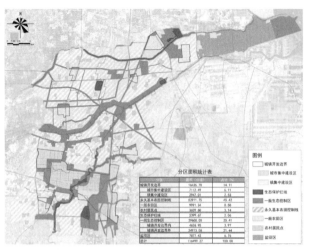

图3　广饶县三区三线规划图
资料来源：教师指导学生绘制．

求，因此，在广饶县县域进行"双评价"时，对获取的精度不够的矢量数据需要进行多种技术处理的尝试，这也花费了不少的教学学时。在对堡镇镇域进行双评价时，获取的矢量数据精度则无法提供最基本的支持，在教学上也相应减少了学时的投入。

2.3　落实分区管控，划定全域分区和中心城分区

以《市级国土空间总体规划编制指南（试行）》中

的规划分区表为参考，教学上结合县域和镇域的实际情况予以落实，学生大致理解了分区的意义和技术操作要点，包括全域和中心城区两个空间层次（图4、图5）。

以广饶县为例，将县域分为自然保护区、风景旅游区、郊野公园、生产绿地、防护绿地、滩涂湿地等几个分区，明确了各分区的规划管控引导要求。同时，将核心区分为8个分区，对各分区的详细规划提出准入的土地用途，明确各类服务设施的规模指标，实现规划弹性管控。

2.4　明确生态空间，制定结构管控和分区管控措施

在堡镇生态空间规划中，生态空间被分为森林、水系、湿地三部分，经过协调整合并严格参考了上位规划，决定堡镇生态格局的是一条市区级生态走廊与两条区级生态走廊，规划形成"五源多廊"的总体生态空间结构（图6）。

根据上位规划，将沿江分布的大片区域划入市级生态廊道，严格限制开发；将堡镇港与四滧港两岸划入区级生态走廊，允许限制的开发；将草港公路与直河港周边区域划入镇级生态走廊，允许一定程度的开发。南横引河是上位规划中的生态蓝道。沿生态蓝道建设适量湿地与景观水面。堡镇主要分布三类与四类生态空间。其中，市级与区级的生态廊道上除了镇区的建设用地，都属于三类生态空间限制建设区（图7）。

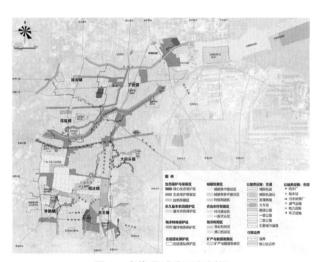

图4　广饶县域分区规划图
资料来源：教师指导学生绘制．

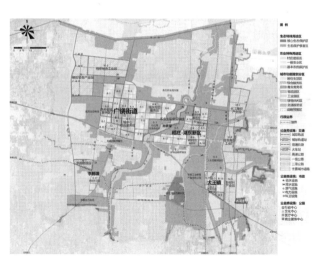

图5　广饶县核心区分区规划图
资料来源：教师指导学生绘制．

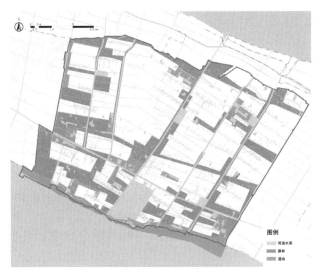

图 6　堡镇生态空间规划图
资料来源：教师指导学生绘制．

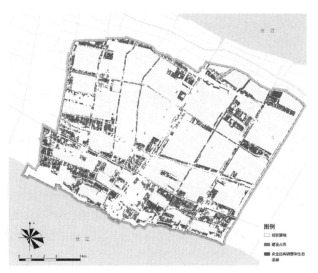

图 8　堡镇耕地占用方案
资料来源：教师指导学生绘制．

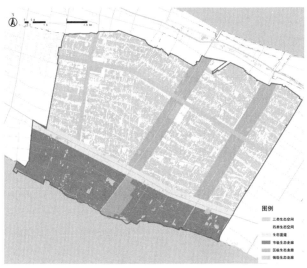

图 7　堡镇生态空间管制规划图
资料来源：教师指导学生绘制．

2.5　细化农业空间，结合村庄改造和生态需求划定保护红线

堡镇耕地保护在崇明世界级生态岛定位引导下，规划分配部分耕地指标至生态空间，落实林地增长、滩涂湿地及湖泊河道保护、农用地复合利用。至 2035

年，堡镇片区耕地面积预计由现状的 16.46 万亩减少至 14.21 万亩。其中，永久基本农田由现状划定的 13.38 万亩减少至 10.88 万亩，一般农田由 3.08 万亩增加至 3.32 万亩（图 8）。

同时，镇域形成"1E+5X+36Y"村庄居民点布局方案。1 个 E 点指城镇集中安置区，原则上为城市开发边界内规划农民集中居住区，按照国有建设用地进行供地；5 个 X 点为 5 个农村集中归并点，为城市开发边界外，用于村内归并或跨村归并的农民集中安置区，土地性质为"宅基地"，其布点应按集约利用，且成片成规模，避免零散为原则，便于零散宅基就近安置，经济性较高；36 个 Y 点为 36 个农村保留居住点，为远期保留的自然村。作为不再拆除的宅基地，可按照农民建房要求进行翻建改建。其保留原则为：统筹考虑农村保留居住点的现状风貌、资源条件、规模等方面，对于区域内分布相对集中、规模相对较大、设施配套相对完善的村落予以保留。农村保留居住点顺应河流及城市道路肌理，呈现线形形态（图 9）。

3　国空总规教学的思考建议

3.1　上接发展战略，强化训练规划叙事能力

国土空间总体规划教学以县级总体规划和镇级总体

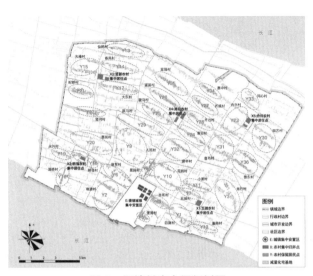

图9　堡镇村庄布局规划图
资料来源：教师指导学生绘制.

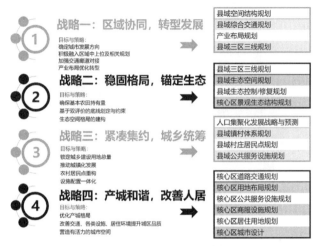

图10　广饶县4大发展战略
资料来源：教师指导学生绘制.

规划为主，侧重实施性。但对发展战略的分析和表述不应该被忽视，特别是在十分强调"三区三线"分区管控的背景下，学生的培养既要掌握基图底数的技术要点，更要注重战略思维和战略表述的基本技能。

国土空间总体规划是对国土空间发展的主动干预，不是被动应对，主动干预必须基于发展战略目标和诉求，从区域视角出发，接轨国家战略和地区发展战略，从空间视角提出明确的战略目标是一项重要专业技能，这点需要作为学生基本技能培养的必要环节，训练思维的逻辑推理能力，训练战略构想的创新能力，以及战略目标表述的叙事能力。

广饶县提出了"国家沿海高效农业示范区、黄三角先进制造业和高新技术产业基地、东营市南部次中心、以孙武文化为特色的宜居宜业公园城市"的战略目标，并提出了对应总体规划核心内容的4大战略（图10）。

3.2　下达规划实施，着眼规划举措空间落位

县市级和乡镇级国土空间总体规划与规划实施的衔接更加紧密，对于学生理解如何与详细规划有机衔接是难得的契机，各项规划内容的表达深度要有助于总体规划阶段向详细规划阶段的传导。也就是说，需要基于详细规划的视角看总体规划成果该如何表达。

以堡镇总体规划为例，教学中有意安排更好与详细规划衔接的表达内容。对镇区的地块更新，绘制"重点地块单元的详细指引图"（图11），明确指引要点，如"堡镇电厂为近代重要工业遗产，改造为商业、展览空间，与滨江绿地开敞空间协同打造为重要文旅节点"等。对村庄的整治改造，绘制"郊野单元规划图则"，从生态功能定位、建设控制要求、空间布局要点三个方面明确提出"空间建设指引"（图12）。

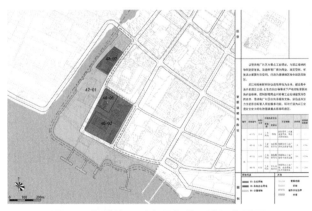

图11　堡镇镇区重点更新单元详细指引图
资料来源：教师指导学生绘制.

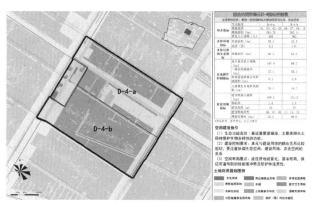

图 12 堡镇郊野单元规划图则
资料来源：教师指导学生绘制．

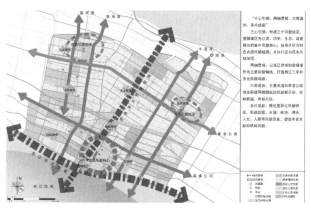

图 13 堡镇镇域总体城市设计结构图
资料来源：教师指导学生绘制．

3.3 推进城市设计，着重总体结构图文表达

《国土空间规划城市设计指南》指出："城市设计是国土空间规划体系的重要组成，是国土空间高质量发展的重要支撑，贯穿于国土空间规划建设管理的全过程。"总体规划阶段如何贯彻城市设计的指导思想，如何表达总体城市设计的意图，也是一项重要的教学内容。

在堡镇总体规划教学中，尝试运用结构性的表达方式，从镇域层面研究和明确总体城市设计结构，并提出水网空间、湿地空间、林农空间和村落空间四类风貌区的引导要点和图示（图 13、图 14）。

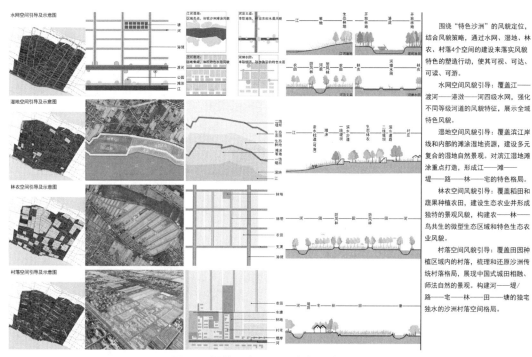

围绕"特色沙洲"的风貌定位，结合风貌策略，通过水网、湿地、林农、村落 4 个空间的建设来落实风貌特色的塑造行动，使其可视、可达、可读、可游。

水网空间风貌引导：覆盖江——渡河——港浍——河四级水网，强化不同等级河道的风貌特征，展示全域特色风貌。

湿地空间风貌引导：覆盖滨江岸线和内部的滩涂湿地资源，建设多元复合的湿地自然景观。对滨江湿地滩涂重点打造，形成江——滩——堤——路——林——宅的特色格局。

林农空间风貌引导：覆盖稻田和蔬菜种植农田，建设生态农业并形成独特的景观风貌，构建农——林——鸟共生的微型生态区域和特色生态农业风貌。

村落空间风貌引导：覆盖田园种植区内的村落，梳理和还原沙洲传统村落格局，展现中国式城田相融、师法自然的景观。构建河——堤/路——宅——林——田——塘的独宅独水的沙洲村落空间格局。

图 14 堡镇四类风貌区城市设计引导图
资料来源：教师指导学生绘制．

3.4 鼓励数据分析，探索学科交叉深化研究

数字时代，国土空间规划的技术支持面临革命性的提升机遇。多源数据为我们深刻认识城乡发展规律提供了无限可能，作为指导教师，对此要虚怀若谷，相信学生的前沿探索能力，更多给予鼓励和支持。

堡镇尽管只是上海大都市中一个不起眼的小镇，但由于众多研究机构对崇明生态岛的持续跟踪，实际上有很多可以利用的数据资源。在教学过程中，指导教师惊异地发现，同学们挖掘出了想象不到的多年土壤、气候、环境、生物多样性、耕地林地质量等诸多观测数据，这些数据的分析为总体规划提供了更坚实的底板支撑，对这些数据的分析和规划应对也成为教学内容的一部分，由此拓展到生物多样性和低碳规划，这在教学大纲中是不曾涵盖的，带来了超越认知的惊喜和满足（图 15 ~ 图 17)。

3.5 凝练知识要点，把握总体规划核心内容

基础资料汇编、文本、说明书、专题研究报告和图纸是每位同学都要完成的教学内容，每周两个半天的课时数看似充足，实际往往感到捉襟见肘，一方面是国土空间总体规划的内容较之传统城市总体规划有了极大的拓展，另一方面诸多细节的调整也会耗费大量的课时。因此，如何完成教学内容同时又能让学生掌握教学中的关键知识点，避免学生陷入海量的教学内容迷失了方向，所谓"不识庐山真面目，只缘身在此山中"。

近几年，同济大学总体规划教学尝试了"图纸 + 规划要点"的图则成果表达方式。简而言之，拿到一份完整的图则，就能够把握整个国土空间规划的主要内容，学生在凝练规划要点的同时也是对规划内容的再次审视，这样能够进来避免学生们迷茫在文本 + 说明书 + 图集 + 研究报告诸多文件之中，忽视了规划的主要内容，教师也把最主要的精力放在指导学生进行规划要点的凝练和规划图纸的绘制，教师指导做到有收有放，避免了"胡子眉毛一把抓"。

4 结语

国土空间规划转型为传统城乡规划专业注入了新的活力，也打开了更为广阔的空间，规划的地域影响力和空间覆盖面都获得了极大的跃升。国土空间总体规划教

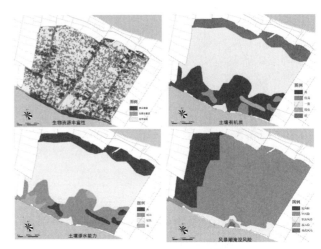

图 15 堡镇生物资源、土壤条件和风暴潮淹没风险评价
资料来源：教师指导学生绘制．

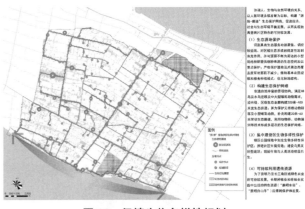

图 16 堡镇生物多样性规划
资料来源：教师指导学生绘制．

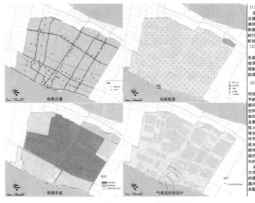

图 17 堡镇低碳规划
资料来源：教师指导学生绘制．

学一方面要积极响应规划转型的需求，另一方面也要有清醒的认知，继续发挥传统城市总体规划的优势，同时积极探索数字时代到来的学科交叉趋向，为国土空间总体规划注入新鲜活力。

感谢提供广饶县和堡镇项目基地的友好合作设计机构，感谢参与广饶县和堡镇国土空间总体规划同学们的努力工作，也感谢硕士生任安之同学对文中附图的加工。

参考文献

[1] 周培.厦门市生态空间规划管控历程、特征及优化策略[J].规划师，2022，38（3）：89-94.

[2] 吴敏，吴晓勤.基于"生态融城"理念的城市生态网络规划探索—兼论空间规划中生态功能的分割与再联系[J].城市规划，2018（7）：9-17.

[3] 钱凤魁，王秋兵，边振兴，等.永久基本农田划定和保护理论探讨[J].中国农业资源与区划，2013，34（3）：22-27.

[4] 赵冰，林坚，刘诗毅."外引"与"内消"——国际经验对中国城乡土地利用相关规划的影响探析[J].国际城市规划，2019，34（4）：31-36.

[5] 张晓玲，吕晓.国土空间用途管制的改革逻辑及其规划响应路径[J].自然资源学报，2020，35（6）：1261-1272.

[6] 赵毅，郑俊，徐辰，等.县级国土空间总体规划编制关键问题[J].城市规划学刊，2022（2）：54-61.DOI:10.16361/j.upf.202202008.

[7] 周毅军，周伟.基于GIS的县级国土空间规划"三区三线"划定研究——以霞浦县为例[J].测绘与空间地理信息，2022，45（1）：171-174.

Reconsideration of the Master Planning Teaching under the Background of the Transformation of Planning System

Geng Huizhi   Yan Wentao   Cheng Yao

Abstract: Based on the analysis of the five basic requirements of the transformation of land and space planning on the all land governance, the positive response in teaching is interpreted from the basic map and data, the three districts and three lines, the control zone, ecological space, agricultural space, etc. The following suggestions for thinking are put forward: connect planning strategy, connect planning implementation, promote urban design, encourage data analysis and concentrate key points of knowledge.

Keywords: Transformation of Planning System, Master Planning of Land and Space, Teaching, Reconsideration

高校服务乡村振兴战略教育改革路径探索*

于婷婷　冷　红　袁　青

摘　要：面向中国全面深化推进乡村振兴的重大战略需求，高校作为新时期推进乡村振兴的中坚力量，具有理论知识、人才培育、技术能力等方面的优势，承担着增强服务认知、提升服务能力、培养适宜人才、增加校地合作等服务乡村振兴的任务和责任。传统高校服务乡村振兴战略教育模式存在培养体系不健全、教育认知不清晰、教育模式不落地等问题，本文融合"共同缔造"提出"一理念、两模式、三机制"的高校服务乡村振兴战略新思路，构建高校服务乡村振兴"共同缔造"教育目标体系、教育模式及培养机制，建立高校服务乡村振兴战略教育改革路径。

关键词：高校教育；乡村振兴；校地协作；共同缔造

在巩固拓展脱贫攻坚成果同乡村振兴有效衔接过程中，党中央强调乡村振兴战略向纵深推进，提出建立自下而上、村民自治、农民参与的实施机制。在此关键时期，乡村亟需建立多元参与、共同缔造的治理模式[1]。同时，高校作为新时代推进乡村振兴的重要力量，应充分发挥高校知识、技术、人才等方面优势，通过培养适宜人才、提升高校服务乡村振兴的能力[2]，为国家重大战略顺利实施作出贡献，这是党史学习教育中地方高校开展"我为群众办实事"的紧迫项目[3]。

2019 年 3 月《住房和城乡建设部关于在城乡人居环境建设和整治中开展美好环境与幸福生活共同缔造活动的指导意见》出台，明确提出打造共建共治共享的社会治理格局[4]。这也对高校服务乡村振兴战略的教育理念和模式提出了新挑战。如何构建新时期高校服务乡村振兴战略教育目标体系，建立"共谋、共建、共管、共评、共享"新模式，成为高校服务乡村振兴体制机制改革的首要问题[5, 6]。

城乡规划学教育应面向未来国家建设需要，服务国民经济社会发展与民生福祉，融入"共同缔造"理念探索高校服务乡村振兴战略教育改革路径，推动"三全育人"教育理念、探索形成"大思政"教育体系，为培养新百年杰出城乡规划人才提供教育教学支撑。

1　传统高校服务乡村振兴战略教育模式亟待变革

目前，传统高校服务模式聚焦培养懂农业、爱农村的人才队伍，使高校师生成为服务乡村振兴战略科技创新和技术供给的主要力量[7]。高校服务乡村振兴战略教育通常与思政教学服务相结合，在城乡规划、村镇规划原理及设计研究等课程中形成相应的教育培养模式[8]。尽管全国已有三十余所高校制定了服务乡村振兴工作方案、各类实验站、工作站等，但高校师生受限于本职工作、学习任务，缺乏足够时间扎根乡村、切实掌握实际问题，高校服务乡村振兴战略教育模式也存在诸多问题[9]。

1.1　教育培养体系不健全

许多高校仅将服务乡村振兴战略作为"口号式"的教学倡导，但缺乏明确的教学安排和服务对象的精准化筛选。尽管在城乡规划学科中，村镇规划、城乡规划原

---

*　基金资助：教育部新农科研究与改革实践项目"'共同缔造'导向下高校服务乡村振兴新模式研究"；黑龙江省高等教育教学改革重点委托项目（SJGZ20200057）；哈尔滨工业大学教学发展基金项目（课程思政类 XSZ2019097）共同资助。

于婷婷：哈尔滨工业大学建筑学院讲师

冷　红：哈尔滨工业大学建筑学院长聘教授

袁　青：哈尔滨工业大学建筑学院教授

理、城乡规划前沿理论等多门课程均融入高校服务乡村振兴战略的相关内容，但是不同课程之间教学理念缺乏沟通，易出现重复甚至矛盾的情况，从而降低教学效果和效率；缺乏系统的、有针对性的课程教学培养体系，难以满足高校服务乡村振兴战略的教育目标[10]。同时，很多高校尚缺乏乡村教育联络基站，高校师生没有足够时间扎根乡村、切实掌握实际问题，缺乏对乡村实际需求的沟通渠道，难以对接村民的真实诉求。

1.2 教育认知不清晰

尽管很多高校开始认识到服务乡村振兴战略的作用和责任，但现有教育课程体系更加关注城市前沿问题，服务乡村振兴理论及方法占比偏小且易被忽视[11]。甚至很多教师自身对于高校服务乡村振兴战略教学及实践的重要作用都缺乏足够认知或缺乏相关知识储备，导致教学目标、教学方式和教学方法等均不明确，难以有效发挥教育作用和价值。同时，乡村受到生态地理环境、经济社会发展水平及传统思想禁锢等制约，乡村发展建设相较于城市仍任重道远，而许多学生对于投身乡村建设、服务乡村振兴存在不适及抗拒，导致大部分学生对高校服务乡村振兴缺乏清晰的认知和兴趣[12]。

1.3 教育模式不落地

传统教育模式更偏重理论性研究，较少结合现代乡村产业发展趋势、乡村空间环境特征及人文社会风俗等开展实践教学，很难将理论知识运用到高校服务乡村振兴战略的实际工作中。同时，传统教育方法较为刻板，随着大数据、元宇宙等科学技术的不断演进，教学方式仍停留在课堂面授的方式，缺乏结合乡村未来发展形式的教学考量[13]。此外，乡村仅是被动接受、甚至依赖高校服务，而非"主动"摆脱乡建过程中资源分散、低度协同的困境，难以实现可持续发展的乡村振兴。此外，高校师生服务工作多为"轮岗制"，影响服务工作长效、可持续开展；部分师生自诩精英式的工作方式，易造成村民消极观望、被动依赖甚至抵触态度。

综上，传统高校服务乡村振兴战略教育模式亟待变革，而如何调整高校服务工作方式、形成常态化工作机制是推动校地联合共建的重要前提。

2 高校服务乡村振兴战略教育改革思路

"共同缔造"理念引导下的高校服务乡村振兴模式更新，体现了新时代地方高校的责任与担当，也是城乡规划学科发展的使命所在[14, 15]。围绕课题核心目标，形成了"一理念、两模式、三机制"的高校服务乡村振兴战略教育改革新思路（图1）。

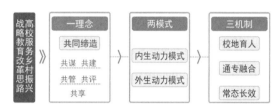

图1 高校服务乡村振兴战略教育改革新思路框架图

2.1 一理念

"一理念"即"共同缔造"，围绕乡村"五个振兴"理论及实践，提出高校师生与政府、村集体、村民等各方共同参与的"共谋、共建、共管、共评、共享"新机制，以乡村实际问题为导向，以村民实用、需要为原则，补齐传统高校服务乡村振兴中乡村主体——村民的缺位，最终形成融合公众智慧、本土价值、真实需求的高校服务乡村振兴新理念。

2.2 两模式

"两模式"即激活多元主体"主动参与"的内生动力模式和外生动力模式。其中，"内生动力模式"是高校培育乡村振兴的内在动力系统，挖掘乡村资源产业特征及优势，激发地方政府、村集体和村民主动参与乡村振兴，共同决策新的产业体系、利益机制、治理模式等；"外生动力模式"是高校服务乡村振兴的外生动力系统，将高校师生知识、科技、专业和技能，与乡村振兴的现实困境与真实需求紧密结合，形成新的农业科技、信息平台、乡土文化和乡村风貌等。

2.3 三机制

"三机制"即校地育人、通专融合与常态长效高校服务机制。其中，"校地育人机制"是高校结合当地乡村振兴实际需求，建立面向新乡村的乡村振兴研究院，加大相关学科资源投入和绩效激励,培养爱乡村、懂乡村、服务乡村的青年人才;"通专融合机制"是发挥高校综合学科优势,针对村民实际诉求和发展需要,建立城乡规划学与农学、土地利用、经济管理等不同学科组建高校服务团队,提出乡村振兴通用型策略与专业型科技;"常态长效机制"是鼓励高校在乡村建立工作站,委派高校服务团队"驻村",长期调研当地乡村振兴的实际问题并开展陪伴式服务,在利用自身所长发挥专业引领作用的同时,更多地起到宣传、协调和推动作用。

3 高校服务乡村振兴战略教育改革路径

在"共同缔造"内涵引领下,围绕乡村振兴中的重大理论和实践问题,对传统服务乡村振兴的高校服务理念、模式和机制进行调整优化,为面向新乡村的高校服务乡村振兴战略提供教育改革路径。

3.1 以问题为导向,构建高校服务乡村振兴"共同缔造"教育目标体系

全面开展高校师生对乡村振兴战略实施情况的现状调研,完成与政府、村集体和村民的深度访谈,切实掌握不同地区特征、不同产业类型的乡村在乡村振兴战略实施过程中的实际问题。以问题为导向选取典型乡村建立高校服务工作站,长期、持续地与政府、村集体和村民等多元主体"共谋"乡村振兴战略发展方向,对不同乡村"五个振兴"中的重点困境提出近期、中期和远期服务目标。同时,按照"政府帮物料、干部带队伍、村民出人工、校地共建设"的思路,依照村民意愿优化调整高校服务目标,为政府提供多元参与机制下乡村振兴政策建议。

3.2 以需求为导向,探索高校服务乡村振兴"共同缔造"教育模式

全面开展高校师生对乡村生态、生产和生活空间的现状调研,结合乡村统计资料及政府访谈,明确不同类型乡村的生态资源、物质资源、人力资源等优势和不足。由于政府宏观政策要求、村集体发展诉求和村民发展意愿等多元需求存在部分冲突,高校服务应承担桥梁沟通作用,建立并培育与服务乡村振兴的动力系统,融合真实需求、科技智慧和创新模式,依靠多元主体的共

同力量切实推进乡村建设与发展需求,建立高校决策、建设、管理全过程参与、结合多元主体力量,共同推进乡村振兴战略实施的新模式。多元参与机制下高校服务乡村振兴战略的"范本模式",将为乡村振兴战略研究智库建立提供重要支撑。

3.3 以结果为导向,探索高校服务乡村振兴"共同缔造"培养机制

全面开展高校服务乡村振兴平台建设情况调研,借鉴同济、清华等高校的乡村振兴学院、工作站等平台建设经验,建设集乡村振兴理论研究、实践指导及人才培养于一体的乡村振兴研究院。搭建高校综合服务团队,融合城乡规划学、经济管理学、生态学等不同学科背景,与乡村多元主体共同探讨如何在产业创新、空间规划、人才培养等方面推进乡村振兴战略。同时,鼓励高校教师分类开发乡村建设理论与实务课程,分专题编写教材,持续打造"三农"工作人才发展体制机制有效载体;鼓励高校师生长期"驻村",与乡村多元主体共评、共享乡村振兴建设成果。

4 结语

面向中国全面深化推进乡村振兴的重大战略需求,高校服务乡村振兴战略是一项长期而艰巨的任务。在新百年、新起点上,高校需坚持社会主义办学方向,紧扣立德树人根本任务,在教书育人、科研攻关等工作中,不断改革创新、奋发作为、追求卓越。以乡村振兴需求为标杆,基于高校服务乡村振兴战略教育改革思路及改革路径,对城乡规划学人才培养体系、教育理念及教育模式进行综合改革,积极培养适宜服务乡村振兴战略实施的人才。

参考文献

[1] 陈前虎,刘学,黄祖辉,等.共同缔造:高质量乡村振兴之路[J].城市规划,2019,43(3):67-74.

[2] 韩嵩,张宝歌.地方高校服务乡村振兴战略的路径探析——以辽宁省为例[J].河北农业大学学报(农林教育版),2018,20(5):116-120. DOI: 10.13320/j.cnki.jauhe.2018.0128.

［3］ 郑宝东，周阿容，曾绍校，等.涉农高校服务乡村振兴战略的思考 [J]. 中国高校科技，2018（12）：7-9.DOI：10.16209/j.cnki.cust.2018.12.002.

［4］ 李郇，彭惠雯，黄耀福.参与式规划：美好环境与和谐社会共同缔造 [J]. 城市规划学刊，2018（1）：24-30.DOI：10.16361/j.upf.201801003.

［5］ 孟铁鑫.高校服务乡村振兴战略的路径和对策研究 [J]. 科技和产业，2019，19（7）：123-126.

［6］ 陈超，赵毅，刘蕾.基于"共同缔造"理念的乡村规划建设模式研究——以溧阳市塘马村为例 [J]. 城市规划，2020，44（11）：117-126.

［7］ 陈新忠.高等教育分流打通流向农村渠道的思考与建议 [J]. 中国高教研究，2013（3）：36-41.DOI：10.16298/j.cnki.1004-3667.2013.03.010.

［8］ 陈诗波，李伟.高校新农村研究院：科技支撑乡村振兴的有效载体 [J]. 中国农业资源与区划，2018，39（8）：54-59.

［9］ 程华东，惠志丹.乡村人才振兴视域下农业高校人才培养的困境与出路 [J]. 中国农业教育，2019，20（6）：34-41.

［10］ 赵倩，陈金凤."双一流"建设背景下涉农高校服务乡村振兴战略的路径与思考——以西南大学为例 [J]. 中国农业教育，2020，21（1）：28-34.

［11］ 毛其智.发展人居科学 建设美丽乡村 [J]. 小城镇建设，2013（2）：35-38.

［12］ 高亚文，梅星星.乡村振兴基层人才需求与地方农林本科高校人才培养逻辑契合的实现路径研究 [J]. 高等农业教育，2020（4）：15-24.DOI：10.13839/j.cnki.hae.2020.4.003.

［13］ 于德，王华斌.新型大学推广模式服务乡村振兴战略的路径选择 [J]. 中国高校科技，2019（4）：85-88.DOI：10.16209/j.cnki.cust.2019.04.023.

［14］ 吴雯，张婧，邓力文，等.村民参与为主体的美丽乡村环境建设——以湖北红安县柏林寺村为例 [J]. 中国园林，2020,36(1)：19-24.DOI：10.19775/j.cla.2020.01.0019.

［15］ 尹怡诚，沈清基，王亚琴，等.从精准扶贫到乡村振兴：十八洞乡村精准规划研究与实践 [J]. 城市规划学刊，2019（2）：99-108.DOI：10.16361/j.upf.201902012.

The Educational Reform Path of University Serving Rural Revitalization

Yu Tingting   Leng Hong   Yuan Qing

Abstract: Facing the major strategic needs of comprehensively deepening the promotion of Rural Revitalization in China, university, as the backbone of promoting Rural Revitalization in the new era, has the advantages in theoretical knowledge, talent cultivation, technical ability and so on. University undertakes the tasks and responsibilities of serving Rural Revitalization, such as enhancing service awareness, improving service ability, cultivating appropriate professional staff, and increasing local cooperation. There were some problems in the traditional education mode of university serving the Rural Revitalization, such as the imperfect training system, the unclear educational cognition, and implemented educational mode. This paper puts forward a new thinking of "One Idea, Two Modes and Three Mechanisms" for universities to serve the Rural Revitalization, which constructs the "Common Creation" education objective system, education mode and training mechanism, constructing the education reform path for university serving Rural Revitalization.

Keywords: University Education, Rural Revitalization, Local Cooperation, Common Creation

行则将至，行而不辍
——东南大学三年级跨专业融通设计教学创新探索

王承慧　朱彦东　殷　铭

摘　要： 人类文明发展至今，需要高度分工和专门化的学科去研究高精尖的领域。然而面对实际问题，只有通过跨领域的思维融通和高效合作，才能找到发展最优解。在城市规划和建设的设计实践领域，多年快速发展的教训更是告诉我们必须如此。当今城市高品质发展的时代诉求下，东南大学建筑学院自 2017 年启动融通设计教学创新，即是在承担起应有的责任。本文首先介绍建筑学院整体统筹下的教学组织特色，继而结合城市规划系主导的一次融通设计，详细介绍教学改革思路和举措。最后，基于师生反馈对融通设计教学进行了再思考，分析伴随高难度、高要求而来的问题，提出了相应教学改进策略。设计思维训练和教学过程远比成果的无暇更重要，尽管存在种种不足，本科期间的种子终将继续发芽。行则将至，行而不辍，未来可期。

关键词： 融通设计；规划设计教学；教学创新

1　融通设计教学缘起

人类文明发展至今，需要高度分工和专门化的学科去探索高精尖的领域。然而，在面对实际发展问题时，只有通过跨学科、跨领域的思维融通和高效合作，才能找到发展最优解。城市规划和建设领域，更是如此，尤其对于广域设计，多年快速发展的教训更是告诉我们——必须如此。

作为城市规划管理依据的规划文本和图件，缺乏对中微观城市空间品质的和文化景观的敏感，导致大量非人性化、缺乏尺度感和活力的城市空间。而另一方面，常年以经济发展主导、甚至屈从于资本的建筑设计和景观设计，缺乏公共利益导向的城市发展意识，导致失控的城市天际线、大量奇奇怪怪的建筑和迪士尼型的景观。最令人忧虑的是，承载中华数千年优秀传统文化的历史空间，已经大量遭受损毁。2021 年中共中央办公厅、国务院办公厅印发了《关于在城乡建设中加强历史文化保护传承的意见》，历史学者、考古工作者面对地产开发的破坏力倍感痛心和无力的时代终将结束，然而，规划、建筑设计行业对于未来尊重历史环境的发展，真的做好准备了吗？当今从业者迫切需要更新知识体系，而更为重要的是，高校应为从事规划建设领域的设计人才培养承担起责任。规划教育的培养目标应当统筹兼顾"博"和"专"两个方面[1]；而建筑和景观教育也有此培养目标。

东南大学建筑学院融通设计的教学创新，起始于 2017 年，即是对当今城市高品质发展的时代诉求的积极应对。基于建筑学院的整体统筹，进行历史思维导向的多学科、跨专业的融通设计教学[2]。设题期待打破学科分界和分阶段设计常规，形成具有中国特色的设计教学方法；加强人才培养的多专业协同，强调城市多维系统、建筑空间体量以及景观风貌之间的良性关联与互动；培养学生解决复杂问题的能力，尝试综合运用多学科知识、进行融会贯通的设计创新。

2　学院整体统筹的教学组织特色

在陈薇教授的指导和顾问下，教学组织由学院整体统筹安排，教学团队由城市规划、建筑学、风景园林三个专业教师，以及建筑历史和理论研究所的教师组成。

王承慧：东南大学建筑学院城市规划系教授
朱彦东：东南大学建筑学院城市规划系副教授
殷　铭：东南大学建筑学院城市规划系副教授

历年融通设计教学出题　　　　　　　　　　　　　　　　　　　　　　表1

时间	主导出题方	题目	出题主旨
2017、2018 年	历史研究所	南京龟山外郭遗址公园暨城墙博物馆设计	围绕南京明外郭的历史作用、价值认知和当代功能进行设计
2019 年	城市规划系	南京和平公园公共空间设计	有着丰富的历史内涵、敏感的历史环境，又是轨道交通枢纽，进行复杂条件下的公共空间设计
2020 年	景观学系	融通的地景建筑设计	疫情下的在线教学，由于无法调研某个固定基地，设置为 7 个基地（提供基础资料）的地景和建筑设计，要求学生进行自然、历史、人文的融通思考
2021 年	建筑系	越城遗址地段概念性城市设计	对南京建城史具有重大考古发现意义的基地，也是一片有争议的历史要素被拆除后的基地，如何统筹考虑基地的历史文化意义和未来开发建设需求

该教学被安排在三年级最后一个设计（第四个设计），是基于东南大学教学时序的考虑。东南大学三个专业的一、二年级设计基础是统一的（二年级最后一学期不同专业开始有不同的侧重），进入三年级开始专业分野，不仅设置大量专业理论课，前三个设计题也更体现各专业教育要求，高年级阶段的实践教学更是如此。因此，在专业教学的中间，安排融通设计教学，有利于让同学们意识到在设计实践中，既要充分运用本专业知识，也要有跨领域的设计思维，而这样的安排也将更有助于高年级的设计教学。

2017~2018 年由历史研究所出题，开头连续两年的教学都由陈薇教授直接指导教学团队，引领团队教师进行集体教学研讨，逐渐形成对本课题教学目标的共识；教学组织由鲍莉副院长负责，体现了建筑学院对涉猎三个专业学生的设计课题的高度重视。2019 年由城市规划专业出题，2020 年由风景园林专业出题，2021 年由建筑学专业出题，最终题目定案都经过了多专业之间的多轮讨论[3]。

具体教学内容由不同专业出题，各有特色和侧重，但都遵循了统一的教学理念：①历史思维引领——选择具有历史内涵的基地，学生必须研究基地的历史发展，领会其中的意义，思考舍旧谋新；②跨领域融通——课题单纯依靠某个专业思维难以完成，必须基于跨专业的思维融通。

在教学分组上，充分体现融合的特色，不仅学生小组由不少于两个专业的同学组成，教师小组也由不少于

两个专业的教师组成。由于具体人数每年变动，教学组织方式会在融合交叉的大原则下进行灵活调整。

教学时长只有 6 周，因此是一个挑战巨大的设计任务。学生必须进行充分讨论、互相学习，并擅于分工合作，才能成功完成设计。在教学指导中刻意模糊专业边界，要求学生跨越专业局限，扩展专业领域。虽然由多人合作，最终工作量的分摊并不大，但却是一次次的头脑碰撞的结果。最终，总能出现很多令人惊喜的学生设计成果。

3　城乡规划专业主导的融通设计教学探索

第三次融通设计时间为 2019 年 5 月 7 日 ~ 6 月 14日，共 6 周，选课学生由城市规划系、景观学系和部分建筑系的本科三年级学生组成。

3.1　选题考量

该次教学任务出题和教学组织由城市规划系主导。在满足整体教学目的"历史思维引领、跨领域融通"的前提下，还希望突出城乡规划专业教育对于公共政策的高度关注[4]，这种公共利益导向的意识也是其他专业亟需加强的。三年级教学中本来也一直重点关注公共空间。通过多次讨论，最终确定以"复杂条件下的公共空间设计"作为融通设计课题，基地选址南京和平公园——既具有历史内涵、又是轨道交通枢纽，同时具有高度景观敏感性的公共空间。

基地是位于高密度城市环境中的开放空间，与南京

历史文化名城的重要格局性要素"内秦淮河水系—北极阁山体—玄武湖公园"息息相关，比邻高知名度的鸡鸣寺、樱花道和珍珠河。自明代以降，基地及周边更逐渐生成重要的历史空间，诸如明代国子监、太学、文庙，清代武庙，国民政府考试院旧址、"中央"大学、励士钟塔，1949 年后南京市人民政府和开放的城市公园。基地位于丰富内涵的历史环境中。近年来，城市地铁系统中的两条线路交汇于此，为基地带来便捷的交通，人流量递增，人们对这一公共空间也有了新的使用需求。

因此，选题主旨是希望学生能够结合山水人文历史环境的底蕴、地铁轨道站点的交通特性，思考基地在城市发展中的特色和定位，进行兼具历史人文和绿色生态

图 1　基地的地形图及其历史区位和环境

发展理念的公共空间设计。教学中引导学生形成以下意识：保护历史文化资源，发挥历史文化遗产的社会教育作用和使用价值，在历史环境中塑造面向未来的公共空间；TOD 开发模式、构建慢行网络、设置绿色交通设施是减轻交通移动碳源的重要方式；优化绿地格局、低影响设计、适宜植林率等是增加自然碳汇的重要方式；通过城市三维空间营建，提高城市空间利用效率，基于生态景观连续性优化建筑与城市空间形态。

3.2 设计内容

功能策划——承载市民各种交往休闲活动、文化展示、生态体验、交通换乘等公共功能；

交通组织——促进低碳交通，鼓励非机动交通出行，解决好两条线路的轨道交通、公交巴士和步行、公共自行车的换乘；

景观组织——与国家级文保单位国民政府考试院旧址、市级文保单位武庙遗址和钟楼等的景观协调，与周边鸡鸣寺樱花道等景观路径的衔接；

建筑设计——对高度不适宜的和平大厦用地进行重新策划和设计，建筑高度控制为 35m，同时结合轨交站厅和出入口设计，对公园空间进行优化设计，实现建筑地下空间的开放。

3.3 系列专题课赋能

为帮助学生顺利地领会该设计所需的跨专业知识，教学组织针对性地安排来自不同专业的教师提供系列专题授课，包括：任务解读＋城市公共空间设计基本原理（规划——王承慧）；地铁站点交通组织（交通——朱彦东）；公共空间历史思维（规划——李百浩）；城市历史环境认知（历史——贾亭立）；建筑与城市一体化（建筑——唐

图 2　专题课系列

斌）；历史环境中的景园设计（景观——杨冬辉）。

3.4 融通设计思维引导

融通设计的思维训练是重中之重。因为融通不仅是合作，更重要的是跨界。思维训练不能靠空谈，需要有教学抓手。

复合思维——公共领域：当代城市公共空间应是高共享度、便捷性的城市交往、休闲和活动空间。引导学生思考公共领域品质——功能、文化、景观高度整合的领域。新的城市空间具有复合性，具有景观和建筑的特征，体现都市景观主义的设计理念。

多视角思维——超越边界：城市具有复杂性和不断变化的特质，难以用一个学科的知识来解决实践中的所有问题。培养设计中的多层次对话、转换与组织，主动学习其他专业知识和思考问题方法，在思维碰撞中多视角寻求方案。

平衡思维——历史与未来：基地位于历史信息丰富的城市环境之中。我们的城市从哪里来，如何生长和改变，又会向哪里去？引导学生思考如何平衡保护和发展、如何协调当代公共空间与历史环境，在多元价值的环境下对城市发展的方向形成判断。

创新思维——城园一体：本次设计中，与历史文物的协调、地铁的出入口、季节性游览樱花的线路、微观交通的改善、和平大厦的公共性策划都是关键问题，激发学生创新处理，以实现保护—体验、地上—地下、城市—公园、景观—观景的一体化，为城市空间带来充满活力和吸引力的前景。

3.5 教学过程中的融通

学生在过程中，不时会出现不愿迈出舒适区的惰性，或者由于存在分歧而不愿沟通的情况。教学过程中

的融通要求，可以有效帮助学生，促成更有效的合作。

共同策划，模糊边界：共同确定设计愿景，形成概念设计意图，拟定本组具体的设计重点和工作计划。

系统设计，跨越边界：基于历史环境分析、城市区位分析、综合交通分析等前提，综合考量资源优势与现状矛盾，对城市步行系统、立体交通组织、功能布局、建筑体量、景观体系等诸系统进行三维尺度的同时性设计。

要素设计，交叉整合：进行城市公共空间品质主导的总体规划、建筑设计及其环境设计，落实各类城市要素。包括：场地设计、路径设计、水系及驳岸、建筑功能与环境、视线分析、植物配置、公共家具等。规划——整合总体与功能要素，建筑——整合建筑与场地，景观——整合总体与景观要素。

共同深化，分工协作：对建筑设计、环境设计及细节深化设计，再落实到总体规划的调整和完善。

3.6 教学成果交流展览

由于该设计课题难度高、立意新，从第一季开始，最后的成果答辩就摆脱"评图"的刻板模式，而是以展览交流为更重要的目的，不仅同年级之间交流学习，也留出全院公开展览的时间，而答辩评分只是其中的环节罢了。

在第一次上课，就告知学生最后的交流方式。教师在教学中，尤其在后期加强对展陈构思的指导，将展陈作为设计的一部分，具体落实图纸与模型、表达与表现。因此，融通教学交流展已经成了初夏建院答辩周的盛事。

4 行则将至，行而不辍——融通设计教学再思考

融通设计教学立意高、难度大，对师生都是巨大挑战，教学中确实存在一些问题。这些问题不仅仅出现在

图3 跨专业教学研讨日常

图 4　热闹且富有仪式感的展览答辩现场

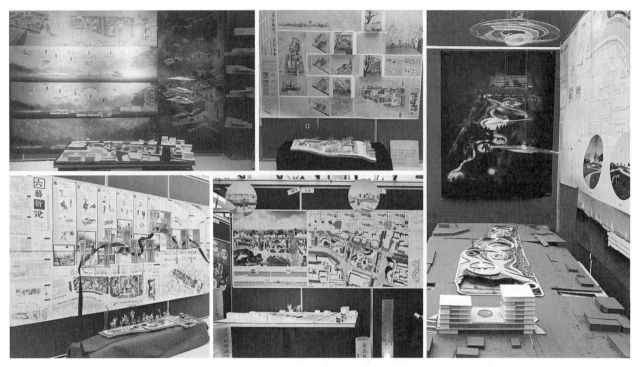

图5　学生作业展陈

2019年，而是几年中都以不同的方式出现。

（1）师资方面，教学对学生的引导是跨界的融通思维，那么理论上教师应具有如此素质。但实际上，教师个体难以在所有环节中都起到"师范"作用，更多是依靠跨专业教师组的互补短长。另外，不少教师反馈教学中也不时感到迷茫，由于基地具有丰富的历史内涵，尽管教学组可以提供基本历史信息，但是准确把控内涵仍不容易，需要教师自己对基地高度熟悉，对历史信息能够全面掌握和深入理解。而理解的差异，往往带来教师观点的差异。学生也反映教师们有时在具体的点上意见不一，如果是一些关键点的话，的确会给学生带来困扰。

（2）学生方面，学生作品中诸多奇思妙想，他们解决问题的能力和设计想法总是令人吃惊。但是深究起来，作品中不乏诸多稚嫩之处，实际上，在教学中也的确难以在"与历史环境协调的适应性设计"和"激发活力的功能与场景设计"之间达到理想的平衡。因为在当下的城市现实空间中，就存在诸多不合理的设计，规划管理水平不足，成熟的设计师也屡屡犯错，只有三年级的学生难以从现实环境中学习，对于他们来说，准确认识什么是过度设计、什么是不恰当的设计当然是困难的。

（3）学生反馈较多的问题还有团队合作确实会出现一些难以预料的情况，这些情况会给学生带来额外的压力，需要教学团队及时发现情况并予以专门的支持。

这些问题促进我们思考如何进一步改进教学。

（1）应进一步加强集体备课研讨，尤其是与基地有关的历史信息，应让教师有消化和理解的时间。题目不宜频繁更换，可以一题持续两至三年，事实上2017年和2018年是同样的题目，2018年学生作品明显优于2017年。

（2）建立历史思维导向的体现多领域交叉的优秀案例库，弥补学生难以在现实空间中学习的不足。

（3）由于学生跨专业组队，彼此之前不认识的情况颇多，教学团队应重视学生的心理状况。教师自己应重视教育心理学知识，帮助学生缓解额外的压力。

6周时间完成一个难度颇高的设计，存在着种种不完美和遗憾，背后既有教师原因，也有教学规律使然——学生无论多聪明，也需要时间去磨炼融通设计的跨界思维。但是多专业的合作、思维的碰撞整合，在学生成长生涯中留下了深刻的印迹。而种种不足，正是对教学团队的鞭策，教学相长，师资在这种磨炼中也会得到锤炼。

融通设计课题必然伴随高难度、高要求，问题不可避免，设计思维训练和教学过程远比成果的无瑕更重要。道阻且长，行则将至，行而不辍，未来可期。

致谢：感谢 2019 年三个专业的 113 位同学，以及那些教学相长的日与夜；感谢 2019 年教学团队全体教师（名单如下）的辛勤付出。

教学顾问：陈薇，鲍莉
城市规划系（主导出题）：王承慧，李百浩，朱彦东，吴晓，史宜，巢耀明
建筑系：唐斌，唐芃，俞传飞，刘捷
景观学系：杨冬辉，唐军，姚准
建筑历史和理论研究所：贾亭立
助教：林晓敏，周晓穗，郝佳琳，解文慧，杨怡然

参考文献

[1] 孙施文. 关于城乡规划教育的断想 [J]. 城市建筑，2017（30）：14-16.

[2] 陈薇. 循序发展和关联学习的共同指向 [J]. 建筑学报，2021（10）：64-69.

[3] 东南大学建筑学院. 东南大学城乡规划专业本科教育评估自评报告 2016-2021[R]. 2022.

[4] 周庆华，杨晓丹. 城乡规划公共政策属性与专业教育改革 [J]. 规划师，2018（11）：149-153.

Cross-Boundary Design Teaching Innovation in Grade Three of Architecture School, SEU

Wang Chenghui   Zhu Yandong   Yin Ming

Abstract: Highly specialized disciplines are required to study advanced and sophisticated fields. However, in the face of practical problems, only through interdisciplinary thinking and efficient cooperation, can we find the optimal solutions. In the field of urban planning and construction design practice, the lessons of rapid development for many years tell us that we must do so. To pursue high-quality urban development, the School of Architecture of Southeast University has initiated teaching innovation on cross-boundary design since 2017, which is to take its due responsibility. This paper first introduces the characteristics of teaching organization under the school. Then, ideas and measures involved in one of the teaching reform led by the department of Urban Planning are introduced in detail. In the end, based on the feedback of teachers and students, this paper reconsiders the whole teaching, analyzes the problems associated with high difficulties and high requirements, and puts forward teaching improvement strategies correspondingly. Despite the shortcomings, the training of cross-boundary thinking and the teaching process are far more important than the perfection of the results. For undergraduates, seeds will continue to sprout in the future.

Keywords: Cross-Boundary Design, Planning and Design Teaching, Teaching Innovation

思维进化，基础强化，战略深化：
资源学类课程融入城乡规划学专业教学改革实践与思考[*]

鲁仕维　刘合林　黄亚平

摘　要： 新时期国土空间规划是将主体功能区规划、土地利用规划、城乡规划等"多规合一"的空间规划。相对于传统空间规划而言，国土空间规划的对象和要素发生重大的转变，由此，国土空间规划对城乡规划专业人才培养在知识框架和课程教学体系上提出了新的挑战和要求。本文通过介绍资源学类课程全新引入、全面融入城乡规划专业的教学改革实践，进化学生们对国土空间规划体系的思维模式理解，强化学生们对国土空间规划全域全要素统一管控的基础认知，深化学生们对生态优先和国土空间保护开发战略的思想提升，有助于实现兼具城乡规划专业性人才和国土空间规划通用性人才的全面复合发展，为其他高校城乡规划专业教学改革提供借鉴。

关键词： 国土空间规划；资源学类课程；城乡规划；教学改革

1　引言

2019 年 5 月发布的《中共中央 国务院关于建立国土空间规划体系并监督实施的若干意见》（下文简称《若干意见》），明确指出了国土空间规划体系是主体功能区规划、土地利用规划、城乡规划等"多规合一"的规划体系[1]。国土空间规划体系建立之初，具体的规划内容和机制尚不清晰，从业人员也存在不同程度的困惑。

众多学者便对国土空间规划学科体系构成、编制方法、主体内容等相继开展了大量的研究和讨论，这些话题也逐渐变得清晰。自然资源部陆续发布多项编制技术指南，有效地指导了国土空间规划的编制。另外，多个省市也结合其地方实际情况发布技术指南或者导则，对"五级三类"国土空间规划的编制方法进行了非常有益补充。然而，开展三年之久的省级、市县级国土空间总体规划编制也遇到重重困难，原因也有很多；其原因之一是国土空间规划学科体系尚未达成共识，其体系之辩仍未停止。

国土空间规划不是以往所有空间规划的简单叠加，其学科体系、课程及课程群建设迫在眉睫。《若干意见》中明确指出"教育部门要研究加强国土空间规划相关学科建设"；由此在相关学科的建设中，首先需要理清国土空间规划的知识体系。孙施文教授揭示了新时期国土空间规划工作者需要更新规划观念、知识结构以及工作方法等[2]。中国城市规划学会石楠指出，国土空间规划的知识体系包含了 14 个密切相关的一级学科和 12 个相关学科交叉在内的有机融合，其中城乡规划学是开展国土空间规划工作的核心[3]。自然资源部空间规划局张兵指出，新时期国土空间规划与原有土地利用规划和城乡总体规划内容有所差别，体现在城乡生活圈、水资源和能源供需、三条控制线以及应对灾害和气候变化等多个方面[4]。由此可见，新时期国土空间规划体系的建立，不仅对城乡规划学科的发展提出了新的挑战，也对城乡规划专业教学提出了诸多新的诉求。

* 资助项目：国家自然科学基金（41901390），湖北省自然科学基金（2021CFB012）。

鲁仕维：华中科技大学建筑与城市规划学院城市规划系副教授
刘合林：华中科技大学建筑与城市规划学院城市规划系教授
黄亚平：华中科技大学建筑与城市规划学院城市规划系教授

国土空间规划体系的建立对城乡规划专业人才培养的知识体系提出了更高要求[5-8]。还有学者指出，城乡规划教育面临着学科快速交叉融合下本体理论研究对城乡规划教育支撑的不足以及适应社会发展新需求过程中城乡规划教育负重前行等"旧迹"[9]。那么，当前国土空间规划背景下的城乡规划专业教育更应积极有效地响应多学科交叉融合，以适应复合型国土空间规划人才培养的需要。

由此，本文介绍华中科技大学建筑与城市规划学院城乡规划学科教学改革的实践，重点在于全新引入资源学类课程，全面积极响应生态文明导向下的国土空间规划全域全要素统一管理的新要求，以期实现从城乡规划专业性人才到国土空间规划通用性人才的转变。

2 国土空间规划的新特点

2.1 完全实现全域覆盖

传统城市总体规划重点关注中心城区，部分城市编制的城乡总体规划虽然覆盖到全域，但是不够衔接且存在重城轻乡等问题；在我国沿海城市，没有较好地考虑到陆地和海洋统筹。当前国土空间规划要求统筹地上地下空间、陆地海洋空间，科学协调划定三条控制线，并且加强对全域山水人文格局的空间形态引导和管控等，真正实现全域覆盖。

2.2 充分体现全要素统筹

传统土地利用总体规划聚集于耕地保护的目标，侧重于农用地的细分；城市总体规划则是偏向于对建设用地的细分，设施布局和建设安排是其主要内容。国土空间规划体系中的总体规划、详细规划及专项规划对空间要素管控都有不同程度的扩展，实现了由原有的"核心要素"管控向"山水林田湖草海沙城镇村"等全域全要素管控转变。

2.3 高度契合生态文明内涵

主体功能区规划偏向于主体功能定位，其空间单元划分均是以县级行政区为基本单元，空间尺度较大，对管控的目标不够明确具体。城市总体规划偏向于以城市发展为重点的空间布局规划；土地利用总体规划偏向于耕地保护和土地用途管制。国土空间规划体系中的生态文明，是坚持"山水林田湖草海沙城镇村"为生命共同体的理念，生态优先，绿色发展。生态文明建设这种新发展理念不仅是生态环境的可持续发展，还体现在人口、社会、经济和空间的健康、高质量发展上，从而构建自然生态系统与社会经济系统相统一的空间规划体系。

3 教学改革总体思路

国土空间规划体系是一项艰巨的复杂系统，涉及多个学科领域，要求基础理论交叉。刘鸿展等学者对中国知网中国土空间规划相关的1899篇文献进行统计分析发现，"生态文明、环境规划、土地利用、基本农田保护、自然资源、国土综合整治、自然资源管理"等关键词出现的频率较高；这就需要城乡规划专业新增或调整的课程群可以从这些关键词出发[10]。由此，在原有城乡规划学科知识体系的基础之上，适应国土空间规划人才培养的城乡规划专业教学改革还需新增的规划基础理论主要包括：自然资源学、环境生态学、资源开发利用与保护、土地资源学、整治与修复等内容，在增加这些基础理论的基础上加快教学体系的调整改革与对接完善。

为积极应对国土空间规划改革给城乡规划学科带来的挑战和要求，华中科技大学城乡规划学科通过承袭特色优势，主动重构培养模式。重新组织的国土空间规划课程群包括了规划基础类课程、国土空间规划原理类课程、专项规划理论与方法类课程、规划技术类课程、总体规划设计课程、详细规划设计课程以及村庄规划与设计课程；除此之外，全新引入资源学类课程，包括自然地理学、土地资源学两门必修课程和环境科学导论、自然资源学导论两门选修课程，每门课程均是24课时，1.5个学分，以适应国土空间规划时代对城乡规划专业教学的新要求。

资源学类课程的全新引入，可以一定程度补充原有城乡规划专业在自然资源学、环境生态学、资源开发利用与保护、土地资源学等基础理论上的不足，实现空间规划本体的巩固、核心知识与技能体系的搭建与完善；还充分回应新时期国土空间规划所具有的实现全域覆盖、体现全要素统筹以及契合生态文明内涵等新特点（图1）。

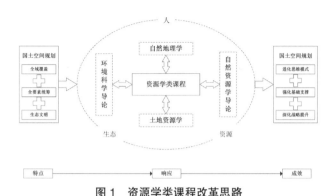

图1 资源学类课程改革思路

4 资源学类课程教学内容设计

4.1 自然地理学课程教学内容设计

自然地理学课程教学目前所选定的教材是杨达源老师主编的《自然地理学（第二版）》，部分内容根据国土空间规划内容调整。教学内容设计中，在讲解"地壳·地质·全球构造"章节内容时，增补自然灾害和地质灾害基本知识、灾害评估与防治等内容；在讲解"大气·气候·全球气候变化"章节内容时，增补"双碳"目标及空间规划应对等内容的课程研讨；在讲解"水·水文·水环境系统"章节内容时，增补"以水定城、以水定地、以水定人"原则的理解与算法。另外，"风化成土·土壤过程·土壤地理系统"以及"生物·生态·生态系统"两部分知识将分别列入土地资源学和环境科学导论中进行整合讲解，避免内容过度交叉与重复。自然地理学课程内容的讲授，有助于培养学生们在区域协调和跨区域总体设计上的整体思维，激发"顾大局、统全局、重科学"来谋划"大规划"的理念；在特定自然要素和特殊地域空间的专项设计上也有比较好的认知（表1）。

4.2 土地资源学课程教学内容设计

土地资源学课程目前所选定的教材是刘黎明老师主编的《土地资源学（第六版）》，部分内容有所调整。教学内容设计对教材调整的内容有土地资源调查与"三调"数据使用、土地资源评价与国土空间规划"双评价"、土地资源保护与整治，特别是耕地保护与国家粮食安全、国土综合整治、占补平衡、进出平衡以及增减挂钩等教

学内容的设置；此外，还可以结合"三条控制线"划定之后需要通过国土整治以及占补平衡等措施进行保障。土地资源学课程所涉及的知识量比较多，为避免学生囫囵吞枣、学习兴趣消减，可设置讨论环节"如何通过这些制度及政策来有效保证国土空间规划中的三条控制线的划定和落实？"来有效地衔接国土空间总体规划原理和设计课程，培养学生们的独立学习能力、创造能力（表2）。

4.3 环境科学导论课程教学内容设计

环境科学导论课程目前所选定的教材是杨志峰和刘静玲等老师主编的《环境科学概论（第二版）》，部分内容有所调整。环境科学导论课程可比较好地结合翻转课堂、PBL教学方法、情景式教学方法进行授课，在梳理习近平生态文明指导思想的国土空间高质量发展目标基础上，结合环境的整体性、区域性、相对稳定性、变化滞后性和脆弱性等特性，介绍环境科学的主要理论，以及生态—经济—发展之间的辩证统一关系，通过现象—规律—科学理论系统的学习，使得环境科学概论的基础理论的知识体系植入国土空间规划知识体系之中，不断夯实学生们的生态优先发展理念，提升环境治理能力，强化资源环境底线约束，推进生态优先绿色发展（表3）。

自然地理学课程教学内容设计　　　　表1

章号	章节主题	教学设计要点
1	地球·地球环境·地球系统	· 地球环境 · 地球系统
2	地壳·地质·全球构造	· 地壳成分与地壳结构 · 地质构造与地质灾害
3	大气·气候·全球气候变化	· 大气成分与大气运动 · 气候与环境 · 全球气候变化及"双碳"目标
4	水·水文·水环境系统	· 水循环与水量平衡 · 陆地水环境系统 · 海洋水环境系统 · 水环境演化与水资源约束
5	地貌·地貌发育·地貌体系	· 陆地地貌系统 · 海洋海岸地貌 · 全球地貌体系
6	自然地理环境·人与自然和谐	· 自然地理环境 · 人类与生存环境

土地资源学课程教学内容设计　表2

章号	章节主题	教学设计要点
1	绪论	· 土地资源学研究方法 · 土地资源学与国土空间规划等学科的关系
2	土地资源构成要素分析	· 自然构成要素 · 经济社会构成要素
3	土地资源与分类	· 土地分类 · 土地分级 · 国土空间规划土地利用类型解析
4	土地资源调查	· 土地资源调查程序、内容 · 土地利用现状调查的新技术方法 · "三调"数据使用
5	土地资源评价	· 土壤评价 · 土地资源评价与分等定级 · 国土空间规划"双评价"
6	土地资源保护与整治	· 土地资源退化 · 耕地保护与粮食安全 · 国土综合整治 · 土地复垦 · 占补平衡 · 城乡建设用地增减挂钩 · 土地开发与储备
7	土地资源可持续利用	· 可持续发展土地资源观 · 土地健康与资源安全

环境科学导论课程教学内容设计　表3

章号	章节主题	教学设计要点
1	环境与环境问题	· 自然环境与人工环境 · 人类活动与环境问题 · 全球环境变化
2	环境科学的理论基础	· 环境伦理 · 环境地学 · 环境生态与生态安全 · 环境物化 · 环境经济学
3	环境科学技术与方法	· 环境监测 · 环境评价 · 环境规划 · 生态修复
4	环境管理与实践	· 环境政策与法规 · 流域环境管理 · 城市环境管理与实践 · 乡村环境管理与实践

4.4　自然资源学导论课程教学内容设计

自然资源学导论课程不仅要涉及水资源开发利用和保护，森林、草地、动物资源的保护，海洋生物、化学、矿产、动力资源的开发利用，矿产资源形成分布、特点、形式和开发战略等基础知识点，还应提升对自然资源生态学、经济学和管理学的理解，选用了蔡云龙老师主编的《自然资源学原理（第二版）》作为参考教材。课程教学设计重点围绕增强学生认知、分析资源科学问题的能力，注重融入现代资源科学发展的新内容，例如资源节约型社会、双循环经济、低碳经济、资源集约节约利用等与国土空间高质量发展相融通的理念。着重适当补充学术热点及经济社会发展中的资源科学难点问题等方面的内容阐述，比如教学过程中还可以加入讨论环节，讨论资源枯竭对城市发展的影响等问题，紧密贴合城市收缩和高质量发展热门话题。最终建立协调资源—环境—人口—发展关系的基础上，逐步在城乡规划专业教学中完善资源—资源生态—资源经济的理论体系，实现自然资源学到自然资源与经济社会的有机融合与协调发展（表4）。

自然资源学导论课程教学内容设计　表4

章号	章节主题	教学设计内容
1	绪论	· 自然资源学范式 · 自然资源学学科体系
2	自然资源及稀缺性质	· 自然资源基本属性和本质特征 · 自然资源稀缺与冲突 · 从极限之争到可持续性
3	自然资源生态学原理	· 自然资源生态过程 · 自然资源与人类生态 · 自然资源利用的生态影响 · 自然资源利用生态影响评价方法
4	自然资源经济学原理	· 自然资源与经济社会的关联 · 自然资源经济学基本问题 · 自然资源配置 · 自然资源的价值重建
5	自然资源管理学原理	· 自然资源评价 · 自然资源利用的投入—产出关系 · 自然资源开发决策 · 自然资源保护
6	自然资源可持续利用	· 自然资源管理的社会目标及统筹 · 自然资源可持续利用的途径

5 教学改革成效

资源学类课程的引入，其教学改革成效可以用"进化思维模式、强化基础支撑、深化战略提升"来概括。

5.1 进化思维模式

资源学类课程的教学设计，进化了国土空间规划体系的构建与实施过程中的思维范式。资源学类四门课程融入城乡规划专业教学，拓展了生态文明建设、人本主义、土地伦理、非均衡发展、公正与效率、空间开发等思维范式，有助于帮助学生厘清新时期国土空间规划的系统性思维模式，包括但不限于底线思维、产权思维、容量思维、传导思维、协同思维、管制思维等。城乡规划专业学生在学院学习所获得的教育及以后规划工作中获得的实践经验，这些思想方法和思维模式都发挥重要的作用[4]。

5.2 强化基础支撑

"多规合一"的国土空间规划有该体系新的规划过程和行为，需补充其他学科的相关理论知识、学习新的技能。资源学类课程的教学设计，强化了国土空间规划体系中的基础知识支撑。资源学类四门课程融入城乡规划专业教学，在承袭原有城乡规划学核心知识的基础之上，不断强化对自然资源与生态环境本底认知，对国土综合整治与生态修复理论、资源调查与评价技术、国土空间信息收集整理挖掘分析技能、多种规划理论与方法及其融合有较好的提升。

5.3 深化战略提升

新时期"多规合一"的国土空间规划的规划目标更加综合，战略引领更加全面[4, 11]。资源学类课程的教学内容设计，深化了国土空间规划编制过程中的战略部署，提升了国土空间规划的整体性和综合性。国土空间规划学科体系课程重构围绕生态文明建设，深化战略统筹意图。对空间发展提出战略性系统性的安排，将割裂单一空间用途管制向全域全类型国土空间用途管制转变，不断优化提升对国土空间（含自然资源）开发、利用、保护、修复的方式，满足国家治理体系和治理能力现代化的目标。

6 结论与思考

本文通过介绍资源学类课程全面融入城乡规划专业的教学改革总体思路以及课程教学设计，以期实现"进化思维模式、强化基础支撑、深化战略提升"的教学成效，为国土空间规划人才培养下的资源学类课程融入城乡规划专业教学改革提供案例参考。另外，为达到更好的教学效果，今后尚需从以下几点进行优化提升：

（1）国土空间规划资源学类课程教材建设有待补充。目前已经出版了《国土空间规划原理》《国土空间用途管制》《国土空间设计》等多本教材，推动了国土空间规划教学组织；然而，关于国土空间规划实务方面的教材尚未刊出，在生态文明时代下的全域全要素统一管控经典案例的引入和规划的实际操作层面还有待补充。

（2）国土空间规划资源学类课程教学交叉路径有待优化。当前国土空间规划所涉及的多个学科基础理论，主要分布于建筑、公共管理、地理、资源环境等学院。多学科之间交叉教学的路径尚未完全打通。

（3）最后，课程群的优化应结合不同院校城市规划专业的实际情况而定，新增或者重组课程群既要继续保持原有特色和优势，又能形成合力，最终达到多学科交叉、融合、互补的新局面。

致谢：感谢华中科技大学建筑与城市规划学院城市规划系各位老师对课程体系改革以及引入资源学类课程的前期构思与精心设计，感谢资源学类课程组所有老师的精诚付出。

参考文献

［1］ 中共中央，国务院.中共中央 国务院关于建立国土空间规划体系并监督实施的若干意见 [Z]. 北京：中共中央，国务院，2019.

［2］ 孙施文.从城乡规划到国土空间规划 [J]. 城市规划学刊，2020（4）：11–17.

［3］ 石楠.城乡规划学学科研究与规划知识体系 [J]. 城市规划，2021，45（2）：9–22.

［4］ 张兵.国土空间规划的知与行 [J]. 城市规划学刊，2022（1）：10–17.

［5］ 张继刚，陈若天，李沄璋，等．基础研究视角下的国土空间规划创新——区域规划课程教学思考 [J]. 高等建筑教育，2021，30（5）：116-123.

［6］ 李渊，邱鲤鲤，饶金通．教育信息化背景下基于 SPOC 翻转教学模式研究与实践——以城乡规划专业 GIS 课程为例 [J]. 中国建筑教育，2019（1）：25-31.

［7］ 杨慧祎．城市更新规划在国土空间规划体系中的叠加与融入 [J]. 规划师，2021，37（8）：26-31.

［8］ 王威，夏陈红，王晓卓，等．国土空间规划体系下城乡安全与防灾减灾规划课程教学模式探索 [J]. 高等建筑教育，2021，30（4）：125-133.

［9］ 杨辉，王阳．"旧疾"与"新题"：国土空间规划背景下城乡规划教育探讨 [J]. 规划师，2020，36（7）：16-21.

［10］ 刘鸿展，周国华，王鹏，等．基于 CiteSpace 的国土空间规划研究进展与展望 [J]. 湖南师范大学自然科学学报，2021，44（1）：1-10.

［11］ 周庆华，杨晓丹．面向国土空间规划的城乡规划教育思考 [J]. 规划师，2020，36（7）：27-32.

Practice on the Integration of Resources Courses into the Teaching Reform of Urban and Rural Planning Major for Territorial Spatial Planning Talents Education

Lu Shiwei   Liu Helin   Huang Yaping

Abstract: Territorial spatial planning in the new era integrates the main functional area planning, land use planning, urban and rural planning. Compared with the traditional spatial planning, the objects and elements of territorial spatial planning have undergone significant changes. Therefore, territorial spatial planning puts forward many new challenges and requirements for the training of urban and rural planning major in the knowledge framework and curriculum teaching system. Based on the practice of the teaching reform of urban and rural planning in the school of architecture and urban planning of Huazhong University of science and technology, the courses of Resource Science (including natural geography, land resources, introduction to environmental science, introduction to natural resources and so on) are brand-new introduction and breakthrough among them. Further, by introducing the comprehensive integration of resources courses into the teaching reform practice of urban planning, students' understanding of the thinking mode of territorial spatial planning system, and the unified management and control of all elements of territorial spatial planning, and the ideological improvement of ecological priority and land and space protection and development strategy are strengthened. This reform provides reference for the teaching reform of urban and rural planning in other colleges and universities.

Keywords: Territorial Spatial Planning, Courses of Resource Science, Urban and Rural Planning, Teaching Reform

我国城乡规划硕士专业与学术学位培养比较研究

王纪武　董文丽

摘　要：城市规划硕士的培养是教育领域适应我国社会经济发展对应用型高级专业人才需要的积极响应。自2011年城市规划硕士专业学位设立已有5届的毕业生，及时检视城市规划硕士教育的发展情况对于提高人才输出的适用性和专业能力具有重要作用。在梳理了城市规划专业教育相关研究的基础上，以首批获得学位授予权的院校为对象开展研究。通过学位论文信息的采集、整理和比较分析，分别从校际专业教育的多元化和特色化、"学术型"和"专业型"教育的差异化以及相应的体制机制影响作用等方面研究了我国城市规划硕士教育的现状特征和发展路径。

关键词：城市规划专业硕士；专业教育；多元化；专业化

1　引言

自1952年设立城市规划专业至2011年城乡规划学成为一级学科[1]，我国的城市规划教育始终与社会经济发展密切相关并为之供给了大量的优秀专业人才。伴随着一级学科的设立，2011年教育部设置了城市规划硕士专业学位（Master of Urban Planning，MUP）以培养适应我国城市规划行业实际需要的应用型高层次专门人才。由此城乡规划学科培养的硕士人才涵盖了专业学

---

❶　首批11所院校包括：清华大学、同济大学、天津大学、东南大学、哈尔滨工业大学、重庆大学、西安建筑科技大学、华南理工大学、南京大学、武汉大学、西北大学。增加院校包括：沈阳建筑大学、华中科技大学、浙江大学、北京建筑大学、北京工业大学、南京工业大学、苏州科技大学、深圳大学、大连理工大学、湖南大学、中南大学、西南交通大学、昆明理工大学、山东建筑大学。共25所院校。

❷　该项目包括3个子课题："城市规划硕士专业学位研究生培养方案修订、核心课程设置和教学大纲制定"由同济大学负责，东南大学、南京大学、华南理工大学、华中科技大学参与；"城市规划硕士专业学位实践基地建设指导意见和规范化管理办法"由清华大学和沈阳建筑大学共同负责，西安建筑科技大学、山东建筑大学参与；与"注册城市规划师执业资格制度有机衔接方案"由重庆大学负责，哈尔滨工业大学、天津大学、浙江大学参与。

位和学术学位两种学位类型。自2011年清华大学等11所院校获得专业学位授权，我国MUP的教育迅速发展，至2019年底已有25所院校❶取得了MUP的授予资格[2]。为科学推进MUP教育发展，2013年教育部学位管理与研究生教育司设立了"专业学位研究生教育指导委员会建设项目"。该项目由城市规划专业学位研究生教育指导委员会总负责，以同济大学为依托，共有13所院校参与❷。该课题于2014年结题，至今已有近9年时间。与此同时，自2011年MUP设立（按照2.5~3.0年的培养时间计）至今已有5届的毕业生。因此，从专业学位教育过程的人才"输入"与"输出"环节，及时检视我国MUP教育的发展，对于培养适应我国社会经济发展实际需要的城市规划专业人才具有重要意义。

2　相关研究综述

随着我国社会经济发展与技术进步出现的新趋势、新需求，如乡村振兴、存量规划以及城市双修、大数据应用等，适时促进城市规划硕士教育发展成为越来越紧迫的任务，并受到城市规划教育领域的普遍重视[3, 4]。有学者基于美国的规划教育、职业特征及执业管理的分析，提出并强调了MUP的"职业学位（Professional

---

王纪武：浙江大学城市规划与设计研究所教授
董文丽：浙江大学城市规划与设计研究所副教授

Degree）"属性[5~8]。可见，城市规划专业学位教育不是培养"科学家"，而是培养能够解决实际问题的应用型城市规划专业人才。在我国社会经济发展的现实条件下，规划设计能力仍是规划师的核心专业能力[9]。在学位属性和实际需求的条件下，对培养应用型城市规划专业人才这一教育目标已形成共识。但是，面对多种新的发展趋势和需求，城市规划硕士的专业能力尚不能很好适应我国社会经济发展的实际需要[10, 11]。因此，城市规划硕士专业学位教育已成为我国规划教育领域的研究热点。其中"过于专业化的教育"与"多元化人才的需求"的矛盾，即"专业教育"和"全才教育"之间的平衡与协调是专业学位教育研究的关键问题。

人才输入端的学科专业背景和人才输出端的学位论文研究内容与方法，不论是对"专业教育"还是"全才教育"都具有重要的影响作用。目前，通过跨学科的教学组织、多元化的人才输入与输出，来提高城市规划硕士的研究与解决问题的能力，已成为我国城市规划专业学位教育的重要研究方向。有学者提出我国城市规划硕士的培养应该从技术导向的能力建构转向能力建构和共识培养并重[12]；在人才的输入、输出环节与相关学科专业积极对接，通过多专业输入和双学位输出实现跨学科的交叉学习，对于培养复合型专业人才具有重要作用[13, 14]；专业学位教育应从"物质形态导向"转向由"物质形态与城市研究、公共政策等理学课程共同构成的教学平台"，以培养学生对空间形态背后问题的研究能力[14, 15]。因此，学位教育内容的拓展已成为城市规划硕士教育发展的重要方向。然而，多专业的输入可能弱化城市规划硕士的专业技术特征并引发专业学位和学术学位教育的趋同，而且会导致城市规划硕士的就业压力和职业危机[16]。研究显示，美国规划教育具有生源多元化、研究方向广泛、学科交叉性强的特点，其规划师通常具有科学规范的研究能力，但是规划设计能力不足[6]。另一方面，独立院校内部的多元化专业教育也无法适应多样化的专业人才需求[17~19]。大量相关学科的引入使得专业教育内容越来越多，不但无法完成全才式教育而且影响核心专业能力的培养。因此，一方面有学者提出校际间应适度分化和特色化，通过差异化的专业人才培养来适应社会经济发展对多元化专业人才的需求[13, 20]。另一方面，针对专业人才的多元化需求以及面临的实际问题，在强调拓展专

业教育内容的同时还要防止核心专业能力的弱化[21]。因此，围绕城市规划领域的核心问题，组织相关学科理论方法的教育并用于实践，是拓展城市规划硕士教育的基本原则[22]。在此基础上，对于以核心能力培养为基础的多元化专业教育，"模块化"的课程设计是目前我国规划硕士教学研究与实践的主要内容。即以城乡规划一级学科为平台，结合二级学科划分和注册规划师制度构建模块化的专业课程体系和教学方案[23~25]。

根据上述相关研究的梳理，我国城市规划硕士教育尚存在不能很好适应社会经济发展对多元化人才需求的问题。而跨学科、多元化的城市规划硕士教育转型发展则受到现实教学情况的制约并可能导致核心专业能力弱化的问题。因此，从人才"输入端"与"输出端"的两个关键环节观测并刻画我国城市规划硕士的教育发展现状特征，分析专业学位人才培养过程中存在的问题并探讨适宜的教育路径和方法，对于提高专业人才的教育质量及其在执业过程中的适用性具有重要作用。

3 研究思路与数据来源

3.1 研究思路

基于对城市规划硕士教育发展特征的把握，分别从人才"输入端"和"输出端"对专业学位和学术学位的培养特征进行比较研究。以入学考试、复试的专业科目为基础，比较两种学位在"输入端"对专业背景和能力的考核要求；根据学位论文信息（院校、题目、摘要、关键词）在"输出端"比较研究专业学位教育的特色化、多元化发展特征。

3.2 研究对象与数据来源

2011年首批获得MUP授权的11所院校，对我国城市规划硕士教育具有重要的示范引领作用。因此，选择授权这11所院校为研究对象，具体包括：人才"输入端"的专业考试、复试科目以及人才"输出端"近5届专业学位和学术学位的学位论文❶。

根据网络公开的"招生简章"及信访信息，获取首批获得学位授予权院校的入学考试专业科目；通过

---

❶ 由于同济大学的学位论文没有"上网"，因此本次共采集到首批获得专业学位授权的10所高校的学位论文信息。

"CNKI 中国博硕士学位论文"和"万方中国学位论文全文数据库"采集上述院校 2015~2019 年的学位论文信息，共获得 2280 篇学位论文。包括：专业学位论文 961 篇、学术学位论文 1319 篇。

4 统计结果分析

4.1 整体发展特征与趋势

根据数据采集与整理，城乡规划学科的专业学位、学术学位硕士研究生的整体培养规模相对稳定，两种学位论文的数量呈现"此消彼长"的发展特征。2018 年，专业学位的论文数量超过了学术学位（图 1）。说明城乡规划学科硕士培养重心具有向专业学位移动的趋势，城市规划专业硕士逐步成为我国城乡规划学科硕士研究生培养的主体。

4.2 人才"输入端"的特征

从人才"输入端"来看，在考试和复试两个环节，对专业学位和学术学位采用不同考试科目的院校（即相对强调专业学位的规划设计能力考核），在首批获得专业学位授权的院校中有 5 所。说明对输入人才的专业背景和能力具有了一定的差异化和针对性的要求。但是，无论是学术学位还是专业学位都有"规划设计"的考试科目，即"规划设计"是两种学位入学的必考科目（表 1）。

根据对考试和复试两个环节专业考试科目的梳理，对专业学位和学术学位基础专业能力有一定的差异性要求。例如，同济大学在考试环节未设置"规划设计"的考试科目，并为学术学位设计了相关学科的考试入门路径；西安建筑科技大学为学术学位设计了"规划设计或城市发展与建设史"的考试路径。但是，两种学位对输

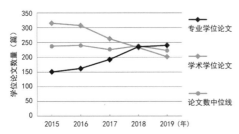

图 1　城市规划硕士学位论文数量变化趋势

入人才的要求仍具有比较明显的趋同特征。主要表现为以下两个层面：其一，整体上具有以"规划设计"能力考核为核心的人才输入特征。"规划设计"是必考科目，其中有 5 所院校在考试和复试两个环节都有明确的规划设计考试内容。其二，各院校对其自身两种学位人才输入的考核内容趋同。例如，有 6 所院校的考试和复试专业科目完全相同。因此，虽然我国城乡规划学科的硕士研究生教育对核心专业能力（即规划设计）普遍非常重视，但是在人才输入环节中对专业学位和学术学位的差异性要求尚不明显。对规划设计能力的考核要求使得学术学位的人才输入具有显著的专业学位特征，可能对系统学习和应用相关学科知识进行科学规范的研究构成不利影响。

4.3 人才"输出端"的特征

选择首批获得专业学位授权院校中研究生培养规模相对较大的 6 所院校，提取学位论文的关键词并根据论文题目和摘要对相近的关键词进行整合，通过高频关键词及其排序来比较研究相应人才培养的发展特征（表 2）。

根据对学位论文关键词的整体梳理，两种学位的教育具有以下几点特征：其一，具有公共关注的研究对象。"城市"和"乡村（特别是传统村落）"是两种学位共同关注的研究对象。这与我国社会经济与城乡发展的实际需求相契合。说明城乡规划学科在研究生培养方面与国家发展需要保持了积极的一致性。其二，高频关键词的重复率较高。虽然高频关键词的排序有一定的差异性，但在排名前 5 的高频关键词中有 4 个是重复的，包括：空间形态、规划设计、传统村落、更新保护。说明专业学位和学术学位人才输出的同质化特征比较明显。其三，存在一定的"错位"情况。学术学位是强调理论研究以培养教学研究人才为输出导向的学位。但是"规划设计"是学术学位论文中出现频次最高的关键词，说明学术学位的人才培养具有显著的专业学位特征。

根据上述比较分析，专业学位和学术学位的人才输入方面整体上切合了城乡空间发展的实际需要。但是，两种学位在人才的"输入端"和"输出端"都具有较为明显的同质化特征，主要是学术学位的考试与研究内容

不同院校的硕士研究生入学考试专业科目构成　　　　　　　　　　　　　　　　　表1

院校	方向	考试科目	复试科目
清华大学	学术学位	城乡规划基础、城市规划设计	城乡规划学综合专业知识
	专业学位	城市规划基础、城市规划设计	城乡规划学综合专业知识
同济大学	学术学位	城市规划基础、城市规划相关知识等多学科专业知识（按研究方法灵活选择）	城乡规划设计、专业综合
	专业学位	城市规划基础、城市规划相关知识	城乡规划设计、专业综合
天津大学	学术学位	城乡规划基本理论与相关知识、城市规划设计	城市规划原理
	专业学位	城市规划基础、城市规划设计	城市规划原理
西北大学	学术学位	城市规划原理、规划设计基础（快题）	城市规划设计
	专业学位	城市规划基础、规划设计基础（快题）	城市规划设计
哈尔滨工业大学	学术学位	城市规划基础、城市规划设计	快题设计
	专业学位	城市规划基础、城市规划设计	快题设计
华南理工大学	学术学位	城市规划基础、城市规划设计	城市规划综合基础知识
	专业学位	城市规划基础、城市规划设计	城市规划综合基础知识
重庆大学	学术学位	城市规划理论、城市规划设计、区域与城乡规划技术理论	城市规划历史与理论、城市规划基础，二选一；或相关学科专业知识的考试
	专业学位	城市规划基础、城乡规划设计	城市规划历史与理论、城市规划基础，二选一
西安建筑科技大学	学术学位	城市规划基础、规划设计或城市发展与建设史	规划设计
	专业学位	城市规划基础、规划设计	规划设计
西北大学	学术学位	城市规划原理、规划设计基础（快题）	城市规划设计
	专业学位	城市规划基础、规划设计基础（快题）	城市规划设计
南京大学	学术学位	城市规划基础、城市规划相关知识	规划与设计
	专业学位	城市规划基础、城市规划相关知识	规划与设计
武汉大学	学术学位	城市规划基础、城市规划相关知识	综合面试（含规划设计的内容）
	专业学位	城市规划基础、城市规划设计或城市规划相关知识	综合面试（含规划设计的内容）

注：根据网络公开的全日制硕士研究生"招生简章"或信访信息整理编制

不同学位论文关键词出现频次排名表　　　　　　　　　　　　　　　　　表2

学位类型	高频关键词排序
专业学位	空间形态、传统村落、规划设计、更新保护、评价分析
学术学位	规划设计、空间形态、GIS、传统村落、更新保护

注：为更好地表达论文的实际研究内容，根据论文摘要对相近的关键词进行整合处理。例如：将"空间布局、城市结构"等整合为"空间形态"；将"城市更新、保护利用"等整合为"更新保护"；将"规划策略""规划方法"等整合为"规划设计"

具有专业学位特征。为进一步厘清两种学位的培养情况，进一步对学位论文关键词进行针对性的梳理和比较分析（表3）。

学位论文中出现频次较高的关键词　表3

院校	专业学位	学术学位
东南大学	规划设计、空间形态、评价分析、历史城镇、更新保护	城市特定片区、空间形态、规划设计、更新保护、就业空间
天津大学	更新保护、规划设计、空间演变、小城镇、城乡统筹	GIS（UNA城市网络分析）、大数据、生态社区、空间形态、更新保护
哈尔滨工业大学	住区、城市商业综合体、光伏利用、规划设计、寒地城市	寒地城市、规划设计、建成环境、老龄化、微气候
华南理工大学	传统村落、文化地理学、传统民居、规划实施、更新保护	传统村落、空间形态、城镇化、城市设计、老龄化
重庆大学	生态规划、山地城市规划设计方法、空间形态、地域特征、保护更新	规划设计、山地城市、空间形态、生态规划、嘉陵江流域
西安建筑科技大学	空间形态、更新保护、传统村落、规划设计、GIS	规划设计、GIS、空间形态、城乡统筹、公共空间

总体来看，校际的研究生培养已形成了一定的特色化发展特征。历史文化传统、地域特征及学科发展背景是校际研究生教育差异化发展的主要原因。例如："更新保护"是东南大学、天津大学等院校研究生培养的重要内容；"寒地城市""山地城市"分别构成了哈尔滨工业大学、重庆大学研究生培养的重要内容。同时，在研究领域和问题方面两种学位具有一定的差异性。专业学位注重不同地域（如寒地城市）、历史文化（如传统村落）及自然环境（生态规划）等条件下城乡规划设计方法的研究。学术学位在注重城市规划设计教育的同时，研究视角（如流域）和关注的问题（如就业、微气候、老龄化）更加多元化并与当前的实际需求相契合。但是，专业学位和学术学位教育与相关学科理论的有效结合及实用技术方法的应用相对薄弱。GIS、评价分析、大数据是两种学位论文相对普遍应用的技术方法。仅在专业学位论文中出现了体现相关学科理论方法的关键词（文化地理学）。

总体来看，城市规划硕士专业学位教育具有以物质形态的规划设计教育为核心内容的人才培养特征，并在校际间形成了一定的特色化教学内容。但是专业学位在研究空间形态及规划设计方法时所应用的技术方法总体上相对单一，主要是GIS、评价分析两者分析方法。学术学位的教育应以培养科学规范的研究能力为重点。虽然其关注研究的问题具有多元化的特征，但是主要应用的是GIS和大数据等技术方法，缺乏对相关学科理论方法的系统应用和有效结合。

5　特征分析与对策讨论

5.1　特征及问题

根据上述分析，校际对于两种学位硕士研究生的培养，基本具有了基于历史文化、地域特色的差异性人才培养特征。但是，从人才"输入——输出"的人才培养的过程来看，两种学位培养的趋同特征仍比较明显。即，虽然校际间的学位论文在研究视角、内容、问题等方面具有了多元化特征，但是整体仍具有显著的专业学位教育的属性和特征。表现为在教学培养环节中都强调对规划设计能力的考核和培养且对相关学科专业的理论、方法的系统应用较为薄弱。

同时，在专业人才的执业管理和进一步发展的体制机制方面，也缺乏与城市规划硕士的有效衔接和保障，这对专业学位人才的培养与职业发展产生了不利影响（图2）。目前从事规划设计工作仍是两种学位人才就业的主要方向，但是规划设计（即快题）是用人单位

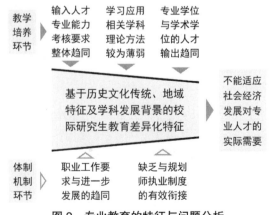

图2　专业教育的特征与问题分析

考核专业能力的主要方法，且在实际工作中对专业学位和学术学位人才的使用和要求也较为模糊。不仅在注册规划师执业管理制度方面缺乏与城市规划硕士的有效衔接，而且在硕士学位进一步发展提升时，即攻读博士学位时，对两种学位也缺乏相应的衔接和差异化要求。

5.2 对策建议

"专业学位"培养的是实践型应用人才、"学术学位"培养的是科研教学型的研究人才。两种学位的人才培养以及在教学内容拓展、执业管理和进一步发展等方面存在的"趋同或边界模糊"的问题，是影响当前专业学位研究生教育的主要原因。因此，针对学位属性及其人才培养目标的差异性，应进一步强化专业学位和学术学位的不同培养模式、教学内容和发展方向。在培养环节，"多学科专业背景的人才输入"更适合学术学位研究生的培养，这有利于系统有效地和相关学科理论方法的结合，提升学术学位研究生的科学、规范的研究能力，培养多元化的研究型人才。对于专业学位，需要在保持规划设计核心能力培育的同时，拓展相关技术方法的学习和应用，以提升其通过规划设计解决社会经济发展实际问题的能力。

需要建构针对性的体制机制，以更好地发展其核心专业能力与优势。其一，根据就业取向特征，需要进一步优化两种学位人才培养的规模结构，提高专业学位的比重，提高专业人才在规划设计单位的"适用性"；其二，强化专业学位与注册规划师制度的衔接。注册规划师制度不仅是对执业能力的考核与管理，而且对明确专业学位的学位属性、发挥专业学位的核心能力优势以及专业人才培养的导向都具有重要作用；其三，进一步完善研究生的培养体系，建构专业学位硕士、学术学位硕士与相应博士学位的对接路径及其差异化的要求。

6 结语

基于对我国社会经济发展需求的积极响应以及专业教育与其体制机制的关联性，需要适时优化城市规划专业硕士教育以建立符合我国实际的专业教育、教学评估及执业管理等制度环境[26, 27]。适应我国社会经济的特殊发展过程和现实需求的城市规划专业教育始终是规划教育领域关注的热点。明确城市规划硕士教育在校际间形

成了一定的差异化和多元化的培养特征，但是对两种学位的属性边界、核心能力的培育尚具有同质化和边界模糊的问题。专业学位教育在强调核心专业能力拓展教学内容的过程中，对相关技术方法的系统学习和应用还比较欠缺。同时，专业人才的培养缺乏体制机制、发展路径的支持，并直接影响对专业人才的使用及其专业能力的评价。在教育和培养环节，在进一步突出校际特色的同时，应强化专业学位和学术学位的差异性培养。"专业化教育""多学科人才输入"以及基于核心能力培育的模块化课程体系，对于两种学位具有不同的内涵和适用范围。因此，在体制机制保障、发展路径引导的基础上，进一步突出专业学位与学术学位的差异性和比较优势，在核心专业能力培养的基础上拓展相关技术方法应用和研究能力的训练，对培养具有扎实专业技能和规范化研究能力的多元化专业人才具有重要意义。

参考文献

[1] 赵万民，赵民，毛其智，等.关于"城乡规划学"作为一级学科建设的学术思考[J].城市规划，2010，34（6）：46-52，54.

[2] 中国学位与研究生教育信息网 http://www.cdgdc.edu.cn/xwyyjsjyxx/gjjl/szfa/csghss/267714.shtml.

[3] 石楠，翟国方，宋聚生，等.城乡规划教育面临的新问题与新形势[J].规划师，2011，27（12）：5-7.

[4] 张京祥，赵丹，陈浩.增长主义的终结与中国城市规划的转型[J].城市规划，2013，37（1）：45-50，55.

[5] 张庭伟.关于中国城市规划教育设置的一点讨论[J].城市规划汇刊，1998（2）：11-12，64.

[6] 张庭伟.知识·技能·价值观——美国规划师的教育标准[J].城市规划汇刊，2004（2）：6-7，95.

[7] 张庭伟.关于规划师的执业资格及考试问题——美国的经验及对中国的借鉴作用[J].城市规划，1998，22（6）：36-38.

[8] 张庭伟.美国规划机构的设置模式：分析和借鉴[J].规划师，1998（3）：9-11.

[9] 陈秉钊.中国城市规划教育的双面观[J].规划师，2005（7）：5-6.

[10] 张赫，运迎霞，曾鹏.国外城乡规划专业学位研究生教

育制度研究 [J]. 高等建筑教育, 2015, 24 （4）: 46–51.

[11] 张赫, 卜雪旸, 贾梦圆. 新形势下城乡规划专业本科教育的改革与探索——解析天津大学城乡规划专业新版本科培养方案 [J]. 高等建筑教育, 2016, 25 （3）: 5–10.

[12] 田莉, 杨沛儒, 董衡苹, 等. 金融危机与可持续发展背景下中美城市规划教育导向的比较 [J]. 规划师, 2011, 26 （2）: 99–105.

[13] 刘子祺, 孙文尧, 王兰. 北美城市规划教育评估标准辨析及其启示 [J]. 城市建筑, 2017 （10）: 34–37.

[14] 王世福, 车乐, 刘铮. 学科属性辨析视角下的城乡规划教学改革思考 [J]. 城市建筑, 2017 （30）: 17–20.

[15] 郭炎, 唐鑫磊. 城乡规划转型背景下的教学改革应对 [J]. 教育现代化, 2016, 11 （33）: 88–90.

[16] 卓健. 城市规划高等教育是否应该更加专业化——法国城市规划教育体系及相关争论 [J]. 国际城市规划, 2010, 25 （6）: 87–91.

[17] 赵民, 赵蔚. 推进城市规划学科发展 加强城市规划专业建设 [J]. 国际城市规划, 2009, 23 （1）: 25–29.

[18] 赵民, 钟声. 中国城市规划教育现状和发展 [J]. 城市规划汇刊, 1995 （5）: 1–8, 62.

[19] 侯丽. 美国规划教育发展历程回顾及对中国规划教育的思考 [J]. 城市规划汇刊, 2012 （6）: 105–111.

[20] 侯丽, 赵民. 中国城市规划专业教育的回溯与思考 [J]. 城市规划, 2013, 37 （10）: 60–70.

[21] 陈秉钊. 中国城市规划专业教育回顾与发展 [J]. 规划师, 2009, 25 （1）: 25–27.

[22] 孙施文. 中国城乡规划学科发展的历史与展望 [J]. 城市规划, 2016, 40 （12）: 106–112.

[23] 王睿, 张赫, 曾鹏. 城乡规划学科转型背景下专业型硕士研究生培养方式的创新与探索——解析天津大学城乡规划学专业型研究生培养方案 [J]. 高等建筑教育, 2019, 28 （2）: 40–47.

[24] 范凌云. 城市规划专业学位硕士研究生课程教学改革研究 [J]. 西部人居环境学刊, 2015, 30 （6）: 43–47.

[25] 林健. 新工科专业课程体系改革和课程建设 [J]. 高等工程教育研究, 2020, 26 （1）: 1–13, 24.

[26] 赵民, 林华. 我国城市规划教育的发展及其制度化环境建设 [J]. 城市规划汇刊, 2001 （6）: 48–51, 80.

[27] 唐子来. 不断变革中的城市规划教育 [J]. 国外城市规划, 2003 （3）: 1–3.

Comparative Study between the Development of Professional and Academic Master's Degree Education of Urban Planning in China

Wang Jiwu   Dong Wenli

Abstract: Cultivating Master of Urban Planning （MUP） is a positive response of education to the needs of applied senior professionals to adapt to China's social and economic development. Since 2011, MUP has been set up for 5 years. Clarifying the characteristics of education development of MUP in time is important to improve the applicability and professional ability of talent output. On the basis of literature review on urban planning professional education, the first group of universities which obtained the degree granting right are taken as the research objects. On the basis of data collection and sorting of dissertations, the characteristics and development path of MUP education are discussed and presented from the comparative study which is conducted on the diversification and characteristics of inter-university professional education, the differentiation of "academic education" and "professional" education, and corresponding influences from institutional mechanism.

Keywords: Master of Urban Planning, Professional Education, Diversification, Specialization

新工科背景下跨专业招收培养城乡规划专业研究生的探索：东南大学的实践

王兴平　赵　虎　朱　凯

摘　要： 城乡规划专业教育面对国土空间这一复杂巨系统，需要非常宽广的知识面和较为综合的专业能力，跨专业招收和培养研究生是城乡规划专业人才培养的重要途径。本文系统梳理和借鉴了相关研究成果和学术观点，立足新工科和国土空间规划改革背景下的行业和专业特征，分析了城乡规划跨专业研究生培养的内在必然性及其基本逻辑。论文系统总结了从城市规划向城乡规划改革的历史过程中，东南大学规划专业跨专业研究生培养的基本模式、总体效果和存在的问题，进而采用问卷调查法对相关学生群体进行了调查和评估分析。研究表明东南大学跨专业招收和培养城乡规划研究生，具有比较显著的学科建设、人才培养效果，也适应了国家规划体系改革的方向和对新的专业技术人才能力的需要；从培养效果看，跨专业培养的研究生其综合研究能力、团队和跨专业合作能力等显著提升，但是受制于学科平台和团队负责人专业背景，依然存在学科课程体系建设滞后、工具性的规划成果绘制和表现能力培养欠缺等问题，需要进一步探索优化培养模式。论文最后提出了面向国土空间规划体系的新要求，进一步优化跨专业研究生培养的策略建议。

关键词： 研究生教育；跨专业；城乡规划

在我国，城乡规划是一项重要的政府职能，也是一个专业技术领域，既具有一定的科学属性，也具有很强的社会实践性。在职业和专业建设方面，我国有专门的注册规划师执业体系，同时在高等教育中有城乡规划一级学科以及对应的本科、研究生专业。城乡规划职业与城乡规划专业、学科既有较强的对应性，也具有一定的差异，城乡规划职业除了以城乡规划专业和学科为主要依托之外，还有大量相关专业与学科，如市政工程、道路交通、行政管理、城市经济、地理学等。相应地，城乡规划专业课程不仅有规划主干课程，还有大量相关知识课程的教学，如城市经济、城市社会、城市生态学以及地理学、市政工程学科等。进一步分析，城乡规划专业兼具技术性、艺术性和政治性、政策性的多重特点，因此，"跨专业、跨学科"是城乡规划职业的内在特征，也是对其专业人才培养提出的内在要求。

从我国城乡规划专业研究生培养实践来看，除了工科的城乡规划之外，还包括人文地理与经济地理、公共管理等学科，近年来随着城乡规划作为公共政策属性的确立和国土空间规划新体系的建立，行政管理学与公共政策学、生态学与环境科学、土地科学等也与城乡规划交叉融合或者向城乡规划学科延展，促进了城乡规划研究生生源专业基础和背景的多样化。目前，随着"新工科"建设的推进，面向新需求的跨专业、跨学科交叉融合已经成为传统工科创新和转型的重要路径，城乡规划专业开展跨学科交叉的研究生培养已属必然。

1　相关研究综述及其启示

跨专业硕士研究生培养已经得到学术界的关注和肯定。有学者指出，在学科融合需求日益迫切和专业发展边界趋于模糊的今天，跨专业硕士研究生培养已成为当

王兴平：东南大学建筑学院教授
赵　虎：山东建筑大学建筑城规学院教授
朱　凯：浙江工业大学设计与建筑学院讲师

前诸多学科发展中不得不面对的话题，尤其是在对人才具有"专、博、通"的知识基础和"实、创、理"的思维方式要求的工程学科领域[1]，学科交叉已是国内外研究生培养的共性趋势[2]，跨专业应届硕士毕业生也相应成为许多国内外科研院所偏爱的后备科研力量和用人单位招聘时的优选对象[3]。

跨专业硕士研究生的科学培养涉及对跨专业硕士研究生自身专业及综合知识素养、多学科背景的导师队伍建设、学校差异化培养课程体系等不同参与主体的多项学习/工作要求[4, 5]，且要立足所在院校本专业发展的实际情况[6]，进行系统化的统筹引导，因此，跨专业硕士研究生存在前述发展优势的同时，无论是在自身学习角度还是在校方及导师专业培养角度又存在着区别于本专业硕士研究生的困境。这些困境一方面来自于其与本专业硕士研究生在基础理论、内隐知识、思维方式和逻辑能力等方面存在差异[7]，另一方面来自于其在入学教育、课程学习、选定课题、学术交流、人文关怀和论文答辩等培养环节[8]是否能够相应得到针对性关注和教研指导调整。在克服上述困境的过程中，高校跨专业硕士研究生的培养事实上经历的是一种自下而上的突破方式，与国际前沿和国内外实践接轨程度也越来越高[9]，同时，如何进行个性化方案的设计和如何实施个性化人才培养方案成为实现跨专业研究生培养目标亟待解决的问题[10]。

城乡规划学科虽然属于工科，但是其自身兼有"'学科/专业'+'行业/领域'"双角色和技术、范畴综合化特点，且规划实践一直是该学科的重要特点[11]。面对实践需求，规划专业从早期的建筑、交通、市政等建筑土木交通类工程学科和人文地理学科的介入到后来的经济、社会、公管等社会学科和计算机、信息等工程学科的引入，学科和专业的独立性与综合性[12, 13]逐步加强，教学群体、从业群体趋于多元化[14]。跨专业招收培养城乡规划研究生正是高校应对学科/专业及行业发展需求的重要举措。目前，国土空间规划新体系正在构建，国土空间规划不是单一学科能够完成的，必然是多学科交叉合作的工作平台[15]，也要求教学体系和人才培养体系的复合化和综合化。而在新工科教育变革和国土空间规划体系改革双重背景下，要求规划师应具备更广阔的知识体系和多元维度解析城市、区域、乡村发展

的规律的能力，城乡规划教育也面临着深刻的变革[16]。"新工科"建设的人才培养目标也对规划专业学生能力培养和创新思维提出了更高的要求[17]。基于此，本研究立足城乡规划专业研究生跨专业培养实践，总结具体模式及其成效和问题，并在此基础上提出构建城乡规划跨专业研究生培养新模式的对策建议。

2 跨专业招收培养城乡规划研究生：基于实践与专业特性的内在需求

我国的空间规划由最初的城市规划拓展到城乡规划，进而构建起新的国土空间规划体系，并从一项专业技能拓展提升为国家治理体系和治理能力的重要组成部分，对职业能力的要求越来越宽泛，如果再考虑到发展规划的要求，规划师由"专科医生"向"全科医生"转化的趋势也越来越明显。相应地，注册规划师职业能力和相关知识体系的要求也不局限在传统的城市规划学科领域，而是涵盖了大量的相关知识，并进而关联到相关专业和学科。既有高等教育的学科和专业设置，很难在一个专业培养周期内完成如此广泛的知识学习和能力培养，跨专业并形成不同阶段接力培养的模式，成为一种可行的、兼顾全面规划知识和能力需求与有限的单一专业性学科培养的平衡选择。只有不同学科的知识体系跨学科、跨教育阶段地衔接起来，本科相关专业+硕士跨专业接力培养，融学生知识和能力的"升级+转型+扩充"于一体，才可以基本覆盖规划职业与行业的要求，兼备"宽基础+强专业"的一专多能要求和具备开展综合规划实践和相关科研的基本能力。

3 东南大学区域与总体规划团队跨专业招收培养城乡规划研究生的实践概况

东南大学城乡规划专业属于工科，从原来的建筑学发源，以微观层面的物质性空间规划设计为主要方向和特色。区域与总体规划二级学科方向是适应当时城市规划拓展为城乡规划以及新的城乡规划一级学科建设需要，引进地理学师资队伍逐步发展起来的学科和人才培养方向。为了解决该方向的研究生招生生源等问题，学院和研究生院反复沟通后，在该方向打破既有招生模式、开展跨专业保送研究生试点，从经济

高等院校本科城乡规划及相关专业知识和课程体系一览表　　　　　　表1

专业	建筑类		地理科学类		公共管理类	
	工学渊源的城乡规划	理学渊源的城乡规划	人文地理与城乡规划	地理信息科学	土地资源管理	城市管理
知识体系	通识类知识、学科基础知识、专业知识		通识类知识、学科基础知识、专业知识		思想政治理论知识、通识类知识、专业类知识	
专业能力	掌握城市与区域发展、城乡规划理论与方法、城乡空间规划、城乡专项规划、城乡规划实施的知识和技能		掌握人文地理学的基础理论，结合城市规划的技术路径与基本方法	掌握3S技术的基础知识、基本理论与基本技能	掌握土地资源管理基本知识，土地调查与规划、土地政策分析、地籍管理、房地产估价等技能	掌握公共管理学、城市经济学、城市社会学、城市规划学的基本知识，具有初步的科学研究和公共政策分析能力
课程体系	包含理论课、设计课、实践课和选修课四类。理论课包括工具类、通识类和专业知识课程，设计课程包括各年级设计课程、毕业设计等，再加上实践课学分比例不低于30%		包含理论课程和实践课程，理论分为公共基础课程、学科基础知识和专业知识课程，专业实践教学课程（学分不低于15%）		包含理论课程和实践课程（学分不低于15%），其中理论课程包括思想政治理论课程、通识类课程、专业类课程（学科和专业基础课程、专业课程）	
基础课程	设计基础、画法几何、阴影透视、建筑制图、建筑艺术表现基础	经济地理学、人文地理学、城市地理学、区域分析与区域规划、城市与区域经济学	地球科学概论、自然地理学、人文地理学、地理信息系统原理、遥感概论、地图学、区域分析方法		管理学基础、经济学基础、政治学原理、社会学原理、公共管理学、公共政策概论	
专业核心课程	城市规划原理、城市规划设计、城市设计、中外城建与规划史、城市道路与交通规划、城市社会学、城市地理学、城市经济学、区域分析与区域规划、城乡规划管理与法规、城市分析方法等	建筑概论与制图、城市道路交通规划与设计、城市工程系统规划与设计、城乡规划原理、城市与区域系统分析、建筑设计、控规设计、城市设计、城市社会学与社会调查、总体规划等	经济地理学、城市地理学、城市规划原理、土地资源管理学、区域规划等	地理信息科学导论、空间数据采集与管理、GIS空间分析、GIS应用开发、遥感数字图像处理等	土地法学、土地经济学、土地行政管理学、土地资源学、土地信息系统、土地利用规划学、地籍管理、测量学、土地利用工程等	地理学基础、公共政策原理、公文写作与处理、宪法与行政法、产业经济学、中外城市发展史、市政管理学、城市社会学、区域经济学、城市经济学、城市规划管理、城市总体规划、城市土地与不动产管理、城市规划设计、城市交通规划与管理、城市社区管理等

学、经济地理学专业招收研究生，并逐步扩大到地理信息系统、土地利用规划等专业。跨专业招收研究生自2007年探索起步，已经涵盖了国土空间规划相关学科的主要985、211院校，如南京大学理科规划专业、南京农业大学土地规划与管理专业、中山大学和西北大学经济地理专业等，同时，采取了跨专业与产学研合作结合的人才培养模式，与江苏省城市规划设计研究院、东南大学城市规划设计研究院等合作构建产学研合作平台，为跨专业学生成长提供实训平台和科研规划设计项目支持。目前，东南大学规划专业在全国工科城市规划专业中较早探索和构建起了跨专业、学科交叉融合的研究生培养模式，取得了显著的学科建

设、人才培养效果，并有利支撑了特色、交叉学科科研的开展。

为了既不打破学科立足工科、必须参加快图设计考试的招生模式，也确保跨专业保送考生能够突破"快图门槛"，对跨专业研究生生源采取了只参加一般笔试和直接面试的简易复试方式，在回避"画快图"同时突出考查该类生源的跨专业知识和综合研究能力。自2004年东南大学城市规划学科区域与总体规划方向开始招收硕士生、2008年招收博士生以来，至今招收的硕士、博士生的本科专业背景分布见表2。总体来看，硕士生中非工科规划生源约占1/3，博士生中非工科规划生源约占1/2。

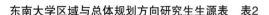

东南大学区域与总体规划方向研究生生源表 表2

本科专业基础	硕士生	博士生
城乡规划学（工科）	40	10
经济地理（含理科基础的城乡规划专业）	9	7
地理信息系统	1	0
土地规划	2	0
经济学	7	0
建筑学	0	3
其他学科	0	1
合计	59	21

在跨专业招收研究生和丰富生源同时，在本专业教学体系方面，也进行了系统改革，特别是充分利用引进的经济地理、地理信息系统等师资，开设了系统化、系列化的地理学与区域规划等课程，补齐原来以"设计教学"为主线的课程体系短板，为占主流的工科规划学生提供"跨学科"的理科学习资源。由此，东南大学的工科城市规划专业整体环境与团队的理科规划方向相互支撑，对于团队招收的工科与非工科学生的跨专业培养均形成了一定的直接或者间接支撑作用，总体上形成了鲜明的"双重跨专业"特征：首先，东南大学工科城乡规划的研究生教学体系以"物质性空间规划设计"课程和知识体系为主线，对非工科基础的学生而言属于跨专业的课程教育；其次，东南大学区域与总体规划团队的科研与规划实践属于理科背景的技术工作，主要围绕社会经济及其宏观空间布局规划展开，对工科学生而言属于跨专业培养。此外，多专业背景学生之间，基于教师团队平台开展跨专业协同合作和学习，增强跨专业知识与能力，加上团队与学科其他工科教师开展城市设计类项目合作，对非工科学生也提供了跨专业参与设计类实践和能力培养的机会。

跨专业人才交叉培养的基本模式 表3

学生类别	工科专业教育	理科团队训练	跨专业协同学习和研究
工科规划设计类学生	继续教育	新优势培养	新知识新技能
理科规划类学生	新优势培养	继续教育	新知识新技能
非规划专业学生	新知识学习	新技能培养	新知识新技能

这种工科平台上非工科团队的建设和跨专业人才培养发挥了三个方面的效应：

（1）对研究生专业和职业能力的综合培养效应：工科学科平台与理科方向团队的结合与组合、叠合，形成了整体上较为宽广、综合的培养环境，涵盖由工科设计性课程教学到理科、宏观规划与综合研究实践锻炼的广谱培养环境，学生可以有多种提升跨领域专业能力的选择，理科学生的设计类知识得以学习和加强、工科学生的综合研究和宏观规划能力得到训练，非规划类学生则发挥原有专长促进规划创新，同时自身的规划专业能力得到养成。

（2）对学科与专业的知识补缺和补短板作用：非工科团队的建设和跨专业研究生的招生以及相关课程、科研和项目实践的开展，对于传统工科规划学科和专业本身的建设发挥了重要作用，有效地弥补了学科体系存在的知识、能力短板，促进了专业和学科内涵的发展、充实以及综合发展。特别是在目前发展规划和国土空间规划共同构成新的国家规划体系的时代背景下，资源与环境、社会与经济、政策与治理等新规划体系所需的知识和专业能力，因理科方向团队的建设而得以补缺和强化。

（3）对其他团队的溢出和旁侧影响效应：非工科团队的发展和与学科平台上其他工科团队的合作，产生了一定的相互协同效应，特别是对工科团队形成了一定的知识溢出和旁侧影响效应，一方面合作开展了一些创新性的研究和规划实践成果，促进了专业技术的发展和创新，另一方面则影响了工科团队的研究观念和研究方法，影响其从传统的"就设计论设计"的治学方式中走出来，形成"研究性设计"的新理念等，从而促进了设计学科的学术创新。

这种理工交叉、规划与非规划交融的人才培养和科研合作模式，在促进学科创新方面，已经探索形成了三个典型案例：①区域分析与城市设计的结合以及创新提出和开展区域设计：2003年团队建设伊始就参与了东南大学城市规划专业的专长——各类城市设计工作，一开始承担城市设计的辅助研究工作，主要开展设计对象的区域发展条件的分析研究，进而逐步承担城市设计中的定位、业态到规模研究，拓展了城市设计单纯以物质性空间形态和景观设计为主的内容体系。2007年开始，随着东南大学大尺度城市设计和总体城市设计的开展，团队在参与的过程中探索性提出了"区域设计"的概念并逐步构建起了初步完整、规范的区域设计内容体系。②区域与城市产业空间规划：团队发挥了经济地理和经济学专业的特长，与空间规划相结合，构建了产业发展（经济学）、产业—空间互适性的空间布局（经济学、经济地理学、城乡规划）到产业空间控制图则（控制性详细规划等）的创新性多尺度产业空间规划技术体系，并获得广泛应用；③城市空间治理规划：基于跨专业思考和探索，提出了"空间形态—空间业态—空间状态"三态合一的空间规划模式，并与城市管理和治理实践结合，融合公共管理、城乡规划、产业规划等，探索和初步构建了空间治理规划的基础体系并进行了实践应用。

从目前实践来看，跨专业培养研究生一方面可以产生不同学科知识的叠加、互补效应，会极大地提升培养对象的职业能力，但是，如果方法不当、衔接不畅，则有可能产生相反效果，不但没有不同学科的正向互补，还有可能产生反向对冲效应，导致部分学生不仅跨学科新知识没有输入，还丢弃了原有学科和专业的知识，这在团队部分研究生身上也有所体现，通俗地讲，做的好的话不同学科叠加赋能，将培养出"三头六臂"的全能规划师，反之则成为"四不像"人才，在职场上进退失据。跨专业人才培养还面临一个实际困难，就是目前的求职考试方式过于单一和泾渭分明，要么工科考快图表达能力、要么理科考文字报告能力，导致跨专业研究生综合能力的优势无法发挥，而单一能力并不具有竞争优势，求职时这一困难也加剧了学生选择跨专业团队的畏难情绪，影响生源进而制约培养质量的提高。

4 东南大学跨专业招收培养城乡规划研究生的实际效果评估

为了评估跨专业招收培养城乡规划研究生的效果，也为了进一步优化培养方案，本文采用问卷调查的方法对东南大学区域与城镇总体规划方向团队研究生进行调查。本次调查问卷设计题目23个，内容主要涉及个人基本信息、课程学习情况、学术能力培养和专业技能训练四个方面。评估在关注了样本自身满意度的同时，还设置了发表文章层次、参与实践数量等问题进行具体评价，同时还关注了研究生入学前所属专业在培养效果上的差异比较，也就是工科城乡规划专业与其他专业学生的差异。本次问卷采用网络问卷的方式发放，到截止时间共收集网络问卷56份，占到团队研究生总数的80%，其中有效问卷54份，问卷有效率达96.4%。本文运用SPSS软件对问卷结果进行了相关统计，进而进行了分析和总结。

4.1 跨专业研究生培养效果评价

（1）课程学习效果：绝大多数一次通过考核，非工科规划专业的学生满意度更高

课程学习是研究生教学的主要工作之一，是研究生获取专业知识和技能的基本保障，在研究生培养中是十分重要的环节。在东南大学现行的城乡规划学硕士和博士研究生、城市规划硕士研究生的博士培养方案中，对专业课程体系和研修要求都做了明确规定。其中，学硕有专业课程15门，主要是理论类课程；专硕有专业课程17门，内含实践教学类课程3门；博士研究生专业课程5门，主要是理论类课程。

经过问卷分析，在调查者中仅有1人出现过挂科现象，其余人都一次性通过了课程的考核。在课程学习效果满意度的评价中，选择基本满意及以上选项的样本比例达到98%，其中有26.42%的被调查者选择了很满意。可见，绝大多数同学对自己在研究生阶段的课程学习效果感到满意。另外，课题对入学前不同专业的研究生的满意度情况进行比较，发现本专业和非工科规划专业攻读研究生的同学在整体满意度上相差不大，但后者在课程学习效果上的满意度更高，感到很满意的比重达到29.2%，比前者高出近12个百分点。可见对于同样的课程，非工科规划专业的同学在通过考核后更容易有成就感和满足感。

（2）学术能力培养：超九成有学术成果产出，非工科规划专业的学生成果层次更高

问卷通过对学生论文发表、学术交流的调查对研究生学术能力培养的效果进行评价。首先，在发表论文数量的调查中，有超过九成的研究生发表过论文，并且35.84%的研究生在读期间发表过4篇以上，同时，有超过八成的研究生在学术会议上做过报告或者发言，九成以上的研究生参与过省部级以上科研项目。以上学术成果的产出是研究生学术培养质量较高的表现，也是研究生对学术培养满意度较高的内在体现。据问卷结果显

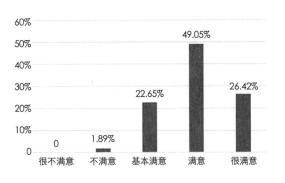

图 1　全体样本的课程学习满意度统计图

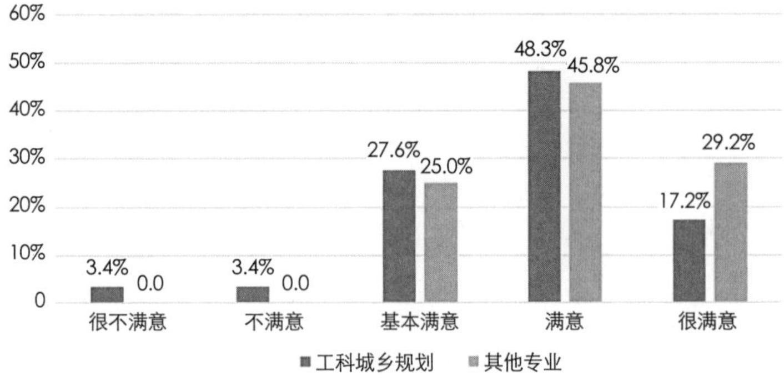

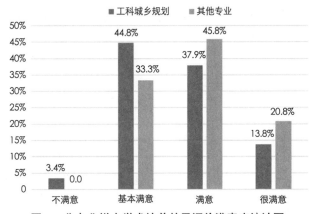

图 2　分专业样本的学习满意度统计图

示，绝大多数调查者对学术培养的效果达到基本满意以上，其中近六成的人选择了满意和很满意。

同时，问卷对本专业和跨专业学生的满意度进行了交叉分析。通过分析发现，非工科规划专业研究生对学术培养效果的满意度更高。其中，非工科规划专业研究生对学术培养效果感到满意和很满意的比例比本专业的研究生分别高出约8个和7个百分点。实际上，在研究生阶段，除了总体上团队研究生发表学术论文总量和质量均稳居全专业首位之外，在团队内部非工科规划专业的学生发表论文的层次和境内外学术交流的表现上均优于本专业的人员。据统计，调查者填写发表论文的最高层次最多的均是CSSCI期刊，但是非工科规划专业学生的比例达到37.5%，比本专业学生高出约13个百分点。同时，非工科规划专业学生发表论文最高层次是

SSCI和中文核心期刊的比例也要高于本专业学生。另外，从研究生学术会议作报告和发言的比较来看，非工科规划专业研究生的频次要高于本专业学生。据统计，在读期间，研究生报告的次数超过4次的本专业学生比例为17.2%，而非工科规划专业研究生的比例则达到54.1%，二者差别较为明显。

（3）专业技能培养：超七成调查者满意度较高，逻辑分析能力提升成为共识

专业技能的培养是规划专业研究生走向工作岗位的重要保障，他们正是在研究生阶段通过参与规划项目实践训练而获得了相关的专业实践技能。从问卷调查结果可以看出，填写人对研究生阶段专业技能培养效果感到满意和很满意的比例达到75%，并且本专业和非工科规划专业的研究生的差异并不特别明显。

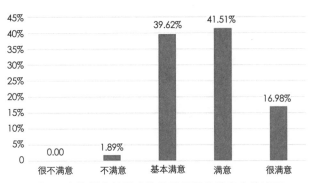

图 3　全体样本的学术培养效果评价满意度统计图

图 4　分专业样本学术培养效果评价满意度统计图

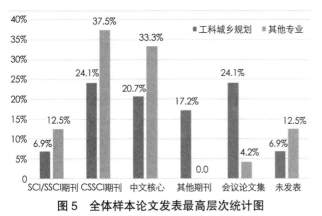

图5　全体样本论文发表最高层次统计图

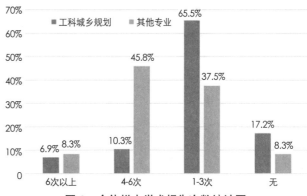

图6　全体样本学术报告次数统计图

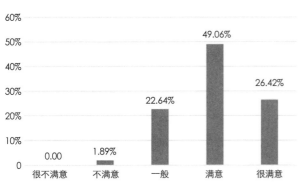

图7　全体样本专业技能培养效果评价满意度统计图

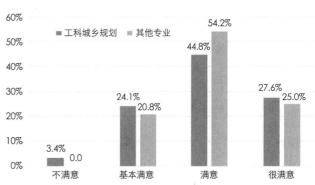

图8　分专业样本专业技能培养效果评价满意度统计图

同时，问卷还从具体专业技能提升的角度对研究生培养效果进行了调查，通过问卷填写结果的分析发现，经过研究生阶段的学习，大多数人均认可自己的逻辑分析能力得到明显提升，不同专业的研究生均对此有着首位认同度。据统计，有96.6%的工科规划专业学生和87.5%的其他专业学生选择了这一选项。另外，团队合作能力和汇报交流能力的提升排在第二和第三位，这在两种类型的生源认识上也基本一致。这体现了城乡规划实践工作的综合性和政策性，在实践中各专业同学可以发挥专长分工合作完成工作任务。

研究生学位论文质量也是跨专业培养的研究生学术水平和逻辑分析能力的重要体现。本团队截至目前，共获评1篇校优博士论文和7篇校优硕士论文，其中除1篇硕士论文之外，校优论文均获得省优学位论文，是目前全省规划学科中获得省优学位论文最多的团队。在全

部7篇硕博省优论文中，跨专业学生获得2篇，本专业获得5篇。从一个层面反映出跨专业培养对传统工科学生研究能力的显著培养效果。

4.2　跨专业研究生培养问题分析

（1）课程学习：课程数量设置较多，但与实际需求存在差异

虽然绝大多数研究生在课程学习环节都能顺利通过，但是通过对课程学习困难的调查也反映出，研究生阶段存在课程设置数量较多、与实际需求存在差异的问题。据统计显示，在课程学习的困难选项中，课程设置数量较多的选项比例为25.7%，占据首位。特别是生源为工科城乡规划专业的学生中，有44.8%的调查者选择了该选项，主要原因在于研究生阶段的课程内容与他们本科生阶段有一定的交叉和重复。排在第二位的困难是

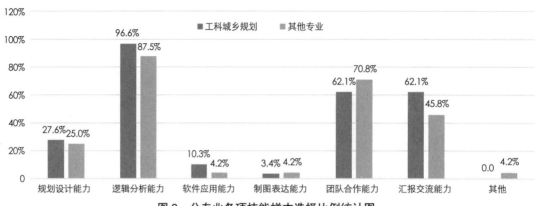

图 9　分专业各项技能样本选择比例统计图

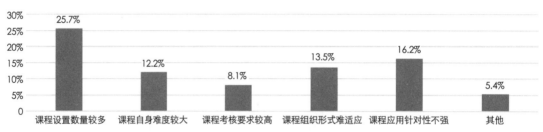

图 10　全体样本课程学习困难选择统计图

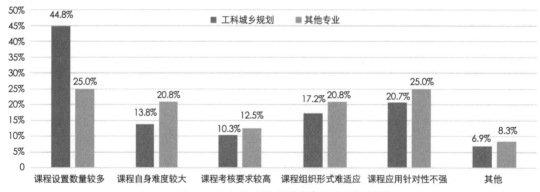

图 11　分专业分选项样本选择比例统计图

课程应用针对性不强，这也体现出课程教学与学术和实践能力需求之间的不匹配性。

（2）能力培养：学术产出质量有待提升，工具性技能培养有待加强

跨专业培养研究生在学术成果产出上虽然成绩突出，但是也存在成果质量不高等问题。据统计，在研究生阶段，有近50%的同学没有获得过任何学术和项目奖励。同时，在学术交流上，有62.26%的同学没有境

外交流的经历。另外，在专业技能培养方面，绝大多数同学感觉自己经过研究生阶段的学习后，在软件应用和制图表达两个工具性技能方面提升不大。

5　结语

总体而言，跨专业招收和培养城乡规划研究生，可以为学生提供更为广阔的成长空间和舞台，具有比较显著的学科建设、人才培养效果，也更适应新工科建设和

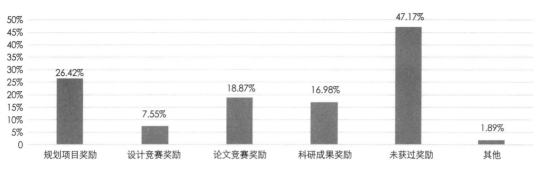

图12　全体样本学术及项目获奖情况统计图

国家规划体系改革的方向和对新型规划技术人才能力的需要。从培养效果看，跨专业培养的研究生其综合研究能力、团队和跨专业合作能力等显著提升，但也存在研究生课程体系建设滞后、工具性的规划成果绘制和表现能力培养欠缺等问题，需要进一步优化培养模式。

目前东南大学城乡规划专业的"区域与总体规划方向"已经调整为"区域与国土空间总体规划"方向，在延续既有的理、工、文跨专业综合发展的方向特征基础上，更好地适应新工科和国家规划体系（发展规划和空间规划）对人才培养的需要。面向新工科对复合型、交叉融合型人才培养的需求，跨专业培养规划专业研究生需要在以下方面进行针对性强化和改革：①进一步推进课程体系的优化，特别是去除与本科规划教学高度重复的教学内容，突出多学科理论性、前沿实践性、新技术应用性的教学课程，适当引入和开设跨学科理论课程，培养学生的思维能力；②针对区域和国土空间总体规划层面宏观性、政策性甚至政治性强的特点，最大限度地融入"思政教育"内容，包括党和国家方针政策、中国特色城镇化道路、以人民为中心思想、新发展理念、共同体思想和国情等方面的教育教学，培养未来规划师描绘美好"中国梦"蓝图的综合能力和正确方向；③进一步推进研究和规划设计能力的培养，特别是对学生逻辑分析和思辨能力、空间感知和表达能力的培养，建议开设逻辑哲学类课程，以及手绘和美术类课程，提升学生的综合观察和认知、思考和分析、表达和表现能力；④进一步扩大学科和生源范围，满足新时代中国特色规划体系的需要，在目前主要招收地理、土地、经济、公共管理等学科生源基础上，增加社会、生态、管理、心理学、市政等学科的生源，满足新时代生态文明、以人

为本以及规划服务治理体系的需求，推进规划学科应用面的扩展和学科生命力的进一步提升。

致谢： 本文为教育部第二批新工科研究与实践项目（项目号E-GCCRC20200305）部分成果，获得东南大学教学成果二等奖。文章写作和问卷调研过程中得到已经毕业的相关研究生的大力支持，特此致谢。

参考文献

[1] 刘华，邢怀滨. 工程类专业研究生培养的学科交叉研究[J]. 学位与研究生教育，2008（S1）：127-130.

[2] 许迈进. 美国研究生教育模式的特征分析[J]. 教育发展研究，2003（1）：78-81.

[3] Commission on the Future of Graduate Education. The Path Forward: The Future of Graduate Education in the United States [EB/OL]. 2010. http://www.fgereport.com/rsc/pdf/CFGE_report.pdf.

[4] 卢双舫，马世忠，付广，等. 跨专业地质类研究生培养的探索与实践[J]. 中国地质教育，2009，18（2）：37-41.

[5] 谢凯，方贤文. 对跨专业研究生培养的思考[J]. 文教资料，2014（16）：135-137.

[6] 辛敏英，姚远，黄金. 多学科跨专业协同创新研究生培养的特点分析与探索[J]. 求知导刊，2016（1）：55-56.

[7] 何运信，李美中. 跨专业与本专业硕士研究生差异化培养研究——基于对经济管理类专业研究生的问卷调查[J]. 高等农业教育，2010（1）：61-64.

[8] 王建江，黄红军. 跨专业研究生培养的实践与研究[J]. 中国电力教育，2012（7）：16-17.

［9］周玉清，沈红，毕世栋.美国的研究生教育评估及带给我们的启示 [J].清华大学教育研究，2002（4）：83–89.

［10］郭必裕.跨专业研究生个性化培养方案的设计初探 [J].研究生教育研究，2016（6）：39–43.

［11］陈昆仑，李丹，王旭.学科调整背景下人文地理与城乡规划专业的机遇与发展 [J].高等建筑教育，2013，22（6）：22–25.

［12］赵万民，赵民，毛其智.关于"城乡规划学"作为一级学科建设的学术思考 [J].城市规划，2010，34（6）：46–52，54.

［13］王睿，张赫，曾鹏.城乡规划学科转型背景下专业型硕士研究生培养方式的创新与探索——解析天津大学城乡规划学专业型研究生培养方案 [J].高等建筑教育，2019，28（2）：40–47.

［14］马仁锋，姜露露.长三角地区人文地理与城乡规划专业人才需求特征与趋势 [J].教育现代化，2020，7（17）：29–33.

［15］周庆华，杨晓丹.面向国土空间规划的城乡规划教育思考 [J].规划师，2020（7）：27–32.

［16］毕明岩，孙磊，黄鹂，等.新工科教育背景下城乡规划人才培养 CDIO 模式研究 [C]//黑龙江省高等教育学会.高等教育现代化的实证研究（二）哈尔滨：黑龙江省高等教育学会，2019：7.

［17］李扬，刘平，王丹丹.新工科背景下的城乡规划专业设计课程教学改革研究 [J].安徽建筑，2019，26（2）：148–150.

Practical Exploration of Inter-Professional Recruitment and Cultivation of Urban and Rural Planning Graduate Students: Based on the Practice of Regional and Master Planning Team in Southeast University

Wang Xingping   Zhao Hu   Zhu Kai

Abstract: Urban and rural planning professionals need a very broad range of knowledge and comprehensive professional capabilities facing the complex giant system of urban and rural human settlements, which makes inter–professional recruitment and cultivation of graduate students an important way to train urban and rural planning professionals. This paper systematically sorts out and draws on relevant research results and academic viewpoints, and analyzes the inherent inevitability and basic logic of inter–professional talent cultivation based on industry and professional characteristics. Combined with Southeast University's relevant talent training practice, this paper systematically summarizes the basic mode, overall effect and possible problems of inter–professional postgraduate training, and then investigate and evaluate the relevant student groups via questionnaire survey method. The study found that Southeast University's inter–professional recruitment and cultivation of urban and rural planning graduate students has significant effects in discipline construction and talent training, and it also adapts to the direction of the national planning system reform and the need for new professional and technical talents; from the perspective of training effects, the comprehensive research, team and inter–professional cooperation capabilities of postgraduates trained across disciplines have been significantly improved. However, problems like lags in the discipline curriculum system development and lack of instrumental planning results drawing and performance skills training exist due to the limit of discipline platform and professional background of the team leader, which requires further exploration and optimization of the cultivation mode. At the end of the paper, strategies for optimizing the cultivation of inter–professional graduate students are proposed.

Keywords: Postgraduate Education, Inter–Professional, Urban and Rural Planning

服务国家需求的城乡规划专业教育体系与变革途径

李迪华　彭　晓

摘　要：国家全面推动生态文明建设的需求重置了规划的底层逻辑，城乡规划应转变为一个公共政策性的学科，从单纯的物质形态建设过渡到协调社会、经济、生态效益的综合性规划，并与相关专业合作完成空间规划、智慧城市等细分内容。形式上，借鉴英美两国百余年来的城乡规划专业教育发展历程，对标国际专业课程设置的相关经验构建"核心课程"＋"专门课程"的课程教育体系；内容上，启发于现有对城乡规划教育改革的论述，提出城乡规划应当明晰与相关专业的边界，将其培养核心由原来的物质建设、空间规划设计转变为战略规划和公共政策制定。以北京大学城乡规划专业改革为例，通过分析其学科基础和现有问题，提出教育课程和培养方式的改革方案；呼吁基于院校实际情况进行差异化、特色化办学，培养适应新时期需求的规划设计人才。

关键词：生态文明建设；城乡规划；学科边界；教育体系；变革

1　国家需求变化与规划事业转型

自 2012 年确立生态文明建设国家战略以来，城乡规划面向的国家需求发生了质的变化。规划教育和行业体系必须做出相应的变革以适应国家需求变化。

综合起来，以下变化值得关注：①我国由增量规划转入存量发展阶段，规划专业不能再单纯强调培养学生规划新城的实践能力，需要补充分析和解决存量环境问题的社会、经济、产业、政治等相关领域知识[1]；②我国进入追求高质量发展阶段，规划专业必须能够支持所服务的领域的"价值链"向中高端跃升；③城乡规划的行业主管部门从住建系统转移到自然资源系统，城乡规划的性质已经越来越成为一种社会公共治理的手段，规划人才履职能力要求发生深刻变化[1]；④新型城镇化、乡村振兴、人口老龄化、产业转型与空间战略等社会经济发展新问题和新任务，需要城乡规划专业能够同时关注社会发展和治理等的眼前问题和长远目标；⑤应对气候变化、"双碳"目标、生物多样性保护、生态修复等局部和全球环境与社会问题[2, 3]，对规划专业的国际视野与战略眼光提出了新的要求；⑥数字技术应用普及，人才观念已经改变，培养兼顾专业教育与通识教育、拥有专业基础和事业开拓能力的人才是高等教育的大趋势。

面向这些新形势、新需求，城乡规划应当充分发挥制定公共政策的角色[4]。规划教育体系的转变一直面临着现实困难：首先，城乡规划的培养目标和体系长期以来存在的分歧未能成为教育改革探索的力量，依托建筑学、地理学及农林院校的三类规划院校，未能在其各自的学科优势基础上探索出有价值的参考方案；其次，新时期国土空间规划体系的建立，对以城乡规划为核心的规划与设计教育体系提出了新的挑战[5]；再次，城乡规划专业教育的边界不清，一方面与国际接轨的专业内涵未被重视，另一方面与风景园林学（一级学科）高度重合，表现出"捡容易的做"和重视"赚快钱"的"画图功夫"的特点（表 1）。

通过持续关注北京大学城乡规划专业学生的反馈，借鉴国外城乡规划学科发展与课程体系经验，结合对国家需求的思考，提出对人才培养目标、学科教育体系完善等城乡规划专业在新时期改革方向的思考。

李迪华：北京大学建筑与景观设计学院副教授
彭　晓：北京大学城市与环境学院博士研究生

70年来城乡规划密切相关的两个专业的发展历程及其与国家需求的关系　　　　表1

年代	城乡规划学	风景园林学	国家需求与行业转型
1952 年	同济大学在建筑系内筹划设置城市规划专业	前北京农业大学（今中国农业大学）设置造园专业	
1956 年	国家教育部正式将该专业更名为城市规划，并列入招生目录	该专业被调整至前北京林学院（今北京林业大学），专业名称改为"城市及居民区绿化"	城市建设规划、城市绿地建设，植树造林
1964 年		更名为园林专业	
1965 年		停办	
1974 年		恢复招生	城市绿化、植树造林
1970 年代中期	北京大学、南京大学、中山大学等地理类院校参与城市规划专业教育，将生产力布局、区域规划与城市规划结合在一起		
1985 年		分设园林、风景园林、观赏园艺3个专业	城市规划、城市绿化、风景名胜区规划，文化与自然遗产地规划与保护，环境保护
1980 年代中期	各规划院校在教学过程中开设有关城市经济学、城市社会学、城市地理学、城市生态学等方面的课程，两个学科方向的教育内容同时得到完善		
1997 年	风景园林并入城市规划，出现"城市规划（风景园林）"	取消风景园林学一级学科，设立"城市规划（风景园林）"	新城规划与建设、城市绿化、环境美化，生态保护、美丽乡村建设
2008 年	《城乡规划法》取代《城市规划法》，标志我国逐步打破城乡二元结构，进入城乡统筹时代[6]		
2011 年	设立城乡规划学一级学科	设立风景园林学一级学科	新型城镇化、存量发展、海绵城市建设、乡村振兴、国家公园
2021 年		取消风景园林学一级学科	
2022 年	学科边界？	学科边界？	国土空间规划事业

资料来源：结合参考文献[6~8]进行归纳、补充。

2　启示与趋势：英美城乡规划教育与当今培养体系改革

2.1　英美的城乡规划教育

美国城市规划教育可分为四个阶段：① 20 世纪初至"二战"以前，由于美国城市规划专业起源于景观学、建筑学等学科，当时普遍认为物质环境设计是其最基本的任务，因而以物质性的空间形态设计为教育导向；② "二战"后至 1965 年前，进入社会科学研究、管理与物质形态规划并重阶段，课程设置上通过"核心课程"和"专门训练"实现培养目标；③ 1965 年 ~1980 年代中期，社区运动、社会批判、倡导性规划等兴起，行动导向的规划模式被广泛认可，同时随着环境问题日益严峻，环境影响、可持续发展、低碳生态等也逐渐成为重要课题；④ 1980 年代中期以后，城市规划从原先以物质形态设计为主拓展为社会、经济、政治、环境、文化等无所不包的庞大学科，美国城市规划界掀起了"寻找规划核心"的运动，认为规划应该回归其实践学科的本质[9]。英国城市规划专业的发展类似美国，同样经历从早期侧重物质形态，到 1960 年代拓宽到社会学、系统分析和科学方法，再到 1990 年代环境问题的严峻转变为环境规划，直至重新回归空间与场所，强调规划师的行动与介入[9]。

经过百余年发展，目前美国规划院系设置大致分三类：一是偏设计，往往和艺术系、建筑系、景观系等设置在同一学院，如哈佛大学、宾夕法尼亚大学❶等；二是偏公共政策、管理与社会科学，设计类课程较少，如加州大学洛杉矶分校、北卡罗来纳大学教堂山分校等；三是综合型规划系，如麻省理工学院❷、哥伦比亚大学等。虽然不同院校对专业教育处理方式有所不同，如沿海院校可能提供海岸资源规划方向、农业州院校会集中于乡村和小城镇规划主题，但都包含一套相同的核心要素和技能教育体系。

在课程组织方面，可概括为："一组核心课程" + "每个方向上深化的众多补充性专业课"；这些课程的不同组合构成若干专业方向，如社区发展与住房、城市设计与开发、城市环境规划、土地利用规划及交通规划等。具体而言有以下五个方面的特点：

（1）核心课为所有规划系学生必修的通用课程，为多元化的专业教育提供基本的背景平台，使"不同方向的深化学习"与"整体的规划主题"建立联系，不至于偏离太远。

（2）限定性选修课为每个专业方向上的推荐课程清单，每个方向的课程设计具有一定的稳定性，但也并非一成不变，具体会根据院校差别、师资变化和规划实践要求而调整。

（3）注重专业能力的训练，尤其是职业导向的专业技能训练。纯讲座的课程较少，更多是工作坊、专题研究、讲座、研讨班等综合授课形式，着重培养学生在规划中的组织与交流、可视化分析与模型模拟、艺术与图形交流等方面的能力。

（4）课程的环节明细安排于紧凑的课程大纲中，内容不局限于教材，有若干指定或推荐的阅读材料。

（5）除专业课程之外，还提供与专业无直接关系的通识课，作为拓展视野、发展综合能力的博雅教育。

2.2 当今规划教育培养体系与改革趋势

长期以来规划被认为是一门处于理论和实践界面上的交叉性、综合性学科[10]，既要兼顾知识的广度与深度，"厚基础，宽口径"[11]，又要通过如成果

导向教育（Outcome Based Education，简称OBE）❸加强案例教学[12]、强化校企联合办学和培养[13]等形式，培养从业者的实践能力和职业素养。对于如何有效开展规划教学，美国学者根据16个规划教学项目经验提出五大要素，即自觉性（Consciousness）、全面性（Comprehensiveness）、协作性（Collaboration）、公民性（Civility）和对变革的承诺（Commitment to Change）[14]，包含规划理性与规划师的社会责任[15]，规划中自然与人文学科的交叉特性[16]，规划实践所需的大量合作与交流，规划人员的领导力和协调各方利益的决策能力[15]，以及强调规划作为一门职业（Profession）学科区别于一些基础（Academy）学科的方面，即渴望对人居环境和社会经济做出改变、产生影响[17]。

随着社会分工的不断细化，规划的应用性分支动摇了规划本身的学科地位，造成其"知识领地"范围日趋模糊，形成"身份危机"（Identity Crisis）[18]。不同学校和地域根据自身特点，在不同程度上偏向于健康规划、政策规划、房地产开发、交通工程、产业复兴等细分方向，导致了作为整体的城乡规划专业的空心化。为回应这一现象，英国皇家规划协会（RTPI）认为需要重视规划的空间本质，采取启发式的教学方法和务实的教学内容，并根据社会需求不断进行课程的调整[19]；教学形式上应提倡开放式讨论和实验性教学模式，促进培养学生观察现象、建立理论、提出方案的能力[20]。

在培养目标和课程体系设置方面，提出围绕空间规划核心问题拓宽学科教学领域，构筑理论结合实践的教学体系，并突出研究型教学的特征，培养"知行合一"的综合型规划人才[21]；借鉴德国高校城乡规划教育经验，提出教师团队化与专业方向细化并行、规划本体巩固与交叉拓展共进、构建多元核心知识与技能体系及丰富课程类型等教育改进途径[22]；面向国土空间规划的城乡规划教育应当培养协调多种规划类型、多个管理部门的"统筹人才"，通过建立"思维基础 + 专业支撑 + 战略提升"的教学框架培养学生"空间规划 + 政策研究"的能力[23]。

在改革方向上，提出从公共政策制定角度重构规划

---

❶ https://www.design.upenn.edu/all-degrees-certificates/at-a-glance.

❷ http://dusp.mit.edu/programs/overview.

❸ OBE 是《华盛顿协议》框架下美国本科工程教育专业认证的核心理念，主张"以人人都能学会为前提，以学生为中心、成果为导向"。

教育体系，明确城乡规划专业和相关专业如风景园林学科的边界[24]；应对气候变化、实行乡村振兴等议题需要打破学科壁垒，城乡规划人才需要从过去注重技能、美学、空间设计能力转向重视复合性知识结构[25]，培养政策洞察、思辨能力以及进行战略决策咨询的能力[26]；需要将CAD、Photoshop等传统的规划技能课程与GIS、计量和统计、智慧城市等课程融合，增强学生的技术竞争力[27]。

3 基于核心能力目标的城乡规划专业培养体系

纵观英美城乡教育培养体系及当前改革趋势，浮现出两条较为清晰的脉络。其一，城乡规划教育内容经历了从重视空间形体、与社会和自然学科广泛交叉、再到向空间本体回归的变化趋势；其二，课程设置形式包括"一组核心课程"+"每个方向上深化的众多补充性专业课"。前者反映了城乡规划随着时代问题和需求而变化的内涵，后者反映了国际通行的城乡规划教育课程体系形式，即以核心课程划定城乡规划的专业领域，以专门课程提供深入研究的方向以及与其他专业合作的能力。

从区别于其他学科的知识与能力培养的角度，城乡规划从业者至少应具备三方面的核心能力：①掌握规划流程和使用的基本工具与方法，明确规划管理的法规和政策；②具备谈判协商能力，能够对接、协调多利益群体的诉求；③综合设计能力，即利用理论知识依据具体的实践条件进行应用与整合、利用图表文字等多种媒介对最终设计成果进行呈现，以及更为关键地，创造性地提出设计方案与解决思路。

核心课程的设置应当着重培养这些方面的能力。课程上应当包括：①基本工具技能的训练，如SU、CAD、PS、AI、GIS等空间分析与设计软件；②规划理论实务的训练，包括城乡规划史、规划理论、管理与法规等；③实地调查与质性分析训练，包括研究逻辑与方法论、实地调研、深入访谈与案例分析方法等；④量化分析训练，包括研究方案设计、数据处理与分析的基本能力。另外，在中国建设生态文明的背景下，对于自然资源保护、生态修复、"双碳"策略等内容应当纳入核心课程内容；国土空间规划背景下对区域要素的整合也应当成为核心的能力。

专门课程的设置除了传统的如住房与社区规划、产

业经济之外，也应当纳入当前形成的一些新的方向。例如，对于智慧城市方向开设专门的数据平台与方法的理论课程，欧美大学规划系如宾夕法尼亚大学开设有"空间统计与数据分析"（Spatial Statistics and Data Analytics）课程系统性讲授统计学知识和城市数据挖掘工具❶、麻省理工学院开设有"数字城市设计工作坊"（Digital City Design Workshop）课程进行数据分析实践❷。

高等教育中除了专业能力外，还需要培养学生的基本学习及实践能力，大致包括四部分：①语言表达能力，清晰、有逻辑地阐述问题、分析过程和结果，表达自己的观点；②团队协作能力，包括领导力、沟通协调能力，特别是领导力是欧美国家自初等教育以来着力培养的能力之一；③批判逻辑性思维，包括对基本现象进行判断，以及深入分析寻找证据的能力；④创造性思维，即对现有的知识进行整合，找到其中的关键弱项并对其进行新的拓展的能力，是提出新的分析视角和解决办法的重要能力。

最终，规划师应当具有向内将规划工作程序科学化、向外调动社会力量的能力，即在规划设计阶段拥有多学科视野、借助系统分析和图文表达寻求解决方案，在交流协商阶段作为资源与利益的协调者寻求各方利益平衡的策略。倡导规划的公共政策属性，坚持规划的系统性、科学性，重视沟通协商工作，结合艺术化的营造，如此才能培养勇于担当和为公众发声、兼具科学理性与审美趣味以及能够协调各方诉求的规划师。

4 北京大学城乡规划专业培养方案改革：基于学生的视角

4.1 办学简史与研究动机

北京大学早期的城市规划专业方向由经济地理专业向应用方向转向而来，从20世纪70年代开始，从地理学的视角先后开展或提出了城市气候在用地布局中的应用、城镇体系规划[28]、城镇和区域发展战略规划、应用区位论进行城镇土地经济等级划分[29]等实践或概念，部

---

❶ https://www.design.upenn.edu/all-degrees-certificates/at-a-glance.

❷ http://dusp.mit.edu/programs/overview.

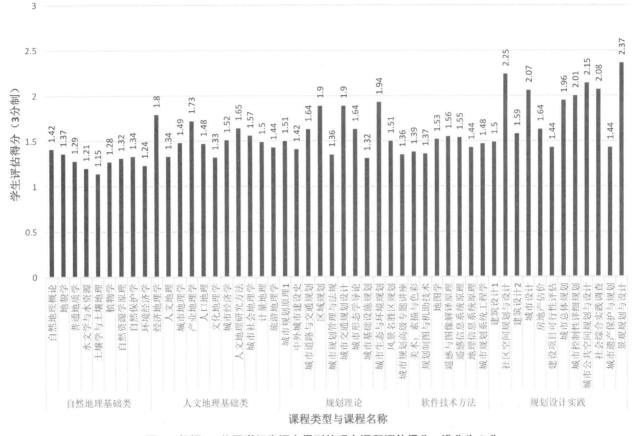

图1 根据23位同学问卷调查得到的现有课程评估得分，满分为3分

分成果被编入《城市规划原理》教科书[30]，城镇体系规划通过立法的形式成为我国城乡规划编制体系的重要组成部分。经济地理学专业培养了大批优秀规划专业人才和行业管理人才。2000年，正式成立五年制的城市规划本科专业，按照规划专业学科评估标准重新进行课程设置。

五年制城市规划专业在北京大学的发展一直受到各种掣肘，未能与以传统建筑院校主导的学科话语体系同步。为了释放在校学生的困惑，请五年级才选修二年级课程"城市生态与环境规划"的同学❶研究城市规划专业的教育体系与改进。

---

❶ 参与研究的同学包括：傅琳涵、黄诗咏、胡慧迪、权璟、唐紫霄、王禹、张黎雪、郑韵、柳璨、高瑜堃。

4.2 存在问题

执行的培养方案中，专业课程包括大类平台课、必修课（公共必修和专业必修）、选修课、通选课、实践课程等；其中，必修课比重占45%，通识课比重占7%，作为基础的地理与生态类课程比重占19.6%。

在对二十余位高年级学生的问卷调查中发现，大部分课程得分在2分以下（图1）。存在的主要问题包括：地理类课程的讲授过于专业化，缺乏与城乡规划专业板块课程的衔接；规划设计与综合事务类课程比例为15.7%，而管理与法规类课程比例仅有3.3%，"重设计轻管理"的倾向明显；课程体系没有形成明晰的递进线索，学生选课缺少指引，容易造成知识体系混乱、学习效率低下；城市总体规划、区域规划等内容专业、授课形式丰富、密切联系实际的课程在调查中评价较高。

4.3 学生提出的培养方案及其特点

根据学生的评估反馈意见，在教师的鼓励下，学生大胆制定了自己期待的"培养方案"。

课程体系总共划分为四个部分（表2）。核心课程是城乡规划领域最基础的知识，包含城乡规划理论、历史、经济、自然、管理、制图设计等方面的内容，在纵向上进行修课时序的安排保证学习的连贯，帮助学生建立多维度的专业知识体系[31]；通识教育是对专业背景与基础能力的补充，既包括基础的定量分析方法、学术写作规范等，也涵盖全球政策和前沿发展方向；细化的专门课程共设置6个专业方向，学习阶段应对这些方向有初步的了解和掌握，建立与相关专业对话、协作的能力，未来可在某一或某些方向上深入学习；最后，增加了实践课程的比重，保证至少两门综合社会实践必修课程。

和由学校制定的培养方案相比，这个方案具有鲜明特点：第一，丰富了课程形式，降低讲座类课程比重，加大设计类课程的比重，鼓励教师邀请专业领域的相关演讲者；第二，继续强化原有的本科生科研项目，鼓励学生进行独立研究；第三，参照国外院校经验，在保证核心课程基础上增强选课灵活性；第四，与其他学院合作开课，例如智慧城市方向与计算机学院、政策管理方向与政府管理学院合作办学；第五，重视平时成绩，加强地理背景知识和规划实践的联系。

方案通过核心课程和专业方向的区分，给城乡规划专业以及学生的学习"减负"：细分的方向都与城乡规划专业相关，而不是把所有专业内容都纳入核心实践领域。通过清晰化课程体系和学科的边界，城乡规划教育可以更加有的放矢，即城乡规划成为相关细分专业的统筹整合平台，课程体系中细分方向的培养重点定位为培养学生与相关学科进行协作的能力。

5 结语

作为实践性专业的城乡规划，其专业内涵随着社会经济发展而不断转换，不同时期涌现出的新问题成为推动学科发展和教育体系革新的重要推动力。我国的规划专业教育体系变革在国土空间规划推行之后，实则已经落后于行业的实际需求。规划教育未能起到引领社会和时代发展的作用，已经是一个不得不思考并做出改变的现实问题。行动之路，应该是清晰专业边界，围绕"提

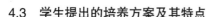

学生提出的课程体系　　　表2

课程类别	课程名称	
核心课程	城市规划理论	
	中外城市建设史	
	经济地理学	
	人文地理学	
	自然地理学	
	环境生态学	
	规划制图与表现方法	
	城市规划管理与法规	
	城市规划方法与实践	
	城市设计	
	碳达峰与碳中和	
通识教育	定量分析方法	
	学术写作与批判性思维	
	全球化视角	
	可持续发展	
	规划伦理与社会公平	
方向细分	住房与社区规划	社区空间规划与设计
		房地产估价
	城市经济与产业发展	产业地理学
		城市经济学
	环境与景观	景观规划与设计
		城市生态与环境规划
	城市设计	城市设计
		城市公共空间规划与设计
		建筑设计
	智慧城市	地理信息系统原理
	历史遗产保护	城市遗产保护与规划
		城市形态学导论
实践	综合社会实践（上）	必修
	综合社会实践（下）	必修
	规划实习	
	社会调查	3选2
	本科生科研	

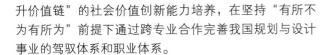

升价值链"的社会价值创新能力培养，在坚持"有所不为有所为"前提下通过跨专业合作完善我国规划与设计事业的驾驭体系和职业体系。

参考文献

［1］ 杨思声，林翔，刘晓芳 . 面向存量时代的城乡规划实践教育改革 [J]. 规划师，2018，34（6）：155–160.

［2］ 李迪华 . 碎片化是生物多样性保护的最大障碍 [J]. 景观设计学，2016，4（3）：34–39.

［3］ 佘年，谢映霞，李迪华 . 对中国海绵城市建设再出发的若干问题反思 [J]. 景观设计学（中英文），2021，9（4）：82–91.

［4］ 余建忠 . 政府职能转变与城乡规划公共属性回归——谈城乡规划面临的挑战与改革 [J]. 城市规划，2006（2）：26–30.

［5］ 李迪华 . 国土空间规划体系中景观设计学科与行业的困惑及机遇 [J]. 景观设计学，2020，8（1）：84–91.

［6］ 裴新生 . 从"城市规划"到"城乡规划"的探索 [J]. 上海城市规划，2012（3）：110–114.

［7］ 孙施文 . 中国城乡规划学科发展的历史与展望 [J]. 城市规划，2016，40（12）：106–112.

［8］ 李琴，陈家宽 . 风景园林学发展脉络及对其学科结构的一点思考 [J]. 园林，2013（11）：42–45.

［9］ 谭文勇，冯雨飞 . 百年英美城市规划教育演变与启示 [J]. 国际城市规划，2018，33（4）：117–123.

［10］ DAVOUDI S, PENDLEBURY J. Centenary paper: the evolution of planning as an academic discipline[J]. The Town Planning Review, 2010, 81（6）: 613–645.

［11］ 孙施文，石楠，吴唯佳，等 . 提升规划品质的规划教育 [J]. 城市规划，2019，43（3）：41–49.

［12］ 郭丽娟，孙洪庆，李书亭 . 基于 OBE 理念的城乡规划专业应用型人才培养模式研究 [J]. 经济研究导刊，2019（35）：77–78.

［13］ 吴妍 . 试论城乡规划专业创新型人才培养体系整合与重构——以文华学院城乡规划专业为例 [J]. 教育现代化，2019，6（19）：23–24.

［14］ NIEBANCK P L. The promise of planning education[J]. Ekistics, 1988, 55（328/329/330）: 39–47.

［15］ MAZZA L, BIANCONI M. Which aims and knowledge for spatial planning? some notes on the current state of the discipline[J]. The Town Planning Review, 2014, 85（4）: 513–531.

［16］ BORRUP T. Just planning: what has kept the arts and urban planning apart? 2[J]. Artivate: A Journal of Entrepreneurship in the Arts, 2017, 6（2）: 46–57.

［17］ ISSERMAN A. Dare to plan: an essay on the role of the future in planning practice and education[J]. The Town Planning Review, 2014, 85（1）: 9–18.

［18］ MYERS D, BANERJEE T. Toward greater heights for planning: reconciling the differences between profession, practice, and academic field[J]. Journal of the American Planning Association, 2005, 71（2）: 121–129.

［19］ MELL I, STURZAKER J. What has planning ever done for us? royal town planning institute conference, liverpool, 24 may 2013[J]. The Town Planning Review, 2014, 85（1）: 135–142.

［20］ Anonymous. The future of equity planning education in the united states[M/OL]//KRUMHOLZ N, HEXTER K W, eds. Advancing Equity Planning Now. Cornell University Press, 2019: 227–242. [2022-07-08]. https://www.degruyter.com/document/doi/10.7591/9781501730399-013/html.

［21］ 李天奇，李茂娟 . 国土空间规划背景下人文地理与城乡规划专业改革——以河南大学环境与规划学院为例 [J]. 当代教育实践与教学研究，2019（16）：210–211.

［22］ 杨辉，王阳 . "旧疾"与"新题"：国土空间规划背景下城乡规划教育探讨 [J]. 规划师，2020，36（7）：16–21.

［23］ 周庆华，杨晓丹 . 面向国土空间规划的城乡规划教育思考 [J]. 规划师，2020，36（7）：27–32.

［24］ 李迪华 . 景观规划应该引领国土空间规划事业的专业参与实践创新 [J]. 城市中国，2022（91）：141–149.

［25］ 白宁，杨蕊 . 新常态下城乡规划专业基础教学中的能力构建与素质培养 [J]. 中国建筑教育，2016（2）：50–59.

［26］ 谢晓玲 . 行业改革背景下城乡规划教学思维转变 [J]. 教育现代化，2019，6（31）：55–57.

［27］ 胡娟，谭悦，王刚，等 . 生态文明理论指导下的城乡规

划与人文地理的教学融合研究 [J]. 城市发展研究，2019，26（2）：45-50，56.

[28] 周一星. 市域城镇体系规划的内容、方法及问题 [J]. 城市问题，1986（1）：5-10.

[29] 董黎明，冯长春，邓锋. 南平市土地等级的划分 [J]. 城市

规划，1990（5）：18-22.

[30] 同济大学. 城市规划原理 [M]. 2 版. 北京：中国建筑工业出版社，1991.

[31] 崔英伟. 城市规划专业应用型人才培养模式初探 [D]. 重庆：重庆大学，2005.

The Professional Education System of Urban and Rural Planning and Its Reform Approach to Serving National Needs

Li Dihua   Peng Xiao

Abstract: The demand of the country to promote ecological civilization has reset the underlying logic of planning. Urban and rural planning should be transformed into a public policy discipline，from purely physical construction to comprehensive planning that coordinates social，economic，and ecological benefits，which cooperates with related professions to complete the tasks of spatial planning，smart cities，and others. Drawing on the development of urban and rural planning education in the United Kingdom and the United States over the past hundred years，this paper proposes a curriculum education system of "core curriculum" + "specialized curriculum" in line with the relevant experience of international professional curriculum setting. As for the disciplinary boundary，it is suggested that the domain of urban and rural planning discipline should be clear，and its core training skills should be changed from material construction and spatial planning and design to strategic planning and public policy formulation. Taking the reform of the urban and rural planning program at Peking University as an example，this paper analyzed its disciplinary foundation and existing problems and proposed reform proposals for the education curriculum and training methods. The institutions in China should make changes based on their actual conditions to transform their education curriculums to cultivate the planning and design talents that meet the needs of the new era.

Keywords: Ecological Civilization Construction，Urban and Rural Planning，Disciplinary Boundary，Education System，Reform

守正创新、实践育人
—— 城乡规划专业人才培养体系研究*

赵之枫 刘 泽 张 建

摘 要： 在新的发展阶段，作为复合型学科，城乡规划学科在国家国土空间规划重大转型期发挥核心引领作用。因此，既要坚守依托人居环境理论的学科基础，也要寻求面对新时代发展要求的创新转型，这为城乡规划学科的人才培养体系提出了新的要求。文章首先分析了城乡规划转型对人才培养提出的两个新要求，即守正——分析复杂矛盾，拓展专业知识的广度；创新——解决复杂矛盾，加深专业技能的深度。随后，从教学计划课程内外两方面研究人才培养中的实践育人环节，提出课程内由简入繁、逐层深化、课程外专题探究、渐次综合的思路。最后，提出明确实践内容，贯穿全部实践环节；搭建实践基地，提供各类实践平台；整合实践资源，形成各方主体合力三个方面的实践育人机制。以期不断完善城乡规划专业人才培养体系，提升学生统筹协调空间资源实践能力，以适应新时代国土空间规划的需要。

关键词： 实践育人；城乡规划；人才培养体系

引言

城乡规划学科是以城乡物质空间为核心，以城乡土地使用为对象的多学科的复合型学科。随着《中共中央 国务院关于统一规划体系更好发挥国家发展规划战略导向作用的意见》（中发〔2018〕44号）和《中共中央 国务院关于建立国土空间规划体系并监督实施的若干意见》（中发〔2019〕18号）两份文件的出台，正式确立了国土空间规划作为各类开发建设基本依据、落实国家重大战略部署、提升国家现代化治理水平的重要地位，并要求"教育部门要研究加强国土空间规划相关学科建设"。因此，亟待加强规划专业人才培养的实践能力和水平，切实提升专业人才综合素质，服务职业发展需要。

从城乡规划专业的办学特点和专业发展来看，国内专业院校大多较为重视学生实践能力培养，学生不同程度参与实践或在实习期间接触实践项目，但也存在着理论教学与实践教学环节衔接不够等问题。一方面，实践环节流于形式。课堂内外的实践内容不够系统，实践育人难以形成完整体系。另一方面，实践育人机制不够健全。实践基地不稳定，实践育人各环节中学校、校内教师、实践平台机构等多方人员的协同不足。本文结合城乡规划专业的转型对人才培养提出新的要求，着重从实践环节和实践育人机制两方面探讨城乡规划专业人才培养体系。

1 城乡规划专业的转型对人才培养提出新的要求

在新的发展阶段，作为复合型学科，城乡规划学科在国家国土空间规划重大转型期发挥核心引领作用。因此，既要坚守依托人居环境理论的学科基础，也要寻求面对新时代发展要求的创新转型，这为城乡规划学科的人才培养体系提出了新的要求，亟待加强融入实践的人才培养体系建设（图1）。

赵之枫：北京工业大学城市建设学部教授
刘 泽：北京工业大学城市建设学部讲师
张 建：北京工业大学城市建设学部教授

* 项目资助：北京工业大学教育教学研究课题重点项目资助（课题编号：ER2022RCA02）。

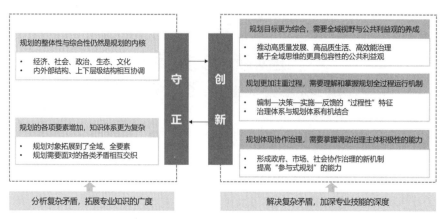

图 1　城乡规划专业的转型对人才培养提出的新要求

1.1　守正——分析复杂矛盾，拓展专业知识的广度

首先，规划的整体性与综合性仍然是规划的内核。

回顾城乡规划实践的发展历程，规划的科学性突出地表现在规划的整体性和综合性[1]。规划师在协助规划决策和实施规划中综合各领域专家的见解，使规划能够建立在对影响区域、城市、乡村发展的经济、社会、政治、生态、文化等各种因素的理性分析基础上[1]。空间规划不仅要考虑到有设计感、有艺术性，而且要有基础设施系统的工程技术逻辑，以实现空间在不同尺度上的内外部结构、上下层级结构相互协调，优化空间布局。国土空间规划是全域全要素的规划，尽管规划的对象相比改革前的城乡规划和土地利用规划都有了更广的要求，但从思维方法上而论，整体性和综合性的原则是一贯的和根本的[1]。

其次，规划的各项要素增加，知识体系更为复杂。

一直以来，城乡规划以空间为对象，以影响空间的社会、经济等多要素为研究重点，规划师需要掌握的理论知识领域较为宽广。作为面向山水林田湖草的全方位规划，国土空间规划向城乡安全与韧性、低碳与生态发展、文化保护与传承等新领域拓展，更需要广博的知识面和牢固的专业理论作基础。规划对象拓展到了全域、全要素，技术操作层面的空间分区分类和空间要素更加复杂，规划控制引导的对象和范围更加扩展，直接导致规划学科运用和整合各相关学科知识进入剧烈变化的历史性过程中[1]。面向高质量发展需求，"人地矛盾"（人与自然之间）、"人人矛盾"（不同社会群体之间），以及

"地地矛盾"（不同地类之间）更为复杂多样。规划需要面对的各类矛盾相互交织，既有以往关注的城市增长扩展所涉及的相关问题，也要处理好保护与发展的关系，以实现可持续发展的目标。

1.2　创新——解决复杂矛盾，加深专业技能的深度

首先，规划目标更为综合，需要全域视野与公共利益观的养成。

与以往更多以经济增长为主要目标不同，国土空间规划作为生态文明体制改革的产物，规划目标要体现"五位一体"的总体布局，生态优先、绿色发展，以及资源环境的紧约束。规划工作者普遍强调生态保护、以人民为中心的发展以及自然资源的保值增值等的意义价值，把推动高质量发展、高品质生活、高效能治理作为新的追求[1]。新时期规划对象的复杂化、多元化要求城乡规划专业的学生不仅要掌握过硬的专业技能，更要理解规划目标的综合性，具有正确的价值取向，拓展对原各空间规划相关公共利益的认知，培养基于全域思维的更具包容性的公共利益观。

其次，规划更加注重过程，需要理解和掌握规划全过程运行机制。

国土空间规划和改革前的几种空间类规划相比在"过程性"上有共通之处，都是决策和实施的连续过程，但是更加突显了规划"过程性"特征，强调构建正反馈的循环，规划编制过程与实施管理紧密衔接[1]。规划过程可分解为目标愿景、路径选择、发展动力、沟通决策

和评估优化五要素，越来越强调形成编制—决策—实施—反馈的流程闭环[2, 3]。治理体系与规划体系有机结合，信息平台作为编制过程的重要支撑，增强了设计、技术与治理的融合。因此，规划教育也不能仅培养学生具备设计和绘制图纸的能力，更要理解和掌握规划的从编制到实施反馈的全过程，以及编制过程中设计、技术与治理的有机结合。

再有，规划体现协作治理，需要掌握调动各类治理主体积极性的能力。

规划内容逐渐由物质层面的技术设计逐步转向与社会层面的空间治理相结合。保障国土空间规划过程实现的体制和机制上有着空前的、根本性的进展，使国土空间规划与过去相比成为一种系统性的重构[1]。空间治理逐渐形成政府、市场、社会协作治理的新机制，以更好调动各类治理主体的积极性。需要基于多方沟通促使规划相关部门、各方利益相关者达成规划与建设的共识，在维护公共利益的基础上实现多方利益的平衡。因此，要求规划教育不仅停留于工科层面的物质空间营造，还要提高面向社会治理的资源统筹能力，推进城乡规划人才"参与式规划"能力的养成。

2 城乡规划专业人才培养中的实践育人环节

城乡空间是人的空间。以城乡空间为对象，改变过去城乡规划重空间轻社会的发展现状，引导学生深入城市和乡村，体验空间的使用者——人，理解社会治理结构与城乡空间的深刻影响。将实践育人贯穿课堂内与课堂外，深入城乡，感受生活，创造美好（图2）。

2.1 教学计划课程内——由简入繁，逐层深化

通过教学计划内的基础课程、核心课程和实践课程，帮助学生逐步理解经济、社会、政治、生态、文化等诸多要素紧密联系，以及小到建筑物、大到区域的各种尺度空间的相互关联。了解规划编制中调研访谈、资料收集、整体分析、规划设计、结果反馈等规划实践过程。逐渐掌握从分析解决单一矛盾到复杂多元矛盾的方式方法。

（1）基础课程——理解实践的理论知识

在"城乡规划原理""城乡社会综合调查""城乡社会学""城乡经济学"等基础课程中，以课堂的理论教学为主，培养学生理解城乡规划中涉及的城镇化、规划体制，以及影响城乡规划的生态与环境、经济与产业、人口与社会、历史与文化、技术与信息等诸多因素，为实践打下坚实的理论知识基础。同时，掌握资料收集、问卷设计、访谈组织、数据处理等基本的调查实践方法。

（2）核心课程——学习实践的基本方法

在"住区规划设计""城市设计""城市综合设计""详细规划""乡村规划""总体规划"等核心课程中，以课堂教学为主、调研实践为辅的方式，培养学生

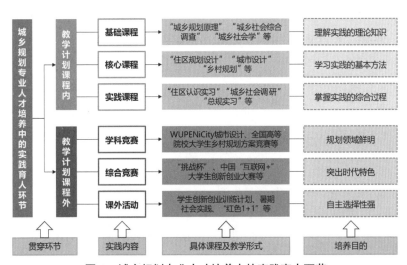

图2 城乡规划专业人才培养中的实践育人环节

学习实践的基本方法。例如，在"城市综合设计"中，学生结合不同的规划设计重点，针对特定的文化传承、产业发展、生态宜居、活力共享等问题，运用资料收集、案例调研等方法分析现实问题，提出解决方案。

（3）实践课程——掌握实践的综合过程

在"住区认识实习""城乡社会调研""市政工程实习""乡村认识实习""总规实习"等实践课程中，以实践为主的方式，培养学生掌握实践的综合过程。例如，"乡村认识实习"课程中，以村庄为调研对象，培养学生运用调研方法，进行调研问卷的制作、开展针对不同人群和对象的访谈并进行数据的汇总分析；在"总体规划实习"中，培养学生综合运用资料收集、问卷、访谈等各类方法，并与规划设计有机结合。

2.2 教学计划课程外——专题探究，渐次综合

通过教学计划外的学科竞赛、综合竞赛和课外活动，帮助学生结合特定专题，更为深入地掌握不同目标导向下的分析问题和解决问题的方式。针对某一内容或某一方法开展针对性地深入探究，紧扣时代发展焦点问题，学习综合运用各种知识和方法的能力，更加锻炼组织和沟通能力。

（1）学科竞赛——规划领域鲜明

学科竞赛涉及规划的不同领域，学生根据特定主题或任务要求完成竞赛。例如，WUPENiCity 城市设计学生作业国际竞赛和城市可持续调研报告国际竞赛聚焦城市设计，每年均有结合社会关注热点的主题发布，引导学生开展有针对性的设计实践与专业调研。全国高等院校大学生乡村规划方案竞赛聚焦乡村规划领域，分为指定基地与自选基地，并设有乡村调研报告单元、乡村发展策划单元、乡村设计方案单元，鼓励跨专业、跨年级的专科、本科及研究生共同组队参与。全国大学生国土空间规划设计竞赛聚焦城市更新领域，以指定基地的方式展开竞赛。

（2）综合竞赛——突出时代特色

面向各专业学生的综合性竞赛，有利于培养学生多学科视野下的综合实践能力。例如"挑战杯"大学生课外学术科技作品竞赛、中国"互联网＋"大学生创新创业大赛，已经形成了国家、省、高校三级赛制，高校以"挑战杯"竞赛为龙头，不断丰富活动内容，使之成为

学生参与科技创新实践的重要平台。依托综合性竞赛，培养学生了解探寻问题、解决问题、成果转化的过程和思路。

（3）课外活动——自主选择性强

除了竞赛类活动，还有诸多以学生为主体开展的课外实践活动，培养学生深入实践、自主选题的能力。例如，大学生创新创业训练计划、暑期社会实践、"红色1+1"等活动，均是由学生自主选题，组织团队，开展活动。例如，暑期"三下乡"活动，结合暑期返乡，引导学生通过实践活动了解国情社情民情、了解认知乡村，聚焦基层社会治理、生态文明建设等领域，帮助发展乡村产业，美化乡村环境，提高学生的社会服务能力。

3 城乡规划专业人才培养中的实践育人机制

以各个实践育人环节的实践内容为核心，以稳定的城乡实践基地为依托平台，协同教学、科研、学生、党建、企业等各机构相关人员，整合实践资源，构建城乡规划学科的实践育人体系，共谋实践育人机制（图3）。

3.1 明确实践内容，贯穿全部实践环节

基础课程、核心课程和实践课程相互衔接，紧密结合，明确各自的实践内容并贯穿整个人才培养体系。

在基础课程中，构建以城乡物质空间为载体，以空间的使用者为对象的知识体系、能力素养和价值判断基本框架，帮助学生初步理解城乡规划中空间与人群之间、空间与空间之间、人群与人群之间的复杂影响要素以及主要矛盾。

在核心课程中，通过知识传授与能力培养，使学

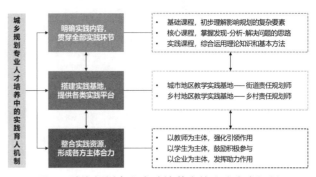

图3 城乡规划专业人才培养中的实践育人机制

生掌握发现问题、分析问题、解决问题的基本方法和思路。同时，多渠道多类型开展"思政课堂"建设，培养学生在城乡规划实践中树立正确的价值观。

实践课程与核心课程紧密衔接，通过实习实践，尤其在"设计院实习""毕业设计"等实践环节中，通过面向社会的实际规划项目，使学生综合运用理论知识和基本方法，以价值观为引领，初步掌握分析和处理复杂矛盾的能力，运用于规划设计实践中。

3.2 搭建实践基地，提供各类实践平台

实践基地为长期跟踪城乡发展变迁与学习掌握分析现实复杂矛盾提供各类实践平台。伴随着城乡建设从增量规划向减量提质的转变，规划重点也由利益关系相对简单的新城新区逐步转向利益格局复杂多样的建成区、旧城区和乡村地区，如何处理和分配社会群体间的利益成为规划过程中难以避免的核心问题。只有深入基层，才能发现和理解各种矛盾。

一方面，探索建立与街道责任规划师相结合的城市地区教学实践基地。落实新时代发展理念，积极依托责任规划师工作，教师带领学生深入城市街道社区，发挥专业所长，分析现状问题，提出规划策略，凝聚社区精神，推动城市更新。

另一方面，探索建立与乡村责任规划师相结合的乡村地区教学实践基地。结合"百名规划师、百村示范行"的驻村规划师工作，依托乡村建设高校联盟，在乡村地区通过师生驻村规划，长期持续扎根村庄，深入融合公众参与，开展乡村空间改造提升，服务村庄规划与建设。

3.3 整合实践资源，形成各方主体合力

将课程教学、实践基地、政府机构、规划设计单位、高校科研机构等多方资源加以整合，以组织参加竞赛、驻场设计、调查研究、共建共创等多渠道形成产学研合作的全方位实践育人机制。

以教师为主体，强化引领作用。依托科研机构和责任规划师平台，与政府机构合作，选择若干基地，结合课程教学，形成常态化的实践育人培养机制。开展课程思政实景教学、针对性地组织策划规划前沿观摩、联合毕业设计等实践活动。针对人民群众最关心、最直接、最现实问题，在胡同杂院、乡野巷陌实现人才培养、校企合作与服务社会贯通。

以学生为主体，鼓励积极参与。在教师的指导和引导下，依托各类实践基地，鼓励学生根据兴趣自由组队，通过国情调研、社会服务等形式，让学生多走多看、常思深悟。或以学生党支部为单位组队，与实践基地党支部结对共建、互学互访，增强学生社会责任感和历史使命感。积极参加红色"1+1+N"调研实践、"三下乡"主题社会实践等活动以及各类城乡规划与调研竞赛，调动学生主动参与实践的积极性。

以企业为主体，发挥助力作用。一方面，在联合毕业设计、联合组织竞赛中，企业发挥身处实践前沿的优势，提供规划设计指定基地和相关资料；另一方面，与企业联合设置奖学金，形成常态化的奖学金评定机制，组织城乡规划与调研竞赛，鼓励学生深入城乡，深入实践，绘制美好生活。

4 结语

面对更具复杂性与矛盾性的城乡发展问题，建立国土空间规划体系不是白手起家，也不是推倒重来，是兼容并包的过程[1]。面向改革要求，城乡规划专业教育应积极应对，在充分利用已有理论和知识体系的基础上守正创新，针对遇到的新问题和新挑战，探索人才培养中的新思路与新路径。将实践环节贯穿于课程内外，由浅入繁、逐层深化，专题探究、渐次综合，并明确各实践环节的实践内容、搭建实践平台，协调各方主体，整合实践资源，以帮助学生掌握发现问题、分析问题、解决问题的能力，不断提升统筹协调空间资源实践水平，以适应新时代国土空间规划的需要。

参考文献

[1] 张兵.国土空间规划的知与行[J].城市规划学刊，2022（1）：10-17.

[2] 吴志强.国土空间规划的五个哲学问题[J].城市规划学刊，2020（6）：7-10.

[3] 熊健.国土空间规划体系改革背景下规划编制的思考[J]//本刊编辑部.国土空间规划体系改革背景下规划编制的思考学术笔谈.城市规划学刊，2019（5）：3-4.

Integrity and Innovation, Practical Education: Research on the Talent Training System of Urban and Rural Planning

Zhao Zhifeng   Liu Ze   Zhang Jian

Abstract: As a composite discipline, the discipline of urban and rural planning plays a core leading role in the major transition period of national land and space planning. Therefore, it is necessary to adhere to the disciplinary foundation based on the theory of human settlements, and to seek innovative transformation in the face of the development requirements of the new era, which puts forward new requirements for the talent training system of urban and rural planning disciplines. First of all, this paper analyzes two new requirements for talent training in the transformation of urban and rural planning, including integrity: analyzing complex contradictions and expanding the breadth of professional knowledge; innovation: solving complex contradictions and deepening the depth of professional skills. Subsequently, this paper studies the practical education link in talent training from the inside and outside of the teaching plan curriculum. It proposes the idea of transforming from simple to complex, deepening layer by layer, exploring special topics outside the curriculum and integrating it gradually. Finally, this paper proposes a practice education mechanism in three aspects: clarifying practice content and running through all practice links; building practice ground and providing various practice platforms; integrating practice resources and forming the cooperation of all parties. This study aims to continuously improve the talent training system of urban and rural planning majors and enhance students' practical ability of coordinating spatial resources to meet the needs of territorial spatial planning in the new era.

Keywords: Practical Education, Urban and Rural Planning, Talent Training System

面向新工科的城乡规划课程教学改革研究进展
—— 基于 CiteSpace 的知识图谱研究*

魏宗财　黄绍琪　刘雨飞

摘　要： 新工科建设是基于国家战略发展新需求、国际竞争新形势、立德树人新要求而提出的国家工程教育改革新方向。梳理和归纳新工科背景下教学改革研究的既有成果，系统呈现其研究脉络和趋势，归纳研究热点和特征，并对未来研究提出展望甚为重要。运用 CiteSpace 软件，基于文献计量方法对城乡规划学科面向新工科教学改革的相关成果进行可视化分析。研究成果数量总体呈现稳定上升的态势，但核心期刊占比较低；研究呈现出从人才培养及学科建设到具体课程改革的变化趋势；研究内容包括人才培养模式建构、学科教学模式研究和课程教学设计及实践效果分析三个方面，并以创新人才、课程体系、课程改革、教学方法等关键词为热点。研究提出未来研究应细化新工科背景下人才培养目标，加强市场导向的学科建设模式探索，并注重特色化课程教学模式的探索。

关键词： 新工科；城乡规划；教学改革

引言

新工科发展作为建设高等教育强国的重要抓手，是国家、高校及学者们关注的重要内容。2022 年 5 月，教育部提出"深化新工科建设，全面推进组织模式创新、理论研究创新、内容方式创新和实践体系创新"，进一步明确了新工科建设的目标。但目前对新工科教学改革的研究成果多从人才培养体系建构、专业学科建设等单一层面开展，对新工科教学改革研究的系统梳理相对欠缺。

城乡规划汇集了多学科内容，其教学改革研究至关重要。为此，运用 CiteSpace 软件，采用文献计量方法对城乡规划学科面向新工科教学改革的相关研究成果进行可视化分析，探究该研究领域的脉络、热点与趋势，能为推动新工科教学建设和城乡规划专业发展提供参考。

1　数据来源与研究方法

以中国知网（CNKI）中文数据库作为数据来源，将新工科教学和城乡规划及其关联学科作为关键词进行组合，其中新工科教学关键词为"新工科""教学"，学科关键词为"城市规划""城乡规划""建筑""风景园林"，检索 2022 年 6 月 30 日前 CNKI 数据库内所有相关研究成果。经整理，共获取期刊和会议论文 322 篇。

CiteSpace 主要通过共引分析理论和寻径网络算法[1]等对特定文献集合进行可视化分析，是探究研究脉络、梳理研究热点内容、分析研究趋势的主流软件。故利用该软件，通过绘制知识图谱，梳理新工科提出以来的相关研究文献，探究国内城乡规划及关联学科在此研究领域的现状及发展态势（图 1）。

---

* 基金项目：广东省高等教育教学改革项目（粤教高函〔2020〕20 号）、广东省本科高校在线开放课题指导委员会研究课题（2022ZXKC024）、华南理工大学校级教研教改项目。

魏宗财：华南理工大学建筑学院副教授
黄绍琪：华南理工大学建筑学院硕士研究生
刘雨飞：华南理工大学建筑学院硕士研究生

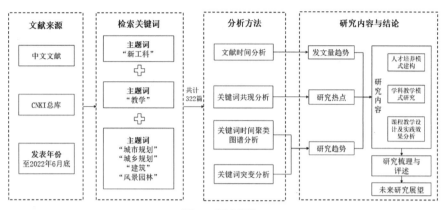

图 1   研究框架

2   面向新工科的课程教学改革研究进展

2.1   文献时间分布

新工科概念提出后，相关研究文献持续增长且涨势稳定（图 2）。新工科建设理念在 2017 年提出后，即有相关研究论文刊发，表明了学者们对新工科建设的积极响应。2018 年，教育部办公厅发布《关于公布首批"新工科"研究与实践项目的通知》和《高等学校人工智能创新行动计划》，要求推进"新工科"建设，相关文献数量呈现逐年递增的态势，至 2021 年增长至 113 篇，揭示出新工科教学改革在研究方面的思考持续增加。随着新工科建设"再深化、再拓展、再突破、再出发"建设要求的提出，相关研究成果预计将继续保持快速增长趋势。与此同时，刊发在核心期刊的研究成果数量占比不足 5%，显示出新工科教学改革研究的深度仍有待进一步强化。

面对新工科建设的要求，相较于建筑、风景园林等学科，城乡规划学科在教学改革研究的数量和质量均有待进一步加强。相关研究论文始发于 2018 年，至今共

23 篇，但其中核心期刊仅 1 篇。相比之下，建筑学的相关研究成果数量较多，论文总数量为 277 篇，其中核心期刊 12 篇。这揭示出城乡规划专业领域对新工科教学改革的研究仍不够深入，未来需加强对面向新工科教学改革的重视，积极推进学科建设和课程实践探索，为学科的未来发展提供参考。

2.2   研究热点

利用 CiteSpace 对搜索文献进行关键词共现分析，时间切片设置为一年，得到新工科教学改革的研究热点关键词图谱（图 3）。研究热点关键词主要包括人才培养模式建构、学科教学模式研究、课程教学设计及实践效果分析三个方面。人才培养模式建构聚焦于人才培养、

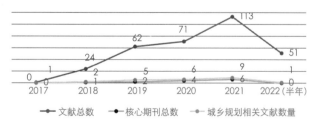

图 2   研究发文时间分布

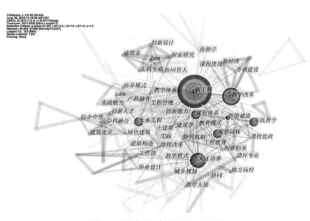

图 3   研究热点关键词图谱

创新人才等关键词，这与新工科建设的导向相一致；学科教学模式研究的热点关键词为学科融合、教学体系、教学模式、课程体系等，揭示出新工科导向下教改模式的主要突破点；课程教学设计及实践效果分析则以课程改革、毕业设计、实践教学、教学方法等关键词为重点。另外，学科相关关键词中，土木工程和风景园林的出现频次较高，分别为19及14，高于城乡规划（5），亦表明城乡规划学科对新工科教学改革方面的研究有待深化。

2.3 研究趋势

对论文的关键词进行时间线聚类及突变分析，发现新工科教学改革研究呈现出从宏观的人才培养及学科建设逐渐转向微观的具体课程改革的变化态势（图4、表1）。"人才培养"及"学科建设"关键词均在2018~2019年突变，发文量上升迅速，此后"课程建设""虚拟仿真"等具体课程改革的关键词在2020年后出现频率显著增高，这体现出新工科教学改革的研究路径正呈现由宏观政策转向微观课程的趋势。进一步根据关键词聚类后标签，#0 城乡规划的聚类中关键词演化从平台建设、学科交叉到课程教学、教学创新，揭示出城乡规划的新工科教学探索也呈现出同样的态势。

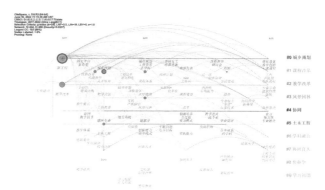

图4 研究关键词时间线聚类图谱

3 新工科教学改革研究内容

基于对热点关键词及聚类分析的归纳总结，国内新工科背景下建筑学科大类教学改革的研究内容主要包括"人才培养模式建构""学科教学模式研究"和"课程教学设计及实践效果分析"三个方面（表2）。

研究关键词突变分析表　　表1

关键词	年	强度	开始	结束	2017 ~ 2022
新经济	2017	1.2	2017	2019	
教学方法	2017	1.24	2018	2020	
人才培养	2017	0.83	2018	2019	
建筑结构	2017	0.81	2018	2019	
教学体系	2017	0.64	2018	2019	
城乡规划	2017	0.64	2018	2019	
工程管理	2017	0.62	2018	2020	
建筑教育	2017	1.19	2019	2020	
建筑构造	2017	0.89	2019	2020	
工科背景	2017	0.59	2019	2020	
城市规划	2017	0.59	2019	2020	
园林植物	2017	0.59	2019	2020	
虚拟仿真	2017	0.88	2020	2022	
课程建设	2017	0.71	2020	2022	

新工科背景下建筑学科大类
教学改革的研究内容　　表2

研究内容分类	关键词（频次）
人才培养模式建构	教学改革（48）、人才培养（38）、培养模式（6）、创新能力（6）、应用型（4）、新经济（3）、培养方案（2）、创新人才（2）
学科教学模式研究	土木工程（19）、课程体系（16）、风景园林（14）、建环专业（12）、建筑学（9）、地方高校（8）、工程教育（7）、产教融合（7）、虚拟仿真（6）、智能建造（6）、课程思政（5）、教学体系（5）、实践（5）、城乡规划（5）、教学模式（4）、专业建设（4）、建筑教育（4）、土建类（4）、协同育人（4）、校企合作（3）、数字技术（3）、教学团队（1）、学科融合（2）、信息化（2）、跨学科（2）
课程教学设计及实践效果分析	实践教学（23）、课程改革（11）、教学方法（6）、毕业设计（5）、建筑构造（3）、工程管理（3）、实践能力（3）、大学物理（3）、创新创业（2）、课程设计（2）、课程教学（2）、研讨会（2）、案例教学（2）、教学范式（2）、教学创新（1）

3.1 人才培养模式建构

人才培养模式的研究与实践一直是教学改革的重要内容[2]，既有研究主要通过反思传统人才培养现状进而提出问题，根据国家对高等教育发展的政策指引剖析新工科建设内涵，总结人才培养需求，进而探索新工科背景下人才培养的目标定位及模式 [3]。有研究提出，新工科建设强调培养适应新经济发展、服务国家战略、满足产业需求和面向未来发展的新型人才 [4]，即培养应用型人才 [4, 5]，注重新技术的学习和实践能力 [4] 的提升。随着社会经济发展，高素质复合型的人才培养成为重点，人文素质、创新能力 [6] 等方面的培养受到关注。有学者提出 "新工科 F 计划"，核心是培养学习力、思想力、行动力兼备的工科领军人才 [7]。

新工科背景下，有学者提出城乡规划专业人才培养模式的思路在于结合国家编制国土空间规划 [8] 的相关要求，构建以创新能力培养为核心、学科建设为基础的城乡规划专业多元化人才培养模式 [9]。有学者在培养体系设计、培养目标细化、教学组织改革等方面提出了建议，助推城乡规划专业人才培养质量的提升 [9]。

3.2　学科教学模式研究

针对新工科建设对各专业人才培养的目标和要求，各高校及学者在教学体系构建方面做出了积极响应。具体来说，学者们结合所在学科的发展需求及特点，积极探索不同教学模式 [10]。有学者为变革传统流水线式教学，提出知识、能力、素质多维协同的教学模式 [11]；也有学者提出应针对国家发展战略，加强课程体系建设，更新教学科目和内容 [12]。还有学者提出在教学体系中加强思政建设 [13]。另外，部分高校及学者也进一步将新技术融入教学体系。一方面，开发建设智能建筑实验室 [14] 等线下平台，培养学生对新技术的学习和实践能力；另一方面，建立线上专业平台 [15, 16]，组建跨学科交叉融合课程体系及教学组织、机构，如吴志强院士领衔组建的教育部 "城乡规划专业（智能城市与智能规划方向）" 虚拟教研室等，能助推和整合多学科知识、解决复杂问题的人才的培养。

为培养适应国家对国土空间规划相关工作需求的新型人才，各高校的城乡规划学科在教学团队建设和课程体系改革等方面进行了探索和优化。教学团队建设方面，部分高校鼓励学校教育体系和外部资源的结合，如与政府部门、规划设计单位等进行合作，实行校内校外联合培养的教育模式 [17]。亦有学者提出学院应鼓励教师参与国土空间规划实践，让教师在教学中更好将理论与实践相融合，并将最新的实践总结传授给学生 [18]。

另外，国土空间规划改革对城乡规划学科人才培养提出了新的要求，更加强调多学科的融合与协同，故多所高校立足于培养复合型人才目标，也开始新设交叉学科课程 [18, 19]。吴志强院士指出早期规划教育存在学科交叉徒有其表的现象，教学内容与专业实践之间差异较大 [20]。而新工科背景下，课程体系建设更强调创新性和实践性的结合、理论课和设计课的衔接。其中，城乡规划专业的实践课程虽以与校外实习基地企业合作为主，但存在实习单位类型偏少，缺少评价反馈机制等问题，故有学者提出要建设多种类型的校外实习基地 [21]，专业课程也应注重学科融合和实践探索 [22]。另有研究表明在智慧城市和乡村振兴提出后，大数据及信息技术相关课程的比重得到增加 [23]、乡村规划设计相关课程得到重视 [24]。

3.3　课程教学设计及实践效果分析

新工科的建设对传统的课程教学设计提出了新的要求，已有研究聚焦于课程教学设计及课程效果分析两个方面。一方面，学者们大多以具体课程为例，通过梳理课程定位、改进教学内容、丰富教学方式、优化课程考核等方法来推行课程教学设计改革 [25~27]。另一方面，学者通过课后学生反馈调查、网上教评、学习效率评估等方法来分析课程的实践效果 [28, 29]。

为呼应新工科建设，已有成果多针对城乡规划学科具体专业课程的授课内容、授课方法及考核方式等方面做出评估研究。传统工科的城乡规划专业课以一对多的教师讲课辅导为主，存在知识更新滞后、延展性不足、创新性不足等问题 [27, 30]。故学者们对授课内容和方式做出了创新改进，通过探究国外设计课的教学内容对国内城乡规划教学提出建议 [31]，或结合国土空间规划热点，提高多源大数据与 GIS、空间规划设计等课程内容的融合程度，培养学生实践应用能力 [19, 30]。有学者以专业设计课程为例，采取 "线上 + 线下""研究 + 案例""引导 + 协作" 的教学方式进行授课 [26]，亦有学者采取翻转课堂、模块教学等授课方式，既活跃了气氛又提升了授课效率 [29]。在考核标准方面，有学者在专业课按档定的基础上进行优化，采取 "划底线" 的方式增加纵向参照，将上届 65 分左右成果作为本届合格样本给课程小组参照，提升教学效果 [26]；亦有学者提出基于多学科交叉融合的综合能力人才评价体系，规划课程需要从专

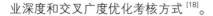

业深度和交叉广度优化考核方式[18]。

4 结论与讨论

基于文献计量方法，对城乡规划及其关联学科教学体系面向新工科教学改革的研究成果进行可视化分析。研究发现，论文数量总体呈现稳定上升的趋势，但核心期刊占比较低，城乡规划学科相关研究少于建筑、风景园林等学科；成果聚焦于创新人才、课程体系、课程改革等热点关键词，同时，呈现出从宏观的人才培养及学科建设到微观的具体课程改革的转变态势。

研究内容主要包括人才培养模式建构、学科教学模式研究和课程教学设计及实践效果分析三个方面。其中，人才培养模式强调在剖析国家相关政策及产业发展需求的基础上，建立新的人才培养目标；学科教学模式研究则是聚焦于国土空间规划导向下的课程体系改革、教学团队建设等方面的优化；课程教学设计及实践效果分析则多针对城乡规划学科具体专业课程的授课内容及授课方法、考核方式等方面做出创新实践和评估。

在新工科建设的背景下，未来城乡规划课程教学改革研究应重视以下几个方面：首先，细化新工科背景下的人才培养目标。城乡规划学科的人才培养一方面应针对国家新工科建设提出的初衷，即满足"新技术、新产业、新业态、新模式"为特征的新经济发展需求的国家战略行动[32]，另一方面也应重视国土空间规划对人才培养要求的转变。另外，建筑"老八校"可以将其在传统的知识积累、科研能力等方面的优势与新工科建设要求相结合，针对人才培养目标完善教学理念，引领其他高校共同发展。

其次，加强面向未来导向的学科建设模式探索。目前，各高校主要以学科建设为基础，遵循院系—学科—人才的基础路径[32]。而新工科以应对变化、塑造未来为建设理念。未来可加强与校外部门的联合培养模式探索，完善生产、教学、研究、实践的综合模式开发。城乡规划院系可联合设计院、政府部门，将学科建设和产业发展趋势相结合，探索学科建设新路径。新工科专业既包括新兴产业的课程开展，也包括传统工科课程的升级改造，但目前体系还不成熟，所以强化课程体系面向未来的建设研究至关重要。

最后，注重特色化课程教学模式的探索与创新。有学者针对建筑学专业特色提出了体验式、沉浸式等教学方法，利用建筑模型、虚拟仿真技术等，以激发学生学习兴趣，提高教学质量[33]。未来城乡规划专业也应该结合自身特点创新教学模式。一方面，将理论应用于实践，同时将调研实践融入课程教学，积极探索课程教学新体系。世界规划教育组织（WUPEN）通过线上平台汇集世界各地学者参与竞赛及讨论，以项目培养能力，为特色化课程教学模式的探索提供了借鉴。另一方面，加强技术在课程教学中的应用，如优化混合式教学模式在城乡规划专业理论课、设计课和实践课中的不同实践方式等。在此基础上，"以学生成长为中心"，积极构建完善的教学体系，培养面向未来的"三创型"（创新、创造、创业）人才，将成为未来研究的重点。

拙稿在撰写过程中得到学院副院长王世福教授和学院城市规划系副系主任刘玉亭教授的指导，在此深表谢意。

参考文献

［1］陈悦，陈超美，胡志刚，等. 引文空间分析原理与应用：CiteSpace 实用指南［M］. 北京：科学出版社，2014.

［2］李梦薇. 新工科背景下建筑类应用型人才培养模式探究［J］. 城市建设理论研究（电子版），2018（12）：77–78.

［3］杨柳依依，杨晓华. "新工科"理念下工程造价专业人才培养［J］. 西部素质教育，2022，8（11）：42–44.

［4］王志远，张丹，吴博，等. 新工科视域下城乡规划应用型人才培养探索 [J]. 教育现代化，2018，5（26）：1–2.

［5］周基，田琼，蔡强. 新工科背景下土木工程 BIM 技术应用型人才实现路径研究 [J]. 湖南理工学院学报（自然科学版），2018，31（3）：91–94.

［6］黄向阳，曾涛涛. 新工科背景下地方高校给排水科学与工程复合型人才培养的探索与实践 [J]. 给水排水，2020，56（12）：122–126，131.

［7］高松. 实施"新工科 F 计划"，培养工科领军人才 [J]. 高等工程教育研究，2019（4）：19–25.

［8］孙施文. 从城乡规划到国土空间规划 [J]. 城市规划学刊，2020（4）：11–17.

[9] 罗建美，罗建英．新工科模式下的城乡规划专业创新性能力培养体系构建研究[J]．大学，2021（41）：131-133.

[10] 胡一可，邱诗尧，许涛．天津大学风景园林专业本科培养体系构建[J]．城市建筑，2019，16（36）：59-63，75.

[11] 赵宏宇，姜雪，崔诚慧，等．知识-能力-素质协同型"工作坊"教学模式研究——以传统城乡生态智慧与实践课程改革实践为例[J]．高教学刊，2022，8（17）：84-87.

[12] 张磊，周红星，赵金秀．新工科背景下地方应用型高校给排水专业课程改革路径探究[J]．唐山学院学报，2022，35（3）：88-94.

[13] 翟雨翔，卢江涛．高校建筑工程专业学生思政教学实践——评《建筑施工组织与管理实务》[J]．工业建筑，2021，51（6）：217.

[14] 项新建，姚佳娜，郑永平，等．新工科背景下智能建筑实验室建设与管理[J]．实验室研究与探索，2021，40（12）：262-266.

[15] 刘果，黄志甲，陈德鹏，等．新工科背景下土建类专业公共平台的建设与实践[J]．湖北理工学院学报，2021，37（6）：67-72.

[16] 巩文斌．基于虚拟现实的新工科建筑类专业多学科融合创新平台构建[J]．实验室研究与探索，2021，40（4）：247-251.

[17] 刘丹．新工科背景下地方高校城乡规划专业发展探索[J]．安徽建筑，2021，28（1）：130-132.

[18] 黄贤金，张晓玲，于涛方，等．面向国土空间规划的高校人才培养体系改革笔谈[J]．中国土地科学，2020，34（8）：107-114.

[19] 吴伟东，张远兵，张伟，等．面向新经济的城乡规划专业改造升级路径教学模式探索[J]．教育现代化，2019，6（27）：102-104.

[20] 吴志强，于泓．城市规划学科的发展方向[J]．城市规划学刊，2005（6）：2-10.

[21] 曹世臻，龙良初．新工科背景下地方高校城乡规划专业校外实习基地建设与利用探析[J]．科教文汇（上旬刊），2019（12）：67-69.

[22] 面向新工科建设的天津大学建筑学院城市更新课程体系建构 - 中国知网[EB/OL]．/2022-07-05. https://kns.cnki.net/kcms/detail/detail.aspx?dbcode=CCJD&dbname=CCJDTEMP&filename=CJZJ201902004&uniplatform=NZKPT&v=emXKca6K9LH_oTP2kdU57mnm_njW1Rshyp66TuBHHWJg_IFWtrDF35qlvfao0bHf.

[23] 方程．新形势下地方高校城市规划专业发展道路探索[J]．规划师，2013，29（11）：101-104.

[24] 吴伟东，张远兵，张伟，等．面向新经济的城乡规划专业改造升级路径教学模式探索[J]．教育现代化，2019，6（27）：102-104.

[25] 颜蓓蓓，程占军，李丽萍，等．面向新工科的《建筑能源环境》课程改革探索与实践[J]．教育教学论坛，2019（25）：99-100.

[26] 张磊，张馨木，陈晓华．城乡规划设计类课程"多专业联合工坊"教学模式探索[J]．安徽工业大学学报（社会科学版），2020，37（5）：61-63.

[27] 陈飒．新工科背景下基于CDIO教学模式的课程改革——以风景园林设计课程为例[J]．辽宁工业大学学报（社会科学版），2022，24（2）：135-138.

[28] 张丹卯．新工科背景下城乡规划管理与法规"122"混合式教学改革[J]．安徽建筑，2021，28（10）：131-132，152.

[29] 杨宇楠．基于能力培养的城市规划原理课程教学模式改革研究与实践[J]．居舍，2020（15）：198.

[30] 邱鲤鲤，饶金通，李立新，等．"新工科"背景下的城乡规划新技术实验实践教学改革[C]//黄艳雁，等．智筑未来——2021年全国建筑院系建筑数字技术教学与研究学术研讨会论文集．武汉：华中科技大学出版社，2021：156-162.

[31] 郑文晖，李玉婷，周韬．契合新工科理念的规划教育方法及启示——以卡迪夫大学为例[J]．建筑与文化，2021（3）：105-106.

[32] 龚胜意，应卫平，冯军．"新工科"专业建设的发展理路与未来走向[J]．黑龙江高教研究，2020，38（4）：24-28.

[33] 乔宏，龙佩恒，王毅娟，等．体验式教学在"桥梁工程"课程中的应用探究——以北京建筑大学为例[J]．教育教学论坛，2021（42）：121-124.

"Progress on the Teaching Reform of Urban and Rural Planning Curriculum for Achieving New Engineering: A Knowledge Graph-Based Analysis by Using CiteSpace"

Wei Zongcai   Huang Shaoqi   Liu Yufei

Abstract: The construction of new engineering Disciplines is the new direction of national engineering education reform based on the new needs of national strategic development, the new situation of international competition and the new requirements of moral education. It is important and necessary to comb and summarize the existing findings of teaching reform under the background of new engineering, to systematically present the research hotspots and characteristics, and to put forward prospects for future research. This study analyzed the relevant research findings of the urban and rural planning disciplines facing the new engineering teaching reform by using bibliometric method from CiteSpace software. The number of research papers shows a steady upward tendency in general, but the paper published in the core journals only occupied a relatively low proportion. The research contents, which covered talent training mode construction, subject teaching model research and curriculum teaching design and practical effect analysis, gradually hanged from talent training and discipline construction to specific curriculum reform, with a focus on innovative talents, curriculum system, curriculum reform, and teaching methods etc. The study proposes that future research should refine the talent training objectives under the background of new engineering, and strengthen the exploration of market-oriented discipline construction models, and focus on the exploration of characteristic course teaching models as well.

Keywords: New Engineering Disciplines, Urban and Rural Planning, Teaching Reform

国土空间规划视角下城乡规划核心课程群建设思考*

陈 飞 蔡 军 肖 彦

摘 要： 国土空间规划建立后，各规划院校做出教学响应，由于教学资源的不同，非头部规划院校亟需探索适应自身课程体系的教学增质策略。大连理工大学国土空间规划教研室总结总体规划课程教学改革中暴露出的新问题，结合国土空间规划能力培养与学科知识体系特征，尝试通过课程群开展综合能力培养。分别从规划内容与技术层面构建"理论—技术—实践"模块；从规划协调能力层面提高"一专多能"深度与广度；在规划理念层面将专业技能与课程思政相融合。目前课程群增质建设实践尚处于起步阶段，本文仅为初级探讨，以期为其他课程体系相近的规划院校提供思路。

关键词： 国土空间规划；总体规划课程群；教学增质

1 行业变革背景下城乡规划院校的教学响应

自 2019 年 5 月建立国土空间体系以来，各学科开展丰富探索响应学科体系变革。城乡规划学科作为隶属于国土空间规划体系的重要支撑学科，如何服务于国土空间规划体系，成为新时代规划学科和教育发展的重要命题[1]。自然资源部、城乡规划学会、城乡规划专业指导委员会以及设计部门，关于学科、规划教学展开了广泛的讨论[2-7]。总结规划院校教学响应情况，可以划分为以下 3 种情况。

1.1 自然资源部牵头部属创新平台

在城乡规划教育中，自然资源部以及各院校开展了自上而下的专业调整及课程体系改革。自然资源部职业技能鉴定指导中心自 2021 年起，先后与清华大学、北京大学、南京大学、天津大学、华中科技大学、武汉大学等十余所高校签署战略合作协议，推进"多规合一"改革后的规划学科建设。通过"边合作边深化成果、边合作边完善机制、边合作边扩大领域"的方式，与合作高校探索共建共享机制，建立了沟通联系机制，定期举行工作例会，联合开展专业交流活动和专业培训，引导签约高校深入国土空间规划工作实践，推进部属创新平台建设[2, 9]；研究开展国土空间规划领域科技创新领军人才遴选、支持相关工程创新中心建设、组织系列教材和实践案例编写、深化与高校产学研融合等工作。

1.2 头部规划院校的探索

城乡规划老八校拥有教学资源优势，另有一些院校在校级平台支撑下也开展了积极探索，主要包括以下 3 个层面。

（1）增设专业及专业方向：北京大学在人文地理与城乡规划专业下设置学制 4 年的国土空间规划本科专业方向并已招生，组建"本科生 + 研究生 + 专业教师 + 规划合作单位"团队，开展规划实践；武汉大学调整本科和研究生培养方案，设立了国土空间规划专业方向；南京大学开设了国土空间规划工科实验班，探索建立本硕贯通的国土空间规划人才培养新体系[2]。

（2）建立多学科交叉平台：清华大学进行多学科

* 教改项目：国土空间规划教研室建设计划、辽宁省线下一流课程"规划设计 3"、辽宁省线下一流课程"城市道路与交通 1"。

陈 飞：大连理工大学建筑与艺术学院城乡规划系副教授
蔡 军：大连理工大学建筑与艺术学院城乡规划系教授
肖 彦：大连理工大学建筑与艺术学院城乡规划系副教授

交叉融合的教学探讨，在城市生态学、土地利用规划、城市规划经济学等学科涉及国土空间规划的领域进行相关知识原理和方法的讲授；天津大学强调"学科交叉""实践导向""产教融合""聚焦创新"，组建多学科支撑的"国土空间规划与治理研究中心"等教研平台。

（3）课程体系改革：重庆大学优化本科人才培养方案，建立由地理学概论、GIS与土地利用规划、国土空间总体规划、国土空间规划政策与管理等课程构成的教学体系；东南大学创新国土空间规划学科专业建设、课程体系调整和师资队伍建设，围绕一流学科建设优化发展布局，对标行业人才需求深化教学改革，发挥传统优势促进规划学科繁荣，持续推进国土空间规划相关科研平台建设，积极投身国土空间规划重大工程实践和社会服务。

（4）新开课程及增加课程内容：哈尔滨工业大学在既有城乡规划主干课程体系基础上，开设空间规划专题课程，"国土空间规划领域通专融合课程及教材体系建设"获批教育部新工科研究与实践项目。同济大学调整本科生、研究生课程和培养计划，加强国土空间规划实践课程，围绕一流学科建设优化学科方向和学科团队，组织多种形式的学术活动，开展国土空间规划编制技术、方法的科研课题。华中科技大学在教学和教研组织上，增设和调整了部分教学团队，增加国土空间规划相关课程内容。

1.3 其他规划院校的探索

其他院校的教学响应主要有两类：①课程群建设及课程体系优化：南京林业大学建设"规划—地信—生态"课程群[10]；江西理工大学在省教育科学"十四五"规划2021年度课题的支撑下，开展地理学课程群教改研究；此外河南大学、东北大学、昆明理工大学调整人才培养与课程体系[11-13]。②单一课程教改：苏州科技大学、四川大学、北京师范大学内蒙古工业大学在单独的设计或理论课中增加国土空间规划教学内容[14, 15]。

通过上述梳理规划院校专业与课程建设情况，可以清晰地看到，自然资源部推进部属创新平台建设，自上而下推进教学与实践资源，院校之间的综合实力差距必将逐渐显现。未能进入该平台的规划院校必须积极探索适应自身课程体系的教学增质策略。

2 我校响应国空规划的总规教改总结

大连理工大学总体规划课程设置于本科四年级春季学期，60学时，历时7.5周，由3位骨干教师负责（1位教授、2位副教授）。设计题目主要以大连周边小城镇规划为主。相比于其他院校整个学期的教学周期而言，7.5周的学时仅能在局部环节响应国土空间规划，教学中增加双评价、三区三线等国土空间规划关键内容。经过两年的教改实践，学生的综合分析与规划能力提高，获得实习单位的认可，学生取得较好考研成绩，2022年规划毕业班35人，其中保研及读研14人，占比40%，12人进入规划老八校，创历史新高。同时教学中也逐渐认识到在单一课程中开展国土空间规划改革的局限性。

2.1 单一课程难以有效树立国空规划理念

国土空间规划规划理念由传统的城市开发转变为资源管控，强调生态文明建设、农业发展及生态保护概念；研究领域由既有的城市用地扩展为土壤、植被、灾害等领域，需开展跨学科交叉研究。规划理念的建立需要在系统的专业学习中逐渐渗透培养，近两年的规划学生正处于规划理念转变的过渡期，原有的规划理念逐渐形成，过度转变易造成认知模糊，需要在后续的课程与实践中逐渐渗透国空规划的新理念。

2.2 学时有限难以全流程落实国土空间规划编制内容

与国土空间规划相关的编制方法与工作平台目前仅在"总体规划"一门课上详细展开，60学时难以支撑庞大规划技术的学习；并且，相关学科知识缺失，"形而上"套用指标，难以体现规划意义。我院开设城市地理学、生态学等相关课程，但编制国土空间规划需要上述各个领域的核心专业技术，近两年教学中套用"编制办法"中推荐的技术指标，难以保障规划严谨性。

2.3 数据保密与关键技术屏障降低双评价效用

国土空间规划中大量土地、矿产、植被、气候资源数据具有极高的保密要求，即便是与我校已经建立校企合作平台的规划院，也要求在单位指定电脑上编制规划，基础数据属于机密保护级别，设计单位虽然欢迎学生参与实践在单位指定机器上使用数据，但是受到学时限制，学生难以连续参与，无法支撑课程设计。

教学中只能在各类网站获取低精度数据，并常有数据缺失，难以开展有效的规划编制。教学中针对此类问题，开展了几轮调整。如在选址方面，由于滨海地域数据空白问题，教学中放弃已经形成教学特色的滨海城镇，选址内陆城镇；但再次遇到用地规模小、低精度数据难以分析的问题；教学再做响应，选择省内县域范围较大的县级市，通过扩大研究地域的方法弥补数据精度不足的问题。

双评价中单项评价与集成评价均涉及取值问题，《双评价技术指南》给出的数值区间宽泛；其中种类繁复的单项评价涉及的土质、气候等非规划相关甚至较生疏内容，师生缺少相关知识支撑，对评价取值难以开展科学有效分析。而且有限学时也限制开展相关学科研究。此外，在集成评价中，此类取值问题更为突出。设计单位也不能提供此类教学支撑，教学中各小组做出的双评价成果迥异。

双评价过程中由于使用低精度数据以及模糊的取值对于评价缺少有效支撑，教学中开展此类双评价仅仅使学生了解了编制技术的流程，但是并未掌握关键性的技能。

2.4 GIS 分析与绘图熟练程度制约成果编制

国土空间规划成果编制要求使用功能强大的 GIS 平台，其中涉及地理坐标转换、数据获取与处理、GIS 分析与绘图等功能，GIS 强大的分析功能为国土空间规划提供科学与技术支撑。但是在教学实践中，学生在总规之前使用常规的规划软件，虽然也开设 GIS 原理课程，但是在操作层面仍较为生疏。教学中出现两极分化的现象，一些精通软件的同学甚至可以通过编程处理数据，但同时大部分同学较为生疏，边学网课边画图，甚至每年都有同学宁愿扣分也要使用湘源画图。工欲善其事，必先利其器，GIS 操作生疏制约了方案与成果编制。

3 对国土空间规划培养能力的思考

国土空间规划涉及较多相关知识领域，城乡规划教育不可能为学生提供跨学科的教育，因此培养"一专多能"复合型人才成为应对国空能力培养的有效选择。同时数据处理、规划理念转变也需要依托响应的校企平台以及相关课程开展综合能力培养。

3.1 在"一专多能"复合型人才培养模式上，增加深度与广度

"一专多能"型复合规划人才是契合新工科建设的人才培养模式；学生在新型规划体系变革背景下，从专业知识学习深度上，不仅需要提高理论与规划技能培养目标，而且要培养学生应对国土空间规划中相关领域规划问题的协调能力，培养学生在多学科交叉平台框架下开展综合规划的统筹能力；即提高专业学习深度与协同创新能力，对标卓越人才培养模式，落实新工科人才培养目标。

3.2 建构校企合作的有效机制，产学互促提升综合规划能力

总体规划是空间规划体系中综合性和复杂性程度最高的法定规划。国土空间规划更加深和扩展了研究的深度与领域，基于大数据开展的"双评价"提高了规划编制的科学性，由于基础数据保密机制，教学中难以获取基础资料，教学成效有限。本次教改尝试在设计课程与实践环节建立校企合作机制，使学生在真实工作环境下，培养处理复杂规划问题的能力；并在实践环节培养规划价值观，强化高校的社会服务职能。

3.3 由物质空间规划理念转变为资源管控与生态文明发展理念

教学中增加相关土地利用、海洋资源利用、自然资源类型、自然灾害防控、生物多样性保护、基本农田保护等内容，加强生态安全、使用效率、社会公平、地域特色的规划理念；在现有偏物质空间规划理念（重增量建设），逐步转变为强调国土空间资源的可持续使用理念；培养学生在"创新、协调、绿色、开放、共享"新发展理念下更注重人与自然、人居建成环境和自然生态环境的协调共存；落实国土空间资源管控与生态文明发展的总体目标。

4 课程群建设的教学思考

国土空间规划理念综合、内容复杂、知识丰富、编

制技术要求较高，需要教学层面开展积极响应。相比于其他规划院校，我校总体规划课时较短，亟需探索适合本校课程体系的教学相应对策。为适应行业转型开展系列专业与课程建设，自下而上地探索发展城乡规划教学途径。

总体规划课程群包括9门理论课程、2门实验课程、1门设计课程、2门实习实践。具体为：区域与城镇体系规划（4–1）❶、总体规划原理（4–1）、村镇规划原理（4–1）、城市道路与交通1（3–1）、城市生态与环境规划（3–2）、城市绿地系统规划（3–2）、城市地理学（4–2）、GIS原理与应用（3–1）、城市经济学（4–2）、城市用地与交通设施调查实验（3–3）、城市生态设施与环境物理调查实验（4–3）、总体规划设计（4–2）、设计院实习前期培训（4–3）、设计院实习（5–1）。本项目将组织课程群全体老师集中讨论、分配相关知识单元，并建立联动教学环节，通过知识点在不同教学中的应用，检验教学实施效果。

4.1 规划内容与技术层面：构建"理论—技术—实践"模块，实施"螺旋式进阶"能力提升

国土空间规划内容庞大，仅在教学环节中就需要补充：地理坐标转换、数据获取与处理、GIS分析与绘图、农林土壤灾害各类数据的单项与集成评价方法等知识模块。这些知识单元涉及多门课程的教学与应用练习。

依托全面立体化的课程群资源，建立涵盖理论课、实验课、设计课程及实习实践环节的"理论—技术—实践"立体课程群，通过自大三上至大五上学期的系列教学实践展开"螺旋式进阶"教研，将相关知识点拆解到相应原理课程与实验课程中；在大四下学期的总体规划编制框架下综合运用前述理论与技术；最后在实践环节提升学生处理复杂规划问题的专业技能，落实"一专多能"复合型人才培养目标中的"一专"能力培养（图1）。

4.2 规划协调能力层面：提高"一专多能"深度与广度，培养跨专业协同能力

国土空间规划涉及多个规划领域，以滨海区域为例，涉及土地利用规划、海洋功能区划、海岸带保护规划、港口工程规划等内容，城乡规划学生对于海洋相关领域的知识储备有限，例如"淤泥质生态海岸"在国土用地开发适宜性评价中如何评定？这需要相关的海岸带专业知识，同样滨海地区地质、气候、海象知识专业性较高；在开展国土空间规划中，必须培养学生跨专业协同能力，提高学生对复杂问题的沟通与处理能力，这也对应着"一专多能"复合型人才培养目标中的"多能"能力。

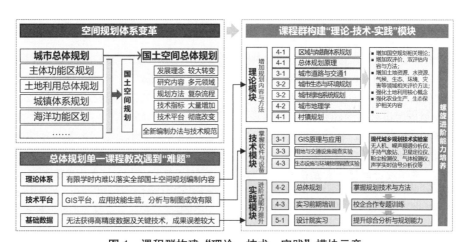

图1　课程群构建"理论—技术—实践"模块示意

---

❶　4–1、4–2、4–3分别代表四年级秋季、春季、夏季学期。

依托课程群，从三个层面开展上述能力培养：在设计课程环节，邀请设计人员参与教学，通过实际项目开展讲座，提高学生代入感；在大三、大四夏季学期的实验环节，与其他专业开展综合实验项目；在大四夏季学期及大五上学期的实习环节，在设计院通过实际项目开展更为广泛的协调能力培养。

4.3 规划理念层面：建立理论与实际的联系，融合专业知识与课程思政

既有的总体规划侧重城市用地开发，国土空间规划重视对国土空间资源的综合保护，将生态优先作为底线，优先规划生态保护空间，按照生态功能划定生态保护红线；并且在评估环节，提出"山水林田湖草"生命共同体评估要求。

规划理念的改变直接导致规划方案转变，对规划教学带来挑战。不同于规划方法与技术能力提升，理念是需要经过长时间专业学习逐渐形成，设计人员与专业教师需要首先克服理念束缚，从根源上建立基于生态保护理念的教学理念、评判标准。将对生态理念的理解落实在"城市生态系统""城市绿地原理"等原理课程中；并在规划设计课程中，多环节将学生固有的开发理念扭转为保护理念。

5 结语

国土空间规划体系建立3年，相关编制办法与技术要求尚处于探索阶段，在教学领域尚无权威教材；既有的规划课程体系如何与之衔接，各院校均在探索初期阶段。大连理工大学国土空间规划教研室选择与国土空间规划关联最为紧密的总体规划核心课程群开展教改研究。结合国土空间规划能力培养与学科知识体系特征，尝试通过课程群开展综合能力培养。分别从规划内容与技术层面、规划协调能力层面、规划理念层面探索响应的人才培养模式。相关教学设计尚处于实践初期，本文仅为初级探讨，以期为其他课程体系相近的规划院校提供思路。

参考文献

[1] 李疏贝，彭震伟.发展观影响下的当代中国城市规划教育[J].城市规划学刊，2020（7）：106-111.
[2] 加强产学研融合合力推进国土空间规划体系建设.中国自然资源报[N/OL].（2021-10-15）.[2022-04-10]. https://www.zrzyzj.cn/gzdt/2307.jhtml.
[3] 石楠.城乡规划学学科研究与规划知识体系[J].城市规划，2021（2）：9-22.
[4] "空间规划体系改革背景下的学科发展"学术笔谈会[J].城市规划学刊，2019（1）：1-11.
[5] 孙施文，石楠，吴唯佳，等.提升规划品质的规划教育[J].城市规划，2019（3）：41-49.
[6] 孙施文，吴唯佳，彭震伟，等.新时代规划教育趋势与未来[J].城市规划，2022（1）：38-43.
[7] 杨贵庆.面向国土空间规划的未来规划师卓越实践能力培育[J].规划师，2020（7）：10-15.
[8] 大连理工大学城乡规划专业评估考查报告[R].2020.
[9] 部技能鉴定中心与华中科技大学、武汉大学签订国土空间规划战略合作协议[N/OL].（2021-9-30）.[2022-04-10]. https://www.zrzyzj.cn/gzdt/2291.jhtml.
[10] 范晨璟，殷洁，李志明.空间治理变革背景下农林院校城乡规划专业"规划-地信-生态"课程群的教改探索[J].高等农业教育，2021（8）：108-112.
[11] 李天奇，李茂娟.国土空间规划背景下人文地理与城乡规划专业改革——以河南大学环境与规划学院为例[J].当代教育实践与教学研究，2019（8）：210-211.
[12] 王垚，周敏，王勇.基于大数据的城乡总体规划设计课程探讨研究[J].教育教学论坛，2021（9）：141-143.
[13] 庞瑞秋，刘生军，吴文.PBL教学模式在研究型城市规划课程中的应用[J].教育教学论坛，2020（9）：246-247.
[14] 吴殿廷，史培军，宋金平."国土空间规划的理论与实践"课程建设初探[J].中国大学教学，2021（2）：42-45.
[15] 张继刚，陈若天，李沄璋，等.基础研究视角下的国土空间规划创新-区域规划课程教学思考[J].高等建筑教育，2021（5）：116-123.

Discussion on the Urban and Rural Planning Core Courses Group under the Background of Territorial Space Planning

Chen Fei   Cai Jun   Xiao Yan

Abstract: Influenced by the construction of Territorial Space Planning system, each urban and rural planning colleges and universities have responded to teaching reform. Due to different teaching resources, non-head urban and rural planning colleges urgently need to explore teaching response strategies that adapt to their own curriculum systems. The DUT Territorial Space Planning Department teachers analyze the new problems exposed in the Master Plan course, sort out the characteristics of Territorial Space Planning ability and knowledge system, and try to strengthen the curriculum group to carry out comprehensive ability training. The course group enhancement plan plans to build a "theory-technology-practice" module from the level of planning content and technology; to improve the depth and breadth of "one specialty and multiple abilities" from the level of planning coordination, and to integrate professional skills with curriculum ideology and politics at the level of planning concepts. The course group enhancement plan is still in its infancy. This article is only a preliminary discussion, in order to provide ideas for other planning colleges with similar course systems to adapt to the reform of the Territorial Space Planning system.

Keywords: Territorial Space Planning, Master Plan Course Group, Teaching Quality Increase

学科交叉与实践融合
—— 清华大学通识课程"面向城乡协调的乡村规划"教学实践

刘　健　周政旭　李耀武

摘　要： 新世纪以来，顺应城乡统筹发展对多专业人才培养的现实需求，清华大学城乡规划系先后面向研究生和本科生开设多门专业理论课、专业设计课和通识理论课，逐步建立起较为完善的乡村规划课程体系。"面向城乡协调的乡村规划"是其中唯一面向全校本科生开放的通识理论课，并被列入清华大学优质通识课程建设计划。课程教学注重培养学生的学科交叉视野，重点讲授城乡关系和乡村规划的基础理论、乡村发展的政策演变与热点问题、乡村调查的主要内容与基本方法，并积极组织学生以多种方式开展乡村调研与乡村建设实践，旨在培养学生对乡村价值的正确认识、对乡村问题的广泛关注，以及对乡村规划的初步了解。文章介绍了该课程的开设背景、教学目标、教学内容，总结了注重学科交叉与实践融合的课程特色与教学经验。

关键词： 乡村规划教学；学科交叉；实践融合；清华大学

1　开课背景

1.1　我国城乡统筹发展的现实需求

世界各国的发展经验表明，在城市化进程中，城乡关系从平等、到失衡、再到统筹的起伏变化是社会经济发展的必然过程；在迈向城市社会的转型时期，乡村发展是促进城乡统筹、实现健康城市化的关键。乡村地区地广人稀、条件各异、问题复杂，世界各地，概莫如此；在城乡二元制度的长期影响下，我国以"三农"为代表的乡村问题更加庞杂。现代城市规划学科为应对工业化带来的城市问题而诞生，始终将促进城乡结合、消灭城乡差别作为理论诉求，并将乡村地区和乡村发展视为学科研究的重要组成。在我国，自 2008 年《城乡规划法》颁布以来，乡村规划逐渐引起社会各界广泛重视，国内高校先后开设与乡村规划建设相关的专业课程，着力培养致力于乡村规划建设的专业人才。从解决"三农"问题到促进乡村振兴，既有赖于包括城乡规划在内的众多学科的相互支持，更有赖于全面了解农业发展、农村建设和农民生活的实际需求。因此在乡村规划教学中，积极促成多个学科的交叉与融汇，鼓励学生深入乡村实践和体验，引导学生通过实践发现问题，通过学科交叉创

新思路，进而提出解决问题的可能路径，非常重要。

1.2　国内高校乡村规划教学概况

传统上，国内规划院校的乡村规划教学主要由专业性理论课和设计课构成。理论课通常是作为专业必修课"城市规划原理"的组成部分，以及以村镇规划、乡土社区等为题的专业选修课，设计课则主要是小城镇规划设计工作坊。近年来，乡村振兴战略的实施提高了社会各界对乡村规划工作的关注，国土空间规划体系改革也对乡村规划工作提出新的要求，国内规划院校纷纷加强乡村规划教学，丰富乡村规划教学的课程内容，形成多元化和特色化的乡村规划教学课程体系（同济大学，2015；蔡忠原等，2016；潘斌等，2019），包括增设乡村规划原理等专业理论课，乡村规划与设计工作坊等专业设计课，在毕业设计中增加乡村规划与设计的选题，等等。与此同时，乡村规划教学的关注点也从村庄居民点的物质空间建设布局扩展到乡村地区社会、经济、文

刘　健：清华大学建筑学院教授
周政旭：清华大学建筑学院副研究员
李耀武：清华大学建筑学院博士研究生

化、产业、空间等的综合发展，包括重视乡村社会以人为本的发展诉求，关注技术进步对乡村转型发展的深远影响，探讨面向治理现代化的参与式规划机制与方法，等等；人才培养的关注点也从专业技能训练扩展到塑造价值观念，旨在培养有思想、有温度的乡村规划师。

1.3 清华大学乡村规划课程体系

清华大学建筑学院历来重视乡村规划教学，早在1950年代即组织师生开展河北省徐水等地的村庄规划设计工作；2000年以来，面向本科生和研究生先后开设了小城镇总体规划、乡土聚落研究、传统村镇测绘等与乡村规划相关的设计课和实践课。2018年，为响应2017年中央"一号文件"提出的"鼓励高等学校、职业院校开设乡村规划建设、乡村住宅设计等相关专业和课程"的要求，建筑学院城乡规划系面向全校本科生开设了"面向城乡协调的乡村规划"通识选修课，填补了乡村规划教学课程体系中的理论课空缺。同年，建筑学院联合校内多个院系与部门，开始在全国多地设立"清华大学乡村振兴工作站"，鼓励和引导学生积极参与乡村规划建设，通过设计改造闲置房屋，与地方政府共建实体工作站，营造公益性、开放性、长效性的服务平台，为驻点助力乡村振兴发展提供坚实保障，开创了"乡村振兴工作站"实践教育模式，成为对校内课堂教学的有力补充。至此，清华大学建筑学院建立起涵盖本科生和研究生，包括理论、设计、实践等多种课程，兼顾专业必修与通识选修的乡村规划教学课程体系（表1）。

2 课程概况

2.1 教学目标

作为对来自全校不同专业背景的本科生开设的通识理论课，"面向城乡协调的乡村规划"课程遵循清华大学倡导的"价值塑造、能力培育、知识传授"教育理念，以及"以通识教育为基础、通识教育与专业教育相融合"的教学理念，力图通过有关城乡关系和乡村规划的基础理论、乡村发展的政策演变与热点问题、乡村调查的主要内容与基本方法的专题讲座，辅以多种形式的乡村调研与乡建实践，培养学生对乡村价值的正确认识，引起学生对乡村问题的广泛关注，帮助学生建立有关乡村建设发展与规划的基本理论与基本知识，了解乡村建设发展与规划的热点问题和学科前沿，以及开展乡村调查研究的具体方法，提高学生自觉加强校内理论研究与校外实践探索两种学习方式的紧密结合、进而开展自主学习的能力，以及立足各自专业特长开展学科交叉创新的能力。课程教学的核心目标是培养学生在面对城乡协调与乡村规划的现实议题时，建立正取的价值导向，建构开放的知识体系，积累多元的创新能力，能够并且善于以学科交叉的视野综合运用通用知识和专业知识，提出富有创造性的解决思路。

2.2 教学内容

"面向城乡协调的乡村规划"课程教学内容包括两个部分，即理论知识讲授与乡村实践调研。学生在乡村

清华大学建筑学院乡村规划教学课程体系　　　　　　　　　　　　　　　表1

课程名称	开课时间	课程类型	主要内容
总体规划 studio	2006~2009年	研究生设计课（规划专业）	小城镇总体规划
总体规划 studio	2010~2016年	本科生设计课（建筑专业综合论文训练）	小城镇总体规划
乡土聚落研究	2012年~	研究生理论课（全校选修）	乡村聚落与乡村规划案例
总体规划 studio	2014年~	本科生设计课（规划专业）	县城总体规划
传统村镇测绘	2018年~	本科生实习课（规划专业）	传统村镇测绘实习
面向城乡协调的乡村规划	2018年~	本科生理论课（全校选修）	乡村规划基础知识和热点问题，乡村调查
其他		建筑设计 studio/ 景观设计 studio/ 规划设计 studio 乡村振兴工作站	

实践的基础上，独立完成乡村调查报告，作为课程考核的主要内容。

理论知识讲授主要涉及三个方面的内容：一是乡村发展与乡村规划的基本理论，包括城市与乡村的基本概念与空间划定，城镇化发展，城乡关系的历史演变，乡村规划的诞生与发展，以及乡村规划的任务、内容、方法与技术规范等。二是乡村发展与乡村规划的学术前沿与实践探索，包括乡村发展的转型变化、政策演变和制度安排，乡村规划的体系建设与实践探索，传统村落的保护与更新，以及绿色村镇可持续发展的规划应对等。三是乡村调查的主要内容与方法，以及乡村实践具体流程。三个方面的理论知识讲授通常通过8个专题讲座完成（表2）。

图1 课程负责教师参与清华大学乡村振兴工作站基地建设并提供指导

理论知识讲授的八个专题内容　　表2

●城市化进程中的城乡关系演变	●传统村落的保护与更新
●现代城市规划与乡村规划	●村镇绿色发展的规划探索
●中国当代乡村建设发展历程	●乡村时事热点特邀讲座
●城乡二元对我国乡村发展的影响	●乡村调研的内容与方法

乡村实践调研灵活采取不同方式。首先作为校内课堂教学的组成，任课教师组织选课学生在北京周边的乡村地区开展短期调研，就乡村田野调查的内容与方法进行现场教学。其次作为校内课堂教学的延伸，课程鼓励选课学生通过申报乡村主题的清华大学SRT项目、个人参加清华大学乡村振兴工作站实践、个人或组团开展自行调研等多种形式，针对具有典型性的村庄或乡村发展中的典型问题开展实地调研；在此过程中，任课教师或以清华大学乡村振兴工作站专家委员会成员的身份，为参与清华大学乡村振兴工作站实践的选课学生提供团队指导，或应选课学生的要求为采取其他调研方式的同学提供团队或个别指导。此外，课程还鼓励选课学生跨专业组队，积极参加全国不同地方和不同专业机构组织的大学生社会实践和大学生方案竞赛等活动，例如共青团北京市委员会和北京市学生联合会共同组织的"首都大中专学生暑期社会实践"活动，中国城市规划学会乡村规划与建设学术委员会组织的"全国高等院校大学生乡村规划方案竞赛"，等，作为结合课程开展乡村实践调研的补充（图1）。

课程考核以乡村调研报告为主，课后问卷考查为辅。乡村调研报告要求在了解乡村地方的自然环境、人文习俗、社会形态、经济发展等基础上，发现和分析乡村发展面临的问题，并从不同专业视角提出解决路径建议，内容上建议包括但不限于村庄基本情况介绍、乡村发展问题辨识、特色资源与发展潜力分析、发展对策建议等；关注议题则完全基于学生的专业特长和兴趣，可包括村庄规划建议、乡村产业发展、文创产品开发、村落遗产保护、农民生产技能、农村管理机制、乡村环境治理等多个方面（图2）。课后问卷考查由授课教师围绕课堂专题讲座的内容，以问卷星的方式提出若干选择题或简述题，要求选课学生在规定时间内完成，并在随后的课上分享和解答，一方面考核学生对课堂讲授内容的掌握情况，另一方面了解学生对乡村发展的认知情况并引导学生对乡村价值的认识（图3）。

在学期期间，除课堂教学外，任课教师通过教师开放时间为有需要的学生提供个别指导，由此形成"课堂讲授基本理论—课后讨论调研题目—假期指导调研实践—全时辅导调研报告"的全过程教学模式。

图2 2020年选课学生乡村调研涉及议题及其占比

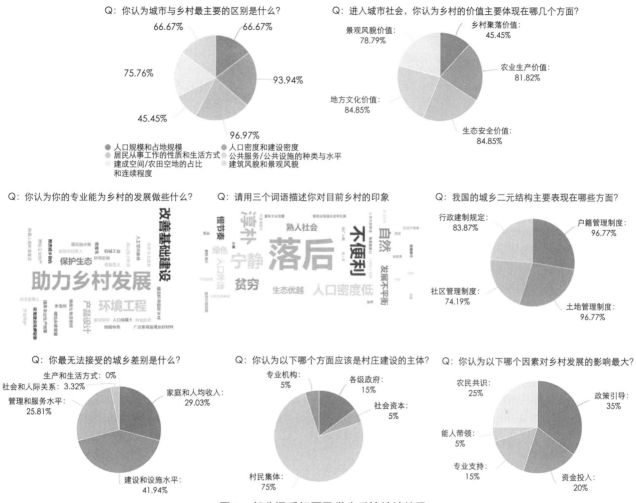

图3　部分课后问题及学生反馈统计结果

3　课程特色

3.1　注重学科交叉

"面向城乡协调的乡村规划"课程面向全校不同专业的本科生开放，虽然每年选课学生的数量变化不定，但无一例外地吸引了来自十余个院系的学生选课（表3），使得在通识教育过程中促进不同学科之间的交叉互动成为本课程的一大特色。一方面，课堂上的理论知识讲授涉及城乡规划学、建筑学、社会学、管理学、地理学、生态学等多学科的视角与内容；另一方面，课上的随堂讨论、课后的问卷考核、课外的乡村实践也特别鼓励来自不同专业领域的学生之间的互动交流与团队合作，培养学生以学科交叉的思维、视野和知识来认识和解决乡村发展问题。此外，本课程还意外得到众多国际留学生的青睐，成为中外学生针对乡村建设发展与规划议题开展跨文化交流的平台。

3.2　注重实践融合

"面向城乡协调的乡村规划"课程积极拓展实践教学环节，将课堂教学与学生社会实践，尤其是清华大学乡村振兴工作站社会实践相结合，鼓励选课学生建立跨学科的实践小组，以多种形式开展乡村调研，从而把教

近五年选修课程学生院系来源统计 表3

各个学年学生来源院系数量	院系分布
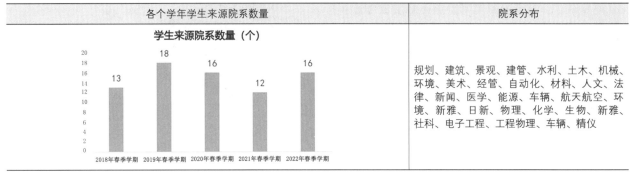学生来源院系数量（个）	规划、建筑、景观、建管、水利、土木、机械、环境、美术、经管、自动化、材料、人文、法律、新闻、医学、能源、车辆、航天航空、环境、新雅、日新、物理、化学、生物、新雅、社科、电子工程、工程物理、车辆、精仪

学活动从校内课堂延伸到校外乡村，促进了课堂讲授的理论知识与全国各地的乡村实践的紧密结合。通过实践环节，学生浸入式地观察和体验乡村，深入和系统地了解乡村，从而基于个人感受建立起对乡村的认知，并反馈于课堂上学习到的理论知识。在课内乡村调研时，任课教师通过现场教学讲授乡村调查的内容与方法，包括如何观察乡村现象、如何与村民及村集体管理者展开有效交流与访谈、如何观察村民的日常生活和行为习惯，以及如何获得乡村产业、生态、经济状况的相关信息（图4）。在课外乡村调研时，任课教师则以清华大学乡村振兴工作站实践指导专家委员会委员的身份，为参与实践团队的同学提供专业指导；同时为了帮助选课学生对实践环节有所了解并做出参与社会实践的选择，任课

教师还特别在课堂教学环节中，邀请来自不同专业的高年级同学分享乡村实践经验，也丰富了不同年级、不同专业同学之间的交流（图5）。

图5　课程讨论（右图中自左往右的三位分享者分别就读于经管、社会学、建筑学专业）

4　教学成效

"面向城乡协调的乡村规划"课程自2018年开课至今，经过不断创新探索，课程模式逐渐成熟，也积累了相应的经验，取得了一定的教学研究成果和成绩。2019年，本课程申报并完成清华大学本科教改项目"面向城乡协调的乡村规划：构建学科探究与实践中创新的教学模式"，教学成果也曾在2019年中国高等学校城乡规划教育年会乡村规划教学论坛上进行宣讲。2020年，本课程首批入选清华大学通识课程社科课组，并在2021年申报进入清华大学优质通识课建设计划。

对于乡村规划教学来说，以通识教育为核心、注重学科交叉与实践融合的教学模式是对原来以规划专业学生为主、注重专业教学的课程模式的创新性突破，这样的创新探索提升了教学质量，形成了特色显著的教学成

图4　任课教师带领学生深入乡村调研

果。每年不同专业的选课同学积极参与到乡村振兴实践中，成为工作站乡村实践的骨干成员，表明课程在教授学生乡村实践技能的同时，也培养了学生参与乡村实践的兴趣和热情。从每年的课程作业报告来看，学生的实践地点覆盖我国多个省市，分布地域广阔；学生对我国不同地区、不同类型的乡村展开广泛调研，内容上涉及乡村产业、文化、环境生态、人口、民族、建筑和教育、医疗服务等不同领域主题。课程每年都会形成多份优秀作业，如"基于民宿产业和乡村振兴工作站的长江经济带城市群周边小体量村庄转型初探——以江苏省南京市高岗村为例""以江西省龙南县武当镇岗上村围屋群为例探讨以传统民居为亮点的乡村旅游开发策略""村民参与第三产业视角下乡村发展模式——以福鼎市山岛东角村为例"。这些作业理论视野开阔、实践调研扎实、认知乡村全面且深入、分析过程系统且富有批判性，达到预期的教学成效。其中，建筑学专业尹从鉴同学的作业"《后田——被将死的发展棋局》厦门市后田渔村调研报告"以及城乡规划学专业张鹤琳、经济与金融专业万妙然同学合作完成的作业"康陵村民俗旅游发展道路的探索及思考"被选为清华大学通识课优秀作业进行公开展示。

乡村的系统认知和乡村问题的分析与解决，需要多学科的视角、方法和知识。课程立足于这样的思考，同时在清华大学通识课教育模式的引导下，通过创新探索与实践，形成"注重知识传授、价值塑造和能力培育"的教学模式，也使得课程具有"学科交叉和实践融合"的突出特征，并取得相应的育人成效。回顾课程建设与发展历程，在教学实践中取得的经验主要包括以下三个方面。一是重视引导学生对乡村本质特征的思考与追问；课程模式的设置源于对乡村综合性与复杂性问题的分析，课程从城乡规划学科视角切入，综合讲授乡村的基本知识和认知乡村的基本方法，进而培养学生从不同专业视角来参与乡村建设的兴趣和热情。二是课程重视搭建多专业学生共同交流的学习平台；课程创建了多专业学生共同参与的模式，任课教师在教学过程中通过组织课堂讨论，鼓励不同专业同学的交流与互动，在乡村实践中联合组队，进一步促进了来自不同专业同学的交流与合作，使学生相互学习不同学科的知识和研究方法，从而具备更加综合的乡村认知视野。三是课程重视理论与实践相结合，教学方式多元；课程内容既包含理论讲授的部分，又鼓励学生参加实践，将实践报告作为课程考核内容，构建第一课堂与第二课堂相融合的教学平台和深度学习平台，持续探索"课堂 + 实践"的教学模式，使学生更加直观和具体地感受乡村环境，从而加深对乡村的认识并从中得出对乡村问题的思考和建议。

课程融入通识教育的理念，从城乡规划学科视角切入，引导来自多学科的学生运用融贯综合的方法，从不同的学科视角共同探讨乡村建设发展问题，构建多学科背景的师生共同研讨的教学交流平台，体现学科交叉的有效研讨，同时建立课堂理论讲授与乡村实践指导相结合的全过程教学模式，增强了学生对乡村的认知程度，培养学生发现问题、富有批判性地分析问题和提出创造性、创新性的问题解决思路的能力。

注：文中图片均由授课小组绘制或拍摄。

致谢：课程自 2018 年开设以来，张鹤琳、许可、丁小丽三位同学作为助教先后参与教学工作，特此致谢！

参考文献

[1] 同济大学城市规划系乡村规划教学研究课题组. 乡村规划——乡村规划特征及其教学方法与 2014 年度同济大学教学实践 [M]. 北京：中国建筑工业出版社，2015.

[2] 蔡忠原，黄梅，段德罡. 乡村规划教学的传承与实践 [J]. 中国建筑教育，2016（2）：67-72.

[3] 潘斌，范凌云，彭锐. 地方高校乡村规划教学的课程体系与实践探索 [J]. 中国建筑教育，2019（2）：29-35.

[4] 刘健，毛其智，刘佳燕，等. 小城镇总体规划设计作业集 [M]. 北京：清华大学出版社，2016.

[5] 刘健，刘佳燕，毛其智. 小处着手，大处着眼，立足实际，体验创新——清华大学建筑学院本科生城市总体规划教学探索 [C]// 全国高等学校城乡规划学科专业指导委员会，哈尔滨工业大学建筑学院. 美丽城乡 永续规划——2013 全国高等学校城乡规划学科专业指导委员会年会论文集. 北京：中国建筑工业出版社，2013：183-191.

[6] 周政旭. 贵州贫困地区县域人居环境建设研究 [M]. 北京：中国建筑工业出版社，2019.

[7] 本刊编辑部. "城乡规划教育如何适应乡村规划建设人才培养需求"学术笔谈会 [J]. 城市规划学刊，2017（5）：1-13.

A Pedagogy Highlighting Trans-Disciplinary and Field Studies: The Practice with the General Education Course of *Rural Planning towards Coordinated Urban-Rural Development* at Tsinghua University

Liu Jian   Zhou Zhengxu   Li Yaowu

Abstract: In response to the actual demand for talents of multiple professionals to promote coordinated urban−rural development, the Department of Urban Planning & Design of Tsinghua University has gradually established a quite complete rural planning pedagogic system since the new century which is featured by the combination of professional courses and liberal arts electives, including lectures, seminars and studios. Among them, the course of *Rural Planning towards Coordinated Urban-Rural Development* is the only liberal arts elective course open to all the undergraduates of Tsinghua University, which is also listed on the *Tsinghua University Quality General Course Construction Plan*. The pedagogy on this course highlights the training of trans−disciplinary view through a series of lectures on the theories of urban−rural relation and rural planning, the evolution of rural policies and hot issues, and the contents and methods of rural investigation as well as the cultivation of correct cognition of rural values, extensive attention to rural issues, and preliminary understanding of rural planning system through rural investigation and rural construction practice. This paper introduces the background, objectives and contents of the course and summarizes the characteristics and experience of its pedagogy, i.e. the highlight on and the combination of trans−disciplinary and field studies.

Keywords: Rural Planning Education, Trans−Disciplinary Study, Field Study, Tsinghua University

城乡规划专业"计算思维"课程教学思路与实践探索

袁　满　熊　伟　单卓然

摘　要： 计算思维是信息时代城乡规划专业学生必备的科学思维模式。本文结合华中科技大学城乡规划专业一年级"计算思维"课程实践，对教学目标、模式与内容进行了探讨。课程分为 SimCity 游戏体验、CityEngine 城市建模、武汉城市仿真实验室案例三大板块，以发现问题、分析问题、解决问题的方法组织教学，重点培养学生分解、模式识别、参数化、算法等计算思维能力，倡导学生学会像计算机科学家一样思考分析问题，并灵活地运用计算技术解决问题。

关键词： 计算思维；自动化；参数化；CityEngine；武汉城市仿真实验室

1　引言

在第四次工业革命背景下，计算技术无处不在，大数据、人工智能、5G 通信等新兴技术对城市空间和城市生活产生了深远的影响，并必将带来城乡规划行业、学科与专业的数字化升级。城乡规划专业学生需要树立新的思维模式来迎接数字时代的行业变革。计算思维作为运用计算机处理各类复杂问题的思维过程，不仅是计算机学科的专业兴趣，还是信息时代不同学科必备的科学思维模式之一，城乡规划专业不应成为例外。如何结合学科体系和专业特点来培养规划学生的计算思维能力，是如今亟需思考并实践的关键问题。华中科技大学建筑与城市规划学院与武汉市自然资源和规划局依托自然资源部城市仿真重点实验室，于城乡规划专业一年级的"计算思维"课程（32 学时、2 学分）中进行了联合教学的探索性实验，形成了初步的培养思路。

2　计算思维

计算思维是美国卡内基·梅隆大学计算机系周以真教授于 2006 年提出的概念，是运用计算机科学的基础概念进行问题求解、系统设计，以及理解人类行为等一系列思维活动，是一个将问题形式化以及将形式化问题转化为计算机可执行方案的思维过程。简单来说，就是利用计算机科学的基础概念将问题分解，使其可以利用计算机求解，其本质是抽象和自动化。

我校规划一年级的专业基础课程是"规划初步"，其教育主线是培养设计思维。设计思维是一种结果导向的解决问题方式，具有综合处理能力的性质。而计算思维是一种典型的推导式思维，它处理问题的方式是先确定解决问题中所涉及的各个变量，然后再通过抽象思维、逻辑推理和分析等方式，确定各变量间的联系，从而推导出结论。在当今数字时代，数据驱动的城市研究和规划设计范式需要具备计算思维的能力，才能尽可能准确理解城市问题。MIT 于 2018 年基于城市规划和计算机两个学科成立了 New Urban Science 本科专业，旨在赋予城市研究者和政策制定者数据分析的能力，在学界引起了极大的反响。同年，深圳大学建规学院开设城市空间信息工程专业，培养服务于智慧城市建设的专业人才。

国内各大高校开设"计算思维"课程的院系和专业仅限于在计算机专业，其内容设置、考核要点及主要知识点较难与规划学科专业知识相结合，且课程要求和难度相对较高。因此，笔者分析了城乡规划学科中的计算思维应用场景，针对一年级学生知识背景和学习特点，探索出一套规划专业计算思维课程的教学内容，希望培

袁　满：华中科技大学建筑与城市规划学院副教授
熊　伟：武汉市自然资源和规划信息中心高级工程师
单卓然：华中科技大学建筑与城市规划学院副研究员

养学生利用计算思维去解决后续学习中所遇到的问题。不仅能够为后续的测量与地图学、系统工程学、3S技术与应用、城乡规划信息及分析等规划技术类课程奠定基础，还有助于将计算思维融入国土空间规划、城市社会学、城市地理学等课程的学习中。

计算机类专业计算思维课程教学内容
（以哈尔滨工业大学国家精品课程为例）表1

序号	课程内容	核心内容
1	计算与程序	计算机、计算与计算思维
		符号化、计算化与自动化
		程序与递归：组合、抽象与构造
2	计算系统	机器级程序及其执行
		复杂环境下程序执行
		程序编写编译
3	算法思维	算法
		排序算法
		遗传算法
4	数据化与网络化思维	数据化思维：数据获取、管理与利用
		网络化思维：连接和利用网络

城乡规划计算思维应用场景 表2

计算思维	模型或方法	规划应用
分解	非线性分解	住房配置差异研究
	混合回归模型	碳排放的因素分解
	语义分割	空间要素识别
模式识别	灰色模型	交通流预测模型
	多级模糊模式识别	城市规划评价
参数化	微观模拟	UrbanSim
	基于个体建模（ABM）	土地使用—交通—环境的集成模拟模型
算法	元胞自动机（CA）模型	GeoSOS城市模型
	人工神经网络	城市增长预测
	决策树	系统故障预警
	CGA规则语言	CityEngine软件

3 教学目标与教学模式

本课程以培养思维能力为核心，利用城市计算软件培养、激发学生主动学习意识为主导思想，实现城市计算赋能教育，倡导规划师学会像计算机科学家一样思考与解决问题，灵活地运用计算技术解决问题。课程基于城市模拟、城市建模、城市仿真计算这样一条脉络，介绍所蕴含计算思想与计算技术，强化学生对城市计算的认知，使之掌握大数据时代数据处理与问题求解的科学思维模式，并初步具备运用程序设计的思想与方法求解问题的能力。依据城乡规划专业的特点，特别是城市计算的需求，计算思维的核心可以包括分解、模式识别、参数化、算法几个部分。所谓分解就是把问题拆解，如同庖丁解牛一般，分门别类厘清各个部分的属性，明细如何拆解各个部分。模式识别是指弄清楚拆分后各个部分的异同，寻找背后的通用规律，为后续解决问题提供依据。参数化是通过改变设计对象的内在变量来管理和控制设计对象的形态和相互关系。而算法就是利用计算机或大数据等提供逐步解决问题的办法。

课程采用教师为主导、学生为主体、问题为牵引的教学模式。针对计算思维中的分解、模式识别、参数化、算法几大问题，以"发现问题、分析问题、解决问题"的方法组织教学，注重知识、方法和思想的一体化教学，提高学生运用计算思维去思考和解决问题的能力。通过任务引领和问题探究，让学生在教师引导下进行独立思考和探索问题，在问题解决的过程中启发思考、总结规律、掌握科学方法、锻炼创新能力和培养科学精神。在各教学小节中：①教师首先针对城市计算的具体场景设置启发性问题，调动学生的学习积极性，激发学习热情。②然后，将实验材料和实验手册提供给学生，指导学生自主学习，引导和启发学生思考问题和研究解决的方法。③组织学生开展小组讨论与课堂交流讨论，促进知识共享。④教师对交流讨论情况进行总结讲评，帮助学生完成知识内化和知识体系构建，并提出拓展性问题，深化知识的理解。笔者拟通过此过程，将计算思维潜移默化地植入学生脑中，帮助其建立抽象和自动化思维，完成计算思维知识与能力的一体化培养。

4 教学内容

基于城市模拟、城市建模、城市仿真计算的教学脉络，课程设置了三个板块的教学内容：首先通过 SimCity 游戏寓教于乐，激发学生学习兴趣，培养抽象思维能力；然后通过 CityEngine 软件学习城市建模技术，重点培育自动化思维；最后介绍武汉城市仿真实验室的工作案例，讲授计算思维在城乡规划工作中的实际应用。

教学内容与学时分配　　表3

教学板块	教学内容	学时
SimCity	SimCity 中城市组成要素	2
	SimCity 中的定量计算评价	2
CityEngine	软件介绍与基础 实验1：基本技术	4
	场景管理 实验2：地形与动态布局	2
	实验3：地图控制	2
	数据编辑 实验4：导入街道	2
	实验5：导入形状	2
	CGA 规则原理与语法	2
	实验6：基本形状语法	2
	实验8：大规模建模	2
	实验13：立面向导	2
	城市规划应用 综合应用设计	4
城市仿真实验室	实验室总体介绍	2
	案例介绍	2

注：上述实验来自 CityEngine 官方教程网站：
https://doc.arcgis.com/en/cityengine/2019.0/tutorials/introduction-to-the-cityengine-tutorials.htm

4.1 SimCity 游戏激发学习热情，培养抽象思维

SimCity 模拟城市是美国某公司出品的城市建造模拟游戏，由玩家扮演市长一职，规划住宅、商业及工业用地，建设公路、捷运、体育场、海港、机场、警察局和消防局等设施，以满足城市内市民的日常生活所需与

图1　基于 SimCity 的城市要素讨论

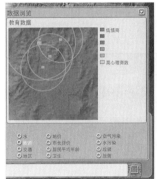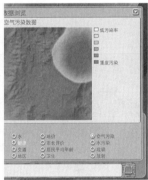

（a）教育设施评价　　　（b）空气污染评价
图2　SimCity 定量评价计算原理图

城市可持续发展的要求，以其城市模拟的真实性和游戏的趣味性风靡全球。课程选择其经典版本 SimCity4 作为教学资料供学生自主探索，并提出若干问题供学生思考。例如，针对"SimCity 中包括了哪些城市要素，与真实城市存在什么区别"问题，学生自由探索对城市巨系统进行系统分解，经过交流讨论后得到共识结论，即城市由人口、产业、土地、环境、交通、公共服务、公用设施、公园绿地、人文、美学等众多要素组成，且各要素相互交织，但城市的复杂性和不确定性导致 SimCity 难以全面准确地表述或预测城市问题或发展趋势。教师引导学生思考"SimCity 如何定量计算学校、医院、警察局、消防站等公服设施的服务水平，以及定量评估污染工业、

发电厂、垃圾填埋场等邻避设施的负面效应"问题。学生在思考问题的过程中探索了这类设施的共有模式与规律，自主掌握了 GIS 缓冲区分析的概念与方法。

4.2 CityEngine 城市建模系统训练，培育自动化思维

CityEngine 是美国 ESRI 公司推出的一款基于地理信息数据的三维城市建模软件，应用于数字城市、游戏开发、电影制作、城市规划等领域，并与 ArcGIS 有完美的支持，在城乡规划领域中的应用呈现出不断增强的趋势。它是以计算机生成建筑模型语言（Computer Generated Architecture，CGA）作为设计语言，基于二维数据通过规则对空间三维模型进行定义与描述，实现三维城市场景快速建模。因此，CityEngine 非常适合于规划专业学生计算思维能力的训练，尤其是培养参数化、算法等自动化思维。此外，软件自带的实验教程指导书提供了 Step by Step 的基础入门教程，适合开展翻转课堂教学。课程首先介绍 CityEngine 在动画电影《疯狂动物城》中的城市建模案例，展示其高效的建模效率及精美的建模品质，凸显强大的城市模型优势，激活学生学习兴趣。

（1）参数化设计思维

参数化设计能够作为一种辅助设计的工具，对传统规划设计方法进行补充和完善。参数化建模更符合城市设计理念，有利于城市设计向三维化和数字化转变。课程中，为学生设置了建筑各项指标、街区形态、

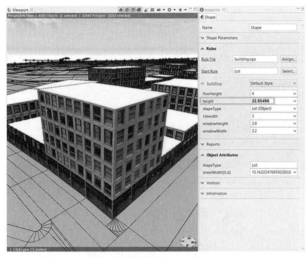

(a) 建筑参数化设计

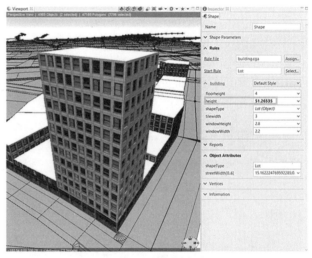

(b) 建筑参数化设计

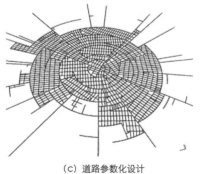

(c) 道路参数化设计

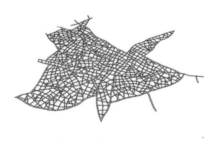

(d) 道路参数化设计

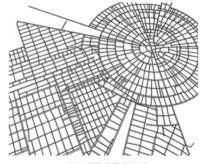

(e) 道路参数化设计

图 3　CityEngine 建筑与道路参数化设计示意图

（a）参数化控制　　　　　　　　　　　（b）建模结果

图4　基于地图数据的功能分区与强度分区建模设计

道路设计等多组参数变换的场景，使学生在动手学习CityEngine的过程中形成参数化思维。例如，通过两个建筑模型、四个街区模型的展示引导学生发现关键参数，分析单个参数的变化如何导致不同的建筑模型楼层、街区地块形态样式，并启发学生思考这些参数和对象之间的相关关联。同类案例还包括如何利用道路形态、道路数量、最长距离、最短距离、最大坡度、最小坡度、车道数、人行道宽度等参数设置，进行不同样式的街道规划设计等。此外，CityEngine可以载入卫星影像数据、OSM矢量数据等地图文件，课程利用其进行地理信息基础知识的教学，并利用地图中的各类数据进行参数化设计。例如，通过二维平面地图实现城市的功能分区、强度分区等区划，对建筑的样式及高度进行参数化建模。

（2）算法思维

不同于经典的手动交互建模软件，CityEngine的核心思想与创新之处在于可以通过程序代码进行三维模型构建，即由用户编写代码形成CGA规则文件，然后通过执行文件，在代码运行的过程中自动创建三维的建筑、街道、景观等城市模型，具有高效率批量生成大尺度、复杂化的城市模型的突出优势。CityEngine软件独立开发语言的CGA语言语法简单，易于上手，适用于缺乏计算机编程基础的规划专业学生。在CityEngine教学过程中，注重以问题求解为驱动、以计算思维为导向引导学生进行问题的分析、求解、设计、建模与实现。

通过这种方法加强和促进学生对算法思维的理解，简化程序语言的复杂性，进而提高学生运用计算思维去思考和解决问题的能力，同时增加学习的主观能动性。

CGA规则语言的编程思想与其他计算机程序设计语言基本类似，学生在学习过程中将掌握属性、常量、参数、内置函数、自定义函数等知识，形成带参函数、随机语句、条件语言、递归函数等算法思维。例如，学生在学习塔形建筑建模时，思考出递归是程序调用自身，是无限事物及重复过程的表达和执行方法。项羽力大无比，但他不能抓着头发将自己举起来，而程序可以自身调用自身，用少量的程序完成多次重复计算，递归思维比项羽的力量更强大。以下是CGA进行建筑建模的基本思路，此过程学生将经历分解步骤、设计函数、解决错误、实现建模等过程，提高其算法思维能力。①利用CGA进行建筑底面形状的平移（t函数）、旋转（r函数）与缩放（s函数），采用extrude函数进行建筑的三维拉伸；②使用comp（f）函数进行建筑立面的分解，形成正立面、侧立面和背立面；③应用split函数进行楼层、开间、门窗柱的分割，其中将应用循环重复的思维方式；④最后通过上色（color函数）、纹理贴图（texture函数）和载入模型（i函数）等实现建筑物的修整，完成精细化建模。其建模过程遵循"基础框架构造、模型细节化设计、纹理贴图"三个基本步骤，通过各类规则组合应用从粗粒度到细粒度迭代建模。

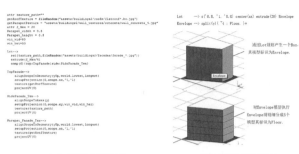

(a) CGA规则语言　　　　(b) CGA执行效果

图5　CGA 规则语言及执行效果示意

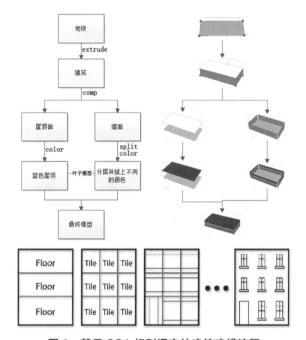

图6　基于 CGA 规则语言的建筑建模流程

图7　基于 CityEngine 的景观视域分析

（3）城市规划应用场景

在学生完成参数化和算法的自动化思维训练后，课程引导学生应用 CityEngine 进行城市规划应用。CityEngine 中的三维模型具有良好的动态性和可编辑性，可以针对情景似的规划设计方案进行查看、对比、编辑、修改，其所见即所得的特性适宜于规划方案调整辅助与决策。指导学生基于自己建立的城市模型开展建筑体量调整、指标分析、日照分析等规划应用，得到定性定量评价结果，以此进行方案的迭代优化。

（4）建模设计作业

要求学生自由选择感兴趣的城市街区，综合应用课程各个实验的知识点与建模技能进行自由建模设计。课程并不关注模型的美观与精细化水平，而是重点考核学生对参数化思维、算法思维等知识点的掌握情况和综合应用水平，其中对 CGA 规则中的程序化思想的理解程度是核心评分点。

4.3　城市仿真实验室案例观摩，拓展计算式仿真思维

计算不等于编程，将计算思维融入城市规划的过程中，不是停留在计算机知识与操作技能的层面，更重要的是能够把问题转化成能够用计算机解决的形式。所以需要教师能够从隐藏的问题和数据中提炼可计算的形式，同时分解到具体的教学内容中去。但是如何将城市问题表达为一个计算机可理解并计算的问题，以及如何合理利用各类纷杂的城市大数据，对课程教学提出了更高的要求。课程通过武汉城市仿真实验室的案例展示，拓展学生的计算思维。城市仿真重点实验室于 2021 年 7 月正式获批自然资源部重点实验室，由武汉市自然资源和规划局主持，我校参与共同建设。实验室以"计算式"仿真为主要技术手段，通过建立城市单要素专业化模型，选取典型地区进行计算和过程推演，同时科学地处理好各专业要素之间的叠加效应，为模拟展现城市整体性、综合性、复合性的运行效果。武汉市自然资源和规划局与我院进行联合教学，通过案例介绍培养学生城市仿真计算思维，即通过海量数据的汇集与融合感知城市脉络、运用城市计算和未来测试把握城市规律、形成决策场景引导城市发展，实现感知城市、把握城市、引导城市的。

以学生在 SimCity 中熟悉的公服设施规划为参考，讲授城市仿真实验室辅助城市公共服务设施配置优化的

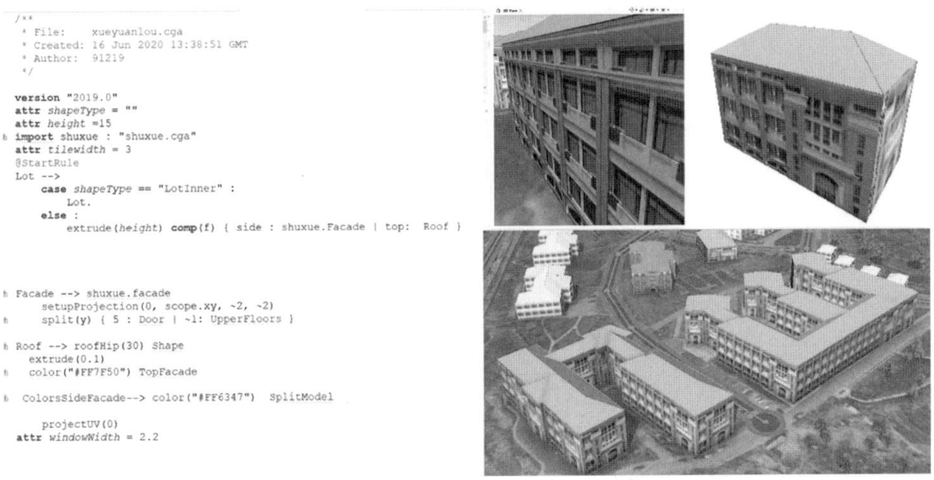

```
/**
 * File:   xueyuanlou.cga
 * Created: 16 Jun 2020 13:38:51 GMT
 * Author:  91219
 */

version "2019.0"
attr shapeType = ""
attr height =15
import shuxue : "shuxue.cga"
attr tilewidth = 3
@StartRule
Lot -->
    case shapeType == "LotInner" :
        Lot.
    else :
        extrude(height) comp(f) { side : shuxue.Facade | top: Roof }


Facade --> shuxue.facade
    setupProjection(0, scope.xy, ~2, ~2)
    split(y) { 5 : Door | ~1: UpperFloors }

Roof --> roofHip(30) Shape
    extrude(0.1)
    color("#FF7F50") TopFacade

ColorsSideFacade--> color("#FF6347")  SplitModel

    projectUV(0)
    attr windowWidth = 2.2
```

图 8   学生利用 CGA 语言建模作业示例

案例。通过选取特征性指标，建立仿真模型，对公共服务设施（如中小学教育设施、医疗设施等）的服务水平、服务半径、人均指标等进行评估，对标相关标准，识别公共服务设施资源缺口。在拟定规划调整优化方案、补充设施后，系统一键生成调整前后的结果比对，预评估资源配置优化前后的影响，为选择最优解决方案提供决策支持，尽可能避免规划失误、提升资源利用效率，提高城市宜居、宜业、宜养、宜游水平。其他案例还包括碳排放评估、排水模拟等模型，分别围绕"双碳"目标导向和城市内涝问题导向，提供模型决策支持。

5 教学效果

美国心理学和教育家罗伯特·斯腾伯格指出：思维教学的核心理念是培养聪明的学习者，教师不仅要教会学生如何解决问题，也要教会他们发现值得解决的问题。教师要为学生提供足够的思维空间，设法激励和引导学生自主学习，发现问题所在继而解决问题。思维教学要以所教授的学生为核心，以培养思维能力为目的，使学生既在思维活动中学习知识，也能够学习思维的方法，培养学生良好的思维能力。本课程的结课作业包括 CityEngine 建模设计成果和"计算思维在城乡规划中应用"主题论文报告，以此进行评价考核。从教学过程和结课作业来看，大部分学生能够掌握计算思维的核心知识点，但思维能力和方法的训练效果难以通过本课程进行检验，需要较长时间后续课程与实践进行观察并反馈。需要注意的是，大一学生经过多年的应试教育模式，发现问题与提出问题的能力与动力相对不足，更需要教师进行合理的教学设计，为学生创造思维空间，激励其主动思考、自主学习、发现问题并解决问题。

6 总结

培养未来规划师用计算机解决和处理问题的思维和能力，提升他们的综合素质，强化创新实践能力是本课程的出发点。开展计算思维课程教学是信息化时代城乡规划教学改革的必然要求和面临的新课题。未来规划师不仅要具备设计思维方法进行规划设计，还应该树立计算思维的思想指导规划设计。笔者开展的课程实践基于城市模拟、城市建模、城市仿真计算的教学脉络，重点培养学生分解、模式识别、参数化、算法等计算思维能力，并可以应用于日常的学习、研究与未来的工作中。

备注：感谢徐苗同学为本文收集整理了相关素材资料。

参考文献

［1］ 孔黎明，罗智星."基于计算思维的建筑性能优化设计"教学探索与思考 [J]. 新建筑，2021（5）：107–111.

［2］ 乐阳，李清泉，郭仁忠.融合式研究趋势下的地理信息教学体系探索 [J]. 地理学报，2020，75（8）：1790-1796.

［3］ 张淮鑫.计算机公共基础多维课程教学体系改革研究——以计算思维能力培养为导向 [J]. 电脑知识与技术，2019，15（30）：181-182.

［4］ 魏旭，曾旭东，王景阳，等.计算思维在建筑数字技术课程的应用研究 [C]// 信息·模型·创作——2016 年全国建筑院系建筑数字技术教学研讨会论文集，2016：38-40.

［5］ 吴吉明，赵旭，王娜，等.整体式 BIM——设计思维与计算思维的整合 [J]. 土木建筑工程信息技术，2015，7（2）：1-8.

Computational Thinking in Urban and Rural Planning Courses

Yuan Man　Xiong Wei　Shan Zhuoran

Abstract: Computational thinking（CT）is an indispensable scientific thinking mode for urban and rural planning students in the information age. This paper discusses the teaching objectives, models and content, combining with the curriculum practice of "Computational Thinking" in the first year of urban and rural planning major of Huazhong University of Science and Technology. The course is divided into three sections: Game Experience of SimCity, CityEngine Urban Modeling, and case study of Wuhan City Simulation Lab, aiming to organize teaching with methods for finding problems, analyzing problems, and solving problems, and focus on cultivating students' computational thinking skills such as decomposition, pattern recognition, parameterization, and algorithms, and advocates that students learn to think about and analyze problems like computer scientists, and flexibly use computing technology to solve problems.

Keywords: Computational Thinking, Automation, Parameterization, CityEngine, Wuhan City Simulation Lab

大变革时代城乡规划教育挑战与应对思考

毕凌岚　冯　月　李　荷

摘　要：城乡规划专业教育发展与城镇化进程中人才需求的变化息息相关，行业重心调整、职业范围拓展、上位管理体系变化促使人才培养走向多元化、差异化；学科发展、技术进步对专业内涵和方法逻辑调整与扩充推动了教学内容升级；教育改革、生源变化对人才培养思路和相应教学方法提出应对要求。种种挑战积聚使得专业教育机构需要基于自身特点，深入思考如何进行教改应对：在保持城乡规划核心知识结构有机整体性的基础上，选择恰当的学制、学科平台和领域，立足专业的实践特性，设计更开放的教学机制，调整相应培养计划（课程体系），基于新技术特点和学生特点采取针对性的教学方法和教学组织，才能提升人才培养效率，保持自身发展与行业、学科发展同步。

关键词：变革时代；城乡规划；专业教育；学科；行业；响应机制

1　引言

　　我们正处于一个大变革时代。"世界百年未有之大变局"背景下，中国的城镇化率已达 63.89%[1]。经历三十余年快速增长，2005 年后城乡建设逐步转向"满足人民日益增长的美好生活需要"，提升人居品质的存量时代。伴随这个过程，"城市规划"经过"城乡规划"，迈入"国土空间规划"，以应对全域生态优化、社会协同、经济转型和文化复兴中复杂而尖锐的空间问题，带动学科领域拓展和行业整合。与此同时，互联网开放背景下的大学教育也面临全面改革。这对城乡规划专业人才培养的知识体系、能力构成、人才规格和教学方略提出了新要求。

2　学科及行业发展对城乡规划教育的阶段性要求

2.1　学科拓展带来专业知识体系重构

　　学科[2]发展是在本领域知识逐渐积累的同时，不断纳入相关学科研究成果，并适时调整知识体系逻辑，使之更具有机整体性的过程。学科的核心体系会在一个阶段保持相对稳定，但不同时期学科发展重点会随现实需要转变。响应现实需要的学科发展更快——城乡规划学科因响应了我国快速城镇化的阶段需要[3]迅速发展[1]。（图 1）学科发展伴随其内涵、外延、知识结构和认知技

图 1　1995~2020 年城乡规划院校开设状况

术体系的全面变化，因此会促使专业教学系统地梳理专业知识点，明确知识体系主干与分支之间的逻辑，从而为确定课程内容、课程性质和构建课程体系奠定基础。

2.2　行业作用改变促使专业能力培养重心改变

　　行业调整是人才需求变化的直接动因（图 2）：国家发展促使城乡规划行业重心从社会经济活动的"容器"建设及管治转向社会（文化）、经济、生态多系统协同的宏观"空间资源"调控。2018 年城乡规划管理职能从原住房和城乡建设部调整到自然资源部，加速了规划行业工作范畴、深度以及方法的转变：农林、生态、经

毕凌岚：西南交通大学建筑学院城乡规划系教授
冯　月：西南交通大学建筑学院城乡规划系讲师
李　荷：西南交通大学建筑学院城乡规划系助理研究员

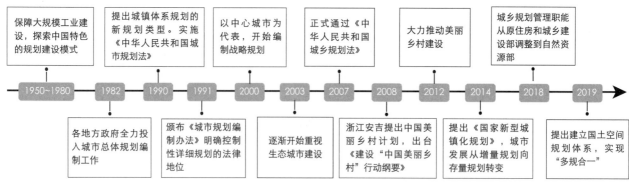

图2　城乡规划行业及其业务重心变化状况简图

济理念的深层融入和工程技术（智能时代的建设与调控）升级换代，促成"资源调查＋调配＋蓝图（动态模拟预测）＋管制＋建设＋监控（过程管理）＋治理＋有机更新"的复合规划逻辑生成，随之带来职业边界扩大、职业定位变化、职业价值观体系重塑和行业理念全面更新[2]。城乡规划协同土地、资源、环境、管理、社治等更多领域人才进行深度行业整合，对人才的前瞻预测、决策、统筹协调能力要求日益强化。行业人才需求趋于多样化，提出对人才培养的多元化要求——涵盖知识结构、能力结构、人才层次、执业适应机制等多方面转化与拓展，这将对专业教学课程体系生成和重心确定产生影响。

3　人才培养模式转变对专业教育的影响变化

3.1　人才培养思路转变

我国新时代教育的目标是"培养德智体美劳全面发展的社会主义建设者和接班人"，在终生成长理念导向下注重"素质"和"能力"提升——鼓励学生个性成长，弱化专业壁垒，以此加强职业发展能动性和就业适应性。从专业教育到素质、能力教育是"以人为本"教学改革的大势所趋。城乡规划学科和行业发展正处在转型期，其专业人才培养体系的逻辑重构如何同时响应基于素质养成和能力提升的"大类招生""平台培养""降低学分""归并课程"[4]等教育教学改革措施，引发许多争议——主要集中在大类招生平台选择、核心课程体系确定、本科培养年限和本硕博阶段协同学成的时长控制等几方面。学生在就业和兴趣学习中的选择焦虑，也传递到专业培养计划制定中，影响了不同类型院校的人才

培养定位、学制确定、专业方向、具体培养方案和课程体系的设计。

3.2　受教育对象的变化

"因材施教"需随生源及时调整教学方略。21世纪以来出生的"新新人类"在应试教育高压下，因"被动灌输"造成碎片化学习[5]的习惯，影响了学生独立思考、自主学习和融会贯通的能动性。"电子产品依赖"还造成他们专注力下降、学习兴趣点易漂移，导致传统课堂教学效率下降。因此，需要调整教学组织和教学方法，重新进行教学设计加以应对。

不同地域、家庭背景、生活经历的学生对城乡现象的体验和认知模式存在差异；与此同时，他们历经中学阶段的"封闭学习"，普遍缺乏生活常识，使其难以与城乡社会的多元人群进行共情；这些都需要通过基于职业价值观培养的体验式学习进行弥补，从而影响了培养方案中不同性质课程的构成和授课模式。

3.3　学习手段的变化

互联时代学生获取知识的方式日趋多元，倒逼学校改变传统教学方式，从"以教师为中心的教"转向"以学生为中心的学"——教学重心从知识传播转向综合素质养成和提升创新、创造能力。科技发展带来的认知方法变化也会促成知识累积、能力习得途径的变化，对人才培养方法、教学组织和具体教学方法产生影响。

城乡规划的"实践型"学科特点要求专业教学方案具有较多的感知、体验和实践环节，教学手段更新重在

针对学生的个性特点，充分运用开放信息源，提升学习效率——如：翻转教学[6]促进自主学习，结合实践提升综合能力，吸纳行业参与助力创新，科研与教学协动拓展思维等。

综上，城乡规划学科和行业发展带来了现阶段专业教育教什么的问题；而生源变化和教育改革提出了怎么教的问题。目前，教师往往基于自身研究兴趣和所承担的教学任务，探讨知识更新、技术升级教学的影响。对"教什么"讨论较多，聚焦在基于学科方向的课程内容调整和课程体系构成方面；对"怎么教"的思考大多是立足学科和专业特点、技术更新的教学法创新；鲜有针对学生特点以及响应上位教育策略的研究[7]。

4 目前城乡规划教育在变革时代暴露的问题

当现实需要、学科发展、行业调整、教育改革、生源变化等挑战积聚，会激发如"城市规划"转为"城乡规划"的招生遇冷；行业主管部门调整的就业遇冷等现象。这些冲突积聚，因连锁反应必然影响专业的长期发展。例如学科分化与大类招生的教学施力相左[8]，一些院校被迫中断了针对学科分化的教改试验。因此，辨析冲突及矛盾根源对于厘清当下城乡规划专业教育发展路径十分关键。

4.1 行业人才需求多元化与专业人才类型相对单一的矛盾

城乡规划专业曾因位列职场新人入职报酬前十，是本世纪初的"热门"专业[9]。但2010年后，随着城乡建设发展势头逐渐趋缓，行业人才需求因学科调整和机构改革转向规划管理、运营领域，产生如下变化：

（1）规划设计职业方向的人才更替——规划设计职业方向入职标准提高，职业收益下降，从业人员开始外流[10]。

（2）其他职业方向需求持续增加——急需城乡宏观政策、微观治理、城乡运营、社区治理等多个工作方向以及擅长生态、社会、经济、文化等多个专门领域的人才[11]；职业方向重要性提升促使高学历、高职称、有经验的人员流入管理和咨询岗位。

（3）高层次人才需求旺盛——学科发展和行业拓展对高层次人才保持着持续的旺盛需求。尽管过去5年间

硕、博毕业生的数量大量增加[12]，依然不能填补行业高端人才缺口。

但目前专业人才供给仍以城乡规划设计方向的本科生（5年制）为主，类型和规格相对单一的状况显然不能适应需求。尽管地理、管理等相关专业对规划研究、管理方向人才缺口有所补充[13]，但相关专业因人才培养知识体系和能力重心偏差，人才适用性与市场预期还是存在差距。

4.2 行业人才需求层次梯度丰富化与学制僵化的矛盾

行业工作内容日趋复杂对研究、决策和创造性解决问题的能力要求提升；工作对象拓展对综合思维、沟通协同和前瞻预测能力要求更高[4]；工作性质从"技术工具"转向"社会决策"带来对基于职业道德的公平、公正处事和管理能力强化；这些行业人才需求变化要求高校不断调整专业培养计划进行响应，但基于培养模式在一定周期内应保持相对稳定的教育规律，大多院校是通过"课程加法"即时应对学科和行业变化。"加法"累积导致课程多、环节多、总学分大，以至于学生负担加重，这造成近年来城乡规划专业吸引力下降，出现生源荒[14]。长此以往，行业人才缺口将会进一步加剧。

事实上，不同行业领域和工作层次的岗位专业能力要求不同，因此专业教育的重点和年限应有差异；同时，学生个性化发展也对专业人才培养提出更多、更细致的要求：专业培养应具有丰富人才规格，需要多种学制类型（涉及专业方向、层次、年限）来进行响应。

综上：目前人才培养对市场需求响应滞后，规划教育需要充分思考行业内不同职业方向和层次的人才需求差异，跳出"添砖加瓦"的常规培养计划修订模式，面向未来进行人才适应性预判，强化人才生产的针对性和效率。结合各院校优势确定不同知识、能力和成长周期的培养方案，提升毕业生在人才市场的就业竞争力和行业适应性。

5 城乡规划专业教育的应对

大变革时代的城乡规划专业教育所面临的挑战是：怎样在外部环境剧烈变化，人才需求指向性不明确的状况下为国家、社会发展提供适用的人才。

5.1 应对前提

（1）明确学科领域和梳理专业知识体系：现阶段学界有必要针对"空间资源"建设与管控（约涉及36个相关学科），整理学科知识结构——明确城乡规划未来将作为国土空间规划领域的主干学科，其知识体系需要如何解构：厘清知识板块构成（尤其是核心问题）[5]，思考如何重构专业培养计划的主干课和核心课[9]体系；立足学科内涵挖潜与外延拓展，明确核心主干学科和相关学科的交叉机制，基于知识结构有机整体性落实知识点构成并明确知识点的深度[6]；

（2）厘清行业领域和职业类型：城乡规划行业内随着业务细分和工作量增加，职业类型日趋多元化[15]，现因多部门整合，具体工作交叉，造成了阶段性的职业边界模糊，行业外延还在扩张。这种状况下行业人才培养需要明确：行业究竟包含哪些职业类型？其相互关系如何？职业价值观、能力构成、工作逻辑和执业方法重心何在？这样才能明确人才培养的职业价值观、定位、能力构成和方法技术体系，引导能力培养和方法技术传授重心的适时转移，提升人才的适应性。

总之，大变革时代行业人才需求分异，对不同培养阶段（高职高专、本科、硕士、博士）的知识体系、能力体系和方法体系的教学重点都有应变要求。行业拓展使专业领域具有了多元化发展的契机，突破了学科、专业与职业的固化对应思路[16]。结合二级学科方向[17]，明确不同行业拓展方向中对应的知识与能力板块侧重[8]。这也促成了人才培养多平台、多路径可能。

5.2 应对策略与方法

变革还将持续下去，知识迭代的速度已经越来越快——然而，大多数院校传授的是经典（过时）的知识和方法。因此，响应学科研究、行业整合、专业实践的前沿专业知识与技术方法需要，毕业生的就业竞争力不能单纯依靠授业院校的与时俱进，而是来自学生适应行业变化、自我更新知识与方法的能力，因此专业教学不能唯专业化。

（1）培养框架以多元能力培养为核心

目前，大多数院系基于"防止学科空心化"，坚持设计为本，延承以规划设计实践课为主轴、"理论+设计"双线并进的培养框架，但是立足以"素质教育和能力培养"为重，淡化"专业培养"的趋势，为了提升就业适应性，教学体系优化可以从增加培养框架开放性入手，形成"理论+设计+……"的模式；城乡规划已从"工具型"的工科技术型行业转化为负有重大社会职责的综合决策型行业，需要正确的价值观引领，可以基于能力培养来进行培养框架重构，形成"理论（知识）+实践（设计、研究、创新）+方法（价值观、职业道德、技术方法）"的多轴体系，并系统性增加"课程思政"的价值观塑造教学环节。

（2）课程体系以"平台+模块"的协同机制为主线

教学活动开展以课程为单元，但是，仅有课程改革不足以适应人才培养的学科、行业变化以及高等教育自身培养重心转移的需要——因此，需要重构课程体系以响应学科、行业、高教发展的不同要求：

慎重选择大类平台——基于学科发展和人才培养的关联关系，选择本科大类招生平台至关重要：排除错读大类招生本意的状况[18]，当院校兼有多种平台[19]时，应结合优势学科决策，选择与城乡规划核心领域相关度更高，且能够持续推动规划学科进步的平台。"大类招生"的"平台培养"本质是促进学生个性化成长，强调突出能力培养的素质教育，因此"平台"的方法技术体系应与城乡规划的方法逻辑相通，技术层面存在共享。

设计特色课程模块——课程体系的主干是基于学科内核的核心课，这些课程是与交叉领域链接的知识锚固点。特色课程模块可通过与核心课对接融入课程体系。课程模块类型包括：①专业方向型模块（纵向结构），其课程之间具有知识递进性，模块设计应结合院校的学科优势；②课程联动型模块（横向结构），重在提升教学效率，合理配置教学资源，强调不同类型课程、环节的协同。课程体系构建强调纵横课程模块互动，结合院校特色形成课程群。专业课程体系的平台、课程模块、课程群都会随着时势发生变化——既可能源于保障专业发展的对外（优势学科）借力，也可能是基于学科发展方向提供基于个性发展的更多选择[20]。

（3）教学组织以"开放+互联"模式为主导

网络时代的学生，受网络中海量碎片化知识的冲击，容易困在"一知半解"的学习状态。线下教学需要根据学科网络资源特点进行重构，重点在于：①帮助学生将知识碎片组织成学科知识系统，教学重点在各领域知识的解构关系；②提升学生的信息海洋"淘金"能力，如何"去伪存真"而不是被动接受网络"带货"。因此，"授之以渔"的价值观和方法教学比知识学习更重要，应赋予学生不断自我完善的独立思考、学习和研究能力。

城乡规划专业基于互联时代和应用学科的特点，教学组织必须开放——吸纳外部资源（慕课、虚拟教研室、实践基地、政府机构）进入教学过程，帮助学生全方位了解学科知识体系，全面接触行业运行，以找准未来成长方向，提升成长效率。教学组织需考虑知识获得和能力养成的协动，基于教学重点配置资源，集成优势提升教学效率。这需要：①教师从全局视角明确教学重点，教学团队形成与课程逻辑匹配的协同授课关系；②强化实践教学，立足实践课程[21]之间及其与其他课的关系，系统引导学生参与实践研究。

5.3 应对的外在促进机制

行业机构（第三方）评估对专业教学的推动十分重要：①周期性的外在评估能促进院校持续投入，"以评促建"保障学科和专业发展质量；②专业评估标准"规范"了各个院校的专业建设模式和途径，是引导院校高质量响应人才市场的重要手段。因此，规划专业评估应基于促进专业教育多元化发展和专业人才综合素质、能力的丰富与转型进行准入条件和评估标准的及时调整。

6 结语：以教学为本的开放性"教学—科研—实践"协动

人才培养是全社会的事，人才品质决定行业发展前景，也决定了学科的存在价值。大变革时代的城乡规划专业教育面临学科发展、行业拓展、教育转型的多重挑战，对专业人才知识、能力的需求变化迅速——学校应改变封闭的教学模式，通过更多的开放环节形成与院校、企业、机构的合作教学，建设教学＋科研＋实践的多元协动教学平台[22]，改变学校人才培养响应滞后的被动局面，提升院校发展的持续动力。与此同时，为提升人才培育的市场适应性，业界应更深入地与学校互动，主动地全面参与人才培养，而不仅仅是被动接纳学生实习。用人单位才能够在最短的人才培养周期中获得最好用的人力资源，从而提升自身的竞争力，并获得来自院校学、研、产、教融合的衍生助力。

注释

1. 根据国家统计局公布的第七次全国人口普查数据结果，全国人口中，居住在城镇的人口占63.89%。

2. 学科划分是基于人类的认知规律和思维逻辑，由人类自身设定的。因此事实上并不存在所谓"学科壁垒"，许多学科的边界都在不断地调整。

3. 我国城镇化启动，通常是以1978年作为起点。但事实上城市建设逐渐启动是1985年之后。第一轮是1985年后的建筑学专业增开和扩招。大部分院校的城乡规划专业都是1985年之后"恢复"和"新开"的，而城乡规划专业的爆发增设和扩招则是1990年之后。

4. 大类招生和平台培养相辅相成：强调基于一级学科的通识和素养教育，突出在"成人"的基础上成才，在低年级阶段弱化专业，强调素质和能力培养；学分控制（降总学分）的目的在于减少课内学时，让学生能够在第一课堂之外的实践、创新、试验等环节中学习；大学分课程设置强调基于知识点的相关课程整合，杜绝因人设课和重复教学，提升课堂效率。

5. 将各科知识拆分成不同的知识点，强调一个个知识点过关。对于知识点的过度强调，往往造成对知识体系有机整体性忽视。

6. 翻转教学——课程教学指令发生在课前独立的教学空间，课堂上教师作为引导者，与学生进行交流互动，指导学生在一种重构的动态、互动学习小组中运用理论并创造性地参与到学习活动中。参考文献[3]。

7. 2014~2019年高等学校城乡规划专业教育指导委员会年会共出版6本论文集，共收录论文562篇；基于论文研究对象将其分为10类：学科建设及研究生教育（5/562）、培养计划和培养体系（38/562）、课程体系（44/562）、课程（某一门课程或者某一类课程）（319/562）、教学方法（57/562）、教学组织（36/562）、价值观与职业道德（18/562）、教学评估与竞赛（12/562）、教学发展趋势（17/562）、中外教学比较（16/562）。

8. 平台教学对学科独立的趋势挑战；教育发展的惯性；对大类招生的误解，操作方面的简单粗暴。

9. 1990年之前，开办城乡规划专业的学校非常少，当时属于建筑学一级学科下的二级学科专业"城市规划"，被称为"长线"专业。当时每年培养的城市规划专业本科毕业生不超过300人；1990~2000年间，开办院校逐步增加，约四十余所院校招生，年均城市规划专业毕业生也不超过1500人；2000年后，城市规划专业开设进入急速膨胀期，招生和毕业生迅速增加，至2018

年城乡规划专业年招生人数接近 9000 人。由此可见，对比中国城市规划学会估算的 30 万从业人员，仅有 4 成左右是真正科班出身。

10. 体现在：规划设计研究院（机构）入职门槛持续推高。经历了全面接收本专业本科生→接受硕士研究生→考察硕士研究生第一学历的递进历程；从最初影响力较大的单位、公司需经历实习考察才录用，到现在规划设计机构录用人员普遍需要经过实习考察。规划设计方向成熟人才开始逐渐转向行内其他类型岗位。例如：从当地省市级规划设计院调入相应局、处从事管理工作；入职规划设计方向 3 年左右的高学历人才转向政策发展、产业发展咨询类行业。

11. 根据对西南交通大学毕业生去向的追踪，毕业生通常就业于省会以上或者具有东部沿海都市圈中发展潜力突出的大城市，鲜有长期在区县层级的专业部门工作的情况。而我校 2016 年针对人才需求调查了成都周边区、市、县的规划局城乡规划专业人才的保有状况，发现具有学历专业教育经历的（本科、大专）仅占 10%~15%，近年来，随着选调计划推进，这种状况有所改变，但由于人才总量依然不足，改善有限。目前行业领域的聘任制公务员，很多都是基于区县层级的特需。成都为缓解基层缺乏专业人才的状况，自 2008 年和 2018 年开展乡村规划师（立足乡镇）和社区规划师（基于社区）制度试点。

12. 2016~2020 年间，全国年均获硕士学位约 1200，获博士学位 90 人；2011~2016 年间，全国年均获硕士学位约 800 人，获博士学位 30~40 人；

13. 城乡规划大多沿袭建筑类培养周期，本科 5 年、硕士 3 年、博士 3 年的学制；但是高端人才博士的实际培养周期都接近和超过 5 年。本硕连读 7 年、本硕博连读的年限 10 年，较其他专业，本科 4 年、硕士 3 年、博士 3 年，本硕连读 6 年、本硕博连读年限 8 年的周期长。

14. 生源荒分为两个层面，一是低层次院校开始招不到生，出现专业关停，例如 2020 年攀枝花大学城乡规划专业停招；二是高层次院校招生数量达不到招生计划，使得高层次人才培养萎缩，例如 2020 清华大学校内转专业的城乡规划转入报名为零（0/6）。

15. 在规划设计、规划管理、规划研究、规划教育之外，还拓展了如地产开发、投资咨询、乡村规划师、社区规划师等职业类型。

16. 基于原先"城乡规划学科—城乡规划专业—城乡规划师"的"三位一体"相对应思路。

17. 城乡与区域规划理论与方法、城乡规划与设计、城乡规划技术科学、社区与住房规划、城乡历史遗产保护规划、城乡规划管理。参考文献 [7]。

18. 认为大类招生后即是倾向平台专业优先发展，在资源、人员方向都向平台专业倾斜。

19. 常见的城乡规划平台有建筑类、地理类、农林类、经济类、管理类、生态类等，有些特殊方向和特殊情况还依托交通类、土木类、环境类和信息（智能技术）类。

20. 学分制下，学生可以根据自己的兴趣方向选择既定课程模块（课程包），从而提升专业学习效率，减少盲目选课造成的精力损耗。

21. 实践课程和实践环节越来越多，实践课的类型也越来越丰富，包括：设计实践、调研实践、社会实践、创新实践等。

22. 开放的教学平台构建有多种模式：既有基于教学法研讨的院校之间合作的"教育联盟"模式；也有院校与重点企业基于研究和实践的"科研基地""实习基地"模式；还有机构（政府、民间）、企业、院校等多方协同共建的"平台模式"。运行也包括资源共享、人员互用、机会共谋等多种互利机制。

参考文献

[1] 王凯，林辰辉，吴乘月.中国城镇化率 60% 后的趋势与规划选择 [J]. 城市规划，2020，v.44；No.409（12）：14-22.
Wangkai, Lin Chenhui, Wu Chengyue. Trends and planning choices after China's urbanization rate of 60%[J]. City Planning Review, 2020, v.44；No.409（12）：14-22.

[2] 杨保军，郑德高，汪科，等.城市规划 70 年的回顾与展望 [J]. 城市规划，2020，44（1）：14-23.
Yang Baojun, Zheng Degao, Wangke, Lihao. Retrospect and Prospect of 70 Years of Urban Planning[J]. City Planning Review, 2020, 44（1）：14-23.

[3] 饶彬，金黎希，王怡.翻转课堂研究若干问题述评 [J]. 教育理论与实践，2018，38（27）：49-51.
Raobin, Jin Lixi, Wangyi. A review of some problems in flipped classroom research[J]. Theory and Practice of Education, 2018, 38（27）：49-51.

[4] 庄少勤，赵星烁，李晨源.国土空间规划的维度和温度

[J]. 城市规划，2020，v.44；No.397（1）：14-18，28.
Zhuang Shaoqin, Zhao Xingshuo, Li Chenyuan. Dimension and temperature of territorial and spatial planning[J]. City Planning Review, 2020, v.44; No.397（1）: 14-18, 28.

［5］ 孙施文 . 国土空间规划的知识基础及其结构 [J]. 城市规划学刊，2020，No.260（6）：14-21.
Sun Shiwen. The knowledge base and structure of territorial and spatial planning[J]. Urban Planning Forum, 2020, No.260（6）: 14-21.

［6］ 吴志强 . 国土空间规划的五个哲学问题 [J]. 城市规划学刊，2020，No.260（6）：10-13.
Wu Zhiqiang.Five Philosophical Issues in Land Space Planning[J]. Urban Planning Forum, 2020, No.260（6）: 10-13.

［7］ 赵万民，赵民，毛其智 . 关于"城乡规划学"作为一级学科建设的学术思考 [J]. 城市规划，2010，34（6）：46-52，54.

Zhao Wanmin, Zhaomin, Mao Qizhi. Academic thoughts on the construction of "urban and rural planning" as a first-class discipline[J]. City Planning Review, 2010, 34（6）: 46-52, 54.

［8］ 邹兵 . 国土空间规划体系重构背景下城市规划行业的发展前景与走向 [J]. 城乡规划，2020，000（001）：38-47.
Zoubing. The development prospects and trends of the urban planning industry under the background of the reconstruction of the territorial and spatial planning system[J]. Urban and Rural Planning, 2020, 000（001）: 38-47.

［9］ 石楠 . 城乡规划学学科研究与规划知识体系 [J]. 城市规划，45（2）：14.
Shinan. Urban and Rural Planning Subject Research and Planning Knowledge System[J]. City Planning Review, 45（2）: 14.

The Challenges and Countermeasures of Urban and Rural Planning Education in the Era of Great Transformation

Bi Linglan　Feng Yue　Li He

Abstract: The development of professional education in urban and rural planning is closely related to the changes in demand for talents in the process of urbanization. The adjustment of industry focus，the expansion of occupational scope，and the changes in the upper management system have promoted the diversification and differentiation of talent training; the development of disciplines and technological progress have adjusted the professional connotation and method logic Expansion and expansion have promoted the upgrading of teaching content; education reforms and changes in student sources put forward response requirements for talent training ideas and corresponding teaching methods. The accumulation of various challenges makes it necessary for professional educational institutions to think deeply about how to respond to educational reforms based on their own characteristics: on the basis of maintaining the organic integrity of the core knowledge structure of urban and rural planning, select the appropriate academic system, subject platform and field, and design based on the characteristics of professional practice. A more open teaching mechanism, adjustment of the corresponding training plan（curriculum system），and targeted teaching methods and teaching organizations based on the characteristics of new technologies and students can improve the efficiency of talent training and keep its own development in sync with the development of industries and disciplines.
Keywords: Age of Change，Urban and Rural Planning，Professional Education，Subject，Industry，Response Mechanism

全面深化新工科背景下的城乡规划专业高质量人才培养模式探索

尤 涛 叶 飞 张 倩

摘 要：为适应城乡建设领域的新形势和城乡规划行业复杂多元的新任务，提出培养城乡规划专业高质量人才。针对当前城乡规划专业教育教学存在的问题，以全面深化新工科为指导，全方位探索高质量人才培养新模式，具体措施包括：采用"4+n"学制实现本研一体化培养，课程思政贯穿主干专业课程，专业课程教学追踪专业前沿，联合教学促进专业交叉融合，营造科教、产教深度融合的开放式教学环境。

关键词：新工科，城乡规划专业，高质量人才，培养模式

近年来，新型城镇化、乡村振兴、国土空间规划、高质量发展、绿色低碳、城市更新、历史文化保护传承等一系列城乡建设领域的新形势，使得城乡规划行业的任务更加复杂多元，而当前的城乡规划专业本科教育越来越难以满足新形势下的高质量专业人才需求。2021年4月，全国高教处长会在西安召开，会议指出高等教育高质量的根本与核心是人才培养质量，要全面落实立德树人根本任务，实施建设高质量本科教育攻坚行动，从抓理论、建专业、改课程、变结构、促融合五个方面全面深化新工科。西安建筑科技大学建筑学院以全面深化新工科为契机，以城乡规划和建筑学专业为突破口，探索建筑类高质量人才培养模式，2021年获批陕西高等教育教学改革研究重点攻关项目"全面深化新工科背景下的建筑类高质量人才培养模式探索与实践"。

1 教改背景：城乡建设领域新形势与城乡规划行业人才新需求

近年来，随着新型城镇化和乡村振兴战略的实施，我国开始走上破解城乡二元结构、促进城乡融合发展的道路。2019年5月，《中共中央 国务院关于建立国土空间规划体系并监督实施的若干意见》正式对外公布，标志着我国国土空间规划体系初步建立。2021年3月的全国两会，"碳达峰、碳中和""城市更新"被首次写入政府工作报告，推动住房和城乡建设事业高质量发展，建设宜居、绿色、韧性、智慧、人文城市将成为未来城乡建设的重要任务。2021年9月，中共中央办公厅、国务院办公厅印发了《关于在城乡建设中加强历史文化保护传承的意见》，指出在城乡建设中系统保护、利用、传承好历史文化遗产，对延续历史文脉、推动城乡建设高质量发展、坚定文化自信、建设社会主义文化强国具有重要意义。

新型城镇化、乡村振兴、国土空间规划、高质量发展、绿色低碳、城市更新、历史文化保护传承等一系列城乡建设领域的新形势，使得城乡规划行业的任务更加复杂多元，对城乡规划专业人才提出了新的需求，也对城乡规划专业人才培养提出了新的挑战。未来的城乡规划专业人才一方面必须适应城乡建设领域出现的新形势、新需求，掌握资源评价、绿色生态、历史文化、大数据处理、虚拟仿真等方面的新知识、新技术，具备国土空间规划、乡村规划与建设、城市更新、历史文化保护传承等领域的规划设计新能力，另一方面必须具备更宽广的学科基础，以及更加广泛的专业合作能力，才能胜任城乡规划日益复杂多元的新任务。

尤 涛：西安建筑科技大学建筑学院副教授
叶 飞：西安建筑科技大学建筑学院副教授
张 倩：西安建筑科技大学建筑学院教授

2 教改目标：培养城乡规划专业高质量人才

根据城乡规划行业的人才新需求，我们将城乡规划专业高质量人才培养目标定位为：

（1）德才兼备、面向未来的高层次专业人才。党的十八大以来，以习近平同志为核心的党中央高度重视培养社会主义建设者和接班人，坚持把立德树人作为教育的根本任务。我们要从党和国家事业发展全局的高度，落实立德树人根本任务，推进高等教育事业发展同实现高质量发展相适应，培养担当民族复兴大任的时代新人。面对城乡建设领域新形势与城乡规划专业人才新需求，强调德才兼备、能够胜任未来日益复杂多元的城乡建设新任务的高层次专业人才培养，就成为城乡规划专业高质量人才培养的核心目标。

（2）掌握新知识、新技术、新能力的创新型专业人才。城乡建设领域的新形势使得城乡规划专业不断面对更多新问题、新挑战、新课题，规划设计工作日益科学化、精细化，需要不断补充社会经济、绿色生态、历史文化、大数据分析、虚拟仿真等方面的新知识、新技术，具备国土空间规划、乡村规划与建设、城市更新、历史文化保护传承等领域的规划设计新能力，并创新性地应用于未来的规划设计实践中，才能更好地适应未来城乡建设领域的新任务、新需求。

（3）具备"大类基础、多元能力"的复合型专业人才。一方面，复杂多元的城乡建设任务和目标，使原来封闭的专业教育、单一的专业基础无法适应新的复合型行业人才需求；另一方面，随着城市开发模式向城市更新转变以及建筑行业产业链整合，规划设计工作不断向上下游的研究策划、项目实施、管理服务等领域延伸拓展，对城乡规划专业人才的能力要求也大大超过了传统的空间规划设计能力范畴。因此，突破封闭的专业教学体系，拓宽知识结构和专业基础，提高专业方向的设计、研究和管理等方面的多元能力，因材施教，构建"大类基础、多元能力"的培养模式就成为复合型专业人才培养的关键所在。

3 教改思路：以全面深化新工科为指导，全方位探索高质量人才培养新模式

3.1 全面深化新工科与高质量人才培养新任务

2017年，教育部为应对新经济的挑战，从服务国家战略、满足产业需求和面向未来发展的高度提出了"新工科"建设思路，并于次年1月公布了首批612个新工科研究与实践项目。2019年5月，教育部提出五个"再深化"推动新工科建设，并于次年2月公布了第二批845个新工科研究与实践项目。2021年4月，全国高教处长会在陕西西安召开，会议指出，高等教育高质量的根本与核心是人才培养质量，专业、课程、教材和技术是新时代高校教育教学的"新基建"，要全面落实立德树人根本任务，抓好专业质量、课程质量、教材质量和技术水平，实施建设高质量本科教育攻坚行动。会议还指出，2021年的重要工作之一就是"四新建设"（即新工科、新医科、新农科、新文科建设），要从抓理论、建专业、改课程、变结构、促融合五个方面全面深化新工科。

3.2 城乡规划专业教育教学现状与存在问题

对照城乡规划专业高质量人才培养目标不难发现，现行的城乡规划专业教育教学中存在以下几方面的主要问题：

（1）现行五年制本科不能满足高层次专业人才培养要求。当前城乡规划专业为五年学制本科，虽然比其他工科专业学制多一年，但由于城乡规划的专业性强，设计基础课程多，五年制本科并不能满足城乡建设中日益复杂多元的新任务带来的更高的专业能力培养要求，需要更长的学制将本硕（博）贯通来培养高层次专业人才所需的设计、研究和实践能力。

（2）专业教学体系中的课程思政建设较为薄弱。长期以来，以西方城市规划理论为基础形成的专业教学体系，使学生对西方文化更加熟悉，而对中国自身的营城智慧、营建传统缺乏了解，文化自信不足，从而导致中国城市"千城一面、万楼一貌"，地域特色不足。立足中国本土的优秀传统文化和建筑、城市营建智慧的保护传承，在专业教学体系加强课程思政建设十分必要。

（3）专业教学内容与城乡建设的前沿领域衔接不够紧密。一方面，伴随着新型城镇化、乡村振兴、国土空间规划、高质量发展、绿色低碳、城市更新、历史文化保护传承等一系列城乡建设领域的新形势，规划设计面对的新问题、新挑战、新的空间类型不断出现，而学校的教学内容更新却相对滞后；另一方面，现有教学过于依赖校内教学资源，而学校虽然在多个学科方向处于前

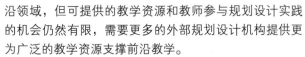

沿领域，但可提供的教学资源和教师参与规划设计实践的机会仍然有限，需要更多的外部规划设计机构提供更为广泛的教学资源支撑前沿教学。

（4）相对封闭的专业教学体系不利于学生拓宽专业基础和拓展多元化能力。一方面，城乡建设中日益复杂多元的新任务要求未来的专业人才必须具备复合型的知识结构与广泛的专业合作能力。近年来，由于专业不断细分，城乡规划专业在本科培养阶段过于强调基于本专业要求的专才培养，培养过程中专业之间的互联互通不够，学生对其他相关专业的了解和认识不足，不利于学生拓宽专业基础和专业视野，不能很好地满足未来的高层次人才要求；另一方面，封闭的专业教学体系也导致评价标准中长期存在"唯设计"的倾向，导致学生的专业能力单一，不利于面向上下游拓展研究策划、项目实施、管理服务等多元化能力。

（5）科、产、教融合不足，不利于营造开放的教学环境。高层次的专业人才需要具备广阔的研究和实践视野。一方面，由于本科教学与研究生教学截然分离，无法进行有效的科教衔接，为本科生参与科研课题造成了障碍；另一方面，我校城乡规划专业虽然在校企合作方面做了大量工作，但合作的广度和深度依然较浅，尤其是与高水平规划设计机构的深度合作不足，为学生提供的接触前沿或重大项目的实践机会较少。科教、产教融合不足，都不利于营造面向高层次人才培养所需的开放的教学环境。

3.3 全方位探索城乡规划专业高质量人才培养新模式

针对城乡规划专业教育教学中存在的问题，我们以全面深化新工科为指导，从四个方面全方位探索城乡规划专业高质量人才培养模式：

（1）培养机制改革。探索适应城乡规划专业高质量人才培养的学制和进出机制，以满足高层次专业人才培养的学习年限要求。

（2）教学内容改革。探索适应城乡规划专业高质量人才培养的课程思政建设与专业课程建设内容，使教学内容与服务国家的人才素质要求、城乡建设前沿紧密结合。

（3）专业教学方式改革。探索适应城乡规划专业高质量人才培养的专业教学组织方式，促进专业教学交叉互补与优化升级。

（4）科、产、教融合改革。探索适应城乡规划专业高质量人才培养的科、产、教融合模式，营造有助于人才发展的开放式教学环境。

4 教改内容：多措并举培养城乡规划专业高质量人才

4.1 采用"4+n"学制实现本研一体化培养

为实现高层次人才培养目标，拟采用"4+n"学制的本研一体化培养模式，其中"4"为4年制本科培养阶段，实行动态选拔机制；"n"为2/3年制硕士（专业型硕士为2年，学术型硕士为3年）或5年制博士研究生培养阶段。其中，本科培养阶段又可分为三个阶段：第一学年为大类基础阶段，完成建筑学和城乡规划专业的大类通识基础课程学习；第二、三学年为专业提升阶段，完成各自专业的专业基础课程和专业核心课程学习；第四学年为本研过渡阶段，完成本科阶段其他课程学习和毕业设计，获得工学学士学位，同时开始选修硕士阶段课程，由导师（或导师团队）参与培养。

4.2 课程思政贯穿主干专业课程

将立德树人作为高层次人才培养、课程体系建设的首要任务。中国拥有五千年的文明史，古代中国在城市和建筑营造方面取得了辉煌的成就，形成了独具东方特色的营造体系。1949年以后，尤其是改革开放以来，中国用短短几十年时间走过了西方发达国家几百年的现代化道路，城市建设的规模之大、速度之快世所罕见，在城市规划和建筑设计方面也取得了举世瞩目的成就。深挖城乡建设领域的思政教育元素，将中国古代和近现代的建设成就、规划设计大师及其作品等作为课程思政内容贯穿于建筑概论、城乡规划导引、中外建筑史、中外城市发展与规划史、城市与建筑认识实习、建筑设计原理、城乡规划原理和各大设计课等主干专业课程中，开设中国历史文化保护传承系列课程，采用课堂讲授、实地参观、案例解析相结合的方式，让学生从中领略中华文明的源远流长和灿烂成就，从而在专业领域树立文化自信，牢固树立历史文化保护传承的自觉意识。

4.3 专业课程教学追踪专业前沿

未来的城乡规划专业人才必须掌握资源评价、绿色生态、历史文化、大数据处理、虚拟仿真等方面的新知识、新技术，具备国土空间规划、乡村规划与建设、城市更新、历史文化保护传承等领域的规划设计新能力，本项目将从开设或整合相关课程、更新教学内容、拓展教学资源等方面入手，优化理论、设计、实习实践三大专业课程体系，使专业课程教学可以持续追踪专业前沿。

4.4 联合教学促进专业交叉融合

突破城乡规划专业封闭的教学体系，探索大类专业联合教学模式，促进专业交叉融合。大类专业联合教学包括两个方面：

（1）实施大类通识基础课程联合教学。本科培养阶段第一学年，与文、理、信控等学院合作，强化英语、高等数学、信息技术、文化修养类通识基础课程，并根据城乡规划专业特点实施定制化教学。专业基础课方面，由建筑学、城乡规划两专业组成联合教学组，合作进行设计基础、画法几何及阴影透视、构图原理、人类聚居简论、中国传统文化等大类专业基础课程建设，为后续专业课程学习奠定良好基础。

（2）探索跨专业的课程设计联合教学。为解决专业教学尤其是各课程设计教学相对封闭的问题，城乡规划、建筑学专业将组成联合教学实验小组，在二、三、四年级的部分专业设计课和毕业设计中探索联合命题、专业衔接、合作设计、多点交流的多专业交叉协同的教

学组织模式，旨在让学生突破专业界限，拓展专业视野，了解相关专业的工作内容、工作程序和技术要求，提高专业合作能力。

4.5 营造科教、产教深度融合的开放式教学环境

促进科教融合，以研促教，依托我校的学科优势和科研团队，引领专业课程、专业教材和教学团队建设，并为学生参与研究课题创造条件。在教学内容上将最新研究成果引入教学，建设一批特色课程；将最新的理论和研究成果纳入教材，培育一批城乡规划专业的一流教材；根据课程需要，抽选相应学科背景、研究经历的骨干教师建设若干跨专业的教学团队，将最新的科研成果融入课程教学内容；第四学年本研过渡阶段，鼓励学生参与导师的科研课题或规划设计实践，形成科教融合的开放式教学环境。

推进校企合作，建立产教融合的开放式教学环境。引进中国城市规划设计研究院等业界一流规划设计机构，采用线上线下混合方式，全方位参与理论、设计、实习实践课程建设。追踪学科前沿，重点推进城市更新、乡村规划与建设、历史文化保护传承等前沿领域的合作；共建学生实习实践基地；引进企业导师组成校企联合导师组，尝试工作坊式教学。

城乡规划专业高质量人才培养技术路线图如图1所示。

图1 城乡规划专业高质量人才培养技术路线

5 结语

2021 年下半年，我校首届城乡规划专业本研连读班已开始招生，大一阶段的城乡规划、建筑学两个专业的大类通识"设计基础"课（含美术、画法几何）、结合建筑类专业特点的"高等数学"课、中国历史文化保护传承系列课已开始教学实践，并取得了良好的教学效果。城乡规划专业高质量人才培养是一项十分复杂而艰巨的系统工程，也是我校推动城乡规划专业教育转型发展的重要试验，未来几年我们还将不断去实践和摸索。

Exploration on High-Quality Talent Training Mode of Urban and Rural Planning in Background of Comprehensively Deepen New Engineering

You Tao   Ye Fei   Zhang Qian

Abstract: To adapt to the new situation in the field of urban and rural construction，the complex and diverse new tasks in urban and rural planning industry，it is proposed to train high-quality talents in the field of urban and rural planning. In view of the problems existing in the current education，under the guidance of comprehensively deepening new engineering，a new mode of training high-quality talents will be explored. The measures include："4+n"-year educational system，the curriculum ideology and politics through the main professional courses，the courses tracking the professional frontier，Professional intercross by joint teaching，and Integration of science-education and industry-education.

Keywords: New Engineering，Urban and Rural Planning，High Quality Talents，Cultivation Mode

走向"田野课堂"的乡村规划教育[*1]
—— 基于本科阶段乡村规划建设人才培养的探讨

乔 杰 耿 虹 乔 晶

摘 要： 乡村规划教育是支撑乡村建设事业的人才技术保障，有效实施乡村振兴战略需要乡村规划教育先行。如何将乡村规划建设人才培养的内涵融入城乡规划教育体系，突出城乡规划专业的核心竞争力，是本科阶段城乡规划专业人才培养面临的问题。面对乡村振兴的国家战略需求，乡村规划教育需要回应高等教育体系和城乡规划人才培养面临的挑战，重新认识城乡规划教育的人才培养价值。研究以中国城市规划学会和全国高等学校城乡规划专业评估委员会的行动倡议为背景[*2]，基于华中科技大学乡村规划教学团队多年实践尝试与改革探索，提出建设走向"田野课堂"的乡村规划教育体系，推动开放课堂、校地结合、校校联合教学人才培养模式。探索上好"田野第一课"；专业服务"送出去""乡村知识""请进来"；"跨区域联合教学"的循序渐进改革路径，强调乡村规划教育要面向国家话语需求，同时要让学生尊重地方表达，培养顶天立地的高等教育人才。

关键词： 乡村规划教育；人才培养；乡村规划建设；田野课堂；国家战略需求

我国高校人才培养始终以党和国家发展需要、社会需求为导向，是新时代我国建设一流大学、培养时代新人的重要政治原则[①]，为新时代我国高等教育的改革发展提供了根本遵循[1, 2]。乡村规划教育是支撑乡村建设事业的人才技术保障，2017年中央一号文件明确提出加强乡村规划建设人才培养的要求。乡村的现代化需要乡村规划教育先行。不管是立足乡村谈乡村规划教育，还是立足教育谈乡村规划教育，我们都需要直面乡村社会现实，正如中央对经济社会领域理论工作者的建议一样，"从国情出发，从中国实践中来、到中国实践中去，把论文写在祖国大地上"[②]。面对乡村振兴的国家战略需求，乡村规划教育对城乡规划人才培养和教育体系提出了新的挑战。城乡发展的巨大差异和城乡空间资源配置逻辑的不同，决定了今天大部分来自城市的乡村规划从业者在进驻乡村建成环境的过程中不得不面临"地方性知识"匮乏和"水土不服"的挑战。从我国高等院校城乡规划教师的教育背景和从业历程来看，大部分教师缺乏乡村经历和乡村社会知识结构。如何突出《城乡规划法》强调的"乡村规划应当从农村实际出发，尊重村民意愿，体现地方和农村特色"的要求。需要乡村规划教育从业者和新时代大学生一道，直面城乡中国发展的巨大差异和乡村发展现实问题，乡村规划教育既要理解国家话语的方向，同时要学会尊重地方表达诉求，培养顶天立地的新时代人才。

*1 基金项目：①华中科技大学教学研究项目："画乡土国色，育工匠精神"——乡村规划设计课程思政的教学设计研究；②华中科技大学研究生思政课程和课程思政示范建设项目：镇村规划设计（课程思政示范建设）。

*2 2017年中国城市规划学会乡村规划与建设学术委员会和中国城市规划学会小城镇规划学术委员会，在住房和城乡建设部全国高等教育城乡规划专业评估委员会的支持下，协同各方，共同发起"共同推进乡村规划建设人才培养行动倡议"。

乔 杰：华中科技大学建筑与城市规划学院讲师
耿 虹：华中科技大学建筑与城市规划学院教授
乔 晶：华中科技大学建筑与城市规划学院讲师

1 背景：国家战略需求下乡村规划教育

1.1 乡村规划是支撑乡村建设和乡村振兴的核心学科

城乡规划学是支撑我国城乡经济社会发展和城镇化建设的核心学科。一直以来，党中央和国家政府高度重视我国城乡建设事业的科学发展，将社会经济、生态资源、生命安全等与城市和乡村建设统筹考虑，作为国家中长期发展战略。2018 年《中共中央 国务院关于实施乡村振兴战略的意见》指出，实施乡村振兴战略，是党的十九大做出的重大决策部署，在实施乡村振兴战略的基本原则中，重点提出坚持因地制宜、循序渐进。科学把握乡村的差异性和发展趋势分化特征，做好顶层设计，注重规划先行。我国乡村的现代化决定了国家的现代化。乡村现代化需要乡村规划教育先行。城乡规划专业教育是支撑城乡建设事业的人才技术的重要保障[3]。

1.2 乡村规划教育需要复合型人才培养体系

我国城乡规划的教学体系和管理体系已经有 60 年的建设发展历程，已经形成了较为完整的专业知识体系。随着我国城镇化进程的推进，城乡规划学科的知识结构和置业需求已经远远超出了以"建筑学"为专业主体的传统内容。乡村规划涉及综合性的知识结构基础以及国家乡村建设和发展需求的多样性让传统的城乡规划教育体系无法衔接。2012 年，我国实现城镇化率超过50%，乡村规划建设人才的培养显得至关重要。面向社会需求，培养具有扎实理论基础，了解国情，具有社会服务意识和实践创新能力的专业人才是城乡规划教育的重要建设方向。除了在传统规划教育体系下明晰核心主干课程外，应强调客观乡村对象的农业、生态、历史、文化和地理等知识体系，广泛动员各类社会资源参与，探索开放式教学[3]。让乡村建设的广泛动员和社会参与理念贯彻到乡村人才培养体系中。

1.3 乡村规划教育是科学推动城市反哺农村，实现乡村教育的重要过程

面对城乡生存现实差异，在高等教育阶段，开展有效的乡村规划教育，直面我国乡村发展面临的现实问题和地域差异[4]，帮助本科阶段学生理解城乡融合发展面临的制度和社会组织差异。通过乡村规划教育实践与乡村社会系统需求对话，了解乡村规划教育面临的复杂知识体系，重新认识高等教育课程体系知识与乡村生活长期积累的地方性知识的弥合关系。与传统的城市规划相比，乡村规划具有更显著的地域差异、社会参与、社区更新的特点，知识体系、组织方式、工作方法、实施过程也不尽相同，对城乡规划教育体系和人才培养模式提出了新的挑战。乡村规划教育应当关注城乡之间的差异性[4]。理解城乡二元土地制度及其空间差异对生存主体的价值和行为逻辑有近距离的理解，乡村规划建设是走进乡村、认识乡村的重要媒介。

2 困境：城乡规划学科下乡村规划建设人才培养

2.1 复杂"三农"问题下的乡村规划教育培养体系不健全

我国城市规划专业脱胎于建筑学和土木工程类专业。中华人民共和国 70 年来，城乡规划教育事业取得长足发展，但把城乡规划当作"设计"的办学理念仍根深蒂固（图 1）[5]。2012 年，我国实现城镇化率超过50%，社会主义市场经济体制下的城乡规划专业需要突出"以人为本"的人文关怀思想，要树立规划的正确价值导向[5]。对于农民占人口绝大多数、地广人多、农村分化程度低的乡村地区而言，单纯依靠现有大中城市带动城乡融合进程是艰难的，需要依靠以农村为主导的统筹城乡发展战略，提高农业劳动生产率[6]。加强乡村规划建设人才的培养在推进城乡高质量发展、保障城乡空间等值中扮演重要角色。乡村规划建设人才培养无疑是

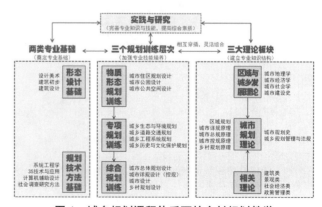

图 1 城乡规划课程体系下的乡村规划教学

乡村振兴战略的重要支点[7]。乡村规划教育不仅承载着城乡发展中对乡村价值的认同,更为乡村规划建设提供人才支撑。2017年中央一号文件进一步关注"三农"问题并提出了加强乡村规划人才培养的要求。同年,中国城市规划学会、住建部高教专业评估委共同倡议,要推进乡村规划教育事业健康发展[4]。

2.2 "工具理性"影响下的乡村规划人才培养目标的偏离

乡村规划教育不仅是对学生的教育,实际对城乡规划专业教师也是一个自我教育的过程[1]。规划建设者只有放弃城市的手法和专业炫耀,深入乡村和田野,向乡村传统营建智慧学习,与乡村工匠合作,在中国乡村振兴实践中捶打,才能成为国家需求的、德才兼备的复合型人才[4]。高等教育承担着人才培养、科学研究、社会服务、文化传承创新的综合职能,但人才培养是高校办学之本③。要回答好"培养什么人、怎样培养人、为谁培养人"的问题,乡村规划教育不仅要回应国家重大战略需求,也需要直面我国城乡社会发展现实(图2),因为这决定了乡村建设经不起走马观花式的"快餐式教育",青年大学生只有充分认识和了解,才能构建其城乡融合的社会纽带。乡村规划建设与乡村规划教育一样需要"细火慢炖"④,当前高校教学评价需要从工具理性走向价值理性。

2.3 城乡规划课程体系无法支撑乡村规划建设人才培养需求

从教育管理的角度,要构建更高水平人才培养体系,需要以课程和教材为重点的教学体系,以及以有利

于学生成长、成人、成才、成功的管理体系和学习成绩评价体系⑥。但任何学科的发展需要经历一个漫长的过程(图3);任何学科的发展在高等教育系统里都面临着大学实际环境的变化。我国的乡村规划和源于西方城市发展理论系统教育的城市规划存在明显的差异。因此,当前的乡村规划教育难免陷入城市规划背景下的乡村规划。具有中国特色的乡村规划教育如何适应乡村规划建设人才培养,面临知识结构、就业空间、职业体系保障三方面的重要问题:乡村规划教育人才培养需要面对我国不同地域环境下乡村社会发展的不同阶段差异。未来随着工科毕业生规模增加,大量青年人才将主动或被动进入乡镇发展领域进行创业和就业,乡村人才保障也是推进乡村振兴的重要基础。一些乡镇干部指出,"镇村急缺既懂专业又懂经营管理的专业人才,好项目引进来却不会管理,制约乡村产业发展、乡村治理能力提升和乡村文化繁荣。⑦"乡村建设人才应适应乡村规划建设领域发展需要。

3 探索:走向"田野课堂"的乡村规划教学探索

3.1 深入开展乡村社会调查,上好"田野第一课"

对广大青年大学生而言,走进乡村是为了认识乡村和了解乡村。我国城乡之间发展的巨大差异是基本实现社会主义现代化的突出短板。广大中西部地区农村真实反映了我国基层乡村的基本面,因此走进基层农村,到经济欠发达地区去,才能真实感受乡村人口外流、农业地位衰弱、乡村公共服务严重不足、乡村教育滞后对乡村地区发展带来的制约,明晰乡村规划在国家城乡公平

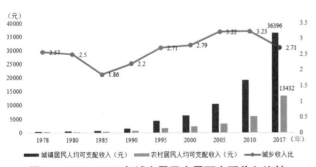

图2 1978~2017年城乡居民人居可支配收入比较
资料来源:《中国统计年鉴》,苏宁金融研究院整理⑤.

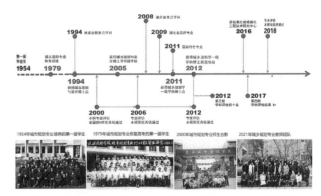

图3 华中科技大学城乡规划专业教育70年发展历程

正义中扮演的角色。通过乡村社会调查，注重方法论教学，引发学生对乡村发展规律和现象的科学认识，培养学生们独立思考，发现问题，运用专业知识分析问题、解决问题的能力（图4）。如发挥学生对新技术、新方法的敏感性，用数据理解农村地区发展变化。面对本科不同阶段教学要求，上好"田野第一课"，让同学们带着尊重、传递交流的态度了解农村、领会农业和理解农民。华中科技大学乡村教学实践团队长期关注民族地区乡村人居环境和乡村社会调查（图5），帮助学生了解当地产业发展和青年返乡就业情况，让地方专家（治理主体和旅游及其他产业市场主体）成为田野课堂导师（图6），让新农民帮助青年大学生们认识乡村发展现实困境和未来可能愿景，了解青年返乡的困难、需求和发展想法，收集吸引青年返乡、留乡的社会组织保障和产业发展模式，思考什么样的乡村空间组织让农村资源"活起来"。

3.2 建立开放式乡村规划教学，专业服务"送出去"和教学资源"请进来"

华中科技大学城市规划系乡村规划设计教学组，在遵循城乡规划专业人才培养目标的前提下，基于多年的乡村教学积累以及三年级学生规划设计能力培养需求，积极探索教学改革经验。本学期乡村规划设计课程把"画乡土国色，育工匠精神"作为课堂思政教育的重要内容，从乡村调研实践中开展"乡村规划设计第一课"课程改革实践，将单纯的课堂聆听转换为沉浸式体验，将思政小课堂与社会大课堂结合，鼓励学生走进社会、了解社会，了解乡村发展的困境（图7），结合疫情防控的相关要求，尝试采用"实地调研＋现场直播＋线上答疑"的教学模式（图8、图9），开展线上线下相结合的基础教学优化。同时，结合当前社会调查问题需求，将基层行政、农业和地方专家请进教室（图10），扩大知识结构，增加地理学、农业生产、农村社会学等基础知识，为乡村空间规划与建筑设计提供基本理论支撑。

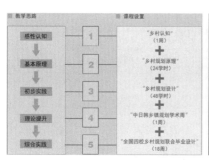

图4 华中科技大学本科阶段乡村规划系列课程

图5 一年级建筑大类"美丽中国——人居环境科学导论"感性认知系列课程

图7 本科四年级——党旗领航，持续开展"救灾／援疆／扶贫"等主题社会实践

图6 本科生与当地工匠一起参与乡村建设实践（左）；深入了解扶贫乡村的田野课堂（右）

图8 2022年受疫情波动开展，开展不同形式的乡村现场教学（线下＋线上）

3.3 回应乡村地域特色和问题，开展跨区域联合教学

城乡规划教学体系下的人才培养需要面对乡村规划的差异化实践需求。华中科技大学乡村规划教学团队于 2015 年起先后联合西安建筑科技大学、昆明理工大学、青岛理工大学、南京大学开展了全国三校（2015年）、四校（2016~2021 年）、五校（2022 年）乡村联合毕业设计（表 1），聚焦农村，关注乡村问题，对于探索我国乡村发展模式，强化人才培养和引领学科发展方面，担负了探路者的责任和使命，并在引领乡村规划人才培养方面成为重要的教育示范和经验模板（图 11）。为了帮助学生认识不同地域人居环境特质，针对东部、中部、西部、北方、南方乡村地理和社会经济发展差

图 9 本科生 2022 寒假开展专题调查——民族地区青年返乡创业情况调查

图 10 建立校地联合教学基地，服务乡村产业振兴规划设计需求

图 11 全国五校乡村联合毕业设计中的田野课堂记录

本科阶段突出地域类型特色的乡村规划设计选题与教学组织　表1

类型	年份	选题方向
课程设计	2015	镇边村：横车镇翁堑村
		大别山区山地丘陵村：湖北蕲春枫树桥村、畈上湾村、贡畈村、郝冲村
		乡镇政府所在地村：大公村
	2016	梁子湖畔滨湖旅游型乡村：武汉江夏区乌龙泉街杨湖村
		集中安置型乡村：法泗街大路村
		平原地区普通村落：珠琳村、石岭村
	2017	集中安置型乡村：武汉江夏区法泗街大路村
		平原地区普通村落：珠琳村、石岭村
		武汉新洲区汪集街普通村落：陶咀村、人胜村
	2018	大城市城郊村：江夏
	2019	景中村：东湖马鞍山苗圃
	2020	景中村：东湖桥梁社区：大李村、小李村、东头村、付家村
	2021 2022	国家传统村落：麻城市桐枧冲村 脱贫接续乡村振兴：孝昌县东河村
五校联合毕业设计	2015	选题：走进乡村，向乡村学习，湖北武汉、襄阳、宜昌
		大城市周边地区的乡村——武汉江夏区五里界街道 山地丘陵地区的乡村——宜昌市长阳土家族自治县 平原河网地区的乡村——襄阳市欧庙镇、卧龙镇
	2016	选题：乡村活化的空间手段，云南大理
		大理洱海西岸回民"城边村"：小关邑村 大理洱海西岸普通村落：上阳溪村 大理洱海西岸传统村落：喜洲周城村
	2017	选题：村民参与下的乡村规划设计，山东青岛
		城边村：中国四大锣鼓产地的上川口村 普通村落：隋文帝泰陵所在地的斜王上村 特色产业村落：古为文殊古镇、今产新集葡萄的新集村
	2018	选题：村庄安全：青岛滨海典型乡村规划设计，山东青岛
	2019	选题："美丽中国"视野下的景中村微改造规划设计，湖北武汉
	2020	选题："风土再造"——云南腾冲清水乡规划设计，云南腾冲
	2021	选题：终南山居：子午街办乡村规划设计，陕西西安
	2022	选题：源山里景，融文旅情：青岛西海岸杨家山里乡村规划，山东青岛

图 12 全国五校乡村联合毕业设计中的田野教学
（线下线上）

异，每年选择几种不同类型的乡村作为教学研究基地，致力于对不同地域乡村发展、保护、规划、建设展开以研究为基础的毕业设计教学工作，教学过程中推出系列学术交流活动。联合毕业设计的选题强调对不同地域、不同类型的乡村的覆盖，联合毕业设计的形式和组织方式，使得各校学生走出校园，深入农村，深刻体验中国乡村发展脉搏，疫情以后，区域隔离和封闭校园环境下，这种跨地区的教学交流显得更为重要（图 12）。学生通过感受全国乡村发展地域差异为人生历练和视野拓展奠定了基础，也践行了城乡规划学科知行合一的教学目标。

4 结语：本科阶段乡村规划建设人才培养

　　过去四十多年的城乡发展历程中，城市规划的角色更多是一种自上而下的规划过程，缺乏科学有效的公众参与，虽然一定程度上发挥了效率优先、集中力量办大事的制度优势，但一定程度上也牺牲了社会主体性的培育过程。"人民城市的概念，人民城市人民建，人民城市为人民"，一定程度上为城乡规划教育理念改革确定了方向。乡村规划本身就是自下而上的，农民是乡村建设的主体，政府和规划师是参与主体。脱贫攻坚完成以后，乡村建设的经费既需要制度性保障，但不再兜底，需要发挥村民、村集体、市场和社会组织的力量，实现共同缔造。乡村规划教育要避免在城市规划教育基础上做加法，要通过乡村规划教育对城乡规划教育

责任提出新时代目标。乡村规划的过程本身是一次乡村教育的过程，推进乡村规划教育走进"田野课堂"，扎根中国大地，从我国多样乡村地理环境、社会环境、生态文化建设水平中理解人居环境科学的内涵和时代价值，回应城乡发展现实需求。华中科技大学城乡规划教育和乡村规划建设人才培养模式充分尊重教育规律，通过开放式教学带领本科生走进乡村、认识乡村，向乡村学习，为城乡建设培养具有"共同家园意识、社会服务意识、时代责任意识"的新时代乡村规划建设人才做准备。

　　致谢：感谢华中科技大学规划系乡村规划教学团队：洪亮平、朱霞、万艳华、任绍斌、赵守谅、王智勇、刘法堂、王宝强等老师为乡村教学改革做出的历史探索和创新实践。除注明来源外，其他图件资料均来自学院教学团队。

注释

① 培养什么人 怎样培养人 为谁培养人，《求是》2020/17，中共中国人民大学委员会，来源：http：//www.qstheory.cn/dukan/qs/2020-09/01/c_1126430105.htm

② 求是网评论员：把论文写在祖国大地上，求是网，2020/09，来源：http：//www.qstheory.cn/wp/2020-08/29/c_1126427016.htm

③ 新中国 70 年高等教育改革发展历程 – 中华人民共和国教育部政府门户网站（moe.gov.cn）

④ 段德罡：乡村振兴是文火慢炖的过程，一定不是猛火爆炒的事情。西安市设计师协会，https：//mp.weixin.qq.com/s/h5YABhMaS5fSjGFXrYzALQ

⑤ 数据告诉你：中国人的收入差距有多大 – 知乎（zhihu.com）

⑥ 张大良：人才培养质量是高等教育的生命线—教育—人民网（people.com.cn）

⑦ "两会"现场 | 孙其信：人才短缺是乡村发展的最大制约，中国网 2018 年 03 月 12 日，来源：https：//news.cau.edu.cn/art/2018/3/12/art_8769_560224.html

参考文献

[1] 栾峰. 从教育的角度谈乡村规划 [J]. 小城镇建设，2013（12）：36.

[2] 冯建军."培养什么人、怎样培养人、为谁培养人"的中国答案 [J]. 教育研究与实验，2021（4）: 1-10.

[3] 赵万民，赵民，毛其智.关于"城乡规划学"作为一级学科建设的学术思考 [J]. 城市规划，2010, 34（6）: 46-52.

[4] 本刊编辑部."城乡规划教育如何适应乡村规划建设人才培养需求"学术笔谈会 [J]. 城市规划学刊，2017（5）: 1-13.

[5] 赵民."公共政策"导向下"城市规划教育"的若干思考 [J]. 规划师，2009, 25（1）: 17-18.

[6] 郭勇.发展中国家城乡关系演化：文献与述评 [J]. 经济问题，2005（7）: 48-50.

[7] 乡村振兴必先振兴乡村教育 [J]. 教学管理与教育研究，2019, 4（5）: 124.

Rural Planning Education towards "Field Classroom"
—A Discussion on the Cultivation of Rural Planning and Construction Talents at Undergraduate Stage

Qiao Jie   Geng Hong   Qiao Jing

Abstract: Rural planning education is the technical guarantee for talents to support rural construction，and the effective implementation of the rural revitalization strategy requires rural planning education to take the lead. How to integrate the connotation of rural planning and construction talent cultivation into the urban and rural planning education system and highlight the core competitiveness of urban and rural planning majors is a problem faced by the training of urban and rural planning professionals at the undergraduate level. In the face of the national strategic needs of rural revitalization，rural planning education needs to respond to the challenges faced by the higher education system and the cultivation of urban and rural planning talents，and re-understand the talent cultivation value of urban and rural planning education. Based on the action initiative of the China Urban Planning Society and the National Urban and Rural Planning Professional Evaluation Committee of Colleges and Universities，and based on the years of practical attempts and reform explorations of the rural planning teaching team of Huazhong University of Science and Technology，the study proposes to build a rural planning education system towards the "field classroom" and promote the training mode of open classroom，school-site combination and school-school joint teaching talent cultivation. Explore and take a good "first lesson in the field"；Professional services "send out" "rural knowledge" "please come in"；The step-by-step reform path of "cross-regional joint teaching" emphasizes that rural planning education should be oriented to the needs of national discourse，and at the same time，students should respect local expression and cultivate higher education talents who stand tall in the sky.

Keywords: Rural Planning Education，Talent Cultivation，Rural Planning and Construction，Field Classroom，National Strategic Needs

以综合规划能力培养为核心的存量规划教学探索

巢耀明 吴 晓 殷 铭

摘 要： 针对存量规划地区社会、经济及空间问题交织的特点，提出存量规划"社会、经济、空间"三层面并重的综合规划能力培养教学模式，教学以社会阶层的容融、产业层次的整合、城市空间的更新这三条主线，引导学生对存量规划地区进行专题研究，提升学生对隐藏在复杂城市现象背后的社会人群、经济产业等关系的理解，对存量规划地区做出更为全面深入的规划求解，从而在教学过程中培养学生解决复杂空间问题、社会问题及经济问题的综合规划能力，达到对学生价值取向、知识、技能的整体培养目标。

关键词： 存量规划；综合规划；能力培养；教学

1 教学背景及目的

改革开放后，我国经历了城镇化高速发展期，城市数量和城市空间结构迅速增长与扩张；与之伴随的人口、环境、交通、内城衰败等城市问题也逐渐凸显，我国城市发展方式由关注城市规模扩张的"增量发展"转向关注品质提升的"存量发展"，由外延扩张转向内涵提升。

在城市从增量向存量发展转型的背景下，城市规划以往的工作思路和方法难以适应新型城市发展道路。城市发展方式的转型需要规划编制思路与方法的同步跟进与调整，这要求面向存量建设用地的规划从以往的满足土地出让需求转向高效利用存量空间资源、提升存量品质为主，调整的关键在于规划思路的彻底转变以及规划手段的及时更新。

随着中国规划实践由增量规划向存量规划转变，对传统的物质形态规划的需求减少，关注的领域转向社会和经济的发展及其所需要的政策和体制，更加强调所谓"综合规划"。顺应规划发展趋势的转变，我们在城市规划专业高年级的毕业设计环节进行了存量规划的教学的探索，设计内容为旧城片区的城市更新规划。

传统城市规划的教学，较为注重学生物质空间设计的知识、技能的训练，而对存量规划中更多涉及的社会和经济发展等规划能力的培养，是相对较薄弱的方面。

这已不能适应新时期存量规划的需要，我们的教学目标是从传统城市规划教学注重的物质空间设计的能力培养转向强调学生社会、经济、空间三方面整体的综合规划能力的培养。

2 以综合规划能力培养为核心的存量规划教学模式

针对存量规划这一综合性很强的规划类型，教学通过社会性、经济性、空间性三大系统进行复杂规划问题导向的规划求解，引导学生关注社会和谐——人群阶层的融和，关注经济发展——地区产业的整合，关注文化延续——历史环境的更新，培养学生"维护社会公正，提升经济发展，保护环境可持续发展"的规划价值观。

针对存量规划地区现状复杂，社会、经济及空间问题交织的特点，提出存量规划"社会、经济、空间"三层面并重的综合规划能力培养教学模式，在社会层面，引导学生学习如何通过社会与文化的可持续发展，实现社会阶层融合，建设更和谐的社会；在经济层面，引导学生学习如何通过与相邻地区协同错位发展，带动存量规划地区复苏，实现产业层次的整合，实现更

巢耀明：东南大学建筑学院城市规划系副教授
吴 晓：东南大学建筑学院城市规划系教授
殷 铭：东南大学建筑学院城市规划系副教授

发展的经济；在空间层面，引导学生学习如何通过对空间物质载体更新及功能性匹配，更新存量规划地区空间，实现空间环境的提升。同时针对存量规划实施的复杂性和长期性，在时间路径方面，对不同系统功能要素进行分阶段实施的策划，实现对存量规划地区更新目标与路径的统一，最终通过社会、经济、空间三大系统按照分期的行动计划，有序渐进式达到预期规划目标。

在规划教学中，强调遵循以下规划原则：

在规划设计过程中，希望社会性、经济性、空间性三个层面并重，遵循综合性规划原则。

在具体实施方面，希望分时阶，通过多情境，以及加入时间线的四维规划，将渐进式原则贯穿跨越不同时段的分期规划。

将具体规划设计方法，以及触媒项目，进行菜单式入库，通过模块化以及弹性规划，进行具体的运用和实施，遵循谱系化规划原则。

3 教学单元的设置与综合规划能力培养

教学引导学生根据存量规划地区的背景研究对规划片区的问题进行研判，归纳地区存在的核心问题，深入分析现状问题，从而提出应对问题的规划策略，完成存量规划的规划求解。教学从社会、经济、空间三个层面，即从社会人文传承、产业经济发展、空间环境提升三层面来探讨存量规划地区的更新规划，培养学生面对复杂要素制约的存量规划地区的综合规划能力。

首先建立研究框架，针对社会人文传承、产业经济发展、空间环境提升这三大系统，分析现存问题，进行专题研究，制定规划策略，建立系统结构，并进一步深化，得到其近、中、远期建设要点。

3.1 教学单元一：社会层面

社会层面教学单元的教学目标是引导学生学习与探讨社会与文化可持续发展的目标与途径，探讨如何使不同的社会阶层、具有不同社会经济地位的社群彼此相容相融，社会关系不遭受破坏，新老居民可以和谐共处；在文化方面，历史文化得到传承，历史要素可以得到保护。通过社会与文化的可持续发展，实现社会阶层融合。

（1）社群共融

要解决隐藏在复杂的城市现象背后的社会问题，首先需对存量地区的社区现状进行客观分析。从存量地区社会分异的现状出发，思考原有的居民构成和社会网络如何重构？

根据对社区人群的调研数据，可引入相关量化分析方法对数据进行分析。以因子生态分析法为例，可归纳出社区物质空间分异、社会关系分异的若干单因子，通过单因子评价、主因子分析，进一步引入 SPSS 聚类分析，归纳存量地区居住空间类型，如发展—融合社区、更新—冲突社区、老旧—稳定社区、破败—退化社区等。针对不同的居住空间类型，提出不同的规划应对策略，如针对发展—融合社区的环境整治型模式，针对更新—冲突社区的社群重构型模式，针对老旧—稳定社区的综合改造型模式以及针对破败—退化社区的开发更新型模式。

通过梳理存量地区原有社群要素并划分不同社群分区，结合专题研究提出分区的社区整治模式，在此基础之上，合理处理本地原住民、外来人群、新购房入住者的社会网络关系，得出社会圈层多圈并置、多阶相融的规划策略，重塑社区邻里人际模式。并结合开发更新、综合改造、社群重构、环境整治等多种手段，通过近期典型社区整治，中期社区模式推广，最终实现多阶社群共融的愿景。

（2）历史传承

存量地区一般拥有较丰富的历史文化遗存，但随着时间的发展，存量地区由发展、鼎盛直至如今的衰败，众多的历史遗存和文化印记逐渐破败、湮没，如何保护历史要素、传承历史文化，是存量规划中需面对的重要问题。

教学引导学生从存量地区文化断裂的现状出发，思考破碎的城市文脉与历史资源如何织补。梳理历史乃至当代的历史遗存并归纳其属性特征，总结存量地区的历史文化等相关内涵。

以存量地区原有历史文化资源保护为基底，结合专题研究新增文化项目，采用串点成线、整合成面的规划策略，建构存量地区的文化空间展示系统，充分挖掘和利用文化资源的潜在价值。

通过近期整合文化节点，中期盘活地区文化氛围，远期营建文化圈层，使存量地区的历史文化得到传承。

3.2 教学单元二：经济层面

经济层面教学单元的教学目标是引导学生学习与掌握存量发展地区产业与经济发展的模式与途径，通过保护和发展传统产业，延续存量地区产业文化和地方特色；不搞一刀切的新兴产业配置，而是保留高、中、低不同层次的产业，规划不同经营业态和经济模式，改善存量发展地区的经济发展现状，通过与相邻地区协同错位发展，带动存量地区产业发展，促进经济复苏，实现产业层次的整合。

（1）产业规划

从存量地区现状产业的分析出发，思考低效的传统服务业与现存产业如何升级？新兴产业如何置入？产业层次如何整合？

一方面，在已有产业供给侧，对现状产业进行梳理，在评估现有产业的产业规模、产业效益以及产业环境的基础上，进行产业遴选，确定保留产业、升级产业和更替产业。以具有活力的已有产业为对象，结合发展需求，对传统原生产业进行整合升级。

另一方面，在新兴产业需求侧，分析市域范围内的同类型产业，考虑其错位发展，相邻城区联动互赢，内部资源禀赋彰显等发展条件，对存量发展地区需要引入的新兴产业进行细分和综合策划。针对未来发展需求，引进如文创产业、休闲餐饮产业以及文化旅游产业等特色引领产业。

从存量地区自身产业资源出发，通过巩固更新现有的供给侧产业，从而维护原有传统产业人群的利益，引进新型的需求侧产业，促进地区经济发展，最终实现优势互补的产业生态圈构建。

通过近期焕活供给产业，中期补入需求产业，最终实现多阶产业联动。

（2）触媒策划

从存量地区抓手缺失的现状出发，思考带动存量地区更新的触媒项目如何遴选？

从居民需求、市场引导、政府意愿这三大视角建构项目库，并依照历史价值、产权归属、改造难度、持续时间、资金数量、组织机构这些关键问题指引项目库分类，引入分时序策略，按近期行动、中期计划、远期规划进行分期实施。

第一步，建构项目库，根据社会影响力、经济可行性、空间适应性，梳理社会文化性触媒点，经济产业性触媒点，城市空间性触媒点。

第二步，项目库分类，依据触媒项目的文化历史价值、产权归属、改造难度、持续时间、资金数量、组织机构、对居民生活的影响、责任方所获利益等因素对项目进行评分，根据项目得分依次分为小更新、中更新和大更新三类。

第三步，项目库分期，考虑存量规划的过程性，给出近期特色引领＋微量更新、中期辐射周边＋风貌塑造、远期网络建构＋品质升级的实施时序，落实触媒项目的有效实施。

在此基础上，按照触媒项目分期推进，有机更新的规划策略，确定存量规划地区的项目实施时序，通过近期龙头带动转型，中期轴带辐射周边，最终实现远期片区的联动升级。

3.3 教学单元三：空间层面

根据城市发展以及存量规划地区居民的需求对城市物质空间进行改造，将社会、经济层面的更新需求落实到城市物质空间层面，对相应的物质载体进行更新及功能性匹配，更新存量地区空间，实现环境提升。

（1）用地优化

在空间环境提升层面，首先需要解决的是用地优化的问题，经济产业的发展需求如何在用地上得到落实？存量地区公共设施用地失衡的问题如何得到改善？缺失的城市开放空间如何得到提升？

存量地区经过多年的发展，其居住产业用地混杂，公共设施用地不足，绿地零碎不成体系，在基于 GIS 数据平台进行用地功能适应性评估基础上，合理整合用地结构，梳理优化用地。对存量用地进行土地价格因子、交通因子、生态因子、历史文化因子、改造难度因子的分析，根据经济效益优先原则、宜居性优先原则、生态优先原则，进行不同权重叠合得到三种导向下的用地布局建议方案。进而形成关系明确的理想化用地布局模式，即公共性质用地、生活服务性用地以及生态绿地的布局，从而将经济产业发展、生活服务设施改善、城市开放空间提升的需求，落实到用地功能布局中，结合实际现状确定最终的土地优化方案。

结合触媒策划得出的三个时段发展目标，对用地进行近中远期渐进式更新。近期通过打造特色重点项目，盘活重点地段存量用地；中期连点成线，主要增加B类和G类用地，逐渐形成存量地区公共设施用地及开放空间布局；远期聚面成网，带动内部用地更新，提升内部品质，逐步落实存量规划地区的空间环境提升的要求。

结合现实改造难度，近期内将进行重点地段盘活，中期周边更新外溢，最终实现远期完善的功能结构，达到存量整合更新的目的。

（2）环境提升

针对存量规划地区公共环境逐步破败，空间特色逐渐消失，城市交通日益拥堵的现状，提出环境品质提升、空间特色整合、综合交通疏解的策略。

环境品质提升策略：

针对存量规划地区公共空间缺失，绿地破碎，品质日益下降的问题，提出评估新增绿地、联通各类绿地、完善景观设施的环境品质提升策略。整治主要绿廊，结合绿廊布置公共活动空间，增加停留空间。打通社区通道，联通社区绿地，添加街角活动空间等。在对存量规划地区现状用地资源进行科学评估的基础上，尽最大可能增加绿色开放空间，合理安排生活休闲型、生态涵养型、旅游体验型等地区绿化空间。

空间特色整合策略：

梳理存量地区空间特色，复兴传统街巷肌理，以现有街巷为骨架，划分主街、次街、里巷。给出不同街巷的界面、节点、细部设施的整治及控制要点，主街改善沿街立面，增设标识设施，次街和里巷整治设施和绿化。引入项目监管委员会、基于专项基金，保障不同类型的整治项目得到有效实施。

综合交通疏解策略：

存量地区在环境提升层面另一个明显的问题则是交通不畅，零碎的城市慢行系统如何组织？提出交通安宁观念和TSM交通系统管理策略，包括整体增加交通运输系统容量，局部减少交通系统容量，降低交通需求三种方式，并提出建立不间断的步行系统，建设城市步行区等措施，通过改善街巷品质、慢行化街道等方式提升街巷活力。

结合触媒策划的分期项目建设时序及操作难易程度，通过近期整治步道环境，中期整合空间特色，实现远期整体环境提升，最终形成地区特征鲜明的高品质环境风貌。

（3）导控指引

为了引导学生关注社会、经济发展所需要的政策和机制，对存量规划地块的实施策略进行剖析，完成从存量规划设计导控到技术实施支撑，更好地落实存量规划设计，从社会性、经济性、空间性三条主线提出各个片区的分地块导则，包括社会属性导则、经济属性导则、空间属性导则。

社会属性导则提出人群引导、社区更新、历史资源保护、文化引领等内容。

经济属性导则提出传统产业保留、新兴产业引入、触媒项目布局等内容。

空间属性导则提出土地利用、建筑高度、建设容量、空间形态等内容。

4 结语

针对存量规划现状问题的复杂性，指导已经过近五年城市规划本科专业训练的毕业班学生，在原有侧重于城市物质空间形态学习与训练的基础上，进一步提升学生对隐藏在复杂的城市现象背后的社会人群、经济产业等关系的理解，提出旧城片区城市更新规划的目标是更和谐的社会、更发展的经济、更提升的环境，从而形成更好的城市社区生活。

教学以社会阶层的容融、产业层次的整合、城市空间的更新这三条主线，社会性、经济性、空间性三个层面并重，引导学生对存量规划地区进行专题研究，剥丝抽茧，层层深入，形成多情境、多时阶的规划设计方案，对旧城片区城市更新规划做出更为全面深入的规划求解，从而在教学过程中使学生树立正确的城市规划价值取向，关注弱势群体，维护文化多元性，保持社会与文化的可持续发展，在更高标准上培养学生解决复杂空间问题、社会问题及经济问题的综合规划能力，达到对学生价值取向、知识、技能的整体培养目标。

The Exploration of Inventory Planning Teaching with the Cultivation of Comprehensive Planning Ability as the Core

Chao Yaoming　Wu Xiao　Yin Ming

Abstract: In view of the interwoven characteristics of social, economic and spatial problems in inventory planning areas, a comprehensive planning ability teaching mode with equal emphasis on "social, economic and spatial" of inventory planning was proposed. The teaching guides students to conduct special research on the inventory planning areas with three main lines: the integration of social classes, the integration of industrial levels and the renewal of urban space, to improve students' understanding of the relationships between social groups and economic industries hidden behind the complex urban phenomenon, to make a more comprehensive in-depth planning solution of inventory planning areas, to cultivate students' comprehensive planning ability of solving the complex problems of space, social and economic in the process of teaching, so as to achieve the integral training goal of the students' value orientation, knowledge and skills.

Keywords: Inventory Planning, Comprehensive Planning, Ability Training, Teaching

科教融合视角下地方院校规划专业跨学科理论课建设探索
—— 以"城市地理学"为例*

邹　游　曾毓隽　贺　瑜

摘　要：地方院校城市规划专业本科生普遍面临"深造需求强烈"与"科研基础不足"的矛盾。既往的教学研究，亦较少从科教融合视角探讨跨学科理论课的建设模式。本文以湖北工业大学城乡规划本科专业课"城市地理学"为例，从当前课程教学面临的教学资源问题、思维转换问题、学科融合与人才培养问题入手，立足"教学助力科研能力培养"视角，探讨了"地理—规划"跨学科理论课程建设的新模式。提出基于网络平台的混合式教学资料库建设、基于"两性一度"的教学体系重构、基于跨学科综合能力的人才培养模式改革等解决方案。

关键词：科教融合；城乡规划；地方院校；跨学科课程；城市地理学

1　研究背景

2022年，"协和医学院331分考生复试逆袭390分考生"新闻引发热议。考研初试高分与科研经历哪个重要？读研竟需要何种能力？欲深造的本科生做研究、写论文应如何起步？成为地方高校有深造意愿的本科生高度关注的话题。

对文献的计量分析发现，既往的科教融合研究，从科研成果服务教学内容（成果转化）的探讨较早且较多，而从本科教学如何培养学生科学研究兴趣及基础能力，成为合格"研究生候选人"的研究（培养理念）出现较晚且较少。从单一学科出发较多，从跨学科（交叉学科）出发较少（图1）。

"城市地理学"是城乡规划专业重要的理论课，主要关注城市发展变化的过程、特征及规律，为城市规划提供理论指导。同时，城市地理学亦特别重视对当代城市问题的研究，从而应用于城市规划的实践。其作为地理学的分支学科（理学门类），亦肩负着为城乡规划专业（工学门类）培养应用型、研究型人才的任务。因而相对于其他设计类理论课，"城市地理学"科学研究与跨学科属性尤为显著[1]。

笔者2022年4月曾对修读该课程的湖北工业大学（以下简称"湖工大"）城乡规划专业四年级本科生进行课堂问卷调查。结果显示，超90%的学生有意前往国内"双一流"院校或境外院校等更高平台继续深造。而"获取城市科学研究的入门技巧与能力"成为大家的共同诉求（图2）。

有鉴于此，以"城市地理学"课程为例，从科教融合视角对其教学目标、内容、方法进行分析、研究、反思与提升，将为"理—工"交叉学科理论课程的教学改革和人才培养提供有益借鉴。

2　教学问题的提出

笔者在与本专业具有多年教学经验的教师访谈交流及"城市地理学"授课过程中，发现当下的地方院校城乡规划专业理论课程，特别是交叉学科理论课程（如城市地理学、城市社会学、城市经济学等）主要存在如下问题。

---
* 资助项目：湖北工业大学教学研究项目"科教融合背景下交叉学科理论课教学的探索与实践"（校2022030）。

邹　游：湖北工业大学土木建筑与环境学院讲师
曾毓隽：湖北工业大学土木建筑与环境学院讲师
贺　瑜：湖北工业大学土木建筑与环境学院副教授

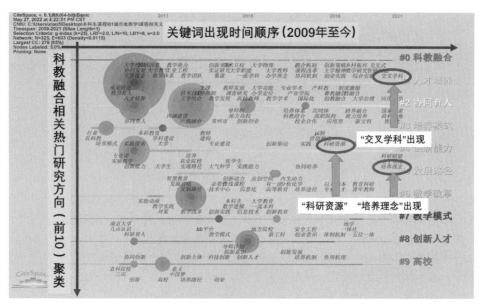

图1 基于 Citespace 的近十五年科教融合主题高被引论文关键词聚类及时序分析

资源来源：作者自绘.

图2 申请人在"城市地理学"课堂调查学生深造意愿与能力诉求的部分问卷结果

资源来源：问卷星平台调查生成.

2.1 教学资源问题

一是，书本知识难以及时更新。由于教材审核及出版周期较长，无论是城市地理研究的前沿进展，或是城乡规划的最新政策与实践案例，课本都难以做到及时更新。例如，彭翀教授主编、中国建筑工业出版社 2019 年出版的《城市地理学》教材在"第三章 城镇化理论与实践"中，引用了联合国《世界城镇化展望》作为参考[2]。但其数据来源为《展望》的 2014 版本（2015 年上线），而最新版本为 2018 版（2019 年上线）。由于客观原因，纸质课本更新速率难以反映全球城镇化发展新趋势。

二是，传统图文内容课堂吸引力不佳。课堂"抬头率"偏低是信息化时代高校理论课教学面临的普遍难题。传统的口头授课与 PPT 图文展示的模式已经无法有效提升学生的课堂参与度。例如在湖北工业大学，"城市地理学"主要面向高年级学生开设，在学生课业较重且无法限制其携带电脑的情况下，传统讲授型教学的知识传递效率不佳。如何增强教师授课方式及授课内容的吸引力，提升学生课堂注意力和参与度，成为理论课教师普遍关注且亟待解决的问题。

三是，缺乏有效的课后学习资源。对于城乡规划专业的跨学科理论课程而言，一方面其他学科的内容因与本专业核心课程有一定差异，学生学习、理解与运用需要更多时间。另一方面，理论课课时限制又使得教师难以将学习任务全部安排在课上完成。例如"城市地理学"课程（32 学时）中，对于城市问题及其研究方法章节教学目标的达成，需要学生了解和初步掌握文献调研、阅读、数据分析方法和简单论文（报告）写作的能力。由于课时有限，需要更多问题探究类和方法教学类的课后学习，亦需教师提供相应的资源和指导。

2.2 思维转换问题

"一个合格的规划工作者,仅仅掌握学科知识是远远不够的,必须具有基本研究和解决问题的能力。"[3] 当下,城乡规划本科核心课程与毕业设计重视培养学生的"任务型设计思维"。即给出设计任务书,指导学生逐步完成固定地块的城市设计与规划编制。而在硕士阶段,对学生的培养要求则在一定程度上转变为在城乡空间中"发现问题、分析问题、解决问题"的规划研究思维。由于缺乏有效衔接,大多数地方院校本科生研究和解决问题能力较弱,升学后均会面临较长时间的"转型期"。

笔者曾与本科来自地方高校,后考入"双一流"高校的硕士生进行交流。受访者均表示,由于培养方式差异,其在本科阶段的理论和设计课中较少接受科研思维训练,参加的竞赛也多为设计竞赛,社会调研与问题探究类的竞赛较少。因此考研进入"双一流"高校后,在起步阶段与本校升学的学生之间存在明显差距。

2.3 学科融合与人才培养问题

在地方院校城乡规划专业跨学科理论课教学中,地理学、社会学、经济学等学科知识、技能、分析方法同城乡规划编制、实施、评估实践及人才培养需求存在一定程度的"脱节"。笔者认为,出现这一问题,一方面是由于学生对专业认识不足,认为这些相关学科知识对规划专业"无用",只会徒增复习压力。另一方面则由于教师在传统理论课进行教学内容组织和考核方式设置时,未从学科融合和人才培养的视角出发。

以"城市地理学"为例,该课程传统的考核方式为闭卷考试。因而学生对课程中重要概念、模型、理论的认知,仅停留在"期末考试要考""考研知识点"的层面上,从而对这些知识点进行机械性记忆以应付考试。"上课摸鱼,考前狂背"遂成为城乡规划专业学生学习跨学科理论课的常态。如何在教学内容、过程和考核方式设置中增强学生对学科的全面认知,加强学科融合度,帮助学生掌握用城市地理学知识分析城市问题的能力,同时提升规划师职业素养,亦成为跨学科理论课建设必须面对的问题。

3 教学探索与策略

针对以上问题,笔者在城乡规划专业"城市地理学"课程教学过程中进行了如下探索和改良。

3.1 建设基于网络平台的"城市地理学"课程混合式教学素材库

经过近二十年的发展,混合式教学已经由简单的"在线 + 面授"走向"基于移动设备、网络环境和课堂讨论相结合的教学情境",相关研究与实践日益成熟[4,5]。结合以往混合式教学课程建设的经验,针对本文提出的三类教学资源问题,笔者在授课过程中,于"超星学习通"平台同步建立了"城市地理学"课程混合式教学素材库(图3)。

针对学习资料更新不及时和课后学习资源缺乏问题,利用课程平台的"资料夹"功能,上传最新的官方报告、文件及高质量研究文献,对班级同学开放,师生可在课上、课下随时通过手机端访问。

图3 笔者建立的超星学习通课程封面

图4 使用学习通问卷功能邀请全班同学共同对课程论文打分并撰写评语

针对传统图文内容课堂吸引力不佳问题，利用学习通的在线问卷、选人、评分等功能提升课堂参与度，实现日常教学与网络平台深度融合。例如在学生进行课程论文中期汇报时，利用问卷功能邀请全班同学共同打分并撰写评语。在促进大家参与课堂的同时，反思自身论文撰写存在的问题并进行相应提升（图4）。

3.2 将"科教融合"目标融入"两性一度"要求，建立新的课程内容体系

"科教融合"的目的在于整合大学的教学和科研两种基本活动，共同支撑人才创新培养[6,7]。一般分为"科研内容补充本科教学"和"教学引导本科生科研"两个方向[6]。"两性一度"，即高阶性、创新性、挑战度。"高阶性"一般指知识、能力、素质的有机融合，培养学生解决复杂问题的综合能力和高级思维。"创新性"要求课程内容能够反映时代前沿，教学形式灵活，且具备探究性和个性化特征。"挑战度"则指课程内容和目标有一定难度，需要跳一跳才能够得着[8,9]。

在"城市地理学"课程教学中，笔者通过内容组织、课堂讲授、考查方式的动态调整，对培养目标、学生诉求、升学所需科研能力进行统筹兼顾，在完成科教融合目标的同时，提升挑战度，打造具有高阶性和创新性的课程内容体系（图5）。

内容组织上，在网络平台建立"城市地理学"资料库的同时，在备课过程中借助录屏软件制作"城市科学

研究文献检索及分析软件教学录屏"系列视频并上传至资料库。此外，笔者主讲的专业选修课"城乡规划数据分析方法"（与"城市地理学"安排在同一学期）主要介绍城乡规划研究常见的定性定量研究方法及常用软件操作，可对"城市地理学"中的城市问题实证研究进行补充。对于城乡规划专业本科生来说，研究方法的学习和应用具有一定的挑战性。

在课堂讲授上，除笔者讲解城市地理学核心概念、问题和方法外，课程还邀请了与笔者有学缘关系，但研究方向不同的优秀青年学者和青年规划师为学生进行网络（或现场）讲座，补充与城镇体系规划、城市新区产业发展规划、城市健康问题研究、城市社会问题研究等相关的前沿进展与最新规划实践成果。在湖北工业大学教研课题与院系支持下，目前本课程已邀请了中规院西部分院高级规划师赵倩（城市新区与产业规划）、清华大学公共管理学院博士后程晗蓓（社区建成环境与健康），后续拟邀请北京大学社会学系助理教授冯慧玲（城市社会问题）、武汉大学城市设计学院副研究员刘晓阳（生态城市规划）等。同时，教师会不定期发布中国城市规划学会、高校等机构举办的线上讲座预告，鼓励学生收看，或在课上插播相关讲座录屏（图6）。

在考查方式上，改变以往闭卷考试模式，采用"每科三问 + 课程论文"形式进行考查。"每科三问"是湖工大教务处实行的"本科生课程问题探究活动"简称。该活动目前采用授课教师申报制，获教务处批准后，由

图5 "城市地理学"课程内容体系及培养模式示意
资料来源：作者自绘.

图6 笔者在网络课程平台上传的自制教学录屏、研究报告和讲座视频等资料

每位学生自主提出与本课程相关的最有价值（或最有代表性）的三个问题（或课题）。教师根据问题的深度与创新性、提出问题的缘由、初步研究思考进行综合评分，并计入学生成绩。在"城市地理学"授课期间，笔者鼓励学生自己提出三个城市研究问题，并填写初步思考。教师评分后，选定一个作为期末课程论文题进行后续研究。"城市地理学"将"每生一题"的论文写作与教务处"每科三问"配合，把"发现问题、分析问题、解决问题"的科研思维全方位融入课程考查中，从而达成课程"创新性"和"高阶性"的目标（表1）。

湖北工业大学本科生课程问题
探究活动记录表（样表）　　　表1

序号	问题（或课题）	提出问题缘由	初步研究思考或方向	备注
1				（本栏填写学生对问题或课题进行深入研究之后，是否形成较为成熟的作品，如学术论文初稿、专利申报、实物产品等，具体的作品内容另外附页。本栏为加分项）
2				
3				
评分	占40%	占30%	占30%	总分：0~20分

3.3　更新跨学科课程的人才培养模式

如前所述，跨学科课程"融合与培养"问题的出现，主要有师生两方面原因。笔者在"城市地理学"教学过程中，同步进行了跨学科理论课教学的相关文献研究，并与具备交叉学科背景的教师及教学经验丰富的教师进行访谈交流，获取课程教学及课程建设的经验。同时，与课堂教学中的学生问卷反馈相结合，分析面向城乡规划专业本科生的城市地理学理论课教学的特点、重点、难点，不断改进教学方法和手段，积累有价值的教学经验。在地理学与城乡规划学学科融合及人才培养方面进行了以下尝试。

一是在课堂中引导学生认识城市地理学在"规划研究—规划编制—规划实施—规划评估"各环节中所起的作用，在探究城市问题时注意空间规划解决方案的思考，强调研究结论的"落地"。利用湖工大的"短学期实践"机会进行论文修改和期刊调研，鼓励优秀课程论

文投稿城市规划与城市研究领域相关期刊、会议。二是借鉴设计课经验，增加"中期汇报"环节，在课程论文初步完成后，进行课堂展示，师生当堂打分评议，即时反馈，并在此基础上修改。以修改报告和改进后的论文终稿计算课程分数。同时，在中期汇报评分时加入"表达"指标，促进学生实现地理学分析写作能力与规划师方案汇报能力的共同提升，提升学生职业素养。三是鼓励学生用课程中学到的方法与课程论文参与相关的创新竞赛（如"互联网+"、大创等）积累经验，或在辅导学生修改论文后公开发表。在城乡规划学科转型时代增强学生深造和就业的竞争力，锻炼科研和服务社会的能力。

4　总结与展望

本文站在地方高校课程建设及人才培养角度，从科教融合目标出发，结合本校相关教学改革激励措施和教师教学经验，针对城乡规划专业跨学科理论课教学过程中存在的问题，以"城市地理学"为例进行了分析，并提出初步解决方案。

湖北工业大学城乡规划专业设立于2015年，为五年制本科。按照首版培养方案，"城市地理学"安排在四年级授课。从2018至2019学年首次开课至今仅4轮授课。与具备规划专业较长办学历史的"双一流"高校相比，无论在课程组织或是培养经验上，均存在较大差距。在教学资源、师资结构、课程体系等方面，城乡规划专业跨学科理论课程依然有较大的提升空间，有待今后的教学研究与实践继续探索。

致谢：感谢湖北工业大学土木建筑与环境学院黄艳雁教授的指导；感谢城乡规划专业本科同学们对本研究的大力支持。

参考文献

[1]　汪芳，朱以才．基于交叉学科的地理学类城市规划教学思考——以社会实践调查和规划设计课程为例[J]．城市规划，2010，34（7）：53-61．

[2]　彭翀，等．城市地理学[M]．北京：中国建筑工业出版社，2019：66-67．

［3］毕凌岚 . 城乡规划方法导论 [M]. 北京：中国建筑工业出版社，2018：2–4.

［4］张锦，杜尚荣 . 混合式教学的内涵、价值诉求及实施路径 [J]. 教学与管理（理论版），2020（3）：11–13.

［5］冯晓英，王瑞雪，吴怡君 . 国内外混合式教学研究现状述评——基于混合式教学的分析框架 [J]. 远程教育杂志，2018，36（3）：13–24.

［6］周光礼，周详，秦惠民，等 . 科教融合 学术育人——以

高水平科研支撑高质量本科教学的行动框架 [J]. 中国高教研究，2018（8）：11–16.

［7］成洪波 . 论科教融合与应用型创新人才培养 [J]. 高等工程教育研究，2017（4）：141–145.

［8］王勇，熊玲，杨青山 .《世界地理》课程教学中 "两性一度" 的落实探究 [J]. 地理教学，2022（6）：15–17.

［9］宋专茂，刘荣华 . 课程教学 "两性一度" 的操作性分析 [J]. 教育理论与实践，2021，41（12）：48–51.

Research on the Construction of Interdisciplinary Theoretical Courses in Local Universities from the Perspective of "Integration of Research and Education" — Take "Urban Geography" of Urban and Rural Planning Major as an Example

Zou You   Zeng Yujun   He Yu

Abstract: Urban planning undergraduate students in local universities are generally facing the contradiction of "strong demand for further study" and "insufficient scientific research foundation". Previous studies rarely discussed the construction model of interdisciplinary theoretical courses from the perspective of the integration of science research and education. Taking Urban Geography, a major course of urban and rural planning in Hubei University of Technology, as an example, this paper discusses a new model of "Geography – Planning" interdisciplinary theoretical course practice from the perspective of "teaching helps cultivate scientific research ability", starting from the problems of teaching resources, thinking transformation, discipline integration and cultivation of students faced by the current course teaching. The paper puts forward some solutions, such as the construction of mixed teaching database based on network platform, the reconstruction of teaching system based on "Two Properties and one Degree", and the reform of training mode based on interdisciplinary comprehensive ability.

Keywords: Integration of Research and Education，Urban and Rural Planning，Local Universities，Interdisciplinary Courses，Urban Geography

基于空间规划转型的民族地区高校城乡规划专业育人体系改革与实践
—— 以湖南吉首大学为例[*]

杨 靖 吴吉林 肖 想

摘 要： 结合空间规划转型背景，以湖南吉首大学为例，基于现实问题，以服务社会发展、回应行业期盼、满足学生需求为出发点，提出民族地区高校城乡规划专业育人体系构建总体思路。在探索实践和要素优化的基础上，构建以师资队伍为基石、课程模块为骨架、教学实施为单元的育人体系基本框架，创新"1234"专业人才培育目标以及包括在地化实训共享与簇群化教学融合在内的特色化教学模式，最后从人才质量、社会影响和办学实力3方面论证了改革成效。

关键词： 空间规划转型；民族地区；城乡规划专业；育人体系

生态文明、空间治理以及高质量发展转型的大背景下，空间规划行业转型预示着城乡规划专业教育教学一场深刻而系统的变革。城乡规划作为一门具有综合性、交叉性和实践性的实务专业和应用学科，其成长历程与社会经济发展关联密切，须及时依照社会的变化而与时俱进[1]。以"多规合一"为标志的国土空间规划体系改革与重构开启了现代化治理的新篇章，体制性的转变和全新规划类型的顶层设计[2]对学科建设[3,4]、人才培养[5]、课程设置[6]等提出了新命题，拓展了新空间。与此同时，城乡规划学科知识架构和方法手段仍将在其中发挥关键性的作用[7]。因此，深化城乡规划专业教育教学改革，是坚持"以本为本"，全面推进"四个回归"和实现内涵式发展的重要举措。对于边远地区地方民族地区高校城乡规划专业而言，顺应学科升级和规划体系重构，构建高质量育人体系，形成自身地方特色，持续提高办学水平，是其践行"格物致知，知行合一"和"育人为本，以本为本"等教育理念的必要，也是适应新时期新工科转型建设，因地制宜、扬长避短，更好地服务地方经济社会发展和实现特色型超常规发展的必要。

1 问题提出

吉首大学是国家民委与湖南省人民政府共建的武陵山片区唯一的综合性大学。在国家战略支持民族地区及地方高校加快发展的宏观背景下，近年来吉首大学跻身湖南省一流高校行列，办学层次和综合水平不断提升。吉首大学城乡规划专业在湖南省张家界市办学，于2009年开始招生，2014年顺利通过本科办学合格评估，2020年被列为湖南省一流专业建设点。在学院新工科转型发展与学科专业优化调整的过程中，城乡规划专业师资队伍和软、硬件条件不断改善，同时长期扎根地方，服务地方，践行校政企协同育人，为新的育人体系构建创造了良好的先决条件和坚实基础。与此同时，如何以新工科建设为契机，以主动应对国土空间规划实务

* 基金项目：吉首大学2021年教学改革研究项目：融贯与革新——多规合一与认证评估双导向的城乡规划专业教学内容与方法研究（项目编号：2021JSUJGB01）。

杨 靖：吉首大学土木工程与建筑学院讲师
吴吉林：吉首大学土木工程与建筑学院教授
肖 想：吉首大学土木工程与建筑学院讲师

工作,顺应乡村振兴等国家战略的实施推进,办出更具民族、文化与生态等地域特色的专业也是近年来面临的主要挑战。从教学育人的基本规律出发,梳理现行人才培养现状,凝练5个突出问题,即如何顺应规划转型变革,系统完善人才培养体系?如何整合一线技术人才,有效壮大专业师资团队?如何甄选相关学科专业,有机融合课程教学体系?如何融贯多规实务知识,持续更新课程教学内容?如何应用适宜教学方法,显著提升课程教学质量?

围绕上述问题,笔者及其教学团队在长期一线教育教学实践中逐步摸索,尝试构建适应转型要求的城乡规划专业育人体系。其主要举措包括构建以学生为中心,以学校为主导,以政府部门、行业企业、科研院所、基层社区等育人主体为补充的多元协同育人机制;重点打通实践育人"最后一公里",建设实践育人共同体,实现资源优化配置与共享,探索育人的创新模式;不断完善总体设计,推进理论教学与实践育人深度融合,增强专业建设的科学性、精准性、实效性,打造全员、全方位、全过程育人体系。

2 改革与实践

2.1 总体思路

坚持以"立德树人,育人为本"的教育理念为指导,按照"对标转型、系统设计、理念创新、多元协同"的总体思路,回归教育教学基本规律,运用系统论思维方法,立足民族地域特征与地方发展需求。通过他校考察、企业调研和追踪反馈等环节,从行业、学生和同行3方面调查了解需求或经验。通过专家问诊、把脉和教学交流等开展深度研究,明确改革目标与方向。通过行业共谋、集体备课,共同制定人才培养方案,共同指导课程教学与课题竞赛,共同研究核心课程教学内容,促进改革举措落地到教学一线主要环节。

2.2 探索实践

由于地理位置相对湖南省内其他规划高校较为偏僻,加上大湘西地区和武陵山片区社会经济发展普遍落后,专业办学之初在吸引师资人才以及办学经费方面曾面临着不少瓶颈和制约。当时主要借力地方规划设计与管理一线专业技术力量,实行校政企联合培养模式,成

为专业起步阶段的重要基础支撑。2014年以后专业办学水平得到提高,相继开始立足特色、响应转型和创新教学的实践探索阶段。

(1)突出地域民族特色,探索开展育人体系的搭建调整

在前期实战式校地联合培养的基础上,进一步突出民族地域与生态文化特色,围绕大湘西民族地区中小城镇与乡村规划设计开展教学科研与社会服务,注重提升学生实践动手能力。在夯实专业技能的前提下,适当增加社会调查与规划管理等实践环节,与行企业专家联合指导学科竞赛与创新创业活动,鼓励学生积极参与服务社会的横向课题。学生的开放思维、吃苦耐劳和谦虚好学在实习中得到用人单位的普遍好评。

(2)顺应行业转型变革,全面推进育人体系的实施优化

该阶段持续扎根本土地域广大乡村与中小城镇,立足张家界与武陵山片区乡村振兴战略实施、旅游特色优势资源等凸显山地与民族特色,同时积极对接行业变革和规划转型,以本为本,通过学科专业知识的全方位调整和人才培育体系的多要素优化全面推进实施专业高质量育人体系。学生在学科竞赛、创新创业和考研就业方面成绩显著。

(3)应对常态疫情防控,创新实施信息化教学的广泛运用

在疫情带来的教学时空转换背景下,积极适应常态化防控,大力开展线上线下混合式教学,创新课程实践环节指导。以一流专业和一流课程建设为契机,大力推进信息化教学探索与应用,定期开展、积极参加线上研讨培训。充分利用网络资源优化专业课程体系,进一步充实师资力量,适时调整教学内容。学生思维更加活跃,专业氛围日益浓厚,培养质量显著提高。

2.3 要素优化

以生态文明和空间治理为背景,以学生能力培养为目标,在总体思路的指导下,进一步归纳和提炼改革探索实践中的经验与教训,认为适应转型时期的专业育人体系主要涉及以下5方面。

(1)师资队伍

以资源共享、协同育人的校地平台为基础支撑,整

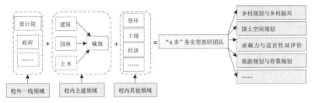

图1　校内外共同构成"4多"务实型教研团队

合了一支多领域高效融合的师资队伍。汇集校内土建与其他领域学科如经济、资源环境、土地利用、地理、旅游、校外设计院和政府等国土空间规划编制与管理一线机构，社区基层等多部门力量，把课堂搬至一线，把专家请进课堂，打造城市更新、乡村振兴、社区规划和信息技术等4支开放、灵活的团队。通过学科竞赛、毕业设计和社会实践等环节全方位实现校地师资整合，形成由多领域、多专业、多方向、多层次构成的"4多"务实型教研团队（图1）。

（2）课程模块

国土空间规划实务工作中，规划体系、规划对象、规划内容、规划传导和管控方式等都发生了转变[2]。基于这样的现实，以多规合一、体系重构的现实需求为导向，构建多学科交叉的专业课程模块。在原有城规工科课程体系基础上调整课程门类，补齐体系短板，构建"1+X"课程开放模块。其中"1"即传统城规课程，"X"即国土空间规划行业知识门类，现阶段主要涉及自然地理、资源环境、社会人文等。

（3）教学内容

转型背景下，专业人才培养中应合理协调从空间设计到空间管治能力的培养[6]。以服务地方、项目带动的社会实践为重点，梳理了一批多维度知识融贯的核心课程。结合在地方开展社会服务的现实需要，在专业核心课程中与时俱进、充分融贯最新政策、法律法规、技术标准等，充分调研地方统计、住建、自规和发改等部门运行，实事求是开展面向实施的规划编制课程设计，培养具有强实操性的地域规划与治理人才。

（4）教学方法

以学院新工科、专业群特色课程建设为依托，优化了一组多场景创新交融的教学方法。适应国土空间规划的实务性与综合性，以现实情景中解决问题为导向，运用多种教学方法如时空情景模拟、正反案例教学、线上

线下混合式教学、启发式翻转课堂等构建课程教学的多场景模式，如理论思辨的展示模式、成果评析的反串模式、开门编规划的讨论模式、调查走访的问诊模式以及实务案例的跟进模式等。

（5）专业思政

专业教育可起到基础性建构城市价值观的作用[4]。以家国情怀、建功立业的价值引领为先导，形成了一套多层次浸润渗透的思政体系。以空间规划改革为切入点将我国国情及重大发展战略、党和国家方针政策融入课程教学，从生态文明、人与自然和谐、以人民为中心等视角引导学生形成宏观整体的系统思维；以规划实践教学为契机，培养学生扎根基层、吃苦耐劳的精神，以及人文情怀、家园热爱和共情感知等。

2.4　育人体系

（1）基本框架

在长期的改革实践中，基于要素优化形成了以师资队伍为基石，课程模块为骨架，教学实施为单元的高质量育人体系基本框架（图2）。

（2）"1234"人才培育目标

围绕育人体系的核心内涵，依据本科人才培养目标与成长规律，结合转型要求，提出由知识体系、思维方法、能力结构和多维意识组成的"1234"人才培育目标，围绕该目标进行相应的课程模块设置（图3）。

（3）特色化教学模式

1）在地化实训共享模式

规划是对公共事务的干预，是国家治理体系的重要组成部分，规是在特定的治理框架体系中开展的实务[7]。

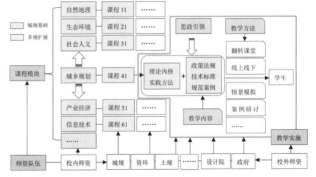

图2　转型期城乡规划专业育人体系基本框架

改革实践中充分利用校地合作平台，以乡村规划、旅游规划等实践项目为依托形成高、中、低年级混搭的学习互助小组。小组中低年级学生开展观摩和制图，中年级进行调研与发问，高年级负责编制与研究，每个小组指导团队均由校内和校外教师组合进行"一对一"指导。学生通过深度参与地方项目，在实践中修正理论认知；教师通过参与、反馈和修正实时追踪、持续不断整合、优化育人体系（图4）。

2）簇群化教学融合模式

转型期行业用人注重学习、沟通、协调、判断等多元能力，需要有相应的教学模式予以呼应，如"A+1+N"模式[4]。实践中积极开展特色课程团队、"1+N"导师制、经验分享会和项目研讨会等活动形成类型多元、活动丰富的教学主题簇群。在相互讨论、交流和启发中实现线上线下充分混合和院内外、校内外师资深度融合（图5），有效支撑和顺利实现"1234"人才培育目标。

3 改革实践成效

多年来专业对接行业转型趋势，将民族地域资源与专业办学深度融合，以山地型城镇与乡村规划、旅游规划等为特色，以新时期优秀职业"人"标准为抓手构建高质量育人体系。经过持之以恒的探索与建设，在提升专业内涵的同时，也提高了人才质量、扩大了社会影响，增强了办学实力。

3.1 人才质量明显提升，成为大湘西民族地区规划人才培育的主要阵地

（1）创新创业

近5年荣获省级以上学科竞赛奖项88项，获奖率逐年提升（图6）。学生主持创新创业训练计划项目50项，其中国家级7项，省级15项，参与本地乡村振兴、旅游规划等实践项目80余项。入驻张家界市大学生众创空间多达8家，2012级学生创立的2家线上旅游咨询服务公司年利润逾500万。

（2）就业分布

近5年毕业生初次就业率达97.46%以上，较上一个5年高出4.52个百分点，同时高出全省平均水平6.91个百分点。约85.98%在湖南省内各地市工作，地

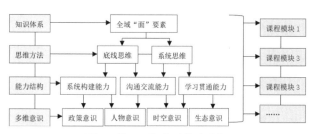

图3 "1234"人才培育目标

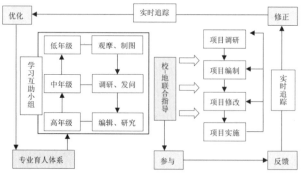

图4 在地化实训共享模式

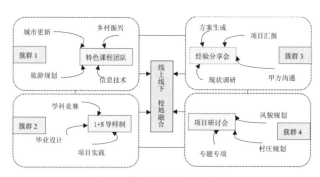

图5 簇群化教学融合模式

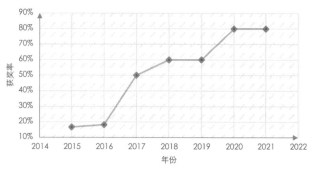

图6 学科竞赛获奖率逐年上升

域以长沙为中心，主要辐射张家界市和湘西自治州，行业集中于市州自然资源局、发展改革委、住房和城乡建设局等政府职能部门，以及规划设计研究院、咨询与智库机构和投资集团等，充分体现了服务地方的办学宗旨（图7）。

3.2 社会影响明显扩大，成为地方专业技术咨询与服务的重要智囊

瞄准大湘西民族地区社会经济发展需要，整合教师、学生、设计院等多方力量，形成稳定的技术团队。教研室多人参加湖南省自然资源厅村庄规划服务团，对口服务湘西古丈县乡村规划，专业案例教学入库200余例。近5年积极参与地方规划设计实践与专题研究多达100余项（图8），约66.43%分布在武陵山片区（图9）。多年来师生还承担了美丽乡村规划、简易村庄规划和多规合一的实用性村庄规划3个典型阶段的70余个村庄规划编制工作，范围涉及武陵山片区近10个县市。

3.3 办学实力显著增强，成为省内高校同行中民族特色鲜明的后起之秀

办学以来扎根地方广袤腹地，依托地方特色资源，双师型教师和外聘行业知名专家所占比例逐年上升（图10）。以山地型城镇与乡村规划、旅游规划等为特色的省部级及以上教学科研课题、论文与教材建设成果斐然。8门专业主干课程被列为校级精品在线开放课程，所有课程均建设了丰富的线上共享资源。专业骨干教师荣获湖南省信息化教学竞赛一等奖和三等奖各1项，部省级教学成果奖3项。

4 结语

吉首大学城乡规划专业育人体系构建经过了较为长期的改革探索过程。通过有效整合校地资源，立足地方需求，解决了民族边远地区高质量师资引进难的问题，实现了校地优质资源共享；通过顺应国家战略方针，积极对接行业转型，在教学教育改革、育人体系构建过程

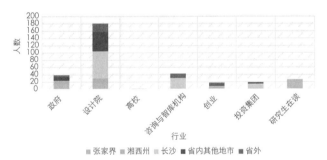

图7 学生就业地域与行业分布

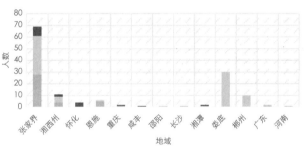

图9 社会服务项目的地域分布

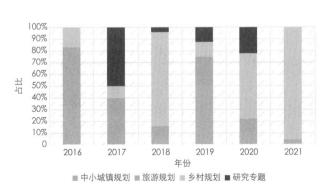

图8 近5年主要类型的社会服务项目

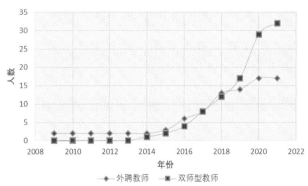

图10 外聘教师与双师型教师占比变化趋势

中，实现了自身办学特色凸显和水平提升。未来在人才培养质量的跟踪调查、反馈分析，以及可持续改革发展的保障机制方面仍然需要开展更多尝试。

参考文献

[1] 张庭伟.转型时期中国的规划理论和规划改革[J].城市规划，2008（3）：15-24.

[2] 孙施文.从城乡规划到国土空间规划[J].城市规划学刊，2020（4）：11-17.

[3] 陈宏胜，陈浩，肖扬，等.国土空间规划时代城乡规划学科建设的思考[J].规划师，2020，36（7）：22-26.

[4] 彭震伟，刘奇志，王富海，等.面向未来的城乡规划学科建设与人才培养[J].城市规划，2018，42（3）：80-86，94.

[5] 杨贵庆.面向国土空间规划的未来规划师卓越实践能力培育[J].规划师，2020，36（7）：10-15.

[6] 杨辉，王阳."旧疾"与"新题"：国土空间规划背景下城乡规划教育探讨[J].规划师，2020，36（7）：16-21.

[7] 孙施文.我国城乡规划学科未来发展方向研究[J].城市规划，2021，45（2）：23-35.

Reform and Practice of Education System of Urban and Rural Planning Major in Ethnic Areas under the Background of Spatial Planning Transformation
— Take Hunan Jishou University as an Example

Yang Jing   Wu Jilin   Xiao Xiang

Abstract: Combined with the background of spatial planning transformation, taking Hunan Jishou University as an example, based on some practical problems, In order to serve social development, respond to industry expectations and meet the needs of students, this paper puts forward the general idea of constructing the education system of urban and rural planning specialty in Colleges and universities in ethnic areas. On the basis of exploration, practice and element optimization, we build a basic framework of education system with teachers as the cornerstone, curriculum modules as the framework, and teaching implementation as the unit, and innovate the "1234" professional talent training objectives and the characteristic teaching mode, including the local training sharing and the cluster teaching integration. Finally, this paper demonstrates the effectiveness of the reform from three aspects: talent quality, social impact and school running strength.

Keywords: Spatial Planning Transformation, Ethnic Areas, Major in Urban and Rural Planning, Education System

基于传播中华文化的跨国联合教学模式探索
—— 以中韩城市设计联合教学为例[*]

基于传播中华文化的跨国联合教学模式探索
—— 以中韩城市设计联合教学为例[*]

魏寒宾　刘晓芳　刘燕玲

摘　要：中国城不仅是凝聚当地华侨华人力量的媒介空间，也是传播中华文化的重要窗口。以华侨大学与高丽大学跨国联合教学模式为例，结合华侨大学"为侨服务，传播中华文化"的办学宗旨，选取韩国首尔市加里峰洞中国城作为城市设计课程的选址，探索将课程思政建设融入跨国城乡规划专业联合教育侨校特色教学模式，为培养学生的国际化视野，增强学生的文化认同，提升学生中华文化海外传播意识提供相关理论依据和实践经验。

关键词：中华文化；跨国联合教学；城市设计；教学模式

美好、整体有序、富有特色和文化内涵的城市形态塑造是一个永恒的主题，即使是在当下全球化和信息化时代依然如此[1]。城市设计作为与城市形态塑造紧密相关的专业领域，旨在追求"好"的城市空间形态[1, 2]，主要研究城市空间形态的建构机理和场所营造，是对包括人、自然、社会、文化、空间形态等因素在内的城市人居环境所进行的设计研究、工程实践和实施管理活动[1]。城市设计课程教学作为我国城乡规划专业教学体系中不可或缺的设计课训练类型，对于城乡规划专业学生的职业素养培训具有重要意义[3]。

在全球化和追求合作共赢的时代背景下，城乡规划专业中外高校间的联合设计课程活动应运而生[4]。而课程思政建设作为新时代落实立德树人根本任务的战略举措[6]，在开展跨国联合教学中如何将课程思政建设融入其中尤为值得关注。通过联合教学的模式不仅可以激发不同文化背景学生的设计灵感，同时中外教师的合作教学亦可以提升同学们国际视野[5]。本研究是在城乡规划专业教育的基础上，结合课程思政将华侨大学"为侨服务，传播中华文化"的办学宗旨贯穿于整个城市设计课程教学中，旨在通过跨国交流，促进规划设计教育的国际性与中华文化的传播，探索具有侨校特色的城乡规划专业教育模式。

1　传播中华文化与思政结合

课程思政是新时代思想政治教育的重要发展方向，传播中华文化与课堂思政结合，有助于丰富高校课程思政的教育内容，可以为传播中华文化搭建系统的平台。中韩高校城乡规划专业联合设计是以海外华人华侨文化为主题，联合韩国高丽大学建筑学院进行的协同课程设计模式。将城乡规划专业学科的课程赋予思想政治教育功能，中韩两校通过对中国城城市设计的跨国联合教学，提升中国学生的文化自信，加强韩国学生对中华文化的关注，使传播中华文化在高等专业教育中得以体系化。

1.1　基于传播中华文化的课程选题

中华优秀传统文化是中华文明的智慧结晶和精华所在，是中华民族的根和魂，是我们在世界文化激荡中站稳脚跟的根基。华侨华人是中国与世界各国民间交流的桥梁和纽带，也是文明交流及互鉴的重要载体和媒介。

魏寒宾：华侨大学建筑学院讲师
刘晓芳：华侨大学建筑学院讲师
刘燕玲：华侨大学建筑学院讲师

*　基金资助：华侨大学科研基金资助项目（ZOBS111）。

图1 加里峰洞区位图
资料来源：郭张梁、李鸣箫绘制.

"中国城"作为华侨华人在海外聚居的地区[7]，是中国社会在海外的延伸[8]，是海外华侨华人纾解乡愁的精神家园，也是向世界展示中华文化的重要窗口[7]。中国城的良好保护，不仅有助于记录华侨华人始终参与所在国家或城市发展的历史，也有助于增强所在国家或城市的文化资源优势[7]。

课程尝试从传播中华文化的角度出发，探讨华人华侨海外家园的共享共建策略。教学课题选址的韩九老区加里峰洞是韩国首尔的"中国城"，也是首尔市指定的城市更新示范地区之一。基地临近新兴数字产业园区，紧邻主要城市道路，具备显著的区位特点和优越的交通优势（图1）。20世纪90年代，以加里峰为中心形成的中国人聚集区受到再开发条件制约，导致出现基础设施建设不完善、环境欠佳等状况；并且由于人口结构和文化结构的变化，片区内产生了文化隔阂、社区活力失衡等发展问题。

1.2 基于传播中华文化的课程设置

华侨大学建筑学院城乡规划专业的城市设计教学安排在三年级第二学期共16周128个学时。华侨大学与高丽大学各校参与学生不超过10人，两人为一组。加里峰洞城市设计围绕"共享元家园"开展方案设计。课程重点是基于理论与实践的结合，培养学生发现问题、分析问题、解决问题的设计能力。一是以问题为导向进行现状梳理，注重从城市整体着手对加里峰洞场所特征的分析与提炼，探讨海外中国城保护更新与发展课题中的关键问题及解决途径；二是在分析问题时，着重培养

从传播中华文化的视角解析空间问题的思维，加强对中国城中华文化的研究与关注，增强学生将专业知识与历史文化、社会进步、生态环境、经济发展等多方面结合的专业能力；三是尝试通过设计探索解决城市社会问题的方法，促进不同群体的和谐共融。此外，利用元宇宙技术实现空间重构复合，形成中韩友好背景下的多元文化空间平衡。

2 跨国联合教学组织模式

从学科视角来看，城市设计涵盖了从理论建构、方法体系、技术手段到工程实践等一系列研究[9]。作为专业训练的城市设计教学则有必要针对性地聚焦于对象主体和核心问题，通过训练内容、过程、成果要求，以及评价标准的设置进行引导，达到专业训练目的[10]。联合教学由开题与调研汇报、规划设计成果交流、深化设计成果交流、终期成果汇报四个阶段构成。

2.1 线上与线下相结合的调研

学期初进行线上开题与调研汇报，由华侨大学介绍设计选址，由高丽大学分享加里峰洞的演变过程。开题后，各校师生按照任务书的时间进度自行进行线上调研。旨在使学生初步掌握从宏观层次上对城市空间结构的认识和理解、从中观层次上对城市特定区域的调查和分析，以及从微观层次上对城市设计问题的研究方法和设计路线。

整个课题以设计小组为单位，对规划基地及周边的用地性质、交通、环境、风貌特色等方面问题进行科学、系统的调查分析；通过调查，发现问题，分析问题，结合对中国城专题研究、案例分析，提出因地制宜地解决问题的方案。由于华侨大学学生无法到韩国现场进行线下调研，主要通过线上调研的方式开展前期调研的工作，韩国学生通过视频、PPT等方式将现场资料分享给中国学生，且会结合中国学生的设计需求进行现场补调研。中韩学生在调研资料互享的紧密交流中，不仅搭建了友好的交流体系，同时夯实的前期调研资料为设计深入奠定了基础。

2.2 师生共同参与的设计交流

2人一组，合作完成一个完整的城市设计，并反映

从选题、研究、概念设计到最终规划设计成果的全部过程。各小组汇报时间为10min（包括翻译时间在内），每三组后进行点评，点评时间为20min。规划设计成果交流主要以中韩教师对两国学生作业互评的形式开展，交流内容至少包括：区位条件分析、上位规划指引、土地利用等现状分析、设计概念与策略、总平面图、功能、交通、景观等各类分析图等。旨在使学生掌握通过空间手段解决城市设计问题的方法，把握城市设计的图示语言、文字和语言表述。

个人单独完成专项空间系统设计。以深化城市设计的成果为目的，在城市设计小组成果的基础上，选择城市设计基地范围内某一专项空间系统进行个人的深化设计。线上成果交流主要以中韩同学们互相点评为主的形式开展，交流内容至少包括：空间系统的功能结构分析、总平面布局规划、道路组织规划、空间形态设计等。旨在培养学生综合分析和解决城市空间相关问题的能力，锻炼学生在深入分析城市社会、环境、人群活动等相互关系的基础上进行空间系统设计的技能。

2.3 基于传播中华文化的成果升华

设计成果汇报包括小组的城市设计与个人的专项空间设计两部分。共邀请三位点评专家，包括中国与韩国设计院各一位，以及对华侨华人具有多年研究经验的学界专家。旨在通过中韩首尔加里峰洞城市设计联合教学成果汇报，增加中韩师生以及城乡规划专业专家之间的交流。

中韩联合教学结束后，结合华侨大学的主题教学活动周，开展了"我眼中的中国城——加里峰洞"系列活动，包括教学成果汇报、视频录制与分享等。通过系列活动，进一步加深学生对加里峰洞中国城的深入认知与解读，提升学生的文化认同与文化自信。结合城市设计成果展览与视频分享让更多人了解韩国中国城的现况，以及提升学生的中华文化海外传播的意识。

3 教学特色与创新

区别于其他跨国联合教学，中韩联合设计从传播中华文化的视角出发，以韩国中国城为设计对象，探索具有侨校特色的教学模式。

3.1 搭建中韩城乡规划专业交流的平台，加强中韩师生专业层面的交流

就中韩两国来看，尽管两地在久远的历史渊源中早就开始深刻的政治、经济、文化互动，但中韩两国在城市规划设计领域内的沟通较少[11]。中韩联合设计不仅为中韩城乡规划专业的交流搭建了平台，同时有助于两国在城市设计领域中的合作交流，加强中韩两国同学之间的思想交流、专业沟通与学习，有利于增加两国学者对中国城的关注，为中华文化的海外传播奠定基础。

"我觉得这次的中韩联合设计是一次思维的碰撞，一次很有意思的课程设计。在和韩国同学的交流过程中，他们严谨的前期分析、缜密的设计思路都很值得我们学习，老师们的指导也让我们收获很多，这次的中韩联合设计课程对我们来说意义重大（中韩联合教学中国学生1）。"

"通过与韩国老师和同学的交流，拓展了设计思考切入角度。在听韩国老师教学过程中，老师们强调以人群需求为出发点，考虑周边与基地关系，这使得我们设计过程中对基地的分析更有针对性。在与韩国学生交流过程中，他们在设计过程中的概念提出，设计深入，设计落位的逻辑性，创新点都值得我们认真学习与反思（中韩联合教学中国学生2）。"

3.2 "为侨服务，传播中华文化"的办学宗旨融入的专业教学中

联合教学过程中，结合华侨大学"为侨服务，传播中华文化"的办学宗旨，将中华文化的传播融入城乡规划专业大三课程设计中，从专业层面树立学生"为侨服务，传播中华文化"的社会责任感。在课程交流的过程中，不仅增强我国学生的文化认同与中华文化海外传播的意识，同时有助于韩国专家学者对中国城的关注。下面以其中三个方案为例解析学生在中国城设计中对中华文化的认知与解读。

一是，以"活街乐巷，家园共塑"作为主题的方案，通过对两国文化的调研发现，中韩两国在场所空间、节庆活动、市井生活等方面具有相似性，文化具有"同源异质"的关系。因此，从中韩的日常生活与文化出发，运用文化活动游线的时空叙事手法，形成起一

承—转—合的空间韵律，通过"节庆活动""文化共塑"和"日常休闲"三个方面，意将加里峰洞打造为中韩两国人民共乐、共融、共享的家园。

二是，以"异域享家，耦居无猜"作为主题的方案，尝试在中韩友好背景下，以文化为主导，通过街区建筑肌理与绿植系统的改造、中韩文化的挖掘以及公共活动共享空间的营造，实现加里峰洞环境品质的提升、中韩文化的融合，以及活力街区的打造。在九老洞路上打造中国务工者以及韩国居民生活交融的文化流线，中韩居民可以在公共空间内进行文化交流互动，实现家园共享互联。

三是，以"不期而阈"作为主题的方案，是针对加里峰洞特色与活力缺失的问题出发，引入"阈"概念，尝试通过环境改善促进邻里共融；加强中韩居民的交流，激发内部活力；嵌入元技术，创造多元的文化。如在公共活动空间系统的设计中，主要是通过绿地广场空间与社区配套便民设施的品质提升，加强中韩居民日常沟通；特色文化空间系统主要是利用商业和文化建筑展示中韩文化；在商业和文化建筑中通过元技术深化中韩文化展示与交流。

3.3 培养学生的国际化视野，引导学生从专业的视角关注华侨华人

联合教学通过校际间的教学交流，多元的文化背景、前沿的教学内容、不同的设计理念[12]，不仅可以激发学生的学习兴趣、获得教学成果质量的提升、弥补学校所在地域不同给专业教育带来的局限，同时有利于加强对国内外行业的认知[13]。以中国城为设计主题的中韩联合教学，不仅培养了学生的国际化视野，同时引导学生从专业的视角关注海外的华侨华人。

"中国人即使身居异国他乡也能感受家乡氛围的这么的一个地方，他们可以在中国城用汉语交流，过家乡的节日，吃家乡的美食，能够和本地居民融洽相处（中韩联合教学中国学生3）。"

"换位思考，把加里峰洞作为我在韩国的'家'，肯定希望我能够在这里生活得便利、幸福，不会被当地人视作威胁，可以与他们友好相处（中韩联合教学中国学生4）。"

"未来的中国城，首先作为中国人前往别国的一个家。当地居民和中国人彼此尊重生活习惯、文化差异。利用元技术的手段，实现跨国文化的无界交流。VR和AR设备，使得中国人在异国仍然能感受中国式烟火气，外国人也能身临其境地感受中国文化的魅力。两国人民因文化羁绊相遇，使得这片土地多了一份多元文化的沉淀（中韩联合教学中国学生5）。"

4 结语

创造更亲切美好的人工与自然相结合的城市生活空间环境，促进人的居住文明和精神文明的提高是城市设计的重要作用之一[14]。社会行为、文化变迁、社会问题与空间观及城市空间相互作用，因此在着手城市设计之前需要从人们特定的行为方式与文化沉淀出发解析城市的空间结构关系、肌理与形态[15]。中国城作为承载华侨华人生活的空间载体，其空间品质的提升不仅可以为华侨华人的生活带来便利，同时可以推动中华文化的正向传播。

华侨大学与高丽大学的联合设计课程，主要围绕韩国中国城展开。通过整个学期学习交流，不仅让学生在协同设计教学中了解到中国城相关的历史、文化以及空间特点，同时也拓展了中韩学生对中国城的认知，促进了韩国学生对中华文化的深入了解，提升了中国学生对海外中华文化传播重要性的认知。即以中华优秀传统文化为根基，将其与课程思政关联，利用中华优秀传统文化塑造正确价值观，让学生在传统文化的滋润下成长，实现课程思政的教育目标[16]。此外，加强了城乡规划专业本科教学与国外知名院校的合作交流，对提升教学水平和国际影响力有着重要意义。

参考文献

［1］王建国．从理性规划的视角看城市设计发展的四代范型[J]．城市规划，2018，42（1）：9-19，73.

［2］唐莲，丁沃沃．基于空间感知质量的城市设计教学探索[J]．建筑学报，2021（3）：100-105.

［3］高源，马晓甦，孙世界．学生视角的东南大学本科四年级城市设计教学探讨[J]．城市规划，2015，39（10）：44-51.

［4］祁占勇，王书琴，梁莹.高校课程思政的目标取向、内容架构与支持体系 [J]. 当代教师教育，2022，15（2）：62-70.

［5］赵智聪，杨锐.清华大学"景观规划设计"硕士研究生设计课程评述 [J]. 风景园林，2006（5）：30-35.

［6］王薇，刘雨婷.基于多元交流的教学模式创新探索——以建筑学专业四校联合课程设计为例 [J]. 城市建筑，2020，17（25）：132-135.

［7］贾平凡.保护华埠文化，华侨华人在行动 [N]. 人民日报海外版，2022-04-01（006）.

［8］沈阔.美国中国城巡礼 [J]. 华人时刊，2014（Z1）：72-73.

［9］王伟强，张颖.新世纪以来中美城市设计学科发展与社会进程关系比较——基于学术研究现象和历史事件的分析 [J]. 城市规划学刊，2021（4）：18-25.

［10］王正.城市设计教学中的形态思维训练探索 [J]. 建筑学报，2021（6）：102-106.

［11］唐燕，金世镛，魏寒宾，等.城市规划设计在韩国 [M]. 北京：清华大学出版社，2020.

［12］佟琛，谢菲，魏春雨."修复"卢布尔雅那的城市伤痕——中欧四校联合设计工作坊回顾 [J]. 新建筑，2018（3）：134-138.

［13］吴唯佳，冷红，任云英，等.联合教学共促规划学科发展 [J]. 城市规划，2020，44（3）：43-56.

［14］李德华.城市规划原理 [M].3 版.北京：中国建筑工业出版社，2001.

［15］王伟强.城市设计概论 [M]. 北京：中国建筑工业出版社，2019.

［16］任宁.中华优秀传统文化融入高校课程思政的价值与实践路径 [J]. 继续教育研究，2022（8）：101-105.

Exploration of Transnational Joint Teaching Model Based on the Dissemination of Chinese Culture — Taking the Joint Teaching of Urban Design between China and South Korea as an Example

Wei Hanbin   Liu Xiaofang   Liu Yanling

Abstract: China Town is not only a media space for gathering the strength of local overseas Chinese but also an important window for spreading Chinese culture. Taking the transnational joint teaching model of Huaqiao University and Korea University as an example, combined with Huaqiao University's mission of "serving overseas Chinese and spreading Chinese culture", the Chinatown of Garybong-dong, Seoul, South Korea was selected as the location of the urban design course, and the curriculum thinking was explored. The political construction is integrated into the characteristic teaching mode of transnational urban and rural planning major joint education overseas Chinese schools, which provides the relevant theoretical basis and practical experience for cultivating students' international vision, enhancing students' cultural identity, and enhancing students' awareness of overseas dissemination of Chinese culture.

Keywords: Chinese Culture, Transnational Joint Teaching, Urban Design, Teaching Mode

"新工科"背景下城乡规划专业校企合作的实践探索*

丁　亮　陈梦微　章俊屾

摘　要： 城乡规划是一门实践性很强的专业，但近年来相关高校出现了"工科理科化"现象，设计类课程师资短缺、实践条件薄弱。在"新工科"背景下，高校需要走出"象牙塔"，无论是学生培养还是教师自我提升都需要参与实践。本文针对校企合作中存在的合作动力不足、校企双方目标错位的现实困境，以浙工大规划系和浙大规划院的校企合作为例，通过3个案例分析校企合作中双方可提供的资源和取得的收获，归纳总结合作经验，提出：高校应始终将教学放到第一位，发挥好科研优势反哺教学、服务企业，从企业利益出发帮助企业获得社会经济效益；企业应跳出以"产值论绩效"的思维定式，加大创新投入力度吸引高校团队，"不求所有，但求所用"，提升社会责任感为高校提供实践条件支持人才培养。最终，高校在合作中可以收获教学的实践条件、科研的科学问题，企业在合作中收获高校的智力支持，获得共赢。

关键词： 新工科；校企合作；城乡规划；人才培养；共赢

1　引言

城乡规划学科发展与规划实务工作的开展及其演进密切相关。以"规划"，即对未来事项进行预先安排并不断付诸实施以实现目标的行为为核心的学科特点（孙施文，2021）决定了城乡规划必然是一门实践性很强的专业。但近年来，开设城乡规划专业的高校开始出现了设计类课程师资短缺、实践条件薄弱的现象（孙康宁等，2014）。

教育部于2017年推进"新工科"建设，要求高校走出"象牙塔"，主动服务国家创新驱动发展和"一带一路"建设"中国制造2025""互联网+"等重大战略❶，对接行业产业发展和区域发展需求，一方面是为了培养能够适应甚至引领未来工程需求的人才（吴岩，2018；钟登华，2017；夏建国 等，2017），另一方面也是为了破解日趋严重的"工科理科化"现象（韩琨，2014）。教育部门设立了一系列校企合作项目鼓励高校申报，并提供项目认定和经费支持。但现实中，校企达成合作共识，持续、深度开展合作难度仍然较大（李静 等，2019）。

相关教学研究论文（赵中华 等，2020；谈一真 等，2022）主要基于高校视角侧重于分析校企合作的目标、措施、实效等方面，缺少基于具体合作案例的分析讨论（杜春光 等，2021）。本文将针对城乡规划专业在校企合作中面临的现实困境，以浙江工业大学城乡规划系（下文简称"浙工大规划系"）和浙江大学城乡规划设计研究院有限公司（下文简称"浙大规划院"）的"产学研"合作为例，分析促成双方深度合作的原因，归纳总结经验，希望能为城乡规划专业与规划设计机构开展校企合作、支撑专业和学科发展提供借鉴。

---

❶ 据《教育部办公厅关于推荐新工科研究与实践项目的通知》。

---

* 基金项目：浙江工业大学校一流课程培育"城市保护与更新规划设计"（编号：JG2022059）；浙江工业大学教改课题"面向新时代城乡建设的社会调查课程教学改革及其优化策略"（编号：JG2021072）。

丁　亮：浙江工业大学设计与建筑学院城乡规划系副教授
陈梦微：浙江工业大学设计与建筑学院城乡规划系助理研究员
章俊屾：浙江工业大学城乡规划设计研究院工程师

2 城乡规划专业的校企合作需求与现实困境

2.1 校企合作需求

城乡规划属于工科专业，课程围绕设计类课程设置，课程设计、参观考察、企业实习等均具有较强的实践属性。课程设计是指以某一地区为对象开展规划设计，可以是真题真做、真题假做、假题假做，但规划设计的对象必须是真实存在的，拟解决的问题也来源于现实。参观考察是以某些规划、建设比较好的地区为对象，通过实地体验帮助学生认识美好人居环境。企业实习是学生到规划设计机构参与实际项目，帮助学生毕业后能快速适应工作。上述实践有两方面特点：一是实践频率较高。课程设计是城乡规划专业的主干课程，基本每学期都有1~2门课程。而且设计基地需要经常根据现实情况更换，如一旦规划实施一般就不再适合作为设计基地。二是对实践条件要求较高。实践教学的学习对象是城乡空间，涉及复杂的社会经济因素，开展教学就需要相关资料，如未公开的地形图、规划资料等，需要地方政府或参与规划编制的规划设计机构提供支持。

对教师来说，也需要参与项目实践。尤其是近年来国土空间规划体系改革，新领域、新技术加速迭代，只有亲历过实际项目，与行业保持密切接触，才能使课堂教学内容与行业动态保持同步。同时，教师也需要从实践中凝练科学问题，反哺科研。

2.2 校企合作的现实困境

（1）企业合作动力不足

如果仅仅是为了完成教学任务而开展合作，那么高校只是需求方，企业是单纯的资源供给方。在没有外部因素推动下，企业没有义务为高校提供实践条件。传统校企合作主要依靠双方负责人达成合作共识，合作的可持续性堪忧。

（2）校企双方目标错位

传统企业需要高校的学生资源参与项目，仅仅是降低人工成本，并未切实培养高校人才。实际项目的时间、进度通常无法和教学安排吻合，制约了合作开展。教师参与企业实际项目容易"迷失"其中，忽略了反哺教学、科研的初衷。

因此，开展持续、深度的合作，高校对校企合作的定位不能仅限于完成教学任务、项目合作，需要考虑企业的利益诉求，主动寻求突破口，使企业从校企合作中获得社会、经济效益实现共赢。

3 浙工大、浙大规划院合作的资源与诉求

3.1 浙江大学城乡规划设计研究院的合作资源与诉求

浙大规划院是浙江大学控股集团全资国有企业，隶属于浙江省国资委。随着近年来规划设计市场竞争日趋激烈，新的规划编制类型、新技术加速更迭，传统规划业务附加值下降，浙大规划院亟需向创新型规划设计机构转型。2019年4月浙大规划院成立创新与信息技术研究分院，旨在用大数据、地理信息技术、人工智能等手段提升规划编制水平，并逐步开拓双碳、数字治理、韧性城市等热点领域业务。

但是对企业来说想要在热点新兴领域建立市场影响力，投入大、战线长，仅招聘相关专业人员是远远不够的。因此，浙大规划院充分发挥高校设计机构优势，定位"具有高校特质的全国一流规划设计研究机构"，不仅是"浙江大学"的规划院，还要做"浙江""大学"的规划院，积极与各高校开展产学研合作，搭建产学研合作平台，为高校提供场地、设备、经费、人员、实践项目等相关资源，吸引已在相关热点领域有所建树的教师到规划院带领团队将科研成果落地转化，应用到项目实践中。

浙大规划院对校企合作的诉求不仅限于招聘学生参与实习，而是通过产学研合作，快速协同优势资源，组建能承接热点领域业务的联合团队。除此之外，还积极申报奖项、参与竞赛、举办论坛，树形象、立品牌，反哺业务拓展，进一步扩大市场影响力。

3.2 浙江工业大学城乡规划系的合作资源与诉求

浙工大规划系拥有城乡规划国家级一流专业（省内唯一）、城乡规划一级学科硕士点，美丽乡村、小城镇、规划技术等研究方向在浙江省内有较明显的特色优势。城乡规划系每年为社会输送40余名毕业生，大部分留在杭州工作。除了学生资源外，高校所擅长的论文、基金、著作以及由此搭建的理论框架是申报奖项的有力支撑，而这正是规划院的短板。高校在前沿热点领域的研究力量正是规划院所需。

但是，场地、经费不足，研究生招生指标紧缺制约了教师组建团队、将科研成果做强做大。另一方面，严峻的市场竞争，使高校已经很难独立承接规划项目，教师（尤其是年轻教师）参与实践的机会越来越少，制约了科研成果转化和为教学创造实践条件。

浙工大规划系对校企合作的诉求就是场地、设备、资金等实践条件，以及能将科研成果转化应用的实践项目，一方面反哺教学，为实践教学提供支撑，另一方面反哺科研，为学术研究提供科学问题。

4 浙工大、浙大规划院的校企合作案例

基于上述校企双方的资源与诉求，下文将结合具体案例分析双方合作的共赢点。

4.1 创新城市认识实习的教学内容

城市认识实习是城乡规划专业必修课程，授课对象为本科二年级。教学目的是通过组织学生实地考察城市建设深化专业认识，为接下来动手做规划设计做好知识储备。

浙工大规划系在城市认识实习教学中将企业引入课堂，将课程开设到未来的用人单位。一方面为学生提供与一线规划师交流互动的机会，由规划师"亲述"项目经历：如何协调各方利益，通过规划设计为居民营造

宜人的人居环境，无形之中将规划师应肩负的社会责任感、职业操守传递给学生。另一方面在参观考察之前了解项目建设的背景、规划方案产生过程，体验项目如何由图纸变为现实场景，帮助学生对为何这样设计、效果如何有更深入理解。

教学活动得到了浙大规划院的大力支持，院长、书记亲自出席教学活动，4位规划师分别汇报了河畔新村老旧小区改造、云栖会展中心二期设计、湖州未来社区规划等由浙大规划院规划设计并实施的示范性项目（图1），汇报结束后又带领学生到项目现场考察，讲解（图2）。教学活动历时3天，学生走出课堂，站在图纸描绘的实景中，对专业有了更深入认识。教学活动撰写的新闻分别在浙工大设计与建筑学院、浙大规划院微信公众上发布，累计阅读量1870次。

城市认识实习是一次实践教学活动。浙工大规划系在这次实践教学中依托企业支持，为学生创造了实践条件，提高了教学质量。浙大规划院借助教学活动，践行了建设"具有高校特质"的规划院、做浙江"大学"的规划院的责任；通过引导学生参观工作场所、聆听项目介绍，在学生中建立了良好口碑，有助于吸引毕业生前来应聘；公众号的新闻宣传又帮助浙大院在业界树立了良好的品牌形象，收获了社会效益。

图1 聆听项目汇报

图 2　河畔新村实地考察

4.2　科研成果转化落地

为应对国土空间规划新技术挑战，浙大规划院与浙工大规划系于 2020 年开展大数据应用方面的合作，当年末又联合智慧足迹数据科技有限公司成立"大数据与空间创新实验室"（图 3），开展全方位科研合作，包括：①聘任浙工大规划系教师为创新与信息技术分院研发总监，负责大数据应用方面的业务和科研；②为浙工大规划系提供办公场地和软硬件设备支持；③提供一支计算机软件开发团队，配合数据清洗、软件开发等工作，将参与科研合作的教师、学生从繁重的基础工作中解放出来，全身心投入科研。

双方开展合作 1 年半时间完成了 8 个项目的大数据专题专项研究，5 个数字治理平台开发，合作发表论文、获批软件著作权。基于上述成果，双方联合申报并获得了 2022 年中国国际大数据产业博览会领先科技成果奖（图 4）、2021 年度浙江省规划科学技术进步奖一等奖、2021WDD 全球数据资源开发者大赛杭州分赛区优胜奖等奖项。数字化改革的成果进一步助推浙大规划院国家高新技术企业、浙江省大数据应用示范企业、浙江省科协之江科技智库基地等荣誉称号的落地。

图 3　大数据与空间创新实验室签约、揭牌

图4 联合获得数博会领先科技成果奖

科研是高校教师除教学外的重要任务。浙工大规划系通过校企合作将科研成果转化落地，在企业中的应用推广及产生的经济社会效益又为申报奖项提供了社会经济效益方面的支撑；此外还依托实践项目获得了一批科研数据，打破了制约科研的数据瓶颈；为研究生科研选题营造了良好的实践条件，已为3位导师、5位研究生提供科研支持。基于科研合作反哺教学，成功申报获得"浙江省产学合作协同育人项目"省级教学项目。浙大规划院通过产学研合作，在国土空间大数据应用及数字治理平台开发领域迅速进入浙江省内第一梯队，并在科研成果、科技奖项、企业荣誉等方面取得了显著突破。

4.3 联合举办论坛、参加活动扩大影响力

浙工大规划系和浙大规划院已联合举办3场全国、省内学术论坛。包括2016年由浙工大主办、浙大规划院协办的"浙江省特色小镇发展论坛"，吸引了约100人现场参会。2021年双方共同承办由浙江省国土空间规划学会主办的"道器变通——规划与治理的大数据支撑论坛"，吸引了约400人现场参会。2021年在中国城市规划年会中承办的"小城镇高质量特色发展分论坛"（图5a），吸引了约200人现场参会。

2019年双方还联合组队参加了"第十届长三角地区城乡规划研讨会和首届长三角青年规划师畅想未来创意大赛"，在长三角三省一市10支队伍的比拼中荣获一等奖（图5b），中国工程院院士吴志强、中国城市规划学会秘书长石楠亲自为团队颁奖。双方共同在国家历史文化名城龙泉建立"名城建设政教研基地"，并在2021年龙泉世界青瓷大会上向龙泉市住建局授牌。

论坛、活动的最直接成效是扩大影响力。浙工大规划系是浙江省国土空间规划学会理事长单位，能够邀请到学术界、业界领导学者提高论坛影响力，浙大规划院为论坛、活动提供经费支持。双方组队参加活动也为青年教师、青年规划师之间的交流提供了机会，为后续一系列教学、科研合作打下了良好基础。

(a) 承办中国城市规划年会分论坛　　　　　　　　(b) 联合参加了长三角青年规划师畅想未来创意大赛

图5 联合举办论坛、参加活动

5 浙工大、浙大规划院校企合作的经验启示

对高校来说，首先，教学始终是第一位的，无论科研还是项目最终目的都是反哺教学，为教学创造条件、提高人才培养质量。在和企业合作中，高校教师应始终明确自己的角色，切不可变身为"老板"，迷失于项目中。其次，发挥科研优势，高校要利用校企合作将实践问题转化为科学问题，持续深入开展科学研究，始终站在相关领域最前沿，为企业业务创新提供支撑，这也是与企业建立长期、深度合作的基础。最后，把握共赢的原则，高校要从企业的角度思考问题，课程内容、组织、论文、奖项署名顺序、论坛、活动宣传都要帮助企业收获社会经济效益，在合作中获得共赢。

对企业来说，首先，最重要的是提升格局、放眼未来，跳出以"产值论绩效"的思维定式，从技术支撑、社会影响角度评价与高校的合作成效。其次，要加大创新投入力度，提供场地、经费、人员等支持，才能吸引高校团队"不求所有，但求所用"。最后，企业要摒弃"只用才、不育才"的狭隘观念，以企业的社会责任感为高校提供实践条件支持人才培养，才能建立相互信任，为更深层次合作打下坚实基础。

据此总结校企合作的经验（图6）。校企双方以奖项、论坛、活动等利益共同点为目标切入开展合作，高校以科研为纽带，一方面为企业提供智力支持，另一方面反哺教学，在合作中收获教学的实践条件、科研的

科学问题；企业在合作中收获高校的智力支持，获得共赢。

6 结语

城乡规划学科的实践属性决定了高校办学需要走出"象牙塔"，无论是学生培养还是教师自我提升都需要参与实践，"新工科"建设背景下和企业开展产学研合作显得尤为重要。本文以浙工大规划系和浙大规划院的校企合作为例，通过3个案例的分析，提出若要开展持续、深入的合作，高校要发挥好科研优势，反哺教学、服务企业，企业要加大创新投入力度吸引高校团队、支持高校人才培养。最终，高校在合作中可以收获教学的实践条件、科研的科学问题，企业在合作中收获高校的智力支持，获得共赢。

参考文献

[1] 杜春光.互利共赢的教育教学实践基地建设探索与实践[J].北京教育（高教），2021（9）：72-74.

[2] 韩琨.工科教师缘何理科化[N].中国科学报，2014-12-04（005）.

[3] 李静，徐旭冉.以产学研项目平台为基础的教学实践基地建设现状研究[J].现代职业教育，2019（13）：14-15.

[4] 孙康宁，傅水根，梁延德，等.赋予实践教学新使命 避免工科教育理科化[J].中国大学教学，2014（6）：17-20.

[5] 孙施文.我国城乡规划学科未来发展方向研究[J].城市规划，2021，45（2）：23-35.

[6] 谈一真，王旭，彭芳.基于校企合作的实践教学基地建设和人才培养[J].教育教学论坛，2022（1）：165-168.

[7] 吴岩.新工科：高等工程教育的未来——对高等教育未来的战略思考[J].高等工程教育研究，2018（6）：1-3.

[8] 夏建国，赵军.新工科建设背景下地方高校工程教育改革发展刍议[J].高等工程教育研究，2017（3）：15-19，65.

[9] 赵中华，温景文，齐庆会，等.产教协同的土木工程专业实践教育基地建设研究[J].高教学刊，2020（26）：58-60，64.

[10] 钟登华.新工科建设的内涵与行动[J].高等工程教育研究，2017（3）：1-6.

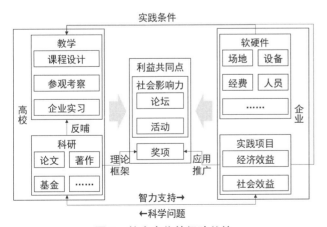

图6 校企合作的经验总结

Practice Exploration of School-Enterprise Cooperation in Urban and Rural Planning Major under the Background of "New Engineering"

Ding Liang   Chen Mengwei   Zhang Junshen

Abstract: Urban and rural planning is a very practical major, but the phenomenon of "engineering is becoming more like science" in universities in recent years lead to the lack of teachers in design courses and the weak practical conditions. Under the background of "new engineering", universities need to go out of the "ivory tower", and both students' education and teachers' self-improvement need to participate in practice. In this paper, in view of the practical dilemma of lack of cooperation power in school-enterprise cooperation and the target dislocation of school-enterprise, taking the school-enterprise cooperation of urban and rural planning department of Zhejiang University of Technology and Zhejiang University Urban Planning & Design Institute as an example. We summed up the experience of cooperation by analyzing resources and harvest both sides can provide in three cases of school-enterprise cooperation. Our conclusions are as follows. Universities should always put teaching in the first place, give full play to the advantages of scientific research to feed teaching and serve enterprises, and help enterprises to obtain social and economic benefits from the interests of enterprises. Enterprises should jump out of the mindset of "output value based on performance", increase investment in innovation to attract teams from universities for their own purpose, enhance social responsibility to provide practical conditions for universities to support developing talent. In the end, universities can gain practical teaching conditions and scientific research problems through cooperation, while enterprises can gain intellectual support from colleges and universities and achieve a win-win situation.

Keywords: New Engineering, School-Enterprise Cooperation, Urban and Rural Planning, Develop Talent, Win-Win Results

2023 中 国 高 等 学 校 城 乡 规 划 教 育 年 会
2023 Annual Conference on Education of Urban and Rural Planning in China

创新 · 规划 · 教育　基础教学

2023 Annual Conference on Education of Urban and Rural Planning in China

融合和互动
—— 虚拟住区性能模拟交通仿真实验的改革和创新

汤宇卿　孙澄宇　赵铭超

摘　要： 论文针对学生在专业基础课中所学无法快速运用于实践课等问题，提出采用虚拟仿真实验构建两者之间桥梁的教学模式。以"城市道路与交通"和"城市居住区修建性详细规划"两门课程为蓝本，进行交叉融合，构建"虚拟住区性能模拟交通仿真实验"。借鉴相关教学的理论和实践，与多家单位合作，通过多年研发，使服务于实验的虚拟仿真软件从"自带模型，体验为主"的1.0版本走向"导入模型，互动为主"的2.0版本。通过在线实验等方式让学生对软件自带和自己导入的住区规划设计方案模型开展虚拟仿真交通实验，直观考察方案模型模拟的实施效果，切身感受交通方面存在的问题，进而提出解决策略，优化完善设计方案，再次模拟、调整、完善，直至达到满意的结果。因此，本课程秉承"虚实结合、以虚促实"的教学理念，通过改革创新，借助于虚拟仿真和模拟，让实践课快速直接运用基础课所学知识，使课程教学更生动、知识理解更深刻、所学运用更灵活，快速实现学以致用的目标。在此基础上，论文进一步提出了未来虚拟仿真实验拓展的范围和发展的方向。

关键词： 虚拟住区；性能模拟；交通仿真实验；融合互动

1　问题的提出

教学团队从事城乡规划专业基础课"城市道路与交通"，已经历时二十多年，同时也承担毕业设计、总体规划、详细规划和城市设计等实践环节的课程的教学。从中发现学生虽然在专业基础课上知识掌握得不错，但是在具体实践环节中往往不知如何应用所学。

究其原因，是专业基础课重知识灌输，缺技能培养，学生很难凭交通课程所学知识快速直观评判自己所做的规划设计方案在交通方面的合理性，不能像规划设计鸟瞰图、透视图或动画那样真实地感受和体验设计的实际效果，这样就不能快速找到自己方案的交通问题之所在，据此修改和完善方案中的交通系统。

因此，就交通方面而言，基础课和实践课两个课程教学均未达到理想的效果。总体来说，课程教学中遇到的"痛点"在于难以快速学以致用，实现从理论教学到课程设计的无缝衔接。亟需在两类课程之间寻找一种中间课程模式，服务于两者间的顺畅过渡。

如何在不增加学生课业负担的前提下，补足这一短板？构建基础课和实践课之间的桥梁，成为本课程改革的关键。另一方面，"城市道路与交通"知识点多，以教师讲授为主，互动教学相对较少，比较实践环节课程，内容相对枯燥，如何提高学生的学习兴趣也是教学创新重点需要研究的内容。作为传统课程，怎样与时俱进，紧跟时代的步伐，把新技术、新手段融入教学之中也是课程优化提升的核心。

2　教学创新思路

考察两类课程的教学模式，在"城市道路与交通"课程中，基本采用课堂讲授、学生调研和设计练习相结合的方式，但仅仅进行理论和方法的讲授与学习是不够的。在实践课程中，虽然让学生把所学的知识和技能运用于道路路段和交叉口、停车场（库）、步行场地等设

汤宇卿：同济大学建筑与城市规划学院副教授
孙澄宇：同济大学建筑与城市规划学院副教授
赵铭超：同济大学建筑与城市规划学院讲师

计之中，不过设计的效果如何，光凭教师针对方案进行定性评述还不够生动具体。

综上所述，学用结合，提升兴趣，锐意创新是本课程改革的方向，而交通流虚拟仿真技术的引入，学生就能针对自己的方案，通过在线实验等方式亲自操作，对自己的设计方案在交通方面进行模拟，感受方案真实的效果。富有时代感的界面更能吸引学生，学生可以据此优化原有设计方案，进而培养自身独立设计和研究的能力。

原课内学时中的实验部分将有条件转化为课外的自主学习学时，减少了课内学时。更重要的是，学生通过实际模拟，更提高了对道路交通课程学习的兴趣，变枯燥的知识点讲授为亲身虚拟仿真的体验。

交通流虚拟仿真实验加深了道路交通课堂所学的理论知识，将理论运用到设计实践课中，并在课程设计中结合相关设计方案进行体验和评判，反过来也大大提高了课程设计的学习效率，实现双赢的目标。

于是，本课程开始探索性的尝试，而"城市居住区修建性详细规划"作为基础性的实践课，学生需要研究的问题的复杂程度相对较低，又与"城市道路与交通"基础课同期开展，因此以上述两门课程为蓝本，以交叉融合的"虚拟住区性能模拟交通实验"为抓手，教学改革的研究据此展开。

3 相关研究借鉴

如何设计好该实验？由于"城市道路与交通"课程更多是面向城乡规划专业的学生，首先需要借鉴虚拟仿真引入规划类教学的研究。同济大学成立了国家级建筑规划景观虚拟仿真实验教学中心，引入了"历史建筑与绿色建筑在线技术认知实验""城市空间三维再现互动认知实验""历史风貌区场所在线体验实验"和"现实空间模拟远程认知实验"等[1]，其中实验流程构建和形象化表达的模式值得借鉴。但是也看到在城乡规划教学领域内引入动态的交通相关的虚拟仿真实验相对较少，是值得开拓的方向。

其次是虚拟仿真引入交通类教学的研究。赵鲁华等（2022）提出交通运输组织调度管理，运输规划、设计，运输设备结构装配及交通协同管理虚拟仿真实验[2]；唐优华等（2016）提出交通运输虚拟仿真实验教学平台的

设计与实现[3]；吴伟等（2019）提出了如何基于 VISSIM 模型，构建交通类课程虚拟仿真实验模块[4]。从中可见，交通类课程的虚拟仿真已经展开，无论从平台构建还是技术引入都有一定的积累，但是，更多是城市道路交通的研究，而住区交通与城市交通不同，人流、非机动车流和机动车流混杂，同时需要结合城乡规划专业的特点，聚焦道路交通知识在规划设计过程中应用，提升仿真表现的效果。

因此，需要对混合交通流仿真展开研究。这是实验设计的技术基础，Xie 等（2010）提出运用多值元胞自动机模型研究机、非共用车道的交通特征的方法。冯雪等（2015）以交通行为分析为基础建模，进行数据调查与拟合，进一步校正混合交通流模型。李苏炯（2020）分析了社会力、元胞自动机两种经典混合交通模型，提出了基于模型的交通仿真的整体思路。金宝辉等（2020）提出基于元胞自动机的微观城市道路汽车/自行车/行人混合交通仿真的思路和方向。因此，需要整合多元混合交通流仿真的研究成果，充分考虑居住区混合交通流的特征，面向城乡规划专业的特点，聚焦学生交通知识的实际应用，开展"虚拟住区性能模拟交通仿真实验"的构建。

4 实验建设过程

课程改革之初，受"同济大学实验教学改革专项基金项目""同济大学精品实验项目"等方面的资助，与"深圳市中视典数字科技有限公司"等单位共同合作，开发了"虚拟住区性能模拟之实验软件（交通Ⅰ）"，编写了操作手册，在"城市道路与交通"课程中使用。通过讲解，让学生了解软件，上"国家级建筑规划景观虚拟仿真在线实验教学平台（同济大学）"进行操作，平台有专门老师后台查看，打分，体现评分的公正性，相比较原来单纯的课堂讲授，学生的兴趣逐步提升。

不过该软件主要针对自带的居住区规划设计方案进行模拟，以体验为主。让学生调整出行方式和道路宽度等参数，从鸟瞰和平视等不同角度观察居住区交通运行状况，辅之以道路交通流量饱和度图，让学生发现矛盾，提出解决问题的规划策略。如交通结构从以小汽车等个体交通为主转为公共交通为主后，住区道路机动车交通量减少，步行交通量增加带来居住区内部交通问题

的缓解，住区路边停车带来的道路通行宽度的缩减对于住区内部交通拥堵产生的影响等，从而让学生体验到大力发展公共交通，合理安排路边停车的重要性。通过虚拟仿真结果的讨论，构建了道路交通的知识与理念和住区规划技能与实践之间的纽带，两者的融合，让学生感受到学以致用的乐趣，但是这仅仅是第一步。

软件自带方案的体验还是不够的，需要从体验走向互动，只有让学生自主导入方案进行模拟，自己发现问题、分析问题和解决问题，才是实验建设的目标。因此，在"虚拟住区性能模拟之实验软件（交通Ⅰ）"的基础上进一步开展软件的升级，与"深圳市中视典数字科技有限公司""上海殊未信息科技有限公司"等单位合作开发"虚拟住区性能模拟之实验软件（交通Ⅱ）"，获软件著作权。重新编写了实验教学手册，使软件向前迈进了一大步。通过"城市道路与交通"基础课和"城市居住区修建性详细规划"实践课的互动，即学生自己导入方案，进行模拟，发现交通方面可能存在的缺陷，调整方案，再进行模拟，直至达到满意的结果。学生学习的积极性有了进一步的提高，设计水平有了全面的提升。

作为实验的总结和拓展，完成了"住区交通流理论与虚拟仿真实验"的专著的撰写，并于2020年出版。作为基础课"城市道路与交通"和实践课"城市居住区修建性详细规划"的重要参考书目，专著不仅介绍了虚拟仿真实验，而且就国内外住区交通发展的演进、当今住区交通组织模式、道路交通仿真原理等方面进行详细的阐述，使学生在虚拟仿真实验中知其然，更知其所以然。

通过在线实验的方式，培养了学生独立研究能力，更重要的是，通过实际模拟，加深了学生对理论与设计课程的兴趣与理解。为此，"虚拟住区性能模拟交通仿真实验"课程被认定为2020年度上海市高等学校一流本科课程，并获同济大学2020年度教学成果二等奖和2019年度实验教学改革专项基金奖。

5 实验操作方法

作为教学环节，实验操作不仅仅要让学生进行住区交通流虚拟仿真模拟，更要让学生从中掌握知识和技能。所以，在实验主体开始之前，需要让学生进行相关知识的学习和实验方法的熟悉，考核通过后才能进行后续实验。实验主体主要包括五个部分内容：住区模型导入、相关参数设定、交通仿真模拟、运营效果评价和方案修改完善等。

学生登录"同济大学虚拟仿真实验教学云平台"，选择"虚拟住区性能模拟交通仿真实验（Ⅱ）"，按照实验手册进行操作，如图1所示。软件内设四个方案可供选择，学生也可导入自己设计的方案，根据实验要求对方案中的机动车搭乘比例、出行方式比例、人口比例、道路宽度等参数进行设定和调整，通过平视、鸟瞰、服务水平数据和图示等多种方式，从感性和理性等角度来感受方案中住区交通流特征和存在问题，如图2所示。学生据此修改完善住区规划设计方案，再次进行模拟，直至达到满意的效果。后台教师记录打分，体现评分的公正性。

图1　同济大学虚拟仿真实验教学云平台登录界面

图2　课程教学方法

6 实验操作流程

如前所述，本实验突出融合和互动，因此采用人机交互性实验操作，首先在实验开始阶段，安排了"住区知行"界面，让学生完成此模块下的答题，掌握并巩固住区交通的相关理论知识，熟悉操作流程，为后续的实验模拟奠定理论基础，如图3所示。

图 3 "住区知行"答题界面

图 5 "输入数据"示例图

"住区知行"过关后，才能开始后续步骤，这就确保学生在主要操作过程前明白实验原理，知晓实验流程。接下来点击"选择方案"按钮，在"选择场景"模块下有四个方案可供选择，也可在"自导方案"模块下导入自己设计的方案。通过"显示 / 隐藏路径"和"显示 / 隐藏模型"按钮，进行导入路径和模型的可视化，如图 4 所示。

图 4 "选择方案"示例图

图 6 "全区查看"示例图

图 7 "飞行模式"示例图

选择方案后，在"输入数据"模块下为模型设置相应的实验参数。实验数据包括交通、人口和出行数据等，交通数据包括道路断面宽度，机动车搭乘比例，交通结构，即步行、非机动车、机动车所占的比例等。人口及出行数据包括总户数、户均人数、时间选择（早高峰、晚高峰还是平时）等，如图 5 所示。

点击"开始实验"下"开始"按钮，分别在"全区查看""飞行模式""行走模式"视角下，观察住区交通运行状况，如图 6~ 图 8 所示。

可点击右上方道路拥堵状态图实时查看当前参数下的住区交通拥堵情况。如图 9 所示，深色表示为不同程度上的拥堵；右侧为计算出的数据，可修改相关参数重新进行多次模拟，通过定性与定量相结合，让学生直观考察软件自带方案或者自导方案的模拟实施效果，从而

图8 "行走模式"示例图

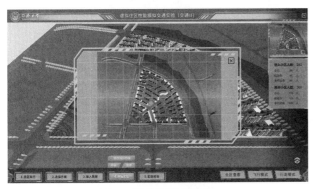

图9 道路拥堵状态图

找到设计方案在交通方面的不足所在，提出解决策略，进而提升学生的方案设计能力，促进方案的不断优化和改善。

依次重新选择自带模型和自导模型进行模拟。体验不同方案、不同参数条件下住区道路的交通状况。模拟结束后完成提交，如图10所示。

图10 重导方案模拟示例图

模拟结束后，点击"实验报告"，完成此模块下的内容，并提交实验报告，将模拟数据回传到同济大学平台后台，后台自动评分。如图11所示。

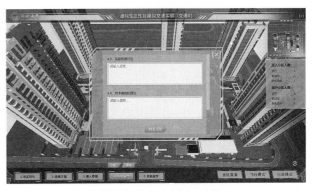

图11 实验报告提交示例图

7 实验教学特色

综上所述，实验教学特色主要体现在以下几个方面：

（1）教学模式方面，本课程实现基础课与实践课相互融通，线下知识和方法讲授和线上虚拟仿真实验有机结合，开展混合式教学方法改革。

（2）教学内容方面，本课程引入多单位共同编制的"虚拟住区性能模拟交通仿真实验"软件，导入软件自带和学生设计的方案模型，设置参数，进行操作，可得各类交通流数据，查看交通拥堵状况，进行多视角、多方式环游，直观感受交通运行状况，使交通感知、交通分析和交通数据全面互动。

（3）教学活动方面，本课程纳入同济大学国家级建筑规划景观虚拟仿真实验教学中心平台，与其他虚拟仿真课程教学有机结合，形成集群效应，综合提升学生自主学习的能力和水平。

（4）教学组织方面，让学生在学习完成道路交通基本知识和方法之后开展实验，实现温故知新。学生导入自己所设计的方案模型进行实验，评判方案的合理性，找到问题之所在并优化完善方案，实现学以致用的目标。

（5）教学方法方面，采用交互式虚拟仿真实验，全面提升学生学习的兴趣，通过课外学习，减少课内学时，培养了学生自主学习、分析问题和解决问题的综合能力。

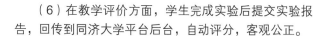

（6）在教学评价方面，学生完成实验后提交实验报告，回传到同济大学平台后台，自动评分，客观公正。

8 结论和展望

交通是城乡的血脉，在总体规划、详细规划等实践课程中占据着非常重要的地位。"虚拟住区性能模拟交通仿真实验"的引入、优化和提升，学生对于"城市道路与交通"等专业基础课的学习兴趣和积极性明显提高，学习成绩也有了普遍提升。更主要的是服务了"城市居住区修建性详细规划"等实践课程的教学，学生可以直观观看自己所作设计方案的交通"效果图和动画"，通过流量饱和度分析路段拥堵状况，据此发现交通问题和解决问题，优化设计方案。从而实现了基础课和实践课的全面融合，变被动听课为互动操作，构建了基础课和实践课之间创新课程。

本实验软件未来拟进一步优化，建立面向实际规划设计项目的仿真软件，同时，拟开发"虚拟城区性能模拟交通仿真实验"，把住区交通流虚拟仿真拓展到城市其他功能区，包括商业商务区、行政办公区、文化体育区等，服务于不同区域的课程设计教学和规划设计工作。可以预见，虚拟仿真教学将来大有用武之地，本学科团队将一如既往，勇于开拓，更好地服务于基础课程和实践课程的教学改革与创新。

参考文献

［1］ 赵鲁华，刘海青，王建春．地方院校交通运输专业虚拟仿真实验项目设计 [J]．物流工程与管理，2022，44（2）：177-180.

［2］ 唐优华，马骊，邓灼志，等．交通运输虚拟仿真实验教学平台的设计与实现 [J]．实验科学与技术，2016，14（1）：211-214，222.

［3］ 吴伟，曹倩霞，龙科军．基于 VISSIM 的交通类课程虚拟仿真实验模块建设 [J]．实验技术与管理，2019，36（12）：113-116.DOI：10.16791/j.cnki.sjg.2019.12.026.

［4］ 冯雪，王喜富．混合交通流的元胞自动机建模与仿真发展研究 [J]．综合运输，2015，37（8）：69-73，88.

［5］ 李苏烔．人车混合交通模拟 [J]．中国设备工程，2020（14）：72-74.

［6］ 金宝辉，兰婷．微观仿真在新建停车库交通影响评价中的应用 [J]．内江科技，2020，41（3）：39-40，110.

［7］ Xie D F, Gao Z Y, Zhao X M. Combined cellular automaton model for mixed traffic flow with non-motorized vehicles[J]. International Journal of Modern Physics C, 2010, 21（12）: 1443-1455.

［8］ 汤宇卿，等．住区交通流理论与虚拟仿真实验 [M]．上海：同济大学出版社，2020.

Integration and Interaction
— Reform and Innovation of Traffic Performance Simulation Experiment of Virtual Residential Area

Tang Yuqing   Sun Chengyu   Zhao Mingchao

Abstract: Aiming at the problems that students cannot quickly apply what they have learned in professional basic courses to practical courses, this paper puts forward a teaching mode of using virtual simulation experiment to build a bridge between those two types of courses. Based on the two courses of "urban road and traffic" and "constructive detailed planning of urban residential areas", the "virtual residential area performance traffic simulation experiment" is constructed through cross integration research. Applied relevant teaching theories and practices, cooperated with many units, researched and developed for several years, the virtual simulation software serving the experiment has changed from version 1.0 of "bring your own model, experience oriented" to version 2.0 of "import model, interaction oriented". Through online experiments and other means, students are allowed to carry out virtual traffic simulation experiments on the residential planning and design scheme models brought by the software or imported by themselves. Then the students visually inspect the implementation effect of the scheme model simulation, personally find the existing traffic problems, and then put forward solutions, optimize and improve the design scheme, and simulate, adjust and improve again until satisfactory results are achieved. Therefore, this course adheres to the teaching concept of "combining virtual and real, promoting real with virtual", through reform and innovation, with the help of virtual simulation. The practical courses can quickly and directly apply the knowledge learned in the basic courses which make the courses teaching more vivid, the knowledge understanding more profound, the learning and application more flexible, and quickly achieve the goal of learning for practical use. On this basis, the paper further puts forward the scope and development direction of virtual simulation experiment in the future.

Keywords: Virtual Residential Area, Performance Simulation, Traffic Simulation Experiment, Integration and Interaction

空间启蒙 ——基于城乡规划、建筑学专业初学认知规律的基础教学探索

崔小平　谢　晖

摘　要：目前全国高校城乡规划、建筑学等土建类专业均需面对大类融合、课程体系改革的大背景。西安建筑科技大学建筑学院在 2021 级城乡规划与建筑学专业新生"拔尖创新班"中展开大类培养模式的试验探索。确定了"纵向压缩，横向拉通"的课程架构模式。根据初学者认知规律制订了第一学期的空间启蒙课程设计环节：寻找认知，操作观察，抽象具象，空间建构，四个环节兼顾了认知和操作两个维度的阶梯成长需求。寻找认知训练学生对城市中不同尺度空间的感知与城市要素的提取；操作观察训练学生对外部空间环境的理解与板片要素操作空间的能力；抽象具象训练学生对建筑内部空间的理解，人的活动与人体尺度对建筑空间形成的影响并练习运用体块要素操作空间；空间建构训练学生对空间意境的理解、空间形式与人的感受的对应关系，并通过杆件的建构达成空间意境的营造。在作业训练过程中由浅入深穿插专业基本原理，从生活中常见概念引入专业概念，引导学生识别中国传统营城智慧在现代城市空间中的印记。同时美术课与画法几何课全程伴随，支撑了设计方案的表达，专业技能得到集中的强化训练。

关键词：大类培养；课程融合；初学认知规律；空间意识

1　教学探索背景

2019 年教育部印发了《教育部关于深化本科教育教学改革全面提高人才培养质量的意见》，意见提出深化高校专业供给侧改革，以经济社会发展和学生职业生涯发展需求为导向，构建专业设置管理体系；改进实习运行机制；深化创新创业教育改革；推动科研反哺教学，支持本科生早进课题；推进辅修专业制度改革，促进复合型人才培养等一系列目标。基于以上多重目标的设定，原有课程节奏在额定学制年限内面临巨大挑战，所以，意见同时提出要全面提高课程建设质量，加强课程体系整合设计，提高课程建设规划性、系统性的要求。[1]

在此背景下，许多院校的一些专业已在尝试"大类培养"的模式，同时应对培养模式的各层级目标对课程体系进行整合调整。建筑学与城乡规划学是对空间在不同尺度上的操作与分配，拥有大量相通的思维模式与相同的基础技能，具备"大类培养"的基本条件。我校建筑学院于 2021 年开展了建筑学—城乡规划低年级大类培养教学改革的探索，本教学小组进行了第一学年的教学探索。

2　一年级课程整合思路

国外许多高校已经采取建筑学、城乡规划、风景园林与城市设计专业在前 2 ~ 3 年统一进行广义建筑学的基础教育，4 年级以后进行专业分流。在我国，大多数建筑类院校的城乡规划与风景园林专业脱胎于建筑学，经过多年的发展，目前已经分别成为一级学科，专业基础教育渐行渐远，与复合性人才的培养目标相悖。故，"大类培养"背景下，三个学科的基本教育融合势在必行。

崔小平：西安建筑科技大学建筑学院讲师
谢　晖：西安建筑科技大学建筑学院讲师

鉴于我校建筑学院四个专业学制所限❶，本次改革探索仅选择建筑学与城乡规划专业为融合对象。共45位同学与5位教师参与。两个专业同属一级学科，长达五年学制表明了专业内容的庞杂与专业技能习得以实践训练为主的特征。所以，课程体系的整合与学时的调整是改革探索面临的极大挑战。为了基本功训练得到充分保证，教学组提出了"纵向压缩，横向拉通"的调整思路。

2.1 纵向压缩

在知识大爆炸的时代，城乡规划与建筑学专业内容不断丰富、学生需要掌握的知识与工具不断增加，为了在五年学制内合理分配时间以达成前文所述各培养目标，课程设置面临纵向压缩的需求。以城乡规划专业原有课程架构为例，在三年级第一学期完成设计基础课程，未来的调整趋势为前两年完成所有设计基础课程。一年级主要训练专业入门技能，鉴于成果展示的完整性，本文仅针对第一学年第一学期课程探索进行阐述说明。

2.2 横向拉通

横向拉通专业主干课与专业理论及辅助课是课程架构的终极理想。相关理论课程有城市规划设计导引、构图原理、设计色彩、美术与画法几何。目前，理论课的拉通仅做到是学期时间上的伴随，尚未做到设计环节与理论课知识点的完全配合。本次探索中实验了设计课与美术课、画法几何课深度联动，共同支撑设计目标的表达。

上课过程中力图由浅入深引入概念，知识点不做重复讲述；以阶段环节为主线串连知识点与专业技能，技能训练重复并逐次迭加；以阶段环节为统领联合设置美术和画法几何等专业技能辅助课程及考核成果，开课时间适时伴随，练习内容强化聚焦，以此做到即刻学以致用。课程架构的调整更好地适应了学习与认知发展规律、记忆曲线规律。

❶ 西安建筑科技大学建筑学与城乡规划学学制为五年制，风景园林专业与城市设计专业学制为四年。

图1 城乡规划专业课程纵向整合思路示意图
图片来源：作者自绘.

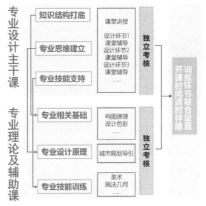

图2 课程间横向拉通思路示意图
图片来源：作者自绘.

3 基于城乡规划、建筑学专业初学认知规律的教学环节设计

3.1 认知规律与环节架构

科学整合教学阶段与教学内容，需要适应初学者处于启蒙状态的学习认知发展的规律。建筑学与城乡规划专业是对空间不同层面的操作，共同需要具备空间意识的建立，并需要通过图纸、模型等方式进行表达。

（1）认知规律

广义建筑学入门的启蒙训练需要顺应初学者对专业认知的基本规律。教师应选择学生脑海中对常见事物的已知概念，与专业概念进行衔接。

规律一：对于广义建筑学的"大类培养"，空间意识与尺度感知的启蒙是专业入门技能培养的一项重要任务，成熟的设计师拥有将真实环境中各种尺度范围的空间与图纸、模型随意转化的能力，这需要经过长期持续的专业思维训练与专业习惯养成。基于该规律，本学期的探索以多层级尺度空间的图纸转换为起点。

规律二：空间操作能力的启蒙是广义建筑学的"大类培养"中的核心专业技能，是人类聚落空间中不同尺度人工环境设计的专业基础。空间操作就是针对空间限定要素操作从而形成空间形态。现代建筑建造常用的多米诺体系中，该体系是目前运用最广的建造方式，受力合理、建构逻辑清晰简单、空间组织灵活多样，是初学者理解空间操作并展开训练的合适对象。多米诺体系的空间限定要素可抽象为简单的体块、板片与杆件，分别可以与空间单元、墙体与柱大致对应，便于建立"功能—空间—结构"的基础关联[2]。基于此，第一学期的三个空间操作训练环节分别采用了三种要素展开。

（2）环节架构

作业环节的架构兼顾了认知和操作两个维度的阶梯状成长需求。一，认知维度：对空间概念尺度的认知由大到小逐层深入，"宏观环境—外部空间—内部空间—细部建构"；二，操作维度，从演练真实空间向图纸的

转换到对小型空间的基本操作手法训练。经历了解读到实操的过程。两个维度并行展开具体设计环节的架构，最终确定四个教学环节，分别为：寻找认知，操作观察，抽象具象，空间建构。

其中，第一环节"寻找认知"支撑了空间意识与尺度感知的建立，二、三、四环节支撑了基本空间操作的训练。作业素材的选取本着从熟悉的事物出发的原则，选择了西安市市域到西安建筑科技大学雁塔校区及内部建筑，便于学生进行实际的观察与思考[2]。每个环节所对应的教学目标、专业技能培养、环节具体内容、作业分步骤以及每个环节的知识点讲授内容详见图3。[3]

3.2 空间意识与尺度感知的建立——环节一

空间意识与尺度感知的建立是第一环节要达成的基本训练目标。本环节通过对城市到建筑不同尺度空间"真实图像—专业图纸"的转化，让学生理解，图纸表达具有很强的目的性，需要通过要素的提取强调所述主题。认知的建立从对地图的理解开始，引导学生从中国行政区划图、中国地形地貌图、疫情分布实时地图、各地美食地图等常见类型的地图中感受经要素提取的强目

图3 教学环节分解
图片来源：作者自绘．

的性图纸与卫星航拍地图的本质区别。

本专业图纸的表达重点是空间，通过线条和色彩表达空间的各类属性及其连带的各类信息，例如在城乡规划中的土地利用图，建筑高度控制图等。城市到建筑不同尺度不同空间范围的图纸表达重点不同，需要提取的关键要素也不同。本环节选取五个尺度层面的空间表达范围作为训练对象，城市建成区层面1：50000，城市片区层面1：5000，城市街区层面1：2000，建筑及其环境层面1：500，完成前四个层面的单色及彩色图纸绘制，完成第五层级的单色图纸、素描及场景的照片表达。我校传统的专业设计初步课包含了平面构成，色彩训练，线条控笔训练等内容。本次教学探索将此内容

交给美术课进行训练，美术课所需掌握的色彩、构图、硬笔线条等训练内容以本环节设计表达内容为对象展开，时间上全程伴随。

具体训练环节的展开要求学生四人一组，前四个尺度层级分别由四位同学单独完成，每人负责两张（单色、彩色）同一尺度的总平面图绘制，第五尺度层级的表达每个同学都要完成。每层级图纸的表达重点由组内讨论确定，绘制工作由单独的同学负责，这样可以在有限的课时内平衡好每位同学专业知识的掌握与表达技法的训练。

每个层级图纸表达中需要提取的重要要素均有侧重（图4），每级分别运用了中国古典色彩、纹样、工笔版画等传统美术元素，汲取了中国传统美术的智慧。一，自然山水格局层级1：100000，图幅范围包括西安整体城市建成区及周边自然山水格局的范围，北至渭河北山，南至秦岭北麓，西至沣河，东至洪庆山。该比例图幅中能表达的重点信息为地貌特征、山水格局与城址关系，以及传统城市营城中与山水格局的关系，城市与秦岭各峰的空间轴线关系，人文标志物布点。二，城市建成区层级1：50000，图幅包括西安主城区范围，环城

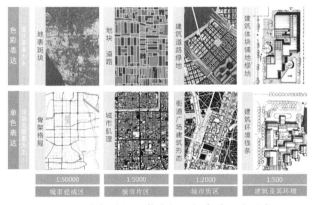

图4 寻找与认知环节空间层级表达深度要求
图片来源：作者自绘.

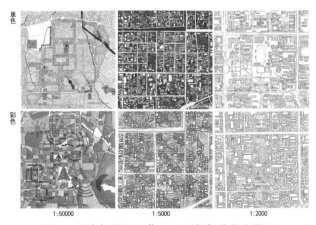

图5 寻找与认知环节1–4层级部分作业展示
图片来源：作者自绘.

图6 寻找与认知环节第5层级部分作业展示
图片来源：作者自绘.

高速以内。主要表达主骨架，空间结构，城市内重要人文标志物，城市分区，行政分区，功能分区等类型的内容。该类型图纸经常运用于城市中心城区规划内容的系统表达。三，城市片区层级 1：5000，图幅选取了西安明城区东南隅到南二环东南角的范围，因为该层级主要可清晰体现城市道路、地块、建筑肌理的关系，所以选取的范围内包含了多种城市肌理。该类图纸常常表达大规模的城市设计方案，表达空间形态的组织。四，城市街区层级 1：2000，选取范围包括了西安建筑科技大学雁塔校区北院及周边道路，让同学对最熟悉的空间进行图纸转译。该层级尺度范围主要表达街区内建筑、环境道路的组织关系，常用于修建性详细规划中。五，建筑及其环境层级 1：500，学生自选校园内建筑及其周边

环境，进行总平面图及剖面图的绘制，仅需要区分建筑主体与外环境关系，不涉及建筑结构的剖面表达。初步尝试建筑总平面图的绘制，理解总平面表达的目标。同时选取建筑周边不同类型外部空间环境进行拍照记录，理解城市公共空间的类型。

3.3 空间操作基础训练——环节二～环节四

本学期第二、三、四环节进行以空间操作训练为主线的建筑空间基础训练，三个环节分别通过对板片、体块与杆件的操作，训练学生对空间的观察、理解与认知，在此基础上逐步深入了解建筑与城市空间的关系，建筑与周围环境的关系，建筑与人的关系以及建筑与建构材料的关系。[4]

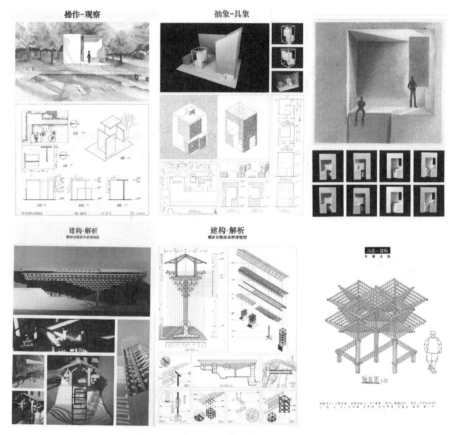

图7 环节二～环节四部分图纸展示
图片来源：学生作业.

（1）环节二——以人为本的操作观察

本环节要求学生通过对板片的操作与观察，建构形成城市中一处有顶的开放空间结构体，供人们休息、停留和社交。学生需在这一环节学习板片插接、粘接的操作手法，了解板片所形成空间与形式的特点；同时需了解借助物质要素的操作，更重要的是需要时刻重视并观察物质要素所限定的人所使用的空间——空间感受、空间体验以及空间对人行为活动的影响；最后，人的行为活动受到城市空间环境的诸多影响，学生还需将设计与真实环境相融合，通过观察、分析与想象确定最终的设计方案。

作业步骤：首先用指定的板片类型及操作手法进行空间限定，结合人体尺度的研究与体验，形成可供人们驻足停留、交流互动和休憩娱乐的空间；其次将模型置入真实城市空间环境，拍照、观察与想象其在真实空间中的可能使用方式，以及对城市空间可能产生的作用与影响；最后选择合适的选址场地，通过调整与修改，使模型与城市空间对话、交流并融合。

课程协同：与画法几何课程协同，学习平面、立面和剖面图的相关原理，并完成方案技术图纸的绘制；学习轴测图的原理与画法，完成方案表现图的绘制。与美术课程融合，运用水彩表达环境与建筑光影。

（2）环节三——正负转换的抽象具象

本环节要求学生通过对体块的操作与观察，建构形成满足简单功能的包裹型空间。同时，结合场地实际环境，从流线、光照、尺度、视线等要素入手，重点进行内部空间组织的研究。学生需在这一环节学习体块的操作手法，了解体块所形成空间与形式的特点；同时需了解空间的组织与自然要素、环境要素和人的行为等方面的关系。尤其正负空间、抽象具象的转换，有助于学生对于空间的深入理解。

作业步骤：首先使用木条在基地模型上制作6m×6m×9m的建筑体量，作为本次空间设计的研究对象；接着在6m×6m×9m的建筑体量内，选取泡沫块代替被包裹的内部空间，从流线、视线、光线等要素入手，研究内部空间的组织，泡沫块体积为建筑总体积的1/3。最后，内部形成的空间应为一个连贯的空间，考虑直射、穿射或漫射光线的进入和视线的引导，核心空间应符合人体尺度和停留、通过等基本的功能需求。

课程协同：与画法几何课程协同，学习空间剖面

场景表现的一点透视图画法，完成方案表现图的绘制。与美术课程融合，运用素描表现表达空间层次与光影变化。

（3）环节四——意境融入的空间建构

本环节要求学生通过对杆件的操作与观察，建构形成具有中国传统空间美学的诗意空间。学生需在这一环节学习杆件的操作手法，了解杆件所形成空间与形式的特点，在结构合理的同时体现建构本身的表现力。这一环节还注重引导学生对空间意境的营造，将中国传统文化、传统美学与诗词意境融入空间建构之中。[5]

作业步骤：首先，解析木构建筑案例，从结构受力、节点连接、美学设计、空间组织等方面进行分析学习；其次，学习中国古典园林中的空间序列、视线、光影的营造智慧，同时提炼中国古典诗词中展现传统空间美学、具有空间意境的关键词；最后，借用建构解析案例的建构方式，结合中国传统空间意境，利用小尺寸木构件，在3m×3m×3m的空间范围内，搭建一个能够让体验者感受到中国古典园林诗意的空间，满足休憩观景等功能，成为环境中的诗意景观。

课程协同：与美术课程融合，运用钢笔淡彩表现空间建构的材料特征与细节，着重训练环境场景表现与配景的细节表达，尤其注重古诗词空间意境的重现，最终完成建构方案的钢笔画空间意境效果图。

4 小结

经过50名师生一个学期的努力，同学们已经建立了空间的尺度、认知、城市空间结构、建筑空间等一系列空间概念；对空间操作的基本手法进行过系统的实操训练；可以从功能、场所和建构层面展开对建筑的思考与评价；掌握了专业技术图纸的基本绘制规则；并对色彩、构图知识有所了解，基本掌握了素描、水彩等表达建筑的技巧和轴测、阴影、透视等空间关系表达方法。在此过程中，教学突出了中国传统文化在城市空间形成中的重要作用，并将中国传统美术的技法与色彩运用在图纸表达中。

与此同时，作为第一次的探索还存在些许不足。第一环节中学生对于图面最终效果的追求胜过对各层级重点要素提取的思考，导致部分同学对空间和层级要素的关系理解不到位。第二环节与画法几何课程的联合中，

五个板片组成的构筑物空间复杂及多样性大大增加了画法几何教师对成果评定工作的难度，学生规模扩大时缺乏可操作性，合作方式还需进一步探讨优化。

参考文献

[1] 中华人民共和国教育部.教育部关于深化本科教育教学改革全面提高人才培养质量的意见（教高〔2019〕6号）[Z]. 2019.

[2] 顾大庆.空间：从概念到建筑——空间构成知识体系建构的研究纲要 [J].建筑学报，2018（8）：111–113.

[3] 陈景衡，崔小平，胥艺，等.面向城市更新的建筑公共空间"多义化转型"——城市综合体建筑设计教学知识点构架探索 [J].新建筑，2020（4）：98–102.

[4] 丁鼎，薛小杰.校园环境特色导向下的建筑设计基础教学实践研究——以西安理工大学设计基础3为例 [J].高等建筑教育，2020，29（6）：133–138.

[5] 陈敬，来嘉隆，张天琪.空间建构教学模式的实践与反思——西安建筑科技大学建筑基础教学课程设计 [J].新建筑，2021（2）：134–137.

[6] 顾大庆.向"布扎"学习——传统建筑设计教学法的现代诠释 [J].建筑学报，2018（8）：98–103.

Spatial Enlightenment: A Basic Teaching Exploration Based on the Cognitive Laws of Urban Rural Planning and Architecture Majors for Beginners

Cui Xiaoping   Xie Hui

Abstract: At present, civil engineering majors such as urban and rural planning and architecture in Colleges and universities all over the country need to face the background of the integration of major categories and the reform of curriculum system. The school of architecture of Xi'an University of architecture and Technology launched an experimental exploration on the training mode of major categories in the "top innovation class" for 2021 freshmen majoring in urban and rural planning and architecture. Determined the "vertical compression, horizontal pull through" curriculum structure mode. According to the cognitive law of beginners, the space enlightenment curriculum design link of the first semester is formulated: seeking cognition, operating observation, abstract representation, and space construction. The four links take into account the ladder growth needs of the two dimensions of cognition and operation. Looking for cognitive training to train students' perception of different scale spaces in the city and the extraction of urban elements; Operation observation trains students' understanding of the external space environment and the ability of plate elements to operate the space; Abstract concrete images train students' understanding of the internal space of buildings, the influence of human activities and human scale on the formation of architectural space, and practice using block elements to operate space; Space construction trains students' understanding of space artistic conception, the corresponding relationship between space form and people's feelings, and achieves the construction of space artistic conception through the construction of bars. In the process of homework training, professional basic principles are inserted from simple to deep, professional concepts are introduced from common concepts in life, and students are guided to recognize the imprint of Chinese traditional camp wisdom in modern urban space. At the same time, art class and descriptive geometry class are accompanied throughout the course, which supports the expression of design scheme, and professional skills are intensively trained.

Keywords: Category Training, Curriculum Integration, Beginner's Cognitive Law, Spatial Awareness

基于多尺度信息体系建构的聚落空间形态教学探索
—— 以"聚落空间研究与新技术专题"课程为例

王 鑫 徐凌玉 张 文

摘 要: "聚落空间研究与新技术专题"课程组响应城乡规划学科发展号召,不断探索多尺度信息体系视野下的聚落空间教学与研究工作,为城乡发展历史与遗产保护规划研究方向的建设积极努力,依托课程所形成了丰富的田野调查、教研论文、作业成果,为提升研究生的思辨能力和实践能力助力,为城乡规划学科的发展和平台建设提供支撑。

关键词: 多尺度;时空信息;聚落空间;田野调查;技术手段

在高等教育培养过程中,教学理念与方法的迭代更新极为关键,对于研究生综合能力拓展和专业技能提升具有重要作用,亦是研究生培养体系的核心环节。2020年9月,教育部、国家发展和改革委、财政部联合发布《关于加快新时代研究生教育改革发展的意见》,提出"面向世界科技竞争最前沿",特别是在教学过程中"优化课程体系,加强教材建设,创新教学方式,突出创新能力培养",凸显课程教学在研究生培养过程中的作用。2021年5月,全国城市规划学会工作会议中提出,要"更好地体现跨学科的特征","探讨专业学科跨界的路径和机制"。因此,在教学中不断融合新的理念、引入新的技术,强化过程质量管理,成为城乡规划学科教学探索的必由路径之一。

1 教学理念建构

1.1 聚落多尺度信息数字化的迫切性

顾名思义,多尺度(Multi-Scale)信息体现了聚落对象(也包括其他城乡环境要素)在不同空间和时间维度中的特征。随着我国城乡协同发展,数字技术不断提升与推广,城市建成区的信息化程度逐步完善,但广大城郊或乡野地区的时空信息的归档和数字化进程仍相对滞后,乡村环境的历史文化信息与风貌特色的留存、保护、更新面临依据不足与方法缺失的问题。传统聚落作为生态和生活空间的重要载体,历史研究和技术挖掘还应不断提升。

综合应用地理信息系统(GIS)、古典文献、历史图档和现代化的信息处理技术,面向宏观、中观、微观和个体体验等多尺度对象,对聚落历史信息进行整合、梳理、解析。应用"历史地理信息化"的方法,立足历史学、地理学、城乡规划学等交叉融合,掌握村落集群的历史空间体系,对于历史传承、环境保育、空间更新至关重要。

1.2 数据时代中聚落空间叙事的新方法

在当前数据时代,综合生产、分析、应用数据成为学科创新的关键驱动,并为应对经典问题提供了新的思路。不同于城市环境丰富的数据"溢出(Overflow)",村落因其规模和区位所限,长期面临数据缺失和体系偏差问题。历史地理信息系统(HGIS)整合了空间数据处理方法,为村落的空间叙事提供了全新的视角。借助量化不同时期的村落演化过程,构建相应的时空模型,为理性预测和应对提案提供基础。

对多源(Multi-Source)异构数据深度处理,将文献描述性信息空间化;整合不同类型的数据资源,在同一时空框架内实现综合分析;有助于重新审视历史研究

王 鑫:北京交通大学建筑与艺术学院副教授
徐凌玉:北京交通大学建筑与艺术学院讲师
张 文:北京交通大学建筑与艺术学院副教授

中的空间要素价值，展现时空演化的机制。随着技术手段与历史研究的不断整合，历史地理信息既要在技术维度进行突破，还要为村落为代表的空间叙事提供支撑。

1.3 依托历史地理信息的空间教学新路径

新的教学方法的引入，为传统聚落教学过程中提供了多元的体验和获得方式。具体而言，描述性信息提供了空间化和定量化处理方法。有助于不同来源、不同类型、不同结构数据资源的整合，包括文献、舆图、历史地图、田野调查等。通过建立传统村落集群的历史地理信息专题数据库，实现各类数据在同一时空框架内的管理与分析。将空间分析的手段引入历史研究，提炼村落空间信息的价值，总结社会网络关系中各要素的重要性，推演村落时空演化过程。此外，还有助于提供空间可视化的表达，通过动态地图和三维空间生成手段，直观展现传统村落的历时变化过程。依托教学新路径，可以发现传统方法没有涉及的历史问题，促进村落潜在信息的发掘，验证既有空间数据的合理性，建构新的学习框架。

2 教学实践探索

2.1 依托课程建设

教学实践依托"聚落空间研究与新技术专题"课程，关注新时代城乡聚落空间研究的新技术和新方法，旨在帮助同学建构多维度的聚落价值认知和空间特征分析理论框架。

自2015年开课以来，本课程已经完成8轮教学活动，得到了学院老师和同学们的广泛认可。课程负责人依托所承担的国家自然科学基金（青年）、北京市自科基金（面上）、北京市社科基金（青年）持续进行教学探索与课程建设。在2018年、2019年连续两年的学院硕士研究生课程评价中，被评为学院"最受欢迎研究生课程"。

2.2 技术与方法导入

在教案与课件准备过程中，课程组充分借鉴了历史学、形态学、地理学、人类学等其他学科的技术方法，搭建多尺度的空间认知架构。鼓励学生对聚落时空数据进行抽象提取，例如将聚落单元为"节点"，其他空间要素联系为"轴"，在时空体系上形成了典型的"度—簇"结构（Degree-Clustering）。该结构在表现多点要

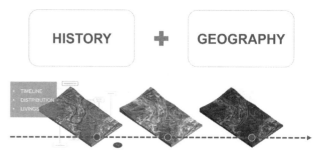

图1 多尺度信息体系建构
资料来源：作者自绘.

素间的关联度方面具有实用性和代表性。基于图论和拓扑学，应用复杂空间网络的分析方法，如无尺度网络（Scale-Free Network）和小世界（Small World）模型。历史地理学中"点—轴"数据的普及，这些模型为理解和认知聚落空间、拓展教学维度提供了方法支撑。

研究生教学与科研实践密切相关，特别强调对历史、地理、文化现象的关注，通过教学辅助聚落研究空间相关的属性依赖、结构化作用和空间异质性等作用，归纳空间效应与交互模式。包括：距离衰减（Distance Decay），村落单元空间距离接近，依赖关系越强，发生交互的可能性越高；空间依赖（Spatial Dependence）和社区结构，联系紧密的单元形成社区，社区之间的联系则相对稀疏，形成具有特定结构和功能的组团；尺度效应（Scale Effect），基本村落单元越大，聚合程度越高，反之则存在数据稀疏问题。在空间关系量化过程中，总结区域、亚区域、村落集群、村落单元等不同尺度的空间模式。

2.3 多元平台对接

本课程以传统村落、历史文化名村名镇等乡村建成遗产作为教学对象，聚焦聚落空间的历时演化，以及空间环境所容纳的日常生活与民俗行为。通过课堂讲授和田野调查，将"美丽乡愁"和山水田园置入到空间规划与设计的教学过程中。作为城乡发展历史与遗产保护课程群中的重要一环，为其他课程提供技术支持。教学分为两大板块，讲述航空摄影的基本原理和聚落空间分析的技术手段，并以专题的形式分析聚落形态研究中的若干重要问题，以全面认识包括乡村和城镇在内的聚落，理解聚落的构成、演化和更新，为更好地认识当代城乡

问题提供理论依据和实际指导。

此外，课程建设与"聚落航拍和地空全景平台"相得益彰，依托建筑与艺术学院的实验室建设，现有 DJI Mavic PRO 和 Phantom 4 Pro 多旋翼无人飞行器，Ricoh Theta S、Insta 360 全景相机，建立了基于 Pix4D 航拍点云数据处理平台。在近年来的教学探索中，课程立足北京，聚焦永定河流域传统村落的案例实证，通过教学与实践的融合，帮助学生掌握传统聚落在不同历史时代的空间布局、地理景观、集群结构，总结整体性的形态演变规律。借助各类 GIS 和地图工具，将历史信息、超文本（Hypertext）、多媒体、WebGIS 等相结合，建构村落集群历史地理信息系统，实现以空间为线索的多源异构数据的采集、融合、调用。

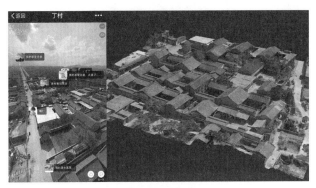

图2　PIX4D 与全景平台
资料来源：作者自绘.

2.4　实施与考核

近三年来，"聚落空间研究与新技术专题"课程聚焦城乡聚落研究的前沿理论和实践方法，通过田野调查、工具实操、平台研究等方式，为学生打开乡聚落研究的新窗口。该课程对应的本科前序课程有中外建筑史、城市建设史、历史文化名城名镇保护等，属于基本知识结构的搭建。

课程组现有三位老师，分别聚焦聚落空间研究体系、空间形态分析方法、多尺度信息采集与处理技术、外业调查与内业工作协同等专题，并结合虚拟仿真模拟平台、实操工具、田野调查等多种教学场景，使得教改实施进入到一个新的阶段。

教学内容与节次安排　表1

节次	教学内容	备注	负责教师
01	1. 课程综述：授课内容、教学目的、考核要求 2. 基本概念介绍，聚落空间研究体系概述		王鑫
02	1. 聚落空间的类型/范式 2. 分析方法的类型/特征		王鑫
03	聚落构成和影响因素		徐凌玉
04	聚落形态的分析方法		王鑫
05	聚落信息获取/航空摄影的历史和发展（计算机图形处理，空地一体化）	平时作业01布置：航摄案例分析	张文
06	多旋翼无人机的理论介绍与构成		张文
07	无人机飞行政策与模拟飞行练习		张文
08	聚落几何信息获取方法比较与图形处理软件		张文
09	聚落研究中的数据采集与应用	平时作业02布置	徐凌玉
10	长时段、大-小传统、聚落群		王鑫
11	研讨课01：乡村聚落空间	结课作业布置	王鑫
12	航空摄影实操与聚落田野调查	门头沟区王平镇	王鑫、徐凌玉、张文
13	多维视角下的聚落研究	平时作业02研讨	徐凌玉
14	研讨课02：城镇聚落空间		王鑫、徐凌玉、张文
15	聚落样本分析实践		王鑫
16	研讨课03：聚落空间样本解析	结课作业探讨	王鑫、徐凌玉、张文

在教学考核环节，课程设置了 4 个部分的内容，分别是考勤，5%；平时作业 01，20%；平时作业 02，20%；结课作业，55%。

其中，平时作业 01：四旋翼无人机基本知识及操作的考核目标包括：①四旋翼无人机的主要构成，工作原理，操作规范；②区分"日本手""美国手""中国手"三种摇杆模式的差别，并掌握其中一种；③四旋翼无人机的上机操作，包括开机、升空、下降、前进、后退、

图3　DJI Simulator 测试界面
资料来源：DJI.

旋转、绕点飞行、指定轨迹飞行、飞行中拍摄、返回出发点、关机等。考核方式采用随堂测试，在第8~9次课程中完成。在课堂中引入了 DJI Simulator 平台，学生通过2~3次的课堂学习，掌握无人机操作的基本要领，并通过"公路竞速"模块2个及以上测试点完成考核。

在平时作业02：聚落案例选择及基本信息获取中，考核目标包括：①聚落信息获取的方法及应用；②明确聚落和永定河、长城、关沟、妫水河等"文化线路"的空间关系；③对聚落空间形态的沿革和主要特征进行资料收集。课程组提供了南口城、长峪城、石峡村、岔道城、永宁古城、刘斌堡、门头沟区（东/西）王平村、东石古岩村、琉璃渠村、沿河城村等10个聚落选点，通过内业和外业结合的方式，全面检验学生对多尺度时空信息掌握的程度。

在此基础上，结课作业：聚落演化及特征分析旨在考核：①聚落信息获取的方法及应用；②分析聚落和永定河、长城、关沟、妫水河等"文化线路"的关系、相互影响；③对聚落空间形态的历史沿革、价值判定、现状特征、发展趋势等进行分析；④定性和定量研究方法的综合应用，方法可行、逻辑清晰、结论明确。在平时作业02的基础上，完成A1学术墙报，应用图文综合呈现聚落发展的时间线、空间图示、典型场景等内容。

3　教学育人成效

通过多年来的课程探索，同学们的上课积极性和热情得到了极大提升，动手实践能力和思辨能力得到了锻炼，并且在论文写作、科研实践、创新创业等方面均有

所收获。

包括课程组教师所指导研究生在内，已累计完成10余篇学术论文的撰写、5项大学生创新创业实践或挑战杯选题、3个中国传统村落数字博物馆建设，并协助2个中国历史文化名村完成了研究报告。研究生自身的学术能力得到了显著提升，多位同学参加世界规划大会、IFOU 论坛、IACP 年会等学科内重要学术会议，并进行专题报告。

此外，通过多尺度时空信息教学体系的引入，为同学全面认知聚落生成、梳理人居环境发展脉络、建构空

图4　马宣利同学参加世界规划大会并做口头报告
资料来源：马宣利提供.

图5　无人机操作的课堂教学
资料来源：作者自摄.

图6　门头沟区外业田野调查
资料来源：作者自摄.

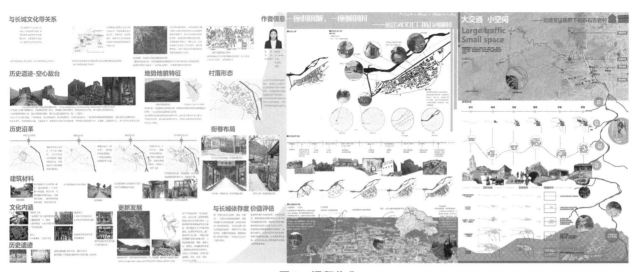

图7　课程作业
资料来源：王欣雨、杨柳青提供.

图8　依托课程完成的传统村落数字博物馆

间形态分析体系搭建了具有适应性和动态性的知识体系结构，无论未来从事何种行业，都可以快速介入其中，完成次级结构的建立和衍生。

4　小结

　　通过持续、有效、积极的建设，本课程不断夯实多尺度信息的教学与研究工作，为城乡发展历史与遗产保护研究积极努力，依托课程所形成的田野调查、教研论文、作业成果在国内同类院系中具有鲜明特色，并能够在学术论坛与教育研讨沙龙中进行宣讲，其中部分优秀成果可以发表于学科核心期刊，形成稳定且高水平的课程教学成果，为城乡规划学科的发展和人才培养提供助力。

参考文献

[1]　石楠. 城乡规划学学科研究与规划知识体系 [J]. 城市规划，2021，45（2）：9-22.

[2]　杨文涛，闫艺宁，刘贤赵. 融合 GIS 学科特点的科技论文写作课程教学研究 [J]. 地理空间信息，2021，19（12）：147-149，8.

[3]　李疏贝，彭震伟. 发展观影响下的当代中国城市规划教育 [J]. 城市规划学刊，2020（4）：106-111.

[4]　魏清华. 欧洲数字人文教育现状及其启示 [J]. 图书馆学刊，2018，40（5）：139-142.

[5]　何捷，袁梦. 数字化时代背景下空间人文方法在景观史研究中的应用 [J]. 风景园林，2017（11）：16-22.

[6]　高坤华，余江明，段安平，等. 研究生课程教学模式研究与改革实践 [J]. 学位与研究生教育，2014（5）：20-23.

[7]　郭华夏. 网络地理信息技术在"地理信息技术"教学中的应用案例 [J]. 地理教学，2013（14）：49，48.

The Teaching Research of Settlements Spatial Forms Based on the Construction of Multi-Scale Information Systems — A Case Study of *Human Settlements Study and Spatial Analysis Methods*

Wang Xin   Xu Lingyu   Zhang Wen

Abstract: In response to the transition of urban and rural planning discipline, the course team of *"Human Settlements Study and Spatial Analysis Methods"* has been exploring the teaching and research of settlement space under the vision of multi-scale information system. With active working for the construction of urban and rural development history and heritage conservation planning research direction, there has been formed abundant field investigation, teaching and research papers and assignment results based on the course, which help to improve the thinking and practice ability of postgraduates and provide support for the development of urban and rural planning discipline and platform construction.

Keywords: Multi-Scale, Spatio-Temporal Information, Settlement Space, Field Survey, Technical Methods

基于费曼技巧的城市研究方法课程教学模式优化探索

刘　泽

摘　要： "城市研究方法"作为系统讲授城乡研究典型范式，立足培养学生科研究能力的专业课程，在城乡规划学科研究生教学体系中的位置愈发重要。然而其课程内容特点也导致了传统教学模式下教学方式与教学主体间的错位关系，致使课程的教学效果往往遭遇瓶颈，学生对知识的理解和接受能力受限。基于此背景本文以费曼技巧为切入，在对其流程特点及其教学应用进行分析的基础上，以北京工业大学"城乡规划研究与分析方法"课程教改为例，围绕"以教代学"的核心理念，提出"整体建构，理论先导""以教代学，认知引导""实践检验，认知提升""共编手册，实现输出"4个教学环节的优化措施，以及循环性、参与性和联系性3点实施原则，以期为"城市研究方法"课程的教学模式的优化探索提供参考借鉴。

关键词： 城市研究方法；费曼技巧；以教代学；优化探索

1　城市研究方法课程的背景与教学特征

在我国城乡建设事业从增量建设走向存量治理的发展转型过程中，城乡规划实务的制度导向也逐步从"多种规划"到"多规合一"再到如今的"全域空间规划"，面对日益错综复杂的城市发展状态，城乡发展研究也呈现出从定性向定性定量并重的技术趋势，因此不断加强城乡研究方法的科学性、系统性和开放性建设，已经成为推动城乡规划学科不断适应我国城乡发展特征并对接行业国际前沿的关键路径。在此背景下，"城市研究方法"作为系统教授城乡研究典型范式，立足培养学生科学严谨、创新运用各类科学研究工具开展跨学科研究能力的专业课程，在城乡规划学科研究生教学体系中的位置也愈发重要。按照国务院学位委员会城乡规划学学科评议组编制的《城乡规划学一级学科研究生核心课程指南》要求，"城市研究方法"课程被列为博士研究生核心课程，并明确了学生在课程中所应实现的三个目标：①掌握城乡研究常用的分析方法及研究范式；②了解城乡研究在科技方法领域的前沿动态；③初步具备运用不同技术方法解决科研问题的创新能力。

通过对比现有城乡规划硕士、博士学位授权点院校的研究生培养方案、教学大纲可以发现，多数院校在硕士研究生教学体系中已然开设"城市研究方法"相关课程。从课程架构上看，多数院校以开设全面介绍各类技术方法、研究范式的"综述型"独立课程为主，如东南大学的"城市规划研究方法论"、南京大学的"城市与区域系统分析方法"、哈尔滨工业大学的"建筑科学研究方法"等；同时部分院校也依据研究性质、研究领域、技术特点间的区别，分列为多个课程，如天津大学的"研究方法论""城市规划与建筑设计的调查与分析方法"与"城市社会学与城市规划的社会学方法"等。从授课方式来看，多数院校采用的是课堂讲授与课余自学相结合的方式，同时在教学过程中引入课题研讨、主题讲座等环节以丰富教学内容。而从考核形式来看，多采用课程论文的形式，即学生运用课程所学方法提出城市问题解决方案完成研究论文。由此可见，现有"城市研究方法"课程的教学思路已相对成熟，多数院校已基本形成以讲授为核心注重研究方法系统性、整体性的课程组织架构。

2　传统教学模式的瓶颈

虽然"城市研究方法"课程的教学思路已趋向稳

刘　泽：北京工业大学城乡规划系讲师

定，但其课程内容特点也导致了传统教学模式下教学方式与教学主体间存在错位关系，课程的教学效果往往遭遇瓶颈。

2.1 教学内容与基础能力间的错位

"城市研究方法"在引导学生建立学科技术方法全局观的过程中必然覆盖的知识点较为庞大复杂，且会涉及微分方程、统计学或线性代数等高等数学基础知识，而这也往往是城乡规划学科学生的知识软肋。特别是作为开设在硕士研究生第一学期的专业必修课程，所面对的授课对象多数在本科阶段并未接触系统的科学研究，因此课程知识的内容和形式与学生基础知识储备间的不对等，在一定程度上影响着学生对知识的理解和接受能力。

2.2 教学方式与主体位置间的错位

目前"城市研究方法"课程往往以教师为中心，由教师独自进行讲解，而学生的主体性地位经常被忽视，教学活动难以形成互动。特别是传统课程教学模式倾向于将具有创新性的内容和传统的形式相结合，这也导致内容缺乏吸引力，学生的主观能动性无法有效激发。

2.3 教学目的与效果间的错位

"城市研究方法"教学中教师常会引用实证研究论文作为案例，阐释研究方法的适用领域。其本意是希望学生从高质量的论文中受到启发，加深对相关理论方法的理解。但实际教学效果却收效甚微。其原因在于案例中的研究方法往往是作者根据问题特征，在多种方法中优胜劣汰的选择结果，而这思考与选择的过程却难以在教学中如实呈现，这也导致学生对案例中的思维逻辑体会不深，只能盲目记忆或照抄，反而不利于培养学生的创造性思维。

综上，以学科内容为依托的"城市研究方法"课程需要运用新的模式来提高课堂效率，调动学生的主动性与学习兴趣。

3 费曼技巧的特点与误区

3.1 费曼技巧的流程特点

费曼技巧，又称费曼学习法，是以诺贝尔物理学奖获得者理查德·费曼（Richard Feynman）的名字命名

的学习研究方法。费曼技巧的操作流程可分为四个步骤（图1），其见效明显且简单易懂的特点被国际上多数教育学家所认同[1, 2]。哈佛大学根据学习者在两周以后还能记住学习内容多少而提出的"学习吸收率金字塔"模型（图2）显示，"听讲、阅读、试听、演示"等传统方式的学习效果在30%以下，均为被动学习；而"讨论、实践、教授他人"的主动式方法可以使学习效果在50%以上，其中学习效果最高的"教授他人"，这与费曼学习法的核心步骤"以教代学"不谋而合。

3.2 费曼技巧的应用误区

事实上费曼技巧对于我国教育研究并非新的概念，其"以教代学"的核心理念已被我国教育学者所反复研讨[3~5]。特别是面向"城市研究方法"中平行知识点较多的课程特点，"以教代学"的教学形式在满足课程要求的同时更易活跃课堂氛围，因此被城乡规划规划院校所广泛应用，并形成"读书分享会""小组汇报"等不同教学组织形式（图3）。

图1 "费曼技巧"的学习流程示意

图2 "学习吸收率金字塔"模型示意

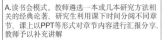

A.读书会模式，教师遴选一本或几本研究方法相关的经典论著，研究生利用课下时间分阅不同章节，课上以PPT等形式对章节内容进行汇报分享，教师予以补充讲解

B.小组研讨模式，学生被分为几个研究小组，分别围绕某一方法或某一课题开展自主研究，课上各小组对研究结果进行汇报，教师予以点评

图3 传统"以教代学"教学组织方式示意
（图中照片为作者拍摄）

但另一方面，上述教学形式虽有体现"以教代学"的理念，但并不完全归属于"费曼技巧"。其教学过程与"费曼技巧"的操作流程存在以下几点区别。

首先，"费曼技巧"是一个循环体系，需要学生能够将"以教代学"环节（Teach）和评价反思环节（Review）不断反复，以此加深理解。而片段化的"以教代学"形式中，教师往往会在学生发现问题时代为指正。学生缺少了对问题的回溯与查证，也没有途径验证自己对问题的理解是否到位，由此将导致学生对课堂知识"囫囵吞枣"，未能真正消化。

其次，"费曼技巧"要求学生在讲解的过程中使用最简单的描述和例子，尽可能避免专业词汇，即想象是讲给没有任何基础的"孩子"一般。这种训练可帮助学生在"以教代学"的过程中进行自我判断：是自己没理解透；或是有可能讲得太深奥，大家听不懂。而传统的汇报形式往往没有限制，因此也难以保证台下学生的理解效果。即使出现理解障碍，也常是台上同学自说自话，台下同学一知半解。

最后，"费曼技巧"的关键在于有意识地简化和回顾。认知心理学里面有一个概念，叫"加工水平模型"。它告诉我们决定信息的储存和提取效率的正是"对信息本身的加工水平"。而"费曼技巧"的本意是对信息进行一次高水平加工，因此其最终步骤是简化信息，并要求信息内容尽量回归基础。而传统"以教代学"的形式中往往缺少了对于学习内容的精炼环节，学生可能当下对知识点有所了解，但因为知识内容未经梳理，随着知识累积将难以形成体系并逐渐遗忘。

4 基于费曼技巧的教学模式优化

4.1 课程优化背景

针对目前"城市研究方法"课程中传统"以教代学"形式所面临的问题，北京工业大学"城乡规划研究与分析方法"教师团队在2020年研究生培养方案修订过程中，结合"费曼技巧"的流程特点，对课程教学模式展开优化探索，并形成新版教学计划（表1）。优化后的"城乡规划研究与分析方法"是面向城乡规划专业学术学位和专业学位两种类型硕士研究生开设的讲授课程，是研究生必修的基础学位课。课程共32个学时，分8周教授，开课时间于研究生一年级第一学期。

4.2 课程教学目标

课程旨在通过理论讲授与实践相结合的方式，向学生系统讲解城乡规划学科常见的研究类型与常用研究方法。课程目标是拓宽学生对科研工作的认知和视野，培养严谨、科学和理性的思维模式，训练学生通过研究手段来分析问题和解决问题的能力。

（1）了解城乡规划研究的基本范式及方法类型，掌握城乡规划研究技术方法判断选择的基本策略与应用技巧。

（2）从城乡学科不同的研究领域了解技术方法构成体系、适用条件及应用价值。

（3）能够结合课程实践环节，对现有城市规划问题进行多角度思考，并合理运用科学的技术方法支持解决方案，满足逻辑推导科学性的思维能力。

4.3 教学模式的优化措施

教学环节一：整体建构，理论先导。

费曼技巧并不是针对新概念完成从0到1的学习方法，它是一种在学习的中后期验证以及支持后续学习任务的策略。因此作为课程的先导环节，教学团队首先需要通过讲授方式，帮助学生从整体上建立城乡规划科学技术方法体系，形成相对稳定的研究范式。此环节包含12个学时的教学内容，可分为四个部分：①基于哲学思辨视角讲解学术研究的定义、目的以及研究方法的形成与发展历程；②从探索性、描述性与解释性三类研究的范式入手，构建城乡规划领域的技术方法体系；③根

"城乡规划研究与分析方法"课程教学计划　　　　　　　　　　　　　　表1

章节	目的要求	教学环节的学时分配			
		讲授	讨论	实践	其他
教学环节一 整体建构 理论先导	研究导论：了解研究的本质、特征和范式	2			
	研究的构建：了解城乡规划研究研究的基本范式	1	1		
	定性研究方法：了解定性信息的采集和分析要领	3		1	
	定量研究方法：了解定量数据的研究与分析方法	2	2		
教学环节二 以教代学 认知引导	方法自习：深入理解1~2种相关性较强的方法	课余时间			
	模拟教学：将所研习方法准确进行论述表达		2		
	信息反馈：对研习方法相关的问题进行详细解答，并认知研习中的不足		2		
教学环节三 实践检验 认知提升	分组选题：明确研究选题的核心内容，确定合理的研究计划		2		
	数据采集指导：通过实践操作，掌握城乡规划研究数据的采集思路、流程与技术办法			4	
	调研与分析：通过实践课题深入理解研究方法在实操层面的技术要领，提升对方法理论用的理解			6	
教学环节四 共编手册 实现输出	问题回顾：通过对实践与理论学习中的关键性问题予以总结与详细讲解	3	1		
	结课作业：基于一系列教学活动，对此前研习方法进行回顾与总结，以简明扼要的语言形式完成知识输出	课余时间			

据研究性质的差别，对访谈、问卷调查、观察、案例研究等定性研究的分析方法与范式进行综合性介绍；④按照定量分析在城乡规划研究中应用情景的特征，从"数论"（数理统计）、"图论"（空间形态解析）与"空间论"（空间模型分析）三个维度分别对量化方法的技术特点进行讲解。

教学环节二：以教代学，认知引导。

此环节对应费曼技巧的第二步"以教代学"，共4个学时，课程安排分为三个阶段。阶段一为学生课前自学。学生根据自身的研究方向特点，从环节一所构建的技术方法体系中选择1~2种相关性较强的方法进行深入学习，并要求做到能从该研究方法的形成背景、原理逻辑、适用范围及应用价值等四个方面进行详细解释。阶段二为学生课上教学演练。要求学生用自己的语言，将阶段一所选择的研究方法及其四个方面向全班进行讲解。这里区别于传统汇报形式，教师在课堂中的位置不再是"评审者"，即不评判学生内容的对错（即使知道学生哪里存在问题）或对学生所述内容进行补充，而是与台下学生一同作为信息接收者。阶段三为信息反馈，

由在座学生与教师针对讲解内容进行提问。通常学生会针对语义概念及实操环节进行发问，而教师则针对学生未讲解透彻及理解有误的部分，以引导式提问为线索让学生自我发现问题所在，并进行二次学习寻找答案。

教学环节三：实践检验，认知提升。

虽然在环节二中已涉及费曼技巧中"自我发现盲区"的步骤，但考虑到城乡规划领域研究以解决现实问题为导向的工科特点，仅从讲授环节的反馈往往难以帮助学生检测自身对方法应用的理解深度。因此在此环节中，教学团队依托北京责任规划师项目平台及大栅栏课程实践基地，采取工作坊（Workshop）的形式，开展小组调研与分析研究活动（图4）。此环节共12个学时，过程为：①教学团队确定场地范围及研究选题方向；②教师根据学生的科研方向及其所研习方法的相关性进行分组，每组3~4人；③教师指导各组学生确定具体研究选题；④教学团队提供相关设备与技术支持，指导学生采集数据；⑤学生基于数据素材进行方法操作实践；⑥学生根据实践中遇见的问题进行知识回顾与系统总结，并对关键性问题进行记录。

图4 课程实践教学场景

资料来源：图中照片为作者拍摄.

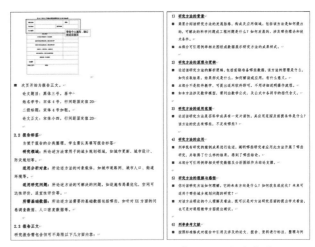

图5 《研究方法速查手册》作业任务书节选

教学环节四：共编手册，实现输出。

此教学环节对应费曼技巧中的"回顾和信息简化"，为学生对所研习知识的输出过程。这个环节共4个学时。一方面利用课堂时间，教学团队根据环节三中各组记录的关键性问题，予以正面回答和总结。学生在经过"自我认知—自我求证—寻解检验"等过程后再听教师的正面讲解，体会将更加深刻并能保持长久记忆。另一方面，作为结课考核环节，区别于一般课程论文，教学团队采用共编《研究方法速查手册》的形式（图5），要求学生撰写方法研习报告。该报告有三个特征：①报告字数设有限制。每位同学不得超过A4纸3页，需用最简单明了的语言对研究方法予以说明。②报告体例设有限制。报告被区分为固定板块，分为"标签"和"正文"。标签部分学生需用关键词的形式概括研习方法的研究领域、适用对象、适用问题和所需数据，方便后续归类检索；正文部分则分为方法的形成背景、原理与逻辑、适用范围以及实践应用四个章节。③教师团队根据标签对全班报告进行归类整理，以《研究方法速查手册》的形式内部印刷，并发放给学生留存，学生既能参与到教学成果的实体输出，获得成就感；同时也能了解其他同学的学习成果，实现群体知识的共享。

4.4 教学模式优化的实施特点

基于以上对北京工业大学"城乡规划研究与分析方法"课程教学模式的论述，在围绕费曼技巧进行课程优化的过程中，针对教学模式的实施特点可以归纳为三点原则（图6）。

循环性原则。在教学过程中不断促使学生实现"自学—模拟教学—自查—回顾—修正—输出"的知识研习闭环是"城市研究方法"教学模式优化的核心理念，在加强"以教代学"效果的同时，也更为契合"费曼技

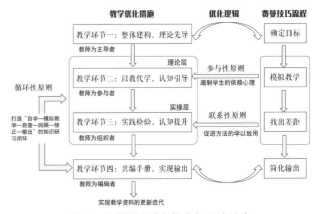

图6 教学模式优化措施与实施特点

巧"的逻辑架构。另一方面课程中的循环性不仅体现在对学生知识能力的培养方法上，作为结课作业的《研究方法速查手册》也将成为下一届学生的教学读物，并被不断完善补充，实现教学资料的更新迭代，从这层意义上讲，这也是教学内容体系的更新循环。

参与性原则。费曼技巧中教师的角色位置非常重要，传统模式中教师作为"评审者"往往让学生形成依赖心理，即发现讲错或不懂的知识点会本能指望教师的讲解与补充，而主动放弃知识回溯和修正的过程，导致难以实现教学效果。而在优化模式中教师改为教学活动的组织者与参与者，与学生相伴，在宏观把控教学进度的同时，以聆听和提问为主引导学生自我发现问题，并让其自己解决而不是当下纠正或回应。

联系性原则。城乡规划学科研究本就带有具象化属性与现实意义，在运用费曼学习法的"城市研究方法"课堂中，更应遵循联系实际问题的原则。因此教学团队通过引入实践环节，不仅可以拓宽学生的知识面、开拓视野，更能促进学生将所研习方法学以致用，最大限度地帮助学生适应复杂多变的研究环境，从理论到实操两个层面掌握研究范式。

5 结语

通过课程改革优化，目前"城乡规划研究与分析方法"课程的出勤率达到90%以上；优秀率超过了30%，质量明显高于往届教学成果。特别是部分研究生导师跟教学团队反映学生在后续科研活动中不论从主观能动性还是逻辑判断能力都有了明显进步，由此说明优化后的

教学模式发挥了预期的促进作用，改革较为成功。另一方面，伴随我国经济社会发展步入新常态，城乡规划技术方法也呈现出多元化与复杂化的发展趋势，从多学科交叉融合的角度、"城市研究方法"课程仍有较大的变革与优化空间，因此希望北工大"城乡规划研究与分析方法"的教学模式探索能为方法讲授类课程提供借鉴，共同促进城乡规划研究生教育教学的全面健康发展。

参考文献

[1] Peter J. Aubusson. Metaphor and Analogy in Science Education[M].Sydney：Springer，Printed in the Netherlands，2006：116.

[2] Larisa V. Shavinina. International Handbook on Giftedness[M]. Quebec：Springer Verlag，2009：65；Gabriele Kaiser. Uses of Technology in Upper Secondary Mathematics Education[M]. Hamburg：Springer Verlag，2017：27.

[3] 吴玉辉．费曼学习法在材料科学教学中的应用探索[J].科技创新导报，2019，16（29）：175-176.

[4] 张雷，蔡彬卓，邓欢，等，学习技巧在自然科学基础物理部分中的教学实践[J].大学教育，2020（8）：110-112.

[5] 刘晨，李妹佳．大学生实践创新教学中的费曼学习法应用探讨——以东华大学步阅汽车协会为例[J].教育现代化，2019，6（91）：65-67.

[6] 夏苏徽．费曼学习法教学模式设计——以函数为例[J].教育观察，2020，9（23）：60-62.

Optimization of Teaching Mode of Urban Research Methods Course Based on Feynman Techniques

Liu Ze

Abstract: As a professional course that systematically teaches the typical paradigm of urban and rural research and cultivates students' research ability, Urban and Rural Research Methods has become more and more important in the teaching system of postgraduate students in urban and rural planning. However, its content characteristics also lead to a misalignment between teaching methods and teaching subjects in the traditional teaching mode, resulting in the teaching effect of the course often encountering bottlenecks and limiting the students' understanding and acceptance of knowledge. Based on this background, this paper takes Feynman's technique as the starting point, analyzes its process characteristics and teaching application, takes the teaching reform of urban and rural planning research and analysis method of Beijing University of technology as an example, and puts forward four optimization measures of teaching links, as well as three implementation principles of circularity, participation and connection, around the core concept of 'replacing learning with teaching', It is expected to provide reference for the optimization of the teaching mode of the course of urban research methods.

Keywords: Urban Research Methods, Feynman Techniques, Teaching for Learning, Optimizing Inquiry

控制性详细规划课程模块化教学方法初探*

王 阳

摘 要：控制性详细规划是城乡规划专业本科的核心课程之一。随着国土空间规划与规划教育改革的逐步推进，控规课程教学面临授课内容更新、课时压缩等问题。西安建筑科技大学控规课程使用"模块化"的教学方式拆解授课内容，围绕"上位规划与现状解析""土地使用控制""开发强度控制""图则绘制"四个教学模块，采用讲座、设计、汇报等多种教学方式，试图使学生在有限课时内能更好地掌握控规编制的主要内容与方法。

关键词：控制性详细规划课程；模块化；教学方法

1 前言

控制性详细规划（以下简称"控规"）一直是城乡规划专业本科的核心课程之一。目前，西安建筑科技大学城乡规划专业控规课程主要面临两方面的挑战：一是如何更新教学内容，以满足国土空间规划的新要求；二是如何优化授课方式，以应对课时压缩的规划教育改革新趋势。

"模块化"（Modularization）是指在解决一个复杂问题时，自上而下逐层把系统划分成若干模块，每个模块完成一个特定的子功能，所有的模块按某种方法组装起来后，可以成为一个整体，完成整个系统所要求的功能（Knoernschild K. 2012）。西安建筑科技大学城乡规划专业控规课程借鉴"模块化"的方法，将课程拆分为与控规"开发控制"具体编制内容相对应的"上位规划与现状解析""土地使用控制""开发强度控制""图则绘制"四个教学模块，试图通过递进式地模块化教学，促进学生更加完整清晰、易懂易学地掌握控规的核心编制内容与编制方法。

* 基金项目：2020年陕西省研究生教育综合改革研究与实践项目：面向国际、精耕本土——基于一流学科建设的建筑类硕士研究生联合培养的实践探索（项目编号：YJSZG2020058）。

2 新要求下的"模块化"控规教学设计

2.1 新要求

（1）以旧城更新为主体的控规编制对象

2021年底，我国城镇化率达到65%。这意味着我国的城镇化已进入"下半场"，原来面向新城区建设的控规编制需求会越来越少，未来更多的是面向旧城更新的控规。反映在控规教学中，就要求控规课程从关注"新城建设"向"新旧结合"和"旧城更新"转变。

（2）以数据库为基础的控规编制方式

国土空间规划背景下，控规需以"三调"为基础将土地利用数据转译至国土空间用地二级、三级分类，同时叠加地形图、地籍信息、人口信息、建筑信息、路网数据等基础信息，进行一系列的前期分析。反映在控规教学中，就要求学生通过现场调研、踏勘访谈等方法调查用地权属、人群信息等基础资料，自绘用地综合现状图，并构建控规基础数据库。

（3）以人民为中心的控规编制理念

在"以人民为中心"理念要求下，规划面对的不再是无差异、抽象的人，而是城市中不同年龄、不同需求的多样化实际居民。反映在控规教学中，就要求学生加

王 阳：西安建筑科技大学建筑学院城乡规划系副教授

强对城市居住人群分异的调查与分析，将不同人群的实际需求反映在规划的不同阶段。

2.2 "模块化"控规教学设计

西安建筑科技大学控规课程为"56课时+2周"学时，通常在上一学期总规课程成果基础上，以总规课程的中小城市为规划对象，以2~3位同学为一个小组，以每组选取每人不少于0.5km²的连片用地圈定规划地段，进行教学。

控规教学一般主要围绕"开发控制"展开，涵盖土地使用控制、开发强度控制（环境容量控制）、建筑建造控制等内容。针对控规教学新要求，西安建筑科技大学控规课程探索"模块化"教学方式，分别安排2周学时完成上位规划与现状解析模块及土地使用控制模块、2周学时完成开发强度控制模块、2周学时完成图则绘制模块，最后利用2周设计周时间细化图则、完善图纸与文本等课程成果。

针对每个模块，采用教师整体"授课"+学生个人"设计"+学生分组"汇报"的形式，促使学生在有限的课程学习时间内掌握控规的核心编制内容与方法。在四个模块中，上位规划与现状解析模块主要采用全年级课程讲授与小组课程讲授的授课方式，学生主要以小组汇报的形式展现前期调研与资料解析成果；土地使用控制模块主要采用小组课程讲授的授课方式，学生主要以多轮"快题"

的形式研讨地块的规划结构、用地布局和各子系统布局方案；开发强度控制和图则绘制模块主要采用全年级课程讲授与小组课程讲授的授课方式，学生主要以小组汇报的形式展现开发强度指标研究和图则绘制成果（图1）。

3 控规课程的"模块化"教学

3.1 模块一：上位规划与现状解析

（1）背景与现状分析

首先，学生需要分析规划地段所在规划片区的现状背景，整合规划片区内山、水、文化遗产、历史文化空间格局等要素，明确规划地段特色资源禀赋，同时解读相关上位规划，明确上位规划中确定的城市性质、定位、结构以及规划地段的规划人口、用地布局和用地指标等要求；其次，需要分析规划地段的土地使用情况，包括细化调研宗地土地使用情况，明确宗地实际用地边界、权属和实际居住人口，以及分析规划地段的宗地开发强度状况，如容积率、绿地率、建筑密度等；最后，综合上位规划分析结果及规划地段现状土地使用情况，形成宗地保留、拆除与改造方案。

（2）基础数据库构建

学生需要在GIS软件平台建立基础数据库，汇总已获取的规划地段现状用地信息，主要包括人群信息（人群性别、年龄、职业等）、建筑信息（建筑层数、建筑面积、建设年代、建筑用途、建筑风格、建筑结构等）

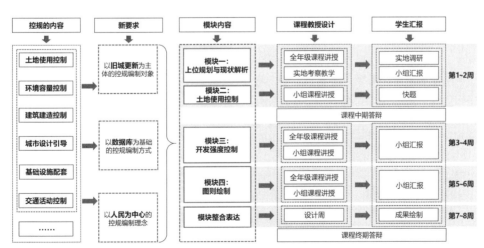

图1 "模块化"控规教学设计图
资料来源：作者自绘.

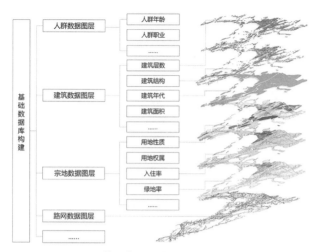

图 2　基础数据库数据图层构建示意

资料来源：西安建筑科技大学建筑学院 2018 级城乡规划 1801 班控规学习小组.

以及宗地信息（宗地边界、用地权属、绿地率、停车位个数、住宅套数等）等（图2）。通过现状用地信息基础数据库的学习构建，在提高学生技能应用的同时，也能让学生在后续学习中更加便捷高效地分析整合规划数据信息，促进学生小组合作。

3.2　模块二：土地使用控制

（1）控规结构

学生需要在背景与现状分析和基础数据库构建基础上，结合总规及相关规划要求，考虑规划地段不同居住人群的生活需求，明确规划地段的定位，落位规划地段的规划结构。其中，新区规划需注重完善各层级生活圈结构，梳理细化各功能区的道路层级（图3、图5），旧区规划在细化结构的同时需优化提升规划地段生活品质（图4、图6）。通过规划结构的构思讨论，可以引导学生思考控规与总规及相关规划的衔接关系，提高学生的思辨能力。

（2）用地布局

学生需要在控规规划结构的基础上绘制用地规划布局图。一方面，需明确用地权属信息，确定各宗地边界，以及根据建筑质量评价结果，确定现状保留、改造与新建建筑区域；另一方面，在落实总规规划用地布局的基础上，结合宗地权属细化用地布局，并确定各类用

图 3　控规土地使用现状图（新区）　　**图 4　控规土地使用现状图（旧区）**

资料来源：西安建筑科技大学建筑学院规划 2016 级屈恩因、蔡臻小组控规成果及郭寇珍、李昱融、吕发明小组控规成果.

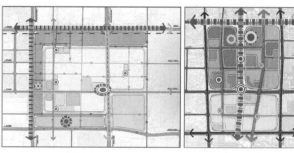

图 5　控规规划结构图（新区）　　**图 6　控规规划结构图（旧区）**

资料来源：西安建筑科技大学建筑学院规划 2016 级屈恩因、蔡臻小组控规成果及郭寇珍、李昱融、吕发明小组控规成果.

地的规划指标。在用地布局中，需明确新旧城区不同的土地使用控制重点，在注重城市空间形态控制的同时，还可以通过人群分异的引导来协调规划地段布局（图7、图8）。

图 7　控规土地使用规划布局图（新区）　　**图 8　控规土地使用规划布局图（旧区）**

资料来源：西安建筑科技大学建筑学院规划 2016 级屈恩因、蔡臻小组控规成果及郭寇珍、李昱融、吕发明小组控规成果.

（3）各子系统规划

学生需要基于规划结构和规划用地布局，制定各子系统规划方案，主要包括道路系统、居住系统、公共服务设施系统、绿地系统等。一方面，需梳理各系统现状问题，优化规划布局与指标；另一方面，采用现状和规划对比的方式绘制图纸，如道路系统规划图，需表达规划各层级道路相比于现状道路，在道路网密度、间距、断面等方面的优化情况（表1）。

控规各子系统规划布局学生作业示例汇总表　　　　表1

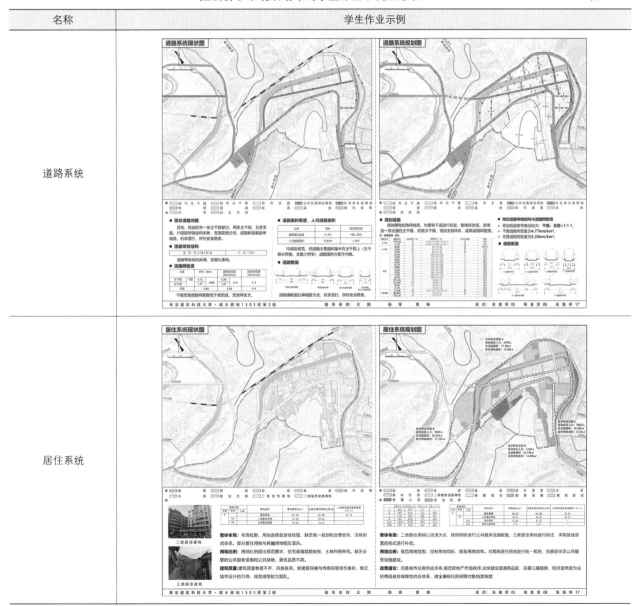

名称	学生作业示例
道路系统	
居住系统	

名称	学生作业示例
公共服务设施系统	
绿地系统	

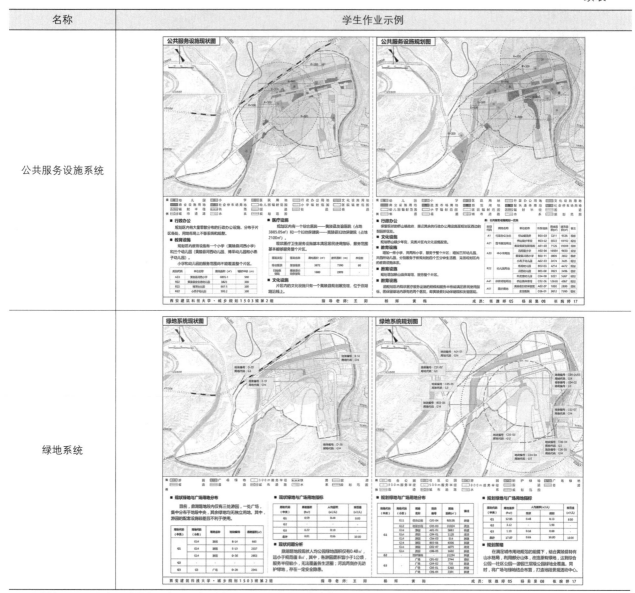

资料来源：西安建筑科技大学建筑学院规划 2015 级张雅婷、杨易旻、张婉婷小组控规成果．

3.3 模块三：开发强度控制

（1）容积率的初步计算

容积率指标的计算是该模块的核心内容。一方面，学生需要掌握若干种现行容积率计算方法，容积率计算方法主要包括城市整体密度分区分层控制法、经济测算法、日照分析软件模拟法等。另一方面，学生需要辨析单一值与区间值、刚性指标与弹性指标、自上而下与自下而上等容积率计算方法的优劣，理解容积率指标计算背后的深层规划逻辑（图9~图11）。

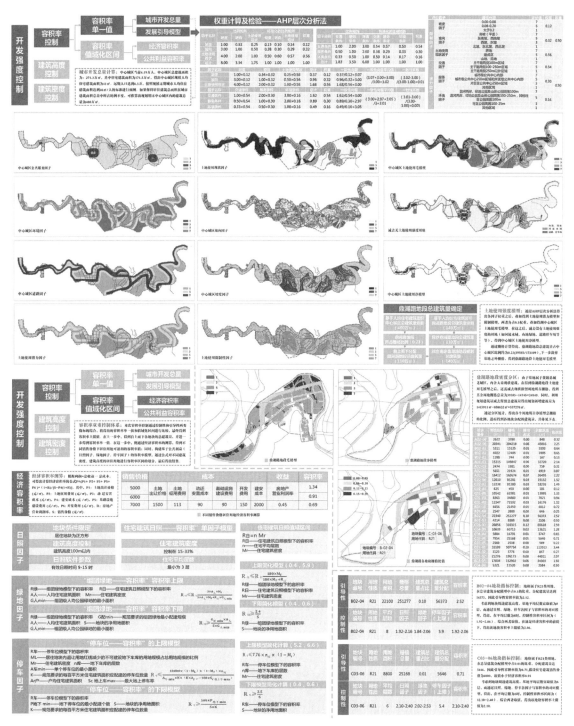

图9　使用密度分区法及区间值方法计算容积率过程图
资料来源：西安建筑科技大学建筑学院规划2015级张雅婷、杨易旻、张婉婷小组控规成果.

容积率下限预测——"经济容积率"

经济容积率测算：根据利润=总收益-总成本，可得计算经济容积率的公式为：
$$F=(P1+P2+P3+P5+P6)\cdot(1+R)/[S-P4(1+R)]。$$
其中：P1:土地出让价格(元/每平方米用地面积)；P2:土地征用费用(元/每平方米用地面积)；P3:动迁安置成本(元/每平方米用地面积)；P4:建安成本(元/每平方米建筑面积)；P5:基础设施建设费用(元/每平方米用地面积)；P6:开发费用(元/每平方米用地面积)；R:房地产营业利润率；S:销售价格(元/每平方米建筑面积)。

对地块改造开发过程中涉及到的各项成本与地块改造后的收益进行对比，在保证开发商一定利润的前提下，计算能够产生开发动力的地块容积率，称之为容积率临界值。

□ **土地出让价格P1的确定**

户县城镇土地级别划分范围图表

城　镇	土地级别	级别范围描述
县城区	Ⅰ级	钟楼广场周围区域，南大街、东大街、眉户路、沣京路(部分)、草堂路(部分)、娄敬路、画展街等道路附近的区域。
	Ⅱ级	为一级城外围区域，主要是沣京路(部分)、人民路、车站东路、车站西路、美隆路、北大街(北段)、沣大路(西段)、钓鱼路南路、草堂路等道路周边的区域。
	Ⅲ级	包括二级城外围区域，由古环路区域，渭峪河以东、南北七号路以西部分、陕西国际职业学院以北部分区域。
	Ⅳ级	为定级范围内三级城以外的区域。

户县城镇基准地价表

级别	户县城区		
	商业	住宅	工业
Ⅰ级	1215	1050	525
Ⅱ级	930	810	420
Ⅲ级	630	510	330
Ⅳ级	450	390	270

根据户县城镇土地级别划分范围图表及户县城镇基准地价表，规划地段级别为Ⅰ级和Ⅱ级土地出让价格，土地出让价格按Ⅰ级：1215、Ⅱ级：1050、810取值。

□ **土地征用费用P2的确定及房地产营业利润率R值的确定**

按照鄠邑区征地统一年产值标准年均74.5万元/公顷取值。房地产营业利润率参考国内房地产行业平均利润率水平统计资料，本次测算房地产营业利润率控制为取值20%。

□ **动迁安置成本P3的确定**

户县城镇土地级别划分范围图表

权属单位	地类名称	面积(公顷)	土地补偿费标准	安置补助费标准
甘亭街道	耕地	34.0211	50.8500	50.8500
	园地	0.4438	101.7000	
	其他土地	1.6898	101.7000	
	建设用地	3.2485	101.7000	

针对研究范围现状建成区内居住用地，需要进行拆迁安置，具体的拆迁安置费用可以按照《西安市国土资源局拆补偿安置方案公告》进行估算，大约为100万元/公顷。

容积率下限预测——"经济容积率"

□ **销售价格S及基础设施建设费用P5的确定**

参照鄠邑区及周边地区房价市场价格，改造期内取15-20%的升幅，规划区内房地产价格如下：住宅销售价格：9000-12000元/㎡；商业销售价格：11000-13000元/㎡。基础设施建设费用根据《西安建设项目城建费用统一征收标准》主城区基础设施配套费为150元/㎡。

□ **建安成本P4的确定**

工程建设成本计算标准在同一地区内较为一致，规划参考鄠邑区最新工程建设成本，居住建筑工程建设成本按2500元/㎡计，商业建筑成本按3000元/㎡计。

□ **其他成本的确定**

研究范围内开发费用、拆迁赔偿费、临迁费等参考近年来鄠邑区的实际开发项目可得到近期建设具有参考价值的相关数据。

□ **测算结果**

项目	各级别商业用地		各级别住宅用地	
	Ⅰ级商业(元/㎡)	Ⅱ级商业(元/㎡)	Ⅰ级住宅(元/㎡)	Ⅱ级住宅(元/㎡)
土地出让价格P1	1215	930	1050	810
土地征用费用P2	100	100	100	100
动迁安置成本P3	100	100	100	100
建安成本P4	3000	3000	2500	2500
基础设施建设费用P5	150	150	150	150
开发费用P6	300	250	150	200
销售价格1	11000	11000	9000	9000
销售价格2	12000	12000	10000	10000
销售价格3	13000	13000	11000	11000
房地产营业利润率R	20%			

经济容积率

地块号	总用地面积A	经济容积率1	经济容积率2	经济容积率3
A-01-02;A-04-01	5.80公顷	2.5	2.2	2.0
B-03-03;B-05-02	2.30公顷	2.3	2.0	1.8
C-01-03;C-03-01-C-04-02D-01-06;D-03-01;D-04-06	10.68公顷	2.1	1.7	1.5

结合现实建设情况，综合经济效益分析Ⅰ级商业用地容积率下限按照2.2控制；Ⅰ级住宅用地容积率下限按照2.0控制；Ⅱ级住宅用地容积率下限按照1.7控制。

图 10　使用经济测算法计算容积率过程图
资料来源：西安建筑科技大学建筑学院规划2016级屈恩囡、蔡臻小组控规成果.

容积率区间值——"日照分析软件模拟法"

日照分析软件模拟：居住用地最大包络体推算容积率
基于遗传算法的包络体分析技术上就是在周边地块内的建筑所有窗户都能满足冬至日3小时日照标准的临界状态下，经计算所形成的一种地块块"建筑"空间形态，进而推算出地块容积率的大小。

□ **地块条件限定**

《西安市城市规划管理技术规定》规定"当规划建筑为住宅建筑时，北界界距离不小于12m，且满足北侧12m处日照要求"，同时"规划建筑满足东、西界线外侧4.5m处日照要求，并满足周边现状住宅类建筑的日照要求"。

□ **建筑高度限定**

根据《城市居住区规划设计标准》GB 50180-2018，住宅建筑高度控制最大值为80m，故将住宅的建筑高度控制在80m以上。

□ **最大包络体的计算机模拟**

①定义包络体基底:确定包络体推算建筑地边界以最大建筑高度；②定义窗户：在可能影响到本地块的日照控制线上的周边建筑上布置窗户，满足大寒日日照3h；③最大包络体推算：将住宅预建地块按一定的规则划分成个面积相等的正方形小方格。

地块号：B-03-03　容积：208835m³

地块号：B-05-02　容积：194428m³

地块号：C-04-02　容积：561986m³

地块号：C-04-02　容积：192430m³

地块号：D-03-01　容积：926963m³

地块号：D-01-06　容积：561986m³

容积率区间值——"日照分析软件模拟法"

□ **容积率值域计算**

住宅层高与住宅平均层数控制

《住宅设计规范》GB 50096-2011规定普通住宅层高宜为2.8m，因此将住宅层高设定为2.8m。根据《城市居住区规划设计标准》GB 50180-2018和现状条件综合考虑，将规划范围内住宅平均层数最小值为3层，当住宅建筑高度不超过80m时，住宅平均层数最大值为28层。

住宅建筑密度控制（高层低密度/低层、多层高密度）：

《住宅设计规范》GB 50096-2011规定普通住宅层高宜为2.8m，因此将住宅层高设定为2.8m。根据《城市居住区规划设计标准》GB 50180-2018和现状条件综合考虑，将规划范围内住宅平均层数最小值为3层，当住宅建筑高度不超过80m时，住宅平均层数最大值为28层。

高层低密度

建筑气候区划	住宅建筑层数类别	住宅用地容积率	建筑密度最大值(%)	绿地率最小值(%)	住宅建筑高度控制最大值(m)	人均住宅用地面积(㎡/人)
Ⅱ、Ⅵ	低层(1层-3层)	1.0-1.1	40	28	18	36
	多层Ⅰ类(4层-6层)	1.2-1.5	30	30	27	30
	多层Ⅱ类(7层-9层)	1.6-1.9	28	30	36	21
	高层Ⅰ类(10层-18层)	2.0-2.6	20	35	54	17
	高层Ⅱ类(19层-26层)	2.7-2.9	20	35	80	13

低层、多层高密度

建筑气候区划	住宅建筑层数类别	住宅用地容积率	建筑密度最大值(%)	绿地率最小值(%)	住宅建筑高度控制最大值(m)	人均住宅用地面积(㎡/人)
Ⅱ、Ⅵ	低层(1层-3层)	1.1、1.2	47	23	11	30-32
	多层Ⅰ类(4层-6层)	1.5-1.7	38	28	20	21-24

容积率值域计算(以地块D-01-06为例)

地块条件限定	住宅建筑日照一容积率"单因子模型	住宅建筑容积率区间
地块红线退线	$R_日=nMr$值	根据公式：$R_日=nMr$值:住宅建筑日照模型下下D-01-06地块住宅容积率的值域区间为(1.1, 3.5)。
建筑高度控制	构建包络体模型	
建筑高度80m以内	控制地块建筑密度	$R_日$:住宅建筑日照模型下的容积率；
日照软件参数	住宅平均层数	n:住宅平均层数；Mr:住宅建筑密度
有效日照时间8-16时	住宅平均层数	

根据公式：$R_日=nMr$ 得:住宅建筑日照模型下D-01-06地块住宅容积率的值域区间为(1.1, 3.5)。

图 11　使用日照分析软件模拟法计算容积率过程图
资料来源：西安建筑科技大学建筑学院规划2016级屈恩囡、蔡臻小组及崔琳琳小组控规成果.

（2）建筑高度控制，容积率初步修正

在完成容积率的初步预测后，学生需要通过高度控制的方法，对各个地块的容积率数值进行初步修正。具体可结合景观视线廊道、周边山水格局等分析，确定建筑高度；通过日照分析，确定小地块建筑高度；通过典型地块试做，结合城市设计分析，验证建筑高度等（图12）。

（3）建筑密度控制，建造形式选择

在容积率计算与初步修正基础上，学生需要选择不同地块的具体建造方式。建造方式主要包括高层低密度与低层高密度两种方式。学生需要在辨析这两种方式优劣的基础上，根据各自规划地段情况选择适合的建造方式（图13）。

（4）城市设计试做，开发强度指标综合修正

学生需要对规划地段进行整体城市设计，进一步验证容积率、建筑密度、建筑高度等开发强度指标的可落

地性，以此促进学生辩证思考开发强度指标与空间形态的关系，提升学生规划系统认知与设计能力（图14）。

3.4 模块四：图则绘制

（1）图则表达内容构成

控规图则是开发控制要求的集成，图则编制内容主要包括总图则、分图则、城市设计导则三部分。在图则绘制之前，以图框设计的方式向学生讲授图则的表达内容构成，即标题区、图形区、图表区（图15）。学生通过各自小组图框排版设计，可以掌握图则的表达内容构成和规划指标的图示表达要求等内容。

（2）图则绘制流程

在图则的表达内容构成学习基础上，学生需要以小组为单位绘制规划地段总图则；学生个人再从规划地段中选出2~3块2~4hm²的地块，绘制分图则。其中，重点强化学生图则生成过程图的绘制（图16）。

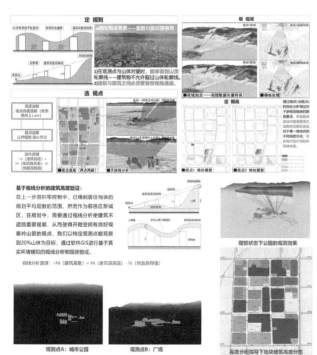

图12 基于建筑高度控制初步修正容积率过程图
资料来源：西安建筑科技大学建筑学院规划2016级屈恩囡、蔡臻小组及崔琳琳、张佳蕾、南江昊小组控规成果.

图13 基于建筑密度控制选择建造形式过程图
资料来源：西安建筑科技大学建筑学院规划2016级屈恩囡、蔡臻小组及崔琳琳、张佳蕾、南江昊小组控规成果.

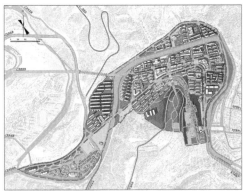

图 14　城市设计平面图

资料来源：西安建筑科技大学建筑学院规划 2016 级
崔琳琳、张佳蕾、南江昊小组及 2015 级张雅婷、杨易
旻、张婉婷小组控规成果.

图 16　图则生成过程图

资料来源：西安建筑科技大学建筑学院规划 2016 级屈恩囡、蔡臻小组
控规成果.

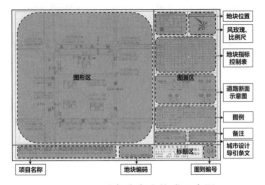

图 15　图则表达内容构成示意图

资料来源：西安建筑科技大学建筑学院规划 2016 级
郭寇珍、李昱融、吕发明小组控规成果.

（3）城市设计导则

城市设计导则是对开发强度指标落位的强化引导，是针对规划地段城市空间风貌的引导性准则。学生需要通过城市设计导则对规划地段建设进行引导，对影响城市空间风貌的要素，需要提出具体的管控要求与设计建议（图 17）。

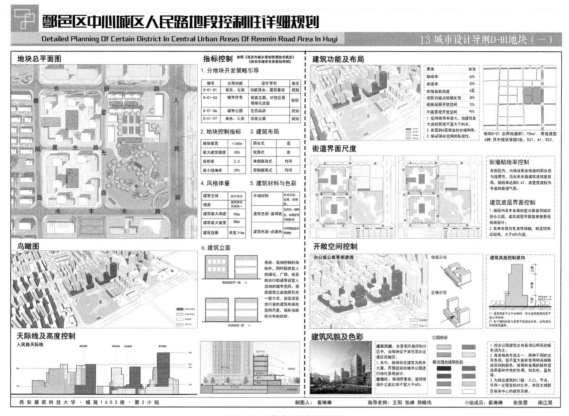

图17　城市设计导则图
资料来源：西安建筑科技大学建筑学院规划2016级崔琳琳、张佳蕾、南江昊小组控规成果.

4　结语

　　控规课程重点在于开发控制内容的教学，难点在于开发强度指标确定方法的教学。探索控规课程的"模块化"教学，这有利于学生更加直观地认识控规编制的重点与难点，有利于学生更加清晰地掌握控规编制的关键内容与主要方法。在实际教学过程中，由于课程内容涉及的技术方法应用较多，课下网络辅助教学亦十分重要。

　　鸣谢：感谢西安建筑科技大学建筑学院城乡规划教育团队三控规教学小组各位老师的支持与指导！感谢董慧颖、高雨田、郭寇珍、杨晨露同学的协助！

参考文献

［1］石楠.城乡规划学学科研究与规划知识体系[J].城市规划，2021，45（2）：9-22.
［2］孙施文，吴唯佳，彭震伟，等.新时代规划教育趋势与未来[J].城市规划，2022，46（1）：38-43.
［3］赵广英，李晨.国土空间规划体系下的详细规划技术改革思路[J].城市规划学刊，2019（4）：37-46.
［4］李巨光，李晓静.模块化教学在本科院校高职教育中的应用与探讨[J].中国高教研究，2001（7）：91-92.
［5］杨辉，王阳."旧疾"与"新题"：国土空间规划背景下城乡规划教育探讨[J].规划师，2020，36（7）：16-21.
［6］Knoernschild K. Java Application Architecture：Modularity Patterns with Examples Using OSGi[M]. Pearson Schweiz Ag，2012.

A Preliminary Study on the Modular Teaching Method of Regulatory Plan

Wang Yang

Abstract: Regulatory plan is one of the core courses of undergraduate teaching contents of urban and rural planning major. With the development of territorial spatial planning and the reform of teaching system, the teaching of regulatory plan course is facing some problems, such as teaching contents update and class hours compression. Regulatory plan course adopts the "modularization" teaching method to disassemble the teaching contents. Around the four teaching modules "Upper-level plan and current situation analysis", "Land use control", "Development intensity control" and "Planning code drawing", through lectures, design, presentation and other teaching methods, it tries to make students better master the main contents and methods of compiling regulatory plan in limited class hours.

Keywords: Regulatory Plan, Modularization, Teaching Method

基于中外对比的城乡规划专业入门阶段教材建设浅析

毕凌岚　杨钦然　袁　也

摘　要： 专业教材编写对于专业教学的开展十分重要，好的教材能够系统性地引导相应教学阶段教学工作有效开展。在专业学习的入门阶段，一部深入浅出、逻辑清晰、妙趣横生的教材不仅能够恰如其分地为初学者描绘学科和专业的概貌，奠定后续学习的专业基础；而且能够最大限度地激发学生的专业热情，保持其持续学习的能动性。现代城乡规划专业发展与"建设更美好生活"的全民初衷相协，这也使得入门阶段的专业教材往往成为普通民众了解城乡人居环境系统运行规律的媒介。国外城乡规划专业入门阶段的教材编撰往往基于"传道"思路，语言风趣、视角独特，具有很强的可读性；国内城乡规划专业因既往专业教育的技术思路，更注重"授业"。我国现有教材通常遵循"技术门类"的知识体系进行编撰，更强调"专业化"。而且，国内专业教材大多针对平台教学之后的专业学习阶段，这不利于专业启蒙和拓展学科影响力。因此，基于城乡规划专业教学体系完善，急需有针对性地编写平台教学阶段的入门教材。入门阶段教材编撰需基于初学者的认知规律，应将专业知识融入读者的切实生活经验；同时亦必须立足系统性的专业框架，为后续不同专业方向和领域知识体系的构建进行铺垫。

关键词： 城乡规划；专业教材；中外对比；入门阶段

引言

教材是基于一定的教学目的和需要，有针对性编撰的教学资料。广义的教材包括但不限于教科书、讲义、授课大纲等内容；狭义而论，它是基于某一课程标准编制，具有相应教学阶段内容系统性、完整性和知识深度的课本。好的教材能够有效引导相应教学阶段教学工作的开展，弥补教师的个体知识与经验不足，从而保障和提升教学质量。

专业教材是指高等教育阶段基于不同学科领域既定专业方向的培养需求，针对不同专业阶段、不同领域学习内容编撰的教材。这一时期教材对教学的引导和规范作用不再凸显，教师具有了更多基于特色教学思路和教学方法灵活选择教材的能动性。但一部好的教材仍然能够帮助教师更为精准地掌握教学重点、控制教学节奏，帮助学生全面、准确地了解教学内容，从而提升教与学的效率。也正是如此，教材建设一直是教学改革和专业建设的重点工作。

1　城乡规划专业国外教材近期状况

国内外城乡规划专业因国家发展状况、社会制度和运行机制、行业特点、学科历程和专业重心不同，其内涵与外延存在差异。专业教学的思路、方法也因此而不同，教材发挥的作用也有所差异。这对教材内容、教材思路和教材运用都有不同的影响。

1.1　国外教材建设情况与特点

西方城市规划领域的教材建设情况与相应国家城市规划行业和专业的发展阶段、学生学习特征和教育形式息息相关。因其城市化已进入后期，城乡规划学科关注重点在于城市功能系统的平稳、高效运行，因此城市规

毕凌岚：西南交通大学建筑学院城乡规划系教授
杨钦然：西南交通大学建筑学院城乡规划系讲师
袁　也：西南交通大学建筑学院城乡规划系讲师

划专业教育中工程性的部分已经弱化，更重视对城市理论和规划理论的研究拓展。同时，相较于知识传输更强调对学生的思维启迪。其本科教育形式更多种多样，更多采用小班教学、讨论式教学。这些状况促成了西方城市规划教材的多样性。

通过亚马逊、维基百科等网站的搜索，定位使用率最高的前 100 本教材。基于这些教材概览西方规划类教材的整体情况，有如下特征：

（1）系统性与主题性教材各司其职

不同的编著单位和群体致力于呈现不同的城市与规划类教材。第一类通常由权威单位或多位学界权威作者共同编著，形成手册性或读本性的教材，如《The Oxford Handbook of Urban Planning》，这类书籍更偏向通识知识的传递。第二类是众多规划学者和规划师所编著的全面而系统的规划理论和方法论的梳理或对思想流变的史书性总结，例如：John Levy 的《Contemporary Urban Planning》、Peter Hall 的《Urban and Regional Planning》以及《The Cities of Tomorrow》《Becoming an Urban Planner》《Planning and Urban Design Standards》。这类教材数目最多，是各高校最常选择的基础读物。第三类是来自不同领域的城市和规划学者贡献的视角各异的主题式教材。例如，Fulong Wu 的《Planning for Growth》《The American Cities》《Urban Planning for Dummies》《Urban Forestry：Planning and Managing Urban Greenspaces》《Urban Transportation Planning》《Urban Sprawl and Public Spaces》《Happy City》《Atlas of Cities》《The 99% Inconspicuous Cities》。作者们根据自身的研究领域，形成以城乡规划的各个地域、各个层面、各个系统或是以时下热点议题为基础的知识梳理。这类教材往往是各大学课堂根据具体教学目标，选用的针对性教材，最能体现教师课堂特色。

不同类型的教材个性明显，在专业教学不同阶段各司其职。但教材的使用都强调基于既定高校、相应课程的特色。

（2）问题和意义导向类教材增长迅速

随着西方学科细分、小班教学等趋势的明显，主题式教材的类型越发丰富多样。这些主题式教材充分体现了规划学科知识的交叉性，教材编著者通常来自城市规划、公共管理、城市研究、城市地理等多个研究领域。主题类型除了针对城市规划的各个层级和各个系统，近年来还涌现了一批针对城市问题、城市意义等深层面主题的教材。例如，在 Ezvid Wiki 所评选出的 2020 年度十佳城市规划教材中，有两部是与 2019 年度不同的：《Urban Forestry：Planning and Managing Urban Greenspaces》《Urban Sprawl and Public Spaces》。这两本教材的上榜明显反映出近两年因疫情暴发而引发城市社会对环境和公共健康的关注度提升。

亚马逊所排列的最受读者欢迎读物，其内容往往包含对城市意义的挖掘而非仅仅是知识点的罗列。例如《The 99% Inconspicuous Cities》便是针对城市中那些普遍存在的，但是鲜为人知的空间，介绍其存在形式与意义。《Happy City：Transforming Our Lives Through Urban Design》则是梳理了城市对幸福感的意义。这类教材的出现不仅响应了西方社会对城市意义认知水平的普遍提升，而且反映了专业学生对理解城市规划的深层意义的兴趣和知识需求的加强趋势。

（3）教材编撰与科研紧密结合

伴随着教材类型和主题的多样性，教材内容体现出明显的与科研结合的趋势——基于研究的原创性、反思性的内容日益增加。例如：历史类书籍《The American City》收集了 300 多个城市项目作为素材，以此为线索追溯美国城市的发展史。由几位规划师和规划系教授合著的《Becoming an Urban Planner》中包含了大量对规划师的采访数据，教材内容真实生动。而《The 99% Inconspicuous Cities》《Happy City》所使用的材料均是作者自己在各城市调研的结果。Paul Knox 和 Richard Florida 的《Atlas of Cities》则是基于对大量不同城市的发展策略和路径的实证研究，凝练成的一本城市类型学的书籍。在这种发展趋势与互联网时代下，学生可通过大量渠道便捷的获取基础性知识，事先构建相对完善的专业知识体系相关——这种状况下，学生更需要高校教师传递更具思想性和独创性的知识。

（4）教育性和通识性相辅相成

近年来广受好评的教材书籍都具有极强的可读性。西方社会对人文社科知识的重视程度较高，城市与市民生活息息相关，因此，城市类读本越发重视起对大众教育的意义，教材与大众书籍之间的风格差异和边界趋于模糊。书籍内容的趣味性、语言的可读性和排版的精美度均大大增加。这其中最典型的就是 2014 年出版的《Atlas of Cities》。书籍排版已经更倾向于图册式，超越了传统教材的形式，大量精美的地图和分析图极大地增强了整本书籍的可读性和趣味性。

（5）更为关注城市相关领域

因为社会背景的高度城市化率，西方专业重心更关注于城市。教材内容大多围绕城市状况和规律展开，对乡村问题的研讨较少。涉及乡村也更多聚焦于城乡生态协同领域。

1.2 国外教材建设趋势

（1）教材在专业教学中的整体地位不断降低

由于西方社会对城乡问题的长期持续关注，一些基础专业知识已经具有广泛的大众普及度。城市规划及相关院校在城市基本认知方面的教育上已经高度发达，贯穿于各个年级。大多数老师都倾向于开设与自身科研相关的主题式的课程，在各堂课中间接植入与主题相关的认知思维提升训练。老师们依据每堂课的主题灵活选用包括教材在内的不同形式的文献，构成课程的必读材料。因此，尤其是在网络开放程度日益增加、检索工具更加精准的状态下，入门阶段的泛论型普及类教材在专业教学中的地位因其在教学中发挥作用的弱化而不断降低。

（2）教材的学术性和启迪性较强

在上述西方城市规划类教材建设的大背景下，整理西方各规划或地理院校的低年级认知课程的阅读材料，可以发现：相比被社会大众广泛使用或学生作为课外阅读选用的书籍，被高校专业课程选用的阅读材料在知识深度、知识的学术性和思维启迪性方面均更强。例如，加拿大英属哥伦比亚大学（University of British Columbia）规划系二年级课程 "City Making: A Global Perspective" 选用了《Other Cities, Other Worlds: Urban Imaginaries in a Globalizing Age》作为阅读材料之一；该校地理学系本科二年级课程 "Cities" 则选择了《City Lights: Urban-Suburban Life in the Global Society》《The City Reader》作为核心阅读材料。UC Berkeley 规划系面向低年级的 "Urbanization in the Developing World" 课程则使用了 Saskia Sassen 的《The Global City》。上述书籍的科研性质很强，在内容

设定上已然强调引导学生们对城市等基本概念、现象和问题进行反思。例如：伦敦政经地理系二年级学生的 "An Urbanising World: The Future of Global Cities" 选用了 Roy, A. and Ong, A. 等的《Worlding Cities: Asian Experiments and the Art of Being Global》 作为基本读物之一。University of Carleton: Cities and Urbanization，选用了 Alison L. Bain and Linda Peake. 的《Urbanization in a Global Context》。这些教材的选用意味着这些国家本科生在高中阶段便已经学习了与城市相关的科普知识。

综上，西方的城市规划教材的建设发展情况与其行业发展、学生特征和社会状态等密不可分，与我国的国情具有较大差异，不能一概追随。尤其是入门阶段的专业启蒙教材，应该在全面判断我国大学生和专业特征以及针对性课程的基础上，谨慎选择教材类型，取长补短，弥补我国当前教材架构的不足，适应行业和学生发展的需求。

2 城乡规划专业国内教材建设近期状况

国内城乡规划教材及相关专业书籍出版也随城乡规划专业迅速发展日趋多样。根据 2021 年的《高校本科教材目录》，规划专业教材共有 76 部。其中，高等学校城乡规划专业指导委员会的推荐教材有 35 部。通观教材内容，现有教材通常按照 "技术门类" 的知识体系进行编撰，形成 "专业化" 教材。相比之下，综合性的通识类教材非常缺乏。

（1）入门教材定位 "高阶化"，缺乏启蒙型基础教程

国内目前为人熟知的城乡规划入门教材有 3 部：其一是吴志强等主编的《城乡规划原理（第四版）》；其二是清华大学谭纵波编著的《城市规划》；其三是华中科技大学陈锦富编写的《城乡规划概论》。各个院校使用这 3 部教材存在一个共同之处，即相关课程主要开设在本科 3 年级，其中有些内容甚至会延伸至本科 4 年级，教材使用对象主要是本科高段学生。

这种状况缘于城乡规划专业发展过程中较长时段内大多依托平台开展初段教学[1]。低段教学安排主要是学习平台大类基本知识，二年级后才逐渐融入专业教学[2]。2011 年城乡规划学一级学科成立，有少数院校开始探索

专业教学向低年级阶段渗透，例如西安建筑科技大学建筑学院开展的"城乡规划初步"课程教学和教材编撰工作。然而，这些尝试又因2015年后"大类招生"而中断。因此，现有入门教材的定位相对高阶化——内容多、知识面广，逻辑复杂。学生需要在较短的教学周期内构建完整的知识体系，学习难度大，课业负担也比较重。

今天，城乡建成环境日益精细化、城乡时空变化日益复杂化、空间分析技术日益精细化，引导学生在学科平台教育或者专业基础教育阶段形成基础而扎实的规划知识体系，十分必要——可以帮助学生尽早建立基本的职业价值理念和学科知识框架，减少平台转型的"专业情绪"，激发专业热情、保持其持续学习的能动性；还可促成"学力"均衡分配，缓解专业教育靠后造成的学习压力。

（2）教材内容侧重"专业化"，缺乏综合性通识类型教材

通过梳理现有教材名录可以发现，既有教材对学科领域和专业方向的覆盖比较全面：①城市战略型规划方面，有彭震伟等编写的《城市总体规划》、陶松龄编写的《现代城市功能与结构》和华晨编写的《城市空间发展导论》等教材；②城市详细规划方面，有王建国编写的《城市设计》、阳建强编写的《详细规划》和夏南凯等编写的《控制性详细规划》等教材；③城市规划建设史方面，有董鉴泓编写的《中国城市建设史》、沈玉麟编写的《外国城市建设史》和张冠增编写的《西方城市建设史纲》等教材；④城市规划的基础设施方面，有徐循初编写的《城市道路与交通规划》、戴慎志编写的《城市工程系统规划》和刘冰编写的《城市综合交通运输体系发展与规划》等教材；⑤城市规划的分析方法方面，有段进编写的《空间句法教程》、龙瀛等编写的《城市规划大数据理论与方法》、毕凌岚编写的《城乡规划方法导论》和周婕等编写的《城乡规划GIS实践教程》等；⑥此外还包括管理、生态、社会、经济、地理等规划相关知识体系的专业化教材。

深入分析教材具体内容发现：这些专业化教材内容丰富、数量巨大，侧重构建专门化的知识体系。但其仅适用于本科高年级和研究生阶段，或作为专业人士的工作参考用书。

综上：国内现有城乡规划领域教材的编写其内容侧重专业化的门类知识体系，普及基本规划知识通识性和基础性的教材相对较为缺乏。但是，随着城乡规划学科发展和国土空间规划背景下的行业拓展，急需改变目前教材编写局限于相对狭窄的专业领域内的现状，去适应人才培养学科跨度逐渐增大、学科门录日益精密的趋势。

3 我国城乡规划专业入门阶段教材建设要点

据全国高等教育城市规划专业指导委员会在2020年的不完全统计，国内目前设有城乡规划专业的高等院校近200所，每年招生约7000人左右。但其中大部分院校普遍存在专业师资缺乏的状况[3]——因此教材在保障专业教学质量方面发挥着至关重要的作用。现阶段大类招生背景下，低年级平台教育缺乏对城乡规划专业本体的基本知识和技术方法的了解，易导致学生在后续专业选择和专业学习中产生迷茫和不适应。因此强化规划入门教育对完善专业教育体系具有重要的现实意义。

3.1 入门阶段教材编撰教学基础——专业认知能力的获取

教材编撰需要结合既定教学阶段的学生学习规律，确定教材的内容、知识深度和展开逻辑。城乡规划专业入门阶段，学生需要通过专业认知将日常生活与专业知识建立联系，完成从外行向内行的转化。因此专业认知能力的培养是相应阶段的教学核心。

专业认知是城乡规划师需要具备的最重要的能力之一：认知是思维的起点，是构成判断和推理的最基本要素，是城乡规划工作的起点和奠基石——清晰认识城乡现象并掌握其本质的程度，直接影响城乡规划师的眼界、层次、格局，进一步决定了具体规划决策和实践成果的品质。因此，认知并不是简单的"多看""多记忆"，获得认知能力具有既定规律与方法——需要以足量的信息积累为基础构建相应知识体系。因此认知城乡必须有系统的方法指导，每一个环节都要有明确的任务、目标和步骤。

认知城乡的过程也是对职业思考的过程，在认知中可以找到更为清晰的自身专业发展方向，学会自己去思考"我要做什么""我应该怎么做"。因此，入门阶段教材编撰逻辑应遵从初学者的主观思维活动规律，将更利于专业知识框架体系的生成。

3.2 入门阶段教材的内容要点

专业启蒙阶段的教材应包含以下具体内容：

（1）专业概貌了解——引导学生了解城市与乡村的基本运行状况，掌握专业基本概念与相关知识，发现发展中的问题。帮助学生理解城乡规划师的职业本质，并促使他们完成从"自然人"到"规划人"的转变。

（2）规划价值引导——培养学生关注城乡公众福祉，明确专业定位。从业后能够在工作中体现出尊重自然、服务社会、关注公平和谐发展的职业价值导向。

（3）专业思维形成——培养学生城乡空间塑造与复杂系统协调（如社会子系统、经济子系统、生态子系统等）的能力，逐步形成"重系统、强分析、塑空间"的专业思维。具有解决城乡复杂问题，协调多系统间关系的能力。

（4）规划场景认知——帮助学生理解城乡场景认知的重点，掌握定性与定量分析的手段与方法，使其在专业设计类课程及规划实践工作中，能够高效率、高质量地完成前期分析，并指导规划设计工作。

4 结语：入门教材去专业化

具有广泛影响力的教材不仅在专业领域具有权威性，而且具有很强的可读性。城乡规划的专业认知在城乡规划教学体系中具有专业启蒙、承上启下的重要作用。随着基础教育普及和相关专业知识下沉[4]，未来我国也会逐渐呈现出西方社会现阶段的一些特点——与民生密切相关的城乡规划学科和专业将受到越来越多普通人的关注。城乡规划是一个与普通民众生活状态息息相关的专业，尽管专业教材在不同教学阶段侧重的领域和专业知识深度不同，但是许多关心城乡状况的普通民众也会通过专业教材了解城乡人居环境系统的运行规律。这使得规划学科领域的专业教材不仅为专业教学服务，也为普通民众了解知识提供途径。入门阶段的专业教材大多因其深入浅出地概览专业全貌，不仅对于专业初学者的启蒙具有重要的引导作用，往往也是扩大专业社会影响力的重要媒介。城乡学科的科普工作需要有基于城乡规划专业视角、跨学科、交叉型、引导性、可读性强的观赏型通识类教材作为支撑。这将是大势所趋。

注释

1. 城乡规划平台主要有建筑类、地理类、农林类，还有少数经济类、管理类、生态类等类型，特殊情况下也有极少数依托交通类、土木类、环境类和信息（智能技术）类办学的状况。

2. 根据学制不同，平台教学常常为期1~2年。因此各校的城乡规划专业教学大多分为2段或3段。四年制分为1+3或者2+2模式，称为"学科平台"和"专业教学"教学阶段；五年制的大多分为1+2+2、2+2+1模式，分别称为"学科平台""专业基础""专业综合"教学阶段。

3. 除去54所（截至2021年）通过专业评估的院校，其他院校的专业师资很难达到专任教师不少于15人，师生比不大于1：8的基本要求。而目前大部分院校教师入职要求具有博士学位，而2011~2016年间，城乡规划学科领域全国年均获硕士学位约800人，获博士学位仅30~40人。很难短期内对专业师资形成有效补充。

4. 现阶段初高中地理教材中已有基于经济地理和城市地理板块的部分城乡规划基础知识。

A Comparative Analysis of the Textbook Construction for the Introductory Stage of Urban and Rural Planning Education in China and the Western Countries

Bi Linglan   Yang Qinran   Yuan Ye

Abstract: The compilation of professional teaching materials plays a crucial role in carrying out professional teaching. Good textbooks enhance the effectiveness and rationality of teaching in corresponding stages. At the preliminary stage of professional learning, a succinct, informative and attractive textbook can not only delineate the general picture of the major appropriately and lay the foundation for subsequent learning. Moreover, it can stimulate students' enthusiasm to the major and maintain subjective initiative of learning.The development of the major of urban and rural planning responds to the intention of building a better life for mankind, which determines that the textbooks at the introductory stage could be an intermediary for ordinary people to understand human settlement system in urban and rural areas. The introductory textbooks in Western countries are concerned about "transmitting wisdom", which often have witty language, distinctive perspective and strong readability. Those textbooks in China, however, emphasize more on the "impart professional knowledge", as a result of the traditionally technical thinking in professional education. The existing textbooks in China are usually compiled according to the knowledge system of technical categories, focusing more on "professionalization". Moreover, most of the Chinese textbooks are aimed at the learning stage after the general platform teaching, which is hardly conducive to professional enlightenment and expanding the influence of the major of urban and rural planning.Therefore, to improve the teaching system of urban and rural planning, it is urgent to compile introductory textbooks for the stage of general platform teaching. The compilation of textbooks should match with the cognitive approach of beginners and integrate the professional knowledge into the life experience of readers. At the same time, it must be based on a systematic professional framework so to pave the way for the subsequent construction of knowledge systems by students in different directions and fields.

Keywords: Urban and Rural Planning, Professional Textbook, Comparative Analysis between China and the West, Introductory Stage

利用虚拟仿真技术辅助城市交通分析的教学实践

刘学军　宋菊芳　于　卓

摘　要： 随着大数据在城乡规划中越来越多的使用，城市道路交通规划中对定量分析的要求也越来越高。基于"四阶段法"的交通需求预测模型是较为成熟的交通定量分析方法，但是在城市道路与交通规划课程的教学中，受到教学时间的限制和实操练习的缺乏，同学们对此部分内容的理解往往不深。本文介绍了利用虚拟仿真技术，在城市道路与交通规划课程中，辅助加强"四阶段法"交通需求预测与分析方法练习的实验系统，该系统选取"四阶段法"中最核心的计算内容，让同学们进行完整的数据计算分析，同时控制计算量，避免常规专业软件繁琐的数据准备和复杂的操作过程，以帮助同学们加深理解城市道路与交通规划课程中交通分析内容。

关键词： 城市道路与交通规划课程；城市交通分析；虚拟仿真；四阶段法

1　定量化的交通分析是"城市道路与交通规划"课程的难点

"城市道路与交通规划"课程是城乡规划专业的核心课程之一，课程主要讲授城市道路与交通的基础知识，课程既具有规划专业的综合性，又具备交通专业的专业性；在讲授基本理论的同时，为了配合相关的规划设计课程，也要求较高的实践性，因而课程涉及内容广，教学内容多[1]。有很多学校都是分两个学期来开设此课程，才能保证基本的教学时间。

简单地分，课程内容可以分解为城市道路规划设计和城市交通分析两大部分。城市道路规划设计偏重于对城市道路的基本认知，主要讲授城市道路平面、纵断面、横断面的基础理论和规划设计方法，该部分内容相对来说比较具体，学生在有部分建筑设计的基础后，理解起来并不十分困难，通常可用交通调查、路网绘制等练习帮助同学加深理解。而城市交通分析则比较抽象，需要同学们结合多方面的知识，在对城市有一个较为完备的认识的基础上，才能理解其中的内在逻辑和分析方法。而且配套的练习也较难组织，若只对其中部分内容进行练习，同学们难以对整个过程全面了解；若全流程计算下来，同学们又很难完成，因而是教学的难点。

关于"城市道路与交通规划"课程的教学研讨文章也涉及了教学内容的改革，如有的教师提出了课程从注重工程设计向规划设计的转换[2]，有教师提出了适应新形势国土空间规划的教学内容改革[3]，也有提倡教学案例在课程中的应用[4]。不管内容体系如何变化，交通分析方法一直是该课程中的重要基础内容。而针对交通分析的教学方法的内容较少有涉及。

近年来，随着数据源的增加，特别是大数据在城乡规划中的使用，定性和定量结合的分析，在城市规划的交通分析中越来越普遍，这也要求城乡规划专业的同学，对定量化的城市交通分析方法有更多的了解。新版的《城市综合交通体系规划标准》也大量引入了模型分析的内容，也要求城乡规划专业的同学对交通分析模型有更进一步的理解[5]。所以迫切地需要在城市道路与交通规划课程中尝试对交通分析内容的教学方法进行创新。

2　虚拟仿真教学可以辅助同学对交通定量分析的理解

在现有交通分析的方法中，基于四阶段的交通需求预测和分析的方法是较为成熟的理论，对于城乡规划专业的同学，并不需要他们掌握该方法的具体计算过程，

刘学军：武汉大学城市设计学院副教授
宋菊芳：武汉大学城市设计学院副教授
于　卓：武汉大学城市设计学院副教授

但是希望他们能很好地理解这种方法的内在逻辑和思考方式，辅助城市规划过程中的交通分析。

城乡规划专业的同学，由于数学的基础课程学习较少，对于"四阶段法"中的公式表达学习起来较为困难。而不讲授其中的公式，又不能体现"四阶段法"的内在逻辑，同学们理解不透彻，印象也不会深刻。

由于计算量大，一般的交通规划中，会使用TransCAD等软件来实现"四阶段法"的全过程，但是城乡规划专业的同学学习该软件有一定的困难，有限的教学时长，也不容许教师在课堂中讲授该软件的使用。如何把握好这部分内容的教学深度，一直是城市道路交通课程中的教学难点。

虚拟教学技术的应用，为该部分的教学提供了新的可能。借助教学改革的契机，我们在虚拟仿真环境中搭建了一个简化后的"四阶段法"实验系统，系统包含"四阶段法"的基本内容，同时简化了路网处理、数据输入等内容，希望学生在实验系统的使用中，既能体会到"四阶段法"的操作过程，又不必适应繁琐的专业软件操作，也不需要特别大的数据计算工作量。本文将对该实验软件系统进行介绍。

3 实验系统的设计

"四阶段法"的核心内容是交通发生预测、交通分布、交通方式选择和交通分配，每一个阶段都有很多计算模型，由于城乡规划专业重点在于对全过程的理解，因而系统选取了最基础的数学模型进行实验设计。

实验系统基于武汉大学城市设计学院的虚拟仿真教学平台，该平台集合了多种课程的实验系统，具备课程设置、排课管理、学生名单导入、成绩汇总、查看、批改等基础功能，因为是常规的通用功能，平台的基础功能本文不做过多的介绍，下面主要介绍交通"四阶段法"分析中各阶段的教学实验设计思路。

3.1 交通发生预测实验内容

此部分内容希望同学了解交通产生预测和交通吸引预测的基本方法，由于实践过程中，较易获取的是各交通小区不同类型用地的面积，或者由各种用地的规划容积率而得到的建筑面积，结合各地区的交通影响评教手册或指南中提供的单位用地交通发生率，可以对各小区的交通产生与吸引量进行预测。因而本实验系统以这种方法为基础，由系统随机给出不同用地类型的面积，教师给出各类用地的交通发生率，同学们自行计算各小区的交通发生与吸引量。最后对发生与吸引量进行平衡修正。为了控制同学们的计算工作量，该部分设置为三个小区，六种用地类型。

3.2 交通分布预测实验内容

此部分的常用方法有平均增长系数法和弗雷特法。系统随机生成三个小区的现状OD表，各小区的未来交通产生和吸引量承接上一步的计算结果，要求同学们自行用平均增长系数法和弗雷特法计算将来的OD表。为了控制计算量，每种方法只需要同学们计算一个循环，系统会判断同学们的计算结果的正确性，如果一个循环计算正确，系统会给出最后的计算结果，并显示系统的循环次数。既帮助同学们体会了计算过程，又控制住了计算工作量。

3.3 交通方式选择实验内容

交通方式的选择，采用Logit模型，让同学们计算公交、小汽车、自行车、步行四种交通模式的分配比率。三个小区之间的交通距离和每种交通方式的运行速度、费用，以及 α、β 两个参数，由教师设置并发送给学生端。同学们需要用到Logit函数，自行计算各方式在三个小区之间的分担比率，并结合上一步得到的OD分布结果，计算各小区之间的不同方式的OD分布表。系统会判断同学们结算结果的正确性，并对错误的结果进行标红提示。

3.4 交通分配实验内容

此阶段的模型计算量过大，即使是最简单的全有全无方法，也需要计算最短路网，对于规划专业的学生来说颇为困难。加上现在GIS软件已十分普及，该软件的最短路计算已十分便捷，不需要同学们掌握手动计算最短路的方法。故而在此阶段，系统会分别给出各小区之间的按容量限制法进行全有全无法分配的结果。三个小区中每两个小区间的分配结果会显示在路网上，因而有的道路段会有多个流量。我们选取了三个路段，要求同学们自行将各段道路上的多个流量进行汇总，得出每段道路的最终流量。这里希望帮助同学们理解不同方式流量的分配计算和汇总的过程。系统会判断同学们对四种方式的汇总结果，并将正确结果显示在路网图上。

4 城市"四步法"交通流量预测实验系统功能介绍

4.1 进入网站平台并登录

系统要求点击登录入口按钮后，输入用户名和密码，下拉右侧滑动条，找到"城市四步法交通流量预测"课程。点击"展开教学活动细节"，再点击"实验案例"。课程加载完毕后（图1），点击"开始学习"即可开始课程学习。

图1 实验系统进入界面

4.2 出行调查表查看

为了让同学们加深对交通调查的了解，特别是提醒同学基础数据的重要性，增加了出行调查表阅读步骤，为同学们展示比较经典的调查方法和表格。此步骤不需要同学参与操作，以展示为主。教师可以在后台随时更新展示内容，点击右下角"更新调查表"按钮，老师还可以上传其他形式的调查表（图2）。

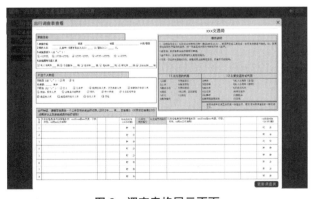

图2 调查表格展示页面

4.3 交通发生量预测计算

教师点击左侧列表"交通发生量预测"，即可设置发生量数据。各小区面积系统自动生成，系数需要老师填写。教师设置好发生率和吸引率系数后，点击"发送"按钮，学生端即可开始计算交通产生和吸引量。由于各小区的面积是系统随机生成的，所以可以保证每个同学得到的数据都是不同的。同学在计算完成后，可以点击"结果验证"，检查自己的计算结果是否正确（图3）。

图3 交通发生量预测页面

4.4 交通分布预测计算

同学们在完成了交通发生量预测的计算，并验证结果正确后，点击左侧列表"交通分布预测"，会进入交通分布预测页面，系统会给出两种方法的选择（图4）。

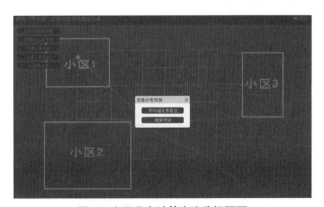

图4 交通分布计算方法选择页面

如果点击"平均增长系数法",系统自动生成空白的 OD 预测表。老师可以选择是否让学生查看答案,打上对勾,则学生端可自动接收到计算结果(图5);未打对勾,学生端不显示计算结果,需要学生自己去计算,学生只须进行第1次迭代计算即可。"弗雷特法"操作同"平均增长系数法"。

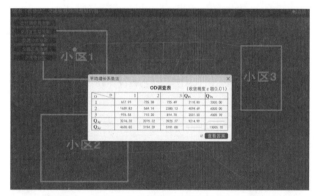

图 5　交通分布平均增长系数法结果页面

4.5　交通方式选择计算

完成交通分布预测后,即可进入交通方式选择阶段,此时需要教师点击左侧列表"交通工具选择",先行设置交通方式各项参数,并发布给学生端(图6)。

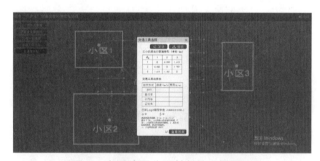

图 6　交通路网分配教师端设置页面

学生端点击"接收"按钮,可以接收到上一次的数据设置(图7)。

老师可以选择点击"查看答案",系统自动生成各交通工具分担率及各自的 OD 矩阵表。未打对勾,学生端不显示计算结果,需要学生自己去计算。

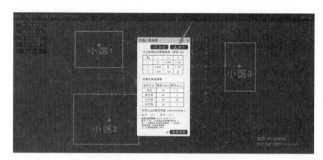

图 7　交通方式选择学生端页面

4.6　交通量路网分配计算

完成上述步骤后,点击左侧列表"交通量分配",即可选择各出行方式的交通量分配(图8)。

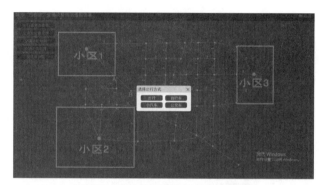

图 8　交通路网分配方式选择页面

以"步行"为例,点击"步行",教师端可进行分配次数和比例的设置,点击"+"可添加整行,点击"删除"可删除整行。点击"发送"按钮,老师可以将设置好的数据发送给学生,学生点击"接收",即可接收到数据(图9)。

图 9　交通量路网分配参数设施页面

点击"查看答案",系统自动生成各小区间步行的交通量分配情况。点击"详细信息",查看各小区间步行出行方式不同分配次数的交通量与交通阻抗。要求同学们完成三个路段的交通量汇总,得出该路段的最后分配流量并填入系统(图10)。

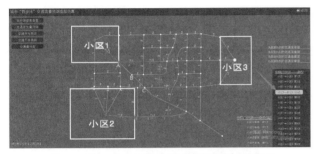

图10 某一次交通量路网分配结果查看页面

同学们完成实验练习后,系统将对各步骤的计算成果自动汇总,形成实验报告的主要内容,同学们进一步完善后提交,教师可以看到每位同学的报告和计算过程,并对其进行批改和打分。

5 讨论与总结

"四阶段法"是交通预测中较为成熟的方法,该方法的思路能帮助城乡规划专业的同学理解交通分析的内在逻辑,并为他们提供一个系统的分析工具。掌握交通"四阶段法"通常需要较大的计算工作量,这对于缺少良好数学基础的城乡规划专业的同学较为困难。借助计算机仿真教学的手段,我们设计了一个基于"四阶段法"的教学实验系统,包含基础的"四阶段法"计算过程,让同学们既能体验"四阶段法"的全计算过程,又不需要像专业的软件那样有繁琐的数据准备和面对复杂的操作界面。作为城乡规划专业城市道路与交通规划课程的辅助教学手段,可以帮助提高课堂教学效率,深化课堂教学内容。

参考文献

[1] 刘姝婧. 城市道路与交通规划课程教学改革: 实践性与研究性 [J]. 教育教学论坛, 2021 (8): 60-63.

[2] 傅盈盈, 孟海宁. 从工程设计向规划设计的转换——《城市道路与交通规划》课程教学改革探索 [J]. 建筑与文化, 2020 (2): 61-62.

[3] 罗宇龙, 刘起平. 城乡规划专业"城市道路与交通规划(上)"课程教学改革 [J]. 安徽建筑, 2022, 29 (4): 91-94.

[4] 马超群, 王玉萍. "城市道路与交通规划"研究生课程案例教学体系构建研究 [J]. 课程教育研究, 2017 (10): 256.

[5] 孔令斌. 城市交通的变革与规范 [J]. 城市交通, 2015, 13 (1): 7-9.

Teaching Practice of Using Virtual Simulation Technology to Assist Urban Traffic Analysis

Liu Xuejun   Song Jufang   Yu Zhuo

Abstract: With the increasing use of big data in urban and rural planning, the requirements for quantitative analysis in urban road traffic planning are also getting higher and higher. The traffic demand forecasting model based on the "four-stage method" is a relatively mature traffic quantitative analysis method, but in the teaching of urban road and traffic planning courses, due to the limitation of teaching time and the lack of practical exercises, students often do not have a deep understanding of this part of the content. This paper introduces the experimental system that uses virtual simulation technology to assist in strengthening the "four-stage method" traffic demand prediction and analysis method exercise in the urban road and traffic planning course, which selects the most core calculation content of the "four-stage method", allows students to perform complete data calculation and analysis, and controls the amount of calculation, avoiding the cumbersome data preparation and complex operation process of conventional professional software, so as to help students deepen their understanding of the traffic analysis content in the urban road and traffic planning course.

Keywords: Urban Road and Traffic Planning Course, Urban Traffic Analysis, Virtual Simulation, Four-Stage Method

"双碳"背景下绿建技术植入绿色街区规划设计教学的路径探讨*

毕 波 李 翅 于长明

摘 要："双碳"背景下，绿建技术为绿色街区低碳规划设计提供重要的方法支撑。基于碳溯源，从空间、能源、建筑、交通、环境、市政、智慧七大系统关联绿色街区规划设计低碳途径与绿建技术应用，按目标需求引导、案例学习评价、规范标准要求三条路径将绿建技术梳理植入规划设计教学。以本科三年级北京宣南地区绿色街区规划设计课程为例，从适应需求、启发思维、混合教学、以赛促教四方面提出绿建技术植入的建议思考，从而为低碳导向的城市规划设计教学改革提供参考，更好适应"双碳"时代的专业人才培养需求。

关键词：双碳；绿建技术；绿色街区；规划设计教学

2020 年，我国温室气体排放于 2030 年前达峰、2060 年前实现中和的"双碳"战略目标被纳入生态文明建设总体布局。2022 年，教育部《加强碳达峰碳中和高等教育人才培养体系建设工作方案》提出，要强化科教协同，深化产教融合，加快把科研成果转化为教学内容，培养高层次专业人才，对加强高等院校绿色低碳教育、推动专业转型升级提出了新的要求。

建筑建造与运行是城乡碳排放主要来源和节能减排主战场。《中国建筑能耗研究报告 2020》指出，2018 年我国建筑全生命周期碳排放已占全社会电力、工业、交通、建筑四大来源的 51%。城市街区作为几公顷到几平方公里的建设单元，与 15 分钟生活圈的人性化活动尺度相对应，涵盖建筑、能源、交通、市政、碳汇多个系统，是衔接宏观低碳城市与微观低碳建筑的关键层级，以及节能、减排、增汇的突破对象 [1]。适应"双碳"时代人才培养需求的绿色街区规划设计教学，如何普及低碳意识、提升低碳教育成效？如何嵌入绿色建筑技术、智慧节能系统等知识技能？如何将量化目标与规划设计形式衔接起来？是本文探索回答的问题。

传统的城市街区规划设计教学作为专业基础，侧重于功能安排、结构组织、形态设计等基本功训练，难以明确直观地与低碳效用挂钩，有待融入低碳专业知识体系。低碳相关理念、测算与技术应用主要面向宏观城市或微观建筑层级，亟需在量大面广的中观街区尺度集成 [2]。因此，结合最新规范条文标准、国内外典型案例、课程项目任务，以多种路径植入绿建技术，优化教学内容、改革教学形式、提升教学成效，对于"双碳"背景下的专业改革和人才培养具有重要意义。

1 "双碳"引领规划设计教学改革

1.1 理论方法联系实际应用的需要

"双碳"目标以节能、减排、增汇为核心，要求低能耗、低排放、低污染和高能效、高效益、高效率的可持续发展模式。低碳城市、低碳建筑、低碳生活作为规划设计领域的主流理念，已经不同程度地渗透到多数高校城乡规划专业理论性质的概论、原理课程、方法性质的设计课程和技能性质的软件课程之中。但受限于条块分割的内容限制，学生很难将低碳相关知识点融会贯

---

* 资助项目：2021 年教育部产学合作协同育人项目"'双碳'背景下城市绿色街区规划设计课程体系改革"（202102067002）。

毕 波：北京林业大学园林学院讲师
李 翅：北京林业大学园林学院教授
于长明：北京林业大学园林学院副教授

通，对其理解容易浅显或片面。因此，以规划设计课作为实践应用平台，将关键的绿建技术内容有效梳理植入教学过程十分必要。

1.2 综合规划设计能力培养的需要

城乡规划专业学生容易接触到宏观的空间功能与形态规划设计逻辑，或微观的建筑单体设计、建造和运营、室内环境方面的低碳策略。而中观层面的集群设计、建设、管理，需要嵌入系统的低碳导向思维方法。除了追求建筑单体的被动式节能、生态环保、健康舒适，还追求建筑群组的超低能耗，利用太阳能、光、风、余热资源布局智慧能源系统，优化风环境、声环境，引导无车交通与低碳生活习惯，打造鱼菜共生系统、屋顶农园等达到生态景观碳中和，辅以整合碳排放计算的绿建评价技术[3]，形成理性、融贯的综合规划设计能力。

1.3 产教融合、专业特色创新的需要

城市规划设计面向人居环境营造实践，培养应用型技能，应当结合最新的技术方法，与时俱进。绿色建筑定量化、可视化、可优化的 BIM 技术，已从单体设计延伸到总体环境、能源系统的模拟分析、效能评介与教学训练，从节能设计、通风、日照、采光、热环境、声环境、能耗、碳排放计算与评价多个方位[4]，为绿色街区规划设计教学改革提供扎实的技术支撑。有针对性地组织应用绿建技术，打破以往就软件学软件的僵化模式，

顺应产教融合趋势与现实需求，增加设计验证知识，形成专业创新特色。

2 绿建技术植入规划设计课程的路径分析

因此，筛选与低碳规划设计关联的绿建技术，依托绿色街区规划设计课程搭建应用场景，探讨从目标需求引导、案例学习评价、规范标准要求三条路径梳理植入教学内容。

2.1 目标与需求引导融贯应用

首先，以目标为导向，以需求为牵引，关联规划设计低碳途径与绿建技术应用。根据 IPCC 清单追溯能源、工业、交通、建筑、农业、三废处理六大碳排放来源以及绿色空间碳汇来源，对应绿色街区空间、能源、建筑、交通、环境、市政、智慧七大系统，及其总体布局、新能源利用、绿色建筑、公共服务可达、绿色交通、景观绿化、节水节能、垃圾分类、智慧化等节能、减排、增汇途径，以及相关的绿建模拟、分析、评价与优化技术（图 1）。在减量、提质、增效的城市更新大背景下，考虑现实因素制约，着重分析环境品质提升、适老化改造等实际需求，应用适宜的绿建技术，一模多算，检测整体布局、市政、绿化美化，以及单体热工性能、舒适度等改造成效。引导学生建立因地制宜、以人为本的价值认知，在解决实际问题时，有针对性地思考技术应用，而非面面俱到。

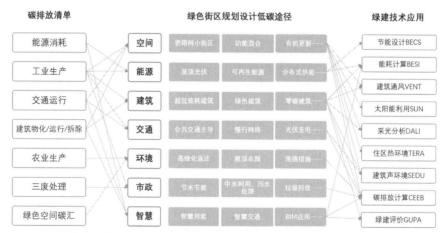

图 1 碳排放清单、绿色街区规划设计低碳途径与绿建技术应用的关联框架
资料来源：作者自绘.

2.2 引介国内外低碳街区案例

其次，通过案例教学引介低碳规划设计与绿建技术应用知识。选取国内外典型低碳街区/社区规划设计案例，总结土地利用、绿建技术、智慧能源、绿色建筑技术、绿色交通、绿色基础设施与智慧化等方面低碳策略、方法、经验[5]（表1）。一是规划设计紧凑、混合、精明的土地利用、交通与建筑空间形态；二是布局多种可再生能源协调，供能、储能、管理优化的智慧能源

国内外绿色街区低碳规划设计案例学习总结示例　　　　表1

典型项目	空间	能源	建筑	交通	环境	市政	智慧
英国贝丁顿零能耗发展项目（Bed ZED）	利用废弃平整土地、紧邻公交站点、行列式布局、房屋全朝南、被动式获取太阳能、工作居住一体化	燃烧速生林木材满足居住用电和热水供应，太阳能电力满足交通工具能源需求	住宅零采暖（Zero-heating），采用自然通风系统最小化通风能耗，制定当地获取建造材料的政策	功能复合化，鼓励步行、减少交通碳足迹	建立屋顶花园，减少食物里程和碳足迹	采用多种节水器具与独立完善的污水处理系统和雨水收集系统	—
德国弗莱堡沃邦社区（Vauban Community）	在小地块建设公共建筑与小型商业零售设施，促进功能混合与公共空间可达性	低能耗、能源自给、利用太阳能、风能、屋顶增设光伏设备的产能建筑等可循环清洁能源	采用高绝缘电阻密闭轻质木外墙、双反射面的三层玻璃窗、南向大窗简约体量、机械通风、高热体内墙和地板吸收内部热量	建设稠密自行车专用道、太阳能光伏停车场，鼓励共享出行、推行无车绿色交通，减少一次能源使用与温室气体排放	开辟公共绿带通风廊道、垂直绿化、保留古树、明沟排水，减少雨洪冲击	采用河道技术、堆肥雨水利用、垃圾回收余热，达到水循环与能源再生	—
阿联酋马斯达尔-零碳城（Masdar City）	与多家公司、基金合作，拥有绿色节能产业、研发机构、住宅、商务教育等多功能	采用可再生能源、风能和太阳能存储相结合供能	以传统阿拉伯露天市为蓝本，限高5层，大部分屋顶收集太阳能	兴建轻轨或磁浮电车步道等，引导无车交通方式	运河环绕、林荫步道纵横、绕城种植棕榈树、灌木制造生物能源，处理废水、垃圾回收重复利用	采用石油天然气脱碳设施、农村社区电气化等方式零碳排放	—
瑞典哈默比湖城住区（Hammarby Sjöstad）	棕地再生，按照闭合生态系统集约土地利用、兼容生态空间；4~6层，70m×100m围合式小尺度开放街区，嵌入城市功能与肌理，通过街道眼、微起伏减速道路等营造儿童友好空间	使用可再生能源、沼气产品、余热再利用	鼓励使用回收材料，制定导则建造生态、节能、环保、健康建筑	就近工作、服务，80%出行量使用公共交通、步行或自行车	林、水交融，户均绿地不少于15m²，花园服务半径300m人均用水减量，污水磷回收	垃圾自动回收系统、生活废水、自然水源分类处理、景观水渠汇集雨雪水，能源、给水排水、废弃物有机循环	
旧金山默塞德公园社区（Parkmerced Community）	根据定位变化，保留原有空间格局和视廊，完善空间形态，分阶段的渐进式更新模式	采用自然生态策略减少传统能源使用	组团式布局，保留、重建原有建筑，高度控制13层，提升社区密度	增加建筑密度，鼓励步行，减少汽车依赖	恢复河岸走廊、自然地形、自然排水、透水铺装、种植乡土植物，建设有机农园	自然排水与生物质循环系统	—
天津中新生态城	利用非耕地、水资源匮乏盐田、荒滩建设，生态廊道界定组团布局、功能混合	优先发展可再生清洁能源，热泵回收余热、电热冷三联供、路面太阳能收集	采用基层社区—居住社区—综合社区邻里单元模式，完善公共服务设施网络，建筑充分节能	公交主导，大运量交通引导土地开发，鼓励绿色交通	恢复自然水系、湿地和植被，串联区域生态格局，修复水生态改良土壤	雨水收集、污水回收提高非传统水源使用垃圾分类收集、循环利用	建立城市信息化管理平台，数据资源共享实现数字化管理
曹妃甸生态城	混合功能布局、合院式邻里结构、促进职住平衡	近海风力发电、工业余热供热、风光互补照明、太阳能供应热水、低层建筑采用地源热泵冷热源、多层建筑空气源制冷	微气候模拟优化热岛环境、外围护保温隔热遮阳一体化、合理利用自然通风，风热回收	公交导向，推广交通宁静区、步行自行车交通	河道生物净化群落保护，选择本地树种、人工湿地处理污水、生态景观草沟收集雨水，改善水质	分离式污水处理系统源头分类垃圾减量，实现污水与垃圾回收利用	建设5G新型基础设施、社区服务智慧化

资料来源：根据文献 [5] 整理.

系统；三是营造低碳建筑，对新建、改扩建和既有建筑改造进行节能设计，对标国内外绿色建筑碳排放计算标准，全生命周期转向"四节一环保"（节能、节地、节水、节材和环境保护），根据气候变化和使用需求调节建筑性能；四是全生命周期考虑整体的水、绿化、垃圾等资源循环系统；五是普及低碳生活习惯与文化风尚。传统的教学内容涉及单一，案例教学则辅助全面的知识学习，激发学生对绿建技术的学习探索兴趣。

2.3 解读通用规范强制性条文

最后，普及并强化低碳意识。解读中共中央、国务院《关于推动城乡建设绿色发展的意见》，住房和城乡建设部《绿色社区创建行动方案》等最新国家政策，帮助学生了解我国城市街区存量整治、绿色宜居、基础设施智能化、绿色化的现实趋势与需求，明确低碳规划设计的背景、概念与目的。导入《城市居住区规划设计规范》GB 50180—93、《既有建筑绿色改造评价标准》GB/T 51141—2015、《绿色建筑评价标准》GB/T 50378—2019、《建筑碳排放计算标准》GB/T 51366—2019、《建筑节能与可再生能源利用通用规范》GB 55015—2021 等通用规范强制性条文与标准内容，对标绿色街区低碳规划设计要求，理解各项绿建技术的原理。按照"建筑外内、光风热声、全面计算"的方式，使用基地现状、课程作业等模型，从熟悉的日照分析入手，选择性地展开节能减排模拟分析计算与优化（表2），输出成果报告书并相应改进方案，帮助学生了解

绿色街区低碳规划设计相关绿建技术应用与规范条文　　　　　表2

应用层次	模拟方面	绿建技术	相关条文	优化方向
建筑外环境	日照/太阳能	太阳能利用 SUN	GB 50180-93-5.0.2	模拟分析日照时长、满足日照标准；分析太阳能资源最佳倾角、位置、集热需求量等详细数值，求解顶层太阳能可利用面积，获得最佳可再生能源利用效果，达到减排目的
	热环境	住区热环境 TERA	JGJ 286-2013	模拟分析住区热环境指标，通过优化调整通风、遮阳、渗透与蒸发、绿地与绿化，降低整体环境热岛强度，减少空调耗能
	风环境	建筑通风 VENT	GB 50180-93-5.0.3	模拟分析冬季、夏季和过渡季节室外风速分布、气流组织、风压场面、涡旋等，调整建筑群体形、人行避风区域等，优化总体环境
	声环境	建筑声环境 SEDU	GB/T 50121-2005, GB 50118-2010	模拟分析室外场地噪声水平，通过调整距离、增加绿化、改进材料等增加声屏障，优化总体环境
建筑内环境	节能设计/太阳能	节能设计 BECS/能耗计算 BESI	GB 55015-2021-2.0.1, 2.0.5, 5.2.1, 5.2.4	分析建筑布局与体型、间距与朝向、围护结构保温与隔热、遮阳、自然通风与自然采光等因素影响的建筑能耗，以及建造拆除能耗等，进行相应的节能设计，使用可再生能源达到减排目的
	采光	采光分析 DALI	GB 50033-2013, GB 55016-2021-3	分析计算室内照度达标率，表现采光效果与视野，优化开窗等自然采光措施，减少照明耗能
	通风	建筑通风 VENT	GB 50325-2020	分析室内风量、风速、污染水平等，调整建筑形体设计、空间划分、各层、各房间换气次数、可开窗面积、通风开口面积比例等，增加自然通风和热舒适度，减少空调耗能
	隔声	建筑声环境 SEDU	GB 50118-2010, GB 55016-2021-2	分析室内隔声效果，通过调整围护结构、隔声材料等增加声屏障，优化室内声环境
	热舒适	室内热舒适 ITES	GB 55015-2021-3.1, C.0.1-C.0.8, GB 55016-2021-4	分析室内自然通风换气次数、维护结构热工参数、室温及风速分布等，调整建筑形体、空间划分、材料、开窗等，提高热舒适度，减少空调耗能
绿色街区	碳排放计算	碳排放计算 CEEB/绿建评价 GUPA	GB 55015-2021-2.0.3, GB/T 50378-2019-9.2.7, GB/T 51366-2019	对街区民用建筑运行、可再生能源、绿化碳汇、建造拆除、建材生产和运输进行全生命周期碳排放分析计算，从而掌握碳排放总量，增加碳汇实现碳平衡

资料来源：根据软件说明与规范条文整理.

相关政策规范，建立低碳量化思维与规划设计形式之间的关联。

3 宣南地区绿色街区规划设计教学实例

3.1 课程安排——任务导向、循序渐进

基于以上思路，以低碳为导向，面向城乡规划专业本科三年级学生进行城市绿色街区规划设计课程改革，探索城市更新背景下，北京宣南地区新建与改造相结合的绿色街区综合规划与单体环境设计方法。通过前10周阶段1——总体规划设计（2人一组）、后6周阶段2——详细规划设计（独立完成或重组参加竞赛）的教学过程，使学生了解绿色街区综合更新规划设计内容，能够挖掘地段文脉、协调周边环境、满足人本需要、促进节能减排，掌握整体的规划设计和方案表达方法和一定的绿建分析技能。前5周教学密集导入绿建技术与案例学习，后11周配合实践进行2~3次绿建技术应用交流与总结（表3）。

3.2 作业实例——因地制宜、以人为本

研讨形成①胡同与②小区改造两个方向。胡同区位优越、资源丰富，多行低层住宅现状拥挤、设施老旧、公共空间匮乏；小区区位独特、文化悠久，楼房质量老旧、功能复杂、布局混乱、空间紧张。两者均迫切需要改善，实现低碳、健康、适老化的现代生活。以两项获奖作业为例（图2、图3），结合绿建技术优化传统的单体设计、公共空间与绿色交通体系，探讨多种低碳途径。

①发现居民需求集中于扩大居住面积和增设独立卫浴上，经检验，增加内层扩大单户室内面积：一层为客厅、厨房和卫生间，二层为卧室，挑出钢架阳台；拆除

绿色街区低碳规划设计课程安排与绿建技术内容　　　　　　　　　　　　　　　表3

课程模块	课时安排		教学内容	成果形式	绿建技术植入内容
任务布置	第1周	4课时	任务书讲解与答疑	各组完成基地现状条件分析、绿色街区规划设计案例分析报告ppt 1份	绿色街区建筑、基础设施、道路交通、景观绿化等系统的节能、减排、增汇、绿色化改造需求
专题讲座	第2周	4课时	低碳街区与绿色建筑		低碳导向下绿色建筑概念、发展、BIM技术与解决方案、规划设计规范标准
前期调研	第3周	8课时	场地踏勘		低碳视角下基地日照、太阳能、采光、通风、热环境、声环境、能源、道路交通、景观绿化、市政卫生等方面的问题发现与分析
现状分析	第4周		场地问题梳理汇总		
案例分析	第5周	4课时	案例调研经验汇总		国内外低碳规划设计案例分析，各地低碳建筑、低碳设施、低碳交通、低碳景观实例介绍
概念设计	第6周	8课时	概念、定位、策略构思	各组完成总体规划设计总平面图、鸟瞰图、分析图，其他辅助说明性图纸自定，不少于2张A1图纸jpg；绿建模拟分析提交dwg图纸、3D模型图、工程说明以及方案深度的计算结果报告书	绿建技术应用操作交流
初步设计	第7周		功能结构、道路交通规划		
总体设计	第8周	12课时	用地规划、空间布局、系统分析		
	第9周				
	第10周				
中期汇报	第11周	4课时	中期成果汇报交流		
详细设计	第12周	12课时	方案设计调整与深化	个人完成局部规划设计总平面图、效果图、分析图、组团建筑平、立、剖面图，其他辅助说明性图纸自定，不少于2张A1图纸jpg；绿建模拟分析提交dwg图纸、3D模型文件、工程说明以及方案深度的计算结果报告书；按需制作35min展示视频wmv	绿建策略与技术应用总结与检讨
	第13周				
	第14周				
成果制作	第15周	8课时	终期成果汇报交流		
终期汇报	第16周				

资料来源：根据教案整理.

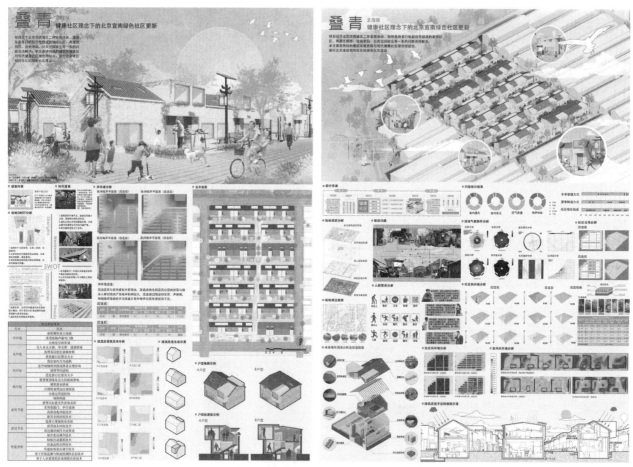

图2 宣南地区胡同街区低碳改造设计作业案例
（作品获得第四届全国高等院校绿色建筑设计技能大赛一等奖、优秀指导老师奖）

室外违章搭建，将私占的公共空间归还给大众，重新营造社区交流活动的空间，建立公共空间新秩序。

单体应用环保建材、新风系统、天窗及保温老虎窗等，达到绿建规范标准。整体应用光伏陶瓷瓦等多种节能材料和技术，采用"节流开源"的方式尽量满足居民舒适水平和日常使用所需的大部分能源供应，从单体环境、生态环境、卫生环境、公共空间四方面改善采光、隔声、空气质量等绿建评价指标，设置"渗滞蓄净用排"海绵系统，营造健康街区环境。

②发现住宅拥挤，违建多，风、光、声、热环境、视觉卫生、消防间距等不能满足居住舒适度需要；旅馆疫情期间营业困难，需要改建转型。考察建筑质量，拆除所有违建以及朝向不良建筑，分析剩余建筑风、日照、热、视觉环境条件，达到绿建规范标准。重点改造舒适度较差的住宅、旅馆，调整空间划分、增加公共活动空间、半开放阳台、优化建筑围护构件，满足节能、自然采光、通风、隔声等要求。保留质量较好的住宅与公共服务建筑，增设底商，形成复合功能。

单体层面优化住宅空间功能，满足日照标准，提高围护材料保温性能；改善旅馆部分室内声环境，调整卧室朝向，更换门窗材质，提高隔声量，楼板铺厚地毯，减少撞击影响。整体层面拆除违建，改善日照与通风条件；减少水泥沥青铺装，使用透水材料，增加绿化面积，通过种植搭配，增加碳汇，降低环境热岛强度。

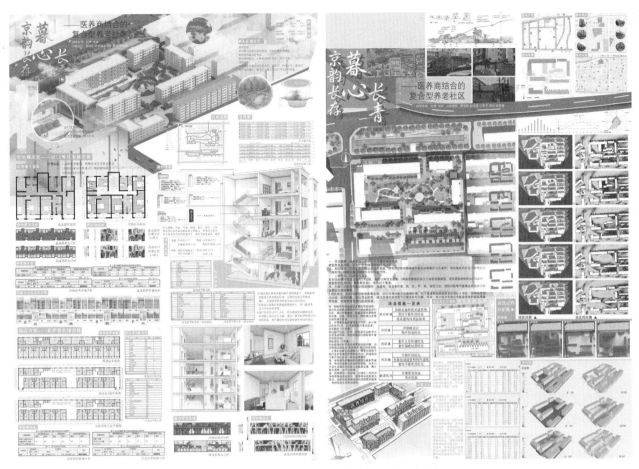

图3 宣南地区小区街区低碳改造设计作业案例
（作品获得第四届全国高等院校绿色建筑设计技能大赛三等奖、网络作品展示人气奖）

3.3 教学反馈——以用促学、学以致用

通过低碳导向下植入绿建技术的教学内容改革，规划专业学生增进了对低碳规划设计途径的理解程度，认识到绿建技术的实际作用。作为非建筑设计背景出身的学生，显示出较强的跨专业学习能动性，并不排斥看似枯燥的软件学习，普遍认可相对科学理性的模拟分析方法，在反复评价比对可选方案的过程中，形成一定的批判性思维。一些以被动式为主的低碳途径，性价比高，符合要求；一些原理可行但运维成本比较高，或在全生命周期中只是转移污染物或能耗，不应盲目使用；一些可以通过创新改进补足性能缺陷。由此促进学生注重

方案的检验优化，将低碳思维与绿建技术渗透到实践环节，不断开拓建立丰富的、多渠道的知识储备。

4 绿建技术植入规划设计教学的建议思考

4.1 适应需求，强化低碳理念意识

为适应城乡规划专业的低碳教育需求，作为专业核心基础的规划设计教学应当与时俱进，突出人居环境绿色发展的理念，适当整合绿建技术，强化低碳思维、知识、方法，更新以形态逻辑为主的传统方式，展开多元的教学实践改革[6]。预备素材时，梳理中观尺度上空间结构、能源布局、道路交通、绿地景观等控制要素与低碳量化指标之

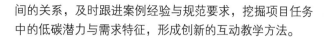

间的关系，及时跟进案例经验与规范要求，挖掘项目任务中的低碳潜力与需求特征，形成创新的互动教学方法。

4.2 启发思维，调动自主学习兴趣

规划设计能力的培养需要较强的自主学习意识，而兴趣是学习最好的老师。低碳导向主题和绿建技术的应用作为课程作业的加分项而非强制性评分项，以引导而非灌输的方式促使学生自主探索、思考以达到最佳效果。依托各种资源向学生展示低碳规划设计知识，通过问题的提出、正反案例的学习和批判，激发学生的求知欲和创作欲。利用课程开放教学的特点，创设和谐、民主、宽松的氛围，鼓励不同层次的学生在学习上取得的进步，启发学生大胆探索、乐于钻研。

4.3 混合教学，建设信息化资源库

疫情常态化防控背景下，充分发挥"线上""线下"资源优势，改善远程授课参与度不足的缺陷。以产教融合为支撑，对接绿建技术企业资源，收集整理相关网络课程、方法应用、案例、规范条文、技术导则、优秀作业和竞赛作品回顾等资源，形成文献、图集、视频、工具箱等形式的低碳教学共享资源库，丰富学习体验。同时，鼓励学生从身边真实的生活环境中认识低碳的内涵、外延、特征与需求，形成有针对性的绿建技术理解与学习，体现理论联系实际的特点。

4.4 以赛促教，充分培养创新精神

竞赛训练作为城乡规划设计专业能力培养的重要途径，能够提高学生综合创新素质。通过组织参加低碳主题规划设计竞赛，提供相关实习实践项目机会，提高学生在低碳产品、创意、服务、生活理念等方面的认知和创新能力。目前，低碳已成为 WUPEN 等大量权威竞赛主题，如碳中和未来生活创新国际竞赛、全国高校绿色建筑设计技能大赛等，鼓励学生跨专业、年级的团队合作参加多种竞赛，有利于促进学生掌握低碳规划设计技能，提升解决问题的能力，也有利于提高教学效果，引导教学方式转型，检验人才培养成效。

5 结语

"双碳"背景下，绿建技术拓展到中观层面的街区规划设计，在微观建筑和宏观城市之间搭建"绿色桥梁"，对促进低碳有基础性的积极作用。随着"双碳"战略不断深化、城市更新逐步推进，绿建技术将进一步应用于绿色街区规划设计，打造低能耗、低排放、低污染、可持续的建筑群组布局、公共空间、绿色基础设施、道路交通与绿地景观体系等，最大程度上促进基层单元的生态、环保、绿色、低碳，改善民生。

适应低碳人才培养需求的绿色街区规划设计课程，应将"四节一环保"理念下的绿建技术内容贯穿教学全过程，明确目标、挖掘需求、有效应用。通过案例教学嵌入低碳策略、方法、经验相关知识技能，跟进最新政策、规范、标准，按照"建筑外内、光风热声、全面计算"的方式，衔接量化目标与规划设计形式，向学生普及低碳意识、提升低碳教育成效。

基于宣南地区绿色低碳街区更新改造设计的课程实例，本文探讨了将绿建技术有效植入规划设计教学的具体应用。通过适应需求、启发思维、混合教学、以赛促教多种方式，强化学生理论联系实际的低碳意识、调动学生自主学习兴趣、克服远程教学时空局限，充分培养学生创新精神，为低碳导向的城市规划设计教学改革提供借鉴，从而更好适应"双碳"时代的专业人才培养需求。

参考文献

[1] 陈天，臧鑫宇，王峤.生态城绿色街区城市设计策略研究 [J]. 城市规划，2015, 39（7）: 63-69, 76.

[2] 郑德高，吴浩，林辰辉，等.基于碳核算的城市减碳单元构建与规划技术集成研究 [J]. 城市规划学刊，2021（4）: 43-50.

[3] 高源.整合碳排放评价的中国绿色建筑评价体系研究 [D]. 天津: 天津大学，2014.

[4] 张金乾.基于 BIM 绿色建筑解决方案 [J]. 中国建设信息，2012（20）: 34-35.

[5] 舒平.双碳目标下，老旧住区更新有哪些路径与策略？[EB/OL].（2022-05-24）.风景园林网，https://zhuanlan.zhihu.com/p/519369131.

[6] 王如志，崔素萍，聂祚仁."双碳"目标视角下"四位一体"本科教育模式创新 [J]. 中国大学教学，2022（4）: 14-18.

Discussions on the Paths of Green Building Techniques Implanted into the Teaching of Green Block Planning and Design under the Background of "Carbon Peaking and Carbon Neutrality"

Bi Bo   Li Chi   Yu Changming

Abstract: Under the background of "carbon peaking and carbon neutrality", green building techniques provide essential methodological supports for low-carbon planning and design of green blocks. Based on carbon inventory, green building techniques are associated with low-carbon approaches of planning and design within seven systems: spatial layout, energy, architecture, transportation, environment, municipal infrastructure and smart city. Green building techniques are integrated into planning and design teaching through three paths: guidance from targets and demands, case study and evaluation, and requirements of regulations and standards. Taking the third-grade undergraduate course of green blocks planning and design in Beijing Xuannan area as an example, we propose four aspects of suggestions to promote green building techniques implanted into low-carbon oriented teaching: adapting to the demands, inspiring active thinking, mixing online and offline study, and promoting teaching through competitions, so as to provide references for the reform of urban planning and design teaching, and to better adapt to the demand of talent cultivation in the era of "carbon peaking and carbon neutrality".

Keywords: Carbon Peaking and Carbon Neutrality, Green Building Techniques, Green Block, Planning and Design Teaching

"全过程介入"的城市设计课程教学模式探讨

田宝江

摘　要：围绕城市设计如何教，教什么的问题，针对教学周期短与城市设计内容体系庞杂的矛盾，提出"全过程介入"的城市设计课程教学模式。教学中突出城市设计核心价值，选择真实基地和课题，过程分解，注重设计方法和设计能力的培养。教学安排依托设计过程逻辑，采用"3+8"的内容体系，即把教学过程分为城市认知、方案立意、深化落实 3 个教学阶段，每个阶段分成若干任务模块、总计 8 个教学模块，并配合主题讲座，逐层分解，在此过程中，实现设计理念、技术方法、成果表达的全过程介入。

教学过程中，注重各教学阶段的衔接与递进关系，明确各阶段教学目的和能力培养方向，强化不同阶段的重要知识点，以内容（教学模块）——方法——成果为基本线索和逻辑，将城市设计过程串联起来，通过教学手段的全过程介入，使同学能较为全面地掌握城市设计的核心内容。

关键词：全过程介入；城市设计课程；教学模式

城市设计如何教？教什么？核心内容有哪些？一般而言，城市设计课程一个学期只有 17 周教学周，如此有限的时间，要全面讲授城市设计的体系、理念、理论流派、技术方法、实践案例、管理、政策和实施等内容，基本上是不可能做到的，这就要求要有取舍，突出核心内容，一方面要让同学掌握城市设计的基本内容、核心价值，对城市设计过程有基本的了解；另一方面，要搭建一个知识框架，建立起城市设计学科、专业基本体系。有了这个基础，同学可以延伸学习，也为日后的深入学习打下基础。

基于此，我们在教学实践中提出：突出核心、实战演练、过程（阶段）分解、全程介入的城市设计课程教学模式，注重方法和能力的培养，强调各教学阶段的衔接、递进关系，兼顾城市设计的过程、产品双重属性，培养同学的整体性、全局性思维。

1　指导思想

所谓突出核心，就是要突出城市设计独有的、无法被其他专业取代的核心价值，包括三个方面：

1.1　形体空间塑造

现代城市设计的提出，就是为了解决城市空间品质

下降、城市特色缺失的问题。由于城市规划越来越走向综合、政策导向，忽视了对城市空间的塑造，城市设计正是基于这样的背景被提出和重视。虽然对城市设计有诸多的定义和理解，但城市设计是塑造城市空间的有力工具一直是业界的普遍共识，也是城市设计区别于综合规划的重要特征，城市的经济、社会、人文活动等诸多要素，都要依托空间这个载体，以空间为核心、塑造城市形体空间是城市设计最根本的职能。

1.2　整体关系组织

城市设计是设计城市而不是设计建筑。城市设计的主旨是城市空间形态的整体和谐，对城市中的建筑、绿地等元素进行协调与组织，以创造和谐的城市形象。这是城市设计与建筑设计区别的重要方面。

1.3　空间创意审美

城市设计的作用是提升城市空间品质，塑造城市特色风貌，因此，需要城市设计师具有良好的美学素养和

田宝江：同济大学建筑与城市规划学院副教授

空间创意能力，城市规划是保障底线，城市设计是提升品质与内涵，不仅要满足基本的功能需要，还要让空间使用者身心愉悦，产生自豪感和归属感。

空间、关系和创意是城市设计的核心价值。我们的城市设计课程教学就是围绕这个核心价值进行教学模式设计。

2 教学模式（体系）

城市设计课程强调实战，设计题目选择真实的基地，通过具体的设计项目实践，让同学把城市设计的程序、过程真正走一遍，在做中学。教学安排依托设计过程逻辑，分为城市认知、方案立意、深化落实三个教学阶段，每个阶段分成若干教学模块并配合主题讲座，逐层分解，在此过程中，实现设计理念、技术方法、成果表达的全过程介入。

在教学过程中，强化不同阶段的重要知识点，以内容（教学模块）——方法——成果为基本线索和逻辑，将城市设计过程串联起来，通过教学手段的全过程介入，使同学能较为全面地掌握城市设计的核心内容。具体安排如下：

2.1 阶段一（1~4周）：城市认知与调研

● 教学目的：

（1）掌握分析城市、认识城市的技术与方法；

（2）发现基地问题，发掘基地发展潜力

● 能力培养：资料检索、文献综述能力；城市空间分析与认知能力；团队协作能力。

● 教学模块分解：

本阶段主要分为三个教学模块。

模块一：区位与背景分析

主要从区域、市域、基地周边等不同尺度、层次上，分析基地的区位特征，外部环境、交通、公共设施等基本情况，对基地的发展背景形成基本判断；另一方面，对基地空间形态演变进行分析，把握城市空间形态发展脉络，要特别关注不同历史时期形态发生剧烈变化背后的社会、经济、行政等要素的作用。本模块主要让同学掌握的技术方法包括文献综合、历史地图叠加分析方法等（图1）。

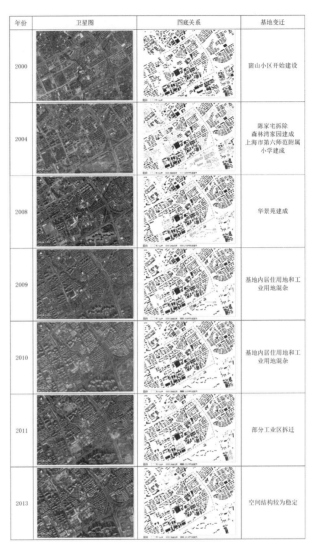

图 1 上海张江地块城市形态演变分析

资料来源：同济大学城市设计课程作业，学生：刘政 等，

指导教师：田宝江.

模块二：上位规划及相关规划研读

通过对城市总体规划、地区单元规划等上位规划的研读，把握基地发展的外部条件和上位规划要求，确定基本发展目标和功能定位；通过对相关规划如交通专项规划、水系规划、绿地系统规划等的分析，确定基地发展与相关规划及周边地块的有效衔接。采用的方法主要有资料检索、文献综合等，特别注意要通过对上位规划

和相关规划的研读，把握对本基地发展、定位、规划控制等方面的关键内容，将关键词、关键论述内容加以梳理和总结，最好以表格的形式加以展示，可以更全面、直观地把握上位规划的要求以及相关规划对本基地的影响。

模块三：城市要素与系统

通过现状调研、踏勘，结合问卷、访谈等方式，对基地的用地、交通、公共空间、绿地水系、建筑现状（质量、年代、建造特征）、人群使用与活动等方面，进行分析整理，并形成相关专项系统的现状图纸，并最终形成现状调研报告。要求同学掌握现场调研的技术与方法，如空间标注法、空间计数法、轨迹跟踪法、图底分析、热力图爬取与制作等。通过对上述城市空间要素和系统的分析，形成对基地的全面认知，形成现状城市空间基本骨架系统，包括空间形态、路网骨架和人文活动等方面，在此基础上结合上位规划要求，发现基地存在的重要问题以及未来发展的潜力和资源。

专题讲座：城市设计原理与课程总体安排

本阶段的主题讲座安排在学期开始的第一堂大课，讲述城市设计基本原理、发展脉络、主要理论及最新前沿，并把本学期的基本安排，教学进度、教学阶段、核心内容，教学模块等内容进行介绍和讲解，让同学做到心中有数，明确学习的主攻方向，有针对性地进行准备。

2.2 阶段二（5~11周）：总体方案与快题

● 教学目的：（1）结合上位规划和基地禀赋，提出设计总体立意；

（2）形成总体方案，掌握快题表现方法

● 能力培养：案例研究与借鉴；主题演绎能力；快速表现能力

● 教学模块分解：本阶段主要分为三个教学模块：

模块一：案例研究与借鉴

设计最难的就是开始阶段很难进入状态，不知从何入手。这个阶段，通过对成功案例的研究与借鉴，是打开思路，形成设计构思的有效手段。本教学阶段，我们要求每位同学至少收集三个案例，案例选择要求与基地高度相关（规模相近、发展阶段相似、基地特征相近如滨水等）或设计理念具有前沿性、先进性，可以是建成

项目，也可以是设计方案。每个教学小组8名同学，这样就可以形成20个以上的案例库，案例研究需要在对其进行全面分析的基础上，提炼概括出核心内容，包括方案概况、设计理念、方案亮点、借鉴内容等，由同学形成案例研究报告，在课上进行汇报交流，全组同学都可以受益，设计思路得到启发和拓展。

模块二：主题演绎与分解

通过问题导向和目标导向，分析基地矛盾问题，研读上位规划要求，借鉴成功案例，提出设计的主题和立意。这里最重要的就是把发展目标转化为设计的主题和立意，对设计主题的演绎非常重要，这是设计得以展开的重要环节。通常采用主题分解的做法，即将抽象的主题，分解为若干明确的发展路径。如2010年上海世博会的主题是"城市让生活更美好"，为了演绎这个主题，设计团队将其分解为三个"和谐"，即人与城市的和谐、人与自然的和谐、人与人的和谐。这样，就把抽象、宏大的主题分解为明确的行动规划路径，方案主题获得了具体的支撑，方案也可以顺利得以深化和落实。又比如今年WUPENcity竞赛的主题是"共享元家园"，其关键词是元宇宙观念和技术，在实现共享、建设和谐城市与家园的过程中发挥怎样的作用，针对这一主题，我们在教学中引导同学运用主题演绎法对这个主题进行分解，有一组同学提出"流动元街区"的概念，从街区营造的视角切入，将主题分解为四个方面，分别是：元产业促共享——新商业商务导入；元社区促共享——新兴趣社区营造；元街区空间促共享——新街区空间导则；元生态促共享——新生态可持续；这样就把抽象的主题具体化，而且每个分主题都可以找到明确的落实空间和载体，方案的立意更加明晰（图2）。另一组同学提出"无界元城市"的设计主题，将该主题分解为三个分主题，分别是：无界共享空间——立体共聚多孔城市；无界共享主体——活力共享多元社群；无界共享活动——虚实共生多变活动。通过这样的主题演绎与分解，主题的内涵更加明晰，外延指向更加明确，每个分主题都有空间落实的载体，因此设计的思路也就更加清晰，引导总体方案逐步生成。

模块三：快题设计

为了总结前一阶段的设计成果，快速形成总体思路，避免出现设计中期停滞和摇摆现象，我们在这个阶

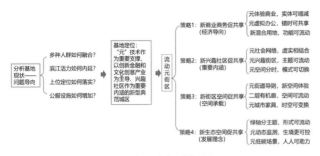

图 2　主题演绎分解图示
资料来源：同济大学城市设计课程学生作业，
学生：彭桢，郑哲祺，指导教师：田宝江，刘骝．

段最后一个周末安排了快题设计，要求用一天时间完成主题说明、总平面图、主要分析图和主要经济技术指标，将上述成果表达在 2 张 A1 图纸上，要求全部手绘，以锻炼和强化手绘能力（图 3）。

图 3　城市设计快题
资料来源：同济大学城市设计课程学生作业，
学生：陈功达，指导教师：田宝江，刘骝．

专题讲座：

本阶段安排两个专题讲座，讲座一，"城市设计案例与方法"，讲座二，"城市设计新技术"。前者主要结合案例分析，开阔同学视野，掌握城市设计基本方法；后者是结合近年来大数据、定量分析方法的普及，让同学对学科前沿发展有一定了解，并学习使用相关定量分析方法辅助设计，如空间句法、风环境模拟等的使用，为设计方案优化提供技术支撑。

2.3　阶段三（12~17 周）：方案深化与落实

● 教学目的：（1）结合总体方案，进行节点深化；（2）城市设计成果表达

● 能力培养：方案深化优化能力；多形式成果表达能力；成果整合能力

● 教学模块分解：本阶段主要分为两个教学模块：

模块一：节点深化设计

根据设计主题演绎和分解情况，设定相应的节点或场景，对这些节点进行深化设计，将设计主题、策略进一步落实和展现。设计内容包括节点深化平面、剖面图或剖视图，空间意象和透视表现图等，这部分内容与总体方案是衔接和递进关系，能更全面、生动、深入地展现主题演绎的内容（图 4）。

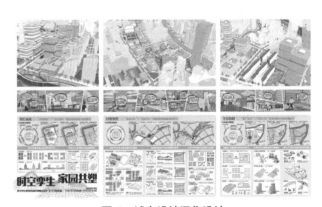

图 4　城市设计深化设计
资料来源：同济大学城市设计课程学生作业，
学生：胡源沐柳，李卓欣，指导教师：陈晨．

模块二：成果整合

我们城市设计课程最终成果要求是不少于 4 张 A1 图纸，包括现状分析、主题演绎、总平面图、专项系统分析图、节点深化设计、总体鸟瞰图、主要经济技术指标和设计说明等。值得注意的是，在最后的成果表达阶段，同学往往缺乏对所有成果内容进行整合的意识，仅仅是把所有图纸拼贴在图版上，一方面，成果的规范性受到影响，另一方面，整体成果的结构性、内在逻辑性也不够突出。

为了解决这个问题，我们专门设置了一个成果整合教学模块，要求同学对最终成果的 4 张图纸进行整体安

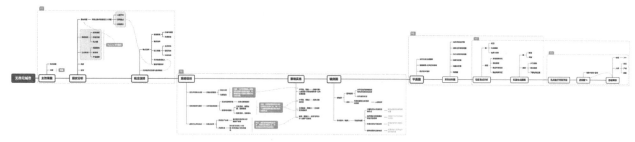

图5 城市设计成果内容框图
资料来源：同济大学城市设计课程学生作业，学生：陈功达，指导教师：田宝江，刘骝.

排与设计，我们称之为最终成果的"分镜头"脚本，包括各张图纸的内容安排、各图纸之间的逻辑关系、版式标识统一、特色表达方式等，都事先做到心中有数。我们要求同学把这个分镜头脚本用思维导图和框图的形式表达出来，表明每张图纸的内容和彼此之间的内在逻辑关系（图5）。有了这样的脚本，同学不但对最终成果包含的具体图纸、内容了然于胸，而且在这个过程中又强化了设计主题与设计图纸的内在逻辑关系，对于版式、色调、图纸风格等也有了整体考虑，使得最终成果呈现出较好的一致性和严谨性。

专题讲座：城市设计成果表达。结合正反两方面的

案例，向同学介绍城市设计成果表达的要求和技巧，做到规范性与个性化的有机统一。

3 小结

针对城市设计课程特点和教学周期较短的问题，我们提出了突出核心、强调实战、过程分解，全程介入的教学模式，整体分为3个阶段、8个教学模块，确定各阶段的衔接递进关系，明确教学目的和能力培养，以方法论为抓手实现全过程介入，最终形成过程与产品并重、注重综合能力培养的教学体系与模式，具体内容可概括为表1。

"全过程介入"的城市设计课程教学模式   表1

教学阶段	教学目的	能力培养	教学模块	方法手段	阶段成果
1.城市认知与调研（1~4周）	（1）掌握分析城市、认识城市的技术与方法；（2）发现基地问题，发掘基地发展潜力	（1）资料检索、文献综述能力；（2）城市空间分析与认知能力；（3）团队协作能力	模块1：区位与沿革（纵向）	文献、历史地图叠加分析	空间发展脉络、背景
			模块2：上位规划、相关规划（横向）	文献、资料检索	规划定位、衔接
			模块3：城市要素与系统	现场调研方法；问卷、访谈；图底分析；热力图、POI	各系统专项现状图纸；现状调研报告
			讲座：城市设计原理与课程总体安排		
2.总体方案与快题（5~11周）	（1）结合上位规划和基地禀赋，提出设计总体立意；（2）形成总体方案，掌握快题表现方法	（1）案例研究与借鉴；（2）主题演绎能力；（3）快速表现能力	模块4：案例研究与借鉴	文献、资料检索	形成多个主题思路
			模块5：主题演绎	主题分解	概念生成逻辑
			模块6：快题设计	手绘快题	总平面图；城市设计框架（设计结构）；分析图
			讲座一：城市设计案例与方法讲座二：城市设计新技术		
3.方案深化与落实（12~17周）	（1）结合总体方案，进行节点深化（2）城市设计成果表达	（1）方案深化优化能力；（2）多形式成果表达能力；（3）成果整合能力	模块7：节点深化设计	深化表现	平面、剖面、透视等
			模块8：成果整合	成果分镜头脚本（框图）	思维导图和框图
			讲座：城市设计成果表达		最终成果

城市设计课程是城乡规划专业的核心课程，我们在多年的教学实践和积累的基础上，提出了能力优先、倡导方法论的"全过程介入"教学模式，期待与兄弟院校同仁进行交流，共同为提高我国城市设计教学质量贡献力量。

参考文献

［1］ 庄宇 . 城市设计实践教程 [M]. 北京：中国建筑工业出版社，2020.

［2］ 王伟强 . 城市设计导论 [M]. 北京：中国建筑工业出版社，2019.

［3］ 乔恩·兰 . 城市设计 [M]. 黄阿宁，译 . 沈阳：辽宁科学技术出版社，2008.

［4］ 克里斯塔·莱歇尔 . 城市设计 城市营造中的设计方法 [M]. 孙宏斌，译 . 上海：同济大学出版社，2008.

［5］ 吴良镛 . 空间规划体系变革与人居科学发展 [R]. 杭州：2018 中国城市规划年会，2018.

［6］ 庄少勤 . 新时代的规划逻辑 [R]. 北京：第一届全国国土空间优化理论方法与实践学术研讨会，2018.

［7］ 田宝江 . 定量分析方法在城市设计课程教学中的应用 [C]// 高等学校城乡规划学科专业指导委员会，等 . 新时代·新规划·新教育——2018 中国高等学校城乡规划教育年会论文集 . 北京：中国建筑工业出版社，2018.

［8］ 范文兵 . 建筑教育笔记 1——学设计·教设计 [M]. 上海：同济大学出版社，2021.

Research on the Teaching Model of "Whole Process Intervention" in Urban Design Course

Tian Baojiang

Abstract: How to teach urban design and what to teach? In view of the contradiction between the short teaching cycle and the complex content system of urban design, we put forward the teaching mode of "whole process intervention" in urban design course. Giving prominence to the core value of urban design in teaching, choosing real bases and topics, decomposing the process, paying attention to the training of design method and design ability. Teaching arrangement relying on design process logic, adopting "3+8" content system. It means dividing the teaching process is into three teaching stages: city cognition, scheme conception and deepening implementation, each stage is divided into several task modules and a total of 8 teaching modules. Combined with theme lectures, in this process, the whole process intervention of concept establishment, technical methods and achievement expression is involved.

During the teaching process, we pay attention to the connection and progressive relationship of each teaching stage, clarify the teaching purpose and ability training direction of each stage, strengthen important knowledge points at different stages. Taking content（Teaching Module）– method – result as the basic clue and logic, connecting the urban design process. Through the whole process intervention of teaching means, let students can comprehensively master the core content of urban design.

Keywords: Whole Process Intervention, Urban Design Course, Teaching Model

基于 SRTP 的城乡规划本科研究型教学路径探索*

徐 瑾

摘 要：城乡规划学具有综合性特征，本科教学中研究比重呈增加趋势，加强研究型教学并培养学生的理性思维与研究分析能力是各院校本科规划教育的重要转型方向之一。大学生科研训练计划 SRTP 是以独立研究项目的形式系统培养学生研究能力的模式。本研究以东南大学建筑学院规划系为例，结合城乡规划本科教育的两项 SRTP 教学实践，就教学设计、教学过程、教学成果与反馈等方面总结探讨 SRTP 的实施成效、问题难点、与规划专业的关联性等，为加强城乡规划本科教育中学生研究能力的培养、探索具有城乡规划学科特色的研究型教学路径提供参考。

关键词：SRTP 大学生科研训练计划；城乡规划学；本科教育；科研训练；研究型教学

1 城乡规划研究型教学的发展背景与探索模式

20 世纪 80~90 年代我国城市规划专业开设之初，大多依托工科建筑类为基础，以城市物质空间规划与形态设计为主要方向，其中较典型的例如东南大学，以"空间 +"模式培养具有较强设计能力的人才 [1]。由于城乡规划学自身综合性与实践性的特点，伴随着全球化和我国城镇化进程，以及国土空间规划体系建构的背景，学科发展与专业教育与社会经济发展需求紧密关联，更多复杂与综合的城乡空间问题为规划教学和能力培养体系的科学理性提出了更高的要求 [2, 3]。通过加强研究型教学，培养学生的理性思维与研究分析能力是各院校规划教育与人才培养的重要转型方向之一。

在本科教学中，一方面基于规划设计课程嵌入理性思维和分析能力培养是研究型教学的探索模式之一。最为经典的是以规划设计工作坊的形式，加强学生的问题意识，通过关键问题的挖掘，训练研究分析的工具方法，结合实践场地提出解决问题的设计方案 [4]，是为我们常说的"研究型设计"。通过这一模式，培养提升学生的"设计 +"能力，其中包括理性分析能力，创新思考能力，空间设计能力、综合表达能力，组织协调能力等一系列综合能力。近年来面向国家生态文明建设、空间治理现代化等战略，以及国土空间规划背景下面向资源环境要素全系统分析的新要求，在坚守规划设计应用实践的基础上，规划教育也呈现出更加重视"城市研究"与"空间分析"的趋势。

另一方面，通过补充多学科知识内容的融通教学，拓展规划设计教育的思路与视野，是加强规划本科研究型教学的另一模式。城乡规划教育的知识与技能需求已超出了最初建筑学为基础的传统物质形态层面 [5]，多学科交叉关联的知识网络日益紧密。依托地理学、公共管理学、经济学、社会学、生态学、遥感测绘等专业增设城乡规划类课程的院校数量可观，并在城市研究领域成为主导力量 [3]。通过增设相关交叉学科的讲座或课程，提供方法工具的借鉴支撑，强化学科的科学内核。

依托学校学院科研优势资源，以独立研究项目的形式系统培养学生研究能力是本科研究型教学的第三种模式。以研究型大学的建设目标为导向，加强本科教育的研究型教学环节、激发学生自主探索性学习能力一直是本科教学的核心问题之一 [6]。1969 年 MIT 最早推

* 基金项目：重点研发计划"特色村镇保护与改造规划技术研究"（2019YFD1100700）。

徐 瑾：东南大学建筑学院城市规划系副教授

出"大学生研究机会计划"（Undergraduate Research Opportunities Program，简称 UROP），我国清华大学、浙江大学分别于 1996 年、1998 年开始实施"大学生科研训练计划"（Student Research Training Program，简称 SRTP）[7]，为形成大学生科研创新能力的教学培养模式，构建研究型大学本科教育新体系开展着持续的探索。2003 年东南大学建筑学院（以下简称东大建院）将 SRTP 作为本科教学理论教学、实践教学、自主研学"三位一体"新模式的重要组成部分，落实到建筑学、城乡规划学、风景园林学三个专业的人才培养方案中。

本研究以东南大学建筑学院规划系为例，结合本科专业教育的多年 SRTP 教学实践体会，就教学内容设计（教什么）、教学组织过程（怎么教）、教学成果反馈（教得怎么样）等方面反思 SRTP 研究型教学应用于规划本科教育的实施成效、问题难点等，并进一步探讨强化研究型教学以应对未来规划教学转型的路径。

2 近年来城乡规划本科 SRTP 教学的整体情况

2.1 研究主题与演变特征

根据东南大学建筑学院规划专业立项的 SRTP 项目数据，SRTP 项目从 2014 年 20 个左右到 2022 年的近 40 个，整体上呈现为数量显著增长，涉及的研究主题内容也愈加丰富多元（表 1）。通过对 SRTP 项目名称的关键词的数据分析，可以总结项目主题演变的三个主要特点：

（1）从研究目标上：设计驱动式研究，以解决实际问题为导向

虽然选题趋向更多元丰富，但总体上依然立足设计

为本，以优化提升空间品质或解决现实问题为导向，体现了城乡规划学的核心学科特色。以实际问题为驱动，在此基础上凝练深层的科学问题，进一步引导研究方案的设计与具体研究工具方法的选择。而最终大部分选题的研究目标也依然指向规划设计策略。

（2）从研究对象上：立足地域性，紧密结合社会发展需求

SRTP 项目所关注的对象与当前的社会背景紧密相关，例如有不少项目关注民生热点与弱势群体，近两三年来乡村问题、绿色低碳问题成为选题关注的热点，反映了与国家乡村振兴、双碳战略的契合。此外"南京"几乎是每一年项目名称的高频词汇，研究立足本地问题，更有助于学生面向实践，扎根真实场地。

（3）从研究方法上：跨学科创新，拓展前沿技术方法

城乡规划学与社会学、管理学、政治学及法学等学科的交叉在 SRTP 项目中也逐年显著化，体现了研究思路不受限于学科边界，以问题为导向的开拓创新性思路。尤其近年来更多向遥感、GIS、大数据乃至深度学习、人工智能等新技术领域延伸，从技术工具层面拓展了城乡规划的知识结构和教学体系。

2.2 教学组织与学生反馈

东大建院 SRTP 列入本科生培养方案的必修环节，按照每年度一次的频率开展立项申报，由校教务处统一组织。项目管理采用校、院两级管理机制，资助经费由学校统一下拨。项目由指导老师依托承担科研项目发布

东南大学建筑学院规划专业SRTP项目主题统计　　　　表1

年份	2014	2015	2016	2017	2018	2019	2020	2021	2022
项目数量	19	35	20	10	27	22	26	41	37
关键词	文化 建筑 模型 社会 地图 生态 保护区 批判性 地域 定量	建筑 分析 社区 养老 发展 生态 环境 影响 保护 预防性	模式 分析 交通 网络 建造 技术 景观 用地 特征 居住	环境 景观 策略 影响 模型 住区 低价 小区 介入性 便利性	社区 历史 传统 周边 结构 遥感 轨道交通 老旧 特色 生活	绿色 边界 结构 绿地 交通 多维空间结构 基础设施 传统 特大城市 模型	技术 空间 环境 传统 格局 形态 村镇 景观 性能 绿色	空间 城市 设计 历史 技术 乡村 街区 传统 形态 文化	技术 空间 村镇 低碳 环境 设计 景观 历史 策略 社区

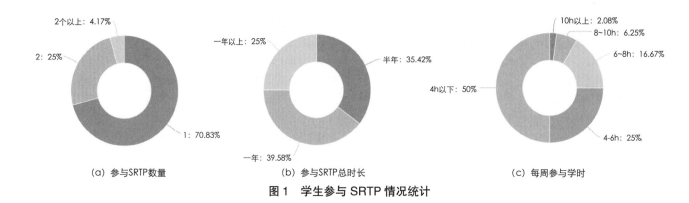

（a）参与SRTP数量 （b）参与SRTP总时长 （c）每周参与学时

图1 学生参与 SRTP 情况统计

征集指南，要求围绕研究创新型大学生培养目标，制定相对明晰的培养计划和方案，构建 SRTP 教学流程；学生结合自身兴趣与教师项目指南申报成立课题组，完成立项申报环节。大部分在一年或半年时间完成：每年3~4月立项启动，9~10月由学校组织 SRTP 中期检查，次年4月组织项目结题答辩。中期检查时根据研究成果的具体质量，有评审专家讨论将项目分为国家级、校级、院级等不同级别，实施不同资助力度与结题要求的管理办法。

本研究面向东大建院现大二至研究生二年级参加过 SRTP 的学生开展线上问卷调查，主要得到了以下四个方面的教学情况反馈。

（1）学生参与度

城乡规划学专业学生参与 SRTP 数量大部分以1~2 个为主（75%），少量同学（25%）参加了2个以上的项目（图 1-a）。在项目的平均时长上，以半年（35.42%）和一年（39.58%）为主，项目结题率相对乐观，超过 75%（图 1-b）。学生每周参与项目研究型教学的时间为 4h 以下占一半比例，每周参与学时越长的情况占比越少（图 1-c）。

（2）学生参与动机

学生大多出于对课程的兴趣（62.5%）以及自我提升（58.33%）等主动性原因，也有相当一部分（41.67%）的同学以取得学分作为动机（图 2）。

（3）获得的能力培养

绝大部分学生都在问卷中反馈 SRTP 主要培养了学术研究能力，排序得分最为显著（6.12 分），其他例如创新思维、独立思考和解决问题、社会实践等能力也得到了一定程度的提升（图 3）。

（4）学生意见与建议

从总体反馈来看，参与学生普遍认为 SRTP 对规划专业主干课程产生了积极影响（占 70.83%）（图 4-a）。

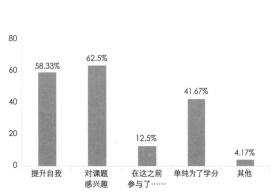

图2 学生参与 SRTP 动机统计

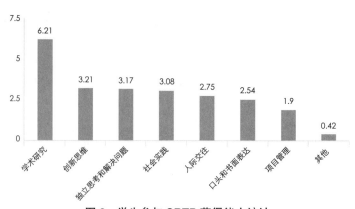

图3 学生参与 SRTP 获得能力统计

显著消极影响：0% 显著积极影响：4.17%
一些消极影响：4.17%
基本没有影响：20.83%
一些积极影响：70.83%

（a）SRTP项目对专业课的影响

时间设置不合理 31.25%
成果要求不合理 16.67%
不能很好地和专业课程衔接 43.75%
不能很好地与实践的结合 31.25%
缺乏科学和人文精神融合 18.75%
缺乏教育性教学 29.17%
缺乏创新性 14.58%
缺乏深度 20.83%
其他 6.25%

（b）SRTP项目现状问题

图 4　学生意见与建议

针对目前的 SRTP 教学方案，学生提出的意见主要有加强 SRTP 与专业课程的衔接（占 43.75%），优化过程时间安排（占 31.25%），加强与实践结合（占 31.25%），加强知识技能教学（占 29.17%），加强研究深度（占 20.83%）（图 4-b），增加趣味性与增设项目立项了解渠道（图 5）等方面。

3　两项国家级 SRTP 的教学个案实践探索

3.1　教学设计

笔者于 2019 年至今在东大规划系独立指导了两项 SRTP 教学，且该两项都在院校评审中被评为国家级 SRTP。以下结合 SRTP 教学实践体会，探讨 SRTP 在规划本科研究型教学中的实践路径。首先需要探讨规划本科教育中开展 SRTP 的基本原则，明晰以下问题，例如：为什么规划本科教育要做研究能力的培养？研究型教学的培养重点是什么？如何建立研究与规划专业教育的紧密联动？

为阐明上述问题，教学设计中建构了"知识技能—SRTP 研究—规划设计"的三维教学关联框架（图 6）。首先基础从文献阅读与案例分析开始，在理解文献对于开展研究的重要价值同时，训练学生初步掌握文献管理及知识图谱分析软件的使用技能。其次培养学生形成理性缜密的思维模式，从 SRTP 研究上理解科学问题的内涵并理解科学理论的价值，从规划设计层面来说，通过理论思维能力的提升，有助于树立具有前沿性的设计概念，并拓展专业知识的认知。第三，实证案例是研究的基础环境，过程中带领学生体验接触新技术例如无人机、数据挖掘等，同时理解现实问题与科学研究之间的关系，学习掌握研究方案的设计能力。最后在实践应用与成果表达环境，建立研究结论与规划设计实践的关联，训练综合性的成果表达能力，包括学术写作与设计方案的图文表达。

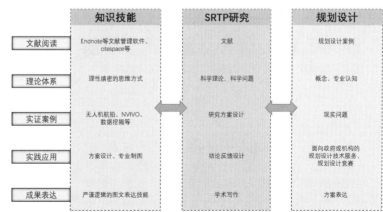

图 5　学生访谈文本的词频分析　　**图 6　"知识技能—SRTP 研究—规划设计"教学关联图**

3.2 教学过程

在笔者指导的两项SRTP"特色田园乡村建设的趋势分析与价值研判"与"特色村镇综合价值评定技术研究"的教学过程中，遵循教学设计中的三维关联框架实施，具体组织过程主要表现为了以下四个特点：

（1）让研究成为一种习惯。以每周一次教学组会的机制推进，通过工作时间常规化建立研究思维的习惯性。

（2）每个人都做个明白人。确保研究团队成员对项目背景起源、内容以及其他成员工作的清楚认知，保证每个人的参与度，明确教学培养重于研究工作。

（3）以学生为本。过程中注重培养学生自主驱动力与兴趣的激发，适当采取物质奖励的形式。

（4）身体力行走出象牙塔。重视实践与体验，教师带队一同下乡开展田野调查，在真实乡村环境开展教学、研究与思考（图7）。

图8-a　培养学生掌握文献与案例梳理能力

图8-b　加强学生理性逻辑思维能力

图7　带领学生开展田野调查并现场教学无人机技术

图8-c　SRTP研究形成的应用性成果——设计辅助平台

3.3 教学成果

两项SRTP取得了较好的教学成果与师生反馈。成果主要注重从三个方面提升研究型教学对规划本科人才培养的提升：①理论性：培养基本的研究素养和理论思维（图8-a、图8-b）；②应用性：体现规划专业研究成果的特色，形成技术咨询成果与设计辅助平台（图8-c）；③专业关联性：鼓励学生将成果转化参加全国大学生乡村规划设计竞赛。

4　SRTP应用于城乡规划本科教学的总结与思考

SRTP近几年在东大建院城乡规划本科教学中产生了一定的积极成效，但也值得进一步探讨反思以下四个问题，以更好地提升 SRTP 对规划学科研究型人才培养的促进作用。

第一，构建 SRTP 与规划专业主干课内容的衔接与互补。

目前绝大多数 SRTP 选题是根据教师自身科研项目为指南，进一步细化而立项的。其优点在于有助于让学生了解规划领域的前沿问题，更新知识体系，契合当前的国家战略与社会发展背景，具有较强的时效性和实践性。然而由于项目选题来源以及参与学生年级的不确定性，导致 SRTP 研究训练与学生当下所开展的专业主干课学习内容衔接并不明确，与学生本科学业规划及本专业培养目标的相关度有待加强。过去一部分 SRTP 是东大城乡社会综合调查课（现为国家级一流课程）作业的拓展，然而受到新且热点选题内容的冲击，原有课程作业深化的内容并未得到学生充足的兴趣。因而值得进一步探索如何与规划设计主干课、毕业论文（设计）或相关竞赛构建良性的衔接与互补关系。

第二，创新 SRTP 研究型教学成果与过程的双重评价方式。

从目前的项目管理与评价机制来看，现采用"结果导向"的评价方式开展中期检查与结题考核，结题成果要求相对宽松，很多学生都有反馈处于未完成状态匆匆结题的情况。与传统的教学模式不同，SRTP 更类似于学位论文或毕业设计的项目式考核，因而一般课程的评价方式必然出现诸多不适，例如课时、考勤、考核、作业等方式难以有效评价。另一方面，仅采用结果评价方式轻视了过程的指导培养，与研究型教学模式培养学生自主性和创造性的初衷并不吻合。遵循"过程的训练重于结果"这一基本原则，有必要进一步探索过程评价的合理方式，一方面训练学生形成程序性的研究习惯，例如进度人员管理、研究记录、经费管理等；另一方面在过程中培养学生自主解决技术性难题的能力，授之鱼不如授之以渔，且往往一些前沿跨学科问题需要师生共同讨论解决思路。

第三，培养 SRTP 学生的自主探索性与规划专业兴趣。

回溯国内外高校推行 SRTP 的初衷，培养学生自主探索能力与专业兴趣是第一目标。然而在近些年的执行过程隐约感受到些许的变味，学生自主性并没有得到有

意识地强化，反而成为教师开展科研的工作助理，学生得到技能工具训练的提升远大于研究思维的培养，仅仅是工作量的输出与教学育人之间存在一定矛盾。因而学生自主选题模式和专业兴趣的驱动方式仍有待进一步探索：例如学生在访谈中提出教师发布指南前通过增设讲座宣传的方式，加强学生对选题的认同感与兴趣；鼓励高年级学生以应用性或实践性选题为导向自主选题，关注城乡规划领域的现实问题，倡导学生跨学科组合的方式解决实际问题，重视探索性与专业兴趣的培养。

第四，把握本科生规划知识素养与项目研究深度之间的差距。

SRTP 研究深度不足的问题，一个原因是受到课业压力的影响导致研究时间短，另外也与本科生专业知识技能受限有关，尤其是近年来更多的学生对研究产生兴趣，参与成员呈现逐年低龄化趋势，很多刚步入大二的学生就积极参与。这一阶段的学生对规划专业的认知尚有一定的局限性，知识素养与研究的联动性难以建立，例如不知道如何科学开展社会调查和文献梳理，或只是具备了技术工具，但思考性不足，看待问题较为浅显。对待这一现象，值得探讨是否应当正视并合理把握存在的必然差距，在合适范围内给予部分本科 SRTP 失败的宽容度，重视过程中研究思维、能力与兴趣的培养。

感谢达玉子协助开展学生调查与访谈，许文锦、孙潇、刘乐欣、羿王力、毛敬言、毛尚香、刘依侬、张杰、张玮、冯诗琦等学生积极参与 SRTP 教学过程为本文提供了教学研究素材。

参考文献

[1] 阳建强，王承慧. 城市规划专业教育的转型、重构与拓展——以东南大学城市规划教学改革为例 [C]// 中国城市规划学会. 转型与重构——2011 中国城市规划年会论文集. 南京：东南大学出版社，2011：9435-9444.

[2] 杨俊宴. 城市规划师能力结构的雷达圈层模型研究——基于一级学科的视角 [J]. 城市规划，2012，36（12）：91-96.

[3] 杨辉，王阳. "旧疾"与"新题"：国土空间规划背景

下城乡规划教育探讨 [J]. 规划师，2020，36（7）: 16–21；赵万民，赵民，毛其智. 关于"城乡规划学"作为一级学科建设的学术思考 [J]. 城市规划，2010，34（6）: 46–52.

［4］ 刘博敏. 城市规划教育改革：从知识型转向能力型 [J]. 规划师，2004（4）: 16–18.

［5］ 赵万民，赵民，毛其智. 关于"城乡规划学"作为一级学科建设的学术思考 [J]. 城市规划，2010，34（6）: 46–52.

［6］ 叶民，魏志渊，楼程富，等. SRTP：浙江大学本科教学改革的成功探索 [J]. 高等工程教育研究，2005（4）: 55–58.

［7］ 张雷. 大学生 SRTP 实施的探索与实践 [J]. 考试周刊，2009（1）: 176–177.

Exploration of Teaching Paths Based on Students Research Training Program for Urban and Rural Planning Undergraduates

Xu Jin

Abstract: Urban–rural planning has comprehensive characteristics, and the proportion of research in undergraduate teaching is increasing. Strengthening research–based teaching and cultivating students' abilities of critical thinking, research and analysis is one of the important transformation directions of undergraduate planning education in universities. SRTP is a model for systematically training students' research ability in the independent research projects. Taking two SRTP projects in the Department of Planning, School of Architecture, Southeast University as an example, this study summarize and discuss the performance, problems and challenges of SRTP in terms of teaching design, teaching process, teaching results and feedback, etc. It provides a reference for strengthening the cultivation of students' research ability in urban–rural planning undergraduate education and exploring the research–centered teaching path with the characteristics of urban–rural planning.

Keywords: SRTP, Urban–Rural Planning, Undergraduate Education, Research Training, Research–Centered Teaching

面向设计思维的多场景成长型迭代教学模式创新改革
——以"规划设计表达与表现"课程为例*

王 晓 陈运桥

摘 要："规划设计表达与表现"课程是连接美术基础与专业设计的桥梁。针对传统授课中"学而不用、学而不思、学而畏难"痛点问题，根据培养应用型专门人才的校情、提升学生设计思维的课情、规划专业核心课怠学的学情，我们另辟蹊径，构建了面向设计思维的多场景成长型迭代（DMI）的教学新模式。以设计思维培养为主线，构建了三大场景，渐次递进：认知建构场景→综合实践场景→创新创造场景。模式遵循以学生为中心，由低阶到高阶的认知发展规律，采用了全程多元量化的过程性考核，力求帮助学生实现"作业—作品—展品/产品"的成长型迭代。

关键词：教学创新；设计思维；城乡规划；表达表现

1 教学创新背景

近年来，高等教育进入了高质量发展的新时代。为打造创新型人才，落实立德树人根本任务，推进"四新"建设，中国高等教育学会于 2020 年底启动了"全国高校教师教学创新大赛"，至今已两届，大赛由校赛、省赛、国赛三级赛制，采用层层淘汰选拔形式，旨在深入推动高校教育教学改革，打造创新标杆与交流平台[1]。以此为背景，"规划设计表达与表现"课程结合城乡规划专业转型的需求，落实学校应用型人才培养方案等，开展了新一轮的教学创新改革。

"规划设计表达与表现"课程是连接美术基础与专业设计的桥梁，是桂林理工大学城乡规划专业为攻克学生表达表现能力长期较弱的"难题"，在大三年级开设的专业必修课程，32 课时。本门课程的职责在于面向未来设计与工程领域，为培养专业人才的设计、创新思维与工程师素养提供支撑。

然而，传统教学难以达成知识与能力的提升，如何化枯燥为兴趣，针对学情我们对课程内容进行了重组重构，创设了"面向设计思维的成长型迭代"教学模式（以下简称"DMI 教学模式"），借助线上线下混合式教学法、ADVENT 循环、PBL 项目式教学法，突出工科与文科、科学与艺术、美育与应用的交叉融合；帮助学生实现"作业—作品—产品/展品"的设计思维迭代；引导学生树立正确的中国特色设计学价值体系，全面提升学生美学素养培养感受美、鉴赏美、表现美、创造美的综合能力。

2 课程目标的修订及课程思政的融入

2.1 课程目标的修订

结合桂林理工大学"应用型高级专门人才"的人才培养目标，按照布鲁姆教学目标分类法[2]，课程目标从低阶到高阶分为知识、能力、价值目标三大层次——知识目标：列举规划表达表现的基本原理、方法与知识；分类、比较各类分析图；辨析设计表达逻辑。能力目标：提高手绘能力；能够对规划方案进行分析、评价、优化的表达能力；能够美化方案的设计表现能力；能够认识、分析、解决实际问题的能力；（思维维度）通过体察需求，培养设计思维；通过刻意练习，训练成长型思

* 基金项目：桂林理工大学本科教学改革工程项目（2021B12）；桂林理工大学 2022 年课程教学综合改革建设项目《规划设计表达与表现》。

王 晓：桂林理工大学土木与建筑工程学院讲师
陈运桥：桂林理工大学土木与建筑工程学院助教

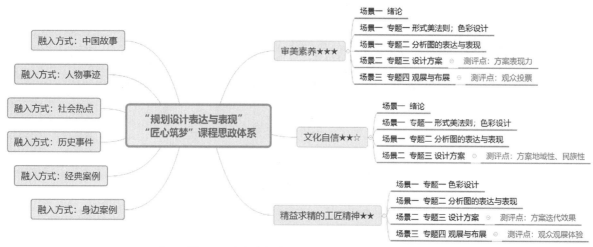

图1 "规划设计表达与表现""匠心筑梦"课程思政体系
（笔者自绘）

维；通过挑战迭代，启迪创新思维。价值目标：在美育教学中提升审美素养；在表现中增强文化自信；在迭代中培养精益求精的工匠精神。

2.2 课程思政元素的融入

由于课程教学的多元性，因此课程改革从多维度、全场景的授业中，实现教育的价值浸润，于潜移默化中匠心筑梦。①建设课程思政案例库，拓宽课程思政的广度：每章融入名人名言、大师作品、民族文化、中国故事、身边榜样等。②储备作业任务库，挖掘课程思政的深度：我的家乡XX文化地图、XX历史街区调查报告、XX展馆路线图、我的校园XX手绘地图、儿童友好社区宣传册等融入文化自信，发现祖国之美、家乡之美、学校之美等。③践行实践育人，提升课程思政的温度：走出校门，参观美术馆，做志愿讲解员，向泰国留学生讲解中国文化，在学校展自己作品（图1）。

3 传统教学的痛点问题与成因剖析

改革前，该课程主要存在几个教学问题：学而不用、学而不思、学而畏难。针对这三个痛点问题，教研组的老师汇聚了校外的设计师一起来"会诊"，经过几轮迭代，形成了共识（表1），并在实践中得到了实证。

教学痛点及成因分析   表1

教学痛点	成因分析
"学而不用"：学习的保持和迁移能力差，不能很好地运用新知解决问题	教学环境重机械学习，轻有意义学习
"学而不思"：缺乏设计思维、创新思维，缺少匠心筑梦情怀	教学内容重知识，轻素质思维
"学而畏难"：面对困难缺少成长型思维，不愿意精益求精反复修改方案	教学评价重结果，轻过程容错

4 面向设计思维的多场景成长型迭代DMI教学模式

"规划设计表达与表现"课程的创新改革坚持"以学生发展为中心"，以产出为导向，围绕如何帮助学生稳步提升跨越认知台阶，达成高阶教学目标，设计了DMI教学模式（Design Thinking—设计思维、Multi-Scenario—多场景、Iteration—成长型迭代），即面向设计思维的多场景成长型迭代创新改革，具体思路如图2所示。

4.1 构建设计的三大场景：作业→作品→展品/产品

教学创新遵循学生认知发展规律，聚焦于解决主要教学问题，针对总结出的教学问题，设计三大场景，实现学

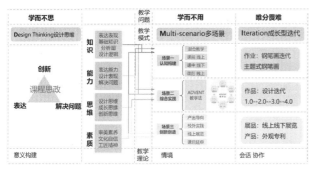

图2 "面向设计思维的多场景成长型迭代"（DMI）教学模式
（笔者自绘）

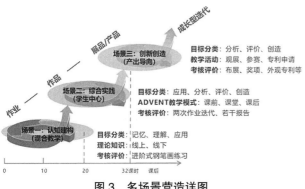

图3 多场景营造详图
（笔者自绘）

生"作业——作品——展品/产品"的成长型迭代（图3）。三大场景呈螺旋式逐级上升，每个场景又分为三个小场景：

（1）任务、项目场景从一个实际问题导入，学生围绕如何解决这个问题（设计方案），充分发挥主观能动性，从知识学习的低阶目标，向能力、素质培养的高阶目标场景进阶。

（2）理论、实践、创新场景通过设置不同教学目标，组织相应教学活动、教学评价，为学生提供从理论到实践，从校园到社会的学习成长环境。

（3）作业、作品、展品/产品场景偏重考核评价，学生通过多次产出导向的作品迭代，不断挑战自我，精益求精，向着解决越来越复杂的目标问题一步步迈进。

4.2 场景一：以知识结构为引入的认知建构混合式教学

营造理论学习环境，以任务驱动，构建线上线下

混合教学方法，采用作业迭代考核。区别传统的"老师教，学生学"的模式，场景一通过贯穿整门课的一个设计任务，将知识点拆分，学生们为完成这个任务需要运用大部分课程知识点。在任务驱动下，学生自主学习意识被激发，并通过多渠道搜集整合资料、小组讨论、线上线下学习等方式，最终找出阶段性解决方案。教师通过知识框架引导、启发式教学、知识点重点讲解等方式，对学生们的阶段性方案做出反馈评价。场景一的考核方式为：将大任务拆分为小任务，针对每个小任务，布置相对独立又互相关联的作业——"小而美"的系列作业，要求作业之间能够迭代升级。

具体以本学期授课为例，首先，从设计任务库中选取一个本学期的设计任务——"我的家乡XX文化地图"，该任务的设计主要考虑：①学生完成任务将需要运用本门课程的主要知识点；②融入思政元素，且润物细无声，学生在创作作品时将自然融入家国情怀、赞美家乡等价值观导向。③任务大小合适，可拆解，可进阶，设计完成周期与教学周期一致。其次，在课程开始第一周发布任务，组织学生拆分任务，具体可拆分为两大模块知识点，即"表达表现的原则与规律"与"分析图的表达表现"模块。学生进行分组，开展线上资源搜索的自主学习；教师在课堂讲解重点难点及解答疑惑。

最后，"我的家乡XX文化地图"这一大任务被拆分为区位图、重点节点放大图、配色、排版、构图等若干小训练任务，通过每周的钢笔画的迭代进行过程性考核。每周钢笔画根据不同的课程内容，有不同的绘制侧重点，如构图、配色、明暗等。力求通过作业的迭代，既能锻炼手绘能力，又能掌握应用各知识点。

4.3 场景二：以学生为中心的综合大实践

营造综合实践学习环境，构建以设计思维为基础，以学生为中心的ADVENT循环，采用作品迭代考核。场景二的授课地点为智慧教室、专业教室（大画板桌、人均一台电脑），课堂（10课时）与课外相结合教学。在该场景中，作业递进成为作品，学生聚焦如何完整地解决设计任务，做出设计方案。传统的教学中直接运用设计院的设计流程与模式，忽视了该模式的潜在对象是成熟设计师，因此对学生而言该设计模式不能直接有效指导学习活动、高效拆分学习任务。此外，在传统设计流

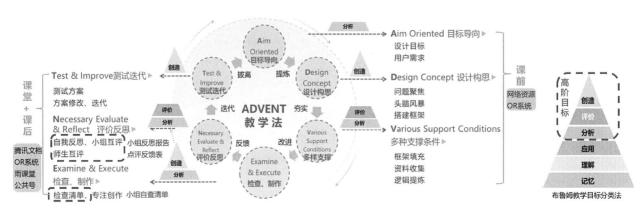

图4　基于设计思维的 ADVENT 循环
（笔者自绘）

程中，教师对学生的反馈与考核存在难以量化的弊端，不利于全面反映学生学习情况。

因此，在传统设计模式的基础上，本次改革参照斯坦福设计学院设计思维步骤以及约翰等（2018）提出的设计思维 LAUNCH 循环（七步骤英文首字母缩写）[3]，构建了适应本门课程的 ADVENT 循环（英文首字母缩写）。该循环以设计思维训练为基础，吸纳了设计思维中用户需求、以人为本、同理心等特点及步骤，巧妙融入课程思政，将教学活动与测评拆分为：目标导向（Aim Oriented）、设计构思（Design Concept）、多种支撑条件（Various Support Conditions）、检查与执行（Examine & Execute）、必要的评价反思（Necessary Evaluate & Reflect）、测试与迭代（Test & Improve）六步，并形成闭环的循环迭代，以此达到预期教学效果，做到高阶教学目标可评可测，实现创新理念（图4）。

以本学期设计任务"我的家乡 ×× 文化地图"为例，学生在课前通过利用各种网络资源、OR教学资源共享平台等途径，完成前三步，即目标导向（A）、设计构思（D）、多种支撑条件（V），教师在第四步（E）介入——在课堂上发放小组自查清单，并与每组学生深度交流，确定具体每组选题，检查每小组创意构思、逻辑框架、案例收集是否到位。接着是为期1~2周的课外创作时间。学生们提交第一次成果之后组织一次公开答辩，即第五步评价反思（N），分为自我反思——填写"小组反思报告"；小组互评——填写"点评反馈表"；生生互评——现场雨课堂"我喜欢"；投票师生评价——现场点评及打分。最后，通过这一轮多元评价的教学活动，学生们获取了高效的改进意见，增强了改进意愿，于是进入第六步测试与迭代（T），进行课后方案修改。考核方面，两轮方案主体任务相同，第二轮在第一轮基础上或重新绘制，或通过电脑修改完善，实现作品迭代。作品评价方面，第一轮的作品方案发布在 OR 教学资源共享平台（可实现线上阅图、展示、互评等建筑类信息化教学平台），第二轮的作品方案通过微信公共号展示，经全国投票，产生50%鼓励性入围作品，并通过校展馆进行展示、评比、奖励（图5）。

通过 ADVENT 教学模式重组的教学，学生除了表达表现能力得到提升以外，分析问题、解决问题、团队合作的能力也得到了训练，设计思维得到加强，这些都是可以推动学生终身成长的必备技能。经过实际应用，学生们反馈教学活动多样，参与感强，课堂充满活力，在不知不觉中取得进步。

考核场景	考核方式	所占比例%	考核内容	考核方式		
全场景	考勤+课堂	10	课堂成绩、互动等			
场景一	小作业	20	每周交一钢笔素描（建筑、规划、景观）共计5幅钢笔画	互评 0~4分，满分需不多于10%，且需全班展示		
场景二	大作业（中期）	20	我的家乡xx街区、社区文化地图 A2图纸、手绘、2人一组	小组自查清单	组内评价	设计思路阐述和生成，设计思维的运用	20%
				小组反思报告	组内互评	创意、困难、收获、改进点等	10%
				"大众评审费代表"反馈表	生生互评	锦标式评图能力、评价能力	控制标
				OR系统"大众"评价	生生互评	辩修评图鉴能力、互相鼓励、监督	加分制
				作业一体体验设计	师生评价	现场评价、提出改善意见	70%
	大作业（成果）	50	根据修改意见，重新绘制作业	个人成长报告	个人评价	为认学习过程	30%
				"大众评审"投票	生生评价	锦标式评图、评价能力	20%
				作业二组体设计	师生评价	素描辩评、提出改善意见	70%
	总成绩	100	\				

图5　课程考核要求
（笔者自绘）

4.4 场景三：以产品或展品导向的创意、创新、创造、创业提升

营造创新创造的学习环境，进行以产出为导向的课外延展，不做统一考核要求。该场景对标高阶目标，与社会实际联系紧密，有一定挑战度，目前主要有四个课外教学活动延展：①全班参与课程作品评优展览，实现"作品—展品"转化。通过最终作业的布展、评奖，组织学生参与学校建筑规划展览馆的布置，将表达表现与实际生活联系起来，促进知识到能力的转化。②组织有兴趣同学参与课外美育活动，参观当地博物馆、艺术馆、艺术展，提高学生们审美，在生活中场景中延续美育。③部分优秀作业迭代提升，实现"作业—作品—产品"的转化。选取优秀作业、原创作品，进一步制作产品，例如将"我的家乡××文化地图"的作品制作成日历、小册子、环保袋等实际产品，申请外观专利，让学有余力的学生能够更进一步，拥有自己的外观专利产品。④指导学生积极参加各类竞赛，包括专业竞赛、创新创业竞赛、挑战杯、跨专业平面设计类竞赛等。城乡规划专业几乎所有的专业竞赛都需要运用本门课程（表达表现）的知识与能力。此外，实践发现，将表达表现的专业能力迁移到交叉学科的专业竞赛中去，能够产出

更多优秀作品，取得更好的竞赛成绩。最终通过比赛，促进学生先进表现技术的学习与运用，并且将先进的表现技术丰富课堂教学。

5 课程创新的效果与展望

学生的收获证明了创新改革的成效。"规划设计表达与表现"课程教学创新历经三年三轮，在学生群体中得到了广泛好评。从学生匿名反馈数据的词频统计，对于课堂的高频词汇有：有趣、认真、创意等；对于收获的高频词汇有：审美、受益匪浅、提高、有用、感谢等。将三年数据进行"学习收获"关键词分析，可见经过教学创新，学生在各个维度的学习获得感都有显著提高，增幅最大的是能力、思维维度。深入分析各维度数据，知识维度的数据统计与知识目标几乎完全一致，能力、思维、价值维度出现既定目标以外的收获（图6）。

以赛促学，以赛促教，学生的表达表现能力得到很大的提高。团队教师指导学生参与设计类竞赛，获得国家级一等奖4项，二等奖8项，三等奖8项，省部级奖十多项。

教师教学屡屡获奖印证了我们改革之路的正确性。近五年来，"规划表达与表现"课程获得"广西第二届高校教师教学创新大赛（中级及以下组）三等奖"

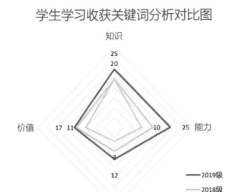

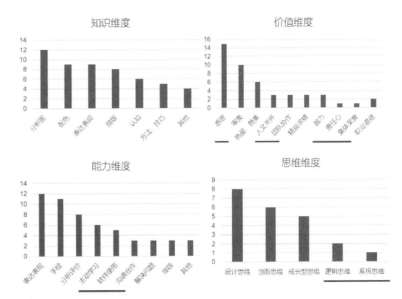

图6 学生学习收获关键词分析
（笔者自绘）

（2022 年）；主讲及团队教师荣获"校级十佳青年授课教师"三人次、"第七届全区高校青年教师教学竞赛一等奖"（2020 年）、"广西首届高校教师教学创新大赛（中级及以下组）二等奖"（2021 年）、"广西教学成果奖三等奖"（2017 年排名第四）、校级思政说课比赛二、三等奖等荣誉称号。

　　未来课程将持续创新建设，从以下几方面推进：①立足学情，深入挖掘教学痛点，建设数字化教学资源，深度融合信息技术，以此扩宽课程教学的时空维度；②与艺术学院的美术基础课衔接，跨专业合作，共同为城乡规划人才培养总目标通力合作；③从提升学生认知出发，对标"两性一度"，从教学内容、教学组织、教学活动、教学考核、思政建设等方面进一步深度打磨课程。

参考文献

［1］ 中国高等教育学会 . 关于举办第二届全国高等教师教学创新大赛的通知（高学会 [2021]132 号）[Z].2021.

［2］ （美）安德森 Anderson. 布卢姆教育目标分类学 [M]. 北京：外语教学与研究出版社，2009.

［3］ （美）约翰·斯宾塞，A.J. 朱利安尼 . 如何用设计思维创意教学：风靡全球的创造力培养方法 [M]. 北京：中国青年出版社，2018.

Innovation and Reform of Multi-Scenario Growth Iterative Teaching Mode for Design Thinking —Taking the Course "Expression of Planning and Design" as an Example

Wang Xiao　Chen Yunqiao

Abstract: Expression of Planning and Design is a bridge connecting art expression and professional design. Considering the pain points of "learning without using, learning without thinking, learning with fear of difficulties" in traditional teaching, we build a new teaching model of Multi scenario growth iteration for design thinking. Taking design thinking as the main line, three scenes are developing step by step. The student−centered teaching model, following the regular pattern of cognitive development, adopting multiple quantification process assessment, aims at helping students realize the growth iteration from finishing homework to accomplishing work.

Keywords: Teaching Innovation，Design Thinking，Urban and Rural Planning，Expression Performance

传统规划教育的要素构成特点及其在新技术辅助的创新视角下的优化建议[*]

李 翔

摘 要：学界对于规划教育的内容要素构成研究不足，未有成熟的国际比较研究。本研究从教育传播学的视角出发，专注于规划教育的传播规律研究，对规划教育的内容要素进行国际比较，分析世界主要的规划教育的内容要素构成及其特点，然后从教育传播的视角，在新技术环境下，创新地思考规划教育中各要素的传播特征及局限，由此提出了未来规划教育的传播形式的改进建议。通过对规划教育的要素规律的研究，有助于发现和掌握规划教育的发展规律，更好地遵循规律改进规划教育。

关键词：规划教育；内容要素；构成；特点；教育传播学；规律

1 世界规划教育内容要素研究

通过研究规划教育传播的各要素构成、特征、形式、机制等，可系统地理解规划教育的传播特性，找寻传播特性形成的本质原因，发现规划教育传播的内在规律。

研究方法

（1）选取世界主流的规划教育体系，分析其官方的规划教育认证体系、规划教育指导文件中认定的课程构成、要素构成，代表各教育体系对规划教育内容要素的认同。

本研究选取三个国家的规划教育的认证体系和指导文件，英国、美国和中国，代表了规划教育的发展历史、发展质量和发展体量、速度。英国最早诞生了现代规划教育（1909 年利物浦大学的市镇设计），是现代规划教育的发源地，影响了整个规划教育的历史。加之，历史上的大英帝国殖民体系，将其规划教育体系带到了各殖民地，影响了当今世界 1/3 人口的规划教育。有研究讨论了殖民体系的影响，可见其影响力（Mohammed，2001；Diaw et al.，2002；Yuen，2008；Irazábal，2008），根据 AESOP，英国现有 18 所 AESOP 成员规划院校（AESOP，2020）。美国目前规划教育总数量上排第二，拥有超过 90 个规划院校（ACSP，2014），拥有高质量的规划教育，学科体系完整，是世界上最大的规划教育留学目的地。从 Web of Science 的数据库检索城市规划相关主题的文献，美国从有文献电子记录的 1950 年代开始就长期占据规划研究的数量世界第一，直到 2008 年左右被中国赶超。中国的规划教育得益于快速的经济发展和城镇化，规划院校在 2000 年后暴增。是目前规划研究和规划教育的投入量最大的国家，拥有超过 200 所规划院校，2019 年通过评估委评估的有 50 所（评估委，专指委）。

（2）从教育传播学的角度研究规划教育的传播机制，总结规划教育的传播规律。分析规划教育的总体传播特征，根据规划教育的内容要素构成，要素特点，分析各要素传播的机制，梳理规划教育各要素的传播特征、形式，总结规划教育各要素的传播规律，发现当前环境下的传播的局限，提出适应网络教育的传播形式和特征。

---

* 资助项目：中国工程科技知识中心建设项目资助（项目编号：CKCEST-2019-3-8）。

李 翔：浙江工业大学设计与建筑学院讲师

世界主导的规划教育体系的特点 **表 1**

国家	具有规划教育的代表性	规划院校数量，通过评估的数量	选择理由：规划教育的代表性特点
英国	发展历史	AESOP 成员 18 所，通过 RTPI 评估 27 所	最早诞生了规划教育，发展历史最悠久，由于历史上的殖民体系，影响了当今世界 1/3 人口的规划教育
美国	发展质量	ACSP 成员 95 所，通过 PAB 评估 78 所	拥有高质量的规划教育，学科体系完整，是世界上最大的规划教育留学目的地。从有文献电子记录的 1950 年代开始就长期占据规划研究的数量世界第一，直到 2008 年左右被中国赶超
中国	发展体量和速度	220 多所开设城乡规划教育的高等学校，通过了高等教育城乡规划专业评估委员评估 50 所	中国的规划教育得益于其快速的经济发展和城镇化，在 2000 年后爆发增长。规划研究和规划教育的投入数量最大的国家

资料来源：AESOP Members directory，AESOP，2020RTPI accredited degrees. Guide to Undergraduate and Gradute Education in Urban and Regional Planning，ACSP.PAB Accredited Planning Programs，PAB，2020.

城乡规划专业评估通过学校和有效期情况统计表，中华人民共和国住房和城乡建设部高等教育城乡规划专业评估委员会，2020.

高等学校城乡规划专业教学指导分委员会，国内规划院校列表，2020.

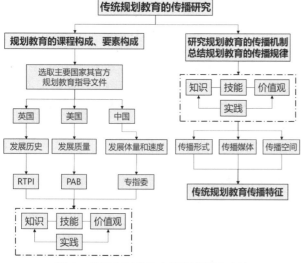

图 1 世界规划教育内容要素研究方法

资料来源：作者自制 .

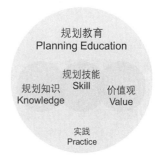

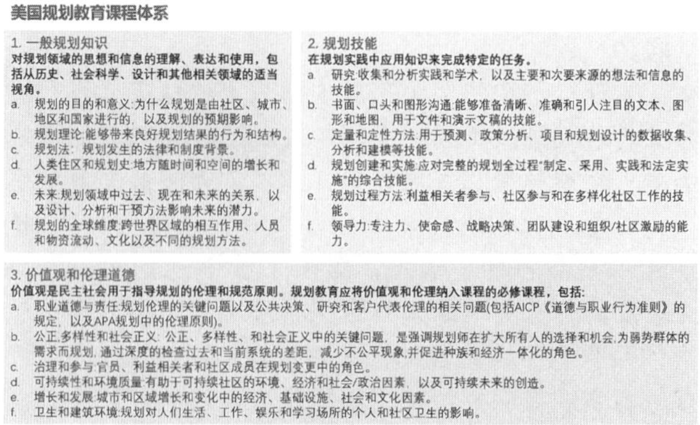

2 世界各规划教育体系的要素构成

本研究收集整理英国、美国和中国三个国家的规划教育指导机构发布的规划教育指南，提取其中的规划教育课程体系进行对比，分析规划教育的内容构成，研究课程体系的要素构成关系。

英国、美国和中国，代表了规划教育的发展历史、质量和体量、速度。调研发现，尽管各国的规划教育形式不同，但英美中三国的规划教育指南认定的规划课程

图 2 世界公认的规划教育要素：知识、技能、价值观和实践

资料来源：作者根据各来源自制 .

美国规划教育课程体系

1. 一般规划知识

对规划领域的思想和信息的理解、表达和使用，包括从历史、社会科学、设计和其他相关领域的适当视角。

a. 规划的目的和意义:为什么规划是由社区、城市、地区和国家进行的，以及规划的预期影响。
b. 规划理论:能够带来良好规划结果的行为和结构。
c. 规划法：规划发生的法律和制度背景。
d. 人类住区和规划史:地方随时间和空间的增长和发展。
e. 未来:规划领域中过去、现在和未来的关系，以及设计、分析和干预方法影响未来的潜力。
f. 规划的全球维度:跨世界区域的相互作用、人员和物资流动、文化以及不同的规划方法。

2. 规划技能

在规划实践中应用知识来完成特定的任务。

a. 研究:收集和分析实践和学术，以及主要和次要来源的想法和信息的技能。
b. 书面、口头和图形沟通:能够准备清晰、准确和引人注目的文本、图形和地图，用于文件和演示文稿的技能。
c. 定量和定性方法:用于预测、政策分析、项目和规划设计的数据收集、分析和建模等技能。
d. 规划创建和实施:应对完整的规划全过程"制定、采用、实践和法定实施"的综合技能。
e. 规划过程方法:利益相关者参与、社区参与和在多样化社区工作的技能。
f. 领导力:专注力、使命感、战略决策、团队建设和组织/社区激励的能力。

3. 价值观和伦理道德

价值观是民主社会用于指导规划的伦理和规范原则。规划教育应将价值观和伦理纳入课程的必修课程，包括:

a. 职业道德与责任:规划伦理的关键问题以及公共决策、研究和客户代表伦理的相关问题(包括AICP《道德与职业行为准则》的规定，以及APA规划中的伦理原则)。
b. 公正,多样性和社会正义：公正、多样性、和社会正义中的关键问题，是强调规划师在扩大所有人的选择和机会,为弱势群体的需求而规划,通过深度的检查过去和当前系统的差距，减少不公平现象,并促进种族和经济一体化的角色。
c. 治理和参与:官员、利益相关者和社区成员在规划变更中的角色。
d. 可持续性和环境质量:有助于可持续社区的环境、经济和社会/政治因素，以及可持续未来的创造。
e. 增长和发展:城市和区域增长和变化中的经济、基础设施、社会和文化因素。
f. 卫生和建筑环境:规划对人们生活、工作、娱乐和学习场所的个人和社区卫生的影响。

图 3 美国规划教育课程体系内容构成

资料来源：Planning Accreditation Board. 2017. ACCREDITATION STANDARDS AND CRITERIA. Approved March 3，2017；Effective with 2018 SSR submissions.

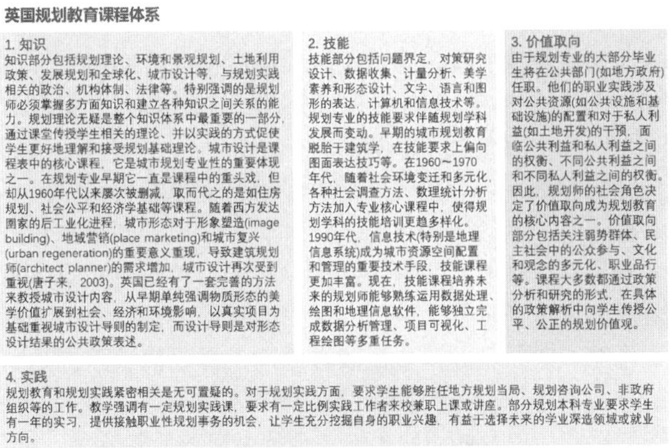
英国规划教育课程体系
1. 知识
知识部分包括规划理论、环境和景观规划、土地利用政策、发展规划和全球化、城市设计等，与规划实践相关的政治、机构体制、法律等。特别强调的是规划师必须掌握多方面知识和建立各种知识之间关系的能力。规划理论无疑是整个知识体系中最重要的一部分，通过课堂传授学生相关的理论、并以实践的方式促使学生更好地理解和接受规划基础理论。城市设计是课程表中的核心课程，它是城市规划专业性的重要体现之一。在规划专业早期它一直是课程中的重头戏，但却从1960年代以来屡次被删减，取而代之的是如住房规划、社会公平和经济学基础等课程。随着西方发达国家的后工业化进程，城市形态对于形象塑造(image building)、地域营销(place marketing)和城市复兴(urban regeneration)的重要意义重现，导致建筑规划师(architect planner)的需求增加，城市设计再次受到重视(唐子来，2003)。英国已经有了一套完善的方法来教授城市设计内容，从早期单纯强调物质形态的美学价值扩展到社会、经济和环境影响，以真实项目为基础重视城市设计导则的制定，而设计导则是对形态设计结果的公共政策表述。
2. 技能
技能部分包括问题界定、对策研究设计、数据收集、计量分析、美学素养和形态设计、文字、语言和图形的表达，计算机和信息技术等。规划专业的技能要求伴随规划学科发展而变动。早期的城市规划教育脱胎于建筑学，在技能要求上偏向图面表达技巧等。在1960～1970年代，随着社会环境变迁和多元化，各种社会调查方法、数理统计分析方法加入专业核心课程中，使得规划学科的技能培训更趋多样化。1990年代，信息技术(特别是地理信息系统)成为城市资源空间配置和管理的重要技术手段，技能课程更加丰富。现在，技能课程培养未来的规划师能够熟练运用数据处理、绘图和地理信息软件，能够独立完成数据分析管理、项目可视化、工程绘图等多重任务。
3. 价值取向
由于规划专业的大部分毕业生将在公共部门(如地方政府)任职。他们的职业实践涉及对公共资源(如公共设施和基础设施)的配置和对于私人利益(如土地开发)的干预，面临公共利益和私人利益之间的权衡、不同公共利益之间和不同私人利益之间的权衡。因此，规划师的社会角色决定了价值取向成为规划教育的核心内容之一。价值取向部分包括关注弱势群体、民主社会中的公众参与、文化和观念的多元化、职业品行等。课程大多数都通过政策分析和研究的形式，在具体的政策解析中向学生传授公平、公正的规划价值观。
4. 实践
规划教育和规划实践紧密相关是无可置疑的。对于规划实践方面，要求学生能够胜任地方规划当局、规划咨询公司、非政府组织等的工作。教学强调有一定规划实践课，要求有一定比例实践工作者来校兼职上课或讲座。部分规划本科专业要求学生有一年的实习，提供接触职业性规划事务的机会，让学生充分挖掘自身的职业兴趣，有益于选择未来的学业深造领域或就业方向。

图 4　英国规划教育课程体系内容构成

资料来源：RTPI. 2012. Policy Statement on Initial Planning Education.

体系，均包括“知识、技能、价值观，以及实践（PAB，RTPI，专指委）的要素。

研究总结，英美中三国的规划教育指南，都直接或间接地明确了规划教育的内容由四个要素构成：知识、技能、价值观和实践。规划教育虽然建立在不同的背景下，但核心思想世界通用。

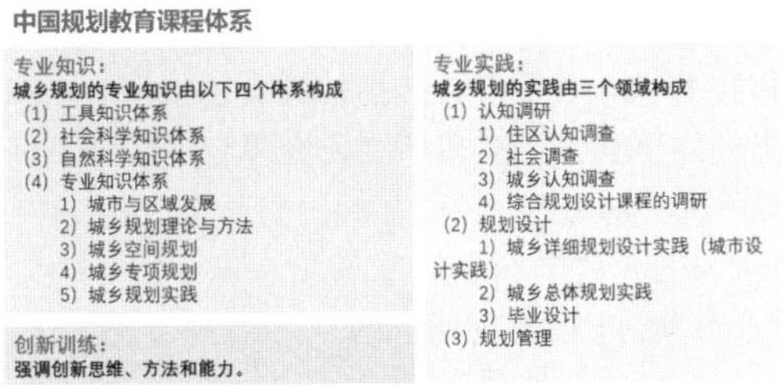
中国规划教育课程体系
专业知识：
城乡规划的专业知识由以下四个体系构成
(1) 工具知识体系
(2) 社会科学知识体系
(3) 自然科学知识体系
(4) 专业知识体系
1) 城市与区域发展
2) 城乡规划理论与方法
3) 城乡空间规划
4) 城乡专项规划
5) 城乡规划实践
创新训练：
强调创新思维、方法和能力。
专业实践：
城乡规划的实践由三个领域构成
(1) 认知调研
1) 住区认知调查
2) 社会调查
3) 城乡认知调查
4) 综合规划设计课程的调研
(2) 规划设计
1) 城乡详细规划设计实践（城市设计实践）
2) 城乡总体规划实践
3) 毕业设计
(3) 规划管理

图 5　中国规划教育课程体系内容构成

资料来源：《中国高等学校城乡规划本科指导性专业规范》（2013 年版）全国高等学校城乡规划学科专业指导委员会 .

2.1　美国的规划教育课程体系（PAB）

美国的国家规划教育认证机构是 Planning Accreditation Board（PAB），2017 年通过的 PAB 的规划教育认证标准文件（ACCREDITATION STANDARDS AND CRITERIA），规定了美国的规划教育的认证标准。其中，PAB 在课程与教学部分，详细规定了规划教育课程内容的构成，必须由三大要素组成：通识规划知识，规划技能，价值观和道德规范。在美国，这三大要素的内容以必修课的形式，确保覆盖所有学生。

PAB 认定的规划教育三大要素，与 Friedmann（1996）提出的规划课程体系三大维度，“核心知识、方法和实践维度”，异曲同工。Friedmann（1996）认定的核心知识包括规划导论、规划理论与实践、城市形态与理论、物质空间规划与建成环境、规划的法律相关、规划经济学等。规划方法除规划和政策分析外，还包括定量和定性方法以及计算机的应用。规划实践包括串联理论和方法的实际规划项目，实践是规划教育的重要要素。

PAB 规定了规划教育三大要素，是为了更好地教育规划师，以应对未来的城市发展。规划师应熟练地整合知识、技能和价值观，付诸规划实践，以提高规划的综合质量。

2.2　英国的规划教育课程体系（RTPI）

英国代表了规划教育的发展历史。最早的规划教育在 1909 年利物浦大学诞生，其规划教育发展历史悠久。其规划教育体系影响了当今世界 1/3 的人口。现在仍有完整的跨国规划交流机制，如英联邦规划师协会（Commonwealth Association of Planners–CAP）。各前殖民地仍寻求参加英国的规划教育评估标准，以提高规划教育质量，如 RTPI 标准。

RTPI 规划教育认证基于英国本土，扩展至全球，多为前殖民地，是规划教育殖民体系的反映。有较强的国际影响力，主要影响范围是英联邦国家，占世界人口 1/3。

英国的本科规划教育要求学生获得基本的多学科的知识、复合的技能，学生能够熟练应用知识和技能，完成各种复杂的任务。

RTPI 规定的规划教育课程内容分为核心课程和选修课程。核心课程是强制的，而选修课程不作强制要求，由各规划院校根据自身特色自己决定。

RTPI 也认为规划教育主要由“知识、技能和价值观，以及实践”要素构成。有规划教育学者的综述也证明了此观点（Frank，2006）。

英国的规划教育注重价值观、职业道德、社会公平正义等内容，课程上以社会科学为主。学界经常批评课程体系的社会科学比例过高，从而导致规划的核心内容较少，过于注重社会研究而忽略了物质空间设计的相关知识和技能。

2.3 中国的规划教育课程体系（专指委）

全国高等学校城乡规划学科专业指导委员会，简称专指委，是中国的国家层面指导规划教育发展的机构，于2018年撤销，由教育部高等学校建筑类专业教学指导委员会高等学校城乡规划专业教学指导分委员会（简称教指委）代替，行使相同的职能，指导中国的规划教育发展。

专指委在2013年颁布了《中国高等学校城乡规划本科指导性专业规范》（简称《规范》），是指导中国的规划教育的最权威的规范，其中规定了规划教育课程的构成。《规范》指出，规划教育的教学内容由专业知识、专业实践和创新训练三部分组成。

与英国和美国的规划教育主要由"知识、技能、价值观和实践"4方面要素构成不同，中国的规划教育由专业知识、专业实践和创新训练三部分构成。其中"创新训练"包括了"创新思维、方法和能力"的要素，方法和能力可理解为规划所需的技能、方法，与英国和美国的"技能"对应，"创新思维"也与英国和美国的"技能"所包含的创新力、领导力、解决问题的能力、批判思维能力等相近，因此也可归为"技能"。由此，中国的规划教育课程体系，未将"价值观"作为必修内容，虽然价值观太过虚幻，在规划教育过程中渗透体现，但未将价值观作为强制性的必修内容，很大程度上可反映价值观意识不强。

相应考察中国规划教育的内容构成的研究也印证了这一点。2017年，专指委调研了我国的53个城乡规划学的硕士学位授予点，着重对规划的硕士教育的课程体系进行了研究。规划教育的课程体系是构建学习者知识结构和能力系统的基础，是规划教育中的知识、技能、价值观、实践的主要实现载体，是规划教育的核心。

2017年的调研在全国53个硕士学位授权点共回收了1326门硕士专业课程，将所有课程分为理论类、方法类、设计类、实践类和其他类的五大类别，统计课程体系的比例。研究发现，理论类课程最多，占比（63.28%），其次为方法类（16.67%）、设计类（12.14%）、实践类（7.16%）和其他类（0.75%）。

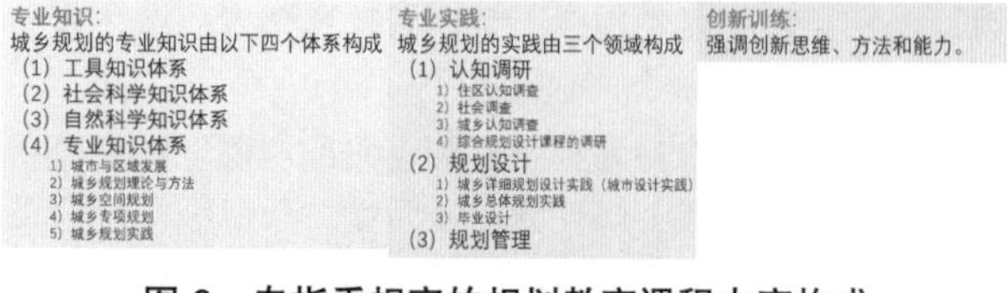

结果表明，我国已经建立了相对完整的学科方向的课程体系，其数量和丰富度基本满足了规划硕士教育的培养目标。规划硕士教育的问题在于，跨学科知识体系薄弱、学术研究能力缺乏、前沿内容不足、能力拓展意识不够。对于问题，提出改进方向：课程模块差异化的引导、学术研究能力的增强、前沿课程和跨学科知识储备的重视，以及知识培养向综合能力培养的转变等。

通过对我国的规划教育内容构成的研究，结合文献综述和经验，可将我国当前的规划教育的内容要素概括为，以规划理论课程为主线，让学生建立多维的知识结构，以规划设计类的课程为重点，加强学生多层次的专业技能训练，结合工程实践，是中国规划教育的显著特色。

3 从教育传播学理解规划教育的传统传播

教育传播的定义是，教育者依据教育的规范，选择合适的教育信息，通过有效的传播媒体通道，将教育信息进行传播的活动。教育传播学有四大要素：教育者、教育信息、传播媒体、受教育者。

传播媒体，可理解为传播的通道，传播的形式。教育传播的媒体通道具有多样性，在教育传播中，传播媒体按照传播介质分为：

a）语言、动作；

b）投影、PPT、视频、图片。

传播媒体按照传播空间分为：

a）面对面传播；

b）远距离传播。

规划教育的传播为，规划教育者根据相关的规划教育发展指导规范，将规划教育的各要素"规划知识、规划技能、规划价值观"，通过适当的、有效的媒体通道，传递给教育对象的过程。

适当的、有效的媒体通道，指规划教育特有的教育形式，有以依靠人力的经典的工业化教育模式为主，主要延续了经典的建筑学教育方法，由于社会科学的大量融入规划教育，也出现了大量的社会科学的教育方法。主要以课堂授课、小组研讨、设计课程、论文作业、场

图6　专指委规定的规划教育课程内容构成
资料来源：专指委2013年颁布的《中国高等学校城乡规划本科指导性专业规范》.

地调研、汇报、社会调研、定量分析、定性分析、报告编写等为主，以及少量使用的网络规划教育形式，但网络的基础设施已经全覆盖，网络规划教育已经快速普及，趋势势不可挡。

2015年，在美国通过PAB评估的规划院校中，开设网络规划教育并提供同等效力的学位的院校，占所有通过评估的院校的25%，此数字在2009年仅为7%（PAB，2015；PAB，2009）。从2009年至2015年的6年间，网络课程的占比从7%提升到25%，增加近4倍。证明了规划院校对网络教育的重视程度的增加，上升趋势明显，但当前的网络教育比例仍然较低。

本研究系统地梳理了各主要国家的规划教育核心内容构成和要素构成，发现各国公认规划教育主要由四大要素组成，即规划知识、规划技能、规划价值观以及规划实践。结合教育传播学的理论，研究规划教育中构成要素的主要传播媒体，按照教育传播学对于传播媒体的分类，将规划教育主要的要素进行归类。

规划知识通常通过课堂授课为主的形式进行传播。老师作为"把关者"，将规划教育的各种知识，包括理论知识、法律知识、历史知识，以及周边相关知识，传播给学习者。除了主要通过课堂授课的形式传播，在学习者之间进行传播，也有在设计课程中通过设计工作坊的形式的传播。规划知识的传播，主要以课堂授课的形式，辅以小组研讨、设计课程、论文作业、场地调研、汇报等形式进行传播，覆盖了所有的规划教育形式。按照教育传播学，其传播介质为，语言、动作、投影、PPT、视频、图片，覆盖所有媒体的介质。其传播空间为，以面对面传播为主，较少的远距离传播。

规划技能通常通过偏体验的授课形式为主进行传播。规划技能主要包括了一些研究技能，如收集和处理信息数据。专业技能，如表达技能，书面写作、口头表达、图形沟通交流技巧、统计方法、定量定性的研究方法，规划创建，设计方法以及调研的综合技能等。以及个人综合素质，如领导力、使命感、专注力、创新力、团队激发批判思维等。传统的规划教育中，这些技能主要以授课的形式，辅以小组研讨、设计课程、论文作业、场地调研、汇报等形式进行传播，覆盖了所有的规划教育形式。按照教育传播学的传播媒体分类为，语言、动作、投影、PPT、视频、图片，覆盖所有的传播媒体。按照

传播空间分为，以面对面传播为主，较少的远距离传播。

规划价值观，包括了一些作为规划师应该要遵守的职业道德、职业操守，也包括了作为社会个体需要具备的素质，如需要社会公正、正义感，具有多样性、包容性等价值观。也需要有可持续发展观、增长观等的一些个人和社会的价值观。主要的传播形式目前也是以课堂授课为主，小组讨论为辅，在设计课程、论文作业、场地调研、汇报等形式中均进行传播，覆盖了所有的规划教育形式。按照教育传播学的传播介质分类为，语言、动作、投影、PPT、视频、图片，覆盖所有媒体的介质。按照传播空间分为，以面对面传播为主，较少的远距离传播。

实践不是信息，根据经验传播学的理论，无法进行传播。但是，规划实践是将规划理论知识、规划技能、规划价值观串联起来的平台，在规划实践中可促进知识、技能、价值观的传播和提高。在传统规划教育中，实践是以真实体验的形式进行的，而在未来规划教育中，通过技术可以烘托比现实更有效的环境，促进实践的体验感，从而优化各要素的传播。

4 传统传播环境下的课程体系局限及新技术辅助的建议

通过研究规划教育传播的各要素构成、各要素的特征、传播形式、传播机制等、可以系统地理解规划教育的传播特性，找寻传播特性形成的本质原因，发现规划教育传播的内在规律。

针对规划教育的四大要素，规划知识、规划技能、规划价值观以及规划实践，当前的规划教育传播并没有按照各自的要素特征来有针对地设计传播环境、设计传播媒体，而是采用了统一的传播方式、传播媒体。

经过研究，规划教育中的各要素具有不同的特征，适合不同的传播方式和传播媒体。

规划知识，知识偏理论、概念，具有抽象性。知识具有流动性，其传播不需要面对面的交流，而现在的规划教育中的知识的传播以面对面为主，实际上是资源的浪费。知识完全可以不在现实中传播，在网络上也可以传播。知识在网络上传播比面对面传播具有更高的效率。知识的构成相对比较固定，现在主要是以文字语音和图像的形式，比如一些理论知识、历史知识、法律规范等，可以经过加工处理，转变传播媒介，变成图片、

视频、游戏的形式进行传播，通过多媒体、互动的形式传播效率更高。

规划技能，偏向于言传身教，从古代的"师徒制"和"学徒制"的技能教育中可以发现，技能教育的传播明显是言传身教胜过其他形式。学习者通过亲身感受、现场体验、亲自动手的形式，好过于通过课堂授课的形式，动手好于动口。

规划价值观，是精神层面的，包括社会价值观、专业的价值观以及个人的价值观。价值观的传播不应该是现在的模式，现在的价值观是以知识和技能的传播方法，即通过课堂面对面的形式进行传播。以后价值观的传播可以通过更好的方式，比如环境营造的亲身经历体验，如互动游戏，让学习者通过一个自己操作角色的游戏具有代入感，在体验的过程中主动领悟蕴含的价值观，由被动变成主动，打破传统规划教育的价值观被动灌输的形式，使学习者更容易接受价值观。

而规划实践是规划教育最重要的，因为所有的理论、技能、价值观都是为了实践，在实践中统一。"实践"，顾名思义是要去实地地践行。现在的规划实践主要是以现场调研、实习的形式进行。在未来的规划教育中，实践的概念可能不仅是去工作，而是把现在所有的知识理论、技能价值观都以实践的形式统一起来。如使用"案例学习法 PBL"，通过一个个融合了知识技能和价值观的案例，让学生从头到尾，自己亲身地去控制一个角色，完成一个案例，在完成案例的过程中，获得了相应的知识技能和价值观，效果超过传统的形式。

5 结论和启示

本研究专注于规划教育的传播规律研究，包括规划教育的内容构成及特点和规划教育的传播机制及规律的研究。

分析规划教育的要素构成，以及各内容要素的特点，是研究规划教育传播的基础，只有了解了规划教育的组成要素及特征后，才能根据各要素及特征，分析传播的机制，总结传播规律。

（1）选取世界主导的规划教育其官方的规划教育指导文件中认定的规划教育的课程构成、要素构成。通过调研发现，英国、美国和中国三个国家的规划教育指南都一致地规定，规划课程应该包括知识、技能，以及价值观，并在实践中运行。规划教育虽然建立在不同的背景下，但核心思想是世界通用的。不管时代变化，技术进步，规划教育的核心要素，是追随着规划教育的本质不会变化的。

（2）研究规划教育的传播机制，总结规划教育的传播规律。根据规划教育的内容要素构成，各内容要素的特点，分析各要素传播的机制，梳理规划教育各要素的传播特征、传播形式，总结规划教育各要素的传播规律。

从教育传播学理解传统规划教育的传播。通过研究，系统地梳理了各主要国家的规划教育内容构成和要素构成，发现各国公认，规划教育主要由四大要素组成，即规划知识、规划技能、规划价值观以及规划实践。结合教育传播学的理论，研究规划教育中的这些构成要素的主要传播媒体，按照教育传播学对于传播媒体的分类，将规划教育主要的四大要素进行归类。

总结了规划教育的四大要素，规划知识、规划技能、规划价值观以及规划实践。根据传统的规划教育传播媒体，传播的形式，提出了传统规划教育传播的缺点，适当地提出了改进建议。

参考文献

［1］ Mohammed, A. Afloat in the Atlantic: A search for relevant models of planning education and accreditation in the English-speaking Caribbean[J]. Third World Planning Review, 2001, 23（2）: 195-211.

［2］ Diaw, K., T. Nnkya and V. Watson.Planning education in sub-Saharan Africa: Responding to the demands of a changing context[J].Planning Practice and Research, 2002, 17（3）: 337-348.

［3］ Yuen, B. Revisiting urban planning in East Asia, Southeast Asia and the Pacific[Z]. Unpublished regional study prepared for the Global Report on Human Settlements 2009, 2008.www.unhabitat.org/grhs/2009.

［4］ Irazábal, C. 'Revisiting urban planning in Latin America and the Caribbean', Unpublished regional study prepared for the Global Report on Human Settlements 2009, 2008.www.unhabitat.org/grhs/2009.

［5］ AESOP Members directory, AESOP, 2020. http://

www.aesop-planning.eu/en_GB/members-directory 20200321.

［6］RTPI accredited degrees. https：//www.rtpi.org.uk/ education-and-careers/find-a-course/2014.

［7］Guide to Undergraduate and Graduate Education in Urban and Regional Planning, ACSP. https：//cdn.ymaws.com/www.acsp.org/resource/ collection/6CFCF359-2FDA-4EA0-AEFA-D7901C55E19C/2014_20th_Edition_ACSP_Guide.pdf.

［8］PAB Accredited Planning Programs，PAB，2020. https：//www.planningaccreditationboard.org/index. php?id=30.

［9］城乡规划专业评估通过学校和有效期情况统计表，中华人民共和国住房和城乡建设部高等教育城乡规划专业评估委员会，2020. http：//www.mohurd.gov.cn/jsrc/ zypg/201906/W020190625105036.pdf 20200321.

［10］高等学校城乡规划专业教学指导分委员会．国内规划院校列表［Z］.2020. http：//www.nsc-urpec.org/index. php?classid=5939.

［11］Frank A，Mironowicz I，Lourenço J，et.al.Educating planners in Europe：a review of 21st century study programmes［J］. Progr Plann，2014，91：30-94.

［12］Gurran N，Norman B，Gleeson B. Planning education discussion paper. planning institute of Australia.2008. http：//www.planning.org.au/documents/item/67 Accessed 1 Oct 2016.

［13］Alterman，Rachelle . A Transatlantic View of Planning Education and Professional Practice［J］. Journal of Planning Education and Research，1992，12（1）：39-54.

［14］Planning Accreditation Board. ACCREDITATION STANDARDS AND CRITERIA. Approved March 3，2017；Effective with 2018 SSR submissions. 2017. https：//www.planningaccreditationboard.org/.

［15］RTPI. 2012. Policy Statement on Initial Planning Education Revised 2012. 袁媛，等 . https：//www.rtpi. org.uk/media/8479/microsoft_word_-_policy_ statement_on_initial_planning_education_2012.pdf.

［16］全国高等学校城乡规划学科专业指导委员会．高等学校

城乡规划本科指导性专业规范（2013年版）［M］. 北京：中国建筑工业出版社，2013.

［17］Friedmann，John . The Core Curricula in Planning Revisited［J］. Journal of Planning Education and Research，1996，15（2）：89-104.

［18］Commonwealth Secretariat. Commonwealth capacity building for planning：review of planning education across the commonwealth［Z］. UCL Development Planning Unit and Commonwealth Association of Planners，London/Edinburgh，2011.

［19］黄亚平，林小如．改革开放40年中国城乡规划教育发展［J］．规划师，2018（10）：19-25.

［20］Huang Yaping，Lin Xiaoru.The development of urban and rural planning education in China［J］.Planner，2018（10）：19-25.

［21］吴志强，干靓．我国城乡规划学硕士研究生课程设置及优化［J］. 学位与研究生教育，2019，314（1）：45-49.

［22］Wu Zhiqiang，Gan Liang. Curriculum Setting and Optimization for Postgraduates in Urban and Rural Planning in China［J］.Academic Degrees and Graduate Education，2019，314（1）：45-49.

［23］Alterman，Rachelle. From a Minor to a Major Profession：Can Planning and Planning Theory Meet the Challenges of Globalisation?［J］. Transactions of the Association of European Schools of Planning，2017a，1（1）：1-17.

［24］Alterman，R. and D. Macrae Jr. Planning and policy analysis：Converging or diverging trends［J］. Journal of the American Planning Association，1983，49（2）：200-215.

［25］USAJOBS website of U.S. Office of Personnel Management（OPM）. What are KSAs? https：//www. usajobs.gov/Help/faq/job-announcement/KSAs/.

［26］PAB. 2015. Distance education in PAB-accredited planning programs（2015-01-31）. https：//www. planningaccreditationboard.org/index.php?id=208.

［27］PAB. 2009. Distance education offerings by PAB-accredited planning programs（2009-12-31）. https：// planningaccreditationboard.org/files/2009DistanceEd.pdf.

Understanding the Elements and Characteristics of World Planning Education from the Perspective of Educational Communications Theory and Suggestions with the Help of New Technologies

Li Xiang

Abstract: The research on the content elements of planning education is insufficient and there is no mature international comparative study. This research from the Angle of view of the education communication, focus on planning the spread of education research, international comparison on the content elements of planning education, analysis the main content elements and characteristics of planning education, and then from the perspective of the spread of education, thinking propagation characteristics and limitations of each element in the spread of education puts forward the future planning in the form of Suggestions for improvement.

Keywords: Planning Education, Content Elements, Characteristic, Education Communications, Nature

新农科背景下乡村规划设计类课程的虚拟现实技术应用途径探讨*

蒋存妍 冷 红 袁 青

摘 要： 新农科建设对乡村规划人才培养提出新的要求。城乡规划是服务乡村人居环境建设的主要专业之一，而当前的培养方式使新时代城乡规划教育适应乡村规划建设的发展受到制约。论文以城乡规划专业乡村规划设计类课程为例，剖析了其在新农科建设背景下存在的问题，通过探讨虚拟现实技术在乡村规划设计类课程中的优势，提出乡村规划设计类课程的虚拟现实技术应用途径。

关键词： 乡村振兴；新农科；乡村规划设计；虚拟现实；课程体系创新

1 引言

2018 年 11 月，教育部高等教育司提出要加快新农科发展，需要设立新的或改造原有的涉农专业，标志着高等教育主动适应人类社会从工业文明逐步进入信息文明社会对人才需求的转变[1]。2021 年 4 月，中央强调要用好学科交叉融合的"催化剂"，对现有学科专业体系进行调整升级，进一步为我国高校推进新农科建设与专业人才培养指明了具体方向[2]。

在新农科建设中，城乡规划专业肩负着乡村振兴、生态文明与美丽中国建设的使命，然而长期城乡二元结构的影响与传统的城乡规划专业人才培养方式使本专业难以适应新时代涉农专业高等教育的新需求，乡村规划课程体系不完善、乡村认知不深入、实践教学难以开展等因素均成为城乡规划教育适应乡村规划建设发展的制约因素[3]。高等学校作为从事城乡规划教育与研究的重要力量，应当认清使命、勇于担当，借助新农科建设的契机，在课程体系中增加乡村建设内容、开拓创新城乡规划专业课程体系及人才培养模式迫在眉睫。

主动适应新科技革命与产业变革创新，是建设新农科的必然路径[4]。与此同时，数字技术正在深刻影响城乡空间场所营造的专业实践，虚拟现实技术已经逐渐成为空间环境感知的重要手段[5]。本文立足于新农科建设背景，以乡村规划设计类课程为依托，通过剖析其当下课程建设体系中存在的问题，融合虚拟现实技术的特点，探讨乡村规划设计类课程的创新途径，以期为新农科背景下完善城乡规划专业课程体系提供启示。

2 虚拟现实技术与城乡规划设计

2.1 虚拟现实技术

虚拟现实技术指利用计算机生成一种可对参与者直接施加视觉、听觉和嗅觉感受的技术[6]，其所创建和体验的虚拟世界能够将多元信息融合，实现交互式三维动态实景并容纳体验者的实体运动[7]。虚拟现实技术融合数字图像处理、计算机图形学、多媒体技术等多个信息技术分支，成为一门崭新的综合性信息技术。研究表明，除却真实的空间场景，相比于录像和照片，虚拟现实技术构建的实验场景在沉浸感、真实感、立体感乃至

---

* 基金项目：教育部新农科研究与改革实践项目"'共同缔造'导向下高校服务乡村振兴新模式研究"；黑龙江省高等教育教学改革重点委托项目（SJGZ20200057）；哈尔滨工业大学教学发展基金项目（课程思政类 XSZ2019097）。

蒋存妍：哈尔滨工业大学建筑学院城市规划系助理教授
冷 红：哈尔滨工业大学建筑学院教授
袁 青：哈尔滨工业大学建筑学院教授

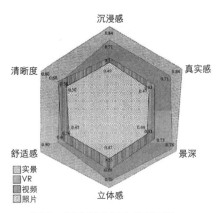

图 1　多种刺激媒介优势对比

舒适度上都有更好的表现（图 1）[8]，近年来广泛应用于教育科研领域。

2.2　虚拟现实技术在城乡规划设计中的应用

近十年来，随着科学技术的发展，虚拟现实技术在城乡规划领域的应用逐渐增多[9, 10]。虚拟现实技术因其应用深度广、沉浸式体验感强、高交互性、节省现场调研时间成本等特点，未来必将成为城乡规划领域体验空间环境、进而指导环境设计的一种重要途径，其可发挥的巨大潜力作用也是非常明显的[11]。一方面，虚拟现实技术能够在实验室条件下给予体验者真实的环境感受，可以将真实世界的物质空间及设计师笔下的草图方案变成能够互动、游走的"虚拟世界"，如图 2 所示。另一方面，我国地域辽阔，不同地域的城乡由于社会经济及历史文化背景不同，其发展也存在较大的差异，虚拟现实技术的应用可以使设计师体验不同地域背景下的城乡空间类型，进而更加清楚地了解城乡规划设计的地域性差异，并进行有针对性的设计。

3　新农科建设背景下乡村规划设计类课程存在问题

城乡规划学自 2011 年确立为一级学科以来，国内高校的城乡规划专业开始对课程培养方案进行调整，乡村规划教学逐渐起步。在此背景下，各高校陆续开设乡村规划设计类课程，此类课程是涵盖技术、经济和社会的实践性较强的综合性科学，也是城乡规划专业学生了解乡村不同于城市、从改善乡村人居环境角度提升学生设计能力的基础课程，在整体的教学计划中具有重要的地位和作用。然而，受长期城乡二元结构与传统城乡规划专业人才培养方式的影响，乡村规划设计类课程仍在以下几个方面存在问题。

3.1　课程体系建设不够完善

目前，我国高校城乡规划专业普遍存在课程体系化程度较低、缺乏知识技能递进培养计划的现象，同时乡村规划的教材也十分有限，从总体上看乡村规划教学尚处于探索阶段。此外，部分高校尚未开设乡村规划设计类课程，已开设的相关课程多为城乡调研、村镇规划原理课等。然而，上述课程大多只以调研报告、案例分析等形式作为课程考核的成果要求，对于城乡规划专业学生建构科学的乡村规划设计理念的促进作用十分有限。

3.2　乡村规划问题认识有限

根据统计，全国有 80% 以上的高校学生均来自于城市[12]，对乡村现实生产和生活环境的实际亲身体验较少，仅通过课堂教学所学到的规划知识去编制乡村规划或进行设计，使城乡规划专业学生普遍存在从"城"到"乡"认知转换的困难。此外，长期以来学界的研究重点均聚焦于城市，而乡村规划与城市规划在用地类别、空间形态、设施布局、设施风貌及规划方法等方面均存在较大差异，套用城市规划的模式进行乡村规划设计，不能满足乡村发展的实际需求。

此外，城乡规划专业课程设置及教学体系长期以来

图 2　虚拟现实城市空间场景及学生体验过程

附属于建筑一级学科之下，很大程度上延续传统物质空间规划的思路[13]，对乡村社会经济复杂性的拓展认知有限，如乡村中的土地与宅基地问题、生态环境问题、基本公共服务问题等，与城乡规划一级学科建设目标与发展尚存在距离[14]。

3.3 交叉学科技术应用不足

新农科不仅指布局新建专业，更强调互联网、人工智能、大数据等交叉学科技术在传统涉农专业中的应用。2019年6月发布的《安吉共识——中国新农科建设宣言》中也指出，应打破固有的学科边界、专业壁垒，推进农科与理工文学科的深度交叉融合。目前，关于乡村规划的学科交叉还不是很丰富，除利用传统的技术手段对乡村物质空间进行设计外，在利用新的交叉学科技术加强关于乡村环境的感知、乡村文化的理解、乡村产业的发展等方面，还未能形成全面、完整的乡村规划教育的知识体系。

3.4 实践教学难以开展

我国的乡村振兴战略实施以来，城乡规划各级各类学术组织多次倡议在乡村规划建设人才培养过程中应鼓励广大师生走出校园，在实践中认识乡村、学习知识和提高技能[15]。然而，受到学校教学任务时间安排、学生外出实践安全因素、近几年新冠疫情防控措施等方面的考虑，关于乡村调研的认知、规划设计等实践教学的开展存在一定的难度。

4 虚拟现实技术在乡村规划设计类课程中的优势

新型数字技术等交叉学科知识融入涉农专业的学生培养过程，是新农科建设背景的初衷之一。对标新农科建设背景下乡村规划设计类课程存在问题，虚拟现实技术融入乡村规划设计类课程主要存在以下优势。

4.1 增强学习效果

虚拟现实技术最主要的技术特征是让用户参与到计算机系统所创建的虚拟环境中，创造出具有真实感的空间环境，仿真的乡村自然环境与灵活的交互方式可以极大地提高学生自主学习的兴趣。有研究表明，虚拟现实技术可以有效提高规划设计方案的空间认知效果[16]。此外，随着科学技术的发展，虚拟现实技术的人体感知覆盖维度越来越多，从单纯的视觉扩展到听觉、触觉、嗅觉等，逐步接近真实的乡村环境，使学生的学习效果大幅提升。

4.2 丰富教学内容

虚拟现实技术的应用能够便于教学资源的更新与共享，极大地丰富课堂教学内容。例如，在乡村规划案例分析展示中，教师通常只能通过多媒体播放乡村的视频与图片，虽然学生能够直观地看到某些原理知识，但无法对知识形成系统的认知。利用虚拟现实技术可以对平日远离学生日常生活的乡村生产与生活场景进行演示，弥补理论课程中对学生对乡村进行直观认识的缺失，同时提升学生对乡村规划存在问题的认知。

4.3 提高实践能力

对于我国大多数设置有城乡规划专业的高校来说，外出调研受限是完善乡村规划设计类课程体系的最主要制约因素，虚拟现实技术可以突破交通、环境、场地、气候条件等因素的制约，能够在任何时间完成乡村规划设计过程中的前期调研与后期方案调整工作，并可以随时依据不同的乡村规划设计要素进行场景切换，提高学生的实践能力。同时，课程的教学成果能够重复使用，极大节约了教学成本。

5 乡村规划设计类课程的虚拟现实技术应用途径

作为一种新型的教学方法与手段，虚拟现实技术能够突破时空限制，并在有限的场所内重塑教学形式。论文整合虚拟现实技术在乡村规划设计类课程中的优势，提出具体的应用途径，如图3所示。

图3 乡村规划设计类课程的虚拟现实技术应用途径

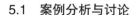

5.1　案例分析与讨论

在前期调研中，虚拟现实技术带来的沉浸式体验让学生可以在高度仿真的虚拟环境中认知与解读我国广大乡村的自然与区位条件、用地性质、建成环境、产业特点、社会文化与风貌特色等；在进行已有的乡村规划设计优秀案例分析时，教师可以让学生进行不同乡村规划设计方案的类比，进而进行更加深入的分析与思考，加深学生对乡村空间规划设计要素的理解。

5.2　空间设计与表达

在虚拟平台技术的支持下，相关设备能够真实模拟乡村设计场地的气候、地理条件、空间环境等细节要素，并在不同的季节、气象条件下进行随意转换，使学生能够直观地感受、体验设计方案在不同场地设计条件下的形态变化。此外，虚拟现实技术还可以结合对乡村复杂系统演化的模拟，预测规划设计方案在未来的发展演进方向及对乡村居民生活的影响，使其成为确定乡村规划设计方案生成的依据。

5.3　方案比较与优化

在乡村规划方案设计后期，学生可以利用虚拟现实场景更加直观地与设计方案进行互动，对于乡村空间形态、景观构建等以身临其境的效果在虚拟现实设备中进行漫游、观赏、分析与讨论，有助于对设计方案的细节进行推敲，并据此随时对设计方案进行调整，达到共享设计思维、增加设计灵感的目的，极大地提升教学效率与质量。

6　结论

在我国，乡村振兴是一项长期而艰巨的历史任务，城乡规划专业作为服务乡村生态环境建设和改善人居环境质量的主要专业之一，肩负着深刻的历史使命。新农科建设既为城乡规划专业高等教育教学改革提供了新思路，也为虚拟现实设计课程教学的具体途径指明了方向。未来，高等学校的城乡规划专业应深刻领悟面向乡村振兴加强培养人才的紧迫性与重要性，利用新型科学技术高质量推进新农科建设，逐步完善乡村规划的教学体系。

参考文献

[1] 张红伟，赵勇．新技术呼唤"新农科"[N]．中国教育报，2019-04-08（006）．

[2] 习近平在清华大学考察：坚持中国特色世界一流大学建设目标方向为服务国家富强民族复兴人民幸福贡献力量[EB/OL]．中国政府网，www.gov.cn．

[3] "城乡规划教育如何适应乡村规划建设人才培养需求"学术笔谈会[J]．城市规划学刊，2017（5）：1-13．

[4] 刘奕琳，徐勇．新农科建设的必要性、框架设计与实施路径[J]．黑龙江高教研究，2022，40（2）：145-149．

[5] 徐磊青，孟若溪，黄舒晴，等．疗愈导向的街道设计：基于VR实验的探索[J]．国际城市规划，2019，34（1）：38-45．

[6] 《中国电力百科全书》编辑委员会．中国电力百科全书[M]．北京：中国电力出版社，2001．

[7] 申申，龚建华，李文航，等．基于虚拟亲历行为的空间场所认知对比实验研究[J]．武汉大学学报（信息科学版），2018，43（11）：1732-1738．

[8] Chen Y, Cui Z. An experimental methodology study on healthy lighting for the elderly with ad based on VR technology[C]. 9th CJK Lighting Conference, Busan, Korea, 2017: 457.

[9] 李同予，薛滨夏，杨秀贤，等．基于无线生理传感器与虚拟现实技术的复愈性环境注意力恢复作用研究[J]．中国园林，2020，36（2）：62-67．

[10] 陈志敏，黄镕，黄莹，等．街道空间宜步行性的精细化测度与导控——基于虚拟现实与可穿戴生理传感器的循证分析[J]．中国园林，2022，38（1）：70-75．

[11] 黄舒晴，徐磊青，陈筝．起居室的疗愈景观——室内及窗景健康效益VR研究[J]．新建筑，2019（5）：23-27．

[12] https://xw.qq.com/cmsid/20220122A081TK00.

[13] 侯丽，赵民．中国城市规划专业教育的回溯与思考[J]．城市规划，2013（1）：60-70．

[14] 严巍，王思静，赵冲，等．基于乡村规划人才需求的城乡规划教学创新改革[J]．建筑与文化，2012（12）：176-177．

[15] 共同推进乡村规划建设人才培养行动倡议[J]．城市规划，2017（6）：41．

[16] 张俊，李骁，陈凯，等．利用虚拟现实技术提升规划方案的空间认知效果[J]．测绘通报，2019（9）：108-110．

Exploring the Application Approaches of Virtual Reality Technology in Rural Planning and Design Courses under the Background of New Agricultural Sciences

Jiang Cunyan   Leng Hong   Yuan Qing

Abstract: The construction of New Agricultural Sciences puts forward new requirements for the training of rural planning talents. Urban and rural planning is one of the main specialties to serve the construction of Rural Human Settlements. However, the current training mode restricts the adaptation of urban and rural planning education to the development of rural planning and construction. This paper takes the village planning and design course as an example, and the existing problems under the background of New Agricultural Science construction were analyzed. By discussing the advantages of integrating virtual reality technology into village planning and design courses, this paper puts forward the application ways of virtual reality technology in village planning and design courses.

Keywords: Rural Vitalization, New Agricultural Sciences, Village Planning and Design, Virtual Reality, Curriculum System Innovation

高等学校城市信息模型（CIM）教学研究

韩 青 袁 钏

摘 要： 根据《中华人民共和国国民经济和社会发展第十四个五年规划和2035年远景目标纲要》提出的"完善城市信息模型平台和运行管理服务平台，构建城市数据资源体系，推进城市数据大脑建设，探索建设数字孪生城市"要求，城市运行管理更加精细化、标准化、科学化、智能化、人性化，全国近百个城市在推进智慧城市建设，但长期实践也面临诸多问题，数据孤岛、重复建设等现象屡见不鲜。同时大数据、云计算、物联网、区块链等新技术不断涌现，在此背景下城市信息模型（CIM）技术应运而生，为智慧城市建设注入新鲜血液。研究将城市信息模型（CIM）引入现行教学体系，构建高等学校CIM教学体系，面向行业发展需求，为CIM行业解决人才紧缺问题，为我国智慧城市建设奠定人才储备基础。借鉴传统教学经验，结合CIM技术构成和应用发展特点，系统性梳理CIM理论体系，构建CIM从业人员标准体系，并对CIM在高等学校教学进行动态监测，期待推动新一代信息技术方法融入建筑学、城乡规划等相关学科教学体系中。

关键词： 高等学校；城市信息模型；教学研究；CIM

1 背景概述

2018年以来，住房和城乡建设部结合工程建设项目审批制度改革，先后在广州、厦门、南京等地开展城市信息模型平台建设试点工作，在CIM平台总体框架、数据汇聚、技术路线以及组织方式方面积累了较为丰富的经验。为指导各地推进CIM基础平台建设，2020年6月，住房和城乡建设部会同相关部门印发《关于开展城市信息模型（CIM）基础平台建设的指导意见》，要求"全面推进城市CIM基础平台建设和CIM基础平台在城市规划建设管理领域的广泛应用，带动自主可控技术应用和相关产业发展，提升城市精细化、智慧化管理水平。构建国家、省、市三级CIM基础平台体系，逐步实现城市级CIM基础平台与国家级、省级CIM基础平台的互联互通"。

1.1 城市信息模型（CIM）的提出与基本内涵

CIM（City Information Modelling）基础平台是在城市基础地理信息的基础上，建立建筑物、基础设施等三维数字模型，表达和管理城市三维空间的基础平台，是城市规划、建设、管理、运行工作的基础性操作平台，是智慧城市的基础性、关键性和实体性的信息基础设施。

CIM的提出源起于建筑信息模型（Building Information Modeling）。BIM将建筑物在设计、施工、建造、运维全生命周期的建筑信息集成整合至一个三维模型信息数据库中，方便信息共享，设计团队、施工单位、设施运营部门和业主等各方人员可以基于BIM进行协同工作。

1.2 国内外研究现状

由住房和城乡建设部发布的《城市信息模型（CIM）基础平台技术导则》提出，CIM平台建设应遵循"政府主导、多方参与，因地制宜、以用促建，融合共享、安全可靠，产用结合、协同突破"的原则，统一管理和提供各类数据资源，以解决当前BIM和CIM应用中的技术瓶颈问题为核心，从保障国家信息安全和构筑城市数字

韩 青：青岛理工大学建筑与城乡规划学院教授
袁 钏：青岛理工大学建筑与城乡规划学院硕士研究生

资产的角度，建构起一套涵盖业务架构、标准体系、数据体系、应用架构、基础设施架构、安全体系及机制建设的顶层框架体系，解决目前顶层设计缺失的问题，为后期开展技术攻关和试点应用提供坚实的基础保障。

1.3 国外研究现状

包胜等在《基于城市信息模型的新型智慧城市管理平台》中提出：① CIM 平台是三维地理信息系统（3DGIS）、建筑信息模型（BIM，Building Information Modelling）的融合，既可以存储城市规模的海量信息，又可以作为云平台提供协同工作与数据调阅功能；同时如果和物联网（IOT，Internet of Things）、大数据（Big Data）、云计算（Cloud Computing）等技术结合起来，还能提供满足城市发展需求的集成性管理系统；② CIM 平台是利用物联网技术将 CIM 模型和城市连接起来形成一个可更新的数据库，同时利用云计算和大数据等形成一个可实现信息共享与传递的工作平台，以支持各项应用；③ CIM 平台是针对同一个物理空间以及附着在其上的信息形成的、由政府组织建设和管理、对居民和企业有选择性地开放、从而解决城市发展进程中的一系列问题的信息平台。

1.4 研究意义

CIM 产业发展目前存在包括缺乏专业人才、缺乏具体实施经验和方法、标准不健全、投入成本过高、软件不成熟等许多瓶颈因素。课题繁育为衍生推动人才进行自主培育、自我教育与自发成长。2010~2021 年间已有多个国家或地区开展了 CIM 相关研究，并在过去近三年内实现相关学术成果发表的指数型增长。根据网络数据不完全统计，我国 CIM 相关的科研课题立项及对应学术研究成果自 2019 年起，呈现快速增长、迎头追赶的趋势。CIM 相关课题繁育的科研成果可以激励科研课题的升级迭代及深化研究提供技术支持，为促进高精尖领域的科研发展，培养复合型专业人才提供更具应用前景及潜力空间的培育土壤。

1.5 研究价值

在规划设计方面，CIM 平台可以通过各种可视化和数据分析的方式，协助对城市建设规划提供合理化的建议，促进科学规划和合理建设。例如雄安新区在规划阶段利用 CIM 平台为基础的大数据平台，建立基于 CIM 平台的园区管理体系。在城市规划建设的过程中，借助"数字孪生"技术和可视化的 CIM 平台，为工程施工和建筑规划提供有力支撑，确保所实施的建筑合理规范，同步建设数字孪生城市和智能城市。与此同时，在后期城市管理的过程中也可以通过 CIM 平台实现数字化管理。

2 研究主要内容及重要观点

随着城市信息模型技术的推广，城市信息模型建设过程中存在各种相关的问题，建筑学、城市规划相

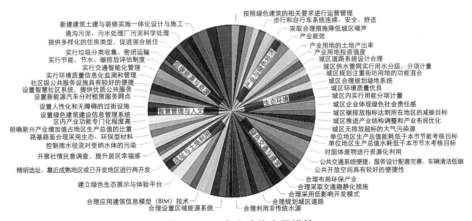

图1 CIM 家族功能应用模块

图片来源:《从 BIM 到 CIM——绿色生态城区的智慧实现策略》.

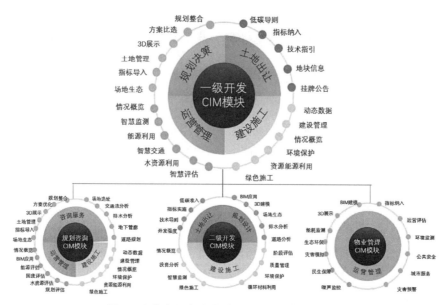

图2　上海市绿色生态城区评价标准技术目标

图片来源:《从 BIM 到 CIM——绿色生态城区的智慧实现策略》.

关专业在建设过程中作为主导力量，因此要求人才输出的高等学校，对在校生进行相关方面的知识和能力培养，但现有高校教学体系中，相关知识的教学任务安排中还不能完全满足这一要求，普遍存在理论不够全面系统、城市信息模型技术相关软件不够熟练和不能系统运用等问题，这都需要进行城市信息模型技术的教学改革与提升。

2.1 理论与实践存在主要问题

（1）理论教学中存在的问题

1）专业知识系统性较差

城市信息模型所涉及知识范围较广，主要包含技术类、管理类、经济类和法律类。在多名教师授课的情况下，没有一个平台能让授课教师完成信息共享交流，适应专业教学的基础教学不是对某几门课程的删减或增加，或是将设计系列课程"城市规划化"，而是在对基础教学的准确定位下建构合理体系。这其中涉及理论课程、实践课程、设计课程等多个环节，是一个符合城市规划大的教学目标体系下的相对独立、完整的教学体系，其中各类课程应形成良好的配合和协作关系。

2）专业教育与通识教育之间存在矛盾

随着我国高等教育由精英教育模式转向大众教育模式，通识教育开始受到重视，目的在于提高学生的综合素质，促使学生具有较为宽广的知识面，能较好地、灵活地适应社会发展的需求。通识课程的强化压缩了规划专业课程的时间，给课程的合理设置带来了很大的困难。在这样基础下，在对学生进行专业教育前必须强化专业的基础教育，这与通识教育在教学内容和时间安排方面存在较大的矛盾。

（2）实践应用存在的问题

认知实习和生产实习难度大，实习基地不稳定。根据人才培养方案的相关要求，学生需要在施工现场完成实习任务，由于施工现场的进度往往不可能与教学进度相吻合，使得绝大部分学生只能配合现场指导教师的安排，完成一些零散的工作，绝大部分学生接触不到 BIM 的实际操作以及应用。

课程设计和毕业设计涉及的城市信息模型技术内容较少。课程设计部分是针对实际案例进行建模及计价，重点是对教学内容的综合，而没有系统的 BIM 技术练习与实践。毕业设计部分是投标文件的编制，仅有一小部分学生是采用 BIM 技术完成的，相对于学生总人数来说，BIM 技术的应用在毕业设计中涵盖的范围较小。

2.2 研究主要内容

（1）专业基础教育定位

专业基础教学需通过课程体系的合理设置，体现教学内容面广、脉络清晰、基本概念准确、基本功训练扎实的专业特点，以符合专业发展需求。专业基础教育应能培养学生基本的规划思维、训练基本的规划技能，并有效引导合理的创新意识，实现由应试教育向高等专业化教育的转变，提升学生综合能力。

（2）专业基本整体认知

近年来智慧城市的发展影响，信息化集成在城市规划及建设运营中起到至关重要的作用。吴志强院士在 2010 年提出城市信息化发展要从 BIM 走向 CIM，目前 CIM 正不断在城区规划建设中成为新兴技术支撑和运营管理的保障。城市信息模型（CIM）技术，涵盖了科学层面、技术层面、工程层面、人文层面、技能层面的知识。因此，专业基础教育需要帮助学生建立对专业新技术、新理念较为全面、整体而并非深入的认识，帮助学生确立正确的认知观，消除后续专业学习中的茫然感，形成合理的规划思维。

（3）培养基本专业技能

应用性是规划专业的核心特征，研究也是为了科学地指导实践。城市规划专业的学生应具有良好的专业技能以满足实践应用要求。该种专业技能除了表达技能，还包括调查研究的能力、发现问题和解决问题的能力，以及运用新技术、新手段的能力等，这些技能都需要在基础教育阶段展开相关的训练。创新型人才培养是我国高等人才培养的重点，是提升高等教育质量的关键，也是专业发展的必然需求。随着城市的转型升级，新型城市化的推进，城市问题日益复杂，原有的问题尚未解决，新的问题又出现，城市发展需要具有创新认知和解决城市问题的规划人才。

2.3 教育研究观点

（1）作为"新城建"的数据底座城市信息模型（CIM）具有广阔前景

CIM 以底层视角探索新型城市建设根本架构，以顶层智慧解析数字城市发展潜在逻辑，对未来城市发展起着至关重要的作用。探索 CIM 及对未来城市发展的影响，一方面，是通过建立完整的城市级信息模型，追求和验证已知信息与数据在城市治理中的作用与价值，人们可以更加理性、客观、全面地认知所生活的城市；另一方面，通过搭建城市级信息模型的基础平台，使各个专业、各个领域致力于成为城市发展的不同协作者，能够更加有效地、合理地、持久地去开发城市、建设城市、运营城市、维护城市。随着新一代信息技术的不断突破与发展，数字化道路越走越宽，CIM 技术必将带来崭新的生活工作方式，为构建智慧城市带来创新性变革与发展。

（2）城市信息模型（CIM）人才培育体系从业人员水平亟待提高

CIM 平台作为智慧城市发展的重要一环，CIM 系统与应用技术人员缺口巨大，CIM 领域内的人才缺失，将会严重制约智慧城市的发展和建设进度，如何培育 CIM 人才已经成为建筑业面临的重要问题。了解和掌握 CIM 行业动态和发展趋势，深入研究我国对于 CIM 基础平台的应用需求，掌握与 CIM、BIM、大数据等新一代信息技术相关技术的理论知识，提升 CIM 相关从业人员技术和业务能力，提高 CIM 市场整体理论水平和业务技能水平，为 CIM 行业培养大量的、多层次的技术人才和管理人才，并且通过城市信息模型集成与应用工程师等级考核，进一步规范 CIM 行业的人才培育体系和评价考核体系，为推动 CIM 技术和平台应用的发展、推动智慧城市建设奠定人才基础。

（3）构建城市信息模型（CIM）专业技术人才培育体系

近几年，随着我国地理信息系统（GIS）、人工智能（AI）、物联网（IOT）、大数据和云计算的广泛运用，与此相关的高新技术产业成为我国经济新的增长点，融合了新型技术的 CIM 专业技术人才成为时代背景下的动力源。构建高等学校城市信息模型（CIM）教学体系，旨在培养更多符合行业发展规划，拥有国际视野，具备高水平的城市信息模型集成与应用技术人员。通过高等教育培育技术人才可支撑城市科学规划、高效建设、精细化治理，确保城市安全、有序运行，将城市治理提升到精细化水平，并实现"规建管"一体化的高端技术人才培养。

3 教学研究思路

3.1 城市信息模型（CIM）技术体系理论研究

城市信息模型（CIM）包括四种层级，感知传输层、数据存储层、数据分析层、服务应用层。智慧城市信息承载平台数据的收集、存储、分析及决策全过程都基于它开展；服务应用面向政府、企业、公众进行不同权限设置，通过设立算法服务平台和大规模计算平台，加大社会参与度，各应用端创新性地开发多种应用，充分调动社会积极性，提高应用质量和效率。基于 CIM 的智慧城市管理体系具有诸多优势，数据管理闭环，信息资源充分利用，社会企业及公众积极参与，各端的创新性被有效调动，智慧城市管理更加富有活力，管理决策更加有理可依，实现城市管理的良性循环。

3.2 城市信息模型（CIM）技术体系实践研究

以国家政策发展要求为指引，聚焦智慧城市、智慧园区、智慧市政、智慧文旅、智慧工业、智慧交通、智慧环保、智慧应急等行业场景，深入研究设计单位、审批部门、监管部门等不同主体下的业务需求，充分发挥 CIM 基础平台核心优势，积极探索建设基于 CIM 基础平台的多元化"CIM 应用"系统，构建以 CIM 基础平台为底板，各示范应用协同治理的信息化服务体系，助力提升城市空间治理与社会治理的现代化。

3.3 城市信息模型（CIM）技术教学体系研究

一是对城市信息模型技术教学的开展方式的分析，分析的内容主要为城市信息模型技术教学的教学内容、教学目标、教学媒介、教学条件等。二是对城市信息模型技术设计教学体系建立的分析，分析的内容主要为数字化建筑设计教学知识点的梳理、教学侧重点与教学梯度、教学知识点向城市信息模型技术教学的转化等。

4 结束语

面向实际需求创新多学科交叉融合培养方案，以城乡规划、建筑学、地理科学、计算机科学、大数据等多学科组建研究共同体，从整体上把握培养 CIM 从业人员的价值，分析 CIM 人才需求和应用价值等，从面向解决实践问题出发研究解决方案，运用新一代信息技术应用与传统建筑学等学科教学的融合难题，以 CIM 平台建设实际需求出发构建针对性培养方案和教学体系，并创新性利用，对对象进行多尺度、多维度的动态监测，形成 CIM 在高等学校的教学实施方案。将城市规划教育的理论与实践教学结合起来，将城市信息模型（CIM）引入教学体系，通过高等教育培育技术人才可支撑城市科学规划、高效建设、精细化治理，确保城市安全、有序运行，将城市治理提升到精细化水平，并实现"规建管"一体化的高端技术人才培养。

图 3 城市信息模型（CIM）教学体系研究框架

图片来源：作者自绘.

参考文献

[1] Souza L., C. Bueno. City Information Modelling as a support decision tool for planning and management of cities: A systematic literature review and bibliometric analysis[J]. Building and Environment, 2022, 207: 108403.

[2] 袁星，郑虹倩.CIM 平台赋能"人本主义"城市治理建设范式——以厦门市为例 [M]// 中国城市规划学会. 面向高质量发展的空间治理——2021 中国城市规划年会论文集（05 城市规划新技术应用）. 北京：中国建筑工业出版社，2021：1172-1181.

[3] Xu X, Ding L, Luo H, et al. From building information modeling to city information modeling[J].Journal of information technology in construction, 2014（19）：292-307.

[4] 吴志强，甘惟. 转型时期的城市智能规划技术实践 [J]. 城市建筑，2018（3）：26-29.

［5］ 杜明芳."十四五":AI 城市构筑立体城市信息模型 [J].中国建设信息化,2021（1）:24-27.

［6］ 陈群民,白庆华.新世纪中国城市信息化管理的探索 [J].现代城市研究,2001（4）:19-22.

［7］ 许镇,吴莹莹,郝新田,等.CIM 研究综述 [J].土木建筑工程信息技术,2020（3）:1-7.

［8］ 刘琰.智慧城市背景下城市信息模型（CIM）平台的建设发展策略研究 [C]//中国城市规划学会.面向高质量发展的空间治理——2020 中国城市规划年会论文集.北京:中国建筑工业出版社,2020.

［9］ 耿丹,李丹彤.智慧城市背景下城市信息模型相关技术发展综述 [J].中国建设信息化,2017（15）:72-73.

［10］杨滔,等.数字孪生城市与城市信息模型（CIM）思辨——以雄安新区规划建设 BIM 管理平台项目为例 [J].城乡建设,2021（2）:34-37.

［11］Cheng J C P, Lu Q, Deng Y. Analytical review and evaluation of civil information modeling[J]. Automation in Construction, 2016（67）:31-47.

［12］中华人民共和国住房和城乡建设部.城市信息模型（CIM）基础平台导则（修订版）[建办科,2021（21）号][Z].2021.

［13］吴志强,甘惟,臧伟,等.城市智能模型（CIM）的概念及发展 [J].城市规划,45（4）:106-113,118.

［14］段志军.基于城市信息模型的新型智慧城市平台建设探讨 [J].测绘与空间地理信息,2020,43（8）:138-139,142.

［15］陈明琪.基于城市信息模型和大数据云平台的智慧城市研究与应用 [J].建设科技,2020（23）:29-33.

［16］韩青,徐翔,孙宝娣,等.基于 CIM 平台的工程项目数字孪生智能建造系统应用研究 [J].中国建设信息化,2022（2）:34-38.

［17］韩青,樊焜,宋少贤,等.基于 CIM 平台的智能建造数字仿真综合管理系统 [J].中国建设信息化,2022（4）:30-35.

［18］曹伟,陈锋,林雪莹.基于 CIM 的 BIM 数据处理方法 [M]//中国城市规划学会城市规划新技术应用学术委员会,广州市规划和自然资源自动化中心.创新技术·赋能规划·慧享未来——2021 年中国城市规划信息化年会论文集.南宁:广西科学技术出版社,2021.

［19］季珏,汪科,王梓豪,等.赋能智慧城市建设的城市信息模型（CIM）的内涵及关键技术探究 [J].城市发展研究,2021（3）:65-69.

［20］孙桦,潘洪艳,韩继红.从 BIM 到 CIM——绿色生态城区的智慧实现策略 [J].建设科技,2019（1）:52-55.

［21］卢勇东,杜思宏,庄典,等.数字和智慧时代 BIM 与 GIS 集成的研究进展:方法、应用、挑战 [J].建筑科学,2021（4）:126-134.

［22］宋关福,陈勇,罗强,等.GIS 基础软件技术体系发展及展望 [J].地球信息科学学报,2021（1）:2-15.

［23］刘燕,金珊珊.BIM+GIS 一体化助力 CIM 发展 [J].中国建设信息化,2020（10）:58-59.

［24］武鹏飞,刘玉身,谭毅,等.GIS 与 BIM 融合的研究进展与发展趋势 [J].测绘与空间地理信息,2019（1）:1-6.

［25］黄奕.5G 移动通信支撑下的物联网技术及应用 [J].产业与科技论坛,2021,20（23）:33-34.

［26］陈兰文.物联网技术在智慧城市中的应用与挑战 [J].数字通信世界,2018(9):163,158.

［27］于静,杨滔.城市动态运行骨架——城市信息模型（CIM）平台 [J].中国建设信息化,2022（6）:8-13.

［28］杜明芳.数字孪生城市视角的城市信息模型及现代城市治理研究 [J].中国建设信息化,2020（17）:54-57.

［29］武鹏飞,李建锋,胡子航.城市信息模型（CIM）的建设思考 [J].科技创新与应用,2021,11（31）:55-58.

［30］汪科,杨柳忠,季珏.新时期我国推进智慧城市和 CIM 工作的认识和思考 [J].建设科技,2020（18）:9-12.

［31］吴志强,甘惟,臧伟,等.城市智能模型（CIM）的概念及发展 [J].城市规划,2021,45（4）:106-113,118.

［32］杨新新,邹笑楠.关于城市信息模型（CIM）对未来城市发展作用的思考 [J].中国建设信息化,2021（11）:73-75.

Research on the Teaching of City Information Modeling（CIM） in Higher Education

Han Qing   Yuan Chuan

Abstract: According to the Outline of the 14th Five-Year Plan and 2035 Vision for National Economic and Social Development of the People's Republic of China, "to improve the city information model platform and operation management service platform, build a city data resource system, promote the construction of the city data brain, and explore the construction of a digital twin city", city operation and management are required to Nearly 100 cities across the country are promoting the construction of smart cities, but the long-term practice is also facing many problems, such as data silos and repeated construction. At the same time, new technologies such as big data, cloud computing, Internet of Things (IoT) and blockchain are emerging, and in this context, City Information Modeling (CIM) technology has emerged to inject fresh blood into the construction of smart cities. The study introduces CIM into the current teaching system, builds a CIM teaching system in higher education institutions, faces the development needs of the industry, solves the shortage of talents for the CIM industry, and lays the foundation of talent reserve for the construction of Chinese smart cities. Drawing on traditional teaching experience, combining the technical composition and application development characteristics of CIM, systematically sorting out the theoretical system of CIM, constructing a standard system for CIM practitioners, and dynamically monitoring the teaching of CIM in higher education institutions, looking forward to promoting the integration of new generation information technology methods into the teaching system of architecture, urban and rural planning and other related disciplines.

Keywords: Higher Education, City Information Modeling, Teaching and Learning Research, CIM

"三位一体"理念下PPPC教学方式在城乡社会综合调研实践课程的探索

刘佳燕　陈宇琳　龙　瀛

摘　要： 伴随我国城市发展步入存量更新为主的新阶段，面对日趋复杂的城乡社会空间问题，"城乡社会综合调研"作为规划专业本科生必修实践课程，在课程定位、课程设计和教学组织等方面都面临新的挑战。文章介绍了在清华大学全面深化教育教学改革的总体目标和"三位一体"教育模式和教学目标指导下，教学团队历经多年的教学改革和实践探索，形成了项目驱动、问题导向、过程增能与协同学习为特征的PPPC教学方式，强调以学生为主体，小组为单元，通过沉浸式社会学习和启发式教学，以强化面向跨学科社会空间研究和空间治理转向的规划人才培养。

关键词： 社会综合调研；三位一体；教学改革；实践课程；城乡规划

1　研究背景

"城乡社会综合调研"是城乡规划专业教学指导委员会列出的必修实践课程。当前我国城市发展和城乡规划专业转型的大背景，对课程教学提出了诸多新的要求和挑战。总结目前课程教学工作主要面临以下三方面的挑战。

一是课程定位方面，伴随我国城市发展步入存量更新为主的新阶段，面对日趋复杂的城乡社会空间问题，要实现更为全面、深度的问题研判和机制辨析，规划学科与社会学、地理学、公共管理等多学科的交叉融合成为重要趋势；另一方面，又亟需回归并立足规划学科中心地位上，重新思考和明晰学科的核心定位和人才培养目标，以此支撑教学目标的设定，而非简单复制社会学、公共管理等业已成熟的课程体系。

二是课程设计方面，不同于一般意义上的学生社会实践活动，需要在规划学科整体教学框架内，系统设计并实现其与专业理论和设计课程的全面互动和融合；特别在当前规划作为空间治理政策手段的作用日益突出的背景下，需要探索如何通过调研实践课程，为学生营造在真实治理场景中"沉浸式"体验、思考和实践的机会，实现课堂上所学习的规划价值观、专业理论和设计工具的内化和融通。

三是教学组织方面，通过对多个兄弟院校开设的相关社会调研类课程的调查，发现普遍存在以下主要问题：①授课形式上，常采用类似理论课的方式，8周或16周，每周一节课（2学时），课上教师讲授和学生交流调研成果，课下学生自行调研，好处在于整体时间周期长，但同时也暴露出上课节奏偏缓、调研时间难保证、进度难把控，导致期末"临阵磨枪"等问题；②教学团队上，多数是一名主讲教师，存在面对多组学生而辅导时间有限、选题和专业领域受限等问题，故而实际上多采用邀请多位教师分别带组，又存在教学内容、水平、进度差异较大的局限；③选题安排上，或是鼓励学生自主选题，或是依托教师所承担项目，前者往往出现选题反复调整而大幅压缩调研分析时间的现象，后者可能导致"剥夺"了学生对选题的兴趣和明晰问题这一重要的训练环节。

清华大学建筑学院自2011年开设城乡规划本科专业，2015年开始设立"城乡社会综合调研"课程。作为面向城乡规划与设计专业本科生的必修实践类课程，课程设置在三年级暑假小学期，为期2周，2学分。课程教学工作开展7年来，历经多次教学改革和教学安排调

刘佳燕：清华大学建筑学院副教授
陈宇琳：清华大学建筑学院副教授
龙　瀛：清华大学建筑学院副教授

整，笔者团队分别结合"城乡社会综合调研"和"城市社会学"两门课程承担了清华大学本科教学改革项目，围绕课程定位和教学组织展开了系列的思考和探索。

2 课程定位

清华大学基于全面深化教育教学改革的总体目标，确立了建立价值塑造、能力培养和知识传授"三位一体"的教育模式，注重在本科培养中，"促进通识教育、专业教育和自主发展有机结合""强调人格养成和价值塑造，培养独立思考能力，增强团队精神，在师生互动、生生交流中理解和尊重多样性"。

确定本课程定位为：让学生走入城乡社会，开展实地观察、亲身体验、系统调研和深入探究，对于城市社会学和社会空间研究的基础理论有更深入的认识，掌握社会空间研究的系统方法，包括从资料收集、问题发现、调研方案设计、调研组织、数据分析到成果编制，通过案例调研认识城乡特色社会空间的基本特征和演进规律，并通过小组工作的形式，培养学生团队协作能力。

体现在课程教学目标上，从低到高体现为：①知识目标方面，让学生掌握和理解社会调查研究的基本理论和方法，注重向社会空间等交叉学科相关理论和研究方法的拓展；②能力目标方面，锻炼和提高学生灵活、综合应用多种社会调查方法，去发现、分析和解决城乡社会空间问题的能力，强调面对复杂问题，从综合思维、专业分析到公正处理、共识建构、协同创新等多维度能力的全面提升；③价值目标方面，将思政小课堂与社会大课堂相融合，引导学生深度关注民生、体察民情，把自己的个人奋斗、学术志趣和国家发展、社会进步紧密联系起来，养成健全的价值观和社会责任感，强化人文关怀和社会公正理念。

3 教学设计

应对前述挑战，在"三位一体"的教育模式和教学目标指导下，教学团队探索在"城乡社会综合调研"课程中采用PPPC模式为主要特征的教学设计，强调项目驱动（Project-Driven）、问题导向（Problem-Oriented）、过程增能（Process Empowerment）与协同学习（Collaborative Learning）相结合的四大路径。

3.1 项目驱动，建构主义学习实现理论—实践全程贯通

"城乡社会综合调研"作为一门实践课程，在城乡规划教育的社会空间研究和设计课程体系中，是对接"城市规划原理""社会学"等专业理论课程与"居住区规划""城市设计""小城镇总体规划"等设计课程的重要中间平台，需要强化其在理论知识和应用策略之间的链接、整合作用。

课程以特定调研项目为驱动，作为主线统领、贯穿课程整体设计。同时，全面融入建构主义学习方式，让学生置身于项目真实情境中，面对复杂现实问题，综合使用多种调查方法和工具。教师作为学生主动建构意义的促进者、合作者和帮助者，引导学生在既有的"自下而上的知识"基础上，在逐步自主探索求真、求解的过程中，生长出新的"自上而下的知识"，两者相联系，进而形成自觉的、系统的知识。

从优化社会空间研究和设计领域课程体系的角度，本课程重在从两个维度推动理论—实践的贯通：一是以项目为平台，实现"知识体系—应用策略"的横向衔接；二是以项目为推进，实现思辨批判、团队合作、逻辑思维、方案设计、调查沟通、研究分析、创新实施等综合能力训练的层层深入。教学安排上，要求选课学生先行完成"城市规划原理"和"城市社会学"等基础理论课程的学习，一方面在前期理论知识讲授中，融入项目应用的思考铺垫，例如在"城市社会学"教学中，结合各章节重要知识点布置课后思考题，很多就来自调研项目选题，引导学生积极探索知识的应用延伸，如结合城市贫困的理论学习，思考如何发掘和测度不同类型的典型贫困空间；另一方面，结合项目调研的过程设计，在提出选题方向、初步探索、问题界定、全面调查、资料分析、报告撰写的各个环节中，通过面对实际问题的"应用反刍"，再次强化和巩固学生对社会空间相关理论和重要方法的掌握和理解，并进一步引导学生从社会空间影响因素、解释机制研究迈向探寻适宜的空间—社会解决策略，实现与设计课之间从现象解释、机制分析到干预策略的衔接，强化本课程立足规划专业的特色，即不仅限于"现象解释"，更应指向"干预手段"（图1）。

在课程时间安排上，借助教改契机，通过多种方案的探索和比较（表1），最终形成师生都普遍认可的形式为：

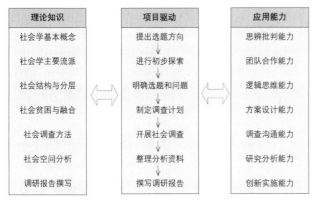

图1 基于项目驱动的"知识—应用"对接体系

主要课程设置在暑期实践的2周（19~20周）；提前在春季学期初，结合"城市社会学"课程教学，预留开放性选题思考；课程开始前2~4周布置课程任务和选题方向，学生提前确定分组，开展预调研，确定具体选题，拟定调研计划和调研提纲。由此，较好地应对了调研项目的工作特点：一方面，很多前期工作需要文献梳理、消化思考，以及多次踏勘，相对需要的时间较长，但可以灵活机动，所以适当向前延伸到春季学期；另一方面，主要调研和报告撰写工作往往需要较完整、连续的时间，所以利用两周的全天候工作，有助于高效集中、一气呵成。

课程时间安排的三种方案比较　　　　表1

方案	教学安排	评价反馈
1	暑期实践2周	时间太紧
2	春季学期16周，每周1节	周期太长，前松后紧
3 √	提前选题预调研＋暑期实践2周	前期灵活、准备充分，2周调研紧凑、高效

3.2 问题导向，启发式教学强化选题—问题的自主深化

社会调查对于城乡规划专业的核心支撑在于提供科学、严谨、系统的调查研究，揭示问题现象的本质特征和内在机制，为制定有针对性、适用性的规划对策提供立足之本。由此，如何提出问题和界定问题成为社会调查研究最初始也是最关键的内容。

在规划教学和设计实践中，学生往往对"问题"概念认知不清、定位不准、理解不够等现象，拍脑袋或是照猫画虎搬出所谓的"问题"，导致过于笼统而难以明确调查任务，或是全然无味而失去工作热情，或是"假问题"或"老问题"而没有调查研究的价值。这是进而导致大量规划策略模式化、套路化的一个根本原因。

因此，课程教学的一个重要起始点，就是强调问题导向，从选题环节开始，不仅帮助学生选出有研究价值的好题目，更重要的是，通过启发式教学层层推进，带领他们亲身体验逐步深化选题、明晰问题的过程，从而提高课程兴趣度、学业挑战度和生师互动性。

针对课程时间紧张的现实情况，通过多种方式比较，最终采取集中选题方向与自主深化问题相结合的指导模式（表2）。首先，由教师提供若干选题方向。选题主要来自各授课教师长期关注和近期聚焦的重点领域，有助于为调研工作提供热点方向和资料支撑，并注重选题方向的连续性；但并非直接介绍教师承担的具体研究或规划项目，而是提供更为开放、存在多种问题深化点的方向。然后，学生选择感兴趣的选题方向并形成分组，通过预调研，逐步深入并自主凝练形成具体明确的调研问题。例如，结合教师在北京担任街镇责任规划师的工作，近几年持续提供清河街区更新评估方向的选题，为学生进入社区面向多元主体开展调研提供了便利条件，也有助于通过长期追踪调研实现调研成果的持续积累。通过围绕老旧小区改造后评估、增设停车设施、社区服务设施与社会网络等当前社区规划建设的重点议题，产出一系列调研成果支持地方发展，推进了高校教学、科研与社会服务职能的有效互动。

不同选题安排的方案比较　　　　表2

方案	选题安排	评价反馈
1	教师指定具体选题，学生根据兴趣选择	命题作文，缺乏对于选题过程逐步深入的训练，部分学生积极性不高
2	学生自定选题，教师协助优化	选题摇摆不定，耗费过多时间
3 √	教师提供选题方向，学生根据预调研和研究兴趣，逐步深入确定	相对节约时间，完成确定选题—明确问题的训练过程

3.3 过程增能：沉浸式社会学习和干预实验探索

清华大学前校长梅贻琦在 1941 年《大学一解》一文中，提出了著名的"从游论"："学校犹水也，师生犹鱼也，其行动犹游泳也，大鱼前导，小鱼尾随，是从游也。从游既久，其濡染观摩之效，自不求而至，不为而成。"课程教学进一步以真实的城乡社会为大课堂，采取"反转课堂"的形式，让学生从传统听讲式"书本学习"转向沉浸式"社会学习"，实现全方位的能力提升。

教学安排上，精简压缩集中授课时间，主要设置在头中尾三个关键节点：初期系统介绍课程任务、调研方法和优秀案例，学生做开题报告，以及中期和最后的成果交流。而更多的时间，是教师带领和引导学生走进社区，通过实地踏勘、问卷调查、深度访谈、焦点小组座谈等多种形式的互动调研，鼓励学生摒除个人或专业化偏见，学会聆听和换位思考，勇于质疑反思和发表独立见解。事实证明，学生在社会场景中的价值触动和学习增能效果远胜于课堂里的听课效果，如他们所言，"很多问题的感触直击心灵深处""终于体会到老师之前在课堂上反复强调的意义所在""不走进社区，不能说真正学过城市社会学""近距离观摩老师调研的技巧之神奇，大教授也这般放下身姿和农民工倾谈"，可以说再现了"师徒传承"的核心要义。

课程教学中还创新式通过"干预实验"，对学生进行社会空间规划干预的能力训练。通常的社会调研只是做现象观察、问题研究，或更进一步到机制解释；而规划作为一种空间治理手段，需要探索不同社会空间干预策略的实践可能。由此，课程开创性探索在社会调查中融入"干预实验"方法——通过有设计的社会空间干预实验，观察评测社会反应，确定影响机制，进而指导生成优化的干预措施。例如，一组学生选题研究"街道空间失序"，他们针对街头垃圾堆放混乱的突出问题，基于

深入调查，富有创意地设计了多种干预措施并付诸实践，进而观测使用效果和评估影响机制，最后找到了投入产出效益最佳的治理方案，并通过教师将相关建议提交给街道管理部门，得到了高度赞誉。学生们非常惊喜于自主探索的力量，以及"从干预策略向实践行动转化的能力提升，真切体会到调研工作的潜在力量和应用价值"。

3.4 协同学习：基于小组合作的多层次学习共同体

协同学习的理念源自德国科学家 Hermann Haken 提出的协同效应，强调各子系统之间通过配合与协作，能实现整体效益大于总和效益。Miller 认为，个人学习需要在一个志同道合的团体中获得激励与支持，学习往往是在学习集体中通过两个以上个体的对话和论辩得以进步。应对当代城市建设向存量更新的转型，以及规划作为沟通和治理工具的定位转型，如何在规划专业教学中，创造更多的团队协作机会，提升学生的团队合作意识和沟通能力变得尤为重要。

在教学组织形式上，注重师生、生生以小组合作的形式开展互动学习。以小组（3~4 名学生）为基本单位，小组成员合作性活动为主体，有助于培养学生的责任感、合作能力和沟通能力，并创设一种良好的学习氛围；另一方面，教师分别具体辅导 2~4 个小组，并引入研究生作为助教，围绕文献检索、统计分析、软件使用等提供更为频繁和直接的方法支持，形成"教师团队—指导教师—助教—调研小组—学生"的多层次学习共同体。

在教学辅导中，通过"三结合"的形式（图 2），即集中授课与分组调研相结合，个人调研成果汇报与小组调研成果汇报相结合，教师集中指导与分组辅导相结合，创造学生向教师学习、相互学习和自我学习的多元学习途径。从学生反馈意见可见，他们普遍认为课程最

图 2　基于"三结合"的课程教学流程

大的收获之一是团队协作能力得到了锻炼和提高，并在合作过程中对于感恩、信任、挫折等有了记忆深刻的全新认识，协作方式和合作能力成为影响小组最终成果质量的重要因素。

在教学团队组建上，考虑到本课程在教学指导和成果创新等方面的工作量远超出乡村测绘、GIS应用等训练体系相对标准化的其他实践课程，因此在设置一名主责教师的常规做法基础上，组建跨学科、老中青组合的教学团队（3~4名核心教师），全员全程参与课程教学。授课教师全部来自城乡规划专业，研究方向涉及社会学、地理学、大数据等跨学科交叉领域，为应对当前复杂的城乡社会问题，开拓多元的调研选题和研究方法提供了强大支撑。每位教师分别带队2~4个调研小组，从选题、调研、分析到报告撰写的全过程提供具体指导，实现大课集中交流与小组针对性辅导两种形式的穿插结合。此外，借鉴国外经验，在教学团队之外还设立了指导专家库，重点吸纳来自城市规划、城市管理、社会政策等研究与实践领域的专家，结合特定议题，为学生提供更多来自一线的指导和经验分享。

在课程考核方式上，将个人考评、小组考评与过程考评相结合，既重视学生在整个学习过程中的知识积累和能力提升，又综合考察小组团队协作情况与成果产出，防止少数学生的"搭便车"行为，确保协同学习的目标得以良好贯彻实施。

4 小结与展望

经过近年来持续的教学改革和实践探索，课程目标和教学定位逐步明确，并形成了项目驱动、问题导向、过程增能与协同学习为特征的PPPC教学方式，强调以学生为主体，小组为单元，通过沉浸式社会学习和启发式教学，以强化面向跨学科社会空间研究和空间治理转向的规划人才培养。

清华大学正在深化推进面向多元人才培养的课程改革，未来有待进一步探索并完善形成基础教学+研究拓展等更为灵活的课程模块，以服务于面向学生多元志趣的差异化培养路径。

参考文献

［1］陈前虎，武前波，吴一洲，等．城乡空间社会调查——原理、方法与实践 [M]．北京：中国建筑工业出版社，2015.

［2］丁远坤．建构主义的教学理论及其启示 [J]．高教论坛，2003（6）：165-168.

［3］范凌云，杨新海．城乡社会综合调查 [M]．北京：中国建筑工业出版社，2018.

［4］李浩，赵万民．改革社会调查课程教学，推动城市规划学科发展 [J]．规划师，2007（11）：65-67.

［5］李和平，李浩．城市规划社会调查方法 [M]．北京：中国建筑工业出版社，2004.

［6］陆飞杰．EPS视阈下《社会调查方法》课程的教学设计与实践 [J]．江苏教育研究，2017（5C）：11-15.

［7］汪芳，朱以才．基于交叉学科的地理学类城市规划教学思考——以社会实践调查和规划设计课程为例 [J]．城市规划，2010（7）：53-61.

［8］温彭年，贾国英．建构主义理论与教学改革——建构主义学习理论综述 [J]．教育理论与实践，2002（5）：17-22.

Use of PPPC Teaching Method in the Practical Course of Urban and Rural Social Comprehensive Investigation under the Educational Concept of "Three-in-One"

Liu Jiayan   Chen Yulin   Long Ying

Abstract: With China's urban development entering a new stage dominated by urban regeneration, facing increasingly complex urban and rural social space problems, "urban and rural social comprehensive investigation", as a compulsory practical course for undergraduate students majoring in planning, is facing new challenges in curriculum positioning, curriculum design and teaching organization. This paper introduces that under the guidance of the overall goal of comprehensively deepening the education and teaching reform of Tsinghua University and the "Three-in-One" education mode and teaching goal, the teaching team has formed a PPPC teaching method characterized by project driven, problem oriented, process empowerment and collaborative learning after years of teaching reform and practical exploration, emphasizing that students are the main body, groups are the units, through immersive social learning and heuristic teaching, to strengthen the training of planning talents for interdisciplinary social space research and spatial governance turn.

Keywords: Social Comprehensive Investigation, Three-in-One, Teaching Reform, Practical Course, Urban-Rural Planning

"大历史观"视野下西方建筑史双维度教学法的创新与思考

于 洋

摘 要：本文主要从黄仁宇提出的"大历史观"作为切入点，探讨如何将其引入到西方建筑史的教学当中，使得学生在学习历史过程中不但要知道"应当如是"，更要理解"何以如是"。"大历史观"要求教师在讲授西方建筑史时要跳出专业技术史的狭窄视角，要从西方文明发展的宏观视角高屋建瓴地审视西方建筑历史的发展。为了将"大历史观"引入西方建筑史的课程，笔者提出了"建筑逻辑"的分析框架，按照西方文明演进和西方建筑演进两条平行主线发展出针对西方建筑史教学的"双维度教学法"，并将其贯穿到包括课前预习、课堂教学、课后作业和结课方式等环节中去，取得了不错的教学效果。

关键词：大历史观；西方建筑史；建筑逻辑；双维度教学法

1 引言

近年来，在一线教学中笔者发现，原本作为建筑学本科生必修课程的西方建筑史正日益成为一门深受非建筑学专业本科生欢迎的艺术通识性课程。在教学反馈中，笔者曾询问过修这门课的非建筑学专业学生的选课目的，他们给出的答案惊人的一致，希望以西方建筑为切入点，了解西方文明的发展轨迹。

分析个中原因，笔者认为西方建筑史课程在高校校园内受到欢迎并非偶然，而是与我国目前正在进行的消费升级有关。三十多年来的经济高速发展带来了民间财富的增长，出国旅行正日益常态化，人们消费行为的关注点正在逐渐由量转向质，不再满足于走马观花式的浅尝辄止，而侧重于历史文化的深度体验。在这样的背景下，西方建筑史的课程教学不能局限在狭窄的专业技术史的角度，仅满足于传统的"就建筑论建筑"；而应该从"大历史观"出发，将西方建筑史的课程教学放在更宏观的西方文明史的框架下进行，当然，这也对授课教师的备课和知识储备提出了新的要求和挑战。

2 "大历史观"对历史教学方法的启示

"大历史观"的提出者是著名的华裔历史学家黄仁宇，他在美国大学中讲授中国历史的教学过程中深感不能拿着教科书照本宣科，而要把教授历史的重点由"应当如是"向"何以如是"转变，认为"历史学不专恃记忆，它本身也成为一种思维方法"❶，由此提出"大历史观"的概念，并将其融入历史研究之中。

黄仁宇的"大历史观"拒绝从细枝末节的角度去记录历史，也反对从抽象道德评说的角度去解释历史。他主张站在更宏观的视角，放在更长的时间维度中去总结历史发展的本质规律，真正理解"何以如是"——为什么历史会发展至此？正如其所写："个人能力有限，生命的真意义，要在历史上获得，而历史的规律性，有时在短时间尚不能看清，而需要长时间内大开眼界，才看的出来"❷。

"大历史观"对于历史教学工作具有重要的启示作用。它要求教师不能拘泥于历史细节的讲述，而应该注重培养学生的历史思维能力，注重引导学生运用历史思维进行独立思考。学生也不能仅仅满足于对历史知识的机械记忆，而应该积极思考和锻炼透过历史细节总结历史发展规律的

❶ 黄仁宇：《中国大历史》，三联书店，1997：2.

❷ 黄仁宇：《万历十五年》，中华书局，2006：226.

于 洋：中国人民大学公共管理学院副教授

思维方式。相比于传统死记硬背式的历史教学，"大历史观"的教学理念对教师和学生都提出了更高的要求，不仅要求教师具有更广博的知识储备和引导学生独立思考的教学方法，而且要求学生能够独立自主地思考，通过不断积累历史知识加深对历史和现实的理解。

3 "大历史观"在西方建筑史教学中的应用策略

3.1 培养学生的历史问题意识

西谚云："建筑是凝固的历史"。作为人类生活的舞台，建筑承载着人类的需求、情感和审美，并将其物化为屹立千年的建筑遗产。因此，西方建筑史课程的讲述不应该是西方建筑风格的介绍和西方著名建筑的赏析，而应该透过纷繁复杂的西方建筑风格表象，将其放在西方文明演进的大背景下去探寻西方建筑风格是如何产生、形成、发展与演变的。这也是黄仁宇主张的历史教学应从"应当如是"转向"何以如是"。

探寻西方建筑的历史发展规律，需要树立历史问题意识，始终带着疑问来了解历史和阅读史料，并随着历史知识的不断积累反复回到问题进行反思，以免被淹没在浩如烟海的故纸堆中而失去方向不能自拔。树立问题意识，教师应该避免标准答案式的知识灌输，在教学环节中注意创设问题情境，使学生产生疑问并渴望从事相关的思想活动。问题意识的存在可以让学生告别死记硬背的被动式学习，激发学习的主动性，鼓励独自思考，培养"不唯师、不唯上、不唯书、只唯实"的优秀品格。学生对问题本身产生兴趣和好奇心，这将成为其认知的内在驱动力，引导学生自我求知，并帮助学生获得求知过程中自我实现的满足感。

此外，教师还应该鼓励学生在课堂上踊跃分享自己获得的历史知识和积极表达自己的心得感悟，围绕着问题组织展开互动式的课堂讨论，让课堂成为师生思想火花碰撞的场所，真正做到教学相长。

3.2 从历史细节出发做到论从史出

黄仁宇的"大历史观"并非不强调历史细节的重要性，相反他特别重视从历史细节中得出结论，例如在其名著《万历十五年》中便包含极为丰富的历史细节。在西方建筑史的课堂上，教师一方面应该尽力为学生提供更多关于西方建筑的、有规律的、直观的、描述性的细节材料。细节越丰富，知识也就越生动，学生对知识的记忆效果也越好。另一方面，教师应鼓励学生从丰富的历史细节材料中分析、概括出历史结论，培养学生论从史出的历史思维。关于科学研究的方法论，胡适曾说过："大胆假设，小心求证"。在历史结论上，教师应鼓励学生充分发挥想象力和创造力，不预设结论性的标准答案，可以提出各种天马行空的历史解释框架。但在观点论证上，严格要求学生做到论据真实可靠，逻辑严谨自洽，言之有理有据。

3.3 构建大的历史格局观

任何优秀的历史著作都不是就事论事，而一定是将其放在一个大的历史格局中试图解答一个具有普遍性意义的大问题，历史课程的讲授也应该遵循这一特点。

那么，在西方建筑史的课程中这个问题究竟是什么呢？笔者认为，这个问题便是西方文明是何以从无到有，由弱变强，成为今天世界发展的主流。作为文明的物化成果，西方建筑自然也会体现出西方文明在各个阶段的发展特点，而建筑风格的变化也会折射出西方文明的演变。对于中国人来说，这个问题特别重要。因为中华文明自古以来在世界上便处于先进的地位，也孕育出了博大精深的中国传统建筑。然而随着世界历史进入近现代，中华文明逐渐被西方文明所赶超，西方建筑也取代中国建筑成为今天世界的主流。中国为何会由强变弱？为何没有从辉煌灿烂的古代文明中产生出现代文明？这些问题值得每个中国人仔细思考。而西方建筑史这门课则犹如一面镜子，试图从另一面对这个问题予以回答，即：西方为何会由弱变强？西方文明如何从古代文明成功地跨入现代文明？现代建筑如何从西方古代建筑的土壤中成长起来？

通过回答这些问题，教师希望能够为学生构建起一个关于西方建筑的大历史格局观。这个格局观的框架便是西方文明的演进，而西方建筑史则作为其物质呈现。建立好这个格局观，不但可以帮助学生对西方建筑史的发展轨迹有一个整体性的把握，而且也可以把课堂上讲授的分散知识点组织成一个完整的知识体系，更有利于学生记忆和应用。西方建筑历史源远流长，内容繁多，通过一门课不可能讲述所有的内容。但只要帮助学生建构了大历史格局观，便如同为学生打开了一扇大门，建立了一套知识体系框架，将来感兴趣的学生在进一步学习中便会事半功倍。

4 基于"大历史观"的西方建筑史课程搭建

4.1 课程组织：围绕"建筑逻辑"为主框架组织内容

建筑具有实际使用功能，这是其与绘画、雕塑等其他艺术形式根本上的不同。建筑的出现并非人们在酒足饭饱后的精神追求，而是为了解决人类最根本的居住需求，遮风挡雨是人类对建筑的最基本的要求。既然是为了遮风挡雨，那么建造建筑便可以简化为建造屋顶。而"如何搭建一个屋顶"便成了建筑学永恒的基本问题，由这个基本问题出发可以推导出建筑学涉及的所有问题，例如：

◆ 如何适应当地气候条件？
◆ 使用什么建筑材料？
◆ 应用什么建筑技术？
◆ 如何做到实用美观？
◆ 如何满足社会需求？
◆ 如何体现文化特色？
◆ 如何满足精神需求？

......

毫不夸张地说，建筑学就是人类在解决如何搭建屋顶的过程中积累的经验总结，在这一过程中受到包括气候条件、地理条件、建筑材料、建造技术、政治环境、经济条件、社会风俗、历史传统、宗教文化、思想观念等诸多方面因素的制约，由此便形成了"建筑逻辑"的

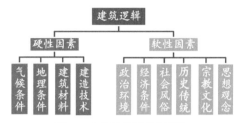

图1 建筑逻辑的分析框架

概念。所谓建筑逻辑就是塑造建筑风格表象背后深层次因素的组合，其中既包括硬性因素（如气候条件、地理条件、建筑材料、建造技术等），也包括软性因素（如政治环境、经济条件、社会风俗、历史传统、宗教文化、思想观念等）。硬性因素的变化会推动建筑风格的质变；软性因素的变化则会推动建筑风格的量变（图1）。

在西方建筑史第一节课，笔者便将建筑逻辑的分析框架介绍给学生，并强调这是贯穿整门课程的主线。建筑逻辑中的各种因素既对建筑风格的形成构成约束条件，又是建筑风格生长的土壤。不同的建筑逻辑形成不同的建筑风格；而建筑逻辑的变化会推动建筑风格的演变。整个课程的讲述将紧紧围绕着两条沿着时间维度平行展开的主线进行：一条是西方文明的演进轨迹，其中包含建筑逻辑中的各种因素，为学生提供了一个大历史观；另一条则是西方建筑的演进轨迹，为学生展示丰富具体的建筑细节。通过分析第一条主线中建筑逻辑的各个因素及其变化便可以梳理出不同历史时期不同的建筑逻辑，以及其对不同建筑形式的影响（图2）。围

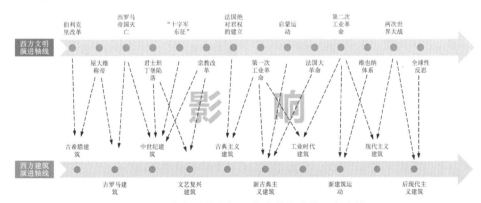

图2 西方文明演进与西方建筑演进的两条主线
注：图中仅示意性地列出少部分重要的历史节点和事件

绕着这两条主线，形成了关于西方建筑史的"双维度教学法"。

4.2 课前预习：安排学生准备西方文明演进的背景知识

按照双维度教学法，其中西方文明演进的维度安排学生课前阅读和准备。笔者在每节课前均要求学生提前阅读关于西方文明发展史的阅读材料，提供给学生的主要阅读材料是笔者从《极简欧洲史》《西方文明史》和《欧洲文明史》中摘录的章节。

此外，为了激发学生自主学习的热情，还会要求学生自主查阅相关资料和背景知识。在准备西方文明演进的背景知识时，学生应围绕"建筑逻辑"的分析框架，总结各个历史时期关于气候条件、地理条件、建筑材料、建造技术、政治环境、经济条件、社会风俗、历史传统、宗教文化、思想观念等方面的相关知识，不强求学生全部找全，但需要学生能够大致了解这一历史时期建筑逻辑的主要特征，以方便课堂讨论。每节课会安排一名学生在课堂上花 10min 大致介绍相关的背景知识，并计入平时成绩。

4.3 课堂教学：向学生展示西方建筑演进的细节

在课堂教学中，采用互动式教学法，加强学生对课堂内容的参与感。首先，笔者先为学生介绍某一建筑风格中的几个代表性建筑作品，尽量为学生展示建筑的更多细节，包括：平面图、剖面图、建筑外立面照片、建筑室内照片、建筑细节照片、建筑历史照片等。此外，为了吸引学生的学习兴趣，穿插介绍建筑背后的历史故事或相关轶事。

其次，在此基础上，组织学生围绕代表性建筑的特征从建筑逻辑的角度讨论该建筑风格"何以如是"。相比于单向灌输式教学方法，互动式教学法能够增进师生双方对授课内容上的共识，培养学生独立思考的能力。在课前准备的相关历史背景知识的基础上，学生可以充分发挥想象力对建筑风格的形成发表看法，在观点的讨论中加深对知识的理解。教师在互动讨论中应引导讨论始终围绕主题，并在讨论的关键时刻适当点拨和评论。

最后，在互动讨论的基础上，由教师对讨论的内容进行总结，并归纳出不同历史时期的不同建筑逻辑是如

何影响不同建筑风格的形成。根据学生参与课堂讨论的活跃程度，教师将对每一位学生进行打分，并作为平时成绩的一部分。

4.4 课后作业：绘制西方建筑发展演进图

为了加深学生对于课堂知识的印象，要求学生在课后根据教师在课堂上的总结，自己绘制所讲述的历史时期的建筑逻辑框架，以及建筑风格的特征。此外，还需要逐条解释建筑逻辑中的各影响因素是如何对建筑风格的形成产生影响的。

这样做的好处是不但可以帮助学生重新温习和加深对课堂讲述的知识点和讨论结果的理解，而且随着课堂的进行，学生将自己逐步绘制出西方建筑发展演进图。这样便帮助学生形成了一个大的历史格局观，将西方建筑史放到了整个西方文明史的框架中进行理解，从而对于建筑逻辑的演变以及其对建筑风格的形成有了更加深刻的理解。在结课后，每名学生需要提交自己绘制的西方建筑发展演进图作为期末作业，教师将对其进行评分，并计入期末作业成绩的一部分。

4.5 结课方式：以实地建筑考察提高知识综合运用能力

由于笔者认为标准答案式的灌输教学并不适合历史教学，因此在课程结课方式上并没有采用传统闭卷考试的方式。对于建筑史的解读本身就是因人而异的，所掌握的知识储备、生活经历、价值观、审美观等都会影响到一个人对于建筑史的理解。因此，为了加强学生对所学知识的综合运用能力，笔者要求学生在课外去实地考察一栋西方建筑。这对于学生并不困难，因为在中国保留有大量的由西方殖民者建造的西洋建筑。

课外考察的成绩将作为期末成绩，考察要求学生首先分析被考察建筑属于何种建筑风格，并结合实景照片剖析该建筑的主要特征。随后，要求学生通过文献查找和阅读，了解该建筑所处的时代环境，并对其建筑逻辑中的各影响因素进行逐一分析。最后，运用建筑逻辑的分析框架对该建筑的风格形成进行解释，并得出结论。据此，学生需要撰写和提交考察报告作为结课论文，教师将对其综合运动历史思维的能力进行评分，并计入期末成绩。

5 结语

笔者在多年的西方建筑史教学中，不断根据学生反馈调整教学方法和课程框架，并查阅了大量关于西方文明史的相关资料，对课程内容进行更新和完善，最终逐渐形成了基于"大历史观"的双维度教学法。

通过课后对学生关于教学效果的回访，笔者发现该方法要比传统的灌输式教学法更受学生欢迎，学生对于知识的掌握程度也更牢靠，综合运用知识的能力也得到加强。更重要的是，随着该课程作为全校公选课向所有本科生开放，越来越多非建筑专业的学生开始选修这门课程。很多学生反馈说，该课程开拓了他们的视野，激发了他们对西方建筑的兴趣，而课程中建立的分析框架将有助于将来的自学，这点十分令笔者欣慰。该课程的课程评分多年维持在 98.5 分以上，甚至有过 100 分的记录。通过修过该课程的学生的口口相传，该课程的选课人数连年增加，这些都证明基于"大历史观"的双维度教学法的成功，笔者也希望通过本文能够将该方法介绍给更多从事历史教学的老师和同行，也希望得到进一步完善该方法的意见和建议。

Innovation and Reflection on the Dual-Dimensional Teaching Method of Western Architectural History from the Perspective of "Big History"

Yu Yang

Abstract: This article mainly starts from the "Big History" proposed by Huang Renyu, and discusses how to introduce it into the teaching of Western architectural history, so that students can not only know "what should be so" in the process of learning history, but also understand "why it should be so". The "Big History" requires teachers to get out of the narrow perspective of professional technical history when teaching Western architectural history, and to examine the development of Western architectural history from a macro perspective of Western civilization development. In order to introduce the "Big History" into the course of Western architectural history, the author proposes the analytical framework of "architectural logic", develops the "dual-dimensional teaching method" for Western architectural history according to the parallel development of the progress of Western civilization and Western architectural development, and implements it in all links including pre-class preparation, classroom teaching, after-class assignments, and final examination methods, achieving good teaching effects.

Keywords: Big History，Western Architectural History，Architectural Logic，Dual-Dimensional Teaching Method

基于"现象—概念"辩证法的创新导向教学方法探索*

李 晴

摘 要： 在当前资讯来源多样化、文献查阅便捷的信息化社会，如何强化"从0到1"创新的高端人才培养是高等教育的一个重要话题。本文基于脑神经科学的相关知识，梳理出两条与创新相关的脑神经机理：脑神经细胞突触连接越强，左右脑互动越频繁，就越可能产生新的独创；接着从认识论出发，阐明与现象学还原相关的本质直观涉及唤醒人的"超验性"能力，有助于促进脑神经细胞之间形成新的突触强关联，分析哲学中语言与世界的逻辑同构性与图像思维，有助于促发"语言脑"和"学术脑"与"图像脑"和"创造脑"之间的勾连；由此推导出基于"现象—概念"辩证法的创新导向教学模式，包括从现象到概念的本质直观和从概念到现象的图像推理等两条路径，最后列举创新导向教学模式的五种场景运用。

关键词： 创新；超验性；意向性；直观；语言

当前网络技术发展迅速，网络文献查阅、视频公开课堂的资料获取越来越便捷，老师在课堂上提到一个概念，学生很快就能查阅到相关的中英文详细信息，但是课堂上师生之间的对话偏少，学生们提问的主动性较弱。在当今科技迅猛发展、世界尖端科技竞争日趋激烈的背景下，这种偏记忆、被动型的教育方式正遭遇一定的挑战。

学界对于我国大学教育的诟病由来已久，钱学森曾提出"为什么我们的学校总是培养不出杰出的人才？"这个问题被称为"钱学森之问"。钱老特别提到"独特的创新"，历史表明，大量科学理论和技术"从0到1"的独特创新似乎源自人的"灵光乍现"。那么，教育可以唤醒人的这种"灵光乍现"能力吗？如果可能，如何才能唤醒呢？尽管难以回答，笔者尝试从脑神经科学、与现象学和分析哲学相关的认识论以及辩证法方法论等三个方面展开分析。

1 "突触关联"与"大脑分工"

"独特的创新"属于人的意识活动，笔者先从意识产生的生理基础——脑神经科学的相关知识分析解读。脑神经科学发现，脑神经细胞的寿命几乎是跟人的寿命一样长，成人大脑皮质表面积达到近 $1/4m^2$，约含有140亿个神经元胞体，每天能记录生活中大约8600万条外界刺激信息。每一秒钟，人的大脑中进行着10万种不同的化学反应。当人的感官受到外界刺激时，神经元细胞就会由细胞体扩张突出许多树突，其作用是接受其他神经元轴突传来的冲动并传给细胞体。不同神经元细胞树突之间通过突触互相连接，突触越多，形成的神经网络就越发达，大脑的功能就越强。一般而言，单个脑神经细胞突触与其他脑神经细胞突触的连接越多，就越可能产生新的认知和新的独创。

1981年度"诺贝尔生理学或医学奖"获得者斯佩里博士（R. W. Sperry）通过著名的割裂脑实验，证实不对称性的"左右脑分工理论"。正常人的大脑有两个半球，由胼胝体连接，构成一个完整的统一体。两个半球在机能上有所分工。左脑是人的"本生脑"，记载着人出生以来的知识，处理言语信息，是抽象逻辑、辐合思维（Convergent Thinking）和分析思维的中枢，左脑

* 基金项目：本研究为国家社会科学基金面上项目：旧城微更新中居民参与机制优化研究，项目编号：19BSH018。

李 晴：同济大学建筑与城市规划学院城市规划系副教授

又可称作意识脑、学术脑和语言脑。右脑则是人的"祖先脑",储存从古至今人类进化过程中遗传因子的全部信息,具有做梦、顿悟和灵感等无意识功能,拥有巨大的存储量和速度快、效率高的信息处理能力,是进行形象思维、发散思维和直觉思维的中枢,具备卓越的创造天性,是潜能激发区和人类精神生活的深层基础,右脑又称作潜意识脑、创造脑和图像脑。大脑的不同脑区之间存在着不同形式的连接,从而构成一个非常复杂、庞大的大脑神经网络,大脑高级认知功能依赖于不同脑区之间的协同合作(参见 Lamme,2010)。然而,尽管右脑的存储量是左脑的 100 万倍,但是一般情况下具有语言和分析功能的左脑的使用占据优势,也就是说教学上应该刺激右脑的使用,同时激发左右脑协同合作。

脑神经科学在一定程度上阐释了意识的作用机理,但是并没能解答"钱学森之问"。为此,笔者转向认识论,进一步探索"独特的创新"的形成机制。

2 "超验性"与"本质直观"

西方近代哲学之父——笛卡尔的名言"我思故我在",引导出"普遍怀疑"和主客体二元论。休谟基于经验主义,反驳因果关系,质疑主体之于客体的知识可能性。为了回答"知识是何以可能的?",康德调和了经验主义和理性主义,他在《纯粹理性批判》(1781)中提出"物自体"是不可认知的,但是其"现象"(Appearances)世界是可认知的,后者由人的大脑基于感觉材料和先天认知形式所建构,所以不是认知必须符合对象,而是对象(现象)一定是符合认知条件的,康德将此发现称为"哥白尼式"的革命。针对现象世界,通过感性、知性和理性三个层次的递进,可以获得知识。感性(Sensibility)是指物自体刺激人的感官而获得的感觉材料(Sensory Data),知性是依托先天范畴对感觉材料的概念抽象,理性则是不同概念之间的关系判断。可是,感觉材料是如何上升为知性概念的呢?康德采用了一个词"Transcendental",它表示一种非先天的(Apriorie),也非经验的,处于两者之间,依托先天范畴,将感觉材料转变为概念抽象的认知途径或直观能力。这个词的中文具有先验的、超验的和超越的等含义,许多学者采用"先验的"这个译词,然而,"先验的"在中文含义中一般指先于经验的先天意识或观念,

为此日本学者九鬼周将 Transcendental 译作"超验论的"。基于康德的定义和后人对此的演进,笔者将之译为"超验性的",强调其是人类所拥有的、基于经验而高于经验的、趋向"觉悟"的一种直观能力。

针对康德主客体分离的问题,胡塞尔在《逻辑研究》(1900)中采纳和发展了布伦塔诺的意识"意向性"(Intentionality)学说。"意向性"指人的意识总是指向某个对象,因此,主客观是统一的。意向性结构包括意向行为、意向对象和意向内容三部分。同时,胡塞尔提出本质直观的思想,直观的内容不仅是个别的感性材料,还包含"一般性",因而消解了感性和知性之间的界线。胡塞尔的弟子海德格尔(1927)从现象学方法出发,提出认知由"前结构"(Fore-Structure)和视阈两者构成,"前结构"是一种受文化影响、逐渐积累形成,且在认知发生前就在场(Present)的历史背景,视阈指当下视野所及。人的感知总是两者的结合,当下感知又不断进入"前结构"之中,因而"前结构"具有建构性,直观中包含"一般性"。脑神经科学也部分证明了这一点,人所接受的外界刺激信息主要来自眼睛,每秒约有上百亿比特的信息抵达视网膜,与之相连的视觉输出神经连接只有100 万个,最终形成意识知觉的信息每秒不足 100 比特,绝大部分原始刺激都被有选择地删除了。

胡塞尔认为要获得本质直观,需要超越(Transcend)人的自然态度,从而进入一种现象学态度,达到一种意识的超验性(Transcendental)状态,凭借直观获得事物本质,这种方法也称为现象学还原(Reduction)。现象学还原可分为三个步骤,第一步是"悬置"(Epoche),对一切间接的知识和判断"存而不论",摆脱偏见和成见,纯粹地感知对象;第二步是本质(Eidetic)还原,考察事物的现象及其变体(Variation),捕获其不变性,即本质(Essence);第三步是基于超验性自我(Transcendental Ego),进一步还原,获得"洞察",胡塞尔称之为"超验性还原"。由于胡塞尔的现象学还原具有一定的晦涩性,笔者梳理如下:第一步实质上是尝试进入意识的超验性状态,"悬置"表层"前结构"和"前信息",剩下深层"前结构",基于回到事情本身,专注于意识的意向对象;第二步的 Eidetic 来自于古希腊的 Eidos,指意识内清晰的视觉印象或意象(Image),它与质料不同,具有不变性,所以也被称为

形式或本质，笔者认为 Eidetic 还原是意识意向内容中直观对象特质而形成的图像（Mark），可称为"本质图像"；第三步是基于时间意识，将不同意向行为下对象的"前世、今生和后世"可能的"本质图像"综合，直观抽象，从而获得主体间性（Intersubjectivity）中可理解的包含对象本质内容的一般性（Universal）概念，笔者称之为"本质概念"（图 1）。为了说明这一点，可借用佛经"'瞎子'摸象"的故事大致解释一下：摸到大象耳朵的人说大象长得像簸箕，摸到大象腿的人说大象是一根柱子，摸到大象尾巴的人说大象像扫帚……每个"盲人"直觉获得的都是大象的部分本质材料，即局部性本质图像，只有将所有本质材料综合抽象，才能"看见"真正的"大象"，获得关于大象的本质概念。

图 1　现象学还原路径示意
图片来源：作者自绘.

现象学还原的两次直观都涉及唤醒人的"超验性"能力，从脑神经科学上看，从现象中捕获本质图像可以促进右脑的使用及其神经元之间形成新的突触强关联，从本质图像中抽象出本质概念可以增进左、右脑及其之间的神经元之间形成新的突触强关联，从而有助于催生"独特的创新"的概率。现象学还原有点类似于禅宗冥想后的"顿悟"，一种意识思维的独特性活动，由于"悬置"现有知识，意识聚焦于事情本身，意味着人脑所有能量都集中于对象，没有耗散掉脑细胞维持既有知识的瞬时能量，因而有助于促成形成新的突触强连接。下面进一步分析左右脑可能的协同路径。

3　世界、语言与图像

分析哲学的创始人之一——维特根斯坦在《逻辑哲学论》（1922）中说：世界就是所发生的一切，世界是事实的总和，而非物自体（Objects）的总和。认知可以无限趋近于物自体，但不等于物自体本身。换句话说，世界的内容和边界是受人的认知所限制，人的认知不断扩展，世界的范围也会不断扩大。认知是以语言的方式

表达出来的，当某人试图认知某事时，总是从语言文本中找到某个主题，然后表达出来。语言与世界在逻辑结构上具有同构性。语言由复杂命题（Proposition）构成，复杂命题由原子命题构成，原子命题由概念和连接词构成。世界由事实构成，事实由事态（Affairs）构成。复杂命题的作用是"描绘"（Depict）事态，因而语言与世界是一种图像（Picturing）关系，概念就是作为现实的图像来描绘现实的。尽管维特根斯坦后期发表的《哲学研究》对前期哲学思想进行了否定，但是这种图像化观念还是得以延续。分析哲学的图像化观念与现象学理论有异曲同工之处，现象学认为认知由"前结构"+"视阈"构成，"视阈"即图像。图像不是完全由对象给予的，而是依托"前结构"按意义有目的地加工出来。海德格尔和维特根斯坦都认为"意义即使用"。海德格尔依据古希腊"物"的词源，将物命名为器物，强调其有用性，这样图像分析可包含意义（有用性）、（意义的）生成机制及其构成要素等三部分。

基于语言与世界的图像关系，学理上的概念应该能够"描绘"所对应的世界，否则就会陷入维特根斯坦所说的"不可说之事"。以"社区"概念为例，芝加哥人文生态学派创始人帕克（1936 年）认为社区包含三点内容：某一地域内组织起来的一定规模的人口、根植于某片土地、个体之间具有相互依存的关系。为了掌握这个概念，应该试图描绘社区所对应的世界。然而，这个图像似乎并不清晰：地域应该多大？多少人口规模？怎样才算根植于某片土地？怎样才算是相互依存的关系？从词根上看，Community 中的"com"表示"一起"，"mun"是"控制"，连在一起就是某个群体一起对某"生态位"进行控制。这种图像关系的逻辑性似乎好一点，但还是不够明晰。进一步追溯，英文"社区"源自德国社会学家滕尼斯的《社区（Gemeinschaft）与社会（Gesellschaft）》（1887 年），从书中可以发现滕尼斯的"社区"概念源自他小时候成长环境的精神图像（Mental Picturing）——一个位于 Schleswig 的乡村，滕尼斯家族数代人与仆人一起在此定居，这与他后来居住过的柏林等大都会形成鲜明的对比，由此滕尼斯提出了社区和社会两种社会类型。社区实际上是"共同体"的意思，包括血缘共同体、地缘共同体和精神共同体，精神共同体最为重要，将共同体成员粘接在一起。地缘共同体需要相互合作，经常性的会面

（Meeting）对维持地缘共同体起着关键性的作用。随着社区图像逐渐明晰，同学们就能够推导出更为深入的社区内涵及其外延，并进一步深入至如传统社区、老旧小区、高层居住小区等"社区"类型，以及邻里单位的意义、机制及其构成要素，共同体中的首属关系在当代小区的建构等话题，最终掌握社区概念的含义。

从上面的分析可以看出，死记概念定义并不能把握概念的精髓，因而需要回到概念的初始图像及其所对应的生活世界，这样才能更为深入地理解教材中的理论概念，辨析、丰富甚至是质疑其含义，进而探索该领域的某些前沿性话题（图2）。从脑神经科学的视角来看，这种方法能够促进左右脑之间的勾连，激发右脑的创造力、第六感、透视力、灵感和直觉力，提升独特性创新的概率，同时刺激脑神经元之间形成的新的突触强关联。

图2　概念（语言）与现象（生活世界）之间的辩证关系
图片来源：作者自绘.

4　"现象—概念"辩证法

依托前面的分析，笔者提出基于"现象—概念"辩证法的创新导向教学模式，包括两条路径：第一条路径是从现象到概念的本质直观，利用现象学还原的方法，回到事物本身，对现象进行直观，包括本质图像和本质概念两个阶段（参见李晴、田莉，2015）。第二条路径是从概念到现象的图像推理，依据语言与世界之间的逻辑同构性，辨析概念的词源，回溯概念所对应的原初图像和原初现象，诠释概念的内涵与外延。两条路径不仅有助于更为深刻地理解理论知识，更重要的是通过考察概念所对应的原始"混沌"状态，触发新的知识生产。本文所提的辩证法是既强调现象与概念之间的对话关系，又鼓励师生之间、学生与学生之间的思想交锋，类似于苏格拉底的"助产术"：通过人与人之间的对话、辨析，分析语言表达与现象世界之间的矛盾，寻求普遍、必然性的真理。

在具体教学方式上，可探索概念辨析、视频分析、课堂小组辩论、实证案例分析和户外授课等多种途径

（表1）。概念辨析是回溯概念词源和原始图像，以现象学还原的方法进行本质直观与归纳抽象；视频讨论是老师提前找到与教学内容相关的视频材料，让学生通过观看视频，回到现象和事情本身，然后进行现象与概念之间的思辨；课堂小组辩论是学生们进行角色扮演，从不同视角解析现象与概念，从而获得综合抽象的直观；实证案例分析强调从现象到概念之间的本质图像与本质概念的现象学还原；户外授课与视频讨论有一些类似，给予学生现象世界的直观材料，展开本质直观与综合抽象探索。需要指出，强调本质直观，并不是让学生忽视既有理论知识的学习，通过文献阅读，某些知识会进入大脑意识的"前结构"，从而影响现象学还原的结果。另外，需要给予同学们一定时间自我沉思，通过自我发现和"出神"体验，增强学习兴趣，扩大理论知识和实践知识的广度和深度。

基于"现象—概念"辩证法的创新导向教学方　表1

授课形式	概念辨析	视频讨论	课堂小组辩论	实证案例分析	户外授课
授课重点	分析概念词源及其图像，进行本质直观与抽象归纳	通过观看视频，回到现象和事物本身	角色扮演，从不同视角解析现象与概念，获得直观综合	从现象到概念的本质直观与本质综合	直观感受现象世界，进行本质直观与综合抽象探索

资料来源：作者撰写.

5　结语

人类智慧是一件极为美妙的造化之物，智慧以语言的方式表达出来，因而语言也是一件极为美妙的造化之物，"仓颉造字"以神话的方式表明语言文字是一件了不起的发明和丰功伟绩。然而，如同某些人常常对自己周遭世界熟视无睹一样，语言也会因习以为常而"遮蔽"人的认知，难以做到"知其然，亦知其所以然，更知何由以知其所以然"（参见傅种孙，1933）。虽然语言与世界在逻辑上是同构的，但是从现象到概念和从概念到现象都不是一件轻松的事情，它涉及人类的"超验性"直观能力。如何唤醒这种"超验性"能力，是培养学生"从0到1"创新潜质的重要途径。从脑神经科学的视角来看，人类的"超验性"能力无非是脑神经细胞之间的突触连接增多、紧密度增加、左右脑关联增强而已。为此，本文提出基于"现

象—概念"辩证法的创新导向教学模式，包括两条操作路径：第一条路径是从现象到概念的本质直观，这条路径类似禅宗的"顿悟"，可增强脑神经细胞突触之间的连接及其紧密度；第二条路径是从概念到现象的图像推理，追溯概念词源、原初图像和原初"混沌"世界，对比和深化原初概念的内涵和外延，以此获得新知，这可促进"语言脑"和"学术脑"与"图像脑"和"创造脑"之间的勾连，从而增强左右脑关联，促发独特性创新的概率。在此基础上，本文提出了创新导向教学模式的五种场景运用。受篇幅所限，本文探讨的主要内容是关于教学的认识论和方法论，具体的场景运用阐述较少。尽管如此，在如今大学本科强调通识性人才培养的背景下，对于创新导向教学方法的探讨还是有所裨益的。

参考文献

［1］ Lamme VA. How neuroscience will change our view on consciousness[J]. Cognitive Neuroscience. 2010,1（3）: 204–220.

［2］ Sperry，Roger W. Cerebral Organization and Behavior[J]. Science，1961，133: 1749–1757.

［3］ （德）胡塞尔. 现象学观念 [M]. 倪梁康，译. 北京：商务印书馆，2018.

［4］ （德）康德. 纯粹理性批判 [M]. 蓝公武，译. 北京：商务印书馆，2017.

［5］ （德）马丁·海德格尔. 存在与时间 [M]. 陈嘉映，王庆节，译. 北京：商务印书馆，2015.

［6］ （奥）维特根斯坦. 逻辑哲学论 [M]. 贺绍甲，译. 北京：商务印书馆，2017.

［7］ 伊曼努尔·康德. 纯粹理性批判 [M]. 李秋零，译注. 北京：中国人民大学出版社，2011.

［8］ 傅种孙. 高中平面几何教科书（序）[M]. 北京：算学丛刻社，1933.

［9］ 李晴，田莉. 基于现象学视角的城市设计概念生成框架研究：以上海金山城市生活岸线规划方案课程教学为例 [J]. 城市规划学刊，2015，226（6）: 99–105.

［10］ https://baike.baidu.com/item/ 斯佩里左右脑分工理论 /11037596.

Exploration of the Innovation-Oriented Teaching Method Based on Phenomenon-Concept Dialectics

Li Qing

Abstract: In the current information society with diversified information sources and convenient literature review，how to strengthen the cultivation of high-end talents "from 0 to 1" is an important topic in higher education. This paper first analyzes the relevant knowledge of brain neuroscience，and sorts out two brain neural network mechanisms related to innovation: the more synaptic connections of brain cells，the more frequent interaction between left and right brains，the more likely it is to produce new creation; Then from the perspective of epistemology，it detects that the essential intuition of the phenomenological reduction relates to awaken people's capability to the "transcendental"，helping to promote the formation of new synapses with strong connections between nerve cells，and that the logical isomorphism between language and world and the picturing thinking in analytic philosophy，can help to promote the connection between "language brain"，"academic brain" and "picturing brain"，"creative brain". Therefore，this paper deduces the innovation-oriented teaching mode based on phenomenon-concept dialectics，including two paths，the essence abstracting from phenomenon to concept and the reductive reasoning from concept to phenomenon. Finally，it puts forward five scenarios of the innovation-oriented teaching mode.
Keywords: Creative，Transcendental，Intentionality，Intuition，Language

"融 + 延" —— 新时代城乡规划专业 "画法几何与建筑制图" 课程教学改革路径探析

程昊淼

摘　要： 当下，城乡规划学科面临转型，新时代城乡规划专业的基础教学亟需改革。《画法几何与建筑制图》课程作为城乡规划专业的基础理论课，探讨其新的改革路径已成为当务之急。本文从实际教学的设置与对新时代城乡规划专业建设的理解出发，明确现今 "画法几何与建筑制图" 课程存在的三个问题，以新时代城乡规划专业的育人目标为理论依据，提出四点改革措施，以期为城乡规划业专业的基础教学改革提供有力支撑。
关键词： 画法几何与建筑制图；教学改革；城乡规划专业转型；基础教学

自国土空间规划体系建立以来，在新的社会经济发展背景下，城乡规划的学科体系、人才培养的内容和方式等都在不断地改革、完善和提升。新时代的城乡规划专业不仅具有多学科知识综合应用和启迪式的学科特点[1]，也作为空间生产、治理的主要力量，充分发挥了设计优势[2]。因此，为迎合新时代城乡规划转型需求与学科优势，城乡规划专业的人才培养目标已经开始向实践性与综合性转变。"画法几何与建筑制图"（下文简称 "画建课"）作为城乡规划专业低年级的基础必修课，其内容涵盖画法几何、制图规范、透视与阴影等内容，是一门技术性和实践性较强的课程[3]，对培养同学抽象思维、空间思维的能力与遵守规范的意识尤为重要，也为本专业低年级的建筑设计课程与高年级的城乡规划设计课程的后续学习奠定基础。但是，该课程因其知识点多、抽象晦涩，且低年级学生的抽象思考与立体想象思维尚未形成，学生学习较为吃力。高年级同学反映课程中的一些知识点在后续课程中较少应用，与规划专业课程衔接不紧密。因此，在教学内容与方式的设置中，应以提高学生的实践和抽象、立体思维能力为目标，增加与城乡规划专业高年级课程衔接紧密的知识点，培养学生发现问题、解决问题的综合应用能力，形成一套相对完善、内容紧跟时代的课程体系。本文结合北京工业大学城乡规划专业本科教学的实际情况，在新时代城乡规划专业人才培养的要求下，探讨画建课教学改革的有效路径。

1　教学现状与存在的问题

1.1　课程内容脱离专业课教学与实践内容，与城乡规划专业的新要求脱节

对标新时代城乡规划转型的要求[1]，当前课程的教学内容缺少对发现问题、解决问题的能力的培养，且课程内容侧重于正投影法与中心投影法作图的讲授，忽略了专业实践过程中对这两类投影法的实际应用与相关国家标准，限制了学生进行多知识点综合应用的能力，与城乡规划专业的高年级课程教学脱节。同时，已有课程的教学内容多聚焦于教授作图技法，缺乏对相关理论知识的充分讲解，导致学生只知其表，不知内涵，未能进行独立思考。

1.2　课时分配不合理，难以涵盖城乡规划专业的知识点

在传统的画建课教学中，教师在课堂上多以适用于建筑学专业的知识点（三视图、平立剖的制图规范、透视与阴影等）为主要讲授内容，忽略了适用于城乡规划专业高年级专业课的知识点（总平面图的制图规范、空间直线的高程计算等）讲解。在已有的知识点分配和课

程昊淼：北京工业大学城市建设学部城乡规划系教师

时占比中,画法几何与透视两部分占比较大。上述两个因素导致学生在进行专业课学习时往往感到用不上课程所学知识。

1.3 学生积极性不高,有畏难情绪

画建课的画法几何部分主要研究的是图示法和图解法,讨论空间形体与平面图形(投影图)之间的对应关系,也是培养学生形成良好的空间思维能力的基础知识,可为建筑制图、立体表达或者模型制作等专业能力提供有力保障[4]。大一新生普遍缺乏工程实践、实际动手能力,空间想象力比较差,学习起来感觉力不从心。同时由于学生刚跨进大学校门,对于自己所学专业的培养计划、专业课程之间的联系等相关知识的缺乏,该门课程的学习积极性不高。

2 教学改革路径与实践

画建课是城乡规划专业的基础课程,是学好专业技能的关键。教师应根据城乡规划专业的具体情况,通过增加与城乡规划专业相关的知识点与合理地进行教学课时的规划与分配,对课程进行综合知识点的融合;通过创新教学与考评模式、建立学期后的学习效果动态跟踪体系,将教学课堂延伸到课外、教学反馈延伸到学期后。通过"融"与"延"的改革路径,将画建课的教学目标提升为培养"认知——发现问题"与"实践——解决问题"的综合应用能力,使其能够符合新时代城乡规划专业人才培养目标(图1)。

2.1 理念引领——将实践内容融入教学内容

(1)与大一学年的专业课教学相结合

画建课摆脱原有单线授课的方式,主动与大一学年的建筑初步设计课授课内容相结合,在授课环节中加入小型建筑测绘、建筑制图规范讲解、建筑设计方案的立体表达等内容,在完成原有正投影、中心投影的基础理论讲解的同时,增加与专业课相关的习题练习,增强对城乡规划专业教学与实践的支撑。

小型建筑测绘与建筑制图规范讲解原为建筑设计初步课内容,但因学时有限,未能较好地开展相关内容的讲授与练习。通过在画建课上进行规范讲授与测绘实践、在初步课上进行正式图纸绘制的模式,有效提高同

学们对立体空间的想象力与还原至二维纸面的应用能力,更好地与大一年级专业课对接、与高年级城乡规划专业课对接。

(2)增加对实际案例的工程图纸与立体表达讲解与练习

对已有课程进行贴合工程实际的教学改革,将真实的建筑案例的工程图样与立体表达图样绘制纳入课程讲授与作业中。在真实案例选取时,以建筑面积在200m² 以内的普利兹克奖获得者的建筑作品为主,目的是培养学生对建筑设计与城市规划的兴趣、形成较好的美学认知。教师通过提供一份约20个经典建筑作品的清单对产出成果进行把关,同时,为培养学生分析问题、解决问题的能力,亦鼓励学生自由选择符合条件的建筑作品,通过老师审核后进行绘制。

对建筑作品工程图样的绘制是建立在对我国现行标准《房屋建筑制图统一标准》GB/T 50001—2017和《建筑制图标准》GB/T 50104—2010的讲解上。在讲解时着重强调城乡规划专业的规范性与约束性,讲解方式采取分项—整体相结合的方式,从构成工程图样的各个要素的规范入手,将知识点串联进四类工程图样的综合制图规范讲解。考虑到与城乡规划高年级课程的衔接,加强了对总平面图的制图规范、空间直线的高程计算等知识点的讲解与练习。

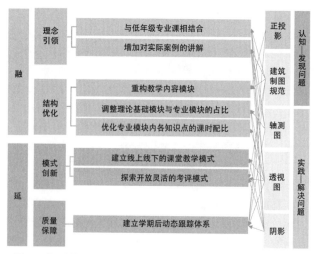

图1 新时代"画法几何与建筑制图"课程教学改革路径

对建筑作品的立体表达是建立在平行投影绘制轴测图与中心投影绘制透视图的讲解上。在讲解完毕基础理论与基础绘制方法后，引入学生感兴趣的建筑案例进行轴测图或透视图的绘制练习。将建筑案例的平立剖面图作为主要资料、建筑案例的实景图片和建筑师手稿等信息作为辅助资料提供给同学，令学生自选角度与比例进行立体表达图的绘制。这种利用实际案例的绘制训练可以有效加强学生对立体表达的理解，同时，增强其对本课程的兴趣。

2.2 结构优化——兼顾专业知识点，合理规划课时

结合学校教学改革的契机，及时调整该课程的教学大纲，将授课内容与课时配比进行优化。优化后将课程讲授内容分成理论基础模块与专业应用模块，并对各模块细分子模块，对标城乡规划高年级专业课教学内容，优化各个子模块的课时占比。

（1）重构教学内容模块

通过对全国高校建筑制图、画法几何、阴影透视等课程和教材的收集与梳理，结合新时代城乡规划专业的转型要求，将课程讲授内容重新划分为理论基础与专业应用两个模块，其中，理论基础模块包含本课程的理论基础——画法几何子模块，以画法几何的正投影知识点为主，为专业应用模块知识点的讲授打下坚实基础；专业应用模块包含建筑制图、轴测图、透视图和阴影四个子模块，以建筑制图标准与空间的立体表达两大知识点为主，可对接低年级与高年级的专业课学习。

（2）调整理论基础模块与专业应用模块的课时占比

对原课程中理论基础模块——画法几何部分的授课内容进行调整，适当缩减曲面体投影和曲面体相贯的知识点讲授。将调整出来的课时分给专业应用模块，包括建筑制图标准与轴测图、透视图和阴影四个子模块。在建筑制图标准子模块的讲解中，按专业课设置与行业实践应用情况，对标准中的规范进行有侧重点的讲解，主要培养学生养成遵守标准规范的良好习惯，形成底线思维，例如，除了讲授图幅图框、比例、图线、图例符号等基础知识，还应配合规划专业的城市设计、控规、总规等专业课重点讲授总平面图与首层平面图的绘制。调整后，两个模块的课时配比为 1：4。

（3）优化专业应用模块内各部分的课时配比

优化轴测图、透视图与阴影三个子模块的课时配比，合理分配三个子模块的基础理论与实践教学的课时占比，令学生能够在专业课的方案表达中能用、会用。例如，在轴测图的讲授中强调轴测图的可度量性与易于展示方案分析，加入多角度轴测表现图、分解轴测图的绘制方法讲解，并介绍轴测图的方案效果展示、设计思想分析等多种使用场景，帮助学生更加全面地了解轴测图在建筑设计与城乡规划中的应用，以便学生在专业课的学习中可以灵活应用；在透视图的讲授中强调透视视角的选择与透视图绘制的基础技法，还可讲授网格法快速绘制鸟瞰透视等适用于城乡规划专业的透视图画法。调整后，三个子模块的课时配比为 2：3：1。

2.3 模式创新——融合线上线下课堂教学手段与开放灵活的考评模式，多手段提高学生主观能动性

通过学习通、微信平台等线上技术手段，建立课前预习、课后答疑的移动教学体系，营造随时随地进行课程学习的良好氛围。在课程考评中，提高对学生综合掌握知识点的考评比例，同时，加入实例制图与立体表达、建筑与规划基础素养等内容的选做题，灵活考察同学们对本课程知识点的掌握程度。

（1）建立线上线下的课堂教学模式，提高学生的主观能动性

因课上课时有限，习题不能充分讲解，学生在课后完成习题时通常会出现做错的情况。传统的线下答疑多因时间有限、与其他课程或课外活动相互冲突无法覆盖较全问题、较多同学。利用当下丰富的线上教学手段，建立微信群、学习通课程入口等，将习题的做法、原理与易错点进行发布，可有效提高学生的学习效率，从而提高学生的主观能动性。

（2）探索开放灵活的考评模式，提高学生的学习兴趣

在传统的期末闭卷考评基础上，积极探索设置综合类附加题、自主制图题等形式的考评内容，由原先的应试考评逐渐转变为素质考评，将考察重点转变为对学生空间思维能力与分析问题、解决问题的能力上来。另外，辅以过程性奖励机制，通过弹性作业、错题改正、全优作业等奖励机制，合力激发同学们的学习兴趣。

2.4 质量保障——建立学期后动态跟踪体系，反哺提高教学质量

通过建立学期后教学效果动态跟踪体系，根据反馈情况，实时调整教学内容，更好地对接城乡规划专业课学习。对城乡规划专业高年级同学的学习情况进行追踪与反馈，通过问卷调研、一对一访谈、高年级专业课任课教师访谈等方式了解学生在专业学习上的困难与心得。对照现有画建课的教学内容与教学手段，针对困难，查看是否有可修改提升的空间，通过教学结构、内容与手段等方面的调整，优化教学质量；针对心得，肯定已有教学特点与优势，继续强化相关能力的训练与知识的教授。

3 结语

适用于新时代城乡规划专业的"画法几何与建筑制图"课程应以培养学生空间思维能力和分析问题、解决问题的能力为主，以掌握画图技能为辅。通过对课程的教学目标、课程架构与教学手段等多方面的优化、调整，提高学生对该课程的学习兴趣，增强该课程对新时代城乡规划专业的支撑与学生实践能力的培养，为城乡规划专业学生的专业课学习与工作提供有力支撑。

参考文献

［1］孙施文，吴唯佳，彭震伟，等.新时代规划教育趋势与未来 [J].城市规划，2022，46（1）：38-43.

［2］石楠.城乡规划学学科研究与规划知识体系 [J].城市规划，2021，45（2）：9-22.

［3］陈晓龙."建筑制图"课程教学改革的思路探索 [J].城市建筑，2020（17）：68-69.

［4］丁宇明，黄水生，张竞.土建工程制图 [M].北京：高等教育出版社，2012.

Blending and Prolonging: The Reform Path Exploration of *Descriptive geometry and Architecture Drawing* Based on the Major of Urban Planning in New Era

Cheng Haomiao

Abstract: Nowadays, the discipline of urban planning is facing transformation, and the basic education of Urban Planning Major in the new era needs urgent reform. As a basic theory course of Urban Planning, the course of *Descriptive geometry and Architecture drawing* has become urgent to explore its new reform path. This paper clarifies three problems of the present-day course of *Descriptive geometry and Architectural drawing* from the actual circumstances of teaching process and the understanding of the construction of Urban Planning Major in the new era. Based on its theoretical basis of the educational objectives, four solutions are proposed. The result of this paper could provide effective support for the reform of basic education of Urban Planning Major.

Keywords: Descriptive Geometry and Architecture Drawing, Education Reform, Urban Planning's Transformation, Basic Education

创新 · 规划 · 教育　理论教学

2023 Annual Conference on Education of Urban and Rural Planning in China

衔接国土空间规划体系的乡村规划设计教学探讨

张　艳　郭影霞

摘　要：在新的国土空间规划体系下，村庄规划被赋予了新的内涵。作为城镇开发边界外乡村地区的详细规划，村庄规划强调"多规合一"，注重各类空间的"刚性"管控以及规划方案的实用性。这对村庄规划的编制提出了全新的要求，也对传统的乡村规划教学形成挑战。为此，深圳大学"乡村规划设计"课程教学团队及时调整和转变思路，对如何在乡村规划设计教学中加强与国土空间规划体系的衔接进行了初步的尝试与探索。

关键词：国土空间规划；乡村规划；教学

1　引言

"乡村规划设计"是深圳大学城乡规划专业四年级的必修课程之一。教学团队结合乡村振兴战略实施的要求，以"城乡差别"为切入点来开展教学实践，强调建立"城乡差别"认知思维，掌握城乡不同的规划理论和方法，并思考城乡统筹发展的意义与内涵。2019 年 5 月，《中共中央 国务院关于建立国土空间规划体系并监督实施的若干意见》发布，将主体功能区规划、土地利用规划、城乡规划等空间规划融合为统一的国土空间规划，实现"多规合一"。在新的"五级三类"国土的空间规划体系中，村庄规划被明确定位为"五级三类"体系中城镇开发边界外的乡村地区的详细规划。这对村庄规划的编制提出了全新的要求，也对传统的"乡村规划设计"教学形成挑战。针对这一变化趋势，教学组及时调整和转变思路，对如何在乡村规划设计教学中加强与国土空间规划体系的衔接进行了初步的探索。本文结合2021 年深圳大学本科四年级的"乡村规划设计"课程教学实践，对此进行阐述。

2　国土空间规划体系下村庄规划的主要转变

2.1　规划导向：从建设蓝图到管控依据

根据中共中央、国务院《关于建立国土空间规划体系并监督实施的若干意见》（2019），要求"在城镇开发边界外的乡村地区，以一个或几个行政村为单元，由乡镇政府组织编制'多规合一'的实用性村庄规划，作为详细规划，报上一级政府审批"；同时，将详细规划界定为"是对具体地块用途和开发建设强度等作出的实施性安排，是开展国土空间开发保护活动、实施国土空间用途管制、核发城乡建设项目规划许可、进行各项建设等的法定依据"。可见，该《意见》中所指的详细规划，其作用大致等同于现行控规（赵民，2019）。也就是说，在新的规划体系中，村庄规划实质上被赋予了类似于控规的职能，规划的法定性大大增强。具体而言：

（1）关于"开展国土空间开发保护活动、实施国土空间用途管制"

乡村地区是山、水、林、田、湖、草等各类自然资源要素的主要空间载体。过去的村庄规划，主要集中在对乡村建设空间的规划、建设与管理方面，缺乏对生态空间、农业空间等非建设空间的有效管控。当前国土空间用途管制是对全域国土空间的统筹开发和保护，将所有国土空间要素整合实现统一管制（张晓玲等，2020）。面向全域统筹管制的新要求，新时期的村庄规划是对村庄全域资源要素的综合规划，应加强对非建设空间的有效管控，统筹乡村土地整治、耕地保护、生态修复等工作，从乡村建设空间管控向统筹全域空间管控的转变。相应的，在村域层次上，要细化落实上位规划的"三区

张　艳：深圳大学建筑与城市规划学院城市规划系副教授
郭影霞：深圳大学建筑与城市规划学院城市规划系硕士研究生

三线"等刚性管控要求，并着力解决因过度、分散开发导致的优质耕地和生态空间占用过多、生态破坏、环境污染等问题。

（2）关于"核发城乡建设项目规划许可、进行各项建设"

城市和乡村的土地产权模式不一样，针对国有土地，一直是通过控规来进行开发控制及服务于国有建设用地的出让实践；在当前"多规合一"的新体制下，乡村地区也将健全微观层面的规划管控机制。当前，法律已经允许集体经营性建设用地"入市"。根据 2019 年版《土地管理法》第六十三条，"土地利用总体规划、城乡规划确定为工业、商业等经营性用途，并经依法登记的集体经营性建设用地，土地所有权人可以通过出让、出租等方式交由单位或者个人使用，并应当签订书面合同，载明土地界址、面积、动工期限、使用期限、土地用途、规划条件和双方其他权利义务"。因此，村庄规划除了承载传统的指导乡村的各项建设、建设良好的人居环境、促进村庄整体有序发展等职能外，还要为集体经营性建设用地出让、出租等提供规划指引。

2.2 规划内容：强调村庄规划的"实用性"

新的国土空间规划体系非常强调村庄规划的"实用性"。《中共中央 国务院关于建立国土空间规划体系并监督实施的若干意见》（2019）明确提出要"编制'多规合一'的实用性村庄规划"；《自然资源部办公厅关于加强村庄规划促进乡村振兴的通知》（2019）也提到，要"根据村庄定位和国土空间开发保护的实际需要，编制能用、管用、好用的实用性村庄规划"。针对何谓"实用性"，以及怎样才能实行规划"能用、管用、好用"，学术界开展了不少讨论（张京祥等，2020；季正嵘、李京生，2021）。一些基本的共识包括但不限于：

（1）因地制宜、因村制宜编制村庄规划

不同地区的乡村的状况千差万别，乡村的规划应该因地制宜、因村制宜，遵循问题导向、需求导向，根据不同乡村的实际问题、实际需求来编制规划，做到精准规划、精准施策。

（2）丰富多元的规划视角

村庄规划不能仅关注物质空间层面的内容，光靠美丽乡村建设并不能振兴乡村，村庄规划真正要解决问题、

要落地实用，就需要关注背后的经济社会问题，为乡村振兴提供抓手。比如，乡村振兴战略实施以来，田园综合体、特色田园乡村、美丽乡村建设等各种实践在全国各地开展，社会各方的力量也踊跃参与到乡村振兴中，村庄规划要一定程度上响应市场需求，在用地布局、项目安排、弹性引导等方面为乡村振兴提供支持和保障。

（3）规划成果清晰明了、简单有用

村民毋庸置疑是村庄规划最重要的使用主体之一，通过规划，村民能够了解自己的房屋、承包地、公共服务设施在哪里，左邻右舍和宅前屋后的状况，村庄未来如何发展等。村民不是规划专业人员，因此，规划应采用村民看得懂、接地气的表达方式，而不是一大堆的数据、表格、指标管控等。

3 衔接国土空间规划体系的乡村规划教学思路

在深入学习和理解新的规划体系下村庄规划的地位与作用，以及对于规划实用性的强调的基础上，教学团队提出"乡村规划设计"课程教学在延续原有的关注城乡差别的基础上，应加强与国土空间规划体系的衔接，并将该理念贯彻于 2021 年的"乡村规划设计"课程教学实践，对教学思路和课程设置等方面进行了一系列的调整。

课程基地选址于海南省的"农业大县"乐东黎族自治县下辖的尖峰镇，共选择了红湖、黑眉和岭头三个村进行分组教学。课程时间约为 7 周，每周 2 次课。主要分为两个阶段：前 2.5 周为调研及现状分析阶段，后 4.5 周为村庄规划方案编制阶段。针对这两个阶段，主要的调整包括：

3.1 调研阶段

（1）加强相关法规与政策文件学习

"乡村规划设计"课程是以设计为主体的课程，在教学安排上，以分组教学为主；同时，加强理论与实践的结合，根据设计进度穿插了面向全班同学的大组专题讲座。专题讲座一般分为三次：现状调研完成之后的"乡村规划概论"讲座；方案一草阶段的"乡村规划设计"讲座；以及方案二草阶段的"乡村人居环境建设与发展"讲座。

在本学期的教学中，除了这三次讲座之外，在调研阶段新增了"乡村规划相关法规与政策"讲座，对从

中央到地方的村庄规划相关法规与政策文件进行专题学习。重点学习的文件包括：①《土地管理法》（2019）；②《中共中央 国务院关于建立国土空间规划体系并监督实施的若干意见》（2019）；③《中共中央 国务院关于实施乡村振兴战略的意见》（2018）；④《自然资源部关于开展全域土地综合整治试点工作的通知》（自然资发〔2019〕194号）；⑤自然资源部国土空间生态修复司关于印发《全域土地综合整治试点实施方案编制大纲（试行）》的函（2021）；⑥《海南省自然资源和规划厅关于印发〈海南省集体经营性建设用地入市试点办法〉〈海南省农村土地征收试点办法〉〈海南省农村宅基地管理试点办法〉的通知》（2019）；⑦《海南省人民政府办公厅关于开展全域土地综合整治试点的意见》（琼府办函〔2020〕321号）；⑧《海南省村庄规划管理条例》（2020）；⑨《海南省村庄规划编制审批办法（试行）》（2020）；⑩《海南省村庄规划编制技术导则（试行）》（2020）；⑪《海南省村庄规划数据库标准（试行）》（2021）；⑫《乡村公共服务设施规划标准》（CECS354：2013）；等。

总的来说，这部分的内容比较琐碎且庞杂，但绝非可有可无。通过对法规和政策文件的研读，学生们在了解村庄规划在国土空间规划体系中的地位基础上，初步建立起关于空间规划中的土地权属与管理问题的基本认知，比如关于耕地保护及永久基本农田的管控要求、征地与转地的相关手续、村民的宅基地建设要求等，这些都构成了后期的规划方案设计的前置约束条件，促进学生们在村庄规划的实用性方面进行更多的思考。

（2）基础调查与专题调研相结合

现场调研是学生们熟悉和了解基地、认知和发现问题的关键环节。中国地域广阔，区域差别巨大，不同地区的乡村各具特色；同时，乡村也是在渐进变化的，不同的发展阶段面临的主要问题各不相同。在现场调研的过程中，除了要求每组学生针对所选择的村庄，进行区域、村域和集中居民点三个空间层次的常规基础调研之外，增设了专题调研环节，要求针对当前的关键性问题进行详细的调研与解读，分析成因，提出解决对策。

在梳理基础调研数据以及学习国家层面和海南省层面的相关法规与政策的基础上，学生们发现宅基地面积显著超标、土地资源浪费是一个非常突出的问题，户均宅基地面积与《海南省农村宅基地管理试点办法

（2019）》第七条所规定的"农村村民一户只能拥有一处划拨宅基地，每户用地面积不得超过175m²"的标准严重不符。以红湖村为例，根据统计，户均宅基地达到559.04m²。为此，学生们进一步对村庄人口和宅地情况进行了细致的专题调研，通过入户调查与访谈，统计一户一宅、一户多宅等的构成情况（图1），并分析其成因。

3.2 方案阶段

（1）国土空间规划底线思维融入村庄规划教学

国土空间规划体系中落实的三条刚性控制底线为生态保护红线、永久基本农田保护线和城镇开发边界，在不同层次的国土空间规划中进行刚性传导。村庄规划作为落实国家自然资源刚性管控的法定化工具，应承接上位规划并完善底线约束系统（季正嵘、李京生，2021）。相应的，在村域规划层次，教学上不仅要求学生们在发展理念、发展目标、主导产业的选择及其实施路径、产业空间安排、生产生活设施布局、风貌管控引导等方面提出可行的发展策划；而且，还要求落实上层次规划确定的各项控制指标，包括生态红线、永久基本农田、耕地、林地等，并要求在充分考虑村庄自然形态、居民生活习惯、实际用地条件、集中居住和发展需要等的基础上，对上层次规划确定的乡村建设用地范围进行优化调整，划定乡村开发边界。

在这个过程中，学生们能够将前一个阶段的法规与政策学习的内容融合进来，充分了解各项政策法规与规划实践的对应关系。比如针对"规划村庄开发边界严禁占用永久基本农田和生态保护红线""严格控制占用永久基本农田储备区、粮食生产功能区和重要农产品生产保护区等"等原则，能够在充分理解其法理基础的同

图1　红湖村下辖红门新村和葫芦门村宅基地构成现状

时，在实践中进行应用。针对"因地制宜引导村庄适度集中"，也不再是想当然地以"集中、连续边界"为标准，而是在尊重三调现状、尊重上位规划的基础上，进行审慎的边界规整化处理（图2）。同时，针对调整带来的与耕地、林地等控制线的冲突问题，进行相应的占补平衡考虑（图3）。

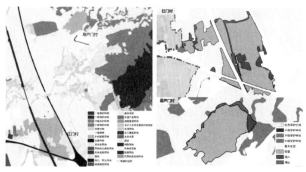

图2 对红湖村规划村庄开发边界的调整

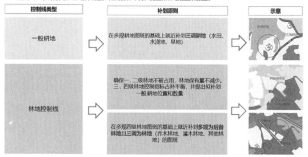

图3 耕地、林地指标占补平衡示意

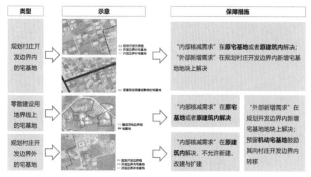

图4 差异化的宅基地保障策略

（2）关注空间蓝图背后的政策设计

在居民点规划层面，教学中不仅要求学生们就传统的用地布局、物质空间形态、各设施系统规划、公共空间等进行详细设计，还要求空间设计与政策设计并行。比如，针对前述现状调研所着重关注的现状户均宅基地规模过大等问题，思考和提出促进土地集约发展的具体方案与实施途径。

以红湖村为例，学生们从现状宅基地占地情况、未来分户需求、可用建设用地规模、区位差异、空间规划等多方面进行权衡与综合考量，形成了较为系统的促进土地集约发展的宅基地保障政策。包括：

1）针对不同区位的新增分户需求制订外部新增、内部核减、预留机动指标等差异化的解决方案。①外部新增。针对村庄开发边界内、现状宅基地户均小于等于175m²的农户，其新增分户需求在村庄开发边界内以每户不大于户均宅基地面积的指标进行满足。②内部核减。针对村庄开发边界内、现状宅基地远大于175m²的富余农户，其新增分户需求采用内部消化策略，即不提供新增宅基地，在其原宅基地上进行分户，以及进行相应的住宅新建、扩建、改建等。③预留机动指标。针对现状宅基地位于村庄开发边界外的农户，为鼓励其迁入村庄开发边界内，将在村庄开发边界内为该原户主以及新增的分户需求预留机动宅基地（图4）。

2）绘制村庄的人口百岁图，基于户籍信息、房屋一体化、入户走访等多种数据，合理测算新增分户需求（图5）。

3）根据上层次规划确定的村庄可新增建设用地规模，测算可行的户均宅基地面积指标。以村庄规划可新增的建设用地规模减去满足村庄未来发展需求的道路、公共服务、市政公用设施等的用地需求，得到可用于宅基地分户外部新增需求的建设用地规模；用该数值除以预测未来需要具有外部新增分户需求的宅基地户数以及预留机动宅基地指标户数之和，若该值大于175m²，则按175m²进行新增分户；若该值小于175m²，则以此值作为新增分户的户均宅基地地块的最大规模（图6）。

4）将新增分户需求落实到空间，形成可行的规划方案（图7），并配套相应的管控规则，包括"宅基地选址要求""宅基地规模要求""沿路建房要求""建筑间距要求""建筑风貌要求"等。

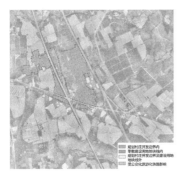

图5 红湖村下辖红门村宅基地现状分布情况与需求预测

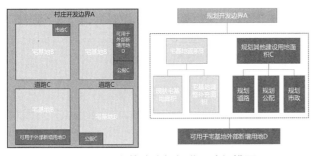

图6 可用于宅基地外部新增用地规模图示

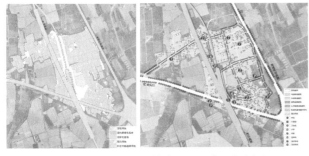

图7 红湖村下辖红门村宅基地规划示意及规划总平面图

4 讨论与思考

在我国城乡关系由对立、统筹到融合发展的动态进程中，我国的乡村规划经历了新农村建设规划、美丽乡村规划、村庄整治规划、特色田园乡村规划等诸多不同的类型（袁源等，2020）。总体上看，不同规划内容、深度、发挥作用等有所不同。随着村庄规划在国土空间规划体系中被明确定位为乡村地区的详细规划，村庄规划的"多规合一"和"实用性"得到强调。相应的，在乡村规划设计教学中，有必要改变思维，契合这一发展趋势，培养具备乡村规划知识体系的乡村规划专业人才。

本学期的"乡村规划设计"教学实践对加强村庄规划与国土空间规划体系的衔接进行了初步的尝试与探索。从课程作业的成果看，学生们在谋划乡村未来的产业发展、空间形态、设施配置、景观风貌等的同时，针对村庄开发边界调整优化所面临的各项制约条件、宅基地落实存在的问题与可行性等方面进行了深入的研究与设计，规划方案的"实用性"大大增强。在这个过程中，学生们也加强了对于国土空间规划的内涵、"多规合一"特性以及国家土地政策等的理解，认识到乡村地区相对于城市地区的差异性以及乡村规划内容的综合性与庞杂性，促进了他们对城乡统筹发展的思辨。

但教学过程中也存在一些遗憾，一是对于这些新增内容的学习与研究很大程度上压缩了原先用于空间环境塑造和设计技法表达的教学时间，导致作为一门设计课程，部分小组的最终作业成果略显粗糙；二是对"实用性"的强调以及由此带来的土地政策、"三线"管控等的条条框框增加了课程作业的难度，甚至一定程度上限制了学生们的设计创造力发挥，最终提交的规划方案中，少有小组能在实用性与创新性、艺术性之间取得有效的平衡。

总体而言，国土空间规划体系的建构对村庄规划的编制提出了全新的要求，在这样的情势下，如何构建满足社会需求的乡村规划教学体系，培养一批适合时代发展的乡村规划建设人才，仍有待进一步的尝试与探索。

参考文献

［1］ 赵民.国土空间规划体系建构的逻辑及运作策略探讨 [J].城市规划学刊，2019（4）：8–15.

［2］ 张晓玲，吕晓 . 国土空间用途管制的改革逻辑及其规划 响应路径 [J]. 自然资源学报，2020，35（6）：1261– 1272.

［3］ 张京祥，等 . 多规合一的实用性村庄规划 [J]. 城市规划，2020，44（3）：74–83.

［4］ 季正嵘，李京生 . 论多规合一村庄规划的实用性与有效 性 [J]. 同济大学学报（自然科学版），2021，49（3）：332–338.

［5］ 袁源，赵小风，赵雲泰，等 . 国土空间规划体系下村庄 规划编制的分级谋划与纵向传导研究 [J]. 城市规划学刊，2020（6）：43–48.

Discussion on the Teaching of Village Planning and Design under the Construction of Territorial Spatial Planning System

Zhang Yan   Guo Yingxia

Abstract: Village planning has been given a new role by the new Territorial Spatial Planning system as a detailed plan for rural areas outside the Urban Development Boundary, which means village planning will emphasize "multi–plan integration", the "rigid" spatial control as well as the practicality of the planning scheme. The new role not only puts forward new requirements for the village planning, but also challenges the traditional teaching of rural planning. Therefore, the teaching team of " Village Planning and Design" course of Shenzhen University made a preliminary attempt and exploration on how to strengthen the connection between Village Planning and Design and the Territorial Spatial Planning system in the teaching practice.

Keywords：Territorial Spatial Planning, Village Planning, Teaching

面向知识融合能力培养的国土空间总体规划设计教学改革与反思*

冉　静　许乙青　周　恺　金　瑞　焦　胜

摘　要： 自2018年国土空间规划体系变革以来，规划经历了部门的调整，规划范围也整合了多类规划的范围，扩展到了全域全要素，规划的实践工作面临工作思路、软件环境、规划方法、技术标准等的变革。这四年间，该变革对于城乡规划课程体系中的总体规划教学影响最大，我校积极应对变革，提出"课程包"的概念将与国土空间总体规划相关课程打通，在一系列现有课程中补充国土空间相关知识点，多门课程作业共用基地，模拟"多规合一"的国土空间总体规划，使学生掌握知识融合的能力以应对复杂变化的规划情景。

关键词： 国土空间总体规划设计；设计教学改革；课程包；知识融合

1　从城市总体规划设计到国土空间总体规划设计

"城市总体规划设计"是建筑大类城乡规划学科五年制本科的专业核心课，我校主要为四年级本科生开设，在整个培养体系中是进行专业综合训练的一个核心环节。这门课兼有工科课程、设计课程和公共政策课程的属性。需要体现科学性、技术性、规范性的同时，还要兼有创造性、艺术性，另外它的公共政策属性决定了需要反映综合性、宏观性和价值导向性。因此，这既是一门考验和培养学生综合能力的课程，也是一门检验教师知识面、专业技能、实践经验和教学能力的课程。

城市总体规划从最初以物质空间规划为主的技术文件，慢慢变为城市发展的政策工具，再到对城市生态、城市治理的关注，到2018年城乡规划与国土合并调整为国土空间规划，"城市总体规划设计"是城乡规划专业受影响最大的课程，我校总体规划设计课程历年作业选题如图1。由城乡规划到国土空间规划，课程教授的核心理论目前没有根本变化，且教学需要传授确定的知识。但规划的指导思想、方法、手段必须有大的变革，因此在原有规划的基础上增加生态与国土利用规划等知识点，方法手段上增加GIS、大数据等内容。

2　国土空间规划时代的知识融合能力

国土空间规划改革的目的是更好地统筹、协调和平衡人与地、城与乡的关系[1]，进而解决我国新时期的主要社会矛盾。然而，如果我们尚未具备所需的知识体系和能力，就急于求成地把规划范围延伸到山水林田湖草沙，则很有可能会事与愿违的。因此，作为高校如何培养面向未来需求的人才是一个巨大的挑战，特别是总体规划这门课程，有太多新的知识点和未成定论的探索需要给学生补充。例如，目前大多数建筑规划类学校的总体规划教学中都还欠缺土地规划和管理、经济地理、自然地理等相关知识，且需强化GIS数据库和分析能力。国土空间规划是"多规合一"的新规划，但绝不是简单地把原来涉及土地规划、城乡规划、主体功能区规划的学科进行物理整合[2]，而是需要知识体系上的融合、逻

* 基金支持：湖南大学一流本科生课程，"国土空间总体规划设计"本科生专业核心课程。湖南省研究生优质课程，"丘陵地区城市规划理论与方法"研究生专业核心课程，湖南省教育厅，2019-2021。

冉　静：湖南大学建筑与城市规划学院副教授
许乙青：湖南大学建筑与城市规划学院副教授
周　恺：湖南大学建筑与城市规划学院副教授
金　瑞：湖南大学建筑与城市规划学院助理教授
焦　胜：湖南大学建筑与城市规划学院教授

辑上的贯通以及不同空间尺度的整合。

然而，在变革时期及未来，随着国土空间规划范围和对象的扩展，总体规划的设计人才所需的知识面也极大延展[3]，而一门课程是无法容纳如此庞大的内容体系的，其核心应该是让学生掌握从其知识库中调用并融合多门相关课程中所学知识点的能力，实现融会贯通。

3 面向国土空间总体规划的"课程包"设计

3.1 "课程包"建设思路

（1）选题共用基地

国土空间总体规划的范围扩展到全域、对象扩展到全要素后，其总体规划的容量无法在课时不增加的情况下，在一门设计课中解决，所需要的知识点和技能需要在相关课程中配合调整。因此，湖南大学建筑与规划学院的国土空间总体规划教学将大四的多门课程"打包"，包括"区域分析与区域规划""城市生态环境规划""城乡规划原理3（总规原理）"和实践调研课"总体规划课程设计"。此外，在大二的前序课程"城市信息系统应用"中补充了数据库建库及双评价相关的GIS操作教学。

（2）调整课程和作业时序

在课程作业设置上，课程包内课程选用统一基地，综合考虑挑战性和可操作性，选取县级尺度的设计题目，例如我校近两年总规课程包选取湖南省湘西苗族自治州的花垣县为设计题目。在总体规划原理3（总规原理）中，教学已补充国土空间规划的相关概念和政策、最新用地分类标准等知识点。区域规划课程中，学生需要完成花垣县在区域中的区位、交通、经济、产业、文化旅游等的现状分析，并编制花垣县域的城镇体系、交通、产业规划。在生态规划课程中，学生需要针对花垣县完成双评价，并实现县域的生态格局规划和中心城区的绿地系统规划。而总体规划设计课的作业则是整合完成县域和中心城区两个层级的全套国土空间规划图纸，并编制文本及说明书。

在作业时序安排上，学生需要先完成暑假小学期的现场调研并在开学后的两周内完成现状调研报告和专题研究报告。在现状调研的基础上，先学完相关原理、完成区域规划和生态规划的作业。最后基于区域和生态规划，在国土空间总体规划作业中实现空间落位与布局（图2）。

（3）联合评图与汇报

当学期结束，总体规划"课程包"的三门主要设计课程——区域规划、生态规划和总体规划将组织联合汇报，并邀请行业专家和不同背景的老师进行点评（图3）。联合汇报的目的是检验学生将三门课程设计的思路理念融合的能力，需要更强的设计逻辑性而非割裂地思考某一个专题或某一个空间尺度，因此对学生也是一个巨大挑战。

图1 湖南大学建筑与规划学院总体规划设计课程历年作业选题

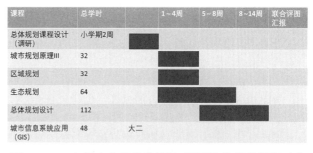

图2 2021年国土空间总体规划"课程包"相关课程时序改革尝试

图3 "课程包"内区域规划、生态规划、总体规划课程作业联合汇报

3.2 基于课程包的"国土空间总体规划设计"教学过程

在"课程包"中，总体规划的教学目标主要是四个方面，第一，是匠人精神的传承，注重设计技能的培养。第二是与现代数字技术的结合，培养设计创新能力；第三是综合分析、解决问题能力的培养，注重设计思辨能力；第四是正确价值观的树立，要尊重自然、保护地方特色、保护生态环境、以人为本、顺应城市政治、经济、社会的规律，这是城市总体规划设计的底层逻辑。

教学理念上，重点培养可迁移的复杂学习能力，着眼过程教学，训练学生从方案构思到成果的思维过程。在教学环节的设计中，参考了冯曼利伯提出的面向复杂学习能力培养的四个要素，并在后来的课程建设过程中不断改进和完善（图4）。

针对这四个要素，教学是这样设计的：第一，基于一个真实的小城市总体规划课题，设计循序渐进的五个学习任务。第一个任务是现状调研和专题研究，获得真实的任务体验。之后的四个任务分别为：完成城市规划方案的一草（概念方案）、二草（方案深化）、三草（重点是完善总体布局）、最终成果。这五个任务是独立相似的，是一个螺旋上升的过程，而不是总任务中的某一个模块，这样不仅更加符合设计的思维过程，也有利于促进学生在每一轮的方案深化过程中，体会、归纳，掌握规划设计的思路而非规划方案本身（图5）。

第二，是要帮助学生建立已知和未知的联系。在每一轮的方案中，学生需要调用大学前四年所学的所有专业知识，包括城市地理学、城市交通学等相关课程，教师会指出学生没有考虑到的知识点，引导学生自己去实现知识的融会贯通。着重提供已知知识点和需要解决的问题之间的线索和联系。

针对复杂学习能力培养的 ——四元教学设计模式4C/ID model
(van Merrienboer, J.J.G, 1997,《掌握复杂的认知技能》)

- 通过具体的城市规划案例应用，将书本知识转化为解决复杂问题的能力
- 初步掌握城市总体规划编制中从"问题分析"到"方案设计、规划成果"的流程
- 熟悉城市总体规划要求的各项规范和技术。
- 强化学生分析问题、解决问题、沟通与表达的核心能力。

图4 总体规划设计课程的教学环节设计模式

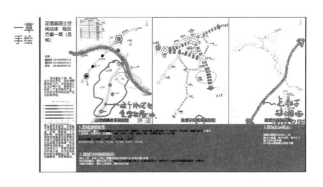
一草
手绘

一草
手绘

二草
手绘

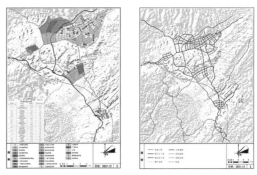
三草

电脑制图

图5 中等学生过程作业：一草、二草、三草的知识迭代及教师点评

第三，及时给予方法总结与反馈。允许学生在做每轮方案任务的过程中犯错，但在规定的时间内上交任务后，老师总结共性问题并告诉学生通常会采用的方法和步骤，通过共享同学方案批改评语，促进学生之间的相互学习，让学生了解犯错误的原因，并在下一轮的方案中做得更好。在教学过程中，邀请行业内的专家，让学生了解更多看待城市问题的不同视角。

第四，允许学生针对自己感兴趣的规划设计理念进行专项操练，例如采用绿色交通、收缩城市、低影响开发、韧性城市等理念，实现对某一设计理念的着重练习，这也有利于老师结合自己的研究专长，给予专门性的指导。

4 面向知识融合能力培养的总体规划教学改革方向探讨

4.1 发挥空间落位及设计的优势

建筑规划学科的总体规划教学，需要继承并发扬学科一贯的空间落位及设计优势，特别是在规划范围调整到全域全要素之后，更需要加强学生将政策和格局落实到空间的能力，实现多规在空间上的融合。例如，在基于双评价和生态模型分析之后，全域的生态格局构想如何通过国土空间分区、中心城区绿地系统、水系蓝线及开敞空间的规划设计实现（图6），空间结构的规划如何精确落位到符合标准的用地规划（图7~图9）。

4.2 形成供需连结的思维方式

目前国土空间总体规划改革后遇到的最大瓶颈是建构自然资源供给与需求的连结，进而实现自然资源的保值与增值[4, 5]。以往城市规划知道城区里面怎么规划，国土规划知道城市外面的山水林田湖草如何保护，但是单纯地通过总体规划的两个层级：全域和中心城区去独立规划，并不能实现自然资源的供需连结。要跨越这两个层级，实现连结，实际上需要的是规划师在知识结构上把多个学科、多门课程打通，构建实体依托（例如慢行系统及服务设施）等。

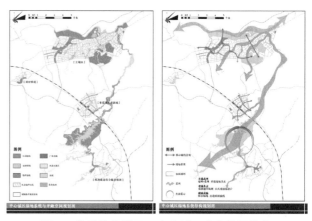

图7 优秀作业展示：中心城区生态格局落位

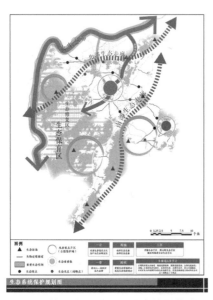

图6 优秀作业展示：生态格局构建

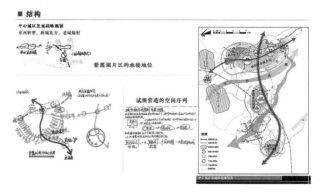

图8 优秀作业展示：中心城区空间格局的生成

花垣县城2035年城市建设用地平衡表								
序号	用地代码	用地名称	用地面积(hm²)		占城市建设用地比例(%)		人均城市建设用地面积(m²/人)	
			现状	规划	现状	规划	现状	规划
1	R	居住用地	685.12	962.82	44.67%	41.77%	76.98	49.12
2	A	公共管理与公共服务设施用地	99.66	168.89	6.50%	7.33%	11.20	8.62
		其中 行政办公用地	24.85	25.02	1.62%	1.09%	2.79	1.28
		文化设施用地	5.57	24.44	0.36%	1.06%	0.63	1.25
		教育科研用地	57.37	71.39	3.74%	3.10%	6.45	3.64
		体育用地	3.38	15.49	0.22%	0.67%	0.38	0.79
		医疗卫生用地	5.28	20.03	0.34%	0.87%	0.59	1.02
		社会福利用地	1.74	7.88	0.11%	0.34%	0.20	0.40
		文物古迹用地	0.03	3.18	0.00%	0.14%	0.00	0.16
		宗教用地	1.44	1.46	0.09%	0.06%	0.16	0.07
3	B	商业服务业设施用地	128.34	166.98	8.37%	7.24%	14.42	8.52
4	M	工业用地	358.67	268.14	23.39%	11.63%	40.30	13.68
5	W	物流仓储用地	82.94	54.67	5.41%	2.37%	9.32	2.79
6	S	道路与交通设施用地	105.70	399.05	6.89%	17.31%	11.88	20.36
		其中：城市道路用地	76.62	360.05	5.00%	15.62%	8.61	18.37
7	U	公用设施用地	15.45	29.45	1.01%	1.28%	1.74	1.50
8	G	绿地与广场用地	57.81	236.98	3.77%	10.28%	6.50	12.09
		其中：公园绿地	19.48	227.84	1.27%	9.88%	2.19	11.62
9		战略预留用地	0.00	18.21	0.00%	0.79%	0.00	0.93
10	H11	城市建设用地	1533.69	2305.19	100.00%	100.00%	172.32	117.61

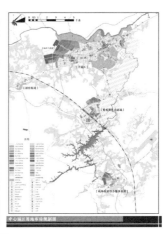

图9 优秀作业展示：中心城区空间格局的落位

4.3 培养技术规范、标准的应变力

在过去几年的教学中，国土空间规划分区标准、用地分类标准、编制指南等陆续出台，地方标准也正在编制，教学需要让学生了解这些标准编制的逻辑，适应新的技术环境，但最主要的是培养学生规范制图、规范编制规划的意识，快速学习并应变未来的技术要求，并在规范下实现创意与创新。

结语

未来国土空间规划是"多规"的有机融合，未来的国土空间规划人才是具有融合城市规划、土地管理、地理学、经济学、管理学、社会学等多学科知识能力的人，因此，高校的课程需要增加相关课程之间关联性和融合度。我校采用"课程包"的形式打通总体规划相关课程，围绕同一个基地完成总体规划相关的不同主题或尺度，再通过整合形成完整的一套成果并完成汇报。该改革方法并不一定是最优途径，但其目标是基于建筑规划类学校空间落位和规划设计的历史专长，以可操作的方式最快适应变革时期的人才培养。

参考文献

［1］杨保军，陈鹏，董珂，et al. 生态文明背景下的国土空间规划体系构建 [J]. 城市规划学刊，2019（04）：16-23.

［2］罗小龙，黄贤金. 基于知识需求的高校国土空间规划人才培养体系改革 [J]. 规划师，2020，36（13）：93-98.

［3］石楠. 城乡规划学学科研究与规划知识体系 [J]. 城市规划，2021，45（02）：9-22.

［4］赵燕菁. 论国土空间规划的基本架构 [J]. 城市规划，2019，43（12）：17-26+36.

［5］董祚继. 从土地利用规划到国土空间规划——科学理性规划的视角 [J]. 中国土地科学，2020，34（05）：1-7.

Teaching Reform and Reflection on the Territorial Master Planning and Design for the Cultivation of Knowledge Integration Ability

Ran Jing　Xu Yiqing　Zhou Kai　Jin Rui　Jiao Sheng

Abstract: Since the reform of the territorial and spatial planning system in 2018, the planning has undergone departmental adjustments, and the planning scope has also expanded to the realms of multiple types of planning and included all natural and social elements. The practical work of planning facing the challenge of changing planning principles, software environment, planning methods, and technical standards. In the past four years, this change has had the greatest impact on territorial master planning in the undergraduate curriculum system of the major of urban and rural planning. Our school actively faces the change and proposes the concept of "course package" to connect with the courses related to the territorial master planning. The courses in this territorial master planning package, share the same planning and design site, supply the new knowledge related territorial master planning, and simulate the "planning integration" of various types, so that students can master the ability to integrate knowledge to deal with complex and changing planning scenarios.

Keywords: Territorial Master Planning and Design, Design Teaching Reform, Course Package, Knowledge Integration

新城市科学发展背景下城乡社会调查的教学思考

周 静 吕 飞 范凌云

摘 要： 在新一轮技术革命作用下，当前城市呈现出前所未有的高速发展、复杂性与不确定性，城乡社会调查作为城乡规划专业本科培养的十门核心课程之一，其教学内容和教学方式面临着新的挑战与机遇。本文针对国内外新城市科学发展的新趋势，探讨了苏州科技大学城乡社会调查教学改革的若干方面，提出专题式教学改革的内容和目标，推动课堂教学与社区实践两个方面的教学提升，以期提高城乡规划专业学生的认知能力、实践能力和创新能力。

关键词： 新城市科学；城乡社会调查；社区实践；专题式教学

1 新城市科学产生背景与城乡规划教育新需求

当前，以人工智能、5G、移动互联网等为代表的新一轮技术革命正在深刻改变人们的生产、生活方式和城市的发展，城市呈现出前所未有的高速发展、复杂性与不确定性。2003年，迈克尔·巴蒂提出新城市科学（New Science of Cities）概念，即利用新数据、新方法，探索新一轮技术革命作用下变化中的新城市[1]。对接新一轮新技术革命，城乡规划专业人才培养需要与时俱进，适应新的城乡发展需求。

在新城市科学发展背景下，作为城乡规划专业本科学生培养的十门核心课程之一，城乡社会调查课程面临着新的挑战与机遇。社会调查能力是规划专业学生的必备技能。学生在调查实践过程中，通过对城乡空间的观察与思考，形成对城乡发展问题的科学认知，从而提高自身发现问题、解决问题的能力，为今后的规划工作打下坚实的基础。新城市科学强调新数据、新方法的运用以及数据思维观等，弥补了传统社会调查的小样本、数据难以获取的不足。通过大样本数据的采集与分析，定量分析方法以及分析建模等，有助于提高城乡社会调研报告的科学性与可信度。

因此，基于新城市科学发展背景，充分挖掘行业前沿动态、前瞻性推动教学改革、探索城乡社会调查的教学方法十分必要。

2 国内外新城市科学发展的基本情况与新趋势

新城市科学近十年来发展迅速。其关键在于利用新数据、新方法认知新城市空间。新城市科学将城市视为相互作用、沟通、关系、流和网络的集合（Networks of Relations）[1]。这打破了传统的城市规划建立在区位理论基础上的对于土地利用和公共设施进行合理配置的方法论基础。在复杂性理论的基础上，新城市科学将数学模型和城市实践结合起来，揭示城市发展和人的行为特征的空间规律，从数据角度认知正在浮现的新城市。

自迈克尔·巴蒂教授提出新城市科学以来，全球涌现了一批开展新城市科学探索与研究的高校实验室（图1、表1）。这些实验室可以分为以下三种主要类型：

2.1 实验室类型一：工学、艺术、人文跨学科融合

麻省理工学院感知城市实验室将文学与工学融合，从多学科视角来解析城市建成环境的变化，探讨人们如何使用和感知空间，以及物质空间环境反过来如何影响人们的行为和感知，并通过设计和科学增强城市创新。麻省理工学院媒体实验室城市科学工作组则与艺术、人

周 静：上海大学上海美术学院建筑系副教授
吕 飞：苏州科技大学建筑与城市规划学院教授
范凌云：苏州科技大学建筑与城市规划学院教授

文学科结合紧密，旨在从人们的生活和工作中，找到新的生活体验方式与新设计战略。

新加坡苏黎世联邦理工学院中心未来城市实验室针对新加坡资源短缺现状，结合其"花园城市"的发展战略，利用先进技术进行生态可持续性研究，以实现绿色发展蓝图。

同济大学与麻省理工学院媒体实验室联合创办上海城市科学实验室，通过大数据的建模与分析预测设计活动对城市活力和创新力的影响，致力于研究城市设计、科技和产业的创新转型。

图 1 新城市科学相关研究机构

资料来源：笔者在参考文献 [2]、[3] 的基础上进一步整理绘制.

国内外典型新城市科学实验室的基本情况   表1

成立时间	实验室	实验室类型	关注重点
1986 年	麻省理工学院媒体实验室城市科学工作组	融合文学、艺术、工学的跨学科研究室	以职住地研究、城市建模/模拟和预测，以及移动性需求的研究为主
1995 年	伦敦大学学院巴特莱特高级空间分析中心	由精通地理学、数学、物理学的理学专家和建筑学、计算机的工学专家组成的跨学科实验室	计算机模型的应用、数据可视化技术、创新传感技术、移动应用和与城市系统相关的城市理论。所有的研究项目都围绕着三个主题：①智能城市；②可视化和制图；③城市建模和模拟
2004 年	麻省理工学院城市感知实验室	融合文学和工学的跨学科研究室	致力于描述和解读城市建成环境中的新变化，通过设计及开发城市研究的相关工具来更好地感知城市
2010 年	新加坡苏黎世联邦理工学院中心未来城市实验室	融合建筑学、生态学、计算机科学和社会学，即融合工学和文学的跨学科研究室	注重新能源、新技术的应用与发展，旨在通过科学方法创建可持续的未来城市，形成可持续文化
2013 年	北京未来城市实验室	融合了城市规划、建筑、城市地理、GIS、经济和计算机科学等工学学科的实验室	量化城市动态，致力于收缩城市研究以及利用语义技术来认知、理解城市，为城市规划和治理提出新见解，最终产生可持续发展所需的城市科学
2017 年	同济—麻省理工学院上海城市科学实验室	融合设计、计算机、电子信息、自动控制、大数据等工学学科的跨学科实验室	与麻省理工学院媒体实验室开展联合研究，针对城市科学、数字孪生、智慧社区等方向，与产业和资本紧密结合，服务于上海"四新"经济和科创中心建设

资料来源：作者根据参考文献 [3] 以及各高校官网网站资料整理得到.

2.2 实验室类型二：工学、理学跨学科融合

伦敦大学学院巴特莱特高级空间分析中心实验室由大量理学专家组成，研究重点为计算机建模和智能城市。以伦敦大都市为研究对象，擅长数学建模，研究具有较强的综合性。

2013年成立的北京城市实验室致力于定量研究城市，利用大数据、遥感影像数据等研究建成环境，帮助人们更好地预测城市和做出各项决策。

2.3 实验室类型三：城市生活实验室

城市生活实验室（Urban Living Labs）与城市社区联系紧密，利用信息共享和社群优势，搭建多方合作的智慧平台，由市民参与设计决策，对城市创新以及推动城市可持续发展转型方面起到了重要作用[4]。城市生活实验室不仅是支持创新发生的空间和场所，也是一种培育创新的方法、途径和平台，让城市利益相关者参与规划行动，更好地了解城市、规划城市[5]。城市生活实验室注重人们幸福感和城市生活质量的提升。

3 新城市科学背景下城乡社会调查的教学改革

通过学习国内外知名高校的城市实验室建设情况，结合我国城乡规划专业本科人才培养要求，笔者认为城乡社会调查课程需要在教学内容、教学方式和人才培养三个方面进行教学改革，让学生在新一轮技术革命背景下的城乡发展真实环境中，掌握社会调查"发现问题——采集数据——分析挖掘——知识发现——应用知识"的全过程（图2）。

3.1 教学内容改革——专题任务导向

针对问题来组织课堂教学，专题任务导向有利于打破原有教学的章节体系限制，克服学生内在学习动力不足的问题，提高学生学习的兴趣。同时，专题任务导向应以培养学生能力为最终目标，要求教师要具备扎实的专业功底和教学能力，并建立有效的讨论机制，重视中期控制和后期反馈。

让学生根据自己的兴趣选择合适的专题，3~4人组队，苏州科技大学城乡社会调查课程由多位老师共同指导。每组设一位主带老师。专题式教学使得知识架构更具逻辑性，将原本碎片化的知识串联起一个完整的体系。学生在完成专题任务的过程中，认知城乡空间的新发展和新趋势，学习新数据和新方法，为规划行业培养具备专业数据处理技能和数据思维人才[6]。

表2和表3分别列出了近年来我校城乡社会调查本科生的课堂教学和社区实践备选的专题内容。在专题设置中，以微观空间为主，强调学生调查过程"脚沾泥"和亲身感受。同时，引入智慧城市、健康城市等前沿探索内容，认知数字时代的微、中、宏观等多尺度城市空间的重构，培养学生的定量分析思维与建模分析能力。

新城市科学发展背景下，促进学生在城乡规划社会调查实践中运用新技术与新数据、理解新城市。在社会调查走进社区的环节中，学生可以通过共享微出行、智慧社区、社区公共空间营造等教学专题实践，将新数据、新方法应用到实际场景，并且深化对新城市空间（作为一种物质或非物质的流和关系网络）的理解。培养学生参与社区规划师的工作，与居民交流，了解其真实需求，切实体会与居民协商解决社区规划问题的过程。

3.2 教学方式改革——多种教学方式并举

（1）课堂专题任务导向、融入讨论

在专题式任务导向下，城乡社会调查教学的目标明确，能够有的放矢。在教学环节中，通过"师生互动、生生互动"形成活跃的讨论氛围，推动调查的逐步展开，形成扎实的调研成果。

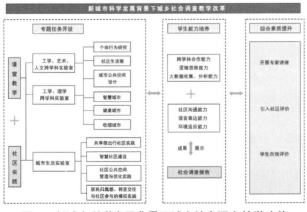

图2 新城市科学发展背景下城乡社会调查教学改革
资料来源：笔者自绘.

新城市科学背景下城乡社会调查的课堂教学专题　　　　　　　　　　　　　　　　　　　表2

	专题教学内容	教学目标
1	个体行为的空间需求和活动特征	了解掌握基本的大数据采集、分析；利用多维指标，了解不同人群的活动轨迹与规律、活动空间的类型与分布特征；学习如何构建评价指标体系
2	社区生活圈	运用大数据获取大样本量的居民个体数据进行简单的量化分析；学会利用数据进行公共服务设施的合理配置；为学生研究社区生活圈提供新的研究方法与思路
3	城市公共空间设计/街道设计	了解和掌握一些精细化、大范围的空间形态数据（如POI数据、OSM数据）的采集与分析；学会运用新方法分析空间及人群特征；理解运用虚拟现实和传感器设备对于设计方案进行评估的应用价值与趋势
4	智慧城市	学习利用大数据来分析大范围、多尺度的城市空间；思考未来智慧城市的愿景与实施路径；理解数字技术对于场所营造与公众参与的促进作用
5	健康城市	了解当前开展的健康影响评价工作及相关指标体系的内容；思考在新技术支持下，针对大型卫生公共事件的应对策略
6	收缩城市	理解收缩城市的基本概念与评价指标；了解当前描述城市收缩的量化方法；掌握基础的统计分析方法及分析模型建构；了解人口、土地、经济、社会等多维度的数据分析方法

资料来源：笔者自绘．

新城市科学背景下城乡社会调查走进社区的教学专题　　　　　　　　　　　　　　　　表3

	专题教学内容	教学目标
1	共享微出行社区实践	探索共享微出行的社区人群出行特征与行为规律；针对共享小汽车、共享单车等空间占用率低、使用成本低的优点，评价并分析共享微出行对社区、交通、居民的影响；挖掘共享微出行的使用模式，如社区拼车、租借使用等
2	智慧社区建设	学习基于大数据的社区安全、社区空间资源配置运营治理平台的搭建方法；理解人工智能设备对于居民日常生活的使用价值，如老人防摔预警、无障碍智能化改造等
3	社区公共空间营造	掌握大数据量化分析社区居民场所认知地图，分析记忆场所环境营造与居民使用行为特征，加强学生空间尺度感知的能力；利用新技术再现城市记忆空间，如城市设计周的场所营造，延续城市文化脉络
4	居民归属感、邻里交往与社区参与的模拟实践	学习并具备大数据统计分析与社区沟通的能力，利用大数据量化分析社区改造对居民的影响；通过构建数据模型，系统总结社区情感回归的影响因素，优化社区参与的能动性

资料来源：笔者自绘．

（2）社区实践基地支撑

社区实践基地是学生从理论培养转向实践训练的较为适宜的场所，为学生提供了鲜活的实践条件。在这一过程中，学生能够提升自主学习、独立思考的创新与探索精神。在社区实践基地的教学、科研、生产等功能以及专业老师的带领下，学生亲身参与到社区空间改造、智慧社区建设等具体实践中。

（3）开展国内外专家讲座

苏州科技大学近年来通过开设以新城市科学为主题的讲座，邀请不同学科和行业的专家加入到授课队伍之中。通过专家讲座、专家与学生互动，使学生了解当前新城市科学发展的前沿动态，拓宽学生思维、开拓视野。

（4）引入社区和专家评价

引入社区和专家对学生的社会调查实践成果进行评价和反馈。帮助同学们跳出自身的思维定式和局限性，多角度认知城乡发展的社会空间问题，形成实事求是、深入基层的社会调查成果。

3.3　人才培养——培养创新思维、提升综合素质

基于新城市科学背景下的城乡社会调查，面向全校学生进行选修的方式，邀请不同学科的学生加入进来，为学生建立跨学科的资源共享交流平台，提供分享知识、互动学习的机会。在跨学科交流中，引导学生运用多学科知识深入认知新城市发展的复杂性特征。通过跨

学科方式的课程教学，学生能够了解相关的学科发展动态，构建起全面发展的辩证思维能力，拓展对于新城市科学的认知视野，丰富自身的知识储备。

同时，不同专业的学生联合开展社会调查，有助于培养学生跨学科的沟通协作能力和合作精神。

学院城市生活实验室各类项目的开发为学生培养提供了一个创新的平台。城市生活实验室融入智慧城市、社会创新、社会包容等多个新城市发展理念，培养学生创新性思维、批判性思维。在与实验室的团队合作中，课堂理论知识得到应用验证，提升对规划的认知理解，进一步提高学生的专业综合素质。

4 总结

城乡社会调查作为城乡规划专业本科十门核心课程之一，需要与时俱进，积极开展在新城市科学发展背景下的教学改革。

教学内容上，以专题教学改革为主线，贯穿教学全过程，帮助学生建立新时期城乡空间发展的认知能力、数据分析和应用能力。

教学方式上，多措并举，结合课堂教学与社区实践，鼓励复合型教学以及跨专业联合教学，提高学生学习的兴趣，激发学生求知求真的热情。

人才培养上，优化课程体系，建立跨学科、面向创新的教学平台，培养学生的创新性思维、批判性思维和专业综合素质。

感谢苏州科技大学研究生李慧欣、冯文苗、李久洲参与本课程教学实践活动与讨论，以及文中图表的绘制工作！

参考文献

[1] BATTY M. The New Science of Cities[M]. Cambridge：MIT press，2013.

[2] 叶宇.新城市科学背景下的城市设计新可能 [J].西部人居环境学刊，2019，34（1）：13-21.

[3] 龙瀛.（新）城市科学：利用新数据、新方法和新技术研究"新"城市 [J].景观设计学，2019，7（2）：8-21.

[4] 周静、梁正虹、包书鸣，等.阿姆斯特丹"自下而上"智慧城市建设经验及启示 [J].上海城市规划，2020（5）：111-116.

[5] 吕荟、王伟.城市生活实验室：欧洲可持续发展转型需求下的开放创新空间 [J].北京规划建设，2017（6）：111-114，95.

[6] 曾穗平、彭震伟、田健，等."时空融合 + 知行耦合"的城乡规划社会调研教学理论研究 [J].规划师.2019（2）：86-90.

Thinking on the Teaching of Urban and Rural Social Survey under the Background of New Urban Science Development

Zhou Jing　Lv Fei　Fan Lingyun

Abstract: Under the influence of a new round of technological revolution, the current city presents unprecedented high-speed development, complexity and uncertainty. As one of the ten core courses for undergraduate training of urban and rural planning, urban and rural social survey is facing new opportunities and challenges in its teaching content and teaching methods. In view of the new trend of the development of new science of cities at home and abroad, this paper discusses the teaching reform of urban and rural social survey, puts forward the content and objectives of the thematic teaching reform, and promotes the teaching improvement of classroom teaching and community practice, in order to improve the cognitive ability, practical ability and innovation ability of students majoring in urban and rural planning.

Keywords: New Science of Cities，Urban and Rural Social Survey，Community Practice，Thematic Teaching

探索城市设计课程建设中城市社会学理论的融入*

戴 铜 朱 莹 邱志勇

摘 要：进入城市存量更新阶段，物质空间环境更为复杂，城市设计课程体系面临改革。介于传统城市设计课堂中出现的方案表达简单化、产权分类不明、较少考虑人群信息等问题，本文提出城市设计课程体系建设的改革思路，包括设计课为主线、建立课程集群、知识模块化、使课程类型多元化。在此基础上，以城市社会学课程为例，讨论将其与城乡规划专业学生最相关的知识点分解并融入城市设计课程体系的思路探索。

关键词：城市设计；城市社会学；知识点融入；课程体系改革

1 引言

2021 年，党的十九届五中全会审议通过了《中共中央关于制定国民经济和社会发展第十四个五年规划和二〇三五年远景目标的建议》，首次提出了"实施城市更新行动"，这意味着我国的城市建设正式进入全面的存量更新与质量提升阶段。在这一阶段，我们的城市建设需要面对着更为复杂的物质空间环境，也需要我们借助于更多科学的方法进行空间资源整合，深入了解城市中居民、人群的生活与活动规律，才能实现高质量、高品质空间的设计与维护。在此背景下，高校的城乡规划专业课程体系也面临着改革与调整，对接建设与发展需求。本文以哈尔滨工业大学城市设计课程为例，讨论设计课程体系建设与改革的思路，包括如何突出设计主线，如何与其他相关学科的知识融合，并以城市社会学课程为例，讨论城市社会学知识点分解与融入城市设计课程体系的可行思路。

2 传统城市设计课堂挑战与改革

2.1 城市设计课堂的挑战

城市设计课程一直都是哈尔滨工业大学（下文简称为"哈工大"）本科阶段城乡规划专业培养方案中的专业核心课程之一。在建筑学与城乡规划专业本科四年级的城市设计教学中，课程教学内容主要通过城市设计定位、概念城市设计、城市设计方案、重要节点设计、城市设计导则、城市设计图则六个部分展开（图1）。其中前四个部分培养学生设计思维的养成，后两个部分培养学生在设计方案完成之后的管控思维。

图1 哈工大城市设计课程体系及内容

---

* 基金项目：黑龙江高等教育教学改革项目（SJGY20190208）；哈尔滨工业大学教学发展基金（XSZ2019028）；黑龙江高等教育教学改革项目（SJGY20200221）；教育部新农科研究与改革实践项目"共同缔造导向下高校服务乡村振兴战略新模式研究"；黑龙江高等教育教学改革重点委托项目（SJGZ20200057）。

戴 铜：哈尔滨工业大学建筑学院副教授
朱 莹：哈尔滨工业大学建筑学院副教授
邱志勇：哈尔滨工业大学建筑学院副教授

教学过程中以"物质空间/形体环境"为设计对象与操作主体，以深入理解物质空间的意义为教学重点，每部分展开的教学核心都对应着对"物质空间"不断认知及深化理解，如从课程设置上，从最初空间基础认知到概念、方案及节点方案，包含了多层次理解物质空间环境的内涵、外延以及物质表象背后所隐藏的各种信息，培养学生建立"多维空间观念"，建立空间秩序，明确空间结构，并能够直接、准确、深入反馈到城市设计方案当中。尽管当代城市设计的价值理念已不再局限于视觉艺术和空间美学的维度，还包含了可持续发展、社会公平等多方面的考量，但由实体—空间关系构成的形体环境仍然是城市设计关注的主体[1]，基于形态的认知与操作仍然是城市设计教学的核心[2]。

这些"入门"教学操作看似教学内容简单，却也是课程教学中的难点。随着城市发展进入存量更新阶段后，城市空间这个复杂巨系统中除了基本的物质空间属性之外，又加载了更为难以拨清的人群及其各种社会关联，因此在近四年的城市设计教学中存在着一些难点与挑战。表现为：空间表达简单化，所有空间功能只有商业、居住、办公几个简单类型，且空间尺度无差别；空间产权分类不明确，存量空间中存在着若干"隐形"界面与产权边界分类，如道路红线、建筑退线，学生大多没有直观概念；空间设计"无人情味"，较少考虑设计地段中原住民的调研意愿，空间形体美学考虑占先……同时近几年城市设计课程受到疫情影响，设计课题线上完成，使原本手把手教、言传身教的方式更显艰难，使作业方案常常存在"或脱离实际，或没有秩序"。

2.2 设计课程体系的改革思路

面对着这些设计课堂中的问题，同时城市建设正处于存量更新阶段，城市中的物质空间所受到的影响因素更为复杂，近年来哈工大的城市设计课程体系一直在尝试与倡导课程体系的进一步完善与改革，主要体现：设计课为主线、课程集群化、知识模块化、类型多元化特点。

①设计课为主线：体现传统的城市设计教学核心优势，仍以城市设计的设计课程为课程建构主线，适当拉长教学过程，贯彻整个教学过程。②课程集群化：依托设计课程主线，辅助以与设计课教学内容相关的理论课程、方法课程、实践课题，每种课程的内容设置均须充分考虑设计课程的教学目标，形成完整课程集群。③知识模块化：将各类相关知识进一步归纳，形成不同类型的知识模块，配合不同的授课形式，如理论模块除引入的相关课程之外，也包含了校外 MOOC 资源、外请专家讲座等，均包含在一个知识模块中。④类型多元化：课程集群中课程类型多样，除了课上讲授的设计课之外，还包括校际短期工作坊、竞赛拓展课、数据分析课、虚拟仿真实验课等，共同完成设计课程集群的设计目标，培养与完善学生的设计与管控双向思维与能力。

3 城市社会学的课程定位与分解

3.1 对城市社会学课程要求

城乡规划本是实践性的学科，很多高校都将城市社会学作为城市规划专业的必修课[3]之一，要求学生可以从社会学的视角认知与发现城市中人群活动规律与社会发展需求。城市社会学发展过程中逐渐从传统过渡到现代城市社会学，其核心研究问题是人类群体生活与城市环境的关系[4]，研究对象包含：城市生态系统、城市社会问题、城市化、城市生活方式以及城市社会关系。随着新城市社会学的理论建立[5]，城市空间作为城市人群生活、活动、工作的一体化"活动容器"，承载了各类人与人、人群与城市、人群与环境之间的内在规律，早已成为明确为城市社会学的研究范畴。

对城乡规划专业学生而言，城市社会学研究内容和范围宽泛[3]，如表1中显示，国内外城市社会学较多教材的核心内容，如果一一进行详细解析与知识点全面覆盖，限于理论课时限定有较大困难。如果能依托设计课程主线，根据设计课程的教学过程来辅助城市社会学的课程知识点讲授，则可以双向提升课程集体内知识传授的有效性。

国内外城市社会学教材所涉及讲述内容[4] 表1

城市社会学教学核心内容	国外教材	国内教材	合计
城市社会学介绍	5	6	11
城市社会学研究方法	1	5	6
城市化/城市发展史	8	7	15
城市社会学理论	5	8	13

续表

城市社会学教学核心内容	国外教材	国内教材	合计
城市地域结构/类型	4	3	7
城市人口结构	0	3	3
城市经济/产业结构	0	3	3
城市社会问题	6	5	11
城市分化/分层/隔离	6	1	7
城市种族/移民/边缘社会	4	0	4
城市整合与冲突	2	1	3
城市文化与心理	3	5	8
城市社会参与与生活	4	1	5
社会结构/社区/组织/邻里/家庭/群体	5	2	7
城市政治与权力	0	1	1
城市规划/管理/政策	8	5	13
城市社会学未来	2	5	7
城市交通	0	1	1
城市住房	1	1	2
大众传媒	0	1	1
科技与城市	0	2	2

3.2 建构城市"社会—空间"系统观念

依托城市设计课程主线，如何将城市社会学知识体系中，涉及与城乡规划专业最为相关的知识进行梳理与分解，融入课程集群中是需要解决的问题。城市设计课程的教学核心一直都是物质空间，确切地说是对城市人群集中活动的公共空间多个层次的秩序梳理与重塑；城市社会学的研究对象是城市环境中的"人群所构成的社会系统"。前者对象是城市中的"空间系统"，后者对象是城市中的"社会系统"，两者通过"人群"作为纽带进行联系，因此两课的相互融合起点为培养学生建立起城市"社会—空间"系统观念，将城市视为由社会关系以及空间载体共同构成的系统，系统中由不同人群组成不同类型社会系统，并直接表现为不同特征的空间系统（图2）。以此为基础，学生通过学习城市社会学中的社会规律与秩序，可以直接反映到空间特征上，建立起空间系统中的多个层次关系概念，进一步深化多维空间观，有助于设计出更为优秀的城市设计方案。

3.3 城市社会学与空间相关知识点分解

在确立城市社会—空间系统基础上，进一步梳理城市社会学课程中的知识体系及相关内容，建构起社会科学的研究与分析思路，辅助城市设计的构思与方案形成。在对城乡规划专业的城市社会学课程体系建构方面，学业专家们根据城乡规划专业的人才培养目标一直在讨论，有从城市社会转型期发展需求的属性认知、发展认知、方法认知上建构体系的[3]，有从中国城市社会学研究重点，城镇化、城市生活方式、城市问题以及城市管制构成入手的[5]，还有从社会变革引起的自然科学与规划思想发展方面入手的[6]。

笔者将这些学者观点进一步归纳，并依据几本经典国内主流城市社会学教材核心内容[4, 7, 8]，将城市社会学课程的教学核心概括为：城镇化、社会结构、社会隔离、社会文化、城市社区、城市治理几个大的专题（图3），每个专题又包含相应的城市社会问题、城市社会学理论梳理以及城市社会学方法，形成独具城市社会学特色的思维逻辑，辅助城市设计课程理解社会系统与人群的关联性、人群所在物质空间特征。

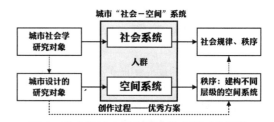

图2 城市设计中融入城市社会学对象思维

图3 城市社会学知识体系与思维对城市设计课程影响

4　城市设计课程建设中城市社会学的融入

4.1　分散性知识点融入体系

通过建构起的城市"社会—空间"系统，可以有效联系城市设计创作过程，并将城市社会学的知识点融入。哈工大的城市设计课程设置是依据城市设计的创作过程展开的，城市设计创作过程可概括为[9]三大部分、九小部分。具体为：空间信息输入阶段，即对于设计地段的项目解读、现状分析；信息加工阶段，即对前一阶段的分析问题界定、设计概念提取、实现概念路径选择；信息输出阶段，即基于概念生成的设计形态方案、对于方案的修正与评价、方案落实的实施管理。

随着城市空间系统相关信息的输入、加工与输出，使其中的各类与人群活动、需求相关各类信息不断被分析、梳理出形成多个层次，突显设计概念的创意性，并最终表达为完整的城市设计方案。城市存量建设阶段，空间系统包含的要素更为复杂，城市设计的类型也可进一步被划分为：增容型、修复型、升级型、嵌入型、保育型等多种，空间系统中所包含各类人群之间产生的规律更为多元，这也为城市设计的方案生成带来更大难度。借助于城市社会学的思维方式及重要知识体系，从城市社会学视角关注城市问题，运用城市社会学的相关理论（如空间生产、心理认知、住房阶段等）挖掘人群的相关规律，如生活习俗、生活满意度、出行规律、活动需求等作为生成城市设计方案的依据，则更有助于实现富有特色与创意的城市设计方案（图4）。

4.2　以城市设计作业为例

城市设计作业的设计地段位于一处"老工业"基地，地处"一五"时期国家重点建设的工业区，内有十余栋可代表特定历史的工业建筑，周边是老厂员工的居住聚集区。基地内拥有较多的工业保护建筑以及废弃的厂房、下岗的大型机器等，需要被保护的树木以及迫切不想搬走的老员工们。设计团队成员们对设计基地进行较为细致的走访与调研，分析出周边与基地有关联的人群类型包括：老厂员工、刚进入工作岗位的年轻人以及主要由老人带的儿童。他们需要工作机会、需要高质量交流、交往与教育的空间。在此基础上整体出两条设计思路，一为新兴产业振兴，结合空间生产理论，二为工业历史特色的文化振兴，结合心理认知理论，对哈尔滨量具刃具厂展开了一次音乐文化与工业文化互融互通的更新探索。

将最具哈尔滨特色的公共生活—音乐文化引入其中作为活力激活的触媒点，并兼顾产业需求与城市文化，形成设计概念。在此基础上，由南北、东西两条设计轴线交织在一起，共同构成规划结构。南北轴较为完整地保留现有的工业建筑群与具有工业历史特色的空间序列，代表着对特定工业历史的纪念与追忆。进而形成了各部分明确的功能分区，包括音乐展示与体验、音乐教育区、音乐创新孵化区、音乐产业基地等。（图5中展示了方案形成过程中从形态结构到根据居民需求修改方案，再借助于空间生产理论完善设计方案的过程。此城市设计作业为2019年国际绿点大赛第二名获奖作业：声生复调、城市织体。参赛学生：井之源、赵慧敏、张振鹏、王雪琪、陶启阳、李书颀。指导老师：吕飞、戴铜）

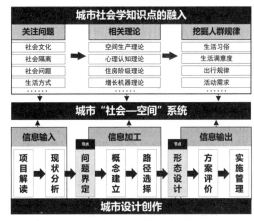

图4　城市设计的创作过程

图5　城市设计方案生成融入城市社会学知识

5　结语

如今，城市设计是城市建设中实现空间高质量发展的重要工具，因此城市设计课程改革也势在必行，课程集群式的城市设计课程体系建设也是一项长期工作，不仅需要城市设计任课教师的共同努力，完善设计主线的框架搭建工作，还特别需要不同专业背景的教师、学者加入协同建设。相信改革之后的城市设计课程体系可以更好的引导学生、提升综合能力，培养更多高素质的城市设计从业者。

参考文献

［1］　王正. 城市设计教学中的形态思维训练探索 [J]. 建筑学报，2021（6）: 102–106.

［2］　唐莲，丁沃沃. 基于空间感知质量的城市设计教学探索 [J]. 建筑学报，2021（3）: 100–105.

［3］　罗吉，黄亚平，彭翀，等. 面向规划学科需求的城市社会学教学研究 [J]. 城市规划，2015，39（10）: 39–43.

［4］　蔡禾. 城市社会学讲义 [M]. 北京：人民出版社，2011.

［5］　黄怡. 中国城市社会学研究的若干问题 [J]. 城市规划学刊，2016（2）: 45–49.

［6］　杨保军，陈鹏. 社会冲突理论视角下的规划变革 [J]. 城市规划学刊，2015（1）: 24–31.

［7］　荣玥芳，高春凤. 城市社会学 [M]. 武汉：华中科技大学出版社，2012.

［8］　顾朝林. 城市社会学 [M]. 南京：东南大学出版社，2002.

［9］　金广君. 当代城市设计创作指南 [M]. 北京：中国建筑工业出版社，2015.

Exploring the Integration of Urban Sociology Theory in the Urban Design Course Construction

Dai Jian　Zhu Ying　Qiu Zhiyong

Abstract: Entering the stage of urban regeneration, the physical space environment becomes more complex, and the urban design curriculum is facing reform. Due to the problems come from the traditional urban design courses, which are simplification of program expression, unclear property rights classification, and less consideration of people information. this paper proposes a reform thinking for the construction of urban design curriculum, including building main line based on design courses, curriculum clusters, modularization of knowledge and diversifying more course types. On this basis, taking the urban sociology course as an example, it discusses the thought of decomposing and integrating the knowledge points which relevant to urban and rural planning into the whole urban design curriculum.

Keywords: Urban Design, Urban Sociology, Knowledge Points Integration, Curriculum Reform

面向健康的建成环境设计：
将公共卫生融入城乡规划教学的尝试

尹 杰 王 兰

摘 要： 尽管越来越多的证据表明建成环境对公共健康有直接和间接影响，但塑造建成环境的规划设计师和保护公共健康的公共卫生专业人员却很少互动。少有规划设计师系统性地考虑土地使用、空间组织、交通决策、场地设计等对健康的影响。改善规划和公共卫生之间的理解和沟通的一个重要策略就是开发跨学科课程来教授建成环境对人群健康的影响和促进健康的规划设计响应。本文介绍了笔者在同济大学通过交叉领域知识单元将公共卫生的理念、知识和方法融入现有规划设计课程体系的尝试以及对于开设新课程"建成环境设计与公共健康"的思考，包括教学目标、课程安排和教学方法。希望能有助于弥合城乡规划和公共卫生之间在教学上的鸿沟，使学生开始重视、创造和促进健康的建成环境。

关键词： 公共健康；建成环境；跨学科教学

1 介绍：建成环境与公共健康的互动

现代城市规划和公共卫生❶学科都是在 100 多年前开始的，目的是解决与快速城市化、工业化和移民有关的健康问题。在美国，两个学科的实践者共同合作实施了各种各样的政策和规划，包括城市公园、给水排水和污水处理工程、区划和建筑规范（Building Code）。然而，到了 20 世纪中期，医学的进步、对个人疾病治疗的强调、行政主管部门的分化和两个学科的专业化，导致了公共卫生与城市规划的分离[1]。公共卫生开始遵循医学模式，而规划则侧重于物质空间塑造和政策制定[2]。在教学方面，尽管城市规划和公共卫生在其历史和目标上密切相关，但这些领域通常是独立教学和实践的，没有相互参照。在 20 世纪末，为了应对慢性非传染性疾病患病的激增以及危险健康行为的持续存在，学界开始重新关注建筑环境和公共健康之间的联系[3]。主流的公共卫生杂志和城市规划杂志都在当时发起了几期特刊来

讨论两个学科在新世纪的联系[4]，其中比较有影响力的是美国公共卫生学报（*American Journal of Public Health*）2003 年的"建成环境与健康"特刊，美国健康促进杂志（*American Journal of Health Promotion*）2003 年的"促进健康的社区设计"特刊，以及美国规划师协会杂志（*Journal of American Planning Association*）的"规划在建设健康城市中的作用的"特刊。之后，美国规划协会（American Planning Association）和公共卫生协会（American Public Health Association）积极开展合作，创建了很多研究和实践的项目（如 Plan4health 项目），为促进健康建成环境做出了重要贡献。另外，美国的高等院校也在积极探索城市规划和公共卫生的跨学科人才培养模式，通过交叉领域的研究课题、课程设计、双硕士学位项目等模式来促进两个学科的重新融合。

现如今，"健康中国"已经上升为我国的国家战略。中共中央 国务院在《"健康中国 2030"规划纲要》中明确提出要"把健康城市和健康村镇的建设作为推进健康中国建设的重要抓手，要把健康融入城乡规划、建设、

❶ 公共卫生和公共健康的英文翻译均为 "public health"。在尊重国内既有术语的基础上，本文在涉及学科方面将 "public health" 称为 "公共卫生"，其他方面则称为 "公共健康"。

尹 杰：同济大学建筑与城市规划学院助理教授
王 兰：同济大学建筑与城市规划学院教授

治理的全过程，促进城市与人民健康协调发展。"《国家中长期经济社会发展战略若干重大问题》中明确指出人民生命安全和身体健康是城市发展的基础目标。面对城市中复杂的健康问题（慢性病、传染病、心理健康、健康公平）的挑战，城乡规划教育如何服务国家重大战略需求，培养同时具有城乡规划和公共卫生理论基础、专业素养和知识技能的跨专业创新人才就成为有待解决的问题。我国城乡规划领域的学者在健康城市的研究方面作出了一系列尝试：回顾了城市规划与公共健康的历史和理论的发展[5, 6]，构建了区域、城市及社区层面跨学科的研究框架[7]，辨析了健康城市规划的路径与要素[8]，并尝试将健康融入国土空间总体规划和15分钟社区生活圈[9, 10]。但是，在城乡规划教育中系统性地引入公共卫生的实践还很有限[11]。

基于在城乡规划和公共卫生领域接受的系统训练，以及在哈佛大学参与设计研究生院（Graduate School of Design）和陈曾熙公共卫生学院（T.H. Chan School of Public Health）双学位的筹建的经验，笔者认为改善规划和公共卫生之间的理解和沟通的一个重要策略就是开发能够吸引两个领域教师和学生跨学科课程，包括本科生、研究生和继续教育课程。这些课程可以帮助学生更好地理解建成环境与公共健康之间的关系并作为平台促进两个学科的思想交流和科研合作。笔者在2021年回国后就在同济大学城市规划系筹备开设建成环境与公共健康的课程（本文第三部分将着重介绍对这门课程的思考）。与此同时，笔者也尝试在现有的城乡规划理论与设计课程体系中融入公共健康的知识与方法，以整合过的交叉知识单元为核心组织教学，培养学生在城市空间规划设计过程中将人群健康作为重要的目标之一。

2 以交叉领域知识单元为核心的规划设计教学

笔者在过去的一年多的时间里在本科和研究生的6门课程中（包括4门理论课和2门设计课）结合该门课程的教学目标和重点，引入了公共健康的相关概念、知识点和研究方法，推动同学们在这建成环境与公共健康交叉领域的思考（表1）。

将公共健康融入现有的城乡规划课程体系　　　　　　　　表1

课程名称	教学年级	讲座主题	知识单元
城乡规划原理（A）	大三上	健康社区规划与设计	·城市规划和公共卫生学科的历史发展和基本理论 ·建成环境与人群健康的互动关系 ·促进健康的社区规划设计要素
生态城市理论与实践	研一上	健康之城——亲自然城市的健康影响研究方法及发展动态	·生态城市理论与环境暴露科学结合 ·城市蓝绿空间体系以及生物多样性的健康效应及影响路径
城市发展战略与政策	研一上	健康城市：概念、发展与实践	·健康城市理论发展 ·影响城市健康的公共政策 ·迈向健康城市的规划设计实践
城市研究方法	研一上	量化城市自然的健康影响：观察性和实验性方法	·观察性方法：队列研究、病例对照研究、横截面研究和生态研究 ·实验性方法：随机对照实验与病例交叉研究 ·数据采集、统计分析和结果阐述
详细设计（2）	大三下	健康住区规划设计	·促进体力活动 ·健康的食品环境 ·清洁环境：空气和水 ·亲自然设计 ·社会融合
毕业设计	大五下	建成环境与公共健康	·建成环境与环境健康风险 ·建成环境与体力活动 ·建成环境与心理健康 ·建成环境与社会交往 ·建成环境与自然接触 ·平疫结合的建成环境

2.1 城乡规划原理（A）

该课程重点关注居住区规划设计理论与方法。笔者在教学中增加了关于"健康社区规划设计"的模块（4个学时），共分为四个部分：第一部分主要讨论公共健康与建成环境的基本概念，包括：人群健康与疾病负担的概念、影响人群健康的上下游因素（Upstream & Downstream Factors）、城市环境中影响健康的要素，以及规划设计的干预的尺度与幅度。这部分是理解城乡规划和公共卫生两个学科之间联系的基础。第二部分主要从历史的角度讨论建成环境与公共健康的关系，包括美国城市规划与公共卫生两个学科的相互影响与发展的四个阶段：瘴气说与卫生城市；细菌说与理性城市；生物医学模式与分裂城市；学科融合与健康城市。这部分从健康的视角回顾了历史上城市规划的大事件和理论发展，便于让学生理解城乡规划和公共卫生两个学科之间的互动。第三部分主要讨论健康社区的关键构成要素与相应的规划设计策略。包括：从能量平衡的角度探讨积极生活（Active Living）和健康食品环境；从环境暴露的角度探讨空气质量，雨洪管理，以及自然环境接触；最后从社会融合的角度探讨安全的公共空间、经济适用的住房，以及对历史建筑和场地的再利用等影响健康的社会决定因素。第四部分介绍促进健康的社区规划设计案例和健康社区标准。

2.2 生态城市理论与实践

笔者在这门课程中将生态城市与健康城市的知识点相融合，着重介绍亲自然城市（Biophilic Cities）的健康影响（2个学时），共分为三个部分：第一部分主要介绍亲自然性（Biophilia）与亲自然设计的概念、发展和模式以及亲自然城市的必要性。第二部分通过实证研究介绍与自然环境接触的健康影响，包括相应的研究方法。第三部分主要讨论亲自然城市与公共健康领域的研究前沿问题，包括：亲自然环境的暴露评估、亲自然要素的流行病学研究、路径与机制研究、暴露与健康影响的差异化研究、亲自然规划设计的有效性研究等。

2.3 城市发展战略与政策

笔者在这门课程中主要是介绍健康城市的概念、发展与实践（2个学时）。首先从历史和政策的视角来分析健康城市理念形成的背景与原因；其次介绍了健康城市运动当今的发展以及相应的政策应对；最后结合具体案例介绍迈向健康城市的规划设计实践，包括：经济适用房、公共建筑、街道、公园与广场。

2.4 城市研究方法

笔者在这门课程中主要针对如何量化城市中的自然环境的健康效应介绍相应的研究设计与研究方法（2个学时）。首先，通过有向无环图（Directed Acyclic Graphs）介绍了流行病学的基本思维与术语，解释了环境暴露、健康结果、干扰因素、中介变量等含义以及相互关系。其次，通过具体的实证研究介绍了观察性研究的四种研究设计：队列研究（Cohort Study）、病例对照研究（Case-Control Study）、横截面研究（Cross-Sectional Study）和生态研究（Ecological Study）。最后结合自己的研究课题介绍了两种实验类研究：基于组间比较的随机对照实验（Randomized Control Trial）和基于组内比较的病例交叉研究（Case-Crossover Study）。

2.5 详细设计（2）

这门设计课主要教授居住区规划设计和城市空间微更新设计。笔者在71名同学的大课上通过讲座的形式介绍了影响健康的住区关键因素（包括：促进体力活动、健康的食品环境、清洁环境、亲自然设计、社会融合）。首先阐明这些关键因素指的是什么，其次通过实证数据解释它们为什么对人群健康的重要性，最后讨论规划设计师如何影响和改善这些要素。这些知识点和设计手法都被学生不同程度地应用到了自己的设计方案中，并开始讨论设计策略的潜在健康影响。比如，有学生提出了以"健康环抱"为主题，以促进居民身心健康作为主要设计目标的设计方案，通过贯穿在住区内的多感官体验健身环道将住宅、院落、街道、广场、设施联系起来，为居民提供步行友好、环境健康、设施丰富的健康住区。

2.6 毕业设计

笔者目前正在联合同济大学城市规划系、建筑系和景观系的5位教师一起指导毕业班的23名同学开展"健康校园再生计划——同济大学医学院健康校区及周边地区城市设计"。该毕业设计选题以同济大学医学院整体搬迁至沪西校区后现有建筑和场所有待更新为契机，响应同济大学一级学科交叉的战略，将沪西校区作为前沿研究和规划设计的实验场所和示范基地，实践健康导向的规划设计策略。规划系的 6 名同学分别从降低环境健康风险、促进体力活动、改善心理健康，增进社会交往、改善亲自然接触、考虑平疫结合的视角提出校园及其周边地区的规划设计策略。

通过以上 6 门课程的教学实践，笔者发现通过讲座的形式在现有的理论课中增加与公共健康相关的模块是比较容易实现的方式。而且，在不同年级的课程中融入健康相关的知识和方法能使得更多的学生受益，而不仅仅是那些专注于该交叉领域的学生。但是，其劣势在于教学时间相对较短（通常为 1~2 节课），涉及内容的系统性和深度都有限。而且，由于很难在讲座前安排相关文献阅读和评述，学生在课堂忙于接受和理解新知识，提问和互动的积极性不高。课后也无法安排相应的作业让学生应用所学的知识来解决实际的规划设计问题，只能通过相关设计课的教学来进行补充。

3　课程设计：建成环境设计与公共健康

为了在本科阶段更加系统性地教授建成环境与公共健康的相关内容，弥补现有培养计划中对于健康城乡规划设计课程的空缺，笔者在交叉领域知识单元的基础上设计了一门针对本科生的为期 9 周的选修课程：建成环境设计与公共健康（Built Environment: Design Solutions for Public Health）。该课程旨在引导学生系统性地思考城乡建成环境要素的健康影响以及健康导向的规划设计策略，包括一系列的问题：虽然建成环境和健康之间存在的联系似乎是显而易见的，但它有多重要？建成环境的规划和设计方式能否改善健康？城乡规划应该关注哪些关键的健康问题？如何考虑不同人群对建成环境的需求以及可能带来的潜在健康效应？将健康问题纳入规划和设计过程的工作是否总能增加价值？这些规划设计项目会对健康产生什么影响？

3.1　教学目标

本课程旨在利用一个跨学科的方法来理解公共健康和建成环境之间的关系，力求学生具备识别问题的能力，评估建成环境对健康的影响，并能通过制定规划设计策略来解决既有的城乡人群健康问题。通过为期 9 周的阅读、讲座、讨论以及完成作业。学生将能够：

（1）了解与公共健康相关的基本概念以及与城市规划在历史中的互动和演变；

（2）识别不同空间尺度下影响人群健康的建成环境要素，并形成对这些建成环境有更敏锐的认识并积极感知这些要素对不同人群的健康和安全影响；

（3）理解、分析和评估与健康和空间相关的研究；

（4）熟悉评估公共健康和建筑环境之间关系的方法，以及这些方法的优势和局限；

（5）阐明自己对健康与空间之间关系的批判性看法。

3.2　课程安排

课程分为四个单元：①建成环境与公共健康基础；②影响健康的建成环境因素；③弱势人群与健康差异；④课程总结（表 2）。第一个单元主要介绍两个领域的基本概念、联系和历史发展。首先明确个人健康和人群健康的区别，阐述建成环境是影响人群健康的上游因素之一，为学生评估和理解将建成环境与健康联系起来的各种证据奠定了基础。然后从历史的视角回顾城市规划和公共卫生的演变的重要事件，引导学生思考不断变化的公共卫生观点和疾病致病理论在城市发展和学科演变中发挥了怎样的作用。第二个单元主要涵盖建成环境要素的健康影响以及如何通过规划设计工具塑造建成环境来应对健康问题。主要包括降低环境风险、保持能量平衡、改善心理健康、促进安全可达等视角。这个单元主要训练学生理解实证研究的能力和形成循证设计（Evidence-Based Design）思维。第三个单元主要强调不同人群、他们所处的环境和相关的健康差异问题。从身体机能特点、社会经济水平来探讨如何通过建成环境的改善来促进全龄人群的健康并缩小由于社会经济要素造成的健康差异。最后，课程会以圆桌讨论的形式整合所学知识点，总结实证研究的方法，以及讨论该交叉领域的前沿动态，为学生今后在该领域的学习和研究奠定基础。

3.3　教学方法

该课程将采用研讨课（Seminar）的形式，包括课前阅读与文章评论、课堂讲座与讨论、课后作业三个环节。具体来说，笔者会指定与教学主题高度相关的两篇

建成环境设计与公共健康的9周课程设计　　　　表2

教学单元	教学目标	教学周	教学主题
建成环境与公共健康基础	了解公共健康的基本概念、术语和理论，以及对城市规划历史事件和理论的影响	1	课程介绍：健康挑战与规划设计应对
		2	历史视角：与健康相关的规划事件与理论
影响健康的建成环境因素	从空间的角度识别建成环境中潜在对人群健康有积极和消极影响的要素；通过实证研究了解其与不同健康结果之间的相关性或者因果联系；通过案例介绍了解促进健康的规划设计策略	3	环境风险：空气、水、土壤、噪声、气候变化
		4	能量平衡：体力活动与食品环境
		5	心理健康：蓝绿空间与亲自然设计
		6	安全可达：交通、街道与服务设施
弱势人群与健康差异	从人群的角度了解社会经济水平、身体机能状况不同人群之间的健康差异以及建成环境干预对缩小这种差异的影响	7	健康公平：社会资本与环境正义
		8	全龄友好：儿童与老人
课程总结	整合相关知识点与研究方法，提出前沿的研究计划	9	圆桌讨论：研究方法与前沿动态

文章：一篇综述类文章让学生在短时间内对该主题有一个全面的了解；一篇实证类文章让学生了解针对该主题的研究过程与方法。学生将在精读的基础上，对综述类的文章做出一个图表，描述以往研究证据以及环境要素如何影响健康结果，包括暴露和结果的度量、干扰因素、影响路径等；对实证类文章进行书面评论（Paper Critique）（1~2页），包括概述文章的目的和主要论点，提出对文章优缺点的看法；简要回顾文章在框架、研究问题、方法、证据的使用以及结论方面的优势和劣势；对研究发现在规划设计上的潜在应用做出评论和设想。通过两种形式的评论让学生在课前就对课上教授的内容有了大致的了解，便于课上的提问和互动。讲座之前，笔者会布置一个一分钟笔记（1-min Note），要求学生以匿名的方式在下课前用1min在纸上记录下这节课过程中产生的任何的问题、评论、想法、思考、建议等。下节课开始笔者会用10~15min来回应学生的问题和评论，加深其对课程内容的理解。

该课程计划安排两个作业：案例分析（Case Study）和研究计划（Research Proposal）。案例分析需要针对一个健康问题，可以通过已有空间数据进行绘图（Mapping）和分析，比较不同地区的建成环境暴露的差异；也可以通过现场取样和访谈找出一个具体场地的潜在问题。学生需要通过2~3页的简短评论说明数据收集和分析的过程和阐述潜在的健康影响。研究计划则是在此基础上进行研究设计（可以是观察性或者实验性研

究），包括研究问题、文献综述、研究方法、技术路线等。这两个作业都会采用学生相互评审（Peer Review）的方式进行交流，作业最终的得分将由学生自身作业的质量以及对同学作业的评价质量两部分构成。

4　结语

在过去的十年里，公众和学者的注意力越来越集中到建成环境和公共健康之间的关系上。然而，在国内高等院校城乡规划的课程教学中，很少有课程被开发来解决这些问题。本文在总结以交叉领域知识单元为核心的教学基础上，在城乡规划教学中设计了一门关于建成环境与公共健康的课程，通过教学目标与课程主题、阅读和作业的联系，要求学生掌握有关建成环境和健康主题的知识和技能，并从多个角度分析问题和开发创新的解决方案。希望为我国开展城乡规划学和公共卫生跨学科教学提供思路。

致谢：感谢同济大学建筑与城市规划学院王兰教授、于一凡教授、颜文涛教授、干靓副教授、朱介鸣教授在其主持的理论课中邀请笔者以讲座的形式参与教学。

参考文献

[1] Corburn J.Reconnecting with our roots: American urban planning and public health in the twenty-first

century[J].Urban affairs review, 2007, 42（5）: 688–713.

[2] Botchwey N D, Hobson S E, Dannenberg A L, et al.A model curriculum for a course on the built environment and public health: training for an interdisciplinary workforce[J].American Journal of Preventive Medicine, 2009, 36（2）: S63–S71.

[3] Northridge M E, Sclar E D, Biswas P.Sorting out the connections between the built environment and health: a conceptual framework for navigating pathways and planning healthy cities[J].Journal of urban health, 2003, 80（4）: 556–568.

[4] Jackson R J, Dannenberg A L, Frumkin H.Health and the built environment: 10 years after[J].American journal of public health, 2013, 103（9）: 1542–1544.

[5] 李志明, 张艺. 城市规划与公共健康：历史、理论与实践 [J]. 规划师, 2015, 31（6）: 5–11, 28.

[6] 杨瑞, 欧阳伟, 田莉. 城市规划与公共卫生的渊源、发展与演进 [J]. 上海城市规划, 2018（3）: 79–85.

[7] 田莉, 李经纬, 欧阳伟, 等. 城乡规划与公共健康的关系及跨学科研究框架构想 [J]. 城市规划学刊, 2016（2）: 111–116.

[8] 王兰, 廖舒文, 赵晓菁. 健康城市规划路径与要素辨析 [J]. 国际城市规划, 2016, 31（4）: 4–9.

[9] 王兰, 贾颖慧, 朱晓玲, 等. 健康融入国土空间总体规划方法建构及实践探索 [J]. 城市规划学刊, 2021（4）: 81–87.

[10] 王兰, 李潇天, 杨晓明. 健康融入 15 分钟社区生活圈：突发公共卫生事件下的社区应对 [J]. 规划师, 2020, 36（6）: 102–106, 120.

[11] 李志明, 姚瀛珊, 宋彦. 响应公共健康的美国城市规划教育：历史、培养模式与启示 [J]. 国际城市规划, 2020, 35（4）: 104–113.

Built Environment Design for Health: Integrating Public Health into Urban and Rural Planning Pedagogy

Yin Jie   Wang Lan

Abstract: Despite growing evidence of the direct and indirect effects of the built environment on public health, there is little interaction between the planners and designers who shape the built environment and the public health professionals who protect population health. Few planners and designers systematically consider the health impacts of land use, spatial organization, transportation decisions, site design, etc. An important strategy to improve understanding and communication between planning and public health is to develop interdisciplinary curricula to teach the effects of the built environment on population health and health-oriented planning and design responses. This paper presents the author's attempt to incorporate public health concepts, knowledge, and methods into the existing planning and design curriculum through cross-disciplinary knowledge units at Tongji University. In addition, this paper proposes a new course "Built Environment: Design Solutions for Public Health", including teaching objectives, course logistics, and teaching methods. It is hoped that this will help bridge the pedagogical gap between urban planning and public health, and enable students to begin to value, create and promote healthy built environments.

Keywords: Public Health, Built Environment, Interdisciplinary Teaching

走向深度融合的同济城乡规划教育中的工程规划教学

高晓昱

摘　要：我国城乡规划教育中的工程规划教学有很长的历史，其地位和作用也随着各个历史阶段对规划人才知识结构要求的变化而变化。本文围绕同济大学城乡规划专业的工程规划教学改革，探讨从理念和内容上将工程规划教学深度融合进城乡规划设计教学的各个环节的教学方法，强化工程规划教学与规划设计教学的关系，以完善城乡规划专业教学体系，适应转型期人才培养的需要。

关键词：城乡规划；工程规划教学；深度融合

在 2022 年 5 月举办的"第十届金经昌中国青年规划师创新论坛"上，吴志强院士在"同济规划教育的早期探索"的报告中指出，1922 年同济大学开设的"城市工程学"（包含道路、给水排水等方面教学内容）课程是同济大学城乡规划专业的发轫。这个事实反映了当年中国规划教育开创者们对于城市工程规划建设方面知识重要性的认识。而在 20 世纪 50 年代，城市工程规划教学也是同济城市规划专业❶的主力课程之一，开设了城市道路、交通运输、给水工程、排水工程、管网综合、城市供电和竖向规划等工程规划课程。可以说，同济的城乡规划专业教学与城市工程教学具有相生相伴的历史渊源。

1　人才培养目标与工程规划教学

同济工程规划教学内容的设置，与人才培养目标的变化密不可分。

在同济规划发端之初以及新中国成立后、"文化大革命"前的城市规划专业教学中，工程规划所占地位较高，与在那些历史阶段我国在城乡规划建设方面的人才短缺有密切的关系。城乡规划专业的本科生毕业以后往往是设计多面手和"全能运动员"，相应地，在城乡规划专业教学中工程规划教学内容必须得到强化。

"文化大革命"后一段时期内，城乡规划学科面临着重要的转型，城乡规划教育的内容出现了一次大规模的扩充，原来以建筑和工程为基础的规划教育趋于综合化，强调工程技术与社会经济知识兼容并蓄。此时，在同济的城乡规划本科教学中，随着规划背景的工程规划老教师逐步退休，一些工程规划的课程（如"城市给水排水"）由于过强的"工程专业性"，欠缺对于城乡规划本科阶段教育的针对性，课时逐步减少乃至消失，给人文社科、经济学和计算机辅助设计技术等方面的规划课程让路。这是同济城乡规划教学中工程规划教学所面临的严重挑战。

从 20 世纪 90 年代开始，我国城乡规划编制体系的各种法规标准中体现出来的对于工程规划的要求还是比较高的，但是不再需要通过强化规划人员个人技能来解决问题，而是通过规划设计单位日益完善的团队构成来完成任务。所以，规划院中出现了"市政所"或研究中心，为各类综合性规划提供人员保障。在这种情况下，城乡规划专业人员培养中就出现了一种倾向，就是规划师有没有工程规划知识不重要，找人来"配市政"就行了。在"墙上挂挂"、难以操作的大量规划中，出现了很多在工程领域程式化的、缺乏针对性的规划设计，实际上是规划师缺少理解和应用工程规划方法的整体规划思路，没有引领工程规划设计，给相关专业人员定框

---

❶ 1952 年同济城市规划专业创立（当时名称为都市计划与经营专业），1956 年该专业分为城市规划专业和城市建设工程专业（五年制）。

高晓昱：同济大学建筑与城市规划城乡规划系副教授

架、"提要求"的能力造成的。当时的规划教育在培养"领军人物"规划师的能力方面，出现了短板。

以陈秉钊教授为代表的20世纪90年代同济城乡规划教育体系的设计者，对当时这种现状有了一定认识和了解后，也在思考对教学体系进行补充和完善，在20世纪90年代末同济城乡规划本科教学中设立了"城市工程系统规划"课程❶，通过二十余年的不断改革和完善，成为同济城乡规划教学中工程规划教学的核心课程。

在国土空间规划体系逐步建立的当下，对于规划团队的知识结构有了新的要求，涉及的专业领域更多，空间规划需要的支持条件和考虑的限制因素也更多了。对于水资源与水环境容量、能源供给与碳排放、灾害影响与城乡韧性等前提性、关键性内容的研究，已成为空间规划必备知识体系的重要组成部分，城乡规划教学体系培养出来的规划人员要成为合格的"国土空间规划师"，工程规划领域的知识体系需要更好地模块化应对需求，教学方法方面也要与规划设计教学内容衔接融合，才能适应急速变化的规划人才培养需求。

2 工程规划教学体现城乡规划专业特色

城乡规划学科领域谈到的"工程规划"教学，一般覆盖到交通、给水、排水、供电、供气、（集中）供热、通信、环卫、防灾（包括防洪涝、抗震、消防、人防等）系统领域的内容，这其中除了交通体系由于重要性和复杂性，往往单独设置课程进行讲授外，其余系统都要通过工程规划课程讲授相关基础知识。这就造成了一定的困难，即在学生课时有限、精力有限的情况下，如何适应国土空间规划改革中对于城乡规划工作者更宽广知识面的要求，如何判别大量工程规划知识的基础性、重要性和针对性，打造适用于城乡规划专业本科教学的工程规划课程，是各规划院校本类型课程教学的难点。

"城市工程系统与综合防灾"作为同济大学城乡规划学教学中的特色理论课程，设立之初就确定了"融合"的基调，在教学内容全面覆盖工程规划基本知识和前沿知识的同时，逐步摆脱了分别讲授独立系统的单一套路，特别强调了对城乡规划专业特色的针对性，将重点放在

---

❶ 同济城规专业的"城市工程系统规划"课程在2010年左右改名为"城市工程系统与综合防灾"，并沿用至今。

讲系统关联、讲城乡空间、讲规划编制，适应城乡规划行业发展的需要以及相应的人才培养的要求，对于城乡规划本科生相关知识面的拓展、规划学习与工作中工程思维和安全理念的养成，起到了非常重要的作用。

当前，城乡规划本科专业已在相当多的综合性大学或以城乡建设规划为主导方向的院校中得到普及，其培养模式的改革也在不断探索中，一个主要方向是"宽基础"，专业课程不断扩充，课时资源非常紧张。对于面宽量大的工程规划教学来说，如果不能很好地设计教学体系和方法，在进一步调减课时的总基调下，就难以完成教学任务：讲快了学生听不懂，讲慢了内容教不全。所以，对于同济的城乡规划专业来说，在历经十余年建设，工程规划知识体系已经基本成型的情况下，近几年仍然需要对教学内容和方法进行重大调整：紧紧围绕城乡规划人才培养目标，进一步梳理出最为重要的内容，进行整合和模块化，并与城乡规划设计教学充分融合。

3 走向深度融合的同济工程规划教学设计

同济"城市工程系统与综合防灾"理论课的教学安排根据城乡规划专业教育体系的整体要求，进行了多次调整。目前的"城市工程系统与综合防灾"（1）讲授城乡规划专业学生必须了解的工程系统规划基础知识和相互关系，"城市工程系统与综合防灾"（2）讲授工程规划领域前沿动态和综合性工程规划（如综合防灾规划、海绵城市建设规划等）编制方法。

在教学中，同济工程规划教学团队发现：课程的讲授知识点较多，比较容易出现"碎片化"的问题，各子系统间缺少联系；另外学生觉得讲授内容与各学期主修的设计课关系不大，比较枯燥，而当进入"城市总体规划""乡村规划"等需要运用工程规划知识的设计课阶段后，又不知道原来学的知识怎么用，用得对不对了。

发现这些问题后，教学团队意识到：工程规划知识与各层级、各类型的规划设计实际上应该体现出融合互动的关系，必须是"伴随式""全过程"的。相应地，工程规划教学也必须与规划设计教学相互伴随，互动融合，才能达到学懂用通的目的。

3.1 以体系化应对知识碎片化

多种多样的各工程子系统，分系统的知识讲授中容易

出现碎片化情况。同济工程规划教学团队以编写完善教材为主要手段，进行教学内容的体系化。1999 年，戴慎志教授在同济校内使用系列讲义的基础上，主编出版了《城市工程系统规划》教材，系统地阐述了城市工程系统规划范畴、规划工作程序和内容深度、规划设计原则和设计方法，与我国城市规划设计，相关国家标准、规范和技术规定紧密结合，奠定了工程规划教学体系化的基础。在该教材编写中，不是像以往的一些"汇编式"教材一样堆砌子系统规划知识，而是以交代各子系统之间、各子系统与城乡规划之间的关系为要点和创新点，逐步完成了城乡规划学科工程规划领域知识的体系化建构。

该教材补充完善后，相继出版第二版（2008 年）和第三版（2015 年），2022 年将修订出版第四版。教材对现有的知识体系进行梳理总结，不断补充完善与城乡规划学科发展密切相关的内容，使其能够适应我国快速变革的城乡规划编制和管理体系，跟上各项工程设施和防灾领域规划技术发展的步伐。

3.2 以融合度体现针对性

从工程规划领域本身的发展来看，各工程系统之间的系统融合、空间融合是大势所趋。"跨系统"的中水系统、分布式能源系统、避难疏散空间系统成为城乡工程发展中不可忽视的系统，而竖向规划设计、海绵城市建设规划、综合管廊建设规划、综合防灾系统规划等具有体系整合融合特点的规划形式层出不穷；在工程系统规划编制实践中，也体现出与综合性的城乡规划（目前为国土空间规划）融合的要求，例如"双评价"中对于水资源和城乡用水量的测算，"双评估"中对于灾害危险性的评估，以及城乡发展规模论证中水资源限制因素（"以水四定"）的考虑，为实现"双碳目标"采取的城乡能源系统更新改造措施，城乡空间管控中对于"邻避"基础设施黄线和保护空间控制的要求等。工程规划理念与技术与城乡规划的各个部分已经深度融合，密不可分，教学中，学生对此应该有充分的了解，并相应掌握基本的规划技术方法。

从 2000 年后，在历次教材修编和课件完善过程中，同济工程规划教学团队就一直在致力于体现工程规划知识与规划设计内容的融合。"作为一个规划师，我们应该秉持什么样的工程规划理念，具备什么样的工程规划知识，我应该告诉团队里的工程规划人员做些什么"，成为教学中常用的句式，不断重复和强化。相应地，诸如具体管径计算等内容在教学环节和教材编写中弱化了，教学重心的调整有利于宝贵的理论课课时的合理利用。

3.3 以模块化强化融合度

在同济大学的城乡规划专业本科生教育中，规划设计课程是教学时间最长、对教学效果要求最多的课程类型，长期以来采用的是设计课教师"面对面、手把手"，因人而异的基本教学方式，这种教学方式对于设计课教师的规划设计能力和知识面提出了很高要求。近年来，工程规划教学团队与各设计课教学团队合作，在一些设计课，如城市总体规划、乡村规划、城市设计、住区规划（详细规划）等，采用课内外讲座方式讲授与本设计课题有关的前沿性知识，探讨在面向未来的规划设计中采用最新工程规划理念、方法和设施的可能性，以弥补学生乃至设计课教师在规划设计必备的工程规划、防灾规划等相关知识方面存在的不足。同时，由于工程规划教学团队的教师大都具有城乡规划知识背景，往往也直接参与设计课教学，对于教学进度和相关知识的"盲点""痛点"有着比较清晰的认识和了解，更能够合理设计适应该设计课的工程规划教学模块。

在现有"城市工程系统与综合防灾"理论课授课课时不变，以及不影响设计课教学安排基本框架的前提下，工程规划教学团队通过科学设置多种形式的教学模块，理论课作业与设计课讲座结合，合理把握工程规划教学模块嵌入规划设计课的时间节点，达到在不增加学生总体课时负担基础上促进学生对工程与防灾规划知识的掌握与运用能力的目的。

教学模块设计，一方面是完善教学课件，通过选取大量有针对性案例，体现与设计课本身选题、基地特点的结合；另一方面，是对课程作业设计的完善，这是与学生产生交流互动的重要方式。对于以往理论课教学过程中课程小论文的撰写，结合设计课，改为设计小模块，如在修建性详细规划（住区规划）课程中，插入"海绵城市"或"避灾空间"小模块设计，让学生运用理论课知识设计小模块，并将这个小模块嵌入住区设计的整体方案和最后成果中去（图1），对于提升城乡规划学科学生的设计能力，是很有帮助的。

除此之外，选取下凹式绿地、透水铺装以及绿色屋顶设施来共同接纳道路及屋面雨水，起到大面积调蓄、净化以及收集的功能，更好地实现对年径流总量控制和污染物控制。其中下凹式绿地主要分布在防护绿地、住宅组团绿地以及休闲绿带，绿地底部换填种植土 30cm，平均蓄水深度 0.1m，并考虑其周边道路立侧石开口，便于道路雨水引流进入下凹式绿地。透水铺装主要设置在非车行道路、园路、停车位以及广场。绿色屋顶集中分布在公共建筑和部分住宅建筑屋面。

图 1 结合住区详细规划设计的"城市工程系统与综合防灾"课程期末作业部分内容

资料来源：同济大学城乡规划专业 2018 级学生方晏如.

4 结语

在我国城乡规划教育的工程规划教学中，很多兄弟院校的教学团队根据理论课程特点，进行了很多有益的尝试，主要集中在增加理论联系实践的教学环节，丰富实践案例库方面。存在的问题也比较类似，就是教学内容量大面广，实践机会难得，实践课时不足。同济工程规划教学团队从城乡规划教育的整体要求出发，根据工程规划领域本身出现的融合发展趋势，通过嵌入式知识模块的设计，尝试将工程规划课程与现有的规划设计课程融合互动，体现工程规划教学在城乡规划人才培养中的针对性，强化学生的工程规划思维和规划技术能力，已经取得了不错的教学效果，并将继续在此方面做出努力。

参考文献

［1］ 高晓昱. 同济大学城市规划专业本科教学中的工程规划教学历史、现状和未来 [C]// 更好的规划教育. 更美的城市生活——2010 全国高等学校城市规划专业指导委员会年会论文集. 北京：中国建筑工业出版社，2010.

［2］ 卢璟莉，杨光杰，范学忠，等. "城市工程系统规划"课程教学改革探索 [J]. 教育教学论坛，2017（7）: 104-105.

［3］ 黄亚平，林小如. 改革开放 40 年中国城乡规划教育发展 [J]. 规划师，2018（10）: 19-25.

Engineering Planning Teaching in Tongji Urban and Rural Planning Education towards Deep Integration

Gao Xiaoyu

Abstract: The teaching of engineering planning in urban and rural planning education in China has a long history, and its status and role also change with the changes in the knowledge structure requirements of planning talents in various historical stages. Focusing on the teaching reform of engineering planning of urban and rural planning specialty in Tongji University, this paper discusses the teaching method of deeply integrating engineering planning teaching into all links of urban and rural planning and design teaching from the concept and content, and strengthens the relationship between engineering planning teaching and planning and design teaching, so as to improve the teaching system of urban and rural planning specialty, and meet the needs of talent training in the transition period.

Keywords: Urban and Rural Planning, Engineering Planning Teaching, Deep Integration

面对新时代背景，如何提升专业课堂吸引力？

姜学方　陈　超　袁龙飞

摘　要： 面对新时代背景，高等教育大学课堂面临诸多挑战和冲击，并反馈和呈现出一些共性问题和教学思考，课堂表现出问题有：信息共享，封闭课堂；课堂上过度依赖激光笔，知识细节被隐藏起来，从而导致课堂吸引力不足等客观问题。在新时代背景下，课堂有新需求、新变化、新内容、新挑战，促使课堂教学创新。基于此尝试探索构建"学生、教师、信息、教室"四位一体新时代信息无障碍交互传递课堂创新教学，提升专业课堂吸引力。

关键词： 教学内容设计；课堂吸引力；信息无障碍交互传递；课堂创新

1　教学内容设计

1.1　传统教学内容

在信息化时代，知识全面普及，大学生作为知识学习和接受主体，时时刻刻都在进行知识内容和结构的更新，会变得特别聪明，同时形成大量的知识片段和知识节点。在这种背景下，传统教学内容一定会受到冲击和挑战。如何能把这些知识碎片串联起来，如何深挖知识点、知识交叉关联、驱动创新是新时期大学的真实需求，也是大学教师要面临的挑战。例如，在城市道路交通教学中，我们国家非机动车道最大坡度是多少？在世界上处于什么水平？与节能减排是否有关联？北京如何做的，陕西西安又是如何做的？这样内容基于传统教学的丰富和更新，有助于提高课堂吸引力。

1.2　教学内容丰富和更新设计

传统教学内容相对简洁，以规范数据呈现和记忆为核心内容，与同学们的实际生活场景的感受关联度不大（表1），教学内容引发兴趣点、好奇点几乎没有。为了提高专业课堂的吸引力，对传统的教学内容进行丰富和更新设计，如图1所示。

根据教学内容丰富和更新设计，结合课前的学情分析，开展非机动车坡度教学课件设计（表2）。

2　持续的教学基础性工作和创新性工作

每个老师都从学生阶段走过来，我们会清晰地记得那些在记忆中留有深刻印象的一节课、一门课、一位老师。课堂吸引力取决于教师，取决于教学内容，取决于教学设计，取决于教学手段，取决于教学形式。方方面面都离不开教师大量反复的基础性、创新性工作。例如西安建筑科技大学场地设计课、城市摄影课、城市道路与交通课、城乡规划设计导论课等都给同学们留下了深刻的印象。课程老师时时刻刻都在持续进行大量教学基础、创新工作。具体见表3。

3　课堂信息无障碍交互传递

50min一节课，释放出大量的教与学信息，有些信息可见，有些信息不可见，被隐藏起来；哪些信息能被接受？哪些信息是无效的？老师和同学之间都有不同的答案。信息不生动，不准确，不详细，导致信息的交互传递受阻，课堂大量信息失效或无效，甚至在信息共享下，互联网查询、大学MOOC、短视频直播、论坛、沙龙、学术会议信息缺乏交互传递；如何做到课堂信息无障碍交互传递？

3.1　课堂教学重点难点内容信息无障碍交互传递

教学的重点难点内容，细节刻画再慢一点、再精细一点；图解再多一些、再生动一些；确保学生能看懂，

姜学方：西安建筑科技大学建筑学院讲师
陈　超：西安建筑科技大学建筑学院讲师
袁龙飞：西安建筑科技大学建筑学院工程师

非机动车坡度传统教学内容 表1

骑行纵坡（%）		3.5	3.0	2.5	推行纵坡（%）		20	25
最大坡长（m）	自行车	150	200	300	最大坡长（m）	自行车	6	6.8
	三轮车	—	100	150		三轮车	—	—

图1　非机动车坡度教学内容设计

摸得着，有吸引力。例如，道路展线截距确定与设计过程图解如图2、图3所示。

投入大量的时间与精力建立课堂教学内容信息无障碍交互传递标准菜单，见表4，珍惜学生的每一次提问和质疑，这是教学创新的基础。虚心向同行请教，交流，促进课堂教学重点难点内容信息无障碍交互传递。

3.2　课上课下学习过程信息无障碍交互传递

课上课下学习过程中，会有很多被隐藏的交互信息，主要包括：课程知识点疑问、学科关联疑问、创新思路疑问、学习专业的困惑、学习方法疑惑，软件应用的困惑，课程设计疑惑等方面。受制于目前高校新老校区空间分离，专业教师与学生相互交流机会与时间都大大减少，存在严重的课堂信息不对称；师生距离被拉大，师生共同体难以建立。见表5。

3.3　推理求证，逐本求源，课程思政，水到渠成

打开育人边界、打开学科边界、打开学习边界、打开学校边界；育人为本是教育的生命和灵魂，是教育的本质要求和价值诉求。"育人为本、德育为先"是实施教育的主导思想。教育必须把培养社会主义建设者和接班人作为根本任务，也赋予了课程崭新的内涵。课程思政的显性功能是提升课程的内涵和提高课程的质量。例如，在路网参数化设计中路网密度的推理计算过程中，从路网级配模式理论计算到路网密度参数化计算，从计算结果失败到重新计算、从理论到实地调研验证，从一个数据看到国家行业的战略需求。培养同学严谨的学习态度，同时发现了中国传统文化的博大精深，并勇于探索与实践，如图4、图5所示。

非机动车坡度教学内容设计表（部分课件） 表2

导入雨课堂选择题	知识点串联	世界水平＋课程思政	设计图解
学生感同身受 知识深入浅出	坡度三种表达方式	视频播放 设计思考	全球视角 课程思政	重点难点 详细图解

教学基础、创新工作关联度矩阵表（H—高度相关；M—中等相关；L—弱相关）　表3

创新工作 基础工作	导入课堂	情感互动	理性求证	数据支撑	课堂展示	课堂测试	反馈总结
教学内容 精益求精	H	L	H	H	H	M	H
教学资源 丰富多样	H	M	M	M	H	H	H
重点难点 分布合理	H	M	H	H	H	H	H
课程思政 水到渠成	H	H	M	L	L	L	H
教学课件 打磨提炼	M	H	H	H	H	H	H
设计图解 细致入微	M	L	H	M	H	H	H
节奏语速 仪容仪表	L	H	L	L	H	L	L

□第三步：确定地形图上等高线截距

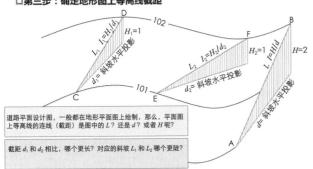

图2　道路展线截距的确定与计算（自绘）

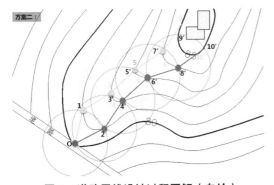

图3　道路展线设计过程图解（自绘）

课堂信息标准菜单（自绘）　表4

课堂教学内容信息无障碍交互传递标准菜单

菜单	学生客观评价反馈（匿名）				同行评价反馈（实名）	动态调整
	整体评价			改善建议		
	较好	一般	很差			
图解	较好	一般	很差	内容、细节、表达、色彩	1. 2.	内容、细节、表达、色彩
模型	较好	一般	很差	真实、形象、客观、材料	1. 2.	真实、形象、客观、材料
动画	较好	一般	很差	生动、形象、声音、颜色	1. 2.	生动、形象、声音、颜色
视频	较好	一般	很差	主题、时长、音效、清晰	1. 2.	主题、时长、音效、清晰
测试题目	较好	一般	很差	客观、科学、难易、题量	1. 2.	客观、科学、难易、题量
演示	较好	一般	很差	内容、节奏、参与、沉浸	1. 2.	内容、节奏、参与、沉浸
推理验证	较好	一般	很差	方法、数据、科学、理性	1. 2.	方法、数据、科学、理性
论文拓展	较好	一般	很差	题目、指导、时间、成果	1. 2.	题目、指导、时间、成果
竞赛拓展	较好	一般	很差	题目、指导、时间、成果	1. 2.	题目、指导、时间、成果

课上课下学习过程信息无障碍交互传递设计　表5

课堂过程信息无障碍交互传递设计

信息类型	交互环节	动态呈现
知识点疑惑	小组讨论、课堂讨论、课堂小测试	弹幕、关键词条、动态数据
学科关联疑问	主题班会、学术讨论、线上交流、推荐书目	导入课堂、传递分享
创新思路疑问	鼓励创新、论文写作、竞赛拓展、发明创造、持续关注	导入课堂、传递分享
专业学习困惑	小组讨论、帮扶小组	积累总结、导入课堂
学习方法困惑	小组讨论、帮扶小组	积累总结、导入课堂
软件应用困惑	小组讨论、兴趣小组、勤工助学	经验分享
课程设计疑惑	设计讨论、常驻设计室、线上交流	导入课堂、传递分享
实践应用困惑	现场教学、线上交流	导入课堂、传递分享
数据规范困惑	飞行嘉宾（校内外导师）指导、小型沙龙	导入课堂、传递分享
设计方案困惑	飞行嘉宾（校内外导师）指导、小型沙龙	导入课堂、传递分享

资料来源：作者自绘.

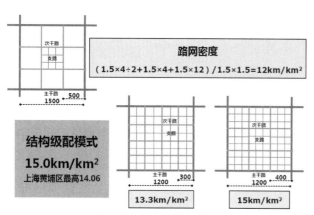

图4 路网密度推理求证
资料来源：作者自绘.

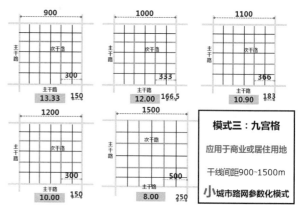

图5 小城市路网参数化设计模式图解
资料来源：作者自绘.

3.4 教学环境

为了满足不同的授课，大学教室的形式有普通教室、环形教室、讨论教室、智慧教室等；辅助设备有空调、音响、WF、多媒体、大屏幕、视频录制等。教学软件有雨课堂、智慧树、腾讯课堂等。要充分利用教室的空间和设备，把其视为教学活动展开的一个重要环节。针对不同的教室进行不同的教学设计，见表6。例如，普通教室中班课，可以考虑使用雨课堂的互动、弹幕、选择题、视频等教学手段。环形教室、讨论教室可以使用更多的讨论思考环节，要精心准备讨论的话题，围绕话题展开教学设计；图解的过程要更加清晰，放慢节奏，力求每个同学都能参与进来。智慧教室充分利用智能设备，丰富课堂。教学内容图解要更加清晰。通过声、影、画多方式呈现。

这么多与课堂、专业、设计、拓展、实践、认知等大量的信息，几乎每天都在老师与同学之间无障碍交互传递，不能无视，必须重视，让课堂教学更加丰富多彩，贴近同学们的真实需求，建立师生教学共同体。

4 提升专业课堂吸引力的辩证对立技巧

"反者道之动，弱者道之用"，事物发展到了极限，就要走向反面。矛盾都是"对立统一"的，任何一方面都不能孤立存在，而须相互依存、互为前提。所以抓住矛盾的对立，可能会给我们提供如何提升课堂吸引力的辩证对立技巧。见表7。

4.1 听懂不懂

教学每一节课程都希望学生能听懂，例如基本原理、基本理论、重点难点内容。但是有些内容一定会不懂，例如"学科前沿、技术前沿、学术焦点、交叉矛

不同教室教学手段 表6

教室类型	上课人数	存在问题	教学手段
报告厅	150人以上（大班课）	人数较多，容易分散注意力；师生互动少，信息交流不畅；师生距离拉大	教学内容重点突出，语速放慢；大量图解和案例，使用教室辅助工具（雨课堂）互动，弹幕
普通教室	90人以上（中班课）	激活后排学生学习的主动性	使用教室辅助工具（雨课堂）互动、弹幕、选择题、视频等教学手段；丰富教学素材，深入浅出，贴近实际，突出重点，课堂评价
环形教室讨论教室	30人以下（小班课）	课堂话题不够突出，过于平淡	要精心准备讨论的话题，围绕话题展开教学设计；放慢节奏，力求每个同学都能参与进来
智慧教室	30人以下（小班课）	很多智慧功能被闲置	充分利用智能设备，丰富课堂。教学内容图解要更加清晰；通过声、影、画多方式呈现

提升专业课堂吸引力辩证对立技巧 　　　　表7

听懂不懂	无关有关	矫情"激情"	平淡"梦幻"	计白当黑	正确错误
学科前沿 交叉关联 实际应用	项目科研 热点事件 技术壁垒	持续关注 数据观察 分享交流	版面设计 动画设计 音频视频	课堂提问 课程作业 全国竞赛	珍惜重视 勇于面对 自我提升

盾、数据背后、实际应用"。有了这些不懂内容加持，课堂就不单单是教材的再现、网络查询的呈现，而是一定有吸引力的课程。同时也会让学生更清晰地走近一门课程，进而走进一门课程。

4.2　无关有关

俗话说"天边的道理不如身边的故事"，传统教学里或教材里，结合理论内容会出现一部分案例内容；但是很多案例距离我们生活太远，我们看不见、摸不着，甚至用不上。近些年我们一直在教学中融入案例教学，什么样的案例更适合本科教学呢？比如"新闻动态、热点事件、技术壁垒、生活细节、项目科研、媒体视频"等，可以结合不同的课程教学内容，精心准备，不要仅仅播放和展示案例内容，主要的是案例背后隐藏的思想和技术点要与教学内容100%地衔接传递，这是非常重要的一个教学设计环节。让一门课内容渲染出浓重的"与我有关"，这样的课堂一定会有吸引力。

4.3　矫情"激情"

针对现象进行道德评判，会让人变得愚蠢；透过现象去思考，找出问题，让自己宽容，换位思考。比如"持续关注、数据观察、文献查阅、阶段成果、讨论优化、分享交流"等都归纳为"激情"。因为这些方面需要你投入更多的时间和精力去做，需要你有足够的热爱和激情注入，当你分享交流时，就会影响周围的人。每个人都不是渺小的，你时刻都在改变世界，你的思想可以传递到你无法想象的远方。这样的课堂一定会有吸引力。

4.4　平淡"梦幻"

随着年龄增加、生活阅历的丰富，更多平淡走进彼此的生活。但是大学生正值青春年华，需要丰富多彩、五彩缤纷的生活体验。比如"PPT版面设计、动画设计、音频视频、颜色字体"等都归纳为"梦幻"。有了这些内容加持，课堂一定会丰富多彩、活力四射，一定更有吸引力。

4.5　计白当黑

不作园丁把学生修剪成自己喜欢的样子，而是作导游，带领学生走进科学的花园。比如"课堂提问、问题讨论、课程作业、结课作业、调查报告、全国竞赛"等都归纳为"计白当黑"，激发同学们的兴趣和爱好，释放主动学习的动能，持续的创新与挑战。这样的课堂一定会有吸引力。

4.6　正确错误

如果出现课堂上讲错了的内容，被学生发现和提出，那么你一定要珍惜这次"出错"，想想为什么会错了，是细节？是逻辑？是方法？哪个环节出错？及时地修改并完善。也有可能是教师的语言的表达与学生的理解出现重大偏差，那么老师的语言表达能力急需提升，这是一个非常容易忽视的问题。这些"出错"是教师自我更新成长的必不可少的过程，我们必须用发展的眼光和时间的沉淀去看待教师的成长，这是科学客观的。

5　完整课堂教学体系

从有吸引力的导入课堂，生动刻画的图解，情感需求互动分享，专业知识答疑解惑，理性实验推理求证，丰富多彩案例赏析，课堂现场动手展示，自然融入课程思政，重点难点总结归纳，布置课后作业，及时课堂评价发布。力争每一节课内容都是完整、有节奏的。信息无障碍交互传递形成一个教学环，如图6所示，环环相扣，形成一个完整的课堂教学体系，如图7所示。

图6 教学环
资料来源：作者自绘．

一节课完整教学体系		
教学体系	教学内容	表现形式
导入课堂	问题提出、社会热点、新闻事件、密切关注、认识误区、发明创造等	数据、图片、视频、图纸、模型等
内容呈现	重点难点内容	图表
情感互动	情感需求互动、不同视角下对专业问题的认识、关注的重点	课堂谈论弹幕互动
专业技能	基础知识细节重点难点生动刻画；专业视野，研究内容及时融入课堂	图解
理性推求	数学理性推理求证，不断地失败，不断地改进；实地验证	数学、图表、历史
案例赏析	丰富多彩案例赏析，透过现象，冷静思索，找出问题，宽容待人，换位思考	视频、设计图纸
课堂展示	课堂现场完成教学动手展示	小组PK，激活后排
课程思政	符合国家战略需求基于专业教学知识点的课程思政	关键词
课堂总结	重点难点内容总结	布置作业，课堂练习
评价反馈	学生对专业内容学习高度概括总结；反馈学习效果，评价课堂教学	弹幕、生成词条

图7 一节课完整教学体系
资料来源：作者自绘．

6 总结

提升专业课堂的吸引力关键还是在于教师。课程内容为王、教学设计为线索、教学投入是前提、教学形式为辅助，课堂的吸引力逐渐会变大。大道至简，知易行难；知行合一，得到功成。复杂的事情简单去做，简单的事情重复去做，重复的事情用心去做，长期坚持，受益匪浅。

探索课堂创新的路还很长，不要忘了我们来时的路。

How to Enhance the Attractiveness of Professional Classrooms in the Face of the New Era?

Jiang Xuefang   Chen Chao   Yuan Longfei

Abstract: Facing the background of the new era, the university classroom of higher education faces many challenges and impacts, and presents some common problems and teaching thinking; The problems in class are: information sharing, closed class; Excessive reliance on laser pens in the classroom, and the details of knowledge are hidden, which leads to objective problems such as the lack of attraction in the classroom. In the new era, the classroom has new needs, new changes, new content and new challenges, which promote the innovation of classroom teaching. Based on this, we try to explore the construction of "students, teachers, information, classroom" four in one new era information barrier free interactive transmission classroom innovative teaching, and enhance the attraction of professional classroom.

Keywords: Teaching Content Design, Classroom Attraction, Information Barrier Free Interactive Transmission, Classroom Innovation

国土空间规划背景下城市基础设施规划课程教学模式探究

何琪潇　刘　畅

摘　要：我国正进入国土空间规划建构和编制的快速发展期，城市基础设施规划课程教学迎来了新的挑战与转变。基于当前高校城市基础设施规划课程建设的普遍现状，分析了新的国土空间规划对城市基础设施规划的影响，提炼了国土空间规划背景下城市基础设施规划课程教学目标、教学内容、教学形式，突破原有规划体系下的城市基础设施规划课程教学模式，建立面向新时代国土空间规划体系的教学构架，以此培养适应国土空间规划背景的新型城乡规划人才。

关键词：国土空间规划；城市基础设施规划；教学模式；韧性城市

自 2019 年《中共中央 国务院关于建立国土空间规划体系并监督实施的若干意见》发布以来，经过三年来全国各省市县的不断探索和全面推进，目前我国国土空间规划工作已全面展开，全国统一、责权清晰、科学高效的国土空间规划体系正迎来快速的建构时期。国土空间规划，不仅对于位于"前线"从事城乡规划编制和管理部门的工作重心产生了深刻的影响，也对位于"后方"参与城乡规划专业教学机构带来重大的挑战。城乡规划的教育工作是否能够培养在规划意识和技术能力上适应新时代国土空间规划的人才，完全取决于当前高校城乡规划专业教育的课程模式和培养方案。有理由相信，高校城乡规划专业课程面临着重构与改革，需要突出国土空间规划体系建设对城乡规划专业人才培养的引导，在工程知识、问题分析、工具使用等方面的素质和技能培养方面融入国土空间规划前沿经验，落实中国空间规划管理变革的理论与实践需求，创新人才培养机制。

城市基础设施规划作为城市安全与可持续发展的重要支撑和保障，是城市生存和发展的保障系统，其供给能力、供给方式和质量是决定城市规模和城市综合服务水平的主要因素[1]。在传统规划体系属于专项规划的范畴，是一项综合性、系统性、复杂性的工作，涉及政治、经济、社会、自然等各个领域。新的国土空间规划体系强化对交通、能源、水利、农业、信息、市政等专项规划的指导约束作用，统筹和综合平衡各相关专项领域的空间需求[2]，避免了长期以来存在的专项规划、土地利用规划、控制性详细规划等"规划打架"现象发生。与此同时，"十四五"规划纲要对建设现代化的基础设施体系提出了新要求，"统筹推进传统基础设施和新型基础设施建设，打造系统完备、高效实用、智能绿色、安全可靠的现代化基础设施体系"[3]，作为贯穿国土空间规划实施的关键环节。

不难发现，无论是新的空间规划体系的要求还是我国未来社会发展的目标，都指明了在城乡规划专业课程新一轮改革过程中，作为基础核心地位的城市基础设施规划课程亟需开展教学模式改革。在教学目标、教学内容、教学形式等方面，突出新的规划逻辑和技术工具的展示，强化学生在解决城市基础设施等工程领域问题的能力，培养能够紧跟时代变革的城市基础设施规划人才，推动城市基础设施规划学科的快速发展。

1　新的国土空间规划对城市基础设施规划课程的影响

新的国土空间规划对传统城乡规划专业人才培养提出了新的要求，在课程结构、实践环节和课程内容上都应有新的调整[4]。为适应新的国土空间规划的需要和发

何琪潇：重庆交通大学建筑与城市规划学院讲师
刘　畅：重庆交通大学建筑与城市规划学院副教授

展，城市基础设施规划课程教学应进行相应的调整，重点调整方向主要源于国土空间规划对城市基础设施规划课程的三类重要影响。

1.1 "安全韧性"成为引领基础设施规划的主导理念

2020 年，自然资源部办公厅印发的《市级国土空间总体规划编制指南（试行）》明确提出"构建集约高效、智能绿色、安全可靠的现代化基础设施体系，提高城市综合承载能力，建设韧性城市"，协同融合、安全韧性成为接下来城市基础设施规划的主导理念。不同于传统城市基础设施注重基础保障与支撑功能，安全韧性对基础设施工程提出了更高的要求。上海近期公布的《上海市国土空间近期规划（2021—2025 年）》明确提升市政基础设施和防灾减灾设施应对灾害的能力和韧性，提出"应急避难场所人均避难面积提高至 1.5m^2，生活垃圾回收利用率达到 45% 以上"等规划指标。除此以外，近年我国提出的海绵城市、无废城市、零碳城市、智慧城市等城市发展理念和目标，进一步提升和改善城市基础设施规划的地位和内容。有理由相信，随着目前城市基础设施建设实践的不断积累，各种类型基础设施规划的规模标准和布局要求将会发生较大的改变。

1.2 "新基建"建设丰富了基础设施规划的管控方式

2018 年底，中央经济工作会议首次提出"新型基础设施"的概念，并将新型基础设施建设列为经济建设的重点任务之一；2020 年，住房和城乡建设部等 7 部门印发《关于加快推进新型城市基础设施建设的指导意见》，提出加快推进基于信息化、数字化、智能化的新型城市基础设施建设。这一轮的国土空间规划是未来 15 年国家及地方可持续发展的空间蓝图，新型基础设施❶是支撑其发展、保障其运行的重要基础，不同于传统基础设施，其在空间布局及要素配置上有着独特的需求[6]。部分新型基础设施仍需要土地支撑，需要在总体规划层面确定具体位置并预留用地，并实行边界管控，例如大数据中心等；但部分新型基础设施不直接占地，但是需要从全域角度统筹布局，并结合用地属性进行布置，实行

---

❶ 包括 5G 基站、大数据中心、农业物联网、智慧城镇、新能源充电桩和特高压电网等。

指标管控，如 5G 基站、新能源充电桩等[6]。可见，未来的城市基础设施规划的管控方式的丰富性和针对性将会大大拓展。

1.3 "环境评估"成为评价基础设施规划的重要依据

新时期的国土空间规划遵循生态文明建设要求和五大发展理念，对自然资源各类要素做出精准管控，划定各类资源的保护红线和保护区范围。"双评价"和"双评估"是目前总结国土空间成效和问题，指导下一步规划编制的重要科学依据。对于城市基础设施工程的优劣，不仅仅是能够基本满足区域人口数量的需求，还侧重于评估已建重大基础设施工程的环境影响。评估基础设施规划实施情况，需结合自然地理本底特征和"双评价"结果，分析区域发展和城镇化趋势、生态环境与社会需求变化，科学系统梳理基础设施建设中存在的问题。以环境影响评估为导向的基础设施规划，将构建集污水、垃圾、固废、危废、医废处理处置设施和监测监管能力于一体的环境基础设施体系，源头控制，减少面源污染，促进垃圾的减量无害化处理，增加污水处理收集率、生活垃圾无害化处理率、原生垃圾填埋率等环境评估的指标[7]。

2 国土空间规划背景下城市基础设施规划课程教学模式设计

城市基础设施规划是城乡规划专业学生的专业基础核心课程之一。课程主要以各类城市基础设施（包括交通工程系统、水务系统、能源系统、通信工程系统、环卫工程系统、防灾工程系统）的规划与工程设计为研究对象。本文以当前重庆交通大学"城市基础设施规划"教学大纲为例（以下代称传统教学模式），在此基础上，尝试总结适应国土空间规划的城市基础设施规划课程教学模式设计。

2.1 课程教学目标的制定

对比传统教学模式的课程教学目标，新的课程教学目标应该紧紧围绕新时期国土空间规划体系下城市基础设施规划的发展态势。依据三类重要影响的变化，本文制订城市基础设施规划课程理论与实践教学的核心目标包括：

（1）认清城市基础设施规划在国家空间规划体系中的定位与作用。掌握城市基础设施规划与国土空间规划体系下总体规划、详细规划之间的相互关系，形成城市基础设施规划课程为总体规划打基础，与详细规划相衔接的相互协同的主要教学理念。

（2）掌握国土空间背景下城市基础设施规划的主要理论。不仅包括城市交通、给水排水、供电、燃气、供热、通信、环卫、防灾规划所涉及的传统理论，还要扩展学习排水规划的"海绵城市"、交通规划的"零碳交通"、供电规划的"智慧电网"等新时代的城市发展理念。

（3）熟悉国土空间规划中城市基础设施规划的方法与技术。以"双评价"和"双评估"的技术内容框架，介绍大数据、GIS分析、环境模拟的实际操作方法，鼓励学生运用新技术解决常见的城市规划问题。

（4）探索城市基础设施规划课程理论指导校外实践、设计竞赛、专利研发的合作路径。国土空间规划推动新型基础设施的建设，对于学生在设计竞赛主题构想、专利研发探索等方面提供了更加丰富的理论依据以及丰富的素材。

2.2　课程教学内容的调整

传统教学模式中教学内容可大致分为三方面，一是引入内容，介绍概念导论，包括明确城市基础设施规划的学科特点和功能定位；二是基础内容，学习规划理论，包括掌握规划设计的主要理论、法规依据以及发展趋势；三是核心内容，熟悉技术运用，包括掌握规划系统的构成关系、编制要求、实际应用。在四类新的课程目标制定后，课程教学总体内容应当进行较大的结构调整，主要通过目标植入新增教学要点的方式展开（图1）。

（1）引入内容，增加实现"认清新作用"目标的教学要点。新的国土空间规划更加强调城市基础设施作为专项规划，应对国家级、省级、市级、县级和乡镇级规划起到不同的引领功能，发挥从战略性、协调性和实施性的综合作用。尤其对于国家层面的战略部署，如实现交通强国、海绵城市、韧性城市建设的战略目标，城市基础设施规划能够发挥的重大推动作用在新的教学内容应该有所体现。如在城市交通工程系统教学中，适当梳理交通强国战略背景下城市交通系统的发展方向与趋势。

（2）基础内容，增加实现"掌握新理念"目标的

教学要点。实现双碳目标、推动无废城市、建设新型信息基础设施等城市发展理念，已经作为新一轮国土空间规划编制的主要原则，成为规划内容的重要依据。实际上，这些理念对于已有课本固化知识是极大的冲击，概念演化的与时俱进本身也是课程亟需改革的部分。如，对于城市能源系统部分的教学，应介绍智慧电网、智慧燃气等工程的典型案例；对于城市环卫工程系统部分的教学，应介绍无废城市建设的典型案例。

（3）核心内容，同时增加实现"熟悉新技术"和"探索新路径"目标的教学要点。国土空间规划体系在不断优化规划对象和内容的同时，也引领了一股新技术、新方法运用实践的浪潮。该部分教学内容在传统教学模式中局限于规范的套用或公式的计算，从以往学情分析不难发现效果也并不理想。尝试将现有新技术和新路径作为衍生内容，融入课堂教学过程中，不仅能丰富课堂教学氛围，通过"前线"邻域前沿规划工具吸引学生的眼球，也能助推学生在课堂外运用基础设施规划知识，成为参与各项赛事和专利设计的突破口。如运用GIS网络分析划定分布式应急避难场所和疏散通道的布局方法、剖析特高压输电通道的空间布局和控制要求等。

落实四类核心目标的实现路径，分别在城市基础设施规划六类教学板块中，依次进行教学要点的增设（图2）。

2.3　课程教学形式的创新

基于课堂教学内容和体系的调整，传统教学模式应当创新形式，从而保证教学知识的传递更加高效。

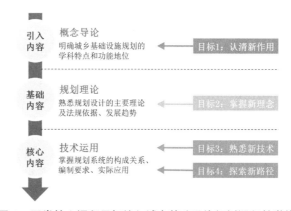

图1　四类核心课程目标植入城市基础设施规划课程教学体系的方式

（1）针对目标特点提出三类教学方式。四类目标有着明显的差异特点，"认清新作用"需要借助更广阔的课外资源，进行充分的解读；"掌握新理念"在熟悉课堂知识的同时，需要对新知识有良好的导入；"熟悉新技术"和"探索新路径"则更偏重于实际的操作过程。因此，本文提出师生专题研讨、教师课堂讲授及专家实践解析的三大板块新型教学方式，其中专题研讨方式应对新时代国土空间规划的发展理念，教师课堂讲授针对国土空间规划下基础设施规划的新依据，专家实践解析依托"前线"实践者提供准确、细致的国土空间规划下基础设施规划方法。

（2）混合式"线上＋线下"成为常态化教学方法。混合式教学理念把传统教学方式的优势和网络化教学的优势结合起来，充分体现学生作为学习过程主体的主动性、积极性与创造性，在不少高校日常教学活动，已开展较好的尝试和融入。与此同时，传统课堂教学所能承载的信息量无法支撑目前国土空间规划大量的理论知识和实践工程案例，将"线上＋线下"成为常态化教学方法，能够较好匹配三大板块新型教学方式（图3）。

（3）面向不同教学内容的设计教学比重。城市基础设施规划教学内容庞杂，在引入、基础和核心内容的时间分配上，应根据内容接受难易有所设计。同时，充分掌握学生学习阶段和学情分析，避免重复式教学灌输。以城市交通工程系统的教学章节为例，航空、水运、铁路等交通系统构成与功能等知识，在该课程之前的"城市道路系统规划"已完成学习，本课程仅以较少的时间占比作为知识回顾，将大部分学时分配给专家实践解析部分，介绍"百度慧眼"抓取通勤数据的实际运用、与业内交通专家开展视频连线。相比之下，城市通信工程系统，在之前课程安排中并未有涉及，学生对于该章节引入和基础内容较为陌生，在学时分配上，对专题研讨和课堂讲授方面要设计充足的教学比重（图4）。

3 结语

目前，我国高校城乡规划专业正在经历不同程度的教学改革和试验，以适应新时代国土空间规划带来的重大变化。本文以城乡规划教学体系中核心基础课程"城市基础设施规划"为例，梳理新出台的国土空间规划体系对城市基础设施规划课程的影响，总结新的城市基础

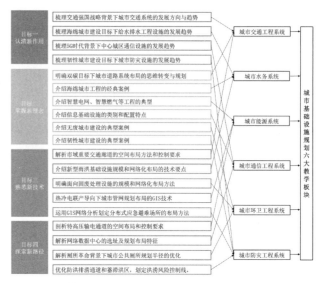

图2 城市基础设施规划六大板块教学内容拟增设的教学要点

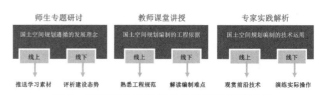

图3 基于混合式教学理念的三类教学板块

城市交通工程系统教学比重示意（2学时）

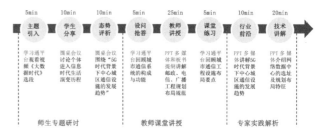

城市通信工程系统教学比重示意（2学时）

图4 针对不同教学内容的板块比重设计

设施课程教学模式，包括"认清新作用、掌握新理念、熟悉新技术、探索新路径"四类教学目标的提出、"引入—基础—核心"三块教学内容体系的调整、教学方式、方法和时间比重安排的创新形式。

当然，随着城市发展的不断探索，未来国土空间规划的发展具备诸多不确定性，即便对于城市基础设施自身，其不同阶段的发展演替规律也有差异，如双碳目标下传统基础设施的绿色改造以及新型绿色基础设施的推广。因此，在教学过程中保持与时俱进非常重要，本文作为初步探索，希望能为城市基础设施规划的科学发展提供参考与支撑。

参考文献

[1] 戴慎志，刘婷婷.新一轮大城市总体规划的市政基础设施规划编制转型策略 [J].城市规划学刊，2018（1）：58-65.

[2] 中国政府网.中共中央 国务院关于建立国土空间规划体系并监督实施的若干意见 [EB/OL].（2019-05-23）.http：//www.gov.cn/zhengce/2019-05/23/content_5394187.htm/.

[3] 中国政府网.中华人民共和国国民经济和社会发展第十四个五年规划和 2035 年远景目标纲要 [EB/OL].（2021-03-13）.http：//www.gov.cn/xinwen/2021-03/13/content_5592681.htm/.

[4] 马仁锋，金邑霞，张悦，等.空间规划理论与实践课程教学体系探析 [J].宁波大学学报（教育科学版），2019，41（3）：123-129.

[5] 张国华，欧心泉.国土空间规划的"变"与"不变" [J].中国土地，2019（8）：17-20.

[6] 朱雷洲，黄亚平，陈涛，等.国土空间规划背景下新型基础设施规划思路探讨 [J].规划师，2021，37（1）：5-10.

[7] 林洁.国土空间规划背景下基础设施规划及策略探究 [C]//.中国城市规划学会.面向高质量发展的空间治理——2021 中国城市规划年会论文集（03 城市工程规划）.北京：中国建筑工业出版社，2021：106-112.

Research on the Teaching Mode of Urban Infrastructure Planning Course under the Background of The Spatial Planning

He Qixiao   Liu Chang

Abstract: China is entering a period of rapid development in the construction and compilation of territorial space planning, and the teaching of urban infrastructure planning is facing new challenges and changes. Based on the current college of urban and rural infrastructure planning course construction of general situation, analyzed the new national spatial planning of urban and rural infrastructure planning, the influence of extraction under the background of the national spatial planning of urban and rural infrastructure planning course teaching goal, teaching content, teaching form, break through the original under the planning system of urban and rural infrastructure planning course teaching mode, To establish the teaching framework for the new era of territorial space planning system, so as to cultivate new urban and rural planning talents adapted to the background of territorial space planning.

Keywords: Territorial Space Planning，Urban and Rural Infrastructure Planning，Teaching Mode，Toughness City

追求"真实情境"的城市设计教学探索
—— 针对现状调查和理念生成环节的语境强化*

陈　晨　王海晓

摘　要：城市设计是综合性较强的规划设计类型，对空间形态设计背后的现状调查和理念生成有较高的语境要求，因此，将"真实情境"作为城市设计教学的前置条件并将其贯穿于城市设计教学环节至关重要。由于当前城市设计实践工作的复杂性、职业性要求不断提高，结合项目实践的"真刀真枪教学法"在城市设计课程中的可行性日渐式微。论文以 2019~2021 年同济大学城乡规划专业城市设计教学中笔者指导的小组教学为例，尝试在"现状调查"和"理念生成"两个教学环节中进行以追求"真实情境"为目标的语境强化探索。具体来说：①在现状调查环节推行问题导向的"调查赋能设计"方法，通过多维度、多尺度、多系统的深度社会调查来加深学生对基地的认知，强化学生的使命感和责任感；②在理念生成环节推行目标导向的"竞赛主题替代"策略，为学生设定以相关竞赛主题为目标理念的城市设计教学，既弥补了项目委托方缺位带来的方向感不足和压力感不够的问题，也大大提升了学生对课程设计的兴趣和投入程度。此外，论文还提出第一课堂和第二课堂结合、重视案例研究等建议，旨在为相关设计课教学提供经验借鉴。

关键词：城市设计教学；真实情境；现状调查；理念生成；语境强化

1 引言

城市设计是综合性较强的规划设计类型，对空间形态设计背后的现状调查和理念生成有较高的语境要求，其教学模式往往强调理论结合实践并要求学生进行灵活运用，并对案例地区发展的现状问题和目标愿景有深入的认知。情景认知理论认为，基于现实世界的真实情境是学习者学习的基本条件，所有的知识都和语言一样，其组成部分都是对世界的索引，知识源于真实的活动和情景，并且只有在运用的过程中才能被完全理解（Jonassen，2002）。因此，将"真实情境"作为城市设计教学的前置条件并将其贯穿于城市设计教学环节至关重要[1]。

然而，从我国城乡规划实践发展态势看，城市设计实践工作的复杂性、职业性要求正不断提高，结合真实项目实践的"真刀真枪教学法"在城市设计课程中的可行性日渐式微。因此，如何在当前现实发展背景下追求"真实情境"的城市设计教学，达到提升学生的城市设计综合素质的教学目标？论文以 2019~2021 年同济

---

[1]　美国的规划院校也十分注重将"真实情境"贯穿于城市设计教学环节中，在设计课程通常会选取实际项目进行案例研究，在实例教学中也注重与政府部门和社会各界的密切合作，如宾夕法尼亚大学的所选课题大多来自所在地费城的实际项目和设计竞赛，迈阿密大学邀请开发商、市民等相关利益主体参与讨论，通过角色扮演和情景再现的形式提升学生的利益协调与思想表达能力（戴冬晖，柳飏，2017）。

*　本文获国家自然科学基金重点项目"基于大数据的城市中心区空间规划理论与关键技术研究"（批准号：51838002）资助。

陈　晨：同济大学建筑与城市规划学院副教授
王海晓：同济大学建筑与城市规划学院硕士研究生

大学城乡规划专业城市设计教学中笔者指导的小组教学实践为例，尝试在"现状调查"和"理念生成"两个教学环节中进行以追求"真实情境"为目标的语境强化探索，为相关设计课教学提供经验借鉴。

2 "真实情境"视角下城市设计教学的关键环节

城市设计创作是为在既有的制约条件下，理性地分析客观条件，准确地发现城市设计问题，创造性地提出解决问题的方案，一般包括六个步骤，即"现状分析—问题界定—概念建立—路径选择—形态设计—方案评价及实施"（金广君，2015）。在具体教学安排中，通常需要设置现状基地调研、案例或专题研究、概念设计、成果表达等多个环节，需要综合运用课堂讲授、技术训练、设计改图、讨论答疑和综合考核等多种教学形式，以培养学生的自主创新能力以及逻辑分析、技术应用的综合素质。

考虑到城市设计具有综合性、系统性的特点，现有的城市设计教学体系通常按照模块化设置。以同济大学城市规划系的城市设计教学计划为例，一般分为4个教学阶段，6个教学环节（表1）。具体来说：①阶段一为现状研究，搜集基地相关资料并展开一定经济社会空间调研，对场地有初步的认识并确定初步的设计目标；②阶段二为总体设计，基于前期分析提出设计理念，建构城市设计框架，进行整体城市设计，并通过设置快题设计环节引导学生对基地方案设计的提炼表达；③阶段三为详细设计，结合整体城市设计框架，进行三维空间形态塑造，包括重点街区和街道的绿化设计，并提出开发容量等规划控制要求，形成规划设计控制体系；

④阶段四为设计成果表达制作。

在上述"四阶段、六环节"的教学过程中，本文主要从"现状调查"和"理念生成"两个环节切入推动追求"真实情境"的城市设计教学语境强化探索。一方面，"现状调查"环节体现整体城市设计的价值原点。在城市设计方案创作与实施导控的全过程中，城市设计一直以公共利益为其核心价值观，通过各种导控机制平衡多方利益诉求，从而实现创造城市活力、塑造城市特色的愿景目标（金广君，2018）。城市设计教学中应将城乡规划公共属性的价值目标培养贯穿整个教学过程，而问题是目标的参照，规划专业的学生应走出课堂，融入社会，通过社会调研发现问题，在问题导向下培养学生对规划设计公平性问题的思考（邓春凤，龚克，王万民，等，2015）。

另一方面，"理念生成"环节则是有关整体城市设计成果的逻辑原点。城市设计构思的推导作为前期研究阶段与规划构思阶段之间的承接与转换，实质上是基于相关规划解读、典型案例借鉴、基地现状分析和历史沿革梳理的逻辑性延伸与创造性提升，是作为前期研究的阶段性结论而存在的（吴晓，高源，2016）。因此，只会规划设计理论和逻辑分析是不够的，更重要的是将前期的结论应用到城市设计结果中去，对空间结构的组织、空间序列的设计和空间节点的处理都离不开学生的设计灵感，创新是贯彻在设计课程始终的重要教学要求（杨俊宴，高源，雒建利，2011）。而"理念生成"的教学环节则是学生创新和设计方案成果的中心。在具体的城市设计教学实践中，笔者发现学生和老师之前的讨论

同济大学城市设计教学任务书   表1

教学阶段	教学环节	教学时间	教学目标
现状研究	现状调查	3周	1）提高学生对于城市的观察、解读能力和分析具体问题的能力，不仅需要了解城市总体发展的背景，而且也要掌握地区发展的历史及现状特征。培养学生从事与城市设计工作相关的资料收集、调查分析、设计处理、图文表达的技巧与方法； 2）训练学生对于理论知识的学习和运用能力，提高理论修养及判断分析问题的水平，初步学习和掌握城市设计的基本内容和工作方法。训练学生树立正确的区域观、生态观、文化观和环境观； 3）培养学生研究问题、提出设计策略的能力，提高将抽象的社会经济动力与具体的物质空间操作相结合考虑的能力； 4）培养学生对于城市设计成果的表达能力，学习如何通过图形、文字等手段来表达抽象的思考过程及最终的规划意图
总体设计	理念生成	1周	
	方案设计	3周	
	快题设计周	1周	
详细设计	空间分项设计	4周	
成果表达	成果制作	3周	

资料来源：作者根据同济大学城市设计教学任务书整理.

的重点也在于设计理念是否具有创新性和完善性，良好的设计理念指导下，方案的功能定位推导和空间形态组织则都有了讨论的标尺，否则就会陷入反复推导修改的胶着状态。此外，从学生能动视角出发，最终设计课程评价可被视为课程的指挥棒，而设计理念的生成是评审专家考核的重要方面。

3 问题导向的"调查赋能设计"方法

传统城市设计教学模式在现状调研阶段比较重视案例基地的用地、建筑、交通、绿化、景观等空间子系统的调研，而对"以人为中心"的社会调查未能提到足够的高度。由于缺乏对案例基地的当前使用者和潜在使用者需求的理解，学生对基地现有空间问题背后的社会经济成因机制缺乏理解，难以激发城市设计创作兴趣，不易进入有意义、有目的的设计状态。本文尝试探讨在现状调查环节推行问题导向的"调查赋能设计"方法，通过多维度、多尺度、多系统的深度社会调查来加深学生对基地的认知，强化学生的使命感和责任感。

实际上，设计调查的对象一般可以分为"使用者的调查"和"场地空间的调查"两个部分（邹德慈，2003），面向"真实情境"的现状调查也宜围绕这两个方面展开。从笔者经历的教学案例来看，问题导向的"调查赋能设计"方法获得了较好的教学反馈。2022 六校联合毕业设计（城市 – 山水 – 艺术 – 未来——重庆九龙半岛更新城市设计，以下简称"重庆九龙半岛城市设计"）中，同济学生团队的场地空间的调查既包括土地利用布局、用地功能布局、建筑风貌分区、交通系统等多个空间子系统，也重点开展了针对基地的产业经济、人口流动和历史文化演变的深入分析，并总结发现基地承载重庆近代工业文脉，自然、艺术人文资源兼具，但近期产业功能发展和空间功能存在错配；同时，基地当前以发展工业和铁路枢纽为定位，空间支撑系统和公共服务的对象与"黄漂"、艺术家、学生和本地居民的日常需求存在较大差距。此外，在杨浦滨江定海社区工业遗产集聚地区设计（以下简称"杨浦定海社区设计"）教学中，指导学生对基地所在地区的产业经济活动进行详细分析，为后期提出社区和科创空间融合的空间模式打下了基础。在上海市徐汇区文定坊街区城市设计（以下简称"徐家汇文定坊街区设计"）教学中，现状调研

阶段也对地区的空间环境进行多尺度的调研，并提炼出基地以丰富历史文化、工业建筑、产业厂房等海派文化建成环境遗存的特色。

本文认为，针对"使用者"的调查应以"多主体利益共识"作为发挥城市设计作用的出发点，并特别注重自上而下的规划思维和自下而上的设计思维并重。从城市设计项目实践成果类型来看，其成果大体上分偏重于自上而下"规划思维"的政策导向型和侧重于自下而上"设计思维"的产品导向型两种类型（金广君，2018）。对于"真实情境"下的地区发展而言，也存在着区域的政策干预与地方人群活动两种塑造性力量，因此在现状调查中既要关注政策性，对区域和从城市整体角度搜集地方上位规划等背景资料，有条件的情况下可对地方政府进行座谈调研；同时，更应重点关注的则是社会性方面的调查，即对地方特征人群进行深度调查。首先，从调查数据的可获得性来说，城市设计教学虽然无法提供政府等官方利益主体博弈的真实情景，但对于当地人群的空间行为活动使用情况和空间感性认识则可通过大数据技术调查和现场特征人群调研来获取。其次，结合设计教学目标来说，除了要关注宏观的政策导向以外，更应始终坚持"以人为本"的价值引导。如九龙半岛城市设计的现状调查中，除系统性的空间系统和政策研究以外，学生小组还对当地的电厂工人、"黄漂"、艺术家、学生、老师、游客等特征人群进行了深入访谈，是对"人城命运共同体"的深切关注；徐家汇文定坊街区设计中，宜山路是上海市有名的家具建材一条街，因此学生团队也深入展开了对家具卖场老板、本地居民、居委会干部等特征人群的深度访谈。

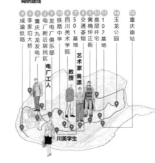

图 1　重庆九龙半岛城市设计中的社会人群调查

在完成系统性的现状调查之后，还需特别关注与后面的设计构思相衔接并指导整体的空间设计框架，指导学生打通宏观 – 中观 – 微观尺度的认知边界，进行空间抽象和方案创新，提炼界定出空间核心问题并为理念生成打好基础。如重庆九龙半岛城市设计中，同济学生团队的调研结论中将基地的特征和关键问题提炼为：①模糊：片区定位不明，基地目标无力。②割裂：风貌、功能和交通体系的上下割裂。③低质：产业生态断裂、环境品质缺乏吸引力。④错配：发展导向变化导致支撑体系失效。在此基础上，引介自组织理论对基地发展问题进行本质提炼，发现九龙半岛地区曾自发形成的城市格局和艺术产业特色，以及当下基地物质环境与产业基础更新过程中与城中人的关系脱位，处于自组织的生命周期下降阶段，发展特色潜力下降，未来寻求更合适的他组织干预，带入新的发展阶段，为后期总体设计奠定了较好的基础。

4 目标导向的"竞赛主题替代"策略

对基地的形象认识为学生的城市设计创作提供了"真实的画布"，可以极大地激发学生的创作热情，而下一步则需要在"画布"上进行真实创作，即进入城市总体设计阶段教学，学生也需要从理性认知思维转化为空间抽象设计思维，进行设计概念的建立和设计路径的选择。而在这一阶段也会缺乏"真实情境"——缺乏实施导向的愿景或真实的"项目委托方"，很容易导致学生出现迷茫状态。

脱离"真实情境"的约束可能使得城市设计的教学效果大打折扣。一种典型现象是研究视角局限于城市设计教学任务书，学生做方案只是为了完成任务，满足任务书给定的指标，并不知指标控制的真实意义，而且有的任务书甚至几年不变，在设定问题环节就限定了学生的思维，只能跟着任务书设定的方向走，难以激发学生的创作热情，统一的设计任务书和指定地形，导致学生的规划方案大同小异，也使得教师指导完毕有一种单调乏味的疲惫感（邓春凤，龚克，王万民，等，2015）；另一种则是学生有想法、有概念，但思维过于跳跃，与实际情况相差过大无法落地，或在实际方案设计中缺少与老师等其他外界主体的沟通交流，设计方向出现偏差，陷入具体的空间形式设计忘记原先的设计理念，设

计方案不能自圆其说，更难以打动人。

追求"真实情境"的理念生成，要尽可能地为学生提供真实的设计创作语境，对设计的目标愿景应有方向性的把控，避免过于宽泛的设计领域让学生无从下手，并对教学成果期望形成强有力的正向激励。由此，笔者在城市设计的理念生成环节推行目标导向的"竞赛主题替代"策略，为学生设定以相关竞赛主题为目标理念的城市设计教学，需要深刻准确理解竞赛主题，并创造性地回应主题。这既弥补了项目委托方缺位带来的方向感不足和压力感不够的问题，也大大提升了学生对课程设计的兴趣和投入程度。

以徐家汇文定坊城市设计教学为例，指导老师与学生的讨论过程中将设计基地的社区、产业、历史文化的发展问题界定为公共空间主线的断裂和边缘空间界面的割裂，提出"寻踪汇源，悦读城市"的设计主题。其中，"寻踪汇源"就是通过空间梳理整合历史文化、社区和产业的内在逻辑，将基地中具有发展潜力的要素整合，进行功能置入优化和文脉修复挖掘，从而强化海派文化发源地的风采；"悦读城市"，就是打造一条串联徐家汇海派文化地标建筑和文定坊工业遗产建筑的公共游览路径，从而串联现状社区、产业基地、历史基地的发展脉络，创造公众乐于参与的、可记忆的城市空间。该方案突破了传统的完整基地地块设计套路，以一条有历史价值的连续性的城市空间路径为设计核心，实现社区居民和市民的共同参与，激活基地的场所精神和文化活力，巧妙地回应了 2019 年中国高等学校城乡规划专业"城市设计课程作业评优"的竞赛主题——"共享与活力"。

由于竞赛主题可以有多种解读，指导老师的作用则可以视作拥有竞赛主题的"解释权"，这就要求指导老师对城市设计基地和竞赛主题要有深入的理解和针对性的背景知识储备。同时，在实际教学过程中，指导老师还可以通过对设计基地的全面感知而成为本地居民公共利益的代言者。同时，若能结合指导老师的个人专业方向领域进行设计理念的选题倾向，还可以大大强化设计主题演绎的深度。

以杨浦定海社区城市设计教学为例，该基地选取同样是笔者指导的暑期社会实践课题的调研基地，指导老师在城市设计教学开展之前对基地的现状情况已经有深入了解，因此在与学生沟通交流基地方案时，能够明确清晰地

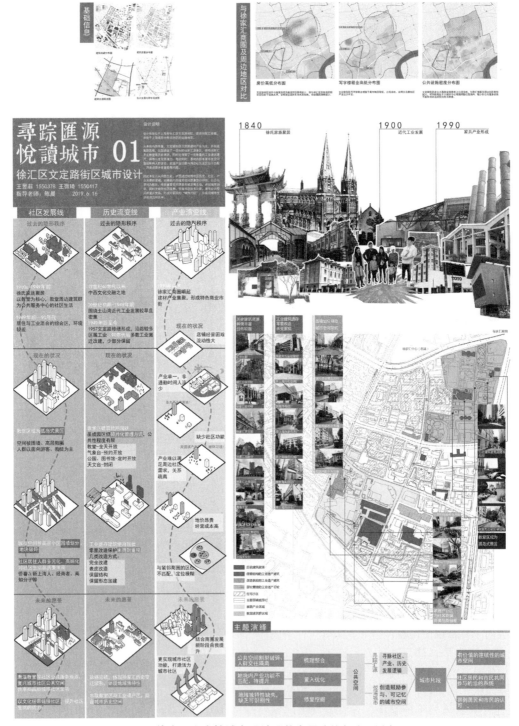

图2 徐家汇文定坊城市设计现状发展脉络与主题演绎

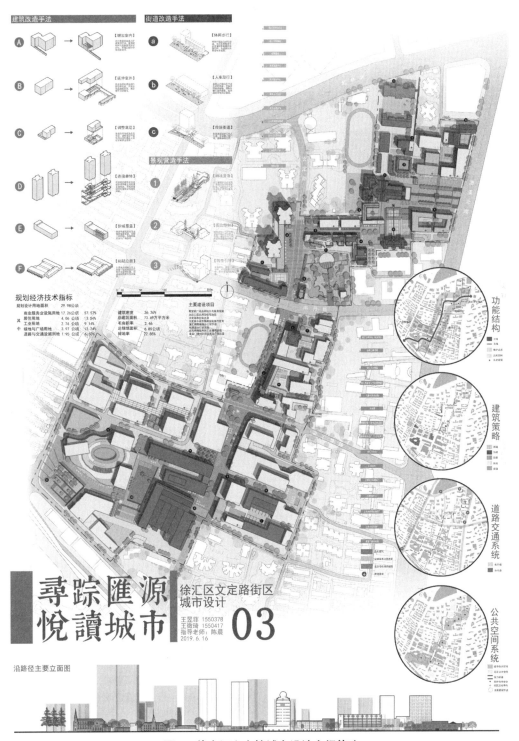

图3　徐家汇文定坊城市设计空间策略

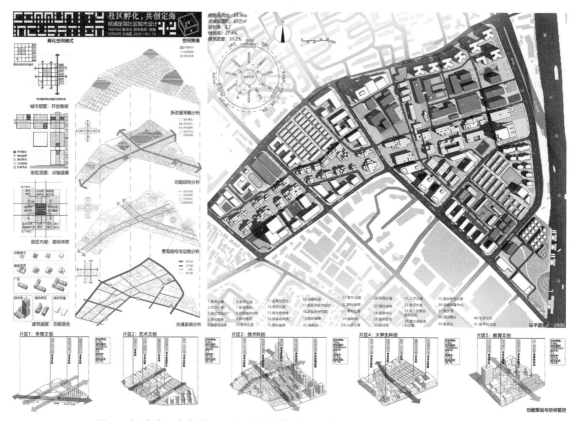

图4 杨浦滨江定海社区工业遗产集聚地区设计（社区孵化、共创定海方案）

指出方案的问题所在，在对基地整体发展的问题把握上也具有更全面的视角。杨浦定海社区基地发展的宏观背景是城市中心区的工业遗产地面临转型，与周边社区的关系不断重构，结合指导老师的研究领域，以产业发展与创新经济的专业视角，基于社区和未来科创产业的关联，小组提出了"社区孵化"的空间发展模式，并构建由博弈机制、空间载体、智慧设备支撑的社区孵化系统，以动态地解决基地内的客观问题，复兴定海社区，实现"共创未来，健康生活，家业合一"的美好图景。

5 结语

在当前我国城市设计实践工作的复杂性、职业性要求不断提高的背景下，结合项目实践的"真刀真枪教学法"在城市设计课程中的可行性已日渐式微。本文基于追求"真实情境"的出发点对城市设计开展教学创新，特别

是在"现状调查"和"理念生成"两个阶段开展有针对性的语境强化探索，提出了问题导向的"调查赋能设计"方法和目标导向的"竞赛主题替代"策略，取得了较好的教学效果❶，旨在为相关设计课教学提供经验借鉴。

---

❶ 笔者指导的2019~2021年城市设计教学获得多项竞赛奖励：① 2021，WUPENCity国际城市设计竞赛金奖，时空孪生、家园共塑——数字孪生支持的上海市"苏河之冠"智慧家园共塑模式设计，学生：李卓欣/胡源沐柳。② 2020，WUPENCity国际城市设计竞赛优秀奖，"Community Incubation 社区孵化，共创定海"——上海市杨浦区定海社区工业遗存地区城市设计，学生：涂鸿昌/吴泽恒。③ 2020，WUPENCity国际城市设计竞赛佳作奖，"时空慢脊，青创定海"——上海市杨浦区定海社区工业遗存地区城市设计，学生：陈诗芸/菅天语。④ 2019，全国高等学校城乡规划城市设计作业评优一等奖，寻踪汇源、悦读城市——徐家汇文定路街区城市设计，学生：王昱菲/王微琦。

实际上，对"真实情境"的追求应该贯穿于城市设计教学的所有环节。除了上述内容以外，还有一些方面也可以强化真实语境的效果。例如：①第一课堂与第二课堂结合，深度现状调查支撑城市设计，加深师生对基地的理解，徐家汇城市设计、定海社区城市设计、苏河之冠城市设计，这三次城市设计教学的基地都是选用指导老师带的大学生暑期社会实践和大学生创新创业训练项目基地，可以大大强化现状调查阶段的工作深度；②重视案例研究对理念生成的作用。在典型案例的选取上，需要强调项目之间功能定位上的类比性，而这又是以基地功能定位的研究为前提的（吴晓、高源，2016），可以快速为学生建立一个以设计主题为中心的全景式的案例知识库，对设计理念生成有重要支撑作用。由于篇幅所限，不再赘述。

面向未来，在增量发展向存量发展转型的时代背景下，城市设计不应限于城市物质形态的设计，而更应着眼于城市发展、保护、更新等形态设计（杨俊宴，高源，雒建利，2011），这就更加要求学生理解物质空间形态背后的社会经济发展机制，从而提出更创新也更有实际操作性的设计理念和方案。因此，探索贯穿全过程的"真实情境"下的教学设计对于城市设计专业人才的培养具有重要意义。

（致谢：本文在与童明、田宝江、杨辰、高晓昱、黄璞、孙淼、姜红等老师的教学讨论中获得启发，同时也获得了徐家汇街道、定海路街道和同济大学建筑与城市规划学院团委的大力支持，在此一并致以诚挚谢意。）

参考文献

[1] 邹德慈 . 城市设计概论：理念思考方法实践 [M]. 北京：中国建筑工业出版社，2003.

[2] 周俭，陈亚斌 . 类型学思路在历史街区保护与更新中的运用——以上海老城厢方浜中路街区城市设计为例 [J]. 城市规划学刊，2007（1）：5.

[3] 匡晓明，管娟 . 城市设计与策划 [M]. 上海：同济大学出版社，2012.

[4] 田宝江 . 以培养和提高学生综合素质为核心的城市设计课程教学探讨 [C]// 全国高等学校城市规划专业指导委员会，武汉大学城市设计学院 . 人文规划 创意转型——2012 全国高等学校城市规划专业指导委员会年会论文集 . 北京：中国建筑工业出版社，2012.

[5] 金广君 . 当代城市设计创作指南 [M]. 北京：中国建筑工业出版社，2015.

[6] 肖哲涛，郝丽君 . 城市设计课程教学改革 [J]. 华中建筑，2012，30（11）：179-182.

[7] 杨春侠，耿慧志 . 城市设计教育体系的分析和建议——以美国高校的城市设计教育体系和核心课程为借鉴 [J]. 城市规划学刊，2017（1）：8.

[8] 杨俊宴，高源，雒建利 . 城市设计教学体系中的培养重点与方法研究 [J]. 城市规划，2011（8）：5.

[9] 王骏，夏南凯，刘斯捷，等 . 提篮桥街区中以联合城市设计教学体验 [J]. 城市规划学刊，2012，000（005）：105-110.

[10] 戴冬晖，柳飏 . 英美城市设计教育解读及其启示 [J]. 规划师，2017，33（12）：144-149.

[11] 金广君 . 对城市设计专业教育的思考 [J]. 城市设计，2018（3）：36-45.

[12] 邓春凤，龚克，王万民，等 . 基于核心能力培养的规划设计类课程教学改革探讨 [J]. 高等建筑教育，2015，24（6）：23-28.

[13] 吴晓，高源 . 城市设计中"前期研究"阶段的本科教学要点初探 [J]. 城市设计，2016（3）：104-107.

Exploring the Urban Design Teaching under "Real Context": Contextual Strengthening at the Site Investigation and Concept Generation Stages

Chen Chen   Wang Haixiao

Abstract: Urban design is a comprehensive planning and design practice that requires highly contextualized understanding of the site. Therefore, it is very important that the "real context" shall be taken as a prerequisite for urban design teaching. Due to the increasing complexity and professional requirements of the current urban design practice, the feasibility of the "*zhen dao zhen qiang*" teaching method combined with real project practice in urban design courses is gradually declining. Taking the group teaching guided by the first author in the urban design teaching in Tongji University from 2019 to 2021 as an example, this article attempts to explores the urban design teaching under "real context" by enforcing contextual strengthening at the site investigation and concept generation stages. Specifically: 1) Implement the problem-oriented "social investigation empowering design" method in the site investigation stage, in order to deepen students' understanding of the site through multi-dimensional, multi-scale and multi-system in-depth social investigation, strengthening students' sense of mission and 2) Implement the goal-oriented "competition theme substitution" strategy in the concept generation stage, and set up relevant competition themes as the target concept for students in the process of urban design teaching, making up for the lack of sense of direction and the lack of project entrusting party. The problem of insufficient pressure has also greatly enhanced students' interest and investment in urban design course. Further, this article also puts forward suggestions such as combining the "first classroom" and "second classroom", and placing importance to case studies, providing reference for the urban design in other universities and institutions.

Keywords: Urban Design Teaching, Real Context, Site Investigation, Concept Generation, Context Strengthening

案例引介·交叉融合·反向延续
—— 多元要求下镇村规划与设计课程的中外联合教学探索*

乔 晶 耿 虹 赵梦龙

摘 要： 镇村规划领域的人才需求、行业实践与教学形式的变化对课程的国际化教学提出了新的要求，传统的中外联合教学需要突破由于快速、短期、重设计的交流范式而导致的课程体系性不强、联合设计的延续性不够、成果深度有限等不足。特别是受疫情影响，短期联合教学的在地性优势也无法充分体现，亟待寻求教学模式的转变以契合当前复杂多元的育人要求。本文以"案例引介—交叉融合—反向延续"为总体方案，提出目标转型下镇村规划与设计的国际化教学组织优化策略，包括互馈沉浸与线上线下结合的教学组织、学科交叉与主体融合的教学过程、量质反馈与多元协作的教学延续；并以 HUST 与 TOHOKU University 联合教学实践与成果为例，介绍了长周期跟踪式、多主体参与式、研究设计并重式的交互式教学设计实践，为中外联合教学的探索提供借鉴。

关键词： 镇村规划与设计课程；中外联合教学；教学实践；华中科技大学

国际化教学是促进新时代全方位人才培养、扩充知识体系的重要手段 [1]，也是建设世界一流大学、拓展教学国际视野的实践路径。城乡规划学与建筑学领域的中外联合教学尤为普遍，特别是为期 1~2 周的短期联合工作坊，聚焦于中外不同空间尺度的场地规划与设计，以调研交流、逻辑分析、快速表达与交流讨论作为主要板块，具有组织便利、形式灵活、快速高效的特点。但是，随着中外联合教学的不断深入，快速性、短期式的课程设计与交流范式也表现出在人才培养方面的不足，如课程体系性不强、联合设计的延续性不够、成果深度有限等。尤其是受疫情影响，短期联合教学的在地性优势也无法充分体现，亟待寻求教学模式的转变以契合当前复杂多元的育人要求。

1 多元要求下镇村规划与设计的国际化教学转型趋势

1.1 面向 C-D-S 复合型人才需求的教学内容拓展

小城镇与乡村发展是全球性的重要议题。一方面由于庞大的人口基数（截至 2021 年，全球城镇化率为 55.7%，全球仍有 34.89 亿农村人口生活在乡村）[2]，另一方面也是基于小城镇与乡村地域的系统性关联在全球城镇化演进中所发挥的极其重要的基层稳定作用。虽然各国在经济、社会、文化等领域具有较大差异，但针对当前普遍存在的空心化、老龄化、产业生活、房屋空置等镇村发展与建设问题所采取的实践应对仍然具有非常必要的借鉴意义。尤其自 2017 年中央一号文件中明确提出要加强乡村规划和人才建设以来，乡村振兴领域内面向规划、建设、经济、治理等多重复合型要求的人才培养与队伍建设便成为重要的实践目标，为镇村发展与规划设计课程的国际化教学内容提出了新的拓展性要求，

* 基金项目：①华中科技大学教学研究项目《"画乡土国色，育工匠精神"——乡村规划设计课程思政的教学设计研究》；②华中科技大学研究生思政课程和课程思政示范建设项目《镇村规划设计（课程思政示范建设）》。

乔 晶：华中科技大学建筑与城市规划学院讲师
耿 虹：华中科技大学建筑与城市规划学院教授
赵梦龙：华中科技大学建筑与城市规划学院博士研究生

包括认知拓展（Cognitive）、维度拓展（Dimension）与学科拓展（Subject），给当前镇村规划与设计课程的国际化教学内容拓展提出了面向 C–D–S 复合型人才需求转型的要求（图 1）。尤其是通过教学内容与主题的延续性布局，以弥补短期式教学在形式上的不足，为学生提供具有时间长度、空间广度和研究深度的中外比较研究的基础与借鉴，真正达到国际化联合教学的交流融合目的。

1.2 镇村规划实践导向下教学实践主体的互动提升

当前，镇村规划实践已经进入了以"共同缔造"为理念的高质量发展时期[3]，多元主体参与、协作与反馈的工作机制已经在实践中大量运用。如云南省临沧市，坚持规划先行，推行"万名干部规划家乡行动"，参与乡村振兴规划的主体除城乡规划主管部门与规划师外，本自然村公职人员、退休干部、村组干部、自然村振兴理事会成员、老党员以及村民代表、乡贤能人、驻地人大代表和政协委员等均参与到了乡村规划与建设的具体行动中，并最终通过与村民反复的讨论与决策最终以"两图一书一表"（自然村村域规划图、自然村村庄规划图、规划说明书、规划项目统计表）的形式将乡村规划内容融入村规民约中[4]。传统的以规划师为主体的镇村规划实践导向下，教学实践往往聚焦于设计技能的训练。而随着镇村规划实践导向下多元主体的参与形式日趋丰富多元，相应板块的能力培养也应当融入教学实践的内容体系中，在设计技能训练的板块之外，强化逻辑分析与实践沟通训练的环节，尤其是拓展对中外镇村规划实践中差异性的认知，充分与复合型人才培养的目标对接，形成具有"反馈式调整 + 参与式互动 + 持续性合作"的教学实践互馈过程，构建以能力培养为导向的适应性课程体系（图 2）。

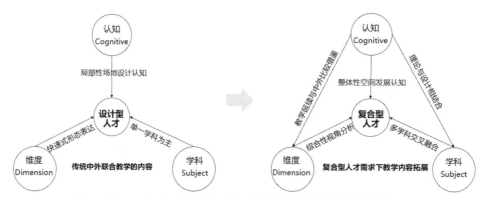

图 1　面向 C–D–S 复合型人才需求的镇村规划设计国际化教学内容

图片来源：作者自绘．

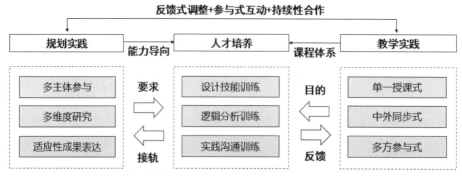

图 2　规划实践 + 人才培养 + 教学实践耦合的多主体互动式中外联合教学体系

图片来源：作者自绘．

1.3 后疫情时代"线上 + 线下"教学形式的适应性转变

短期式国际化联合设计工作坊一般采用集中化、紧凑性、在地式的线下教学模式，尤其是会对设计场地进行全方位的现场调研与走访讨论。但是自 COVID-19 以来，传统的教学模式难以落实，"线上 + 线下"混合式教学的开展迫在眉睫。虽然 2011 年起，MOOCs 模式的出现就已经为线上教学带来了更多的可能，也为理论学习的国际化教学提供了平台 [5]，但是设计课程对师生互动的即时性、有效性，以及对场地认知的全面性与深度均有着较高的要求，尤其中外联合教学中对于部分非英语国家还存在语言障碍，因此尚未广泛地以线上教学的方式开展。因此，探索后疫情时代具有灵活性、有效性的"线上 + 线下"混合式教学形式，一方面突破对场地设计认知不充分的限制，同时也能够满足中外师生互动交流的即时性要求，不仅对推进中外联合教学形式的适应性转型具有重要意义，也为设计课程线上教学与MOOCs 模式的探索积累了一定的经验。

2 目标转型下镇村规划与设计的国际化教学组织方案优化

以短期联合工作坊为形式的国际化教学虽然普遍具有较为灵活的组织模式与鲜明的设计主题，但是也会存在由于时间与空间限制而导致的不足，如表达深度有限、课程的持续性不足、教学的体系性不强等。因此，未来国际化教学组织方案既要应对镇村规划与设计的人才需求与实践变化，同时也要注重弥补对中外联合短期教学的既有短板，进行适应性的教学组织方案优化。因此本文以"案例引介—交叉融合—反向延续"为技术路线，提出当前育人目标与实践要求转型下的镇村规划与设计的国际化教学组织方案优化策略（图 3）。

2.1 案例引介——互馈沉浸与线上线下结合的教学组织

以小城镇与乡村为主体的规划设计课程，往往区别于城市局部空间与场地设计，除了对场地本身的形态认知与活动考察外，还需要进行大量的案例背景研读与中外差异比较，在不同制度框架与社会经济条件下建立起对镇村发展的认知，方能够对设计本身产生更多的在地性思考。

以小城镇为例，由于地域性、民族性等外在条件与内在动力的差异，我国小城镇的发展模式的个性化特征本身就种类繁多，很难在统一话语维度下引导中外学生快速进入场地认知环节。而国外小城镇则在规模、形态、产业等方面均与国内有着较大的差别，因此，在教学筹备与基地调研之间，应当加入以中外镇村发展背景与案例介绍为内容的先期交流，以促进学生快速建立对

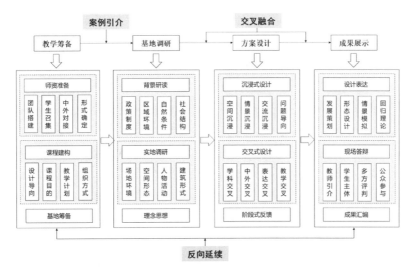

图 3 规划实践 + 人才培养 + 教学实践耦合的多主体互动式中外联合教学体系

图片来源：作者自绘．

场地的沉浸式认知，并帮助中外双方学生提前熟悉对案例认知的思维方式与表达习惯，为后续的联合教学与设计阶段奠定良好的基础。

该阶段的案例引介工作，一方面不局限于对设计场地本身的介绍，针对中外学生日常学习所熟知的理论与实证进行广泛的交流，以"互馈"与"沉浸"的诱导式交流开展教学组织工作。另一方面也可以灵活采用线上线下结合的方式，以线上作为先导与延续，以线下作为在地性设计的核心，弥补短期性工作营的时间性不足。

2.2 交叉融合——学科交叉与主体融合的教学过程

规划的学科属性决定了"实践"始终要伴生"教学"而存在。基于镇村规划与设计实践的特点，从发展战略、产业策划、社会结构、空间形态到局部环境整治与建筑改造的规划设计内容体系，本身具备了学科交叉的教学属性与设计特点，因此在教学组织的过程中，宜采用以城乡规划学、建筑学为主体，穿插艺术学、风景园林、社会学等其他专业学生团队作为联合教学主体，一方面既契合了课程本身的实践内涵，另一方面也加强了跨专业学科设计交流的思维碰撞与方法融合。同时，从实践层面看，镇村规划与设计，尤其是扩展到中外乡村建设与营造的范畴内，涉及多元主体的共同参与及缔造。因此，如何在联合教学的过程中加大政府与非政府组织、专家与公众等多元主体的参与力度，特别是将其在实践中的参与形式直接转化至教学过程中，突破"教师—学生"的单向互动与交流，以"学科交叉—主体融合"的

过程让学生能够广泛接受深度参与乡村营造过程主体的直接反馈，增强对镇村规划设计的应用性认知（图4）。

2.3 反向延续——量质反馈与多元协作的教学延续

短期式中外联合教学一般进行一年一度主题式的组织形式，每次的联合工作营时间基本为1~2周，内容聚焦，主题明确，组织高效，但是结束后联合设计成果的记录、反馈与认知往往没有形成较好的积累与延续，因此短期式的中外联合教学仅有形式上的连续性而缺乏内容上的反馈与延续。而随着联合教学形式的多元化以及教学要求的拓展性，教学内容的积累与教学成果的转化反馈也是联合教学当中非常重要的基础，一方面能够积累充分的教学素材以灵活应对后疫情时代教学形式的多变性，同时也能够增强中外联合教学内容的体系性与连贯性，从内容上弥补短期教学的局限性。因此要拓展和改进联合教学的成果反馈机制，从根本上提升设计成果的质量，增强联合设计教学成果的理论性与应用性。传统的联合教学模式大多采用"教师—学生"的单向交互与反馈机制，或增加教师团队的力量，扩充课外专家团队参与到教学成果的评价与反馈中，其本质依然属于教师与学生之间的单次、暂时的量质反馈与二元互动。而随着教学过程中多元主体对镇村规划设计的不断参与，当地工匠、政府人员、公众村民、相关团体与课外专家的联合评价机制，一方面会拓宽学生对设计成果的认知角度与深度，同时也会给教师带来教学组织与内容层面的反馈指导，从而形成丰富的教学积累以及对未来联合

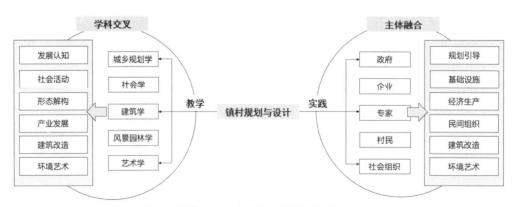

图4 学科交叉与主体融合的教学过程与内容

图片来源：作者自绘.

教学指导的修正与改进，真正将"短期"变为"长期"，将"个案"融为"集合"，建立具有可持续性的联合教学案例库（图5）。

3 HUST & Tohoku University 联合教学实践与成果

自2018年起，华中科技大学与日本东北大学开启了"中日联合教学与联合设计工作营"系列活动，持续关注中日镇村发展与建设领域的前沿课题，交流政策经验与技术方法。目前已结束2018~2019第一次互访子周期以及2021年的线上联合教学。两校遵循"案例引介—交叉融合—反向延续"的教学模式，贯彻"课程教学、学术研讨与实践设计一体化"的理念，旨在引导学生对中日镇村发展问题的延展性认知，以及对镇村建成环境思考设计的综合协调能力。

3.1 基于中日村镇发展共性问题的主题与场地引介

虽然在政治、经济方面两国相差较远，但是地缘、文缘相近的背景下，中国的镇村发展正面临日本曾经出现、现在仍然突出的矛盾与难题：人口空心化、老龄化、产业失活、房屋空置、文化失传、传统伦理失序等。同时，日本镇村在灾害防控等方面的特殊问题和先进经验也为中日镇村发展与规划设计的"经验互鉴"与"道路共寻"奠定了联合教学的基础。2018~2021年，围绕经济区位、社会结构与历史文化等特征进行场地引介，两校先后开展了2次"线上+线下"设计以及1次"线上"调研与设计。每年的设计均围绕特定的问题与主题展开，并适度引入理论分析，加强学生将理论联系设计的应用能力（表1）。

2018~2021年华中科技大学与日本东北大学联合设计教学主题与场地　表1

时间	主题	问题聚焦	场地
2018年9月	大城市城郊地区乡村社区更新规划与设计（线上+线下）	1. 如何解决乡村社区建设中"新共同体"与"旧社会关系"的冲突 2. 解决乡村社区公共服务设施与基础设施的匮乏	湖北省襄阳市朱市社区
2019年9月	基于行动者网络理论的乡村规划与建设（线上+线下）	1. 针对乡村老龄化、少子化与空心化问题 2. 基于行动者网络理论进行空间分析与设计优化	日本山形县金山町
2021月9月	茶马古村的再兴与建造（线上）	传统文化和历史特色的村落如何探索适应性的规划建设方式与资源转化路径	云南省普洱市紫马街村

表格来源：作者自绘.

3.2 "在地+沉浸+开放"三位一体的教学过程与反馈

（1）在地性的场地认知

培养学生对镇村的社会、经济、文化与空间等多维属性认知与再设计的能力是联合教学的重要目标。因此首先要建立学生对场地属性认知的基础能力。但是镇村规划设计与一般的建成环境设计不同，需要更多地了解宏观的制度与经济背景以辅助对在地镇村的认知，因此工作营采用"场外预热+在地认知"的方式，在主题发布与场地调研之前，以双方成熟的案例介绍作为预热环节，以增强学生在中日差异化背景下针对同一问题的镇村发展认知，引导学生能够在进入场地内快速捕捉需要关注的要点，以弥补短期工作营在调研深度上的不足。

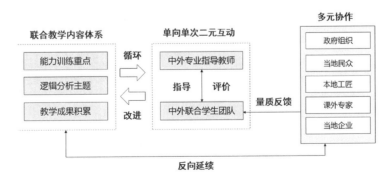

图5　从单向单次的师生二元互动到多元协作的教学反向延续

图片来源：作者自绘.

以2019年中日联合设计为例，在前往日本宫城县金山町（设计场地）之前，中方学生已经基于设计主题"行动者网络"并针对人口老龄化等问题，选取了湖北省三个村镇进行了预期调研与分析，将预调研成果在正式设计开始前与日方同学进行了交流。日方同学也同样在设计初始基于金山町的产业、资源、人口等问题进行了详细的预调研，既促进了中方学生快速熟悉日本乡村概况与场地信息，同时也提前熟悉了双方在设计层面的思考与表达习惯，为快速进入交互设计奠定了良好的基础（图6）。

（2）沉浸式的交互设计

短期式联合工作营的交互设计时间一般为1~2周，也是工作营的主体教学内容。以2019年在日本金山町为期8天的集中设计时间为例，工作营以"空间沉浸＋情景沉浸＋交流沉浸＋问题导向"作为交互设计纲领，建构包含师生、企业、专家、官员、村民等多元村镇发展主体参与的"教学行动者网络"（图7），对金山町的历史演进、空间格局、社会组构、建筑类型与设计方法等进行授课、调研与交流，进而每组以建筑学、城乡规划学（日方为都市计划）、艺术学等专业组成的团队，围绕特定的镇村发展要素开展沉浸式设计。

与一般短期式联合工作营不同，HUST与Tohoku University联合设计工作营每次均以包含独立调研期、联合设计期、反馈延续期的全周期设计形式举办（图8），其中除联合设计期为在地式设计外，其余均为线上交互式设计。因此，在2018年疫情尚未改变教学方式之时，HUST与Tohoku University便已经成熟地采用了"线上＋线下"的联合教学方式，也为2021年的全过程"云"设计奠定了良好的实践基础。

（3）开放式的多元评估

设计成果的评估是检验联合教学成果的重要手段。突破传统的联合教学模式大多采用"教师—学生"的单向交互与反馈机制，HUST与Tohoku University采用了开放式

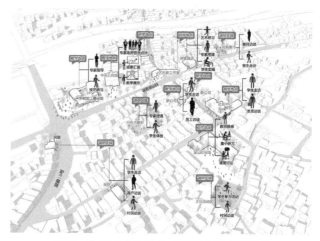

图7　中日联合设计的"教学行动者网络"
图片来源：作者自绘．

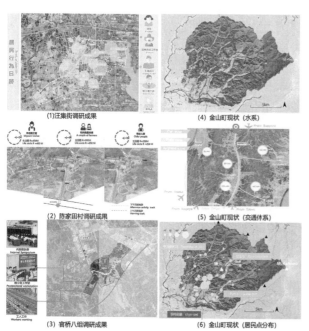

图6　中日双方同学在集中设计前的预调研成果交流
图片来源：作者自绘．

图8　中日联合设计的阶段过程
图片来源：作者自绘．

的多元评估形式。以 2019 年金山町设计为例，邀请了包含金山町当地的官员、工匠、建筑师、公众以及中方特邀设计公司专业人员在内的专家评估团队，对联合设计成果进行无记名投票评比（图 9）。尤其是在调研过程中深度沟通交流过的企业与设计师作为评估团队中重要的部分，不仅可以作为金山町本地居民对设计方案的在地性需求响应做出客观评价，同时更能够结合调研沟通的内容在方案中是否有针对性体现进行全面评价，而教师仅仅作为团队中的一部分参与评估。这种开放式的多元评估机制深度契合乡村的自主性治理内涵以及小城镇自身的发展规律，是将教学向实践延伸结合的重要桥梁。

图 10　日本山形县报纸报道中日联合设计过程与展览
图片来源：作者自绘．

图 9　开放性评估现场（P1 金山町企业代表　P2 金山町工匠代表　P3 金山町町长）
图片来源：作者摄．

3.3　多维度教学成果呈现与联合教学的集合式延续

每届中日联合设计与教学工作营包括中期答辩与终期答辩两个环节，由开放式评审专家经过综合评比决定优秀作品。当年联合设计教学工作营结束后，中日双方继续根据差异化的教学需求深化成果，并完成中日成果汇编工作，包括图纸与模型制作、成果展览等。

四年以来，HUST 与 Tohoku University 联合教学硕果累累。年度教学成果不仅在双方学校进行了持续的成果展览，设计图纸与模型也于 2019 年在日本山形县金山町市政中心进行展出。同时，工作营教学过程及其成果展览先后两次获得了日本山形县官方主流媒体《山形新闻》的报道（图 10）。2020 年，由 2018~2019 年设计成果汇编的《镇村再兴—中日学生联合设计作品集》专著出版，一方面，为阶段性教学画上了圆满的句号，另一方面也以案例集合的形式将联合教学的成果进行保

存与汇编，作为教学延续的重要平台，将"短期"工作营真正变为"长期"的可持续性教学。

4　结语

"交流"与"融合"是中外联合教学的核心价值。尤其是针对小城镇与乡村这样个性化的研究对象，开放交流与求同存异更是联合教学的重要目标。面对人才培养、规划实践以及后疫情时代教学形式等多元要求的转变，探索适应性的中外联合教学模式与组织方式是我国人居学科内涵式高质量发展与国际化转型的必然趋势。HUST 与 Tohoku University 联合教学历经四载，成果显著但依然具有更多探索的空间，期望立足对中日镇村发展的经验互鉴与道路共寻，为联合教学的适应性转型与持续性探索增添更多的亮点。

参考文献

[1]　贾艳飞，李晓峰，谭刚毅. 基于建筑教学需求的短学期型境外教学探索——以华中科技大学的实践为例 [J]. 建筑学报，2018（5）：51-55.

[2]　数据来源于联合国统计司网站.

[3]　陈前虎，刘学，黄祖辉，等. 共同缔造：高质量乡村振兴之路 [J]. 城市规划，2019，43（3）：67-74.

[4]　"万名干部规划家乡行动"：绘就乡村振兴蓝图 [EB/OL]. 临沧市人民政府官方网站.

[5]　金岩，赵倩，Paola Branduini. 中外教联合线上设计实践类课程教学探索 [J]. 设计，2021，34（13）：96-99.

Case Introduction · Cross-Fusion · Reverse Continuation: Exploration of Sino-Foreign Joint Teaching of the Planning and Design Course of Town and Village with Multiple Requirements

Qiao Jing   Geng Hong   Zhao Menglong

Abstract: The change of the talent demand, planning practice and instructional forms in the field of county–rural planning put forward new requirements to the transformation of the internationalization of curriculum teaching. Instruction needs to break through the traditional sino–foreign joint because of the quickness, short–term type, and past emphasis on design. Therefore, the curriculum is not systematic and continuous enough. Especially affected by the epidemic, the local advantages of short–term combined teaching cannot be fully reflected, and it is urgent to seek the transformation of teaching mode to meet the current complex and diversified education requirements. Taking "case introduction – cross fusion – reverse continuation" as the overall scheme, this paper proposes the optimization strategy of international teaching organization for town and village planning and design under the objective transformation, including teaching organization with mutual feed–immersion and combination of online and offline, teaching process with interdisciplinary and subject integration, teaching continuity with quantitative and qualitative feedback and multiple collaboration. Taking the workshop of HUST and TOHOKU University as an example, this paper introduces the interactive teaching design practice of long period tracking, multi–subject participation and research design, to provide reference for the exploration of joint teaching at home and abroad.

Keywords: Village Planning and Design Course, Sino–Foreign Joint Teaching, Instructional Practice, HUST

城乡规划专业导论课线上线下混合教学模式改进探索*

孙　明　孟庆祥

摘　要： 在新冠疫情和万物互联背景下，深入探索城乡规划专业导论课程线上线下混合教学模式具有一定的迫切性。本文以东北林业大学城乡规划导论课为案例，通过专业导论课程概述、混合教学阻碍、混合教学改进措施、混合教学效果四个方面，探索城乡规划专业导论课线上线下混合教学模式。

关键词： 移动互联；城乡规划；专业导论；混合教学；改进探索

由于疫情等原因影响，师生物理隔离成了教学的客观障碍。随着智能移动设备的使用，万物互联为师生保证课程教学提供了机会，由此产生了一种独特的线上线下混合课程模式。这种混合教学模式需要辩证地来看待，其在师生隔离的情况下具有独有优势，与传统全程线下教学模式相比，线上教学具有机动性强、网络资源丰富等优势，但是在课堂活动、线下管控、师生互动等方面存在一定劣势[1]。因此，本文以东北林业大学城乡规划导论课为案例，通过城规专业导论课程概述、混合教学阻碍、混合教学改进措施、混合教学效果四个方面，探索城乡规划专业导论课线上线下混合教学模式。

1　专业导论课程概述

城乡规划专业导论是一门专业引导课程，承担着构建城乡规划专业学生知识体系的重要作用[2]。专业导论课程最好安排在学生本科一年级，该阶段学生思维活跃，玉璞未琢，对待事物拥有自己独特的观点和看法，但是由于该阶段学生专业技能薄弱等客观因素影响，学生难以拥有完整的城乡规划知识体系，容易产生较片面的看法，更加凸显了设置城乡规划专业导论课的必要性[3]。根据 2021 年高考志愿填报大数据可以发现，43% 学生选择专业缺乏自我意识，是家长选的；69% 学生对报考

的专业缺乏基础认识；58% 学生仅仅是根据分数选择学校，对报考专业有所研究的学生仅有 3%，所以专业导论课程在学生刚进入大学校园时开设十分有必要（图 1）。

不同时期的城乡规划导论课程需要根据时代现状进行调整。东北林业大学城乡规划专业导论课程随着时代发展在不断变化调整中，2001 年东北林业大学根据国家快速城市化需要创办城市规划专业；2002 年开始招生；从 2003 年开始对标全国城市规划专业本科调整为五年制；2003 年根据国家对城市规划专业教育的课程设置要求，制定 5 年制本科专业培养方案；2018 年开始，开始采用线上线下教学模式，开展授课。专业培养方案的制定和修改经历了多次修订，包括 2002、2003、2005、2009、2014 和 2018 年的各次修订。"专业导论"课程建设也依据教学大纲进行调整（图 2）。

2002~2010 年课程创建阶段，完成课程大纲、教材和线下课堂讲授。2010~2018 年课程发展阶段，完成课程内容调整。2018 至今是线上建设阶段，课程进行线上线下混合教学。

2　混合教学阻碍

东北林业大学城乡规划专业导论课程具有广泛实践基础，教学由传统线下教学模式逐步转换到线上线下混

---

* 基金项目：东北林业大学校级本科教育教学改革项目。黑龙江省教育科学规划 2021 年度重点课题（课题批号：GJB1421230）。

孙　明：东北林业大学园林学院副教授
孟庆祥：东北林业大学园林学院助教

合教学模式，在不断的实践中发现了许多教学问题。

（1）混合教学手段不足。虽然混合教学模式具备灵活性，但是在线上教学时缺乏传统线下教学的板书空间，在教师帮助学生梳理课程框架和临时发挥上存在困难；线上维持课堂纪律很容易流于靠学生自觉；线上课程缺乏互动性，课堂研讨困难。

（2）混合课程备课耗费教师大量精力和时间。混合授课模式需要教师提供较多优质网络资源，而网上现有资源质量良莠不齐，没有较好的教研平台用于全国教师进行交流。这导致教师课程备课需要耗费大量的精力和时间。此外，城乡规划专业导论课程涵盖面广泛，更加增加了收集优质教学资源的难度，疫情中线下教学机会难得，更需教师精心准备亟需线下展示材料[4]。

（3）混合教学受硬件等设施影响存在不公平性。混合教学中由于学生自身背景差异，如果学校不统一提供硬件、软件设施（如机房等），不同学生可能存在接收网络、缺乏电脑、使用电脑软件差异等情况，从而影响学生听教师讲座以及学生的课题汇报表现，这一系列问题都将对混合教学效果产生消极影响。

（4）混合教学容易缺乏互动。教学中，教师与学生见面容易产生一定的距离感，虽然保证了线上见面次数，但是在线下教学却出现教师与学生不熟络的现象。这种种表现都与混合教学缺乏互动有关，从而影响教学效果。

（5）城乡规划专业导论统编教材种类甚少，教学内容缺乏公认体系。由于城乡规划专业变化迅速，课程涵盖面十分宽泛，所以，城乡规划专业导论课程很难找到统编教材。教师授课也容易随机化，有侧重专业介绍的，有侧重课程内容的，有侧重就业方向和职业规划的，导论教学的重难点不突出，引导学生作用不明显。

3 混合教学改进措施

专业导论课程混合教学改进要遵循目标导向，清晰毕业的相关要求，再改革全过程教学内容，制定课程目标，配套教学内容，增加教学活动，形成教学模式（图3）。

（1）改革传统线下课堂，充分利用网络资源，将混合教学理念贯彻其中。挑选超星学习通、雨课堂、MOOC等国内优质教学平台设置配套专业导论课程，通过录制微课、上传课件、优化学习资源等，打造学生随时随地即可学习的线上平台。线下教学主要充当实地展

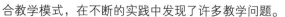

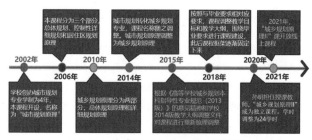

图1 2021年高考志愿填报大数据

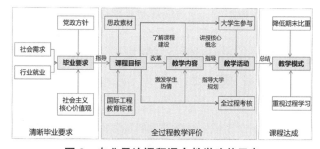

图2 东北林业大学城乡规划专业导论课发展建设

图3 专业导论课程混合教学改革示意

示、互动、测评的作用，教师教学要注重语言话术，配合风趣、大家都关注的问题让学生分组讨论，并进行上台汇报，相关话题比如："你为什么选择专业""你是通过哪些途径了解城乡规划行业的""你认为从事城乡规划的工作前景如何"等。学生交流与汇报完，教师要积极地点评和解答学生的汇报，并可以考虑采用一定的机动分数进行奖励。这种模式可以有效地改进线下教学的机动性差、线上教学互动性弱的不足，发挥混合教学的

优势，激发学生的专业兴趣，促进学生进行主动学习。

（2）改革专业导论全过程教学内容。

1）混合教学注重培养学生专业内涵。借助多源优质网络资源，扩展讲授城规专业的核心概念，如"城与市""传统城市与现代城市""城乡规划、建筑学与景观学等学科关系"、智慧城市、国土空间规划等[5]，结合城市中人的自然感受，引导学生对城乡规划专业术语的概念、外延及其特点感兴趣，明确各概念所包含的基本问题、本质以及发展前景。

2）混合教学解析专业性质及发展概况。因为城乡规划学科的交叉性，教师应让学生清晰地认识到城乡规划相关学科的来龙去脉，激发学生的广泛学习兴趣，城乡规划与建筑学、风景园林学、设计学、地理学、历史文化保护等学科都紧密关联。还要阐述城乡规划专业溯源、现实及发展方向，结合本校实际介绍城乡规划专业的办学历程、特点与成果，如师资情况、培养方案、考研与就业情况、薪酬待遇、各类荣誉情况及杰出校友等，有机会也可组织优秀校友参与到教学之中来，以打消学生对自身专业的疑虑。

3）混合教学多讲授城规专业的人才培养方案。专业引导课程要介绍城乡规划专业的人才培养目标、专业建设过程、专业课程体系和毕业要求等，结合学生自身职业规划，引导学生制订大学期间的学习目标，并为学生学习城乡规划学科做好心理动员工作，让学生尽快融入大学生活中来。

4）混合教学介绍专业学习方法。针对不同的课程设置，专业教师要剖析教学、学科管理以及对学生自身需求等方面，结合城规特点向学生介绍适用的学习方法，因材施教，做到按规划设计课，专业学习课、创新课程、公共基础课、学生心理素养的分类引导。

（3）混合教学发挥教师的特长。城乡规划专业导论课程可以引入专题模式，由多位专业老师参与课程教学，每个教师可以讲自己最擅长的专题，如果课程设置上有困难，可以积累足够的问题后，临近课程结束开展师生座谈课程，所有专业课老师都参与答疑。

（4）混合教学拓展课程实践环节。城乡规划基础课程学习需要大量的动手实践，专业导论有必要设置实践环节，多让学生参与到城乡规划的现场调研、建造模型、畅谈城市意向中。比如，组织学生手绘城市意向，

标出自己印象最深的城市地标，然后组织学生参观城市规划展览馆或者城市规划志，了解城乡规划建设运作模式，通过实践等活动熏陶学生，激发学生的专业热情，形成城市规划行业的感受认知。

4 混合教学的具体效果

本次城乡规划专业导论混合教学具体效果统计数据来源于超星学习通，教学对象是东北林业大学城乡规划专业 2020 级学生，49 人分为两个班同时授课，进行一轮完整的混合教学过程。借助混合教学手段，从八个维度——课堂签到、问题抢答、随堂测验、学生评分、学生投票、问卷调查、课程直播和观看视频来考察教学活动效果和目标达成度（图4）。

（1）课堂签到效果：通过学习通、钉钉群定位打卡等网络定位签到统计，可以清晰反映出学生课堂出勤情况，保证学习效果。通过出勤分析，可判断学生学习的基本态度。2020 级城乡规划专业两班人数 49 人，1 人休学故缺席 6 次，2 人转专业。全部课程共计 8 次，有13 人次缺席（包括事假和病假等不可抗因素），总体签到率为 97.3%，缺席率 2.7%，其中：38 人全勤签到，3 人签到缺席 ≥ 2 次，总体上课出勤情况良好。

（2）问题抢答教学活动效果：课程设计抢答加分制度，鼓励学生抢答，这是调动课堂情绪的必要环节，可以有效增加课堂氛围，让所有同学都积极准备每次课程，从而激发学生自学和上课认真听讲。该环节通过大屏幕展示抢答问题和答题分数，激发学生热情。如老师提问

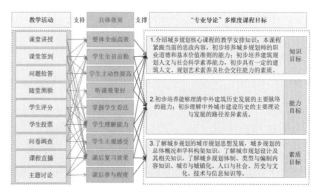

图4 混合教学活动的具体效果框图
注：每一项教学活动对应一个考察要点和最终的教学目标。

"何为城乡规划？"让每个学生按照自己所想回答即可，效果反馈：1min内8人抢答，其中7人抢答得分，并按照答题先后顺序得分，第一名+4分，第二名+3分，第三名+2分，之后得+1分，有效增强混合课堂的互动性。

（3）随堂测验教学活动效果。一个混合课程专题结束采用随堂测验方式，考察学生的洞察力和知识掌握情况，激发学生专业兴趣，这在传统课题中不常见。如"古代城市"部分，设置"封闭学校和城市都是聚集点，列举一下他们有何异同？"的随堂测验。两位学生在5min内完成手机打字回答并共享展示，充分表达了自己的观点，详细内容见图5。

（4）学生评分活动效果。这有利于掌握学生的思想动态，便于教师有针对地调整课程重点内容。如"你对自己所选择的城乡规划专业打分"，测试学生对城乡规划专业认可度，49名学生中47人参与，参与率95.9%，总体得分89.47分，打分效果两极分化。5名学生对专业打分＜75分，占10.2%，反馈是自身美术功底较弱，所以打分低，这反映出学生对专业认知有误解，在后期已着重解释城乡规划学业与设计课画图之间的关系。也有学生无原因打低分。

（5）学生投票活动效果。投票活动与学生评分活动类似，具体操作中，发现这种教学活动的效果非常好。在混合课程教学活动中，针对某个重要知识点进行投票，可以迅速调动学生的参与度。例如在城建史教学章节中，课上通过线上平台设置投票活动："你喜欢我国哪个时期的城市布局？"5min内49名学生中39人投完成票，结果显示80%以上学生选择了唐宋时期的城市布局。17.9%选择明清时期的城市布局，而秦汉时期的城市布局喜欢的学生很少。这个结果颠覆以往教学认知，以前教学潜意识中认为明清和秦汉时期城市更有代表性，但结果却相反，这也反映出学生的喜好在随着时代发展而变化（图6）。

（6）问卷调查活动的效果。问卷调查也可以了解学生的知识掌握及喜好决策情况，在城市化专题的课堂上，做了一期关于城市规模的问卷调查教学活动，"你喜欢居住在规模多大的城市？"问卷结果显示28.25%的学生选择一线或新一线城市，61.5%的学生选择二线或三线城市，只有10%的学生选择四线之后的城市，这反映了随着城市化的发展与外来人口饱和，新一代学生就业更关注自身工作生活状态，300万~500万规模的二、三线城市更利于学生自身发展与生活，成为学生选择的主流。这也反映今后城市的进程，设置城市规模更应均衡，避免走超大城市化的进程，如果外来新兴输入人口不足可能会出现收缩性城市情况，问卷详见图7。

（7）课程直播活动的效果。混合教学模式下，利用学习通线上同步直播。这方便学生随时随地都可以进行观看学习。并且课后对授课内容进行处理上传学习平台，一方面，可以让学生课后复习时可以原汁原味地再次学习；另一方面可以让学生的学习材料不局限于学习

图5 课堂活动：随堂测验

图6 课堂投票的线上平台截图

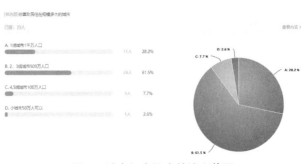

图7 随堂问卷调查的线上截图

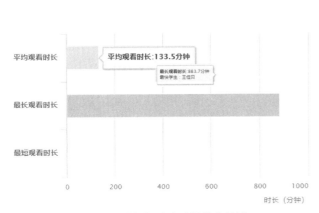

图8 观看视频活动时长综合统计

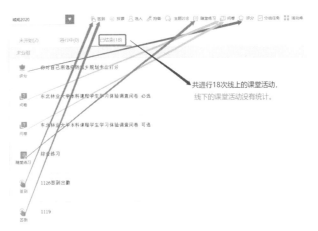

图9 混合教学活动类型及数量

笔记，复习的资料更加多样。混合教学共进行直播15次，基本做到每节课程都有直播。

（8）课外观看视频。平台观看视频分为课程内容和学习资源两部分，鼓励学生利用课外零散时间进行观看学习，巩固学习成果（图8）。

综上八个维度对混合教学效果考察，提供了全面较详实的数据。本次专业导论混合教学在疫情下顺利完成教学任务，保证了一切课程及课程活动网络平台有备份，线下授课灵活机动，学生学习效果良好。混合教学活动统计如图9所示。

5 结语

在新冠疫情和万物互联背景下，高校专业课程改革迎来了巨大的挑战和机遇。专业导论作为城乡规划专业的第一门基础课程，紧跟时代、拥抱数字化和移动互联，不断改善传统教学模式，探索高效丰富的混合教学模式和路径成为必然要求。本文以东北林业大学城乡规划专业导论课为案例，通过专业导论课程概述、混合教学阻碍、混合教学改进措施、混合教学效果四个方面，探索了城乡规划专业导论课线上线下混合教学模式，为国内同行提供授课经验参考。

参考文献

［1］赵婷婷，田贵平．网络教学到底能给我们带来什么——基于教学模式变革的历史考察［J］．教育科学，2020（2）：9–16.

［2］杜海清，朱新宁，汪弈．专业导论课教学模式及学习效果评估与分析［J］.北京邮电大学学报：社会科学版，2019（4）：85–95.

［3］杨光，孟琳，李凤日，等．基于大类招生背景下的专业导论课程探索［J］.智库时代，2019（33）：197，218.

［4］田元新，张嘉杰，伍小云．应用型计算机辅助药物设计教学改革［J］.药学教育，2018，34（3）：41–43，51.

［5］刘光明，于斐，周雅，等．大学低年级课程中开设专业导论课的探索［J］.高教论坛，2007（1）：37–39.

Exploring the Improvement of Online & Offline Hybrid Teaching in the Introduction Course of Urban and Rural Planning

Sun Ming   Meng Qingxiang

Abstract: In the context of the COVID–19 and the Internet of things, it is urgent to explore the online & offline mixed teaching mode of the introduction course of urban and rural planning. Taking the introduction course of urban and rural planning of Northeast Forestry University as an example, this paper explores the online & offline mixed teaching mode of urban and rural planning course through four aspects: overview of professional introduction course, exploration of mixed teaching obstacles, improvement measures of mixed teaching and mixed teaching effect.

Keywords: Mobile Internet, Urban and Rural Planning, Professional Introduction, Online & Offline Mixing Course, Improvement Measures of Teaching

特殊背景下国土空间规划课程研究
——以西南民族大学城乡规划专业本科教学为例*

洪　英　聂康才　文晓斐

摘　要：2018 年国务院机构改革，将原住房和城乡建设部的城乡规划编制和管理职能，归由新组建的中华人民共和国自然资源部。之前属于住房和城乡建设部重要工作的城乡总体规划编制等相关内容，现纳入了国土空间总体规划编制之中。这对于城乡规划技术体系是一项重大的改革和调整，由于国空规划技术体系的形成、完善和成熟需要一个过程，这一过程的长短不能确定，至少目前还处于探索阶段。显然对于专业的教学，我们已经不能按照原来经过多年研究、运用，理论和实践已经非常成熟的城乡总体规划编制技术进行，而与新情况相适应的编制办法、技术规范等又还没有形成，这就对总体规划课程教学提出了挑战。在此国空规划技术体系没有完全形成的特殊背景下，也是城乡规划行业理论和技术的过渡和阵痛时期。西南民族大学城乡规划系总体规划教学团队经过四年的思考、探索、研究和教学实践，基本形成了一套比较适合目前特殊背景、适合本校城乡规划专业总体规划课程的教学方案及方法，在这里进行分享，供同行探讨。

关键词：特殊背景；城乡规划专业；国土空间规划；城乡总体规划；本科教学；课程设计；教学方法

1 "特殊背景"概念

机构改革，给城乡规划行业带来了较大调整，住房和城乡建设部保留了原来的城乡建设管理职能，而城乡规划编制和城乡规划管理职能则划归自然资源部。

机构改革前城乡总体规划编制及城乡规划管理技术经过多年的探索和实践已经形成了一套较成熟完善的技术和管理体系，西南民族大学与之相应的城乡规划专业的城乡总体规划设计课程的教学理论、内容和方法也是一套成熟的体系。

而随着此次调整，传统的城乡总体规划内容将纳入现在的国土空间总体规划之中，其逻辑关系、编制思路、编制技术都发生了根本的变化。显然我们既不能按照原来经过多年研究、运用，理论和实践都已经非常成熟的城乡总体规划编制技术进行教学，而与新情况相适应的国土空间总体规划编制办法、技术规范等又还没有形成，甚至没有一个称得上成熟的范本，这就对城乡规划专业的总体规划课程教学提出了挑战。

本文将这段传统的城乡规划技术不能用，而国空规划技术、规范又处于探索阶段的过渡时期定义为"特殊背景"时期。

2 西南民族大学城乡规划专业"国土空间总体规划"课程介绍

西南民族大学城乡规划专业开办于 2002 年，现学制 5 年，于 2016 年首次通过专业评估。

"城乡总体规划"课程对于城乡规划专业是一门非常重要的必修课程，是西南民族大学城乡规划专业创办以来一直开设的传统课程。学生在学习了城乡规划原理、道路交通规划、道路工程规划、工程系统规划等一

* 教改项目：西南民族大学教育教学改革项目成果 项目编号：2021YB63。

洪　英：西南民族大学建筑学院副教授
聂康才：西南民族大学建筑学院副教授
文晓斐：西南民族大学建筑学院副教授

系列专业理论课程，以及城市设计、控制性详细规划、社会调研、专业调研等设计和实践课程之后，在高年级开设对于专业综合能力具有较高要求的"城乡总体规划"课程。

这样的课程安排是遵循循序渐进、由易到难的原则，通过"城乡总体规划"课程将前三年学习的知识点融会贯通。城乡规划专业前三年的学习与实践相对来说比较具体、明确、规模较小，学生运用清晰、明了、简单的思维方式分析思考得出相应结论。思维方式是比较收敛的，没有达到对于城市密切相关的经济、社会、生态等多方面的问题全面而系统的分析，在对资料的分析总结与归纳、思维方式等方面都有较大的局限性。总体规划教学是针对以上短板对学生进行培养，教学过程中引导学生进行大量的自主性的研究学习，培养学生科学理性与系统分析的思想，训练学生综合权衡、研判、取舍、比较等城乡规划工作方法。

本设计课程的培养目标是使学生了解和熟悉系统的、宏观的、全面的城乡规划专业逻辑思维，同时强化培养学生图纸表达、文字表达、语言表达等综合能力。

根据西南民族大学现行的培养方案和教学大纲，这门课程开设在大四上的第七学期。

机构改革之前，我们的"城乡总体规划"课程分为"城镇体系规划"和"中心城区规划"两大部分，行业中传统的、成熟的理论和技术是城乡总体规划教学的依据和支撑，课程教学中除了对于学生汇报能力、文字撰写能力、绘图技巧等综合能力的培养以外，学生需要完成一套规范、完整的城乡总体规划成果。

机构改革之后，我们将传统的"城乡总体规划"课程的教学内容纳入了"国土空间总体规划"之中，目前的课程名称是"国土空间总体规划"。

3　机构改革之后"国土空间总体规划"课程的教学思路

按照城乡规划专业本科培养方案，学生毕业之后应该能够胜任相关规划的研究和编制工作，根据当前的行业背景，城乡规划专业的毕业生与以往不同，除了就职于建设部门，还有很大概率会就职于国土部门。因此专业教学，尤其是专业设计课程教学必须与时俱进，在大学学习阶段应该学习国土空间规划相关理论及技术。

在学习编制技术的同时，秉承通过这门设计课教学强化学生高级思维的思路，尽管具体的技术内容有所变化，但是可以延续以往在教学中对学生综合能力强化和提高的思路。

按照当前的技术要求，国土空间总体规划强调"三区三线"的划定，其中"城镇开发边界"可以理解为之前的城市规划区范围。我们认为城镇开发边界之内的用地布局、绿化景观、道路交通、市政设施、消防、防灾等方面的原理、理论、相关规范不会有太大的变化，也就是说我们预判经过千锤百炼的城市规划原理只应该被完善，不可能被颠覆。目前在国空规划中强化数据落地、弱化宏观的系统的城乡规划思想和理念，是目前国空规划推进缓慢的原因之一。

在这种思想指导下，我们的教学思路是强化学生对于城乡规划基本原理的理解、运用和掌握，这部分主要延续以往的教学内容和方法；在这门课的教学中同时要求学生理解、学习、掌握国土空间规划的逻辑、理论、思维方式和技术等，了解国土空间规划相关政策、规范等，同时学习并且熟练掌握与国空规划相关的应用软件，如 JS 等。

4　教学设计

"国土空间总体规划"课程教学，我们采用的是假题，主要选取本省的五个地点用于教学，有阆中、绵竹、大邑、松潘、马尔康，结合民族大学特点选取的教学地点中松潘和马尔康是少数民族地区。几个教学地点按年级依次轮流使用。由于本课程既包含与时俱进的国空规划又包含传统的城乡总体规划，对选点的基本要求是有一定的文化底蕴、有内涵、有资源，并且要有一定的规模，最重要的是要有国土调查资料。在"三调"资料保密要求很高，不易拿到的情况下，任课老师通过各种途径找到"二调"数据签署保密协议用于教学，带领学生模拟国空规划全部技术过程。

西南民族大学"国土空间总体规划"课程的教学内容设计为调查研究、国土空间总体规划编制研究和国土空间总体规划三部分，时间安排为前两部分 8 周，第三部分 9 周。调查研究阶段的教学重点是强调学生掌握现状调研及资料搜集的方法、内容，了解现状调研及资料搜集的过程；国土空间总体规划编制研究的教学重点是涉及国空规划的内容，例如"三区三线"、资源环境承载能力、国土空间开发适宜性评价等；以及传统城乡总体规划中城镇体系规划的内容，例如构建合理的城镇体系结构、预测城镇化水平、预测城市及各城镇人口和用地规模、统筹配置城乡公共服务设施和基础设施、区域综合交通规划、区域乡村振兴发展研究等；国土空间总体规划编制的教学重点是在开发边界内进行传统的中心城区总体规划。

教学设计注重基本原理、逻辑和基础的教学，强化说、写、画等专业基本技能的训练，通过一个学期的教学，使学生既了解掌握了国土空间总体规划编制的内容，又学习了成熟的、传统的城乡总体规划编制内容、原理和方法，以达到学生知识体系宽口径，适应性强的效果。

4.1 调查研究

调查研究的内容包括传统城乡总体规划的内容和国土空间规划需要的内容，范围包括市域和市区，内容涵盖面广，调查研究分为三个阶段。

第一阶段的工作首先是学生分组，一般3~5人一组；然后以小组为单位进行内业工作，资料搜集、准备、汇编，熟悉拟规划的对象，为下一步的现场踏勘调研做好充分准备，并查阅、学习、理解相关案例，初步建立总规概念。为使前期准备工作保质保量，在出发去规划现场调研之前，针对准备工作每个组用PPT进行正式汇报。

第二阶段工作是现场调研踏勘，全面了解现状情况是规划编制必要的前提。现场调研过程一般为四天，由于现场时间有限，第一阶段的内业准备工作就显得十分重要。现场调研是以小组为单位分工进行，按调研内容分为区域组、中心城区用地组、区域交通与城区道路组、市政组等。其中区域组调研的内容主要有：区位、内外交通、气候、水文、植被、地形地貌、上位规划、相关政策、地方发展思路、区域城乡建设、基础设施、商业、医疗、卫生、文化教育、风景名胜、古迹文物保护、旅游发展、民族文化、重点城镇、产业园区、美丽乡村示范、生态区、风景区、河湖水系、区域一二三产业发展情况及空间分布、区域生态破损与国土空间整治信息等。中心城区用地组调研的内容主要有：公共管理与公共服务用地、商业服务设施用地、居住用地、工业用地、物流仓储用地、绿地与广场用地等。区域交通与城区道路组调研的内容主要有：对外交通及交通枢纽、交通场站、道路交通系统等。市政组调研内容主要有：供水、排水、电力、电信、燃气、环卫、防灾等情况。

第三阶段，资料整理、补充及总结。由于教学工作不同于实际项目，现场调研受时间、甲方配合的因素影响，资料的获取不能依赖于几天的现场调研，课程设计所需的各种资料更多的是通过多渠道获取，网络获取是重要途径之一。

4.2 国土空间总体规划编制研究

经过前两周的调研及各种准备，从第三周开始进入国空规划编制研究阶段，这个阶段的一部分任务是通过教学环节使学生了解国空规划的相关概念，掌握国空规划编制的主要内容、方法和技术，熟悉国空规划编制的流程，模拟国空规划编制的实际工作过程；第二个任务是完成传统城乡规划编制中城镇体系规划的内容。

国空规划具体内容有：提出规划战略、目标、重要指标；明确国土空间开发保护格局；划定用地分区，制定管制规划；进行国土空间要素统筹配置；明确基础设施等建设项目安排；划定城镇开发边界，加强中心城区管控；明确国土整治修复安排等。

城镇体系规划具体内容有：对上版总体规划进行评估分析、城镇化水平预测、城市及各城镇人口和用地规模预测、提出城市的发展战略定位及发展目标、统筹区域产业的空间布局、构建合理的城镇体系结构、统筹配置城乡公共服务设施和基础设施、区域综合交通规划、区域乡村振兴发展研究等；同时进行产业布局规划、综合交通规划等。在这个阶段，对于开发边界内的中心城区的主要问题也进行了研究，内容有：确定城市性质与职能、确定城市规模、划定中心城区范围；确定城市发展方向、确定城镇开发边界；以及对开发边界内的用地布局规划、生态与公共空间提升规划、文化保护与旧城更新、居住与社区服务、公共设施规划、工业和仓储用地规划、基础设施规划、空间管控规划等专题进行了研究。

4.3 国土空间总体规划

从第九周开始进入国土空间总体规划，这个阶段虽

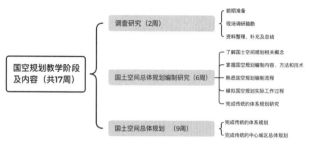

图 1　国空规划教学阶段及内容

然名为国土空间规划，实际主要的理论、逻辑和规划内容接近传统的中心城区总体规划，也就是集中建设区总体规划。

这一阶段的规划编制任务和内容有：合理确定集中建设区规模和人均用地标准、集中建设区土地利用现状研究、集中建设区功能及布局结构规划、集中建设区土地利用规划、集中建设区综合交通规划、集中建设区道路工程规划、集中建设区绿地及景观体系规划、集中建设区风貌展示体系规划、集中建设区空间形态控制、集中建设区历史文化保护规划、集中建设区公共服务设施规划、集中建设区住房与社区服务体系规划、集中建设区低效用地再利用规划、集中建设区特色风貌与魅力营造、集中建设区基础设施规划、集中建设区"四线"管控规划等。

5　教学方法

结合国土空间总体规划工作的特点，采取个人、小组（3~5 人）和班级相结合的教学方式，基础资料的调查与汇总由班级协作共同完成；国空规划、城镇体系规划和集中建设区总体规划是在个人研究的基础上，以小组为单位集体完成；城市专项研究或分项规划由学生分工完成，教学中注意培养学生的团结协作的综合专业素养。

教学过程中较多采用示范性教学，分组讨论、分组辅导等方法。示范性教学是在课堂上用某一个或几个组的作业作为范本展示，结合范本的优缺点针对问题立足本专业基础知识和基本技能进行详细的讲解和点评，这里很多是学生共性的问题，通过课堂统一讲解让学生对照自己的作业发现问题并且加以解决，示范性教学的方法大大提高了教学效率；分组讨论、分组辅导是按照任课老师的人数将学生分为相应的大组进行教学，这个环节可以针对各小组方案老师同学参与讨论，重点解决方案个性的问题。

6　教学效果

教学效果主要体现在两个方面，一是从已经毕业的 2015、2016、2017 三个年级以及即将大五的 2018 级学生反馈的信息，由于在学校学习的基本知识、培养的综合技能针对性强，学生在工作及设计院实习中显示出上手较快、综合能力较强、能很快适应行业需要的特征，毕业生在行业中口碑较好，容易就业；第二，2020 年西南民族大学城乡规划专业复评估时，学生的国土空间规划作业成果受到了评估专家的高度好评，评估专家对我们的国土空间总体规划教学思路、教学方法和教学成果给予了高度认可。

7　结论

目前城乡规划行业处于变革时期，国土空间规划编制技术尚处于探索阶段，没有成熟案例，没有成熟的技术体系可以用于教学。在这种特殊背景下，我们教学团队经过思考、探讨和实践，在国土空间规划课程教学中重点教授学生规划逻辑、专业思维、基本原理、基本技能和编制规划所需要运用的技术如相关软件等；同时，这门课程中还重点教授学生传统城乡总体规划的编制思维和编制技术。

由于相关规范还有很大变数，所以我们在教学过程中弱化规范性、强调技术性和专业性，以专业心态、专业逻辑、专业思想、专业理念及专业技能为立足点，力争使学生达到从容应对行业变化的要求。

参考文献

[1]　中华人民共和国城乡规划法（2008 年 1 月 1 日）.
[2]　中华人民共和国城乡规划法（2019 年修正）.
[3]　城乡规划编制办法（2004 年）.
[4]　王伟，张常明，邢普耀.新时期规划权改革应统筹好的十大关系（2018 年 5 月）.
[5]　尹稚"让城市总体规划更有用"学术论坛，2017 年 11 月，"2017 中国城市规划年会"论坛.

［6］ 吴良镛 . 人居环境科学导论 [M]. 北京：中国建筑工业出版社，2001.

［7］ 高等学校城乡规划专业指导委员会 . 高等学校城乡规划专业本科指导性规范（2013 年版）[M]. 北京：中国建筑

工业出版社，2013.

［8］ 西南民族大学建筑学院 . 西南民族大学城乡规划本科专业教学大纲（2020 版）[Z]. 成都：西南民族大学建筑学院，2020.

Research on Territorial Space Planning Curriculum under the Special Background
— Take the Undergraduate Teaching of Urban and Rural Planning Major in Southwest University for Nationalities as an Example

Hong Ying   Nie Kangcai   Wen Xiaofei

Abstract: In the institutional reform of 2018 of The State Council in 2018, the former Ministry of Housing and Urban-Rural Development attributed its planning and management responsibilities to the newly established Ministry of Natural Resources of the People's Republic, PRC.The relevant contents of the overall urban and ruralplanning, which was previously an important work of the Ministry of Housing and Urban-Rural Development, are now included in the overall territorial space planning. This is a major reform and adjustment for the urban and rural planning technology system. As the formation, improvement and maturity of the national space planning technology system needs a process, the length of this process cannot be determined, at least it is still in the exploratory stage.Obviously, for professional teaching, we have been unable to follow the original urban and rural master planning compilation technology, which has been very mature after years of research and application, theory and practice, and the compilation methods and technical norms corresponding to the new situation have not yet been formed, which poses a challenge to the teaching of the overall planning curriculum.Under the special background that the national air planning technology system is not fully formed, it is also a transition and painful period of the theory and technology of the urban and rural planning industry.After four years of thinking, discussion, research and teaching practice, the teaching team of urban and rural master planning of Southwest Civil University has basically formed a set of teaching plans and methods suitable for the current special background and the urban and rural planning major of our school, which are shared here for peer discussion.

Keywords: Special Background, Urban and Rural Planning, Major Territorial Space Planning, Urban and Rural Master Planning, Undergraduate Teaching, Course Design, Teaching Method

基于"现实场景"城市设计教学模式探索研究*

张春英　孙昌盛

摘　要： 当前，城市设计作为解决建成环境众多复杂性问题的重要手段，已越来越重要。基于培养学生解决城市空间现实问题基础能力，城市设计教学制定以追求"现实场景"效果的仿实战教学演练，采用校企联合教学模式，具体执行在课题选择、现状调查设计、案例选取、方案设计深度、成果评价与检测等环节进行针对性设计，让"真实性"与"现实场景"贯穿城市设计教学整个过程，尽可能为学生创造实战性效果，让学生提前进入真实项目运作模式，培养了学生理性、科学的思维，更训练了学生回应现实社会发展诉求，全方位思考与解决城市空间实际问题的城市设计基本能力。这无疑是城市设计教学训练基础中的基础，也是众多院校都希望达到的教学目标，实为一项不错的教学尝试，以期为同类院校城市设计教学提供经验与借鉴。

关键词： 城市设计教学；城市设计基本能力；现实场景；教学模式

1　引言

随着中国城镇化发展的转型，经济进入新常态，城市发展进入城市更新时代。新时期，城市设计研究类型由开发型转为旧城保护与更新型，研究成果不同于以往以物质形态和视觉审美为目标的、相比较为狭义的、终极蓝图式的城市设计，而更多是作为一种典型有效的公共政策：协调多方利益主体发展诉求，统筹产业经济、社会文化、生态环境、建成环境等多元要素，从而相互整合协调、达成共识、实现利益共赢成果共享的研究与实践过程[1]。相比它既注重设计成果基于实践变迁的动态发展性，也更强调依托现实问题导向的可操作性[2]。因而当前城市设计比任何课程都需要"真枪实弹"式教学法，以提高学生回应现实社会发展与日常生活诉求的城市设计基本能力[3]。但实际上各大院校因为各种原因能做到"真题真做"教学的寥寥无几，在这种约束条件下，如何训练并提高学生解决社会实践真实问题能力，城市设计教学需要建立一套回应的教学方案，保证学生在掌握城市设计基本内容、设计过程、核心价值观念等知识框架前提下，循序渐进地夯实回应现实的基本功，这也是对当前城市设计无所不包发展趋势下的一种思考。

2　教学理念制定

因实际教学中学生经常出现的各种问题：①经常基于各种目的演绎，把城市设计打造成一个无所不包的"筐"，什么都分析，却又什么问题都解决不了，重点不突出，解决方案缺乏深度，或对问题的把握偏离现实，难以厘清基地现状众多错综复杂关系，达成"共识"，解决问题；②过度脱离现实，没有针对现实问题，进行合理性构想，不具有现实的可操作性，虚无缥缈；③过度追求逻辑的自圆其说，导致城市设计研究的广度不够。无论哪一种结果都未达到城市设计培养学生解决城市空间现实问题的教学目标。

基于此，我们提出追求"现实场景"效果作为城市设计教学理念，并贯彻整个城市设计教学过程，以期在城市设计课程设计环节更好地将理论知识与实践相结

* 基金项目：2022年度广西区高等教育本科教学改革工程重点项目，基于云服务（OR平台）的建筑类专业设计课程信息化教学改革与实践（2022JGZ137）。

张春英：桂林理工大学土木与建筑工程学院讲师
孙昌盛：桂林理工大学土木与建筑工程学院副教授

合，让学生更早融于并立足于社会实践，重在培育并厚筑学生城市设计基本能力——脚踏实地地解决城市空间现实问题的能力。

3 教学设计

为了更好地做到实战演练，将"现实场景"执行于整个城市设计教学过程中，首先，我们针对性提出了"校企联合"的教学模式[4]，在教学资源（课题选择）与教师团队（企业导师加入）建设上，都加强与社会接轨，也弥补了校内教学资源与师资团队的不足。其次，我们项目选题，教学过程中的现状调查、案例选取、方案设计与深化、成果检验与评价等环节进行针对的实效性设计，以提高教学设计过程中每一环节真实性效果。

3.1 项目选题

近两年基于教学团队一直没有合适的科研课题，我们选择和当地规划设计院联合教学，在选题上就丰富便利很多，为保证城市设计课程教学目标实现，一般应满足以下要求：①项目类型为城市更新型；②基地选址在城市市区范围内，方便学生现场走访调研；③为设计院刚刚完成或者正在运行的项目，可以从多方面提高项目的实效性（设计院导师参与度、数据的时效性、学生的积极性、项目的实效性等）与运行过程的便利性（基地各群体公众参与的积极性与力度）。课程开始之初，特意邀请设计院项目负责人对基地进行简单介绍，并告知学生，如果作业方案中有优秀的、具备可操作性的策略完全可能被设计院采纳，在指导项目建设实践中发挥作用，如此就提高了学生参与的积极性与使命感，对本次作业的价值定位也明显高很多。

3.2 现状调研环节

以往教学中，在现状调研环节通常遇到的普遍性问题，就是大部分学生对基地现状各要素信息挖掘深度与准确度不够。事实上的确也有很多要素信息，是学生身份无法完全详细获知的，比如基地社会学人口变量、建筑建造的具体年代、权属等信息，导致学生经常简单定性、缺乏严密的论证过程，问题也浮于表面，最终影响研究设计的深度与方向。

基于此，我们采取设计院在一些信息资料共享中

发挥兜底的作用。现状调研一般三周时间，该环节即将结束时，我们按计划都安排了一次汇报，学生就会各自把已调研的信息与发现的问题如期展现出来。该环节，我们邀请设计院该项目负责人参与，就可以发现学生调研数据存在的问题，引导学生继续完善与修正数据，或者补充部分真实数据，发挥纠正与深化现状调研数据的作用，并能及时调整调研误区。在教学进行过程中，我们还发现学生对现状资源的挖潜、部分细节问题的整理，以及自下而上的使用者活动规律与诉求方面的数据资料往往比设计院更加有优势与深度，方法上也更加科学有依据，因此也可以弥补设计院相关环节的不足，相互辅助。

3.3 案例选择与引导

案例学习与借鉴对于帮助学生开始进入方案设计发挥着很重要的作用。适宜的案例研究与学习，更加事半功倍。本教学环节，为了达到教学"现实场景"效果，提高案例对学生方案的可行性与可操作性引导作用，案例介绍我们安排了两个环节：①设计院校外导师选择本地、有相似性且近期完成的项目进行介绍，从而提高案例对学生方案设计的强导向性与参照性；②学生分组寻找相似性案例，形成案例库，可以从创新性、前瞻性、理想化等视角给学生设计提供一种可能。该环节整体设计是在保证方案立足于现实性基础之上，有可能地往前迈一迈。

3.4 方案设计深度优化

方案设计中，学生经常遇到的问题有：功能置换成本、拆迁比、工程造价等问题，介于教学组教师们并不是都有项目运营的经验，在这个问题上经常也难以给出合理的工程预算与准确的适应现实社会发展的判定，经常导致学生一些好的设计想法搁浅。

设计院导师的加入，很大程度上弥补了该方面的不足。除了设计院负责人通过正常参加教学各个阶段方案汇报指导教学外，我们还特地成立了城市设计课程联系群，学生们在遇到该方面的问题时，就可以集中给校外指导老师留言，从而逐一解决问题，在设计方案的可行性与可操作性方面给足了保障，也预先训练了学生工程导向的理性设计思维。

3.5 方案评价与检验

教学是否达成我们预期的目标，即是否训练培养了学生解决基地现实问题的城市设计能力，学生作业最终成果评价是一个重要的检验标准，即学生方案的可行性与可操作性检验。只有研究基地多元群体参与评价，并获得认可的方案，才达到了我们城市设计教学训练目标[5]。

为了保证参与群体的多方性与覆盖面，方案评价我们利用城市设计生产实习最后一周时间，设计了两个环节：①学生打印若干份成果方案，回到基地，采用面对面深度访谈，或者组织小规模群体讨论会，让基地不同身份的群体参与评价，对学生方案提出个人见解。参与者身份包括基地居民、工作人员（管理人员与普通从业者）、游客、市民、基地学生，基本覆盖基地不同身份群体；②校内组织小组最终成果汇报，主要参与评价群体为学生、城市设计课程教学组教师、设计院校外导师、教研室各专题教师（景观、道路交通、市政工程）。通过以上两个环节的设计，尽量保证了评价群体的多方性与多视角，不仅对学生设计成果进行了检测，而且收获了不同身份、不同视角专家与居民的意见，为后期学生方案修改完善提供了保障，更主要是在推进学生方案实战性效果上，与培养学生脚踏实地解决基地现实问题能力上，增添了浓厚一笔，发挥了重要的作用。

3.6 小结

通过一系列直奔"现实场景"的教学设计与训练，学生对实践方案运行程序已十分熟悉，让学生提前进入真实项目运作模式中，提高了学生实践操作能力，以及社会与岗位适应能力。学生方案的可行性、研究深度与广度也有了很大提高，从根本上也提高了学生解决社会现实问题的能力与综合技术能力。从整体看，其实就是接受了一场真实的演练，学生们一些好的设计策略，也真的可以被设计院采纳应用。

教学运行过程中也存在一些不足：①比如在学生方案评价与检测方面，部分学生第一环节参与的积极性与行动力不足，直接导致方案评价多方参与度不足，对方案的"真实性"效果有一定影响；②教学活动经费不足，特别是学生现场调研与方案评价这些环节，为了达到教学效果，需要一些资金运转，当前主要是学生小组内分摊。后期城市设计课程组将循序渐进解决这些问题。

4 结语

城市更新背景下，城市设计实践工作面对的是建成环境中众多复杂性问题，这对城乡规划教学的职业性、专业化要求越来越高，且新时代背景下，也需要我们培养兼具创新设计思维的城市设计师与科研人才。但实际上各校教学水平与学生综合能力存在较大差别，不同学校教学定位并不能等同，结合学校定位与社会实践的现实需求，城市设计教学制定以追求"现实场景"效果的仿实战教学演练，采用校企联合教学模式，具体在课题选取、现状调查设计、案例选取、方案设计优化、成果评价与检测等环节进行针对性设计，让"真实性"与"现实场景"贯穿城市设计教学整个过程，尽可能为学生创造实战性效果，帮助学生提前进入真实项目的运作模式，培养了学生理性、科学的思维方式与正确的设计思想，更训练了学生回应现实社会发展诉求，全方位思考与解决城市空间实际问题的城市设计基本能力，提高了学生实践操作能力、社会适应能力和岗位适应能力。这无疑是城市设计教学训练基础中的基础，也是众多院校都希望达到的教学目标。

总体而言，基于"现实场景"的城市设计教学训练，既兼顾了城市设计基本内容、核心价值、知识体系、逻辑思维等城市设计基本内容训练，使学生较为系统、全面地掌握城市设计的核心内容，又通过实战演练，选择真实基地，进行具体项目实践训练，让学生们把城市设计的程序真正走一遍，又很好地从学习阶段过渡工作阶段，在实战中学习，同时也解决了学校教学资源不足与不匹配的问题，实为一项不错的教学尝试，期望得到同类院校同仁们的认可，共同为培养基础能力扎实的城市设计人才做出贡献。

参考文献

[1] 杨俊宴，徐苏宁，等.中国现代城市设计的回溯与思考——郭恩章先生访谈[J].城市规划，2021，45（6）：117-124.

[2] 张春英，孙昌盛.新时期城市设计课程群构建与教学融合性思考[J].高教论坛，2019（5）：26-30.

[3] 赵勇强，马明，等.以能力培养为导向的城市设计课程

体系建构——内蒙古科技大学城市设计课程教学探索 [J].
建筑与文化，2019（1）：35-36.

［4］ 刘金梁，胡学华. 项目式教学理念下《城市设计》课程
教学改革探索 [J]. 内江师范学院学报，2020，36（6）：

113-119.

［5］ 常玮. 多元融合的城市设计课程教学模式与实践探讨——
以厦门大学城市设计课程为例 [J]. 城市建筑，2020，17
（19）：149-151.

Research on the Teaching Model of "Real Scene" in Urban Design Course

Zhang Chunying   Sun Changsheng

Abstract: At present, urban design has become more and more important as an important means to solve the complex problems of built environment. Based ability of cultivating students' solving practical problems in the urban space, urban design teaching in pursuit of "real scene" the effect of practical teaching practice, the joint between colleges teaching modes, specific implementation in subject selection, investigation and design, case selection, design depth, achievement evaluation and testing it with specific design, Let the "authenticity" and "real scene" runs through the whole process of urban design teaching, as far as possible for students to create practical effect, let students into the real project operation mode in advance, cultivate students rational and scientific thinking, but also train students to respond to the real social development appeals, all-round thinking and solving the urban space practical problems of the basic urban design ability. This is undoubtedly the basis of urban design teaching and training, and also a teaching goal that many colleges and universities hope to achieve. It is a good teaching attempt, in order to provide experience and reference for urban design teaching in similar colleges and universities.

Keywords: Urban Design Teaching, Basic Ability of Urban Design, Real Scene, Teaching Model

国土空间规划背景下的城乡规划专业 GIS 课程教学思考

罗桑扎西 赵 敏 张 雪

摘 要：国土空间规划的变革对城乡规划专业人才培养提出了新的要求，地理信息系统（GIS）是高校城乡规划专业的一门核心课程，应如何响应新的需求？本文在阐述国土空间规划背景下的城乡规划专业 GIS 课程教学要求基础上，针对当前城乡规划专业特点及 GIS 教学过程中存在的不足，结合笔者的教学及实践探索，围绕教学内容的改革思路、教学方法与模式的探索以及课程考核的创新等，简要探讨了国土空间规划背景下的城乡规划专业 GIS 课程教学改革，以期为国土空间背景下的城乡规划专业的人才培养模式和教学改革提供思路。

关键词：国土空间规划；GIS；城乡规划；教学改革

引言

规划作为一项公共政策，在不同的社会发展阶段其承担的使命、研究重点及相应的技术手段也会随之更新变革。城乡规划作为一门极具实践性的交叉学科，可简要地将其学科知识点渊源划分为三类，基于工程实践的土木及建筑学，基于空间观测及分析的地理科学，以及基于人文、社会管理的公共管理学[1]。因此，长久以来我国城乡规划专业人才培养的各类院校，基于院校城乡专业依托的学科基础及师资队伍的知识结构，形成了具有院校特色及技能优势的培养模式[2, 3]。2019 年 5 月，《中共中央 国务院关于建立国土空间规划体系并监督实施的若干意见》发布，国土空间规划体系的建立，要求以国土空间基础信息平台为底板，结合各级各类国土空间规划编制，同步完成县级以上国土空间基础信息平台建设，实现主体功能区战略和各类空间管控要素的精准落地，形成全国国土空间规划"一张图"，推动不同部门之间的数据共享及信息交互。基于统一现势的国土空间数据，采用科学的空间分析辅以决策，已然成为国土空间开发利用与保护研究实践的必然技术路径，这必将推动规划技术手段从传统的软件制图逐步进入地理信息平台应用。

近年来，随着计算机科学、地理信息系统（GIS）、遥感（RS）、全球定位系统（GPS）、大数据、空间智能等相关学科及技术的不断发展，一方面，已有越来越多的新技术应用于城乡规划的研究中；与此同时，基于空间信息技术融合各类先进的大数据、云计算、数据挖掘等技术的智慧规划、智能规划等规划新技术体系也在不断发展[4]。另一方面，在规划实践领域，各类技术也在规划编制中得到广泛运用，越来越多的规划编制单位建立起了规划信息中心，从事各类规划新技术的研发。无论是城乡规划研究的成果反哺，还是规划编制实践的需求，都对城乡规划专业人才的信息技术应用能力培养，尤其是 GIS 教学提出了新的要求，同时也指明了调整变革的方向。

1 国土空间规划背景下的城乡规划专业 GIS 课程教学要求

国土空间规划是国家层面的重大战略性部署，是对现行的空间规划体系的整合和重塑。国土空间规划体系的改革，将推动城乡规划方法由以定性分析、数理统计、图文传递等为特征的传统，逐步转向以定量分析、智慧分析、智能制图、城市信息模型研发应用为特征的

罗桑扎西：云南大学建筑与规划学院讲师
赵 敏：云南大学建筑与规划学院副教授
张 雪：云南大学建筑与规划学院讲师

智慧城乡规划。在这一变革的过程中，GIS 将逐步成为规划的主流平台，这对城乡规划专业 GIS 课程的知识结构和技能培养提出了更高的要求[5]。结合目前国土空间规划研究、各类规划的编制技术指南、已有的部分编制成果，可将规划对 GIS 基础知识和技能的需求简要的概括为以下三点：空间数据的管理与分析，各类空间分析方法辅助规划决策，规划成果的空间可视化展示及数据库建构。

空间数据管理与分析，主要包括对空间数据的基础知识的掌握，熟悉常见的多源数据的收集与整理，空间数据空间参考系统的设置与转换，掌握对用地现状、规划数据的空间分布、规模、指标提取等的各项基础分析。空间分析辅助规划决策，在国土空间规划中的"双评价"与"双评估"，各类空间适宜性评价中需要有较好的空间分析技术应用辅助规划决策，要求规划者主要了解基础的空间统计分析、空间格局分析、交通的可达性分析、数字地形分析、设施服务区分析等分析的基本原理，掌握软件工具操作的流程、各类空间分析方法。规划成果展示及数据库的建构，在规划成果的展示方面已有越来越多的规划设计单位尝试采用基于空间数据的三维动画、虚拟仿真等技术，突破传统的二维图纸对规划设计理念及方案情景展示的限制；在各类国土空间规划的编制成果要求中都提出了相应的成果数据建库标准，以便提升规划传导以及规划实施与监督工作的科学性及时效性。

2 城乡规划专业 GIS 课程教学现状分析

在最新的 2013 版的《高等学校城乡规划本科指导性专业规范》中明确指出了地理信息系统的应用为掌握内容[6]，"地理信息系统分析与应用"也被列为城乡规划专业十门核心课程之一。目前，国内已通过专业评估的所有高校均已开设了 GIS 专业课程，主要以理论课及实验课的形式设置，但不同院校对课程的授课内容、授课形式、授课的阶段都存在很多的差异，结合笔者的对近 20 所院校的培养计划及 GIS 科学教学大纲的参阅分析，发现规划专业对 GIS 的认识大多停留在将其作为一项基础软件工具，且缺乏系统的应用，究竟 GIS 在城市规划知识体系建构中的角色和作用是什么处于非常模糊的阶段。

2.1 教材建设

一类偏理论，重点讲述各类空间分析方法的算法及实现方法，一类偏应用，缺乏最基本的专业知识，多以具体案例的应用为主，教材侧重于如何使得受教者在某一具体的 GIS 软件平台中快速地复现分析，而忽略了各类分析技术方法的组织思路以及技术路线，缺乏以问题为导向的问题解决思路及技术的讲解。

2.2 教学内容

目前我国大多数院校的城乡规划专业都脱胎于建筑学专业，在课程设置及教学内容上更多偏向于对城市物质空间形态、色彩、构图等专业技能的培养和训练，而对 GIS 空间分析技术和模型应用，在已有的规划设计中的定位及衔接并未明确。课程设置上分为理论课和实践课，课程教学多在大三、四年级开展。

在理论课程的授课内容方面，主要以地理信息系统的基本构成、常见的地理信息系统软件介绍，地理信息系统的数据结构，空间参考系统，空间数据的处理，以及常见的空间分析如空间叠加、数字地形分析为主。在实践课程的授课内容方面，大多院校都采用 ESRI 的 ArcMap 软件为主，主要围绕着空间数据的查看、管理、编辑以及转换，空间关系的简要分析、矢量、栅格数据的空间分析、数字地形分析以及专题地图的制作等为主要实验操作内容，偏重于对具体软件的操作。

3 国土空间规划背景下的城乡规划专业 GIS 课程教学改革初探

城乡规划专业开设 GIS 课程的目的重在对量化规划技术的了解及应用，如上所述，在国土空间背景下，城乡规划 GIS 课程教学更应重视培养学生利用基础的 GIS 空间分析技能辅助解决规划问题。针对已有的课程定位、授课内容、授课方式，以及与其他课程关系脱节等存在的不足，笔者认为需重新定位 GIS 课程教学在城乡规划本科培养中的作用。首先，对传统规划专业本科生的 GIS 教学，应将 GIS 作为专业学生接触量化分析，开启规划新技术学习以及未来往城市信息学、城市计算、智慧城市研究发展一个起点，结合规划研究尤其是规划新技术研究及应用实践的成果，优化课程教学的内容。其次，应把 GIS 课放在大二上学期左右，以便在后期的城市地

常见的地理信息系统教材 表1

类别	名称	作者	出版社
GIS 基础类	地理信息系统教程	汤国安等	高等教育出版社
	地理信息系统导论	（美）John R. Jensen（约翰 R. 詹森），Ryan R. Jensen（赖安 R. 詹森）著，王淑晴 等译	电子工业出版社
	地理信息系统原理	李建松等	武汉大学出版社
	地理信息系统概论	黄杏元等	高等教育出版社
	地理信息系统：原理、方法和应用	邬伦等	科学出版社
GIS 分析与制图类	ArcGIS 地理信息系统空间分析实验教程	汤国安、杨昕等	科学出版社
	GIS 空间分析	刘湘南等	科学出版社
	GIS 空间分析指南	安迪·米切尔（Andy Mitchell）等	测绘出版社
	ArcGIS 地理信息系统教程	（美）普赖斯	电子工业出版社
与国土空间规划结合类	国土空间规划 GIS 技术应用教程	黄焕春	东南大学出版社
	城乡规划 GIS 技术应用指南国土空间规划编制和双评价	牛强、严雪心、侯亮、盛富斌、王思远、盛嘉菲、高齐、朱玉蓉、陈静仪	中国建筑工业出版社
	资源环境承载能力和国土空间开发适宜性评价方法指南	樊杰	科学出版社
	城市规划大数据理论与方法	龙瀛、毛其智	中国建筑工业出版社

理、控规、乡规、总规中强化 GIS 相关技能的植入及应用，这一方面，如传统的 CAD 学习，学生可在其他课程中强化对 GIS 工具的应用，另一方面，学生可通过其他的课程尤其是城市地理学、区域规划等强化对一些经典理论以及 GIS 原理的理解，逐渐培养规划学生空间定量分析及应用的能力。基于上述几点浅显认知，结合笔者的 GIS 教学实践，将围绕教学内容的改革思路、教学方法与模式的探索，以及课程考核的创新简要的讨论 GIS 课程教学改革思考。

3.1 教学内容改革

城乡规划专业的 GIS 课程的 GIS 理论与 GIS 技术实践应并重。在 GIS 理论课程内容讲授中，重点应放在必要的基础知识的基础上，充分结合规划实践中常用的基础知识要点、空间分析方法原理组织内容；在 GIS 技术实践教学中，笔者认为可用"搭积木"的思维，首先，结合空间分析方法原理理论的讲授，让学生充分地掌握基础的各类单项空间分析方法，如空间数据编辑、空间数据叠加计算等方法；其次，以规划中实践问题解决为导向，重点培养

学生采用空间分析方法解决空间规划的思维及技术路径组织，以及综合运用各项分析方法的能力。

（1）理论教学内容

在理论教学内容设计方面，首先应让学生主要了解什么是地理信息系统，以及地理信息系统在我们日常生活中使用，包括地理信息系统的概念、地理信息系统的功能，常见的地理信息系统平台。在授课中同时结合日常生活中的地理信息服务，如各类导航软件、大众点评、新浪微博等为例子，加深对地理信息系统的认知；其次，围绕空间数据的概念及基础，应让学生主要了解空间数据的采集、管理、简单的数据库维护以及数据的可视化及输出，重点应让学生掌握空间数据的结构、空间参考系统等基础知识；以空间的分析与原理作为理论授课内容的核心，在空间分析原理方面应结合规划实际问题解决为导向，讲授各类分析方法，如空间叠加分析部分的讲解，如采用规划实践中的用地冲突检测工作为案例开展授课，尽量避免涉及复杂的空间算法和技术等内容；最后，空间分析建模及综合应用分析内容，此部分应以培养学生的综合分析思维组织能力为主，结合国

土空间规划中的双评价，以及各类适宜性分析，重点讲授综合运用空间分析方法解决规划问题的思路建构及技术方法组织。

（2）实践教学内容

实践教学是 GIS 教学的一项重要环节，旨在培养城乡规划专业学生采用 GIS 技术工具解决规划领域实际问题的能力，同时熟练地掌握 GIS 工具的应用。因此，在实践教学中应避免生硬地教授工具软件操作，而更应重视如何将空间分析实践结合规划，应用于对实践问题的解决思路及技术方法实现的讲授及培育。

GIS 实践教学建议以 ArcGIS 桌面版为平台，首先结合理论课中的地理信息系统基础知识，主要内容应包括 ArcGIS 软件的组成，主要的功能，熟练地掌握空间数据的采集、创建和编辑，以及空间数据的图形和属性数据的查看、管理等操作。其次，在掌握基本操作的基础上，应以掌握初级空间分析方法为目的，结合规划案例，逐一讲授叠加分析、缓冲区分析、栅格计算、数字地形分析、网络分析、三维可视化分析、空间自相关分析等内容。最后，在掌握各项空间分析方法的基础上，以空间适宜性评价、空间选址、空间布局优化等常见规划问题为专题板块，重点从空间问题挖掘，解决思路建构、技术方法路径组织、软件工具实现为内容引导学生掌握综合运用能力。

3.2 教学方法与教学模式探索

GIS 课程的目的在于培养学生运用空间数据辅助规划决策的能力，树立定量分析的思维。但因规划专业传统培养模式及教学体系中，对于专业学生前期的课程及技能培养，以空间设计训练为主，技能主要为计算机制图工具的训练，导致 GIS 课程在后置的教学中存在教学周期不足及应用程度偏少的问题，在一定程度上减弱了对学生建立空间数据分析能力及思考的培育。

笔者建议以案例专题教学、共享开放式、兴趣启发式相结合的方法，有效地解决将 GIS 教学从工具培训走向定量思维培育的转变。专题式教学可围绕规划设计中的一个特定内容，将设计的要点及 GIS 的空间分析辅助设计的思路有机结合，力求通过案例的讲解及实践，启发学生思考如何应用空间分析辅助设计。例如，在景区的路线规划中，可引入数字地形分析，将坡度、坡向、视域分析的技术，按照路线规划的要点实现对路线选线

图 1 GIS 实践课程内容板块

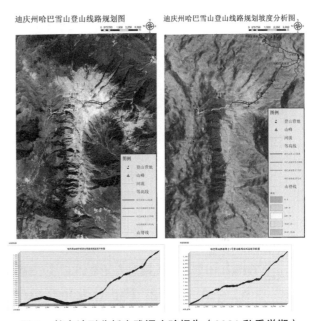

图 2 数字地形分析实践课实验报告（2021 秋季学期）

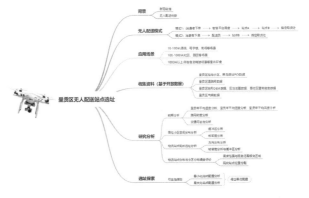

图 3 GIS 课程期末结课报告（2021 秋季学期）

的辅助，引导学生如何将规划设计中要点及指标采用空间分析的方法来辅助实现。空间设计是城乡规划专业学生核心竞争力，也是规划学科的内核所在，应以围绕空间设计为核心，展开 GIS 课程与其他设计课程之间的联动，在规划课程中强化 GIS 的相关知识点及应用，如在城市总体规划课、乡村规划课程中，对于宏观区域的调查和分析，应鼓励学生采用空间分析的方法，展开空间联系、空间格局、空间模式的分析应用。随着空间信息技术在各行各业中的深入应用，目前已有越来越多的以空间信息赋能规划治理的主题竞赛，在 GIS 教学中应积极启发学生参与各类主题赛事，通过竞赛提升对 GIS 学习的兴趣，同时强化 GIS 技能在实践问题中的应用能力。

4 结语

本文通过对自身教学中的探索和反思，探讨在国土空间规划背景下城乡规划专业 GIS 课程教学的改革。作为城乡规划专业核心课程的 GIS 的授课教师及教研团队，应积极地探索教学内容及模式的改革，努力在专业课程体系中精确定位 GIS 课程的作用及重要性，将课程教学的目标由狭义的工具软件掌握转变为培养学生量化分析，掌握规划新技术，开发规划创新意识和实践能力。

参考文献

[1] 王丹. 中国城市规划技术体系形成与发展研究 [D]. 长春：东北师范大学，2003.

[2] 李渊，林晓云，邱娟鲤. 创新实践背景下的城市规划专业地理信息系统课程的教学改革与思考 [J]. 城市建筑，2018（15）：120-122.

[3] 张红娟，尚国琲，于淑会，等. 国土空间规划背景下城乡规划专业课程体系改革探索 [J]. 河北地质大学学报，2021，44（6）：143-146.

[4] 甄峰，孔宇. "人—技术—空间" 一体的智慧城市规划框架 [J]. 城市规划学刊，2021（6）：45-52.

[5] 许璟，汪婷婷. 非地理信息系统专业 GIS 课程教学改革研究——以城乡规划专业为例 [J]. 池州学院学报，2021，35（3）：123-125.

[6] 高等学校城乡规划学科专业指导委员会. 高等学校城乡规划本科指导性专业规范 [M]. 北京：中国建筑工业出版社，2013：1-28.

Thinking on GIS Course Teaching for Urban and Rural Planning Major under the Background of Territorial Spatial Planning

LOBsang Tashi   Zhao Min   Zhang Xue

Abstract: The reform of territorial space planning has also put forward new requirements for training urban and rural planning professionals. Geographic Information System（GIS）is an essential course in urban and rural planning in colleges and universities. How do you respond to the new requirements？ In this paper, the introduction of the background of the national spatial planning of urban and rural planning GIS professional curriculum requirements, because of the current urban planning professional characteristic and the shortage of GIS teaching process combined with the author's teaching and practice to explore, train of thought of teaching content reform, teaching method and mode of exploration, and the innovation of the examination of the courses. This paper briefly discusses the GIS course teaching reform of urban and rural planning specialty under the background of territorial space planning, to provide ideas for the talent training mode and teaching reform of urban and rural planning specialty under the background of territorial space planning.

Keywords: Territorial Spatial Planning, GIS, Urban Planning, Course Teaching

由建筑设计思维转向城市设计思维的难点与路径
—— 城市住区设计的教学思考

曹哲静

摘　要： 设计课教学是城乡规划专业本科教育的重要环节，普遍采用"建筑设计＋城市设计＋控规／总规"的模式。住区设计通常是建筑设计转向城市设计的首门课程，承担着城市设计思维的启蒙作用。如何制定教学步骤对于启蒙本科生的城市设计思维具有重要意义。本文基于城市设计思维的一般内涵，剖析了学生认知规律中由建筑设计思维转向城市设计思维时面临的难点，并以作者承担的同济大学城市规划系本科三年级八名学生的住区设计教学为例，提出由建筑设计思维转向城市设计思维的一般教学方法。

关键词： 城市设计思维；住区设计；设计课；教学方法；城乡规划专业本科教育

1　引言

在我国众多拥有城乡规划专业的高校中，本科生设计课常采用"建筑设计＋城市设计＋控规／总规"的培养模式❶。住区设计通常为从建筑设计转向城市设计的首门课程，学生面临着从建筑设计思维转向城市设计思维的关键点。因此这门课在城市设计教学中不仅需要传授住区规划设计的一般方法，还具有城市设计思维启蒙的作用。如何制定教学步骤对于启蒙本科生的城市设计思维具有重要意义。本文基于城市设计思维的一般内涵，剖析了学生认知规律中由建筑设计思维转向城市设计思维时面临的难点，并以作者所承担的同济大学城市规划系本科三年级住区设计教学为例，提出由建筑设计思维转向城市设计思维的一般教学方法。

2　城市设计思维的一般内涵

城市设计经历了从建筑的扩大设计到多系统、多功能、多要素的空间设计演变过程。以西方的城市设计为例，其在 20 世纪以前处于扩大的建筑设计阶段，强调大型公共建筑、广场、公园绿地、林荫道、轴线对称等几何形式。20 世纪初，受到现代主义思潮影响，城市设计逐渐转为对城市系统和功能的回应，强调功能分区、路网组织、空间形式秩序等内容。20 世纪下半叶至今，城市设计进一步对人文、生态等多要素进行了回应，涵盖了场所塑造、公众参与、城市文化、生态景观等多元内容 [1, 2]。我国现代城市设计理念于 1980 年引入，并逐渐顺应规划市场化改革，形成了居住区、商务区、产业园区、风景旅游园区等多种类型的城市设计 [3, 4]。

在这样的背景下，我国城市设计教育在 20 世纪末逐渐与建筑设计教育分开发展 [5]。相比建筑设计思维对建筑单体功能、形体、尺度的侧重，城市设计思维更加注重城市系统的空间组织和城市形态的整体塑造。

3　由建筑设计思维转向城市设计思维时面临的难点

作者曾承担了同济大学城市规划系本科三年级的住区设计教学（上海市定海地块，18hm²），学生正处于由建筑设计转向第一个城市设计方案的阶段。作者在设计课的教学和评图过程中，观察到学生在由建筑设计思维转向城市设计思维时，普遍面临以下难点。

---

❶　包括同济大学、天津大学、东南大学等高校。

曹哲静：同济大学建筑与城市规划学院城市规划系助理教授

3.1 擅长设计建筑单体但难于组织城市空间系统

学生在完成建筑设计后初次接触城市设计方案时，容易出现重视建筑单体设计而忽视建筑群体组合的现象，例如不知如何在 10hm² 以上地块对各类建筑进行空间组合，抑或只是简单采用建筑单体复制粘贴的方式填满地块。主要的难点在于不知道如何对建筑、道路网络、公共空间、绿地、慢行系统等若干城市空间系统进行组织。具体包括：不会组织住区内部道路的形态、等级、结构及其和城市道路的关系；不会组织场地内建筑、道路、硬质铺装、绿地、停车之间关系；不会组织建筑之间的空间关系，如建筑体块大小的变化、建筑高度的秩序与变化、天际线的控制、沿街建筑退线的控制、住宅建筑朝向的变化；以及不会处理城市公共空间、绿地、慢行系统分别与街区的连接关系等。

这是由于在之前的建筑设计训练中，往往重点考虑建筑内部空间的功能布局和组织关系，以及建筑和其附属场地的关系。而城市设计的对象和重点由建筑内部空间转为了建筑外部空间，当学生初次接触 10hm² 以上地块的城市设计时，难免存在不知如何组织建筑外部城市空间系统的情况。

3.2 提出了趣味的空间结构但难于合理落地

想象力和创造力较强的学生在进行空间形态设计时，往往会希望设计一条串联所有地块的趣味空间系统，如城市步行绿道或空中步行连廊，但面临不会将其合理落地的难点。一是缺少对趣味空间系统本身合理性的考虑，例如采用接近 1km 长的空中连廊而忽略其造价成本，空中连廊采用斜跨道路的形式，空中连廊将本应分开的商业建筑和居住建筑连在了一起，或者采用异形路网而忽略了道路的通行效率和安全要求。二是缺少对趣味空间系统和相邻场地之间关系的合理考虑，例如将城市步行绿道系统直接横穿居住小区中央，或将城市公共活动空间的二层连廊直接插入居住小区内部，缺少利用道路和隔离绿地等形式将城市公共空间和居住小区进行功能上的联系和场地上的分隔。

这是由于在之前的建筑设计训练中，新颖的外观表皮和充满体验式的趣味空间容易成为设计的亮点。当对象从建筑单体放大到 10hm² 以上的城市地块时，学生依据建筑设计思维惯性，容易将这些建筑设计创意在城市

尺度简单地放大，忽略了每一个节点的城市空间再组织和合理性转换。

3.3 了解城市设计相关规范但难于实操运用

学生在住区设计前具有城市规划原理和相关规范的知识储备，但是在初次接触城市设计方案时，存在不知如何运用规范的现象，产生了抽象理论知识难以运用到具体实践的难点。尤其是居住区道路宽度和结构组织、居住小区出入口个数和面向城市道路的开口位置、机动车出入口的位置、地下停车和地面停车配比等内容最容易被混淆和忽略。因此在教学中，需要进一步提取规范知识在实践运用中的重点，并通过多次设计方案的评析加深学生对相关知识点的记忆和运用。

4 由建筑设计思维转向城市设计思维的路径设计：以住区设计教学为例

作者参与了同济大学城市规划系本科三年级住区设计教学，并指导了八名学生，尝试在教学目标、教学思路、教学步骤中辅助学生建立城市设计思维，形成从建筑设计思维向城市设计思维的过渡。下文将对教学目标、教学思路、教学步骤进行详述。

4.1 住区设计教学目标

基本教学目标在于以住区设计作为载体，辅助学生建立城市设计思维。城市设计思维和建筑设计思维具有相同点，即都是设计思维，都具有"依据客观限制提出约束条件，进而通过经验、想象力、创造力生成主观设计"的过程。但是城市设计思维相比建筑设计思维的不同点在于设计对象的空间尺度更大、空间系统更复杂、客观限制条件更多、涉及的利益相关主体更多元。

在以住区设计为代表的城市设计方案生成的形式逻辑中（图1），客观限制一方面包括上位规划的诸多要求，如城市总规、地块控规、城市设计导则中对地块发展目标、用地性质、开发强度、风貌特征的要求；另一方面还包括标准和规范的要求，如国标、地标、行业标准对地块日照、消防、停车等内容的刚性要求。客观限制对设计的前提条件进行了约束。主观设计需要设计者在综合各项要素后提出合理又富有创意的方案；此外公众参与中利益相关主体的设计意向表达也可成为主观设

计中的一部分。

基于此,具体教学目标包括:了解住区设计相关的案例、政策、法规、标准、导则;掌握住区类城市设计的基地调研与分析方法;提出合理而富有创意的住区设计概念;掌握住区类城市设计的空间结构组织、平面设计、三维形态设计的方法;掌握住宅建筑户型设计方法;掌握住区类城市设计的方案表达方法。其他开放性目标还包括鉴赏优秀住区设计案例和发展个人设计理念。

4.2 住区设计教学思路

如前文第 3.1、3.2 节所述,学生在由建筑设计思维转向城市设计思维时普遍面临着中微观层面城市系统的空间组织难点。因此,教学设置了城市系统结构生成、住区空间形态布局、住区平面生成三个针对性环节(图 2 中虚线框部分),带领学生一步一步从整体到局部、从中观到微观地开展城市系统的空间组织过程。其中城市系统结构生成包括功能分区、土地利用,以及交通、景观、开放空间等各类城市系统的组织,协助学生建立城市设计的整体意识和结构意识。住区空间形态布局包括建筑间距、建筑高度分区、建筑密度分区、容积率分区、街坊围合形式、停车空间组织、建筑形态选择等内

图 1 城市设计方案生成的形式逻辑
资料来源:作者自绘.

容,协助学生建立城市设计的形态控制思维。住区平面生成包括"利用路网划分用地—区分地块功能—设计城市公共空间和相关建筑—布局住宅组团和住宅建筑—组织居住小区内部路网—设计居住小区内部景观节点和沿街界面"系列过程,培养学生在微观层面对城市空间系统的落位和深化能力。

在城市系统结构生成、住区空间形态布局、住区平面生成三个针对性环节之外,还前置了基地调研与特色提取,以及设计主题提出的教学环节,并后置了方案表现的教学辅导环节。其中前置的设计主题提出是重要的步骤,鼓励学生结合基地特色和个人志趣提出具有创意的设计概念,旨在锻炼学生的想象力、创造力,以及将设计主题和一般性住区设计内容进行整合与协调的能力。

4.3 住区设计详细教学步骤

表 1 显示了与教学思路对应的详细教学步骤,包括住区案例分析、基地现状调研与分析、自拟详细任务书、设计主题提出、城市系统结构生成、住区空间形态布局、住区平面生成草图设计、住宅户型设计、最终成果制作 9 个环节,共计 16 周。其中住区平面生成草图设计鼓励学生采用手绘平面和鸟瞰的形式进行中期成果交流,最终成果制作鼓励学生采用电脑进行三维建模和图纸绘制。

此外,正如前文第 3.3 节所述,学生在由建筑设计思维转向城市设计思维时存在了解住区设计相关规范但不会运用的难点。因此在设计教学时还并行了理论教学,

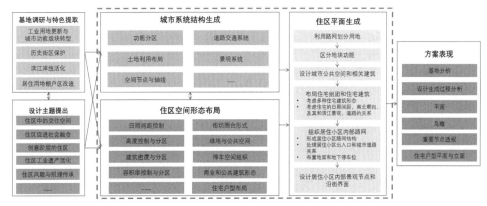

图 2 住区设计教学思路
资料来源:作者自绘.

住区设计详细教学步骤 表1

环节	时间	设计教学内容	理论教学内容
住区案例分析	1 周	搜集国内外优秀住区设计案例并分析汇报,包括: • 不同地域案例:国内案例、国际案例; • 不同类型案例:老年人住区、公共住房住区、混合住区、新建住区、历史保护街区住区	课程 1:住区规划设计案例讲解
基地现状调研与分析	1 周	进行基地调研和基地现状分析汇报,包括: • 基础分析:城市区位、土地利用、人口结构、业态布局、建设历史、城市肌理、景观系统、道路交通、居住空间形态、居民和政府调研意见等; • SWOT 分析:优势(Strength)、劣势(Weakness)、机遇(Opportunity)、挑战(Challenge)	
自拟详细任务书	0.5 周	自拟详细任务书,包括: • 明确上位规划要求:总规、控规、城市设计导则相关要求; • 明确相关政策、法规、标准; • 其他开放性要求:居民调研访谈意见、政府意见等; • 综合提出基地的设计目标、发展定位,并细化经济技术指标	
设计主题提出	0.5 周	针对基地最突出的问题、特色、需求、潜力,提出设计主题和思路	
城市系统结构生成	1 周	以手绘草图的方式对空间结构进行落位,包括:功能分区、道路交通系统、空间节点与轴线、景观系统、土地利用等	课程 2:设计思路和概念生成过程解析,空间策略表达讲解
住区空间形态布局	1 周	以手绘草图的方式对住区空间形态布局进行安排,包括: • 建筑高度、密度、容积率分区 • 街坊围合形式 • 绿地和公共空间组织 • 停车空间组织 • 住宅建筑选型 • 商业和公共建筑形态	课程 3:住区设计方法讲解,住宅建筑选型和建筑高度布局知识讲解,住区标准规范解析(道路、停车、机动车出入口、消防等),日照间距计算方法讲解,居住小区交通和景观组织方法讲解
住区平面生成草图设计	4 周	完成一草平面细化 • 手绘一草平面 • 手绘鸟瞰 • 制作三维体块的工作模型	课程 4:平面鸟瞰的手绘方法和案例讲解
住宅户型设计	2 周	住宅户型设计,包括: • 针对居住人群结构分析住宅需求 • 确定住宅的户型和面积配比 • 将住宅户型和面积配比落位到场地内的住宅建筑选型中 • 提取典型住宅建筑平面并进行标准层设计 • 住宅日照间距软件分析	课程 5:住宅户型平面设计方法讲解,住宅建筑结构知识讲解
最终成果制作	5 周	三维建模、渲染、出机图,包括:基地分析图、设计生成分析图、平面图、鸟瞰图、重要节点透视图、住宅户型平面与立面图等	

资料来源:作者自绘.

在每一个关键设计环节为八名学生增加小组内授课,提供设计方法、标准规范、表现技巧等知识的讲解。

5 结语

设计课教学是城乡规划专业本科教育的重要环节,

在当今普遍采用"建筑设计 + 城市设计 + 控规 / 总规"的模式下,是否能顺利地由建筑设计思维向城市设计思维转换,决定了学生在后续是否能顺利进行城乡规划专业其他设计课的学习。如果学生不能顺利地进行思维转换并建立城市设计思维的基本框架,容易在后续学习过程中感到自信心受挫和丧失学习兴趣。住区设计通常是建筑设计转向城市设计的首门课程，承担着城市设计思维的启蒙作用。因此，在城市设计启蒙阶段的教学中，需要教师提炼城市设计思维的要点，并制定相应的教学模块辅助学生逐步建立城市设计思维意识。在具体的教学过程中，需要教师把握学生的学习认知规律，了解建筑设计思维在转向城市设计思维时普遍面临的难点，进而制定针对性的教学环节。

本文以作者参与的同济大学城市规划系本科生三年级住区设计课教学为例，总结了学生在由建筑设计思维转向城市设计思维时普遍面临的难点，包括擅长设计建筑单体但难于组织城市空间系统，提出了趣味的空间结构但难于合理落地，了解城市设计相关规范但难于实操运用等。相应地，作者以指导八名学生住区设计的教学过程为例，提出了由建筑设计思维转向城市设计思维的一般教学方法。在教学目标设定中，需要以住区设计作为载体，辅助学生建立城市设计思维，即城市系统的空间组织和城市形态的整体塑造思维。面对建筑设计思维向城市设计思维转换的难点，教学过程设置了城市系统结构生成、住区空间形态布局、住区平面生成三个针对性环节，带领学生从整体到局部、从中观到微观地开展城市系统空间组织过程。在具体的教学步骤中，还针对

关键设计环节补充了住区设计方法和标准规范的理论教学，促进抽象理论知识在具体设计实践中记忆和运用。

致谢：感谢同济大学"详细规划设计（2）：城市住宅区详细规划设计"课程的教学组长戴晓晖老师在教学过程中的帮助。

参考文献

[1] 王建国. 从理性规划的视角看城市设计发展的四代范型 [J]. 城市规划, 2018, 42（1）: 9-19, 73.

[2] 曹哲静, 龙瀛. 数据自适应城市设计的方法与实践——以上海衡复历史街区慢行系统设计为例 [J]. 城市规划学刊, 2017（4）: 47-55.

[3] 王伟强, 张颖. 新世纪以来中美城市设计学科发展与社会进程关系比较——基于学术研究现象和历史事件的分析 [J]. 城市规划学刊, 2021（4）: 18-25.

[4] 杨俊宴, 徐苏宁, 秦诗文, 等. 中国现代城市设计的回溯与思考——郭恩章先生访谈 [J]. 城市规划, 2021, 45（6）: 117-124.

[5] 杨俊宴, 秦诗文, 张方圆. 城市设计的教与思——金广君教授访谈 [J]. 城市规划, 2021, 45（10）: 110-114.

The Difficulties and Pathways of Transiting from Architectural Design Mindset to Urban Design Mindset
— Reflections on Urban Residential Area Design Studio Teaching

Cao Zhejing

Abstract: Studio is a core course in undergraduate educations of urban and rural planning. It includes the modules of architectural design, urban design, and regulatory planning/master planning. Urban residential area design is usually the first studio of the urban design module, and decides whether students can smoothly transit from architectural design mindset to urban design mindset. This paper identifies the difficulties students can always have when transiting from architectural design mindset to urban design mindset, and provides a teaching model of urban residential area design studio.

Keywords: Urban Design Mindset, Residential Area Design, Studio, Pedagogy, Undergraduate Education of Urban and Rural Planning

城市更新背景下城市交通规划课程教学改革思考*

靳来勇　文晓斐　孟　莹

摘　要： 城市交通规划是城乡规划专业的核心课程之一，是城乡规划专业学生掌握、应用交通规划知识和技能的主要学科平台。在城市更新背景下，交通规划实践主要通过优先、优化等策略应对差异化的交通需求，规划重点从为交通设施提供增量空间转向交通系统的协调优化，传统的空间性指标调整为表达交通功能的功能性指标，多源化的大数据也在广泛应用，规划实践的变化对城市交通规划课程的教学目标和内容提出了新的要求，提出了在课程中引入交通调查环节，重视课程的案例教学，教学内容由分系统、切块式向集成式、综合性过渡，课程作业宜结合现实性具体交通问题布置，鼓励学生参加交通类竞赛等教学改革的建议。

关键词： 城市交通规划；教改研究；城乡规划

1　引言

城市交通规划课程是城乡规划专业的核心课程之一，通过该课程的学习，使学生熟悉和掌握城市交通理论基础、研究方法，培养学生交通规划的理论水平和实践能力两方面的能力。城市的功能、规模、空间布局等因素决定了城市交通的需求特征，城市交通的系统构成和服务水平直接影响了城市用地的交通可达性，城市交通与用地之间存在显著的互动耦合关系，城市交通规划课程是城乡规划专业学生了解城市、规划城市、设计城市的一个重要学科平台。

目前我国城乡规划专业的城市交通规划课程教学内容仍主要围绕交通系统的物质空间构建展开，强调交通供给系统的增量空间构建。我国经过几十年，特别是改革开放四十多年来的快速发展，我国的城镇化率已超过60%，城市综合交通系统已经具有相当的规模，超常规的城市交通基础设施建设在很多城市已经不可持续，城市交通已经处于以存量为主的协调和优化阶段。

城市更新行动是党的十九届五中全会作出的重要决

策部署，是国家"十四五"规划纲要明确的重大工程项目，在城市更新中要尊重人民群众意愿，以内涵集约、绿色低碳发展为路径，转变城市开发建设方式，坚持"留改拆"并举、以保留利用提升为主。在城市更新背景下提升城市交通系统的空间绩效水平和服务水平、优化交通各子系统之间的衔接质量、实现城市交通绿色发展、支撑城市高质量发展、提升城市宜居度将成为城市交通规划的主要内容和目标。传统的城市交通规划课程教学目标和教学重点已经难以适应新时代的发展形势和要求。

2　城市更新对城市交通规划课程的新要求

2.1　教学目标的变化

在传统的城市交通规划课程教学目标中，分析预测土地开发的所有交通需求，规划建设新的交通设施满足交通需求是其主要的逻辑思路，因而在教学目标中更加关注交通设施在增量空间中的布局安排。在城市更新条件下，为增量交通设施提供空间越来越困难，新增的交通设施容量也难以满足各类交通需求的变化。在交通规划中需要对交

---

* 基金项目：中央高校（西南民族大学）基本科研业务费专项资金项目（2018NQN15）。

靳来勇：西南民族大学建筑学院城乡规划系副教授
文晓斐：西南民族大学建筑学院城乡规划系副教授
孟　莹：西南民族大学建筑学院城乡规划系教授

通需求进行合理的甄别，区分刚性交通需求和弹性交通需求，在交通设施供给方面，主要通过优先、优化等策略应对差异化的交通需求，规划实践中规划目标的变化应当引导城市交通规划课程教学目标的变化，从传统的为交通需求合理规划交通设施空间转向多样化交通需求下交通系统空间优化和交通管理政策的调整。

2.2 课程重点的变化

传统的城市交通规划课程教学的重点主要为"满足需求""缓堵"，当前我国城市处于城市空间调整和空间质量优化的重要时期，实施城市更新是这一时期城市规划实践的重要体现，在引导城市空间结构调整和空间质量优化的过程中，城市交通系统与城市空间的协调将是其重点内容，"以人民为中心"的宜居城市是城市规划建设和管理的核心，宜居城市对城市交通系统提出了新要求，城市交通系统需要更加便捷、更加安全、更加舒适。同时绿色低碳仍将是城市交通系统发展的重要目标之一，如何有效地缩短城市出行距离、如何在空间形态上、功能结构中形成城市公共交通网络与城市空间系统的有效契合也将是今后一段时期城市交通规划的重要内容。这些规划实践提出的新问题和新要求应当体现在城市交通规划课程的教学过程中并加以应对。

2.3 课程内容的变化

传统的城市交通规划课程内容往往采取分交通子系统的方式讲授，这种模块化的授课内容无形中割裂了交通各子系统之间的联系，在交通规划重点从为交通设施提供增量空间到交通系统协调优化的背景下，传统的城市交通规划课程交通内容的不适应性越发明显。同时在传统的教学内容中相关指标多数为空间性指标，比如密度、覆盖率、级配等，该类指标便于在空间布局中使用，然而城市之间、城市内部不同区域之间的差异明显，单纯的空间性指标难以体现城市之间、城市不同地区之间的差异，有必要将表达空间布局的空间性指标调整为表达交通功能的功能性指标，体现不同功能区之间的交通特征差异。

2.4 交通数据源、交通调查方式的变化

近年来交通规划的数据来源和技术手段也有了新

的变化，多源化的大数据已经突破了传统交通规划中主要通过交通现场调查获得交通数据的方式，基于手机信令的交通数据采集手段已经在多个城市的交通调查中采用，通过手机 App 完成交通问卷的方式使得交通调查的成本急剧降低，这些交通规划数据源、交通调查方式的变化已经突破了教科书的内容。

3 现有教学存在的问题

城市交通规划课程作为西南民族大学城乡规划专业的核心课程之一，培养了城乡规划专业学生的城市道路与交通规划方面的知识与能力，开拓了本科生的专业领域与视野，通过多年来的教学实践，发现该课程在教学效果中仍存在一些不足。

3.1 交通调查缺乏相应的教学环节安排

城市交通规划课程涉及的专业知识内容多，包括了道路规划设计、铁路、港口、航空港、公路、城市公共交通、道路网、货运交通、慢行交通、停车系统、交通政策等内容，从教学要求上这些内容大多需要学生掌握，然而该课程在城乡规划专业的课程安排中为理论课程，教学课时为 64 个，受课时限制，课堂教学节奏紧张，实践环节缺乏，特别是需要学生去现场进行交通调查的专门实践环节缺失，使得偏重于实践的交通调查环节往往只能通过课堂讲授实现，学生对拟定调查方案、展开现场调查、调查数据分析整理等环节的动手能力不足，直接导致学生的交通规划方案缺乏问题导向思维。

3.2 重设施、轻政策，对交通规划的整体性把握不足

交通系统具有综合性、整体性的特点，交通政策贯穿在交通规划、交通建设、交通管理的各个环节，这种特点决定了规划专业的学生不仅需要掌握扎实的空间规划技能，同时也需要具备一定的管理学、社会学思维，学生需要初步具有处理复杂交通问题的能力。

西南民族大学城乡规划专业的城市交通规划课程开设在第三学年，学生在之前的专业课程学习中已经习惯于物质空间形态的规划设计，思维惯性于交通规划方案的空间表达，注重最终"蓝图式"的空间思考，因而在交通规划作业中学生侧重从构图和空间形式上进行研究，欠缺对交通需求的定量化分析，学生对道路网、公

交、停车等单一系统掌握的情况较好，但对多系统组合应用的综合交通规划的研究能力较弱，对交通政策和交通管理措施在交通规划中的应用能力不足。

3.3 学生使用交通分析的手段工具能力不足

数据整理和数据分析是交通规划的重要环节，在交通数据获取可以多源化、大量化的背景下，学生对于交通数据的分析工具掌握能力滞后，GIS 是城乡规划专业的重要工具手段，交通规划专业软件 TRANSCAD 也是基于 GIS 平台开发的专业软件，即使学生没有学习专门的 TRANSCAD 软件，仅仅依靠 GIS 也可以实现大量的空间数据分析。在城乡规划的教学体系设置中 GIS、SPASS 等专业软件在教学时间安排上的比较靠后，西南民族大学城乡规划专业是安排在第四学年，导致学生在学习交通规划课程时还没有深入接触过相关数据分析、空间分析软件。

4 教学改革的思考

在城市更新背景下，城市交通规划课程教学需要改革，教学目标、教学重点、教学内容、教学环节安排等方面需要进行适当的优化和调整，建议教学目标从以往追求知识传授型教学转向适应规划实践的能力提升型教学。

4.1 增加交通调查环节，提高学生对交通问题的甄别能力和分析能力

交通调查是交通规划的重要阶段，交通调查不仅包括交通现场调查，也包括从多源化数据中获取数据、分析数据。在城市更新背景下，规划涉及的利益主体更加多样，在传统的增量规划阶段，规划涉及的利益主体主要为政府和开发商；而在城市更新阶段，规划涉及的利益主体是政府、更新改造方、运营方、原产权人等多元主体，同时城市更新范围内的交通特征往往比较复杂，厘清各类交通矛盾、梳理多方利益诉求、辅以交通大数据分析，科学研判交通特征和交通发展趋势是提出科学合理交通规划方案的前提条件。因而建议在城市交通规划课程中增加交通调查的实践环节，提高学生拟定调查方案、实施调查方案、获取和分析交通数据的能力。

4.2 重视课程的案例教学，教学内容由分系统切块式向黏连性、综合性过渡

案例教学具有启发性、实践性的特点，在城市交通规划课程中重视案例教学可以充分发掘案例的问题导向，引导学生梳理各类案例的交通问题，逐步形成问题导向思维，同时鼓励学生采用分组讨论、课下作业的方式形成案例的交通规划解决方案，在案例的交通解决方案中教师可以引导学生学习新的规划理念、设置符合时代背景的规划目标和运用新的规划手段，充分调动学生学习的积极性，显著提高学生的综合实践能力和思维能力。

在教学内容上，传统的切块、分系统式的授课内容不利于学生培养交通系统的综合解决能力，通过案例教学，可以逐步形成各个章节内容相互黏连、整体性、综合性的授课内容，弥补传统交通规划课程教学中内容割裂的问题，易于激发学生的思辨思维和对各个章节内容的不断强化认知，有利于学生提高解决现实性复杂交通问题的能力。

4.3 课程作业宜结合现实性具体交通问题布置，提升学生的研究能力

对现实性城市交通问题的解决能力应当是城市交通规划课程的重要教学目标，发现问题、研究问题、研究解决方案贯穿于城市交通规划教学的始终，然而仅仅通过课堂教学难以有效地提高学生思考问题、解决问题的主动性，而交通作业是学生深入理解课程内容、提高知识应用能力的一个重要平台，因而建议在该课程的课下作业布置中应充分考虑作业的现实性和具体性，学生在完成作业的过程中逐步得到研究能力的训练，交通作业的题目宜便于学生进行交通实际调查，交通问题往往比较复杂，因而交通作业的交通调查范围不宜过大，同时可以采取 3~5 位同学一组的方式分组完成。

4.4 鼓励学生参加交通类竞赛和学校组织的大创竞赛

城市交通规划课程具有很大的开放性特点，交通问题多样，交通解决思路不唯一，引导学生开放式学习尤为必要，因而参加各类交通竞赛是一种比较好的激励学生主动学习的方式，以西南民族大学城乡规划专业为例，城市交通规划课程时间窗口与全国城乡规划专业指导委员会组织举办的各类设计竞赛窗口基本能协调一致，因而在城市交通规划的教学过程中，教学老师会鼓

励学生参加该类设计竞赛，学生参与热情高。另外学校每个年度都会组织本科生参加大创项目申报，城乡规划专业的学生也非常积极，几年来申报了多个交通类的大创课题。通过形式多样的各类竞赛，提高了学生对交通课程的学习兴趣，提升了学生对交通问题的研究能力。

5　结语

在城市更新的背景下，传统的城市交通规划课程在教学目标、教学重点、教学内容等方面与规划实践还存在一定的不适应性，需要进行适度的教学改革。适应城市更新的发展背景以及规划实践的现实调整要求，逐步优化课程的教学目标和教学内容，更加注重课程的实践性，该课程的教学改革还有很多问题值得深入思考。

参考文献

[1] 孔令斌，戴彦欣，陈小鸿，等. 城市综合交通体系规划标准实施指南 [M]. 北京：中国建筑工业出版社，2020.

[2] 靳来勇. 嵌入交通调查分析的城市交通规划课程教学改革思考 [C]. 2018中国高等学校城乡规划教育年会. 北京：中国建筑工业出版社，2018.

[3] 高等学校城乡规划学科专业指导委员会. 高等学校城乡规划本科指导性专业规范（2013 年版）[M]. 北京：中国建筑工业出版社，2013.

[4] 张兵，艾瑶，秦鸣. 交通规划场景式案例教学模式研究. 教育与教学研究 [J]. 2014（11）：68–70.

[5] 靳来勇，王超深. 大城市交通拥堵治理目标的现实反思与重构 [C]// 中国城市规划学会. 面向高质量发展的空间治理——2021 中国城市规划年会论文集（06 城市交通规划），2021：173–180.DOI: 10.26914/c.cnkihy.2021.037341.

[6] 赵发兰. 城乡规划专业引导式教学改革与实践的探究. 教育教学论坛 [J]. 2017（11）：128–130.

[7] 王超深，陈坚，靳来勇. "收缩型规划" 背景下城市交通规划策略探析. 城市发展研究 [J]. 2016（8）：88–91.

[8] 罗宇龙，刘起平. 城乡规划专业 "城市道路与交通规划（上）" 课程教学改革 [J]. 安徽建筑，2022，29（4）：91–94.DOI: 10.16330/j.cnki.1007–7359.2022.04.040.

[9] 刘明微，张丽珍，李军涛，等. 基于交通调查与分析的交通运输工程体验式教学探析. 物流工程与管理 [J]. 2017（11）：161–163.

Reflections on the Teaching Reform of Urban Transportation Planning Course under the Background of Urban Renewal

Jin Laiyong　　Wen Xiaofei　　Meng Ying

Abstract: Urban transportation planning is one of the core courses of urban and rural planning majors, and it is the main subject platform for urban and rural planning students to master and apply transportation planning knowledge and skills. In the context of urban renewal, traffic planning practice mainly responds to differentiated traffic needs through strategies such as prioritization and optimization. The planning focus has shifted from providing incremental space for traffic facilities to the coordination and optimization of traffic systems, and traditional spatial indicators have been adjusted to express traffic functions. The functional indicators of urban transportation planning and multi–source big data are also widely used. These changes in planning practice have put forward new requirements for the teaching objectives and content of urban transportation planning courses. The article puts forward the link of introducing traffic investigation into the course, attaching importance to the case teaching of the course, and the teaching content is transitioned from sub–system and slicing to integrated and comprehensive. Class competitions and other teaching reform suggestions.

Keywords: Urban Transport Planning，Educational Reform Research，Urban and Rural Planning

后疫情时代"专业文献分析与写作"混合式教学改革与探索*

方　雷　陈　旭　程　斌

摘　要： 专业文献分析与写作课程是高等学校开设的一门培养学生信息素养、学习检索信息资源能力和论文撰写能力的学科基础课。针对该课程教学过程中存在的主要问题，结合后疫情时代下，对线上线下教学灵活安排的需求，在教学内容、教学形式、教学方法和考核方式等方面提出了相应的教学改革措施。旨在鼓励学生自发学习的积极性，培养学生发现问题、分析问题和解决问题的能力，以及总结和撰写科技论文的能力，培养健康的信息素养和研究能力。

关键词： 后疫情；混合式教学；教学改革

1　教改背景

在互联网飞速发展的时代，生活中充满着每天呈指数倍增加的信息资源。如何在海量信息中快速准确地获取需要的信息，并实现对信息的收集、分类、分析和管理，从而充分利用信息的价值，在当今显得极为重要。尤其在本科教育过程中，信息检索成为本科生必须具备的综合能力之一，许多高校都开设了信息检索相关课程[1]。

"专业文献分析与写作"是高校为了培养学生获取文献资源和信息意识能力而开设的一门课程。作为城乡规划专业的一门基础必修课，由2014版教学大纲中系级选修课"文献检索与利用""应用文写作"两门课程合并为"专业文献分析与写作"，包含了信息检索和论文写作两个部分，根据专业特点和需要，将"应用文写作"内容调整为"论文写作"。旨在通过本课程的教学，使学生了解并掌握信息检索的基本知识和检索技术，帮助学生在专业课文本写作和毕业论文撰写中更加顺利地完成，并为将来的工作或进一步深造打下坚实基础。

2020年，新型冠状病毒在全球迅速蔓延，严重影响到了人们的生活和社会的安定。为了有效制止病毒扩散，企业停工、学校停课，民众居家。教育部下发通知，提出"停课不停教、不停学"，全国的教育界开展颠覆传统教学模式，开始探索线上教学模式[2, 3]。本课程恰逢此时开始教学，本文总结了在疫情期间对"专业文献分析与写作"课程线上线下混合式教学的改革研究。

2　高校文献分析与写作课程的教学现状

原城乡规划专业教学大纲中系级选修课"文献检索与利用""应用文写作"，由学校图书馆的老师讲授，教学内容主要通过传统的图书馆检索理论结合实操实现，该课程在原大纲中的课程目标、课程内容、教学方法以及考核方式中存在一些问题亟需改善和提高，以更好地满足城乡规划专业学生学习目标的达成，主要体现在以下几个方面：

（1）课程内容与专业衔接不强。原有的课程由"科技检索"与"应用文写作"两门课构成，搜集资料、阅读和写作三部分的教学内容前后衔接不强。

信息检索和应用文写作环节均不能针对学生的具体专业需要安排教学计划，内容实用性不强，缺少专业特色。

---

*　基金项目：福建省教育厅中青年教育科研项目（JAT190432），福建工程学院校级科研项目（GY–Z19091）。

方　雷：福建工程学院建筑与城乡规划学院讲师
陈　旭：福建工程学院建筑与城乡规划学院
程　斌：福建工程学院建筑与城乡规划学院

（2）该课程一般都开设在大四的第一个学期，通常大四的学生面临考研、找工作等重要问题，对于课堂知识学习的积极性不高，到课率一般不高。

（3）教学方法陈旧。原有的教学方法以传统的教师课堂教授为主，注重教师的单向输出，忽略了学生对课堂知识掌握程度的了解。另外，缺乏师生及学生间的互动和研讨，导致学生对课程的参与度和热情不高。

（4）学生对资料查找和科技论文写作不重视，能力薄弱。大部分的学生缺乏写作经验，在教授写作环节知识点时，很难调动学生的积极性和能动性。

（5）考核方式单一，通常包括平时成绩和期末成绩两个部分，平时成绩主要由考勤情况构成，期末成绩为检索方法的上机操作测试，相对随意，无法有效地考核学生掌握课堂知识的程度及水平。

（6）线上教学平台引入。在疫情暴发时期，教学的主要重点是从线下教学转为线上教学平台的教学，这些平台的建设和工具的使用，需要师生花费大量的时间进行测试和调试。

3 城乡规划专业"专业文献分析与写作"课程教学改革探索

针对课程设置和教学过程中存在的问题，结合本人的教学经验和教学情况，分别从课程思政、教学内容、教学对象、教学方式、考核评价等方面进行全面的教学改革。探索在后疫情时代背景下城乡规划专业专业文献分析与写作课程的教学模式。

3.1 课程思政元素引入

在后疫情时代，坚守青年大学生的思想政治教育成为重中之重[4]。任课老师在教学过程中需要积极探索专业文献分析与论文写作和思政教育相结合之处，随时随地引入思政理念对学生进行教育。

（1）在教学初始强调文献分析的重要意义，培养学生的信息素养和科研思维[5]。激励学生努力学习专业知识，并要具备钻研能力，为国家的科研事业做贡献。

（2）通过教授数据库的管理办法，引起学生的重视，培养学生在学习和工作过程中认真负责的作风。

（3）通过讲解专业知识，帮助学生树立正确的知识产权意识。懂得保护自己的知识产权，同时在引用他人研究成果时也必须严格标注出处，不能有侵犯他人知识产权的想法和行为。

（4）通过列举一些学术不端的例子，让学生避免触犯这些会影响个人学术诚信的行为。

3.2 教学内容的优化

对标城乡规划专业的培养目标和毕业要求，对本课程的定位和发挥的作用深入分析，结合该课程的教学内容和教学过程中的重点和难点，收集相关教学材料，并形成切实可行的教学计划和教案。同时，结合线上教学的特点，推进教学内容的无纸化工作，在课前准备专业相关的40篇经典文献、课堂教学需要的电子教材和相关操作软件安装包，保证教学材料和教学内容的实时更新。

3.3 教学形式的探索

为保证线上教学质量，教研室教师们积极探索，开展线上教学工具使用的学习和教学方法的交流探讨，实施每日教学工作总结的制度，对线上教学中出现的问题进行及时的反馈和经验分享。由于福建省对疫情的严控，学生进行了一个学期的线上教学方才恢复正常教学工作。因此，在后疫情时代探寻线上线下混合式教学方法，成为接下来教学的衔接工作。本教研组在探索后疫情时代下专业文献阅读与写作课程线上、线下混合式教学的具体方法如下：

（1）从教师的角度，应该要意识到传统的单向输出式现场教学已无法适应网络教学的需求，进而主动积极地学习线上教学的相关理念、方法、手段和工具使用等，并充分利用网络教学的优势设计相关教学环节以提高教学质量。

（2）教师通过学习腾讯课堂、腾讯会议、雨课堂等线上教学工具的使用方法，在教学过程中，合理地使用线上教学工具，活跃课堂气氛，激发学生的学习兴趣；利用线上教学工具有效地监管学生课前、课中和课后的学习过程（预习、作业、复习等），实现线上、线下混合式教学的有机融合。

（3）利用线上精品课程网课资源，鼓励学生学习积极性和能动力，促使学生培养自主学习和主动思考的正向循环学习模式。

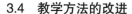

3.4 教学方法的改进

（1）在课堂教学中充分发挥教师的主导作用，通过阶段性的小测题，引导学生能够自发地思考并回忆学习的知识。以学中练的教学模式替代了传统的单向输出模式，鼓励和激发学生对学习的积极性。

（2）针对学生缺乏论文写作经验的问题，在第一节课前便发送专业经典40篇文献供学生自主阅读学习，并在信息检索教学环节时要求学生确定自己感兴趣的课题和研究方向，实现信息检索和后续的写作环节衔接的问题。

（3）根据课程教学环节和教学内容的差异，分别实施启发式、案例式和研讨式的教学方法。在教授信息检索部分时，采用启发式的教学方法，鼓励学生思考，回答问题；在教授文献阅读分析时，采用案例分析法，通过反转课堂的方式鼓励学生走上讲台，培养学生的思维创新能力；在教授写作环节时，采用研讨式的教学方法，培养学生的分析和解决问题能力和表达能力。

3.5 考核方式

传统的课程考核方式中期末考核占总成绩的绝大比例。对考核评价方式的改革的主要原则是关注学生在整个课程学习过程，包括考勤、课堂互动情况、过程作业的完成情况，作业汇报情况和最后的课程作业，以掌握学生对课程知识的掌握程度，根据具体情况，及时调整教学方式以完成学生在学习过程中能够掌握相关知识的目标。

改革后的课程考核成绩构成如下：课程总成绩＝考勤（5%）＋课堂互动情况（5%）＋文献检索报告（10%）＋思维导图（10%）+PPT展示及汇报情况（20%）＋综述论文撰写（50%），见表1。保留了原考核评价体系中的考勤和文献检索报告部分，降低了其占比，通过对过程中学习互动情况和过程作业的综合考核，培养学生自主思考能力、分析和解决问题能力、团队协作能力、PPT制作和汇报能力和科技论文撰写能力。

4 结语

福建工程学院建筑与城乡规划学院城乡规划专业分别于2016年和2020年顺利通过教育专业认证，并与2020年获得优秀评价，同年成功获批城乡规划专业专业硕士点。借此契机，为培养出符合国家需求、适应国际竞争、具备解决实际复杂问题能力的创新型规划专业人才，结合后疫情时代背景下对教师教学技能的更高需求，笔者对"专业文献分析与写作"中的思政元素的引入、课程内容、教学形式、教学方法和考核方式开展了教学改革实践，进行了一定程度的探索。

旨在提高学生的能动性，并通过加强对学习过程的监督和及时反馈，令学生能够在课堂上掌握文献资料检索的方法和科技论文写作的知识，更好地适应当今社会对人才的需求。

《专业文献分析与写作》课程考核评价方式 表1

序号	考核内容	成绩占比
1	考勤	5%
2	课堂互动情况	5%
3	文献检索报告	10%
4	思维导图	10%
5	PPT展示及汇报情况	20%
6	综述论文	50%

主要参考文献

［1］ 侯海燕，刘则渊，丁堃，李丽，王续琨.大连理工大学研究生论文写作与学术规范课程的探索与实践［J］.学位与研究生教育，2015（05）：29-31.DOI：10.16750/j.adge.2015.05.008.

［2］ 林标声，陈小红，沈绍新，何玉琴.疫情常态化下"发酵工程"线上线下混合式教学模式的改革与探索［J］.微生物学通报，2021，48（11）：4450-4458.DOI：10.13344/j.microbiol.china.210222.

［3］ 郭德兵.线上线下混合式教学模式在货币金融学中的应用研究——评《基于网络教学平台的混合式教学改革与实践研究》［J］.林产工业，2021，58（05）：130.

［4］ 龚权，王超，李侃，陈晓光.新冠疫情背景下医学免疫学课程思政教学模式的探索与实践［J］.中国免疫学杂志，2021，37（20）：2520-2522.

［5］ [5] 李娜.基于信息素养培育的文献综述写作教学实证研究［J］.教育理论与实践，2014，34（24）：44-45.

Reform and Exploration on Professional Literature and Writing Course Online and Offline Blended Teaching Mode in the Post-COVID- 19 Era

Fang Lei   Chen Xu   Cheng Bin

Abstract: The course of professional literature analysis and writing is a basic course set up in Colleges and universities to cultivate students' information literacy, the ability to search information resources and the ability to write papers. In view of the main problems existing in the teaching process of this course, combined with the demand for flexible arrangement of online and offline teaching in the post epidemic era, this paper puts forward corresponding teaching reform measures in terms of teaching contents, teaching forms, teaching methods and assessment methods. It aims to encourage students' enthusiasm for spontaneous learning, cultivate students' ability to find, analyze and solve problems, as well as the ability to summarize and write scientific papers, and cultivate healthy information literacy and research ability.

Keywords: Post-COVID-19, Blended Teaching, Teaching Reform

适应新时代要求的城乡工程系统规划系列课程教学改革探索

吴小虎　于　洋

摘　要： 城乡市政工程系统规划是城乡规划专业的核心课程之一，也是向学生灌输绿色低碳等新发展理念的主要阵地。本文在分析当前课程教学主要问题的基础上，提出在新时代背景下课程教学改革的主要目标，并通过将课程内容在学生培养过程全阶段介入、规划设计各阶段无缝衔接、面向全专业的专项研究方向扩展、教学与平台横向纵向科研项目相辅相成、思政与课程内容有机融合等手段，强化教改效果。团队教改探索实践的成功经验可为兄弟院校工程规划系列课程教学改革提供借鉴。

关键词： 新时代；城乡规划；工程系统规划系列课程；教学改革

1　课程教改背景与目前的问题

党的十九大报告提出了国家发展新的历史方位，中国特色社会主义进入新时代，并对经济建设、政治建设、文化建设、社会建设、生态文明建设做出新的全面部署。近几年来，"双碳"目标、美丽中国建设、新型城镇化、乡村振兴和城乡融合发展等一系列政策或举措被提上日程，在城乡规划学界引起了普遍关注。叠加当前国土空间规划体系变革的背景，院校城乡规划专业教学改革需要积极回应，在核心课程内容和教学方式上做出相应的调整，根据国家政策培养符合新时代要求的专业型人才。

市政工程系统是城乡规划建设中能源、水资源、环境、新基建等基础设施的直接载体，是承担绿色低碳等新发展理念的重要角色。"城乡市政工程系统规划"课程在专业课程建设中的重要作用凸显，作为城乡规划专业本科阶段十门核心课程之一[1]，尚不能完全适应新时代新要求，主要存在以下问题：

（1）教学内容更新较慢，不能快速响应国家最新战略

目前，课程内容主要聚焦在传统的给水、排水、电力、电信、供热、燃气、环卫等子系统，着重介绍系统功能、组成等，强调站场（厂）和市政管线的空间布局要求，较少涉及节水节能、绿色低碳的新规划理念和技术，对新基建、"以水三定"、双碳目标、海绵城市、综合管廊、智慧城市和无废城市等新趋势新内容响应不及时，无法体现城乡规划学科的新要求，教学内容和手段更新较慢。

（2）课时缩减，任务集中，学生缺乏感性认知

近年来，城乡规划本科专业培养方案修订响应社会要求，逐渐缩减必修课程课时，不断提高选修课程的比重。"城乡市政工程系统规划"课程作为专业必修课程，与总体规划等主干课程一同被安排在第七学期，讲授方式为大课堂集中上课。课时由最初的 72 学时压缩到目前的 48 学时，课程内容多且杂，完成难度大，学生对市政设施的理解完全来自书本和媒体的碎片化印象，缺乏全面系统的感性认知，学习效果大打折扣。

（3）课程以理论讲授为主，实践环节安排不足，师生互动交流有限

作为专业理论课，各系统的基本内容以课堂讲授为主，大班上课方式，师生之间的互动交流机会很少。结合同学期的总体规划课程，安排偏向宏观层面的国土空间总体规划的设计实践环节，在内容深度上还远远不足，不能适应详细规划的深度要求，尤其是目前越来越普遍的存量城市更新规划实践要求。更加缺乏市政设施及管线的规划管理环节的相关知识和技能。

吴小虎：西安建筑科技大学建筑学院讲师
于　洋：西安建筑科技大学建筑学院教授

2 课程教学改革目标

为弥补上述缺陷，课程教学改革要达成以下基本目标，适应新时代新要求，与时俱进的完善课程建设。

2.1 构建"城市工程系统规划"合理的课群体系

长期以来，城乡规划专业把市政工程系统中，除过道路交通的给水、排水、供电、信息、供热、燃气、环卫、防灾等系统的规划内容整合在一门课程中，统称为"城乡市政工程系统规划"或"城乡市政基础设施规划"，由专任教师集中授课或根据内容安排不同专业教师依次授课。在国家生态文明建设背景中，亟需将"大市政"中海绵城市、综合管廊、新能源和可再生能源利用、韧性城市、大数据与新基建、智慧城市等内容拆分出来并进行补强，形成合理的市政工程系统课群体系，逐步建设"海绵城市规划与设计""综合管廊规划与设计""低碳城市规划理论与方法""城市综合防灾与韧性城市规划""乡村基础设施规划"等新课程，以适应国土空间规划体系下绿色低碳发展理念的要求（图1）。这些课程可安排较短课时，必修选修均可，在适当的学期灵活开设。

2.2 适应社会对专业人才的需求

随着国土空间规划体系的逐步建立和完善，规划工

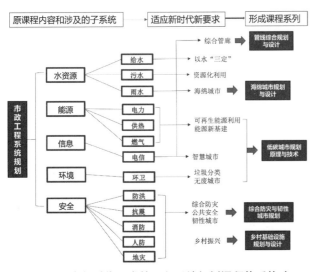

图1 适应新时代要求的工程系统规划课程体系构建

程技术属性将会得到进一步加强，专业人才需求所对应的方向主要有：一是规划设计机构的工程技术部门，包括城乡规划设计院、土地规划设计院、建筑设计院、交通规划设计院、市政规划设计院、景观规划设计院以及相关设计公司等；二是政府管理部门，比如自然资源局、规划局、住建局、城管局和发改委等。除了法定规划编制，专业技术人员还要具备将相关成果转化为政府决策和管理依据的能力。因此，专业培养重在科学性和技术性，学生毕业后具备宏观的战略思维和微观的技术能力。

2.3 有利于学生自我发展

课程教学改革应有利于未来学生的自我发展，融入升学、就业、执业资格考试等各个环节。以规划工程技术能力提升为主线，培养知识结构完善、专业基础扎实、业务能力过硬、富有社会责任感、团队精神和创新思维的城乡规划交叉应用型技术人才。[2] 达到高等学校城乡规划专业评估委员会所规定的城乡规划原理、城乡规划行政管理、城乡规划相关知识、调查分析及表达、城乡规划实践与能力等方面的基本要求，通识了解和关注城乡规划行业最新的发展趋势。[3]

3 课程教学改革内容和方法

3.1 规划设计各阶段无缝衔接

"城乡市政工程系统规划"课程被安排在第七学期，与总体规划课程在同一学期同步开课，设计周也接续展开。这样做的好处是可随时配合总体规划设计，完成相对完整的市政工程系统内容，但是缺点也明显，即总体规划阶段偏向宏观思维，主要确定市政设施站场的规模、方位，以及主干管线的走向，且只对节水节能减碳等绿色设计进行原则性的引导要求，造成规划落地实施的深度不足，学生对整个系统由头到尾的完整性理解也不够。针对这一缺陷，我们在各系统介绍中加强了各级各类规划中市政系统的内容深度、规划要点和衔接要求，从传统的城市总体层级"负荷估算—站场布点—管线路由"，到适应"省级国土空间规划—市政专项规划—市县级国土空间总体规划—片区控制性详细规划—地块修建性详细规划"各级各类国土空间规划传导和衔接的工程体系。尤其是传统的"一张白纸好作图"增量规划日渐减少，未来针对老旧街区的城市更新项目将越来越多，规划设

计对落地实施的要求更高。因此，市政工程系统的规划设计，向上要能衔接城市各工程大系统，向下要能深入指导建筑水暖电方案设计。

3.2 学生培养过程全阶段介入

市政工程系统规划是城乡规划重要的组成部分，但学生真正全方位介入这部分内容是在第七学期，接触时间晚且课时集中，主要为总体规划课程的内容深度服务，后续的专业课程如控制性详细规划也再无此部分内容设计要求，学生功利性目的性过强，重视程度也不够。基于此，课程教学团队在第七学期理论课时压缩的条件下，想方设法在其他教学环节渗透市政工程系统规划设计的内容。主要包括：第四学期城市认知实习中，增加参观城市大型基础设施如水厂、污水厂、变电站、热电厂、消防站、防洪堤等的安排，增强学生的感性认知；第五学期城乡规划原理课程增加市政基础设施专题，侧重介绍系统的基本构成和在规划体系中的地位；第六学期居住区规划设计中侧重修建性详细规划深度的水电气热系统以及与建筑水暖电的衔接；第八学期控制性详细规划课程中主要对地块市政设施和管线进行定量和定位，衔接规划管理和设计指导的要求（图2）。通过本科学习全阶段全过程的跟踪和介入，强化学习效果，体现"规划—建设—管理"全过程的技术优势，适应社会对专业人才的需求。

3.3 面向相关专业的专项研究方向扩展

城乡市政工程系统规划课程作为城市规划专业的必修课，涉及子系统众多，内容庞杂。随着必修课时的

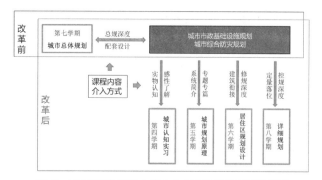

图2 工程系统规划内容介入培养过程改革示意图

缩减，需对部分内容在选修课程环节进行安排。另一方面，韧性城市、智慧城市、低碳城市、海绵城市、综合管廊、乡村基础设施等内容可作为选修课程灵活开展，开课学期和课时安排可结合专业培养方案不断修正。同时，还可以作为其他相关专业如建筑学、风景园林、城市设计等专业的拉通选修课程，为各专业进行专门化研究方向提供便利。如风景园林专业对海绵城市的相关内容有扩展需求，建筑学专业对乡村基础设施建设的特殊性有研究需求。选修课群的开展有利于促进各相关专业之间的交流和研究方向的拓展。

3.4 教学与平台横向纵向科研项目相辅相成

充分利用我校我院的各种科研平台，如西部绿色建筑重点实验室、陕西省新型城镇化研究院、陕西省乡村振兴规划研究院、低碳城市研究中心、西安建大建筑设计研究院、规划设计研究院等，引导学生积极参与各类平台和不同团队的纵向或横向科研项目，将教学各个环节的理论知识融入科研实践，充分利用各平台的资源发挥专业特长，实现双赢。

3.5 思政与课程内容的有机融合

如何引导学生认识、分析专业领域的各种新问题新现象，并形成自己的立场、观点、态度、处理方法，是课程思政教学需要解决的内容。[4]具体到城乡规划专业教学过程，以人为本、绿色发展、社会公平正义的规划设计理念，将思政元素与教学内容有机融合，将价值塑造、知识传授和能力培养融为一体。通过价值引领，引导学生塑造正确的价值观，形成法治观念，遵循行业规范，培养规划师使命感和社会责任感，构建规划师空间正义的价值体系。[5]本课程体系是城乡规划专业实现生态文明建设和绿色发展理念的主阵地，也是节水节能节地和环保低碳的直接载体，在课程教授环节不断强化绿色理念，形成思维定式，引导学生将"绿色建筑—绿色街区—绿色城镇"的价值观和方法论深入骨髓，融入生命。

4 教改效果和成果展望

2015年，结合城乡规划专业2016级培养方案的修订，教学团队同步启动课程教学改革，目前已实施完成

一轮，教改效果良好。作为西部地区院校，教学改革尝试引导学生建立"立足西北，服务全国"的家国情怀。升学或就业的毕业生获得了所在单位的积极反馈，普遍反映学习能力强，上手快，沟通好，能紧跟专业发展趋势，规划素养较高。2016 年，团队编写的课程教材《城乡市政基础设施规划》在中国建筑工业出版社出版，2020 年获得校级优秀教材一等奖。目前，本教材第二版，以及相关课程的配套教材《低碳城市规划》《城市工程管线综合规划》等，均已开展编写工作，并获批住建部"十四五"规划教材，有望于未来几年陆续出版，为课程改革提供有力支撑。

5 结语

新时代对城乡规划专业提出了新要求，通过城乡工程系统规划课程体系的改革重构，未来有望在城乡规划专业内形成新的工程技术分支。课程改革和建设应积极响应时代发展和国家需求，培养学生将城乡绿色发展理念融入生命，内化于心，外化于行，在国土空间规划体系改革的背景下，更好地发挥专业特长，为生态文明建设贡献智慧和力量。

参考文献

[1] 石楠.城乡规划学学科研究与规划知识体系 [J]. 城市规划，2021，45（2）：9-22.

[2] 高等学校城乡规划学科专业指导委员会.高等学校城乡规划本科指导性专业规范（2013 年版）[M]. 北京：中国建筑工业出版社，2013.

[3] 中华人民共和国住房和城乡建设部，高等教育城乡规划专业评估委员会.高等学校城乡规划专业评估文件（2018 年版）[Z]. 2018.

[4] 陆道坤.论课程思政的教学设计与实施 [J]. 思想理论教育，2020（10）：16-22.

[5] 吕飞，于淼，王雨村.城乡规划专业设计类课程思政教学初探——以城市详细规划课程为例 [J]. 高等建筑教育，2021，30（4）：182-7.

Study on the Teaching Reform of Infrastructure Planning Course Series to Meet the Requirements of the New Era

Wu Xiaohu   Yu Yang

Abstract: Municipal engineering system planning is one of the core courses of urban and rural planning major, and also the main position to instill green development concept to college students. Based on the analysis of the main problems in current courses teaching, this paper puts forward the main objectives of teaching reform in the new era. The effect of educational reform is strengthened through the intervention of courses content in the whole stage of student training, seamless connection of each stage of planning and design, extension of special research direction oriented to the relevant specialties, complementation of teaching and scientific research item on the platform, organic integration of Political Course with curriculum content. The successful experience of team teaching reform practice can provide reference for the teaching reform of infrastructure planning courses in other universities.

Keywords: the New Era，Urban and Rural Planning，Infrastructure Planning Course Series，Teaching Reform

国土空间规划体系下"村镇规划"课程建设模式探索*

徐 嵩

摘 要： 在国土空间规划及乡村振兴的大背景下，城乡规划专业的人才培养面临着迫切的变革。村镇规划作为新体系的法定规划、详细规划，其规划目标、规划内容等均有新的要求，也给课程教学和实践带来了机遇与挑战。本文从服务国家战略与实际项目的视角出发，立足新形势下的专业人才培养要求，重点在课程教学方式方法的改革、评价与考核方式的探索以及思政元素的植入这三个方面，探讨村镇规划课程在国土空间规划的战略背景下的建设模式与思路，以期为培养适合未来国土空间规划体系的人才贡献力量。

关键词： 国土空间规划；村镇规划；课程改革；乡村振兴

1 背景研究

1.1 新变革对传统城乡规划行业的影响

2019 年 5 月，《中共中央 国务院关于建立国土空间规划体系并监督实施的若干意见》发布，意味着国土空间规划体系的建立。此后，自然资源部、国土空间规划局陆续发布了一系列国土空间规划相关的技术指南文件，各地也纷纷提出了自己的探索方案，这标志着我国已全面启动国土空间规划编制工作。"全面提升国土空间治理体系和治理能力现代化水平，基本形成生产空间集约高效、生活空间宜居适度、生态空间山清水秀，安全和谐、富有竞争力和可持续发展的国土空间格局"[1]。尽管目前国土空间规划在编制程序、规划层次、内容框架和技术要求等方面尚有诸多不确定性，但以空间规划为基础，"多规合一"的运作需求已成为必然趋势。国土空间规划正式取代城乡规划和土地利用规划，成为我国国土空间管理的主要手段，城乡规划行业正面临着行业转型的巨大压力[2]，城乡规划教育也亟需做出适应时代发展的变革。反观英美国家，其城乡规划教育经历了从物质空间设计到经济、社会、政策，最后回归规划空间设计本源的过程，深层次原因在于形成了明确的专业细化方向以及基于社会需求变化的模块化课程。

1.2 我国村镇规划课程体系改革与实践

当前，国家积极推进乡村振兴战略，深刻影响着乡村空间的重构。为适应时代发展的需求，国内各大工科院校结合所在省市的地域性特征与自身学科优势和基础，针对村镇规划开设了理论讲授、规划实践、专题研究、特色课程等教学环节。然而，仅 1~2 门课程不足以让学生真正了解乡村并掌握村镇规划工作的体系[3]。在国土空间规划背景下，分为国家、省、市、县、乡镇五级行政管理以及总体、专项和详细三类规划，其中进一步规范了村庄规划，即在城镇开发边界外，将村庄规划作为详细规划，是原有村庄规划、土地利用规划以及村庄建设规划的"多规合一"实用村庄规划。同时，"三区三线"的设置对乡村规划成果要求也发生了很大变化。结合原有空间规划成果，在村庄规划实践与教学中应更加注重城镇建设边界线、生态保护红线及耕地红线的划定。

2 "村镇规划"课程改革的必要性

2.1 乡村规划的重要意义

党的十九大报告提出实施"乡村振兴"的重大战略，

---

* 课题项目：天津城建大学 2022 年校级研究生教育教学改革与研究项目（JG-YB-2208）。

徐 嵩：天津城建大学建筑学院讲师

强调坚持农业农村优先发展，按照产业兴旺、生态宜居、乡风文明、治理有效、生活富裕的总要求，建立健全城乡融合发展体制机制和政策体系，加快推进农业农村现代化。乡村规划作为新空间规划体系中的法定规划，是乡村振兴工作中的重要环节。乡村规划课程应紧跟时代脉搏，建立起理论与实践相结合的乡村规划教学体系以应对新时期社会需求的转变，培养出适应乡村振兴需求的专业人才。城乡规划教育及规划实践也由"重城轻乡"逐渐转向城乡统筹，并越来越重视乡村规划。通过调研和互动让学生真正深入乡村、了解乡村，提升对乡村问题的认知水平。伴随着农村发展建设的需要，乡村规划的教育与规划实践方面也通过村庄整治、新型农村社区、新农村综合体、美丽乡村等不断探索，逐渐建立起不同于城市规划的组织实施管理及技术方法体系。

2.2 课程改革的必要性

一直以来，乡村规划在专业培养中，课程理论部分被分散融入各相关课程之中，而且较为缺乏乡村的实践教学。专业学生虽然能够完成相应理论课程的学分，但对于相关的图纸和文本制作以及其中的关联，尚缺少逻辑思考及动手能力[4]。城乡规划教学是一项系统性工程，构建完善的课程体系是人才培养质量的重要保障。新时期下的重大变革对城乡规划专业提出了新要求，为了更好地匹配国家政策以及规划人才的培养目标，课程体系的改革是顺应时代趋势的。通过课程与教学体系的改革，有助于学生建立正确的乡村价值观体系，打破"重城轻乡"的思维模式，培养适应村镇规划建设需要的复合型人才，是促进城乡共同富裕、实现城乡协调发展的重要使命，也是应对国土空间规划的新形势要求。

3 "村镇规划"课程建设模式探索

3.1 总体建设思路

面对国土空间规划背景下城乡规划教育在村镇方向的短板，结合我校城乡规划学科特色与基础，探索融合"村镇规划"的教育教学改良路径，提升城乡规划的专业认同。比对市县或乡镇国土空间总体规划对于村镇空间的细化落实，按照以下思路进行建设：首先以教师团队为依托，推进学科交叉与专业方向细化；其次，构建多元核心知识与技能体系，形成村镇系列教学"模块"；

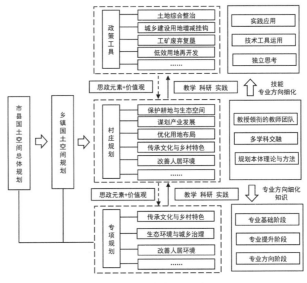

图 1 总体建设思路

最后，有目的、有计划地在课程中植入思政元素与职业价值观，丰富村镇规划的时代内涵（图 1）。

3.2 新形势下"村镇规划"课程建设内容

新时代规划"一张图"背景下，培养方向、能力训练和课程设置等多方面内容需要城乡规划、土地利用、生态资源等紧密相关的学科加快教学体系的调整改革与对接完善，这样才能支撑学科发展的战略性转型。在课程内容建设方面，就需要紧跟国土空间规划体系发展趋势，适当调整教学内容、顺序和目标。在规划课程体系上，着重强调课程建设方案的科学性、协调性、可操作性。

（1）教学方式方法的改革

在生态文明建设和城乡社会治理的语境下，村庄规划的内容和成果要求发生了巨大变化（表1）。为适应社会实践需求的转变，"村镇规划"的教学做出相应的调整。例如，课程教学需注重空间分析与村庄规划教学的融合，针对国土空间规划中"双评价"及"三区三线"划定展开，对新框架体系的约束性、指引性、预期性指标的确定等必须增加相应的研究学习和实践，使课程设计的训练重点更明确、教学进程更加紧凑[5]。此外，有关"双评价""三区三线"的划定及软件方面，综合多款技术工具（AutoCAD、Photoshop、ArcGIS 等），重点训练 ArcGIS 的使用，其在地理数据的处理与分析、空间数据与属性数据管理等方面，对于空间规划的准确性、规范性以及数据的衔接与共享具有重要作用。

《天津市村庄规划编制技术导则》成果图纸要求 表1

图纸名称	图纸要求
村域用地现状图	根据用地分类体现村域内土地利用现状情况
村域用地规划图	根据用地分类体现村域内土地利用规划情况
村域空间管制图	体现村域内村庄建设用地控制线、永久基本农田保护线、生态保护红线、历史文化保护控制线、区域重大设施控制线、灾害易发区与管控线等建设管控区域
村庄用地现状图	根据用地分类体现村庄居民点内土地利用现状情况
村庄用地规划图	根据用地分类体现村庄居民点内土地利用规划情况，重点体现各类建设用地布局情况
村庄设施规划图	体现村庄居民点内公共服务设施、交通设施、市政基础设施的空间布局，防灾减灾设施可纳入村庄设施规划图
村庄景观风貌与特色保护规划图	体现村域和村庄居民点的景观风貌架构、重要景观风貌节点和历史文化和乡土特色保护要素
近期建设规划图	体现近期建设项目的空间落位

在国土空间规划战略要求背景下，各省级市编制的乡村规划编制指南明确要求，村庄规划成果包括常规的村庄居民点内土地利用规划、公共服务设施、交通设施、市政基础设施的空间布局以及近期建设项目的空间落位，同时成果还应体现用地控制线、永久基本农田保护线、生态保护红线、历史文化保护控制线、区域重大设施控制线、灾害易发区与管控线等建设管控区域。最终，建立村庄规划数据库。鉴于此，在课程中需要紧密跟随实践项目的编制环节，根据实际需求调整专业知识的讲授，如针对乡村生态、产业、文化、土地结构等相关知识点，进行融会贯通的理解和应用。除此之外，在村镇规划课程专业内容的基础上，还应拓展土地利用规划以及土地管理法规的学习，针对具体的农村违法建设用地的管控和治理，从而进行有效的识别和整治。教学方法以理论讲解加学生研究创新以及案例分析＋实际项

目讲解的方式，形成"理论＋实践＋讨论"的模式，让学生在国土空间规划背景下的村镇规划课程中，得到更全面的学习。

（2）评价与考核方式的探索

根据年级不同确定专题训练的重点，评价成果以实践工作的多元化人才需求为导向，重视学生的差异性与个性化培养。注重具体项目从早期调研到问题分析以及最后多规成果展现的闭合逻辑分析能力和图纸表达能力的培养。为让学生能够参与到项目建设中，课堂上采用案例教学、课堂讨论和方案汇报的方式，以此作为平时作业评价与成绩考核的参考。案例教学法通过对具体规划成果的介绍与分析，使学生迅速理解规划目标、规划内容及成果深度等。课堂讨论主要采取分组讨论，教师作为引导，以学生的小组分析及制图过程作为重点，学生针对特定研究内容或规划方案发表自己的看法，加深对乡村规划的认识。方案汇报采用 PPT，综合村域（村庄）用地现状分析、用地规划、设施规划、村庄景观风貌与特色保护规划等分别汇报。学生通过广泛地主动参与，在社会调查和社会实践、图纸表达和文字撰写、语言组织和语言表达以及团结协作和综合协调等方面的能力可得到有效锻炼，在最终的成果汇报及点评中收获村镇规划的新思路。

课程考核方式除作业与研究论文外，还辅以全国大学生乡村规划大赛、暑假"三下乡"、互联网＋大学生创新创业大赛等全国性竞赛活动，对所学的乡村规划知识进行综合应用与实践。同时，可以联系校外乡村培训实践基地，让学生的课程学习与乡村振兴的客观需求进行有效衔接。最终实现国土空间背景下集约利用建设用地、合理利用土地资源的根本目的。

（3）思政元素的植入

村镇规划课程应紧跟中央决策，围绕乡村振兴战略和美丽乡村建设，紧扣时代脉络，整合地理学、农学、生态学、旅游学等学科知识，以乡村治理、乡村生态、乡村文旅为多维切入点，结合周边村镇的规划案例，在乡村的定位、乡村社会的问题、乡村生态以及如何通过规划提升品质等方面，充分体现课程思政的育人特色，在案例教学上积极宣传"绿水青山就是金山银山"重要理念。同时，在课程教学资源上穿插国土空间规划、大国"三农"意识、"一懂两爱"情怀，通过教学过程思想

价值的引领，激发学生自觉肩负服务经济社会的崇高使命，为实施国家乡村振兴战略服务。建设总体目标包括：

1）通过挖掘专业课蕴含的思政元素，将民族精神、人生观教育、美育教育、实践教学有机结合，寓价值观引导于知识传授之中，形成协同效应，达到思政育人目标。

2）提升学生的职业使命感和荣誉感，培育和激发学生的爱国精神、匠人精神和文化传承精神，争做乡村振兴的践行者。

3）推动创新创业教育与思想政治教育相融合，创新创业实践与乡村振兴战略、精准扶贫脱贫相结合，培养出更多服务现代乡村的创新创业人才。

4）在实践教学环节方面，推行基于问题、基于项目、基于案例的"主题项目教学模式"，指定研究主题，如"村镇规划如何衔接国土空间规划"，支持学生开展研究性学习、创新性实践活动，取得一定的既定成果，达到实践育人目的。

3.3　课程改革的特色

新形势新变革下，一方面应加强对城乡规划专业学生能力的需求与专业课程针对性培养的融合，构建"思维基础＋专业支撑＋战略提升"的建设体系（图2），围绕城乡规划学科的内核形成学生专业知识体系；另一方面，村镇规划应深度融入城乡规划基础教学，拓展基础教学内容的广度，培育"特色＋教学模块"专业课程群，构建国土空间规划基础课程库。

4　结语

新时期的国土空间规划，需要城乡规划专业在改革的浪潮中抓住机遇，及时对专业的教学模式进行调整与革新。村镇规划课程改革应注重在教学实践中的开展，通过调研和互动让学生真正深入乡村、了解乡村，提升对乡村问题的认知水平。各个高校可依托自身学科优势与方向，对"村镇规划"课程的动态建设，通过课程教

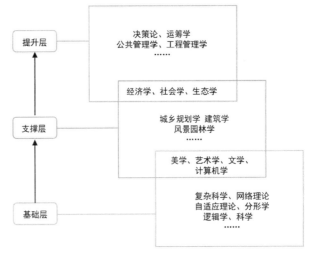

图2　三个层次的建设体系

学方式方法的改革、评价与考核方式的探索以及思政元素的植入，呼应国土空间规划的大趋势，为培养适合未来国土空间规划体系及乡村振兴需求的人才贡献力量。

参考文献

[1] 王金南，苏洁琼，万军."绿水青山就是金山银山"的理论内涵及其实现机制创新 [J].环境保护，2017（11）：13–17.

[2] 刘晓靓，暴向平.乡村振兴背景下的国土空间总体规划课程教学改革研究——以集宁师范学院为例 [J].集宁师范学院学报，2021，43（5）：21–24.

[3] 宋祎，马明，何颖，等.乡村振兴下的城乡规划基础教学体系改革探索 [J].园艺与种苗，2021，41（11）：87–89，94.

[4] 胡小稳.国土空间规划背景下的村镇规划课程改革 [J].文化产业，2021，（23）：160–161.

[5] 符娟林.国土空间规划体系下的"乡村规划"课程的教学实践探讨 [J].教育现代化，2019，6（95）：167–168.

Exploration on the Construction Mode of "Planning of Villages and Towns" under the Territorial Spatial Planning System

Xu Song

Abstract: Under the background of national land use and spatial plan and rural revitalization, talent training of urban and rural planning is facing urgent changes. As the statutory planning and detailed planning of the new system, rural planning has new requirements on its planning objectives and content, which also brings opportunities and challenges to course teaching and practice. From the perspective of serving national strategies and practical projects, based on the requirements of professional talent training under the new situation, this paper focuses on three aspects: the reform of curriculum teaching methods, the exploration of evaluation and assessment methods, and the implantation of ideological-political elements.

The paper discusses the construction mode and ideas of rural planning courses under the strategic background of national land use and spatial plan, in order to contribute talents to the future national land use and spatial plan system.

Keywords: National Land Use and Spatial Plan, Rural Planning, Course Reform, Rural Revitalization

2023 中国高等学校城乡规划教育年会
2023 Annual Conference on Education of Urban and Rural Planning in China

创新 · 规划 · 教育

实践教学

2023 Annual Conference on Education of Urban and Rural Planning in China

城乡规划互动式研讨教学实践探新
—— 以柏林工大—同济大学"城市社会学"相关课程为例

黄　璜

摘　要： 我国高等学校城乡规划本科教学理论类课程普遍采用"知识讲解"的传统授课形式，为适应"Z世代"学生富有个性和自我表达能力、善于利用网络资源主动学习的特点，同济大学城乡规划专业理论类课程中吸取德国高校相似课程的培养经验，开展了"交互式研讨教学模块"的教学改革。本文结合笔者在柏林工业大学—同济大学讲授的"城市社会学""城市社会学研究方法概论"教学实践过程，针对中德两国城乡规划理论类课程的互动研讨模块目的、内容及方式等开展了相应探讨。对我国城乡规划学科理论类课程教改探索具有重要价值。

关键词： Z世代；互动式教学；城市社会学；柏林工业大学—同济大学

1　引言

1.1　我国城乡规划设计理论类课程"研讨式"教学环节的相对不足

从我国建筑类背景的城乡规划院校本科教学培养计划的特点看，既有的课程体系以城乡规划设计理论知识和实践表达技能的传授为主。例如，同济大学城乡规划专业在本科培养计划及课程设置上则根据课程本身属性，既有培养计划将本科课程划分为技术基础、设计基础、专业基础、专业技术、专业设计实践五个门类（图1）。除专业设计实践类课程和部分技术基础类通选课程外，理论类基础课程教学过程普遍采用传统的课堂讲授形式，即通过规划理论知识体系介绍及重难点讲解等形式进行"面对面"的知识传授，进而为后续开展的相关规划设计实践类课程进行前置性基础知识准备。

但另一方面，当前城乡规划本科及研究生教学普遍面对的"Z世代"（1995~2005年出生的人）群体在校学习、生活方式具有与移动互联网深度结合的鲜明特征。充满个性的"Z世代"学生在理论课授课中往往在听课同时通过手机和平板查询相关知识点，从而获得课堂讲授之外更为丰富又未经甄别的信息，并可能对授课内容抱有批判的态度。此外，随着各类MOOC资源、尤其是开源精品课程资源的不断开发和完善，"Z世代"学生也获得了相对过去更为多元的知识渠道。在此条件下，针对传统实时线下教学方式的优化和反思日益成为各个学科教学改革探索的共同话题（张习涛，何新，2020；刘红辉，2021）。多学科的教改文献表明，在教师引导下开展兼顾"知识掌握和运用"目标的"探讨

技术基础	高等数学、python编程基础、概率与数理统计等通选课
设计基础	艺术造型、画法几何、艺术史、建筑史、建设计概论、建筑设计基础、城市阅读、建筑设计等
专业基础	规划导论、城建史、城乡规划原理、城市设计概论、城市地理学、城市社会学、城市经济学、土地利用等
专业技术	城市分析方法、城市工程系统与防灾、城市道路与交通、空间句法、大数据可视化与计算等
专业设计实践	建筑认知实习、艺术造型实习、城市认知实习、修建性详细规划、总体规划、乡村规划、城市设计、控制性详细规划、毕业设计等

图1　同济大学城乡规划专业本科课程类型体系

黄　璜：同济大学建筑与城市规划学院城市规划系助理教授

式"环节，在开展线上线下实时教学过程中愈发体现出重要的现实意义和教学价值（孙立，张忠国，2013；张慎娟等，2016；张继刚等，2019）。

鉴于城乡规划理论类课程传统教学方式的局限，笔者在同济大学开设的"城市社会学研究方法概论"在吸取德国柏林工业大学（Technische Universität Berlin）相关规划理论课程教学方式基础上，结合同济自身教学培养特点，自 2022 年来开始在课程教学中尝试加入了互动研讨课教学模块，从而在理论课程中强化师生互动式探讨，形成适应"Z 世代"在校学习特点的城乡规划理论课程教学改革创新探索。

1.2 德国规划教育"研讨式互动"教学实践培养计划体系

以柏林工业大学（TU Berlin）、慕尼黑工业大学（TUM）等组成的理工类联盟（TU-9）是德国规划教育的主要院校。与同济大学等我国建筑类背景的规划院校类似，德国 TU 类高校的规划本科课程设置以项目设计实践（project）贯穿整个教学过程，并以多个理论类知识体系进行支撑。而在培养计划的差异性方面，中德两国高校城乡规划课程体系除了具体内容安排的区别，还很大程度体现在授课方式侧重上。

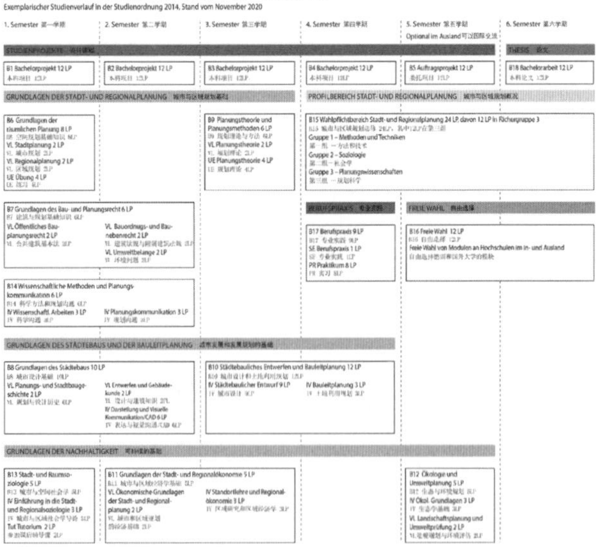

图2 德国柏林工业大学城市与区域规划专业本科课程体系
图片来源：译自德国柏林工业大学 Studienverlauf_Bachelor.

IV = Integrierte Veranstaltung（综合互动）| PJ = Projektarbeit（项目教学）| PR = Praktikum（实践）| SE = Seminar（讨论）| UE = Übung（练习）| VL = Vorlesung（授课）| LP = 学分

以柏林工业大学本科课程体系为例，其理论及实践课程的学分安排都对"探讨式互动教学"环节十分重视。例如，在空间规划的基础知识、规划理论、建筑与规划法基础知识、城市设计基础、城市经济学、城市社会学、城市与区域规划等板块理论课程安排中，课堂知识讲授（VL = Vorlesung）往往仅占 1/3~1/2 左右，而大部分学分则分配在互动讨论（SE = Seminar）、课堂练习（UE =Übung）及综合互动（IV = Integrierte Veranstaltung）等互动教学环节（图2）。

2 柏林工大—同济大学"城市社会学"研讨课程实践案例解析

2.1 柏林工业大学城市社会学研讨课教学内容与方法

笔者 2021~2022 年度以在线授课的方式，受邀承担了柏林工业大学"城市社会学"研讨课程（SE: Seminar）的部分教学工作。该课程旨在为学生提供灵活的城市社会学知识渠道，并尽可能提升学生的课堂参与度，在互动过程中促进学生掌握城市社会学领域的知识运用方法。

该研讨课程选课人数共 9 人、该年度课时合计 30 小时，每次课程 3.5~4h。其中，任课教师曾在某次 4h 课程中围绕"行为者网络理论（Actor Network Theory, ANT）"这一社会学理论和研究方法展开研讨授课。课程时间和内容环节的安排如下：①首先通过 90min 讲授行为者网络理论产生的背景、既有的理论发展和应用情况；②通过 30min 讲解理论运用的案例场景；③用 15min 布置学生的练习作业并说明练习要点、目的；④开展 30min 小组讨论和 15min 小组绘图环节；⑤45min 进行小组汇报、大组互评和讨论，最后由教师进行 15min 课程小结（图3）。

以柏林工业大学为代表的德国规划院校研讨课（SE）、综合互动（IV）课程普遍重建立理论讲解到知识应用的桥梁。在本次课程中，ANT 理论讲解之后的应用场景案例讲解是一个关键环节。教师给学生提供用于

15	30	45	60	75	90	105	120	135	150	165	180	195	210	225	240
行为者网络理论（Actor Network Theory）理论与应用讲解						应用场景案例讲解		布置练习	分小组讨论		小组绘图	大组互评与讨论			课程小结

图 3　德国柏林工业大学城市社会学某次 SE 研讨课程内容及时间安排

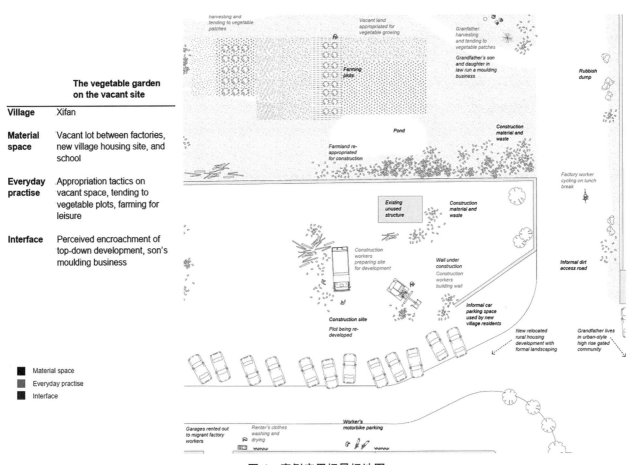

图 4　案例应用场景场地图

图片来源：柏林工业大学 Ava Lynam 博士生.

分组讨论的案例应用场景地图并详细讲解用作分析的案例基地社会—空间特征。此后的作业布置阶段将学生分成 2~3 人一组，通过线上会议分组功能以及共享文档软件实现小组讨论与协作练习（图 4）。

从 SE 课程的分组报告看，通过互动式的探讨教学，学生对于 ANT 等相关社会学理论和方法有了较好地掌握。

学生反馈的信息表明，参与和讨论有助于提升线上课程的投入程度，学生在小组讨论中需要主动深入思考，因此相比线上讲授类课程更不容易分心。此外，互动式讨论让学生有更多的与老师沟通的机会，有助于对其所理解的知识点进行合理的辨析，无论对去伪存真的知识掌握过程和学习兴趣的培养都具有积极的意义（图 5）。

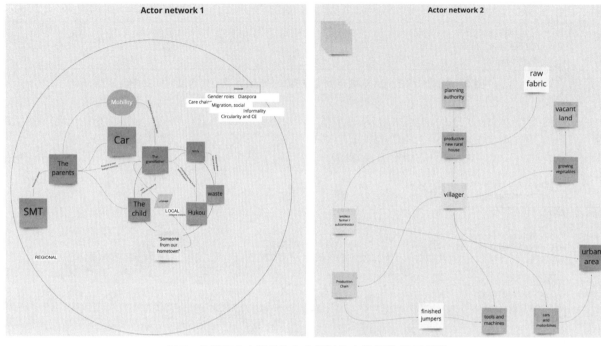

图5　柏林工业大学学生在小组讨论中绘制的 ANT 图谱

图片来源：课堂教学截图.

2.2　同济大学城市社会学（英文）研讨课实践探索

笔者同期还承担了同济大学"城市社会学研究方法概论"（An Introduction of Research Methods in Urban Sociology）英文专选课授课任务。该课程为本科高年级学生开设，旨在讲授城市社会学的各类社会—空间分析方法，并在授课方式上吸取德国高校 SE 类课程的经验，尽可能在教学过程中鼓励同学积极参与课堂讨论和知识的综合运用，进而实现从被动接受知识向主动运用知识转变。

例如，在某次关于"访谈和问卷调查方法"的教学场景中，教师首先选取同学们正在经历的疫情等社会—空间话题引发同学思考，并在课堂上邀请一位同学自愿参加模拟访谈，其后再采用"问卷星"匿名问卷的形式邀请更多同学自愿参与回答相似内容的问题。在这个过程中，教师除了注重对调研和问卷方法的传授，还结合对同学的访谈和问卷调研的互动过程充分讲解不同方法的利弊、注意事项和可能遇到的问题、学术道德的重要性，包括通过同学的亲身体验，强调城市社会综合调查

中不透露信息来源的隐私、匿名、尊重受访人等要点的重要性（图6）。

从实际效果看，当堂课程基本达到了互动教学的预期目标，在课堂有1位同学主动参与线上模拟访谈，3min 内就有9同学参加问卷星的匿名问卷调查提交问卷，课程结束后收到28份有效问卷，多份问卷填写时间在10min 以上，并且都对主观题进行了丰富、详尽的回答。同学们通过亲身体验强化了"访谈和问卷调研方法"相关知识的印象，教师也通过问卷调查的结果进一步了解学生的接受能力和知识水平等重要信息，为后续课程的针对性安排和优化提供了帮助。

2.3　柏林工业大学—同济大学城市社会学研讨课程比较

（1）教学目的比较

柏林工业大学"城市社会学"的研讨课程主要授课对象是研究生新生，学课程主要目的是让学生对某个城市社会学理论的起源、发展、延伸进行系统深入的学

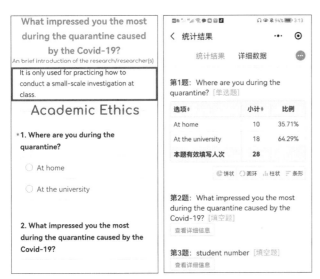

图6 线上教学中课堂上的学生作业
图片来源：课堂教学截图.

习，从而掌握相关的概念并构建从理论到方法应用的桥梁，包括需要通过互动探讨学习如何将社会—空间分析方法运用于研究实际规划问题的研究。

同济大学"城市社会学研究方法概论"互动课程主要面向本科高年级学生，教学的主要目的是让学生理解城市社会学的理论、方法到研究结论的逻辑关系，并了解方法使用的关键环节和需要注意的要点，进而在应用导向的互动探讨过程中掌握初步的城市社会学研究方法。

（2）教学内容比较

从教学内容来看，柏林工业大学的研讨类课程（SE）内容设置相对聚焦，如引入某一个具体理论话题、聚焦一个研究区域、并强调从理论到研究方法在具体案例中的应用。同济大学"城市社会学研究方法概论"等互动课程内容设置上主要以了解前沿理论与其相关分析方法为主，相对内容设置相对宽泛，但同样在参与式互动教学中重视理论和方法在具体场景的应用。

（3）教学方式比较

柏林工业大学和同济大学课程中都注重交互式（参与式）教学环节的采用。柏林工业大学研讨课程（SE）引导学生以小组的形式参与具体问题、结合真实案例基地的互动讨论，并应用所学方法绘制初步的调研分析

图，进而提升了学生对理论和方法的理解深度和掌握水平，得到了很好的反响。在同济大学"城市社会学研究方法概论"也通过设置相对简单的访谈和问卷调研环节邀请同学共同参与，并让同学切身体会调研访谈和问卷过程中可能会遇到的实际问题，也收到了学生较好的第一手反馈，39名同学中有29人自愿参与了课程的互动环节。同学们并没有因为匿名互动而有所敷衍，还在主观问题回答中提供了很多有趣的个人思考和观点，较有效达到了探讨式互动教学的目的。

3 结语：规划学科研讨类课程教学的总结与探讨

总体而言，交互式教学课程的设置在 MOOC 等网络资源丰富的海量信息时代有着越来越重要的意义。中德两国类似课程模块的教学实践都表明，师生之间的互动探讨模块的优势既能体现在"面对面"的线下课堂教学中，也能在线上教学中发挥出积极的教学效果。相对传统授课方式，交互式教学模块的优势主要体现在三个方面。

其一，强化了"实时授课"的重要性。"Z世代"学生的成长经历伴随着移动互联网的快速发展，课堂上的"低头族"既有在手机、平板上玩游戏、刷剧、刷新闻的学生，也有通过其他网络渠道获取知识的学生。在交互式探讨的课程模块中，授课老师引导一定数量的学生（或小组）主动加入到互动学习环节，既有助于提升学生的上课注意力、提升了教学效果，也强化了"实时授课"相对于网课的不可替代地位。

其二，有利于从被动接受到主动运用知识。面向实践的规划知识和技能传授是城乡规划高校授课的主要目的之一。通过互动式的课堂练习和综合运用可以有效促使学生及时消化和吸收知识，进而形成从被动学习向主动学习过程的转换。相对传统的教学方式，课堂互动环节让学生在学习知识点的同时就获得了运用的机会，并能够根据学生的反馈及时优化后续教学，相对于过去在期中和期末设置考核环节了解学生对知识的掌握情况具有更积极的意义。

其三，有助于建立从"听 + 理解"到"说 + 理解"的转换。传统的讲授方式中，学生通过听讲来理解城乡规划知识，而交互式教学可以增加"说 + 理解"的环节，增加学生对知识理解的维度，可以为学生提供更为灵活

的知识获取过程、促进教学相长的良性循环。

但与此同时，交互式教学环节也对教师的综合素养提出了的高要求，尤其需要根据课程内容和学生特点精细化设计具体教学环节。例如，对"学生参与度"的把握是交互式教学成效的关键，如果互动的问题太简单则没有实际意义，而设置过于困难的互动问题则对相对内敛的中国学生课堂互动意愿带来挑战。教师可根据课程和学生的具体特点，相应设置线上匿名问卷参与等多种环节提升课堂参与度，进而获得更好的互动教学效果。

参考文献

［1］ 张习涛，何新. "破圈" 与 "融合"："Z 世代" 大学生混合式教学路径探析 [J]. 公关世界，2020（22）：166-167.

［2］ 刘红辉. 新媒体视域下大学英语教师课堂角色定位探析 [J]. 校园英语，2021（33）：13-14.

［3］ 张继刚，郑丽红，李沄璋，等. 多维跨界互动式教学模式创新的实践探讨 [J]. 高等建筑教育，2019，28（3）：110-115.

［4］ 张慎娟，曹世臻，邓春凤. 基于网络教学平台的多维互动教学体系探索与实践——以城乡规划管理与法规课程为例 [J]. 高等建筑教育，2016，25（5）：176-181.

［5］ 孙立，张忠国. 面向规划行业人才培养需求的多元互动式教学模式初探 [C]//. 中国城市规划学会. 城市时代协同规划——2013 中国城市规划年会论文集. 青岛：青岛出版社，2013：254-262.

Research on Interactive Teaching Practice of Urban-Rural Planning: Taking "Urban Sociology" Related Courses from the Technical University of Berlin and Tongji University as an Example

Huang Huang

Abstract: The traditional teaching in the form of 'knowledge explanation' is generally adopted in the theory courses of urban-rural planning for undergraduate students in colleges and universities. In order to adapt to the students of 'Generation Z' who are characterized by having personality and a strong sense of self-expression as well as are good at using the internet to access study resources, the teaching of urban-rural planning theories at Tongji University's started to learn from the training experience of similar courses in German universities. The interactive teaching practice has been under exploration. This article takes the author's teaching experiences in "Urban Sociology" and "Introduction to Urban Sociology Research Methods" at the Technical University of Berlin and Tongji University to analyse the purpose, content and method of the interactive discussion module of urban-rural planning theory courses in both Germany and China. It is of great value to the exploration of the teaching reform regarding the teaching of theory courses in the discipline of urban-rural planning.

Keywords: Z Generation, Interactive Teaching, Urban Sociology, Technical University of Berlin-Tongji University

以学生为中心的冷门理论课堂"实战"体会
—— 工程规划课程教学难点与应对

万艳华　张时雨

摘　要："城乡工程系统规划"（简称"工程规划"）是城乡规划专业的核心课程，同时也是一门让师生们头疼的冷门理论课。如何上好这一冷门理论课程，让学生充分掌握城乡工程系统规划的专门知识，一直是城乡规划专业教师孜孜以求的课题。本文首先简述了华中科技大学工程规划课程的基本情况，并从以学生为中心的教学理念出发，换位思考，从学生的视角着重分析工程规划课程教与学的特点与难点；在此基础上，从工程规划课程的课件制作、教学进度、教学模式、讲授方式等方面提出应对之策。

关键词：教学研究；理论教学；工程规划；课堂教学方法；以学生为中心；换位思考

1　引言

　　城乡生产、生活等各项经济、社会活动的高效、正常进行，取决于城乡工程系统的保障与支持。城乡工程系统是既为城乡物质生产、又为城乡居民生活提供一般条件的基础设施，是城乡居民赖以生存和发展的基础。通常，城乡工程系统主要为工程性基础设施，包括水、能源、通信等重要工程设施，既是保障城乡生存与持续发展的支撑设施，同时也是"两个文明"建设的物质基础。而且，众所周知，城乡规划专业原本也源自市政工程学科。因此，工程规划课程的重要性自不待言。但如何上好这一冷门理论课程，让学生充分掌握城乡工程系统规划的专门知识，一直是城乡规划专业教师孜孜以求的课题。

　　笔者从事工程规划课程教学工作已近三十年，积累了一定的教学经验；笔者本人的工程规划课件曾在2018年华中科技大学（以下简称"本校"）城乡规划专业评估中受到中国城市规划学会石楠常务副理事长等评估专家的好评。所以，适逢2022年中国高等学校城乡规划教育年会征集教学研究论文，笔者遂把自己在工程规划课程教学方面的"实战"体会缀成此文，供大家批评指正。

2　课程教学基本情况

　　按照《高等学校城乡规划本科指导性专业规范

（2013年版）》（以下简称《专业规范》）[1]的要求，本校的工程规划对应其"城乡基础设施规划"，课程类别为专业教育课程，课程性质为核心课程，既是纯理论课，同时也是必修课。其授课对象为大四上学期（即第7学期）的城乡规划专业学生，教学目的有三：其一，帮助学生获得必要的城乡工程系统基本知识；其二，帮助学生熟悉探索城乡工程系统基本规律的一般方法；其三，帮助学生掌握国土空间规划各阶段的城乡工程系统规划的技能技术。笔者采用的教学方法为"课堂讲授＋课堂问答＋课后作业"，所采用的教学手段为多媒体教学（PPT）（图1）。

图1　工程规划PPT中的"课堂问答"例举

万艳华：华中科技大学建筑与城市规划学院城乡规划系教授
张时雨：华中科技大学建筑与城市规划学院城乡规划系硕士研
　　　　究生

3　课程教学特点与难点

3.1　长课时的纯理论课

按照《专业规范》的推荐，本校工程规划的课时应为 64 学时，后几经削减，目前仍有 40 学时、2.5 个学分；相对于其他理论课，其仍为长课时的纯理论课。而对于作为应用学科和社会实践工程的城乡规划专业的学生们而言，他们容易认为这样的长课时纯理论课不如设计课重要，往往容易轻视、忽视这一冷门理论课程；同时，这样的长课时冷门理论课也不如设计课那样因既有课程讲授、又有课程设计而张弛有度，学生容易感到单调枯燥，甚至是"审美疲劳"（图 2）。

3.2　大跨度的课程知识

（1）"6+1"的知识板块

本校工程规划课程涵盖了"给水工程规划、排水（'雨水 + 污水'）工程规划、供电工程规划、通信工程规划、燃气工程规划、供热工程规划、工程管线综合"的"6+1"的知识板块，跨越了给排水、电力、通信、燃气、暖通共 5 个专业领域。这样的大跨度课程知识系统使学生们的先修课程知识基本用不上（其几乎成为"孤鸟型"课程）；同时，工程规划课程教学要让学生们由先前大力培植的艺术形象思维转向工程理性思维，确实跨度大、跳跃度高，学生们一时难以形成整体清晰的工程逻辑框架；此外，也由于该课程由"6+1"的共 7 个知识板块构成，每个知识板块的平均课时不足 6 课时，学生们的课堂学习时间其实非常有限。

（2）"城 + 乡"的知识领域

本校工程规划课程原名"城市工程系统规划"，所用教材亦为同济大学戴慎志教授主编的《城市工程系统规划》[2]，但自《城乡规划法》施行之后，本校的城市规划专业名称改为"城乡规划专业"，本课程的名称也改为"城乡工程系统规划"；虽然只改了一个字，但课程知识无疑要跨越城、乡两个不同地域。诚然，本校工程规划课程知识仍以城市工程系统规划内容为主，但因应当前乡村振兴、乡村规划的迫切需要，针对乡村的给水排水、供电、通信、燃气、供热等工程规划内容必然有所涉及；而城、乡工程系统及其规划既有相同之处，更有各自不同的特点，这无疑也加大了学生们的课程学习难度。

3.3　刚性规范的讲授内容

翻开本校所采用的工程规划课程参考教材——《城市工程系统规划》，不难发现，教材中充斥着大量的不同市政工程领域的各种标准和技术规范。这样刚性、规范的讲授内容，对于易感、好动的青年学生而言，无疑是枯燥单调的；即便是对于笔者这样的"老江湖"教师，年复一年地讲述这些专业性、强制性内容，无疑也是一种"苦难"。

3.4　"不期而遇"的时间冲突

由于本校的城乡规划专业教育走的是综合型培养之

图 2　本校城乡规划专业理论课与设计课的课堂实景对比

路，开设课程较多，排课难度极大。而本校的工程规划课程要求开在先修课程"国土空间总体规划原理"（之前叫"城市总体规划原理"）与"城市道路交通规划"之后，所以本校的工程规划课程开在大四上学期；但大四上学期同时开有"11 门理论课 +1 个大设计与实习"（目前已在调整该开课安排），所以学生们学习本课程的时间与精力容易被挤占。尤其是一逢大设计课，学生们往往头晚熬夜赶作业，第二天早上上本课程时容易迟到（本课程经常排在周三、周五的第 1、2 节）（图 3）；而且，即便是不迟到，由于学生们头晚休息不好，第二天上本课程时也容易打瞌睡。

4 课程教学应对之策

现代高等教育范式已呈现从以教师为中心向以学生为中心变革的趋势。所谓以学生为中心的教学理念，表现在关注学生发展、关注学生学习、关注学习效果这三个维度[3]；它并不是要改变教育关系中教师的"主导"地位，而是要突出学生的"主体"地位，倡导教师在"主导"教学的过程中更加关注学生的学习体验和需求满足。由此，根据上述工程规划课程教与学的特点与难点的分析，笔者从以学生为中心的教学理念出发，换位思考，分别从课件制作、教学进度、教学模式、讲授方式四个方面采用以下 10 个应对之策，以破解"工程规划教学难"的"魔咒"。

4.1 课件制作

（1）"六脉神剑，五个阶段"

历经长时间的教学实践、规划应用与融会贯通，笔者认为完全可以打通给水、排水、供电、通信、燃气、供热这 6 个城乡工程系统规划内容，并铸成"六脉神剑"，凝练出由"量的预测→源的规划→设施的布置→管线的安排→技术的要求"的"五个阶段论"（或"五步法"）的工程规划流程[4]，然后以这"五个阶段"来组织课件内容；这样来制作课件，既拉开了与常规参考教材的距离，不至于"照本宣科"，同时也形成更为清晰的课件结构，便于学生既有兴致、又有逻辑地理解本课程内容，并使其在未来的职业生涯中也按照这"五步法"来快速完成城乡工程系统规划编制工作（图 4）。

（2）"网络用语，图片有趣"

作为一门长课时的冷门纯理论课，课堂上学生们往往"正襟危坐"，"严肃有余、活泼不足"（图 2）；因此，

图 3 本校城乡规划专业课表之一

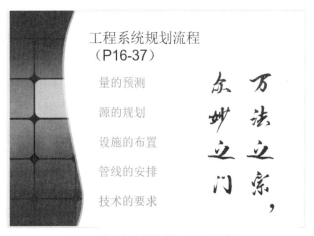

图 4 "五个阶段"的工程规划流程

图5　工程规划课件中的网络用语

为活跃课堂气氛，同时也提升学生课堂听讲兴趣、使学生从消极变为积极，笔者针对大学生们喜欢新潮、追求时尚的心理特征，除了讲课时经常采用如"东东"等网络用语以外，还在课件中大量采用学生们熟知的网络用语或好玩的图片，既吸引学生们的眼球，使其感到课件新颖有趣，同时也拉近学生们与本课程及笔者本人的心理距离（图5）。

4.2　教学进度

（1）"王婆卖瓜，不吝口舌"

尽管工程规划课程的教学内容多且课堂教学时间紧，但"王婆卖瓜，自卖自夸"这一常规动作不能省，一定要做到位。一上课，笔者便通过课件中的"认识城乡工程系统""了解城乡工程系统""学习城乡工程系统"这三小节内容，从学生们熟知的城乡生活体验入手说明本课程的重要性，并提出让学生们"从城乡生活体验学习城乡工程规划"，不但要"仰望星空"，同时也要"俯看脚下"；因为脚下往往就有我们容易忽略的城乡工程系统。其次是换位思考，站在学生的角度，从城乡规划（现在是"国土空间规划"）编制内容的构成与要求联系到学生们今后的考研（图6）、考注册规划师内容，再联系到规划院的工作量计算（工程规划往往占据了各类规划项目中大量的工作业绩），充分说明城乡工程系统规划及本课程的重要性。只有让学生们切身了解本课程对于自己的在校学习与职业生涯的作用与意义，他们才有意愿保持旺盛的学习劲头。所以，在工程规划课程教学进度的把控中，"王婆卖瓜"的讲授过程不能因为赶进度而"一笔带过"，相反应"不吝口舌""大书特书"。

（2）"先慢后快，带好节奏"

如前所述，由于学生们的先修课程很少涉及本课程知识，学生们一时难以适应本课程知识的两大跨度变

华中科技大学城市规划原理2013年考研大纲

八、城市规划中的工程规划

1. 城市给水工程规划
给水水源选择及保护要求，给水系统的组成，给水管网布置要求。

2. 城市排水工程规划
排水工程的组成、布置形式，排水制度，污水处理厂用地选择要求。

3. 电力工程规划
发电厂、变电所、电力走廊的选址及布置要求。

4. 城市燃气工程规划
燃气厂及各种煤气供应设施在城市中的选择与布置要求。

5. 城市供热工程规划
城市供热的方式，热力干线布置要求。

6. 城市电信工程规划
邮政、电信设置要点要求。

7. 城市防灾规划
城市防灾规划内容，生命线工程内容，城市防洪标准及防洪措施，消防站布点及占地要求。

图6　本校考研大纲中的工程规划内容

化，所以，笔者采用"先慢后快"的讲授进度策略，先用多于7个知识板块平均课时数（约为6个课时）的课时讲授城乡给水工程系统规划内容，然后按照"小步快跑"的节奏，在后续的讲授中赶进度，最终在预定课时中完成全部7个知识板块的课程教学。

4.3　教学模式

自古以来，讲授式教学一直是，迄今仍然是最主要、最常用的教学方法。但讲授法运用失当，就成为照本宣科；加上现代传媒技术之后，就变成了"PPT综合症"。因此，启发式教学便成了"香饽饽"，在每一轮教改中都备受追捧；但启发式教学法之下的教学模式的选择与运用，还要根据大学生们的智力水平、学习兴趣、自学能力、前期准备来进一步探索。

（1）"美女帅哥，回答问题"

教师在课堂上提问，学生当场答问；这种"提问式"教学模式被认为是启发式教学法的"嫡系"，它既

是检验课堂教学效果的一种较好的教学模式，同时也是一种让学生开动脑筋并通过"强刺激"而使其不打瞌睡的教学方式。但如何提问以及提一些什么样的问题（切忌明知故问地提一些零跨度、毫无启发价值的问题），却是值得讲究的事情。

上课伊始，笔者即明言"先点美女，后点帅哥"（这样，女生觉得受重视，而男生等着"看笑话"，皆大欢喜），同时也要求学生们先答"五个阶段论"，一直到美女、帅哥都能流利地回答"五个阶段论"之后，再联系前课内容，抽答课件中的思考题。而这些思考题又大多来自国家注册城乡规划师考试题集，既有"实战"的意味、能够激发学生们的学习愿望和求知欲，同时也便于学生们快速选择A、B、C、D作答，不耽误听课时间。而且，这样的提问方式也取得了意想不到的效果：不管她（他）们美不美、帅不帅，被点名的美女、帅哥都很高兴、很在意，往往在他们毕业之后还会同笔者提起他们当初被点而回答问题的"囧事"；同时，笔者也通过点名答问的互动方式顺便记住了学生的名字，而能直呼其名，又让学生们"受宠若惊""倍感荣幸"，从而加深了师生之间的感情。

（2）"联系案例，直观感受"

考虑到本课程尽管是冷门纯理论课，但它的课程内容却是指导城乡专项工程规划的操作性专门知识，具有极强的理论指导实践的作用与意义，所以，笔者采用"案例式"的教学模式，在课件中引入自己做过的城乡工程系统规划方案，并结合规划案例进行讲述，让学生对于工程规划编制有比较直观的感受，且在今后的工作中能够"按图索骥"、尽快上手（图7）。

（3）"工程思维，自主学习"

在常规的理论课程教学目标中，学生自主学习能力的培养往往被排在相对次要的位置，甚至根本不被提及；无论是从教学改革的角度来看，还是从未来发展的角度来看，这都是不恰当的。工程规划理论课程的教学不仅与技能培养相关，同时也与知识讲授有关；也就是说，任课教师不但要给学生讲授知识性的知识，同时也要讲授方法性的知识。由此，考虑到本课程内容的工程性思维（Engineering Mind）是显而易见的，笔者采用"自主式"教学模式，注重在课堂教学中培养学生简

图7　工程规划课件中的给水工程规划案例

明而精准的工程思维；同时，笔者也按照工程思维来讲授工程规划课程学习方法如横向的类型学方法和纵向的层次分析法（AHP），以及工程规划各种备考方法如老师的出题思路和考点的构成等，启发学生举一反三，掌握方法、理清思路，通过课余阅读、自己发现，自己构建、自主学习，发挥主观能动性，充分掌握本课程教学内容。

4.4　讲授方式

（1）"回到原点，不忘初心"

为方便学生有效理解讲课内容，笔者在授课过程中，一是经常联系学生们在中学学习过的数理化知识；二是经常联系学生先修课程知识（如国土空间总体规划、道路交通规划等）；三是让学生"从城乡生活体验学习城乡工程规划"，尽可能从身边的工程管线与设施来形象地体认本课程涉及的城乡工程管线设施。

（2）"添油加醋，防止瞌睡"

考虑到长课时的冷门纯理论课容易让学生"打瞌睡"，笔者针对大学生关注时政的兴趣爱好，引述一些国内外要闻，既让学生们提起精神、不打瞌睡，又顺便开展思政教育。与此同时，笔者也采用"添油加醋"的方式，在课堂讲授上超出参考教材内容，如"兰州市水污染事件中的给水工程""楼兰古国与河流改道"等，既引起学生们的兴趣，也让其拓展相关的知识面，同时也让其自然而然地接受思政教育洗礼。

（3）"与时俱进，贴近实战"

近年来，我国从顶层设计上实现了从城乡规划到国土空间规划的转型，而且也全面开展了从国家、省市区到地市、县乡的国土空间总体规划编制工作。以往的城乡规划主要是指导城乡建设的发展型规划，而现在的国空规划主要是控引城乡建设的约束型规划；而体现在工程规划编制方面，也有了新的变化与关注点。因应这种"实战"形势变化，笔者也与时俱进，在授课过程中，一是强调各项城乡工程系统的主要控制指标，二是着重强调各种工程管线的廊道保护与控制。这种"贴近实战"的讲授方式既提升了参考教材以外的相关未知信息所占比例，同时也能够大大引起学生的兴趣。

5　总结与讨论

5.1　全文总结

本文首先简述了本校工程规划课程教学的基本情况，然后从以学生为中心的教学理念出发，换位思考，从学生的视角着重分析了本课程课堂教与学的特点与难点；在此基础上，针对这些教与学的特点与难点，从课件制作、教学进度、教学模式、讲授方式四方面提出 10 条应对之策。

庞海芍教授常云，"教学有法，教无定法"；亦即：只要适合特定的教学内容和教学对象，立足于对学生发展现状与需求的了解，有利于引导和激发学生有效学习，采用任何教学方法，都是合理的。基于此，笔者不揣冒昧，做出了上述探索，所提应对之策纯属冷门理论课程课堂"实战"体会，既难以上升到理论高度，也不一定具有普适性，意在抛砖引玉，让各位任课教师通过开展工程规划课程教学研究，相互交流、互鉴互学，共同提高任课教师的教学能力以及学生的学习成效。

5.2　一点讨论

论及学生的学习成效，这是一个值得深入讨论的话题。除了通过常规的课后作业与终结性考试来衡量与强化学生的学习成效以外，本校城乡规划专业不但在"控制性详细规划课程设计"中安排了 2 学时的工程管线规划课堂讲课和 4 学时的工程管线规划课堂设计，而且还要求学生从前述"6+1"的工程规划知识板块中选做一项规划内容；这样，也能在一定程度上弥补作为应用性的工程规划的课程学习却缺少实践教学环节的缺憾。但是否还有更好的教学方法呢？比如能否在毕业设计环节中明确要求学生选做一些城乡工程系统规划内容，从而通过与本理论课程学习相结合的专业实践来帮助学生进一步获取工程规划知识并形成专业能力呢？这些都有待各位同行进一步深思与探讨。

参考文献

［1］高等学校城乡规划学科专业指导委员会.高等学校城乡规划本科指导性专业规范（2013 年版）[M].北京：中国建筑工业出版社，2013.

［2］戴慎志.城市工程系统规划[M].3 版.北京：中国建筑工业出版社，2015.

［3］庞海芍，等.专题报告：推进高校素质教育，探索"书院型"培养模式[M].中国高等教育学会.2017– 高等教育改革发展专题观察报告.北京：北京理工大学出版社，2018.

［4］万艳华.小城镇市政工程规划[M].北京：中国建筑工业出版社，2009.

Experience of "Actual Combat" in the Student-Centered Unpopular Theory Class — Teaching Difficulties and Countermeasures of Engineering Planning Course

Wan Yanhua   Zhang Shiyu

Abstract: Urban and Rural Engineering System Planning (hereinafter referred to as "Engineering planning") is the core course of urban and rural planning major, but also a cold theoretical course that makes teachers and students headache. How to make the students master the specialized knowledge of urban and rural engineering systematic planning is always the subject that the teachers of urban and rural planning pursue assiduously. In this paper, the basic situation of engineering planning course in Huazhong University of Science and Technology is briefly introduced, and the characteristics and difficulties of teaching and learning of engineering planning course are analyzed from the perspective of students from the perspective of student-centered teaching philosophy. On this basis, countermeasures are put forward from the aspects of courseware making, teaching schedule, teaching mode and teaching mode of engineering planning course.

Keywords: Teaching Research, Theoretical Teaching, Engineering Planning, Classroom Teaching Methods, Student-Centered, the Perspective-Taking

"设计—管控"一体化实践课程的创新探索：基于"4C"框架的教学试验

袁 也 汤西子 陈 蛟

摘 要：面对国土空间规划改革和技术更新迭代的冲击，本科阶段强化"设计—管控"训练具有必要性，主要体现在：设计管控实践在国土空间结构优化进程中可发挥重要作用；设计管控工作是实现精细化空间治理的落脚点；设计管控思维是城乡规划独立于其他领域的关键所在。结合本科三年级下学期学情，整合城市设计与控规课程的相关内容，提出基于"Copy-Concept-Control-Construct"的课程框架，并进行了 16 周的教学试验。试验过程中细化了教学设计和成果要求。课程结束后，基于教学环节对学生进行了调查。结果表明，课程各个教学环节均明显提升了学生的专业素养，肯定了课程改革的成效。

关键词："设计—管控"一体化实践课程；4C 框架；教学试验；教学反馈

1 开展"设计—管控"一体化实践课程的必要性

本文所指的"设计—管控"一体化实践课程，是指将规划专业实践课程里中观尺度的"城市设计"与"控制性详细规划"整合为连续的"一体化"课程。类似课程在国内一些院校已开展数年，如清华大学在这方面已积累了一定经验[1]，哈尔滨工业大学近年来也开展了相关教学实践。笔者团队在汲取前人成果的基础上，结合本校教学体系的具体情况与特点，构建了基于 4C 框架（Copy-Concept-Control-Construct）的"设计—管控"一体化教学课程，并开展了教学试验和效果评估。

面对当前国土空间规划改革以及前沿科学技术更新迭代所引发的行业和学科压力，在城乡规划本科阶段开展"设计—管控"的一体化教学，训练本科生的"设计—管控"思维和能力，显得尤其必要，主要表现在：

其一，城市设计在国土空间规划框架下的作用将会日渐突出，亟需在规划教育体系中强化"设计—管控"的相关训练。当前国土空间规划改革的源头，可以追溯到 2015 年中共中央 国务院颁布的《生态文明体制改革总体方案》，其中提出"构建以空间治理和空间结构优化为主要内容，全国统一、相互衔接、分级管理的空间规划体系"。从中可见，空间规划体系的主要内容在于

"空间治理和空间结构优化"。若将该体系放置于城市的中观尺度下，则意味着其主要内容为"城市/片区空间治理和城市/片区空间结构优化"。而这一内容，正是城市设计所关注的主要对象。可以判断，在城市中观尺度的空间规划内容中，以城市设计管控为主的规划手段与相关工作将大有可为。

其二，在控规中充分表达城市设计诉求，并将其转译为精细化的管控要素，是控制性详细规划演进的大势所趋，而"设计—管控"思维正是其背后的核心支撑。控制性详细规划源自国家快速发展的管制需要，其指标设置更多是"保底线"，而不是"促品质"。而在实践中，往往需要城市设计来优化控规[2]。为了回应城市空间精细化治理的诉求，国内一些城市对控制性详细规划的管控方式进行了创新，特别是在管控要素体系方面进行了诸多探索。如上海探索了城市设计管控的附加图则管控方法[3]，武汉市建构了一套多达 88 项要素的城市设计管控框架[4]，以实现对城市开发建设的精细化设计管控。可以预见，接下来基于国土空间规划体系的详细规

袁 也：西南交通大学建筑学院城乡规划系讲师
汤西子：西南交通大学建筑学院城乡规划系助理研究员
陈 蛟：西南交通大学建筑学院城乡规划系讲师

划改革，大致会沿着现有的探索方向进行调整。

其三，理解和掌握城市设计营造和设计管控要素的基本原理和相互作用，是城乡规划者需要进一步强化的核心素养之一。"设计"是建筑学传统下城乡规划从业者的基本功，是解读城市、体验空间、建构方案的基本素养。"管控"是城乡规划在社会实践领域中的作用体现，是设计方案转化为公共政策的必要途径。"设计"和"管控"属两种不同的思维，但对于城乡规划者而言都十分必要。一方面，规划专业与建筑学专业相比，"管控"思维是其突出的特征；另一方面，规划专业与国土类的学科群相比，"设计"思维又是其强项。因此，同时强化这两种思维训练，有助于巩固规划专业的立足点。因此，设计"一体化"课程，强化学生的"设计—管控"思维，显得十分必要。

2 教学思路："4C"框架的提出

本次教学试验选取大四上学期的课程，将培养计划中的控规课程与城市设计课程进行了合并，原有两个8周课程合并为16周。在此基础上，重新设计了16周的课程安排，构建了基于4C框架（Copy-Concept-Control-Construct）的课程体系。4C框架实质上是把16周课程分为了四个阶段，通过这四个阶段的训练，让学生熟悉和理解城市设计与控规的关系，同时体会到"设计—管控"的实践逻辑，最终提升学生的综合能力。四个阶段的整体逻辑如下：

（1）Copy阶段，街区抄绘，熟悉街区尺度的建成环境语言。

（2）Concept阶段，概念城市设计，选取增量基地，构思概念方案。

（3）Control阶段，编制控规单元，将概念方案转译为控规。

（4）Construct阶段，选取核心地段，进行局部城市设计深化。

基于上述逻辑，设置了具体的课程内容，其内容见表1。

3 教学过程与成果概况

3.1 街区抄绘（Copy）：全面认识街区建成环境要素

在本次课程试验中，为了更好地协助后面的方案构思，设计了专门的抄绘训练课程。抄绘训练主要包括以下四部分：①基于样带思想选取街区案例[5]；②绘制街区平面，建立体量模型；③测算街区开发指标，进行空间分析和场景分析；④基于不同功能街区，寻找现实案例，绘制街区形态类型简图。最后，将这四部分内容整合为一张A1图幅的成果图纸（图1）。

3.2 片区设计（Concept）：构建多样的增量城市设计方案

课程选取成都市某郊县沿河历史地段作为设计基地。该基地为即将搬迁的工业园区，政府打算对其进行再开发，以滨河文化休闲功能为主。基地中有古塔一座，是规划范围内的核心地标，也是规划的重要条件。课程结合正在进行的实际项目，制定任务书内容。课程任务书

基于"Copy-Concept-Control-Construct"的课程框架　　　　表1

教学阶段	教学周期	教学内容	教学目标
第一阶段：设计语言抄绘（Copy）	3周	抄绘不同开发密度的样带街区，以手绘+模型方式呈现，辅以开发指标测算	还原不同类型城市街区的规划设计形态，熟悉开发特征与设计语言之间的关系
第二阶段：语言运用于城市设计构思（Concept）	5周	增量地区的城市设计，运用街区语言构思城市设计方案	能将不同功能、类型的街区设计语言，运用到整体性的增量城市设计中
第三阶段：设计转译为控制要素（Control）	4周	将增量地区的城市设计方案，转化为控规成果	熟悉城市设计方案转化为控制性要素的原理、过程与结果呈现
第四阶段：基于管控进行设计深化（Construct）	4周	在控规成果基础上，选择重点地段做深入的详细设计	熟悉控制性要素对详细设计的控制方式，理解控规的作用与意义

资料来源：笔者整理.

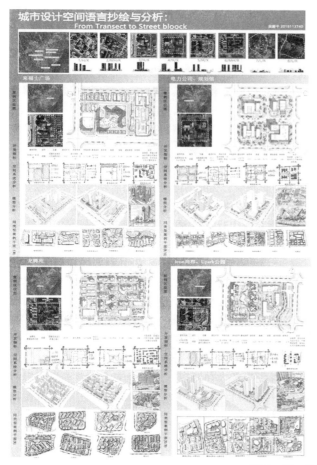
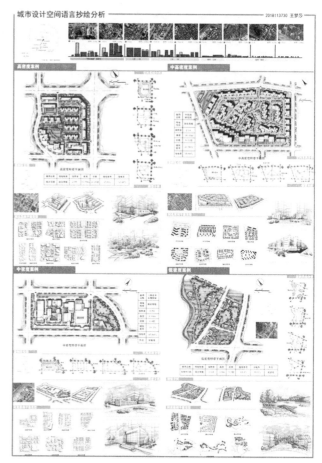

图1 第一阶段的2份成果

与传统增量城市设计的内容类似，包括现状与发展条件分析、规划目标与定位、规划设计的空间结构、规划总体方案、规划设计分析、规划模型与效果图等板块。

课程中尤其强调对总图的训练。在总图设计中，要求全班所有设计小组必须采用传统的手绘技能进行绘制，总图方案成形后，才可以在电脑中操作。由于基地面积较大，接近300hm²，学生开始觉得无从下手，故在训练过程中，教师从多方渠道寻找资料和案例，传授了设计院绘制大尺度城市设计总图的经验（如，公共为脉、开发成块、群组归类、粗笔构型）。这些经验被证明是有效的，学生的总图训练达到了一定的成效（图2）。

3.3 设计管控（Control）：参考业界前沿编制控规单元

城市设计方案敲定后，下一步就是将概念方案转化为控规。本阶段主要包括用地布局优化、交通系统细化、地块指标深化等三个方面。前面两部分更多是修正用地布局和道路系统，而地块指标深化才是开发控制的重点。

传统的控制性详细规划教学，通常以八大规定性指标为主（如地块编号、用地性质、用地面积、容积率、建筑密度、建筑高度、绿地率、地块出入口控制等），城市设计引导指标作为补充。本次课程试验一方面需要完成整个基地的八大指标控制（图3左），另一方面，选取基地中某一控制单元，参考上海和武汉城市设计导

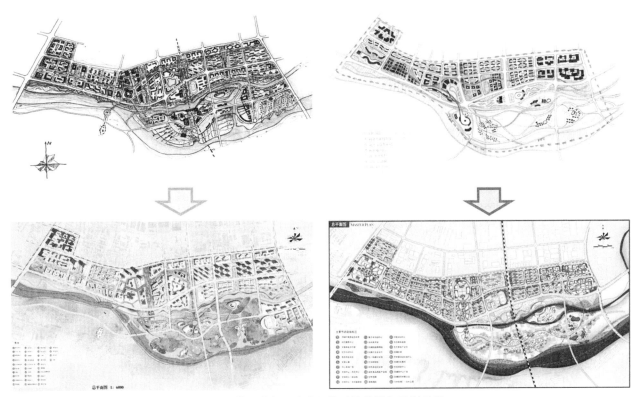

图2 第二阶段2个小组的手绘草图与规划总图

则中的管控要素，细化其城市设计引导，最后的成果以"图、表、文"的形式呈现（图3右）。

课程试验发现，由于课程任务的深度所限，并不是所有业界前沿的控制要素都能运用。除八大指标外，课程中适合运用的控制要素包括：地块层数分区、塔楼控制范围、地标位置、可变与不可变建筑控制线、贴线率、可变与不可变公共通道、街区内部广场、街区内部绿地、架空平台与通道、高架廊道、重点处理界面、绿地内部建议路径等。

3.4 详细设计（Construct）：基于控制单元进行局部细化

第四阶段是基于前一阶段的管控成果，选取其中的核心地段进行细化。如果说第二阶段的设计注重的是"概念"，那么第四阶段的设计则注重"建构"。这部分选择基地在 30~50hm^2，需在既有导则基础上，对每个街区内部的建筑体量、组构关系、路径组织、场地分割、绿化空间等进行优化设计（图4）。

基于上述四个阶段，本次教学最终形成了"3+8"的设计成果体系（图5）。

4 教学效果与反馈

本次课程的教学班级共有44名同学。课程结束后，针对"4C"的教学环节，对班级所有同学进行了匿名调查，以获取教学反馈。

4.1 街区抄绘阶段（Copy）的教学反馈

抄绘训练由并非传统的设计训练，因此是否对专业成长有帮助，需要深入调查才能明确。班级反馈来看，约有93%的同学认为抄绘训练在不同程度上帮助了专

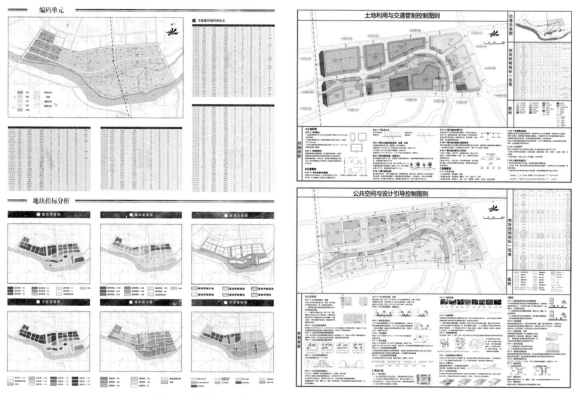

图3　第三阶段的规划管控体系（左）与局部控制单元成果（右）

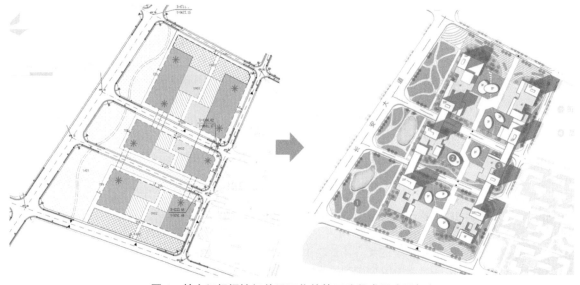

图4　某小组根据控规单元深化的第四阶段成果（局部）

第一阶段成果

第二阶段成果

第三、四阶段成果

图5　某三人小组的"3+8"期末成果体系

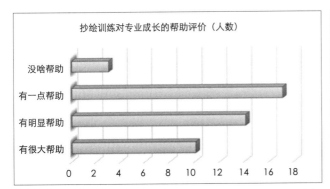

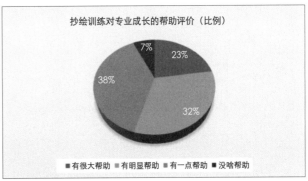

图6　抄绘训练对专业成长帮助的调查结果

业成长（图 6）。其中，全班有 23% 的同学认为帮助很大，32% 认为帮助明显，另有 38% 认为有一点帮助。总体来看，抄绘训练的积极影响值得肯定。

那么，抄绘训练带来了哪些方面专业能力的提升？其内容安排是否合理？问卷也对此进行了调查。我们设置了"提升快速设计与表达""认识空间元素的组合方式""认识城市形态及开发特征"和"认识街区复杂性"等四个选项，以多选题为形式。结果发现，有 30 位以上的同学均选择了"认识空间元素的组合方式"及"认识街区复杂性"（图 7），这说明抄绘训练有助于提升对街区"组合方式"和"复杂性"的理解。从抄绘内容的安排来看，接近 60% 的同学认为内容安排合适，40%认为内容偏多或过多。这说明内容还需进一步精简。

抄绘训练虽然有意义，但是否在本次课程中是否发挥了直接作用？尤其是否对后一阶段的城市设计方案有所帮助。调查发现，认为抄绘训练对方案建构"帮助很

大"的同学只有 11% 左右，43% 的同学认为"有明显帮助"，39% 的同学认为"有帮助，但不明显"，剩下 7% 的同学认为"没啥帮助"（图 8）。这说明抄绘训练对方案建构的直接作用不算特别突出。但总体上看，还是有超过 80% 的同学认可了这种帮助的存在，证明了抄绘训练在课程体系中的意义。

4.2 片区设计阶段（Concept）的教学反馈

本阶段是以增量为主的局部城市设计。该阶段除与老师交流外，学生最重要的学习资源包括城市设计案例和理论知识支撑。学习过程中，教师选择性地提供了最近五年来国内大型规划院的设计案例，以启示学生完善设计方案。同时，由于教学开展较为紧凑，并没有单独讲授城市设计的相关理论，而是在小组教学中由各位老师自行把握。

问卷中，单独对两类学习资源进行了调查。结果表明，经过教师整理的规划设计院案例对方案设计的帮助

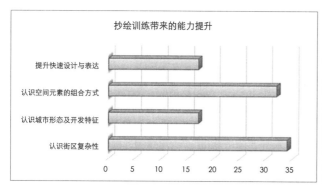

图 7　抄绘训练能力提升与内容安排的调查结果

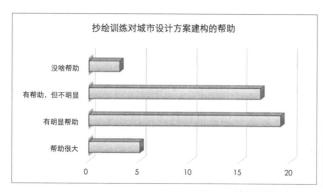

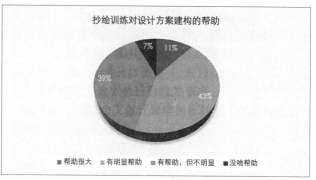

图 8　抄绘训练对设计方案建构帮助的调查结果

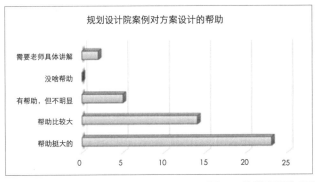
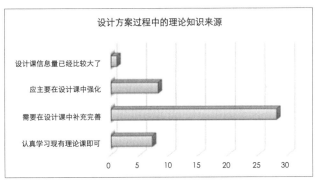

图9　教学案例和理论知识来源的调查结果

明显，44人中有37人认为"帮助比较大"或"帮助挺大"。只有5人认为"帮助不明显"，还有2人认为"需要老师具体讲解"（图9）。这说明，设计院案例对教学的支持是比较直接的，但需要教师筛选。而从理论知识来源看，44位学生中，33位学生认为既有理论知识不足以支撑实践课程，需要在实践课中进行强化，仅有6位同学认为认真学习既有理论课即可。这说明，在实践课程中仍需要理论板块进行支撑。

4.3　设计管控阶段（Control）的教学反馈

这部分课程训练的目的，在于将前一阶段的设计方案转译为管控语言。主要调查了三个问题：其一，控规知识点是否要前置城市设计。如果前置，城市设计的概念就会受限于规范，达不到创新设计训练的效果；但如果不前置，控规转译过程会因方案修正而显得曲折。其二，训练之后，学生是否理解了控规的作用与原理。因为对于本阶段的学生而言，"设计"思维是比较熟悉的，

"管控"思维是初次接触，而控规正是管控思维的体现。其三，由于采用了业界较新的控制要素体系，相对繁复，所以在本次课程试验中，给学生留足了自由空间，让他们根据设计需要自行选择。但后来发现，全班的成果参差不齐，所以我们对"全班的控制要素选择是否需要统一"进行了专门调查。

结果发现，针对第一个问题，44人中，24人认为控规知识点应该前置城市设计，可以减少返工；有11人认为，前置会影响方案创造力；有4人认为没必要，先设计后规范是合理的（图10）。这说明，较少同学（15人）赞成先方案后规范，较多同学（24人）倾向于先规范后方案。

针对第二个问题，调查发现，44位同学中有30位选择了"似懂非懂"的选项，有10位同学选择了"有信心理解到位"的选项。剩下的4位，则认为因人而异，毕竟小组分工不同，每个人的理解也不一样（图11）。这表明，课程试验让绝大部分同学（40位）接触了"设

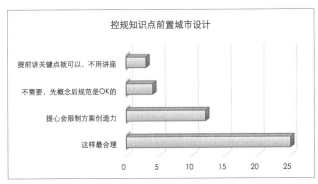

图10　控规知识点是否需要前置城市设计的调查结果

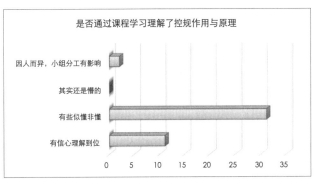

图11　是否理解控规作用与原理的调查结果

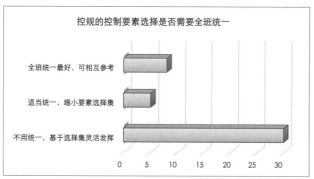

图 12　控规要素选择是否需要统一的调查结果

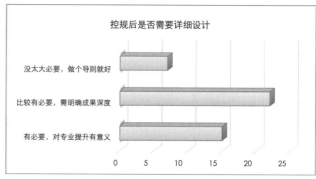

图 13　控规后是否需要详细设计的调查结果

计管控"的思维模式，使得学生或多或少对设计管控思维有所理解。

针对第三个问题，控规要素的选择是否需要全班统一，班上接近 30 名同学认为可以有一个选择集，然后各组灵活发挥是最恰当的。余下的同学则认为需要统一或适当统一，这样可以相互参考（图 12）。总体来看，即使是控规，学生还是希望在课程训练中获得一定的自由，做出自己小组的特点。

4.4　详细规划阶段（Construct）的教学反馈

课程最后以详细设计作为收尾，其目的在于，基于控制单元的要求，选择其中某一核心地段，细化设计方案，体会控制要素如何产生相应的约束和引导作用。课程进行过程中，曾有质疑：作为规划专业，直接到第三阶段的控制导则即可，是否还需要细化？考虑到有此质

疑，于是在问卷中增加了"控规后是否需要详细设计"这一问题。调查结果表明，全班 44 位同学中，仅有 6 位认为"没太大必要，做个导则就好"。但余下的 38 位同学都认为有必要，认可其对专业提升的意义，但需要进一步明确成果深度（图 13）。这表明，详细规划深化的阶段是必要的，但任务设计还需明确。

4.5　对本次课程试验的整体评价

本科教学的目的在于让学生收获新知，以及好的教学体验。问卷最后对学生的课程收获和体验进行了调查，结果表明，班上 44 位同学中，有 40 位认为 4C 课程带来了"明显收获"（占比 93%），其中有 16 位认为是"非常有收获"（占比 36%）；仅有 4 位同学认为课程"有一点收获"（占比 7%）（图 14）。

最后，我们调查了学生对整体课程的体验。问卷设

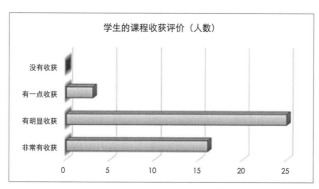

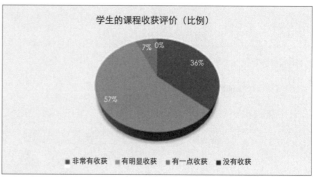

图 14　学生对 4C 框架课程的获得感评价

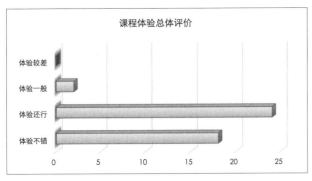

图 15 学生对课程整体的体验评价

置了"体验不错""体验还行""体验一般"和"体验较差"等四项语义量表选项。结果发现，全班 44 位同学中，有 18 位选择了"体验不错"，有 24 位选择了"体验还行"，两者总共为 42 位，占全班的 95%。仅有 2 位同学选择了"体验一般"（图 15）。

5 结语与反思

通过教学反馈发现，基于"Copy-Concept-Control-Construct"的课程体系取得了较好的教学效果。大多数学生认可了课程带来的收获和体验。遗憾的是，由于疫情原因，试验于第 14 周提前结束，但教学成果好于预期。此外，部分同学还针对课程细节提出了意见，包括：①课程按 16 周设计，但教学计划以 8 周为周期，前后 8 周的老师存在替换，建议不要替换老师。②第一阶段的抄绘训练应强化类型分析，最后全班共享，这样对建构方案的帮助更大。③教师团队应系统引介城市设计理念，这样更有助于方案构思。④课程内容安排紧凑，虽然学到的东西很多，但制作成果的时间不够。基于上述意见，教学团队将持续改革，进一步完善 4C 框架的教学设计。

共同参与课程的老师包括：唐由海副教授、蒋蓉高级工程师；城乡规划系毕凌岚教授对课程试验给予大力支持；课程任务繁重、时间紧凑，本科 2018 级城乡规划专业的同学不辞辛劳，尽心完成课程任务；课程基地相关信息由上海同济城市规划设计研究院刘峰成所长、杨阳规划师提供；在此，对前述所有给予支持的同事、同仁、同学表示感谢！

参考文献

[1] 唐燕.控制性详细规划[M].北京：清华大学出版社，2019.
[2] 孙一民.总设计师制与城市设计实施[J].建筑技艺，2021，27（3）：6.
[3] 上海市规划和国土资源管理局，上海市规划编审中心，上海市城市规划设计研究院.城市设计的管控方法[M].上海：同济大学出版社，2018.
[4] 姜涛，李延新，姜梅.控制性详细规划阶段的城市设计管控要素体系研究[J].城市规划学刊，2017（4）：65-73.
[5] 戚冬瑾，周剑云，赵睿.横断面规划思想在城市更新中的应用——以广州新中轴南段城市更新方案为例[J].城市规划，2019，43（10）：67-79.

An Innovation of the Practice Course Integrating "Design-Control": A Framework of 4Cs and Its Experiment

Yuan Ye　Tang Xizi　Chen Jiao

Abstruct: Facing the impact of the reform of the National planning system and the updating smart technology，it is necessary to strengthen the "design–control" training in undergraduate stage. It is mainly reflected in the following aspects：the practice of design control plays an important role in the process of national spatial structure optimization. Design control is the foothold to realize fine space governance. Design control thinking is the key to urban and rural planning independent of other fields. We sorts out the relevant contents of urban design and regulatory planning courses，and propose a curriculum based on "Copy–Concept–Control–construct" framework. Then，we conduct a 16–week teaching experiment and refine the teaching design. We conduct a survey after the course. The results show that most students are improved by this course. And it confirms the effectiveness of this curriculum reform.

Keywords: the Practice Course Integrating "Design–Control"，4C Framework，Teaching Experiment，Teaching Feedback

建规景专业创新实践课程效能评估及组织优化*
—— 以华中科技大学为例

郭　亮　夏珩智　贺　慧

摘　要： 建规景专业创新实践课程已开展十年，对其创新实践效能展开评估能检验创新实践课程组织的科学性，提升课程对大学生创新能力促进的作用。通过梳理近年来华中科技大学建规景专业创新实践课程的培养要求、学时及考核特征，分析课程实施效果、选题类型和创新能力培养情况，发现在实践立项数目上呈波动中上升且等级不断提升的特征；在选题上更加强调技术性、学科交叉性及与时代背景紧密结合；在长期创新能力培养上略显不足等。通过梳理课程组织问题，文章提出：建立具有全流程创新能力培养特色的课程体系、搭建多学科交叉的创新实践交流平台、完善创新实践项目的成果追踪与激励机制等优化建议。

关键词： 创新实践；效能特征；课程组织；建规景专业

1　引言

在我国经济进入新常态、深化供给侧改革的当下，创新成为驱动发展的重要动力。《国务院办公厅关于深化高等学校创新创业教育改革的实施意见（2015）》明确指出：深化高等学校创新创业教育改革，是国家实施创新驱动发展战略、促进经济提质增效升级的迫切需要，是推进高等教育综合改革、促进高校毕业生更高质量创业就业的重要举措。

目前，创新实践课程已在各大高校普及，并纳入学分管理。建筑学、城乡规划、风景园林专业（以下简称建规景专业）作为设置在建规学院工科门类的三个一级学科，具有工程技术与人文艺术兼具的特点，且实践性、综合性较强[1]，除传统物质形态外，还需关注社会、经济、环境等领域。此种趋势迫切要求更加重视对这三门学科的创新培养，以更好适应新的研究与实践需要。但目前创新实践培养体系方面尚处在探索阶段，创新实践课程往往成为"形式""流程"，难以达到创新人才与创新能力培养的目标。

既有研究中关于"教育质量评价"的文献仅255篇。其中，"评价体系"约62篇、"质量评价"约29篇、"品质评价"约16篇、"教学质量评价"16篇、"评价指标"11篇，整体研究数量不多[4]。鉴于创新实践课程从2012年加入课程体系以来，已实施逾十年，有必要对建规景专业创新课程的实施效果建立更加科学的评估体系，以完善该课程组织，达到提升学生创新能力的目的。

2　建规景专业创新实践课程体系特征及评估方式

2.1　课程体系特征

华中科技大学建规景专业创新实践课程体系主要由公共选修课及专业创新实践课构成。课程结合大学生创新创业训练计划，指导学生以小组形式讨论确定选题，以小组为单位指导学生完成项目选题、前期调研及开题报告的撰写。课程评价也基本以学生项目开题表现为标准（图1）。

* 华中科技大学教学研究项目"建规景专业创新实践课程实施效果评估及组织优化研究"（项目编号：2020070）。

郭　亮：华中科技大学建筑与城市规划学院教授
夏珩智：华中科技大学建筑与城市规划学院硕士研究生
贺　慧：华中科技大学建筑与城市规划学院教授

图1　建规景创新实践课程组织流程

2.2　课程评估模式构建

结合创新课程组织特征，本文采用结果导向与能力导向结合的评估模式，从选题、创新能力培养等角度对创新计划立项项目展开分析，以求对建规景专业创新课程实施效果得出较为客观有效的评价。每种评估模式的特点如下：

（1）过程导向的评估模式

德国伍珀塔尔大学提出了基于教学过程的创新教育评价体系，并将创新课程的教学过程分为五大宏观层面以及三大微观层面[3]。过程导向的评价体现为一种形成性评价，主要通过检测创新实践课程的实施过程，提出并反馈有价值的建议，从而使得课程内容设计和教学方法的改善更加具有针对性[2]。

（2）能力导向的评估模式

结合相关研究[4]，能力导向的评估模式，主要以学生为主体，检测学生经过创新课程教育后的创新能力、创新意识提升等，并提出相应的反馈意见，对课程内容、课程体系、课程组织模式提供有价值的优化方向。

（3）结果导向的评估模式

结果导向侧重于对创新创业教育有效性和影响力的评价，以结果来反映创新创业课程取得的实际成效，进

而发现创新创业教育不足和改进之处。创新教育效果具有一定时滞性，需要较长时间的效果追踪[5]，本文选取华中科技大学建规学院建规景专业 2012~2020 年期间大学生创新创业计划的立项及完成情况，追踪参与项目学生长期的创新表现。

3　建规景专业创新实践课程实施效能

3.1　实施效果总体特征

从三个专业不同年份、级别立项数量的变化进行比较分析发现：

（1）专业立项数量明显上升

三个专业的立项数目变化趋势（图2）。在创新创业训练计划开始的2012年，建筑学、城乡规划两专业的立项数量出现一个明显的高值，在2013~2014年间，整体立项数目呈现下降趋势；在2015~2017年间，三个专业立项数量在一个稳定的数值区间震荡；在2018~2019年间，建筑学、风景园林两专业立项数目仍保持平稳，但城乡规划专业立项数量上升趋势明显。

（2）各专业各级别立项发展存在差异

建筑学专业在2012年立项数目呈现峰值（图3），但院级项目占据多数；2012年后立项数目显著减少但项目级别构成不断优化，尤其在2018~2020年间，国家级、省级项目占比上升明显，至2020年省级、国家级项目占比近46%。

城乡规划专业在2012~2017年间立项项目基本均为院校级别的项目（图4），且数量较少；2018~2020年间，立项项目数目上升趋势明显。在项目构成上，城乡规划专业不断发力，2020年省级、国家级项目占当年立

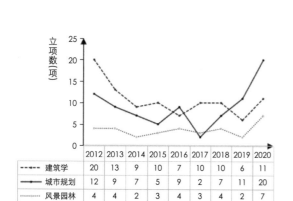

	2012	2013	2014	2015	2016	2017	2018	2019	2020
建筑学	20	13	9	10	7	10	10	6	11
城市规划	12	9	7	5	9	2	7	11	20
风景园林	4	4	2	3	4	3	4	2	7

图2　华中科技大学建规景专业分年份立项情况

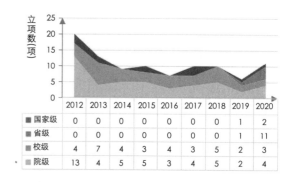

	2012	2013	2014	2015	2016	2017	2018	2019	2020
国家级	0	0	0	0	0	0	0	1	2
省级	0	0	0	0	0	0	0	1	11
校级	4	7	4	3	4	5	2	3	3
院级	13	6	5	5	3	5	4	2	4

图3　华中科技大学建筑学专业分年份各级别立项情况

图4 华中科技大学城乡规划专业分年份各级别立项情况

图5 华中科技大学风景园林专业分年份各级别立项情况

项总数的65%。

风景园林专业在2012~2018年间立项数量基本稳定（图5）；2019~2020年间，立项项目数量上升趋势明显，且省级、国家级项目占比明显上升，2020年，省级、国家级项目占当年立项总数的28%。

（3）校内立项对比优势明显

选取2020年华中科技大学大学生创新创业训练计划整体立项情况与建规学院三个专业总体立项情况对比，发现建规景三专业总体省级、国家级项目比例明显高于学校整体（图6）；城乡规划专业立项项目构成相较学校整体优势明显，尤其省级项目明显占比较高；建筑学专业立项构成相较学校整体略有优势（图7）。

结合上述分析，2012年创新实践课程作为新鲜事物，学生对此热情较高，在立项数上呈现了一个高值，但由于在课程体系、教学组织、效果评价等方面的不完善，

使建规景专业整体创新项目申报质量较低，表现在立项项目构成上就是院校级项目占绝大多数。随着学生对待创新创业课程渐趋理性，在2013~2017年间，建规景三个专业基本呈现立项数目较少，立项项目等级构成上省级、国家级项目不多的局面。

3.2 选题特征

（1）选题特征提取方法

选取2012~2020年创新实践立项项目名称，利用python编程对其进行分词，通过完善词库（加入各专业名词及去除相应词汇）实现对项目关键词的提取，在此基础上对各个项目归属学科二级门类进行划分，得到选题的关键词特征以及各专业二级学科门类特征。

（2）选题特征分析

从历年选题的关键词变化来看（表1），城乡规划专

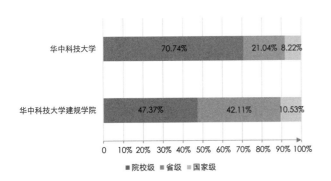

图6 华中科技大学与建规学院2020年立项构成对比

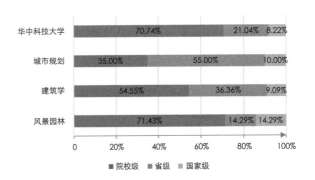

图7 华中科技大学与建规景专业2020年立项构成对比

2012-2020年建规景专业立项项目选题关键词特征 表1

年份	城乡规划学科关键词	建筑学学科关键词	风景园林学科关键词
2012年	公共空间；交通；校园；城市圈；轨道交通；校园生活	弯矩；多媒体；住宅设计；中高层建筑建筑表皮；学校；太阳能	水体净化；工业景观；传统街区；应急设施
2013年	城中村；公共交通；高架路；务工人员；轨道交通；商业业态；商业网点	办公建筑；墙体设计；遮阳板；建筑表皮；城市垃圾	儿童居住环境；多媒体
2014年	商业业态；交通；住区；公共空间；地铁站；公租房；生态阳台	绿色建筑；生土建筑；装配式建筑；太阳能；学生宿舍；数字建材	建筑工地；生态治理；生态雨水口
2015年	住区；商业网点；校园；生态阳台；公共交通	居住区；建筑内部空间；超高层；心理特征；图书馆；绿色建筑；建筑评价	生态修复；公园
2016年	图书馆；历史街区；滨湖；公共空间；社区	图书馆；防水砂浆；装配式；社区；老龄化	自发光材料；园林
2017年	易犯罪空间；互联网+；传统村落；社区；江汉路；住区	图书馆；采暖；互动式；遮阳板；适老空间；太阳墙	建筑工地；裸露地表
2018年	社区；空间管理平台；乡村；换乘系统；公共交通	老旧小区；空气净化；住宅空间；归属感；传统民居；历史改造街区；模块化	感官公园；法规；可食地景；社区
2019年	共享经济；可食地景；大数据；新能源；住区；生活服务圈；O2O	汉阳铁厂；高校；都市农业	规划设计；公园
2020年	社区；生活圈；宅基地；可食地景；机器学习；空气污染物；手机信令；夜间步行	宜居社区；菜市场；空气净化；宿舍空间；隔离装置；农改超；垂直绿化	木屑覆盖物；疫后；好氧堆肥；绿植产品

业对城市交通领域、公共空间、社区、住区、商业业态关注较多，选题颇具时代性，如2013年的选题出现了较多与城中村有关的题目。自2017年起，除了传统选题视角外，开始出现诸如"互联网+"、机器学习等技术方法上的创新及诸如——犯罪空间、夜间步行等社会学、心理学视角下的选题，创新性与学科交叉性渐显，这反映了学生对创新实践课程的重视以及创新能力的增强。

建筑学专业历年选题对建筑技术科学、相关建筑设计领域关注较多，对建筑历史与理论较少涉及。可以看出在建筑设计领域对住宅设计、图书馆设计关注较多。在2017~2019年间，选题开始更加注意结合时代背景、实践项目以及社会关注，如传统民居、隔离装置、农改超等相关选题。

风景园林专业对风景园林规划与设计方面关注较多，在2020年的题目中开始出现了许多较为微观的结合园林植物实际应用的题目，由此可见，项目选题越来越关注人居环境与生态环保。

总体来看，创新训练项目的选题偏好与学界在不同学科方向的研究热度基本一致（图8）。同时，大部分项目选题倾向于选择较小的切入点，如住区、校园、建筑等，此类选题对于学生而言操作性强，也容易实现。选题在不同年份也具有一定的相似性与延续性，这与创新实践课程导师制模式有关。

3.3 创新能力培养特征

选取2012~2017年间获批项目负责人后续发表论文情况（毕业一年以上），对其发表论文进行论文学术质量评价，即不同级别项目负责人创新表现指标（公式1）[6]，为论文贡献度（第一作者计50%，第二作者计40%，第三作者及以上计10%），X_i为第i个文献计量学指标权重（这里总被引数为60%，期刊影响因子为40%），Y_i为第i个文献计量学指标数值（这里为总被引数与期刊影响因子两个）。

$$S=\alpha \sum_{i=1}^{n} X_i Y_i \qquad （公式1）$$

从不同级别项目负责人日后的学术表现来看（表2），

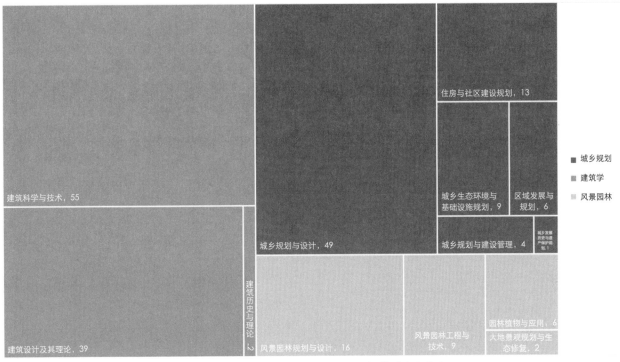

图8　2012—2020年建规景专业二级学科选题占比

整体并未呈现出高级别创新项目负责人表现更好的现象。究其原因，有以下几点：其一，这与项目负责人日后是否继续学术生涯有很大关系，可能在项目创新性上更好的同学因综合原因而未能继续深造；其二，由于本科3~5年级教学组织和研究生期间导师研究方向的差异，项目创新性较好的同学即使继续深造，也会由于导师研究方向和课题的原因而偏离原有的研究；其三，由于在创新表现指标的评价上可能并不完善，仍存在结果导向一刀切的现象，也导致了评估结果具有一定误差（图9）。

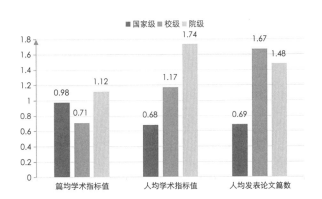

图9　不同级别项目负责人创新表现指标

3.4　课程组织问题及优化

（1）课程组织存在的问题

结合前文的分析，可以总结建规景专业创新实践课程在课程体系、课程教学、课程评价等方面主要存在如

不同级别项目负责人创新表现指标　　表2

项目级别	篇均学术指标值	人均学术指标值	人均发表论文篇数
国家级	0.98	0.68	0.69
校级	0.71	1.17	1.67
院级	1.12	1.74	1.48

下问题：

课程体系尚待完善。由于创新创业课程一般设置在三年级上学期，正好处于学生由基础设计能力培养向创新设计能力过渡的关键时期，创新实践课程就起到了衔接主要课程知识结构的"桥梁"作用。不过相对课程体系而言，建规景专业的创新课程设置比较独立，与后续其他课程的创新衔接不足。

课程教学亟需优化。从选题过程来看，在当前导师制模式下，往往历年选题的延续性很强，学生更倾向于选择导师提供的选题思路，这种被动接受方式的优点在于可以结合导师的研究方向快速找到热点问题，但潜在的缺陷就是对学生创新能力的培养也有所不利，会在一定程度上限制选题的创新性；在选题方向上，创新项目在选题方向上的局限也表现在跨专业的交叉合作不够强而导致选题缺乏学科交叉的亮点；在教学组织上，以课堂上与指导老师进行多次交流讨论为主，鉴于当前创新热点较多，而课程指导老师较少且其专业知识背景有限。

课程评价不够科学。在创新实践课程的评价上不能完整科学地体现学生的创新能力，主要表现在课程评价较注重项目立项等级，但是对立项项目后期完成情况的绩效评估机制尚有待完善。

（2）建规景专业创新实践课程组织优化

基于前述总结的建规景专业创新实践课程实施总体特征与存在主要问题，从课程体系、交流平台、追踪与激励机制等方面提出主要的课程组织优化对策。

1）贯通具有全流程创新能力培养特色的课程体系

在课程体系中，排在创新实践课程之后的还有社会调查、城市设计等竞赛课程，也有一些如乡村规划、国土空间规划、控制性规划等系列实践课程，如果能在第五学期的创新实践课程基础上，持续引导学生把创新项目中的创新思维纳入后续的课程实践中，使单一的创新课程转换为具有全流程创新能力培养特色的课程体系，将能有效保障学生具有持续推进创新实践项目研究的动力。

2）搭建多学科交叉的创新实践交流平台

创新实践课程的开设主要是为了培养大学生的创新意识、创新精神和创新能力。从培养目的来看，显然需要更多与专业知识相结合的相关课程以支撑创新能力的拓展。除了需要强化学生的自主学习、主动探索能力以外，更重要的是建立多专业、跨学科的创新实践交流平台，以加强与跨学科、跨院系各相关专业之间的交流与合作。比如，可以考虑在学校（或学院）层面搭建一个创新项目交流平台，对拟申报项目研究内容做引介，根据项目研究需要招募相关专业合作成员等，以鼓励跨专业的合作打破创新屏障。

3）完善创新实践项目的成果追踪与激励机制

为了消除创新实践项目"虎头蛇尾"的现象，建议创新实践课程评价中应把立项项目后期的成果产出情况纳入考核，这需要进一步细化成果产出的类型、等级并与相关奖惩机制相挂钩。如在相应的研究生推免及奖学金评比中除对立项项目等级予以奖励加分以外，对项目的完成情况、成果产出也要纳入考核并对完成质量好的予以加分鼓励，对完成质量欠佳的项目也要予以一定的奖励折减。

4 小结

本文以华中科技大学建规学院建规景专业创新实践课程为对象，梳理近年来创新实践课程的设置情况，通过对历年来创新创业计划项目资助等级的统计，对短期内学生的课程表现进行评估，发现在立项数目总体上呈现波动中上升、立项项目等级构成不断优化的特征；在此基础上，借助自然语义分析方法对多年来立项题目关键词进行提取，分析各专业选题特征，发现在选题上呈现越来越强调技术性、学科交叉性及与时代背景结合日益紧密；最后，对参与学生后续的学术成果进行统计并进行文献计量学指标评价，以反映学生长期的创新能力表现，发现学术后期创新能力表现与项目等级相关性并不强。在此基础上，总结了创新实践课程组织上存在的主要问题，即：课程体系不够完善，课程组织亟需优化，课程评价不够科学等。基于提升大学生创新能力培养的目的，提出了如下课程组织优化建议：贯通具有全流程创新能力培养特色的课程体系，搭建多学科交叉的创新实践交流平台，完善创新实践项目的成果追踪与激励机制。

参考文献

[1] 吴良镛. 关于建筑学、城市规划、风景园林同列为一级学科的思考 [J]. 中国园林，2011，27（5）：11-12.

［2］ 王佳伟 . 我国创新创业教育评价的发展现状及优化路径 [D]. 杭州：浙江大学，2018.

［3］ Braukmann U，D Schnei de r，Voth A . Conceptualization of "Mode3" as an Innovative Model for the Evaluation of Entrepreneurship Education at Universities From the Perspective of Gründungsdidaktik[M]. SensePublishers，2014.

［4］ 葛莉 . 基于 CIPP 的高校创业教育能力评价与提升策略研究 [D]. 大连：大连理工大学，2014.

［5］ Block Z，Stumpf S A.EntrepreneurshipEducation Research：Experience and Challenge[C].Boston，Sexton D L，1992：17–45.

［6］ 郭丽芳 . 评价论文学术质量的文献计量学指标探讨 [J]. 现代情报，2005（3）：11–12.

［7］ 彭翀，吴宇彤，罗吉，等 . 城乡规划的学科领域、研究热点与发展趋势展望 [J]. 城市规划，2018，42（7）：18–24，68.

［8］ 贺慧，郭亮，李敏 . 城乡规划专业学位论文动向浅析——基于我国全日制研究生学位论文的调研 [J]. 新建筑，2014（1）：148–151.

Evaluation of the Effectiveness and Organizational Optimization of the Innovative Practice Courses for Architecture、 Urban and Rural Planning and Landscape Architecture Majors —Taking Huazhong University of Science and Technology as an Example

Guo Liang　Xia Hengzhi　He Hui

Abstract: The evaluation of the effectiveness of innovative practice can test the scientificity of the organization of innovative practice courses. Through combing the cultivation requirements, credit hours and assessment characteristics of the innovative practice courses of Huazhong University of Science and Technology（HUST）in recent years, it is found that the number of practice projects is fluctuating and increasing in rank; the selection of topics emphasizes more on technicality, interdisciplinarity and close integration with the background of the times; and the cultivation of long–term innovative ability is slightly insufficient. The article proposes the establishment of a curriculum system featuring the cultivation of innovation ability in the whole process, the establishment of a multidisciplinary innovation practice exchange platform, and the improvement of the tracking and incentive mechanism for the results of innovation practice projects.

Keywords: Innovative Practice，Effectiveness Characteristics，Curriculum Organisation，Architecture、 Urban and Rural Planning and Landscape Architecture

"事件引入·行动导出 + 独立思辨·聚类反馈"：
提高学生国土空间总体规划原理知识要点吸收水平的
教学研究与实践
—— 以华中科技大学"国土空间总体规划原理"课程为例

单卓然 朱俊青 袁 满

摘 要：国土空间总体规划（以下简称总规）原理是本科阶段的核心课程，如何通过教改实现国土空间总规原理教学创新和知识点吸收水平攀升双赢，是目前原理教学革新的重点。本文以华中科技大学自 2019 年春季学期开设的"国土空间总体规划原理"课程为例，采用扎根理论、问卷调查及半结构式访谈等方法，研究了国空总规原理知识要点的学情特征，剖析了国空总规原理知识点吸收水平的影响因素，并就知识点促吸收目标下的国空总规原理的课程改革思路与教学实践提出建议。

关键词：国土空间总规原理；知识点吸收水平；学习情况；影响因素；教学改革

1 开展本项教学研究的背景

1.1 从城市总规到国空总规，原理课程的授课内容应予重构

华中科技大学国空总规原理于 2019 年春季学期开设，通常面向 50~70 名本科生（大三下学期）展开 48 学时教学，该课程经过三年多的教学研讨，在教学理念、教学方法、教学模式上已积累了丰富的经验。然而，当前国土空间规划改革对城乡规划专业课程体系的建设带来了巨大的冲击，同时教育部门组织开展了加强国土空间规划知识体系的建设，但是目前的学科架构总体上与国家对国土空间规划体系建设的主体要求还不够一致，原理课程的授课内容还有待系统性完善、授课重点仍需准确锚定。

1.2 从教师为核到学生中心，原理课程的学情需求有待摸清

国空总规原理课程多为分班集体授课，教学过程中存在着主体单一、开放性不足、师生互动缺位等问题。然而我国新一轮的课程改革竭力提倡启发式和参与式教学，加之信息流通时代下教师不再具有信息及知识上的垄断优势，由此，单向输出、平铺直叙的授课模式已很难契合主流教学改革的方向。

1.3 从抽象灌输到情景互动，原理课程的教学方法亟需更新

国空总规原理教学中教师倾向于将抽象知识点单向、机械地灌输给学生，该方式存在理解难度大、学生学习积极性不高等明显缺陷。随着教学观念与模式的不断变革，师生之间的多样化互动需求日益剧增，在原理教学中如何营造多样的互动场景，如何拓展多元的互动对象，如何稳固高频的互动次数，以期激发学生学习主动性、提升学习效率，亟待教学方法不断开拓创新。

2 相关理论回顾

2.1 原理类课程知识点讲授与吸收特点的相关研究

现有的教研成果关于原理类课程教学的内容、模式、方法及手段等研究较为丰富。如顿明明等研究发现

单卓然：华中科技大学建筑与城市规划学院城市规划系副研究员
朱俊青：华中科技大学建筑与城市规划学院硕士研究生
袁 满：华中科技大学建筑与城市规划学院副教授

指定教材、依据教材组织教学、编制教学大纲、紧扣教材实施教学是目前国空总规原理教学的主要内容（顿明明等，2017）；李建伟等横向比较了国空规划原理教学和其他专业主干课的教学，总结了当前原理授课模式的优缺点（李建伟等，2012）；史北祥等研究发现大部分实践环节都分布在设计课程中（史北祥等，2017）；雷诚认为国空总体规划原理课程在专业教学中主要定位为理论学习（雷诚，2017）；卢峰等揭示了以知识传授为核心、以教师为主体的封闭教学模式，已逐步让位于以能力培养为目标、以学生为中心的开放教学模式（卢峰等，2017）；石楠等认为帮助学生发掘和培养自身的潜力，启发职业规划的意识；这种转变在单位和个人的职业发展中很重要（石楠等，2015）。

2.2 影响学生吸收课堂知识点水平的因素的相关研究

许多学者研究发现理论教学与实践应用脱节、学生知识体系不完善、专题研究能力匮乏等会影响国空总规原理知识点吸收水平。如周俭研究发现系统的知识体系对提升学生知识点吸收水平至关重要（周俭，1997）；王建国揭示了现行城市规划专业培养方案存在的明显短板，即课程教学忽略了培养学生开展专题研究的能力（王建国，2004）；赵民等指出现有教育存在轻视原理知识与设计实践的衔接的问题（赵民等，2018）；张均等认为从"理论"到"感受"的课程教学方法可以极大提高学生们的兴趣与热情（张均等，2016）；时慧娜研究发现借助幻灯片，多采用循序渐进方式讲述，采用疑问式、案例分析、结合具体项目等方法授课，能够提高教学效果（时慧娜，2013）；仇方道提出科研与教学相结合的教学方法，可以加深学生对理论与方法学习的效果（仇方道，2011）。

2.3 国土空间总体规划知识体系建构相关研究

国空总规原理知识体系亟待拓展完善在学界已达成共识。如朱查松等认为国空总规基础课程教学应适当地补充自然地理、农业、土地、生态修复等相关知识（朱查松等，2021）；黄贤金指出国土空间规划学科应形成包括国土空间规划理论、规划方法、规划政策、大数据规划技术、规划实施评价、规划监督管理等学科内容于一体的完整知识架构（黄贤金，2020）；周庆华等提出国土空间规划应在延承城市总规相关理论、整体框架的

基础上，建构研究内容更广、要素更全、专业人才培养链更长的学科教育体系（周庆华等，2020）。

2.4 既有教学研究的不足

（1）聚焦原理类课程知识要点吸收主旨的教学研究有待丰富

既有研究在教学的模式、方法、目标及课程设置等方面积累了宝贵的经验，但关于国空总规原理课程知识点吸收水平的测度方法建构、影响因素探究及提升优化策略总结等尚显缺乏，亟待深化提炼。

（2）围绕课程知识要点吸收水平成因的理论提炼仍可加强

解析原理类课程知识点吸收水平的影响因素是提升教学质量、完善教学体系、巩固学科实力的重要一环。但鲜有研究立足多元主体参与、多环节教学实施等视角，对原理知识要点吸收水平成因进行系统性总结凝练。

（3）针对国土空间总规原理类课程的专门性教改探索还需补充

当前研究对于支撑国土空间规划工作开展的知识基础以及这些知识之间的相互关系还甚少涉及。由此，如何敏锐地捕捉国土空间规划改革的方向和重点内容，进而动态地、准确地调整现有国土空间规划知识点体系，探究国土空间规划的实质性内容及其构成，仍需专门性的研究不断延伸和补充。

3 研究方法

3.1 问卷调查法

本次问卷调查面向华中科技大学学习过国空总规原理课程的本科生，覆盖了"正在学习（2018级）""学过一年（2017级）""即将毕业（2016级）"三类同学，旨在了解学生总规原理知识点的吸收情况，解析该课程知识点吸收水平的影响因素。问卷统一发放、统一回收，最终共计发放问卷126份，筛选后有效回收问卷119份（有效率达94.4%）（图1）。

3.2 半结构式访谈法

半结构访谈是指按照一个粗线条式的访谈提纲而进行的非正式的访谈（图2），该方法对访谈对象的条

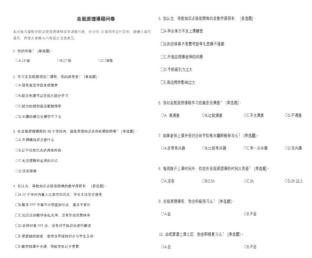

图1　国土空间总规原理课程问卷

图2　某次半结构式访谈结构及内容大纲示意

件、所要询问的问题等需有一个粗略的基本要求。本研究中，访谈对象通过滚雪球抽样的方式进行筛选；访谈方式为线下开放式提问；访谈提纲主要围绕国空总规原理知识点吸收水平展开设计。具体地，本次访谈于2021年3月12日～4月15日开展，期间相继访谈了2016级、2017级、2018级本科生，以及部分学习过城市总规原理课程的研究生和已参加工作的本科毕业生，共计55人。

3.3　扎根理论法

扎根理论是一种常见的质性研究方法。该方法通过三级编码（即开放式编码、关联式编码和核心编码）将搜集到的文字资料条列化，并赋予相应概念，再以适当

方式将概念抽象提升为相应的研究因素及核心影响因素，最终实现资料的逐层归纳及各因素之间关系的梳理。

4　基于问卷调查的国空总规原理课堂知识要点的学情特征

4.1　庞大的课堂容量加大记忆难度，知识点掌握不牢

结果显示，学生整体课程学习效果有待提升。虽然66%的学生对于原理课程结果比较满意，但绝大部分的知识点吸收（清楚）率都在80%以下，对于困难知识点更加容易遗失。究其原因，一方面，归咎于连续四节课的过于饱和的连堂教学安排；另一方面，短时间内高强度的知识点灌输亦加大了学生记忆的难度（图3）。

4.2　复杂的知识体系模糊学习重点，碎片知识整合难

难以厘清国空总规原理庞杂的知识体系是学生群体面临的一大窘况。具体地，15%的学生认为缺乏完善的知识体系而导致思维不连续；37%的学生认为是学习的内容庞杂致使自身难以消化；23%的学生认为重点模糊的教学PPT阻碍了知识有效吸收；过半学生提出了理论课和设计课应该放在同一学期的学习诉求（图4）。

4.3　传统的教学方式难促兴趣提升，课下准备不充分

以往"知识清单式"的原理灌输方式难以激发学生的学习兴趣。结果显示仅有59%的学生均对课程表现出了一定兴趣，15%的学生表示自己会花时间预习，59%的学生表示自己不会进行课后复习（图5）。

5　基于半结构访谈的国空总规原理知识点吸收水平的影响因素

5.1　国空内容包罗万象，"蜻蜓点水＋面面俱到"难以加深记忆

国空总规原理课程内容涉及面广、综合性极强。当前教学实践普遍存在课程内容缺少总—分的结构性引领、重难点不清晰等突出短板，这致使学生难以建立总体概述—具体知识点的有效关联，同时容易出现逻辑混乱现象（访谈者M，2018级；访谈者J，2018级；访谈者A，2017级）。由此，扁平化的知识架构和课堂讲

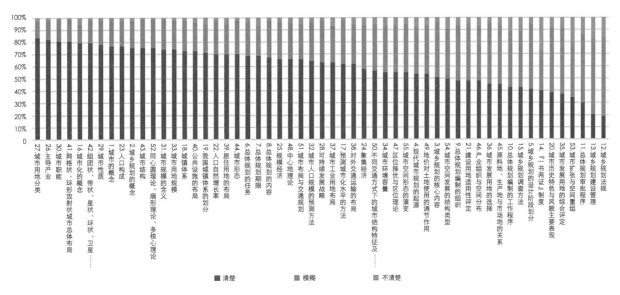

图3　原理课程学生知识点掌握程度

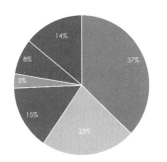

图4　学生对原理课程知识体系认知情况统计

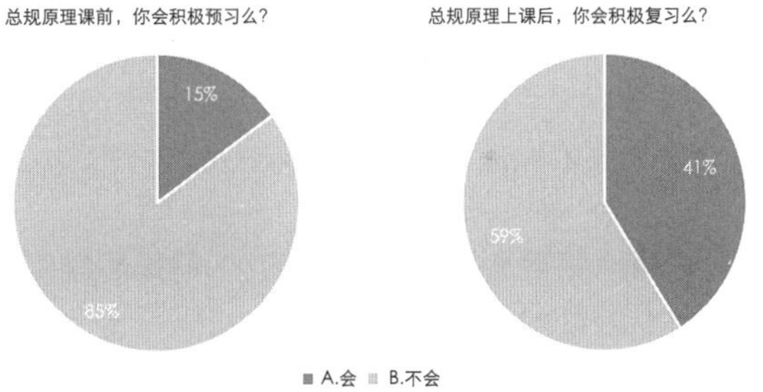

图5　原理课程学生课下准备情况

授造成学生对知识点的掌握欠佳。

仅靠老师课上所教授的知识点难以使得整门课程形成脉络，对于知识点的主次关系模糊不清，重难点难以把握，课后的作业多偏于形式上的而没有及时得到反馈，对于课程学习帮助不大（访谈J原始语句，2021年）。

5.2　原理知识抽象枯燥，"理论文字+教师阐释"致使晦涩难懂

国空总规原理作为城市规划的基础性理论课程，内容十分抽象。借助PPT、教辅书等工具机械笼统地灌输知识点是当前教学的主流做法，授课过程缺少案例和图示帮助学生降低理解难度（访谈者B，2017级；访谈者A，2017级）。由此，较高的理解门槛致使学生难以获取正向的学习成效反馈，反而助推了"畏难"情绪快速滋生。

老师上课风格会感染带动学生，其上课激情程度与我们听课认真程度呈正比，对于老师上课太过依赖于PPT的情况，自己会感到很反感，加上课程本身理论性很强，纯文字罗列知识点自己很难接受，进而影响整门课的学习效果（访谈B原始语句，2021年）。

5.3 师生供需互馈不足，"学情盲区＋课堂失语"不利轻重调节

国空总规原理课程通常是以教师为核心的单向输出为主，致力于知识全覆盖。通常，教学过程缺少独学、讨论和对话、实践等诸多环节，老师对学生课程知识点的掌握情况难以及时获取。由此，缺少师生互动的教学范式不利于知识点吸收水平的实时监控和讲授方式的及时调整。

5.4 原理·设计·实务分置，"失时应用＋无从实操"诱致考后遗忘

传统的城乡规划课程当中，理论课的核心培养内容是知识点的背景与理论，而设计课的核心培养内容是从思维到技能的转变。然而，由于理论知识往往较为枯燥，学生不愿意花更多的精力把基础知识打好，而是在设计课开课后需要用到的知识点和规范才再回头去查（访谈者 C，2017 级；访谈者 X，2016 级；访谈者 K，2017 级）。由此，理论学习和实践应用错位成为束缚知识点吸收水平提升的一大枷锁。

我们原理课在大三上学期，然而设计课大三下学期才开始，这时候之前学习的内容很多都遗忘了，再捡起原理课程的知识点需要花费大量的时间和精力，这对我们来说还是比较困难的（访谈 X 原始语句，2021 年）。

5.5 教学场地规格老旧，"台上台下＋前排后排"难促兴趣讨论

"摊大饼"式的座位排布、"排排坐"式的大班教学是当前国空总规原理课程教学的典型场景。教学形式单调、缺少现代化教学设备、深受环境因素限制、"填鸭式"教学为主是其典型特质。显然传统落后的教学环境不利于"师生互动、生生互动"的学习氛围营造，抑制了学生创新思维的形成（访谈者 D，2016 级；访谈者 K，2017 级）。

原理课上课的时候，老师全程都在讲解知识点，课上我们都很少相互讨论交流，一方面怕影响老师和身边同学上课，另一方面我们讨论的积极性不高（访谈 D 原始语句，2021 年）。

5.6 适配教材教辅滞后，"手边缺料＋权威模糊"抑制预习复习

国空总规相较于城市总规，研究对象空间更加广阔，研究领域更加多维。当前教材相较于社会发展明显滞后，面对一系列改革，教师往往选择自备教案或者案例教学的模式，将新理论、新方法及时跟进和补充，但是这种方式难以实现教学内容全覆盖，缺乏整体引领，而且与现有教材的体系架构存在矛盾。

6 知识点促吸收目标下的国空总规原理的课程改革思路与教学实践

6.1 重构本科阶段国空总规原理授课的知识点体系

建立层次分明的国土空间规划的知识基础及其结构，在传统城市总规原理的基础上，着重融入了国土空间规划本体、国土空间规划对象及国土空间的构成要素等相关内容，并按照国土空间规划编制基础、国土空间总体规划的编制两个维度来细分国空总规原理知识要点，包括用地用海分类、国土安全分区、城乡生活圈、双评价和双评估、统筹划定重要控制线等。

6.2 以"事件引入"优化教案与教学过程

试点通过"事件语境"引入原理知识要点的教学实践。首先，由项目负责人明晰和凝练出当堂课程的原理知识要点；其次，将知识要点"藏于"典型工作事件中，"事件"包括具体现象、实践案例、政策要求等；再者，基于师生的"命题—解题"关系，由学生分组地收集若干"类似的工作事件"。最后，回收所有学生分组收集事件，汇总后编辑（图 6）。

6.3 研发基于"群投票"的课堂知识点吸收水平实时反馈系统

首先开展面向前述预备选择题的电子投票环节。其次，实时统计、展示所有学生选择结果，但不公布正确答案。再者，重新独立思辨，直到学生选择在概率上归于一类。之后，详细解说题目（图 7、图 8）。

6.4 结合大学生创新创业训练项目促进原理知识课外转化

秉承"志愿优先、择优选取"的原则，由项目负责人带领部分课程学生尝试申请或参与大学生创新创业训练课题。一方面，要不断挖掘原理知识向大创训练项目转化的路径，促进原理教学成果不断外溢；另一方面，

图6 基于知识点提炼的典型工作事件收集示例

图7 国土空间总规原理知识吸收水平课堂问卷

23.以下关于中心城区的说法正确的是：[多选题]
A.中心城区一般包括城市建成区及规划扩展区域
B.中心城区包括外围独立发展、零星散布的县城及镇的建成区
C.中心城区应在城镇开发边界内
D.中心城区是市级总规关注的重点地区

5.下列选项中关于国土空间规划分区类型的划分原则说法不正确的是[单选题]
A.规划分区应落实上位国土空间规划要求
B.规划分区划定应科学、简明、可操作
C.当出现多种使用功能时，应同等重视各功能，进行综合定位
D.在规划分区建议的基础上，叠加历史文化保护、灾害风险防控等管控区域，形成复合控制区

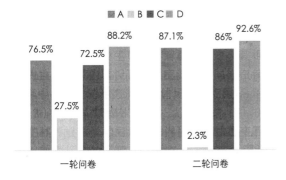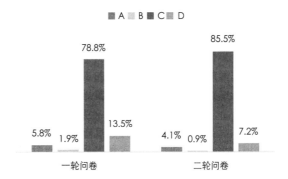

图8 国土空间总规原理知识吸收水平课堂两轮问卷结果示意

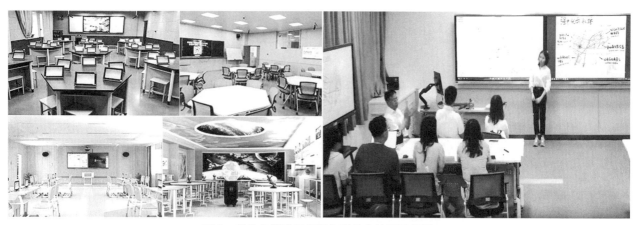

图9　借助仪器设备创设智慧教室的互动场景

要不断夯实原理知识向大创训练项目转化的成效，激发学生对原理知识学习的热情和主动性。

6.5　利用智慧教室的仪器设备，创造"桌边"分组交流机会

遵循"开放共享、启发引导"的教学理念，强化原理课程教学的硬件设施配置。一是要营造开放式讨论的教学环境，打破以往"行列式"的座椅摆放格局，打造以小组合作为主要形式、探讨协作为主要目的新型教学环境；二是要推进教学模式由"教师主体"向"学生中心"转变（图9）。

6.6　依托"国土空间规划原理与设计"教学团队力量，编撰课程教材

组织多个学科背景教师协作编制教材，加快将国土空间规划"知识点"引入目前现有总规体系。首先，充分利用学科教学研讨会锚定学科教学重点方向、调整课程结构、优化课程内容；其次，依据教学方向指引国空总规原理授课的知识点体系建构；最后，教材编写要关注使用主体，尤其要准确把握学生的学习动向和关键需求（图10）。

7　结论

本文研究了国空总规原理知识要点的学情特征，剖析了国空总规原理知识点吸收水平的影响因素，并就知识点促吸收目标下的国空总规原理的课程改革思路与教学实践提出建议。主要得出以下结论：

（1）知识点遗忘快、难以建构知识体系、缺乏课前准备意愿等是学生在原理课程学习中面临的主要问题。

（2）扁平化的知识架构和课堂讲授、抽象枯燥的知识特性、缺少互动场景的教学范式、理论学习和实践应用错位、规格老旧的教学场地、滞后的教材教辅更新适配等均会影响国空总规原理课堂知识要点的吸收水平。

（3）促进国土空间总规原理知识点吸收水平提升，以下几点建议课程改革可供参考：一是重构本科阶段国空总规原理授课的知识点体系；二是以"事件引入"优化教案与教学过程；三是研发基于"群投票"的课堂知识点吸收水平实时反馈系统；四是结合大学生创新创业训练项目促进原理知识课外转化；五是利用智慧教室的仪器设备，创造"桌边"分组交流机会；六是依托"国土空间规划原理与设计"学科团队力量（表1），编撰课程教材。

华中科技大学建规学院"国土空间规划原理与设计"
教学团队人员构成　　　　表1

责任教授	陈锦富
团队秘书	单卓然
团队成员	黄亚平、赵守谅、朱霞、任绍斌、王智勇、彭翀、刘合林、刘法堂、罗吉、赵丽元、袁满、鲁仕维

课程思政‖建规学院城市规划系"国土空间规划原理与设计"教学团队秋季教研活动

原前 华中大建规学院 华中科技大学建筑与城市规划学院 2021-11-05 15:52 发表于湖北

课程思政‖课程思政谋示范、数字教学开新篇 —— 我院"国土空间规划原理与设计"教学团队开展春季教研活动

华中大建规学院 华中科技大学建筑与城市规划学院 2022-03-31 22:56 发表于湖北

2022年3月24日，我院"国土空间规划原理与设计"教学团队在南四楼223会议室召开本学期首次教研活动。会议由教学团队负责人陈锦富教授主持，单卓然、赵守谅、朱霞、任绍斌、王智勇、彭翀、刘合林、刘法堂、赵丽元、袁满等老师参加了本次教研活动。

团队老师们首先对本教学团队黄亚平教授入选教育部第一届重点领域教学资源及新型教材建设项目——国土空间规划领域专家工作组成员表示热烈祝贺！该工作组成员共11人，分别来自同济大学、北京大学、中国人民大学、清华大学、南京大学、东南大学、浙江大学、华中科技大学、华南理工大学、中国城市规划学会、中国土地勘测规划院。

本次教研活动聚焦三个议题：一是以2022年规划教育年会有关工作安排为契机，探讨教学团队在思政建设、基础教学、理论教学、实践教学方面上的方法和模式创新，特别是凝练网络教学和虚拟实验教学方法创新案例。其中，彭翀、赵守谅老师就思政教育融入课堂的体系建构、新方法及其在国土空间规划课程群中的应用做了分析；赵丽元、刘合林老师对基础教学环节的课程改革难点做了剖析；任绍斌、单卓然老师介绍了以知识点重构为主要抓手的国土空间总体规划原理课程的适应性改革新思路；王智勇、刘法堂、朱霞老师结合近两年国土空间总体规划设计课程的教学成效和师生反馈，提出下一步教学改革的建议；袁满老师结合疫情期间积累的网课教学与实践经验，针对现状踏勘、调查研究、规划方案指导和规划方案交流等环节中的相关问题，探讨发挥自然资源部地市仿真重点实验室数据技术集成优势的路径。二是以市县国土空间总体规划的双评价双评估、空间战略、空间格局、三条控制线、规划分区、公共服务和生活体系、生态修复与国土整治、中心城区规划等为主要内容，研讨国土空间规划专业水平能力测试的重点内容。三是研究课划线上课程建设，任绍斌老师提出以"知识点"为主题的短视频录制思路，认为应突出"开放式、模块化"的线上课程体系建构特色，积极拓展各类网络平台在传统教学课堂上的应用，以增强互动性、提升趣味性、搭建云课堂为目标，进一步创新教学方法。

图10 国土空间规划教学团队多次开展教学研讨活动

参考文献

[1] 顿明明，王雨村，郑皓，等．存量时代背景下城市设计课程教学模式探索 [J]．高等建筑教育，2017，26（1）：132-138.

[2] 李建伟，刘科伟．城市规划专业基础课程体系的建构 [J]．高等理科教育，2012（6）：145-149.

[3] 史北祥，沈丽珍，张益峰．精准定位下目标导向性的住区规划教学研究 [J]．规划师，2017，33（12）：150-153.

[4] 雷诚，毛媛媛．强化工具理性的城乡规划思维训练体系探索与实践 [J]．规划师，2017，33（8）：138-143.

[5] 周俭．城市规划专业的发展方向与教育改革 [J]．城市规划汇刊，1997（4）：34-35，66.

[6] 王建国，杨俊宴，陈薇．专题性总体城市设计编制探索——以南京为例 [J]．城市规划，2021，45（8）：51-66.

[7] 赵民．改革开放40年之城市规划学科发展回溯与展望 [J]．上海城市规划，2018（6）：8-9.

[8] 朱查松，王嫣然．国土空间规划背景下总体规划教学改革探索 [J]．城市建筑，2021，18（16）：97-100．DOI：10.19892/j.cnki.csjz.2021.16.22.

[9] 黄贤金．构建新时代国土空间规划学科体系 [J]．中国土地科学，2020，34（12）：105-110.

[10] 周庆华，杨晓丹．面向国土空间规划的城乡规划教育思考 [J]．规划师，2020，36（7）：27-32.

[11] 卢峰，黄海静，龙灏．开放式教学——建筑学教育模式与方法的转变 [J]．新建筑，2017（3）：44-49.

[12] 张军，张舒．从"理论"到"感受"——外国建筑史课程教学方法研究 [J]．教学研究，2016，39（1）：71-76.

[13] 石楠，唐子来，吕斌，等．规划教育——从学位教育到职业发展 [J]．城市规划，2015，39（1）：89-94.

[14] 时慧娜．浅谈高校村镇规划课程教学的主要问题及优化方案 [J]．大学教育，2013（18）：58-59.

[15] 仇方道．《区域分析与规划》课程教学改革探讨——以资源环境与城乡规划管理专业为例 [J]．安徽农业科学，2011，39（4）：2507-2509.

"Event Introduction·Action Export+Independent Thinking·Clustering Feedback" : Teaching Research and Practice to Improve Students' Level of Absorbing Key Knowledge Points of the General Principles of Land and Space Planning — Taking the Course of "Principles of Land and Space Overall Planning" at Huazhong University of Science and Technology as an Example

Shan Zhuoran   Zhu Junqing   Yuan Man

Abstract: The principle of land space master planning is the core course at the undergraduate level, and how to achieve the teaching innovation of the general principle of land space and the absorption level of knowledge points through teaching reform is the focus of the current principle teaching innovation. Taking the course "Principles of Overall Land and Spatial Planning" opened by Huazhong University of Science and Technology since the spring semester of 2019 as an example, this paper uses methods such as grounded theory, questionnaire survey and semi–structured interviews to study the academic characteristics of the key points of knowledge of the principle of the general regulation of the national air market, analyze the influencing factors of the knowledge point absorption level of the principle of the general principle of the national air and air, and make suggestions on the curriculum reform ideas and teaching practice of the principle of the general plan of the national air under the goal of promoting the absorption of the knowledge points.

Keywords: Principles of Land and Space Overall Planning，Knowledge Point Absorption Level，Learning Situation，Influencing Factors，Pedagogical Reform

防灾韧性城市规划的理论与实践
—— 同济大学"韧性城市与综合防灾规划"课程建设初探*

赫 磊

摘 要: "韧性城市与综合防灾规划"是同济大学城市规划专业研究生培养的选修课,也是"城市工程系统与综合防灾"本科生必修课程的高级进阶课。随着"韧性城市"概念在理论研究和规划实践中越来越受欢迎,本课程自开设以来获得学生高度关注。论文围绕该课程的建设展开介绍,阐释课程建设的目标、主要内容和学习成效,以期与同行交流经验,更加建设好该门课程,回应国家、社会、学科对"韧性城市"的迫切需求,培养防灾韧性城市的研究者和实践者。

关键词: 韧性城市;综合防灾规划;规划理论与实践

1 背景介绍

近年来受气候变化影响,城市面临的不确定性因素增加、风险挑战愈加复杂。"城市韧性"概念的出现,为应对不确定性问题,理解城市复杂系统的发展演变,尤其是城市规划领域的防灾减灾问题提供了全新的视角,城市综合防灾规划在经历了传统型防灾规划、传统型综合防灾规划、新型综合防灾规划之后,自然地走向了韧性发展的高级阶段——演进韧性[1]。作者所在的同济大学建筑与城市规划学院在国内最早成立城乡综合防灾规划研究方向,经过两代人近二十年的教学、科研、实践,积累了丰富的素材;并于2015年率先开设研究生课程"韧性城市与城市综合防灾",围绕"韧性城市"的概念内涵,在城市综合防灾规划方向上开展思辨和系统研究。本文是在此基础上,聚焦于城乡规划领域中的城市安全与防灾减灾专业方向,构建防灾韧性城市理论,并系统建设"韧性城市与综合防灾规划"课程,介绍课程的主要目的、主要内容及学生的学习成效。期望带来全国同行的讨论,推进研究生"韧性城市"相关课程的建设。

2 课程目标

研究生阶段的专业课学习寓教于研,在补充基础知识短板的同时,教授研究生如何做科研。本课程以研究的视角切入,言传身教,讲授防灾韧性城市理论与实践的研究过程,并请学生针对研究问题和研究设计开展讨论;教授研究生如何发现身边的问题,做有意义的、操作性强的科研;教授研究生韧性城市的思维模式,围绕各自的研究领域开展试验性研究。

3 课程体系

本课程的体系架构如图1所示。分为城市综合防灾规划和防灾韧性城市规划两个部分。

3.1 第一次课:城市综合防灾规划基本理论与实践

分析我国城市的防灾形势,气候变化导致的极端气象灾害频发,事故灾害、公共卫生事件等突发灾害的不确定性,使得我国城市面临前所未有的挑战。由于现代城市高强度高密度网络化区域性发展的特征,未来不确定灾害作用下存在空间放大效应、人口放大效应、损

* 课题资助:教育部产学合作协同育人项目,202102479003,智慧城市系列课程项目案例库建设——智慧韧性城市规划理论与实践,2021.09-2023.09。

赫 磊:同济大学建筑与城市规划学院副教授

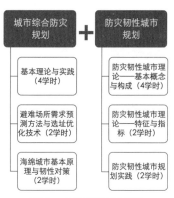

图1 本课程体系架构

失效放大效应和网络放大效应，灾害或事故发生后极易产生失效级联，加剧灾害破坏，且修复难度大、恢复周期长。因此，城市综合防火规划作为城市总体建设行动的龙头，在防灾减灾中应该发挥重要的作用。从灾害认识、防灾理念和对策措施三个方面回顾我国城市综合防灾规划逻辑与发展历程，依次经历了工程性防灾、工程性和非工程性防灾理念并重、不确定性防灾理念三个阶段，城市综合防灾规划从确定性防灾走向了不确定性防灾，从关注致灾因子风险评估与预测走向了承载体的暴露性和脆弱性，即我国综合防灾在当前形势下必然走向韧性城市，这也就是城市综合防灾规划与韧性城市规划的逻辑联系。当前我国综合防灾规划中尚未将韧性城市的理念融入，尚未获得全新的认识，因此，非常期待我们课程将带领学生开展前沿领域的共同探索。

3.2 第二次课：防灾韧性城市理论——基本概念与构成

为了界定城乡规划领域城市防灾规划专业方向中韧性城市的概念和内涵，系统总结归纳防灾韧性（Disaster Resilience）的相关概念，通过将学术文献、政策文件、标准规范中防灾韧性的定义和系统构成进行归纳比较和概念演绎，理清防灾韧性城市概念的发展脉络，推演出逻辑自洽的防灾韧性城市（Disaster Resilience City）理论框架——基本概念与系统构成。基本概念从扰动对象、系统构成、扰动作用于城市的韧性响应及目标导向四个方面来定义；其中，系统构成从空间层次可分为城市区域、中心城区和城市社区，并分形于"节点—边"构成

的物质环境系统和社会关系系统组构的高阶复杂网络结构中。教授研究的推倒过程，有利于学生学习研究方法并深刻理解防灾韧性城市的内涵。

3.3 第三次课：防灾韧性城市理论——特征与指标

防灾韧性城市的特征非常复杂，在众多的描述中，不同的词多达40多个，如何准确描述防灾韧性城市的特征，使得能够表达全部含义，且相互之间不重复。从研究者视角，带领选课学生探索如何实现如上目标，从40个词中选出4个有代表性的、可以包含80%的含义。在选出的4个词中，基于防灾韧性城市多系统构成网络结构，推导防灾韧性城市的指标，从而获得规划编制指标、韧性评估指标的基本构成，实现从规划理论到规划实践的跨越。

3.4 第四次课：避难场所需求预测方法与选址优化技术

避难场所规划是综合防灾规划中空间利用的重要内容。本课程在避难场所规划设计基本知识基础上，引导学生认识当前避难场所规划设计中存在的问题，如何识别问题，并深入挖掘造成问题的原因，结合当前大城市的特点和灾害特征，重新构建避难场所需求预测方法和选址优化模型——TCBID需求理论与方法和双层选址优化模型[2]。主要教授研究生如何从身边现象中发现问题，并进而发现既有研究中存在的问题，提出创新性研究问题和颠覆性研究方案的能力。

3.5 第五次课：海绵城市基本原理与韧性对策

海绵城市是城市应对内涝的重要举措。从"降雨产汇流"的角度分析海绵城市的基本原理，将防灾韧性城市的思想应用到海绵城市的规划中，重塑海绵城市的防灾对策。这是韧性思维在海绵城市规划中的具体应用，希望引导学生将韧性思维应用到各自的研究主题中。

3.6 第六次课：防灾韧性城市规划实践

目前我国对城市韧性的理论研究与应用探索尚不成熟，存在理论和方法上的困境，不足以指导规划实践，究其主要原因是对城市复杂系统的内在"隐秩序"的作用机理与规律认识不清，韧性目标与城市要素控制指标

之间映射关系不明。因此，韧性理念引导的城市综合防灾规划需要引入复杂科学，用复杂网络的理论与研究方法发掘城市复杂系统的内在关联结构及其对网络的影响，才能使城市综合防灾规划更加具有可实施性和针对性，将韧性理念嵌入城市系统的各个组分，路径清晰、措施明确地构建安全韧性城市[1]。本节课引出复杂网络理论和系统论的思想将是未来指导防灾韧性城市规划实践的关键，指出未来该领域的研究重点是城市建成环境和社会关系构成的多层高阶复杂网络的协同作用。

以上课程主要内容还在不断发展中，随着我们对防灾韧性城市理论和实践的不断深入，新的认知和技术将不断涌现，也将陆续增补进入我们的课程体系中。

4 建设成效

本课程的考察方式为课程论文。要求学生关心身边事，围绕课题组的研究方向，应用韧性思维开展既有意义又有趣的研究。以下以近期本课程的选课同学的研究设计为例说明本课程的建设成效。(《COVID-19 疫情期间社区韧性的影响因素分析——以上海市杨浦区为例》)，关注上海在新冠病毒影响下，居住社区韧性的影响因素识别与相互关系研究。关注身边事，且该研究对社区韧性的构建具有非常大的意义，研究目的明确。研究框架如下图 2 所示。从既有文献中发掘影响社区韧性的因素，从新冠病毒防疫研究中发掘影响社区确诊人员的因素，从而构建基本研究假设：空间脆弱性、人口脆弱性、经济资本和社会资本是影响社区防疫韧性的四个变量，其表征指标分别为建筑密度、建筑年代、房价、物业费、绿地率人口密度等。在研究设计完成后，针对自变量和因变量分别收集案例地区数据，杨浦区确诊病人频次的居住小区布局图。最后应用量化工具分析自变量和因变量之间的相互关系，证明或证伪研究设计的假设。其中引入韧性社区的概念，用抵抗力、可恢复力来测度感染小区的韧度。整个研究关注身边社区的防疫韧性，有意义且操作性强，自觉应用韧性城市的思维模式，开展试验性研究，基本达到了本课程的培养目标。

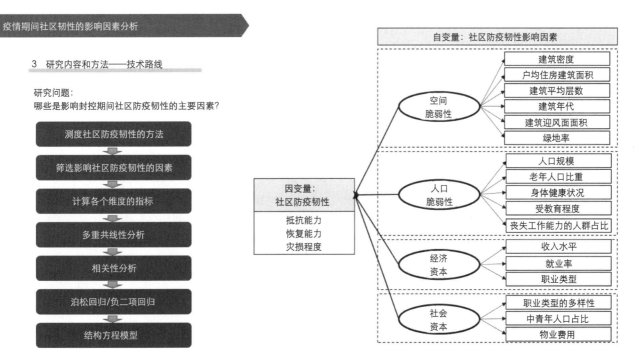

图2 课程作业研究框架
资料来源：胡沾沾课程作业.

5 结论

"韧性城市与综合防灾规划"是国内较早开设的防灾韧性城市规划研究生课程。经过近七年的持续建设，尤其是同济大学城市规划系各位同仁的共同努力，基本搭建了完整的课程体系，且随着研究和实践的深入，可逐步扩展课程包，添加知识单元。本课程定位于基础知识补充和韧性研究的示范，主要培养研究生的韧性思维和自主科研能力。经过沉浸式讲授、参与式互动讨论，极大地激发了学生科研的热情和韧性城市研究的兴趣，获得了选课研究生的充分认可和肯定。文章从课程的设置体系、目标和建设成效三个方面进行第一阶段课程建设的总结，与各位同仁交流教学科研心得，其中也不乏失败的教训。期待在"韧性城市"的大潮中做一个弄潮儿，为专业人才的培养、韧性城市的发展做出我们的贡献。

参考文献

［1］赫磊，解子昂.走向韧性：城市综合防灾规划研究综述与展望[J]，城乡规划，2021（3）：43-54.

［2］He L, Xie Z. Optimization of Urban Shelter Locations Using Bi-Level Multi-Objective Location-Allocation Model[J]. International Journal of Environmental Research and Public Health, 2022, 19（7）: 4401.

Theory and Practice of Disaster Prevention and Resilience Urban Planning — A Preliminary Study on the Course Construction of "Resilient City and Comprehensive Disaster Prevention Planning" in Tongji University

He Lei

Abstract: "Resilient City and Comprehensive Disaster Prevention Planning" is an elective course for graduate students majoring in urban planning at Tongji University, and it is also an advanced course for undergraduates of "Urban Engineering System and Comprehensive Disaster Prevention". As the concept of "Resilient Cities" has become more and more popular in theoretical research and planning practice, this course has received high attention from students since its creation. The thesis focuses on the construction of the course, explaining the goals, main contents and learning effects of the course construction, in order to exchange experience with peers, to build the course better, to respond to the urgent needs of the country, society and disciplines for "resilient cities", and to cultivate researchers and practitioners of resilient cities.

Keywords: Resilient Cities，Comprehensive Disaster Prevention Planning，Planning Theory and Practice

疫情模式下"规划设计初步"课程"双线双轨"混合式教学动态创新
—— 基于华中科技大学翻转课堂与 SPOC 教学践行

袁巧生 贺 慧 林 颖

摘 要: 自 2020 年初以来,在全球疫情的冲击下,华中科技大学"规划设计初步"课程采取"线上"+"线下"的混合式教学模式,从初期的紧急应对逐步发展成为常态优化与动态创新。本文首先回顾了近三年来该课程的混合式教学实践,通过对不同情景下课程教学模式践行和教后反思,课程组教师试图厘清"规划设计初步"课程传统"线下"教学的模式与特征,进一步提出适宜于课程特征的"双线双轨"混合式创新教学模式,在翻转课堂、SPOC 等教学模式的支撑下,提出"规划设计初步"混合式教学的资源整合与教学方法的优化,试图为"平疫"结合背景下的高校设计课程教学提供借鉴与参考。

关键词: 双线双轨;翻转课堂;SPOC 模式;规划设计初步;示范

1 引言

随着 2019 年 12 月新型冠状病毒肺炎病例在全球陆续出现,2020 年 3 月春季学期来临,武汉市也面临前所未见的严峻形势,华中科技大学决定所有课程"线上"教学,笔者所在建筑与城市规划学院一年级"规划设计初步"教学组率先进行了腾讯云课堂、ZOOM 互动课堂、MOOC 录制课堂等多种远程教学模式的初步尝试。

2020 年 4 月 8 日,师生陆续返校,传统的"线下"课堂教学模式代替"线上"教学模式重新启动,但在此前"线上"教学所体现出的部分优势,对"规划设计初步"的传统教学模式进行了"意外"地补益,引发了教学组开始思考如何进行两者混合的教学模式动态创新。

2021~2022 年,华中科技大学为保障教学工作的有序开展,"线上"+"线下"的混合式教学模式也从初期的紧急应对逐步成为当下的常态优化,笔者所在教学组进行了多次混合式教学的创新思考、教学实践和教后反思,笔者试图厘清"规划设计初步"传统"线下"教学模式的特征、"线上"教学的动态适配诉求,在双线双

轨、翻转课堂、SPOC 模式的教学理论支撑下,提出后疫情时代下该课程混合式教学的动态创新模式,并归纳了该课程教学资源与教学方法的整合和优化方案,以实现"平疫"结合背景下教学的适配应对。

2 疫情时代规划设计初步课程的混合式教学实践历程

2.1 不同的疫情状态为混合式教学实践带来考验

2020 年 1~3 月,华中科技大学"规划设计初步"教学采用完全"线上"教学的模式。教学组教师分别身处武汉、上海、贵州与湖南四地居家办公,学生更是分散在全国各地居家学习,通过互联网实现教与学。但期间面临各种困难和挑战:教师缺乏电脑等教学工具、学生缺乏学习资料与绘图工具,加上农村网络信号差、极端天气导致停电,等,对于不断出现的挑战,"规划设计初步"教学组进行了多次"线上"教学前期研讨会,及时调整部分教学模式,临时增减部分教学内容,首次

袁巧生:华中科技大学建筑与城市规划学院讲师
贺 慧:华中科技大学建筑与城市规划学院教授
林 颖:华中科技大学建筑与城市规划学院副教授

进行了"线下资料＋线上教学"的初步混合式教学模式实践。

2021年8~9月，为开展新学期教学任务，华中科技大学前四周教学采取"线上"模式。根据2020年疫情期间教学经验，"规划设计初步"教学组在其前置课程"设计初步"教学中，充分汲取经验，进行了"前四周线上＋后十周线下"的分段混合式教学模式实践。

2022年2~4月，华中科技大学采取封闭式管理，校内线下教学活动照常进行，被封闭在校外的师生通过线上平台与线下教学同步进行，"规划设计初步"课程教学，在前述基础上及时开启线上线下教学，顺利完成了"线下＋线上"的同步混合式教学模式实践。

2.2 华中科技大学"规划设计初步"课程教学概述与典型特征

自2015年以来，华中科技大学"规划设计初步"教学采用课题讲座与设计作业训练、理论讲授与实践调研相结合的教学模式，结合国内高校同类专业教学情况及高年级规划设计教学反馈的问题，紧紧围绕"构型逻辑与设计思维养成"的教学主题，对城乡规划一年级下学期"规划设计初步"教学做了如下安排（图1）：

环节一：二维空间构型设计。此环节包括"平面构成设计——300m×300m地块平面构成设计"与"多要素形

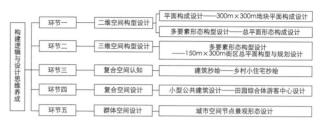

图1 华中科技大学"规划设计初步"课程教学环节安排
资料来源：笔者自绘.

态构型设计——总平面形态构成设计"两部分，教学内容主要为平面构成设计的基本原理、总平面形态构成的基本方法、空间节点与视线通廊设计等基本知识（图2）。

环节二：三维空间构型设计。多要素形态构型设计——街区总平面构型与规划设计，教学内容在环节一的基础上选定150m×300m街区进行总平面构成及三维空间形态构型设计（图3）。

环节三：复合空间认知。建筑抄绘——乡村小住宅抄绘，教学内容为工程识图与制图的原理、模型制作的方法、建筑与周边环境的关系、建筑空间形态的内在构成逻辑等（图4）。

环节四：复合空间设计。小型公共建筑设计——田园综合体游客中心设计，教学内容主要为小型公共建筑设计基本原理及设计应用与模型制作（图5）。

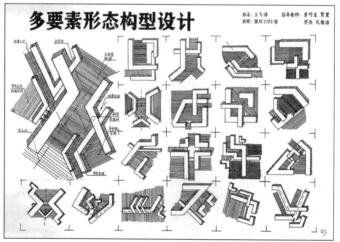

图2 环节一：二维空间构型设计范例（左为平面构成设计，右为多要素形态构型设计）
资料来源：学生作业.

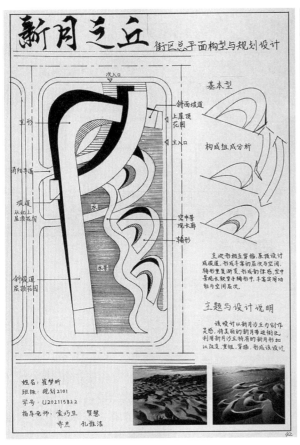

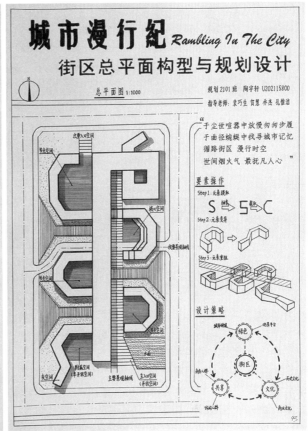

图3　环节二：三维空间构型设计范例

资料来源：学生作业.

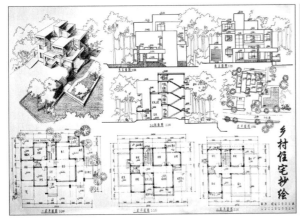

图4　环节三：复合空间认知范例

资料来源：学生作业.

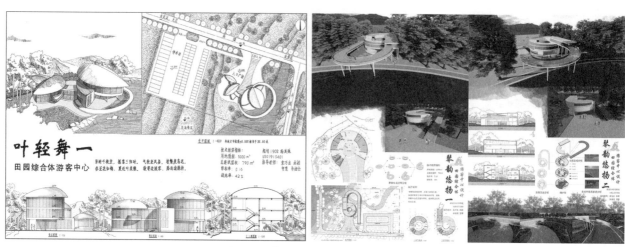

图5 环节四：复合空间设计范例

资料来源：学生作业．

环节五：群体空间设计。城市空间节点景观形态设计，教学内容为城市有特色的空间节点的建筑平面组合方法及外观空间形态的构型逻辑。主要讲授城市外观形态设计的基本方法、空间景观节点的生成、景观视线通廊的运用及模型制作等内容（图6）。

除此之外，在调研课堂和实习周环节，分别安排了对武汉市中心城区特色建筑群和武汉市周边特色小镇或美丽乡村的调研。

课程教学每个环节基本按理论讲座、课堂示范、设计辅导、答辩评图的顺序展开。在培养学生专业兴趣的同时，既注重提升学生的设计能力，又强调设计图面的规范表达和美学素质培养，因此需要通过对学生方案的反复课堂指导、案例讲解、设计表达示范、一对一设计训练指导等方式实现教学目的。在传统"线下"教学模式中，一对一、面对面的示范和指导显得尤为重要，尤其是"示范"，已经成为华中科技大学"规划设计初步"课堂最靓丽的风景线。

3 双线双轨——"规划设计初步"课程混合式教学模式动态创新

笔者所在"规划设计初步"课程教学组积极进行混合式教学模式的教学实践、创新思考和课后反思，提出"双线双轨"的混合式教学模式，即采用"线下+线上"全覆盖的双线课程教学与"大作业+小训练"并行的双轨课下训练。

3.1 "线下+线上"全覆盖的双线课程教学模式

双线课程教学模式是以线上课程为基础，在多次"恢复线下教学与重启线上教学"的情况下，按照系统推进、查缺补漏、同步备份等方式逐步形成的常态化、混合式动态创新教学模式。

为了让上述教学环节和教学模式能够快速地实现线下向线上模式的转换，自2020年"云教学"模式开展以来，教学组逐步实现了上述五个教学环节的理论讲座视频录制，同时在华中科技大学超星云教学平台上建立了"规划设计初步"课程门户（图7），将网络碎片化的知识传播向"云教学"系统化的教学模式完善。

从教学资源层面来看，双线教学的最大优势是对翻转课堂的有力支持，从一维向多维转化，拓展学习能力形成的空间。"线下+线上"课程的全覆盖教学和体系化建设，有利于学生有充足的时间思考和理解理论知识，同时依托云教学平台、教学视频和互联网教学资源库，实现更全面的知识获得渠道。

从教学效果上来看，"线上"课堂可以更大程度地发挥学生的积极性与学习热情。通过学生反馈，教学组发现线上教学的学生主动性更强，因为刚刚进入大学的

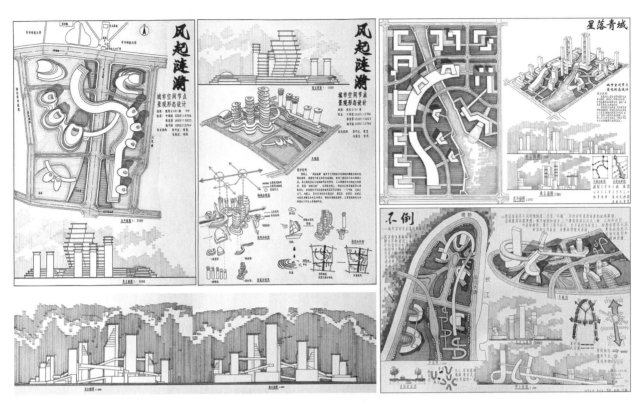

图 6　环节五：群体空间设计范例

资料来源：学生作业.

大一新生仍然存在师生沟通的畏惧感和害羞心理，线上教学提供了一种非面对面的教学情形，有助于学生克服心理障碍，从而实现课堂频繁主动的提问和沟通。

3.2 "大作业+小训练"双轨并行的作业训练体系

　　"规划设计初步"是一门实践性与动手性极强的入门基础课程，教学对象是刚踏进大学校门的初学者。为此，在线下课堂，教师特别注重案例讲解、设计表达示范、对学生方案反复指导及一对一设计训练指导等方式；在疫情时代，为实现"线上+线下"的常态化动态教学，教学组在教学中，优化了课程教学模块，开展了"项目化"任务驱动的进阶式教学，具体可归纳为"大作业+小训练"双轨并行的作业训练体系。

　　例如：在环节一：二维空间构型设计——平面构成设计大作业中，除了300m×300m城市空间形态平面

图 7　华中科技大学超星云教学平台"规划设计初步"课程门户

资料来源：超星平台.

构成设计外，扩展了多要素形态构型设计——总平面形态构成设计训练：用最简单的几何基本型，通过重复、渐变、近似、发散、集聚、特异、群化、打散重构等构成手法，组合、构成设计19个近似或相似的总平面图，该训练采用徒手绘制与草模推敲的方式，实现二维到三

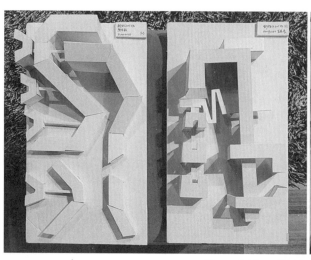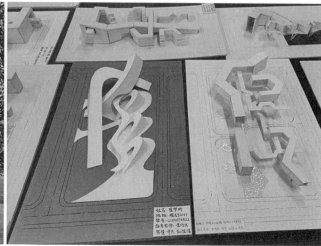

图8 总平面形态构成设计训练的模型范例

资料来源：学生作业．

维认知的培养（图8）。

从教学效果上看，小训练的加入，能够在虚拟状态下将训练指导任务精细化、具体化，从而帮助初学者更清晰地认识设计目标和参照设计的重要性，在此基础上，可以实现SPOC教学模式，以弥补"规划设计初步"课程线上教学无法响应"一对一、面对面"特征的不足。

4 翻转课堂——"规划设计初步"课程混合式教学的资源整合

双线课程教学模式的实践，为更好地实现翻转课堂教学提供了模块支撑。通过教师提前录制视频供学生在课前观看学习、教师及时为学生提供网络学习资源供学生课后反复研习，既有效地提高教学效率，又快速地达到了教学目的。其中，教学资源的整合，是做好双线教学、实现课堂翻转的重点。

4.1 基于多类型互联网资源的预习式共享教学

翻转课堂的网络资源类型多样，结合"规划设计初步"课程特征，教学组从以下几方面整合学生预习的教学资源：

一是课堂理论教学实现腾讯课堂的常态化共享，从而为学生提供自行录制视频、更新视频的机会；二是配置预习资料包，包括往届学生优秀作业、教师线下课堂

黑板板书示范照片、视频与示范图纸（图9）；三是互联网网络教学资源清单，包括学堂在线、中国大学慕课MOOC等国家精品课程在线学习平台的相关资源，谷德设计、国匠城等设计类学习网站相关资源，以及知乎、B站、腾讯课堂等开放式网站上的相关教学资源等。

4.2 设置"大咖进初步"课堂环节，增加翻转课堂教学资源特色

为凸显课程特色，培养学生兴趣，让学生深入了解规划专业，教学组开设了"大咖进初步"的课堂教学环节。在线下课堂邀请本市资深教授、设计师进行学术讲座（图10）；在线上课堂邀请国内著名学者和设计师进行相关教学讲座（图11），并为学生提供讲座回放链接，让学生在课堂之外也能感受到学校浓厚的学术氛围，更是让因防控政策而相互隔离的国内行业名师，能够在"云课堂"为学生亲自授课，从而增加了翻转课堂的新意与特色。

5 SPOC模式——"规划设计初步"课程混合式训练教学的方法优化

5.1 适宜于示范训练教学特征的SPOC教学模式

"教师示范"一直是华中科技大学"规划设计初步"教学中最常用的教学手段之一。示范主要包括教师课堂

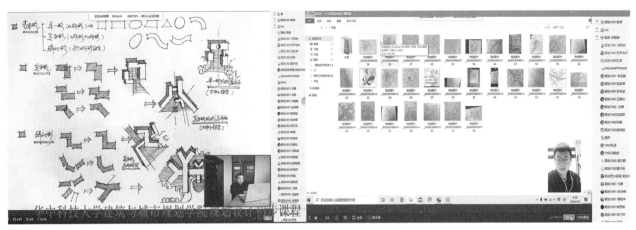

图9 线上教学配置预习资料包
资料来源：笔者整理．

学科动态 || 我院城市规划系"大咖进初步"系列讲座（二）城市空间细胞——肌理单元

华中科技大学建筑与城市规划学院 2022-04-03 21:39 发表于湖北

图10 "大咖进初步"线下课堂讲座
资料来源：笔者整理．

即兴示范与课后示范两种。示范是教与学相结合最直观、最有效的方法之一,其目的主要是为了让刚入门的一年级学生有直观的感受,因为刚入门的学生对审美、艺术、设计及设计表达等没有直观的概念和认知,对自己的构思将要如何表达出来缺乏方法,感到无从下手甚至无所适从,因此,教师必须先动手示范,这样学生可以试探性地临摹老师的示范作品,做一些必要的模仿训练,从而掌握设计表达的基本方法和技巧,并慢慢提高自己的审美意识、表达技能以及对专业的兴趣与爱好。

示范主要包括课堂即兴示范与课后示范两种。课堂即兴示范主要包括课堂黑板板书示范与图纸示范。黑板示范指中教师根据课堂教学内容在黑板上即兴演示本课题的成果形式,如建筑配景、构成设计、空间形态设计、城市空间景观节点形态设计、小型公共建筑设计等内容,同时向学生讲授其生成逻辑、原理、方法与过程(图12)。

图纸示范可针对全班学生、部分学生或某个学生,但示范的频率远比黑板示范要高。图纸示范的形式有:铅笔示范、美工笔示范、彩铅示范与马克笔示范等(图13)。

可见,尽管依赖于互联网资源、录制视频的完全线上教学模式具有线上资源丰富、易于使用的优势,但无法进行示范互动是长周期、大型线上教学课堂的劣势,对学生缺乏监督管理和个性化指导,并且学生无法感受、体验完整的学习过程,需要一种小型的训练课堂加以弥补。为此,教学组采用了SPOC模式来优化"规划设计初步"课程"大作业+小训练"的双轨训练教学模式。SPOC(Small Private Online Course)教学模式最早由美国加州大学伯克利分校的阿曼德·福克斯教授提出,即创立一种小规模、限制性的线上训练课堂。

5.2 多视角观摩下小规模示范训练的线上优化

对于"规划设计初步"这种以传统形态训练为主的教学,"线上"教学的交互训练比较差,因为学生看不到教师整个示范教学过程,教师也看不到学生在下学习状况。为此,如前所述,教学组构建了双轨训练体系,由小训练通过分解任务、提供案例的方式将大作业示范任务化解为临摹或简化任务,从而建立起时间维度上的小型远程课堂。

而对于人数维度上限制的小型线上课堂建立,教学组进行了示范的多视角观摩式视频录制,在黑板示范中提供全景视角和近景视角(图14);在图纸示范中,一方面是同黑板示范的全/近景视角设置,另一方面是利用平板等无纸化工具,增加分享屏幕视角(图15),实现更好的SPOC教学效果。最终将上述示范视频作为资料包分期发放给学生,为学生提供第一手学习资料。

在资料包的制作方面,教学组按照"大作业+小训练"的混合式训练进程进行了视频剪辑,灵活采取短视频、线上会议视频动态播停等方式加强示范的互动性,并鼓励学生同样录制练习视频,实现交互性的训练指导。

图11 "大咖进初步"线上课堂讲座
资料来源:笔者整理.

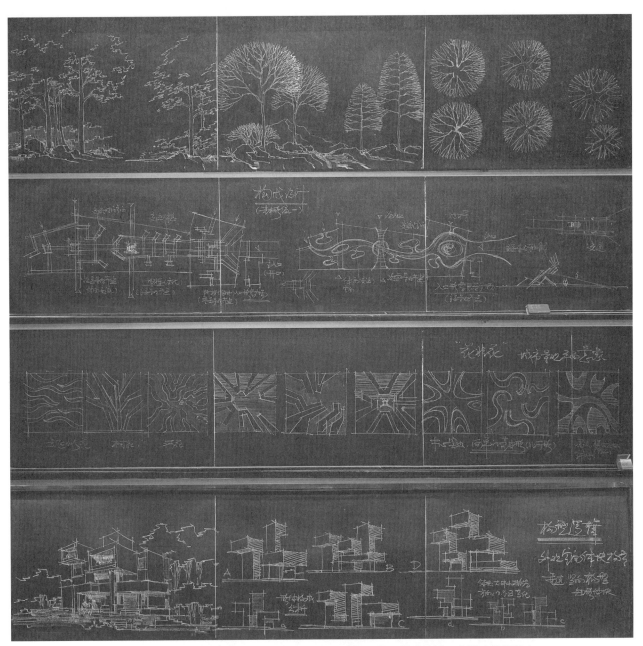

图12 课堂黑板板书示范（自上而下依次为建筑配景、构成设计、小型建筑设计）

资料来源：笔者课堂示范.

图 13　课程图纸示范（左上为铅笔、右上为美工笔、左下为彩铅、右下为马克笔）
资料来源：笔者课程示范.

图 14　全景视角（上）与近景视角（下）的黑板板书示范视角
资料来源：笔者课堂示范.

图15 SPOC 模式下的线上图纸示范教学（上左为作业针对批改示范，上中与上右为基于平板的屏幕分享批改示范，下图为实时视频连线 + 平板屏幕分享批改示范）

资料来源：笔者整理．

6 结语

近三年来，华中科技大学城乡规划专业本科一年级"规划设计初步"课程经历了特殊的教学适配过程，传统设计课具有高频互动、训练导向的特征，特殊时期给线上教学带来的困难在设计课中被放大，但师生们依然能通过不懈努力，跨过时空阻碍，试图尝试课内课外结合以争取更多思维沟通的机会。

疫情模式背景下，增加了课外的师生线上互动环节，加大了网上辅导的频率，由于不便于实体模型制作而增加了 AutoCAD、Sketchup、Photoshop 等常用绘图软件教学（图16），由于不便于现场调研增加了百度地图、街景地图等"云调研"工具教学等。教学中，师生积极配合、快速响应、循序渐进、跬步积累，逐步形成了上述教学模式的动态创新、资源整合和训练方法优化的经验做法，在此行文总结，以期与全国规划教育界同仁共勉。

参考文献

［1］ 杜小利.线上线下混合式教学模式的实践探索——以《创新创业基础》课程为例[J].电子商务，2019（8）：81-82.

［2］ 丁洁瑾.基于"双轨双线"模式的高职课程教学改革探索——以机械设计基础课程为例[J].杨凌职业技术学院学报，2020（2）：76-79.

［3］ 钟晓燕，张靖雯.疫情防控常态化背景下的教学模式新探——基于微信公众平台的翻转课堂研究[J].教师教育学报，2021，8（1）：84-91.

［4］ 何朝阳，欧玉芳，曹祁.美国大学翻转课堂教学模式的启示[J].高等工程教育研究，2014（2）：148-151.

图16 混合式教学的灵活调整与动态创新（左侧两图为 2020 年疫情期间完全线上课程的软件出图作业，右侧两图为 2022 年线下课程期间的手工模型作业成果）

资料来源：学生作业．

［5］ 苏小红，赵玲玲，叶麟，等 . 基于 MOOC+SPOC 的混合式教学的探索与实践 [J]. 中国大学教学，2015（7）：60-65.

［6］ 吴宁，房琛琛，任燕飞 . 大班教学环境下基于 SPOC 的混合教学设计与效果分析 [J]. 中国大学教学，2016（5）：32-37.

［7］ 卞志勇 . 基于云平台的线上线下混合式教学模式探究 [J]. 科技资讯，2018（5）：170-171.

Dynamic Innovation in the "Dual Line and Dual Track" Mixed Teaching of the "Preliminary Planning and Design" Course under the Epidemic Mode
— Based on Flipped Classroom and SPOC Teaching Practice at Huazhong University of Science and Technology

Yuan Qiaosheng   He Hui   Lin Ying

Abstract: Since the beginning of 2020, Wuhan city has experienced several epidemics. The course of "Preliminary Planning and Design" of Huazhong University of Science and Technology adopts a mixed teaching mode of "online" and "offline", which has gradually developed from an initial emergency response to normal optimization and dynamic innovation. This article first reviewed the nearly three years the course of the hybrid teaching practice, the practice teaching mode based on different situations and teaching reflection, after the curriculum group teachers tried to clarify "the preliminary planning design" course patterns and characteristics of traditional teaching of "offline", further put forward suitable for characteristics of "double line" hybrid innovation teaching mode, Supported by flipped classroom, SPOC and other teaching modes, this paper proposes resource integration and teaching method optimization of "preliminary planning and design" hybrid teaching in the post-epidemic era, in an attempt to provide reference for college design course teaching in the context of "peace and war" combination.

Keywords: Dual Line and Dual Track, Flipped Classroom, SPOC Mode, Preliminary Planning and Design, Demonstration

实务导向性的乡村规划实践教学探索[*]

刘　超　栾　峰　陈　晨

摘　要： 顺应国家乡村振兴战略深入的要求，同济大学城市规划系乡村规划教学小组近年来一直探索"乡村规划实务"的教学法，着重训练学生认知和解决实际乡村问题的能力。本文从教学组织、创新特色和案例成果阐释同济乡村规划实务的教学内容。乡村规划实务的探索取得师生认可和一定成效，不断有学生作品获得国家专业奖项，并展现出改造和优化本地乡村的潜力。值同济乡村规划教育十周年之际，实务导向性的乡村规划实践又将引领创新，促进乡村振兴的人才培养。

关键词： 乡村规划；乡村实务；实习实践

1　介绍

同济大学城市规划系自 2012 年正式开设乡村类规划设计课，教学始终将现场调研分析作为重要培养环节，每年组织暑期"乡村认知实习"，参与并开展了大量的乡村走访实践。乡村规划实践旨在让学生具备认识乡村地区、研究乡村地区、服务乡村规划和建设的专业能力，在过去十年中取得了优良效果。

"乡村认知实习"通常与总体规划实习在秋季开学前同步进行，学生在 1~3 周时间内对案例村庄的区域社会经济发展背景、宏观区位和交通条件、自然条件、自然和人文资源、人口及流动情况、经济状况和土地使用情况、村民收入来源和生活水平、社会组织、乡土风俗和风貌、居民点及宅基地建设情况、基本公共服务及公共设施、公用设施、环境保护和综合防灾等状况进行调查，并在此基础上分析村庄发展中的主要问题，并提出对策建议。这样的实习要求可以让学生全方位迅速了解一到多个村庄，绘制标准图纸和生成调研报告，为随后而来的"乡村规划设计"课打下良好基础。但是问题也比较明显：①乡村特征有着强烈的在地性，难有普适的

标准化研究框架；②强调全面性和标准化，学生来不及深刻认知当地主要问题；③标准化要求使得调研报告和后续规划设计容易趋同；④"泛泛而谈"问题难以对当地产生实际改变和影响[1]。

为解决上述问题，顺应国家乡村振兴战略深入的要求，同济大学城市规划系乡村规划教学小组近年来一直探索"乡村规划实务"的教学法，突出实习中对学生认知和解决实际问题的能力培养。要求大学生深入乡村现场，调研并发现人居环境改善中的关键问题，剖析主要原因；并根据资源条件，针对问题，提出发展策划及实施策略。与传统的认知乡村实习比较，实务教学更加重视对单项在地问题的深入研究和规划干预，淡化了系统的标准化评估工作（部分移至乡村规划设计课堂中）。2022 年，"乡村规划实务"正式替代"乡村认识实习"成为同济城市规划系本科学生暑期必修实践课。

2　乡村规划实务教学组织

乡村规划实务教学内容主要包括三个环节：规划实务讲座、现场调研、报告编写。课堂教学环节主要安排

---
* 基金项目：中国教育部，产学研合作协同育人项目，智慧城市系列课程案例库建设——智慧社区。

刘　超：同济大学建筑与城市规划学院助理教授
栾　峰：同济大学建筑与城市规划学院教授
陈　晨：同济大学建筑与城市规划学院副教授

乡村规划实务讲座，帮助学生了解我国乡村发展的主要问题和城乡统筹发展特征，了解乡村规划的内容，熟悉乡村调研的方法手段。乡村现场调研环节，在教师指导下完成现场勘测、访谈，以及基础信息的现场整理。乡村发展调研报告编写环节，返校后完成基础调研报告的撰写，通过课堂指导和讨论，训练学生掌握认识、分析总结能力，并且重点提升归纳和比较发现问题及探究问题成因等方面的能力。从组织实施情况来看，取得了较好效果和在国内高校中的示范效应，教师团队发表了多篇教研论文，学生多次参加全国性的社会实践报告评比并获奖。

乡村规划实务教学安排   表1

时段	主要知识点及教学要求	实习内容	学时	教学手段
1	熟悉乡村调研的方法手段，了解我国乡村发展的主要问题和城乡统筹发展特征	乡村调研基础讲座	8	讲座
2	掌握乡村现场调研方法，快速聚焦主要问题并探寻问题原因	乡村现场调研	24	现场调研和访谈
3	完成专题报告大纲	撰写专题报告大纲	8	课堂指导和讨论
4	完成专题报告	专题报告	课后1周时间	报告撰写

3 创新与特色

第一，与思政建设结合的教学内容体系创新。紧密结合国家乡村振兴战略，以及中央思想政治工作关于人才培养提出"第一课堂与第二课堂相融合"的要求，通过乡村规划实务，帮助学生了解我国乡村"三农"发展实际状况，深刻认识、理解当前国家推动乡村振兴战略的必要性和紧迫性，从学科视角树立正确的思想价值观，培养提高面向社会发展需求的专业素养。

第二，针对乡村规划实务特点的教学组织形式创新。针对乡村规划实务特点，通过教学计划的整体安排，实现教师理论授课与现场指导结合，宏观背景认识与具体乡村调研结合，采取小组调研的方式培养学生的团队合作精神，探索这些教学组织形式创新，培养学生从发现问题、界定问题到运用专业知识寻求应对策略的能力。

第三，综合运用多种手段以提升能力为导向的教学方法创新。充分利用互联网的技术优势，建立了长达30小时的实践教学录像信息库，将一些基础理论知识转化为学生的课外自主学时，提高了教与学的效率。同时与乡村认识与规划理论教学相结合，通过组织讲座等方式拓展学生专业视野，相关讲座视频课程也已经初步建设完成。

4 实务教学案例

本文选择两组学生成果作为案例阐释实务教学法的特点。两个调研乡村均位于上海郊区，尽管都属于上海市域，由于所在区域的经济、环境和人口社会特点不同，学生分析和尝试解决的问题也各不相同。针对特定问题进行深刻调研，并提出实际决方案正是实务教学法的目标。

4.1 上海嘉定区安亭镇星塔村规划实务成果摘录

（学生李思颖、李轶男、蔡雨欣、霍逸馨；指导老师张尚武、栾峰、刘超；获得2021年全国高等院校大学生乡村规划方案竞赛二等奖）

该组学生在教师指导下，以调研村庄为例，思考分析了上海嘉定半城镇化地区乡村的发展肌理与重建模式。半城镇化是一种特殊的城镇化进程，而采用"城镇化"表述而非"城市化"，是考虑到我国现状所需的大中小城市和小城镇协调发展的城镇格局，同时本次调研中半城镇人口指城镇常住人口中的非本地城镇户籍人口[2]。

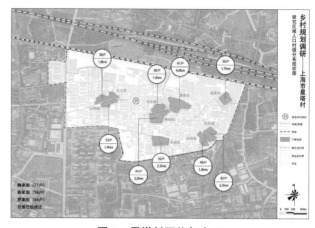

图1　星塔村区位与人口
资料来源：作者指导学生绘制.

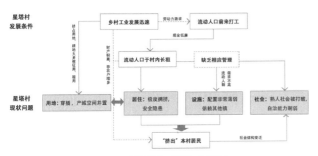

图2 星塔村问题梳理框架
资料来源：作者指导学生绘制.

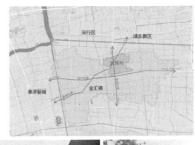

图4 光辉村区位与"退渔还水"生态修复项目现状
资料来源：作者指导学生绘制.

实务报告中深入剖析了星塔村半城镇化带来的问题和背后形成的机理。星塔村的现状问题与其发展历程息息相关，黄渡工业园区大约于20世纪90年代建立并开始引进工厂，低端二产对劳动力有着大量需求，之后星塔村的外来流动人口迅速增多，并形成了"同乡相互提携、共同前来打工"的现状，往往一个自然村内的外来人口都来自于一两个地方。这种发展现状导致了用地穿插、居住拥挤、设施不足、社会关系被打破这四个直观问题[3]。

学生从宏观规划到微观设施都提出了本地化重建路径：宏观上未来用地整合与土地利用，打造复合居住模式；中观上提升产业关联与多种就业发展规划；微观上提升乡村风貌和设施，建立村宅适应性策略。

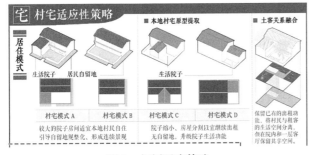

图3 规划适应策略
资料来源：作者指导学生绘制.

4.2 上海市奉贤区金汇镇光辉村规划实务成果摘录

（学生彭桢、姜佳琦；指导老师栾峰、陈晨、刘超；获得2021年自然资源学会主办的大学生自然资源科技作品大赛优秀奖）

该组学生在教师指导下，从当地乡村生态综合整治项目出发，调研和思考了上海郊野的微公园应该如何进行生态保护，并可持续运营达到综合成本效益最高。"退渔还水"是土地综合整治的形式之一，但是在生态整治的过程中，往往出现投入过高但入不敷出的情况。学生基于光辉村"退渔还水"生态整治项目，通过"水心发力""周边借力""村民合力"的方式，在满足生态修复功能的同时，实现经济赋能，最终形成自负盈亏的可持续发展模式。

光辉村及周边有良好的生态农田基底，调研时正在进行"退渔还水"的生态整治。该项目的资金一方面是来自区县的各种项目，例如健身跑道是市区体育局的项目；另一部分是村里的自筹资金，另外还有社会资本，定位是打造生态旅游和进行招商引资，发展总部经济。经过实地调研之后，发现该退渔还水项目规模较小，但是要承载的功能比较多。首先是生态空间修复项目，承

图5　光辉村"郊野微公园"规划分区
资料来源：作者指导学生绘制.

担土地整治的复合功能；同时作为一个乡村公共空间，它既要服务于周边自然村落的村民，提供休闲、游憩、健身等公共服务，又要能够吸引其他镇、区的居民前来进行一定消费，才可能支付运营管理的费用实现可持续。所以实务工作的目标是解决小尺度的生态空间修复项目实现自负盈亏的问题，提出规划方案。

应对的解决方案是打造郊野微公园的规划与运营。上海郊野公园是一项以土地整治为平台，与城乡建设用地增减挂钩的复杂工程。上海郊野公园的规划理念和运营方式可以作为参考，在总结其特征的基础上，结合小尺度生态空间修复项目的实际，提出郊野微公园的规划与运营方案。规划目标根据光辉村目前建设状况与区位条件，将其打造为以生态修复为主、乡村休闲观光为辅的郊野微公园范例，做到生态上自然可持续，经济上自负盈亏、提高居民收入。并在远期通过节点带动，辐射光辉村集体经济的发展。

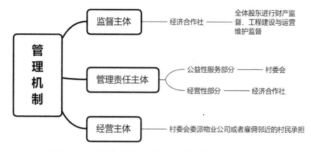

图6　光辉村"郊野微公园"管理机制策划
资料来源：作者指导学生绘制.

运营模式上，建立经济合作社，采取股份制，分集体股、人口股和贡献股，以光耀四组和光耀五组暂时作为试点。经了解，水塘北侧和东南侧的土地已经作为一般耕地流转至村集体。村委会利用土地及村中部分集体资产入股，村民可以借助自留地、个人劳动力、宅基地等入股，作为股东共同参与项目，集体所得部分用于运营维护，部分分红，部分作为储备资金由村委会管理用以未来发展其他产业。

管理机制上，厘清监督主体、管理责任主体和经营主体。监督主体由经济合作社承担，全体股东进行财产监督、工程建设与运营维护监督。就管理责任而言，公益性服务部分由村委会承担，经营性部分由经济合作社承担。经营主体由村委会委派物业公司或者雇佣邻近的村民承担。其中，公益性服务区主要包括滨水景观、田园风光、健身步道、老幼活动设施、戏曲舞台等公共服务区域，主要承载村民日常休憩和娱乐活动，其运营与维护主要通过经济合作社集体增收维持，由村民担任环卫、清洁、修理等工作。

以上两组学生实务成果，针对不同乡村的不同问题，进行了相应的分析，并提出独具特色的解决方案。通过"对症下药"，推动田、水、路、林、村、产、人的综合规划，改善生产、生活条件和生态环境，促进人口集中居住、产业聚集发展，并推进城乡一体化进程，从而助推乡村振兴。

5　总结与展望

2022年是同济大学城市规划系开展乡村规划教学的十周年，也是总结现状经验和改革提升的一年。乡村规划实务教学法不追求调研的"大而全"，注重训练学生的"专而精"。在一周左右的时间，推动大学生深入乡村现场，①认识乡村社会，建立城乡等值、社会公正的价值观；②掌握与村民沟通的技巧，调研并发现人居环境改善中的关键问题，剖析主要原因；③根据资源条件，针对问题，提出发展策划及实施策略的能力。乡村规划实务的这种改革探索目前虽然取得师生认可和一定成效，并且跟地方乡镇逐渐形成了良好的互动循环，但未来的实务教学法还需要持续深化提升。比如，促进多专业交叉。建立跨学科的乡村建设实践平台，让社会、管理、生态、农业、水利、环境工程等专业的师生加入到乡村社会实践中，拓展学生社会实践的综合视角和内容。规划实务还要以学生能力培养为导向，采用更加丰富的实践组织方式。结合大学生暑期社会实践是一种更有效的组织方式，在教师指导、针对性选题及研究能力提升等方面可以进一步加强。在乡村规划教学中强调实务教学，旨在培养学生具备认识乡村地区、研究乡村地区、服务乡村规划和建设的专业能力，贯彻国家战略，培养乡村振兴的高级规划设计专业人才。

参考文献

［1］ 黄铮，顾晓红 . 因地制宜更好谋划上海乡村振兴 [N]. 联合时报，2022-03-08（004）. DOI：10.28527/n.cnki.nlhsb.2022.000191.

［2］ 田莉，戈壁青 . 转型经济中的半城市化地区土地利用特征和形成机制研究［J］. 城市规划学刊，2011（3）：66-73.

［3］ 彭震伟 . 上海大都市区乡村振兴发展模式与路径 [J]. 上海农村经济，2020（4）：31-33.

Exploration of Practical-Oriented Rural Planning Field Study Education

Liu Chao   Luan Feng   Chen Chen

Abstract: In accordance with the requirements of the national strategy of rural revitalization, the rural planning teachers of Department of Urban Planning, Tongji University has been exploring the education of "rural planning practice" in recent years. Students' abilities were trained to recognize and solve practical rural problems in depth. we illustrate the teaching transaction of Tongji rural planning practice from three aspects: contents, innovations and case examples. The exploration of rural planning practice has been recognized by teachers and students and achieved certain credits. Our students win national professional awards and show the potential to reconstruct and optimize local villages after training. In the year of the 10th anniversary of Tongji rural planning education, the practice-oriented rural planning practice will lead innovation, and promote the training of talents for rural revitalization continually.

Keywords: Rural Planning, Rural Practice, Internship and Practice

基于要素与重构思维的城市设计教学框架研究
—— 以桂林市历史街区为例*

龙良初　何宇珩　莫昕悦

摘　要： 当前城市设计的研究和实践表现出多样化和复杂化的特征，城市设计本体内容被不断延伸而核心内容显现难以聚焦的困境，城市设计及其教学内容边界已成为需要反思的问题。文章以要素与重构思维为主线，重点关注城市空间公共性和特色化内容，围绕城市设计五个课程专题板块，用定性和定量的方法，聚焦城市设计核心内容和寻找城市设计教学边界，以实现培养应用型高级规划人才的定位目标，探索从不同板块的专题性城市设计教学模式到基于要素与重构思维的城市设计教学框架体系建构路径。

关键词： 设计要素；空间重构；城市设计；教学框架

1　引言

　　城市是一个复杂系统，城市问题具有复杂性，其表现为构成城市系统的要素复杂性、城市行为的主体复杂性、城市时空下的数据复杂性等。城市设计是通过对城市有效干预以解决城市问题的工具之一，在中国当代城市设计的研究和实践中同样表现出多样化和复杂化的特征；城市设计从宏观到微观，从城市空间形态到城市功能、环境品质、项目实施等已涉及了城乡规划和建筑设计的多要素、多层级、多系统内容，包括城市中心区、历史文化街区、绿道、社区、城市轴线、天际线景观、城市色彩等，可以说，城市设计在当前城市建设活动中无所不在。一方面，城市设计本体内容已被不断延伸和丰富，另一方面，为当代城市设计核心内容聚焦似乎变得越来越难，城市设计的边界已是一个需要反思的问题。

　　经过近五年的城市设计课程教学实践探索，以培养应用型高级规划人才为目标定位，以桂林历史文化名城核心区的历史街区为设计主体和以山水城市特色为主题，聚焦城市问题和城市空间要素，着力探索空间重构的教学方法。同时，界定城市设计聚焦于针对城市公共空间整合和质量提升的"公共领域"概念[1]，体现城市公共空间及公共价值的城市设计核心目标；并以中小尺度的城市空间形态作为设计对象，开展一系列专题性城市设计教学实践研究，从而，构建以"空间要素—空间重构"为核心内容的城市设计教学框架体系。

2　城市设计要素确定和专题性城市设计教学板块设计

2.1　城市设计要素确定

　　以文献提取方法，通过在知网搜索"城市设计"和"城市设计要素"作为关键词，对2002~2020年的文献进行检索，共搜索到376篇文章，其中122篇提及城市设计要素构成，选取出现频数较高的城市设计要素为公共广场、历史建筑、绿道、城市肌理、景观视廊、土地使用、街道空间、公共广场、人文场所、城市轴线、开放绿地、滨水空间、城市色彩、城市第五立面、城市

　　* 基金项目：桂林理工大学科研启动基金项目"桂林城乡规划发展历史研究"（编号：GUTQDJJ2017112）。专业学位型研究生教育课程体系构建研究（项目编号：JGY2021103）。

龙良初：桂林理工大学土木与建筑工程学院教授级高级工程师
何宇珩：桂林理工大学土木与建筑工程学院讲师
莫昕悦：桂林理工大学土木与建筑工程学院硕士研究生

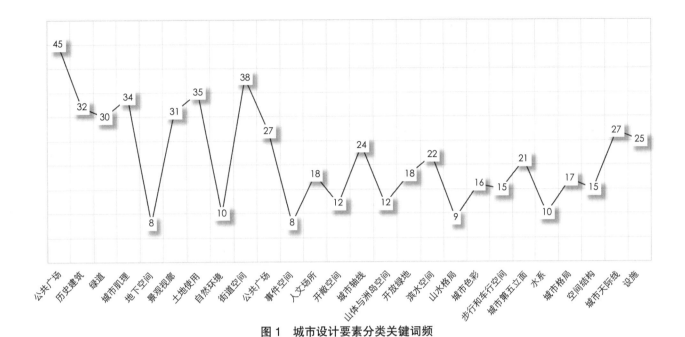

图1　城市设计要素分类关键词频

格局、城市天际线、设施等（图1）。以不同学者对城市设计要素分类的不同观点，梳理后发现大致分为历史空间、公共空间、土地使用、交通、景观、风貌等几种类型（表1）[2~19]。

通过比照频数较高的城市设计要素关键词和不同学者对于城市设计要素的分类，结合桂林城市特征和历史街区实际，总结桂林历史街区城市设计要素主要涵盖：历史空间体系下的历史建筑、人文场所等要素，城市公

城市设计要素构成分类梳理　　　　　　　　　　　　　　　表1

序号	学者	城市设计要素分类
1	凯文·林奇	边缘、区域、节点、标志、道路
2	王建国	土地使用、建筑形态及其组合、开放空间和城市绿地系统、人的空间使用活动、城市色彩、交通与停车、保护与改造、城市环境设施与建筑小品、标志
3	卢济威	空间使用系统、交通空间系统、公共空间系统、空间景观系统、自然、历史资源空间系统
4	哈米德·胥瓦尼	土地使用、建筑形式和体量、流动与停车、人行步道、开敞空间、标志、保存维护
5	吴良镛	山、水、建筑群、边界、标志、轴线、民居、风景
6	庄宇	建筑、构筑、市政工程等为主的实体要素，街道、广场、公园、绿地等构成的空间要素，历史建筑、工业遗存、文化遗址及风貌保护区等组成的既有人工要素以及自然地形地貌和山林木等的自然要素
7	王一	土地使用、城市公共空间、城市交通和城市景观
8	金广君	建筑体量及形式、土地使用、公共空间、使用活动、交通和停车、保护和改造、标志和标牌、步行区
9	杨俊宴	城市形态体系、城市公共空间体系、城市风貌体系、城市眺望体系、城市街道体系
10	牛强	视觉维度（街道尺度、建筑形式、建筑数量等）、认知维度（色彩活泼度、意向性、标志性等）、社会维度（街道肌理、功能混合度、开放强度等）、功能维度（设施可达性、行走的安全性等）、形态维度（街道长度、沿街建筑高度、街道高宽比等）、时间维度

续表

序号	学者	城市设计要素分类
11	里昂·克里尔	街道与广场的组织方式、普通建筑与重要建筑、城市灰空间
12	相西加	自然环境、空间结构及形态、历史街区、传统街巷、空间节点及公共空间、具有地标意义的建筑物及构筑物、历史建筑及历史特色要素
13	张成龙	城市交通、水系网络、历史地段、广场节点、建筑节点、自然景观、地标建筑、历史景观
14	王奕松等人	城市山水格局、城市轴线、空间肌理、天际轮廓线、城市历史中有意义的地段或者建筑物及其环境
15	朱文一	郊野公园、城市大街、城市广场、城市的"院"、城市街道、城市公园
16	姜涛	土地利用、公共空间、景观环境、交通、建筑、设施和可持续性
17	李斌	街道空间、广场空间、建筑场空间以及绿化景观空间
18	陈志敏等人	格局、水系、通道、人文环境、肌理、界面、尺度、开放空间、建筑、植物

共空间体系下的公共广场、开放绿地、滨水空间等要素，土地使用体系下的功能布局、使用强度等要素，城市交通体系下的街道空间、城市绿道等要素，城市景观体系下的景观视廊、空间结构、城市第五立面等要素，城市风貌体系下的城市格局、城市肌理等要素。以此为重点，开展基于要素与重构思维的专题性城市设计教学板块与课程教学框架设计（表2）。

2.2 专题性城市设计教学板块设计

（1）课程总体设计

课程以桂林历史文化名城核心区的历史街区为设计对象，以中小尺度的公共空间及公共价值主要内容，立足于城市空间要素和空间重构两大核心，依据通过文献分析、学者观点和桂林实际提取的设计要素，建立城市设计五个专题板块，开展专题性城市设计教学。通过历史空间体系下的历史建筑和场所要素、城市交

通体系和公共空间体系下的街道空间及活力要素、城市景观体系下的城市第五立面和景观视廊要素、城市风貌体系下的城市格局和城市风貌特色要素以及数字化城市设计方法专题内容的研究设计，以问题发现—目标策划—策略提出—空间表达城市设计路径，探索一种基于"研究＋设计""要素＋空间""定量＋定性"的城市设计教学模式。

（2）课程专题板块设计

1）板块一：历史建筑和场所要素专题

设计对象：桂林八角塘历史街区（A）（图2）及其桂林市中心城区历史建筑，研究范围约40hm²，设计范围约15hm²。

涉及城市设计要素重点内容：城市肌理、城市历史轴线、历史建筑和环境、建筑风格、历史街区和场所精神、景观视廊、步行系统、公共广场和开放绿地等。

主要研究和设计内容：总体围绕"智慧·包容·复兴"

桂林历史街区城市设计要素体系及主要要素   表2

序号	城市设计要素体系	主要要素
1	历史空间体系	历史遗存、历史建筑、人文场所、历史街巷等
2	城市公共空间体系	公共广场、开放绿地、滨水空间、山体与洲岛空间、公共服务设施等
3	土地使用体系	功能布局、使用强度、开发与保护等
4	城市交通体系	街道空间、城市绿道、步行和车行系统、街道设施等
5	城市景观体系	景观视廊、空间结构、城市第五立面、城市轴线、城市天际线、高度控制等
6	城市风貌体系	城市格局、城市肌理、空间尺度、城市色彩、建筑风格等

主题，发现城市问题和历史建筑价值，理解城市新旧要素之间的耦合关系，探索历史街区的包容复兴为核心的城市空间重构方式；重点关注地区功能定位和组织、传统格局特征强化、历史建筑和历史场所价值保护利用、新旧场所融合共生、步行空间体系的改进、建筑高度控制、景观环境和公共设施完善、城市公共空间体系与周边自然环境及城市原有空间结构之间的有机整合、地区空间形态活力复兴和特色体现等相关内容，提出应对方案。

2）板块二：街道空间及活力要素专题

设计对象：靖江王城周边旅游休闲街道（B）、中山中路商业街（C）、榕杉湖北岸滨水慢行步道（D）以及相连接的桂林市历史文化街区。

涉及城市设计要素重点内容：街区路网、功能密度和混合度、街道可达性、步行系统、街道空间界面和功能活动、建筑式样、街道开放和围合空间、环境设施、城市夜景等。

主要研究和设计内容：总体围绕"共享与活力"主题，分析城市街道问题及其周边因素影响，探索街道多种功能、多元要素、各式建筑、各类城市空间采取多种

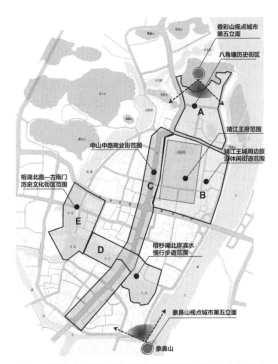

图2　桂林专题性城市设计教学板块设计对象分布

更新方式的可能性；重点关注街道功能复合和业态发展、街区路网形态和尺度调理、交通可达性、历史格局和街道空间界面特色体现、视觉景观和步行空间尺度控制、街道公共活动策划、公共服务设施智慧整合、街道空间和设施精细化治理、街道环境品质和活力提升、街道空间规划管控等相关内容，提出应对方案。

3）板块三：城市第五立面和景观视廊要素专题

设计对象：城市重要景观山体（象鼻山、叠彩山）视野覆盖范围内的城市第五立面以及相应的景观视廊。

涉及城市设计要素重点内容：城市空间格局、城景交互特征、建筑顶部造型、眺望景观系统、山水城市空间尺度、园林绿化系统、景观视廊体系、城市色彩、城市总体风貌等。

主要研究和设计内容：总体围绕"文化为魂，山水优先，特色建构"主题，结合桂林风景旅游城市和历史文化名城的特点，分析涉及视觉景观的城市问题，研究城市主要景观视廊空间的联通、交叉、重构的可能性；重点关注城市历史轴线、历史街区传统肌理和通景山水绿楔保护；城景交互的城市传统格局保持；山水城市重要视点、视角、视域所涵盖景观视廊空间的组织和重构；城市建筑顶部造型、建筑体量和尺度与山水环境的协调；城市建筑高度、色彩、天际线的控制；城市标志、夜景照明、建筑风格、城市特色的体现等相关内容，提出应对方案。

4）板块四：城市格局和城市风貌特色要素专题

设计对象：榕湖北路—古南门历史文化街区（E）和正阳北路—靖江王府—八角塘历史文化街区（A、B），两者任选其一，研究范围分别约为50hm^{2}和60hm^2，设计范围均约为20hm^2。

涉及城市设计要素重点内容：城市空间格局和城景交互特征、城市肌理、历史轴线和景观视廊、历史建筑和场所、文化山体和文化水体景观系统、公共空间、城市记忆、城市空间尺度、城市色彩、建筑风格、城市天际线、城市总体风貌等。

主要研究和设计内容：总体围绕"山水·格局·特色"主题，分析桂林历史文化街区在城市格局和特色上的城市问题，探索通过历史文化街区的城市更新应对城市旧城区出现的社区衰退、特色衰微的现实状况；重点关注城市传统格局、历史轴线、街区传统肌理保护；景观视廊空间、城市开放空间、山水城协调关系保持；城

市建筑高度、体量和尺度、色彩、天际线的控制；城市环境设施的完善和智慧体系构建；城市标志、夜景照明、建筑风格、城市总体风貌特色的体现；城市设计设计导则编制等相关内容，提出应对方案。

5）板块五：基于空间要素的数字化城市设计专题

设计对象：古南门片区（E）和桂林八角塘片区（A）（任选其一）以及旅游城市街道活力。研究范围分别约为 20hm² 和 30hm²，设计范围分别约为 10hm² 和 15hm²。

涉及城市设计要素重点内容：街道网络线密度和连接值、功能密度和混合度、交通可达性、公共空间开敞度和热闹度、沿街建筑高度和建筑后退红线、天际线的曲折度和层次感、公共服务设施密度、城市色彩活泼度、历史建筑数量、业态类型、人群活动类型等。

主要研究和设计内容：总体围绕"活力为主，生活为本"主题，分析桂林古南门片区和桂林八角塘片区的街道活力存在问题，运用数字化思维，利用城市设计定性和定量分析手段，探讨历史城区的活力增长的路径和策略；重点关注城市街道定量分析核心内容：视觉维度、认知维度和形态维度[11]。数字化城市设计工作程序：采集、调研与集成的基础性工作；分析、设计与表达的核心性工作[10]。数字化城市设计的技术手段：通过对历史数据、景观数据、业态数据、物理环境数据、空间数据等，进行网络文本分析、业态 POI 数据解析、街景图片大数据识别、ArcGIS 空间分析等加以

实现。通过城市街道空间要素的定量分析，形成规划策略，提出应对方案。

3 基于要素与重构思维的教学框架建构

3.1 以要素为本的城市设计总体教学框架

在城市设计教学中，注重培养学生基于特定要素的研究分析能力与空间重构设计能力，训练学生在不同的目标导向下，观察不同要素的运行与环境、功能的关系，从中寻求复合、弹性、多元的空间设计解决方法。培养学生具备运用定性和定量双重手段，分析城市问题的技术能力。为此，以 1 条要素与重构思维为起点的课程主线，以 5 个专题板块为核心的设计课程任务书，以大中小组 3 个层级为基础的设计团队，以"问题—要素—空间"3 项内容为重点的专业授课，以 4 个阶段为主线的教学时序，以 2 种评价方式为主导的考核模式，构建以要素为本的"1+5+3+3+4+2"的城市设计总体教学框架。

3.2 从要素到重构的城市设计教学实践

（1）设计课程任务书总体规划

通过我校近五年城市设计课程任务书的总体规划，对年度任务书赋予不同的内容，形成基于要素与重构思维的 5 大专题板块。结合城乡规划专业本科学生的城市设计认知能力，选取不同特色历史街区作为设计对象，围绕特定主题，针对具体设计内容提出目标导向的设计任务书（表3）。不同专题板块，设计要素的侧重点不同，设计目

近五年城市设计课程任务书 表3

专题板块	教学主要内容	典型设计要素	设计目标
历史建筑和场所要素专题（2018）	桂林八角塘历史街区城市更新	城市肌理、历史建筑和环境、建筑风格、历史街区和场所精神等	历史建筑和场所价值保护利用、功能优化、城市特色体现等
街道空间及活力要素专题（2019）	桂林市历史街区街道空间城市设计	街区路网密度、街道可达性、步行系统、街道空间界面和功能活动、环境设施等	街道品质提升，街区空间活力增长、公共服务设施精细化治理等
城市第五立面和景观视廊要素专题（2020）	重要景观山体视域下城市第五立面景观城市设计	建筑形态、眺望景观系统、城市空间尺度、园林绿化系统、景观视廊等	特色景观视廊构建、空间尺度调理、山水城市特征强化等
城市格局和城市风貌特色要素专题（2021）	桂林市历史文化街区（古南门、八角塘）地段城市风貌更新设计	城市空间格局、历史轴线、城市记忆、城市建筑风格、城市天际线等	延续城市传统空间格局，营造山水城市地域特色风貌等
基于空间要素的数字化城市设计专题（2022）	世界级旅游城市目标导向下漓江滨水老城区街区街道活力城市设计	街道网络线密度和连接值、功能密度和混合度、公共服务设施密度、业态类型、人群活动类型等	利用城市设计定性和定量分析手段，探讨历史城区的活力增长的路径，对接打造桂林世界级旅游城市目标等

标亦有差异，以此训练学生在不同设计目标导向下，提取不同的设计要素，分析要素之间的内在关系，拓展以要素为本的城市设计思维，并从空间要素到空间重构的设计过程中体现地域特色，从而实现城市设计教学目标。

（2）设计团队分级组织

结合不同设计阶段及成果深度的要求，建立不同层级的设计团队，完成不同阶段的设计工作。设计团队分为大组、中组、小组：大组，1/3 班级人数，主要从事课程前期的专题调研阶段工作；中组，1/3 大组人数，主要从事课程中期的项目策划阶段工作；小组，1/2 中组人数，主要从事课程后期的设计深化和方案实现阶段工作。

（3）专业授课分类开展

1）问题发现主题，主要讲授城市问题发现与资源评价，专题调研的定性和定量分析方法，总结主要问题和影响评价。

2）要素研究主题，主要讲授城市设计要素的分类方法，通过梳理文献、分析比选、现场调研以提取主要要素的定量分析方法。

3）空间表达主题，主要讲授不同层次的空间整合关系，包括城市实体要素整合、空间要素整合、区域要素整合等，以及通过不同要素组合建立的空间秩序和绩效的方法。

（4）设计教学分段进行

专题调研阶段：以要素梳理训练为主。大组针对专题设计任务书，提出特定的调研框架和研究主题，运用传统和数字化技术相结合的调研方法，对设计范围及其周边的典型实体与空间要素进行深入调查、分析，评价其资源与价值，分析各类要素之间的关系，及其在城市中的定位、功能和形态，在此过程中发现城市问题与空间需求（图3）。

图3　桂林漓江滨水街区城市更新设计学生作业

项目策划阶段：以要素分析训练为主。中组在对问题和需求、资源和价值进行客观评价的基础上，聚焦主要问题，提炼典型设计要素，并对其进行梳理和组织，结合规划理念运用，提出城市设计目标，形成基本设计策略和概念性设计方案。

设计深化阶段：以要素组织训练为主。小组利用前两个阶段的成果，对土地使用、交通体系、公共空间、历史风貌等典型设计要素深入研究，以城市公共行为为基础，探索不同设计要素的组合方式，进而进行空间整合与优化的方案比选和深化设计，寻求空间环境品质化和公共价值最大化的方案。

方案实现阶段：以空间重构设计训练为主。小组重点关注设计要素之间的结合点，它是城市要素统一、渗透、结合的节点处理，也是城市设计能否实现的关键所在[20]。在深化设计的基础上，以三维推导和设计方式，将问题、要素、策略、空间形成闭环，同时结合地域特征体现城市特色，最后形成具有一定弹性和实施性的城市设计导则（图4）。

（5）成果评价多元参与

城市设计成果的评价以多元参与为原则，采取师生互评和综合评定两种方式。

1）师生互评方式。专题研究、项目策划、深化设计课程前三阶段，由指导老师与各组（大、中、小）学生代表共同参与评分。每个阶段按照城市设计课程相关评价方法，使用不同阶段的互评评分表进行成果评价考核，取指导老师与学生代表评分总和的平均值作为阶段

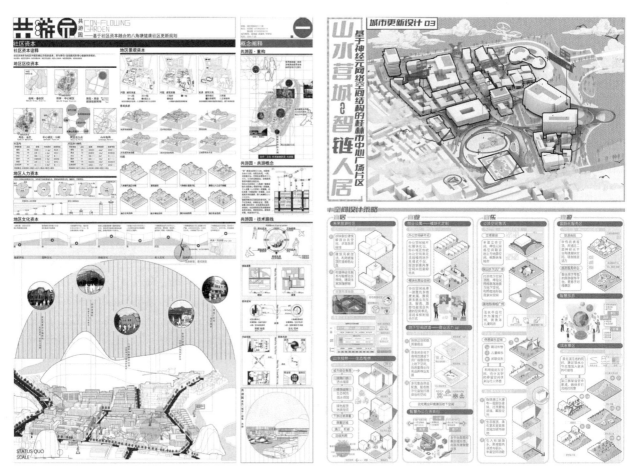

图4　桂林八角塘健康社区更新城市设计学生作业（左）、桂林中心广场片区城市设计学生作业（右）

最终得分。

2）综合评定方式。由多种评审主体评图和向公众开放公开评图两个部分组成，综合评定方式促使学生以不同的角度与立场思考问题、评价方案和认识城市设计的核心内容。

4 结语

随着我国城市已从增量时代进入存量时代，城市治理体系和治理能力现代化是城市可持续发展的主导方向，全面实施城市更新行动日益成为推动城市高质量发展的重要举措，由此，城市设计在当前显得尤为活跃。同时城市设计经历了传统城市设计、现代主义城市设计、绿色城市设计阶段的发展，目前已呈现数字化城市设计范型发展的新趋势[21]。因此，在新的发展背景下，城市设计应以现实问题为导向，化错综复杂的问题为有限关键问题，寻找在相关系统的有限层次中求解的途径[22]，城市设计教学更应聚焦核心问题和核心内容，固本培元，守正创新。我校近五年城市设计课程教学，始终以要素与重构思维为主导，关注城市空间整体性、公共性和特色化的核心内容，围绕城市设计五个课程专题板块，用定性和定量的方法，研究城市设计专业概念和内涵边界以及城市设计的教学边界，以实现培养应用型高级规划人才的定位目标，满足城市设计和城市治理的精细化发展方向需求，构建从不同板块的专题性城市设计教学模式到基于要素与重构思维的城市设计教学框架体系。在教学过程中亦发现诸多问题，特别是相关学科知识大量涌入和跨界思想的模糊化，城市设计的核心问题和内容的认知更难，城市设计教学边界的确定似乎永远是一个动态的过程，那么，我们建立的城市设计教学框架也必然存在不断改进和更新的过程，这需要长时间的持续探索。

参考文献

[1] 金广君."桥结构"视角下城市设计学科的时空之桥[J].建筑师，2020（3）：4-10.

[2] （美）凯文·林奇.城市意象[M].方益萍，何晓军，译.华夏出版社，2001.

[3] 王建国.城市设计[M].3版.南京：东南大学出版社，2019.

[4] 卢济威.城市设计机制与创作实践[M].南京：东南大学出版社，2005.

[5] （美）哈米德·胥瓦尼.都市设计程序[M].谢庆达，译.台北：创兴出版有限公司，1990.

[6] 吴良镛.寻找失去的东方城市设计传统——从一幅古地图所展示的中国城市设计艺术谈起[J].建筑史论文集，2000，12（1）：1-6，228.

[7] 庄宇.要素和关系 当代城市设计实践中的议题和思考[J].时代建筑，2021（1）：16-21.

[8] 王一.从城市要素到城市设计要素——探索一种基于系统整合的城市设计观[J].新建筑，2005（3）：53-56.

[9] 金广君.图解城市设计[M].哈尔滨：黑龙江科学技术出版社，1999.

[10] 杨俊宴.全数字化城市设计的理论范式探索[J].国际城市规划，2018，33（1）：7-21.

[11] 牛强，鄢金明，夏源.城市设计定量分析方法研究概述[J].国际城市规划，2017，32（6）：61-68.

[12] 蔡永洁.简明城市设计操作纲要[J].城市环境设计，2021（4）：340-346.

[13] 相西如，李丽.古镇型景区历史文脉传承与发展途径的探讨——以太湖风景名胜区苏州同里景区为例[J].中国园林，2011，27（2）：78-81.

[14] 张成龙，范思琦，赵宏宇.文脉视角下城市空间要素关联耦合策略探究——以长春市总体城市设计为例[J].吉林建筑大学学报，2019，36（6）：65-71.

[15] 王奕松，黄明华."结构整合"与"渐进引导"——对我国城市设计时间维度的思考[J].规划师，2019，35（23）：69-75.

[16] 朱文一.空间·符号·城市——一种城市设计理论[M].北京：中国建筑工业出版社，1993：102.

[17] 姜涛，李延新，姜梅.控制性详细规划阶段的城市设计管控要素体系研究[J].城市规划学刊，2017（4）：65-73.

[18] 李斌.城市设计创新初探[D].哈尔滨：哈尔滨工业大学，2007.

[19] 陈志敏，陈戈，张肖珊.传承与弘扬岭南城市特色——岭南特色城市设计研究与探讨[J].华中建筑，2013，31（4）：82-87.

［20］卢济威 . 论城市设计整合机制 [J]. 建筑学报，2004（1）：24-27.

［21］王建国 . 从理性规划的视角看城市设计发展的四代范型 [J]. 城市规划，2018，42（1）：9-19，73.

［22］人居高质量发展与城乡治理现代化 [J]. 吴良镛 . 人类居住，2019（4）.

Research on the Teaching Framework of Urban Design Based on Elements and Reconstructive Thinking — Taking the Historical District of Guilin City as an Example

Long Liangchu   He Yuheng   Mo Xinyue

Abstract: The current research and practice of urban design shows the characteristics of diversification and complexity. The ontological content of urban design is constantly extended while the core content is difficult to focus. The boundary of urban design and its teaching content has become a problem that needs to be reflected. This paper takes elements and reconstruction thinking as the main line, focuses on the publicity and characteristic content of urban space, and uses qualitative and quantitative methods to focus on the core content of urban design and search for the teaching boundary of urban design, centering on the five thematic sections of urban design curriculum, so as to achieve the positioning goal of cultivating applied advanced planning talents. Explore the path from thematic urban design teaching mode of different sections to the construction of urban design teaching framework system based on elements and reconstruction thinking.

Keywords: Design Elements，Spatial Reconstruction，Urban Design，the Teaching Framework

本地社区认知与调查
—— 疫情影响下"城市社会学"线上教学记

许 方

摘 要： 受疫情影响，本校 2022 春季学期学生居家线上学习，"城市社会学"的教学因势利导，考核之一设置为本地社区的认知和调查报告，从提交作业成果看，取得了良好的效果，将其进行总结发现：①"城市社会学"课程教学扣紧田野调查的实践教学，对城乡环境认知的基础教学具有重要作用；②坚持"社区"作为"城市社会学"课程教学的核心，可帮助同学们深刻理解城乡社会的内涵；③线上学习出现了非常丰富多样的本地社区调查对象，对常规的校内教学组织提供了启示。

关键词： 本地社区；线上教学；城市社会学；田野调查

引言

受疫情影响，本校 2022 春季学期学生居家线上学习，"城市社会学"的教学因势利导，将考核之一设置为本地社区的认知和调查报告。从最后的作业提交成果看，虽然受到疫情的影响，但是报告完成质量是历年最好的，一方面反映出当代大学生面对困难表现出的韧性和勇气，另一方面是由于对自己居住熟悉的社区的认同和热爱。

因而本文以社区调查报告为对象，将同学们对于自己本地社区的调查、认知与思考进行总结，记录这段特殊的线上学习和教学。

1 本学期课程安排及调整

1.1 课程性质及选课学生专业

"城市社会学"为城乡规划专业的专业必修课，2020 年以前只面向城乡规划专业学生开设，设在三年级，第 5 学期。2019 版培养计划调整后，从 2021 年开始，课程设置在二年级，第 4 学期，面向全年级三个专业，即扩展到建筑学和风景园林专业，后两者为选修课。2022 年春季学期开课年级是 2020 级，选课学生100 名，详见表1。

本课程教学内容分为两大部分：城市社会学或者社

课程性质及选课专业 表1

专业	课程性质	选课人数
城乡规划	必修	33
建筑学	选修	53
风景园林	选修	13
风景园林（二学位）	选修	1
合计		100

会学基本概念和原理，以社区概念为核心；社会调查方法，包括调查、分析和报告撰写。课程坚持理论和实践相结合，重在提高学生的实践能力。

随着选课专业和选课人数的大大扩展，对建筑学和风景园林专业，课程还要起到城市认知、规划思维的引导与启发作用。

1.2 返校时间变化及课程调整

由于冬奥会，2022 年春季学期原定前 4 周居家线上学习，第 5 周开始返校校内授课。但由于疫情变化，延迟返校，后来整个学期一直居家线上学习。

许 方：北方工业大学建筑与艺术学院副教授

分专业调查报告成绩分布　　　　　　　　　　表2

专业	90+		85~89		80~84		70~79		60~69		不及格	
	人数	占本专业比例	人数	占本专业比例	人数	占本专业比例	人数	占本专业比例	人数	占本专业比例	人数	占本专业比例
城乡规划	21	63.64%	2	6.06%	7	21.21%	1	3.03%	1	3.03%	1	3.03%
建筑学	27	50.94%	10	18.87%	10	18.87%	4	7.55%	0	0.00%	2	3.77%
风景园林	3	23.08%	5	38.46%	4	30.77%	1	7.69%	0		0	
风园二学位	1	100%										

本课程是第一次线上授课。考核分大小两个作业，前者偏理论，为社会学学术论文调查报告，与线上教学可以较好地适应，后者为实地调查，要求同学在符合所在居住地疫情管控的情况卜进行实地调查，根据疫情管控政策判断，同学们大多可以在本社区活动，因而题目调整为"我的社区"，调查主题自选，成果要求为4页A4调查报告。

从社区调查报告完成情况看，大多数同学完成了自己居住社区或周边地区的实地调查；有少数同学所在社区实行了较长时间的封控，不能在社区活动，同学就采用大数据等网络调查方法，也有同学成为社区防疫志愿者，并以志愿者为对象进行了特殊的调查；另外有几位同学成为冬奥会志愿者，他们按照要求一直在学校封闭，直到六月初才有序离校返乡，这几位同学就以校园为调查对象，也从不同的方面做了很好的实地调查。

调查报告完成质量较好，90分以上的占总人数的52%，85分以上的占总人数的69%，成绩分布详见表2。

2　本地社区认知

本课在理论教学中紧紧围绕"社区"概念展开："社区是一地人民实际生活的具体表词，它有物质的基础，是可以观察得到的。"以吴文藻先生关于社区概念的三个要素：人民、人民所居处的地域以及人民生活的方式或文化，为主要教学内容。强调社区的地域性特征；强调"文化是社区研究的核心，文化是一个有机的整体，发生作用时，不是局部的，乃是全部的；文化不是一个玄学的范畴，而是一个经验的名称；在实际社区生活中切身体验过的、真实的活的文化，就是社区研究的对象。"[1]

以社区为核心组织本课程的理论和实践教学，"从社区着眼，来观察社会，了解社会"，[1]形成了本课的重要特征。

2.1　社区类型的多样化和地域性

在提交的97份社区调查报告中，虽然北方工业大学为北京市属高校，大约2/3的学生为北京生源，但调查对象社区几乎涵盖了所有的社区类型：老城传统街区、老旧小区、单位社区、新建的商品房小区、城中村、新近城镇化的社区，以及小镇和农村社区等（图1）。

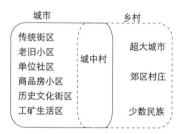

图1　调查对象涵盖社区类型的多样化

在第14周和第15周的调查报告汇报交流课上，选取了不同类型、不同地域特色的社区对象进行了交流汇报，通过同学们自身的调查，增加了对不同社区类型及特征的认知和理解，也扩展到对所在城市规模、性质、文化、特色等的认知和了解（表3）。

调查对象社区所在城市与乡村   表3

所在城市规模	所在城市及乡村
超大城市	北京（城区，乡村），天津，重庆
特大城市	郑州，昆明
大城市	南宁，泉州，宝鸡
中等城市	钦州，百色，桂林，北海，拉萨，安顺，长治，盘锦，日照
小城市	山东东营利津县，新疆阿勒泰地区富蕴县，云南丽江华坪县，新疆阿克苏地区库车市，新疆巴里坤哈萨克自治县，云南曲靖市罗平县，新疆博尔塔拉蒙古自治州精河县
小城镇	山西阳泉市平定县冠山镇，新疆伊宁县英塔木镇，新疆阿克苏地区温宿县阿热勒镇
乡村	贵州黔东南苗族侗族自治州雷山县西江镇南贵村，贵州安顺市西秀区宁谷镇木山堡村，云南大理市喜洲镇河矣江村，山西大同市大同县小蒲村，新疆昌吉回族自治州木垒县博斯坦乡伊尔喀巴克村，西藏林芝市米林县丹娘乡鲁霞村

2.2 地域与空间

同学们普遍对社区的物质空间进行实地调查，涉及社区的所有方面，如公共空间、公共服务设施、绿化景观、住宅及基础设施等，在这些方面都进行了细致的调查，理解了社区构成要素。

同学们不仅关注了社区内部各要素，还观察到了社区与周边联系的重要性，弄清了生活圈的概念，将社区置于城市功能区进行考察，拓展了城乡规划的视野和思维。如图2所示，刘清玄同学自己归纳总结出位于北京"一绿"隔离地区的常营社区在城市化变迁中居住和其他相关功能之间的关系图，可以看出同学们对社区的构成及社区内外关系有了清晰和深刻的认识。

2.3 人民及变化

在关注社区物质空间的同时，大多数同学还以社区的特定人群作为调查主题，如不少同学关注了城乡社区较为普遍的老人和儿童活动空间及设施问题；有的同学探究了都市"打工人"的构成和状况、不同年龄层及不同职业背景的居民需求等；另外，还有同学在对自己的社区进行深入调查时，发现了特定社区的特殊人群，如来大城市求学的中学生们、在老街坚守的卖传统食品的大娘和年轻的文创店主等（图3）。

同学们普遍认识到社区应满足全龄人群的使用和需求，尤其重视适老化和儿童友好社区的营建。通过社区的田野调查，还认识到了城市化、人口迁移、城乡和地

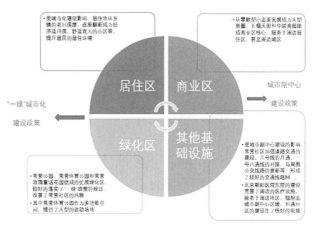

图2　北京绿隔地区的常营社区的相关功能区发展变化图
（刘清玄，城市规划）

区发展不平衡等带来的就业、产业发展等更为宏观和复杂的城乡问题。

2.4 文化与基层治理

不少同学考察了本地社区的历史文化、民俗、传统等方面的内容，具有自觉保护历史文化名城和传统街区的专业意识。由于在教学中强调了基层社区组织的演变和作用，不少同学探究了基层社区治理的主体和作用机制。

有的同学还参与了北京市社区责任规划师的工作，

老人在社区内闲聊、晒太阳（王祥洁，建筑学）
在沙石坑聚集、休息、创作；围绕灌木景观奔跑的儿童（崔宇昕，城市规划）
（昆明某教育集聚区）穿着校服吃午饭的学生（黄意然，建筑学）
贵州安顺儒林路老街上卖豆腐干和粑粑辣椒的大娘的摊子（董烁极，风景园林）

图 3　社区里的人们

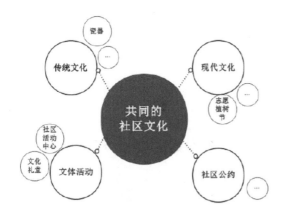

图 4　山西省阳泉市平定县冠山镇东关社区"砂器之城"社区文化构成模式图
（高世杰，建筑学）

润西山社区居民常去公共活动场所调查表			
选项	小计	比例	
2 号楼前小花园	25		23.36%
2 号楼前幼儿活动设施	23		21.5%
5 号楼前凉亭	30		28.04%
5 号楼前羽毛球场	27		25.23%
东门入口喷泉	20		18.69%
7 号楼前乒乓球台	14		13.08%
7 号楼前小广场	24		22.43%
7 号楼前健身器材	23		21.5%
7 号楼旁边幼儿活动设施	35		32.71%
其他	13		12.15%
本题有效填写人次	107		

图 5　问卷调查 1– 居民常去的公共活动场所
（王祥洁，建筑学）

在实践工作中，体会了社区更新中政府、居民、社区组织、技术专家、市场等各方主体的协同作用。建筑学的高世杰总结出社区文化的构成模式图，深刻领悟了生生不息的社区文化的内涵，这基于他对本地社区进行了全面和深入的调查，非常难能可贵（图 4）。

3　调查与分析

3.1　调研方法与细致的调查

同学们均采用了多种社会调查方法，如问卷调查、观察法、访问调查等，大多数同学的调查非常细致认真。（图 5~ 图 7）不少同学认为，不仅通过调查认识到了社区中公共空间、公共设施等对生活的重要作用，更

重要的是"学习和实践了科学的调研方法"，为自己今后的学习提供了基础。

有的同学还练习运用了其他调查方法，如城规的房小丫练习运用了 PSPL 调研法、建筑学的李硕练习运用了适应性评价等调查分析方法，均取得了更为精确的量化结果。

3.2　分析与总结

教学中引导同学们学习一些优秀期刊论文，强调根据调查结果进行图表总结，形成逻辑表达。约半数同学均从调查到分析形成了较为完整的报告，完成度较高。

特别的，有几位同学采用比较分析的方法，展现了

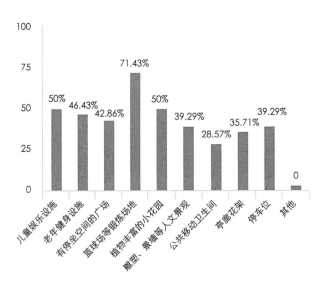

图6 问卷调查2- 居民理想中公共空间具备的设施
（刘美伽，建筑学）

图7 访问调查 - 不同年龄人群活动特征
（李云新，建筑学）

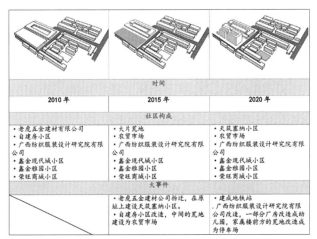

图8 社区变迁总结图表
（苏泳蕾，风景园林）

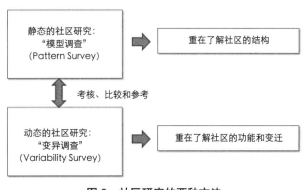

图9 社区研究的两种方法
（笔者自绘）

社区在时间轴上的变迁，这是同学学习社区研究方法理论在实践中的运用，（图8、图9）取得了非常好的论证效果。有的同学还寻找老照片，探寻自己社区丰富的历史，展现了积极主动地学习态度和工作方法。

3.3 切实可行的建议

在细致深入的调查和严谨逻辑的分析基础上，相应地可能提出切实的、紧扣社区需求的精准建议（图10、图11）。

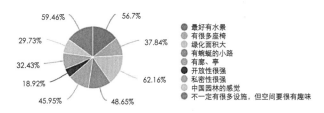

图10 北方工业大学校园开放空间停留设施优化建议
（李硕，建筑学）

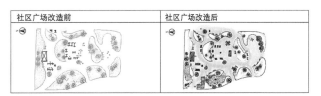

图11 疫情下社区广场改造建议
（马菁菁，建筑学）

4 问题发现与思考

4.1 疫情与社区

不少同学积极考察此次疫情对社区的影响，从防疫设施的布局、社区防疫管理等多方面进行了调查和探索。

建筑学的蔡一霖参加社区防疫志愿者活动，调查了46位志愿者，还针对社区的防疫工作组，包括疫情志愿者工作组、核酸检测组、商超对接组、物资运送组、信息工作组、医疗保障组、机动保障组、综合协调组等进行了访问调查，收集到特殊情况下社区防疫治理的重要资料。

建筑学的马菁菁发现社区广场和周边城市公园在疫情期间形成了功能互补，由此展开生动的调查，提出"合理利用二者优势所在，扬长避短并做到协同配合可更灵活、更积极地为疫情防控做出举足轻重的贡献，做到防疫锻炼两不误"（图12）。

4.2 规划思维 - 专业拓展

三个专业的同学们都扩展了规划的思维和视野，在对政策的把握、对社区空间结构等较为宏观的尺度认知上，都有了较为明显的进步（图13、图14）。

建筑学的黄意然谈道："从社区的教育环境调查开始，到上升到对城市的一些思考和讨论，收获颇多。从小在这里长大的我第一次了解到社区的各个方面，一个良好的教育环境和文化氛围可以吸引到很多优秀的学生和老师，带动一系列产业的发展，希望我的社区会更好，城市的发展定位也更明确。"

4.3 社区认同和价值取向

通过本学期"我的社区"调查，使很多同学加强了社区认同感，加深了对公共利益价值取向的认识，提高了对社区文化的自觉和自豪。

风景园林的董烁极说得特别好："我选择调研这条石板街的另一个原因是，我上的高中就在石板街附近，中午我会和同学一起到石板街上吃午饭，下午放学踏着石

对象	路径	描述
上班的男青年 7：00~8：00		戴好口罩，不停留，快速横穿广场
散步的老爷爷 10：00~11：00		绕着小路缓缓走了20多分钟，不戴口罩
聊天的大妈 15：00~16：00		在北部凉亭里和其他老人畅谈1个小时，全程不戴口罩
带孩子的中年女士 18：00~19：00		接孩子放学回来，自己戴口罩，孩子不戴口罩，停留近0.5小时，带孩子溜达一圈离开
初中的男学生 15：00~16：00		从南门进入，摘下口罩在西南侧小路上来回奔跑，人多时戴上口罩，人少时又摘下口罩
散步老夫妻 18：00~19：00		步履缓慢，只在最南侧园子里活动，全程戴口罩
夜跑的女青年 20：00~21：00		全程在外圈跑步，速度较快，后期跑步中摘下口罩。跑步后在南门附近的健身器材处不戴口罩拉伸

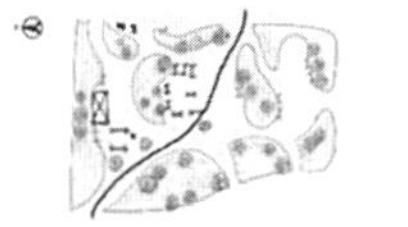

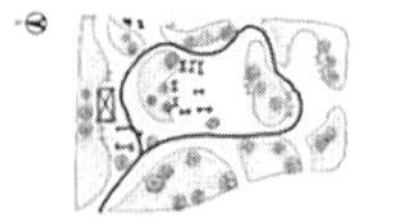

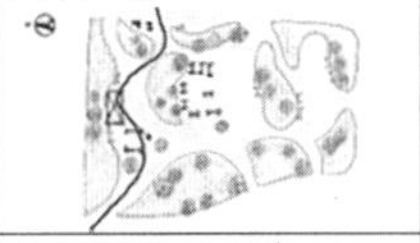

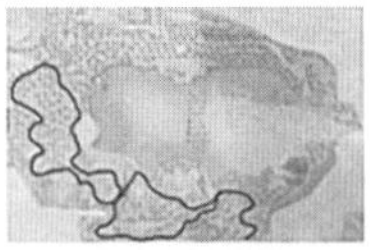

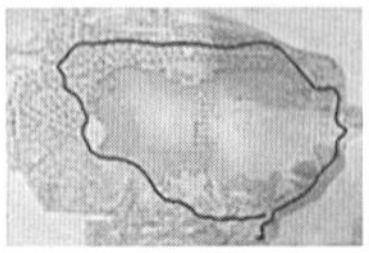

图12 太平桥中里社区广场（上）和莲花池公园（下）

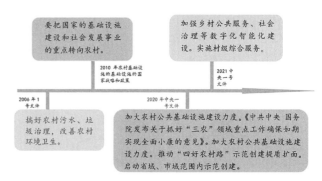

图13 农村基础设施建设政策总结
（桂青澳，建筑学）

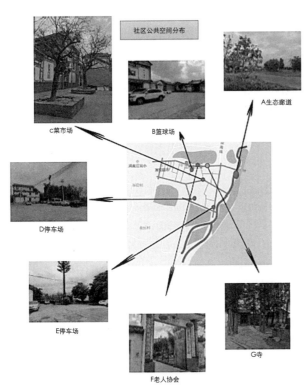

图14 云南大理市喜洲镇河矣江村社区结构
（吴邦伟，建筑学）

板回家，对于我来说，这石板街不仅承载着历代安顺人的回忆，也给我带来了高中的印记。每一次放学，走在石板街上，看到不重复的天空，闻到各种菜香，看到不同年级的校友，听到叫卖声，小孩嬉戏声，哭闹声，或许有时候下雨踩到一两块松动的石板挤出雨水而打湿裤腿，这些都是这条石板街带给我的宝贵回忆。"

不少同学通过本次调研，立志要让自己的社区变得越来越好。承载着同学们乡愁和热爱的本地社区，一定会在同学们的努力下变得更安全、更绿色、更融合、更有活力。

5 结论

（1）"城市社会学"课程教学扣紧田野调查的实践教学，对城乡环境认知的基础教学具有重要作用。

（2）坚持"社区"作为"城市社会学"课程教学的核心，从社区到社会，可帮助同学们深刻理解城乡社会的内涵。

（3）线上教学出现了非常丰富多样的本地社区调查对象，取得了大量优秀的作业成果，对今后常规的校内教学组织具有启示作用。

（本文调查资料均来源于北方工业大学建筑学20-123班、城规20-12班、风园20班、风园二学位选课同学提交的"我的社区"调研报告，在此感谢本学期所有选课同学的努力和支持。）

参考文献

[1] 吴文藻. 论社会学中国化[M]. 北京：商务印书馆，2010.

Cognition and Investigation on Local Community
— A Record of Online Teaching for *Urban Sociology* during the Epidemic

Xu Fang

Abstract: Affected by the COVID-19, the students of our school studied online at home in the spring semester of 2022. The teaching of *Urban Sociology* takes advantage of the situation in that one of the examinations is set up as the cognition and investigation report of one's local community. From the submission of homework results, it has achieved good results. It is summarized and found that: 1) the teaching of Urban Sociology should be closely linked to the practical teaching of field investigation that plays an important role in the basic teaching of students' cognition of urban and rural environment; 2) Adhering to "community" as the core of the teaching of *Urban Sociology* can help students understand the connotation of urban and rural society deeply; 3) Online learning has produced a very rich variety of local community survey objects, which provides enlightenment to the conventional school teaching organization.

Keywords: Local Community, Online Teaching, Urban Sociology, Field Investigation

基于慕课的城市设计课程创新探索

唐由海　毕凌岚

摘　要： 慕课（MOOCs）是信息技术与教育教学深度融合的教学模式，对传统高等教育范式造成了巨大冲击。采用慕课模式的城市设计课程，将实现融合不同专业的价值观念、获取客观的教学评价、形成主体转变的翻转课堂等诸多价值。根据与传统课堂教学不同的学情基础、不同的课程要求和不同的教学场景认识，城市设计慕课试图以概论型课程为目标定位，以基础能力为主要能力诉求，以舞台观念提高课堂活力，对课程创新进行初步探索。

关键词： 慕课；城市设计课程；教学改革；课堂活力

1　引言

我们正处于"互联网+"时代，远程信息技术改变了传统课堂教学单一模式，极大地拓展了学习的时空范围，扩大了受众数量，为教育教学改革提供了更多可能。随着教育信息化的深入，加之近年来的新冠疫情导致教学秩序的不确定，高等院校的慕课（MOOCs）在线开放课程数量急剧增加。应该认识到，慕课不是特殊时期的权益之举，这一新模式不仅推动了优质教学资源的开放共享，也带来了教与学的新型关系和教学组织新型模式。

慕课的广泛开展，是时代的大趋势。城市设计课程和所有建筑类核心课程一样，有手口相传、师徒相承的传统工匠式教学特点。开放、在线、非即时性的慕课模式的介入，将对传统课程教学造成深远影响，但城乡规划学科对此关注度并不高，少量既有研究也主要对城乡规划教育应对慕课时代开展了面上讨论，对具体课程的慕课教学改革研究不多。如王欣凯等对中、美、英主要网络课程平台的城乡规划慕课进行了比较研究，分析了课程体系、授课者、课程听众等角度展现出的差异[1]，李翔等对网络规划教育与传统规划教育在内容结构、学习时间、教育机构方面的特征和差异进行了比较[2]，张楠等基于"互联网+教育"背景，对城乡规划专业进行了观念转变、平台建设、课程建设三个方面的探讨[3]。城市设计慕课课程的建设，将探索建筑类核心课程如何应对慕课模式的挑战。

2　慕课模式的特点

慕课（MOOCs）概念产生于 2008 年，其本意是"大规模在线开放课程"（Massive Open Online Course），慕课深度融合信息技术与教育教学，契合了数字信息时代的基本特点。这一"互联网+教学"的新模式，对既有高等教育产生了持续的挑战和冲击。

相较于传统教育范式，慕课具有显著的优势。一是开放性。慕课打破了高等院校的院墙和门禁，打破了受众的身份学历和年龄限制，也打破了高昂的学费门槛，优质教育资源开始真正被共享。我国城乡规划高等教育资源一直呈现东密西疏格局，且向少数大城市高度集中，慕课模式有助于均衡城乡规划教育资源分配，弥补区域差距。二是主体性。慕课蕴含以"学"为本的价值观，赋予学习者完全的主体性地位，学习者不但可以根据自身需求和爱好，自由选择课程和听课序列，还可以自由评价课程教学水准。三是灵活性。慕课突破了学习的时空限制，在任何地点任何时间，只要有网络，人人皆可学习。

但也要看到，慕课模式仍有先天不足。一是缺乏互动性。慕课课程均为提前录制的视频课程，师生、生生

唐由海：西南交通大学建筑学院副教授
毕凌岚：西南交通大学建筑学院教授

之间缺乏面对面的交流沟通。这种当面交流，正是城市设计课程的核心价值所在，线下的人际互动，能为学习者提供及时有效的学习指导，教师能够感知学生疑惑的表情，从而对具体问题做进一步阐释。批评者认为"慕课这种开放教育平台，将大学贬低为知识的提供者，完全忽略了支配教学的复杂关系和大学的文化塑造功能[4]"。二是标准化。统一制作的课程针对的受众数量多、类型广，教师无法根据不同的学情、不同的课堂反应做出应对，也无法关注特殊的学生。因材施教、因人施教这些值得珍视的教育理念，在慕课中难以维系。三是碎片化。慕课均是短视频（10~15min），采用电脑、手机或平板观看，这些终端设备弹窗多、干扰多，学习者难以长时间集中注意力。另外学习时间的个性化，也导致学习者的学习时段不固定，需要较强的自我控制能力，但开始容易坚持难，慕课课程的结课率往往较低。如斯坦福大学的人工智能课程，注册人数16万，完成课程7100人[5]，笔者的"城市设计"课程（0828SWJTU142），选课人数1292人，参加期末考试的只有10人。

但总体而言，虽然在线开放的慕课存在着先天不足，但仍极大地降低了教育成本，真实实现了教育平权理念，重构了学术传播机制，从而从本质上动摇了高等教育的基础，对各类学科课程体系造成了巨大的影响。可以预见，过于自满、谨慎或者迟疑的学科，将逐渐在慕课模式的冲击下失去活力与成长空间。城市设计课程是技艺传授式课程，如何应对"师""生"分离、"教""学"分离的教育模式，提供更广泛、更深入和令人兴奋的慕课课程，是需要迎接的挑战。

3 城市设计慕课课程的价值

城市设计的核心议题是城市三维空间问题，以及由此产生的城市发展与保护、公共与私享、经济与产业、当下与未来、环境与生态等一系列相关背景议题。城市设计是建筑类专业为数不多的通用核心课程，是建筑学、城乡规划、风景园林三个一级学科的桥梁课程。不同学科的城市设计兼顾不同尺度的设计对象：建筑学专业的城市设计课程，处理局部空间形态设计、建筑单体与建筑单体之间的关系，建筑与城市关系等中小尺度的设计命题；城乡规划专业，则强调与上位规划（国土空间、控制性详细规划）的衔接，注重街区与街区的关

系，城市公共空间系统等中大尺度的城市命题；风景园林专业，更关注城市生态、景观视角下的城市公共空间布局与设计。城市教学体系的完善，将有助于以城市设计为核心的21世纪广义建筑学学科的研究探索[6]。

除了涉及专业较多，知识内容体系较为多元之外，城市设计课程还有以下特点。

设计与理论分离的课程。在城市设计课程建设历史中，设计课与理论课分离的情况从一开始就存在。这不是一种理论与实践的脱节行为，也无需改变。两类课程分工有很大不同。理论课聚焦学科属性和学科历史认识、分析方法学习、案例搜集与评价等方面，覆盖从基本认知到深度理解的完整学习进程，解决"看得懂"的问题。设计课聚焦于城市地段的具体设计，如建筑群布局、城市更新设计、城市地段规划设计、节点空间设计等，解决"做得来"的问题。理论课如同文学评论课，设计课如同写一部小说，前者并非后者的充分条件。一般而言，城市设计理论课开设时长为一学期，配置单个教学组，设计课则为多学期、多命题课程，配置多个教学组。

相关专业的通用课程：现代城市建设的复杂性、综合性，拓展了城市设计知识体系。城市设计不再是曲高和寡的小众课程，而是涉及建筑、景观、生态、人文、历史、地理、经济、大数据、管理、国土空间等多元知识，解决具体而现实的城市问题的课程，不仅是建筑类专业的核心课程，也是其他相关专业的通用课程，在大工科中占有重要的地位。环境设计类专业（如环境设计、公共艺术），工程类专业（如土木工程、测绘工程、交通运输）、经济管理类专业（经济学、投资学、城市管理、公共事业管理、房地产开发、物业管理），甚至影视类专业（影视制作、新媒体技术），都会与城市设计知识相关。这些专业执业中，将或涉及城市设计的形态设计、空间布局、城市意象，或涉及城市设计的工程建设、市政设施投放，或涉及城市设计的业态规划、投资、运营与管理，这都要求从业者接触和理解城市设计的基础概念和基本内容，了解城市设计的表达形式，熟悉城市设计的典型案例。

由于受众广泛，城市设计的理论课课程，更适合在线开放的教学模式。事实上，在没有慕课模式之前，非建筑类专业学生是很难接触到城市设计课程的。慕课提供了一种直接、低成本的城市设计专业知识传播方式。

采用慕课模式，应对"师""生"分离、"教""学"分离的新挑战之余，城市设计课程将迎来令人兴奋的若干改变。

多专业的受众带来的多元价值观念：开放式教学平台扩大了受众来源，大量非建筑类专业的学习者加入城市设计课程。以往的课程，过于关注学科脉络、城市形态、空间、体量、造型、色彩、表达，对运营、成本、品牌、营销、财务等方面知识，不能清晰理解其核心理念和逻辑。举一个浅显的例子，城市中心区城市设计中，决策者和运营方，会否决有人行天桥的方案，这是出于区域形象和奢侈品品牌展示目的。城市设计师不能接受的道路拥堵，其实在特定现实中，是完全可以接受的。不同专业的学习者，带来不同的专业视角和价值观念，对城市设计课程本身就是拓展和提升。

主动学习者带来的客观教学评价：慕课学习是主动学习行为。慕课获得的学习证书，并不能为学习者的绩点提高、保研增分做任何贡献。选择城市设计慕课的主动学习者，将带来积极的学习反馈和评价。以往城市设计的课堂评价，往往具有实名和被动两方面问题，学生迫于教学程序规定，又担心提交消极评价会对自己造成负面影响，多提交貌似积极但无意义的课程反馈评价，这一类评价对课程意义不大。选择慕课模式后，大量主动学习者都可以匿名对各阶段课程进行评价，这类评价具有相当的客观性，对课程改革具有重要的意义。

时空变化带来的翻转课堂：慕课模式打破了课堂教学的时空限制。这一开放性特点，引发了对传统教学理念、主体与过程的翻转。城市设计慕课预先提供学习者的基础视频学习资料，其后的课堂教学则成为师生见面交流讨论、厘清重点难点问题的环节。翻转课堂（Flipped Classroom）将传统城市设计教学的先教后学，改变为先学后教，将原有教师为主体，改变为学生为主体，课堂教学的单向输出，变为有准备的双向讨论，这有利于激发学生的学习动机，提升其自主学习能力。但翻转课堂只适合建筑类院校的在校生，对其他不能进行课堂教学的学习者并不适用。

4 城市设计慕课课程的探索

城市设计慕课与传统课堂课程有很大的差异。一是学情基础不同：学习者来自各个专业，基本不具备建筑类的基础知识，也没有进行选修课（如场地设计、小型建筑设计、城市规划原理、城市建设史等课程）学习。二是课程要求不同：作为课程体系的一个环节，城市设计传统课堂课程对学生的知识结构、基本能力和拔高要求，都是与设计课程相关联的，而慕课课程的学习者，大多并不进行设计课程学习，原有的能力要求就不相适应了。三是教学场景不同：城市设计教学传统性较强，原有的课堂教学，教师面对学生，通过眼神交流、体态观察，以讲授、提问、讨论、思考等方式，可以有效掌控长达 45min 的课堂节奏；进入慕课模式，教师只能面对冰冷的摄像机，单向传授知识点，通过剪辑形成毫无停顿的 15min 左右的讲授视频。基于以上认识，城市设计慕课需在以下几方面作出相应的调整。

4.1 调整目标定位—概论型课程

城市设计具有多维度、多尺度、多测度、多限度、多角度的属性，其架构主体亦应是多学科交叉下的融合教学体系[7]，即一系列的组合课程。就本科阶段而言，城市设计课程体系，一般由城市设计理论课程和设计课程两部分组成，前者包括城市设计导论课、现代城市设计理论课、城市设计概论课，后者则包括 2~3 次、覆盖半学期每周 8 节的设计课，如城市局部地段设计、旧城更新设计、城市新区规划等。城市设计慕课作为新加入教学体系中的一门课程，因学习者学情多元、基础参差、目标不同，究其本质，应定位为城市设计理论课中的概论型课程，即教学体系中的普及型课程，主要受众是多专业学习者，也可作为建筑类学科的城市设计理论课前自习的先修课程。

4.2 聚焦基础能力——理论素养、理性分析和价值观

城市设计是一种能力培养型，而非知识传授型课程。单纯的知识获取，在现代社会是简单问题，而信息搜集、分析、判断、推导能力，以及方法论和价值观的形成，是城市设计课程的核心价值追求。凯文·林奇认为城市设计教育应该具备三种核心基本技能：具备对人、场所、场所中的活动和设施之间相互关系的敏锐洞察力；具备完整的城市设计的理论素质、技术能力和价值观；具备交流、交往，表达和学习的能力[8]。杨俊宴等提出城市设计教学体系的 4 方面能力，分别为理性

分析能力、创新设计能力、团队合作能力和综合表达能力。值得指出的是，这些能力要求，多是针对长期的、系统的城市设计各类课程的综合性要求，单一课程是无法全部实现的。

城市设计慕课缺乏实际场地踏勘、调研训练，以及课堂图绘设计、修改和讨论，难以形成对人和场所的洞察力以及城市设计的表达和交流能力。作为概论型、普及型课程，城市设计慕课的培养目标，应聚焦于理论素养、理性分析和价值观，并对课程板块和内容做出相应的调整与安排。

以笔者的"城市设计"课程（0828SWJTU142）为例，课程能力目标分为知识性能力——掌握专业基础知识——从不同尺度和对象层面，掌握城市设计基本概念、历史演变、分析方法、技术手段、城市重点地区设计特点；学习性能力——具备基础学习能力——能够在不同类型的项目实践中，合理组织城市功能，熟悉不同尺度的城市设计，并具备跨专业学习和融合的学习能力；素养性能力——具有处理复杂问题素养——理解和处理城市复杂空间问题的初步能力。课程内容以基础知识和理论（250min）、分析方法（100min）、城市典型地区（250min）、前沿讨论（100min）等部分构成，主要课时集中在基本素养、常识理解和价值观培养方面，力图以平实、清晰的语言，从热点城市、广为人知的案例出发，建立基础性的城市设计普及型课程。

4.3 增加课堂活力——镜头、场景与表演

城市设计课堂教学，一直都有面授性较强的特点，课程效果有赖于师生、生生之间的即时讨论和反馈。进入慕课模式，即时语言与目光交流均无法实现，课堂成为教师一人的独角戏，且失去了调度课堂的所有工具，课程很容易成为沉闷的PPT页面朗读课。如何提高课程的活力和吸引力？如何跨越距离，触动另一个时空的学习者？

要意识到，与课堂教学不同，慕课教学更像一场"演出"。从设备、场景、光线、角色、场记、剪辑来看，慕课呈现的就是一幕幕小型剧场。教师的制作和驾驭慕课的能力，实际上就是角色的扮演能力加上导演的调度能力。一堂好的城市设计慕课，就是教师自导自演的视觉作品集。既然是"演出"，需要注意以下几方面内容，以提高"演出"的收视率。

4.4 镜头与角度

电影中的摄像机一共有五个方位，正面、四分之一侧面、侧面、四分之三侧面、背对摄像机[9]。慕课的拍摄公司，出于省事考虑，一般会要求教师直立或坐姿不动，且正对摄像机。这样产生的样片，无疑传递着呆板、刻意课程印象，在师生间营造了隔阂。授课教师应主动担当"导演"角色，增加一两个机位，以正面为主，四分之一侧面为辅。机位的切换、姿势的改变转向，都能让学习者真切感受到教师的存在，减弱宣讲感带来距离。

4.5 场面与布景

"场面调度"一词源自剧场演出，泛指固定舞台上的一切视觉元素的布局排布。在慕课中，场面调度相对简单，包含教师、教师的桌椅、屏幕（或背景）等。教师通常不宜居中，左偏或右偏皆可，人的眼睛会自动寻找轴线和"C位"，教师长期居中，过于吸引视线，影响学习者关注屏幕主要内容。慕课布景宜简单，不建议刻意布置与课程主题相关的符号，如悬挂著名建筑照片，摆放建筑模型等。书架、咖啡馆、城市街道图片，有利于情绪放松，作为课程虚拟布景较为适宜。

4.6 表演与语言

慕课的主角并不是教师，而是课程内容（PPT演示或视频方式展示）。教师的出镜时间不宜过长，建议在课程的章节开始和结尾处，作为课程节奏的暗示。在出镜时，建议教师克服心理障碍，正视镜头讲述，真诚的目光能穿越不同时空。值得指出的是，课程中尽量不要念稿，以即时语言为主，即兴讲演下，教师呈现的是真实表情，通过镜头传递的是真实感受，从而增加了个人魅力，提高了课程活力。如同斯坦尼斯拉夫斯基指出的："体验艺术对同一题材的处理常常是即兴的。这样的即兴创作能让表演有新意而且纯真……固有的表演方式让表演者和作者产生隔膜感，故需要即兴"[10]。

5 结语

城市设计课程兼备工程科学与社会人文学科的多重属性，其所描述的对象复杂多元，呈现的方式鲜活生动，课程一直别具魅力。但如同其他建筑类课程一样，城市设计教学传统性较强，与在线教学方式确有格格不

入之处，因此在"互联网+"时代已踟蹰良久。但时代终会到来，改变终会改变，秉持开放姿态和价值坚守的城市设计课程，加入信息技术与教育教学深度融合的"慕课"模式后，有助于提高课程的显示度，扩大课程的影响力，增加课程的信息量，丰富课程的价值观。不过，结果乐观的前提下，慕课模式与城市设计教学传统如何良好融合，仍是当下需要创新和探索的核心课题。

参考文献

[1] 王欣凯，王志蓉，张倩茜，等．慕课（MOOCs）在城乡规划教育的角色探讨：中、美、英城乡规划慕课比较研究 [J]. 建筑与文化，2020（10）：46-51.DOI：10.19875/j.cnki.jzywh.2020.10.009.

[2] 李翔，陈锦清，单峰，等．网络规划教育的特征及其未来发展趋势——基于全球规划教育慕课特征研究的启示 [J]. 城市发展研究，2021，28（10）：29-40.

[3] 张楠，余咪咪．"互联网+教育"背景下的地方高校城乡规划专业教学探索 [J]. 教育现代化，2019，6（59）：155-157.

[4] 吴万伟．"慕课热"的冷思考 [J]. 复旦教育论坛，2014，12（1）：15.

[5] 张鳌远．"慕课"（MOOCs）发展对我国高等教育的影响及其对策 [J]. 河北师范大学学报（教育科学版），2014，16（2）：116-121.

[6] 杨俊宴，高源，雒建利．城市设计教学体系中的培养重点与方法研究 [J]. 城市规划，2011，35（8）：55-59.

[7] 赵亮，吴越，刘晨阳，等．学科交叉融合下的城市设计培养体系架构研究 [J]. 城市规划，2019，43（5）：113-120.

[8] 董禹，董慰．凯文·林奇城市设计教育思想解读 [J]. 华中建筑，2006（10）：120-123.

[9] 路易斯·贾内梯，贾内梯，焦雄屏．认识电影：插图第11版 [M]. 北京：世界图书出版公司北京公司，2007：66.

[10] 斯坦尼斯拉夫斯基，王华．演员的自我修养 [M]. 北京：二十一世纪出版社，2016.

Innovation and Exploration of Urban Design Course Based on MOOCs

Tang Youhai　Bi Linglan

Abstract: MOOCs is a teaching mode which integrates information technology and higher education deeply. The urban design course with MOOC mode will realize values of the integration of values of different majors, obtain objective teaching evaluation and form a flipped classroom with subject change. According to the different learning basis, different curriculum requirements and different understanding of teaching scenes from traditional classroom teaching, Urban Design MOOCs try to take the general curriculum as the target, take basic ability as the main ability appeal, improve classroom vitality with stage concept, and make a preliminary exploration of curriculum innovation.

Keywords: MOOCs, Urban Design Course, Curriculum Reform, Classroom Vitality

注重实践与精准施策的结合
—— 武汉大学城市规划专业学位研究生实践能力培养的经验探索*

黄经南　钟佳其　沈有先

摘　要：专业学位的设置是我国培养实践类人才的重要举措。城市规划专业学位，同其他专业学位一样，在培养过程中存在着与学术学位区分不大、专业能力不强等通病。本文系统介绍了武汉大学城市规划专业学位的培养模式，并将其总结为精准施策与注重实践并重，即在培养过程中既详细区分专业学位与学术学位的差异，又通过多种措施切实提高专业学位研究生的实践能力。武汉大学的培养模式对兄弟院校相关专业及其他专业学位同样具有借鉴意义。

关键词：城市规划；专业学位；实践能力

1　城市规划专业学位的设置历史

专业学位是相对于学术型学位而言的学位类型，重视实践和应用，旨在培养适应特定行业或职业实际工作需要的应用型高层次专门人才。专业学位的设置是时代发展的需要。我国的研究生教育脱胎于苏联的高等教育培养模式，为满足计划经济的培养要求对专业详细划分是其固有特点，但也由此造成长期以来，我国硕士研究生规模一直较小，并且主要是为教学科研岗位培养学术型人才。改革开放以后，随着我国经济社会的快速发展，各行各业对高层次应用型人才的需求持续增长，原有的研究生培养模式越来越不能满足社会大众特别是广大在职人员学习愿望提高的要求。20世纪80年代后期及90年代初，国家开通了在职人员攻读专业学位教育的通道，开始实施非全日制培养[1]。1990年，国务院学位委员会第9次会议审议通过了《关于设置和试办工商管理硕士学位的几点意见》，由此开启了我国专业学位研究生教育的先河。进入21世纪，随着社会主义市场经济体制的不断发展，教育部决定进一步改变研究生教育结构，从2009年开始增招硕士研究生，且全部用于招收应届本科毕业生攻读全日制硕士专业学位。自2010年始，国务院学位委员会审批通过的硕士专业学位类别，全部纳入全国硕士研究生统一招生安排[2]。至此，全日制硕士研究生教育逐渐从以培养学术型人才为主向以培养学术和应用型人才并重的转变。

在我国，城市规划专业基本都脱胎于传统的建筑学。城市规划学科的学位设置也与建筑学密切相关。基于传统工科背景的建筑学专业也是一门专业性、实践性都很强的专业。改革开放以后，伴随着我国大规模的城市化进程，建筑类专业得到了迅猛的发展，在城市的规划和建设中发挥了巨大的作用。与此同时，建筑类专业的发展也一直与时俱进。1991年，在建设部和中国建筑学会的密切配合下，国务院学位委员会第9次会议决定开展"创立中国特色的建筑学专业学位制度"的研究；次年的第11次会议又通过了《建筑学专业学位设置方案》[3]。1995年，由住房和城乡建设部主导开始了建筑

---
*　基金项目：武汉大学研究生教育教学改革研究项目"建筑类专业学位研究生实践能力培养研究（413100022）"成果。

黄经南：武汉大学城市设计学院教授
钟佳其：湖北水利水电职业技术学院助教
沈有先：武汉大学城市设计学院副研究员

学专业硕士研究生教育的评估工作，通过评估的院校可以授予毕业生建筑学学位。2012 年学科调整后，园林学和城市规划从建筑学中分化出来，城乡规划学和风景园林学独立成为一级学科。至此，城乡规划学科的学位体系明确分为学术学位和专业学位，学术型硕士研究生按照学科门类即工学授予学位，应用型硕士研究生则授予城市规划专业学位 [4]。

2 目前城市规划专业学位研究生培养存在的问题

2.1 培养方案与学术学位研究生雷同

由于专业学位研究生培养从 2009 年才开始起步，设置时间不长，培养模式主要依靠学术学位培养的经验。同时，由于教学资源和师资力量的限制，单独为专业学位研究生"量身定制"专门的培养方案还存在一定的难度，因此专业学位课程设置与学术学位研究生的培养方案十分相似，存在很大比例的雷同。

2.2 "双导师制"的执行情况未达到制度设计预期

按照培养要求，攻读专业学位硕士研究生一般安排两位导师，一位是校内教师，另一位是社会上实践经验丰富、具有高级职称的专业人士，即所谓的"双导师制"。指定一名校外导师的目的是想借助于校外导师的实际项目增强学生的实践能力，但由于部分校内导师本身拥有较多的项目资源，因此很多学生在校内导师的指导下即可完成专业实践的内容和要求，对校外导师的需求较弱。而对于校外导师来说，学生的流动性大，参与的时间短，指导学生的意愿也不强烈。加之学校对于校外合作导师没有薪酬，也没有提出有效的约束条件，因此校外导师的参与程度并不高，对学生的指导的作用也有限 [5]。

2.3 实践基地建设存在困难

建立实践基地是学校和社会企业合作，共同培养专业类学位的重要形式。城市规划专业的实践主要是基于与城乡建设相关项目的规划设计，一般由企业和政府机构提供项目资源，学生参与项目实践。但是硕士研究生专业实践时长较短，流动性较大，研究方向也各有不同，校企双方需求不匹配，导致培养单位很难在某一企业或机构固定建设一个长期驻扎、真正运行的实践基地，因此实践基地实际上发挥的作用也并不理想。

3 武汉大学城市规划专业学位实践能力培养的经验总结

武汉大学城市设计学院是由原武汉大学、武汉水利电力大学、武汉测绘科技大学的建筑学、城市规划、艺术设计等专业和教学单位于 2000 年 12 月合并而成。经过近二十年的磨合发展，学院在专业上逐步形成"人文化、数字化、国际化"的办学特色。作为学院的优势学科，城乡规划专业具有城乡规划学术学位、城市规划专业学位以及城乡规划学一级博士点和博士后流动工作站在内的完整研究生培养配置。城市规划专业作为湖北省重点学科，也是武汉大学"211 工程""985 工程"重点建设学科，多次以优秀通过全国高等学校专业教育评估，在数字规划方面享有国内外较高声誉。

学院对城市规划专业学位研究生的培养目标是"以人为本、服务社会、科学发展"，系统掌握相关学科的理论、方法和技术，能够胜任相关领域实务工作，具备良好的政治思想素质和职业道德素养的高层次、应用型专门人才。学院围绕这一培养目标，在专业学位研究生的学位论文形式扩充、学位论文评阅方式优化和实践基地建设上做了一些探索。

3.1 突出专业学位特点

针对目前专业学位与学术性学位区分不大的问题，学院在培养计划和培养过程中，注重多措并举，以突出城市规划专业学位的特点。具体包括以下措施：

（1）课程设置上区分专硕和学硕

专业学位硕士研究生课程设置上，改变效仿学术型研究生教育追求知识的精深性、系统性、完整性的观念与做法，而以培养研究生的职业技能与素养为本位，围绕职业发展来构建课程教学体系，形成职业要求所需的知识系统与能力框架 [6]。在培养方案修订中，尽量减少专业学位培养方案的课程总数，让学生有更多的时间用于实践。同时，与职业资格认证的相关内容相结合，制定更贴合社会需要和更具前沿性的教学课程。例如在城市规划专业学位培养方案中，我们新增了"土地经济与城市开发""历史街区保护""社区规划与住房政策""现代景观规划设计""国际设计工作坊"等实践类课程，还增设了"现代城市设计理论与实践""数字城市理论与方

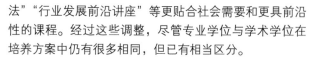

法""行业发展前沿讲座"等更贴合社会需要和更具前沿性的课程。经过这些调整,尽管专业学位与学术学位在培养方案中仍有很多相同,但已有相当区分。

(2)采用区分于学硕的丰富专业学位论文形式

目前大部分专业学位硕士研究生仍然选择采用传统的学术论文形式,专业性和实践性体现不足。针对这一问题,学院对专业学位硕士研究生的学位论文选题做了明确规定。选题贯彻理论联系实际的原则,应来源于实际项目或具有明确的工程技术背景,紧密结合我国城市规划编制、城市规划管理、城市设计、室内外环境设计、房地产开发策划与管理等工作单位的实际需要,注重解决实际问题。专业学位硕士研究生的论文形式不再局限于传统的论文形式,也可以是专题研究报告,还可以是高质量的调查研究报告、设计方案以及高质量的案例分析报告等。在专业学位硕士研究生学位论文的形式上,构建多元化的论文评价标准。

(3)完善学位论文申请答辩的条件

对于研究生毕业答辩,目前国内高校都设置了相应的条件,通常是要求学生在相关学术期刊上发表论文一篇。这项措施对于研究类的学术型硕士来说比较合理,但是对于要求培养实践能力的专业硕士而言则可能是一个不必要的负担或浪费。针对这种情况,学院对于专业硕士研究生毕业答辩科研成果设定单独条件,不再要求一定发表期刊文章,学生满足以下任一条件,即可申请毕业答辩:①在相关领域期刊发表学术论文一篇;②出版著作或撰写著作章节;③获得发明专利;④获得相关领域设计奖项;⑤作品入选省级以上作品展。通过以上设定,拓宽了专业硕士研究生毕业的标准,也更加贴合行业实际。

(4)优化专业学位论文评阅方式

学校要求专业学位研究生的学位论文评阅人、论文答辩委员会成员中,都必须至少有一名校外专家。除满足这项要求外,学院在专业学位硕士研究生学位论文评阅方式上进行了新的探索。例如,学院于2017年5月进行了专业学位论文评阅方式改革试点,在传统的评阅环节之前新增了公开举办毕业设计展览的环节。学院邀请了5名具有高级职称的校外专家来校进行评审,其中2名来自高校,3名来自设计机构。专家对隐去姓名等信息的毕业设计成果进行评定,学生获得不少于3名

专家的通过票数,才可以进行下一步论文盲审和答辩环节。根据专家意见修改后的毕业设计图纸作为附录和研究论文一起存档。

3.2 切实提高专业学位研究生实践能力

目前城市规划专业学位培养模式的根本问题在于培养的研究生专业实践能力不强,这背离了设置专业学位的初衷,因此,学院在这一方面也做出了诸多努力,具体包括:

(1)细化双导师制度的执行办法

"双导师制"是专业学位硕士研究生培养区别于学术学位硕士研究生培养的重要制度。针对"双导师制"效果不佳,尤其是校外导师指导作用发挥有限的问题,学院制定并完善了一系列政策强化校外导师的作用,具体举措如下:①在校外导师的选聘上,经校内导师推荐、校外导师申请、研究生院审核,获得通过的校外导师由研究生院颁发聘书,聘书有效期为3年。②目前学院执行的《武汉大学专业学位研究生校外兼职指导教师管理规定(试行)》(武大研字〔2012〕39号文件),主要规定了校外兼职导师的选聘、职责与权利、管理等方面的内容,大多是原则性和指导性的规定,学院根据自身情况制定了更细化的管理办法。第一,建立一对一的导师联系制度,一部分校外导师由校内导师推荐选聘,因此校内导师是主要联系人,负责和校外导师沟通意见,共同制定研究生的专业实践计划;一部分校外导师由系里统一安排,组织者为主要联系人,负责统筹规划和安排学生的专业实践,帮助建立校外导师与校内导师之间的联系。第二,建立校外导师监督机制,组成分管副院长为主要领导、分管系主任为主要成员的督察小组,走访实习实践单位,对校外导师的指导情况进行考核和评价。第三,建立校外导师退出机制,不定期向学生调查了解校外导师的指导情况,制作和发放可量化的调查问卷,对校外导师进行评分,对评价较低的校外导师不再予以续聘。③加强与校外导师的沟通。在研究生学位论文开题、中期检查等环节组织校内外导师对研究生的学位论文、实践内容及进展等方面进行交流和探讨;定期组织校外导师来校探讨科研项目合作,还组织邀请校外导师联合进行联谊活动等。

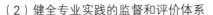

（2）健全专业实践的监督和评价体系

按照《武汉大学专业学位研究生实践手册》，学院在培养方案中设定了6个学分的专业实践课程，要求学生在第一学期末在导师指导下制定专业实践计划，之后按照预先制定的计划逐步完成每个实践环节，每个实践环节完成后，学生须在实践手册上撰写本阶段的实践小节和自我鉴定，并由该环节的指导教师给出评定；所有专业实践完成后学生须撰写实践总结报告，经导师组成的评定小组审核通过后，方可获得相应学分。实践手册的填写和成绩评定在一定程度上督促了学生按计划完成实践环节，但由于每位学生的专业实践计划均为个性定制，实习实践开始和结束的时间节点各有不同，且有极大可能发生临时变动，改变之前的计划，学院很难监督和掌握学生专业实践的实际执行情况，学生在毕业的时候补写实践手册的情况时有发生。为保证专业实践质量，学院构建了更加严格的实践监督和评价体系：①学院成立了相关部门或小组专门负责管理学生专业实践，对专业实践环节做统筹规划，对学生的实习时间、实践单位、联系方式等做统一的整理，不定期电话或实地了解学生实习实践的基本情况。②学院组织座谈会或实践报告会，了解和监督学生的项目或课题进展，及时解决学生的困难和问题。③学院集中组织实践考核答辩会，制定评分细则，邀请专家对实践过程和结果进行评价，获得通过的研究生方能获得专业实践学分。

（3）基于工作室为核心构建实践基地

由于城市规划专业的研究方向较多，通常研究方向相近的3~5名导师组成工作室，形成教学团队和导师团队，共同完成课程教学、指导学生和项目课题研究等工作。基于工作室为核心构建实践基地，有利于更精准、更高效地实现实践基地的建设、维持和运转。在实践基地的建设中，学院采用与事业单位共同负责的"双责任制"培养模式，成立由学院领导与事业单位相关领导参与的实习领导小组，制定学生实习计划，落实实习指导教师，协调学生实习过程中出现的问题。实习基地与学生签订实习协议书，在实习协议书中明确双方的责任和义务。学院和事业单位均安排相应的经费投入基地建设，学院设立专项科研经费，保证实践基地建设工作的正常运行。为保障教学质量，基地定期召开指导教师教学工作会议，了解学生实习情况，听取实习基地领导、

指导教师对学院教学工作、基地建设等工作的意见和建议，不断健全实习基地管理制度、实习教学考核办法和实习成绩评定办法，确保实习教学质量。

4 城市规划专业学位研究生实践能力培养成效

在以上诸多措施的共同作用下，城市规划专业学位培养已经取得了一些成绩。例如，尽管不再要求一定发表期刊文章，但是全院城市规划专业学位研究生在相关期刊上发表的文章仍大幅进步，例如在核心及以上（C刊及以上）学术期刊上每年专业学位研究生发表的文章由2013年的不到10篇，到2015年的20余篇，再到的2021年的30余篇，人均0.5篇左右，进步幅度明显。除论文外，其他形式的毕业成果也不断涌现，如行业获奖。据统计，过去5年，专业学位研究生参与学校老师的各（国家及省市）行业获奖达90人次，为今后的就业奠定了很好的基础。

此外，在实践基地建设方面，学院已经同20余家社会机构建立了各种形式的实践基地，也已经取得一定的成果。例如，学院依托潍坊市规划局建设的实践基地于2018年被评为"武汉大学示范性专业学位研究生实习实践基地"，并在2021年在此基础上成功获批"湖北省研究生工作站"。该实践基地自2013年即开始同潍坊市规划局及下属相关部门合作，开展了一系列的研究和实践类项目。目前这一基地有7位校内导师、5位校外导师，自2013年起已累计为72名硕士研究生提供了16项城乡规划设计实践项目，其中1个项目获得国家级奖项，2个项目获得省级奖项，1个项目获得市级奖项。

虽然专业设置时间不长，借助于武汉大学多学科综合的特点，加上不断的探索，武汉大学城市规划专业发展迅速——在第四轮学科评估中，位于全国并列第11名；2020年软科排名第7；2021年泰晤士学科排名中名列第5。可以说，除了传统的建筑老八校，武汉大学城乡规划学科的发展已经在全国占有了一席之地，其培养的学生的实践能力受到了就业单位的普遍好评。

5 结语

城市规划专业，兼具工程类、社会科学和创意类学科的特点，与城市建设密切相关，属于实践性很强的专业，因而实践能力培养在城市规划专业学位研究

生培养体系中占据非常重要的地位。然而目前城市规划专业学位研究生培养普遍存在课程安排与学术学位雷同、校外导师作用没有凸显、实习实践机制不健全等问题。武汉大学城市设计学院城市规划专业进行了专业学位硕士研究生课程改革,丰富了学位论文写作形式,健全了"双导师制"制度建设,完善了专业实践监督和评价体系,取得了积极成效,值得其他兄弟院校参考和借鉴。

参考文献

[1] 中国学位与研究生教育信息网 . 专业学位简介 [EB/OL].(2009–12–4)[2019–12–26]. http://www.cdgdc.edu.cn/xwyyjsjyxx/gjjl/szfa/263317.shtml.

[2] 黄宝印 . 我国专业学位研究生教育发展的新时代 [J]. 学位与研究生教育,2010(10):1–7.

[3] 邹碧金,陈子辰 . 我国专业学位的产生与发展——兼论专业学位的基本属性 [J]. 高等教育研究,2000(5):49–52.

[4] 宋昆,赵建波 . 关于建筑学硕士专业学位研究生培养方案的教学研究——以天津大学建筑学院为例 [J]. 中国建筑教育,2014(1):5–11.

[5] 古巧珍,刘海斌,苏美琼,等 . 关于全日制专业学位硕士研究生培养模式改革的思考——以西北农林科技大学全日制专业学位硕士研究生培养为例 [J]. 高教学刊,2016(22):201–202,205.

[6] 范凌云 . 城市规划专业学位硕士研究生课程教学改革研究 [J]. 西部人居环境学刊,2015,30(6):43–47.

Integrating Accurate Policy Implementation into Practice Some Experience Summarization about Practical Ability Training of Urban Planning Professional Degree Graduate Students in Wuhan University

Huang Jingnan   Zhong Jiaqi   Shen Youxian

Abstract: Setting professional degree is a vital measure of training qualification for China. Urban planning, same as other professional degree, have some common problems in postgraduate study, like little distinction between academic degree and professional degree, weak professional ability training and so on. This paper systematically introduced training model of urban planning professional degree of Wuhan University, which could be summarized as a integration of accurate policy implementation into practice, that is, making a distinction between professional degree and academic degree and improving practical ability by a variety of practical measures. The training model of Wuhan University has reference values for other colleges and universities and other majors of professional degree.

Keywords: Urban Planning, Professional Degree, Practical Ability

关注身边"趣"事，理论结合实践
—— 同济大学"城市工程系统与综合防灾"课程教研融合建设*

赫　磊　高晓昱

摘　要："城市工程系统与综合防灾"课程是同济大学城乡规划专业5年制本科的专业必修课，是培养城乡规划卓越人才的主干课程。本课程具有多学科交叉、知识边界模糊、知识迭代更新速度快等特征。结合长期教学过程中教师与学生的互动，发现学生学习过程中存在三方面的问题：①死记硬背的知识多，学生学习兴致不高；②课程知识偏难，学生对基本知识和原理的理解与掌握比较困难；③知识系统性强，学生难以主动应用于规划设计课程中。据此，提出"关注身边趣事，理论结合实践"的教学改革：①增加教学认识实践环节，增强学生学习兴趣；②关注身边事，用所学知识解决实际问题；③与设计课程紧密结合，融入模块化教学设计。通过教研融合改革，学生对本课程的接受度、理解力以及主动应用知识的能力得到明显提升，值得推广。

关键词：城市工程系统与综合防灾；教研融合；理论结合实践；模块化教学

1　课程背景介绍

"城市工程系统与综合防灾"的前身是"城市工程规划"，伴随着我国最早的城市规划专业——同济大学城市规划专业一起建立和发展起来。1952年，城市规划专业创立（当时名称为都市计划与经营专业），在城市规划专业的课程设置中，工程规划及相关知识占了较大比例。自1995年起，考虑到城市规划专业教育中工程规划教学的实际需要，同济大学城市规划系开设了"城市工程系统规划"课程。以戴慎志教授等一些具有城市规划专业背景，同时又有一定工程规划经验的教师为主，开始面向城市规划专业本科生系统讲授综合性的城市工程规划知识，并逐步开始在研究生教学中开设"城市基础设施规划"课程。从2001年起，本课程由一学期改为两学期，每周2学时，形成现在本课程"城市工程系统规划（1）（2）"两部分[1]。随着汶川地震后全社会对城市安全防灾的关注，2010年前后，团队将长期的

科研成果和规划实践融入教学，增加了城市综合防灾的内容，本课程正式更名为"城市工程系统与综合防灾"。

十八大以来，特别是中央城市工作会议后，"城市安全发展"作为我国新型城镇化发展的底线，获得党中央和全社会的关注。"城市发展不仅要重视面子，而且应该更加关注里子问题，即城市市政基础设施的高质量发展。"2019年开始本课程进行了系统化教学改革，强化市政基础设施规划的理论教学同时体系化综合防灾规划的理论，为了加强本科教学基础理论与设计实践能力的结合，重点围绕基础设施的规划设计和防灾问题的处理能力的培养，从教学内容和教学方法上进行了一系列卓有成效的改革，与住区中心设计、详细设计、城市总体规划、乡村规划等主干设计课的教学进行融合互动，形成固定化的设计模块，理论与实践得到充分结合。

本研究是课程教学团队近年教学实践经验的总结。围绕本课程的特点、学生学习过程中反馈的困难，开展有针对性的课程教研融合建设，作为初步的经验与同行

　　* 课题资助：教育部产学合作协同育人项目，202102479003，智慧城市系列课程项目案例库建设——智慧韧性城市规划理论与实践，2021.09-2023.09。

赫　磊：同济大学建筑与城市规划学院副教授
高晓昱：同济大学建筑与城市规划学院副教授

共享，希望提升本课程的教学质量。

2 教学中反馈的问题

2.1 本课程的特点

"城市工程系统与综合防灾"课程是同济大学城乡规划专业5年制本科的专业必修课，是培养城乡规划卓越人才的主干课程。课程分为上下学期，在三年级开展集中授课学习，同期与"城乡规划原理""道路与交通""住区设计"等必修课程同步教学。主要内容包括：绪论、城市工程系统规划的任务与内容、城市给水工程系统规划、城市排水工程系统规划、城市供电工程系统规划、城市燃气工程系统规划、城市供热工程系统规划、城市通信工程系统规划、城市环境卫生工程系统规划、城市综合防灾规划基本概念、城市单项防灾规划、城市工程系统发展趋势与规划编制方法、城市工程系统规划案例介绍、城市灾害案例分析、城市综合防灾规划理论、城市综合防灾规划编制、城市综合防灾规划实践、避难场所规划理论与实践、城市地下空间规划理论与实践、竖向规划方法、管线综合规划方法、海绵城市规划理论与实践等。

从以上课程教学内容的安排可见，本课程以市政基础设施规划和城市综合防灾规划为核心，围绕城市工程、各类市政基础设施、各类型防灾工程设施，知识庞杂，综合起来本课程的特点为：

（1）多学科交叉。本课程的基础知识几乎涉及同济大学的所有工科专业，包括但不限于生态学、环境工程学、暖通工程、电力工程、通信工程、土木工程、灾害学、水力学等多个相关学科，是名副其实的多学科交叉。

（2）知识边界模糊。本课程是对市政基础设施和防灾空间及设施的规划布局，属于应用学科范畴，而其中的原因、技术方法等涉及基础理论和基本原理等方面的内容，属于各个交叉学科的内核知识。限于时间和人力，本课程无法普及基本知识和基本原理，这也是导致学生不理解规划应用而死记硬背的根本原因。

（3）知识迭代更新速度快。本课程中讲授的知识涉及城市的生命线系统和城市的安全永续发展，是新型城镇化关注的重点领域。随着科技的进步和全球气候变化带来的韧性发展思潮，城市市政基础设施和综合防灾的知识日新月异、技术迭代速度快，新的产品不断涌现，传统领域的基础认识面临重大挑战。比如能源供应系统、通信系统等，由集中式转化为分布式、单一来源转化为多元供给、新通信技术改变了传统的网络用地布局等，导致该课程需要学习的知识、掌握的动态越来越多。

2.2 学生反馈的问题

鉴于以上客观的原因，笔者在教学中通过主动发现以及与学生交流，总结学生反馈的问题主要有以下三点：

（1）死记硬背的知识多，学生学习兴致不高。本课程考察形式为闭卷考试，历年学生成绩分布呈现高分少、低分多的特征，普遍反应本课程死记硬背的知识点多。究其原因，是由多学科交叉和知识边界模糊，学生"知其然，不知其所以然"导致。例如，以防洪工程的设计标准为例，参考书中给出选定列表，见表1，学生死记硬背城市的防洪标准，却不理解制定标准背后的原因。本标准选自《城市防洪标准》GB 50201—1994，一般认为当时的国情和我国防洪的现实情况决定了按照城市的重要程度和人口规模进行城市防洪堤的标准建设，越重要的城市、人口规模越大，其受灾后的损失越大，因此应该重点保护，即选取更高的防洪标准。如果遇到组团城市，各个独立组团如何选取防洪标准？其重要程度和城市人口如何确定？紧邻大城市周边的小城镇或乡村地区的防洪标准如何确定？等等诸如此类的问题，非死记硬背表格数据能够解决。这些枯燥的知识给学生带来非常大的压力，学习兴致不高。

（2）课程知识偏难，学生对基本知识和原理的理解与掌握比较困难。仍以表1为例，规定的防洪标准是

城市的等级和防洪标准 表1

等级	重要程度	城市人口（万人）	防洪标准（重现期 年）		
			河（江）洪、海潮	山洪	泥石流
I	特别重要城市	≥150	≥200	100~50	>100
II	重要城市	150~50	200~100	50~20	100~50
III	中等城市	50~20	100~50	20~10	50~20
IV	一般城镇	≤20	50~20	10~5	20

资料来源：《城市工程系统规划》.

底线，即最低防洪标准，在实际工作中不能低于表 1 的要求。其背后的原因是在我国有限的人力和财力基本国情约束下，按照城市重要程度和城市人口来区分河流防洪标准，可以节约投入并最大化保护财产和生命。随着我国综合国力的提升，尤其是基建能力的攀升，在投入不是主要约束的情景下，各个地方是否可以无限提高防洪标准呢？答案也是否定的。这涉及流域防洪的基础知识，从上下游的关系来看，如果某地中等城市防洪堤无限提高标准，则将潜在的风险转嫁到其临近的上下游重要城市上，破坏了流域整体的防洪风险分布。因此，表 1 也并不是防洪标准的底线。因此，流域防洪态势、人力财力投入等多因素相互耦合，相互影响，共同决定了当地防洪标准的选取。而这些书本背后的知识，对学生理解与掌握起来都比较困难。

（3）知识系统性强，学生难以主动应用于规划设计课程中。以海绵城市中雨水花园为例，在住区设计中需要考虑规划区内超标雨水的排放问题。海绵城市设施是基于"降雨产汇流"理论（图 1）的系统性工程设施，雨水花园的选址、规模等关键规划参数需要从当地降雨公式、下垫面渗流、产汇流、排水管道排水等一系列过程中逐步计算和推算，知识的系统性强，学生普遍难以将所学知识应用于规划设计方案中。

综上所述，本课程多学科交叉、知识边界模糊、知识迭代更新速度快等特征，在教学中给学生带来较多的问题，迫切需要我们采取创新做法，研教融合解决以上问题。

3 教研融合的改革创新

3.1 增加教学认识实践环节，增强学生学习兴趣

由于本课程安排任务比较饱满，没有专门的时间可供学生认识实践。因此，授课老师抽调周末的时间带领同学们前往上海市白龙港污水处理厂参观实习（图 2），实地了解污水处理厂的布置、工艺、流程等，并了解上海全市污水处理系统。学生参观过后对污水处理厂留下了深刻的印象。同时，布置同学们自行前往杨树浦水厂中的上海自来水科技馆，学习上海第一个水厂的规划建设运营历史，了解自来水厂的布置、工艺、流程等，学生普遍反馈受益匪浅。利用"住区详规设计"课程调研（授课老师同时也参与该课程教学），带领学生参观杨浦

图 1 降雨产汇流过程示意图

图 2 白龙港污水处理厂认识实习

图 3 杨浦滨江防洪堤混合利用认识实习

滨江防洪堤的多功能利用（图 3）。通过参观实习，大家将书本中的知识与规划实务自觉联系起来，增强学生学习兴趣。

3.2 关注身边事，用所学知识解决实际问题

本课程的相关知识与身边事物紧密联系。尤其是综合防灾规划相关知识，许多来源于对灾害事件的学习、反思和推演。因此，通过有意识地培养学生关注身边事，

自己感兴趣的现象，并应用课程所学知识对身边事进行分析。例如本课程中布置给学生的题目："2019 年末出现的新冠病毒，按照我国城市突发公共事件分类，属于什么事件？请你谈谈应对新冠肺炎病毒的主要举措是什么？其中，哪些措施属于城市规划？在城市防灾领域，我们还应做哪些工作更好地应对疫情？"同学们切身经历了疫情后，对该问题的回答充分应用了城市综合防灾规划的基本知识，"疫情防控对策的思路"涵盖了：①基于城市功能的空间角度：交通—设施—公共空间—经济功能—防灾规划；②时间维度：疫情发生前期—中期—后期；③个人防护—社区管理—城市规划—国家政策；④传染源防控—传播途径管控—保护易感人群；⑤物质空间规划措施—管理对策；⑥宏观医疗资源调配—微观个人防护；⑦灾前预防—灾后救治等，表现出了良好的逻辑性。城市规划范畴内的规划对策如图4所示，值得继续研究的防灾课题如图5所示。可见，同学们已经基本掌握了城市综合防灾的系统化分析思路、城市防灾规划对策，并能够应用于身边事件进行解释分析和规划处置。

3.3 与设计课程紧密结合，融入模块化教学设计

本课程与住区详细设计同步开展。设计中引导学生突出设计主题，部分学生以"海绵城市"作为方案的亮点。在课程教学中，"海绵城市规划理论与实践"作为一个独立模块讲授（图6），同时将设计课的基地作为本课程的实践案例。

通过模块化教学和设计课程的融合，学生更加深刻地认识到海绵城市的基本原理，并将海绵城市的理念落地于规划实践，对住区屋顶绿化、生态绿地、雨水花园等设施的规模、布局等关键指标进行量化，与最新的规划理念进行衔接，提升了设计项目的科学性。

4 结论

"城市工程系统与综合防灾"作为同济大学城乡规划学本科专业的主干课程，自创立之初一直秉承"兼容并蓄"的专业建设思路，融合土木工程、市政工程、道路交通等相关专业和学科，不断充实教学队伍、完善教材。随着城镇化进程的推进，市政基础设施和城市安全防灾专业方向在新时期获得高度关注，对专业人才培养

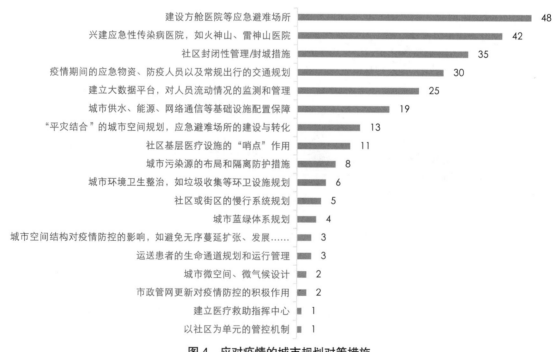

图 4　应对疫情的城市规划对策措施

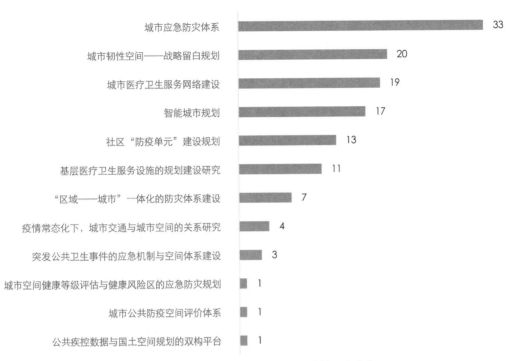

图 5　应对疫情的城市综合防灾可能的研究方向

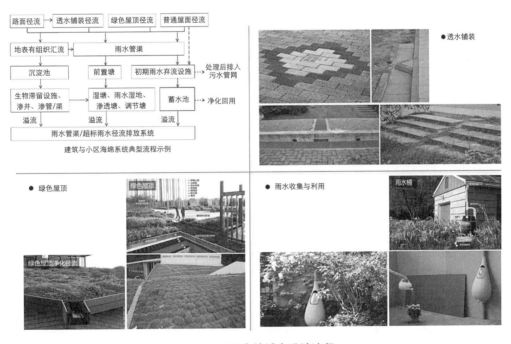

图 6　住区海绵城市设计流程

的需求非常旺盛。因此，同济大学一直将本课程作为学科建设的重点，也是参与"韧性城市"构建的一支重要力量。正是由于新时期新使命，本课程承担了外部环境变革的挑战和科技革新的机遇，不断吸收相关学科的最新知识，充实完善课程知识体系，形成了"多学科交叉、知识边界模糊、知识迭代更新速度快"的典型特征。这给传统上以"空间"为主要认知体系培养的本科学生带来了较大的挑战。在教学过程中，通过教研融合的一系列改革措施，通过关注身边"趣"事，培养学生实务认知、理论结合实践、理论指导实践的能力，培养创新研究思维、将规划理论（理念）落地于规划实践的

设计能力，最终将本课程的知识内化为学生思维惯性和行为规范，培养服务祖国的卓越规划人才。

参考文献

[1] 高晓昱. 同济大学城市规划专业本科教学中的工程规划教学——历史、现状和未来 [C]// 全国高等学校城市规划专业指导委员会，同济大学建筑与城市规划学院. 更好的规划教育 更美的城市生活——2010 全国高等学校城市规划专业指导委员会年会论文集. 北京：中国建筑工业出版社，2010：253-267.

Pay Attention to the "Interesting" Things around You，Combining Theory with Practice
— Tongji University "Urban Engineering System and Comprehensive Disaster Prevention" Course Teaching and Research Integration Construction

He Lei   Gao Xiaoyu

Abstract: The course "Urban Engineering System and Comprehensive Disaster Prevention" is a compulsory course for 5-year undergraduates majoring in urban and rural planning at Tongji University，and it is the main course for cultivating outstanding talents in urban and rural planning. This course has the characteristics of multi-disciplinary intersection，fuzzy knowledge boundary，and fast knowledge iterative update speed. Combining the interaction between teachers and students in the long-term teaching process，it is found that there are three problems in the students' learning process：(1) there is a lot of rote knowledge，and the students are not very interested in learning；(2) It is difficult to understand and master the knowledge and principles；(3) The knowledge is highly systematic，and it is difficult for students to actively apply it to the planning and design courses. Based on this，the teaching reform of "paying attention to the interesting things around you，combining theory with practice" is proposed：(1) Increase the teaching awareness and practice links to enhance students' interest in learning；(2) Pay attention to the things around them and solve practical problems with the knowledge they have learned；(3) It is closely integrated with design courses and integrated into modular teaching design. Through the reform of teaching and research integration，students' acceptance，understanding and ability to actively apply knowledge have been significantly improved，which is worthy of promotion.

Keywords: Urban Engineering System and Comprehensive Disaster Prevention，Integration of Teaching and Research，Combination of Theory and Practice，Modular Teaching

城乡规划学本科教育阶段的建筑设计课程改革探索与实践

张威涛　裴　昱

摘　要：为积极适应新时代城乡规划一级学科发展，探索城乡规划本科阶段的建筑设计课程改革，提出建立长96学时的"地区调研＋建筑设计"复合型教学模块，对教学体系实现"系统""选题""研究"3项增补性重塑。并结合大二学年第二学期课程实例，通过建立"社区发展—建筑触媒"交互性目标、"共性问题—个性问题"复合性内容、"小组合作—个体设计"统分性方式，对课程重塑进行细化落实，指导制定形成具体教学组织过程。认为这一课程改革能够在城乡规划本科建筑设计教学中显著强化建筑单体与城市系统的结合，实现城乡规划从低年级注重建筑设计的基础教育向高年级启动综合性学群的专业教育的顺利衔接和有效跨越。

关键词：城乡规划学；本科教育；建筑设计；课程改革；社区调研；社区服务中心设计

1　引言：新时代的城乡规划学科发展特征

城乡规划学科在工业革命和城市化进程影响下，经历了若干次跨越式发展：在工业革命之前，城市规划与设计是建筑学范畴内难以切分的整体，着重城市建设的空间布局和形态环境[1]；工业革命的兴起催生了以经济发展为驱动的现代城市规划，城市人口活动的复杂性和冲突点显著增加，促使规划不能再局限于传统物质空间环境视角，转而追求通过空间规划、政策和管理等结合手段，既保证城市生产生活效率，又缓解由此衍生出的一系列城市问题；1970年代后西方发达国家发展转型，开始反思现代城市规划追求效率主导的弊端，要求回归人本思想，一方面找回兼具空间美学和人本体验的空间环境质量，另一方面与城乡统筹、社会公平、生态保护、遗产保护、智慧技术等更多可持续发展课题结合，配合地理学、管理学、社会学、环境学等多学科知识，实现城乡规划学科的知识体系和技能要求的显著扩展[2]。

当前我国城乡发展也步入了增量转存量、效率转效益的新时代，与此同时，我国还建立了"多规合一"的国土空间规划体系，要求城乡规划与主体功能区规划、土地利用规划等空间规划"抱团"融合[2]，更加强调了城乡规划在钻研专业本底的同时，与其他学科部门相互配合和支持。厘清城乡规划学科发展历程，有助于确立我国新时代城乡规划学科发展定位，制定响应时代要求的学科教育目标和人才培养方向。

第一，学科定位"空间内核—学群延展"：回顾城乡规划学科发展历程，物质空间规划一直是技术核心，其他多学科的渗入主要决定了对城乡规划认知、研究和实践能力的延展。总结城乡规划学科本质，就是通过物质空间规划手段，协同解决社会—经济—人口—生态—美学问题，推动空间治理现代化。所以，城乡规划学科要"宽基础、聚核心"，致力于"空间"专业素养和"学群"综合能力的双向发展。

第二，人才培养"多出口—多方向—强协作"：规划学科体系的扩展使人才培养覆盖设计、研究、教学、咨询、管理、开发等多个出口，并且会有更多人才下沉到基层，承担一线的城乡空间规划和治理工作。另外，更精更广的学群架构客观上要求规划教育采用分方向、模块化的方式，在建立一般性学群知识体系基础上，培养针对具体城乡发展议题的专攻型能力。以上都使城乡规划工作的团队属性进一步强化，不同出口和专长的规划人才必须具备沟通协作意识与能力，组团解决城乡发

张威涛：北京交通大学建筑与艺术学院讲师
裴　昱：北京交通大学建筑与艺术学院讲师

展的复杂系统性问题。

第三，教育目标"技能应用—逻辑思辨—社会责任"：城乡规划虽然具有鲜明的跨学科属性，但仍以工科为本体，因此规划教育要求学生掌握空间规划技术方法来解决实际问题。而对于城乡规划的学群延展，若要学生做到多学科知识有效地输入和输出，必须培养思维和逻辑能力，只有能够筛选、提炼学群知识并与空间技术对接整合，才能为解决多元的城乡发展问题提供有效空间方案。城乡规划历史背景还赋予了学科解决城乡公共问题的基本责任[3]，所以建立学生争取和平衡公共利益的行业精神也是教育的顶层目标。

2 城乡规划本科教育阶段的建筑设计课程改革

面对新时代城乡规划学科发展特征，当前大部分城乡规划院系都面临着教学内容扩展、教学要求提高以及学时量限制甚至缩短的矛盾[2]。2020年，北京交通大学城乡规划专业为了适应学科发展要求，围绕"基础宽厚、专业精深、思维创新、能力卓越、品德优秀"人才培养目标，对本科二年级两个学期的建筑设计课进行了一次重大改革，将原来由城乡规划学和建筑学学生合上的同学期2门课程（分别为56学时），调整为城乡规划学生专设的1门96学时、共12周大课，加大了教学的模块规模但缩小了总学时。通过建立"地区调研＋建筑设计"复合教学模块，对教学方式、目标和内容进行了"系统""选题""研究"的增补性重塑（图1），对如何在规划本科建筑设计教学中实现建筑单体与城市系统的

结合进行积极探索和实践。总体上旨在改变过去城乡规划从低年级注重建筑设计的基础教育向高年级启动综合性学群的专业教育[4]的突然跨越和衔接不足。

2.1 教学目标改革："系统性认知＋"

"系统"是由特定环境及其中的各类要素构成，要素之间的交互影响和耦合作用是关注重点。在城乡规划教育的建筑设计课程着重引入3个系统性问题：首先是"城市街区—建筑单体"关系认知，将基地详细调研扩大至街区或社区尺度，从更大空间、社会经济生态等更综合要素思考公共建筑所处环境，以及建筑为系统环境带来的影响；然后是"物质空间—人口活动"关系认知，分别从街区和建筑尺度思考物质空间对人口活动的容纳，以及人口活动对物质空间的重塑能力；最后是"自上而下精英型设计—自下而上需求型设计"关系认识，鼓励学生站在功能、美学、现代、科技的专业空间设计视角，也通过多重社会调研方法获取使用者和相关利益者的实际需求，提出既体现专业技能又平衡公共利益的街区优化思考和建筑设计方案。

2.2 教学内容改革："选题型教学＋"

课程设计为"1项基本训练＋N项自选训练"组合模式。首先需要保证学生的建筑设计基础知识结构完整，所以明确1项基本题目，涉及公共建筑基本设计原理，尽量覆盖社会大众的常态且多元需求。然而，不仅城乡规划学科的学群知识体系扩张要求培养对具体城乡发展议题的分方向专攻型潜在人才，现代大学生也更加注重自我意识的实现。所以，在课程中需要再安排N个（一般为2~3个，避免泛而不专）热点城乡发展议题或前沿设计理念，以供学生根据兴趣自主选择，在基本题目之上叠加1项个性化设计题目。

2.3 教学方式改革："研究型教学＋"

现在包括北京交通大学在内的很多学校都在探索"本研贯通"的人才培养方式，非常强调培养协作和思辨能力的城乡规划院系更应该成为研究型教学[5]的充分践行者。将建筑设计课程依次分为知识讲授（专题学习）—系统探索（地区调研）—设计实践（建筑设计），其中，将研究型教学加入"地区调研"板块，在基础知

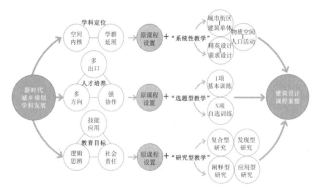

图1 城乡规划本科阶段建筑设计课程改革思路和要点
资料来源：作者自绘.

识学习的前期铺垫后，以小组合作开展建筑所处街区或社区的社会和空间调研，引导学生学习并试验多种研究类型，包括基于文献收集和综述的复合型研究、基于数据获取和分析的发现型研究、基于故事梳理和推导的阐释型研究、基于解决方案制定和评价的应用型研究，帮助学生初步了解基础研究方法并建立系统分析意识。

3　实践案例："碰撞与交融"——社区调研和社区服务中心建筑设计

以某次大二学年第二学期建筑设计大课为例，介绍对城乡规划教育的建筑设计课程改革的具体情况。课题选取了北京市西城区百万庄小区为对象（图2、图3），要求从小区的历史传承、现状条件和未来发展出发，重新设计位于其中的社区服务中心建筑。百万庄小区始建于1950年代，是新中国成立后第一个完整规划的现代化小区 [6]，占地约500m²，采用邻里单位的规划布局

和组团围合的建筑格局以及格网状道路组织，低层住宅在繁茂高大的乔木中隐现，被誉为"共和国第一社区"。原社区服务中心位于小区中部偏西，满足5min生活圈的服务半径。然而，在北京的快速城市化进程中，百万庄的历史辉煌逐渐被尘封，转而表现出老旧小区 [1] 环境质量不佳、配套设施不足、建筑设备老化等一系列问题，尤其在北京城市核心区的现代化高容量建设环境中显得尤为突兀和失衡，亟待通过更新改造 [2] 焕发新生。

所以，在课程任务制定的基本训练中，要求学生先以4人小组合作完成社区调研板块，发现和探索百万庄在空间结构、功能、交通、景观、建筑等"老化"问题（图4），思考包括设计理念、设施条件、维护状况等多方面与当前经济社会发展的矛盾，并提出一些社区层面的空间优化思考（图5）；再进行个人建筑设计，在原址重新设计一座占地4000m²、建筑面积1000m²的社区服务中心，以服务小区居民为主、外部居民为辅。要求

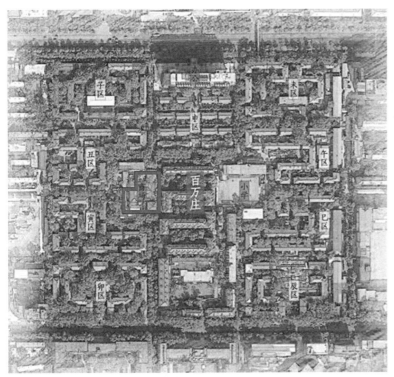

图2　百万庄小区平面图和社区服务中心位置
资料来源：参考文献 [6].

图3　百万庄小区实景
资料来源：作者拍摄.

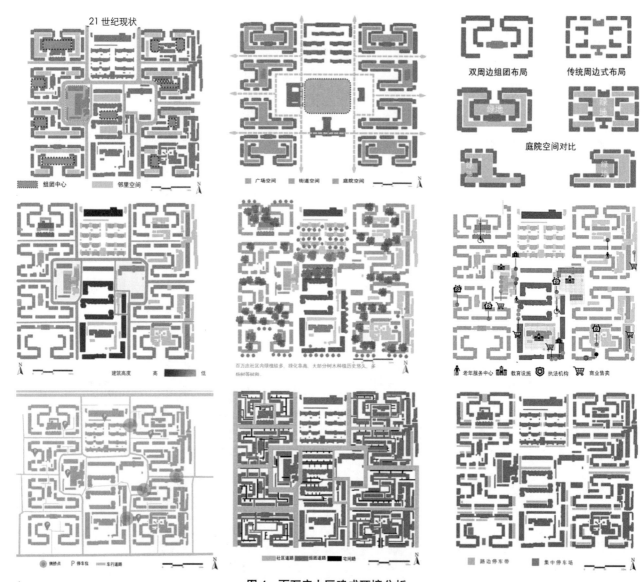

图 4 百万庄小区建成环境分析

注：从左至右、从上至下分别为：空间结构、开敞空间、建筑肌理、建筑高度、景观环境、
公共服务、停车场地、道路交通、路边停车等分析

资料来源：学生作业截选．

建筑形式与小区空间环境和历史文化呼应，建筑功能满足多种人群的多元日常生活服务需求。

对于自选训练，本次为学生提供了"老龄关怀"和"儿童友好"的2个特色题目，前者希望学生关注老旧

小区的"双老化"，尝试增加老旧小区调研的思考深度，并在社区服务中心设计中增加1000m²的老龄养护中心设计，构成2000m²的复合型公共建筑；后者希望学生尝试将儿童友好设计理念作为老旧小区更新的活力点和

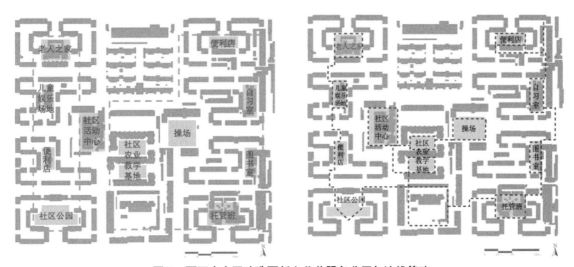

图5 百万庄小区改造更新之公共服务分区与流线策略
注：左为公共服务优化分区，右为公共服务流线设计
资料来源：学生作业截选.

切入点，拉伸社区调研思考广度，在社区服务中心设计中增加 1000m² 的儿童活动中心设计。

社区调研板块和建筑设计板块的学时占比约为 1：2。课程希望学生在百万庄和现代化城市发展之间体验老与新的碰撞，思考并尝试如何通过潜在小区改造和具体建筑设计的空间方案，使百万庄既真实保留历史价值，又能积极融入甚至引领新时代城市生活。

4 教学模式更新

本次建筑设计课程为具体回应前文提出的课程改革在教学方式、目标和内容上的"系统""选题""研究"3 项增补性重塑，对于教学模式主要进行了以下 3 方面更新（图6）。

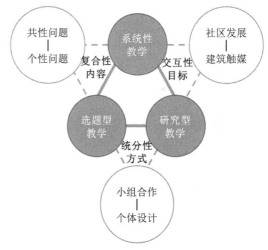

图6 课程模式更新
资料来源：作者自绘.

4.1 "社区发展—建筑触媒"交互性目标

社区调研为建筑设计提供背景依据，建筑设计也要主动带动小区更新和发展。例如，在本次社区调研过程中，有同学发现百万庄有一些服务配套缺失，还有一些零散分布在后期私自搭建设施中，使用安全和服务质量都存在问题，于是在社区中心设计中清晰列出并主动容纳了需要整改和新增的服务功能，提高居民生活服务水平（图7）；有同学根据小区内机动车停放挤占道路的现状，在设计社区中心时有意扩大建筑基地内地面地下停车场规模，帮助缓解小区停车难问题；也有学生体会到百万庄内高大树木对场所精神的营造作用，所以在社区中心的建筑内庭和外环境中积极塑造乔木景观，还有学生发现了住宅建筑排列和立面装饰的云纹形式，将其通过异化变形引入社区中心的造型中，都意在传承百万庄

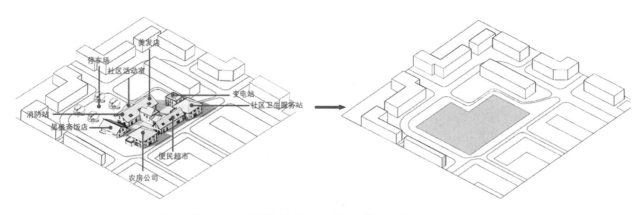

图7　社区中心设计计划容纳百万庄需要整改和新增的服务功能
资料来源：学生作业截选．

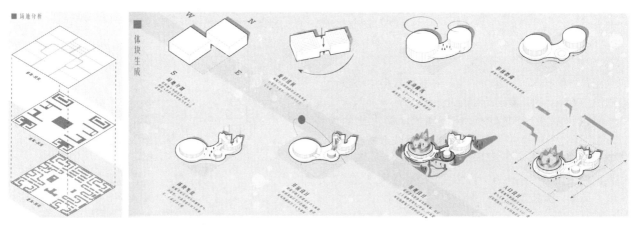

图8　社区中心设计与百万庄小区衔接之云纹的变异和载入
资料来源：学生作业截选．

的历史和人文（图8）。课程希望帮助学生的认知和实践能够在小区环境和建筑单体之间、在经济社会人口发展和物质空间塑造之间不断切换和持续对接。

4.2　"共性问题—个性问题"复合性内容

在"1项基本训练＋N项自选训练"组合模式中，基本和自选的训练内容都具有共性和个性的复合特征。在基本训练中，对共性内容的学习，指学生通过社区调研初步了解规划基本要素，再通过社区服务中心建筑设计巩固学习公共建筑设计原理；个性或称特色内容，指学生基于百万庄实际，进一步探索符合老旧小区典型特征的现状问题和优化策略，并考虑如何通过社区中心设计，针对性缓解老旧小区的部分问题。以上基本训练的内容都可以认为是自选训练的共性内容，而自选训练的个性内容再细分为"老龄关怀"和"儿童友好"两个题目（图9、图10），帮助继续加强学生对老旧小区和社区中心思考的深度和广度。本次课程中选择以上两个题目的学生比例为1/2，学生把对自选题目的认知和实践贯彻到了从社区调研到建筑设计的全过程。除此之外，精细化兼差异性的训练内容设计，充实了社区调研和建筑设计的知识厚度，也通过不同选题学生之间的共享和比较，实现了学生视野的拓展、兴趣和技法的提高。

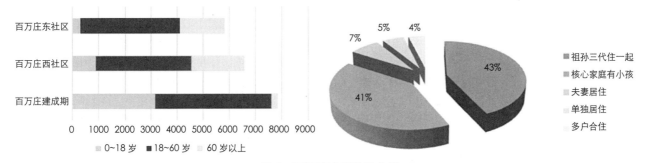

图9　百万庄人群结构分析

注：左以人口老龄化问题分析为目标，右以儿童友好发展分析为目标

资料来源：学生作业截选.

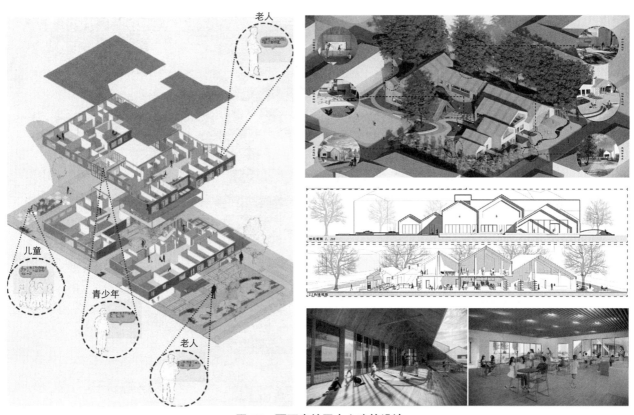

图10　百万庄社区中心建筑设计

注：左以"老龄关怀"为题，右以"儿童友好"为题

资料来源：学生作业截选.

4.3 "小组合作—个体设计"统分性方式

社区调研的内容较多且系统性强，客观上需要学生以小组形式分工合作完成，而主观上学生在组内会通过交流来延展每个人的思考广度，也在面对复杂问题达成共识的过程中提高聚焦核心问题的能力。本次课程中，学生先根据相同的自选题目组队。社区调研以调研报告为考核，所以需要在调研开始时先指导各小组拟定初步的叙事提纲和调研框架，然后经过预调研，调整叙事线、确定调研的具体内容、方法和分工，再开展正式调研。课程希望学生通过调研初步了解社区发展主要问题和规划基本要素，并且能在经济社会影响、政策指引或先进设计理念启发下，通过"立主题"和"讲故事"的方式将社区调研成果有效表达出来（图11）。还需要补

充的是，学生小组会在调研最后提出百万庄小区更新的"小组策略集"，根据"社区发展—建筑触媒"交互性目标，这些策略会直接与组内每个成员的社区服务中心建筑设计实现对接，使小组成果贡献于个人设计。

5 教学组织过程

课程任务书中明确了详细教学组织过程（图12），分为专题学习、社区调研、建筑设计3个板块，强调培养学生"快速带入、逐层深入、聚焦主线、开拓思域"的认知和实践能力。授课教师在开学前通过网络课程平台向学生发布课题简介和任务书，课程第12周最后一次课为结题答辩。

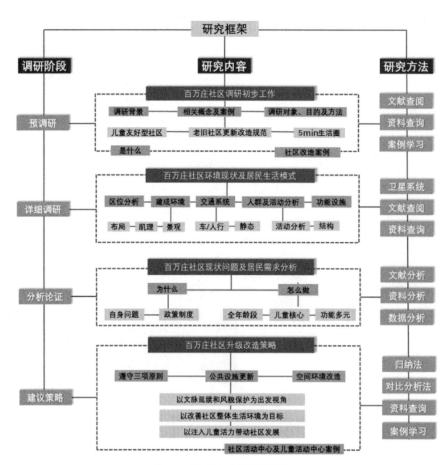

图11 百万庄社区调研提纲

资料来源：学生作业截选.

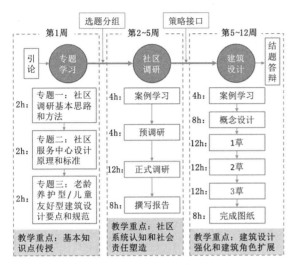

图 12　课程组织过程
资料来源：作者自绘.

5.1　专题学习

课程第 1 周为"专题学习"板块，先是"引论"即在课程开始时向学生介绍课程背景，并详细解读任务书；"专题一"为社区调研基本思路和方法；"专题二"为社区服务中心建筑设计原理和标准；"专题三"是老龄养护型 / 儿童友好型建筑设计要点和规范。基本任务是"了解社区调研、掌握社区服务中心建筑设计的主要问题和基本方法，了解老龄养护和儿童友好型空间设施的设计规范。"

5.2　社区调研

学生根据专题学习成果，选择兴趣题目并分组，在课程第 2~5 周进入"专题学习"板块，首先是"案例学习"指学生小组收集并分享对优秀社会调研案例的题目生成、技术路线和成果表达的认识和收获；"预调研"在开始时要求学生小组拟定初步调研提纲；"正式调研"要求小组根据预调研结果调整调研提纲，并提出具体分工分阶段实施方案，按照方案有序开展和深入；"撰写报告"即整理和表达调研成果，包括 6000 字文字报告和 1 张 A1 图纸报告。授课教师需要对调研提纲、内容、分工、方法的制订和实施进行全程把控。学生在课下完成调研工作，课上小组汇报进展并获得答疑指导。基本任务是"了解老旧小区更新改造和老龄关怀 / 儿童友好

的理念、政策和策略；实践社区调研方法，分析调研结果，发现现状问题，思考更新优化策略；培养多题目叠加的思维创新整合能力；培养团队合作的意识和能力"。

5.3　建筑设计

学生根据小组提出的百万庄更新策略，为社区服务中心建筑设计预留接口，在课程第 5~12 周进入"建筑设计"板块，首先为"案例学习"指每个学生收集并分享学习优秀社区服务中心和养老 / 儿童活动中心建筑的理念、造型、功能和活动；"概念设计"要求学生制订个人设计立意和特色空间策略，思考并提出 2 套概念性空间方案，包括造型模式和功能安排；"1 草"延续概念性方案形成 2 套初步设计方案，重点解决总体布局、功能组织和空间形态，比较分析 2 套方案的优缺点；"2 草"优选 1 套方案进行深化，落实平面组织、立面处理、流线组织、场地景观、主要设施布局等；"3 草"进行细节处理，包括材质、颜色、光影、微空间设计和辅助设施布置，做好上板前的准备工作；"完成图纸"包括 2 张 A1 图纸报告和 1 个 1：200 手工实体模型（受疫情影响可考虑替换为 1min 数字动画模型）。基本任务是"掌握小型综合服务型建筑设计方法；了解小型专业性（老龄养护 / 儿童活动）建筑设计理念和标准；实践建筑设计工作，了解建筑单体可以为社区系统甚至城市系统发挥的多重作用；具备空间认知、设计和评价能力"。

6　课程总结思考

我国城乡规划学在 2011 年从原来建筑学下的二级学科升级为了独立的一级学科，并且在城市化进程和现代经济社会发展的持续推动下，城乡规划的学科定位更加明确、知识体系更加完整、教育目标和人才培养也正在走出学科特色化道路。城乡规划在与建筑学之间保持"血缘"联系的同时，"成长"的差异性越加显著。

在学科发展新形势下，城乡规划本科阶段长期设置的建筑设计课程，应该根据城乡规划学科发展的新时代特征，进行积极地适应性调整。尤其是大二年级的建筑设计课程，因为需要与大三年级开始启动的、涉及综合性学群的规划专业教育进行有效对接，课程改革势在必行。实践证明，学生通过本次建筑设计课程的学习，一方面巩固强化了物质空间设计技能，另一方面更早建立

起了对城乡系统要素和物质空间之间交互关系的认知能力和思辨意识。但是，在教学探索过程中，还发现了需要继续思考应对的新问题，比如在信息发达的互联网时代，如何平衡实地调研与线上调研之间的学习占比？又如何平衡团队合作贡献与个人设计能力之间的培养偏重？这些都需要我们进一步的思考和总结。

注释

1. 2019 年 7 月，中国城市科学研究会发布了《城市旧居住区综合改造技术标准》，将城市旧居住区定义为"城市建成区范围内建成使用 20 年以上，或环境质量差、配套设施不足、建筑功能不完善、结构安全存在隐患、能耗水耗过高、建筑设备老旧破损的居住生活聚居地"。
2. 2020 年 7 月，《国务院办公厅关于全面推进城镇老旧小区改造工作的指导意见》出台。由此，全国各地开始积极开展包括环境整治、功能更新、环境修复等在内的老旧小区更新改造工作，成为当前城乡规划热点议题。

参考文献

［1］ 王正.城市设计教学中的形态思维训练探索[J].建筑学报，2021（6）：102–106.

［2］ 孙施文，吴唯佳，彭震伟，等.新时代规划教育趋势与未来[J].城市规划，2022，46（1）：38–43.

［3］ 刘淑虎，林兆武，樊海强，等.多元主体参与的情境化评图模式探析——以城乡规划专业高年级设计类课程为例[J].城市规划，2020，44（6）：106–112.

［4］ 吴晓，王承慧，高源.城乡规划学"认知–实践"类课程的建设初探——以本科阶段的教学探索为例[J].城市规划，2018，42（7）：108–116.

［5］ 钟声.城乡规划教育：研究型教学的理论与实践[J].城市规划学刊，2018（1）：107–113.

［6］ 陈曦.百万庄，新中国的居住样本[J].中华遗产，2016，0（10）：120–133.

Exploration and Practice of Architectural Design Curriculum Reform in Undergraduate Education of Urban and Rural Planning

Zhang Weitao   Pei Yu

Abstract: To actively adapt to the new era of urban and rural planning discipline development, the undergraduate architectural design curriculum reform is explored. Firstly, it puts forward to establish 96 hours of community survey and architectural design compounded teaching module, to reform the teaching system of architectural design curriculum by adding systemic, selectable, and research-based features. Afterwards, with combining the practical case in the second semester of sophomore year, it shows how to implement and operate these reform features by establishing interactive objectives of community development and architectural design, setting compound contents of common issues and individual issues, and building combined methods of group cooperation and individual design. Lastly, the detailed teaching organization of this curriculum reform is carried out. It is believed that this curriculum reform can significantly strengthen the combination of single building and urban system in undergraduate architectural design curriculum. It also be believed to realize the smooth connection and effective bridge of urban and rural planning from basic education focusing on architectural design to professional education of comprehensive subjects.

Keywords: Urban and Rural Planning, Undergraduate Education, Architectural Design, Curriculum Reform, Community Survey, Community Service Center Design

城乡规划专业实践课程协同教学模式及其实施路径研究*

朱凤杰　宫同伟　张　戈

摘　要： 城乡规划是不断探索解决实际问题的实践性学科，实践教学成为规划教育的重要环节。伴随城乡发展需求的拓展，其知识体系不断扩大，加之数字技术的不断更新，实践课程协同教学成为国内外高校加强学科发展和提升专业教学的必然选择。本文在分析我校实践课程协同教学现状的基础上，确定知识—能力、理论—实践、教学—科研三项协同教学目标，通过制定研究思路，探索校际、校企联合教学等多元化教学模式，通过临场式教学等实施路径，达到增强应对实践变化的韧性等人才培养目标。

关键词： 实践课程；协同教学；教学模式；实施路径

1　引言

　　城乡规划是一门综合知识应用的实践性学科，也是一门不断探索解决新的实际问题的启迪式学科，实践教学是城乡规划教育不可缺少的重要环节。[1] 城乡规划成为一级学科后，其专业外延不断拓展，从城市到乡村直至国土空间全域，其知识体系不断扩大，加之大数据及数字技术手段的不断更新，对城乡规划教学尤其是实践课程教学提出了更高的要求，现有的教学模式已无法满足社会对城乡规划专业人才培养的多元化需求。国土空间规划行业培养人才需要城乡规划学、地理学、土地管理学等多学科的支撑，通过多学科交叉融合、相互支持，培养应对经济社会变革能力的行业人才。[1] 新时期城乡规划专业教学方式发生了变化，课程教学要增加临场感和情景感，实践性课程环节必须有协同。[1] 近些年，国内多个高校都在开展不同形式的协同教学（如联合毕业设计、暑期工作营、乡村规划竞赛等），我校城乡规划专业已在校际、校内等多个层面展开协同教学的局部探索，实践教学取得了一定的成绩，但因缺乏对实践课程协同教学的系统研究，造成实践课程的多方位、多维度协同教学无法全面展开。本研究以实践课程为研究对象，全面探索其协同教学模式及其实施路径，以协同培养、提升为目的，通过建立多元化协同模式，达到实践能力综合提升等多项教学目标。

2　就业分析及协同教学现状

2.1　城乡规划专业就业去向分析（2017~2021年）

　　城乡规划作为应用性学科，准确掌握其就业去向，更有利于培养方案的制定和教学模式的创新。本文对城乡规划专业近五年毕业生就业去向进行了梳理和分析（图1），制定了就业分类统计表，从表1中可以看

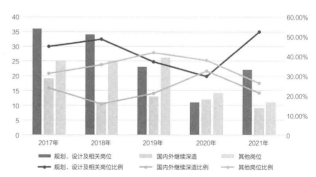

图1　2017~2021年城乡规划专业就业类型分布图

朱凤杰：天津城建大学建筑学院讲师
宫同伟：天津城建大学建筑学院副教授
张　戈：天津城建大学建筑学院教授

　*　教改项目：2022天津城建大学校级教改资助项目（JG-YB-22064）、2017天津城建大学校级教改资助项目（JG-1434）。

2017~2021年我校城乡规划专业就业分类数据统计表　　　　　　表1

就业去向类别	2017年		2018年		2019年		2020年		2021年	
	学生人数	占比（%）	学生人数	占比（%）	学生人数	占比（%）	学生人数	占比（%）	学生人数	占比（%）
规划、设计及相关岗位	36	45.00	34	48.57	23	37.10	11	29.80	22	52.40
国内外继续深造	19	23.75	11	15.71	13	21.00	12	32.40	9	21.40
其他岗位	25	31.25	25	35.71	26	41.90	14	37.80	11	26.20

城乡规划实践类课程协同教学情况统计表　　　　　　表2

序号	课程名称	周数	开课学期	协同情况（有、无）	协同模式	协同教学效果
1	认知实践	2	1	无	无	无
2	设计基础认识实习	1	1	无	无	无
3	模型实习与空间感知	1	3	有	理论与实践协同	良好
4	建筑设计调研	1	4	无	无	无
5	城乡社会综合调研	4	6	有	理论与实践协同	良好
6	城市规划设计 I 调研	2	5	无	无	无
7	城市规划设计 II 调研	2	6	有	理论与实践协同	良好
8	城市规划设计 III 调研	2	7	无	无	无
9	城市规划设计 IV 调研	2	8	无	无	无
10	城乡空间模拟实训	1	7	无	无	无
11	城乡管理实践	2	8	无	无	无
12	业务实习	16	9	有	校企协同	一般
13	从业实践	2	10	有	校企协同	一般
14	毕业设计	14	10	有	校际、校内协同	良好

说明：本表基本依据《2019城乡规划专业培养方案》中列举的实践类课程，在此基础上，选取及补充本课题研究需要协同教学的实践课程，课题组对协同教学模式及教学效果，做了以上初步判定。

出学生毕业后从事规划、设计及相关岗位的占比保持在25%~55%，国内外继续深造的占比为15%~35%，其他岗位占比为25%~45%，虽受城乡发展人才需求和全球疫情影响，就业数据会有波动，但整体呈现出口多样化的就业趋势。基于此，需要从实践教学层面做出新的调整，提供多元化的协同教学模式，以满足学生多元化实践能力提升的需求。

2.2　实践课程协同教学现状分析

本文对我校《2019城乡规划专业培养方案》中独立实践教学安排表、教学计划安排表、课程体系结构三部分内容进行了梳理，结合实践课程对于协同教学的必要性，整理出表2，其中本专业需要协同教学的课程14门，已开展协同教学和未开展的课程分别为6门和8门，未开展协同教学的课程占比稍高；开展协同教学的6门课程中，有4门为校内协同（其中毕业设计协同方式为两种），2门为校企协同，1门为校际协同。从学科、校内不同层面获奖情况和整体成果评价看，目前有4门课程协同效果良好，有2门效果一般。整体来看，除联合毕业设计和部分设计课程引入了行业和社会评价机制，其他实践教学课程协同教学不够深入。

2.3 现状总结

城乡动态发展下,实践教学课程的协同教学是城乡规划专业发展的必然需求,也是国内院校的共识,我校城乡规划专业一直在进行课程协同教学的探索和突破,并在城乡社会综合调研、城市规划设计Ⅱ调研中取得了一定成绩,同时在校际协同教学的毕业设计中拓展了教学资源,获得了较好的教学成果,但相比于其他高校全面系统及深入展开的协同教学还有较大差距,距离协同教学的全面提升目标还有一定的距离。需要在现有基础上,立足地方发展需求,进一步开拓资源,探索多元化模式及多条路径,系统推进实践性教学协同教学。

3 协同培养目标

3.1 知识—能力的协同培养

城乡规划作为实践性学科,随着城乡发展需求的变化不断调整其外延,但知识体系教学和实践能力训练始终是人才培养的核心。对于知识体系和技能训练,每个阶段各有侧重。近些年由于大数据和人工智能等技术的快速发展,轻知识重技能的现象有所体现,尤其是在实践课程教学中更为明显,但是缺乏知识体系支撑,所学技能就无法科学地运用于实践。信息化时代,厚实的知识体系和全方位的能力提升是实践课程教学的两块核心内容,需要协同培养。

3.2 理论—实践的协同提升

城乡规划实践课程作为专业人才培养方案中重要的组成部分,承担着理论应用和技能实践的主要职能。它的作用是在学生掌握城乡发展的基础知识,把握其理论前沿的基础上,将理论知识转化为城乡发展实践的过程,它包括"理论知识的吸收—知识和技术的转化—实践的应用"三个环节,是循环往复共同提升的过程,理论知识的吸收促进知识和技术的转化,进一步应用于城乡发展建设的实践,实践应用反过来促进学生对知识的再吸收和技能的再提升。要把理论课和设计实践课结合,校内课程环节和校外课程环节必须要融合。(新时代规划教育趋势与未来,毕凌岚)

3.3 教学—科研的协同推进

城乡规划的实践性学科特征决定着教学与科研密不可分,教研相长成为学科发展的共识,各高校也根据资源的不同探索出多种模式和路径,尤其是在实践课程教学中,纵向及横向科研对教学的支撑、促进和带动作用更为明显。规划专业,应由联合教学辐射到联合科研,进而推动学科整体发展。[2] 系统研究实践课程协同教学模式和实施路径的多样化,将有助于教学、科研的协同推进。

4 研究思路、教学模式及实施路径

4.1 研究思路

本文通过借鉴国内外院校实践教学经验,对比我校实践课程协同教学现状,确定协同教学研究的目的及意义,根据不同实践课程的教学目标,确定校际、校企、专业、教研协同等不同模式,形成模块化教学、案例式教学、现场式教学、情景式教学等多种协同教学路径,最终实现实践应用能力的提升等多维教学目标(图2)。

4.2 教学模式及实施路径

本研究以实践课程教学为研究对象,通过与国内外高校相应课程开展现状的横向比较及经验借鉴,基于对城乡规划专业就业去向分析以及实践课程协同教学现状分析,确定协同教学的教学目的,建立多元化的协同教学模式,创新协同教学路径,达到预期可实现的协同教学目标。

(1)确定协同教学目的

现有的实践教学课程以课程单位确定教学目标,缺乏实践课程体系的整体目标,本研究在确定协同教学必要性和紧迫性的基础上,初步确定知识—能力的协同培养、理论—实践的协同提升、教学—科研的协同推进等三项协同教学目的,并将在后续的研究中深化每门课程的协同教学目标。

(2)建立协同教学模式

目前国内院校开展的实践协同(联合)教学模式大概有几种,联合毕业设计、开放式研究设计、国际暑期学校、课程和专题工作坊,采取国内外高校、国内校际间、校企协同等多种形式。达到了促进交流、激发学生学习兴趣、提升教学成果质量、加强对行业认知等诸多协同教学价值。[2]

教学模式的建立是实现教学改革目的的关键,分析

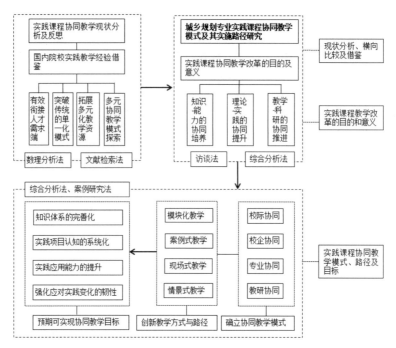

图 2　研究思路及框架图

现有实践课程体系，半数以上课程未进行协同教学，对比协同教学运行效果较好的课程，前者主要原因是没有建立很好的协同教学模式。本研究将依据现有实践课程体系协同教学现状，通过向学院、系部咨询、研讨等方式，梳理可行的内、外部教学资源，建立实践课程的协同教学模式，为学院和系部实践课程的教学改进与创新提供参考。

（3）创新协同教学路径

王建国（2021）指出，在移动互联网、大数据、云计算、人工智能（AI）、万物互联（IoT）等数字技术快速发展的背景下，教育面临着全新的挑战和机遇。数字化时代逐渐走向一个教育主客体之间平等互动的"微粒社会"，同学从过去的"跟老师学""跟课堂"的"一对一"到与智库平台和搜索引擎多通道、全方位、即时性的"多对一"，学习方式和知识获取途径发生了重大变化。毕凌岚（2022）指出，数字化时代，学生更倾向于现场互动的实践性课程，教学要增加临场感和情景感。目前，各高校都在进行着不断的探索、创新和实践，调整教学方式和实施路径已成为共识，本研究将借

鉴国内外院校的协同教学模式，结合我校城乡规划专业培养方案，创新调整协同教学路径，以期达到既定的协同教学目标。

（4）实现协同教学目标

本文依据城乡规划专业评估相关文件，首先确定实践协同三大目的，即知识—能力的协同培养、理论—实践的协同提升、教学—科研的协同推进，在此基础上，通过确立协同教学模式、创新协同方式等路径，以期实现如下四项协同教学目标：知识体系的完善化、实践项目认知的系统化、实践应用能力的提升和强化应对实践变化的韧性。

5　结语

本研究通过对协同研究必要性和紧迫性的分析，与国内相关院校进行横向比较及经验借鉴，分析我校城乡规划专业实践课程协同教学现状的基础上，初步拟定协同教学目的，以期通过进一步确立教学模式、创新协同教学方式，达到预期可实现协同教学目标。在此研究过程中以期达成如下改革目标：①以教学改革为路径，推

动校企、校际等的实践教学的深度合作与交流；②教学资源是专业教学的基础，目前教育部正在推动案例教学和案例库的建设，希望借此项目，推动我校城乡规划专业与规划院等用人单位在实践基地建设的基础上进一步开展教学案例项目库的建设；③国土空间规划行业培养人才需要城乡规划学、地理学、土地管理学等多学科的支撑，更是需要多学科交叉融合、相互支持，培养应对经济社会变革的行业人才。

参考文献

［1］孙施文，吴唯佳，彭震伟，等．新时代规划教育趋势与未来[J].城市规划，2022，46（1）：38-43.

［2］吴唯佳，冷红，任云英，等．联合教学共促规划学科发展[J].城市规划，2020，44（3）：43-56.

Research on the Collaborative Teaching Model and Implementation Path of Practical Courses in Urban and Rural Planning

Zhu Fengjie   Gong Tongwei   Zhang Ge

Abstract: Urban and rural planning is Practical discipline, which constantly explore the solution actual problem. Practice teaching is important in urban planning education with the expansion of urban and rural development demand, expanding their knowledge system, together with the continuous renewal of digital technique, the practice course of collaborative teaching become subject development in colleges and universities at home and abroad and the inevitable choice of professional education. Based on the analysis of practical courses in our school, and on the basis of collaborative teaching present situation, determine three collaborative teaching targets, such as the knowledge-ability, theory-practice, teaching-scientific research. Then making a research idea, explore the intercollegiate, diversified teaching modes, such as joint between colleges teaching through immersive teaching implementation path, to respond to the changes in practice toughness talent training goal.
Keywords: Practice Course, Collaborative Teaching, Teaching Mode, Implementation Path

与责任规划师合作下的社区更新设计课教学改革探索[*]

曹　珊

摘　要：本文介绍了社区更新规划和责任规划师的基本概念，阐述了城乡规划专业培养与责任规划师合作之下进行社区更新设计的改革方向。就北京林业大学城乡规划系在教学中与社区责任规划师合作，指导更新规划实际应用展开研究，对教学组织、学时安排以及课程衔接的过程进行了探讨，旨在探索"存量"背景下城乡规划教育教学的改革方向。

关键词：社区更新；城市设计课；教学改革；责任规划师

我国自改革开放以来城市建设发展迅速，但随着我国经济发展"新常态"阶段的到来，城镇化进程飞速发展的时代已成为过去，城市建设与发展进入了存量时代，旧城改造、城市更新成为新时期城市建设的重要内容，城市更新思路指导下的社区规划越来越受到重视。城乡规划教育教学也应从原来的"适应大规模新城建设"转向"城市更新"的系统研究，明确培养优秀城市更新规划专业人才的教学计划、课程体系和教学内容。

在此背景之下，北京林业大学城乡规划系已率先意识到在城乡规划专业教育中引入社区更新应用教学的必要性。将社区更新和旧城改造引入城乡规划设计课的教学内容，已成为我们探索新时期城乡规划教改方向的一条重要道路。

1　社区更新及社区规划师

改革开放后到 2000 年以前，我国的空间改造以大规模的拆迁为主，将原有的老旧片区进行整体拆建，形成新的城市空间，对原有居民易地安置或进行补偿，改造的范围由单一的建筑扩大至包括平房建筑群、公共设施及周边环境在内的全部空间。2000 年以来，有机更新、微更新等理念逐渐在我国出现，老旧小区改造在提升人居环境的同时，开始偏向注重于小微空间的改造和对地域文化的挖掘。

社区更新是城市更新的一种类型，也是快速城市化之后城市建成区的一种必然的发展模式。社区作为居民生活及城市社会功能的最小组成单元，是满足人们思想、观念交流和社会活动的最常用的城市空间，因此，当城市结构、社会关系适应城市发展要求发生改变的同时，经济实用的社区更新设计将发挥重要的作用。

随着社区复兴的持续开展，诞生了专项为社区服务的社区规划师。这些专门从事社区规划的个人或团体，首先出现在 20 世纪 60 年代的欧、美发达国家，社区规划师区别于传统城市规划师的特征在于陪伴式的服务方式以及深度的公众参与。目前，我国部分城市开展了社区规划人员的相关工作，主要集中在深圳、上海、广州等沿海城市，以及杭州、武汉、成都等内陆发达城市。

北京的社区规划师制度被称为"责任的规划师制度"，自 2007 年开始试行，2017 年开始聘请负责任规划师全面参与城市治理。2018 年初，全市层面的制度设计工作开展，北京市规划自然资源委草拟了《关于推进北京市核心区责任规划师工作的指导意见》（以下简称《指导意见》），将责任规划师制度纳入法定程序，这在国内的相关实践中尚属首次。随后，又发布了《北京市

---
* 资助项目：优质研究生核心课程建设项目"政府职能转变背景下的城乡规划管理与实务课程调整"（HXKC18017）。

曹　珊：北京林业大学园林学院副教授

城市规划师制度实施办法（试行）》。北京市各区责任规划师制度基本完成，责任规划师制度不断完善。

2 规划设计课程教学改革的方向

以往的城市设计的类型学教学方式——从住宅区到城市公共中心，再到城市新区的城市设计，学习的内容和过程是按照面积越来越大、功能越来越复杂进行安排的。设计地段与设计任务书由老师直接给出，场地基本选择空地或者整体拆除地区，学生缺乏现场调研的概念，很少考虑场地现状和规划管理条件的制约与限制。学生往往依托较为感性的形象思维着手设计，缺乏对现场的全面分析，致使学生在工作后需要很长时间适应实际项目的需求。在城市更新背景下的社区规划设计中，社区更新的空间改造对象也在不断丰富，空间改造对象的增加是改造理念成熟、居民对生活水平要求提升的结果。在保持现有模式的前提下，拆除部分建筑物或公共空间，更换和修复，并在延续场地环境的基础上改善人居环境。未来学生面对的将是大量的城市建成区更新设计，在城市设计教学中，应将设计平台建立在现实城市的背景下，增加大量城市更新设计训练。

3 社区更新设计课的调研安排

3.1 内容设置

规划设计课程的内容设置从三个方面出发，包括：现状调研及社会调查、社区更新空间营造、城市公共设施及公共空间规划，分别对应社区责任规划师工作的三个重要组成部分。

（1）物质空间调研及分析

要做好社区更新规划，必须摸清现状，做好现状调研和公众需求调查。在第一步中，学生将会学习到如何进行现状调研，调研时将老旧小区的物质空间划分为公共环境、建筑单体以及服务设施三部分，并在当地责任规划师的带领下，多次走访实地、访谈居民。

课程教学中，引导学生将公共环境分为交通空间、休闲空间和景观空间三个部分。建筑条件板块的调研内容主要从建筑的要素出发，包括建筑结构、外立面、楼道以及屋面等，通过对建筑条件板块的调研，获得对社区内各单体建筑的评估基础，进而为进一步整体分析老旧小区存在的问题以及整改方向打下基础。服务设施板块的调研内容主要为电力、上下水、燃气、暖气、照明、消防以及卫生设施等基础服务设施，基础服务设施

物质空间调查表   表1

类型	项目		具体内容
公共环境	交通空间	道路形式	主要关注车行与人行系统的分布、消防车道是否达到标准
		路面条件	主要关注道路的材质以及路面的完整性
		道路连通性	指小区内的机动车道路是否相互连通并保持通畅
		停车空间	包括停车场的分布和停车设施的完整性
	休闲空间	指一切居民可进入的，为居民日常休闲所用的公共区域，包含运动康体、集会演出、棋牌娱乐等各种活动场地	调研休闲空间的分布、类型、使用人群以及空间内设施的状态等
	景观空间	指居民不可进入的，仅以提供良好的景观作为功能的区域	主要指在小区的边界或建筑边界存在的绿篱和草地
建筑单体	建筑结构		主要是指建筑结构中的单体和结构问题
	外立面		指建筑立面的材质、完整性、立面门窗的完好程度等要素
	楼道		指单体建筑内部的公共空间，即楼梯间或电梯间，也包括公共走廊
	屋面		指建筑的屋顶表面，调研内容包括形式、材质以及防水等
服务设施	基础服务设施		电力、上下水、燃气、暖气、照明、消防以及卫生设施

图1　八里桥地区文化发展研究

是居住区的重要组成部分，而老旧小区由于建成年代较早，随着社会的发展与技术的变革，对基础服务设施的需求增加以及现有设施的老化是必然的，因此，调研需要了解现有服务设施的状况以及面临的问题。

（2）社区公共设施调研及分析

城市公共设施及公共空间规划包括社区居民日常必须的教育设施、医疗设施、商业服务设施等的空间布点和建设规模安排。教育设施中包括中小学、幼儿园等，尤其是幼儿园和小学，这些设施的位置、交通、规模大小等都是社区居民非常关注的。一般城市老旧小区、棚户区等待更新的城市旧区中，教育、医疗等必需建设都非常缺乏，也往往是居民反映问题的集中点。因此在课程中，要引导学生学习规范，了解社区必须配置的相关设施，以及这些设施的服务范围，从而做出能够满足居民需要的优秀社区更新规划。

（3）社会调查及分析

老旧小区中现有的空间分布是居民需求的反映，现有的场地都至少反映了一部分居民的行为需求，是居民为解决问题作出的尝试，在此基础上进行改造能够快速切入问题。同时，对于老旧小区而言，部分使用频率较高的空间承载着居民在其中活动产生的回忆，有利于场所精神的塑造，提升居民对于老旧小区的认同感以及维持熟人社会的稳定，进而成为老旧小区改造的动力。在充分了解现场的基础上，需要学生开展大规模社会调查，包括问卷调研及访谈等，以了解老旧小区的空间形成原因，尊重和理解现有的空间环境以及功能习惯。

（4）社区文化调查及分析

社区文化是一种地域性文化，是以社区为依托、以文化活动为载体所表现出来的社区成员的价值观念、行为习俗、生活方式、娱乐心态、知识水平、审美层次、人文环境等文化现象的总和。"社区文化是城市文明的体现，是一种综合性的社会意识形态，属于社区精神文明范畴，它以其特殊的功能对社区成员的人格精神，对社区的整体风貌产生潜移默化的影响"。怎样建设好社区文化，提升社区文化建设品质，满足居民日益增长的文化需求，已经成为一个重要的课题。在课程设计中要求学生了解和掌握社区的历史文化、精神文化、制度文化等。

3.2　教学组织与学时安排

社区更新规划主要安排在城乡规划学本科培养的第6学期，其中前两个环节安排在前6周，首先进行现状物质空间环境、公共服务设施和社会调查，并深入挖掘当地文化特色，分析问题挑战及优势和机遇；之后结合现状分析进行社区空间更新设计和公共设施规划；然后在责任规划师的组织和帮助下征询社区居民的意见，修改设计结果。最后安排与社区责任规划师的专业沟通和学习，学生根据自己的社区更新空间营造内容向责任规划师和街道领导等进行汇报。

3.3　课程衔接

按照北京林业大学城乡规划学本科的课程安排，在进行社区规划课程学习之前，学生已经完成了美术课、平面立面构成，以及设计初步、建筑设计、园林设计等的学习，已初步掌握了中小型建筑设计和园林设计的基本方法。经过前期课程的学习和积累，学生已基本具备认识城市、理解城市与建筑的关系、了解城市规划与建筑设计的基本工作流程等专业能力，为进行社区更新设计课做好了准备。北京林业大学城乡规划学三年级本科学生在初步具备了设计的基本能力及掌握了对事物的专业认知方式后，开始有准备、有目的地进入社区更新规划课程的学习阶段。

4 教学案例

如在 2016 级大三春季学期中，我们带领学生完成了北京市通州区八里桥社区的社区更新设计。八里桥社区建于 1950 年代~1990 年代，共有 20 栋 3~6 层住宅，占地面积 4.56hm²，是个典型的 20 世纪中期~末期的多单位宿舍居住社区。由于建筑龄期较早，住宅立面状况陈旧，室内保温层缺乏，冬季非常寒冷。八里桥社区缺少地下停车设计，现有车位难以满足居民的需求，大量的机动车辆无处停放，车主出于自身需求将车辆放入邻近的其他空间，造成了道路不畅、景观空间被侵占等其他各类空间问题。一楼的住房以商业为主是很常见的，造成社区人员混杂，环境脏乱。此外，还存在缺少幼儿园活动场地，公共绿地缺少且没有养护，道路被停车侵占严重等问题。

4.1 以社区规划专业视角展开城市规划设计教育

在八里桥社区更新设计课程的现场调研和社会调查环节中，我们要求学生以 3~6 人的小组为单位，从社区

需求角度对选定的基地及其周边环境进行调研分析，在培养学生的集体协作能力的同时，让学生了解在做设计前进行充分的分析研究工作是城市规划专业学习的基本要求。我们和社区责任规划师一同带领学生到现场记录八里桥社区每一栋建筑的位置、绘制立面、记录底商使用情况，哪些是居民必需的，哪些是对外服务非居民必需的，绘制现状绿地位置、道路位置，记录车辆停放情况。另外进行居民调查，发放调查问卷，进行居民访谈等。在教学过程中，通过教师具体辅导将城市规划专业的思维方式与工作方法逐步传递给学生。

在教学中，我们始终要求学生建立起整体的社区设计思想，掌握清晰的逻辑思维方式，要求学生绘制各种现状分析图表，全面掌握和分析现状。在此基础上，展开八里桥社区更新规划设计，在建筑主体结构不更改的前提下，合理改造房屋——增加电梯、增加公共活动用房，如乒乓球室、棋牌室、党员活动室等。规划合理的停车方式，如建设立体停车场避免地面停车拥堵，增加公共绿地，进行小微绿地改造设计和种植设计等。培养学生分析问题——总结经验的能力，使他们不仅能够做事，而且能够知道为什么要做。

在深化设计过程中，我们引入"与社区责任规划师互动"的环节，与朝阳管庄乡责任规划师团队合作，请责任规划师带领学生与社区居民深入交流，引导学生主动提出问题，并探索问题的根源。培养学生客观、理性

图 2　八里桥地区公共活动场地现状分析

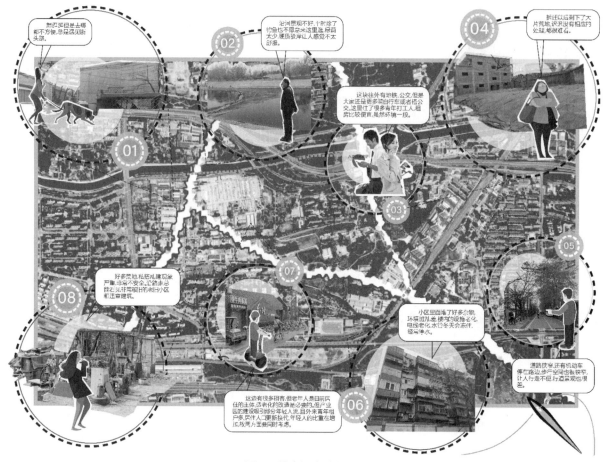

图 3　社会调查分析图

地分析问题，鼓励学生与社区责任规划师一起工作，寻求背景资料和理论支持，为特定社区在复杂环境中找到最合理的利用，据此提出创造性的设计理念和方案。

4.2　变被动设计（单纯的空间赋形）为主动设计

以往的城市设计教学多为教师提供设计条件与城市设计任务书，包括具体的用地性质、各部分功能用地的规模及容积率、高度等指标要求，有时甚至包括建筑的形式特征要求。学生只需要考虑如何完成空间组合设计和空间造型设计，往往在完成设计之后出现"知其所知，不知其所以然"的情况。

本次八里桥社区的城市设计教学中，我们要求学生除了知道怎样做建筑空间组合之外，还应该知道为谁而

做、为何而做与应该做怎样的设计，教师不是简单地提供城市设计任务书和各项用地指标，而是指导学生通过调研和资料收集研究，与八里桥社区居民亲密沟通和互动，根据社区居民的需求自主确定设计任务书，掌握各项指标的制定方法。学生将被动设计改为主动设计，可以 进 行 "Where?" "What?" "How?" "Why?" 的 思考，而不是在别人确定设计条件之后的单纯创作。

4.3　课程设计紧密结合居民的需求

在八里桥社区更新规划课程设计中，采用了邀请全体居民全过程参与式的方式。在方案制定之初，就和责任规划师一起带领同学们和居民一块讨论、接受反馈，最终确定实施方案。

图 4　周边城市绿地分析图

	植被类型	公共设施	使用情况	现存问题
街旁绿地	灌木、乔木为主	休憩座椅、广场	通行为主，未见到有人在其中休憩，设施状况良好	紧邻街边，噪声较大，使用情况较差
通惠河	灌木、乔木为主	调研段无公共设施	放生、钓鱼、散步跑步	缺少公共设施，岸边防护设施，与南侧绿化不成体系

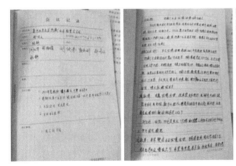

图 5　在线问卷及座谈照片

如，在空间提升方面，对小区内的院落公共空间进行改造，像有些闲置的小型违建，以前可能用作煤棚，现在已经不烧煤了，清理拆除后，便能留出公共空间做成花园，由居民来种植和维护；在公共设施方面，如对羽毛球馆前广场进行了改造，图 7 展示了学生作业中社区羽毛球馆（原工人俱乐部）前广场改造示意，在责任

规划师的带领和指导之下，该项目得到了北京市发改委"小微 100"公共空间改造资金的支持，未来将有实际实施的可能性，得到了当地居民热烈欢迎，也极大鼓舞了学生的学习热情。这些改造都属于参与式微更新，目的是希望通过全过程的参与讨论，带领学生学会推动社区公共环境改善。

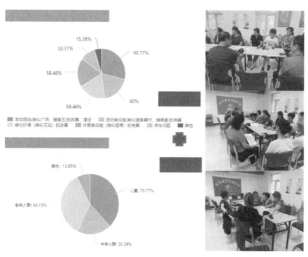

图6　社区居民讨论及问卷分析

5　教学难点

5.1　学生处理实际问题带来巨大挑战

社区更新不是推倒了重新来，而是在现状基础上进行系统思考，是系统性、综合性非常强的设计课程，其所涉及专业知识面宽广，既需要了解城市的整体发展需求，又需要关注建筑质量和景观环境，还需要了解居民的具体诉求。城乡规划本科三年级学生的专业知识储备和社会认知能力都有限，众多复杂的实际问题是对规划系学生以实际社区作为设计对象的巨大挑战。

5.2　合适的用地选择限制条件较多

由于适用于三年级社区更新设计教学的课题受到的限制条件较多，在城市中寻找规模、性质均合适，调研方

改造前

改造后

图7　节点空间改造前后对比图

便，居民配合的社区用地非常困难，因而在具体教学中，需要进行大量的前期准备。北京林业大学城乡规划系的老师们长期和北京市朝阳区管庄乡合作，寻找有需要、能配合的社区安排学生进行调研、访谈和设计，做出的成果既展示给社区居民看，又结合责任规划师工作帮助教师给予学生现场指导，起到了教学培养和实际工作结合的作用。未来的设计课程中，需要教师团队开拓更多尺度适合、功能符合、交通方便的城市更新社区地段。

5.3 与社区居民的互动带来多样化的结果

强调与社区居民的互动，往往会导致学生在征求意见之后得到多样化的反馈。社区居民的喜好和老师的指导方向有时也会不一致，学生常常感到难以处理，落实在具体设计中不同组的同学在设计上就可能会产生巨大差异，成果也大相径庭。在一个教学环节中同时出现多种可能的建筑类型和设计方法，这对辅导教师的能力及经验是极大的挑战，也要求教师不得不付出更多的精力。

6 结语

作为城乡规划专业课程体系建设的一项重要内容，北京林业大学城乡规划系创造性地与社区责任规划师一起带领学生完成社区更新设计课，系统调整了城乡规划专业的设计课程内容，引入城市更新、街区规划等概念。教改后，城乡规划的专业设计教学强调与社区规划紧密结合，要求学生理解社区的存在是有复杂的社会、

经济、文化背景支撑的，它同城市的其他组成部分相互关联，都是城市的有机构成分子。同时，社区也是公民生活的重要场所，是城市服务市民的基本单位。

到目前为止，这项教学改革已经在三个年级6个班的学生中进行了实践。实践地段包括北京朝阳区、密云区等不同老旧社区。从教学效果上看，与责任规划师一起带领学生调研和了解现状，在培养学生客观、理性地调查分析问题的方法和习惯，引导学生积极探索问题的本质和根源，将被动设计转变为主动设计等方面取得了良好的效果。城乡规划专业课程设计教育值得进一步探讨，希望通过本文的抛砖引玉，引起对我国高校城乡规划专业课程设计教学的进一步思考。

参考文献

[1] 陈秉钊. 当代城市规划导论 [M]. 北京：中国建筑工业出版社，2003：46-50.

[2] 全国城市规划执业制度管理委员会. 科学发展观与城市规划 [M]. 北京：中国计划出版社，2007：72-78.

[3] 王承慧，吴晓，权亚玲，等. 东南大学城市规划专业三年级设计教学改革实践 [J]. 规划师，2005（4）：15-17.

[4] 约翰·弗里德曼. 北美百年规划教育 [J]. 城市规划，2005（2）：108-110.

[5] 谭少华，赵万民. 论城市规划学科体系 [J]. 城市规划学刊，2006（5）：21-28.

Exploration on the Curriculum of Community Renewal Design in Cooperation with Responsible Planners

Cao Shan

Abstract: This paper clarifies the necessity of community renewal and the importance of adapting to the training needs of urban planning major. It also discusses the practical application of community renewal planning and how to combine it with teaching. This paper aims to explore the reform direction of urban planning education methods and teaching contents under the background of "stock".

Keywords: Community Updates，Urban Design Course，Reform in Education

国土空间规划体系下城市安全与防灾规划
教学模式探索与实践*

张梦洁　乔　晶　彭　翀

摘　要： 生态文明时代，城市安全韧性发展成为主流，城市安全与防灾规划在国土空间规划体系中的重要地位与作用不断凸显，为城乡规划专业教学带来了机遇与挑战。本文提出应结合新需求、新变化，制定城市安全与防灾规划课程理论、实践、技术教学的核心目标，在综合考虑院校师资、办学优势、地域性特色以及学生个性化培养等因素的基础上，提出"逐级递进、虚实相济、育训结合"的课程体系框架，形成"基础—技能—创新"分阶段的模块化体系结构，制定相应的课程任务与教学内容形式，探索通过思政引领、数字支撑、科教融通、以赛促教的教学模式保障课程内容的顺利推进。

关键词： 国土空间规划；城市安全与防灾规划；教学模式

近年来随着城市化进程的加快，气候变化与城镇化效应交织，导致各类灾害事件频发，加剧了我国城市发展所面临的风险。在越发不确定的灾害风险环境下，城市安全与灾害风险防控问题也更为突出。国土空间规划作为主要的空间治理政策工具，是防控灾害风险的关键。《中共中央 国务院关于建立国土空间规划体系并监督实施的若干意见》及随后颁布的各层级国土空间规划编制指南中均将提升"国土空间安全"作为指导性要求之一。新的国土空间规划体系包含了多方面的城市安全与防灾减灾的内容，如安全韧性发展，强化底线约束和边界管控，注重水安全、地质安全等风险防范等。国土空间规划体系的变革，对规划行业产生了深刻的影响，也对城乡规划专业教学带来了一定的机遇与挑战。规划教育亟需同步改革优化城市安全与防灾规划教学的课程体系和教学模式，落实国土空间规划体系变革的理论与实践需求[1]，培养学生在思维意识和技术能力上与之接轨，推动城市安全与防灾规划学科的发展。

1　国土空间规划体系下城市安全与防灾规划课程的教学目标

新的国土空间体系下，规划理论知识体系发生了重大改变，同时伴随信息技术的快速发展，规划专业课程的建设将会有更大的突破，加上新时期就业形势、学生自我定位与认知产生了变化，因此应结合新需求、新变化，制定城市安全与防灾规划课程理论与实践教学的核心目标。

1.1　培养建立对城市灾害风险的科学认知体系

新时代防控灾害风险的理念已从过去的"短期止痛"转向"长期治痛"，传统防灾减灾规划大多奉行"工程防御"思维，而新时期的安全防灾规划更强调全域、全要素、长时段下的韧性应对，"韧性防灾城市"将成为城市安全与防灾的主导理念。韧性防灾城市的建设涉及从灾害情景感知、分析、态势研判到决策推演、规划响应的全过程，需要跨学科、跨领域的综合协

---

* 教研项目：本文受到湖北省高等学校省级教学研究项目——人居环境学科群专业的课程思政体系构建与执行（项目编号 2021053）、华中科技大学教学研究项目（项目编号2021020）资助。

张梦洁：华中科技大学建筑与城市规划学院助理研究员
乔　晶：华中科技大学建筑与城市规划学院讲师
彭　翀：华中科技大学建筑与城市规划学院教授

调与集成应用来解决。因此城市安全与防灾规划教学过程中应基于城乡规划专业自身的理论体系，吸取系统科学、地理灾害学、灾害学、应急管理学等多方面的理论知识，形成国土空间安全与防灾规划课程的理论教学体系，培养学生建立对灾害风险的过程、机理、后果、影响、问题的科学认知体系。

1.2 培养熟悉城市安全与防灾规划的编制内容

认清安全与防灾规划在国家空间规划体系中的定位与作用，在突出国土空间规划的战略性、纲领性作用的同时，明确城市安全与防灾规划在自身领域内需要解决的专项问题，厘清相应层级的国土空间规划对城市安全与防灾规划的要求[2]，从逻辑、方法等方面培养学生熟悉城市安全与防灾规划编制的技术框架和管控内容。帮助学生在未来的实践中能够充分应用所学，迅速开展相关工作。

1.3 培养掌握城市安全与防灾规划的技术方法

大数据、智能化技术的发展，产生了移动互联、数字绘图、RS、GIS、GPS等一系列新型数字技术，这些技术为城市安全与防灾规划发挥其职能提供了重要支持，构建包括自动化数据采集、数字化监测预警、智能化决策在内的"智慧防灾"系统将成为未来发展的趋势。因此，教学中应当融入大数据、遥感影像、人工智能等先

进技术与方法，培养学生在今后的科研学习和工作中能够灵活运用一系列数字化技术进行规划实践和科学研究。

2 国土空间规划体系下城市安全与防灾规划课程体系构建

国土空间规划体系下城市安全与防灾规划课程体系建设，既要保证课程体系的完整性，也要综合考虑院校师资、办学优势、地域性特色以及学生的个性化培养等因素。如何在相对较短的课时内让学生了解这门课是什么，有什么用，怎么用，在对防灾规划知识有一定广度了解的基础上还有一定的深入掌握[3]，这对课程内容设置提出了更高的要求。围绕城市安全与防灾规划课程理论与实践教学的核心目标，初步构建"逐级递进、虚实相济、育训结合"的课程体系（图1）。

城市安全与防灾规划教育中涉及不同的知识和技能层面，课程内容设置上形成"基础—技能—创新"层层递进的体系结构。课程体系具体由三大模块组成，突出了学科知识的基本能力和特色培养，不同模块有不同的阶段课程任务与相应的教学内容形式：

（1）基础理论模块。第一阶段的课程任务是让学生了解城市安全与防灾规划的基本知识和发展趋势，落实强化科学认知、提升规划意识的教学目标。教学团队通过多年来搜集、整理、借鉴和总结国内外灾害风险相关

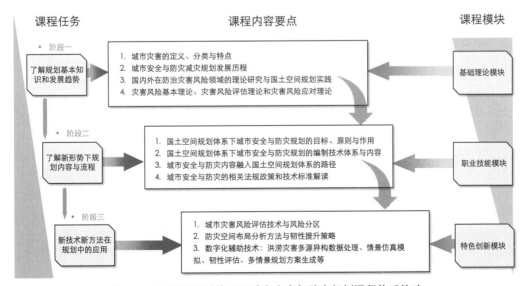

图1 国土空间规划体系下城市安全与防灾规划课程体系构建

文献，参加国内外相关学术会议、论坛、访学和交流学习，总结梳理了课程内容要点，如城市灾害的定义与分类、城市安全与防灾规划发展历程、相关理论介绍等，结合教师自身的理论与实践教学经验和科研项目研究成果，以课堂讲授为主要形式。

（2）职业技能模块。第二阶段的课程任务是让学生了解新形势下城市安全与防灾规划的编制内容与技术流程。介绍国土空间规划体系中防灾规划的战略目标，明确防灾规划与国土空间规划横纵向规划体系相统一的编制、传导路径，细化深化各个空间层次上防灾规划编制审批和监督实施的政策法规与管控要求[4]。教学形式以实践解析为主，课堂知识讲解为辅，做到理论与实践相结合，为学生提供知识落地的出口，适应学生"规划管理""规划设计"等不同就业选择意向。

（3）特色创新模块。第三阶段的课程任务是将前沿技术方法与本地实践相结合，让学生了解技术方法在城市安全与防灾规划中的应用，以适应大数据时代"智慧防灾"的目标要求。课程内容中城市灾害风险评估与分区、防灾空间布局为通识性知识点，旨在让学生在实践教学中掌握必备的、完整的、系统的灾害风险评估技能。课程内容中的数字化辅助技术对学生的创新能力要求更高，考虑我校地处长江中游，位于典型的亚热带季风区内，水资源要素丰富，地貌形态以冲积平原为主，气候、地理条件决定了流域性洪涝灾害多发，因此将洪涝灾害相关分析技术融入教学内容中，学生可以根据自己的兴趣自由选择数据处理、情景仿真模拟、韧性评估、多情景方案设计等内容深入学习，教学形式以学生技术交流为主，教师辅以统课上指导和课后研讨，充分调动学生自主学习探索的积极性。

3 国土空间规划体系下城市安全与防灾规划教学模式探索

城市安全与防灾规划在我院作为城乡规划专业本科生课程，开设在大五上学期，其教学内容涉及的知识点较多且难度较大，但课时相对较少（24课时），并且此时学生面临毕业，客观上难以在课程学习中投入过多精力，使得在实际教学过程中存在许多难点和不足：比如由于课堂教学时间有限，无法设置专门的设计环节，学生缺少相关的防灾工程实践项目进行理论的应用与拓

展；传统的教学以PPT结合板书的形式开展，具有一定的教学意义，但仅仅依靠一些简单的图片或流程图，很难保障学生有效掌握知识点，更谈不上将知识点熟练地运用到规划设计当中。因此结合城市安全与防灾规划专业课程体系的特点及培养要求，教学团队根据多年实践在教学方法、内容、形式等方面进行了探索与改革，以科学合理的教学组织形式保障课程内容的顺利推进。

3.1 思政引领，"浸润式"融合教学

结合课程专业特色，立足理想信念、核心价值观、职业道德、生态文明、宪法法治等方面重点挖掘思政要素，构建课程思政教学案例库。课程组收集并整理了国内外历史上以及近期发生的重大灾害资料，如1998年武汉特大洪水灾害、2008年汶川地震灾害、2014年"威马逊"台风灾害、2021年郑州特大洪涝暴雨灾害等。依照课程知识体系，对典型的地震、洪涝、台风、火灾等灾害事件的成因、过程和后果进行解读，实现对工程伦理、职业道德和学科前沿知识等的全面融入。例如，在讲述"洪涝灾害及防灾对策"知识点时，通过纪录片、资料图片的方式介绍1998年长江流域特大洪涝灾害，通过现象和事件的发生与发展引导学生深入剖析灾害发生形成的自然因素与人为因素，激发学生对自然与生态的敬畏之心，提高防灾意识；结合典型救灾事迹学习抗洪救灾精神，引导学生树立家国情怀和社会责任感；将老师讲解和学生讨论相结合，探讨规划师在设计、施工、运营环节的职责和应遵循的规范标准，促使学生形成良好的职业道德素养。通过"知识点+社会热点+升华点"的课程思政融入形式，将大国工匠、科技创新、社会主义核心价值观等精神以润物细无声的方式贯穿于教学育人全过程[3]，形成"浸润式"教学模式[5]。

3.2 数字支撑，"三维式"智慧教学

本课程采用多媒体教学，克服传统教学只是平面展示知识的缺点，创新性地引入三维可视化技术，直观地展示课程知识点。如利用数字孪生模拟平台对洪水的动态演进过程进行三维仿真模拟，学生可以直观地看到在河流流域中发生的所有水文和水力流程，包括降雨、地表径流、渠道流量和地下水流量的模拟结果（图2）。同时学院下设的"自然资源部城市仿真重点实验室""空间

图2　河流流域水文三维仿真模拟示意

信息技术实验中心""仿真实验中心"实验室为学生提供了数字实践平台，学生可以利用真实数字环境评估城市的灾害风险，有助于直观了解灾害事件的影响以及潜在缓解措施。

3.3　科教融通，完善课程教学资源

将城市安全与防灾规划课程教学和"城市灾害风险治理"方向的科学研究相结合，教学以团队相关科研成果及工程实践项目为案例，将其融入课程知识点的教学中，提高知识的应用与创新。如课程体系中的特色创新模块，结合《武汉城市圈国土空间规划》《"襄十随神"城市群水资源保护利用与生态安全研究》等实践科研课题，让学生了解水资源现状分析、灾害风险评估、生态安全格局构建等方面的内容，这不仅丰富了教学资源，而且也激发了学生的学习兴趣。另一方面，通过邀请城市安全与防灾领域相关专家开展"大咖微课堂"，介绍最新研究成果，拓展学生视野。

3.4　以赛促教，扩充教学实践环节

现有的城市安全与防灾规划课程教学中，主要是以理论教授为主，实践技能在课程体系中虽有所涉及，但相对还是比较薄弱，因此教学模式改革的重点应聚焦于如何激发学生自主能动性和创造性，训练学生创新思维能力和工程实践能力[6]。近年来，"WUPENiCity"城市设计竞赛、可持续调研报告竞赛、社会调查报告竞赛、国土空间规划设计竞赛等专业学科竞赛及"挑战杯""互联网+"等国家级竞赛均将"提升城乡韧性安全"作为主题之一，是扩充实践教学和创新训练的良好

载体。因此，学院一方面设置课外学分鼓励学生参与各个赛事，另一方面将指导学生学科竞赛纳入教师工作量核算，学生赛事奖励成果作为加分项在教师绩效奖励和职称职级晋升中予以体现，双向推进"以赛促学、以赛促创"教学实践。

4　结语

城市发展不能只考虑规模经济效益，必须把生态和安全放在更加突出的位置。生态文明时代，建设韧性安全城市是遵循城市发展客观规律的必然要求，城市安全与防灾规划在国土空间规划体系中的重要地位与作用不断凸显，迫切需要城乡规划教育行业推动学科发展与国家政策与形势同步共频。本文发展针对我院城市安全与防灾规划课程教学中的实际问题，在课程教学目标、课程体系构建、教学模式改革等方面进行了探索和实践，为地方及其他院校开展相关课程建设提供了参考。城乡规划本科生培养是一个不断精细化且与时俱进的工作，城市安全与防灾课程教学中还有不少问题值得探讨：防灾减灾知识涉及面广，通过本科阶段一门课程完全掌握是不可能的，如何与其他专业课程横向对接以及如何与研究生阶段课程纵向衔接？疫情常态化管控背景下，如何有效开展线上线下混合教学，提升教学质量和效率[7]？课程考核的形式多以开卷或闭卷考试为主，学生普遍反映"考完就忘"，是否能采取更适宜的考核方式？这些问题都需要在未来的教学实践工作中进一步思考解决。同时，本文提出的课程体系与教学模式是针对我院情况的初步探索，需要针对不同地方、不同院校情况因地制宜制定具体方案，共同推进城市安全与防灾规划学科建设。

参考文献

[1] 武廷海.国土空间规划体系中的城市规划初论 [J].城市规划，2019，43（8）：9-17.

[2] 杜澍，连欣.新时期国土空间规划的战略研究 [J].中国国土资源经济，2019，32（3）：7-12，48.

[3] 李万润，杜永峰，韩建平，等.西部地方院校土木工程防灾减灾系列课程建设探索与实践 [J].高教学刊，2021，7（17）：5.

[4] 王威，夏陈红，王晓卓，等.国土空间规划体系下城乡安全与防灾减灾规划课程教学模式探索 [J].高等建筑教育，2021（4）：125-133.

[5] 时金娜，郝贠洪，李元晨.工科专业课程思政融入模式实践研究——以土木工程防灾减灾概论课程为例 [J].高教学刊，2019（20）：99-101，104.

[6] 于汐，唐彦东，李海君，等.创建灾害风险管理课程与教材 推动防灾减灾救灾特色人才培养 [J].中国减灾，2019（17）：5.

[7] 王浩，张志强，徐明，等.工程结构抗震与防灾课程教学改革及疫情期教学实践分析 [J].高等建筑教育，2021，30（3）：8.

Exploration and Practice on the Teaching Mode of Urban Safety and Disaster Prevention Planning under the Territorial Spatial Planning System

Zhang Mengjie   Qiao Jing   Peng Chong

Abstract: In the era of ecological civilization, the development of urban resilience has become the mainstream, the important role of urban safety and disaster prevention planning has been highlighted, which has brought opportunities and challenges to the education of urban and rural planning. This paper proposes that the core objectives of theory, practice and technical teaching of urban safety and disaster prevention planning courses. On the basis of comprehensive consideration of college teachers, school running advantages, regional characteristics and personalized needs of students, this paper puts forward a curriculum system framework of "step by step, combination of theory and practice, and combination of education and training" to form a structure of "foundation skills innovation". Formulating corresponding course tasks and contents, and explore the teaching mode of political guidance, digital support, integration of science and education, and promoting teaching through competition to ensure the progress of course content.

Keywords: Territorial Spatial Planning, Urban Safety and Disaster Prevention Planning, Teaching Mode

设计 + 导控：城市设计与控制性详细规划一体化教学实验*

刘　堃　张天尧　宋聚生

摘　要： 进入精细化城市空间治理时代，控制性详细规划（以下简称"控规"）和城市设计的实践关系日益密切，但在城乡规划专业教学体系中，两者间关系仍较为疏离。如何打破传统控规于城市设计分而教之的局面，培养兼具城市设计能力与精细化规划导控能力的专业人才，是控规和城市设计教学共同面临的挑战。本文基于对控规和城市设计融通关系的讨论，提出了控规与城市设计一体化建设思路，搭建了四阶段递进式的一体化教学框架，并介绍了教学设计与实践任务，展示教学过程与成果，进行评价与反思。总体而言，一体化教学改革较好地实现了学生设计思维与导控思维的对接，达到预期教学目的，但应适度简化规划设计任务，优化课时分配。

关键词： 控制性详细规划；城市设计；一体化教学；精细化导控

1　控制性详细规划与城市设计关系

1.1　控制性详细规划与城市设计的实践关系

控制性详细规划（简称"控规"）是当前中国城乡规划编制体系中覆盖规划控制范围、操作性和行政性最强的法定规划类型，是城市开发建设管理的核心技术工具。城市设计是以人本主义为价值取向、以高品质空间形态环境塑造与人性化场所营造为目标的非法定规划设计类型，是运用设计思维策动地方发展建设、优化城市功能布局、提升城市环境品质的重要空间实践，是城乡规划与建筑设计、景观设计之间的重要桥梁。在规划管理体系中，两者间关系可被归纳为四种模式：

控规主导，城市设计作为深化工具——控规作为城市土地利用与开发建设的刚性管控工具，城市设计落实控规要求，论证三维空间布局，对接具体建设项目；

城市设计前置，控规作为实施保障——城市设计作为策动地方发展、保障高品质建设的重要研究工具，控规将城市设计成果转化为控制性要求，管控城市建设；

控规与城市设计并行，城市设计作为补充——控规作为城市土地利用与开发建设的刚性管控工具，城市设计对风貌特色、公共空间体系等内容进行补充，以附加导则的形式，纳入控规的技术管理文件；

城市设计替代控规，成为精细化导控工具——在城市重点地区，为保证高品质开发建设，城市设计替代控规，通过城市设计导则的形式传导更精细化的开发建设导控要求。

当下，城市进入内涵式发展阶段，提升城市品质、塑造具有吸引力的生产生活环境，成为新时期驱动城市发展、增强竞争力的基本逻辑，城市设计与控规的关系愈发密切[1]，一体化交融趋势日益显著[2]。其要求城乡规划师以更加辩证与融通的视角理解"设计创作"与"规划管控"之间的关系，兼具设计思维与导控能力[3]。

1.2　控制性详细规划与城市设计教学发展现状

在《高等学校城乡规划专业评估文件》中，控规和城市设计均是重要的规划设计教学内容，但由于侧重点有所不同，控规和城市设计的教学内容和组织方式往往相对独立，控规教学强调法定规划的编制技术与管控思维能力的训练和培养，城市设计教学更注重培养空间形塑能力[4]。

---

* 项目资助：本课程由广东省教育科学规划课题（高等教育专项）（2022GXJK423）与深圳市教育科学规划 2020 年度课题（zdfz20016）共同资助。

刘　堃：哈尔滨工业大学（深圳）建筑学院副教授
张天尧：哈尔滨工业大学（深圳）建筑学院助理教授
宋聚生：哈尔滨工业大学（深圳）建筑学院教授

因应存量背景与精细化城市治理对规划师人才培养的需求，近年来多所头部高校都在探索控规和城市设计相融合的教学创新[5]，可被归纳为两种模式：①内容贯通式：以城市设计课程为先导，首先开展30hm²左右的城市设计训练，再将基地规模扩展，进行控规教学，设计地段与设计内容前后贯通。②单向融合式：即在控规教学中融入城市设计内容，突出城市设计对控规的支持作用。当下，在大学生城市设计竞赛的牵引下，各大高校的城市设计课程相对独立，更重视设计能力的训练，对"城市设计在城乡规划中的地位与作用"关注较少，控规与城市设计的教学关系尚不密切[6]。

1.3 因应执业能力需求的一体化教学改革趋势

综上，在城市规划编制与管理中，控规与城市设计的一体化交融趋势日益显著，其要求规划从业人员不仅能够熟练运用城市设计思维策动城市片区发展、优化功能，塑造高品质的城市空间形态，还能够将设计蓝图转化为管控指标与导则等控规文件，精细化、低损耗地传导城市规划与设计要求，刚柔并济地保障城市高品质发展[7]。

当下，在城乡规划教学体系中，控规与城市设计的关系仍较为疏离。引导学生理解中观尺度上法定规划与非法定规划的相互关系与实践逻辑，综合培养学生的城市设计能力与规划导控能力，应成为控规与城市设计课程共同的教学目标，其要求两门课程有更加紧密的融通关系[8, 9]。开展控规和城市设计的一体化课程建设，构建兼顾培养空间设计思维和规划管控思维的一体化教学模式，成为因应新时代规划人才培养的重要教学改革内容。

2 控规与城市设计课程的一体化建设思路

在哈尔滨工业大学（深圳）城乡规划专业本科生培养计划中，控规与城市设计均为大四课程，控规48学时，城市设计72学时。为推进一体化课程建设，将两门课程合并为由一个任务串联的大设计课，搭建整体性的教学框架与连贯的教学进程。

2.1 面向一体化的教学框架

遵循城市设计与控规交互融合的实践关系，哈工大（深圳）建筑学院于2021年秋季学期开始探索城乡规划专业本科四年级"控规与城市设计一体化"的教学改革

路径——打破课程界限，将"规划编制"与"空间设计"的教学目的相互渗透与融合，以同一个规划设计任务为载体，综合培养学生的城市设计能力与规划导控能力。

基于控规与城市设计相互交融的实践关系，课程构建了"总体策划→开发管控→品质塑造→精细化管理"的一体化教学框架（图1）：

总体策划阶段，以片区城市设计为教学内容，引导学生挖潜特色资源、策划地方发展、塑造意象形态，作为控规编制的研究基础；

开发管控阶段，以片区控规编制为教学内容，引导学生掌握编制原理，在片区城市设计基础上，论证各项控制性指标，编制片区控规成果；

品质塑造阶段，以局地城市设计为教学内容，在控规约束下，选取重点片区，进行城市空间形态塑造、功能优化与场所营造，完成重点片区城市设计；

精细化管理阶段，以城市设计导则为教学内容，引导学生将城市设计方案转化为城市设计导则，学习精细化的规划导控技术。

这一教学框架将控规与城市设计的教学目的充分融合，以期传导"以高品质空间建设为导向、以刚性与弹性相结合的规划导控为保障"的一体化关系，引导学生掌握中观尺度上法定规划与非法定规划的实践逻辑，同步训练提升其城市设计能力与规划导控能力。

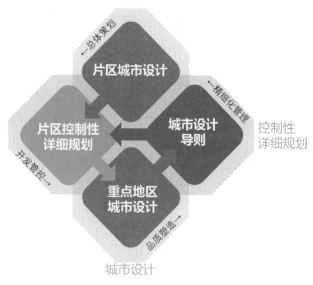

图1 控规与城市设计一体化教学框架

2.2 面向一体化的课程设计

首先，整合课程定位。进入大四阶段，城乡规划专业教育注重从设计思维向规划思维的拓展。控规和城市设计作为衔接微观设计问题和中宏观规划问题的课程纽带，其核心定位是搭建设计实践与规划管理的思维桥梁。

其次，明确一体化教学目标，兼顾设计能力和管控思维的培养：第一，理解存量发展阶段的典型城市规划建设问题，培养研判宏观趋势、发掘空间潜力、策动发展方向、建构总体空间结构、合理安排功能布局、组织城市交通、公共空间、绿地景观等系统的能力；第二，理解控规的法定地位与管控途径，学习用地功能、开发容量、配套公共服务设施等核心指标的论证方法，学习通过城市设计论证，推导编制控规的方法，初步掌握编制规范与相关技术；第三，培养重点地段城市空间形态塑造、功能优化与场所营造能力，着重训练人本需求、生态优先、文脉传承等导向下城市公共空间体系的设计能力；第四，学习城市设计导则的编制原理，初步掌握重点导控内容与核心要素、常用的刚性管控与弹性引导的技术与方法，掌握城市设计方案向导则的转译步骤，学习编制规范与相关技术；第五，进一步培养学生的团队组织与协作能力，口头与图文的交流表达能力。

再次，建构四阶段递进式教学进程。基于"总体策划—开发管控—品质塑造—精细化管理"一体化教学框架，确定"片区城市设计——片区控规——重点地段城市设计——城市设计导则"四阶段教学进程，教学任务与内容前后连贯，逐级深入。在每个教学阶段安排"策划专题、指标专题、形态专题、导则专题"研究任务，通过专题研究牵引各阶段的设计实践，引导教学内容循序渐进（图2）。

最后，构建多元化教学团队。基于教学目标与内容需求，控规与城市设计教学组构建了一支由高校教师与职业规划师、城市设计师构成的多元教学团队，保障教学内容与规划实践需求的有机衔接。

2.3 面向一体化的实践任务

为加强学生对规划建设情境的理解，课程在深圳选取真实片区，基地选择应具备如下条件：

（1）基地规模、边界与法定图则（即控规）一致，面积不超过 4km²；

（2）片区现行法定图则编制时间较早，难以适应新时期发展需求；

（3）片区范围内有独特的自然或人文空间资源，具备良好的空间塑造潜力。

2021年课程最终选择深圳市南山区同乐片区（北区）作为规划片区，总占地面积 3.35km²，是南头直升机场的所在地。受到机场限高要求，同乐片区在历版规划中均被定义为城市建设储备地，随着南头机场搬迁项目的启动，片区的开发潜力被充分释放，亟需开展新一轮的城市设计论证与控规编制工作。

课程要求学生充分挖掘同乐片区（北区）的空间资源、策划发展路径，构建片区城市设计框架，细化功能构成，对片区开发建设进行综合管控；在片区中选取 20~30hm² 的重点地段，进行空间形态塑造、功能优化与场所营造，编制重点地段的城市设计导则，修改完善控规成果。

3 教学过程及阶段成果

课程历时18周，设置"片区城市设计、片区控规草案、重点地区城市设计、城市设计导则"四个教学单元，每个单元历时 4~5 周，教学内容呈递进关系。每个单元中均设置为期1周的"专题研究"单元，通过安排讲座、案例解读、专题调研、文献阅读等内容，助推学生快速理解并执行规划设计任务。规划设计任务由4人小组合作完成，每组的最终成果包括4张A0图纸、1份控规文本与图集，所有同学共同整理完成4本专题研究图册（图3）。

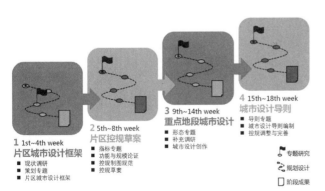

图2 四阶段递进式教学进程

图 3　专题图册

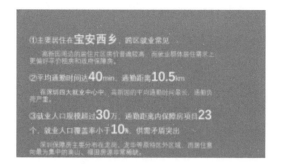

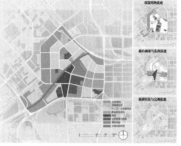

图 4　阶段 1 成果——片区城市设计框架

3.1　阶段 1：片区城市设计框架

该阶段的教学内容主要包括上位规划解读、现场踏勘、策划专题、片区策划与城市设计框架搭建等任务，要求学生充分解读上位规划，对现场进行具身化体验，着重强调对场地特征及限制要素的认知。策划专题中，课程编设案例库，要求每组学生选择 2 个案例，详细解读方案生成过程，学习策划思维与方法。在此基础上，引导学生策划片区的发展定位、构建城市设计框架（图 4）。

3.2 阶段2：片区控规草案

在城市设计框架基础上，论证开发容量、配套公共服务，编制控规技术文件。在该阶段首先安排指标专题研究，要求每组学生选取一类主导功能（居住、商业商务、公共服务、产业），在深圳市建成区范围内选取形态各异的典型地块，绘制平面图、测算用地指标（容积率、建筑高度、建筑层数、建筑密度、绿地率等），制作实体模型，通过横向比对，建立规划指标与功能、形态之间的对应关系，理解控制性指标内涵（图5）。随后各组着手完善片区城市设计，测算居住、就业人口与总体开发规模，配套公共服务设施，确定地块控制指标，形成控规技术文件（图6）。

图5 指标专题教学过程

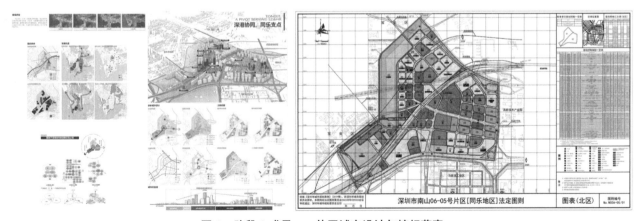

图6 阶段2成果——片区城市设计与控规草案

3.3 阶段 3：重点地段城市设计

每组选取 20~30hm² 的重点地段，开展局地城市设计。首先，安排形态专题研究，邀请城市设计师与景观设计师作主题讲座，各组开展案例研究，解读优秀城市设计成果，学习设计与表达方法，并进行组间交流。之后要求各组对重点地段进行补充调研，进一步挖潜地方特色，形成设计概念，进行空间形态塑造、功能优化与场所营造，完成局地城市设计成果（图 7）。在方案推敲过程中，一方面继续训练学生的空间塑造能力，另一方面也引导学生理解控规对城市设计的约束作用，对于一些难以达成的控制性指标，在经过论证后，允许对控规进行调整。

3.4 阶段 4：城市设计导则与控规完善

学习城市设计导则编制原理与相关技术为主，编制重点地段的精细化导控文件，调整控规并完成全套成果制作。首先开展导则专题研究，邀请城市设计师介绍城市设计导则编制经验，结合文献阅读与经典案例解析，掌握城市设计导控要素、内容与方法，学习导则的编制过程、成果构成与编制规范。在此基础上，编制重点地段的城市设计导则，体验城市设计方案向城市设计导则的转译过程，学习复合化功能组织、建筑形式、开放空间、历史风貌等方面的精细化导控手段（图 8）。随后对控规成果进行调整与完善，形成全套控规文本与图件。

4 教学评价与反思

在课程结束后，教学组通过组内研讨、规划系内研讨、学生匿名问卷调查等形式，对课程建设、教学过程进行评价、总结与反思。总体而言，面向一体化的教学目标基本达成，教学质量较好，执行过程顺畅，在规划任务难度、工作量设定等方面存在进一步改善的空间。

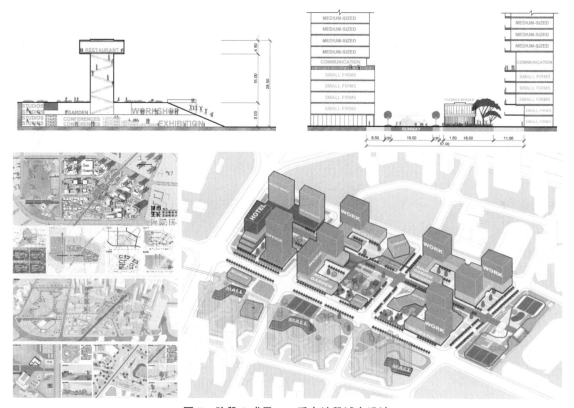

图 7 阶段 3 成果——重点地段城市设计

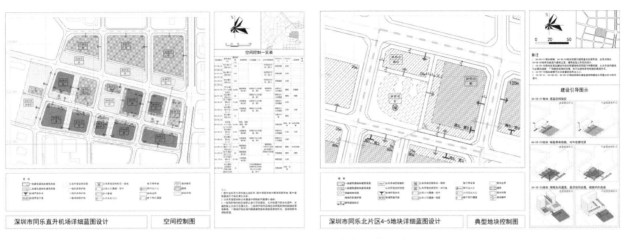

深圳市同乐直升机场详细蓝图设计　空间控制图　深圳市同乐北片区4-5地块详细蓝图设计　典型地块控制图

图 8　阶段 4 成果——城市设计导则

4.1　教学目标达成评价

通过作业质量评价与学生自我评价，教学目标所设定的总体策划、控规编制、空间塑造、精细化导控、团队协作等五大能力的培养达成度较高。得益于职业规划师的全程参与，学生在控规编制与精细化导控方面的能力提升显著；设计地段中的直升机场遗址、高速公路桥下空间等特色要素激发了学生们的城市设计兴趣，助推空间塑造能力的提升。相较而言，总体策划能力的培养相对逊色，但也基本达成了科学研判片区发展方向的教学目标。

4.2　执行过程效果评价

考虑到一体化教学任务繁重，为保障质量与进度，教学组进行了严密的教学环节设计。在总体任务书中，将教学内容、课前准备与课后作业精确安排到每节课程（图 9），教学过程严格按照计划进度执行。为保障专题研究质量，制定专题研究任务书，明确专题研究任务，并编设案例库与参考书库作为研究保障。课程执行过程中，四个教学环节的衔接与转换流畅，未出现进度滞后的现象。

4.3　教学问题反思

在工作强度和学习体验方面，学生的消极评价较多。例如有学生认为规划设计选题复杂、片区尺度大、

周次	阶段	授课形式	教学内容	课前准备	课后作业
1	开题	集中授课	控规与城市设计（金） 任务书解读（刘） 宏观发展背景（洪）		熟悉基础资料、制定调研计划
2	调研	现场教学	现场踏勘与答疑 设计地段+周边片区	现状图纸、踏勘工具	调研分析
2	调研	小组讨论	现状调研分析、规划发展解读 发展目标与规划定位	调研分析 政策分析	补充调研 专题作业
3	策划专题	小组讨论	城市设计案例分析与讨论	案例卡片	案例卡片
3	策划专题	组间交流	功能定位与项目策划	案例卡片	空间结构
4	总体结构	小组讨论	总体空间结构（功能、形态、道路、绿地景观……）	空间结构草图	汇报文件
4	阶段成果	阶段1汇报	调研与策划（20min/组）	汇报文件	专题作业
5	指标专题	集中授课	控规知识要点回顾（张）	案例卡片	案例卡片
5	指标专题	小组讨论	形态分类与指标分析	案例卡片	指标设定
5	指标专题	组间讨论	形态分类与指标分析	案例卡片	指标设定

图 9　教学进度安排表（部分）

总体城市设计策划的难度大；有同学认为学习周期太长，在部分教学环节时间不够、学习过程较为仓促等问题。在规划任务设定方面，课程应注重与学生能力的对接，并对各环节的课时进行适当调整。

致谢：本课程建设过程中，得到了多方学者与机构的帮助与支持：我院荣休教授金广君老师对课程设计给予了诸多关键性的指导；深圳市城市规划设计研究院城市设计实践所洪涛所长作为任课教师，全程参与授课与辅导过程，并协调对接了多方资源；中国城市规划设计研究院深圳分院王飞虎所长、王旭规划师、深圳市城市规划设计研究院荆万里所长、广州南沙新区规划院黄

珍女士、深圳大学刘倩副教授、深圳成行建筑设计有限公司成行先生等专家学者在选题、讲座、评图等阶段均给予了大力支持；哈工大（深圳）建筑学院城市设计特色学科方向建设经费也为本课程顺利实施给予了经费保障。在此一并致谢。

参考文献

[1] 金广君. 城市设计：如何在中国落地？[J]. 城市规划，2018（3）：9.

[2] 金广君. 控制性详细规划与城市设计 [J]. 西部人居环境学刊，2017，32（4）：1-6.

[3] 唐莲，丁沃沃. 基于空间感知质量的城市设计教学探索 [J]. 建筑学报，2021（3）：100-105.

[4] 戴铜，刘凡琪，董慰. 论城市设计课程"循证"教学体系及支撑平台建设 [J]. 中国建筑教育，2020（1）：59-64.

[5] 戚冬瑾，卢培骏，曾天然. 控制性详细规划教学的探索性改革——以《广州人民南城市更新片区形态条例》为例 [J]. 城市规划，2019，43（7）：98-107.

[6] 钮心毅. 实验班"控制性详细规划和综合性城市设计"课程教师钮心毅访谈 [J]. 建筑创作，2017（3）：240-242.

[7] 金广君，王萍萍. 结合城市设计的控制性详细规划优化探讨 [C]// 多元与包容——2012 中国城市规划年会论文集（03. 城市详细规划）. 北京：中国建筑工业出版社，2012：426-435.

[8] 李肖，王崇革，姜伟. 基于 OBE 理念下城市控制性详细规划设计课程改革的探索与实践 [J]. 教育教学论坛，2020（10）：209-210.

[9] Neuman, M. Teaching collaborative and interdisciplinary service-based urban design and planning studios[J]. Journal of Urban Design, 2016, 21（5）: 596-615.

Design & Guideline: The Integrated Experiment of Urban Design and Regulatory Planning

Liu Kun   Zhang Tianyao   Song Jusheng

Abstract: With progress of refined urban spatial governance, urban design and regulatory planning inevitably and increasingly interweave with each other in practice. However, their interactions have not been adequately imparted in the professional education of urban planning and design. It thus in urgent need to explore the pathways of cultivating professional talents equipped with both urban design ability and planning regulation compacity through an integration teaching reform of two studios of regulatory planning and urban design. By reviewing the interrelationships between urban design and regulatory planning, this study puts forward an integrated teaching framework comprised of four progressive teaching steps, based on which a teaching experiment has been introduced, evaluated, and reflected. As a result, the integrated teaching reform contributed to the development of students' design thinking and planning regulation thinking simultaneously, achieving the expected teaching objectives; while the planning and design tasks should be moderately simplified and the class hour allocation should be optimized.

Keywords: Regulatory Planning, Urban Design, Integrated Teaching Model, Refined Guidance and Control

认知·探索·创新：
践行知行耦合理念的城乡规划调研课程实践*

摘　要： 大数据为城乡规划社会调研提供了新的技术方法，提升了社会调研的动态性、高效性、精度广度与可视性。传统的城乡规划社会调研课程无法满足大数据时代背景下的精细化调研设计需求。通过深度融合智慧技术，提出了"知行耦合＋时空融合"教学理念，并针对学生"后疫情时代学生老师空间隔离"的问题，依托"设计院课堂＋课堂设计院"的教学模式，引导学生从多角度、多层次、深入认识城乡社会发展新问题；同时，针对"调研技术方法与时代要求脱节"的问题，课程聚焦新技术发展特征，搭建"知行耦合＋时空融合"教学框架体系，明确城乡社会调研教学中"调研选题—数据获取—数据分析—结论策略—成果编制"五阶段的教学要点；再是为解决"调研实践内容与其他理论课程衔接不强"的问题，创新塑造"赛教结合"高效教学模式，实现"教学—实践—设计—社会服务"扩展。培养学生为人民规划的价值观和实事求是的调查分析能力。

关键词： 城乡社会调研；智慧技术；教学改革；实践类课程

"城乡社会综合调研"是面向城乡规划学本科三年级的专业实践教学环节核心课程，是构建城市规划理论与实践沟通的重要桥梁，也是规划实践与理论构建动态互馈的有效机制。课程的学习以城乡社会调查研究的工作流为主线，围绕城乡社会调查概述、调研选题、调查设计、数据获取、资料收集与资料整理、数据分析、结论策略、成果编制部分，将城乡社会调研方法的基本概念、主要原理和实际操作过程紧密结合，综合提升学生空间问题分析、空间量化计算、空间制图表达、空间决策管理的能力。然而，传统的城乡规划社会调研由于课程时间短、设置题目单一、调研流程多、无法指导课程设计而教学效果欠佳。

1　认知：后疫情时代的城乡社会调研的关键问题

根据连续 6 年追踪本校及兄弟院校三年级学生，发放 526 份问卷，访谈 134 名本校城乡规划三年级的学生的课程学习现状和感想，得到以下学生反馈的问题：传统的课程无法满足大数据时代背景下的精细化调研设计需求。在现实中存在与"三高一低"不适应的问题，其表征包括：①后疫情时代空间隔离情景出现频率高——传统调研无法解决学生—学生、教师—学生之间的空间隔离问题，无法满足协同调研需求；②学生接受大数据调研新方法兴趣高——传统实地调研无法满足大数据时代"高精度＋实时性＋客观性"新需求，无法满足不同学生的求知欲及好奇心；③课程设置题目重合度高——传统调研课程无法满足不同知识能力背景同学的差异化需求，传统教学方法导致学生学业执业能力转化困难；

---

　　* 基金项目：天津市一流本科建设课程、天津市创新创业教育特色示范课程《城乡社会综合调研》阶段成果；天津城建大学重点教改项目《认知·探索·创新：深度融合智慧技术的城乡规划实践教学体系重构》、天津城建大学校级课程思政示范课建设项目《城乡社会综合调研》联合资助。

曾穗平：天津城建大学建筑学院城乡规划系副教授
田　健：天津大学建筑学院城乡规划系副研究员

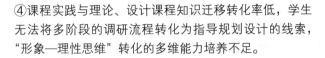

④课程实践与理论、设计课程知识迁移转化率低，学生无法将多阶段的调研流程转化为指导规划设计的线索，"形象—理性思维"转化的多维能力培养不足。

1.1 疫情导致实践类课程教授方式无法解决学生教师的空间隔离问题

突如其来的新冠疫情，使线上课程成为常态，高等学校落实教育部"停课不停学、停课不停教"的教学要求，传统的线下教学转为线上教学，部分高校学生返校实行封闭化教学管理，这些现状均给实地调研带来了困难。同时，由于同学返校情况不同，呈现"学生之间不同空间、教师与学生环境"的空间隔离矛盾。这一现象无法保证实践性课程的落实，也无法保证同学之间的有效沟通协作，导致场地落实、调研与问卷调查等必须在线下实践教学行为的无法落地。因此，对城乡社会调研，提出了应用大数据调研的教学方式的新要求，必须用新的教学方式与内容，引导学生用新的视角解决新的问题。

1.2 传统的城乡社会调研内容无法满足学生掌握新事物的认知需求

通过问卷调研，我们发现传统的城乡社会调研教学内容已无法满足学生对新事物层出不穷环境下的教学实践的需求。学生的知识储备、学习动机、技术方法都存在一定的不适应性。包括：在知识储备方面，传统技术方法与大数据调研要求不匹配，学生必须通过前置理论课程"城乡社会调研方法"的学习，在对城乡社会调研的基础知识有初步了解的基础上，掌握基础的数理统计分析方法，具备计算机软件的基本操作能力。因此，必须适应大数据时代的教学要求，培养学生运用人工智能算法及各种专业软件，解决国土空间规划的新问题；学习内容方面，刻板、单调调研题目无法适应学生执业的多元需求，必须结合同学们的广泛兴趣爱好，从"学科前沿、科技开发、工程实践与社会服务实践"等不同类型出发，进行个性化调研选题，对标未来规划师执业需求。

1.3 传统的城乡社会调研体系无法有效将调研能力转换为设计能力

通过问卷调研，我们发现，传统的城乡社会调研教学课程体系无法有效将调研与能力高效地转换为设计能力。其中包括：学习效果方面，调研成果难以应用于规划设计。往往是尽管学生完成了城乡社会综合调研报告，但无法将调研成果转化为规划设计的依据与线索。亟待提升学生们在理论课、实践课，以及专业设计课之间的知识转化和迁移能力。不仅传统教学成果与相关课程实践转换效率低，以调研报告为主的教学实践成果也同样难以转化为城市设计、区域规划等知识储备，学生无法将课堂知识融会贯通为规划素养。在能力培养方面，规划调研课程对逻辑思维培养的要求高：一般而言，学生通过艺术训练，培养了一定的形象思维能力，亟待进行"形象—理性思维"转化的多维能力培养，包括空间问题分析、空间量化计算、空间制图表达、空间决策管理等方面逻辑思维能力的提升。

2 探索：实践类课程的应用场景与教学技术框架

传统的城乡规划社会调研课程无法满足大数据时代背景下的精细化调研设计需求，针对上述"三高一低"的现实问题，本课程贯彻实践育人和培养家国情怀的战略要求，聚焦新技术发展特征，依托"设计院课堂＋课堂设计院"的教学模式，引导学生从多角度、多层次、深入认识城乡社会发展新问题，依托"理论＋实践＋设计"的课程改革方向，建构"知识体系—能力培养—价值塑造"知行耦合的教学框架。培养学生为人民规划的价值观，提升实事求是的调查分析能力，为城乡规划专业学生实践育人提供了系统的教学改革方案。

课程改革建构了基于大数据的"时空融合＋知行耦合"教学框架，将部分"通读式"的专业理论课程下移，在"课程群"的支持下，实行"多段式"教学，按知识类别筛选、拆分专业基础课，打破专业基础课（设计课）和理论课之间的时间障碍，使专业基础知识学习始终围绕专业培养目标，通过循序渐进的方式，向宽领域和厚基础方向展开。同时，强调时空融合理念下的"多源数据获取、可视化成果表达"的技能培养，注重知行耦合理念下的"热点问题萃取，通过数据分析推演、多情景优化"的思维训练，将大数据城乡社会调研方法，始终贯穿于结合总体规划、控制性详细规划等环节，在各类设计课程中，培养学生获取不同调研过程，有效获取各种信息资料技术的能力。

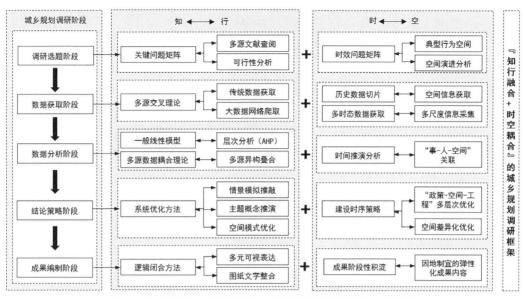

图1 "知行融合＋时空耦合"的城乡规划调研教学内容框架

3 创新：深度践行知行耦合理念的城乡规划调研课程改革

3.1 课堂模式拓展："设计院课堂＋课堂设计院"的校企联合强化创新平台

为了深度践行"知行耦合的"理念，我们聘请规划设计院的知名设计师作为外聘教师，创建校企联合强化创新平台，依托规划设计院的项目库、数据库、成果库，拓展调研的方法和维度。借助"课堂设计院"模式，将教室变成设计院办公室，让课堂成为设计院培训一线。同时，借助"设计院课堂"模式，把设计院的一线设计场所变成课堂，让学生融入规划设计，让设计院变成对调研需求认知的课堂，从规划设计实践中，强化对基础资料调研需求。同时，依托创新创业孵化基地和科普教育基地，培育"校政企"教育生态环境，形成设计院与教室融合互换的实践课堂创新模式，促进学生的学业向执业能力高效转化。

3.2 教学框架体系更新："时空融合＋行知耦合"的智慧赋能规划实践

传统的城乡社会调研教学方法无法将调研成果有效

图2 课堂模式创新

地转化为设计阶段的依据。针对这一问题，在课程改革中，将"社会调查研究方法""城乡社会综合调研""城市规划与设计Ⅰ""城市规划与设计Ⅱ"等课程有效融合，形成"理论＋实践＋设计"特色核心课程群，以核心课程为"社会调查研究方法"主线，从训练阶段组合、技术工具应用、训练课程体系和教学环节入手，从上述四方面，建构城乡规划专业思维训练体系，通过"方法讲授＋课程实践＋专题设计＋科研凝练＋社会服务"这一教学链条，联合企业导师合作设计开发实训内容，建构了基于大数据的"时空融合＋知行耦合"教学内容框架。结合城建类高校优势，突出对城乡规划专业

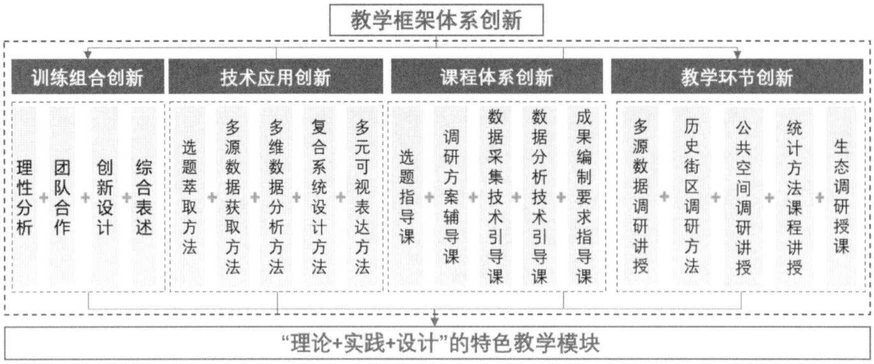

教学框架体系创新
训练组合创新
技术应用创新
课程体系创新
教学环节创新
理性分析
团队合作
创新设计
综合表述
选题萃取方法
多源数据获取方法
多维数据分析方法
复合系统设计方法
多元可视表达方法
选题指导课
调研方案辅导课
数据采集技术引导课
数据分析技术引导课
成果编制要求指导课
多源数据调研讲授
历史街区调研方法
公共空间调研讲授
统计方法课程讲授
生态调研授课
“理论+实践+设计”的特色教学模块

图 3　教学框架体系创新

综合性、区域性和交叉性的新要求，帮助学生构建多学科知识体系、掌握研究技术、进行方法创新，有效促进时空融合与行知耦合，实现实践教学的体系创新。

3.3　教学实践模式衔接：“社会实践 + 多元竞赛”的高效模式

为了使城乡社会调研教学成果有效应用于规划设计，课题组采用“社会实践 + 多元竞赛”的创新方式，以赛促教，打造高效课堂，在实践教学过程中，发挥培养学生解决城市问题能力的作用，注重问卷与访谈结合，概率论思想与统计学知识并用，通过社会系统宏观图式与微观要素分析的统一的教学方式，指导学生更好地认识其中的因果关系，并提升其预测发展趋势的能力，提升学生的国土空间规划的执业能力。在此基础上，通过调研报告竞赛、大学生创新创业竞赛、论文竞赛等方式，培养学生“问题捕捉 + 复合分析 + 信息获取 + 筛选与优化 + 概念孵化 + 综合表达”的多维能力，提升对多源数据进行“简化—提炼—分析”的能力，形成创新的实践教学与学科竞赛相融合教学模式，满足大数据背景下城乡规划人才培养的新需求。

3.4　思政元素植入：“厚植家国情怀 + 扎根本土”学思结合塑造人民规划师

课程改革注重中国现实问题和规划实践相结合，培养扎根本土、放眼全球的家国情怀。调研选题改变传统的单一选题，提出结合国家需求，又具有学术前瞻性视

社会实践+多元竞赛
“赛教结合”教学模式
寓学于赛
以赛促教
以产促赛
以教促学
问题捕捉
筛选优化
复合分析
概念孵化
信息获取
综合表达
2.2.1 天津体育场地发展现状
2.2.1 “常”时时空分布的“集中化”特征

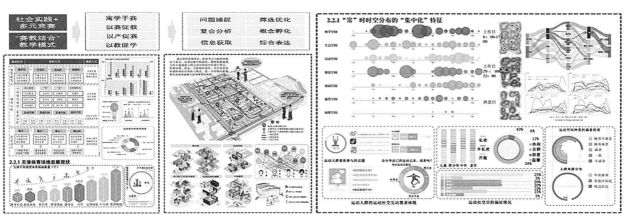

图 4　教学实践模式创新

野的选题方向，鼓励同学围绕社会热点、焦点、科研难点问题，进行有创新性的选题。如关注社会特殊群体，按照年龄、性别、不同工作等，划分典型的调研对象，并结合社会热点问题，探索新问题、新视角及解决问题的新方法，诱导同学提出视角独特的调研课题。在选题过程中，帮助学生树立规划师的社会责任感。将"思政元素"贯穿于调研选题、数据获取与成果编制等教学内容，将"思政要点"贯穿于知识模块、知识点和教学评价等教学活动环节，既使学生扎实掌握社会调研理论基础，培养其调研专业技能，又对学生形成潜移默化的价值引领，从课程所涉专业、行业、文化、历史等角度，揭示课程的时代性和人文性，使规划基础知识传授与思

政教育同向同行，形成合力，助力培养城乡规划领域的新时代合格建设者和接班人。

3.5 过程性考核："形象思维＋理性思维"并重培养综合实践能力

成绩考核体现"重导向、重过程、重能力"的评价原则，进行了考核评价体制的创新，形成了"学生互评—非任课老师评价—阶段性状态评价"的多元评价体制，建立选题立意、调研设计、方法应用、组织协作能力等评价指标，形成定性和定量、主观和客观评价指标相结合的评价体系，注重体现综合应用能力考查，有效解决了传统课程成绩评定中"评价主观性强、评价片面

序号	一级指标	二级指标	三级指标	权重	A	B	C	D	E	能力要素	与其他课程的链接关系
1	选题立意	理论实践基础	调研定位	30~50						具备发现城市实践问题能力及理论的应用能力	规划专题讲座
			理论应用								调研案例分析
			教师课题							具备学以致用的能力	国家级重要科研课题
			实践项目								现代城市规划理论
		可行性研究	资料收集							具备实际规划项目前期调研的能力	社会调查及分析方法
			现场踏勘								规划调研
			社会调查								
2	调研设计	现状研究	资料收集	50~70						具备分析城市实践问题的能力	文献检索、建筑摄影
			资料整理								社会调查研究方法
		调研思路	调研框架							具备研究问题能力	社会调查研究方法
3	方法应用	多维分析	定量评价	10~20						具备数理统计分析能力	社会调查研究方法
			层次分析								地理信息系统
		系统设计	空间分析							具备创新设计能力	城市规划系统工程学
			工程改造								
		数字技术	大数据							具备技术创新能力	城市规划新技术慕课
			机器学习								
4	成果推介	制图	制图标准	20~30						具备规划表达技法的应用能力以及计算机辅助设计表达能力	城市规划设计
			图面效果								城市设计原理
		文字	文字表达							具备文本撰写能力	专题实训
		汇报	成果形式							具备汇报文件制作和表达能力	规划师业务
			语言表达								
5	团队协作	协调	领导	5~10						具备执业规划师的基本素质和团队协作能力	规划师业务
			分工								
6	多元视角	评价视角	同学互评	5~10						具备客观评价认知能力	规划师业务
			非任课教师评价							多视角评价学生能力	
			阶段性评价							挖掘学生阶段性能力	

图5 课程成绩评定表

单一与重分数轻能力"的问题。

4 结语

通过"城乡社会综合调研"课程教学创新探索，形成了基于大数据的"时空融合＋知行耦合"的新教学框架，构建了模块化、层次化和阶段化的教学体系，摒弃了城乡规划学科教学过程中学业执业脱环的传统教学方法，解决了理论实践脱节及教学内容落伍的瓶颈问题。近五年，数字赋能城乡社会综合调研教学成效显著：课程获市级一流本科建设课程、校级教学成果二等奖1项，校级课程思政示范课建设项目。指导学生在国际WUPENiCity可持续性调研报告竞赛中获得金奖3项、全国规划行业最高等级竞赛——全国城市规划专业社会综合实践调查报告一等奖2项、全国建筑专业指导委员会举办的"清润杯"大学生论文竞赛一等奖1项、国家级大创项目获奖2项，天津市研究生科研创新项目1项，天津市"挑战杯"课外科技作品二等奖1项，创青春天津市铜奖1项，在教学方法的探索中取得了阶段性成果。

参考文献

［1］ 毛媛媛，雷诚，曾敏玲.从社会安全到环境安全——环境安全设计导向下的城乡规划专业教学体系探索 [J].规划师，2022，38（4）：147-152.

［2］ 曾坚.先驱、开拓者和领路人——沈玉麟先生的教育及学术思想探析 [J].城市规划，2022，46（1）：114-120.

［3］ 李小云，张玉.师范类院校城乡规划专业建设实践探索——以江西师范大学为例 [J].规划师，2021，37（19）：89-95.

［4］ 王正.城市设计教学中的形态思维训练探索 [J].建筑学报，2021（6）：102-106.

［5］ 杨俊宴，徐苏宁，秦诗文，等.中国现代城市设计的回溯与思考——郭恩章先生访谈 [J].城市规划，2021，45（6）：117-124.

［6］ 杨辉，王阳."旧疾"与"新题"：国土空间规划背景下城乡规划教育探讨 [J].规划师，2020，36（7）：16-21.

［7］ 姚丽，沈敬伟，孙平军.大数据驱动下人文城乡专业研究型创新人才培养研究 [J].地理教学，2019（23）：4-7.

［8］ 赵亮，吴越，刘晨阳，等.学科交叉融合下的城市设计培养体系架构研究 [J].城市规划，2019，43（5）：113-120.

［9］ 曾穗平，彭震伟，田健，等."时空融合＋知行耦合"的城乡规划社会调研教学理论研究 [J].规划师，2019，35（2）：86-90.

［10］ 吴晓，王承慧，高源.城乡规划学"认知－实践"类课程的建设初探——以本科阶段的教学探索为例 [J].城市规划，2018，42（7）：108-116.

［11］ 曾穗平，田健.知行耦合：基于社会调查的城市边缘区乡村发展内生动力研究与规划响应 [J].城市发展研究，2018，25（5）：21-28.

［12］ 杨俊宴，史北祥.城市规划设计的技术簇群与培养途径研究——基于一级学科的视角 [J].城市规划，2015，39（10）：31-38，51.

［13］ 史北祥，杨俊宴.转型背景下城市规划师研究能力培养的教学途径研究 [J].规划师，2015，31（10）：138-142.

Cognition-Exploration-Innovation: Practicing Urban and Rural Planning Research Course with the Concept of Coupling Knowledge and Action

Zeng Suiping   Tian Jian

Abstract: Big data provides a new technical method for urban and rural planning social research, which enhances the dynamics, efficiency, precision, breadth, and visibility of social research. The traditional urban and rural planning social research courses cannot meet the needs of refined research design in the context of big data era. Through deep integration of intelligent technology, the teaching concept of "coupling knowledge and action + spatial and temporal integration" is proposed, and the problem of "spatial isolation of students and teachers in the post–epidemic era" is addressed. At the same time, in response to the problem of "disconnection between research technology methods and the requirements of the times," the course focuses on the development characteristics of new technologies and builds a "coupling of knowledge and action + integration of space and time" teaching framework system. The course focuses on the characteristics of new technology development, builds the teaching framework system of "knowledge–action coupling + time and space integration," and clarifies the teaching points of "research topic selection – data acquisition – data analysis – conclusion strategy – result preparation" in urban and rural social research teaching. In order to solve the problem of "poor integration of research and practice with other theoretical courses," the innovative teaching model of "teaching–teaching combination" has been developed to realize the expansion of "teaching–practice–design– social service." To cultivate students' values of planning for the people and the ability of factual investigation and analysis.

Keywords: Urban and Rural Social Research, Smart Technology, Teaching Reform, Practical Courses

"渐进式"城市空间认知的理论、方法与教学实践*

苗 力 李 鹤 栾 滨

摘 要：针对城市空间认知课程教学中发现学生认知过程过短、深度不足和过分追求表达效果等问题，在重新认识"认知"本质的基础上，根据认知形成的规律提出"渐进式"城市空间认知的教学方法，在教学中注重对认知过程的把控，强调认知主体的主观能动性。首先，从"认知"与"认识"的因果递进关系出发，辨析城市空间认知的涵义，并揭示其本身具有的渐进属性。继而，依托大连南山历史街区这一复杂城市空间，按照"认知准备/调研计划——现场调研/初步认知——认知分析/补充调研——个性认知/方案比较——改造设计/重塑认知"五个步骤推进城市空间认知过程，每个阶段互为因果，并以认知作为主线贯穿始终。指出"渐进式"城市空间认知教学具有强化历时性、注重各环节之间的关联、强调认知主体的主观能动性的特点。最后，有意识地控制各阶段的进度和成果，使学生循序渐进地完成整个认知过程，教学效果总体反馈良好。研究对于优化传统空间认知的授课方法具有一定理论和实践意义。

关键词：认知；城市空间认知；渐进式；教学实践

1 引言

《小王子》中的狐狸对小王子说："人不会再有时间去了解任何东西的。他们总是到商人那里去购买现成的东西……只有被驯服了的事物，才会被了解。开始你就这样坐在草丛中，坐得离我稍微远些，但是，每天你坐得靠我更近些。"狐狸最后总结说："只有用心才能看得清。实质性的东西用眼睛是看不见的。"[1] 这些看似童话却颇具深意的道理适用于人类认识外界事物的各种行为。

同理，城市空间作为认知客体也是需要被认知主体"驯服"才会被充分了解。而这种"驯服"需要一个循序渐进的过程，要有耐心、花时间、讲方法，更重要的是用心体会。这是个由浅入深、用心接近本质的"渐进式"的过程。

城市空间认知是我校大三学生进入规划专业的第一个课程设计。从与成千上万城市使用者没有区别的普通视角，转变为城市规划者的专业视角，是学生从未涉足的全新的领域，需要重新构建人与城市的联系。掌握城市空间认知的原理、方法和能力是规划学生的基本素养，为后续的专业学习奠定基础。

2 相关研究背景

2.1 空间认知教学研究的相关进展

目前国内外关于空间认知教学的理论研究与相关实践主要分为两类：第一类是优化传统授课方法的研究，第二类是采用先进的技术方法辅助空间认知教学。

优化传统授课方法的研究目的是提升学生的空间认知能力。比如潘明率等人针对教学改革的新要求，优化了建筑初步的空间设计题目，提高了学生的手绘表达、模型制作、建筑分析与空间认知能力[2]。李志英等人从空间认知和设计技巧训练的视角切入，以学生为主体进

---

* 基金项目：辽宁省社科规划基金"中东铁路南段城镇遗产廊道数据库构建与保护利用策略研究"（项目编号：L19BKG001）。

苗 力：大连理工大学建筑与艺术学院城乡规划系副教授
李 鹤：大连理工大学建筑与艺术学院城乡规划系助教
栾 滨：大连理工大学建筑与艺术学院城乡规划系讲师

行场所体验，引导学生分析、交流、合作、思考能力的提升[3]。宋扬等人研究利用手工模型制作激发学生对空间的思考，有效拓展学生的空间思维[4]。

采用先进的技术方法辅助空间认知教学的研究主要以空间句法、虚拟现实、GIS技术为主。Asya Natapov等人研究空间句法这一定量研究方法，探讨如何将新的空间分析方法与空间认知教学研究的进展结合起来[5]。Bobby Nisha鉴于传统的空间设计学习方法所面临的缺陷和挑战，提出了VR增强设计教育的教学框架，并认为需要这种方法来塑造空间设计的未来主义思维[6]。骆燕文提出了新的空间尺度教学模式，该模式借助GIS及3D获取多维数据，可应用于不同尺度的空间认知教学实践[7]。

2.2 "渐进式"城市空间认知教学研究的意义

从以上对国内外文献的梳理可知，用先进的技术方法辅助空间认知教学的研究虽然可以使认知更为科学、理性，但同时可能引发追求技术流的倾向。而过早强调技术有可能令刚入门的低年级的同学"跑偏"，不利于学生理解城市规划专业的真正涵义。这也正是另一种针对空间认知教学的定性研究仍然被持续进行的原因。探讨传统授课方法的提升已从多方面展开，但针对复杂城市空间认知的教学研究相对还不够充分。

本课题源于实践教学经验的总结与思考，在重新认识"认知"本质的基础上，根据认知形成的规律提出"渐进式"城市空间认知的方法，在教学中注重对认知的过程的把控，强调认知主体的主观能动性。本研究对于优化传统空间认知授课方法具有一定的理论和实践意义。

3 "渐进式"城市空间认知的理论研究

3.1 概念辨析

认知属于高级别的大脑活动，它用来组织和加工从空间环境中获取到的原始资料[8]。在大辞海中，"认知"的概念是指个体认识和理解事物的心理过程，或指对信息进行加工和应用的过程。"认知"是在"认识"这个概念上的进一步深化，二者有共同点，但有很大的不同：①认知先于认识；②认知是一个过程；③认识是认知过程后的结果。从认知到认识的过程存在着延续和衔接，即上一个阶段的认识，会构成下一个阶段的认知，

实际的链条是这样的：阶段一（认知）——阶段二（认识/认知）——阶段三（认识）。这个认知—认识的过程，理论上可以无限循环下去[9]。落实到城市规划领域，城市空间认知是指个体认识和理解城市空间的心理过程，或指对城市空间信息进行加工和应用的过程。

3.2 城市空间认知的渐进性

城市空间认知一般可分解为以下阶段：第一阶段，个体依靠自身的感官直观地认知城市空间，形成直观性概念。随后，人们会在意识中将不同城市空间的信息进行对比，总结出不同的特征，进而构成特定城市空间在意识中所对应的概念。第二阶段，人们会抽取在第一阶段中所获得的城市空间特征，经过进一步思考，形成新的非直观性概念。这些在头脑中拼出的概念在现实中可能并不存在，它能否被人们承认，重点在于其特征能够稳定地被感知。例如，虚构人物小A在城市空间中历时一天的主要活动轨迹，小A虽并不真实存在，但符合空间特征中人的行为规律，因而能够被人们所承认。"渐进式城市空间认知"就是个体遵循层级属性，由浅入深、由表及里逐步获取"城市空间认知"的过程。

4 "渐进式"城市空间认知的教学实践

4.1 基地的选择与特点

本次课程的基地选择为大连市南山历史街区，位于大连市南山山麓以北、南山路以南，面积约为20hm²。这里曾是近代日据时期的高级官邸区，记载了日本侵占大连的历史，同时也是大连城市建设的源头，对于大连有着重要的历史意义和独特的价值。街区方格网肌理上簇拥着以"日式和风"和"折衷主义"建筑为主的近代建筑，具有艺术和审美价值。20世纪末，大连市人民政府将枫林街两侧历史建筑大范围拆除，拓宽改造为日本风情街，导致街区尺度失调，环境萧条。

4.2 渐进式空间认知的教学组织

我校"城市空间认知"课程内容包括"空间认知"和"更新改造"两部分，总计历时7.5周。根据渐进式空间认知的理论，实际工作耗时相同的情况下，过程时间跨度持续越长，认知效果越深入。所以，过程中并没有清晰地划分认知与改造设计的界限，而是按照"认知准备/调研计

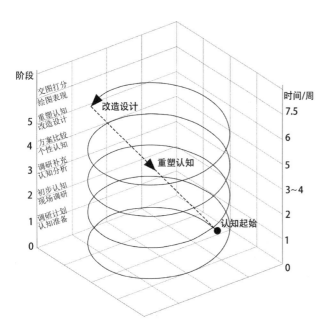

图1 "渐进式"空间认知教学组织示意图
资料来源：作者自绘.

划——现场调研/初步认知——认知分析/补充调研——个性认知/方案比较——改造设计/重塑认知"五个步骤推进，每个阶段互为因果，以"认知"作为主线贯穿整个教学过程。具体步骤和各阶段要求如下：

（1）认知准备/调研计划（第1周）：讲解城市空间认知的原理与方法，基地背景及任务要求。安排学生进行认知案例和改造案例分析，组织学生对基地进行资料收集，做好现场踏勘的前期准备工作。学生应提前了解基地的区位、历史背景、功能分布、道路等级和交通、街区肌理、地形坡度等基本信息。同时，深入了解基地本身的特殊要求。例如，为避免在改造阶段出现大拆大建的情况，也为了让学生们的改造方案在空间上富有变化，任务书要求学生依据现状历史建筑的分布和价值来划定街区内留、改、拆的范围，并规定拆除的用地面积不可超过规划总用地面积的20%，并需在基地自身范围内实现拆建平衡。

（2）现场调研/初步认知（第2周）：要求学生对基地及周边环境进行现场踏勘，感受现场氛围，建立街巷尺度感、考察建筑质量、观察街区人的活动、了解基地主要问题等。用两步路等APP记录整理照片、录像

等。通过学生小组（6人左右）汇报的形式交流对基地空间的初步认知。

（3）认知分析/补充调研（第3~4周）：将主体获得的各种认知利用分析图加以呈现。包括描述性概念（现象分析）和解释性概念（原因分析）；以小组为单位制作基地手工模型，建立起对基地空间尺度的直观认识。运用成果导向，按照想要达到的认知成果来反推缺失和不确定的信息，拟定获取信息的途径，带着问题和任务重返基地。通过发放问卷、居民访谈和人群路径追踪等手段，有目的地收集特定信息。例如，南山历史街区现状存在大量私有产权的别墅，在空间认知过程中要对空间权属问题给予厘清，方便在改造阶段区别对待，对街道广场等公共空间提出改造方案，而对私有别墅的庭院和建筑立面等提出引导性建议。

（4）个性认知/方案比较（第5周）：要求学生以重塑空间认知为目的，提出三种不同价值取向的城市空间更新改造意向，并对三个方案进行比较。在此过程中，指导教师会着力发现学生方案的特别之处，鼓励学生基于独特的认知视角发展有个性的街区更新计划。

（5）改造设计/重塑认知（第6周）：对选定方案进行深入设计。包括总体布局、路网组织、环境设计和街道节点等典型空间的设计。通过塑造历史街区新形象、注入新活力来重塑街区的公众认知。

4.3 "渐进式"城市空间认知的教学特点

虽然一般的空间认知教学都会自然而然地随着课程进展而逐渐深入，但"渐进式"城市空间认知对课程组织阶段和教学侧重点均有所强化。具体体现在以下几个方面：

（1）延长认知历时长度。以往的城市空间认知课程包括认知与改造两个环节，各占一半的比重，时间分配也是一分为二。而根据渐进式认知对历时总长度的要求，需尽量延长认知部分持续的时间，并将改造部分看成重塑认知的过程，使得认知活动贯穿设计课的整个过程。

（2）注重各环节之间的关联。强调各步骤之间的因果关系，即由上到下做好铺垫，同时由下到上从认知效果反推各步骤的行动计划。个别学生喜欢跳跃步骤，重结果轻过程，只顾画图表现，指导过程中注意对该类做法予以制止和引导。

（3）强调认知主体的主观能动性。由于认知的角度不同、主体本身思维的差异，每个学生都会产生相对异同的认知。在指导过程中会对这种主观的差异加以鼓励和强化，引导学生在对街区形成客观完整认知的基础上，强化自己独到的视角和方案个性。

4.4 历史街区渐进式空间认知的成果

成果要求：3 张 A1 图纸。第 1 张主要为空间认知，第 2 张重点展示三方案比较，第 3 张主要表达选定方案总平面和主要街景透视。各阶段的代表性认知成果案例如下：

城市空间认知各阶段代表性成果　　　　　　　　　　　　　表1

阶段	核心任务	各阶段代表性学生成果
1	认知准备 / 调研计划	
2	现场调研 / 初步认知	
3	认知分析 / 补充调研	

续表

阶段	核心任务	各阶段代表性学生成果
4	个性认知/方案比较	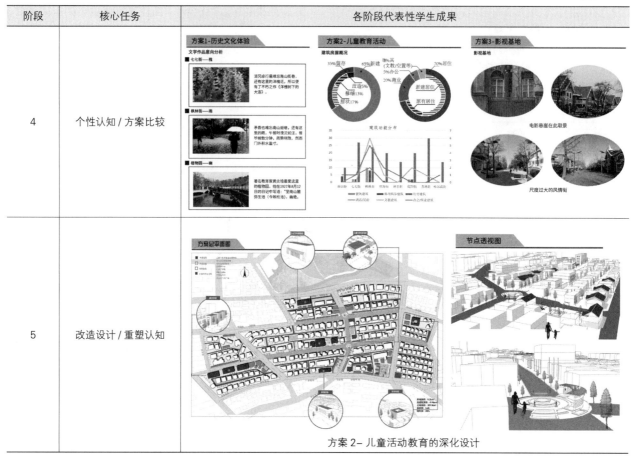
5	改造设计/重塑认知	

方案 2– 儿童活动教育的深化设计

资料来源：作者根据学生作业整理.

5 教学反馈与分析

5.1 教学效果反馈分析

为了对本次教学效果进行检验，对全班 29 名同学发放了问卷，共回收有效问卷 28 份。对问卷结果分析可知，92.86％ 的学生认同城市空间认知是渐进式过程。89.29％ 的学生认为通过本次课程设计其观察思考城市的角度变得更专业。关于认知活动持续的时间，28.57％ 的学生表示空间认知过程的时间为 5 周，占比最多，第二多的是 4 周，占比为 17.86％，可以看出，学生的空间认知过程所用时间主要在 4~7 周，总体持续时间较长。

对于城市空间认知因素的重要性排序中，学生普遍将观察视角与独立思考排为前两名，而技术手段与图纸表达排名靠后，说明学生更注重用眼睛和头脑去认知空间。最后，35.71％ 的学生相信自己的改造设计能重塑人们对该城市空间的认知，而 60.71％ 的学生对该问题不确定。这说明大部分学生通过城市空间认知的训练后，认识到历史街区的复杂性和矛盾性及城市空间重塑影响因素的多元化和不确定性。本次教学实践基本达到了预期的效果。

5.2 不足与展望

在信息化社会里，人的生活方式已经发生了根本性的变化，虚拟"空间"与物质空间的重叠和交替已无法

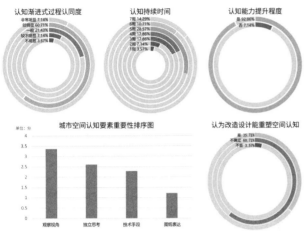

图 2　教学效果反馈分析 [1]

资料来源：作者自绘.

避免。这种体验的双重性也必然会对人认知城市的方式产生影响，尤其体现在对城市公共空间的认知上 [10]。本次教学过程中受新冠疫情的影响，只在开学的第 1 周在线下进行，其余均为线上。学生也仅获得一次基地现场踏勘的机会。导致现场补充调研无法进行、手工模型无法制作、小组合作也因组员身处异地而加大了难度，给教学计划的推进造成了不小的阻碍。教学过程中鼓励学生利用线上资源，例如利用地理空间数据云下载基地高程的 DEM 数据等，在很大程度上弥补了不能去现场的缺憾。但归根结底，线上调研在城市空间认知领域仍旧无法替代传统现场调研所能够获得的直观的、综合的体验。

6　总结

在这个"抖音""微信"盛行的快节奏时代，人们已经不习惯于花大量的时间去认知一样事物。方便快捷是时代给我们提供的便利，但是快速获得的认知往往是表象，深入的实质需要花时间思索才终会触及。"渐进式"空间认知基于对人类认知活动机理的探究，在教学活动中特别强调认知的历时性、注重各环节之间的关联、强调认知主体的主观能动性。通过引导学生逐步获

取对城市街区深入而独特的认知，提出个性鲜明的改造方案，用以重塑街区未来的公众认知。

注释

1. 排序题的选项平均综合得分是问卷星系统根据所有填写者对选项的排序情况自动计算得出，它反映了选项的综合排名情况，得分越高表示综合排序越靠前。计算方法为：选项平均综合得分 =（Σ 频数 × 权值）/ 本题填写人次。

参考文献

［1］安托万·德·圣·埃克苏佩里. 小王子（节选）[J]. 阅读，2022（27）：10-11.

［2］潘明率，蒋玲. 体验·认知·分析——从空间设计题目看建筑初步课程教学 [J]. 华中建筑，2013，31（7）：166-170.

［3］李志英，龙晔，撒莹，等. 基于空间认知和场所体验的设计初步课教学研究 [J]. 云南大学学报（自然科学版），2020，42（S1）：21-28.

［4］宋扬，王卫红，李天劼. 浅析模型制作在环境设计教学中对空间认知的促进作用——以"模型语言"教学实践为例 [J]. 建筑与文化，2021（8）：29-30.

［5］Natapov, A., O. Barr and D. Fisher-Gewirtzman, Generative urban design module: Integrating Space Syntax and Spatial Cognition Experimental Methods[R]. 11th Space Syntax Symposium, Portugal, 2017.

［6］Nisha, B. The pedagogic value of learning design with virtual reality[J]. Educational Psychology, 2019, 39（10）: 1233-1254.

［7］骆燕文. 城市设计课程中空间尺度认知教学模式研究 [J]. 中外建筑，2020（9）：88-90.

［8］韩默，庄惟敏. 空间组构与空间认知 [J]. 世界建筑，2018（3）：104-107，122.

［9］知乎乐之者也. https://zhuanlan.zhihu.com/p/390389807.

［10］田唯佳. 心理地图与城市公共空间认知——设计基础教学中的两次实验 [J]. 新建筑，2016（6）：63-67.

Theory, Methodology and Teaching Practice of "Progressive" Urban Space Cognition

Miao Li   Li He   Luan Bin

Abstract: In response to the problems found in the teaching of urban space cognition, such as students' rapid cognitive process、 lack of depth and excessive pursuit of expression effects, a "progressive" approach to urban space cognition is proposed on the basis of a new understanding of the nature of "cognition" and the law of cognitive formation. The teaching method of cognition focuses on the control of the cognitive process and emphasizes the subjective initiative of the cognitive subject. Firstly, from the causal progression of "cognition" and "awareness", the meaning of urban space cognition is identified and its progressive nature is revealed. Then, based on the complex urban space of Dalian Nanshan Historic Quarter, the urban space cognition process is carried out in five steps: cognitive preparation / research plan—on-site research/initial cognition—cognitive analysis / supplementary research—individual cognition / comparison of solutions—transformation design / reconstruction of cognition. with each stage being mutually causal and with "cognition" as the main thread throughout. The "progressive" approach to urban space cognition is characterized by the reinforcement of the diachronic nature, the emphasis on the links between the various stages and the subjective initiative of the cognitive subject. Finally, the progress and outcomes of each stage are consciously controlled so that students can complete the whole cognitive process step by step, and the overall teaching effect has good feedback. The study has theoretical and practical implications for optimizing the traditional teaching methods of spatial cognition.

Keywords: Cognition, Progressive, Urban Space Cognition, Teaching Practice

反转课堂建设目标下的线上与线下结合的城乡规划专业研究生教学实践

张 立 陆希刚 程 遥

摘 要： 以线上教学的发展作为切入，从新时期城乡规划专业的研究生教学特征入手，结合国土空间规划改革提出的新要求，以"城镇化理论与研究方法导论"课程作为案例，探讨如何充分利用线上教学平台，将线下教学与线上教学充分融合，在学分紧约束的背景下实现研究生反转课堂教学改革。

关键词： 反转课堂；城乡规划；研究生教学

研究生教育不同于本科生教育的一个重要方面在于，在知识传授的同时，培养从知识和实际中发现并解决问题的研究思考能力。以此，国内外出现了很多针对研究生教学方法的革新，影响较大的是"基于问题的学习（PBL，Problem-Based Learing）"和"反转课堂（IC，Inverted Classroom）"等。前者实现了研究生教育的目标要求，后者则构成了达成此目标的主要教学方法手段，二者相辅相成，构成了当下全球一流大学研究生教育的基本教学方法体系。

PBL 最初多用于医学领域，目前已成为国际上较为流行的教学方法，不仅应用于研究生教学，也广泛应用于本科教学等[1]。PBL 的理论基础是认知心理学中的建构主义学习理论。建构主义理论认为，知识主要不是通过教师传授而得到，而是在实际情境中利用学习资源阅读、交流与他人帮助等手段，通过意义建构而获得。PBL 通常由教师提出问题，学生通过课后学习、交流讨论和教师点评进行学习，目的在于培养学生发现、解决问题的能力。

与传统教育不同，PBL 并不强调知识灌输而是探讨其中的可争议之处或多种可能，从而通过提供激励环境培养学生的主动学习精神和创造性思维能力，但也存在时间成本高、组织规模有限、教师和学生的知识储备基础要求较高等局限[2,3]。鉴于上述特征，PBL 的教学方法较适于具有一定知识储备的研究生，且更加适用于高水平大学或高水平学科专业的高阶教学。

反转课堂[4]是达成 PBL 教学目标的主要途径，通过重置课堂内容时间，学生的资料学习、实践、分析等多在课外进行，课堂时间主要用于师生之间的交流、讨论、点评和指导。反转课堂不仅可以激励学生主动学习和思考，同时也使教师将宝贵的课堂时间用于点拨和引导，从而使学习的问题导向更为明晰，课堂教学内容也更为精炼。简言之，教师的教学重点从传统教学的"授业"转向反转课堂的"解惑"。

[1] Barrows H S, The essentials of problem-based learning[J]. Journal of Dental Education, 1998, 62 (9): 630-633.

[2] Kilroy D A. Problem based learning[J]. Emergency Medicine Journal, 2004, 21 (4): 411-413.

[3] Tara J. Fenwick. Problem-Based Learning, Group Process and the Mid-career Professional: Implications for Graduate Education[J]. Higher Education Research & Development, 2002, 21 (1): 5-21.

[4] Maureen J. Lage, Glenn J. Platt, Michael Treglia. Inverting the Classroom: A Gateway to Creating an Inclusive Learning Environment[J]. The Journal of Economic Education, 2010, 31 (1): 30-43.

张 立：同济大学建筑与城市规划学院副教授
陆希刚：同济大学建筑与城市规划学院副教授
程 遥：同济大学建筑与城市规划学院副教授

编号	一级学科名称	学科代码	所属门类	学位授予门类
1	应用经济学	0202	经济学	经济学
2	法学	0303	法学	法学
3	地理学 *	0705	理学	理学
4	海洋科学 *	0707		
5	地质学 *	0709		
6	生态学 *	0710		
7	建筑学	0813	工学	工学
8	土木工程	0814		
9	水利工程	0815		
10	测绘科学与技术 *	0816		
11	地质资源与地质工程	0818		
12	交通运输工程	0823		
13	船舶与海洋工程	0824		
14	农业工程 *	0828		
15	林业工程 *	0829		
16	环境科学与工程 *	0830		工学、理学、农学
17	城乡规划学 *	0833		工学
18	风景园林学 *	0834		工学、农学
19	作物学	0901	农学	农学
20	园艺学	0902		
21	农业资源与环境 *	0903		
22	林学 *	0907		
23	水产	0908		
24	草学 *	0909		
25	公共管理 *	1204	管理学	管理学
26	设计学	1305	艺术学	艺术学、工学

注：带星号的 14 个为笔者认为密切相关的一级学科。

图 1　国土空间规划相关学科（一级学科视角）
资料来源：注释 ❶

随着 2020 年以来线上教学频次增加，教师和学生日益适应线上教学，线上教学将在教育，尤其是高等教育中发挥更大的作用。以及随着互联网技术的快速发展，慕课等线上教学资源日渐丰富，给予了未来基于 PBL 的反转课堂研究生教育的全面实现提供了现实条件。

与此同时，传统城乡规划学科正在积极适应日益繁杂的国土空间规划改革，学科的知识边界正在极大地扩充 ❶，如图 1 所示，国土空间规划相关的一级学科达 26 个之多，其中密切相关的高达 14 个。显然，传统的"授业"式教学已经愈加不能适应新时代的新要求，尤其是研究生教学。

本文以线上教学的发展作为切入，从新时期城乡规划专业的研究生教学特征入手，结合国土空间规划改革提出的新要求，以"城镇化理论与研究方法导论"课程作为案例，探讨如何充分利用线上教学平台，将线下教学与线上教学充分融合，在学分紧约束的背景下实现研究生反转课堂教学改革。

1　线上教学的发展

互联网通信技术飞速发展，加之新冠病毒的影响，线上教学日益成为教学的有益辅助手段 ❷。与此同时，线上慕课亦发展迅速。据统计，截至 2022 年 2 月底，我国上线慕课数量超过 5 万门，选课人次近 8 亿，在校生获得慕课学分人次超过 3 亿，慕课数量和学习人数均居世界第一，并保持快速增长的态势 ❸。网络咨讯发展造成的"时空压缩"效应和"扁平化"效应，极大提升了学生的远程资讯获取能力，"名师名课"等优质线上教学资源将迅速扩大其影响力，使以"授业"为主的传统教学面临较大的"内卷化"压力。

尽管快速发展的线上教学极大地推动了学习型社会的建设，让更广大的青年和公众能够获取高质量的教育学习资源。但是，线上教学也有其明显的劣势，比如互动性差，教师与学生难以充分沟通；知识的更新性差，往往录制完成后使用多年不变；学生的学习成效亦很难得到全面评估。

❶ 石楠 . 城乡规划学学科研究与规划知识体系 [J]. 城市规划，2021，45（2）：9-22.

❷ Fucheng Wan, Yaru Cao. Research on Analysis Model of E-learning in Environment of Big Data [C]. Proceedings of 2017 2nd International Conference on Humanities Science and Society Development. Xiamen，2017.

❸ 教育部高等教育司司长吴岩说，https：//baijiahao. baidu.com/s?id=1728607149123348117&wfr=spider&for=pc，中国青年网 .

因此，线上教学只能解决基础性的教学需求，针对高水平的高阶教学，尤其高等教育的高水平高校的研究生教学，客观上需要线下教学相辅相成，线上教学只能成为高阶研究生教学的补充。实现线上和线下教学与课内课外教学的有效协作是 PBL 和 FC 教学的关键（Maureen J. Lage；Glenn Platt❶）。PBL 对于规划专业教育而言不仅是"基于问题的学习"，同时也是"基于实践的学习（Practice-Based Learning）"，这种结合现实具体案例的实践性学习难以被线上教学所取代，也是未来线下教学、课外教学的重点所在，这将对教学的组织能力提出新的挑战❷。基于 PBL 的反转课堂是线上线下教学协同的媒介，也是实现教学能效提升的关键。

2 城乡规划专业的研究生教学特征

受我国传统的高等教育教学习惯的影响，当前研究生阶段的教学在方式方法上普遍与本科生教学并无多大差异，大部分高校的教学是"教师上课，学生听讲"的模式。学生在偏于僵化的学习过程中，虽然拓展了知识或者学到了方法原理，但并没有深入地将方法融入知识体系中，对自身的学习和解决问题的能力亦提高有限。这也导致当前研究生学位论文质量停滞不前，且愈加与社会的现实需求相脱节。

实际上，城乡规划学的研究生教学与实践的结合更加紧密。作为以现实世界空间现象为研究对象、以空间配置优化为目标的专业而言，与现实世界密切互动的实践性是其关键特征之一，规划师生需要大量接触现实世界，从中发现、分析和解决问题，因此基于问题的学习（PBL）与规划专业教学具有极高的契合度。这种结合现实的实践，有利于培养学生从复杂的现实世界中发现、分析和解决问题的独立思考和研究能力，尤其有利于培养研究生对新问题的发现能力和对已有理论的质疑能力，从而帮助提高学位论文选题质量和综合学习成效。

更为重要的是，城乡规划专业的研究生教学需要应对日益复杂的城市和区域系统。城市、区域和社区现象是极其复杂、持续变化的复杂适应性系统❸，已有知识体系对该系统的复杂性、自组织性认知尚较为肤浅，本科阶段相对简化的原理、法规等规范性知识在研究生阶段需要重新反思和认知，以更好理解现实世界的复杂性❹。这种研究对象和知识领域的复杂性，给城乡规划专业研究生教学提出了日益提升的学习要求，传统的照本宣科的知识灌输，已经极度不适应。

当前，国土空间规划的改革正在深入，国土空间规划本身是"多规合一"的产物，其对知识领域的要求跃上了一个新的台阶，甚至于是一个必需多学科交叉应对的新领域❺。山水林田湖草矿海沙等自然资源是国土空间的构成要素，每一个板块都是一个学科领域，当下城乡规划学科已经被推上了历史的前沿，要作为统领学科带领相关学科共同完成国土空间规划改革的历史使命，这对学科专业建设提出了更高的期望，需要城乡规划专业学生掌握更加全面的国土空间知识。显然，传统的灌输式教学俨然无法完成如此巨大的使命，需要加强培养学生的自主学习能力和自主认识分析问题的能力，这关系着未来国土空间规划改革的长远成效。

基于上述认识，城乡规划专业的研究生教学方法需要新的变革，基于 PBL 的反转课堂教学是未来趋势。

3 "城镇化理论与研究方法导论"的课程实践

以同济大学城乡规划专业的研究生教学为例，专业学位课要求学分为 12 学分，可供选择的课程有 13 门 25 学分；非学位课要求学分为 8 学分，可供选择的课程有 33 门 41 学分；课程内容的丰富程度远高于研究生培养的修课学分要求。这为小班化的反转课堂教学提供了

❶ Maureen J. Lage；Glenn Platt, The Internet and the Inverted Classroom[J]. The Journal of Economic Education, 2010, 31（1）：11-11.

❷ De Jaegher Lut, What Is the Impact of the Flipping the Classroom Instructional e-Learning Model on Teachers[J]. Voprosy obrazovaniia, 2020（2）：175-203.

❸ 赖世刚, 面对复杂的规划 [J]. 城市发展研究, 2018, 25（7）：84-89.

❹ 陆希刚, 王德, 朱玮. 复杂与规范：城乡规划专业城市地理学现场教学实践 [C]// 高等学校城乡规划学科专业指导委员会, 内蒙古工业大学建筑学院. 地域·民族·特色——2017 中国高等学校城乡规划教育年会论文集. 北京：中国建筑工业出版社, 2017.

❺ 彭震伟. 中组部 - 自然资源部《国土空间规划市长培训班》开班典礼的讲话 [Z].（2021-03-23）.

现实操作条件。

以"城镇化理论与研究方法导论"课程为例,该课2016年开设以来,每学期选课学生数基本在12～20人上下浮动,规模上刚好符合反转课堂的教学实践条件。另一方面,该课为1学分18课时,但是主题较为宏大,知识点范围宽、涉猎广泛,仅靠课堂讲授实际上难以做到既传授知识又培养能力。因此,结合近年来的教学实践,以及建设同济大学研究生线上精品课的契机,对课程教学模式做了改革探索。梳理课程涉及的知识体系和板块,建设了专注于基础知识和基本问题解析的线上课程包,包括从人口流动、行政区划、经济发展、城乡融合等视角阐释城镇化研究的相关知识,从城镇群、大中城市、县城、小城镇、乡村等维度解析城镇

化研究的基础要素,并结合国内外的经典和前沿文献,讲解城镇化研究的基本理论和研究前沿。

与此同时,基于问题导向(PBL)践行反转课堂的教学理念,将线下课程以课外研习、课堂主题研讨、课上作业交流的形式交叉展开。课外研习主要是,课堂布置作业,引导同学们课后通过文献阅读等思考相关议题,但不给同学压力,不收作业,下节课时随机请同学们进行课堂表达,具体内容包括:如何认识乡村人口收缩、如何优化城乡划分等。课堂主题研讨是结合线上学习内容,由教师在课堂引导讨论,并帮助同学们总结知识点,以加强学习成效,包括:如何认识家乡的城镇化特点、2035年中国城镇化发展趋势的预测、双碳战略下的城镇化意涵等。课上作业交流是结合线上学习而布置

"城镇化理论与研究方法导论"线上课程的知识结构和线上线下的教学组织　　表1

线上课程单元	知识单元	线上	线下课程单元
城镇化历程	改革开放前;改革开放初期;全球化的初始阶段;效率导向的发展阶段	60min	课堂教学,讲授学期安排,穿插不同时期的历史事件
城市群	城市群的出现;城市群的概念;中国城市群;流视角下的城市群;城市群与全球城市区域	60min	讨论世界城市群的特点和当前的趋势,近5年的新研究
县的城镇化	县的城镇化特征;县的城镇化效能化影响因素;县的城镇化短板与县的新型城镇化	45min	讲解县的历史变迁,讨论家乡或熟悉的县城的特点,总结特征
小城镇与产业强镇	小城镇特征;小城镇与中国城镇化;小城镇中的大镇;小城镇的未来	60min	引导阅读概览小城镇的研究进展
乡村	乡村的知识基础;乡村的现状与趋势	30min	
半城镇化	土地半城镇化;人口半城镇化	30min	同学汇报,从城镇化视角讨论国家经济发展趋势
经济发展与城镇化	经济体制与政策变迁;财税制度变迁;城镇化与经济发展的关系	45min	
行政区划与城乡划分标准	中国行政区划设置;西方的行政区划概览;行政区划与城镇化;中国城乡划分演进;城乡划分的意义与改革探讨	60min	引导阅读,讨论,如何优化城乡划分
城乡要素与人口流动	中国城乡人口流动;城乡要素流动	30min	课外思考,如何认识人口收缩;课堂讲解城乡要素流动的新议题
西方的城市化	西方城市化概览;中等收入与城市化陷阱;西方城市化理论;西方城市化研究前沿	60min	讲解近5年的新研究动向
中国城市化理论建构与研究前沿	中国城镇化的政策变迁;中国城镇化的研究进展(2000年以前);中国城镇化的研究进展(2000年以后);中国城镇化的理论阐释	60min	学生汇报"如何规划自己家乡所在的城市群"

的长时段的课后作业（一般 2 ~ 3 周完成），需要同学们开展较大量的查阅文献工作，以 3 ~ 5 人为小组，以减少课业压力，内容主题包括：如何规划家乡所在的城市群，从城镇化视角讨论国家经济发展趋势，世界城镇化的发展特点识别等。

线上课程奠定了同学们的共有知识基础，线下是针对实践问题讨论的引导式教学，启发同学们思考，引领同学们涉猎更加针对性和精细化的研究文献，同学们通过结合实践案例和文献阅读的辅助，运用线上教学的知识，展开深度思考并表达，大大提升了同学们的知识储备和问题分析能力以及汇报交流能力。

学期结束时的教学评价显示，同学们普遍认为"感受到了问题导向的教学""分析问题的能力得到了较大提升""所谓反转课堂的教学，大大优于传统的授课式教学"。也有 20% 的同学认为"课后的学习压力较大"，但这些同学都认为"一学期的收获很大"。

4 结语

研究生教育的重点在于专业知识技能之上的能力培养，信息技术飞速发展对研究生教学同时带来了机遇和挑战，要求从知识传授型的传统教学模式转向基于问题（PBL）的反转课堂（IC）教学模式。西方的高等教育不仅仅在研究生教育阶段，在本科教育阶段页已经基本全面实现了基于问题（PBL）的反转课堂（IC）教学模式改革，尤其是在高水平大学的高阶教学环节。

我国改革开放以来的高等教育虽然发展很快，但是教学方式方法上基本仍然沿袭传统，授业为主，解惑不足。因此，基于问题（PBL）的反转课堂（IC）教学模式改革迫在眉睫，这对于实践性要求较强且知识领域广泛的城乡规划专业研究生教育更为必要。如何妥善处理线上和线下、课内和课外、理论和实践的教学组织协同实施，将成为新时期城乡规划研究生教育的新挑战。

The Combination of Online and Offline Teaching under the Goal of Inverted Classroom Teaching for the Teaching Practice of Graduate Students Majoring in Urban and Rural Planning

Zhang Li   Lu Xigang   Chen Yao

Abstract: Starting with the development of online teaching, initiating with the teaching characteristics of graduate students majoring in urban and rural planning in the new era, combined with the new requirements put forward by the reform of land and space planning, and taking the course "Introduction to urbanization theory and research methods" as a case, this paper discusses how to make full use of the online teaching platform, fully integrate offline teaching and online teaching, and realize the reverse classroom teaching reform of graduate students under the background of tight credit constraints.

Keywords: Inverted Classroon, Urban Planning, Graduated Teaching

基于日常生活原真性的历史风貌保护区城市微更新
—— 以慎成里微更新教学为例

赵　蔚　尹　杰　戴晓晖

摘　要： 微更新是一门以实践真题为主的规划设计课程，核心目的是为了训练学生通过实际接触和社会参与沉浸式了解规划互动过程及规划结果的动态形成。本文结合同济大学在上海市衡复风貌区慎成里的微更新教学实践，从践行人民城市理念、保护生活原真性、强调公众参与等视角探讨了在当前城乡发展新阶段和规划新体系下详细规划教学改革应对及思考。

关键词： 微更新；历史风貌区；人民城市；生活原真性；文化

1　微更新纳入修建性详细规划教学的背景

1.1　国土空间规划框架下详细规划的需求动向

近年来，我国的国土空间规划体系建设在全国范围内贯彻覆盖，各地相继编制了宏观层面的国土空间规划。新的国土空间规划框架体系的整合对规划管控在详细落实层面提出了明确的要求：在国土空间总体规划划定城镇开发边界的基础上，详细规划层面的工作是传导和实施总体规划中的国土空间用途管制，切实提升开发边界内外的整体空间绩效和空间品质，实现空间资源在社会、经济、生态等方面的综合效应。

由此，详细规划需要在资源保底的基础上实现资源使用效益更优化。2021年末，我国城镇化率达64.7%[❶]，建成区面积超过6万km²。随着新增量的减少，存量优化意味着对既有利益格局的合理调整和提升，这不仅牵涉物质空间形态的调整，更涉及空间权利主体之间的利益平衡，这对详细规划提出在空间基础上的社会方案的要求，需要规划师具备基本的价值观和综合社会综合观察、发现、分析的专业能力，同时面对多元的利益主体，规划师还需要培养规划沟通能力，协调复杂的主体利益，以达成资源再配置的共识。

1.2　城市更新目标导向下的精细化空间治理

城市更新模式需要适应城市发展阶段才能提升城市整体品质，存量更新为主的发展阶段要求城市发展和管理模式精细化。对城乡规划学科发展和专业人才培养而言，详细规划应对这样的转变是顺应时代的需求。

精细化的空间治理在详细规划阶段主要强调规划的实施性，内容一方面需要完成传统规划中统筹开发边界内外（乡村规划）的空间开发、用途管制和规划许可等法定依据的工作；另一方面新框架下规划除了与其他部门的专项规划（如生态环境、农业、水利等）沟通衔接外，更需要在规范标准的基础上深入接触规划实施中的人——利益相关方和主要使用者，了解平衡多方需求、充分协调沟通规划与管理事权主体的对应、探索实施途径。近年来多地在国土空间规划体系的建构中，希望理顺并落实"一级政府、一级规划、一级事权"，形成与空间匹配的规划管理层级体系，用意也是为了明确空间的利益界限，保证规划实现公平、公正、透明的公共福祉。

城市更新目标在于提升空间绩效，实现空间资源的更优化，这不仅体现在经济效益上，更在于利益主体之

---

❶　国家统计局数据，2021年末，我国城镇常住人口达到91425万人，比2020年末增加1205万人。

赵　蔚：同济大学建筑与城市规划学院城市规划系副教授
尹　杰：同济大学建筑与城市规划学院城市规划系助理教授
戴晓晖：同济大学建筑与城市规划学院城市规划系资深讲师

间的平衡和获得感。因此，精细化空间治理的作用不仅限于规划的标准规范性，更提升到了让人民真正成为空间主体的层面，空间的社会内涵的进步是本轮规划体系调整的目标指向。

1.3 学科发展趋势下的专业人才培养

近十几年来的学科建设使得城乡规划学科真正在学科交叉的背景中形成了多元化的学科基础。在高速建设阶段趋缓后，整体发展需求出现的转变使我国规划逐步从传统的工科建筑学背景中不断寻求突破和多学科融合。

以同济大学城乡规划专业为例，作为最早在中国设立规划专业方向的高校，依托较为成熟的建筑学工科背景，同济城乡规划的本科培养方向是规划通才式导向，从国土空间规划到详细规划，从城市设计到建筑单体，基本覆盖了城乡规划从宏观到微观领域的相关内容。通才式培养导向的优势在于人才的知识结构和专业素养比较全面，具有更广的视角和综合分析判断能力。但也同时可能产生"通才不精"的结果，为避免或减少这一结果的可能性，同济在近五年的城乡规划专业本科生培养计划中，增设的课程和知识点不断拓展学生的知识面和专业素养，重视理论学习的同时重视与规划实践的紧密结合，加强实践环节的教学内容，通过体验规划的实际过程，强化学生接触空间现实，理解空间背后的关系，从专业素养本源上提升人才的认知和实践的适应性，在实践中加深对理论的理解。

微更新教学板块的植入作为近两年来详细规划教学对整体规划体系转变的呼应，正是体现了上述思考，结合所在城市实际情况开展了以面向实施和现场沟通为主的详细规划教学实践。

2 微更新与微更新教学

2.1 关于微更新

城市空间微更新是在城市发展从增量转向存量阶段，在不改变用地性质和建筑主体结构的前提下通过局部的改造、修缮和整治，改善小规模公共空间或设施的功能和品质[1]。2015年，上海市人民政府发布了《上海市城市更新实施办法》，提出"规划引领、有序推进、注重品质、公共优先，多方参与、共建共享"的城市更新原则，标志着上海由规模扩张阶段转入城市更新的新

阶段阶段。2021年，上海市人民代表大会常务委员会通过了《上海市城市更新条例》，提出"通过对既有建筑、公共空间进行微更新，持续改善建筑功能和提升生活环境品质"，强调了践行"人民城市"理念的城市更新的重要性。与此同时，上海以社区微更新项目为切入点，开展了一系列城市空间微更新实践。

2.2 关于微更新的教学

针对不同的教学目标，城市空间微更新的教学可以在不同年级开展。同济大学建筑与城市规划学院自2010年开始在建筑学一年级基础教学中采用了"里弄微更新"的课题，在32学时的教学中设置了"实录"加"畅想"两个板块，将社会现实背景作为教学核心议题，鼓励学生从基础阶段就开始建构"现场—问题—策略"的逻辑链，体会城市空间渐进式改善的意义[2]。清华大学建筑学院自2014年开始在建筑学专业研究生一年级的设计课程中引入"城市微更新"的教学实践，以北京大栅栏历史文化街区为研究对象，从居民对生活的真实需求出发，通过建筑学和社会学的视角探讨历史保护背景下居住环境改善的设计策略[3, 4]。

在城乡规划教学方面，同济大学在城乡规划三年级修建性详细规划（2）的教学内容加入了"城市社区微更新设计"内容，其初衷是让学生走进社区，深入认识社区空间与居民日常生活的关系，通过公众参与了解社区更新中多角度的诉求。因此，选题的真实性和在地沟通性是微更新教学的首要条件。本文将重点介绍在具有地域特征的历史风貌保护区中的上海里弄——徐汇区天平街道"慎成里"进行微更新教学的思考。

3 微更新教学实践：慎成里

3.1 选题

"慎成里"建成于1930年，位于上海市徐汇区永嘉路嘉善路围合而成的街坊内，是衡复风貌区中现存规模较大、保存较完整的一处新式石库门里弄，被评为上海市第五批优秀历史建筑（图1）。历史上很多革命机构和革命人士在此活动。例如：抗日战争期间，中共江苏省委安家在慎成里，组织各阶层人民群众，开展抗日救亡运动，把各界救国会扩大为救亡协会，开创了党在上海的工作新局面，是抗日战争时期党领导上海和江浙地区

革命斗争最重要的省级领导机构之一。慎成里这片曾经的没有硝烟的战场，在和平年代逐渐隐于居民生活的日常中。现存 15 幢总建筑面积为 1.59 万 m² 的石库门建筑，505 户居民居住其间，居住密度较高，出租率较高，居民构成多元——有居住了几十年的本地老居民，也有来自外地和海外的租客（图 2）。慎成里闹中取静，其所在的永嘉路，与淮海中路一街之隔，有小饭馆、咖啡馆、各色小店，富有生活气息。2019 年，永嘉路拆除与慎成里毗邻的两排有消防隐患的二级以下旧里，改建成

社区口袋公园——嘉澜庭，成为附近居民闲暇的好去处（图 3）。

2021 年 5 月，徐汇区房管局牵头启动慎成里优秀历史建筑保护修缮工程，同时发起以"进弄堂，见初心"为主题的对慎成里的重要公共空间节点、路径和界面的微更新方案征集，服务全球城市衡复样本打造、践行"学党史、悟思想、办实事、开新局"，迎接建党一百周年。借此机会，教学小组结合课程教学参加了这次微更新方案征集活动。

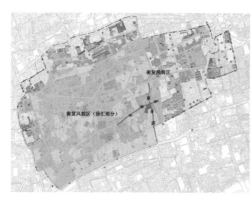

图 1　慎成里区位（左）与航拍图（右）

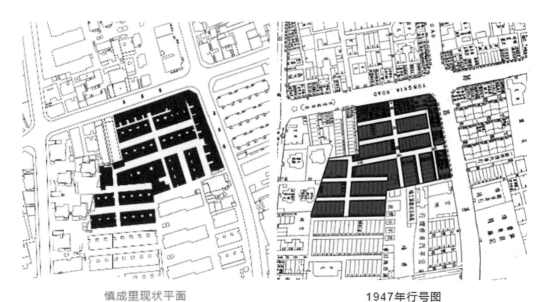

慎成里现状平面　　　　　　　　　1947 年行号图

图 2　慎成里现状平面图（左）与 1947 年行号图（右）

资料来源：徐汇区房管局.

图3　嘉澜庭口袋公园
资料来源：赵蔚 摄.

3.2　教学设计

　　针对具有红色文化的历史风貌保护区中的里弄，结合"进弄堂，见初心"的主题，教学小组提出了以下教学目标：以"人民城市人民建，人民城市为人民"为导向，从历史街坊的生活原真性保护与更新的视角（即从历史—社会—空间的联系出发），使学生加深对城市历史街区社区空间及居民生活行为规律的认识，掌握公众参与式更新规划设计的方法与步骤，提高调查、分析、设计、沟通、表达等方面的能力。

　　本次微更新教学的时长虽然只有6周（实际工作时长为5周，图4），但是特别强调多方参与规划沟通，践行人民城市人民建的理念。具体而言，在前期调研阶段（第1周），通过与主管部门（包括：徐房局、慎成里居委会、天平街道、改造施工单位及慎成里会客厅运营方）讨论会议在短时间内掌握项目背景和各方诉求；通过在地工作坊深度了解不同类型居民的需求。在中期设计阶段（第2~4周）参与竞赛主办方的座谈会，听取组织方和居民代表的意见和建议；并在完成初步成果之后开展第二轮在地工作坊，通过展板、虚拟现实演示、访谈等方式充分听取居民对微更新设计的反馈意见，最后汇总形成设计导则和方案。最后，学生还将设计过程制作成了短片作为成果展示的一个重要部分（图5）。

5.14　开题会议
社区微更新开题
工作时间节点总体部署
小组成员初期分工

5.18　徐房局讨论会议
全体成员实地参访与调研
与徐房局进行小型讨论答疑会
小组讨论并细化分工

5.22　工作坊1：居民需求
策划组组织小型工作坊
探寻居民的日常需求与偏好
汇总需求并确定设计方向定位

6.1　慎成里多方座谈会
竞赛主办方举办答疑会
统一现场踏勘与讲解
与Jorge和Enza讨论方案

6.6　工作坊2：初步设计
全体成员参与、多方主体办公
收集居民对初步设计的反馈
进一步调整设计方案

6.15　最终成果上交
图纸制作与表达
汇报文本撰写与编排
竞赛成果线上提交

前期调研　中期设计　终期成果

图4　教学过程设计

激活·慎成里
进弄堂·见初心

图5　慎成里微更新全过程记录

3.3 过程思考

通过与多方的沟通以及对研究对象的深入分析，学生认为"慎成里"的更新应放在更广阔的区域范围内，形成联动效应；既关注历史，更关注民生，倾听民众的声音，将建设人民城市理念切实贯彻到人民的日常生活中。最终设计团队形成了"融合红色历史、服务邻里日常、建设人民城市"的整体设计理念。

（1）思考一：片区联动——复兴红色文化

基于慎成里深厚的红色文化资源，如何以微更新为锚点，串接横复风貌区内的历史文化记忆点是需解决问题之一。同学们以主弄入口两侧的会客厅为起止点（打卡点），探寻并串接横复风貌区内的历史文化记忆点，形成总长为 2.7km（可按照实际需求自己定制短路线，

充分体现中心城区小街区的灵活性）、步行约 45min、骑行约 15min 的慢行环线。同学们制作慢行地图，标注历史文化特色建筑及场所的位置、简介，沿途的休闲设施、公厕、休闲餐饮等吸引点，为游历者提供更周到的信息和打卡服务（图 6）。

（2）思考二：更新引导——编制设计导则

在各方访谈中，学生深刻地体会到需求的多元化差异，并认识到统一的方案不仅不能很好地兼顾多元化的需求，更可能抹杀风貌街区的多样性和活力。因此，学生在讨论中逐渐形成体现整体风貌和活力的慎成里主弄以及永嘉路沿街立面的设计导则，针对门窗、店招、铺地、界面、灯光、晾晒、停车、绿化等内容进行了设计引导（图 7）。

图 6 横复风貌区红色记忆地图及慢行路线设计

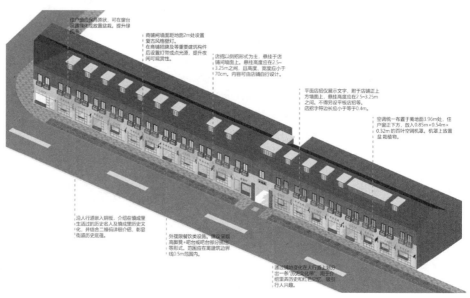

图 7 永嘉路沿街设计导则

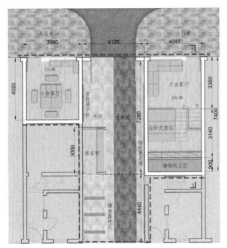

图8 会客厅1设计平面图

图9 大会客厅设计空间示意

（3）思考三：慎成里会客厅——室内公共空间设计

鉴于慎成里居住密度较高、公共空间稀缺、缺少室内活动等矛盾，徐房局会同街道将慎成里主弄两侧的沿街店面兼作居民会客厅，为解决居民日常生活急需、适应多功能的用途，并保持原里弄入口空间格局和风貌，团队对两处店面空间进行了多功能的主题打造，在小空间中实现多用途（图8）。

慎成里进门左手边是大会客厅（图9）。设计中保留了基地原先的部分下挖现状，下沉部分应对居民需求，做成洗烘功能为主的洗衣房，地面以上部分设置交流聊天和阅读区，并通过台阶增加储藏空间，墙面可用作主题展示和影片放映等。慎成里进门右手边是小会客厅，功能主要是面向所有人群的休闲娱乐教育空间（图10）。运用和大会客厅一致的多规格家具，应对不同的需求可以组合变化。根据我们对于小会客厅的功能定位，主要有六种模式，分别为：讲座模式，课堂模式，手工模式，直播模式，观影模式，展销模式。

3.4 成果输出

尽管这次微更新的教学实践只有6周时间，但是通过多方参与规划沟通，三年级的同学们拿出了丰硕的成果。首先，设计方案在"进弄堂，见初心"为主题的微更新方案征集活动从九家设计单位中脱颖而出，获得优胜奖（第一名）。专家对同学们在设计过程中与居民的

充分互动方法、结合红色文化与人民城市的思路给予了充分的肯定。其次，学生设计的红色记忆地图和慢行线路被用于徐汇区房管局的党史学习教育活动，取得了很好的社会效益。最后，学生通过两次参与式工作坊，通过虚拟现实、互动展示、访谈等多种方式与居民互动，形成了包括图纸、视频、手册、虚拟现实体验等多样化的成果，对丰富化微更新设计成果提供了思路。

值得关注的是，在6周的教学完成后，慎成里更新

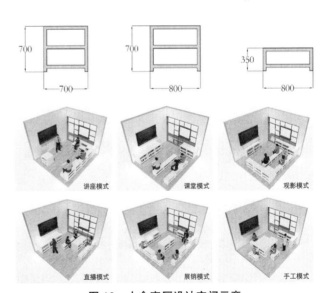

图10 小会客厅设计空间示意

项目的推进将本次教学成果纳入实施当中，效果逐步显现。除了慢行地图手册及线下徒步打卡活动外，慎成里门口的会客厅也成为这片区域的一个文化地标，通过组织专题沙龙、徒步等活动，以在地融合的方式持续将微更新的理念继续延续下去。

4　结语：面向赋能的微更新教学思考

由于微更新教学的在地性和实践性，尤其是过程的参与和与人的沟通，教学组师生形成了这样的共识：微更新的价值在于建立人与人之间的连接。更新不仅是为空间赋能，更是为人赋能——不仅赋予在地的人更适宜的环境，更赋予他们对生活的信心和参与的自信。在这次为期6周的教学中，师生收获颇丰，不仅来自于对专业能力的提升，更来自于对丰富多彩的城市的认知，以及整个团队的合作精神。团队每个成员将这次微更新教学的感想体会写成一段话（表1）。

教学团队组成及体会　　　　表1

成员	负责工作	教学体会
赵蔚	指导教师	我们对慎成里微更新倾注了极大的热情，这份热情凝聚了WE DESIGN TEAM21所有成员的真诚和努力，我很荣幸能和你们共同完成这个方案。当历史渐渐沉寂在每一条看似平常的弄堂，我们希望人们依然能记起那些隐于烟火日常中的星星之火，也希望当下生活其间的人们继续对美好生活的追求。
尹杰	指导教师	非常幸运能在城市社区空间微更新教学中参与这样一个有具有挑战性的设计竞赛。同学们在短短5周内通过多次调研和居民参与式工作坊找到了慎成里的问题和需求，并将红色文化展示与居民日常生活有机结合起来，从不同空间层次对慎成里的更新做出了规范性引导和灵活性设计，并通过图纸、视频和VR等多种形式予以表达。后浪涌来，未来可期！
彭桢	组长，负责工作坊及会客厅设计	在本次对慎成里的微更新改造设计中，我体会了更多里弄改造设计的相关要点，学习到了对历史保护建筑进行改造的一些难点和可能的化解方法。在地工作坊的形式、与居民的反复交流、与居委会和房管所的交流也让我体会到更多实际设计工作中的考虑，虽然只有短短5周的学习时间，却感觉获益良多。
沈洋	组员，负责工作坊及会客厅设计	本次的里弄微更新调研是一次完整的、丰富的团队作业。从前期调研，两次工作坊，多次改图，到成果呈现，我和大家一起合作完成了很多工作，对于社区微更新和里弄的了解也逐渐具体。学会怎样了解然后协调各方的需求，可能是我最大的收获。
谢咏如	组员，负责片区联动慢行路线及地图设计	这是第一次这么贴合实际来进行改造设计，跟居民讨论很有趣，跟小组合作也很有收获，印象最深刻的就是工作坊吧，将我们设计者的视角和居民使用者的视角结合，才能做出既实用又美观的设计，有幸这次能和WE DESIGN TEAM 21一起工作，爱你们！
徐廷佳	组员，负责工作坊及片区联动慢行路线及地图设计	这是一次超级有意思的微更新改造设计！从前期的调研开始，一步步工作推进，经历了两次大小工作坊，同学和老师们都超级可爱，整个过程中学会了如何更好地团队合作，也学会了如何更好地和居民交谈，如何做出真正被居民需要的设计。
李妍	组员，负责工作坊及永嘉路沿街设计	遇到了很好的老师和组员，也一起快乐地度过了这段难忘的时光。无论第一次工作坊一起在打印店剪贴纸的我们，还是在电脑前疯狂改图的我们，亦或是在口袋公园和居民交流的我们，都是可爱的！
张杨林夕	组员，负责主弄设计导则	第一次有这么正式的做工作坊的机会，不像是以前那种闷着头做设计的感觉，还是感受到了很大差别的，印象最深的应该是各方需求和关注点的差异，如何平衡是一个艰难的问题，然后居民对自己家园的热爱和积极也会让我们更有热情去做这些事。最后，WE DESIGN TEAM 21就是最牛的！
邝昭燃	组员，负责工作坊、VR建模演示及工作过程记录	这次的社区微更新项目，我们进行实地访谈，与居民的座谈会，策划并开展工作坊，当中不断地与居民沟通，并一步步反馈到我们的设计方案之中，这与在课堂上、电脑前做设计是截然不同的两种感受，居民的意见使我们的设计能够真正地服务到居民，虽然微小但能确切地帮助到他们的平日生活。
张鸣楠	组员，负责永嘉路沿街设计导则	这次微更新带来了很多第一次，第一次接触实际的微更新项目，第一次深入了解里弄居民的诉求，第一次和施工方、街道、居委、居民的全面对接，第一次如此深入的小组合作。在做了许多纸上谈兵的课程设计之后，实际项目的操作让我们认识到现实条件的局限，也重新发现了设计可以如此有意义。
陈黄海	组员，负责工作坊及公众参与过程记录	这次小组微更新设计活动令人印象深刻。第一次有机会接触到真实的设计题目，参与社区街道、居民与设计方的三方讨论。认真努力的大家一起筹办工作坊的经历也让我受益匪浅。
姚懿婧	组员，负责主弄入口设计	于我们而言，这是一次挑战与快乐并存的设计体验。慎成里的里弄文化是上海历史万千缩影中具有代表性的一部分。我们感受着石库门的魅力，红色文化的底蕴，也在用设计的力量试图去保留、去唤醒这部分文化。

4.1 尊重资源特质的空间赋能

详细规划的实施性和微更新的在地性要求空间资源是应当以其独特的个性和人们特定的认知来实现空间治理的，每一处场所的精神由使用和参与的人赋予，历史留下了曾经参与的人的痕迹，人们在同一时空或者不同时空中能以不同的方式对话，为此规划师需要尊重空间资源特质，建立起人们与环境的共鸣，实现近人尺度的场所认知和认同，以达到空间赋能的目标。

4.2 尊重动态需求的社会赋能

建成环境的持续在于其对人需求的满足上，本次微更新教学基地所在的衡复风貌区是极具上海历史特征的历史风貌区，历史并非一成不变，丰富的历史并未停留在曾经的岁月，经济社会科技的发展在改变人们的生活方式，人们通过不断变化的需求表达来创造和丰富着历史。规划作为具有前瞻性的工作，需要分析历史发展进程中需求的规律，来判断和预测未来一段时期内的需求趋势，唯一不变的是对人们生活的原真性的尊重和保护。

4.3 尊重学科发展的专业赋能

沟通性规划不是一个新生的形式，但如何实现良好的规划沟通从而达成更合理、更可被接纳的行动共识是当前规划学科亟待重视的过程理性。经过了工具理性、价值理性的思辨后，规划逐步走向更人性化的过程理性，微更新教学实践的意义可能正在于此。

参考文献

［1］ 吴志强，王凯，陈韦，等．"社区空间精细化治理的创新思考"学术笔谈 [J]. 城市规划学刊，2020（3）: 1-14.

［2］ 徐家明，雷诚，耿虹，等. 国土空间规划体系下详细规划编制的新需求与应对 [J]. 规划师，2021，37（17）: 5-11.

［3］ 陈敏. 城市空间微更新之上海实践 [J]. 建筑学报，2020（10）: 29-33.

［4］ 李彦伯，陈翔怡. 里弄微更新——一项以问题导向社会空间再生的建筑学教育实验 [J]. 建筑学报，2018（1）: 107-111.

［5］ 程晓青，尹思谨，王辉. 大城市小生活·小设计大概念——"大栅栏微更新"的教学探索（一）[J]. 世界建筑，2018（4）: 98-103，116.

［6］ 王辉，程晓青，尹思谨. 城市微更新的理论探索与思辨——"大栅栏微更新"的教学探索（二）[J]. 世界建筑，2018（6）: 110-114，126.

Micro Urban Regeneration of Historic Landscape Conservation District Based on Originality of Daily Life — Case Study of Shenchengli

Zhao Wei　　Yin Jie　　Dai Xiaohui

Abstract: Micro-renewal is a course of planning and design based on practical questions, with the core purpose of training students to understand the interactive planning process and the dynamic formation of planning results through immersive exposure to social participation. Based on the micro-renewal teaching practice of Tongji University in Shanghai's Hengfu historic district, this paper discusses the teaching response and reflection under the current new stage of urban and rural development and the new planning system from the perspectives of practicing the concept of people's city, protecting the authenticity of life and emphasizing the public participation.

Keywords: Micro-Renewal, Historic District, People's City, Authenticity of Life, Culture

国土空间规划视角下"城市地理学概论"混合式教学模式改革研究 —— 以河北工业大学为例

黄梦石 蔡籽焓 肖少英

摘　要：面对国土空间规划体系变革，城乡规划专业人才培养更加注重交叉学科相关理论与方法知识体系的拓展，传统教学模式亟需改革与优化。文章在分析国土空间规划背景下城乡规划专业理论课程教学模式改革诉求的基础上，结合河北工业大学城乡规划专业"城市地理学概论"课程的教学困境，从教学目标、内容、方法三方面提出混合式教学模式的改革路径，为培养学生空间分析能力、提升规划专业素养做出有益探索。

关键词：城市地理学；国土空间规划；混合式；教学改革

1　引言

改革开放以来，我国常住人口城镇化水平从 1978 年 17.92%[1] 增长到 2021 年的 64.72%，城乡规划与建设发展势头强劲，国内外城乡规划学、人文地理学、建筑学等专业培养大量高级人才从事城乡规划与设计工作。伴随着城乡发展需求的多样化，城乡规划学科的关注重点也不断演化[2]，更加注重对城乡发展规律的把握、社会经济分析与研究等，城乡规划专业的发展吸纳了城市地理学、经济学、社会学、生态学、公共管理学等相关交叉学科的理论、方法与技术。2018 年颁布的《中共中央　国务院关于建立国土空间规划体系并监督实施的若干意见》（以下简称《意见》）构建了"五级三类"国土空间规划体系框架，同时也明确"加强国土空间规划相关学科建设"的有关要求。此后，自然资源部、国土空间规划局也相继发布了城市群、都市圈、市县、乡镇等不同层级的国土空间总体规划编制指南与政策文件，全国高校迅速响应规划体系改革，纷纷提出面向国土空间规划体系的城乡规划专业本科课程体系改革与尝试，搭建国土空间规划专业知识图谱和学科发展体系。

在城乡规划专业的课程体系中，城市地理学作为相关知识单元，重点关注城镇地域结构的类型、城乡空间关系的演化规律等内容，为培养专业人才提供辅助支撑作用。在新时期，我国进入了国土空间高质量发展阶段，城乡规划专业人才培养应与国土空间规划体系变革相呼应。在国土空间这一资源、环境、人口、社会、经济交互作用的复杂系统规划过程中，不仅需要城乡规划学基础理论知识的支撑，还需要城市地理学、土地管理学、城市经济学、城市生态学等相关理论知识的补充。这对于城乡规划专业人才培养提出了更高的要求。

河北工业大学（以下简称"河工大"）城乡规划专业，是以传统建筑学为基础发展起来的。在国土空间规划体系变革背景下，河工大城乡规划专业面临着教学体系调整、教学特色突出、教学模式创新等方面的挑战。本文在剖析国土空间规划背景下教学模式改革诉求的基础上，从教学目标、内容和方法三方面分析"城市地理学概论"教学模式的现存问题，提出混合式教学模式的改革思路与方法，积极探索提高学生学习效果和专业竞争力的教学模式，为推动宽基础、高层次的城乡规划专业人才培养体系与模式改革研究提供借鉴。

2　响应国土空间规划的教学模式改革诉求

随着国家生态文明战略逐步实施、国土空间规划体系构建，城乡规划专业的知识图谱也不断拓展，在专业

黄梦石：河北工业大学建筑与艺术设计学院讲师
蔡籽焓：河北工业大学建筑与艺术设计学院讲师
肖少英：河北工业大学建筑与艺术设计学院讲师

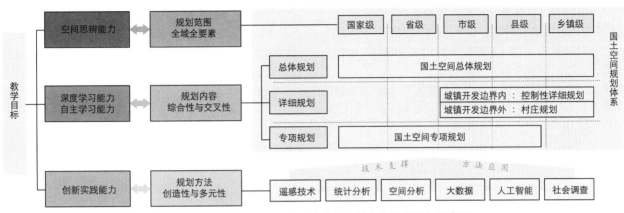

图 1　响应国土空间规划体系的城乡规划专业教学目标示意图
图片来源：作者自绘.

教学中对授课教师的知识体系广度、研究深度和实践经验都具有很高的要求，以教师讲授为主的传统教学模式（Lecture-Based Learning，LBL）已经不再适用于新时期城乡规划专业教学需求，亟需梳理适应国土空间规划体系的教学目标、教学内容与教学方法等方面的改革诉求，为进一步创新教学模式提供需求指引。

2.1　国土空间规划体系对教学目标的拓展

2019 年 5 月《关于全面开展国土空间规划工作的通知》标志着国土空间规划编制工作的全面启动，规划体系重构向高等院校的城乡规划专业提出了新的要求[3]。规划范围的全域全覆盖、规划内容的综合性与交叉性融合性、规划方法的创新性与多元性等方面对城乡规划专业课程的教学目标与要求均有所转变（图 1）。其中，针对全域全覆盖的国土空间范围转变，对学生空间范围认知与把控能力的教学过程需要改变；针对五级三类空间规划的内容转变，要求学生掌握总体规划、详细规划和专项规划的层次与关系，也要求学生熟悉社会、经济、生态等多维度融合的城乡规划内容；基于空间数据库的规划方法拓展，则要求学生熟练掌握地理信息系统、遥感技术、大数据分析等技术方法，并了解与熟悉地理学、经济学、社会学等交叉学科的研究方法。

2.2　交叉学科基础理论对教学内容的支撑

国土空间规划体系融合统一了城乡规划与主体功

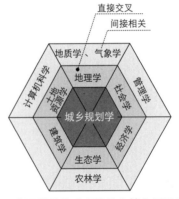

图 2　交叉学科基础理论的支撑作用示意图
图片来源：作者自绘.

能区规划、土地利用规划等类型的空间规划，涉及不同学科基础理论、技术方法、应用范式的交叉融合。国土空间规划体系变革促进了城乡规划专业课程体系的改革探索[4]，拓展核心课程和相关知识的教学内容，让学生掌握地理学、土地资源学、农林学、生态学等交叉学科的基础理论知识，对规划专业人才培养具有重要支撑作用（图 2）。在传统建筑学背景院校城乡规划专业课程体系中，"城市地理学概论"课程作为专业选修课，规划实操性和设计指导性较弱，在以空间设计为主导的课程体系中难以起到支撑与指导作用，亟须探索交叉学科基础理论课程的教学改革思路与方法。

2.3 "互联网+"技术对教学方法的补充

《教师教育振兴行动计划（2018—2022年）》指出在"互联网+"时代，充分利用云计算、大数据、虚拟现实、人工智能等新技术拓展和补充教学方法，微课、慕课、翻转课堂、智慧课堂等新兴教学方法也逐步开始应用于城乡规划专业课程中，与传统理论讲授的教学方法形成互补，一方面充分发挥网络教学资源的优势，另一方面有助于提高授课教师的引导与启发作用。国土空间规划背景下，高等院校亟需培养专业综合型人才，能够将思想理论与方法应用于规划实践中。这就要求教师在授课过程中改变教学方法，从灌输式指导向内需性和发展性指导转变[5]，帮助学生发掘和培养自身潜力，激发学生规划思维与意识。对于城乡规划专业的理论性课程，教学方法多以传统课堂讲授为主，过于注重"教"的形式，课后学生对理论知识的应用效果不理想，可以尝试通过案例教学法、情景式教学法、任务教学法和混合式教学法等教学方法的拓展与融合，提高学生对基础理论知识的综合运用能力和规划素养。

3 "城市地理学概论"传统教学模式的现存问题

根据全国城乡规划专业指导委员会统计，我国城乡规划专业教育中65%的课程是在建筑学知识背景下建立起来的[6]。河北工业大学城乡规划专业也是源于建筑学的知识架构，现阶段的课程体系缺少对数理统计分析、空间量化分析等方面的知识模块，这也正是国土空间规划创新实践的基础理论知识。在河工大城乡规划专业课程体系中，"城市地理学概论"课程为专业选修课，共16学时，设置于城乡规划专业的第7学期，与"城乡规划原理B""区域研究与规划""城市经济学"等课程共同支撑四年级国土空间总体规划的设计课程（图3）。在近三年教学过程中，课程在教学目标、教学内容和教学方法等方面存在以下问题，有待进一步完善与调整。

3.1 教学目标对专业课程体系的支撑不足

河工大城乡规划专业的核心主干课是设计类课程，占总学时的50.8%，其教学成效往往通过规划设计图纸体现，在授课过程中发现学生对物质空间设计与表达的兴趣远高于相关理论知识的学习，经常忽略考虑社会经济理论知识和分析方法。但是在国土空间规划体系下，学生需要掌握多尺度、多区域地理空间要素的演变规律与处理方法。在现阶段专业课程体系中，"城市地理学概论"课程的教学目标注重基础知识的理解和掌握，但

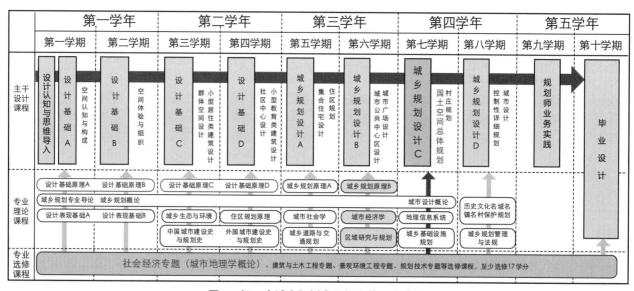

图3 河工大城乡规划专业课程体系示意图
图片来源：根据《河北工业大学本科培养方案》改绘.

未能对国土空间总体规划设计课程形成有效的支撑，在总体规划设计课中仍欠缺相关理论知识的运用、区域之间系统分析思维、区域内部空间分析方法等方面。

3.2 教学内容与国土空间规划体系的衔接弱

河工大"城市地理学概论"课程采用许学强、周一星等编著的《城市地理学（第二版）》教材，主要教学内容包括城市形成发展条件、区域城市空间组织和城市内部空间组织三个知识模块。该教材在阐述基础理论过程中引用了大量学术研究成果，涉及公式推导与数据处理，区域系统论和城市空间分析方法具有较强的地理学思维特点[7]，需要建立在学生对城市具有深刻的认知与理解的基础上，也需要学生掌握地理信息系统、城市经济学、区域与城市规划等交叉学科的理论知识。

对于传统建筑学建立起来的专业，经过前三年的培养，学生熟练掌握物质空间形态设计基础，但缺乏对空间量化分析、区域发展与规划的理论知识的了解，对于城乡规划学的交叉学科知识体系匮乏。由于课程学时有限，教学内容的组织与国土空间规划体系的衔接关系较弱，学生未能精准掌握国土空间格局与城镇规模等级、职能结构、空间结构的关系。

3.3 教学方法缺少对在线开放课程的运用

在河工大城乡规划专业课程体系中，"城市地理学概论"课程教学内容量大、难度高，学生亟需拓展和补充相关基础理论知识和技术方法，梳理课程与其他理论知识之间的联系，搭建适用于国土空间规划的知识框架。现阶段以传统讲授为主的教学方式未能有效地帮助学生建立知识关联框架。例如，城市职能分类中城市基本和非基本活动的划分方法，部分学生反映该知识点能够理解，但不知道如何应用于国土空间规划研究中，也不知道与确定城市职能与性质的其他方法有什么关联和区别。因此，在课时量有限的现实情况下，亟需融合情景式、任务式和混合式等教学方法，创新性地引入 MOOC、SPOC、微课等在线开放课程，拓展学生的规划视野。

4 "城市地理学概论"混合式教学模式的改革实践

随着数字化网络与信息技术的发展，以线上网络教学与线下教学相混合的教学模式在国内外教学改革研究中广泛应用[9]。混合式教学把传统讲授的优势和网络化教学的优势结合起来，发挥教师引导和启发作用，也体现学生学习的主动性和创造性。混合式教学模式契合高等教育改革趋势，也是国土空间规划体系建立初期，学生快速补充交叉学科基础理论知识的重要途径之一。据此，结合河工大"城市地理学概论"教学模式的现有问题，从教学目标、教学内容、教学方法三方面提出教学模式的改革路径。

4.1 教学目标的综合与优化

河工大城乡规划专业课程体系中城市地理学概论与四年级的国土空间总体规划设计课程具有支撑与反馈关系。城市地理学概论课程的教学目标在了解、熟悉、掌握理论知识的基础上，一方面，综合国土空间规划人才培养诉求，增加基础理论知识的实践应用目标，重点培养学生空间思辨能力和逻辑思维能力。另一方面，结合四年级乡镇级国土空间总体规划设计课程，优化基础理论知识的应用场景，培养学生的创新实践能力。优化后的教学目标与应用场景的对应关系更加明确，具体包括以下三方面。

（1）目标1：发现问题、分析问题的逻辑思维能力，对应发展条件分析场景

根据国土空间的"全域全要素"规划体系，识别乡镇不同地域类型的空间范围，分析功能地域范围乡镇发展条件、实体地域范围城镇发展问题、行政地域范围影响乡镇发展本底，为确定城镇发展定位与目标提供基础。这一场景的学习与应用重点培养学生发现问题和分析问题的逻辑思维。

（2）目标2：宏观发展观与空间思辨能力，对应发展目标研判场景

基于规模等级结构、职能结构的基础理论，运用社会经济统计数据、企业发展数据定量分析乡镇基本活动和非基本活动，研判乡镇主导功能和发展定位，进而确定城镇职能结构体系、预测城镇性质；根据城镇化发展规律，预测城镇人口规模，确定城镇规模等级体系。这一场景的学习与应用能够将城市地理学与经济学、社会学等交叉学科的理论知识进行综合运用，有助于培养学生的宏观发展观与空间思辨能力。

（3）目标3：深度学习和自主学习的能力，对应国

土空间格局构建场景

基于区域不均衡发展理论、系统协调发展理论，分析乡镇间、乡镇和区域间的相互作用；结合新型城镇化和乡村振兴战略，判断镇区未来发展方向、未来发展的重要节点和发展廊道，优化城镇开发边界；综合考虑各村区位条件、人口规模和经济发展水平，明确村庄发展方向，构建镇村发展格局。这一场景是国土空间总体规划的核心内容，学生需要补充大量基础知识与技术方法，有助于培养学生深度学习和自主学习的能力。

4.2 教学内容的融合与统筹

河工大专业课程体系中，"城市地理学概论"对总体规划设计课程具有支撑作用，各课程教学组统筹协调，删除重复内容，从横向上对教学内容做减法；深入探讨国土空间规划的具体研究问题，从纵向上对理论知识点和前沿研究方法做加法，将教学内容融合与统筹成理论知识教学模块和研究方法教学模块（图4）。

（1）理论知识教学模块

该模块以系统分析思维为主线进行教学内容组织的，共12学时，删除原有的城市内部空间组织知识模块相关教学内容，将知识点融入"城乡规划原理B"课程的城市总体规划模块。在城乡划分与城市地域类型的模块（2学时）中，从国土空间规划的全域范围向学生

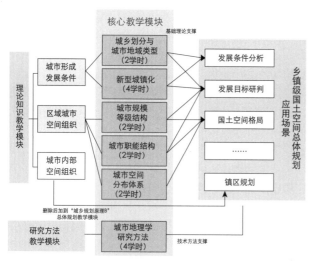

图4 "城市地理学概论"课程的核心教学内容示意图
图片来源：作者自绘.

讲授城市和乡村的区别与联系、城乡融合发展的出发点和落脚点，以及针对不同地域类型的空间规划范式，建立学生对行政、实地、功能地域的系统性认知体系。在新型城镇化的模块（4学时）中，弱化城镇化类型归纳、表征特点等知识点，从系统相互作用的角度明确新型城镇化的质量问题，系统讲授城镇化多元驱动力、人口城镇化、大中小城市协同发展、城乡一体化发展等前沿内容。在城市规模等级结构、职能结构和空间分布体系3个知识模块（6学时）中，首先明确国土空间规划体系与"三大结构"的衔接关系；其次结合国土空间总体规划的实践案例，讲授城市规模分布理论、基本/非基本活动划分、空间相互作用理论、中心地理论、核心—边缘理论的基本原理与应用方法。

（2）研究方法教学模块

为了响应国土空间规划的技术体系，课程结合城市地理学的经典研究成果新增加4学时教学内容，重点向学生讲授大数据、统计数据、道路交通、遥感影像等多源数据的获取方法、空间分析技术、应用场景和所实现的目标价值，巩固城市地理学的基础理论知识，也充分认知国土空间规划实践中的技术需求，引导学生自主学习相关技术方法。

4.3 教学方法的混合与拓展

在《教育部关于一流本科课程建设的实施意见》（教高〔2019〕8号）的指导下，河工大"城市地理学概论"课程通过线下线上混合式的教学方法，对交叉学科的相关理论知识进行拓展与补充，提高学生自主学习能力，增加知识储备量，以应对未来参与国土空间规划的实践研究。

（1）线上课程自主学习环节

授课教师根据5个理论知识模块定向选择MOOC、学堂在线的国家精品在线开放课程，在原有16课时的基础上增加50%溢出学时，进行线上课程自主学习环节，并纳入最终课程考核。按照每45min 1学时的课程安排，选择同济大学的"城市总体规划"、华东师范大学的"计量地理学"和"经济地理学"、清华大学的"新城市科学"等课程的相关章节，共8学时。并将课程链接植入河工大网络教学平台，要求学生完成理论知识与技术方法课程的自学环节，并在章节测验环节增加

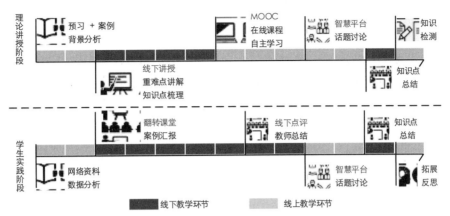

图 5　基于线下线上混合的教学设计示意图
图片来源：作者自绘．

相关题目，激发学生主动学习的热情，拓宽学生交叉学科知识体系。

（2）全教学过程的线上互动环节

依托河工大网络教学平台"超星学习通"，采用案例教学、情景体验式教学、任务递进式教学、翻转课堂等混合式教学方法，对理论讲授和学生实践两个阶段的教学过程进行设计（图 5），通过互动讨论形式引导学生深刻思辨城市地理学与国土空间规划的关联关系，以培养学生系统分析思维、创新探索思维，厚植城乡规划行业情怀。

5　结语

在国土空间规划体系变革的新时期，城乡规划专业课程体系改革要充分考虑多学科交叉融合，拓宽学生基础知识体系，激发学生自主学习和创新探索能力。以讲授为主的传统教学模式不再适应新时期"宽基础"专业人才培养需求，研究引入"混合式教学模式"，从教学目标、教学内容和教学方法三方面进行"城市地理学概论"课程的教学改革研究。结合河北工业大学"城市地理学概论"教学模式的现存问题，提出了综合与优化教学目标、融合与统筹教学内容、混合与拓展教学方法的混合式教学模式改革路径，培养适应国土空间规划体系的综合型人才。研究为推动传统的建筑类院校逐步与国土空间规划体系衔接做出有益的探索，为促进城乡规划专业交叉融合与创新实践提供借鉴，对城乡规划专业课程体系的改革形成有力支撑。

参考文献

［1］城镇化水平显著提高 城市面貌焕然一新 [EB/OL]. http://www.gov.cn/shuju/2018-09/10/content_5321150.htm.

［2］石楠, 唐子来, 吕斌, 等. 规划教育——从学位教育到职业发展 [J]. 城市规划, 2015, 39（1）: 89-94.

［3］孙施文, 吴唯佳, 彭震伟, 等. 新时代规划教育趋势与未来 [J]. 城市规划, 2022, 46（1）: 1-6.

［4］周庆华, 杨晓丹. 面向国土空间规划的城乡规划教育思考 [J]. 规划师, 2020, 36（7）: 27-32.

［5］王少剑, 莫惠斌. 新型城镇化背景下城市地理学教学改革刍议 [J]. 高教学刊, 2020, 158（36）: 138-141.

［6］孙一歌, 张百伶. 大数据支持下城乡规划专业设计类课程教学方法的思考 [J]. 教育教学论坛, 2018, 370（28）: 223-224.

［7］韦素琼. 现代地理学思维和方法的精辟解读和应用示范——《地理学思维与实践》评介 [J]. 地理学报, 2019, 74（2）: 394-399.

［8］黄贤金, 张晓玲, 于涛方, 等. 面向国土空间规划的高校人才培养体系改革笔谈 [J]. 中国土地科学, 2020, 34（8）: 107-114.

［9］王金旭, 朱正伟, 李茂国. 混合式教学模式：内涵、意义与实施要求 [J]. 高等建筑教育, 2018, 27（4）: 7-12.

Reform on Blended-Mode Teaching of "Introduction to Urban Geography" from the Perspective of Territory Planning: Taking Hebei University of Technology as an Example

Huang Mengshi   Cai Zihan   Xiao Shaoying

Abstract: Faced with the reform of territory planning, the urban and rural planning major pays more attention to the knowledge system of interdisciplinary theories and methods. The lecture-based learning mode needs reform and optimization. This paper analyzed the reform demands of the theoretical course teaching mode of urban and rural planning under the background of territorial space planning. Combined with the dilemma of the course "Introduction to Urban Geography" of Hebei University of Technology, the reform path of the blended-mode teaching is proposed from the three aspects of teaching objectives, content and methods. The research make beneficial explorations for cultivating students' spatial analysis ability and improving planning professional quality.

Keywords: Urban Geography, Territory Planning, Blended-Mode Teaching, Teaching Reform

多元模式的城乡认知实践教学探索

白 宁 杨 蕊 尤 涛

摘 要: 城乡认知实践是城乡规划专业教学体系中重要的实践教学环节,对学生直观认识专业学习对象并建立理论到实际的联系具有巨大意义。从城乡规划学本身相对广域和繁杂的知识体系和能力结构考虑,结合课程的教学目标与改革思路,我们以多元模式重建城乡认知实践教学内容与方法:建立小团队的导师制的主题认知实习模式;将线上和线下教学手段相结合;在城乡范畴,提出认知对象多元化与主题化,从"历史""现代""城市""乡村"多个视角选择认知主题,包括城市新区建设、旧城改造与更新、历史街区保护、城市公共空间、城乡居住环境、园林景观、传统村落、市政设施等多个方面。该教改在实际教学中提升了课程在培养学生实践能力方面的作用,取得了明显的教学效果。

关键词: 多元模式;城乡认知;实践教学

1 引言

实践能力的培养是"全面实施素质教育,深化教育领域综合改革,着力提高教育质量,培养学生的社会责任感、创新精神、实践能力"的重要部分。就城乡规划专业的本科教学而言,这一要求则集中而具体地体现在专业实践类课程的设置和建设中。提高实践类课程在实践能力培养中的作用,则要通过对实践内容的设置和实践方式的组织来具体落实。

"城乡认知实践"是城乡规划专业教学体系中重要的专业实践教学环节。学生在专业教师的带领下,有计划有引导地对城乡、建筑等专业对象进行考察、认知与分析,并将这种认知实践与已完成的专业学习相结合,建立从理论到实际的联系,对巩固和深化所学知识及为后继学习累积认知经验,扩大知识面,都具有巨大意义。

2 问题反思

目前不少规划专业院校均有认知实践类课程,并且多放在低年级的暑假期间开展。如西安建筑科技大学建筑学院将规划专业的专业认知实习课程设置在第四学期之后的短学期(暑假期间)开展,是学生在完成两年专业学习之后,在对规划专业有了基本了解的基础上,对城乡、建筑空间进行实地参观的实践课程。以往一般是由3位年轻教师带领90名学生,统一参观地点、参观路径与参观内容,以较为浅表的方式了解认知参观实习对象。然而,经过多年的教学实践,该课程无论从教学对象还是教学方式上都存在诸多问题:

(1)认知对象有"城"无"乡",不符合城乡规划专业发展特点,不能满足专业人才培养要求。

(2)认知对象单一化。近十年的课程都是选择了广州、深圳两个城市进行认知实践,认知对象与内容具有相似性,主要集中于新区规划与公共建筑的调研考察。而学生渴望多样的认知对象与内容。

(3)实习队伍过于庞大而导致教学效率不高和管理困难。教师本应是以专业认知引导者的角色参与认知实践,但在实际认知实习过程中,教师往往精力分散,很大一部分工作量落在了数十人的"旅行"管理中,不利于发挥教师的专业教学作用。

(4)任课教师多为入职不久的年轻教师,而在教学、科研中有一定建树的老教师几乎没有参与认知实习

白 宁:西安建筑科技大学建筑学院副教授
杨 蕊:西安建筑科技大学建筑学院讲师
尤 涛:西安建筑科技大学建筑学院副教授

课程教学的，这一点很不利于教学多样性的体现，也不利于教师将具有特色的专业见解传递给学生。

3 教改思路

在分析了既往课程存在问题的基础上，我们提出了多教师多主题的多元城乡认知实践课程改革思路：建立小团队的导师制的主题认知实习模式；将线上和线下教学手段相结合；在城乡范畴，提出认知对象多元化与主题化，从城市、乡村、历史、现代多视角选择认知主题，包括城市新区建设、旧城改造与更新、历史街区保护、城市公共空间、城乡居住环境、园林景观、传统村落、市政设施等多个方面，打造多条实习线路。

4 教学内容与方法的探索

多元模式的城乡认知教学实践从城乡规划学本身相对广域和繁杂的知识体系和能力结构考虑，结合课程的教学目标与改革思路，采取了以下方法来提升课程在培养学生实践能力方面的作用及教学效果：

首先，在课程的认知对象上，从"城市"单一范畴转为"城乡"综合范畴。认知对象不仅涉及城市空间与公共建筑，也包括乡村建设和传统村落等。

以广州认知实习为例，认知对象已经不再局限于城市著名的公共建筑和新城新区规划，而是增加了旧城更新、城中村改造、古村落与传统村落的发展与保护等内

容，将认知对象从"城市"拓展到"城中村"和"村"的范畴（图1~图4）。

其次，认知线路的安排上，从单一模式转为多元模式。一改之前课程对象的单一化、统一化，强调认知对象的多元化，为学生同时提供多条实习线路，让学生有更大的视野和更宽的选择。

认知内容的选择上，从无序庞杂转为主题化。以往教学实践内容宽泛却无法深入，认知内容过于庞杂，学生走马花观式参观游览，无法抓住认知实习的核心和庞杂的各类对象的专业学习要点，专业收获有限。主题化的认知实践是指每一条认知实践线路均具有明确的学习主题与学习目标，一方面能更好地发挥专业教师的特长，另一方面也能使学生的参观学习更加聚焦、增加认知深度，利于吸收专业知识，提升实践效果。

以2019~2022年城乡认知实习课程的安排为例：

路线多元化：包括大运河线路、蜀道线路、海上丝绸之路线路、万里茶道线路等，实习地点包括上海、广州、深圳、杭州、苏州等地，各组实习路线各有特色。

认知内容的主题化：根据不同城市的建设与发展特点，认知的主题有共性又有差异。例如：上海，认知主题侧重国际化大都市的空间布局与结构、传统里弄建筑的特点与里弄文化的保护、名建筑的设计及城市市民环境的设计特点等（图5）；广州，认知主题侧重城市空间的发展与演变、旧工业园区的改造、历史街区的保护等（图6）；

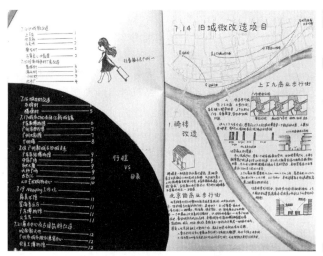

图1 学生实习日志节选

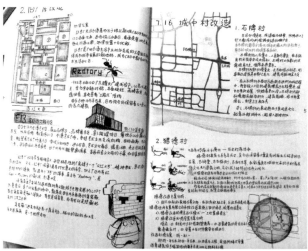

图2 学生实习日志节选

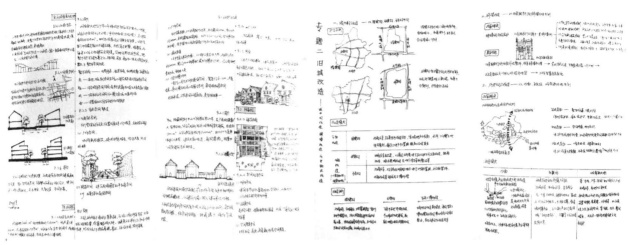

图 3　学生实习日志节选　　　　　　　　　　　　　图 4　学生实习日志节选

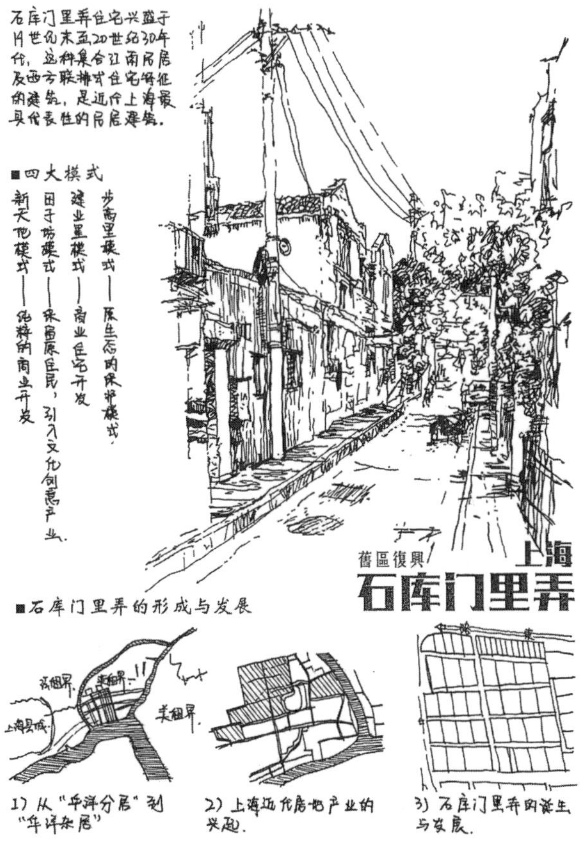

图 5　学生认知实习报告节选（上海组） 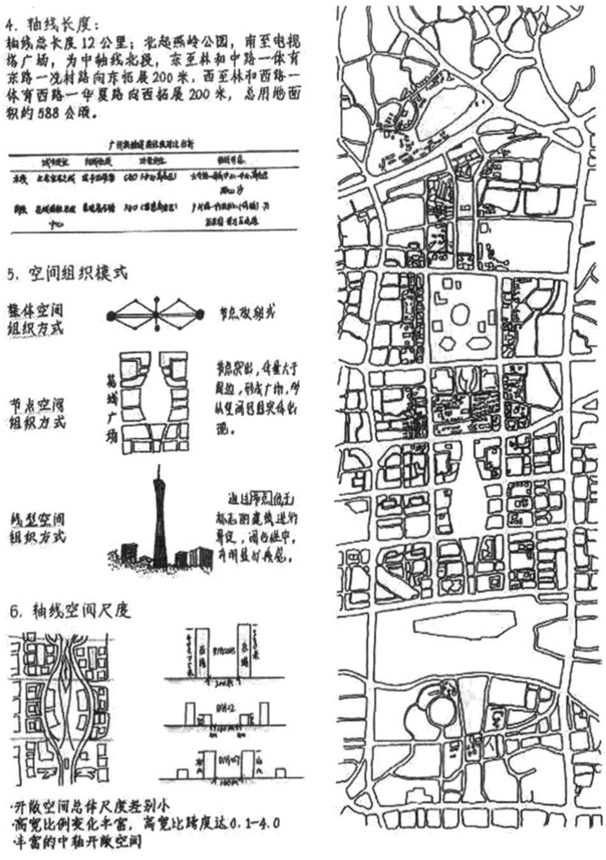　　　　　　图 6　学生认知实习报告节选（广州组）

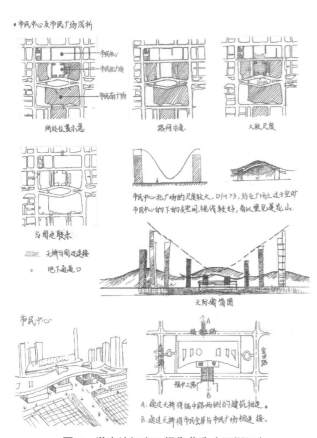

图7　学生认知实习报告节选（深圳组）

南运河：天津至临清，利用卫河的下游挖成。

鲁运河：临清至台儿庄，利用汶水、泗水的水源，沿途经东平湖、南阳湖、昭阳湖、微山湖等天然湖泊；

中运河：台儿庄至清江。

里运河：清江至邗沟，入长江。

江南运河：扬州、镇江至杭州。

京杭大运河作为南北的交通大动脉，对中国南北地区之间的经济、文化发展与交流有着巨大贡献。

浙东运河

浙东运河据考证约在春秋晚期，至今已有2400多年历史。越国时称为"山阴古水道"，它从钱塘江开始，经曹娥江、姚江到甬江，汇入东海。此后，经历朝历代的多次整治和疏浚，形成了集灌溉、防洪、运输等多种功能于一体的水上大动脉，还孕育了很多精神文化。

图8　学生认知实习报告节选（大运河组）

深圳，侧重新城市空间的发展、市民广场的空间设计特点、旧城更新改造等（图7）；大运河（苏杭）线，重点在于感受中国城市发展史、大运河沿线丰富的历史文化、东部发达地区最新城市建设成就等（图8）。

第三，在任课教师与实习线路的确定上，采用开放性的组织方式。首先会面向全系所有专业教师开放征集实习线路，老师提前确定认知对象，设计实习路线与认知方式，然后公开宣讲；学生自由选择并分组开准备会，根据路线特色准备相应的实习资料。教学方法也是开放的，各组教师可以采用各自具有特色的教学方式，带领学生实地考察并进行专业讲解和分析，引导学生感受专业中各类空间环境和特色场所。在课程结束返校后各组之间还会进行相互交流。这种开放性与交流性也可以拓展学生学习的广度和宽度。

第四，采用多元导师制的教学组织模式。以往的参观实践中，师生比例不足，老师无法关注每位同学的学习情况，影响教学质量。而采用小团队导师制的教学组织方式，多名导师可以分别按照研究方向或专业兴趣设定实习路线与内容，合理控制学生人数（平均每位导师带领10人左右的实践小组），在认识实习过程中能有目的、有计划、有组织地直接引导，教师既是学生学习的指导者，又是实践学习的参与者，既利于充分展现自身专业特长，还使学习成为一种和谐、愉快、充满交流的过程。

这样的组织方式使得专业认知实习课不再是初入职的年轻教师的"任务"，很多教授、副教授也充满热情地加入到认知实习课的教师队伍中来。自2019年以来，已有十多位老师积极地参与到教学中来，包括三名教授、六名副教授、六名资深讲师，其专业方向涉及城乡规划理论、城市设计、文化遗产保护、城市空间设计质量研究、城乡文化空间保护与现代传承、人居环境可持续研究等多个方面。每位导师都在该课程中发挥了自己的专业特长，也充分调动了学生的积极性，扩充了专业视野。

第五，课程采取线上线下相结合的教学方式。确定认知实践路线之后，学生对认知对象进行线上的资料搜集与整理，并通过线上课堂跟随教师们进行认知对象的多种角度的解读与解析，再进行实地参观实践，这样对调研对象的认知和理解会更为有效。而学生则在此过程中成为自主的学习者和研究者。在疫情期间，这一教学方式更展现出了其优势。由于线上教学的开放性和灵活性，使教学内容跨越地域的局限，来自不同国家、城市、不同研究方向的十数名国内外（包括美国、英国、意大利等）专家学者、职业设计师带领学生进行"云参观云实践"线上学习（图9），多元的线上讲解引导学生认知不同国家的城市和建筑，最大化地拓展了学生的视野和学习广度；而线下的实地调研与考察，则是对线上教学知识点的再认知和强化。

5　教学成果

自多元模式的城乡认知教学实践应用三年多以来，已取得了很好的教学效果和业内各位老师的关注与好评，其中的线上讲堂甚至有许多外校教师慕名前来参加、旁听，其成效也在后续专业课程的学习中得到了检验，并得到了相关专业老师的一致好评和认可，课程带给学生在专业课学习的转变也是有目共睹的。

学生在认知实践过程中的专注度和学习深入度有大幅提升，一改以往的走马观花式游览，而是对各主题的专业考察能深入细致地进行，更好地学习、掌握了相关知识，提高了专业能力。同时，学生也增强了专业兴趣与专业自信，对各类主题的学习热情与专业能力也较以往有了大幅提升。

同时，随着认知对象与导师的多样化，课程成果也丰富多样；除了共同要求的实习报告（图5~图8）之外，各教学小组根据自身认知对象的特点和老师的教学特点，以日志（图1~图4）、影像记录（图10、图11）、报告分享等多种形式，呈现出了丰富多样的成果内容，这也从另一方面体现了课程的多元化和开放性。

在多元化的认知实践过程中，也建立了开放的多元化的教学团队。该课程教学面向全体规划系老师开放，不同专业研究方向、不同年龄及不同专业背景的老师积

图9　疫情期间的线上讲座

图10　学生认知实习影像记录成果

杭州印象

良渚博物馆·杭州美术馆

刘雨菁 城乡规划1702班

图11　学生认知实习影像记录成果

极投入到教学中来，使得任课教师多数化、多样化，形成了导师制的教学模式，教与学的热情都大大提高。并且在线上讲堂的课程组织中，也与多名国内外专家建立了充分的教学合作。

在认知实践课程建设过程中，教师们不仅将眼光放在课程上，还在准备参观线路的工作过程中，同步建设、扩展了学校的实习基地，拓展了产学研内容，形成了合作院校（如苏州科技大学、重庆大学、华南理工大学等）与合作规划设计企业（如深圳雷奥规划设计公司、中规院等）的联系。

6　结语

作为城乡规划专业的核心实践课程之一，多元模式的城乡认知实践教学引导了学生对城市、乡村、建筑进行多元而有重点的考察、认知与学习，建立从理论到实际的联系，对巩固和深化所学知识及为后继学习累积认知经验，扩大知识面，具有巨大意义。本教学探索与实践也取得了令人满意的成果，并将在后续教学中进一步拓展内容及优化方法。

Urban–Rural Cognition Practice Teaching in Diversified Models

Bai Ning　Yang Rui　You Tao

Abstract: Urban–rural cognition practice course is an important practice teaching link in the teaching system of Urban and Rural Planning. It is of great significance for students to intuitively understand the learning objects and to establish connections from theory to practice. In consideration of the relatively wide and complex knowledge system and the competence structure of the major and combining with the teaching objectives and the reform ideas, we try to rebuild the content and method of Urban–rural cognition practice course in diversified teaching models. That includes many aspects like establishing the theme recognition of tutorial system model、combining with the online teaching and offline teaching and providing diversified and thematic cognitive objects to choose from. The cognitive objects are selected from modern and historical perspectives including new Urban areas、renovated old cities、protected historic districts、urban public space、Urban–rural living environment、landscape、traditional villages、public facilities and so on. In the process of practice teaching, this course improves students' practical ability and achieves good teaching effect.

Keywords: Diversified Teaching Models，Urban–Rural Cognition，Practice Teaching

过程控制理论下的"城市社会调查研究"课程教学实践

栾 滨 肖 彦 沈 娜

摘 要： 教学控制是一个对学生学习心理进行把握并进行有效引导的过程，也是一个动态反馈和不断积累的过程。本文总结了大连理工大学城乡规划社会调查课程的教学实践。提出在教学过程中适当地采用定向控制、定序控制、定度控制等方法，注重多环节和多主体的过程控制，将有助于教学目的正确、快速地达成。

关键词： 城乡规划专业；社会调查研究；过程控制；教育心理学

1 关于教学控制论的解释

控制论的思想产生于 20 世纪 40 年代，数学家诺伯特·维纳在其论文《行为、目的和目的论》中首先提出。其基本理论是指通过反馈实现有目的的系统操作，核心是反馈原理。在一项系统操作过程中，将系统的输出经过某种作用重新馈入系统的输入端，以达到控制者对系统的再输出方式和成果发生影响的过程 [1, 2]。控制理论很快被教育学界所参考，著名的教育心理学家塔雷金娜以活动的学习观作为教学控制论思想的理论基础，强调应重视教育过程中学习心理的社会属性，使之更具有可行性，以保证教学目的正确、快速地达成和获得必然的结果。塔雷金娜认为教学应是一种有目的、有计划的实施控制的活动过程，教学通过老师和学生的共同活动来完成，其中尤为重要的是教师的控制性 [2]26。

改革开放以后，不断有学者将控制论引入我国教育领域，用以研究教学过程中的质量控制、衡量标准、反馈评价等一系列问题。相关研究文献表明 [3-5]，在教学中适当运用控制论原理，可以更好地把握教学现状和教学目的的差距，教学过程能够得到及时的调整和控制，能够提高教学的信息输出和输入畅通程度，达到教学的动态平衡，进而提升教师对教学成果质量的掌控。

国内的相关研究提出了教学过程控制中的定性控制、定序控制、定向控制、定度控制、定势控制、定情控制等内容，但往往应用在理论课程或者基础教育领域，对城乡规划专业尤其是规划设计实践类课程的研究还很少。笔者认为，过程控制理论和相关研究提出的操作方法，非常适合"城市社会调查研究"课程的教学特点，因此结合近年的教学实践过程，对其理论和方法进行针对性的总结分析。

2 "城市社会调查研究"课程的教学特点

"城市社会调查研究"是培养学生从各类型的城市环境中发现问题，采用多种手段进行深入调研，并通过定性与定量结合的方式分析问题，最终进行成果表达的完整环节，是促进学生理论联系实际，将规划设计知识与人文关怀、环境生态、经济发展、社会进步等多方面结合的一次综合训练。教学内容涵盖宽、各环节衔接紧密、目标导向性强、成果检验直观、学生学习热情较高，将为学生的专业生涯奠定良好的研究方法和研究基础。

上述特点决定了本课程的过程控制尤其重要。首先是操作的内容要求做好过程控制，城乡社会发展相关的问题十分宽泛，包括经济、管理、产权、人群等众多

栾 滨：大连理工大学建筑与艺术学院城乡规划系讲师
肖 彦：大连理工大学建筑与艺术学院城乡规划系副教授
沈 娜：大连理工大学建筑与艺术学院城乡规划系副教授

问题，又涉及宏观到微观等不同分析尺度，而本课程的授课对象往往为本科三、四年级学生，大部分初次接触对城市问题的综合分析，如果教学过程控制不当，极易导致学生研究过程中或精力分散、内容失焦，或一叶障目、因小失大，或主观武断、以偏概全。

其次是课程设置的节奏和成果导向要求必须做好过程控制，目前国内院校的此类课程教学一般为 24~32 学时，许多同学将以本课程的教学成果参加全国大学生城乡社会调查竞赛。课程涉及分析选题、初步调研、逻辑梳理、正式调研、数据分析、成果表达等多个环节，每个环节都需要投入大量精力。如果不能有效控制好各个环节的质量和进度，下一个环节都无法正常进行，最终成果的质量更无法保证。

最后是团队协作的模式决定了必须进行好过程控制。本调研往往由多名学生组队共同进行，团队内部边学习边彼此交流和协作，这种方式有利于学生认知能力的发展和团队协作能力的提升。但是如果过程控制不到位，反而可能导致工作效率低下。

3 本课程概况

"城市社会调查研究"是我系规划专业学生的必修课，在三年级下学期进行，总计 24 学时，1.5 学分，每次 2 课时连上，学期内进行 12 周。另外在夏季小学期，设置了 2 周的快题阶段，主要对数据分析与成果表达的规范性进行深入调整。

学期内的 12 周教学采用了理论教学与学生实际操作同步进行的教学方式。在前 2 周的理论讲授和案例分析之后，学生即开始进行选题和实际操作，此后每周结合学生的进展汇报进行相应的理论介绍和反馈点评，并布置下一阶段的任务（教学进度安排见表 1）。从实际授课来看，这一方式有助于理论和调查实践相结合，学生对理论的把握和运用更加高效。在近年的教学实践中，笔者和同事们尤其注重对这一教学过程的控制，包括了定向控制、定序控制、定度控制等方面的内容，并通过不同的环节和控制主体来辅助实现，涵盖了从理论讲授到提交成果的教学全过程。

本课程教学进度设置 表1

周次	内容	进度要求	内容与形式	备注
1	任务解析	布置题目，明确任务	课堂讲授	集体讲解
2	选题解析	优秀案例讲解	课堂讲授	集体讲解
3	选题交流	回答清楚选题意义、已有研究成果、创新点、社会关注点、主要调查内容、技术与分析方法	课堂汇报	按组进行
4	选题汇报	按照小组的若干方向，各成员继续深化	课堂汇报	按个人打分，占个人成绩10%
5	深化与预调研汇报	小组深化选题后，课堂汇报交流	课堂汇报	按组进行
6	第一次阶段成果评图	报告 1~2 级目录明晰，逻辑框架合理，调查对象、内容方法构思成熟	课堂汇报	按组打分，占组成绩10%
7	调研与数据分析	多种手段调研，课堂汇报交流	课堂汇报	按组进行
8	调研与数据分析	多种手段调研，课堂汇报交流	课堂汇报	按组进行
9	第二次阶段成果评图	报告 1~3 级目录明晰，逻辑深度合理，重要图表绘制完成或构思成熟	课堂汇报	按组打分，占组成绩10%
10	报告编制	按照竞赛要求编制报告	课堂汇报	按组进行
11	报告编制	按照竞赛要求编制报告	课堂汇报	按组进行
12	最终成果汇报	按照竞赛要求提交报告	成果汇报	按组打分，占组成绩80%

备注：1. 各组提交最终成果后，同时提交一份详细的报告工作情况清单，包括各部分的完成者，各组员工作量比例等。2. 个人成绩包括出勤（考勤与参加本组汇报，10%）、选题汇报成绩（10%）和小组工作成绩（80%，由教师结合小组成绩和个人工作量给出）

4　针对城市社会调查实践的教学过程控制

4.1　定向控制

定向控制是整个城市社会调查研究教学过程控制的核心基础部分，是对整体教学方向的把控，保证教学目标能够正确地达成。本课程训练涉及的内容较多，需要小中见大且达到一定的分析深度，相当于一次城市科研课题的研究翻版，本科生独立处理这样的问题基本难以完成，如果介绍理论之后任由学生独立完成，教学成果往往不如人意。因此本课程教学目的应当定位为"授人以渔"，并附以实践调研过程为载体，经过教师的指导和学生的操作及反馈，使学生能够及时有效地掌握城市问题分析和研究的基本方法，最后综合地体现在调研报告成果中。

定向控制的过程要综合采用系统控制和偶然控制两种方法，教学过程既要在预定程序中展开，也要建立及时的反馈联系，以便发现和纠正背离正常方向的种种倾向。以笔者的实际教学为例，课程的前2周重点在于为全程提供正确的定向控制基础，激发学生的学习热情、形成良好的整体认知，需要结合往年教学情况和教师科研经验，预先介绍流程、提醒学生可能出现的问题。而后10周则完全是以课堂交流的形式进行，学生汇报进展和问题，老师随时提出疑问和建议，组间也可以交流和提问。这两种方式的结合灵活而高效，对教学主方向的控制效果显著。

从具体的内容上看，定向控制也可以分为正向控制、反向控制。知识和方法的讲授、学生实际分析能力的获得大多是在正向控制下进行的。但反向控制运用得当也会发挥出有效的补充作用。与正向控制相反，反向控制是对无序的思维进行限制的控制。在往年教学中，笔者发现每届学生出现的选题偏差均存在较大相似，或大而无当，或以偏概全，最常见的问题是许多初期选题的社会意义很大但不属于城乡规划专业的研究范畴。如果每年重复辅导，将耗费很多时间，因此在近年的教学中，除了对获奖的优秀选题进行分析之外，还采用了公布《不良选题列表》的方式。即当各小组选题确定之后，各自总结出曾经被否定了的选题，并简单说明，老师将其分类汇总，作为下一年教学的案例材料，逐年叠加，避免了学生前期选题的很多弯路，提高了对整体方向把控的效率。

4.2　定序控制

教学过程的定序控制是设置好合理的教学和调研操作节奏，明晰各部分的主要目标，指明其通往这些目标的关键环节。既包括在实际组织中衔接好各个环节，控制好教学结构，也包括把握好成果的各个部分，使成果的各部分之间形成良好的逻辑递进关系，最后才能够达到应有的调研分析深度。这些预先设定的节奏是教学目标达成的基础，决定着成果实现的速度和质量。对于一些容易出现问题的节点，要针对性地设定评图、阶段性成绩评定等环节加以控制。

教师要对研究的节奏进行有效控制，并及时督促学生进入下一个环节。如几个选题难以取舍时，鼓励学生进行预调研，取得更丰富的信息后再进行沉淀反思；确定了研究方向后，要及时提醒学生缩小工作范围，剥离不相关问题，有针对性地梳理分析的主线逻辑（即调研报告的一级标题）；经过初步调研分析了基本现象之后，抓紧时间分析其背后的深层次问题（即一般从调研报告的第二、三章，深入到调研报告的第四、五章）。

在这样的控制要求下，每周一次的课上交流明显达不到为学生的进展和设想及时提供反馈的要求，就需要建立师生多频次乃至随时交流的机制。笔者在教学中，一方面要求学生对课堂交流做好记录（如录音等方式），以便课后能够准确了解教师辅导的意图。另一方面，要求学生建立包括老师在内的小组微信群，老师们对学生的疑问能够及时反馈，使学生更大程度地参与到寻求解决问题的途径的过程中。与传统课堂交流相比，老师也可以经过一定时间的思考，提供更有深度的建议。

4.3　定度控制

定度控制就是遵循好教学规律，符合学生的水平和特点，并且同学生一起达成相应任务量的目标。在整体任务和每一个阶段任务发布之前，要设定好教与学的比例关系，包括提供什么样的任务条件，是概括的还是具体的，哪部分是教师讲授的，哪部分是需要通过案例和资料来分析的，哪部分是鼓励学生自己研究获得的等等。既不能让学生面对城市问题茫然无措，产生畏难心理，也不能代替学生思考，只关注成果产出，忽略"学"的目标。尤其是实践调研和分析的过程中，不应过于依赖教师，而是要相机进行适当的点拨，引导学生

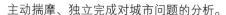

主动揣摩、独立完成对城市问题的分析。

另一方面，要把握好操作内容的深度和工作难度。最终成果10页左右的调研报告，要在一个适当的研究尺度中达成具有足够深度的分析。尤其是要确定好选题，相对选题过于微观而言，学生的许多选题更容易出现过于宏大的问题。教师要引导学生思考社会问题中的具体空间原因，剥离旁支现象，深入浅出地从局部讲透该社会现象的一部分，"以小见大"而不是泛泛而谈。对于难以取得有效调研数据支撑的选题，要建议学生及早更换，避免报告结论主观武断、以偏概全[6]。

笔者在教学中经常用"打井"的比喻给学生解释控制好"度"的问题：如果把城市问题的研究比喻成取水，国家级重大课题的工作范围好比是一项区域生态战略，博士论文的工作范围好比一项修水库的工程，我们的调研报告相比之下就是选一个具体的地点进行团队挖井的任务，目的是展示我们思考和探求问题的能力。不能光吆喝这里有水，不向深挖（分析不扎实）；也不能多头并进，不见深度（逻辑主线不够清晰）；也不能水量不够，不够解渴（结论不扎实）。如果按照成果的各部分内容来比喻，第一章要论证好在这个范围内挖井的意义；第二、三章要有条理地挖到水（建立好初步分析）；第四章要继续深挖，使得水量有保证（探求问题本质）；第五章要巩固规范，总结收口。

4.4 多环节和多主体的过程控制

有效的过程控制是建立在全过程的反馈基础之上的，前述提及了课堂环节和课后环节多种沟通方式有效

建立的重要性，其意义亦作用于此。在笔者的教学实践中，还设定了选题阶段、研究主线确定阶段、研究内容确定阶段、最终报告成果阶段4次环节控制，对学生的成果进行监督和控制，确保该阶段任务的真正完成。教师也能够从各环节的反馈中及时调整教学设定，更新对其他各部分的过程控制方法。

而团队协作的工作方式容易出现一些弊端。一方面，学生对城市问题分析的热情较高，容易造成组内争执不下，难以推进；另一方面，学生之间既有竞争又有协同，如何在团队协作学习模式中避免过度竞争和搭便车现象，也需要教师做好控制，尤其是合理设置考核方式和差异化成绩评定。笔者在教学中，尝试采用了多部分的成绩评定方法，前期选题阶段以个人为单位，中期调研实践阶段以团队为单位，最终成果评定阶段，既考虑团队共同成果也考虑各组员的实际工作量。这样将教师控制、组内控制和学生自我控制融合在了一起，能够发挥出团队工作的优势，更全面地调动起学生的积极性。

5 结语

教学控制是一个对学生学习心理进行把握并进行有效引导的过程，也是一个动态反馈和不断积累的过程，经过近年来不断改进的教学实践，本课程的教学质量稳步提高，学生的课程作业成果在全国城乡规划专业社会调查报告竞赛中也取得了不错的成绩（表2）。更为重要的是，通过本课程的学习和实践，建立了学生对城市问题的研究热情，奠定了专业分析的基本逻辑方法，将伴

大连理工大学城市社会调查报告近年获奖情况　　　　　　　　　　　　　　　　　　　　　　　　　　　表2

年度	获奖级别	报告题目
2017年	二等奖	少年游——高中生通学生出行情况及风险因素调研
	三等奖	狭路盍行——限行电动车政策下大连市高新园区外卖配送交通现状调研
	佳作奖	"不解风情？"——大连俄罗斯风情街街道体验差异调查
		市事无常——大连市露天菜市存留价值调查
2018年	二等奖	遛娃难！？——大连市学龄前儿童家庭周末活动空间现状调查研究
		火车不来之后……——大连市废弃铁路再利用空间形成机制调查
		大隐隐于"室"——大连市"隐形商户"营业情况及影响调查

续表

年度	获奖级别	报告题目
2018 年	三等奖	一路"童"行——儿童友好通学出行环境调查
	佳作奖	菜场不能承受之"重"——基于时间地理学的老年人买菜行为研究
2019 年	二等奖	无处安放的苏大强——老年男性的社区活动空间及活动需求调研
	三等奖	人书情未了？——大连市公共阅读空间现状调研
		网红大法好？——大连歹街异质性影响调研
	佳作奖	买菜难？！——基于时间地理学的上班族买菜行为调研
2020 年	优秀奖	抖"in"大连——短视频传播对城市游憩空间的重构现象调研
	提名奖	入"箱"随俗——宁波市垃圾分类实施对居民生活影响调查
		散学虽早，纸鸢难寻——学龄儿童上学日课后户外活动现状及需求调研
		爱在心头"口"难开——大连市都市上班族早餐行为空间与需求调研
		青银同堂，何"所"融融——基于青老年共生模式的社区可持续探索
		"医"步之遥——基于老年人行为与需求的社区医疗适老化探索
		"球"之不得——大连市足球活动空间供需研究
		黄发垂髫，同行同乐？——基于老携幼现象社区公共空间需求调研
2021 年	提名奖	抛砖引"寓"——集中式改造公寓现状及发展前景调研
		进村遛娃——基于农家乐模式的儿童友好空间探索

随他们在接下来的学习和工作生涯中，对城市问题进行更深入的探究。

参考文献

[1] 何舒. 控制论与语文教学 [D]. 成都：四川师范大学，2008.

[2] 王俊红. 塔雷金娜教学控制论研究 [D]. 武汉：华中师范大学，2004.

[3] 陈红梅，李春江，马晓君. 基于控制论的高校教师课堂教学质量评价体系构建 [J]. 黑龙江教育（理论与实践），2018（4）：18-19.

[4] 王荣浩. 控制论视角下的研究生教学 [J]. 科教文汇（上旬刊），2016（11）：26-27.

[5] 陈成龙. 定向控制与定度控制 [J]. 宁德师专学报（哲学社会科学版），1994（4）：71-75.

[6] 栾滨，肖彦，孙晖. 浅谈城乡规划社会调查教学中的选题阶段指导 [C]// 教育部高等学校城乡规划专业教学指导分委员会，湖南大学建筑学院. 协同规划·创新教育——2019 中国高等学校城乡规划教育年会论文集. 北京：中国建筑工业出版社，2019：152-157.

[7] 李和平，李浩. 城市规划社会调查方法 [M]. 北京：中国建筑工业出版社，2004.

[8] 赵亮. 城市规划社会调查报告选题分析及教学探讨 [J]. 城市规划，2012（10）：81-85.

Teaching Practice of Urban Social Investigation under the Process Control Theory

Luan Bin   Xiao Yan   Shen Na

Abstract: Teaching control is not only a process of grasping and effectively guiding students' learning psychology, but also a process of dynamic feedback and continuous accumulation. This paper summarizes the teaching practice of the social investigation course of urban and rural planning in Dalian University of technology. It is pointed out that the proper use of directional control, sequence control and degree control in the teaching process, and the emphasis on multi-step and multi-agent process control will help to achieve the teaching objectives correctly and quickly.

Keywords: Urban and Rural Planning, Social Investigation and Research, Process Control, Educational Psychology

国土空间规划体系中的乡村规划实践教学改革研究
—— 以湖南吉首大学为例*

杨 靖 吴吉林 龚燕贵

摘 要： 国土空间规划体系中的乡村规划实践教学需融入乡村振兴战略，体现地域民族特色。以湖南吉首大学为例，从教学内容重构、教学方法创新和教学过程优化三方面进行改革实践。教学内容重构包括乡村规划基础和乡村振兴特色两大模块；教学方法创新包括翻转课堂、把专家请进课堂、混合教学和双维双轨评价等，涵盖了教师"讲""释""评"以及学生"查""做""演"和"论"6个环节；教学过程优化则从6维组合的全方位巩固认知和基于"乡村规划工作坊"的情景式模拟实训达到知行合一的教学目的。

关键词： 国土空间规划体系；乡村规划；多规合一；乡村振兴；乡村规划工作坊

空间规划转型和国土空间规划体系的建立意味着规划对象从城、镇、村转向全域全要素[1]。国土空间规划体系的建立对城乡规划学科的发展提出了挑战，也对专业人才培养和实践教学提出了新诉求[2]。作为高等院校城乡规划专业主干课程，乡村规划一直以来普遍存在理论的相对缺失、师生无乡村生活经验[3]、重物质空间轻社会治理等问题。基于这样的现实问题，苏州科技大学乡村规划教学强调知行协同，即认知与实践一体化[4]。金东来主张乡村规划教学中引入科研、乡村社会实践基地建设以及问题导向等四个抓手[5]。马文亚基于乡村振兴战略实施要求，探索新时代背景下乡村规划与设计教学优化方案[6]。随着国土空间规划体系的建立，村庄规划成为城镇开发边界之外的法定详细规划，乡村规划实践教学如何适应国土空间规划体系成为当前面临的主要挑战。本文以湖南吉首大学为例，在综合现实问题与行业发展的前提下，主张融入乡村振兴战略、立足地域民族特色，从教学内容、教学方法和教学过程3方面对乡村规划实践教学进行改革。

1 乡村规划实践教学存在的主要问题

作为城乡规划专业中的主干课程，乡村规划由于其自身存在知识架构薄弱和独立理论缺失而烙上了城规痕迹。在多规合一的国土空间规划体系框架和乡村振兴战略背景下，乡村规划自身也面临着调整与完善的历史任务，实践教学越来越受到来自于理论与实践两方面的掣肘亟待回应和解决。

1.1 教学内容的城规痕迹比较明显

与城规相比，乡村规划的理论基础薄弱，尚未形成独立的理论体系与相应学科支撑。受城规思维定势影响，教学过程中师生普遍未能认知乡村社会的复杂性和乡土文化的深厚性，对土地利用规划、乡村等不甚了解，不懂乡情，试图从单个维度如乡村空间、乡村产业等去认识和解读乡村。由于缺乏对乡村的深刻理解和乡村规划的科学认识，乡村规划实践教学的流程、内容和方法仍然走不出城市规划的框架[6]，乡村发展中面临的

---

* 基金项目：吉首大学2021年教学改革研究项目：融贯与革新——多规合一与认证评估双导向的城乡规划专业教学内容与方法研究（项目编号：2021JSUJGB01）。

杨 靖：吉首大学土木工程与建筑学院讲师
吴吉林：吉首大学土木工程与建筑学院教授
龚燕贵：吉首大学土木工程与建筑学院讲师

特有问题如人口空心化、空间碎片化等无法在乡村规划课程实践中得到有效地正视和较好地回应。

矢量图形表达的依赖转向主要基于 ArcGIS 平台空间分析。

1.2 理论知识与实训技能相对脱节

过去乡村规划遵循的是课程设计实践环节的基本组织流程与常规教学方法。如教师首先完成理论内容的讲授之后开始实践教学环节。实践教学环节中组织学生开展现场调研，经过初步方案、中期方案、深化方案和最终成果汇报完成整个教学环节。理论和实训环节基本脱节，理论所讲授的内容不能切实指导实践，实训中碰到的具体问题只能在点评和实训指导中有限地解决，未能将问题上升到理论层面。

1.3 课堂教学与一线实践缺乏协调

国土空间规划体系下多规合一的实用性村庄规划编制实践目前已在全国各地如火如荼地开展。此轮村庄规划不同于以往，融合了原村庄规划、村庄建设规划、村庄土地利用规划、土地整治规划等内容，以耕地保护和用地管控为主要目标，同时在组织形式上也更为严密，成果要求更高。而高校乡村规划课程教材尚未得到及时更新，无论是理论还是实训环节，客观上存在着与一线实践脱节的事实。

2 国土空间规划体系中乡村规划的主要特征

与城规相比，乡村规划小而全，具有区域规划、更新规划和社区规划的综合特征。内容构成方面，乡村规划融合了多个层次、多个类型的空间规划如生态红线保护规划、永久基本农田保护规划等，因此三区三线的冲突与矛盾更多是交织在乡村这一实体空间而非城市。编制导向方面，乡村规划是国土空间规划体系中城镇开发边界之外的主要规划，其任务除了谋划广大非城镇地区的发展更需要从全域全要素保护的角度出发综合统筹平衡。社会形态方面，我国乡村长期以来属于典型的村民自治体，土地为村民集体所有，因此乡村规划既要体现自上而下的积极引导，也要体现自下而上的村民自治，既要落实严格的管控措施，同时也要充分征询村民想法意见，国家与地方的政策传导与村民意愿在规划中的表达同等重要。与此同时，国土空间规划的编制技术工作也从以往对于 Auto CAD

3 国土空间规划体系中乡村规划实践教学改革实践

乡村规划实践教学是融合了法律政策、技术规范、村民诉求与空间分析，着重于三区三线矛盾协调与土地利用管控指标落实的实用性实操过程。其改革需要重点解决 3 个问题：如何将大湘西地区乡村资源的生态优势、民族优势、旅游优势及山地特征等转化为专业人才培养特色？如何将国家乡村振兴战略和地方社会经济发展需求融入实践课程教学？实践课程教学中如何体现国土空间规划框架下乡村规划的全过程、全要素与可实施？吉首大学城乡规划专业是湖南省一流专业建设点，多年来立足大湘西地域特色，紧跟一线规划实践，目前拥有两个省级创新创业教育平台和湖南省社会实践类一流课程——大湘西·小乡村规划工作坊。基于学校"立足湘西、面向湖南、辐射全国、服务基层"的服务面向定位，专业立志于培养"下得去、留得住、用得上、干得好"的本土规划设计与管理人才。作为专业主干课程，乡村规划围绕行业转型变革背景下的国土空间规划体系中城镇外地区详细规划定位，从教学内容、教学方法和教学过程等方面进行了在地性的改革探索。

3.1 教学内容重构

教学内容重构从课程转型定位出发，结合人才培养与学生专业技能掌握，分为乡村规划基础和乡村振兴特色两大模块。

（1）乡村规划基础模块

乡村规划基础模块依据《湖南省村庄规划编制技术大纲》，课程内容安排分产业发展、住房布局、配套设施、人居环境整治与风貌管控、耕地与生态红线保护等 5 个子模块（表1）。

乡村规划基础模块内容一览表　　表1

子模块	具体内容
产业发展	集体经营性建设用地规划、产业政策与上位规划、建设用地增减挂钩
住房布局	空心房整治、宅基地选址与布局、特色建筑户型设计

续表

子模块	具体内容
配套设施	道路交通、环境卫生、给水排水、电力电信、防灾减灾及公共服务设施
人居环境整治与风貌管控	建筑与公共空间风貌管控、山水田园风貌管控
耕地与生态红线保护	用途管制、土地综合整治、耕地质量评估

（2）乡村振兴特色模块

乡村振兴特色模块结合国家乡村振兴战略实施要求，立足于大湘西地区地域民族文化特征特色模块，在基础模块的前提下对教学内容进行深化和提升，包括4个子模块，即乡村旅游及区域协同、非物质文化遗产保护、地域传统建筑创新设计和历史文化与自然遗迹保护（表2），要求学生选取其中1~2项具体内容进行专项规划或专题研究。

乡村振兴特色模块内容一览表 　　表2

子模块	具体内容
乡村旅游及区域协同	资源问诊、民宿设计、线路规划
非物质文化遗产保护	传统"风水"原理、戏台选址与设计、土家织锦元素空间解构
地域传统建筑创新设计	苗寨布局、吊脚楼选址、营建及其传承创新
历史文化与自然遗迹保护	地域整体保护与空间管控、乡村遗迹活化利用

3.2 教学方法创新

从国土空间规划体系中的乡村规划课程特点出发，以教师"讲""释""评"以及学生"查""做""演"和"论"为主要抓手，对传统实践教学方法予以整合和优化，应用和贯穿于翻转课堂、混合教学、课程评价和专家指导等各个阶段。其中"讲"指的是教师通过线上、线下的方式对必要的乡村与乡村规划理论、规划实践方法等进行课堂讲授，"释"即对学生提出的问题进行定期答疑，如每周固定一个时段就学生通过留言或当面提出的相关问题进行统一答复；"评"包括针对学生平时行为和任务完成情况进行双轨评价；"查"是鼓励和引导学生充分利用网络资源广泛查阅资料，提出相关问题；"做"则带领学生深入乡村基层开展社会实践与调查，真正了解乡村；"演"和"论"是乡村规划实训教学中的核心，通过学生讲演方案、发表观点以及组内组间充分讨论交流，激发学生自主学习，培养其团队协作精神和沟通交流技能。

（1）翻转课堂

乡村规划教学中翻转课堂包括开展启发式和讨论式教学。教师就某一与时事相关的内容或热点提出问题，如怎样看待乡村振兴与新型城镇化的关系？两者是否存在矛盾等？适当阐明主流观点和研究方法，启发学生开展更深入的思考、探讨与分析。在热点话题与教师适当的指引下，学生有兴趣进行再研究并提出自己的看法。而讨论式教学则主要指的是学生对教师给定的基础课件，根据他们所认为的学习需要进行删减和增加等调整，讲授中可广泛运用最新文献、大家观点、时事新闻和短视频等素材。分享的过程也是学生本人深入学习和思考的过程，学生可就自己困惑或感兴趣的问题提出来引发课堂讨论。

（2）把专家请进课堂

将设计院正在从事多规合一实用性村庄规划的一线专家请进课堂，围绕村庄规划编制中的流程、方法等，通过经验分享会的形式和学生分享；围绕项目推进过程中尚存在的疑难问题或者新的政策方针如何结合大湘西地区实际进行落地和实施等问题开展项目研讨会。在这个过程中把学生变成积极出谋划策、活学活用的主体，而不是被动地聆听和存储知识（图1）。

图1　设计院一线专家为学生们分享乡村规划工作实践经验

（3）线上线下混合教学

通过线上学习理论、熟悉问题和查阅文献，在做好相应准备的前提下结合线下开展讨论、交流、分享与互评。乡村规划的案例、乡村与乡村规划理论甚至乡村规划与设计方案等可通过线上线下混合式完成学习。利用信息化和互联网将课堂变成真正的面对面交流平台，而把适合静下心来独立学习、思考等环节放到线下，充分发挥两者优势，提高课堂效率。

（4）双维双轨评价

实践环节分小组团队协作完成，采取双轨评定办法。首先评定小组综合得分，然后根据各组员工作量换算组员具体得分。小组成绩占个人总成绩的70%，在基本内容的基础上，从规范性（即工程技术）与创新性（即社会人文）、基础模块与特色模块2个维度分解诸多小因子进行分项打分，综合评定，使过程可回溯，量化有依据。占个人总成绩30%的平时成绩主要考察学生课堂出勤、平时交流积极性、小组设计中的工作量3方面。

3.3 教学过程优化

以往的乡村规划教学内容主要集中在乡村规划相关理论讲授之后进入课程设计实训环节，前者在乡村规划理论尚未建立的现实制约下仍然脱离不了城规的束缚，后者往往闭门造车将原本具有深厚地域性、社会性与复杂性的乡村规划做成了纯粹的理想设计。教学过程的优化坚持根植乡村、与时俱进和开放包容的原则，包括全方位巩固认知和情景式模拟实训，以此更好地达到知行合一的教学目的。

（1）全方位巩固认知——7维组合

全方位巩固认知包括理论、政策、案例、规范、案例、技术和思政在内的7维组合（表3）。依据国土空间规划体系中乡村规划编制新要求，从乡村认知、乡村规划理论、国家与地方政策、行业技术标准、典型案例和ArcGIS平台技术等方面进一步加强和巩固学生对于编制乡村规划技能架构的知识储备。同时回归教育基本理念和教育目标，以空间规划改革为切入点将我国国情及重大发展战略、党和国家方针政策融入课程教学，从生态文明、人与自然和谐、以人民为中心等视角引导学

生形成宏观整体的系统思维；以乡村规划实践教学为契机，培养学生扎根基层、吃苦耐劳的精神，以及人文情怀、家园热爱和共情感知等。

全方位巩固认知具体实施内容　　表3

子模块	具体内容
乡村认知	乡村与乡村发展、乡村地域系统、城乡空间关系
乡村规划	乡村规划空间理论、制度理论、乡村治理理论
国家与地方政策	乡村振兴、土地管理法、上位规划、三区三线、历史文化
行业技术标准	村庄规划编制技术大纲等
典型案例	国内外乡村发展与乡村振兴、省域内编制案例、地方横向实践
ArcGIS平台技术	数据编辑、地图制图、数据转换、矢量数据的空间处理、栅格数据分析
课程思政	吃苦耐劳，实事求是，灵活应变，共情

（2）情景模拟实践——乡村规划工作坊

将专家请进课堂的同时，把课堂搬进乡村，以工作坊的形式开展情景模拟实践。通过组织学生到乡村参与座谈、讨论和实地观察，切身理解乡村发展脉络、趋势和问题，培养学生理论联系实际、解决现实问题的能力，锻炼学生沟通、协调能力和方案草图绘制表现能力，将原始口头信息和感官画面通过分析、归纳整理成规划框架内的反馈修正要点。围绕具体教学任务，选择合适的乡村作为教学地点，以学生为主体，设计座谈交流、现场踏勘、村民访谈、分组讨论和作业点评等教学流程。如座谈交流环节召集村支两委、民宿负责人、村民代表、乡政府城建办工作人员等，围绕村庄农业、加工业和服务业发展面临的机遇和问题展开讨论。实践证明，通过工作坊的形式，大部分同学对教学目的及内容理解到位，作业在质量与数量方面基本符合课程要求，能够基本找准问题症结，指出改进措施（图2）。

图2　乡村规划工作坊村民座谈环节

4　结语

　　吉首大学城乡规划专业乡村规划实践教学改革从行业转型新要求出发，以现实问题为导向，结合乡村振兴战略与地域民族特色资源，从教学内容、教学方法和教学过程等方面进行在地尝试，取得了良好的教学效果。

未来可在此基础上进一步打磨凝练实践教学典型案例，为空间规划转型下的乡村规划教育教学提供更多参考。

参考文献

［1］孙施文．从城乡规划到国土空间规划 [J]. 城市规划学刊，2020（4）: 11-17.

［2］杨辉，王阳．"旧疾"与"新题"：国土空间规划背景下城乡规划教育探讨 [J]. 规划师，2020，36（7）: 16-21.

［3］蔡忠原，黄梅，段德罡．乡村规划教学的传承与实践 [J]. 中国建筑教育，2016（2）: 67-72.

［4］潘斌，范凌云，彭锐．地方高校乡村规划教学的课程体系与实践探索 [J]. 中国建筑教育，2019（2）: 29-35.

［5］金东来．城乡规划专业人才培养专项性改革研究——面向乡村的城乡规划教学改革 [C]//. 辽宁省高等教育学会2016年学术年会暨第七届中青年学者论坛三等奖论文集，2016: 108-114.

［6］马文亚．基于乡村振兴战略导向下的地方院校乡村规划教学研究 [J]. 高教学刊，2019（22）: 56-58.

Research on the Practice Teaching Reform of Rural Planning in the National Territorial Spatial Planning System
— Take Hunan Jishou University as an Example

Yang Jing　Wu Jilin　Gong Yangui

Abstract: The practical teaching of rural planning in the national territorial spatial planning system should be integrated into the Rural Revitalization Strategy, reflect the regional and national characteristics. Taking Hunan Jishou University as an example, the reform practice is carried out from three aspects: the reconstruction of teaching content, the innovation of teaching methods and the optimization of teaching process. The reconstruction of teaching content includes two modules: the basis of rural planning and the characteristics of Rural Revitalization; The innovation of teaching methods includes flipped classroom, bringing experts into the classroom, mixed teaching and two-dimensional and two track evaluation, covering six links: Teachers' speaking, interpretation and evaluation, and students' checking, doing, performance and discussion; The optimization of teaching process is to consolidate cognition in an all-round way from the six-dimensional combination and the situational simulation training based on the "village planning workshop" to achieve the teaching purpose of integrating knowledge and practice.

Keywords: Land Spatial Planning System, Rural Planning, Multi-Plan Integration, Rural Vitalization, Rural Planning Workshop

本科高年级实践教学与创新创业融合的探索与思考
—— 以西南民族大学城乡规划专业为例*

聂康才　文晓斐　洪　英

摘　要： 高等院校深入推进专业课程教育与创新创业教育融合（简称"专创融合"）是当前高等教育课程改革的方向之一。本文以西南民族大学城乡规划专业为例，从实践课程体系、行业特点、课程平台、社会服务、专业竞赛几个方面论证了专创融合可行的基础与条件，从工程教育全周期、社会服务项目、创新创业项目立项平台三个角度探讨了专创融合的教学设计模式。

关键词： 专创融合；城乡规划；高年级；教学设计；融合基础；融合条件

1　前言

创新创业是基于技术创新、知识创新、方法创新、流程创新、产品创新、品牌创新、服务创新、模式创新、管理创新、组织创新、市场创新、渠道创新等方面的某一点或几点进行的活动。

大学生创新创业能力的培养，是高等教育面向社会、面向市场经济办学的重要举措。创新创业教育融入本科教学之中是高等学校人才培养的必然要求。

城乡规划专业通行的学制为五年，大学四年级、五年级属于高年级阶段，学生要面对从学校走向社会、升学、就业、创业等一系列选择与转换，是创新创业教育的重要时期。

西南民族大学（以下简称"民大"）城乡规划专业面向民族地区城镇化建设的人才需求，于 2001 年组建成立，2002 年招收第一届城市规划专业本科生，学制为四年。2008 年调整学制为五年。2016 年城乡规划专业通过了住建部组织的本科专业评估。

办学 20 年来，民大城乡规划专业人才培养经历了模仿尝试、反思探索、总结评估、调整优化、特色凝练几个过程，基本形成了较成熟的办学思路、较细致的人才培养程序、较突出的民族地域特色，在此基础上，充分对接国家创新创业战略，在高年级实践教学环节，研判基础、创造条件、协同机制，探索融合创新创业教育的教学方式。

2　融合创新创业的课程教学基础与条件

2.1　融合创新创业的课程教学基础

（1）高年级本科教学具备了融合创新创业的学科专业基础

规划专业学生经历了前三年基础和专业训练，学习了美术与表达基础类、建筑设计基础与设计类、城乡规划理论与方法类、规划设计与规划研究类、规划相关学科理论方法类约 50 门课程，近 200 个学分，在创新创业的技能和知识体系上已有了相当的储备，教学科研、人才培养与创新创业融合具备了相应的学科专业基础。

（2）高年级本科教学与创新创业融合具备了一定的行业基础

城乡规划专业是一个实践性、应用性很强的专业。

* 基金项目：西南民族大学教育教学改革项目成果，项目编号：2021YB63；国家民委高等教育教学改革研究项目"铸牢中华民族共同体意识导向下民族院校城乡规划专业实践教学体系改革研究"成果，项目编号 ZL21015。

聂康才：西南民族大学建筑学院副教授
文晓斐：西南民族大学建筑学院副教授
洪　英：西南民族大学建筑学院副教授

民大从事教学的规划专业教师 90% 均为双师型（教师资格与注册规划师执业资格）。本科学生从一年级开始就不断参与实地的调研、调查、认知、参观、考察、竞赛等工作，不失时机地获取对行业工作的了解和熟习，高年级学生甚至参与到教师的规划设计实际工程项目中，部分学生还利用假期到设计院、管理机构、房地产公司进行实习，因此，高年级本科教学与创新创业项目融合具备了一定行业基础。

2.2 融合创新创业的课程教学条件

（1）课程平台是融合的基础条件

民大城乡规划专业高年级实践教学按"两大两小两实践"进行设置。"两大"是指四年级的"城市总体规划"这个大型的设计课，136 学时，以及五年级的毕业设计；"两小"是指"乡村规划设计"和"综合城市设计"两门小的设计课，各 68 学时；两实践是指"设计院实习"和"毕业实习"，见表1。

（2）学校建立的创新创业机制是融合的制度条件

为加强创新创业教育，学校成立了创新创业学院，负责学校创新创业教育的改革创新与组织管理，开展本科创新创业教育条件与服务平台的规划、运行及管理。

创新创业项目立项制度，学校每个年度都会配置相应的创新创业项目经费，组织创新创业项目选题、申报、答辩、筛选等系列工作，见表2。机构设置与立项制度是专创融合人才培养的重要制度条件。

（3）教师的各类科研项目、社会服务是专创融合的实施条件

民大建筑学院城乡规划专业高年级本科生广泛参与教师的各级各类科研项目，为创新项目选题提供了丰富的素材。同时，部分教师一直在从事相关的社会服务和行业兼职，具备规划与设计行业经历，对行业有较深的理解，有较强的为社会提供规划设计技术服务的能力，90% 以上的教师都是双师型教师，具有各类注册师证，教师的科学研究与社会服务能力成为实施专创融合人才培养的重要条件。

（4）国家省市及行业的各类竞赛是专创融合的重要的激励条件

城乡规划专业从三年级开始就会陆续接触国家省市及专业（行业）组织的各类规划设计竞赛，高年级的教学也会结合这些竞赛进行教学组织，通常情况下这类竞赛先期是没有经费保障和支持的，也是比较松散的，这些竞赛如果能结合创新创业项目，就会获得有利的机制

高年级专创融合实践课程一览　　　　表1

课程名称	教学内容	创新方向
总体规划设计	国土空间总体规划、总体城市设计	创新数据、创新方法、创新理念
毕业设计	城市设计、乡村规划、专题研究	创新模式 – 政府、规划机构、高校多方联合
乡村规划设计	乡村振兴、人居环境提升、乡村文化保护	乡村振兴机制创新、一揽子方案
综合城市设计	建成环境更新设计	更新机制创新、创新的空间策略
设计院实习	生产单位实践	规划设计实践、机构性质及运营认知
毕业实习	毕业设计选题	规划设计实践创新、机构性质及运营认知

融合课程教学的创新创业项目　　　　表2

立项名称	立项类型	融合课程名称
建筑人类学视角下贵州高增乡乡土民居的保护及发展研究	创新训练项目	毕业设计
基于空间句法的川西地区传统村落空间形态差异及其影响因素研究——以阿坝州羌寨为例	创新训练项目	乡村规划设计
城市基础服务设施点位分析与建设——以成都市双流区西航港街道为例	创新训练项目	总体规划设计
文化景观视角下的川西嘉绒藏族传统村落公共景观空间评价及优化设计——以莫洛村为例	创新训练项目	乡村规划设计
针对后疫情时代下民族地区公共空间改造发展探究——以甘孜州道孚县为例	创新训练项目	城市设计

保障，同时反过来，竞赛的获奖又会促进学生创新创业的动力和激情，因此，各级各类竞赛通过教学平台成为专创融合重要的激励条件。

3 专业教育与创新创业融合的教学设计

3.1 融合工程教育全周期理念的教学设计

作为工学背景的我校城乡规划专业是"卓越工程师计划"专业之一，高年级的四个设计课程，"总体规划""乡村规划设计""综合城市设计"和"毕业设计"都是基于工学建筑类大学科的基础的设计课。构思、设计、实现和运作是工程教育理念的核心思想，基于工程教育主要是以从设计到运行的全部周期作为培养过程，这种全周期的工程教育理念可以成为创新创业的重要融合模式，将教学的过程在纵向上向两端延伸，比如规划设计项目前期的询价、招投标、比选、磋商、响应技术方案等商务行为，中期的访谈、座谈、研讨、评议、评审、审批等工作，后期的调整修改完善、跟踪服务，这种纵向上的延伸本身就具备了创新创业的性质，在总体规划、乡村规划、城市设计尤其是毕业实习和毕业设计教学平台上不失时机地将前端和后端适度加入，让学生跟随教师通过现场、线上或者模拟状况下，体会项目全周期运行特点。

3.2 融合社会服务项目的教学设计

为提高教师业务能力和设计课融合创新创业的教学质量，更好地发挥高校服务社会的职能，学院鼓励教师完成教学工作的同时积极参与省市重大工程项目以及民族地区建设与发展的热点领域，通过创作实践提高自身业务水平与社会实际的关联性。近年来，城乡规划系在编教师完成重要规划与设计与方案40余项，为课程设计的选题奠定了良好的实践基础，比如在总体规划、城市设计、乡村规划、毕业设计的课程设计中尽量选择具备实际项目性质或者区域的城市、街区、村落作为规划设计对象，极大地增强了学生应对实际工程项目的能力，拉近了课堂教学与社会实际的距离，提高了创造性解决实际问题的能力，增强了就业创业的自信心。社会服务为教学提供了真实的操作对象同时也为创新创业提供了孵化的基础，是一种教师、学生、学校、地方多赢的融合模式，见表3。

融合课程教学和社会服务项目　　表3

社会服务项目名称	融合课程名称
甘孜藏族自治州推进新型城镇化建设投融资研究	总体规划设计
四川省甘孜州德格县达马镇、龚垭镇总体规划设计	毕业设计
小南海镇板夹溪十三寨民族特色村寨保护规划及整治设计	乡村规划设计
成德工业园控制详细规划设计	城市设计
西藏日喀则市谢通门县国土空间总体规划	总体规划设计
峨眉山市乡村振兴示范片村规划	乡村规划设计

3.3 融合创新创业平台的教学设计

"专创融合"的重要渠道之一，就是将课程设计的设计任务和内容延伸至学校的创新创业平台，从而将课程教学与创新创业教育有机结合。近年来，学院对学生创新活动加强指导，学生积极参加科研实践和专业竞赛，学生创新成果不断迈上新台阶。每年学院均有至少1~2个国家级创新创业学生创新项目立项，且有2~3项省级项目立项。指导规划专业高年级的教师有意识地将课程设计教学与创新创业立项巧妙地结合，鼓励学生结合课程设计，选取其中某些方面或切入点积极参与学校创新创业项目申报，比如从"乡村规划设计"设计课程延伸出的创新创业立项项目有："藏彝走廊"中多元文化交融下的民族聚落空间形态更新与保护研究——以川西部藏羌彝村落为例，丹巴地区嘉绒藏寨传统建筑与聚落景观的保护与发展初探，对川西藏羌民族聚落防御性的对比研究——以甘堡藏寨和桃坪羌寨为例，西南地区羌族聚落景观中生态要素的研究，四川"三州"地区民族聚落形态划探究。从"综合城市设计"课程延伸出的创新项目立项的有：基于人文思想下成都市龙王庙南街老旧社区更新研究，大型商业中心的居住密度与支撑人口条件研究。这种专业课程设计平台与学校创新创业平台的巧妙衔接，大大增强了学生的创新创业意识和能力方法。

4 结语

新形势下，社会对高校毕业生的需求在不断变化与提升，为实现中华民族伟大复兴中国梦，实现制造强国、科技强国战略，国家需要大量的创新创业人才。高等学校在应用型人才的培养过程中融入创新创业教育内容，使专业人才培养能够适应国家发展的要求，这是我国高校教育教学改革的使命与担当。

目前，创新创业人才的培养已经成为素质教育和新课程改革的重要方向。创新创业人才已经成为市场乃至社会需求最大的人群，对于城乡规划专业来说，高校应该通过多样化的渠道对创新创业人才培养进行探索，广开门路、创新思维、建立机制、产学研创多维并举，全面提升规划专业学生创新创业能力，积极探索出适合本专业的"专创融合"之路，培养出更多国家和社会需要的创新创业复合型人才。

参考文献

[1] 吴良镛. 人居环境科学导论 [M]. 北京：中国建筑工业出版社，2001.

[2] 高等学校城乡规划专业指导委员会. 高等学校城乡规划专业本科指导性规范（2013）[M]. 北京：中国建筑工业出版社，2013.

[3] 西南民族大学城市规划与建筑学院. 西南民族大学城乡规划本科专业教学大纲（2013 版）[Z]. 2013.

[4] 蓝毅，王鹏，何国举. 基于 3D 打印技术的土建类大学生创新创业教育探索 [J]. 建材与装饰，2019（3）：189-190.

[5] 周蕙. 建筑类专业创新创业实践教学体系及培养模式研究——以重庆交通大学为例 [J]. 科技咨询，2019，626（7）：39.

[6] 王文静. 将创新创业教育融入建筑设备工程的教改研究 [J]. 课程教育研究，2019（52）：37-38.

[7] 聂玮，王薇，张少杰. 面向人居环境新需求的建筑类专业创新创业教育探索——以安徽建筑大学为例 [J]. 2018，9（5）：106-107.

Discussion on the Integration of Teaching and Innovation and Integration for Senior Undergraduate of the Urban and Rural Planning — The Urban and Rural Planning Teaching Practice of the Southwest Minzu University

Nie Kangcai   Wen Xiaofei   Hong Ying

Abstract: Under the new situation, it is one of the directions of the current higher education curriculum reform to promote the integration of innovation and Entrepreneurship Education and professional courses. This article takes Southwest MinZu University as an example, from the discipline specialty, the profession cognition two foundations, the curriculum platform, the social service, each kind of competition three conditions, as well as the idea of the whole cycle of engineering education, the participation of social service projects, and the leading of the double creation projects, this paper expounds the exploration and thinking of the foundation and condition, horizontal and content of the integration of technical innovation in the training of senior talents of urban and rural planning specialty.

Keywords: Innovation and Integration, Urban and Rural Planning, the Senior Class, Course Design, Foundation and Mode

传统城乡聚落保护背景下城乡规划"空间基因"提取实践教学探索

李睿达　程海帆　胡　荣

摘　要： 传统城乡聚落保护是我国坚定文化自信，实现文化经济的重要战略。本文探索利用高等院校的人才、智囊资源，在广大传统城乡聚落中运用"空间基因"提取的手段，开展深度调研的方法、实践体系。文章分析了目前规划教学中实践教学与工作需要较为脱节的现状，从多年的调研实践中提出了综合运用口述史访谈法、参与式观察法、行为观察实验设计、微气候测试设计等方法对场地进行长期跟踪调研的方法体系，继而展示了教学组在呈贡老城及乌龙村的具体调研成果。研究发现，广大师生可以通过调研实践活动形成高效的工作团队，不同课程、不同研究目标的学生，可以通过调研阶段的合作形成丰富的现场资料成果，以促进大家各自的研究。调研成果包括：对传统城镇的文化遗产发掘、典型一颗印建筑微差研究、微环境舒适度度量、建筑信息库等。文章以调研实践教学为突破口，以期为城乡规划实践教学提供更多可借鉴的经验。

关键词： 传统城乡聚落；生态文明；空间基因；实践教学

1　研究背景

党中央、国务院高度重视城乡历史文化遗产保护工作，多次就坚定文化自信、加强历史文化保护传承做出重要论述和指示，要求我们敬畏历史、敬畏文化、敬畏生态，全面保护好历史文化遗产，筑牢安全底线，守护好前人留给我们的宝贵财富。保护好传统街区，保护好古建筑，保护好文物，就是保存了城市的历史和文脉。对待古建筑、老宅子、老街区要有珍爱之心、尊崇之心。

建设生态文明、维护生态平衡，是当代人类社会发展的必然抉择和实现中华民族永续发展的必由之路。2012 年，党的十八大报告把生态文明建设放在突出地位，并将其融入经济建设、政治建设、文化建设和社会建设等方面，努力建设美丽中国，实现中华民族伟大复兴及永续发展。习近平生态思想是对国际生态环境日益恶化的深刻反思。伴随全球变暖、能源枯竭、粮食安全、生物多样性下降等生态危机，人类社会逐渐走向不可持续发展的轨道。如果这些问题无法解决，将严重威胁人类生存和发展，人类社会经济活动也终将失去活力而步履艰难[1]。

城乡规划学于 2011 年被国务院学位委员会评定为一级学科，其知识框架体系有了大幅度改变，更加注重多学科交叉融合，同时教学更加注重基础理论与社会体验的互动环节。国家保护历史文化遗产和生态文明建设的实施，对城乡规划建设人才培养提出更高且更迫切的需求[2]。城乡规划是实现国家宏观战略的重要抓手，因此新时代的城乡规划需要把规划设计与生态环境保护修复、历史文化保护与传承结合起来，在发掘优秀传统文化的同时，充分利用城乡各自的自然特色与悠久历史，使学生更加深刻地体会中国传统聚落文化[3]，为学生们进入规划行业奠定较好的专业素质基础和人文情怀。

对场地的调研是城乡规划专业教学的重要环节，这是由城乡专业的突出的"应用性"和"实践性"所决定的[4]。在 2018 年 6 月，由中华人民共和国住房和城乡建设部和高等教育城乡规划专业评估委员会合编的《高等学校城乡规划专业评估文件》在提到"城乡规划实践

李睿达：昆明理工大学建筑与城市规划学院讲师
程海帆：昆明理工大学建筑与城市规划学院副教授
胡　荣：昆明理工大学建筑与城市规划学院讲师

与能力"部分中明确要求:"在教学过程中,参与各种类型的规划编制实践,了解城乡规划编制各阶段的工作程序,具有相应的规划编制能力。"以及"在教学过程中,通过实践性教学环节及参与一定的城乡规划管理实践,了解与城乡规划有关的组织机构及管理制度,了解规划师的业务范围及社会责任。"因此,如何更好发挥实践教学在城乡规划教学中的作用是当前研究的重点。

2 教学现状

2.1 与实际工作衔接不足

在城乡规划教学中,实习实践课程通常是由任课教师独立设置,一方面各科之间缺乏联系性和系统性,另一方面学校的理论教学与行业的实际工作也存在较大差距,特别是在国土空间规划发展之初,存在诸多现实难题,而在教学中又不得已简化。在这两方面因素影响下,学生学到的理论知识不能很好地运用到实践当中[5]。而国土空间规划体系建立后,城乡规划学科加入了很多地理学、生态学、土地利用等知识。以往的只关注城市或者乡村规划理论本身,或关注城乡物质空间形态的实习实践活动,已经难以满足今后专业发展的需求[5]。

2.2 学生实践教学环节主动性较低

多数学生在实践教学环节上主动性较低,过于依赖于教师按照教学大纲给定实习实践任务的安排。如在实习中,多数情况都是学生收到指导书后,教师先把实习目的、内容、要求、绘制图纸等内容详细讲解一遍。而学生对即将开展的实践活动和调研对象缺乏一定的认知和思考,仅仅是按照规定,机械地完成任务书中的各项内容[6]。因此,在被动完成任务过程中,难以将实践过程中所收集、所感知的内容上升到逻辑认识层面,仅留下一些片段化的感性认识。

2.3 缺乏生态学整体观的设计思维训练

虽然1980年代开始生态学的内容已经逐渐加入城乡规划学科认知体系,但是"生态"仍局限在物质性、可见性的单要素方面[7],对生态学原理并不熟悉。而生态学的核心观念之一即是整体性,而整体性是任何一个系统的核心属性,强调了系统是具有独立要素所不具有的性质与功能的整体,因而不能脱离整体以单一对象的

视角看待系统的构成部分[8]。基于系统论的关联性、复杂性、等级结构性视角,系统性在涵盖整体性的基础上,进一步关注各要素相互关联。因此,缺乏整体系统论的思想容易出现将问题矛盾转移而非化解。以往应对城市问题时,一种解决思路即是将矛盾转移至乡村。而在新时代生态文明建设要求下,需要以生命共同体理念应对全局、全要素规划,实现系统的可持续发展。

2.4 跨学科体系不全

当前我国进入城镇化发展的中后期,随着对历史文化遗产保护的重视和生态文明制度的确立与不断推进,城乡规划专业教育亟待加速转型,以主动适应更为复杂的社会经济发展的需求。与规划紧密相关的农学、林学、管理学、社会学、人类学、建筑学等相关学科在以往的城乡规划课程体系虽有不同程度的涉及,但是缺乏相互融合的教学模式。急需形成"乡村规划""生态景观""农业经济""社会治理"和"文化传承"五大课程模块[9]。

2.5 服务社会的职业素养有待加强

由于学生对城乡规划专业在社会实际中的作用理解有限,且缺少大量深入的田野调查,因此为切实提升市民、农民利益而规划的服务意识不强[9]。面对乡村复杂的社会和经济问题,未来城乡规划建设人才应具备整体系统观、批判性思维能力、沟通表达能力、创新意识等综合职业素养,以及兼具大国担当的胸怀与气度,能够着眼未来与全球,立足市情、乡情,真正思考并探索我国城乡可持续发展路径[9]。

3 以探索城乡"空间基因"为导向的调研实践教学

3.1 空间基因调研方法框架

基于"空间基因"分析导控的规划技术体系,主要包括空间基因的识别提取、解析评价和传承导控3个方面[10]。

第一,空间基因的识别提取。通过口述史访谈法、参与式观察法、问卷法、现场气候测试实验等基础性方法,从复杂的城市形态中提炼出独特的、相对稳定的空间组织模式,为空间基因的解析评价和传承导控奠定基础。这其中最重要的是在地代表性原则,并不是所有现存的形态组合模式都是"空间基因",这种组合模式必须稳定存在、具有地方代表性并形成广泛共识,需要一

定的意识把握调查。

第二，空间基因的解析评价。空间基因识别提取出来后，就需要通过一系列宏观微观的空间分析方法，对空间基因的具体空间要素及其组织方式进行客观分析。在这方面，空间研究中积累了众多的分析手段，如元素分析法、结构分析法、网络分析法、空间构型分析法等，空间基因解析以此为基础。教学组通过获得调研地区不同时期的航拍影像数据，基于 3S 的空间数据处理与分析，从而进一步分析该地区的土地利用类型，以便分析城市空间的动态变迁情况，并与相关的城市社会经济属性数据进行关联，完成该地区的各种现状分析及动态分析工作。通过 PSPL 分析、SD 语义分析法分析城乡内部的关键空间，通过 UTCI 体感温度分析老城的环境舒适度。从各种空间维度来分析空间基因构成的独特性，并且考察信息的承载和外显特征的稳定性。这个阶段为空间基因的传承导控提供坚实的科学基础。

第三，空间基因的传承导控。其要点是将传统的分要素系统控制方法转变为以空间基因为导向的综合导控方法。而以空间基因为导向的综合导控，就是把空间基因作为一个约束目标，将要素系统组合进行综合设计导控，以具有靶向性的方式达成空间基因的保护、强化和传承。

3.2 调研技术路线

本教学组已经组建了跨学科、跨院校的研究团队，

教学组目前在呈贡老城开展的工作较为充分，教学组拟以此为基础，查漏补缺，形成一个较大的调研框架，让各个专业、各个研究目的的师生能有共同的工作方向与框架，能较有体系、较有效率地完成各个地区的调研工作，基础资料可以互通与共享。研究框架如图 1 所示。

田野调查方向包括：

历史时期调研地区兴衰的自然地理背景。

历史时期调研地区区域空间组织特征及其演变规律。

调研地区内部的空间组织演变规律和城乡的可持续发展研究。

调研地区空间形态与气候环境的改变存在密切关联，城乡选址、建筑肌理、建筑密度、街道高宽比、建筑朝向、绿色空间、下垫面材质对温度、风速、湿度、太阳辐射等气候因子有重要影响。

基于历史城市地理学的学科背景展开综合调研工作。

田野调查具体方法包括：

口述史访谈法

参与式观察法

意识把握调查

资料调查（统计资料）

实验调查：关注环境舒适度，由物理实测研究转向与软件模拟相结合的研究。

4 "以点带片"的调研基础与课题探索

教学组两年来持续关注的研究地点为本大学所在

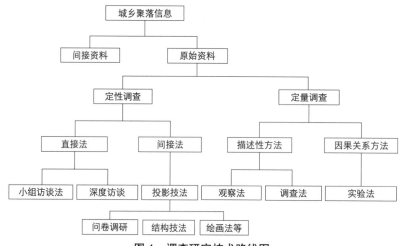

图 1 调查研究技术路线图

图2 教学组研究地区位图
资料来源：教学组自绘.

图3 呈贡老城研究范围图
资料来源：教学组航拍.

地——昆明呈贡区大学城片区，本地区有呈贡老城和呈贡新城的融合与碰撞，离本高校3km，是疫情期间理想的调研地点（图2）。

教学组对呈贡老城持续5年做了三期课题研究：《呈

贡老城更新改造研究》《呈贡老城街巷风貌保护研究》《解码呈贡老城》研究报告及多媒体制作。三个课题从3km²的大尺度地域分析出保护的核心地区，针对核心地区做了街巷保护研究。做完两期课题后，师生对老城更新保护的根源性问题进行了教学研讨，师生讨论认为：做历史街区保护最重要的事情是调动全民的人力、物力、财力来保护，而城乡规划专业在其中能做的事情便是挖掘出老城吸引人的文化魅力，做成多媒体宣传视频为主的、结合老城发展历程图纸为辅的宣传成果，在各种融媒体平台、城市公共广场进行大力宣传与展示。因此，师生继续使用"空间基因"挖掘的调研方法，在呈贡老城的街巷原住民中继续深入开展调研工作。

学生在明晰了逻辑线索后，对调研整理工作表现出极大的热情，做出了大量的访谈资料成果。口述史方面，师生们走访了老城百岁老人、退休文保所所长等十余位当地文化人士，拍摄了数十个访谈视频，了解到有体系、有构架的老城文化价值线索。历史上，呈贡老城的发展呈现出缓慢建城，在西南联大时期达到顶峰，之后逐渐衰败的明显的倒"U"曲线。我们的口述史研究就集中在城市巅峰时期的20世纪20~60年代，城里大量的当地人还可以访谈，老人家里还有老照片，老人有非常清晰的记忆（图3）。

教学组经过访谈，整理出了老城民国时期的商业业态地图，每家店铺的商业信息、公共空间的信息都记录了下来。在探访历史的过程中，学生自然地参与了老城中的文化遗产保护工作，也了解到作为市民保护文化遗产的重要责任。例如，在研究老城墙的过程中，很多单位都说老城墙已经没有影像资料了，只能听老人描述，师生用画图的方式询问了老人城墙的具体样式，并且细心地在其他照片中发现了老城墙的痕迹。学生了解到老城墙在20世纪60年代被拆除，城墙砖被老百姓搬回家砌筑猪圈、花台的历史后，观察发现现在的垃圾堆放处有很多残存的城墙砖，师生和当地文庙管理人员将城墙砖从垃圾堆放处搬去了文庙中保存。这种空间基因的教学手段，极大地激发了学生保护城乡文化遗产的热情，大大拓展了学生的研究视野与专业视野（图4、图5）。

除了地理学方法对历史的考证工作，另一个重要调研方向是探索传统营城智慧对当地气候的适应性研究。教学组在持续做微气候的测试。昆明呈贡老城冬暖夏

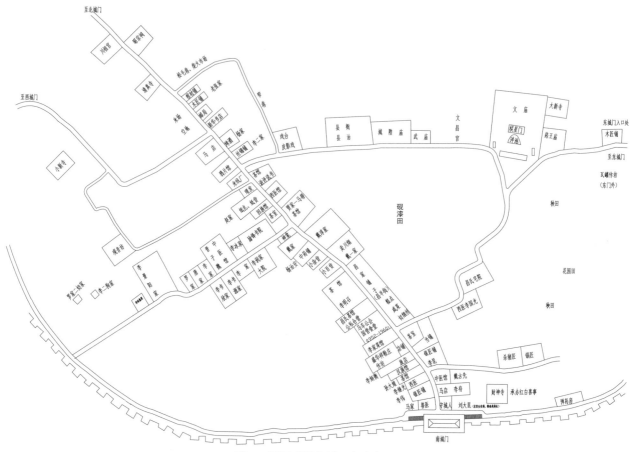

图4 民国时期老城业态分布图
资料来源：教学组学生朱旭浩自绘.

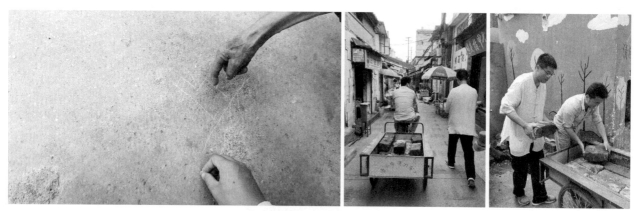

图5 师生对城墙的关注与研究
资料来源：教学组自摄.

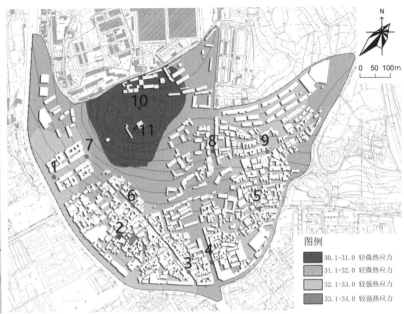

图 6　仪器测试方式与测试结果
资料来源：教学组学生黄纯自绘.

凉、四季如春，总体来说气候环境优越。全年最不舒适的时间是 7 月盛夏，太阳辐射比较强，因此教学组在 7 月中旬对老城内 11 个测试点进行各类微气候数据统计。

学生携带微气候测试仪器，如城市象限、温湿度黑匣子等工具，将温湿度黑匣子固定在测试的点位，进行 48 小时连续测试，将城市象限绑在电动车上，选择早中晚三个时段在老城主要街巷骑行一圈，获得了老城微气候的基本情况。并得出结论，老城的传统选址与布局非常适应气候，具有通风、降温等效果。城市更新过的新区忽略了小环境舒适这个因素，街道较为宽阔，太阳辐射很强，较为炎热（图 6）。

教学组在呈贡老城开展了一系列调研工作后，同时也在昆明的晋城老城、昆阳老城、历史文化名村——海晏村、乌龙村开展了类似调研。

在乌龙村，教学组张春明老师依托倾斜摄影模型，从乌龙村的整体到每栋古建筑都进行了全面、精细的记

图 7　倾斜摄影模型

图8 结合倾斜摄影模型的建模

录、甄别。古建筑调查内容主要包括：古建筑原有的形制；古建筑原有的结构；古建筑原有的尺寸；古建筑原有的制作材料；古建筑原有的工艺技术；艺术构件设计题材的风格（图7、图8）。

取得了这几个地区的大量基础数据之后，教学组发现，调研地区可串联起来，对环滇池地区的传统城乡聚落进行综合研究，因此，调研组的目标扩展到了环滇池的7个传统文化聚集区。

除了昆明市大学城周边的研究，教学组结合基金课题，让广大师生在云南滇西北、茶马古道、版纳都收集了大量资料。由于出差的时间和经费都十分珍贵，更证明完善熟练的调研体系有非常重要的作用。教学组需要继续探索调研方法体系。

5 结论

本教学组通过多学科、多方法共融研究，多年来长期坚持"调研为本，在地工作"的规划实践教学，利用在校师生时间相对充裕、工作成本相对较低、工作积极性高等优势，常常取得意想不到的工作成果。教学组收集到的昆明传统城乡聚落的大量基础资料，也服务到了地方发展需求，为当地政府、当地规划单位也提供了一定的帮助。

从教学方法上，课题组在传统学科和研究方法的基础上，将基于人文地理学、历史地理学、计量经济学、人类学等学科方法系统运用，非常符合规划学科的特点，培养了学生多学科合作、多学科贯通的研究能力。

从教学效果上，参与调研的学生普遍积极性较高、思维活力较足。学生正处在喜欢行动的阶段，很多规划系的学生对历史文化城镇、乡村有充分的感情，但是缺乏方法论指导，调研前普遍没有"实验设计"的观念，非常需要老师对学生的现场工作给予正确引导。教学组认为，从调研方面培养学生是增进学生专业兴趣、专业能力的有效抓手。

教学组的工作，探讨了传统城乡聚落人居环境多样性之后的普遍规律，为在规划学科的教学中，激发起学生的兴趣，让学生立志深造、立志科研做出了积极探索。

参考文献

[1] 盛辉. 习近平生态思想及其时代意蕴[J]. 求实，2017（9）：4-13.

[2] 共同推进乡村规划建设人才培养行动倡议[J]. 城市规划，2017，41（6）：41.

[3] 李鸿飞，尹诗，杨芷琼，等. 乡村振兴战略下城乡规划专业美术基础实践课程教学探索[J]. 教育观察，2020，9（21）：102-104.

[4] 易纯. 城乡规划专业五年级实践教学改革探讨[J]. 山西建筑，2016，42（5）：245-246.

[5] 段芳. 城乡规划专业实习实践教学问题及改革探索——以西安建筑科技大学华清学院为例[J]. 山西青年，2022（5）：21-23.

[6] 吴亚琪，朱恺军，陆张维. 人文地理与城乡规划专业实践教学改革研究——以浙江农林大学为例[J]. 教育教学论坛，2014（2）：44-45.

[7] 孙施文. 我国城乡规划学科未来发展方向研究[J]. 城市规划，2021，45（2）：23-35.

[8] 彭建，吕丹娜，张甜，等. 山水林田湖草生态保护修复的系统性认知[J]. 生态学报，2019，39（23）：8755-8762.

[9] 赵建华，蔡健婷，卢丹梅. 乡村振兴背景下城乡规划专业人才培养创新与实践[J]. 中国教育技术装备，2021（18）：5-7，11.

[10] 段进，邵润青，兰文龙，等. 空间基因[J]. 城市规划，2019，43（2）：14-21.

The Practical Teaching Exploration of Spatial Gene Extraction in Urban and Rural Planning on Traditional Settlements Protection

Li Ruida　Cheng Haifan　Hu Rong

Abstract: The protection of traditional urban and rural settlements is an important strategy for China to strengthen cultural confidence and realize cultural economy. This paper explores the use of talent, think tank resources in colleges and universities, in the majority of traditional urban and rural settlements in the use of ' space gene ' extraction means, to carry out in-depth research methods, practice system. This paper analyzes the current situation of disconnection between practical teaching and work needs in planning teaching, and puts forward a method system for long-term follow-up investigation of the site by comprehensively using oral history interview method, participatory observation method, behavioral observation experiment design, microclimate test design and other methods from many years of investigation and practice, and then shows the specific research results of the teaching group in Chenggong Old Town and Wulong Village. The study found that the majority of teachers and students can form an efficient working team through research and practice activities. Students with different courses and different research objectives can form rich on-site data through the cooperation in the research stage to promote their own research. The research results include the excavation of cultural heritage in traditional towns, the study of the nuance of a typical Indian building, the measurement of microenvironment comfort, and the building information database. This article takes the investigation practice teaching as the breakthrough point, in order to provide more experience for urban and rural planning practice teaching.

Keywords: Traditional Urban and Rural Settlements, Ecological Civilization, Space Gene, Practical Teaching

后 记

金秋时节、丹桂飘香，恰逢桂林理工大学土木与建筑工程学院成立40周年，城乡规划专业设立30周年之际，我们有幸承办了"2023中国高等学校城乡规划教育年会"，与大家共同见证城乡规划专业教育的历史性发展。受疫情影响，本次年会是由2020年一直延续到今年召开，这期间，历经了从城乡规划向国土空间规划的转变，城乡规划在内涵和外延都有转折性的发展，对于规划教育来说，充满了机遇和挑战，学科发展也正面临对历史的总结和对未来的展望，本次年会对教育及行业的发展都有着引领、探索和指导的重要意义。

本届年会的主题是"创新·规划·教育"。为了提高城乡规划专业的教学水平，交流教学经验，适应专业发展需要，受教育部高等学校城乡规划专业教学指导分委员会委托，桂林理工大学土木与建筑工程学院组织了本次年会教学研究论文的征集和整理工作。论文集共收录了来自全国规划院校的104篇高质量教改论文，围绕城乡规划的课程思政建设、专业和学科建设、基础教学、理论教学、实践教学五大版块，开展了教学研究与教学探索。

论文集在征集、评审、汇编和出版过程中凝聚了众人之智，承载了城乡规划学界对"创新·规划·教育"的思考与展望，期待能给城乡规划领域的教学、科研工作带来更多启发，并为城乡规划专业和学科建设提供新思路和新方向。

在此，首先要感谢积极参与投稿的所有老师，是你们的刻苦钻研、潜心探索和长期积累才成就了教学科研的丰硕成果；感谢中国建筑工业出版社作为协办单位，在本次论文集的校稿、编辑和出版过程中付出的辛勤劳动；同时感谢教育部高等学校城乡规划专业教学指导分委员会的全体委员对所有论文进行的认真评审；此外，还要特别感谢教育部高等学校城乡规划专业教学指导分委员会秘书长——同济大学孙施文教授的全程指导和大力支持。

最后，感谢桂林理工大学土木与建筑工程学院的冀晶娟老师和贺鑫乔、郭穗仪、甘慰敏、吴正航、卢天佑、傅潇琳、徐雅雯、曾靖昕、曾琬露等同学，为论文征集、整理等所做的大量细致工作。

桂林理工大学土木与建筑工程学院

2023年9月